기계공작법

Manufacturing Process

윤여권 저

북스힐

머리말

기계공작법은 여러 가지 재료를 이용하여 생활용품뿐만 아니라 우주항공 분야에 이르는 우리 삶 전반의 제품들을 제작하기 위한 다양한 공구와 공작기계를 운용하는 기술을 다루는 학문이다. 따라서 기계와 관련된 분야를 전공하는 사람이 가장 필수적인 기초학문으로 학습해야 할 내용이다. 기계공작법은 다루는 분야가 매우 광범위하며 해를 거듭함에 따라 새로운 기계공작 기술이 발전하고 있다.

최근에는 소비자의 요구와 수준이 다양화되고 높아지면서 공작기계의 다양화, 고속화, 대형화, 고정밀화가 이루어지고 있다. 이 교재는 기계공학을 전공하는 사람이 기계를 제작하는 기본적인 과정에서부터 응용단계까지 체계적으로 학습할 수 있도록 구성하였다. 본 교재는 저자의 연구만으로 이루어진 것이 아니라, 기계공작 분야를 오랜 기간에 걸쳐 발전시켜온 학자와 기술자들이 노력한 결과를 필자의 경험을 바탕으로 정리했으며, 참고문헌으로 인용한 선배제위께 감사의 말씀을 드린다.

본 교재를 구성하는 데 있어서 기계공작법의 넓은 영역 중에서 활용도가 많고 중요한 분야는 이해를 도울 수 있도록 그림과 도표를 사용하여 설명하였으며, 활용도가 떨어지는 분야는 간단하게 정리하였다. 필자가 그동안의 실무와 강의경험을 바탕으로 최선을 다해 집필하였으나, 미흡한 부분은 독자들의 조언과 격려를 통해 보완해 나가고자 한다.

아무쪼록 본 교재가 기계공작법을 공부하는 모든 이들에게 작으나마 도움이 되기를 간절히 바라며, 좋은 책을 만들기 위해 노력하는 ㈜북스힐 관계자 여러분께 깊은 감사를 전한다.

2018년 3월, 저자

차 례

Chapter 5 열처리 및 표면처리

Chapter 6 측정 및 수기가공

Chapter 7 절삭이론

Chapter 8 선반가공

Chapter 9 밀링가공

Chapter 10 형삭 및 평삭가공

Chapter 11 구멍 가공

Chapter 12 기어 가공

Chapter 13 연삭가공

Chapter 14 정밀입자 및 특수가공

Chapter 15 공작기계 및 생산자동화

CHAPTER

0 개 론

0.1 기계공작법의 개요

1. 기계공작법의 정의

제품에 대한 소비자의 요구수준이 높아지고 다양해짐에 따라 요구를 충족시키기 위한 다양한 제조방법의 개발이 점차 활발해지고 있다. 이에 따라 산업 및 제조시설은 물론 인간생활에 사용하는 기계장치 분야도 점차 IT 및 자동화기술이 접목되며 진화되어가고 있는 추세이다. 이러한 기계나 장치들은 대부분 금속 또는 기타 재료를 이용하여 다양한 형태로 정밀하게 제작되어 있음을 볼 수 있다. 이와 같은 기계나 장치들에 사용되는 재료에 여러 가지 변형을 가하여 우리가 원하는 형태와 성능의 기계를 만드는 데 필요한 제작방법을 다루는 분야가 기계공작법(manufacturing process)이다.

2. 기계제작 과정

연구개발을 통해 제품설계가 끝난 다음, 제작도면에 의해 기계를 제작하는 기본적인 과정은 다음과 같은 순서로 진행한다.

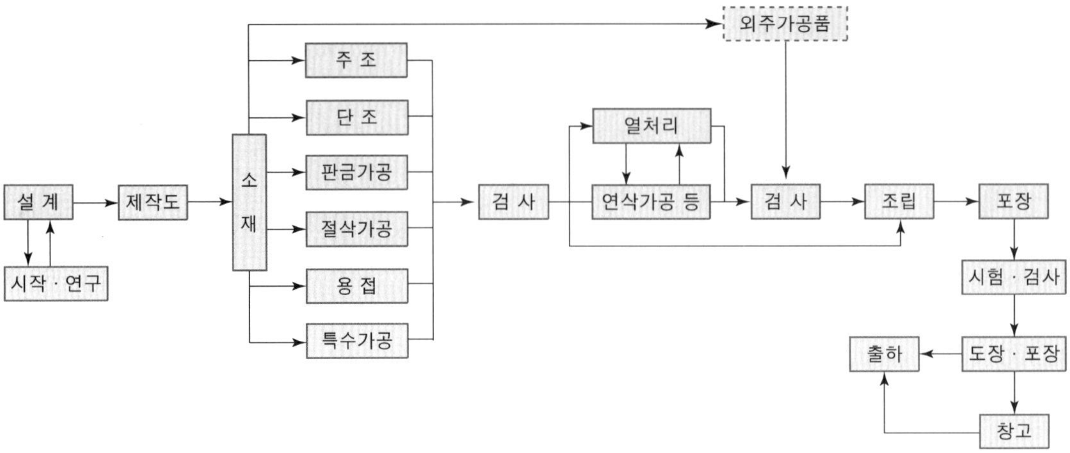

1) 비절삭가공

(1) 주조

실제 제조할 제품과 같은 형상의 원형(pattern)을 만들고, 원형을 이용하여 주형틀을 만들어서 이 주형틀에 용해된 용융금속을 주입하고 냉각시켜서 주물품을 얻는 작업을 말한다.

(2) 소성가공

재료에 일정 이상의 힘을 가하여 변형시킨 다음 힘을 제거해도 변형이 그대로 남아 있는 성질을 소성이라고 하며, 이러한 재료의 소성을 이용한 가공방법으로는 단조, 인발, 압출, 압연, 판재성형가공 등이 있다.

(3) 용접

금속의 용해성과 친화력을 이용하여 금속을 접합시키는 가공법으로 전기용접, 가스용접, 특수용접, 단접, 납땜 등이 있다.

(4) 이 외에도 초음파가공, 전해연마, 방전가공 등 전기적인 방법을 이용한 비절삭가공법이 있다.

2) 절삭가공법

주조 및 단조, 압출 등의 공정을 통해 1차 가공이 끝난 소재를 바이트 등과 같은 공구를 사용하여 쇳밥(chip)을 배출시켜서 용도에 알맞은 형상과 치수로 정확하게 가공하는 것을 절삭가공이라 한다.

(1) 절삭공구에 의한 가공

바이트(bite), 드릴(drill) 등과 같은 절삭공구를 사용하여 가공하는 것으로서, 고정공구에 의한 가공(선삭, 평삭, 형삭 등)과 회전공구에 의한 가공(밀링, 드릴링, 보링 등)으로 나눌 수 있다.

(2) 연삭공구에 의한 가공

탄화규소, 알루미나 등과 같은 연삭입자를 이용한 연삭숫돌로 가공하는 방법(grinding, honing, super finishing 등)과 분말로 가공하는 방법(lapping, 액체 honing 등)이 있다.

3. 기계공작에 이용되는 재료의 성질

기계재료를 가공할 때에는 재료가 지닌 여러 가지 물리적, 화학적인 성질을 최대한 이용하여 가장 효과적이고 경제적인 가공방법을 선택하여야 한다.

이러한 기계공작에 이용되는 재료의 성질은 다음과 같은 것들이 있다.

1) 가융성(fusibility)

재료를 높은 온도로 가열하면 용해되어 액체상태로 되어 유동성을 갖게 되는 성질을 용해성이라고 하며, 이 성질을 이용한 가공법에는 주조(casting), 용접(welding) 등이 있다.

2) 접합성(welding ability)

금속은 마찰 또는 가열하여 높은 온도로 올라가면 친화력이 증가되어 다른 금속 원자와 접합이 가능해지는 성질을 갖게 된다. 이러한 성질을 이용하는 가공법으로 용접(welding), 단접(forge welding) 등이 있다.

3) 전연성(malleability)

기계재료에 타격이나 압력을 가하였을 때 넓게 퍼지거나 길이가 늘어나는 성질을 전연성이라 한다. 이러한 전연성을 이용한 가공법으로는 압연(rolling), 압출(extrusion), 인발(drawing), 단조(forging) 등과 같은 소성가공이 있다.

4) 절삭성(machinability)

금속재료에 강한 재질의 공구로 힘을 가하여 마찰시키면, 쇳밥(chip)이 배출되면서 깍이는 성질을 절삭성이라 한다. 이러한 절삭성을 이용한 가공법으로 선삭, 평삭, 형삭 등과 같은 가공법이 있다.

5) 연삭성(grinding ability)

탄화규소, 알루미나 등과 같은 입자로 만든 숫돌 또는 분말입자를 이용하여 금속재료를 갈아내는 성질을 연삭성이라 하며, 이러한 연삭성을 이용한 가공법에는 연삭(grinding), 슈퍼 피니싱(super finishing), 래핑(lapping) 등이 있다.

4. 기계공작에 사용되는 재료

1) 철(iron)과 강(steel)

철강재료를 탄소함유량에 따라 구분하면, 철에 탄소가 0.02%C 이하의 매우 작은 양이 함유된 것을 순철(pure iron)이라고 하며, 탄소함유량이 작아 담금질 효과가 작으며 전연성이 크다. 이러한 순철은 주로 자석이나 전기제품, 실험용 재료의 용도로 생산된다.

철에 탄소가 0.02~2.11%C 함유된 강을 탄소강(carbon steel)이라고 하며, 탄소강은 제강과정에서 규소(Si), 망간(Mn), 인(P), 황(S)을 함유하게 된다.

철에 탄소가 2.11~6.67%C 함유된 것을 주철이라 하며, 탄소함유량이 많아서 취성을 띄고 있어서 소성가공하기 어려우며 기계의 몸체, 베드 등의 재료에 많이 사용된다.

(1) 선철(pig iron)과 주철(cast iron)

용광로에서 철광석을 용해하여 제선과정을 거쳐 얻은 철을 선철이라 하고, 선철이나 고철을 용선로(cupola)에서 용해하여 원소 배합성분을 조정하여 보통주철, 특수주철을 제조하게 된다.

(2) 탄소강(carbon steel)

철에 탄소(C), 규소(Si), 망간(Mn), 인(P), 황(S) 등이 함유된 강을 탄소강이라고 하며, 탄소함유량에 따라서 0.3%C 이하인 저탄소강은 연강재질로써 기어, 볼트, 너트 및 일반

구조용 강재로 많이 사용되며, 0.3~0.4%C인 중탄소강은 축류 등 기계구조용 탄소강으로 사용되며, 0.4%C 이상인 고탄소강은 경강재질로써 기어, 레일, 스프링, 공구강 등의 재료로 많이 이용된다.

(3) 합금강(alloy steel)

탄소강의 기계적 성질을 개선할 목적으로 탄소강에 Ni, Cr, Mo, Ti, Co, W, V 등과 같은 특정원소를 한 가지 이상 첨가하여 제조한 강을 합금강이라고 한다. 이러한 합금원소의 첨가에 따른 영향은 다음과 같이 요약할 수 있다.

① Ni : 강도와 인성을 높이며 산화방지와 내식성을 향상시킨다.

② Cr : 강도와 경도가 높아지고 내식성, 내마모성을 향상시킨다.

③ Mo : 열처리성을 향상시키며 내식성을 증가시킨다.

④ Ti : 열처리 경화성능을 향상시키고, 내마모성, 내식성을 증가시킨다.

⑤ W : 탄화물생성을 용이하게 하여 고온강도와 경도를 증가시킨다.

⑥ V : 열처리 경화능력과 인성을 증가시킨다.

2) 비철금속

(1) 구리(copper) 및 구리 합금(copper alloy)

구리는 비중이 약 8.9로 철강재료에 비해 무겁고 고가이면서 강도가 낮으나, 전기 및 열전도가 우수하며 유연하고 전연성이 좋아서 가공성이 양호하며 내식성이 좋다. 용융점은 1,085 °C 정도이며 기계재료로 구리 합금을 주로 사용한다.

① **황동(brass)**: Cu-Zn계 합금으로 구리에 비해 주조성 및 가공성, 내식성이 우수하다. 아연(Zn)함유량에 따라 Zn을 30% 정도 함유한 것이 7-3 황동으로써 냉간가공성이 우수하여 방열부품, 파이프, 탄피 등의 재료로 사용되며, Zn을 40% 정도 함유한 것이 6-4 황동으로써 절삭성과 주조성이 우수하여 보일러 부품, 볼트, 너트, 밸브 등과 같은 기계부품의 재료로 많이 이용된다.

② **청동(bronze)**: Cu-Sn계 합금의 대표적인 예로 구리에 10% 정도의 주석(Sn)과 소량의 Zn을 함유한 것으로써 강도, 경도, 내식성과 주조성이 우수하여 각종 기계부품과 미술 장식용 재료로 많이 사용된다.

(2) 알루미늄(aluminum)과 알루미늄 합금

알루미늄(Al)은 백색의 비철금속으로 비중이 약 2.7로 가볍고 전기 및 열전도성이 양호하고 내식성과 내가공성이 우수하다. 알루미늄에 Cu, Zn, Si, Mg 등의 원소를 첨가한 고강도의 Al 합금을 이용하여 항공기, 자동차, 선박부품 등의 재료에 사용된다.

① **두랄루민(duralumin)**: Cu 4%, Mg 0.5%, Mn 0.5% 정도를 함유하는 알루미늄 합금으로 가볍고 담금질성이 우수하여 강도가 커서 자동차, 항공기 등의 부품에 사용된다.

② **실루민(silumin)**: Si가 10~14% 정도 함유된 Al 합금으로 응고시 수축률이 비교적 적어 유동성이 좋아 복잡한 형상의 주조용 합금으로 많이 사용된다.

(3) 마그네슘(magnesium)과 마그네슘 합금

마그네슘(Mg)은 비중 1.74인 은백색으로 공업용 금속 중에서 가장 가볍고, 용융온도가 650 °C 정도이다. 마그네슘 합금은 비중에 대비한 인장강도가 크며, 절삭성이 우수하여 부품의 경량화에 큰 이점이 있다. 항공기, 자동차, 자전거 등의 경량화를 위한 부품 등에 사용된다.

(4) 티타늄(Titanium)과 티타늄 합금

티타늄(Ti)은 비중이 4.5로 Al보다는 무겁고 철강보다는 가벼우나, Al보다 강도는 크고 철강재료와 비슷한 강도를 가지고 있다. 티타늄 합금은 고온강도가 커서 엔진의 축류, 고온용 날개와 회전자 등과 같이 고온강도가 요구되는 기계부품의 재료로 사용된다.

(5) 아연(Zinc)과 아연 합금

아연(Zn)은 용융온도가 420°C 정도로서 낮고 냉간가공이 용이하며 가격이 저렴하다. Al을 4% 정도 함유한 아연 합금은 용융점이 낮아 주조성이 양호하여 다이 캐스팅용으로 사용하며, Cu, Mg, Ti 원소를 첨가하여 판재, 선재, 봉재 등 가공용 아연 합금으로도 사용된다.

CHAPTER

1 주조

1.1 주물 제조공정

주조법(casting)은 오래된 기계제작법 중의 하나로 생활용품이나 장식품 등의 제작에 많이 사용되어왔다. 주조용 재료로써 주철(cast iron)이 다양한 분야에 활용되면서 주조기술에 많은 발전을 가져오게 되었다.

주철을 이용한 주물의 제조공정은 그림 1.1(f)와 같이 용해된 주철 쇳물이 주형에 주입되어 응고되면서 주물이 만들어지게 된다. 이를 위해 원형도면과 같은 형상과 크기로 원형(pattern)을 제작하고, 필요에 따라 코어를 만들기도 한다. 이러한 원형과 코어 등을 주형틀에 넣고 조형하여 주형을 제작한다. 그리고 용선로에서 주철을 용해하여 주형 속에 주입하여 응고된 후 주형을 해체하여 주물품을 얻게 된다.

이와 같이 주조는 형상이 복잡하거나 대형인 제품을 비교적 쉽게 만들 수 있어서 생활용품, 예술장식품을 비롯하여 공작기계의 몸체, 자동차 엔진블록, 농기구 제조 등 다양한 산업 분야에 걸쳐 널리 이용되고 있다.

또한 주조에 쓰이는 재료도 주철, 주강을 비롯한 금속과 알루미늄합금, 구리합금, 아연합금 등 비철금속에 이르기까지 다양한 종류의 금속이 사용되고 있다.

이러한 주조공정을 요약하면 다음과 같다.

① **주조계획:** 주조계획을 세우고 원형도면을 만든다.

② **원형제작:** 목재, 석고, 금속, 왁스, 플라스틱 등의 재료를 이용하여 주물품과 같은 형상의 원형을 제작한다.

③ **주형제작:** 원형을 주물사가 담겨진 주형틀에 넣고 다져서 원형과 같은 형상의 주형을 조형한다.

④ **주철용해:** 용선로에서 주철을 주조하기 좋은 상태로 용해한다.

⑤ **주입:** 용해된 주철을 주형에 주입하고 응고시킨다.

⑥ **주형해체:** 금속의 응고가 완료되면 주형을 해체시킨다.

⑦ **청정 및 후처리:** 주입구 등 탕구계를 분리하고 모래를 털어낸다.

⑧ **검사:** 주물품의 균열이나 기공 등의 결함여부를 확인한다.

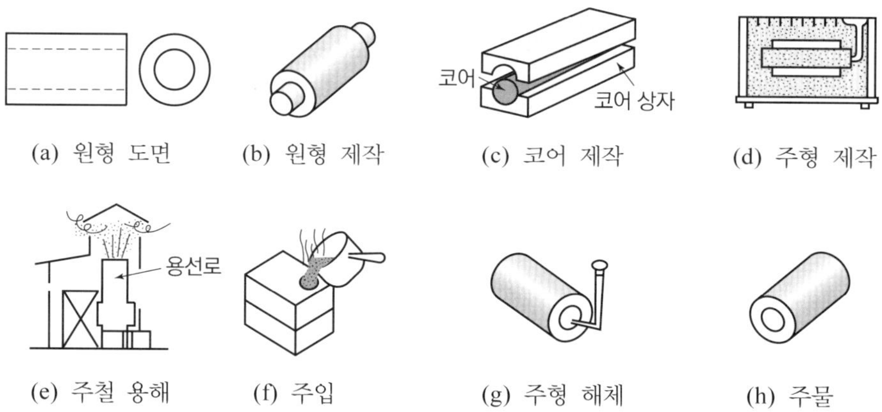

그림 1.1 주물 제조공정

1.2 원형 제작

1. 원형의 종류

1) 원형 재료에 따른 분류

(1) 목형(wood pattern)

목재를 사용하여 원형을 만든 것을 목형(木型)이라고 하며, 가공이 비교적 쉽고 가볍고 제작비가 적게 드는 장점이 있다. 목형용 목재로써 구비해야 할 조건은 다음과 같다.

① 노목을 동절기에 벌채하여 충분히 건조시켜 변형이 적을 것

② 목재의 재질이 균일할 것

③ 가공이 용이하고 가공된 면이 고울 것

④ 적당한 강도를 가지고 내구성이 좋을 것

⑤ 가격이 저렴할 것

(2) 금속형(metal pattern)

금속을 사용하여 원형을 만든 것으로써 제작비가 비싸지만 정밀도와 내구성이 높아서 대량생산용 원형을 제작할 때 많이 사용한다. 금속형의 재료는 가공이 비교적 용이하고 가벼운 알루미늄, 아연, 황동, 안티몬 등 비철금속 합금이 많이 사용된다.

(3) 석고형(plaster pattern)

석고를 직접 가공하여 원형을 만드는 방법과 목재나 왁스로 모형을 먼저 만들어서 석고 원형으로 재생시키는 방법이 있다.

(4) 왁스형(wax pattern)

파라핀(paraffin), 로진(rosin), 밀랍 등을 배합하여 제작한 원형을 왁스형이라 한다.

(5) 풀 몰드형(full mould pattern)

발포성 수지를 재료로 만든 원형을 말하며, 주형 속에 원형을 넣은 상태로 조형하여 용융금속을 주입하면 발포성 수지가 소실되면서 생긴 공간에 용융금속이 채워지면서 주물이 제조되는 방법으로써 대형 주물에 제조에 사용된다.

(6) 플라스틱형(plastic pattern)

폴리스틸렌 또는 페놀과 같은 합성수지를 이용하여 원형을 제작하는 것으로 합성수지형이라고도 한다. 합성수지는 비교적 가공이 용이해 원형제작시간이 짧고 가벼우며 내구성과 복제성이 좋은 장점이 있다.

2) 원형 형태에 따른 분류

원형은 주조할 주물과 같은 형상으로 만들어서 주형 안으로 용융금속이 주입할 수 있는 중공부분을 만들기 위하여 사용되는 것으로 형태와 구조에 따라 다음과 같은 종류가 있다.

원형을 제작할 때에는 주물제품 치수에 가공여유, 수축여유, 빼기구배(taper) 등을 고려해야 한다.

(1) 현형(solid pattern)

주조할 주물품과 거의 동일한 형상으로 만든 원형으로써 필요에 따라 코어프린트를 붙이거나 두 부분 이상으로 분할하여 만들 수도 있다. 이러한 현형은 형상과 구조 등 제작방법에 따라 단체형, 분할형, 조립형, 반편 현형 등이 있다.

① **단체형**(one piece pattern): 제작하려는 주물과 같은 형태를 가진 원형으로써 구조가 간단하고 형상이 단순하며, 하나의 원형으로 주형제작이 가능한 경우에 사용한다.

② **분할형**(split pattern): 주물의 형상이 다소 복잡하여 단체형으로 원형을 제작하기 어려운 경우에 원형을 2개로 분할하여 제작하는 원형을 말한다.

③ **조립형**(built-up pattern): 주물의 형상이 매우 복잡하여 여러 개의 조각으로 나누어 원형을 제작하여 조립하여 원형을 제작한 것으로써 복잡한 형상의 주물이나 대형인 주물을 제작할 때 사용한다.

④ **반편 현형**(half piece pattern): 주물품의 상하 또는 좌우가 대칭형상일 경우에 원형의 한쪽만을 제작한 것이 반편 현형(半片 現型)이다. 이 원형을 사용하면 조형작업은 어려워지나 원형 제작시간과 경비를 절감할 수 있다.

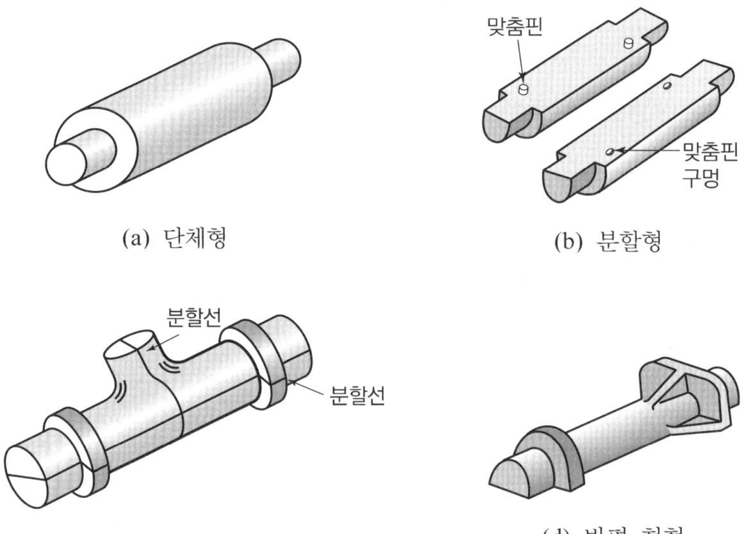

(a) 단체형 (b) 분할형 (c) 조립형 (d) 반편 현형

그림 1.2 현형의 종류

(2) 판형(plate pattern)

원형을 판 형태로 제작하여 주형을 조형할 때 사용하는 것으로 회전형과 긁기형이 있다.

① **회전형**(sweeping pattern): 주물품의 형상이 종 또는 원형용기와 같이 하나의 중심축

을 기준으로 대칭을 이루는 경우에 그림 1.3(a)와 같이 주물단면 형상을 회전형 판으로 만들어 중심축을 기준으로 원형을 회전시켜 주형을 제작한다. 지름이 비교적 크고 주물제작 수량이 적을 경우 원형 제작과 경비를 줄일 수 있는 장점이 있다.

② **긁기형**(strickle pattern): 주물의 단면 형상이 일정하고 가늘고 길 경우에는 원형을 단면 형상과 같이 만든 것으로써 그림 1.3(b)와 같이 긁기판을 안내판을 따라 긁어서 주형을 제작한다.

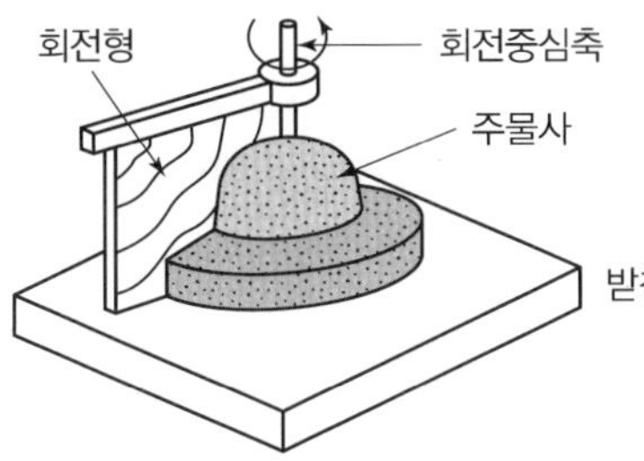

(a) 회전형

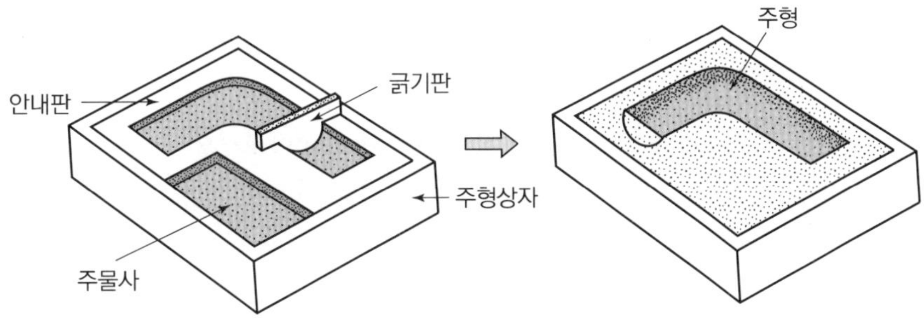

(b) 긁기형

그림 1.3 판형

(3) **부분형**(section pattern)

기어나 벨트풀리와 같이 동일한 형상이 연속되어 전체 형상을 이루는 경우에는 그 일부분 형상만을 원형으로 만든 것을 부분형이라고 하며 그림 1.4와 같이 조형한다.

현형에 비해 원형 재료를 절약할 수 있으나, 주형을 정밀하게 조형하기 어렵고 시간이 많이 걸리므로 소량생산에 적합하다.

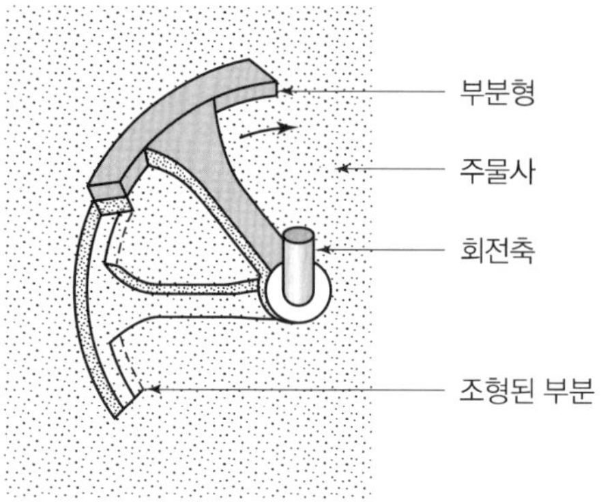

그림 1.4 부분형

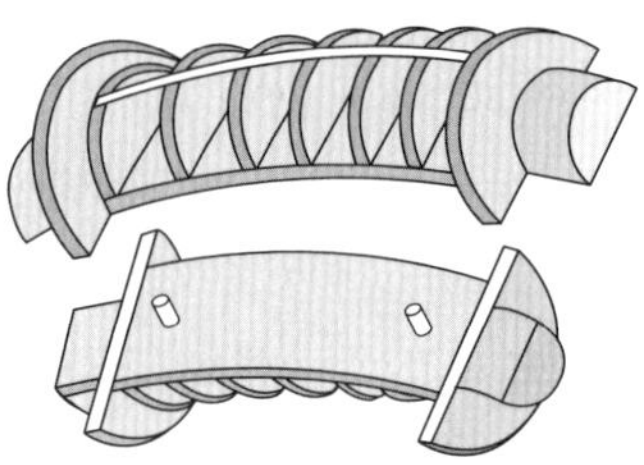

그림 1.5 골격형

(4) 골격형(skeleton pattern)

주물이 대형이고 제작수량이 적을 경우에는 골격만 원형으로 만들고 골격사이를 점토와 같은 점성재료로 채워서 주형을 제작하는 방법으로써 원형재료와 주형 제작비를 절감할 수 있으므로 경제적이다.

(5) 코어형(core pattern)

밸브 몸체, 파이프 등과 같이 속이 비어 있는 중공(hollow)부분이 있는 주물을 주조할 때 중공부분에 해당하는 주형부분을 코어(core)라고 하며, 이런 코어를 만들기 위해 코어형이 필요하다. 코어가 정확한 위치에 자리 잡고 지지할 수 있도록 주형에 코어 프린트(print)를 만들어야 하며, 필요에 따라 코어의 길이방향으로 철심을 넣어 코어를 보강해주기도 한다.

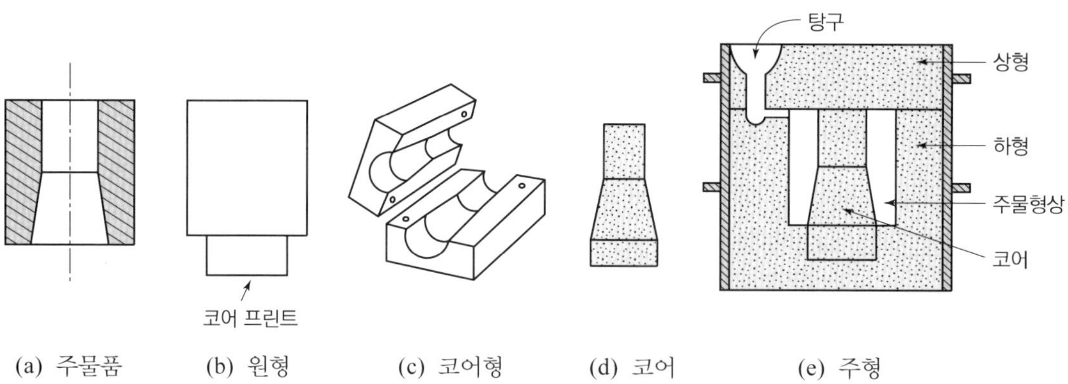

그림 1.6 코어 주형 제작과정

(6) 잔형(loose pattern)

그림 1.7과 같이 주물품에 도브 테일(dove tail)과 같은 형상이 있을 경우에는 주형에서 원형을 그대로 뽑을 수 없게 된다. 이때 주형에 걸리는 부분의 형상을 별도로 만든 것이 잔형이다. 잔형을 원형에 붙인 상태에서 조형을 마친 후 1차로 원형만 먼저 뽑아낸 다음 2차로 나머지 부분의 잔형을 뽑아내어 주형을 완성한다.

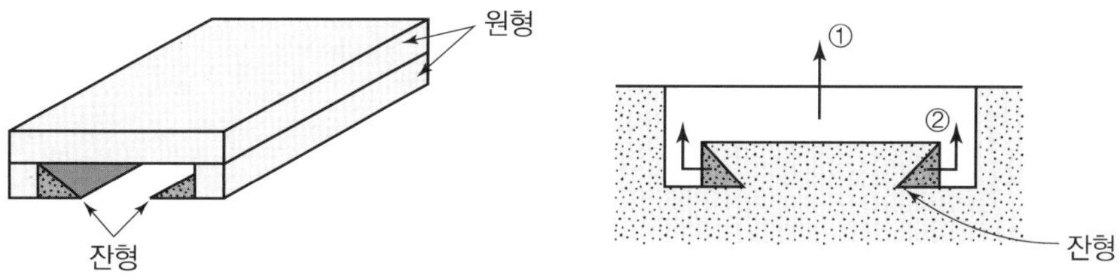

그림 1.7 잔형을 이용한 주형 제작과정

(7) 매치 플레이트형(match plate pattern)

소형 주물품을 하나의 판에 여러 개의 원형을 붙여놓은 형태의 원형으로써, 여러 개의 주물을 동시에 주조할 수 있으므로 소형제품의 대량 생산에 적합하다.

판의 양쪽 면에 소형원형을 붙인 것을 매치 플레이트(match plate)라 하고, 판의 한쪽에만 원형을 붙이게 되면 패턴 플레이트(pattern plate)라고도 한다.

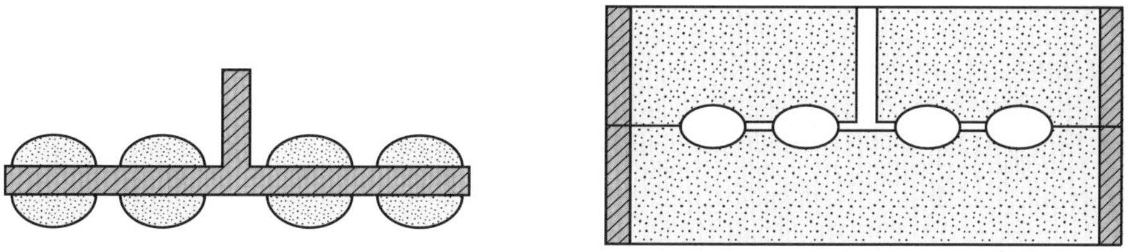

(a) 매치 플레이트 원형 (b) 매치 플레이트를 이용한 주형

그림 1.8 매치 플레이트를 이용한 주형 제작

2. 원형 제작에 고려해야 할 사항

주조방안이 결정되어 주형의 형상과 크기, 정밀도 등이 정해지면 원형의 형태가 명확해진다. 주물품의 제작도면은 최종 완성제품의 형상과 치수로 작성되고 원형의 형상과 치수는 주물품과 밀접한 관계가 있다. 따라서 금속이 응고될 때의 수축여유, 주조 후 가공여유,

빼기구배, 주형제작 공정 등을 충분히 고려한 원형 제작용 현도(現圖)를 작성하여 원형을 제작하여야 한다. 이러한 원형을 제작할 때 고려할 사항을 반영한 현도는 주물품의 제작도면과는 차이가 나게 되므로 원형을 제작할 때 다음과 같은 사항을 고려해야 한다.

1) 수축여유(shrinkage allowance)

주형 내에 주입된 용융금속이 냉각되어 응고되면 체적이 수축된다. 따라서 수축되는 크기만큼 원형을 더 크게 만들어야 하며, 수축에 따라 보정해야 하는 양을 수축여유라 한다.

주조금속에 따른 대략적인 수축여유는 표 1.1과 같다.

▶ 표 1.1 수축여유

주물재료	수축여유
	길이 1 m에 대하여
주철	8 mm
가단주철	15 mm
주강	20 mm
알루미늄	20 mm
황동, 청동, 포금 등	15 mm

이와 같은 주물재료에 따른 수축여유를 고려해서 만든 주물자(鑄物尺, shrinkage scale)를 사용하여 원형을 제작할 수도 있다.

원형의 길이 L, 주물의 길이 l, 수축률 ϕ, 주물과 원형의 길이 차이 Δl 일 때, 수축률(ϕ)은 $\phi = \dfrac{L-l}{L}$ 로 표시할 수 있고, 수축률은 주물금속에 따른 정수이므로,

$$L = \frac{l}{1-\phi}$$

$$\Delta l = L - l = L \cdot \phi = \frac{l}{1-\phi} \times \phi$$

가 된다. 이와 같이 주물의 수축률에 따른 Δl 을 고려하여 만든 것이 주물자이다.

2) 가공여유(machining allowance)

주물품의 표면을 필요에 따라 절삭가공하거나 구멍가공 등을 해야 할 경우에는 절삭해야 하는 가공량만큼 원형을 더 크게 만들어야 하며, 이 여유량을 가공여유라 한다.

▶ **표 1.2** 가공여유

종류	주물의 크기(mm)					
	300 이하	300~600	600~1,000	1,000~1,500	1,500~2,000	2,000~3,000
주철	2.5~3.0	3.5~5.0	5.0~7.0	6.0~8.0	8.0~10.0	10.0~12.0
주강	2.5~3.0	4.6~6.0	6.0~8.0	8.0~10.0	10.0~12.0	12.0~15.0
청동	2.0~3.0	3.0~4.0	4.0~5.0	–	–	–
알루미늄 합금	2.0~3.0	3.0~4.0	4.0~5.0	–	–	–

이러한 가공여유는 주물의 크기나 재질, 가공 정밀도 등에 따라 여유량이 다르다. 일반적으로 거친가공에는 1~5 mm, 중간 정도 가공에는 3~5 mm, 정밀가공에는 5~10 mm 정도의 가공여유를 준다.

3) 원형 빼기구배 및 테이퍼(taper)

조형을 마친 후 주형에서 원형을 빼낼 때 주형이 부분적으로 파손될 수 있다. 이때 원형의 측면을 경사지게 기울기를 줌으로써 주형의 파손을 예방할 수 있다. 이것을 빼기구배라고 하며, 조형방법에 따라 다르나 보통 원형길이 1 m에 대해 6~30 mm 정도의 구배를 줌으로써 주형에서 원형의 분리를 원활하게 할 수 있다.

4) 코어 프린트(core print)

가운데가 비어 있는 중공주물을 제작할 때, 주형 내에서 코어가 정확한 위치에서 지지될 수 있도록 코어 자리(core seat)를 만들기 위해 원형에 부가되는 돌기부분을 코어 프린트라고 한다. 코어 프린트는 쇳물의 유동이나 압상력 등에 의해 코어가 움직이거나 떠오르지 않고 정확한 위치에 자리 잡을 수 있도록 해야 한다.

5) 라운딩(rounding)

주형 내의 용융금속은 표면에서부터 내부로 응고되면서 계면에 수직방향으로 기둥형태의 주상(柱狀)으로 금속조직의 결정립(結晶粒)이 성장하게 된다. 그림 1.10(a)에서와 같이 각진 모서리부분에서 결정립의 성장이 충분하지 못하고 불순물이 편석될 수 있고, 대각선 방향으로 결정경계로 인해 균열이 생겨 취약한 부분이 된다. 그리고 주형에서 원형을 뽑거나 쇳물이 주입될 때 각진 모서리 부분이 쉽게 파손될 수 있다. 따라서 1.10(b)와 같이 원

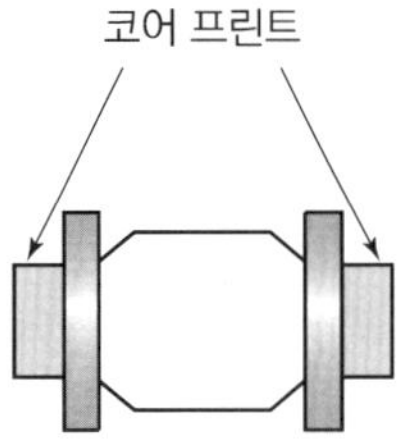

(a) 코어 프린트

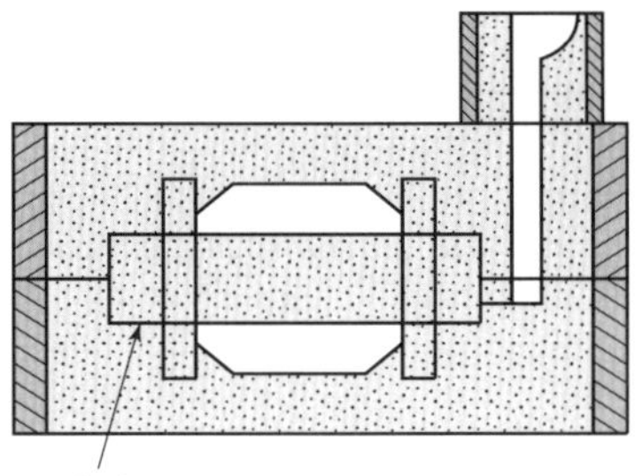

(b) 코어를 이용한 중공 주형제작

그림 1.9 코어 프린트를 이용한 주형제작

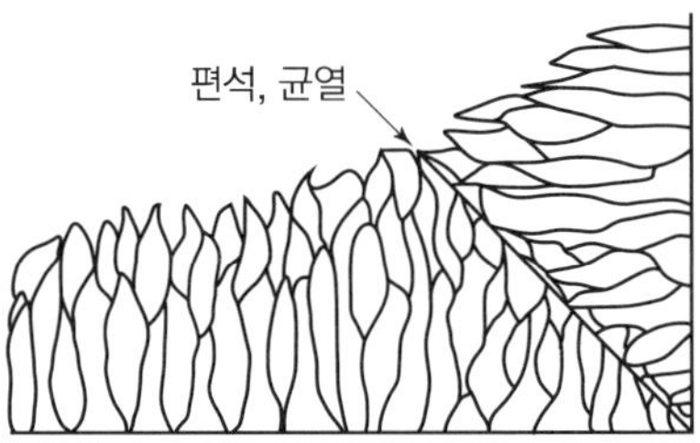

(a) 각진모서리

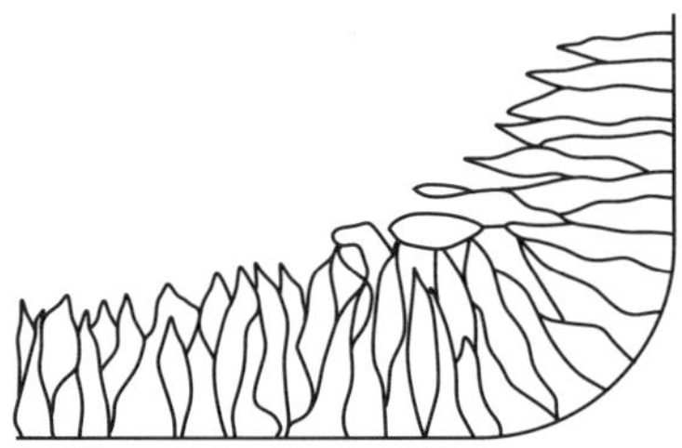

(b) 둥근모서리

그림 1.10 용융금속의 응고와 결정조직

형의 모서리부분을 둥글게 하여 주형의 파손을 예방하고 금속의 결정립이 균일하게 성장할 수 있도록 라운딩을 준다.

6) 덧붙임(stop-off)

두께가 얇거나 불균일하고 복잡한 형상의 주물은 냉각시 내부응력에 의해 변형되기 쉬우며, 원형도 변형되기 쉬우므로 그림 1.11과 같이 덧붙임으로 보강하여 변형을 방지할 수 있다. 이러한 덧붙임은 주조가 완료된 후 주물품에서 잘라내어 제거하면 된다.

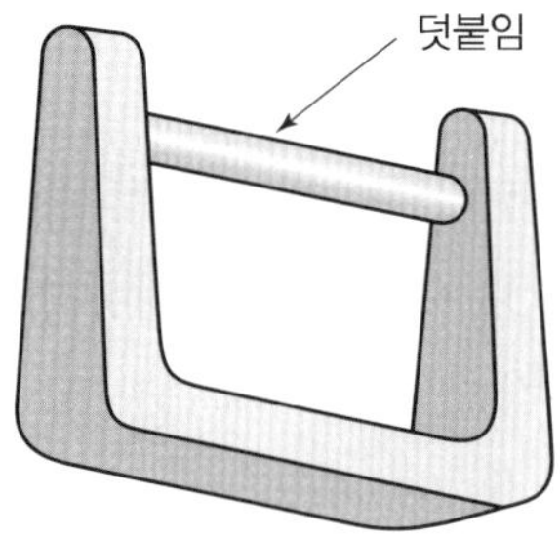

그림 1.11 덧붙임

이상과 같이 원형을 제작할 때 고려해야 할 사항을 반영하여 작성된 현도는 주물품의 최종 제작도와는 형상과 치수에 차이가 발생하게 된다.

7) 상하 분할면의 결정

주형을 제작할 때 상하의 분할면의 결정은 조형작업의 편리성과 주물결함을 줄일 수 있는 중요한 요소이다. 일반적으로 다음과 같은 사항을 고려하여 분할면을 결정한다.

① 주물품의 중요한 부분을 아래 주형틀로 올 수 있도록 한다.
② 주형제작이 용이하고 주형틀을 조립할 때 안정적이어야 한다.
③ 코어의 위치가 안정될 수 있으며, 가스배출이 용이해야 한다.

1.3 주형 제작

주물을 생산하기 위하여 원형을 이용하여 용융금속을 주입할 수 있는 중공부분이 만들어진 틀을 주형(鑄型, mold)이라 한다. 주형의 종류에는 주형재료에 따라 주물사를 사용하는 사형(砂型, sand mold)과 금형(金型, metal mold)이 있으며, 사형은 수분의 함유상태에 따라 생형과 건조형으로 구분한다.

1. 주형의 종류

1) 사형(sand mold)

(1) 생형(green sand mold)

주형을 제작할 때 주물사에 함유된 수분이 그대로 함유된 상태의 주형을 말하며, 용융금속이 주입될 때 수분이 기화되어 주물품에 기포(blow hole)를 발생시키는 원인이 될 수 있다.

건조형에 비해 강도가 낮고 통기성이 불량하여 대형 주물의 생산에는 적합하지 않고 비철금속 주물이나 일반 주철의 주물의 주조에 사용된다.

(2) 건조형(dry sand mold)

생형으로 제작된 주형을 건조로에서 150～500 °C 온도로 1시간 이상 서서히 가열하여 주물사에 함유된 수분을 제거하여 건조시킨 것이다. 생형에 비하여 강도와 통기성이 증대되므로 복잡한 형상이거나 대형 주물을 주조할 때와 코어제작에 적당한 방법이다. 주로 주강 또는 고급주물의 주조에 사용된다. 또한 바닥 주형이나 혼성 주형과 같이 주형전체를 건조시키기 어려울 경우에는 필요에 따라 용융금속과 직접 접촉되는 부분의 표면만 토치로 가열하여 건조시켜 사용하는 경우도 있다. 이렇게 반만 건조시킨 주형을 반건조형 또는 표면건조형(skin dry mold)이라 한다.

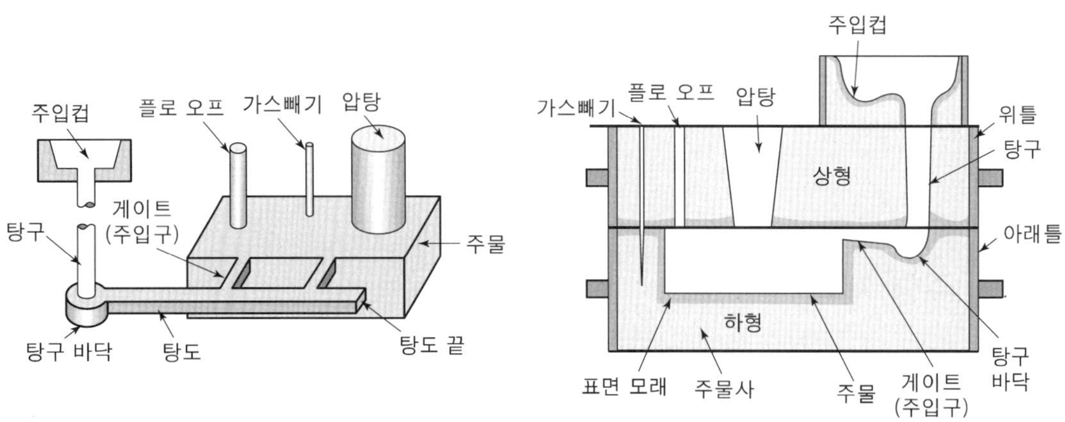

(a) 탕구계의 구성 (b) 주형틀의 구성

그림 1.12 주형의 구성과 명칭

2) 금형(metal mold)

금속재료를 이용하여 제작된 주형을 일컬으며, 일반적으로 내열성이 우수한 금속을 사용하여 금형을 제작한다. 주로 용융온도가 낮은 저용융점 비철금속이나 합성수지 재료의 정밀도가 높은 소형주물의 대량생산에 적합하다.

2. 주형 제작법

1) 수작업에 의한 주형제작

(1) 조립 주형법(turn over molding)

일반적으로 상형, 하형과 같은 형태로 구성된 2~3개를 주형틀을 사용하여 주형을 제작하는 방법으로써 주형제작이 비교적 간단하고 이동이 가능하여 많이 사용하는 주형법이다.

다음은 그림 1.13과 같은 조립 주형의 제작과정을 간단하게 나열한 것이다.

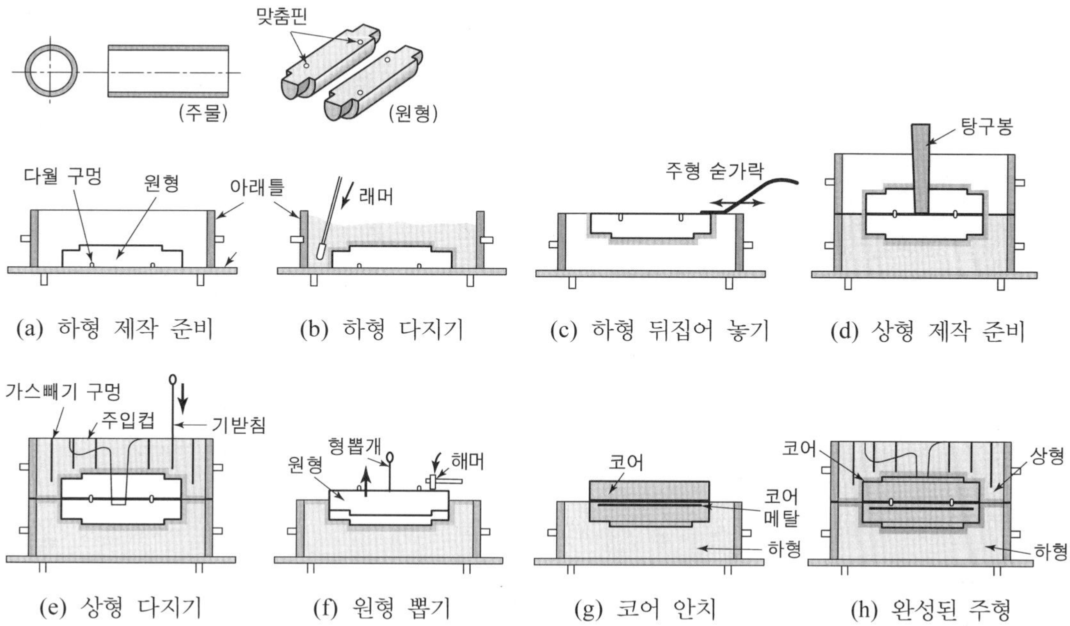

그림 1.13 조립 주형의 제작과정

(a) 주형도마 위에 원형과 아래 주형틀(하형)을 올려놓는다.
(b) 주물사를 충분히 넣고 적절한 강도로 다진다.
(c) 아래 주형틀을 거꾸로 뒤집어 놓고 주형틀 표면을 평면으로 긁어낸다.
(d) 짝이 되는 원형을 결합시키고 또 다른 주형틀(위 틀)을 올려놓고 분리사를 뿌린다.
(e) 탕구봉을 세운 다음 주물사를 덮고 적절한 강도로 다진다.
(f) 주형틀 표면을 평면으로 긁어내고 원형과 탕구봉을 뽑아낸다.
(g) 주형틀을 분리시킨 다음 코어 배치 등 필요한 작업을 한다.
(h) 상·하 2개의 주형틀을 조립하여 주형을 완성한다.

(2) 바닥 주형법(open sand molding)

그림 1.14(b)와 같이 주형틀을 사용하지 않고 주물공장의 바닥에 수평으로 쌓인 주물사에 원형을 넣고 주형을 제작하는 방법이다. 주형이 간단하게 제작되지만 위 틀(상형)이 없어서 주물표면이 대기 중의 공기와 접촉되어 표면이 산화되어 거칠게 된다. 따라서 표면이 정확할 필요가 없거나 형상이 간단한 주물을 제작할 때 사용하는 주형법이다.

(3) 혼성 주형법(bed in molding)

주형틀을 사용할 수 없을 만큼 주물이 대형일 때에는 주형의 대부분을 주물공장 바닥의 주물사를 이용해서 조형하고 탕구계 등 나머지 부분은 주형틀을 만들어 조형함으로써 주형을 제작하는 방법이다. 이 방법은 조립 주형법과 바닥 주형법을 혼합해 사용하는 방법으로써 혼성 주형법이라고 한다. 그림 1.14(c)와 같이 주물사 바닥을 깊이 파내고 석탄재나 코크스 등을 넣은 다음 표면사를 덮는다. 그리고 가스빼기를 여러 개 설치해서 가스의 방출을 용이하게 해준다.

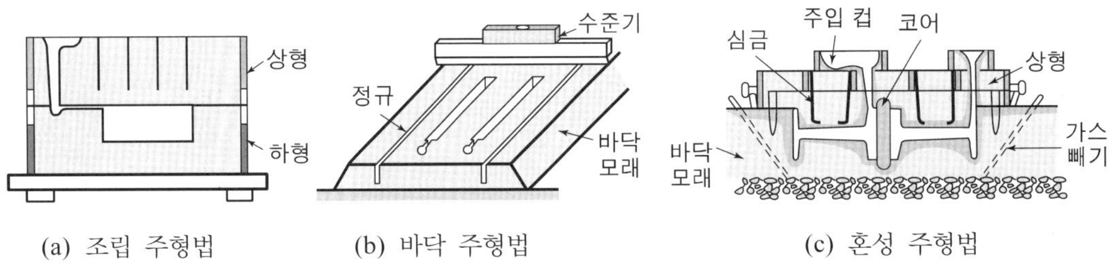

그림 1.14 수작업에 의한 주형 제작

2) 기계를 이용한 주형제작

수작업에 의해 주형을 제작하는 방법은 시설비가 적게 드는 장점이 있으나, 주형제작에 숙련이 필요하며 품질이 균일하지 않으며 생산성이 낮은 단점이 있다. 조형기를 사용하는 기계조형법은 숙련된 기능이 없어도 주형이 균일하게 다져져서 치밀하며 주물의 정밀도가 높고 불량품 발생이 적은 장점이 있다. 하지만 주형제작에 사용할 수 있는 원형이 현형으로 제약되며, 주물의 형상이 복잡하거나 대형주물에 적용하기에는 한계가 있으며 소량생산에는 경제성이 떨어지는 단점이 있다.

(1) 진동식 조형기(jolt molding machine)

주물사가 담겨진 주형틀을 테이블 위에 올려놓고 압축공기를 이용하여 주형틀에 진동을 주어 다져서 주형을 제작하는 방법이다. 진동식 조형기의 실린더 하부에서 2～3기압 정도의 압축공기를 급배기하여 피스톤이 상하운동을 하면 테이블이 진동하게 되어 주형틀의 주물사가 다져짐으로써 주형이 제작된다. 이 방법은 주형틀 아랫부분의 주물사는 잘 다져지나 윗부분의 주물사는 잘 다져지지 않는 단점이 있다.

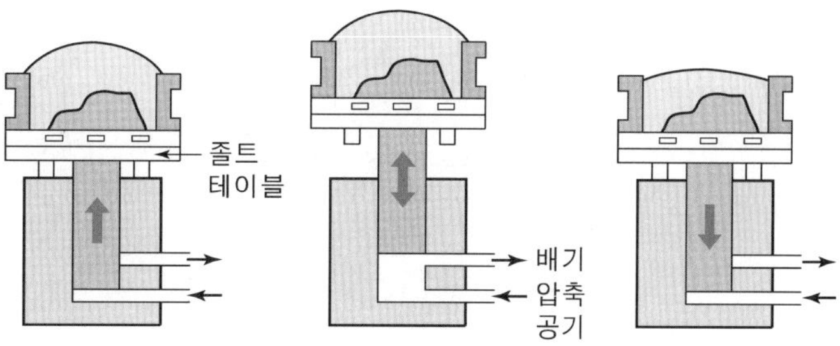

그림 1.15 진동식 조형방법

(2) 압축식 조형기(squeeze molding machine)

테이블 위에 놓여 있는 주형틀을 압축공기를 이용하여 위쪽으로 밀어 올리면 상부의 스퀴즈 헤드에 의하여 주형틀 내의 주물사를 다져서 주형을 제작하는 방법이다. 이 방법은 윗부분의 주물사는 잘 다져지나 아랫부분과 가장자리 부분의 주물사는 잘 다져지지 않는 단점이 있다.

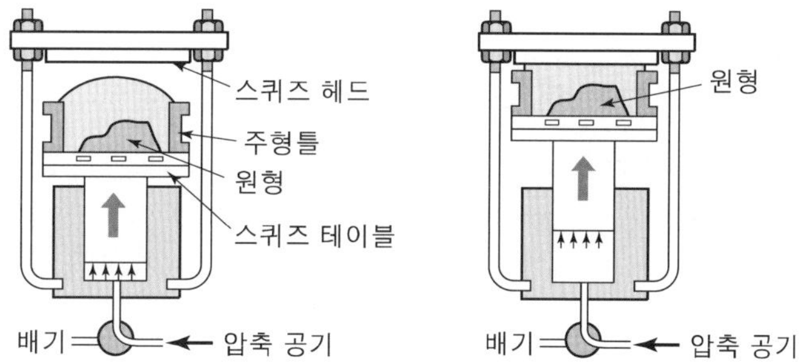

그림 1.16 압축식 조형방법

(3) 진동-압축식 조형기(jolt-squeeze molding machine)

진동식 조형기를 사용한 주형제작 방법은 주형틀 아랫부분의 주물사는 잘 다져지나 윗부분으로 올라갈수록 잘 다져지지 않는 단점이 있으며, 압축식 조형기를 사용한 주형제작 방법은 윗부분 주물사는 잘 다져지나 아래와 가장자리 부분의 주물사는 잘 다져지지 않는 단점이 있다. 이 두 가지 방법의 단점을 서로 보완하여 주형을 제작할 수 있도록 한 조형기가 진동-압축식 조형기이다.

그림 1.17과 같은 진동-압축식 조형과정을 요약하면 다음과 같다.

(a) 아래 주형틀(하형)을 윗 방향으로 테이블에 올려놓고 진동을 가하여 주물사를 다진다.
(b) 주형틀을 뒤집어서 테이블에 놓는다.

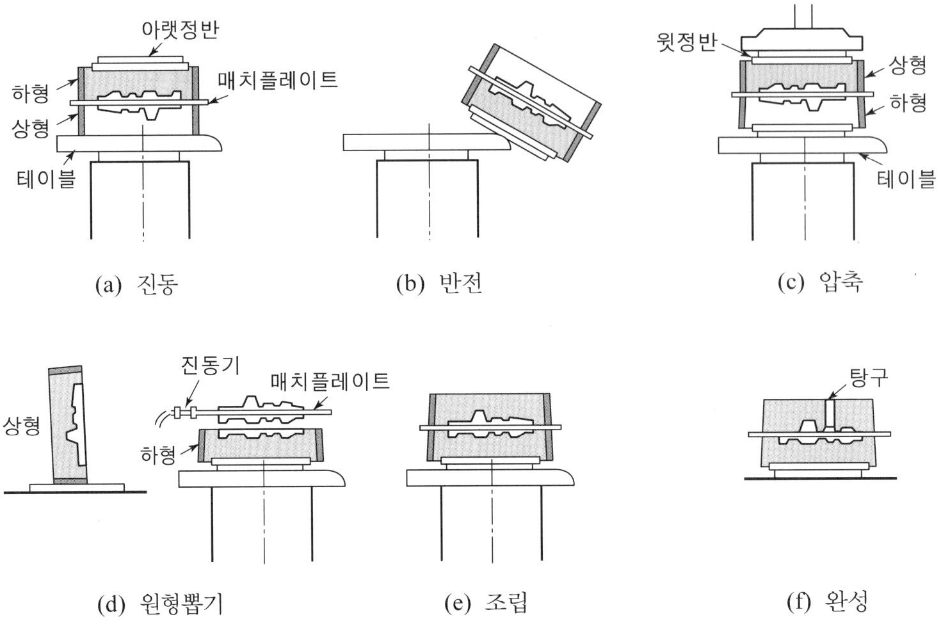

그림 1.17 진동-압축식 조형방법

(c) 공기압을 이용하여 스퀴즈 헤드로 주형틀에 압축을 가하여 주물사를 다진다.
(d) 주형틀에서 원형을 뽑아낸다.
(e) 상 · 하형을 조립한다.
(f) 탕구계를 마련하여 주형을 완성한다.

(4) sand blow법

그림 1.18과 같이 주형틀 내의 원형에 압축공기를 이용하여 주물사를 불어넣어 주형을 제작하는 방법이다.

(5) slinger법

그림 1.19와 같이 컨베이어를 통해 이동된 주물사가 1,000~1,800 rpm으로 회전하는 임펠러에 의해 아래쪽에 있는 주형틀 안으로 고르게 투사되면서 주형을 제작하는 방법이다.

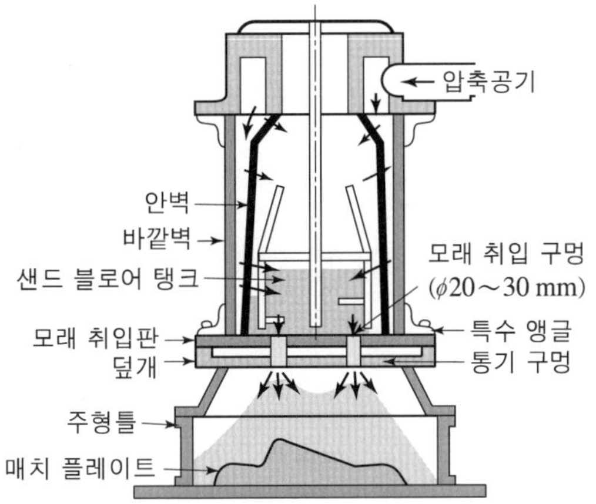

그림 1.18 sand blow 조형법

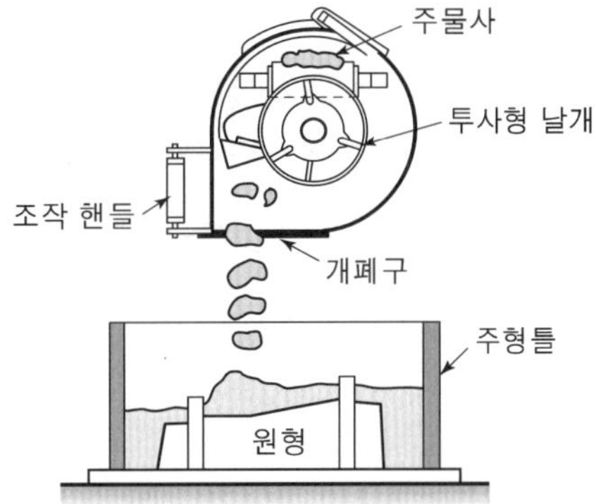

그림 1.19 slinger 조형법

1.4 주조 방안

넓은 의미에서 주조 방안(casting plan)은 제작도면에 따라 주물품을 어떻게 주조할지를 전반적으로 계획하고 검토하여 전체적인 주조과정을 수립하는 방안을 포함한다. 좁은 의미에서 주조 방안은 원형과 주형제작 방법을 결정하고, 또한 결함이 없는 주물품을 주조하기 위해 탕구계를 어떻게 설정할 것인가를 생각하고 결정하는 사항을 포함한다. 이러한 주조 방안을 설정할 때 고려해야 할 사항에 대하여 알아보기로 한다.

1. 탕구계

용융금속이 주형으로 주입되어 들어가는 통로 전체를 통틀어 탕구계라고 하며 주입컵(pouring cup), 탕구(sprue), 탕구저(sprue base), 탕도(runner), 주입구(gate)와 라이저(riser), 압탕(feeder)으로 구성되어 있다.

탕구계를 이루는 각 부분의 형상과 치수는 주물의 크기, 용융금속의 재질, 쇳물온도, 주형틀의 크기 등에 많은 영향을 받는다. 하지만 이들 사이의 관계가 명확하게 정립되지 않아서 현장에서는 숙련자의 오랜 경험을 바탕으로 탕구계를 제작하는 경우가 많다.

탕구계를 제작할 때 고려할 사항은 다음과 같다.

① 쇳물이 최적의 온도 상태로 구석진 부분까지 충진될 수 있을 것

② 쇳물의 유동이 층류 상태로 정숙한 흐름이 될 수 있을 것

③ 가스와 불순물의 배출이 용이할 것

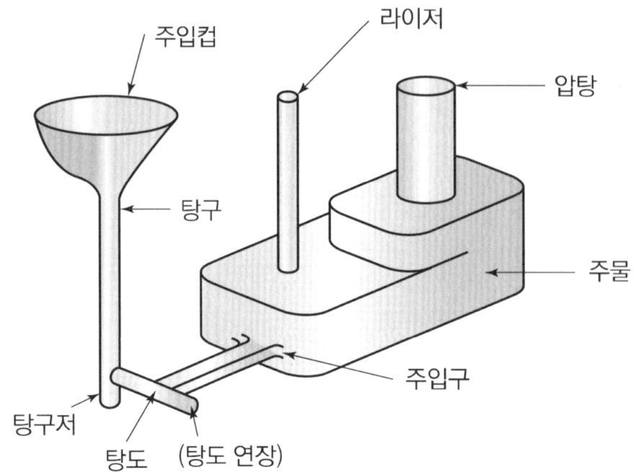

그림 1.20 탕구계의 구성

④ 주물에 양호한 온도분포를 주어 수축공, 균열 등의 결함이 없도록 할 것
⑤ 슬래그 등 이물질 유입이 어렵고, 주입도중에 제거될 수 있도록 할 것
⑥ 주형에 주입된 쇳물에 가압하는 효과가 있는 것

1) 주입컵(pouring cup, pouring basin)

레이들(ladle)에 담긴 쇳물을 주형에 주입할 때 쇳물을 받아들이는 부분으로써 쇳물을 일단 고이게 하여 불순물을 부유시켜 제거하고 깨끗한 쇳물만 유입되게 하는 역할을 한다.

주물품이 소형일 경우에는 탕구만 크게 하여 쇳물을 주입할 수도 있으나, 대형일 경우에는 쇳물의 유입속도 조절과 불순물을 걸러내기 위한 주입컵의 설치가 반드시 필요하다. 이러한 주입컵은 주형에 직접 조형할 수도 있고, 필요할 경우에 그림 1.21과 같이 별도로 제

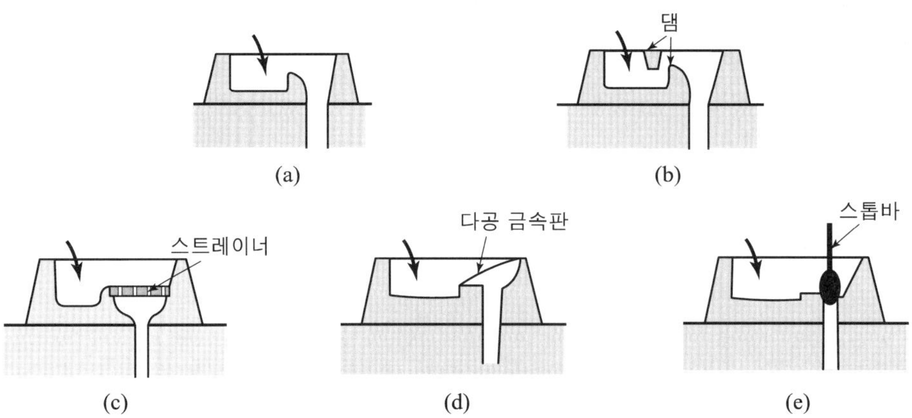

그림 1.21 조립식 주입컵의 형식

작하여 주형에 조립해서 사용할 수도 있다.

2) 탕구(sprue)

쇳물이 주입컵에서 탕도로 유입되는 수직방향의 통로로서 원형의 단면으로 많이 제작한다. 쇳물이 주입될 때 쇳물이 탕구벽에 부딪혀 발생하는 공극부에 의해 공기가 유입되는 것을 줄이기 위해서 일반적으로 탕구 위쪽보다 아래쪽 지름을 작게 해준다.

3) 탕구저(sprue base)

탕구의 가장 밑부분에 원반형의 오목한 부분으로써 탕구를 지난 쇳물의 충격을 완화하고 슬래그 등 불순물을 거르며, 층류로 흐르게 하는 역할을 한다.

4) 탕도(runner)

탕구에서 유입된 쇳물을 주형의 필요한 부분에 분배하여 주입구까지 연결되는 쇳물 통로이다. 탕도의 끝 부분에 탕도 연장(runner extension)을 설치하여 슬래그를 걸러낼 수 있는 구조로 되어 있다.

5) 주입구(gate)

탕구를 따라 흘러 들어온 쇳물이 주입구를 통해 주형 속으로 유입된다.

6) 압탕구(feeder)

주형 내에서 쇳물이 응고되면 체적이 수축되면서 쇳물이 부족하게 된다. 이렇게 부족하게 되는 쇳물을 보충하기 위해 주형에 설치하는 것이 압탕구이다.

압탕구의 역할을 요약하면 다음과 같다.

① 부족한 쇳물을 공급해줌으로써 주물에 수축공이 생기는 것을 방지할 수 있다.
② 주형 내의 쇳물에 압력을 주어 주물의 조직을 치밀하게 한다.
③ 가스의 방출을 원활하게 하여 기공을 줄일 수 있다.
④ 주형 내의 불순물 등을 부유시켜 배출하는 역할을 한다.

7) 가스빼기(riser)

보통 소형 주물에서는 압탕구(feeder)와 가스빼기(riser)를 구분 없이 사용하기도 하지만, 가스빼기(riser)는 주형 내의 가스나 증기 등을 배출시키고 주입된 쇳물의 양을 가늠할 수 있게 한다. 또한 플로 오프(flow off)와 같이 주형의 가장 높은 곳에 설치하여 쇳물의 충만 여부를 관찰하기 위해 사용되기도 한다. 그림 1.22는 여러 가지 형상의 주물품을 효과적으로 주조하기 위한 탕구계의 구성을 나타낸 것이다.

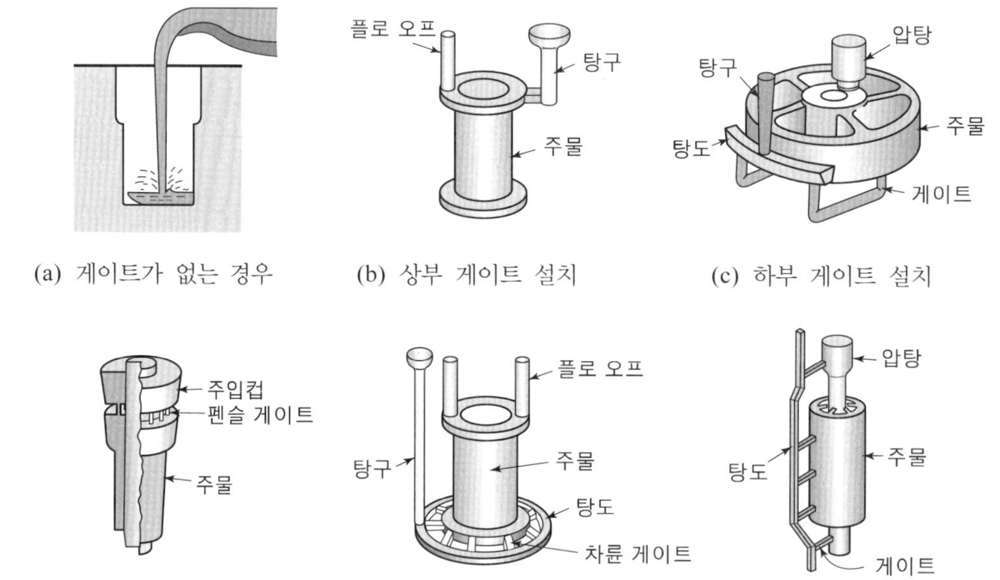

(d) 상부 다수 게이트 설치 (e) 하부 다수 게이트 설치 (f) 측면 다수 게이트 설치

그림 1.22 주물품 형상에 따른 탕구계의 배치

8) 냉각쇠(chiller, chill metal)

주형 속으로 주입된 쇳물은 주물사와 접촉되는 표면에서 먼저 응고가 시작되어 안쪽으로 진행된다. 이때 주물의 살 두께가 두꺼운 부분보다 얇고 크기가 작은 부분이 먼저 응고되어 냉각속도 차이에 의해 주물에 변형이나 균열이 발생될 수 있다.

이러한 냉각속도의 차이를 줄이기 위해 주물의 두꺼운 부분에 주물사 대신 열전달이 빠른 금속을 사용하여 냉각속도를 균일하게 조절하기 위해 사용하는 것이 냉각쇠이다.

또한 주물을 부분적으로 빨리 냉각시켜 굳은 주물조직을 얻을 목적으로 냉각쇠를 사용할 수도 있다. 그림 1.23은 냉각쇠의 여러 가지 형태와 사용 예를 보여준다.

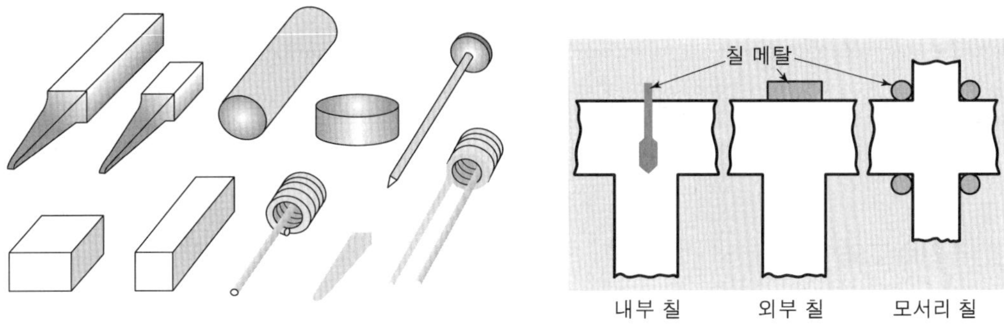

(a) 냉각쇠의 형태　　(b) 냉각쇠의 사용 예

그림 1.23 냉각쇠의 형태와 사용 예

2. 쇳물 주입

1) 주입시간

주형 속으로 쇳물을 주입할 때 주형 내에 쇳물이 완전히 충만될 때까지 응고되지 않고 액상온도 이상을 유지해야 한다. 따라서 주형 내의 쇳물이 액상온도 이상으로 유지할 수 있을 시간 안에 쇳물 주입을 완료해야 한다. 이러한 주입시간은 주물의 형상, 두께, 중량, 성분에 따라 달라진다. H. W. Dietert는 사형주조일 때 주물중량에 따른 주입시간을 다음과 같이 정의하였다.

$$T = S\sqrt{W}$$

여기서, T: 주입시간(sec),

W: 주물의 중량(500 kg_f까지)

S: 주물두께에 따른 계수로서 표 1.4 및 표 1.5와 같다.

▶ 표 1.3 주철 및 주강의 주입시간

주철(cast iron)		주강(cast steel)	
중량(kg_f)	주입시간(sec)	중량(kg_f)	주입시간(sec)
100 이내	4~8	100~250	4~6
500 이내	6~10	250~500	6~12
1,000 이내	10~20	500~1,000	12~20
4,000 이내	25~35	1,000~3,000	20~50
4,000 이상	35~60	3,000~5,000	50~80

▶ **표 1.4** 주철주물의 살두께와 S값

살 두께(mm)	2~4	4~8	8~16
S	1.63	1.86	2.23

▶ **표 1.5** 주강의 S값

형상 · 종류	복잡 형상	간단 형상	1~10 t의 대형 주물
S	0.5	0.75	0.8~1.2

2) 주입속도와 온도

쇳물 주입속도가 너무 빠르면 주형 내부가 부분적으로 파손될 수 있으며, 주형 내의 공기와 쇳물 속에 포함된 가스가 주형 밖으로 빠져나가기 어려우며, 불순물을 부유시켜 걸러낼 시간적 여유가 없다. 이와 반대로 주입속도가 너무 느리면 유동성이 나빠져서 주형의 구석진 부분까지 쇳물이 액상으로 충만되기 어려워서 균질의 주물품을 얻을 수 없게 된다.

또한 주입속도를 조절하기 위해 주입온도를 지나치게 높게 하면 수축량이 커지게 되며, 탕구계를 크게 하면 경제적인 손실이 발생하게 된다. 따라서 주입온도는 쇳물의 조성과 냉각속도, 주입속도 등을 종합적으로 고려하여 결정해야 한다. 그림 1.24(a)와 같은 용기에 비압축성 유체가 충만되어 관로를 흐를 때, Q: 단위시간당 유량, A: 유로의 단면적, v: 유속으로 하면 다음 식이 성립된다.

$$Q = A \cdot v$$

여기서 h: 용기 내 유체의 높이, C: 유량계수(0.15~0.3)라 하면 유속 v는 Bernoulli 정리에 의하여 다음과 같다.

$$v = C\sqrt{2gh}$$

그림 1.24 (b)와 같은 A, B 2개의 용기 중 A용기에만 유체를 채우고 2개의 용기를 연

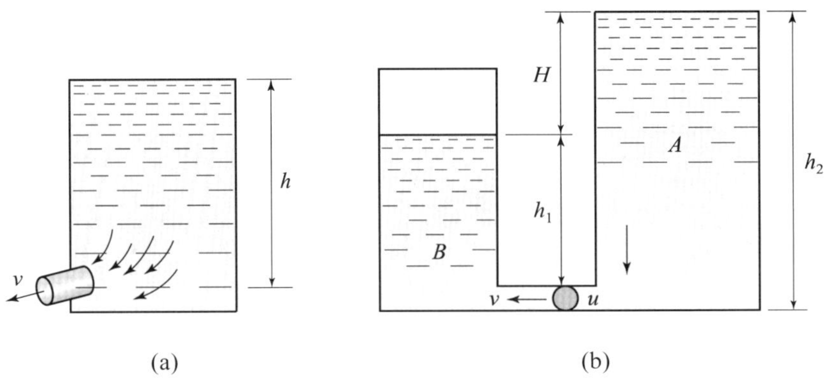

그림 1.24 유동속도

결한 밸브를 열 때, A 용기의 유체높이 h_2에 변화가 없도록 한다면,

$$\text{출구에서의 최초의 유속} \quad v = C\sqrt{2gh_2}$$

B 용기에 유체가 h_1의 높이까지 들어갔을 때의 유출속도 $v_2 = C\sqrt{2gh_1}$ 이므로, 평균유속을 v_m 라고 하면 다음과 같다.

$$v_m = \frac{C}{2}\left(\sqrt{2gh_2} + \sqrt{2gh_1}\right) = \frac{C\sqrt{2g}}{2}\left(\sqrt{h_2} + \sqrt{h_1}\right) \text{ (cm/sec)}$$

3. 압상력

주형에 쇳물을 주입하면 주형 내부에서는 주형접촉면에 직각방향으로 쇳물 아궁이의 높이와 주물의 투영면적에 비례하는 압력이 작용하게 된다. 이 압력은 주형 내부의 각 부분에 작용하게 되며, 위 주형틀에는 압상력을 가하게 되고 코어에는 부력을 주게 된다. 따라서 위 주형틀의 중량보다 압상력이 크면 주형틀이 들리게 되어 아래 주형틀과의 경계면으로 쇳물이 흘러나와 거스러미(flash)를 발생시켜 불량주물이 될 수 있다. 이때에는 압상력에 의해 위 주형틀이 들리지 않도록 중추를 위 주형틀에 올려주어야 한다.

그림 1.25에서 주물 위에서 본 투영면적을 $A(\text{m}^2)$, 쇳물의 비중량 $S(\text{kg}_f/\text{m}^3)$, 탕구 유효높이 H(m), 위 주형틀의 무게 $G(\text{kg}_f)$, 압상력을 $F(\text{kg}_f)$라 할 때,

$$F = A \cdot S \cdot H$$

가 되고, 필요한 중추의 무게(W)는

$$W = F - G$$

이다.

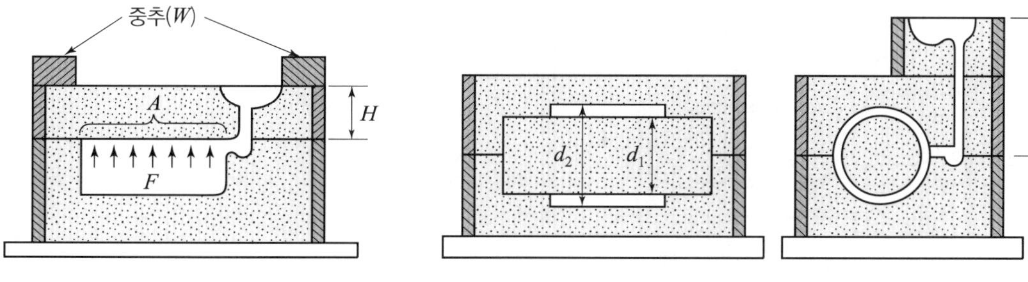

(a) 주형틀에 작용하는 압상력　　(b) 코어에 작용하는 부력

그림 1.25 압상력의 작용

그림 1.25(b)와 같이 주형 내에 코어가 설치되어 있으면 코어의 부력을 가산해야 하므로 코어의 체적을 V라 하면 압상력(F)는 다음과 같다.

$$F=\left(A \cdot S \cdot H+\frac{3}{4} V \cdot S\right)$$

위의 식들은 정압이 작용하는 경우로서, 쇳물이 유동하는 동압일 경우에는 보통 정압의 1.5~2배 정도를 적용한다. 따라서, 중추의 무게(W)는 압상력(F)의 3배 정도를 선정하는 것이 안전하다.

예제 1.1

그림 1.26(a)와 같이 투영면적(A)이 $300\ \mathrm{mm} \times 300\ \mathrm{mm}$인 주물을 주조할 때 발생하는 압상력($F$)과 안전한 중추의 무게($W$)를 선정하시오. 단, 탕구 유효높이($H$)는 $150\ \mathrm{mm}$이고 주물의 비중량(S)은 $7{,}400\ \mathrm{kg_f/m^3}$이다.

[풀이]

압상력$(F)=A \times S \times H=(0.3 \times 0.3) \times 7{,}400 \times 0.15 \fallingdotseq 100\ \mathrm{kg_f}$이므로 중추의 무게($W$)를 압상력의 3배 정도인 $300\ \mathrm{kg_f}$으로 하면 안전하다.

예제 1.2

그림 1.26(b)와 같이 플렌지 부분의 치수가 $400\ \mathrm{mm} \times 400\ \mathrm{mm}$이고, 아래 부분의 투영면적($A$)이 $200\ \mathrm{mm} \times 200\ \mathrm{mm}$인 주물을 주조할 때 발생하는 압상력($F$)과 안전한 중추의 무게($W$)를 선정하시오. 단, 탕구 유효높이($H$)는 각각 150 mm와 300 mm이고 주물의 비중량(S)은 $7{,}400\ \mathrm{kgf/m^3}$이다.

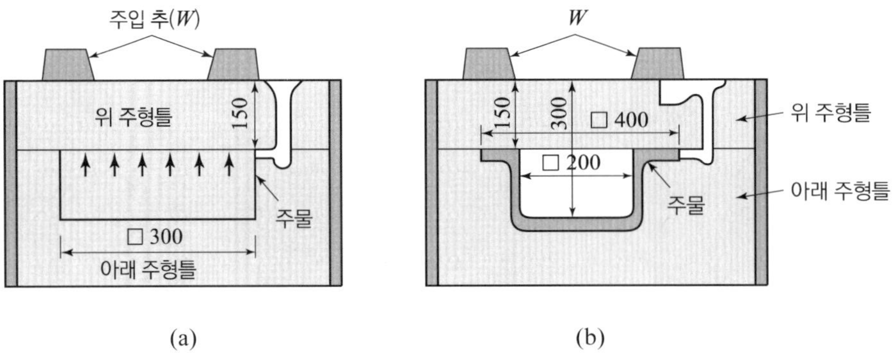

그림 1.26 조립주형의 압상력

[풀이]

플렌지 부분의 압상력$(F_1) = A_1 \times S \times H_1 = (0.4^2 - 0.2^2) \times 7{,}400 \times 0.15 \fallingdotseq 133\ \mathrm{kg_f}$이고, 아래 부분의 압상력 $(F_2) = A_2 \times S \times H_2 = 0.2^2 \times 7{,}400 \times 0.3 \fallingdotseq 89\ \mathrm{kg_f}$이다. 전체 압상력는 $F = F_1 + F_2 = 133 + 89 = 222\ \mathrm{kgf}$이므로 안전한 중추의 무게$(W)$를 압상력$(F)$의 3배로 하여 약 $600\ \mathrm{kg_f}$으로 하면 된다.

1.5 주형재료

1. 주물사(molding sand)

주형을 제작할 때 사용하는 모래를 주물사라고 한다. 주물사는 석영, 장석, 운모, 점토 등이 주성분이며, 그 외 산화철이나 방해석 등이 불순물로 소량 포함되어 있다. 주물사는 용도에 따라 생형사, 건조형사, 코어사 등으로 구분되며, 주물의 기계적 성질과 품질에 큰 영향을 미치므로 주물금속의 종류, 주형의 크기와 형상 등 여러 가지 조건을 고려하여 선택해야 한다. 필요에 따라 점결제와 첨가제를 섞어 사용한다.

일반적으로 용해온도가 낮은 비철합금이나 보통 주철의 주조에는 천연사가 사용되고, 고급주철과 강철주물에는 합성사를 주로 사용된다.

1) 재질에 따른 주물사의 종류

(1) 천연사

하천이나 바다, 산과 같은 자연에서 채취된 모래로서 하천사, 해빈사, 산사가 있다. 이 자연사는 모래입자의 모양이 둥글고 불순물이 섞여 있어 순도와 내화도가 좋지 않다.

산사는 입자가 잘고 균일하며 점토가 2~30% 함유되어 있으므로 다른 성분을 배합하지 않고도 주물공장의 바닥 모래로 사용할 수 있으며, 인공사나 점토 등을 적당량 첨가하여 화학성분을 조정하거나 점토분포를 조정하는 데 사용하기도 한다.

해빈사, 하천사는 석영분이 많으나 점토분이 적고 내화성이 크지만 점결성이 부족하여 용도에 알맞은 점결제나 첨가제를 혼합하여 사용한다.

(2) 합성사

규사(SiO_2)암석을 분쇄해서 입도 및 순도에 따라 분류해서 점결제 등을 첨가하여 배합한 주물사로서 내화성과 성형성이 우수하고 모래입자의 모서리가 예리하다.

(3) 특수사

① **지르콘사(zirconium sand)**: 화성암이 풍화되어 강 하류나 해안에 퇴적된 것으로 주성분은 ZrO_2로 약 65% 정도이다. 열팽창이 작고 내화온도가 2,200 °C 정도이며 고가이다.

② **올리빈사(olivine sand)**: 주성분이 MgO 46%, SiO_2 43% 정도로써 열팽창이 작고 균일하기 때문에 표면사로 사용된다. 내화온도는 1,700 °C 정도로써 철계 주물의 주형 제작에 많이 사용한다.

③ **샤모트사(chamotte sand)**: 내화점토와 같은 재료를 1,300 °C 정도로 가열한 후 파쇄시킨 것으로 내화온도 1,500 °C 정도이며, 소결이 발생하지 않으며 내화강도가 우수하고 열팽창과 수축이 적다.

2) 용도에 따른 주물사의 종류

(1) 생형사(green sand)

용융점이 낮은 비철금속이나 일반주철을 주조할 때 사용하는 주물사로서 점토 함유량이 비교적 많은 산사나 고사를 이용하며, 재활용할 경우에는 불순물을 분리해내고 산사를 적당량 배합하여 사용한다.

(2) 건조형사(dry sand)

주강 또는 고급주철의 주조에 사용하는 주물사로서, 주형을 제작한 다음 건조하여 강도를 증가시키고 통기성을 양호하게 한다. 그러나 주형을 건조할 때 주형에 균열이 발생하거나 붕괴될 수 있다. 따라서 강도를 증대시키기 위하여 수분, 코크스 분말, 점토 등을 섞어 점결력을 높여주고 통기성을 좋게 하기 위하여 톱밥, 왕겨, 볏짚 등을 배합하여 사용한다.

특히 강 종류의 금속은 용해온도가 높아 가스의 발생이 많으며, 응고속도가 빠르고 수축

▶ **표 1.6** 건조형사의 배합 예

(단위: %)

성분 \ 주물크기	작은 주물	중간 주물	큰 주물	코어용
하천모래	50	60	70	44
점토	10	10	10	2~3
코크스 분말	40	30	20	40
규사	0	0	0	13

률이 크기 때문에 내화성, 통기성, 가축성이 커야 한다. 보통 규사에 점토를 첨가하고 점결제로는 흑연, 코크스 분말, 아마인유 등을 섞어 주형을 제작한 다음 건조시켜 사용한다.

(3) 코어형사(core sand)

코어에 사용하는 모래는 주형 내에서 쇳물에 오랫동안 둘러싸여 고온과 고압을 받게 된다. 따라서 코어형사는 내열성, 내압성, 통기성이 양호해야 하며, 주조가 끝난 후에는 손쉽게 해체해서 제거할 수 있어야 한다. 보통 코어형사는 하천사와 고사를 6:4로 비율로 배합하여 소량의 점토 또는 합성수지, 아마인유, 당밀을 첨가하여 점결성을 좋게 한다.

주강용 코어는 내화성을 크게 하기 위해 규사를 배합하여 제작한 다음 건조로에 넣어 200～250 °C로 가열 건조시켜 사용한다.

(4) 표면사(facing sand)

고온의 쇳물과 직접 접촉되는 주형표면에 사용하는 주물사로써 주물표면을 깨끗하게 하기 위해 내열성이 크고 입도가 작은 합성사를 주로 사용한다. 필요에 따라 코크스 분말, 흑연 분말 등을 섞어서 사용하기도 한다. 주형을 제작할 때에 표면사는 경제적인 측면을 고려하여 주형표면에서 40～50 mm 두께 정도만 사용하는 것이 일반적이다.

(5) 분리사(parting sand)

위 주형틀과 아래 주형틀 사이에서 주물사가 서로 접착되는 것을 방지할 목적으로 경계면에 뿌려주는 것으로써 점토분이 없는 건조된 하천사를 사용한다.

3) 주물사의 구비조건

주형을 제작하기 위한 주물사는 다음과 같은 조건을 갖추어야 한다.

① 주물의 형상대로 주형을 만들 수 있도록 성형성이 좋아야 한다.

② 쇳물을 주입하였을 때 충격이나 압력에 견딜 수 있도록 내압성이 좋아야 한다.

③ 고온의 쇳물에 융해되거나 화학반응이 없도록 내화성이 우수해야 한다.

④ 주형내의 공기나 가스배출이 용이하도록 통기성이 좋아야 한다.

⑤ 주입된 쇳물이 빨리 응고되지 않고 유동될 수 있도록 보온성이 있어야 한다.

⑥ 재사용이 가능하고 가격이 저렴해야 한다.

2. 점결제(binder) 및 기타 첨가제

1) 점결제

주물사의 모래입자를 결합시켜 주형제작이 쉽게 될 수 있도록 사용하는 것이 점결제이며, 첨가량에 따라 주형의 성형성, 강도, 경도, 통기도 등이 달라진다.

점결제의 종류와 특성은 다음과 같다.

(1) 무기질 점결제

무기질 점결제의 대표적인 것은 점토이며 석영, 장석, 운모 등의 암석이 오랫동안 풍화되어 생긴 것으로써 규소(SiO_2), 알루미나(Al_2O_3), 마그네슘(MgO)과 그 외에 알칼리성 금속과 수분이 함유된 혼합물이다.

(2) 유기질 점결제

화학공업이 발전됨에 따라 유기질 점결제가 만들어지고 있으며, 무기질 점결제에 비하여 열분해온도가 비교적 낮아서 약 480 °C 정도가 되면 점결력이 소실된다. 따라서 해체가 쉬워야 하는 코어제작에 유용하게 사용되고 있다. 이러한 유기질 점결제의 대표적인 것으로 유류, 수지류 점결제가 있는데, 정밀도가 요구되는 주형이나 코어제작에 주로 사용한다.

(3) 기타 점결제

필요한 용도에 따라서 규산소다(Na_2SiO_3), 합성수지, 시멘트, 석고 등을 주물사 점결제로 사용할 수도 있다.

2) 첨가제

성형성을 좋게 하기 위해 점결제 외에도 기타 필요한 목적에 따라 보조첨가제를 사용한다.

(1) 도형제

흑연이나 숯가루 분말－주형표면의 내화도를 높이고 주물사의 소착을 방지하여 주물표면을 깨끗하게 하기 위해 도형제로 사용한다.

(2) 톱밥, 볏짚, 왕겨

통기성을 좋게 하고 주형의 균열을 방지하기 위해 사용한다.

1.6 주형제작 용구

1. 주형틀(molding flask, molding box)

보통 2~3개의 주형틀을 조립하여 주형을 제작하는데, 재료에 따라서 목재 주형틀과 금속 주형틀이 있다. 또 주조 작업이 끝날 때까지 주형에서 주형틀을 벗겨내지 못하는 고정식 주형틀과 주형을 제작한 후 조립장치를 풀고 주형틀을 다른 곳에 사용함으로써 여러 개의 주형을 제작할 수 있는 조립식 주형틀이 있다. 그림 1.27은 이러한 주형틀의 종류를 보여준다.

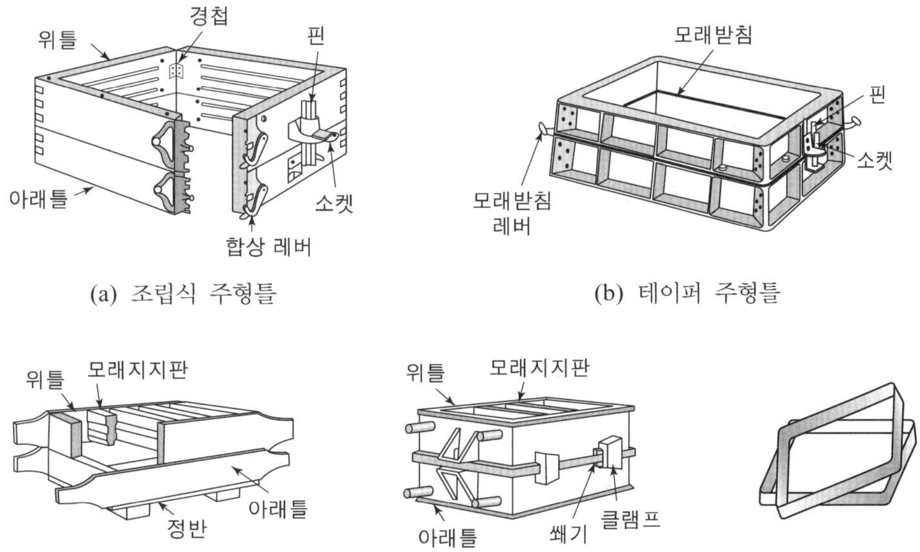

(a) 조립식 주형틀 (b) 테이퍼 주형틀

(c) 목재 주형틀 (d) 금속 주형틀 (e) 철판 띠

그림 1.27 주형틀의 종류

2. 조형용 수공구(hand tool)

그림 1.28은 주형을 제작할 때 사용하는 수공구이다.

① **주물 삽:** 주형틀에 주물사를 넣을 때나 주물을 꺼낼 때 사용한다.

② **래머(rammer):** 주형틀 내의 주물사를 가격하여 다지는 데 사용한다.

③ **흙손 및 주형순가락:** 주형을 부분적으로 보수할 때 사용한다.

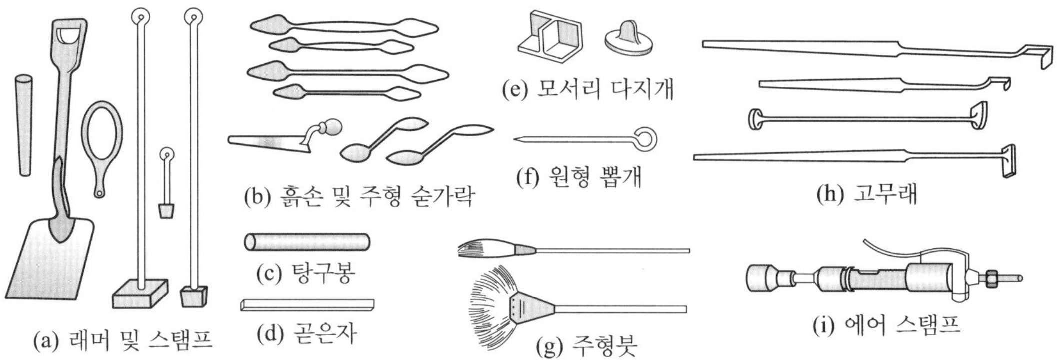

그림 1.28 조형용 수공구

④ **탕구봉**(gate plug): 용융금속이 주형 내로 들어가는 통로인 탕구를 만들 때 사용한다.
⑤ **곧은자**(straight edge): 주물사를 다진 후 표면을 평면으로 긁어낼 때 사용한다.
⑥ **주형붓**(swab): 주형에서 목형을 뽑아낼 때 목형 주변에 물을 축여준다. 이 경우에는 둥근 붓을 사용하고 내면을 조형할 때에는 평붓을 사용한다.
⑦ **원형 뽑개**: 주형에서 원형을 뽑아낼 때 사용한다.

1.7 주철의 용해

완성된 주형에 쇳물을 주입하여 주물품을 주조하기 위해서 금속이나 비철금속 합금 등과 같은 주물재료를 용해해야 한다. 고체상태의 주물재료를 용해해서 목적에 알맞게 화학조성을 조절하고 불순물을 제거하여 주형에 쇳물을 원활하게 주입할 수 있는 온도로 용융시켜야 한다. 금속을 용해하는 데 사용하는 용해로에는 여러 가지가 있으며, 표 1.7과 같은 용해로를 많이 사용한다.

1. 용선로(cupola)

큐폴라는 주철을 용해하는 데 많이 사용하는 용해로서 외부는 원통형의 강판으로 되어 있으며, 강판 내부에 내화벽돌을 쌓은 후에 내화점토를 바른 구조로 되어 있다. 그림 1.29(a)와 같은 큐폴라 위쪽의 장입구에 코크스, 석회석, 주물재료를 차례로 반복해서 장입하고 송풍관을 통해 공기를 공급하여 코크스를 연소시켜 주물재료를 용해시킨다.

▶ **표 1.7 주물용 용해로의 종류**

종류	형식		열원	주물의 재질	용해량
큐폴라	냉풍식 열풍식		코크스	일반 주철	1～20 t/h
도가니로	자연 송풍식 강제 송풍식		코크스, 중유, 가스	동합금, 경합금, 기타 비철합금	< 300 kg_f
전기로	아크식	직접 아크식	전력(저전압, 고전류)	주강, 특수주철	1～200 t
		간접 아크식	전력(저전압, 고전류)	동합금, 특수강, 특수주철	1～10 t
	유도로	고주파	전력(주파수: 1,000～10,000 Hz)	특수강	20～10,000 kg_f
		저주파	전력(주파수: 50～60 Hz)	동합금, 경합금, 주철	200～10,000 kg_f
반사로			중유, 가스	다량의 동합금, 경합금, 주철	500～50,000 kg_f

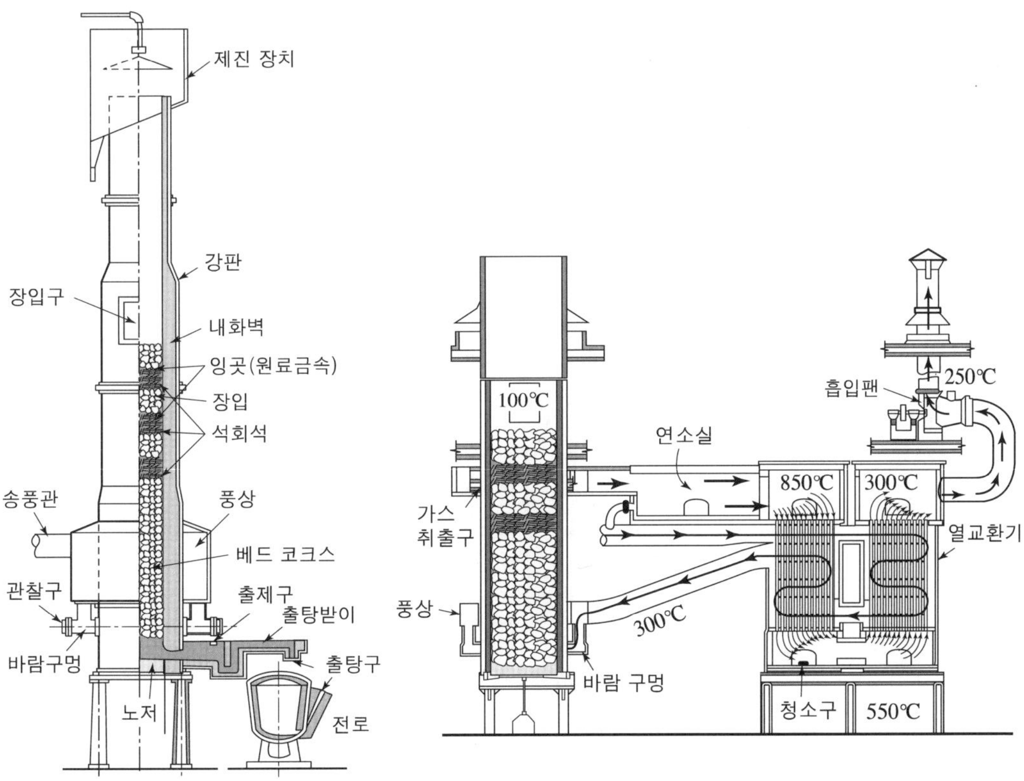

(a) 수냉식 큐폴라 (b) 열풍식 큐폴라

그림 1.29 용선로의 구조

이와 같이 용해된 쇳물은 점차 노의 아랫부분에 고이게 되며, 적정한 시기에 출탕구를 열어서 노 밖으로 배출시킨다. 출탕구를 통해 배출된 쇳물을 전로(fore hearth)나 쇳물받이(receiver)에 담아서 성분을 안정시킨다. 이러한 큐폴라는 구조가 비교적 간단하고 제작이 용이하며, 장입금속과 연료인 코크스가 직접 접촉되어 용해되므로 열효율은 좋은 장점이 있으나, 용융금속의 성분 변화와 불순물이 혼입되는 등의 단점도 있다.

또한 용해용 재료를 재장입하여 연속적인 용해작업이 가능하다. 노의 형태는 직립형(shaft furnace)이며, 크기는 시간당 용해량으로 표시하고 보통 3～10 ton/h의 용량이 많이 사용된다.

2. 도가니로(crucible furnace)

내화점토와 흑연으로 만든 도가니에 주물금속을 넣고 외부에서 열을 가하여 용해하는 구조로서 도가니의 벽을 통하여 간접적으로 전달되는 열에 의해 용해되므로 연료와의 직접 접촉을 피할 수 있어서 불순물 혼입이나 산화작용을 받지 않아 양질의 쇳물을 얻을 수 있다.

그러므로 구리합금과 같은 비철금속과 합금강과 같이 정확한 성분조성을 필요로 하는 금속의 용해에 사용된다. 그러나 도가니의 수명이 짧고(20～25회, 합금강일 때는 3회 정도), 가격이 비싸며 열효율이 떨어져 연료소비량이 많은 단점이 있다. 주로 비철합금 금속을 소량으로 용해할 때 사용되며, 1회 용해량이 작아서 대형 주물에는 부적합하다. 도가니의 크기는 1회에 용해할 수 있는 구리의 용해량을 번호로 표시한다.

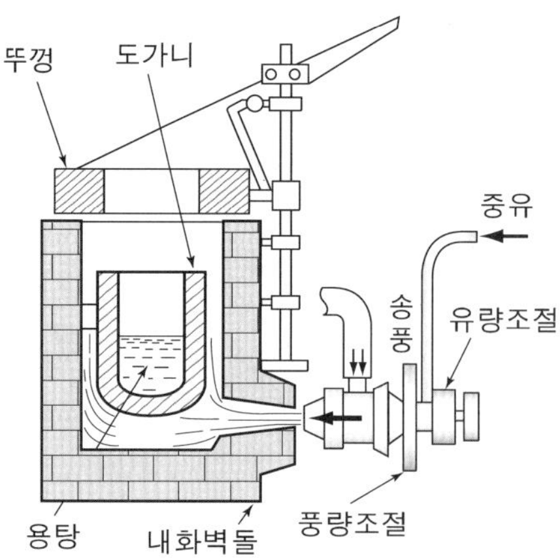

그림 1.30 도가니로의 구조

3. 전기로(electric furnace)

전기를 열원으로 사용하여 특수주철, 특수강 등을 용해하거나 제강하는 노로서, 용해에 필요한 고온을 용이하게 얻을 수 있으며 간단한 조작으로 온도조절을 정확하게 할 수 있다.

성분조성을 정확하게 조절할 수 있고 불순물 흡수도 적으며 산화에 의한 용융금속의 손실도 적다. 이와 같이 전기로는 여러 가지의 장점이 있으나 시설유지비가 많이 들고 전극봉에 의해 불순물 혼입 우려가 있으므로 전극봉 선택에 유의해야 한다. 전기로의 크기는 1회 용해량으로 표시하며, 주로 고급주철이나 주강, 구리합금 등의 용해에 사용된다.

1) 전기 아크로(electric arc furnace)

전기로는 전기에너지를 열로 바꾸는 방식에 따라 전극과 장입금속 사이에서 직접 발생시킨 아크열에 의해 장입금속을 용해하는 직접아크로와 탄소전극 사이에서 발생되는 아크의 열로 장입금속을 용해하는 간접아크로가 있다.

(1) 직접아크로(direct arc furnace)

그림 1.31(a)에서와 같이 흑연전극과 장입금속 사이에 직접 발생되는 아크의 열과 전류가 장입금속을 통과할 때 발생되는 전기저항열을 이용하여 용해하는 노이며, 필요에 따라 전극수를 증가시켜 다상으로 용해하는 경우도 있다. 용해량은 1~20 ton 정도가 많이 사용되며, 고온(1,700~1,800 °C)으로 가열할 수 있어서 용해온도가 높은 공구강, 스테인리스강, 기타 합금강 용해에 적합하다. 용량은 1회의 장입량으로 표시하며 전기소비량은 1 ton 당 600 kWh 정도이다. 용해시간은 6~7시간 정도이다.

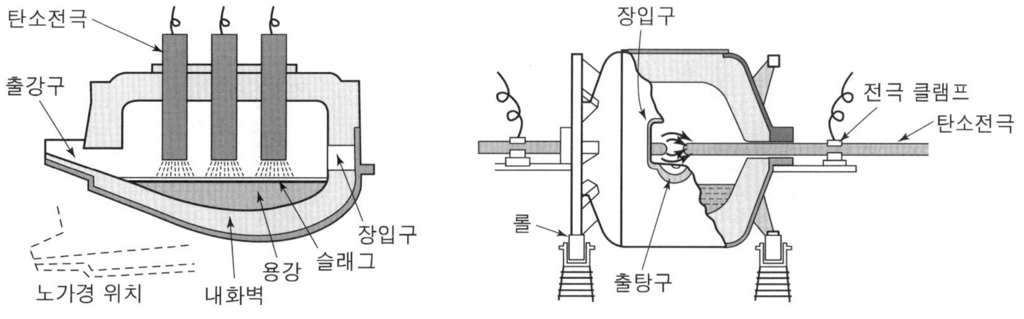

(a) 직접 아크로 (b) 간접아크로

그림 1.31 아크로의 종류

(2) 간접아크로(indirect arc furnace)

2개의 탄소전극 사이에서 발생되는 아크의 복사열을 이용하여 장입금속을 용해한다. 그러나 아크의 발생부위에 가까운 부분은 과열될 염려가 있으므로 2개의 회전판이 밑에 받쳐져 있는 롤러에 의하여 요동되면서 균일하게 가열시켜 용해된다. 노 몸체 중앙부에 장입구와 출탕구가 하나씩 있으며 노의 좌우측에 수평방향으로 각 하나씩의 전극이 삽입되어 있다.

노 내의 온도가 고온이 아니므로 비교적 용해온도가 낮은 황동, 청동, 합금주철 용해용으로 적합하고 용해시간은 1 ton 노에서 황동은 40분, 구리는 1시간 정도이다. 노의 용량은 250～1,000 kg_f 정도이다.

2) 전기 유도로(induction furnace)

유도전류를 이용하여 장입금속을 용해시키는 노이며 사용하는 전류의 주파수에 따라 고주파 유도로와 저주파 유도로가 있다.

(1) 고주파 유도로(high frequency induction furnace)

도가니 외주에 나선 형태로 감겨져 있는 수랭의 동관을 1차 코일로 하여 500～3000 Hz의 고주파 전류를 공급하면 2차 코일에서 도가니 내의 장입금속에 유도된 전류의 저항열로 장입금속을 용해시키는 노이다. 전극이 필요치 않으므로 탄소의 영향을 받지 않아 양질의 쇳물을 얻을 수 있으나 전기적인 손실이 크다. 공구강, 합금강, 스테인리스강 등의 특수강 용해에 사용된다.

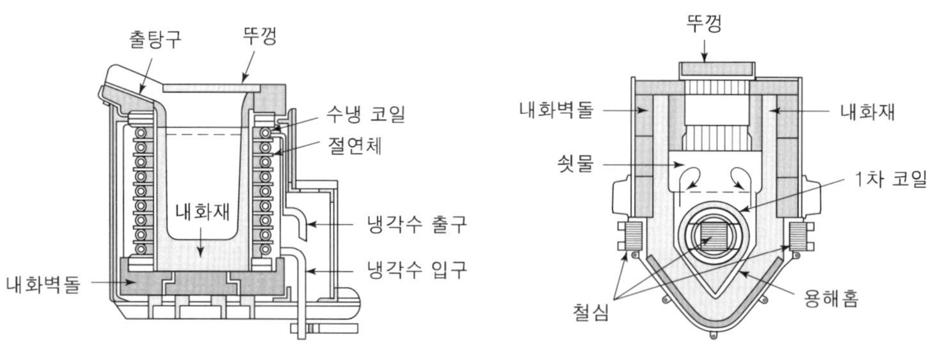

(a) 고주파 유도 전기로 (b) 저주파 유도 전기로

그림 1.32 전기 유도로의 종류

(2) 저주파 유도로(low frequency induction furnace)

노체의 하단부에 있는 철심 주위의 1차 코일에 50～60 Hz의 저주파 전류를 공급하면 약 70°의 경사로 되어 있는 V형 홈 안의 용융금속을 2차 코일로 유도된 전류의 저항열로 장입금속이 용해되는 노이다. 연속적으로 용해작업을 할 때에는 반드시 V 홈 안에 2차 전류가 유도될 수 있는 용융금속은 남겨두어야 한다. 노의 용량은 200～1,000 kg_f 정도이며, 주로 황동, Al 합금 용해에 사용하며, 철강 용해에도 사용된다.

4. 평로(open heat furnace)

선철, 고철 등을 대량으로 용해하거나 제강하는 노로서 크기는 1회 용해량으로 표시한다. 그림 1.33은 평로의 구조를 나타낸 것으로 용해실 좌우에 축열실이 있어서 용해실로 공급되는 공기가 700～800 °C 정도로 예열 공급되어 연소효율을 높일 수 있도록 되어 있다. 연소된 가스는 반대편 축열실로 통과하여 배출되므로 배출쪽 축열실의 온도가 점차 상승된다. 이 축열실은 20～25분마다 바꾸어가며 공기의 예열과 배기가스의 방출을 교대로 행한다. 용해실의 온도는 1,700～2,000 °C 정도이며, 용해실의 내화벽돌이 SiO_2가 주성분인 산성 평로와 내화벽돌이 CaO, MgO이 주성분인 염기성 평로가 있다.

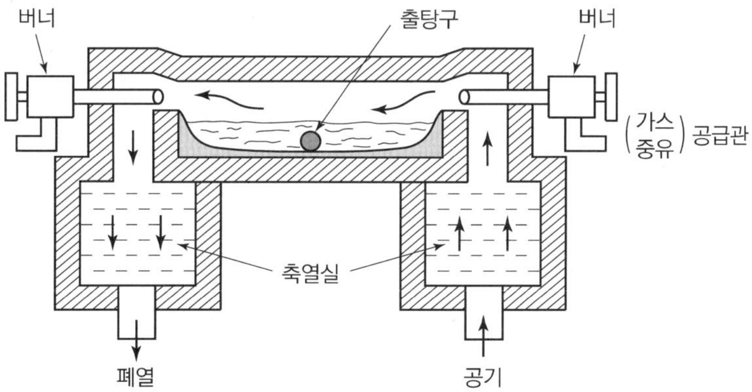

그림 1.33 평로의 구조

5. 반사로(reverberatory furnace)

그림 1.34와 같이 연소실에서 연소된 불꽃이 아치 모양의 노 천장을 따라 연돌로 빠져나가면서 천장을 가열시켜 용해실 천장의 반사열에 의해 장입된 금속이 용해되는 노이다.

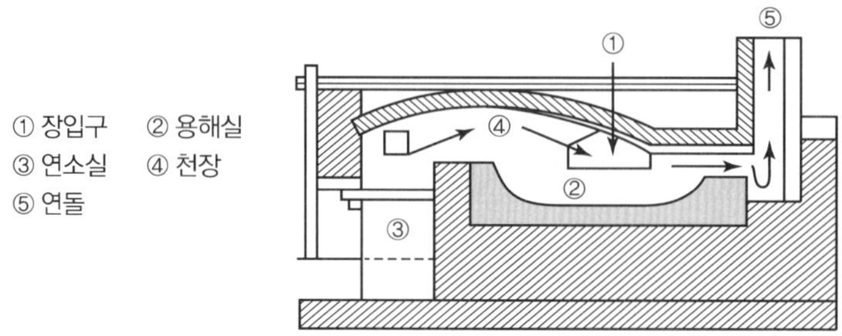

그림 1.34 반사로의 구조

용해실의 표면적은 넓히고 깊이는 얕게 해서 수열면적을 최대로 크게 하고 천장은 아치(arch)형으로 하여 반사열을 충분히 이용할 수 있는 구조로 되어 있다. 화염이나 연소가스의 일부가 금속과 접촉하므로 약간의 불순물 혼입이 있으며 천장의 반사열에 의하여 금속이 용해되므로 열효율이 낮은 편이다. 따라서 용해온도가 낮은 동, 황동, 청동 등 비철금속의 용해에 주로 이용되며 연료로는 석탄, 중유, 코크스, 가스 등이 사용된다.

1.8 주철의 응고

주조용 금속이 용융상태로부터 응고되는 과정에서 일어나는 현상과 응고 후의 냉각되는 과정에서 나타나는 현상 등은 특성이 매우 복잡하며 주물품의 품질에 많은 영향을 미친다.

1. 금속의 응고

1) 응고의 진행

그림 1.35와 같이 용융금속이 주형 안에서 응고가 진행되는 과정을 보면 주형 벽면으로부터 응고가 시작되어 점차 내부로 응고 층과 용융금속이 분명하게 구분된 상태로 진행되는 순금속의 경우와 일정 범위 내에서 고상과 액상이 공존하면서 응고경계가 분명하지 않은 일반 주조용 합금이 있다. 이러한 고상과 액상의 공존 상태는 주조금속의 성질과 주입 후 냉각 상태에 따라 변화하게 되므로 주조 작업에서는 중요한 특성이다.

2) 응고 조직

주형에 쇳물이 주입되면 주형의 벽면에 접한 액상인 용융금속의 온도가 결정(crystal)핵

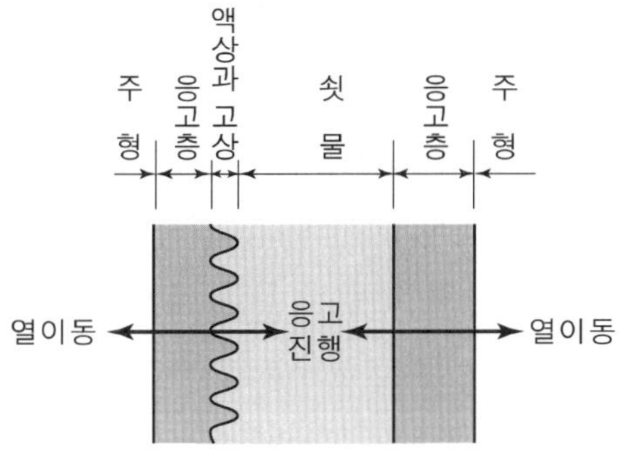

(a) 주조용 합금 (b) 순금속

그림 1.35 금속의 응고과정

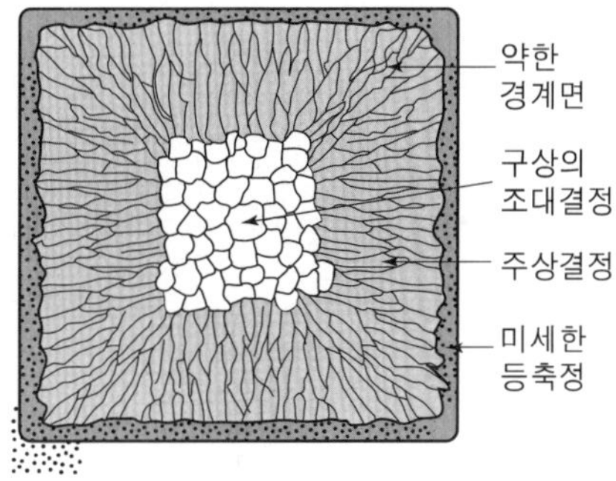

그림 1.36 금속의 응고조직

의 생성에 충분할 만큼 냉각되어 생성된 결정핵은 그림 1.36과 같이 주형 벽면에 수직 한 방향에서 주물 내부의 액상 속으로 결정핵의 성장이 진행된다. 순금속의 경우에 이와 같이 응고가 점진적으로 진행되면 주상결정(柱狀結晶, columnar crystal)으로 된다. 고용체 합금 주물의 응고가 진행될 경우에 구상의 조대결정(粗大結晶, large equiaxed crystal)이 정출되며, 응고가 급속하게 진행될 때에는 바깥쪽에 미세한 등축정(等軸晶) 층이 나타난다.

3) 응고할 때 일어나는 현상

(1) 응고 수축과 수축공(shrinkage cavity)

대부분의 주조용 금속은 응고가 진행됨에 따라 부피가 줄어든다. 그림 1.37과 같이 단순한 형상의 주물이 응고할 때, 쇳물이 응고되는 과정을 살펴보면, 그림 1.37(a)와 같이 처음 주형에 충만된 쇳물은 응고 초기에 탕면이 조금씩 내려가다가 (b)와 같이 온도가 낮은 주형 벽면에서부터 응고가 시작되어 점차 안쪽으로 응고됨에 따라 탕면의 가장 자리부분이 오목하게 된다. 이때에는 윗면의 쇳물 응고가 지연될 때이지만, (c)와 같이 어느 시기가 되면 탕면에도 응고가 일어나서 주물 내부에 빈 곳이 생기게 된다. 이와 같이 응고 수축에

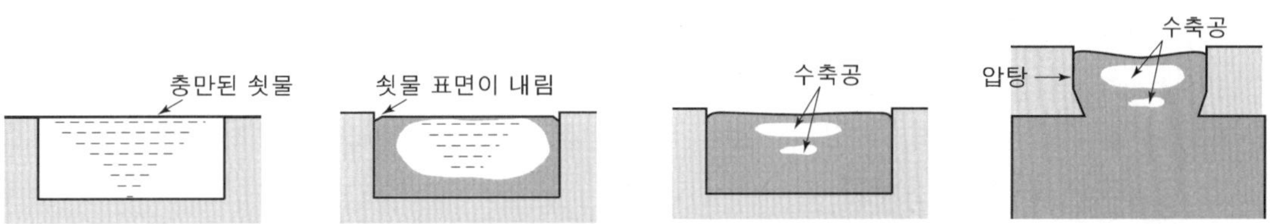

(a) 주입 직후 (b) 응고 시작 (c) 응고 완료 (d) 압탕 효과(수축공이 압탕에 집중됨)

그림 1.37 쇳물의 응고과정과 압탕

따라 발생한 주물 표면의 오목한 부분이나 내부의 빈 부분을 수축공이라 하며, 주물 결함의 원인이 된다. 주물품에 이러한 수축공을 없애기 위해서 (d)와 같이 압탕을 설치하면 압탕부에 수축공이 발생되므로 주조 후 압탕부를 제거하면 된다.

(2) 수축과 주조 응력

주물에 사용하는 금속은 응고가 완료된 다음에도 냉각과정을 거치면서 새로운 수축이 진행된다. 이러한 냉각과정에서 주물의 모양이나 두께가 일정치 않아서 냉각 속도가 고르지 못한 부분에 주조 응력(casting stress)이 발생하게 된다. 이러한 주조 응력이 그 온도에서의 재료 강도보다 커지게 되면 균열이 발생하거나 약간의 충격으로도 파괴될 수 있다. 주조가 끝난 후 기계 가공으로 필릿(fillet) 부분의 두께가 달라지면 주조 응력이 균형을 잃어서 변형을 발생시킬 수 있다. 이러한 현상을 줄이기 위해 주물부의 두꺼운 부분에 냉각쇠를 사용하여 응고속도를 조절하기도 하고, 쇳물 주입완료 후 주형을 서서히 냉각시키거나, 재가열하여 주조 응력을 풀어주기도 한다.

2. 용융금속과 가스

1) 용융금속 내의 가스

용융금속에 존재하는 가스(gas)는 온도와 상(phase)의 변화에 따라 양이 변화된다. 주물에서는 쇳물이 응고할 때 발생된 가스가 주형 밖으로 방출되는데, 주물 외곽부가 응고됨에 따라 방출되지 못한 가스는 주물 속에 남아서 미세한 핀 홀(pin hole)이나 가스 구멍과 같은 결함으로 나타나게 된다. 쇳물이 응고할 때 방출되는 가스는 대부분 일산화탄소(Co), 수소(H_2) 및 질소(N_2)이다. 대부분 금속은 용융될 때 수소를 흡수하게 되는데, 가스가 용융금속 속에 용해되는 양은 용융온도와 관계된다. 진공 상태일 경우에는 외부로부터 가스 흡수가 없으므로, 가스의 영향을 피하기 위해 진공용해법을 이용하기도 한다.

그림 1.38은 용해과정에서 수소가스가 용융금속에 생기는 원인과 주물품에 기포가 발생하는 과정을 보여준다.

2) 용융금속 내의 가스제거

기포발생의 원인이 되는 용융금속 내의 가스를 제거하는 것은 어려우므로, 가스의 침입을 미리 방지하는 것이 더 효과적이다. 특히, 용해용 금속재료와 고체 연료로부터 가스가

(a) 용해 중의 금속은 Ⓗ로 둘러싸임

(b) 용융과 동시에 Ⓗ는 쇳물에 녹아 들어감

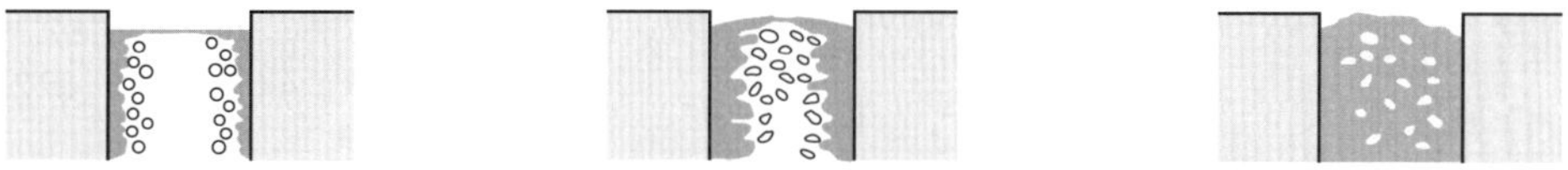

(c) 응고가 시작되면 응고층의 Ⓗ가 방출되기 시작하여 기포가 생김

(d) 응고 진행과 더불어 Ⓗ는 더욱 많아지고 일부는 밖으로 방출됨

(e) 위쪽이 고화되면 남은 기포 때문에 위쪽이 볼록해짐

그림 1.38 수소에 의한 기포발생

침입되는 것을 막기 위해 노력해야 한다. 또한 대기 중의 습기나 연료 중의 수분으로부터도 수소가 흡수된다. 수소를 제거하는 방법으로는 산소와 같은 산화성 가스를 강제로 쇳물 속에 불어넣어 수소를 배출시키는 방법이 있다. 이렇게 용융금속에 증가된 산소는 철보다 친화력이 강한 Mn, Si 등을 첨가하여 산소를 흡수시켜 안전한 산화물로 만든다. 이와 같이 산소성분을 조절하는 것을 탈산(deoxidation)이라 하며, 이러한 목적을 위해 사용하는 원소와 화합물 및 합금 등을 탈산제(deoxidizer)라고 한다. 일반적으로 용융금속 내의 가스양은 주변 압력이 낮아지면 감소하게 된다. 따라서 진공용해법을 사용하면 이론적으로 가스를 용융금속 밖으로 배출시킬 수가 있어서 소량의 특수강이나 비철계 합금에 적용되고 있다. 이외에도 용융금속 내의 가스를 방출시키기 위해 불활성 가스를 용융 금속에 불어넣는 방법과 원심 주조법, 가압 주조법 등의 방법을 사용하기도 한다.

1.9 주물재료

1. 주철(casting iron)

1) 회주철(gray cast iron)

주철은 주조를 통해 복잡한 형상의 주물품을 비교적 값싸고 용이하게 생산할 수 있으며 절삭성, 내마멸성, 윤활성, 감쇠성능이 우수하고 압축강도가 커서 기계구조용 재료에 많이 사용된다. 주철은 파단면의 색깔에 따라 회주철, 백주철, 반주철로 분류되는데, 회주철은

▶ 표 1.8 회주철의 기계적 성질

종류	기호 (구기호)	공시재의 주조된 상태의 지름 [mm]	인장시험	항절시험		경도시험
			인장강도 N/mm^2 $[kg_f/mm^2]$	최대하중 $N[kg_f]$	휨 [mm]	[HB]
1종	GC100 (GC10)	30	100 이상 (10 이상)	700 이상 (713 이상)	3.5 이상	201 이하
2종	GC150 (GC16)	30	150 이상 (15 이상)	8,000 이상 (815 이상)	4.0 이상	212 이하
3종	GC200 (GC20)	30	200 이상 (20 이상)	9,000 이상 (917 이상)	4.5 이상	223 이하
4종	GC250 (GC25)	30	250 이상 (25 이상)	10,000 이상 (1,019 이상)	5.0 이상	241 이하
5종	GC300 (GC30)	30	300 이상 (30 이상)	11,000 이상 (1,121 이상)	5.5 이상	262 이하
6종	GC350 (GC35)	30	350 이상 (35 이상)	12,000 이상 (1,223 이상)	5.5 이상	277 이하

탄소가 흑연으로 석출되어 단면이 회색을 띠며, 백주철은 흑연 없이 탄소가 Fe_3C 상태로 되어 단면이 백색으로 보이며, 반주철은 흑연과 Fe_3C가 혼합된 상태로 보인다.

보통주철이라 하면 회주철을 말하며, 금속조직에 가장 큰 영향을 미치는 요소는 탄소와 규소의 성분함량이고, 그 함유비율과 냉각속도에 따라 흑연의 크기와 모양 및 조직상태가 변화된다. 인장강도는 100～350 MPa 정도이며, 메진 취성을 띠어 연성은 없으나 압축강도가 큰 특징이 있다. 선철과 고철을 용해하여 강의 파쇠를 첨가하면 인장강도가 증가하고 출탕할 때 Ca-Si를 넣는 등 여러 원소들의 성분과 양을 잘 배합하면 회주철의 기계적 성질을 조절할 수도 있다. 표 1.8은 회주철의 기계적 성질을 나타낸 것이다.

2) 고급주철

보통주철의 강도를 높이기 위해 탄소와 규소의 함유량을 줄이고, 흑연의 크기가 작고 고르게 분포하며 인장강도를 250 MPa 이상으로 높인 주철이 고급주철이다.

대표적인 고급주철로 미하나이트(Meehanite) 주철은 소량의 흑연을 석출시켜 미세화한 주철로서 주물의 두께 차이에 대하여 조직의 변화가 적고 인장강도, 경도에 대하여도 질량효과의 영향이 보통주철에 비하여 적다. 또한 내압성도 풍부하고 인성도 커서 내연기관 부품(cylinder, shaft, cam, crank 등)의 재료에 사용된다.

3) 합금주철

회주철의 기계적 성질을 개선하여 내열성, 내식성, 내마모성, 자성 등 특수한 성질을 갖게 할 목적으로 Cr, Ni, Mo, Cu, Ti 등의 합금원소를 단독 또는 조합해서 첨가한 주철을 합금주철이라고 한다. 주요한 합금원소의 영향은 다음과 같다.

① Cr : pearlite 조직을 미세화시킬 목적으로 0.2～1.5% 첨가하면 내열성, 내마모성이 증가한다.

② Ni : 흑연화를 촉진하며 0.1～1% 첨가하면 조직이 미세화된다.

③ Mo : 흑연화를 방지하며 0.25～1.25% 첨가하면 인장강도, 굽힘강도, 피로한도가 높은 강인주철이 된다.

④ Cu : 0.25～2.5% 첨가하면 경도, 내마모성, 내식성이 증가된다.

⑤ Ti : 고탄소, 고규소의 주철에 Ti을 첨가하면 흑연이 미세화되어 강도가 커진다.

4) 가단주철

백선주철을 장시간 풀림 열처리를 해서 흑연화하여 페라이트 조직으로 변화시킨 주철로써 연강에 가까운 인장강도와 연성을 부여하여 가단성을 가진다. 파면의 상태에 따라 백심가단주철, 흑심 가단주철주철로 대별된다. 가단주철은 두껍고 대형주물에는 적합하지 않고 인성을 필요로 하는 필요한 관이음과 소형주물품의 대량생산에 적합한 주철이다.

2. 주강(casting steel)

주조가 가능하도록 만든 강으로써 보통주강과 특수주강으로 나눌 수 있다. 보통주강은 탄소함유량에 따라 저탄소 주강(0.2%C 이하), 중탄소 주강(0.2～0.5%C), 고탄소 주강(0.5～0.7%C)으로 분류되고, 주강품은 SC42, 46, 49(KS 규격)가 회전바퀴, 펌프케이싱, 산업설비부품 등의 기계부품으로 많이 사용된다. 그러나 주조한 그대로는 결정립이 거칠고 여리므로 어닐링(annealing)하여 사용한다. 주철에 비하여 강도와 인성이 크다. 강도는 탄소함유량이 증가함에 따라 커지나 인성은 반대로 감소한다. 특수주강은 Cr, Ni, Mn, Si, V, Cu 등을 첨가하여 강도, 경도, 인성, 내식성, 절삭성, 내열성 등의 기계적 성질을 개선한 것이다. 이와 같은 주강은 용융온도가 약 1,500 °C 정도로 높아서 주조성이 떨어지지만 강도가 크므로 대형 기계부품과 구조물 주조에 사용된다.

3. 비철금속

1) 구리 합금

(1) 황동(brass)

구리(Cu)에 30~40%의 아연(Zn)을 합금한 것으로써 기계적 성질을 개선하기 위해 Mn, Al 등의 원소를 첨가한다. 구리에 아연을 40% 함유한 6-4황동은 절삭성과 주조성이 우수하여 보일러 부품, 볼트, 너트, 밸브 등과 같이 약간의 강도가 필요한 기계부품에 많이 이용된다. 구리에 아연을 30% 함유한 7-3황동은 연성을 가져서 냉간가공성이 우수하여 방열부품, 파이프, 탄피 등의 재료로 사용된다.

(2) 청동(bronze)

Cu-Sn계 합금으로써 구리에 10% 정도의 주석(Sn)과 소량의 Zn을 함유한 것으로써 황동에 비해 강도, 경도, 내식성과 내마모성, 주조성이 우수하여 고급밸브, 콕과 같은 기계부품과 미술 장식용 재료로 많이 사용된다.

2) 알루미늄 합금

알루미늄(Al)은 백색의 비철금속으로 비중이 약 2.7로 가볍고 전기 및 열전도성이 양호하며 내식성과 내가공성이 우수하고 매끈한 표면을 얻을 수 있다. 용융점이 철강, 구리합금에 비해서 낮으나, 산화피막이 생기기 쉬워서 유동이 곤란한 경우도 있으며, 응고할 때 수축이 크고 가스의 흡수가 많아서 pin hole 발생이 쉬운 결점도 있다. 실용합금은 Al-Cu, Al-Si, Al-Mg 계로 분류된다.

(1) Al–Cu 합금

Cu가 4~5% 첨가되면 주조성은 다소 떨어지나 시효경화성이 크고 8~12% 첨가되면 유동성이 좋아져 두께가 얇은 주물의 주조가 가능해진다. 일반적으로 Cu의 함량이 증가하면 인장강도와 항복점은 상승하지만 연신율은 감소하게 된다.

(2) Al–Cu–Si 합금

Cu 3~8%, Si 3~8%를 첨가한 합금으로써, 규소첨가에 따른 주조성 개선과 Cu첨가에 의해 절삭성이 개선되어 자동차의 차륜부품, 크랭크 케이스 등에 많이 사용된다.

(3) Al–Si 합금

알루미늄에 Si가 10～14% 함유된 합금을 실루민(silumin)이라 하며, 유동성이 좋고 응고 시에 수축이 적을 뿐만 아니라 열간 취성이 적고 내식성이 양호하며, 기계적 성질도 뛰어나 주물용 합금으로써 널리 사용된다. 공랭식 내연기관의 실린더, 실린더 헤드, 피스톤 등에 사용되고 있다.

(4) Al–Mg 합금

용융금속이 산화되기 쉬워 주조성은 Al-Si 계에 비하여 떨어지므로 복잡한 형상의 주물이나 내압주물에는 적합하지 않다. Al-Mg 합금은 해수 중에서의 내식성이 Al 합금 중 가장 좋아서 선박용, 화학공업용 부품으로 많이 사용된다.

3) 아연(Zinc)과 아연 합금

아연(Zn)은 용융온도가 420 °C 정도로서 낮고 냉간가공이 용이하며 가격이 저렴하다. Al을 4% 정도 함유한 아연 합금은 용융점이 낮아 주조성이 양호하여 다이 캐스팅용으로 사용하며, Cu, Mg, Ti 원소를 첨가하여 판재, 선재, 봉재 등 가공용 아연합금으로도 사용된다.

1.10 특수 주조법

1. 원심 주조법(centrifugal casting)

원통형상의 주형을 고속회전(300～3,000 rpm)시킨 상태에서 용융금속을 주입하면 원심력에 의하여 주형내면에 균일하게 압력을 가한 상태에서 응고되므로, 코어 없이 치밀한 조직의 중공의 원통형 주물을 제작하는 주조법이다. 이때 원통형 주물의 내면이 복사열 때문에 서서히 냉각되므로 일정온도 이하로 냉각될 때까지 주형을 회전시켜야 주물에 변형이 생기지 않는다. 용융금속 중에 함유된 슬래그와 같은 불순물은 가벼우므로 원통 안쪽으로 밀려 나와 분리되지만, 이로 인해 생긴 내면의 요철은 후 가공으로 제거할 필요가 있다. 주철, 청동 등과 같은 비철합금 재료를 사용하여 실린더, 피스톤 링, 강관의 주조에 이용된다.

원심 주조법은 주형을 회전시키는 축의 방향에 따라 그림 1.39(a)와 같은 수평식은 지름에 비해 길이가 긴 주물에 사용하며, 그림 1.39(b)와 같은 수직식은 길이가 짧은 주물의 주

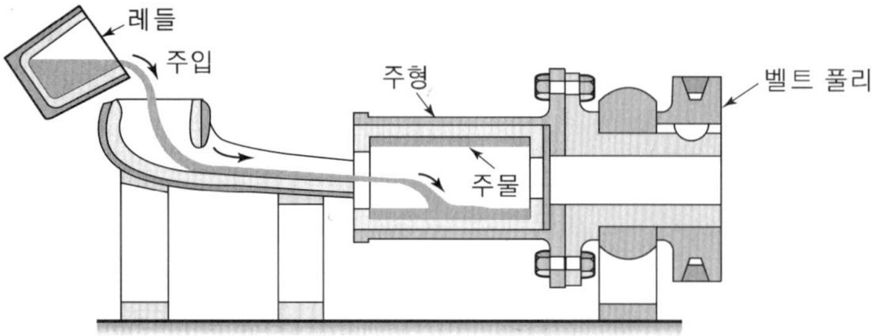

(a) 수평식

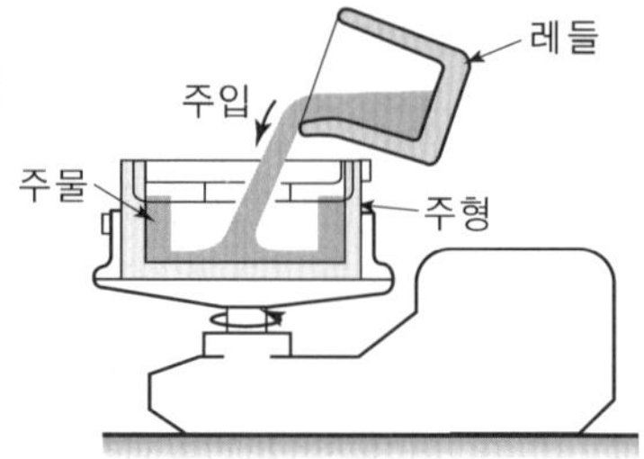

(b) 수직식

그림 1.39 원심 주조법의 형식

조에 사용한다. 원심 주조법의 특징은 다음과 같다.

① 원심력에 의하여 치밀하고 균일한 조직의 주물을 얻을 수 있다.

② 슬래그와 가스의 제거가 용이하다.

③ 코어와 피더(feeder), 라이저(riser)와 같은 탕구계가 불필요하다.

④ 실린더, 피스톤 링, 강관 등의 대량생산에 적합하다.

1) 원심 주조를 응용한 주조법

(1) 반원심 주조법(semi-centrifugal casting)

그림 1.40(a)와 같이 주형을 저속으로 회전시키고 회전축 수직방향 위의 탕구를 통하여 쇳물을 주입하면 원심력에 의하여 주형 내로 압입되어 비교적 치밀한 조직의 주물을 제작하는 방법이다. 중공 주물일 경우에는 코어가 필요하며 주로 차륜, 벨트풀리, 기어소재 등의 주조에 이용된다.

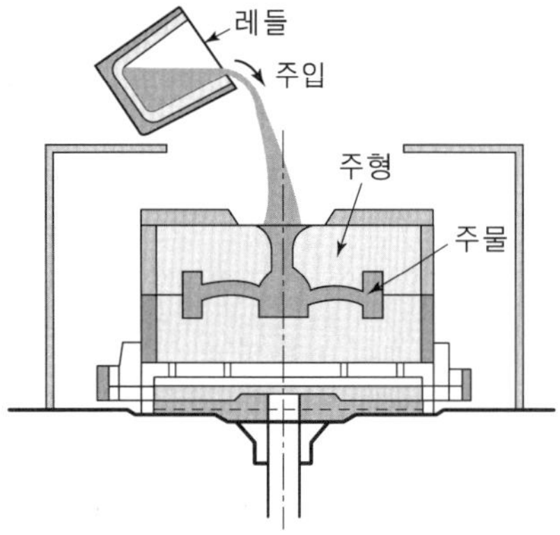

(a) 반원심 주조법

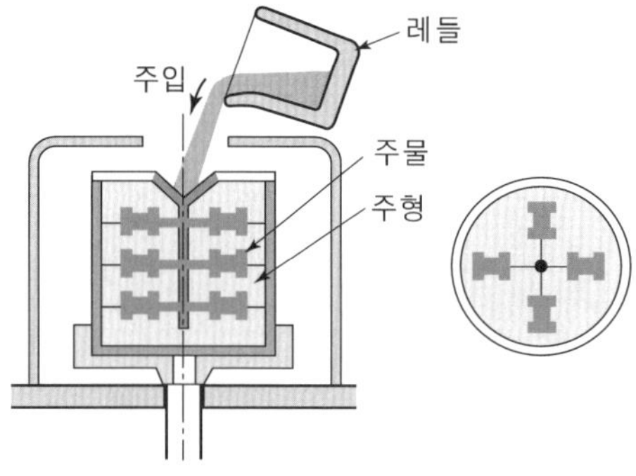

(b) 원심 가압 주조법

그림 1.40 원심 주조법의 응용

(2) 원심 가압 주조법(centrifuge casting)

그림 1.40(b)와 같이 회전축 수직방향의 가운데 위치한 탕구에 소형의 탕도를 여러 개 연결하여 배치한 구조로서, 주입된 쇳물이 원심력에 의해 각 주형으로 가압되어 주조된다. 주형을 저속으로 회전시키며, 형상이 간단하고 크기가 작은 소형주물의 대량생산에 이용된다.

2. 칠드 주조법(chilled casting)

그림 1.41과 같은 롤러를 제작하고자 할 때, 위 주형틀과 아래 주형틀은 사형으로 만들고 가운데 부분만 금형으로 제작하여 주조하면, 금형과 접촉하는 주물의 표면은 급냉되어 조직이 단단해지고 내부는 서냉되어 연한 조직을 가진 주물을 얻을 수 있다. 이와 같이 표면만 단단한 조직을 얻기 위해 주형의 일부를 금속을 사용하여 급냉시키는 주조법을 칠드 주조법이라 한다. 금형에 의하여 급속히 냉각되는 표면부분은 탄화철이 되면서 백선조직의 단단한 백주철이 되고 내부는 회주철의 연질조직이 된다. 칠드 주조법은 압연롤러, 기차바퀴 등을 주조할 때 주로 사용된다.

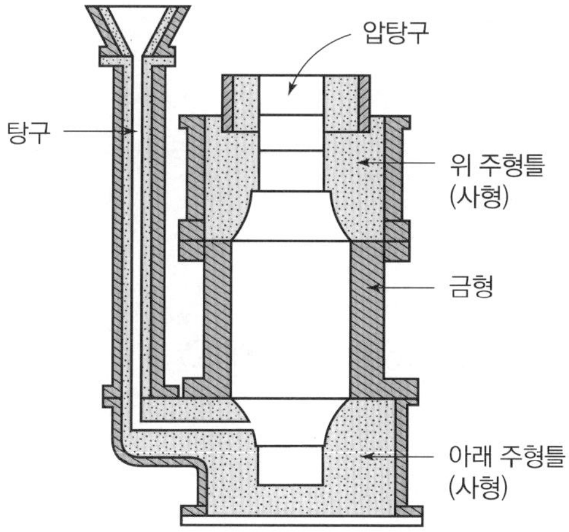

그림 1.41 칠드 주조법

3. 다이 캐스팅(die casting)

금형에 용융금속을 대기압 이상의 압력으로 가압하여 주입하고 응고 냉각시켜 주조하는 방법으로써 표면이 매끈하고 정밀한 주물품을 얻을 수 있다. 우수한 품위의 주물을 대량생산하는 데 적합한 주조법으로써 알루미늄 합금, 아연 합금 등과 같은 저용융점 재료의 자동차부품, 통신기기용 부품, 전기기계용 부품, 정밀기계부품 등 생산에 널리 사용되고 있다.

다이 캐스팅용 금형의 재질은 내열성, 내압성, 내부식성과 절삭성이 우수한 합금강을 사용해야 한다. 다이 캐스팅 주조법의 특징은 다음과 같다.

① 표면이 미려하고 정밀도가 좋아서 기계가공이 거의 필요하지 않다.
② 주물품의 조직이 치밀하고 강도가 우수하며 재질이 균일하다.
③ 두께가 얇고 복잡한 형상의 주물에 적합하고 연속주조가 가능하다
④ 용해온도가 낮은 비철금속 주조에 적합하다.
⑤ 대량생산에 적합하다.
⑥ 금형제작비가 고가이다.
⑦ 고용융점 금속은 주조할 수 없다.
⑧ 금형의 크기에 제약이 있어서 대형주물에 한계가 있다.

▶ **표 1.9** 다이 캐스팅 주물과 사형 주물의 기계적 성질

합금조성 (%)	인장강도 (kg_f/mm^2)		연신율 (%)		비커스 경도	
	다이 캐스팅	사형	다이 캐스팅	사형	다이 캐스팅	사형
Cu4.0 Si4.5 Al합금	14.5~18.4	10.5~12.0	1.4~2.0	0.2~0.6	61~83	62~72
Si9.0 Mg0.4 Mn0.4 Al합금	16.0~25.7	9.8~11.5	1.0~2.5	0.2~1.0	58~89	64~70

1) 냉가압실형(cold chamber type) 다이 캐스팅

용해실과 가압실이 별도로 독립되어 있는 구조로서 용해로에서 용융금속을 쇳물 바가지(ladle)로 받아 다이 캐스팅 머신에 주입한 다음 플런저로 가압하여 금형에 주입한다.

용융금속의 온도가 다소 떨어진 상태로 주입되기 때문에 가압력이 100~1,000 kg_f/cm^2 정도로 높은 편으로써 치밀한 조직의 주물을 얻을 수 있다. 또한 응고 후에도 계속 높은 압력을 작용시켜 강도와 기밀성을 필요로 하는 제품을 얻을 수 있다. 비교적 용융온도가 높은 Al 합금, Mg 합금 등의 다이 캐스팅에 이용된다.

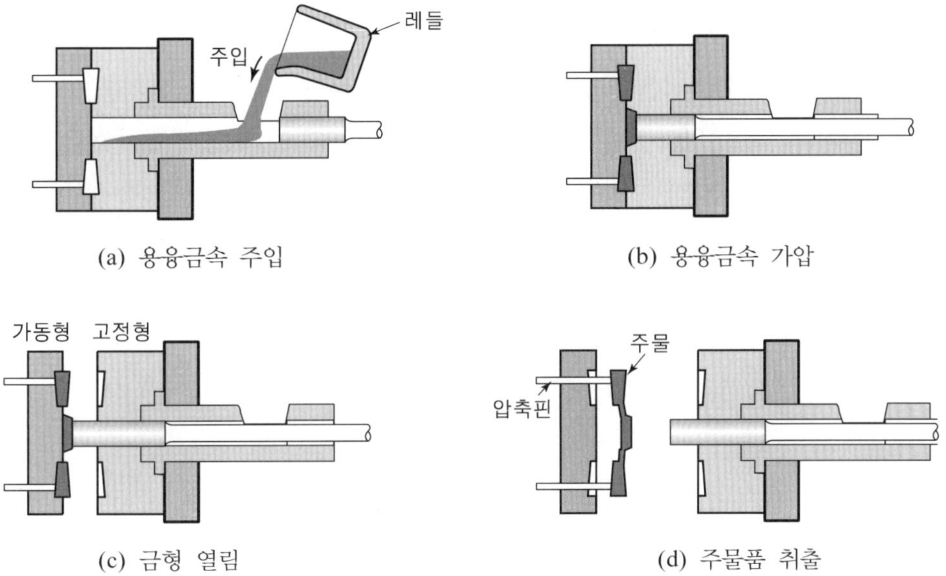

(a) 용융금속 주입 (b) 용융금속 가압

(c) 금형 열림 (d) 주물품 취출

그림 1.42 냉가압실형 다이 캐스팅

2) 열가압실형(hot chamber type) 다이 캐스팅

그림 1.43과 같이 용해로에 가압실이 담겨진 상태로 플런저를 이용하여 용융금속을 바로 금형으로 가압하여 주입하는 방식이 열가압실형 다이 캐스팅이다. 가압실의 구조상 유동성은 양호하지만, 가압력은 30～50 kg_f/cm^2 정도로 제한된다. 주로 Zn 합금, Sn 합금과 같이 용융온도가 낮은 합금의 주조에 사용된다.

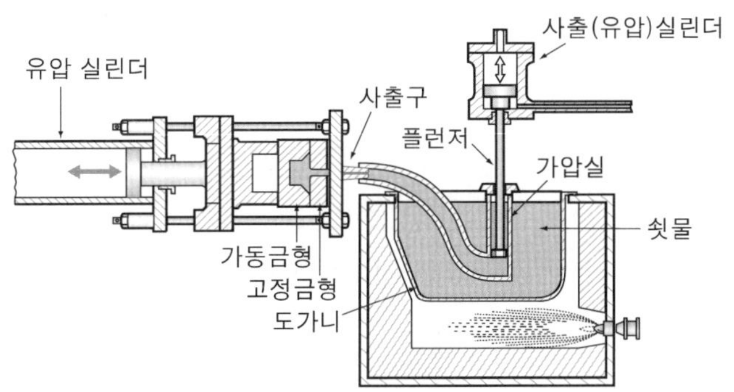

그림 1.43 열가압실형 다이 캐스팅

4. 셸 몰드법(shell molding process)

원형의 형태로 제작된 금형을 가열하고 열경화성합성수지를 혼합한 모래를 가열된 금형에 뿌려서 두께 5 mm 내외의 조개껍질과 같은 형태의 원형을 만들어서 주형을 제작하여 주조하는 방법을 셸 몰드법이라 한다. 셸 주형을 이용하면 주형제작 시간이 단축되고 표면이 미려하고 정밀도가 높아 경량주물의 대량생산에 적합하다. 주물사는 140∼200 mesh 정도의 규사에 중량비로 5% 정도의 열경화성 페놀수지를 배합한 레진 샌드(resin sand)를 사용한다.

이러한 셸 몰드법의 특징은 다음과 같다.

① 다량생산이 가능하다.

② 주물표면이 깨끗하고 정밀도가 높다.

③ 주형제작에 숙련이 불필요하며 기계화가 가능하다.

④ 주형에 수분이 없으므로 핀 홀이 발생하지 않는다.

⑤ 금형제작비가 고가이다.

⑥ 주물 크기에 제한을 받는다.

그림 1.44는 셸 몰드를 이용한 주형제작 과정으로써,

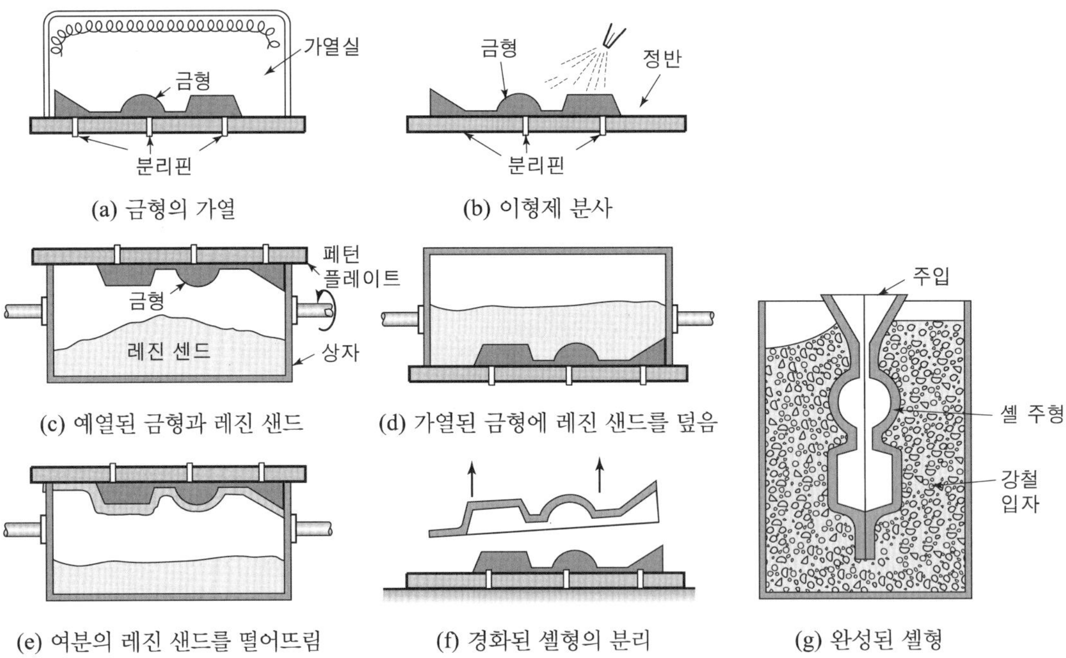

그림 1.44 셸 몰드 주형 제작과정

(a) 금형을 200~300 °C 온도로 가열한다.

(b) 이형재인 규소수지를 금형표면에 분사한다.

(c) 레진 샌드가 들어 있는 상자 위에 금형이 고정된 정반을 얹는다.

(d) 정반이 덮인 상태로 상자를 180° 뒤집어 놓는다.

(e) 10~15초 지난 후 상자를 다시 180° 뒤집어서 소결되지 않은 모래는 밑으로 떨어지게 한다. (5 mm 내외의 두께로 소결되어 셸이 형성)

(f) 금형이 고정된 정반을 똑바로 놓고 셸과 금형을 300 °C 온도로 30~50초 정도 가열하여 경화시킨 후 금형에서 셸 원형을 분리한다.

(g) 셸 원형을 조합하여 주형을 제작한다.

5. 인베스트먼트법(investment process)

왁스(wax)나 파라핀(paraffin)과 같은 가용성 재료로 원형을 만들어서 슬러리(slurry) 상태의 주형재료를 피복시킨 후 열을 가해 왁스와 같은 원형재료를 녹여내어 주형을 완성하여 주조하는 방법을 말하며, 일명 로스트 왁스(lost wax)법이라고도 한다.

인베스트먼트 주조법의 특징은 다음과 같다.

① 주물표면이 깨끗하고 정밀하다.

② 복잡한 구조의 주형제작에 적합하다.

③ 원형이 가용성 재료이므로 1회만 사용할 수 있다.

④ 주물크기에 제한을 받는다.

⑤ 주조금속은 주강, 특수합금강, 경합금 등이다.

⑥ 생산성이 떨어지고 제조원가가 비싸다.

그림 1.45는 인베스트먼트 주조과정을 나타낸 것으로써

(a) 제작된 금형에 왁스를 넣어 원형을 만든다.

(b) 원형을 탕구에 여러 개 배치하여 붙인다.

(c) 원형트리를 주형틀에 넣는다.

(d) 내화재(investment)와 점결제를 혼합한 슬러리에 담갔다가 꺼내어 굵은 내화모래를 뿌리는 과정을 반복하여 왁스 원형 외면에 6 mm 내외의 내화물 층이 형성되도록 한다.

(e) 주형을 200 °C 내외로 1차 가열하여 왁스 원형을 녹여서 주형 밖으로 배출시킨 다음 950 °C 내외의 온도로 가열하여 주형을 경화시킨다.

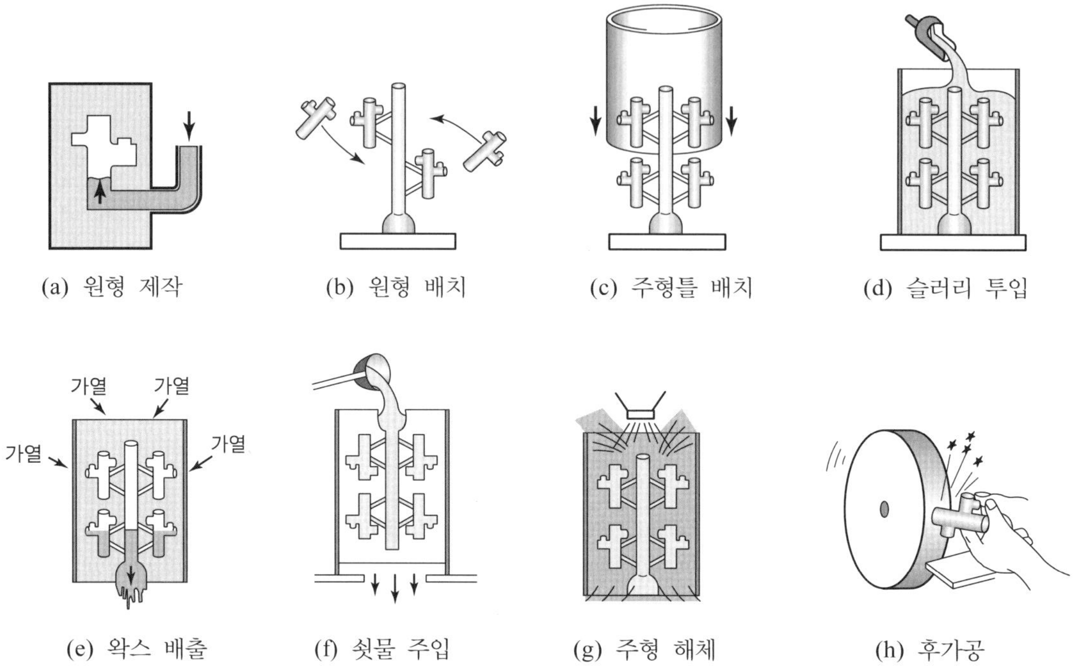

그림 1.45 인베스트먼트 주조과정

(f) 주형에 용융금속을 주입한다.

(g) 용융금속이 응고된 후 주형을 해체하여 주물품을 꺼낸다.

(h) 주입구 등 불필요한 부분을 후가공하여 제거한다.

6. 쇼 주조법(shaw process)

쇼 주조법은 정밀 주조법의 일종으로 인베스트먼트법과 유사한 주조법이다. 쇼 주조법은 각종 기어류, 프레스 및 사출금형용 다이, 미술품 등과 같이 복잡한 형상의 대형주물에 적합하며 정밀한 주조가 가능하고 주형에 미세한 균열이 생겨서 통기성이 양호하다.

목재, 석고, 금속으로 원형을 제작하여 주형틀에 넣은 다음 샤모트, 지르콘사 등의 내화재와 에틸실리케이트 등의 점결제를 혼합한 반액상의 슬러리 주형제를 주입시킨다. 주형재가 고무처럼 되었을 때 원형을 뽑아내고 주형 표면을 토치로 가열하거나 노에 넣어 약 1,000 °C로 가열하면 미세한 균열이 발생되면서 경화되어 주형이 완성된다.

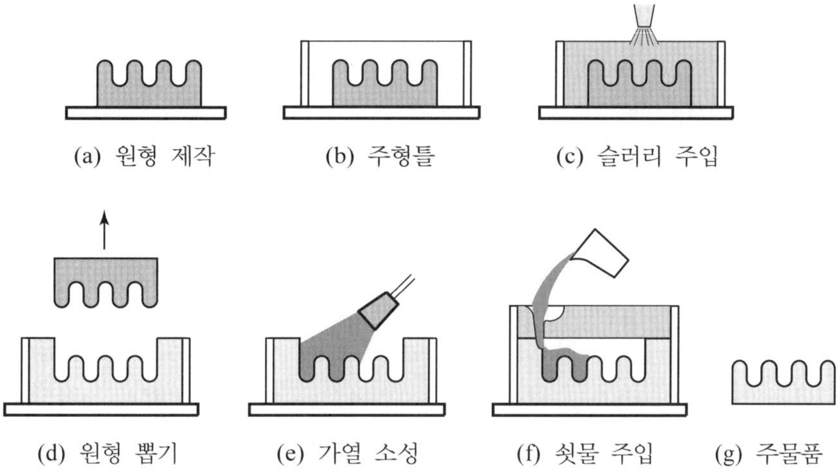

그림 1.46 쇼 주형 주조과정

7. 진공 주조법(vacuum process)

대기 중에서 금속을 용해하고 주조하면 용융금속 중에 O_2, H_2, N_2 등의 가스가 들어가서 기공 등을 발생시켜 기계적 성질이 떨어지게 된다. O_2는 산화물을 형성하고 H_2는 hair crack의 원인이 된다. 따라서 금속을 용해할 때 공기와의 접촉을 차단하고 가스를 제거하기 위하여 $10^{-1} \sim 10^{-3}$ mmHg 정도의 진공상태에서 용해하고 주입하는 주조방법이 진공주조법이다. 이 주조법은 베어링강, 공구강, 스테인리스강 등과 같이 고급재질이 요구되는 강의 주조에 이용된다. 이 진공 주조법은 진공실 내에 설치된 고주파 용해로에서 금속을 용해하며

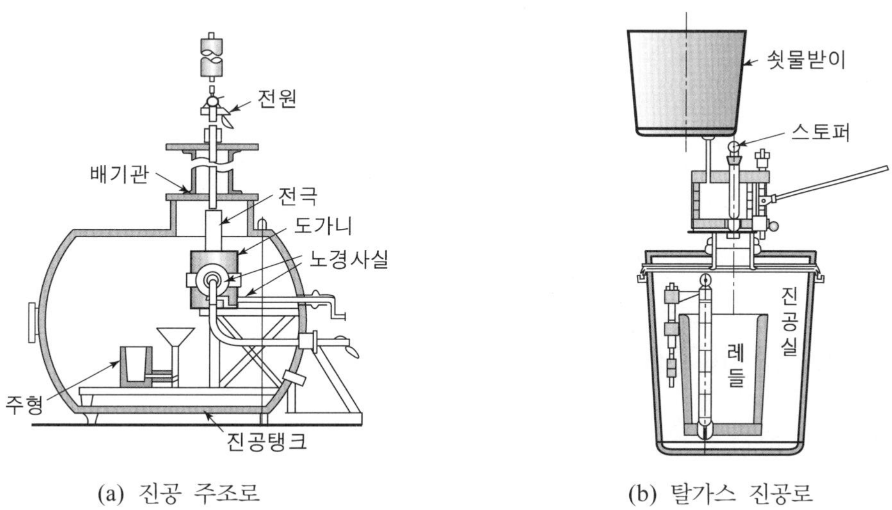

그림 1.47 진공로의 구조

가스가 제거된 용융금속을 곧바로 주형에 주입하는 방법, 즉 금속의 용해작업과 주입작업이 진공실 내에서 이루어지는 방법이 있고, 진공용해작업 후 대기 중에서 주조하는 경우도 있다. 또 대기 중에서 용해작업을 한 후 용융금속이 들어 있는 도가니 또는 쇳물 바가지를 진공실에 넣어 대부분 가스가 제거된 쇳물을 대기 중이나 진공상태에서 주조하는 방법도 있다.

8. 저압 주조법(low pressure process)

그림 1.48과 같이 용융금속이 담겨져 있는 밀폐된 도가니로에 저압의 공기나 불활성가스를 불어넣어 쇳물을 위쪽으로 밀어 올려서 주조하는 방법을 말한다. 저압 주조법은 쇳물의 주입방향이 중력의 반대방향으로써 공기압력을 제어하여 쇳물 주입속도를 조절할 수 있다. 용융금속이 저압력을 받아 밀려올라가고 일정시간이 경과되어 금형 내의 쇳물이 어느 정도 응고되었을 때 가압력을 중지하면 탕구관 내의 쇳물이 노속으로 다시 낙하되므로 탕구봉이 짧은 주물을 얻을 수 있으므로 쇳물이 절약되어 경제적인 면도 있다. 주로 실린더 헤드, 크랭크실 케이스, 기어박스 등 알루미늄 합금주물 주조에 사용된다.

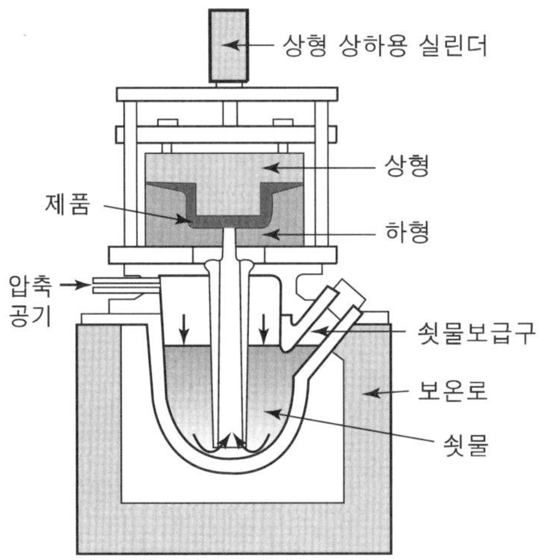

그림 1.48 저압 주조법

9. 탄산가스 주조법(CO_2 gas process)

탄산가스 주조법은 주물사에 5% 정도의 규산나트륨(Na_2SiO_2)을 첨가하여 주형을 제작한 후 이산화탄소(CO_2)가스를 통과시켜 신속하게 주형을 경화시키는 방법이다. 탄산가스 주조법을 이용하면 별도의 건조과정 없이도 주형의 강도를 높일 수 있으며, 통기성도 양호해지고 주형제작 시간도 단축시킬 수 있다. 주로 코어의 제작, 공작기계의 베드, 대형 산업기계의 주조에 유리한 방법이며, 다음과 같은 특징이 있다.

① 정밀한 주물을 얻을 수 있다.
② 건조로가 없어도 단단한 주형을 얻을 수 있다.
③ 생산성이 높고 경제적이다.
④ 코어 제작에 철심을 넣지 않아도 된다.
⑤ 습기를 흡입하므로 취급에 유의해야 한다.
⑥ 주형 해체성이 좋지 않다.
⑦ 주물사의 재사용이 불가능하다.

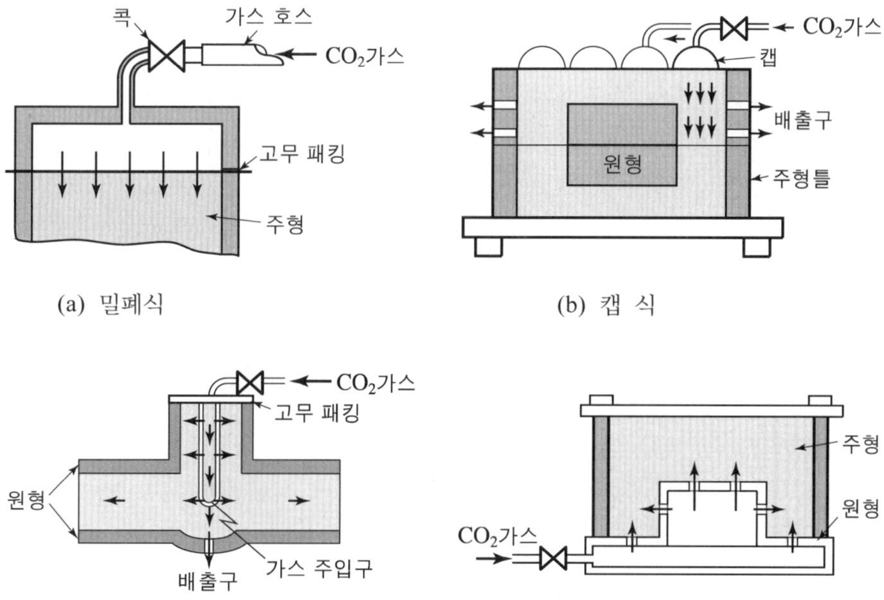

(a) 밀폐식 (b) 캡 식

(c) 차입법 (d) 원형중증식

그림 1.49 탄산가스 주입방식

10. 연속 주조법(continuous process)

잉곳(ingot)은 쇳물을 잉곳 케이스에 주입하여 제조하는 것이 일반적이나 탕구부분을 절단해 내야 하는 등의 용융금속의 손실이 발생하고 주형제작에도 시간이 걸리며, 재질도 일정하지 않는 등의 단점이 있다. 따라서 그림 1.50과 같이 용해실에서 유출되는 쇳물이 냉각수가 순환하는 금형을 통과하면서 표면이 급속하게 응고되어 연속적으로 잉곳이 주조되

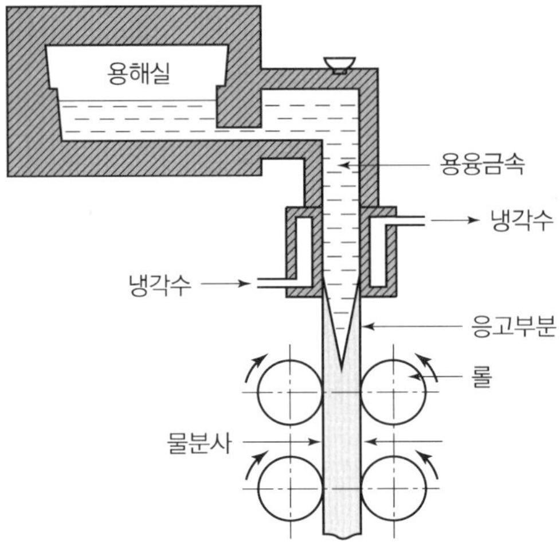

그림 1.50 연속 주조법

어 나오게 하는 방법이 연속 주조법이다. 연속 주조법을 이용하면 동일한 조건으로 냉각되므로 잉곳의 질이 균일하고 편석과 수축공을 줄일 수 있으며 작업이 간단하여 제조비가 저렴한 장점이 있다.

1.11 주물의 결함과 검사법

1. 주물의 결함

1) 수축공(piping or shrinkage cavity)

주형에 주입된 쇳물은 주형에 접촉된 표면부분부터 응고가 시작되어 내부로 진행된다. 따라서 마지막에 응고되는 부분은 용융금속의 체적수축으로 인하여 쇳물 부족으로 인해 반구 모양의 오목한 홈이 생기는 결함을 수축공이라 하며, 줄일 수 있는 방법은 다음과 같다.

① 쇳물 아궁이를 크게 한다.
② feeder를 설치한다.
③ 냉각쇠를 사용한다.

2) 기공(blow hole), 미세공(pin hole)

용융금속 중에 흡수되었다가 방출되는 가스, 주형 속에서 발생되는 수증기와 공기가 주형 밖으로 배출되지 못하고 용융금속에 잔류된 상태로 응고되어 작은 중공부분의 구멍으로 남게 되는 결함을 기공이라 하는데, 감소시킬 수 있는 방법은 다음과 같다.

① 주형의 통기성을 좋게 한다.
② feeder 또는 riser를 설치한다.
③ 용융금속의 온도를 낮게 한다.
④ 주입되는 쇳물에 압력을 가한다.
⑤ 진공 주조법을 이용한다.

3) 편석(segregation)

① 주물의 한 곳에 특정성분이 집중되거나 각 부분의 성분이 불균일하게 분포되는 현상
② 합금에서 금속성분의 비중차이에 의해 갈라져서 경계가 발생되는 현상
③ 처음 생긴 결정과 나중에 생긴 결정 사이에 경계가 발생되는 현상
④ 마지막에 응고되는 부분의 어느 성분이 다른 부분의 성분과 차이가 나는 현상

4) 균열(crack)

① 주물의 수축과 주형의 팽창에 의한 균열

주형 내의 코어 둘레의 용융금속은 냉각되면서 수축되고 상대적으로 코어는 열을 받아 팽창되는 역작용에 의해 주물의 균열이 발생될 수 있다. 그러므로 주탕 후 주물의 표면 부분이 응고되면 바로 코어를 제거하거나 코어제작용 주물사에 톱밥, 쌀겨 등의 가소성 재료를 배합하여 신축성을 주어야 한다.

② 주물 각 부분의 냉각속도 차이에 의한 균열

주물의 얇은 부분은 빠르게 냉각되고 두꺼운 부분은 서서히 냉각되면서 발생되는 내부 응력의 차이에 의해 균열을 발생시킨다. 따라서 주물 두께의 급격한 변화를 피하고 모서리 부분은 둥글게 만들며 가급적 급랭시키지 않아야 한다.

5) 주물표면 불량

주물표면의 결함 원인은 다음과 같다.

① 흑연과 같은 도형재에서 발생하는 가스 등에 의한 불량
② 쇳물 주입 시 용융금속의 동압과 주탕 후의 정압 등에 의한 불량

③ 주물사의 내열도, 입도 등에 의한 불량

그러므로 주물사의 선택, 첨가제의 선정, 주형제작 등에 유의해야 한다.

6) 치수 불량

치수가 불량해지는 원인은 다음과 같다.

① 원형의 변형에 의한 불량
② 부력에 의한 코어의 이동에 의한 불량
③ 주형틀의 부정확한 조립에 의한 불량
④ 중추의 부족에 의한 불량

2. 주물의 검사

앞에서 설명된 것 이외에도 여러 가지 형태로 주물 결함이 발생할 수 있으며, 이러한 결함들은 주물품의 품질과 성능에 큰 영향을 미치므로 주물의 결함유무를 검사해야 한다.

주물에 결함이 있을 때에는 그 원인을 신속하고 정확하게 파악하여 개선책을 강구해야 한다. 주물의 결함을 검사하는 방법은 파괴검사와 비파괴검사 방법이 있으며, 아래와 같은 검사법들이 이용된다.

1) 육안 검사법

① **외관검사법:** 주물표면의 균열, 수축공, 거칠기와 치수 등을 검사한다.
② **파면검사법:** 주물의 파면을 보고 기포, 편석 등을 검사한다.
③ **형광검사법:** 형광물질을 이용하여 균열 등을 검사한다.

2) 물리적 검사법

① **음향방출법:** 주물을 작은 망치로 가볍게 두드려서 나는 소리를 듣고 균열이나 흠 등을 검사한다.
② **현미경검사법:** 주물의 파면을 연마, 부식시켜 현미경으로 입자의 크기, 조직, 편석, 불순물 등을 검사한다.
③ **압력시험법:** 공기압 또는 수압을 이용하여 주물용기의 내압도를 시험한다.

④ **방사선검사법:** X선과 γ선을 투과하여 주물 내의 결함을 검사하거나 두께 등을 검사한다.

⑤ **초음파탐상법:** 주물의 한 면에 초음파 진동자를 밀착시키고 진동을 주면 진동파가 주물 내부를 통하여 반대면까지 도달했다가 반사파가 되어 되돌아온다. 그러나 내부에 기포나 균열 등이 있으면 진동파는 그곳까지만 도달했다가 반사되어 되돌아오므로 시간적인 차이가 생겨 결함 유무를 확인할 수 있고 그 위치도 알 수 있다.

⑥ **자분탐상검사법:** 주물의 길이방향으로 전류를 흐르게 하면 그 주변에 원 모양의 자력이 생기게 되고 이것이 단절부위에 부딪치면 (+)(−)극을 형성하게 된다. 따라서 이것을 미세한 철분이 섞여 있는 등유나 물에 담그면 균열이 있는 부분에 철분이 붙게 되므로 균열을 찾을 수 있다.

3) 기계적 시험법

① 인장시험 ② 압축시험 ③ 경도시험 ④ 충격시험 ⑤ 마모시험 ⑥ 피로시험 등의 방법으로 주물의 기계적 성질을 알 수 있다.

4) 화학적 검사법

주물의 각 부분을 드릴링 하여 생긴 칩을 분쇄하여 분석장치를 이용하여 화학성분의 조성을 검사한다.

연습문제

1.1 주물의 제조공정을 도식화하여 간단하게 설명하시오.

1.2 원형(pattern)을 형태에 따라 분류하고 간단하게 설명하시오.

1.3 원형을 제작할 때 고려해야 할 사항을 들고 간단히 설명하시오.

1.4 수작업에 의한 주형 제작법의 종류와 특징을 설명하시오.

1.5 기계를 이용한 주형 제작법의 종류와 특징을 간단하게 쓰시오.

1.6 탕구계를 간단하게 그리고 역할을 간단히 쓰시오.

1.7 압탕구(feeder)의 역할에 대해 쓰시오.

1.8 냉각쇠(chill metal)를 사용하는 이유를 설명하시오.

1.9 주물사가 갖추어야 할 구비조건에 대해 쓰시오.

1.10 용선로(cupola) 구조와 용해원리에 대해 간단하게 설명하시오.

1.11 주조용 용해로의 종류를 들고 간단하게 설명하시오.

1.12 주철금속이 응고될 때 나타나는 현상에 대해 간단히 쓰시오.

1.13 회주철(gray cast iron)의 특징에 대해 간단하게 쓰시오.

1.14 원심 주조법(centrifugal casting)의 원리와 특징에 대해 간단하게 쓰시오.

1.15 칠드 주조법(chilled casting)의 원리와 목적에 대하여 설명하시오.

1.16 다이 캐스팅(die casting)이란 무엇이며, 특징에 대해 간단하게 쓰시오.

1.17 셸 몰드법(shell mold process)이란 무엇이며, 특징에 대해 간단하게 쓰시오.

1.18 인베스트먼트법(investment process)이란 무엇이며, 특징에 대해 간단하게 쓰시오.

1.19 탄산가스(CO_2) 주조법을 사용하는 목적과 특징을 간단하게 쓰시오.

1.20 연속 주조법의 장점과 단점을 설명하시오.

1.21 저압 주조법에 대한 개략도를 그리고 장점과 단점을 설명하시오.

1.22 주물품에 나타날 수 있는 결함을 들고 간단하게 설명하시오.

CHAPTER

2 소성가공

2.1 탄성과 소성

금속재료에 외력을 가하면 재료의 내부에는 응력이 발생되고 변형이 생기게 된다. 이때 재료에 가한 외력의 크기가 탄성한계(elastic limit) 이내일 때 외력을 제거하면 변형이 사라져 원래 상태로 되돌아가는 성질을 탄성(elasticity)이라고 한다. 이와 반대로 재료의 가한 외력의 크기가 탄성한계 이상일 경우에 외력을 제거한 후에도 변형이 남아 있는 성질을 소성(plasticity)이라고 하며, 이렇게 남아 있게 되는 변형을 소성변형(plastic deformation)이라 한다. 이러한 금속의 소성변형을 이용하여 필요한 형상과 치수로 변형시키는 가공법을 소성가공(plastic working)이라 한다. 소성가공은 칩(chip)이 발생하는 절삭가공과는 달리 칩이 발생하지 않으므로 비절삭가공 영역에 속하며, 절삭가공에 비하여 성형속도가 빨라서 대량생산에 유리하다.

그림 2.1은 연강재 시편에 인장력을 작용시켰을 때, 응력과 변형율 관계를 나타낸 응력-변형율 선도(stress-strain diagram)이다. 그림에서 O-A구간은 거의 직선으로 나타나는데, 이 영역에서는 응력과 변형율이 비례하며 가해진 인장력을 제거하면 변형이 원래대로 되돌아가는 탄성영역으로서 Hooke의 법칙이 성립된다. 그러나 항복점을 지나 계속 인장력을 가하게 되면 탄성회복을 하지 못하고 소성변형을 일으켜 영구변형을 남기게 되고 F지점에 이르러서 파단된다. 선 O-A-F는 연강을 인장할 경우의 공칭응력-변형율 곡선이며, O-A-F′는 실제로 시편에 작용하는 진(true)응력-변형율 곡선을 나타낸다.

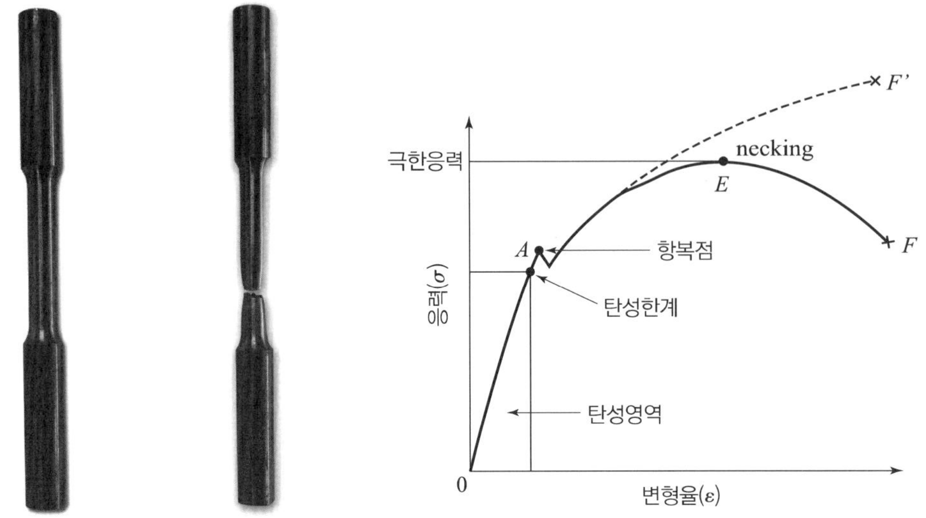

(a) 인장시험편 (b) 인장시험편의 파단 (c) 응력-변형율 선도

그림 2.1 연강의 인장시험

2.2 금속의 소성변형

탄성역학이나 소성역학에서 외력에 의한 금속재료의 변형은 균일한 연속체로 취급한다. 그러나 금속조직적인 측면에서 고체금속은 연속적인 불균질한 다결정체로 취급해야 한다. 또한 결정립내와 결정입계의 역학적 관계가 다르므로 금속의 소성변형 기구는 미시적으로 결정립 단위로 생각할 필요가 있다. 일반적으로 탄성변형은 원자 사이의 거리변화에 따라 발생하지만 소성변형은 결정의 변형에 의해 발생하게 된다. 금속재료에 외력이 가하면 인접해 있는 결정 내에서 격자 면에 발생한 미끄럼이 여러 개 중복되면서 소성변형을 일으키게 하며, 이러한 변형기구에는 슬립 및 쌍정과 전위 등이 있다.

1. 슬립(slip)

그림 2.2(a)와 같이 단결정 금속에 외력(F)을 작용시켰을 때, 외력에 수직인 면 ①에는 수직응력(σ_n)이 발생하지만, 수직면 ①에 평행한 방향의 응력은 발생하지 않는다.

한편, 외력(F)과 임의 각만큼 경사진 면 ②에서는 경사진 면에 수직한 응력(σ_n)과 경사면에 평행한 전단응력(τ)이 발생된다. 이와 같이 경사면에 작용하는 응력에 의해 금속결정

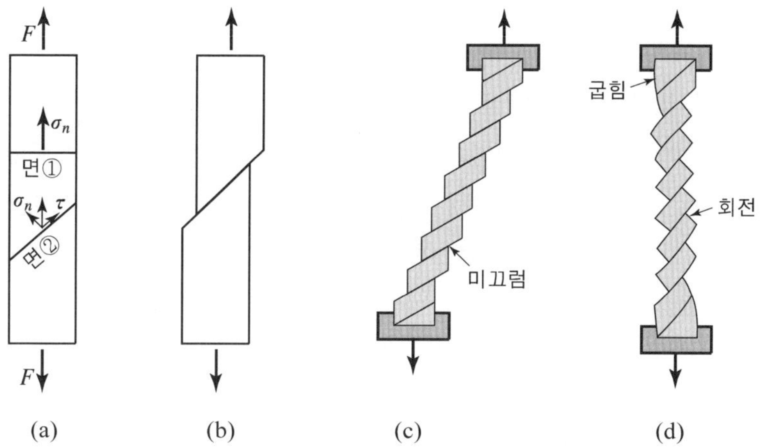

그림 2.2 단결정의 미끄럼 변형

에 따라서 미끄럼이 집적되어 그림 2.2(b)와 같이 결정이 미끄러지는 슬립 현상이 발생된다. 이어서 그림 2.2(c)와 같이 외력에 의해 작용하는 전단응력에 의해 정해진 결정의 방향으로 슬립이 발생되고 그림 2.2(d)와 같이 외력이 작용하는 인장방향으로 슬립의 결정방향이 회전하면서 슬립변형(slip deformation)이 발생된다.

2. 쌍정(twin)

쌍정 변형은 그림 2.3(b)와 같이 결정의 일부분만 특정한 면을 경계로 처음의 결정과 결정면이 미끄럼을 동반하여 대칭상태로 원자배열을 하는 변형을 말한다. 대칭으로 변형되는 경계가 되는 면을 쌍정면이라고 하며, 미끄럼 전단이 일어나는 반향을 쌍정방향(twin direction)이라 한다.

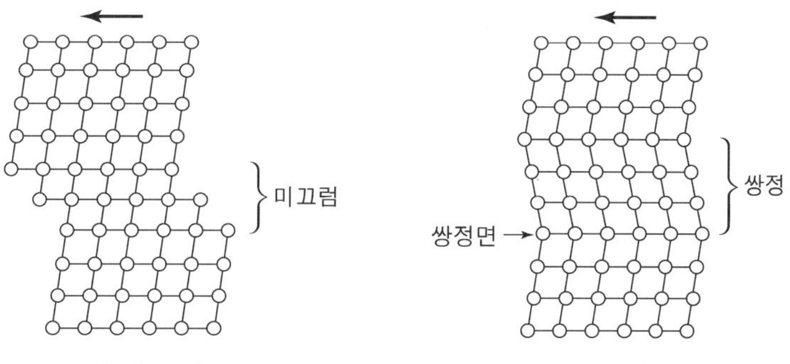

(a) 슬립 변형 (b) 쌍정 변형

그림 2.3 슬립과 쌍정 변형

3. 전위(dislocation)

슬립에 의한 금속의 소성변형은 금속결정의 상대적 강성에 따라서 발생하는 슬립면에 의한 변형으로 생각한다. 전위는 결정면에서 슬립면의 이동이 한꺼번에 발생하는 것이 아니라, 그림 2.4와 같이 미소한 슬립이 슬립면상을 따라 이동하면서 발생하는 것으로 생각한다.

그림 2.4(a)와 같은 결정체에 (b)와 같이 외력이 작용하여 하나의 원자면만 이동하여 Ⓓ와 같이 슬립면 위에 원자면이 빠지게 되어 중단된 곳이 생긴 것을 전위(dislocation)라고 하고, (c)와 같이 전위가 이동되어 진행되면 (d)와 같이 전위에 의해 소성변형이 된다.

이와 같이 소성변형에 의한 전위는 원자 간의 슬립이나 쌍정에 의해 발생되는 일종의 결함적 요소로써, 이미 소성가공에 의해 발생된 전위는 새로운 전위의 발생을 저해하여 변형경화의 원인이 된다. 이처럼 금속재료가 상온에서 외력에 의해 소성변형되어 재료 내부에 외력에 대한 저항력이 증가하여 탄성한계와 강도와 경도가 증가하며 전연성이 감소하는 현상을 가공경화(work hardening) 또는 변형경화(strain hardening)라고 한다.

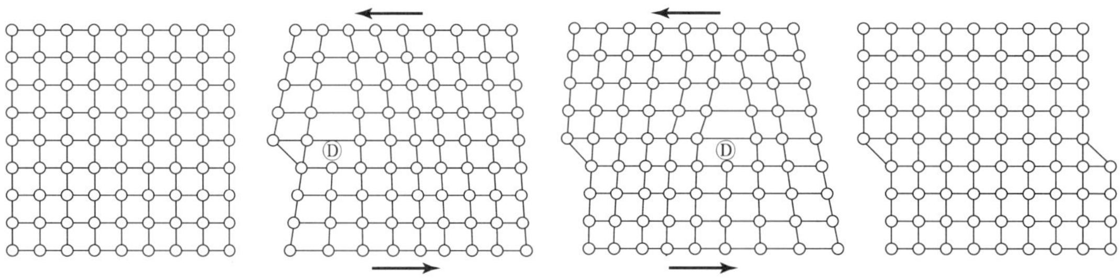

(a) (b) (c) (d)

그림 2.4 전위에 의한 변형

2.3 소성가공의 종류

1. 가공온도에 따른 분류

1) 재결정(recrystallization)

금속재료를 냉간가공하면 내부의 잔류응력에 의해 강도와 경도가 증가하고 외력에 대한 변형저항이 증가하는 가공경화 현상에 의해 점차 가공이 어려운 상태가 된다. 이와 같이 가공경화된 소재를 적정한 온도로 가열하면 잔류응력이 감소되어 강도와 경도가 저하되고 전연성이 좋아지는 회복(recovery)현상이 생긴다.

냉간가공 등에 의해 가공경화된 금속재료를 일정온도 이상의 고온으로 가열하여 새로운 결정립의 핵을 생성하여 성장시켜서 전체가 변형이 없는 결정립으로 바꾸는 것을 재결정(recrystallization)이라 하며, 그 온도를 재결정 온도(recrystallization temperature)라 한다. 이러한 재결정 온도는 금속의 가공도와 가열온도 및 시간에 따라 다르게 되므로 정확하게 재결정 온도를 결정짓기에는 어려움이 있다. 그림 2.5는 냉간가공 금속을 재결정 온도 이상으로 가열하여 결정핵이 생성되어 재결정이 완료되는 과정을 나타낸 것이다.

표 2.1은 금속종류에 따른 재결정온도로서 가공도와 가열속도 및 시간에 따라 달라질 수 있으며, 재결정을 인정할 수 있는 최저온도라고 볼 수 있다. 이상과 같이 냉간가공에 의해 경화되었던 금속재료는 재결정을 위한 풀림(annealing)과정을 거쳐 다시 연화시킬 수 있다.

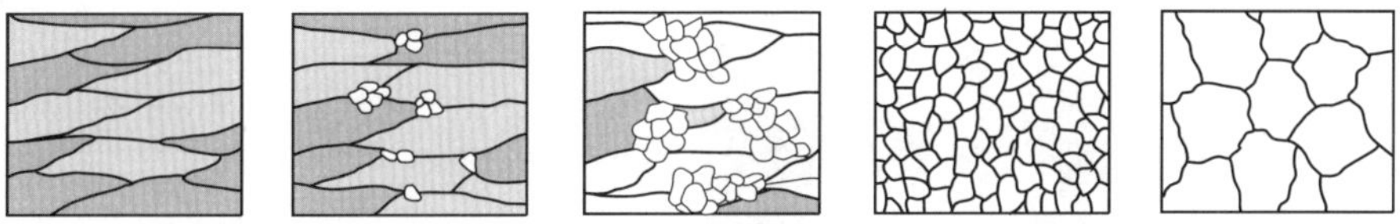

그림 2.5 재결정 과정

▶ 표 2.1 금속의 재결정온도

금속	재결정온도(°C)	금속	재결정온도(°C)	금속	재결정온도(°C)
Fe	450	W	1,000	Mg	150
Ni	600	M	900	Zn	상온
Cu	200	Au	200	Pb	상온 이하
Al	150	Ag	200	Sn	상온 이하

2) 냉간가공(cold working)

재결정온도 이하의 온도에서 가공하는 것으로 가공면이 깨끗하고 정확한 치수로 가공이 가능하다. 주로 열간가공에 의해 대변형 가공을 하고 난 후 정밀가공이나 마무리가공에 이용된다. 그림 2.6은 냉간가공 전과 후의 금속의 결정조직의 변화를 보여주며, 그림 2.7은 구리합금의 냉간가공 전과 후의 금속조직사진이다. 이러한 냉간가공의 특징은 다음과 같다.

① 가공면이 깨끗하고 치수가 정확하다.

② 가공경화에 의해 기계적 성질이 개선된다.

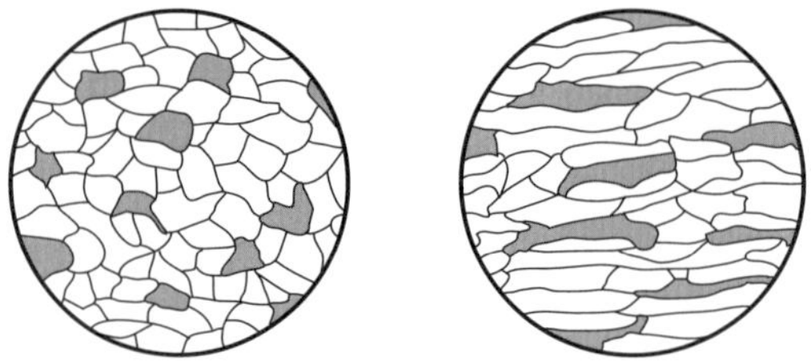

(a) 가공 전　　　　(b) 가공 후

그림 2.6 냉간가공 전후의 결정립 변화

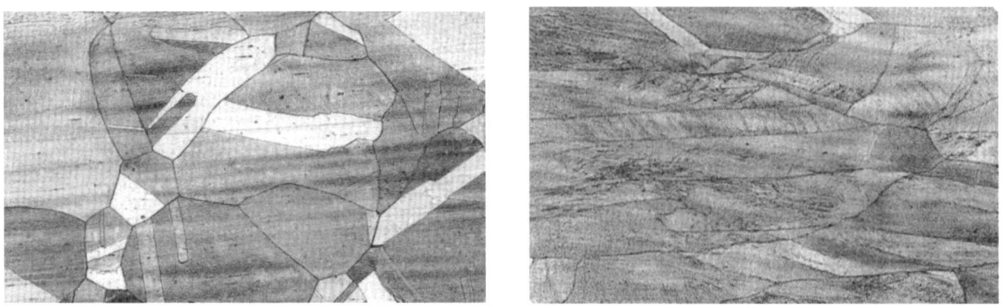

(a) 가공 전　　　　(b) 가공 후

그림 2.7 가공 전후의 구리의 금속조직 변화

③ 가공방향으로 금속 단류선(metal flow line)이 생긴다.

④ 변형저항이 커서 동력소모가 크다.

⑤ 내부의 잔류응력으로 인해 시효균열(season crack)이 발생할 수 있다.

3) 열간가공(hot working)

재결정온도 이상의 상태에서 가공하는 것으로 변형에 대한 저항이 적어 동력의 소모도 적다. 이러한 열간가공의 특징은 다음과 같다.

① 결정립이 다시 생성되어 재질의 균일화가 촉진된다.

② 변형저항이 적어 동력소모가 적고, 가공이 용이하다.

③ 작은 힘으로 대변형 가공이 가능하다.

④ 표면에 산화피막이 생겨 재료손실이 크다.

⑤ 정밀한 치수로 가공이 어렵다.

2. 가공방법에 따른 분류

소성가공은 작업방법에 따라 부피성형을 위한 1차 가공인 단조(forging), 압연(rolling), 인발(drawing), 압출(extrusion) 등의 가공과 판재성형을 위한 2차 가공인 전단(shearing), 굽힘(bending), 드로잉(drawing) 등의 프레스 가공으로 대별할 수 있다 그림 2.8은 이러한 소성가공법의 종류를 나타낸 것이다.

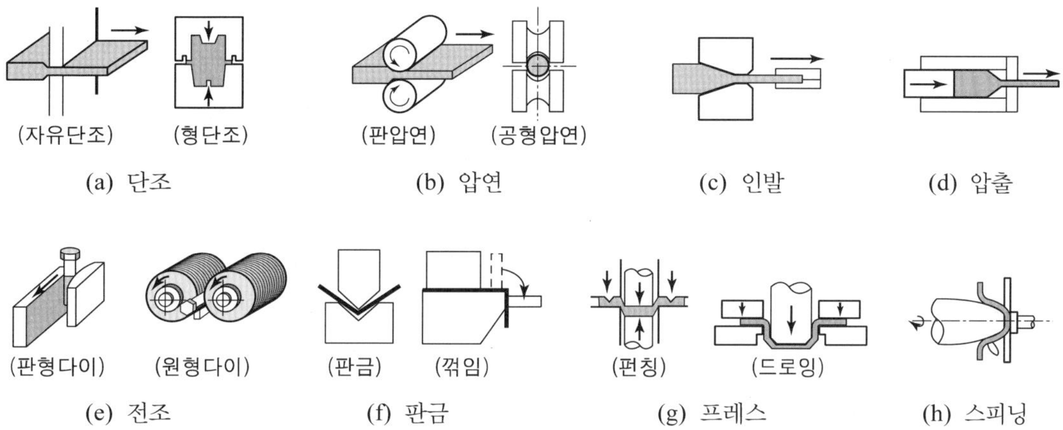

그림 2.8 소성가공법의 종류

2.4 단조

1. 단조의 개요

단조(forging)는 금속재료에 여러 가지 형태의 금형이나 공구로 압축 또는 타격을 가하여 필요한 형상과 치수로 성형하는 소성가공법이다. 이러한 단조가공은 가공온도에 따라서 열간단조와 냉간단조로 나누고, 힘을 가하는 방법에 따라 타격을 이용한 해머단조와 일정한 압력을 가하는 프레스단조로 나눌 수 있으며, 금형의 사용여부에 따라서 자유단조와 형단조로 구분할 수 있다. 자유단조(open die forging)는 형(틀)을 사용하지 않는 단조법으로서 대형의 단조품과 수량이 적은 경우에 단조 프레스 또는 기계 해머를 사용하고 있다. 이에 비해 형단조는 금형을 사용하여 소재에 대해 전체적으로 외력을 가하여 성형하는 형단조(closed die forging)가 있다. 형단조는 기어, 공구류, 크랭크축, 캠축 등 비교적 복잡한 형상의 기계 부품 제작에 이용되며, 대량생산에 용이하여 많이 이용되고 있다. 이와 같은

▶ **표 2.2** 단조가공의 분류

- 단 조
  - 열간 단조 (hot forging)
    - 해머 단조 (hammer forging)
      - 자유단조(free forging or open die forging)
      - 형단조(stamping, or drop forging or closed die forging)
    - 프레스 단조(press forging)
    - 업셋 단조(upset machine forging)
    - 압연 단조(roll forging)
  - 냉간 단조 (cold forging)
    - 헤딩(cold heading)
    - 코이닝(coining)
    - 스웨징(swaging)

단조가공은 표 2.2와 같이 분류할 수 있다.

단조는 열간에서 가공하는 오래된 금속가공법으로서 그림 2.9(a)와 같이 앤빌과 해머를 사용하여 금속 재료를 인력으로 두들겨서 필요한 형상으로 만들었으나, 그 후 대형 제품을 가공하거나 단조효율을 높이기 위하여 점차적으로 기계해머와 형단조를 사용하고 프레스를 활용한 단조에 활용하게 되었다. 이와 같은 단조기계와 기술의 발전함에 따라 여러 가지 복잡한 형상의 기계요소의 대량 생산에 이르기까지 단조에 의한 다양한 제품 생산이 가능하게 되었다. 단조의 특징은 금속재료 등을 가열하여 해머와 같은 단조 기계로 압력을 가하여 원하는 모양으로 가공함으로써, 주조에서 생긴 소재 내부의 기포나 불순물이 제거되거나 압착되고, 거칠고 큰 결정입자는 파괴되어 미세하고 치밀하게 되어 강한 조직을 얻을 수 있다. 이러한 연유로 중요한 기계요소 부품이 단조가공법에 의해 가공되고 있으나 단조는 재질조건에 제약이 있으며, 복잡하고 큰 제품의 제조에는 가공상에 어려움이 따르게 된다.

그림 2.9는 자동차용 크랭크축을 절삭가공할 때와 단조가공한 경우에 단면을 비교한 그림이다. 단조가공을 통하면 다음과 같은 작용으로 결정조직을 균일화하는 효과가 있다.

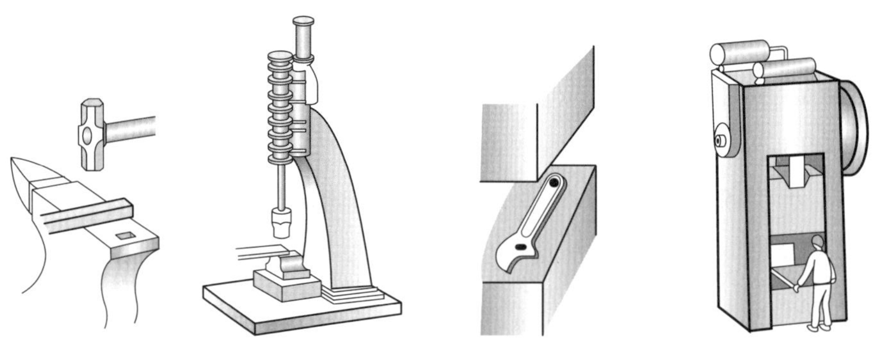

(a) 인력 단조 (b) 기계 해머 단조 (c) 형 단조 (d) 프레스 단조

그림 2.9 단조가공의 종류

① 단조가공에 의해 주조 조직인 조대(粗大)한 주상정 조직을 파괴하고 가스 구멍, 수축 공들을 압착하고, 국부적인 편석을 확산시켜 균일화시킬 수 있다.

② 전 압출가공에서 발생한 금속 유동선이 그림 2.10(a)와 같이 절삭가공에 의해 단절되어 있으며, 그림 2.10(b)와 같이 단조가공은 유동선의 단절 없이 성형함으로써 연속적인 섬유조직인 단류선(鍛流線, flow line)을 갖게 함으로써 강도를 높일 수 있다.

(a) 절삭가공 (b) 단조가공

그림 2.10 절삭가공과 단조가공의 섬유조직 비교

2. 단조가공의 종류

1) 자유단조(free forging)

자유단조는 비교적 간단하게 작용하는 타격력이나 압력에 의하여 소재의 변형이 제한받지 않고 자유롭게 유동하며 변형되는 단조작업이다. 단조품의 형상이 간단하면서 생산수량이 적을 때 적합하며 정밀하게 단조하기는 어렵다. 그림 2.11은 이러한 자유단조의 보기를 나타낸 것이다.

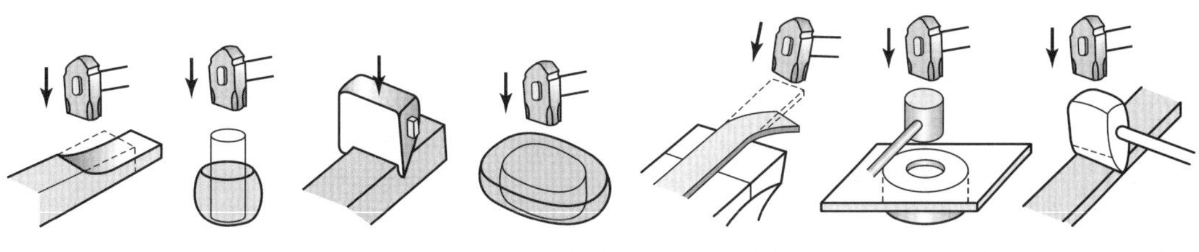

(a) 늘이기 (b) 업세팅 (c) 단만들기 (d) 넓히기 (e) 굽히기 (f) 구멍뚫기 (g) 자르기

그림 2.11 자유단조가공의 종류

(1) 헤딩(heading)

그림 2.12는 헤더(header)를 볼트의 머리와 같은 형상을 단조하는 방법을 나타낸 그림이다. 그립퍼 다이(gripper die)에 소재의 한쪽을 단단히 고정시키고 펀치로 축 방향에 강력한 타격을 가하여 볼트, 리벳, 못 등과 같은 요소의 머리 부분을 성형하는 방법으로서 주로 냉간가공으로 이루어진다.

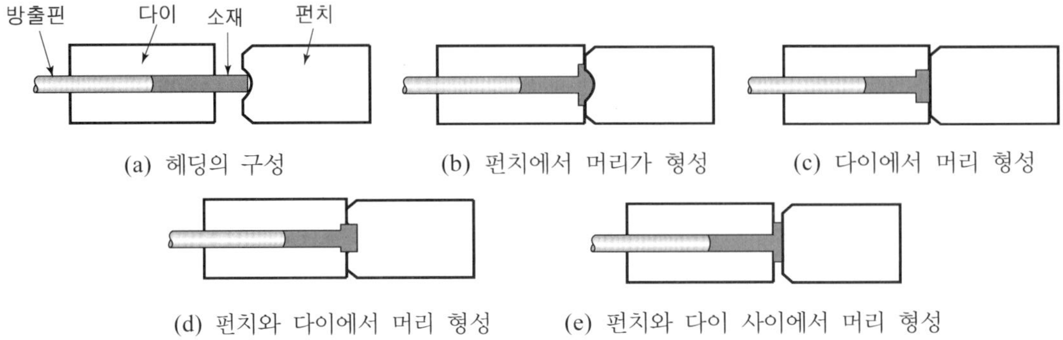

그림 2.12 볼트의 헤딩방식

(2) 업세팅(upsetting or upset forging)

봉재의 끝부분이나 중간부를 축 방향으로 압축하여 길이는 짧고 지름을 크게 하는 압축성형가공법이다. 그림 2.13(a)와 같이 1회에 업셋할 수 있는 소재의 길이는 지름의 3배 이내로 해야 한다. 그러나 그림 2.13(b)와 같이 업셋 지름이 업셋할 소재지름의 1.5배 이내일 때에는 업셋 전 소재지름의 6배까지 업셋가공이 가능하다.

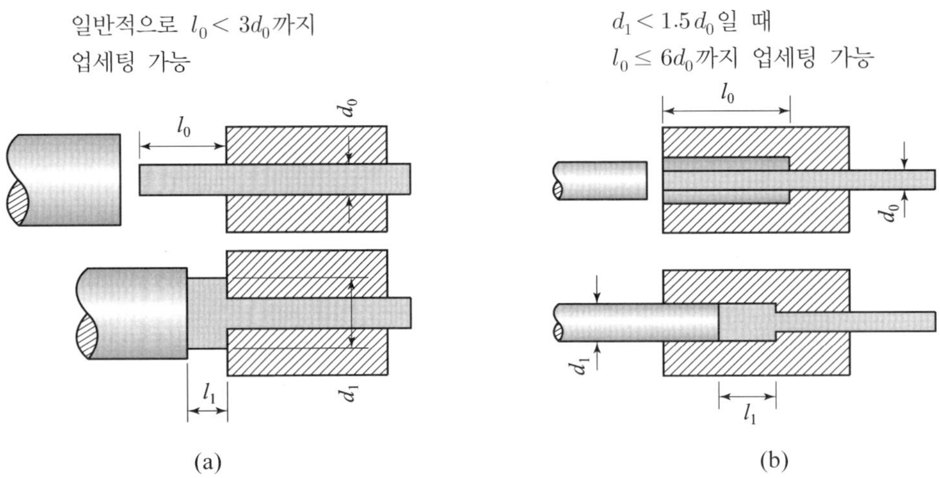

그림 2.13 업세팅가공

(3) 단 만들기(setting down)

소재 일부분의 두께를 더 얇게 가공하여 두꺼운 부분과 얇은 부분으로 단을 만드는 작업을 말한다.

(4) 늘리기(drawing)

소재에 타격을 가하여 단면은 줄이고 길이를 늘이는 작업으로서 가공량이 많을 때에는 여러 번 반복해서 단조해야 한다.

(5) 굽히기(bending)

소재를 필요한 각도만큼 구부리는 작업으로서 소재가 두꺼울수록 중립면을 기준으로 안쪽은 압축되어 주름이 발생하고, 바깥쪽은 반대로 인장력이 작용하여 균열이 생길 수도 있다. 따라서 두꺼운 소재를 굽힘가공할 때에는 구부릴 부분에 미리 두껍게 살을 덧붙여 주어야 한다.

(6) 구멍뚫기(punching)

펀치(punch)를 소재표면에 수직방향으로 대고 타격을 가하여 구멍뚫기 작업을 한다.

(7) 절단(cutting-off)

소재를 회전시키면서 절단용 정(chisel)을 대고 해머로 타격하여 절단작업을 하지만 소재의 단면이 클 때에는 절단기나 기계톱을 이용한다.

(8) 로터리 스웨이징(rotary swaging)

그림 2.14와 같이 다이와 밀착되어 있는 해머가 주축과 함께 회전하면서 소재를 타격하여 단조하는 것을 로터리 스웨이징이라 한다. 작업은 해머의 바깥쪽이 위성 롤과 접촉될 때에 다이를 가압하게 되고 좀 더 회전하여 롤 사이로 이동될 때에는 원심력으로 다이가 벌어지게 된다. 이런 반복과정의 동작을 1분 동안 수백 번 이상 반복하면서 짧은 시간 내

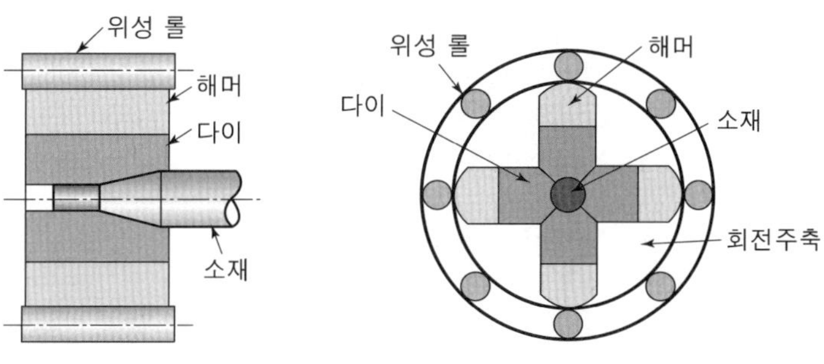

그림 2.14 로터리 스웨이징

에 단조작업을 완료하게 된다. 다이를 2개 또는 4개 사용할 수 있으며, 봉, 관, 선의 지름 감소 작업에 사용된다.

(9) 압연단조(roll forging)

압연단조는 그림 2.15와 같이 회전하는 롤 사이로 소재를 통과시켜 롤의 홈이나 돌기부의 형상대로 단조가공 된다. 이 작업으로 판스프링, 주방용 칼 등과 같이 길이가 긴 제품을 형단조하기 위한 1차 단조가공으로 유효하게 사용된다.

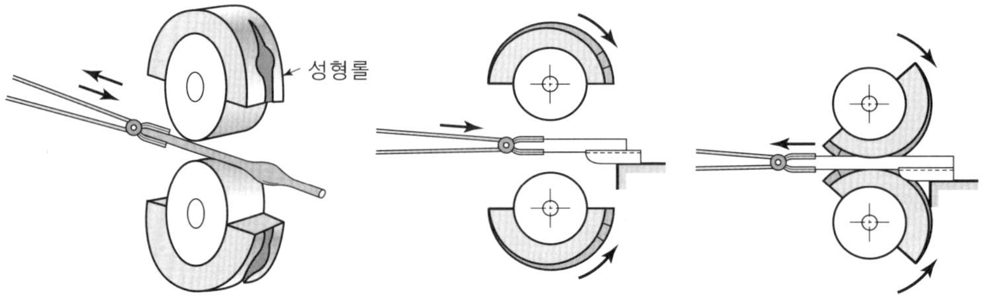

(a) (b) (c)

그림 2.15 압연 단조

2) 형단조(die forging)

형단조는 공동부(cavity)를 가진 상하 2개로 구성된 1조의 다이(die) 사이에 소재를 넣고 외부에서 순간적인 타격력이나 높은 압력을 가하여 다이(die) 내부의 공동부 형상대로 성형하는 가공법이다. 형단조는 자유단조에 비하여 성형속도가 빨라서 대량생산이 가능하고 정밀도가 높으며 기계적 성질도 양호하다. 그러나 다이제작이 어렵고 가격이 비싸므로 소량생산에는 경제적이지 않으며, 대형제품의 성형가공에도 제약이 있다. 주로 자동차의 connecting rod나 crank shaft, 차축 등과 같은 중요부품의 소성가공에 이용된다.

(1) 형단조 방식

다이는 그 형태에 따라 그림 2.16과 같이 개방형, 밀폐형, 폐속형이 있다.

① **개방형 단조:** 소재가 다이 내부의 가로방향으로 별 저항을 받지 않고 자유롭게 밀리면서 성형되는 형식으로 자유단조에 가까운 형태로 이용에 한계가 있다.

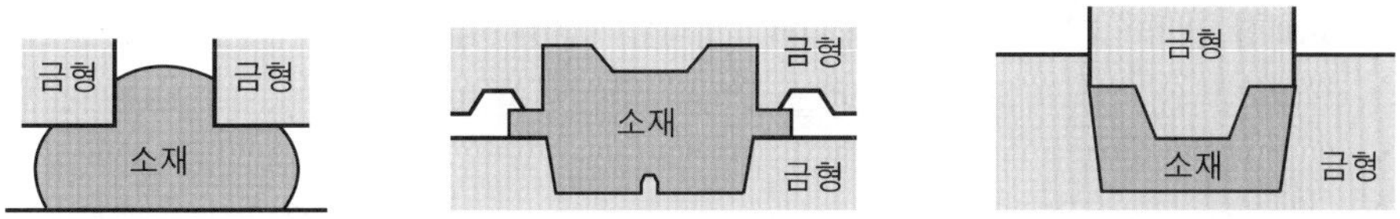

(a) 개방형　　(b) 반밀폐형　　(c) 밀폐형

그림 2.16 단조의 형식

② **밀폐형 단조:** 상하 2개의 다이를 결합시켰을 때 내부의 공동부가 완전히 밀폐되는 형식이다. 단조의 마무리 단계에서 여분의 소재는 다이 결합면 사이의 작은 홈인 플래시(flash)부분으로 밀려서 성형가공에 지장이 없다. 이 플래시 부분은 얇아서 소재의 다른 부분보다 더 빨리 냉각되어 유출에 대한 저항이 커지게 되고 다이 내부의 소재에 더 큰 압력을 가하는 효과가 있어서 구석진 부분까지 소재가 충만되어 단조가 이루어지게 된다.

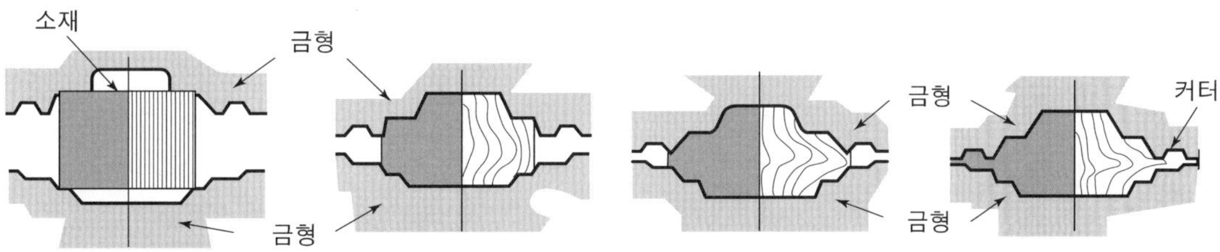

(a) 단조개시　　(b) 압입　　(c) 충만　　(d) 단조완료

그림 2.17 반밀폐형 단조의 성형과정

③ **폐속형 단조:** 그림 2.18과 같이 소재의 바깥부분을 금형으로 구속시키고 상하 펀치를 압입하여 성형하는 방법으로서 펀치의 동작을 제어하여 소재의 흐름을 조절할 수 있다. 금형과의 마찰을 줄일 수 있으므로 동력의 소모를 줄일 수 있으며, 자동차부품과 농기계부품의 대량생산에 이용된다.

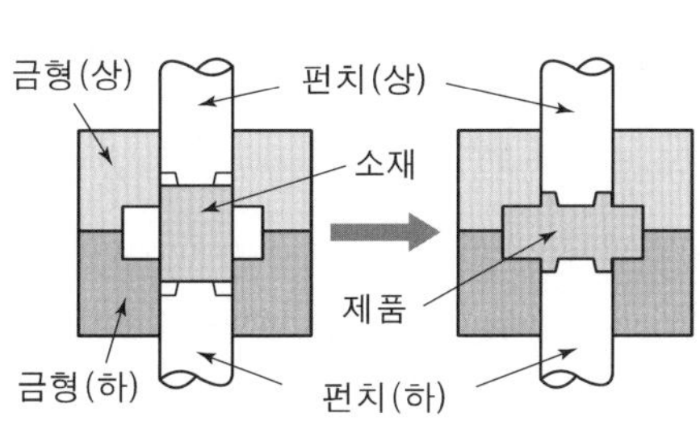

그림 2.18 폐속형 단조의 성형과정

④ **one heat형 단조:** 하나의 다이에 단내기 홈, 예비가공 홈, 완성가공 홈, 절단 홈이 각각 만들어져 있어서 가열한 소재를 단계별로 옮겨가며 성형하여 완성품으로 단조가공을 한다.

(2) 다이재료의 구비조건

열간 단조가공의 경우 가열된 소재로부터 다이로 열이 전달되어 500 °C 이상의 고온에서 큰 타격력을 받게 되므로 다이는 다음과 같은 조건이 구비되어야 한다.

① 내충격성이 좋을 것
② 내열성이 우수할 것
③ 내마모성과 내구성이 좋을 것

따라서 다이의 재료는 일반적으로 고탄소강, Cr 강, Ni-Cr 강, Ni-Cr-Mo 강 등과 같은 특수강을 사용하여 제작하여야 한다.

3. 단조용 공구와 기계

1) 단조용 공구

단조에 사용하는 공구는 그림 2.19와 같이 소재를 올려놓고 타격할 때 받침대로 사용하는 앤빌(anvil)과 단조소재를 여러 가지 형상으로 성형할 때 사용하는 이형공대(swage block)가 있다. 이외에도 소재의 표면을 다듬는 데 사용하는 다듬개와 구멍뚫기용 펀치와 집게 등이 있다.

(a) 엔빌 (b) 스웨이지 블록 (c) 다듬개 (d) 집게

그림 2.19 단조용 공구

2) 단조용 기계

소량으로 소형으로 생산하는 규모의 단순한 단조작업에는 대부분 인력을 이용하지만 대규모로 대량생산을 필요로 하는 단조작업에서는 효율성을 높이기 위해 여러 가지 기계해머나 프레스(press) 등과 같은 단조용 기계가 사용된다. 이와 같은 단조용 기계를 선택할 때에는 성형에 필요한 낙하중량, 소재의 형상과 크기, 소재의 기계적 성질과 생산량 등을 고려해야 한다.

(1) 단조 에너지(forging energy)

해머를 낙하시켜 순간적인 타격력을 반복해서 작용시킴으로써 소재를 단조가공하는 데 사용하는 것으로서 소재의 변형정도에 따라 타격력을 조절할 수 있으나, 큰 대형소재의 단조에는 해머의 타격효과가 소재 내부까지 미치기 어렵기 때문에 적합하지 않다.

해머의 용량은 낙하중량 또는 에너지 일량($kg_f \cdot m$)으로 표시하며 전체 낙하중량은 램(ram), 피스톤 헤드(piston head), 피스톤 로드(piston rod), 상부 다이 등의 중량을 합친 총중량이 된다.

즉, 낙하중량은

$$W = Wr + Wph + Wpr + Wd$$

여기서, W: 전체 낙하중량

Wr: 램의 중량

Wph: 피스톤 헤드 중량

Wpr: 피스톤 로드 중량

Wd: 상부 다이 중량

위의 식에서 전체 낙하중량으로 타격할 때의 타격에너지는

$$E = W \cdot \frac{V^2}{2g}, \quad V = \sqrt{2gh}$$

$$\therefore \; E = W \cdot h$$

여기서, E: 타격에너지($kg_f \cdot m$)　　V: 타격 피스톤 속도(m/sec)

g: 중력가속도　　h: 낙하높이(m)

이와 같은 타격에너지는 대부분 단조에 필요한 에너지로 이용되고, 나머지 일부는 앤빌

(anvil)을 진동시키는 데 소모된다.

소모되는 손실에너지는

$$E_1 = \frac{W + Wa}{2g} V_1^{\ 2}$$

여기서, E_1 : 손실에너지

Wa : 앤빌의 중량

V_1 : 충돌 후의 속도(m/sec)

(2) 드롭 해머(drop hammer)

벨트(belt), 판(board), 체인(chain), 로프(rope) 등을 이용하여 해머를 일정한 높이까지 올린 후 자유낙하시켜서 소재에 타격을 가하는 방식의 해머로써 비교적 가벼운 해머로 큰 타격력을 얻을 수 있다.

① **벨트 해머(belt hammer)**: 해머에 연결된 벨트를 잡아당겨서 2 m 안팎의 높이로 끌어 올린 후 자유낙하시켜서 타격하는 해머로서 구조가 간단하지만 벨트의 미끄럼에 의한 에너지손실이 있다. 타격횟수는 15～60회/min, 해머의 최대중량은 3,000 kg_f 정도이다.

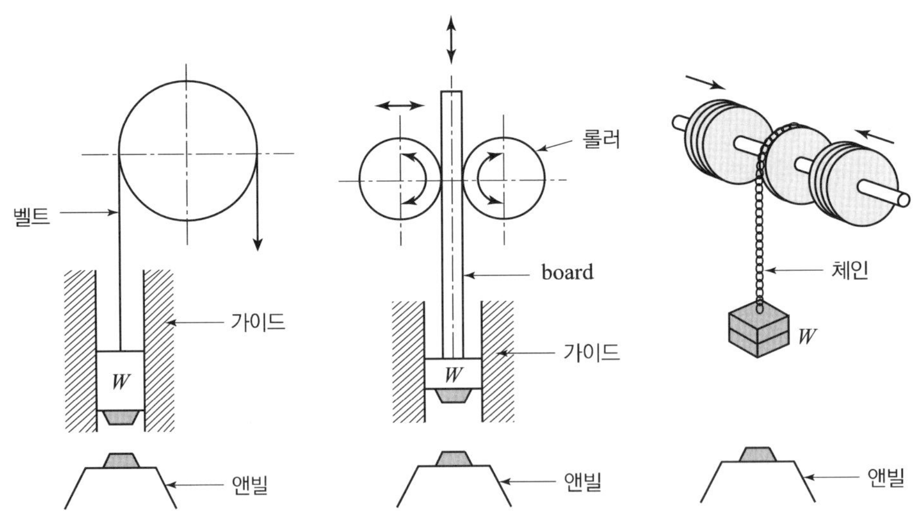

(a) 벨트 해머 (b) 판 드롭 해머 (c) 체인 해머

그림 2.20 드롭 해머

② **판 드롭 해머(board hammer)**: 해머가 고정되어 있는 판 윗부분의 앞, 뒷면에 밀착되어 있는 2개의 롤 회전력에 의하여 2 m 이내의 높이로 들어 올린 후 자유낙하시켜 타격하는 해머이다. 그림에서 롤이 화살표방향으로 회전하면 해머가 올라가고 그 상태에서 롤이 왼쪽으로 이동하면 해머가 낙하한다. 판과 롤 사이의 마찰에 의한 에너지손실이 적고 효율도 양호하다. 타격횟수는 20~80회/min이고, 해머의 중량은 50~1,500 kg_f 정도이다.

③ **체인 해머(chain hammer)**: 해머와 연결된 체인을 풀리(pulley)로 감아 끌어 올린 후 자유낙하시켜 타격하는 해머이다. 타격횟수는 50~60회/min 정도이다.

(3) 스프링 해머(spring hammer)

그림 2.21과 같이 회전하는 원판에 커넥팅 로드가 편심으로 연결되어 회전운동에 의한 기계적 타격력을 해머에 연결된 스프링에 의해 증가시킬 수 있는 구조로 되어 있다. 원판이 회전할 때 일부의 에너지는 스프링에 축적되었다가 램이 상승할 때에는 더 끌어올려 타격행정을 길게 하고 하강할 때에는 가속하여 타격에너지를 증가시키는 작용을 한다. 해머의 용량은 25~250 kg_f 정도를 많이 사용하고 타격행정은 원판에 연결되는 크랭크 핀에 의해 위치를 조절할 수 있으며, 해머의 행정범위가 100~450 mm 정도로 짧고 타격속도가 빨라서 소형제품의 자유단조에 많이 사용한다.

(4) 공기 해머(air hammer)

압축공기를 이용하여 해머를 상하 운동시키는 구조로서, 압축공기로 해머를 들어 올리는

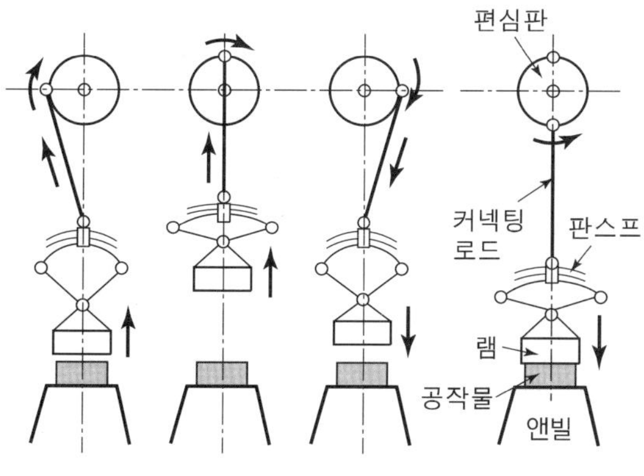

그림 2.21 스프링 해머

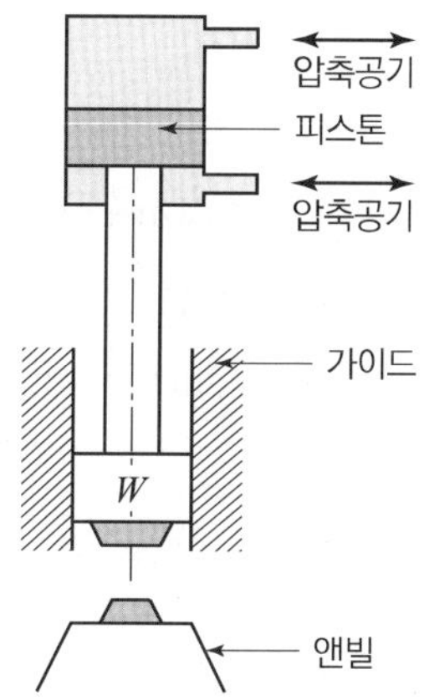

그림 2.22 공기 해머

데만 사용할 수도 있고, 타격할 때도 사용할 수 있다. 압축공기를 이용하여 소재에 강한 타격을 주어 성형가공하며, 조작이 용이하고 필요에 따라서 타격력을 조절할 수도 있다. 공기 압축기는 필요한 장소에 별도로 설치하거나, 해머와 일체식으로도 할 수 있으며 시설비도 저렴하기 때문에 널리 사용된다. 용량은 보통 50~2,000 kg_f 정도이고, 타격횟수는 100~200회/min 정도이다.

(5) 프레스(press)

프레스를 사용하면 큰 압력을 처음부터 끝까지 서서히 작용시킴으로써 소재의 내부까지 지속적으로 에너지가 전달되므로 변형효과가 크며, 해머에 비해 에너지 손실 및 소음 및 진동이 적다. 이러한 프레스는 대형소재의 단조에 적합한 액압식 프레스와 소형소재의 단조에 적합한 기계식 프레스로 대별할 수 있다.

① **액압 프레스**(hydraulic press): 유압을 동력으로 사용하여 대형소재의 단조작업에 많이 사용되며, 해머나 기계식 프레스와는 달리 실린더 내의 피스톤에 일정하게 높은 압력을 작용시켜 소재를 가압하므로 정밀단조가 가능하다.
액압실린더의 단면적을 A (cm^2), 실린더 내의 압력을 W (kg_f/cm^2)라 하면 프레스의 용량 P(ton)는

$$P = \frac{W \times A}{1,000} \text{ (ton)}$$

그리고 단조소재의 유효단조면적을 A_f, 변형저항을 K_f, 프레스의 기계효율을 η라 하면

$$\eta = \frac{A_f \times K_f}{P}$$

로 표시된다.

② **기계식 프레스**(mechanical press): 크랭크의 회전운동을 램(ram)의 직선왕복운동으로 바꾸어 소재를 가압하는 방식의 프레스로서 마찰(friction) 프레스, 너클 조인트(knuckle joint) 프레스, 편심(eccentric) 프레스, 크랭크(crank) 프레스 등이 있다.

4. 단조온도와 가열로

1) 단조온도

단조를 하기 위해 소재를 가열하면 산화피막이 발생되어 소재이용률이 저하되지만 전연

▶ **표 2.3** 단조온도

재료명	최고단조온도	단조완료온도	재료명	최고단조온도	단조완료온도
탄소강(0.1%C)	1,352 °C	750 °C	Cr강	1,280 °C	850 °C
탄소강(0.3%C)	1,290 °C	790 °C	고속도강	1,200 °C	1,000 °C
탄소강(0.5%C)	1,250 °C	820 °C	스테인리스강	1,300 °C	850 °C
탄소강(0.7%C)	1,170 °C	850 °C	전기동	870 °C	760 °C
탄소강(0.9%C)	1,120 °C	900 °C	6-4 황동	790 °C	620 °C
Ni강(3%Ni)	1,250 °C	850 °C	Al 청동	870 °C	690 °C
Ni-Cr강	1,250 °C	800 °C	인청동	800 °C	650 °C

성이 풍부해지기 때문에 변형저항이 적어져서 단조가공이 수월해진다. 그러므로 소재의 재질, 크기 등을 고려하여 적정한 온도로 가열하여 열간 단조작업을 하는 경우가 많다.

단조 완료온도가 너무 낮으면 내부에 잔류응력이 생기거나 취성에 의하여 균열이 발생되고 반대로 너무 높게 되면 미세화되었던 조직이 재결정으로 인해 다시 조대화될 수 있다.

이와 같이 소재를 가열할 때 유의해야 할 사항은 다음과 같다.

① 급속하게 가열하지 말 것
② 필요 이상 고온으로 가열하지 말 것
③ 장시간 가열하지 말 것
④ 균일하게 가열할 것
⑤ 반복가열을 가급적 줄일 것

2) 가열로

가열로는 사용하는 연료에 따라서 화덕, 코크스로, 중유로, 전기로 등으로 구분할 수 있다.

(1) 화덕

소재가 연료와 직접 접촉되어 가열되므로 열효율이 좋고, 구조가 간단하여 설치가 용이한 반면에 소재의 산화가 많고 균일한 가열과 온도조절이 곤란하다. 주로 작은 소재의 가열에 많이 이용하며 코크스, 석탄, 목탄 등과 같은 연료를 사용한다.

(2) 반사로

반사열을 이용하기 때문에 산화가 적으나 열효율은 좋지 못하다. 주로 대형 소재의 가열

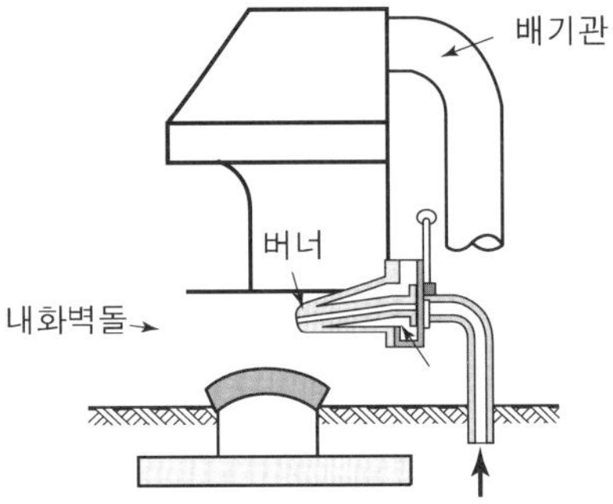

(a) 중유식 화덕

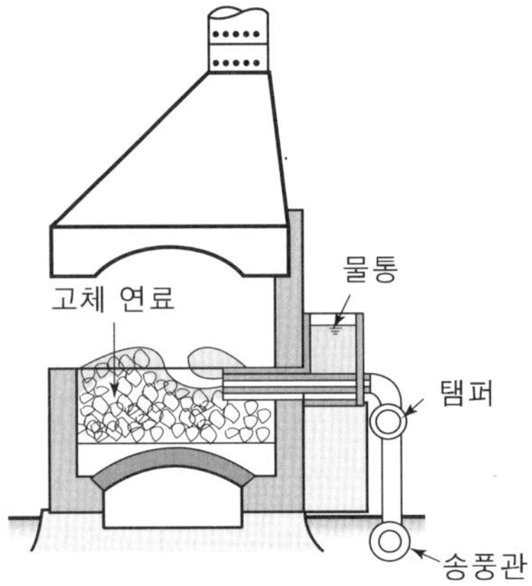

(b) 코크스식 화덕

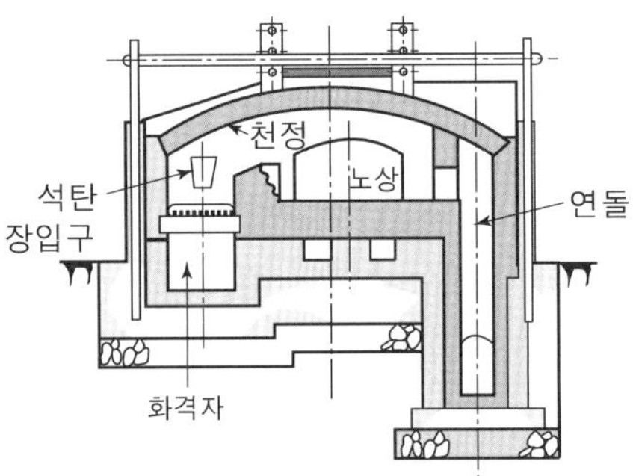

(c) 석탄 반사로

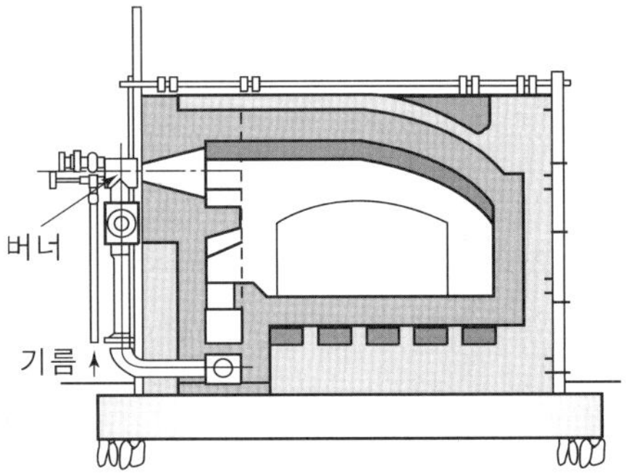

(d) 중유로(가스로)

그림 2.23 가열로의 종류

용으로 이용되며 연료로는 무연탄, 중유, 가스 등을 사용한다.

(3) 중유로

중유(가스)를 분사하는 버너로 소재를 가열하는 방식으로 비교적 구조가 간단하여 조작이 용이하고 온도조절이 가능하다. 주로 중·소형의 소재 가열에 이용된다.

(4) 가스로

조작이 용이하고 온도조절이 가능하며 가열속도가 빠른 특징이 있으며, 주로 소형 소재의 가열이나 열처리용으로 사용된다.

(5) 전기로

전기저항열을 이용하여 소재를 가열하는 방식으로 조작과 온도조절이 용이하며 고온으로 가열할 수 있고 소재의 변질이 적은 장점이 있으나, 시설비와 유지비가 많이 드는 단점이 있다. 주로 소형 소재 가열이나 열처리용으로 이용된다. 이외에도 고주파 유도로, 반사로, 염욕로 등이 있으며 주로 열처리용 가열에 사용된다.

2.5 압연

압연(rolling)은 금속재료와 같은 소재를 회전하는 롤 사이에 통과시킴으로써 롤의 압축하중을 이용하여 소재의 두께와 단면을 변형시켜서 판재, 형재, 봉재로 소성 가공하는 작업을 말한다. 롤의 높은 압하력에 의해 소성변형되므로 금속조직이 미세하게 되고 기포나 수축공이 압착되며 균일화되어 기계적 성질이 개선되며, 동일한 단면형상을 가진 제품을 연속가공이 가능하여 경제적이다.

압연하는 소재의 온도에 따라 열간압연(hot rolling)과 냉간압연(cold rolling)으로 분류한다. 열간압연은 소재를 변형시키기 쉽고 소요 동력이 적게 들어서 큰 치수의 소재를 압연할 때 사용하며, 주조 조직을 개선하여 기계적 성질을 향상시킬 수 있으며, 압연이 끝난 제품에 이방성(anisotropic)의 영향이 적다. 그러나 소재의 가열에 따른 산화피막이 생겨 소재

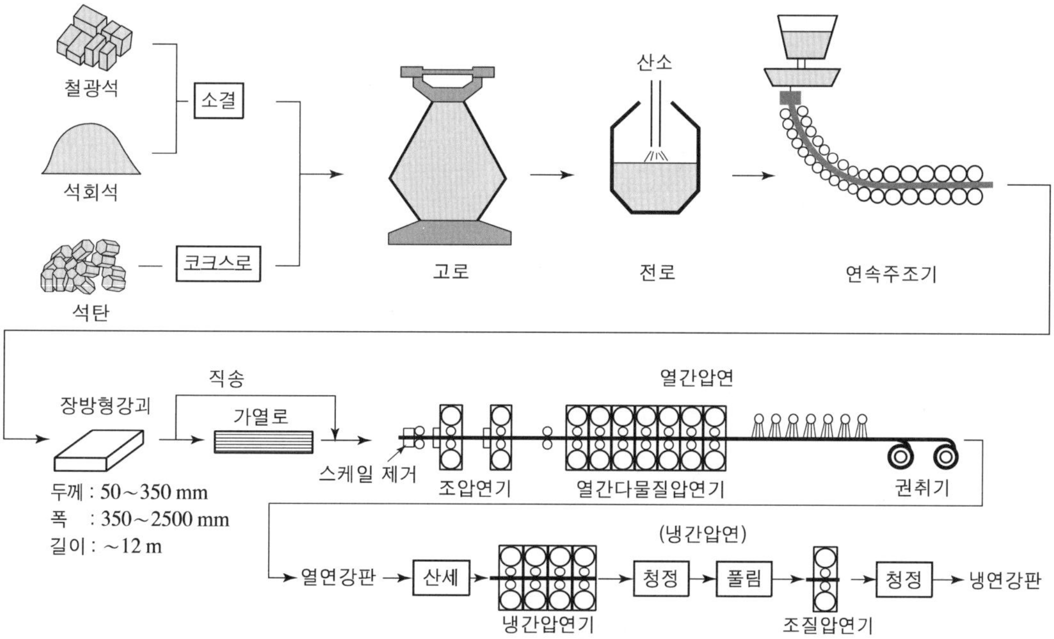

그림 2.24 강판 압연 공정

이용률이 저하되고 냉각에 따른 수축에 의해 치수정밀도가 떨어진다.

냉간압연은 두께나 단면변화가 적은 마무리 압연작업에 이용되며 표면이 깨끗하고 치수가 정확하며, 가공경화에 의해 강도가 있는 제품을 얻을 수 있으나, 이방성에 영향을 많이 받으므로 판재성형 등과 같은 2차 가공을 할 때 주의를 기울여야 한다.

1. 압연의 원리와 기구

1) 압연 원리

그림 2.25(a)와 같이 압연할 소재가 한 쌍의 롤 사이에 들어감과 동시에 롤의 물림부에서 단면이 감소되기 시작하면서 변형이 진행된다. 이 물림부는 롤 사이에서 압연재가 접촉되는 부분으로 E-A-A1-E_1을 연결하는 영역과 압연재의 나비(b_0, b_1)로 정의하며, 롤의 양쪽 중심축 C와 C_1을 롤 축이라 한다. 압연재가 롤 사이를 통과하는 것을 패스(pass)라 하고, 롤에 압연재가 물려서 들어가는 것을 물림이라 하며, E-C-A가 이루는 각을 물림각 또는 접촉각이라고 한다. 그림 2.25(b)와 같이 롤 축에 수직한 힘(P)을 압연력이라 하며, 압연력은 롤과 압연재의 접촉면과 변형저항에 의해 크기가 결정된다. 또한 롤과 압연재가 접촉한 면을 접촉면적(F_d)이라 하고, 접촉된 호의 길이를 접촉길이(l_d)라 한다.

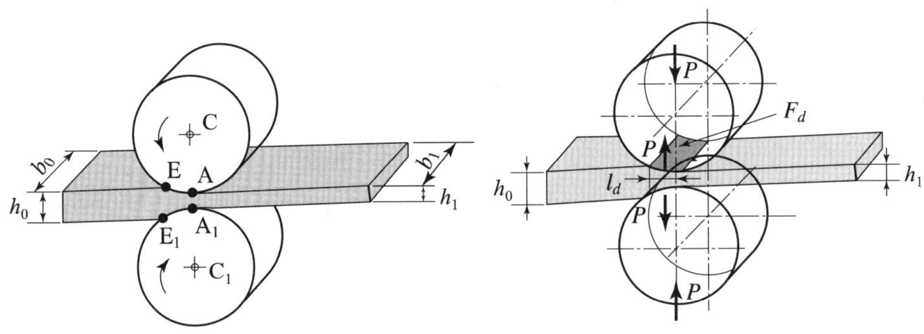

(a) 소재의 물림과 단면감소 (b) 압연력

그림 2.25 강판 압연 공정

2) 압연 기구

(1) 자력압연 조건

압연 소재가 회전하는 원통형 롤 사이로 물려 들어가서 압축되어 압연되기 위해서 일정한 조건이 충족되어야 한다.

그림 2.26(a)에서 소재가 롤에 접촉되어 있는 접촉각(물림각)을 α, 롤로부터 소재가 받는 힘을 P, 소재와 롤면 사이의 마찰계수를 μ라 하면 소재와 롤의 면 사이에는 마찰력 μP가 작용한다. 이 마찰력으로 인해 롤 사이로 소재가 물려 들어갈 수 있으며, 이 마찰력이 없으면 자력으로 압연이 불가능하게 된다.

이때 $P\sin\alpha$는 소재를 밀어내는 힘이고, $\mu P\cos\alpha$는 소재를 롤로 끌어들이는 힘으로 놓으면, 소재가 자력으로 롤 사이로 물려 들어가기 위한 조건은

$$\mu P\cos\alpha \geq P\sin\alpha \qquad \therefore\ \mu \geq \tan\alpha$$

여기서, $\mu = \tan\beta$가 되며, 이것을 자력에 의한 압연가능 조건이라 한다. 마찰계수 μ는 열간압연일 때 0.1~0.3 정도이고 냉간압연일 때는 0.05~0.1 정도이다.

(2) 압하량과 압하율

그림 2.26에서 소재의 두께가 h_0에서 h_1로 압연되었을 때,

$$\text{압하량} = h_0 - h_1$$

$$\text{압하율} = \frac{h_0 - h_1}{h_0} \times 100$$

롤의 지름을 D, 반지름을 R이라 할 때 압하량과 롤의 지름의 관계는 다음과 같다.

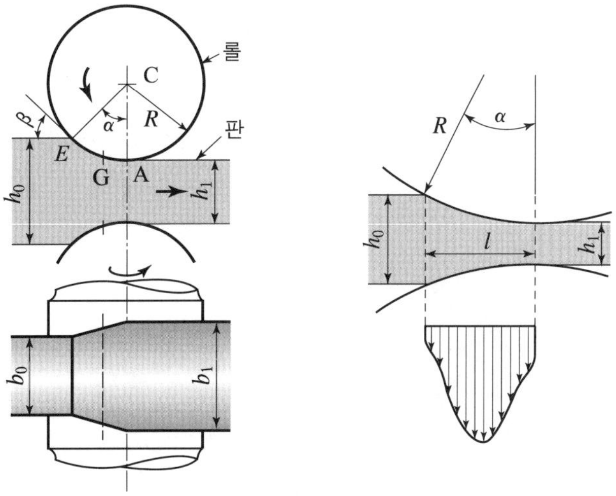

(a) 압연 기구 (b) 압연압력 분포

그림 2.26 강판 압연 공정

$$\frac{h_0 - h_1}{2} = R - R\cos\alpha = R(1-\cos\alpha) = \frac{D}{2}(1-\cos\alpha)$$

$$\therefore\ h_0 - h_1 = D(1-\cos\alpha) = D\left(1 - \frac{1}{\sqrt{1+\tan^2\alpha}}\right)$$

압연가능조건이 $\mu \geq \tan\alpha$ 이므로 $\tan\alpha = \mu$를 대입하면

$$h_0 - h_1 = D\left(1 - \frac{1}{\sqrt{1+\mu^2}}\right)$$

이고 $\mu = 0.3$을 대입하면

$$h_0 - h_1 = D \times 0.042 = D \times \frac{1}{23.7}$$

이 된다. 이와 같은 결과식에 따르면 판재 압연가공에서 1회 최대 압하량은 롤 지름의 약 1/23 정도가 됨을 알 수 있다. 분괴를 초기에 압연할 때에는 압하율을 높일 목적으로 롤의 표면에 여러 가지 형태의 돌기부나 홈을 만들어 마찰계수를 크게 해서 사용하기도 한다.

압하율을 크게 하면 압연 횟수를 줄일 수 있으나, 압하율을 지나치게 크게 하면 소재가 손상될 수 있다. 일반적으로 열간압연에서는 압하율이 보통 30~40% 정도이고 냉간압연에서는 10% 내외 정도로 한다.

3) 압연에 의한 결정조직 변화

대부분의 금속재료는 고체 상태에서 많은 결정립이 모여서 다결정 조직으로 된다. 이러한 조직을 가진 금속재료를 압연하면 결정격자의 일부가 결정면에 따라 이동해서 슬립(slip)변형을 일으킨다. 이와 같이 격자면에서 슬립을 발생시키면서 결정립이 그림 2.27과

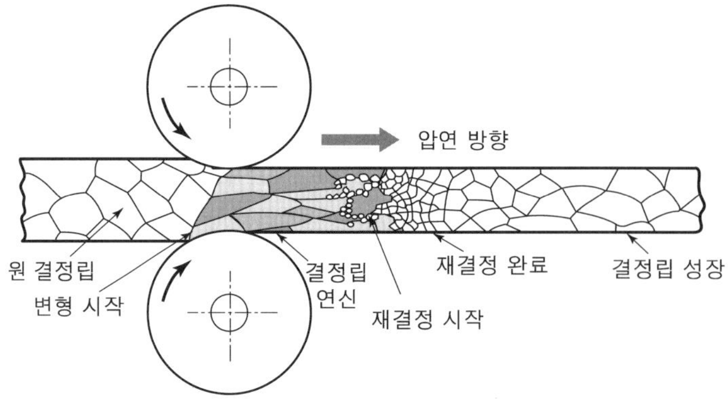

그림 2.27 열간압연에서 조직변화

같이 압연방향으로 늘어나게 된다. 압연할 때의 재료의 조직은 가공온도에 따라 달라지게 되는데, 열간압연할 경우에는 그림 2.27과 같이 압연 과정에서 변형되어 늘어난 결정립이 바로 회복되어 재결정이 되고 결정립이 조대화되어 연속해서 압연을 할 수 있다. 압연 가공을 마치는 온도에 따라서 결정립의 크기는 달라지며, 마무리 온도가 낮을수록 결정립이 미세화된다.

냉간압연에서는 재료의 조직이 변형률(가공도)에 따라 섬유상 조직을 가지게 되며, 이와 같은 섬유상 조직으로 인해 여러 가지 기계적 성질이 달라진다. 냉간압연 강판에서 압연방향과 압연방향의 세로 방향에서 각각 시편을 채취하여 인장강도, 항복점, 연신율 등을 시험해보면 서로 다른 값을 나타내는 것을 볼 수 있다.

4) 압연 롤의 구성과 변형

(1) 롤의 구성

롤은 회전운동으로 소재가 롤을 통과할 때 압하력을 작용시켜 소재를 압연하는 가장 중요한 부분으로서 소재와 직접 접촉되어 압연시키는 롤 몸체(roll body), 베어링으로 롤을 지지하는 롤 목(roll neck), 전동기로부터 동력을 전달받는 연결부로 구성되어 있다.

롤의 표면 형태에 따라서 그림 2.28(a)와 같이 판재 압연용인 원통형 롤과 (b)와 같이 여러 가지 단면형상을 가진 단면재를 압연하기 위한 공형 롤이 있다.

일반적으로 롤의 지름은 200～1,200 mm 정도의 크기가 있으며, 몸체 부분의 길이는 지름의 2～3배 이내로 하는 것이 좋다. 롤의 지름(d)과 롤 몸체의 길이(L)로 압연 롤의 치수를 나타내며, 압연기의 크기를 결정하는 요소가 된다.

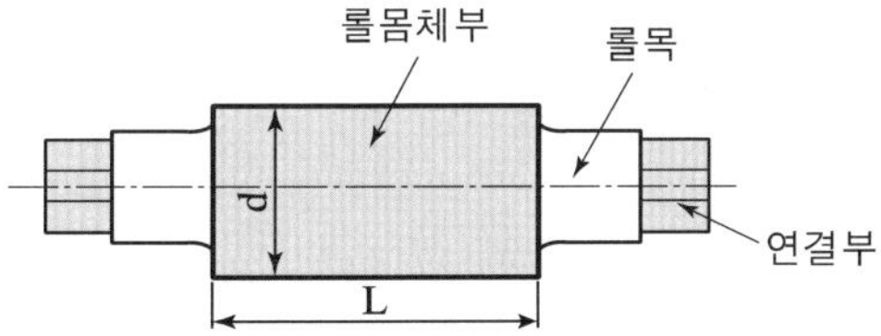

(a) 원통형 롤

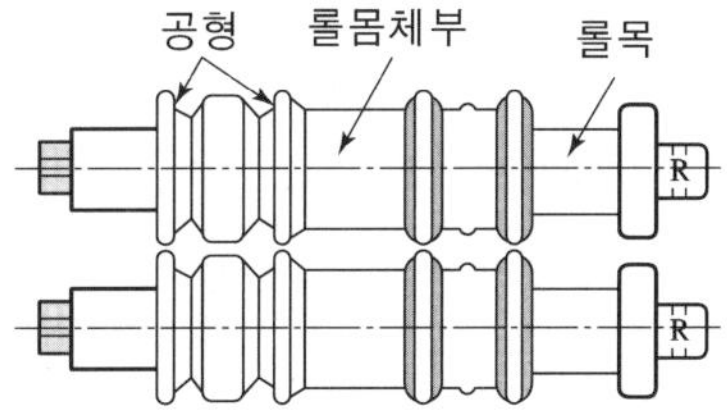

(b) 공형 롤

그림 2.28 롤의 구성

(2) 롤의 변형

롤에 발생하는 변형은 압하력에 의한 휨 변형과 열에 의한 열팽창 변형이 있다. 그림

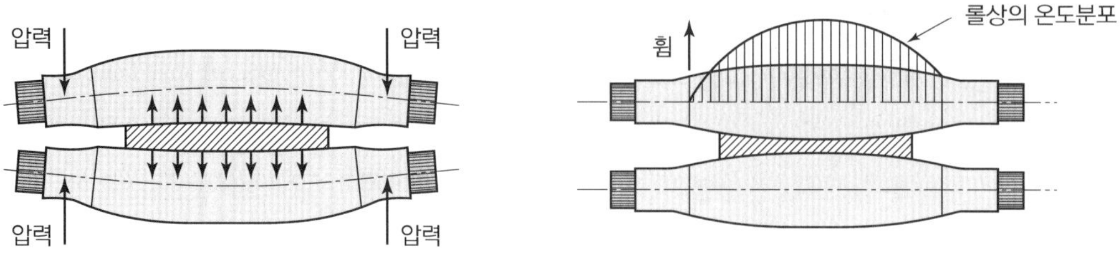

(a) 압하력에 의한 변형　　(b) 열팽창에 의한 변형

그림 2.29 롤의 변형

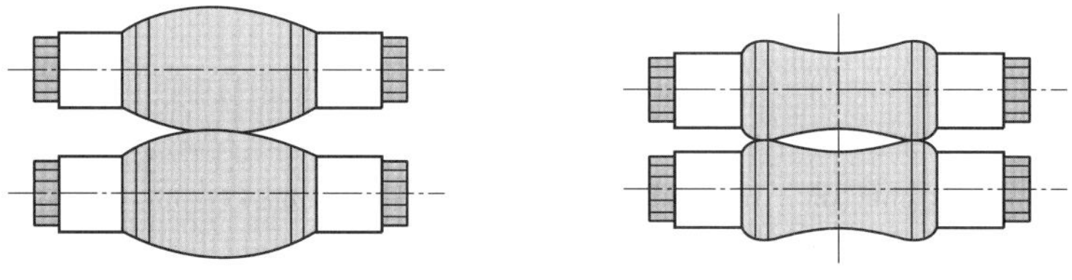

(a) 냉간압연 롤　　(b) 열간압연 롤

그림 2.30 롤의 변형을 고려한 따른 롤의 형상

2.29(a)와 같이 냉간압연에서 압하력이 작용하여 롤의 가운데 부분이 휘어진 상태에서 압연하게 되면 소재의 가운데 부분은 두껍고 양단은 얇게 압연된다. 한편, 열간압연을 할 때 롤의 가운데 부분이 열팽창된 상태에서는 소재의 가운데 부분이 얇고 가장자리 부분은 두껍게 압연될 수 있다.

이러한 상태로 압연을 계속하면 압연 두께도 일정하지 않게 되고, 표면에 주름이 잡히는 등 정상적인 압연가공이 불가능해진다. 따라서 롤의 표면을 연삭할 때 휨 변형에 대해서는 롤의 가운데 부분의 지름을 약간 크게 하는 롤 캠버(roll camber)를 준다. 한편 열팽창에 의한 롤의 변형에 대해서는 온도분포에 따라서 롤 가운데 부분의 지름을 약간 작게 해준다.

그림 2.30(a)는 휨에 의한 변형을 고려한 냉간압연용 롤의 형상이며, (b)는 열팽창에 의한 변형을 고려한 열간압연용 롤의 형상을 보여준다.

(3) 압연기의 구조

그림 2.31은 압연기의 구조를 나타낸 것으로서, 롤 하우징(roll housing)은 압연 롤을 지지하고 회전할 수 있도록 하는 롤 스탠드(roll stand)의 역할을 하며, 전동기로부터 동력을 각각의 롤에 전달시키는 매개 장치로 헬리컬기어나 스퍼기어를 사용하며 커플링으로 연결된 스핀들을 통해 압연 롤을 구동하게 된다.

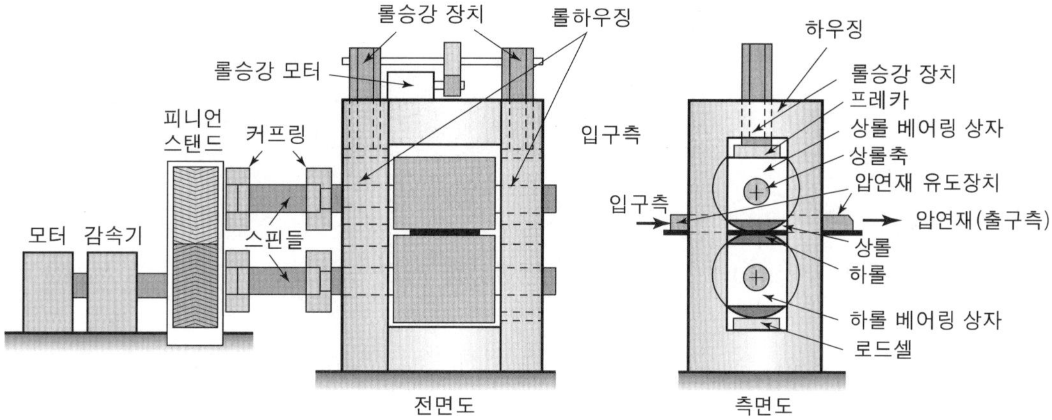

그림 2.31 압연기의 구조

2. 압연기의 종류

1) 분괴압연

강괴를 압연하여 처음부터 바로 판재, 형재, 선재 등을 가공하기 어렵기 때문에 먼저 적정한 크기의 단면을 갖는 소재가 되도록 열간 상태에서 압연하는 것을 분괴압연이라 한다.

가공된 소재의 모양과 크기에 따라 다음과 같이 분류한다.

① **블룸(大鋼片, bloom)**: 가로와 세로 크기가 250 mm×250 mm~450 mm×450 mm 정도인 정방형이다.

② **빌릿(billet)**: 사각형 단면으로 50 mm×50 mm~120 mm×120 mm 정도의 봉재이다.

③ **슬래브(slab)**: 장방형(長方形) 단면으로 두께 50~150 mm, 폭 600~1,600 mm의 두꺼운 판재이다.

④ **시트 바(sheet bar)**: 분괴 압연기에서 1차 압연한 것을 다시 압연한 것으로 폭 200~400 mm 정도이며, 1 m 길이에 대하여 10~80 kg_f 정도의 평판재이다.

⑤ **시트(sheet)**: 폭 450 mm 이상, 두께 0.75~15 mm 정도의 판재이다.

⑥ **넓은 스트립(wide strip)**: 폭 450 mm 이상, 두께 0.75~15 mm 정도의 코일 형태의 판재이다.

⑦ **좁은 스트립(narrow strip)**: 폭 450 mm 이하, 두께 0.75~15 mm 정도의 코일 형태의 판재이다.

⑧ **플레이트(plate)**: 두께 3~75 mm의 판재이다.

⑨ **플랫(flat)**: 두께 6~18 mm, 폭 20~450 mm 정도의 판재이다.

⑩ **라운드(rounds)**: 지름이 200 mm 이상의 봉재이다.

⑪ **바(bar)**: 지름이 12~100 mm 범위의 봉재나 또는 단면이 100 mm×100 mm의 각진 단면의 봉재이다.

⑫ **로드(rod)**: 지름이 12 mm 이하의 봉재로 긴 것, 또는 코일 상태의 재료이다.

⑬ **단면재(斷面材, section)**: 여러 가지 단면형상을 가진 단면재를 말한다.

2) 압연기

그림 2.32는 롤의 배치방식에 따른 여러 가지 압연기의 형식을 보여준다. 일반적으로 판재압연은 일정한 두께를 가진 판재로 압연가공하는 것을 말하며, 압연 판재의 두께에 따라 후판(6 mm 이상), 중판(3~6 mm), 박판(3 mm 이하)으로 구별한다. 판재압연용 압연기에는 사용하는 롤의 개수와 배치에 따라 여러 종류가 있다.

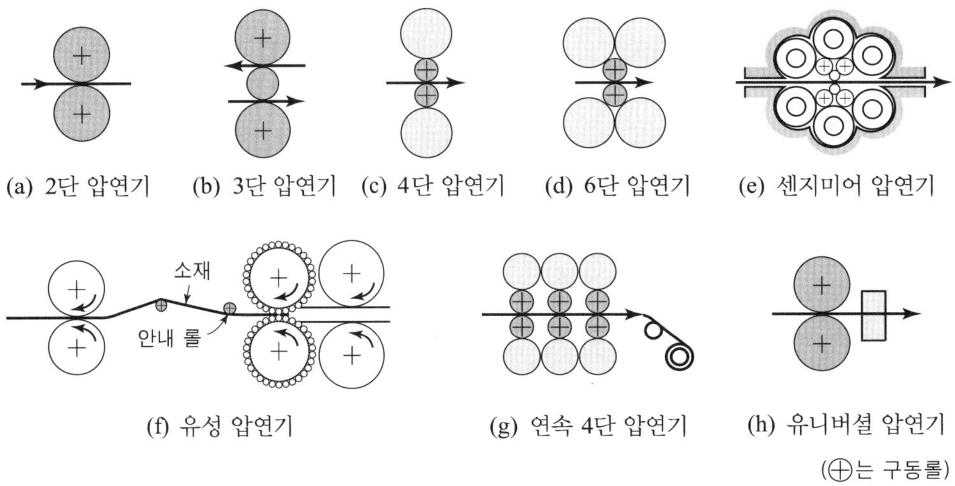

그림 2.32 압연기의 형식

(1) 2단 압연기

2개의 압연 롤이 상하로 위치한 가장 간단한 구조로서 그림 2.33(a)와 같이 여러 개의 2단 롤을 배치하여 한 방향으로만 회전하면서 압연가공하는 2단 연속식 압연기가 있으며, (b)와 같이 1회 압연할 때 마다 롤을 역회전시켜 왕복으로 압연할 수 있는 2단 역전식 압연기는 분괴압연이나 후판의 압연에도 사용된다.

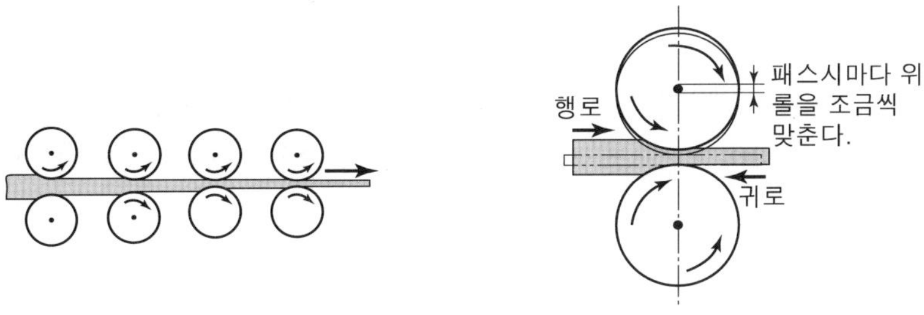

(a) 2단 연속식 압연기　　(b) 2단 역전식 압연기

그림 2.33 2단 압연기

(2) 3단 압연기

그림 2.34와 같이 롤을 3단식으로 한 압연기로서, 서로 인접한 각 롤은 압연할 때 각각 반대 방향으로 회전한다. 이와 같은 3단 압연기는 롤을 역회전시키지 않고도 압연 소재를 왕복시켜서 압연할 수 있으므로, 대형 재료의 압연에 용이하다. 두께가 얇은 박판을 지름이 큰 롤로 압연하게 되면 힘의 소모가 커지게 되므로, 중간 롤의 지름을 작게 하면 소요 동력을 줄이고 압연효율을 좋게 할 수 있다. 이러한 형식의 압연기를 라우드식 3단 압연기(Lauth's plats mill)라 한다.

(3) 4단 압연기

그림 2.32(c)와 같이 지름이 작은 2개의 롤에 의하여 압연가공되고, 롤의 변형을 방지하고 압연동력을 작게 하기 위해 위아래에 지름이 큰 2개의 롤을 받쳐주는 구조이다.

지름이 작은 롤을 사용하면 동력의 소모를 줄일 수 있는 효과가 있으나, 압하량을 크게 할 수 없으므로 박판용 냉간압연에 주로 사용되며 압연된 판재의 표면이 깨끗하다.

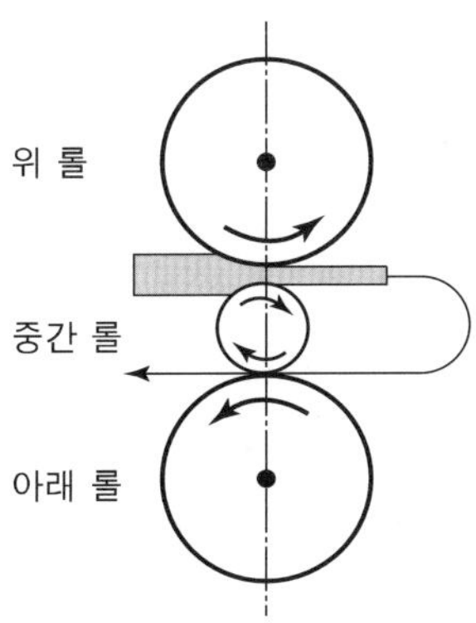

그림 2.34 3단 압연기

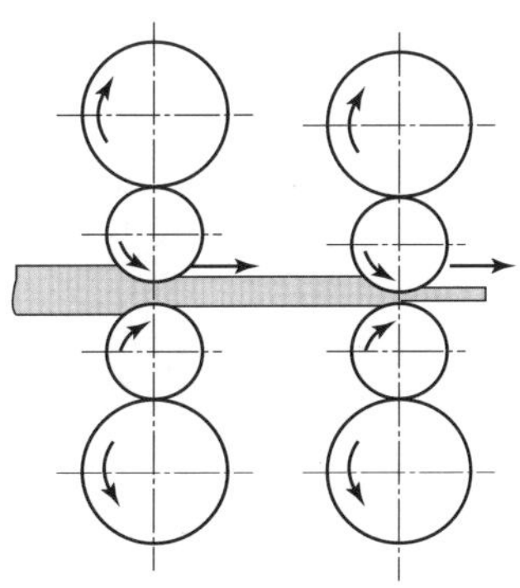

그림 2.35 연속 4단 압연기

(4) 연속 4단 압연기

그림 2.35와 같이 4단 압연기가 연속적으로 여러 대 설치되어 있는 압연기로서 소재가 각각의 롤을 통과할 때마다 압연되므로 가공속도가 빠르다. 주로 큰 판재를 냉간압연할 때 사용한다.

(5) 다단 압연기

지름이 아주 작은 작동 롤이 여러 개의 보조 롤에 의해 지지되어 있는 구조의 압연기로서 그림 2.32(e)와 같은 센지미어(sendzimier)식이 있으며, 강력한 압연이 가능하므로 스테인리스강이나 구리합금과 같은 소재의 매우 얇고 정밀한 박판의 냉간압연에 주로 사용된다.

(6) 유성 압연기

그림 2.32(f)와 같이 지름이 큰 롤 주변에 지름이 작은 여러 개의 유성 롤이 배열되어 있는 구조의 압연기로써 1회의 통과로 매우 큰 압하량을 얻을 수 있다.

(7) 만능 압연기

그림 2.32(h)와 같이 롤이 상하와 좌우에 설치되어 있어서 소재의 상하면과 좌우측면을 동시에 가공할 수 있는 압연기로써 주로 단면재 압연에 사용된다.

(8) 링(ring) 압연기

그림 2.36과 같이 링 모양으로 되어 있는 소재의 두께와 폭을 롤로 압연하여 단면적을 감소시키는 압연기로써 플렌지, 보강용 링 등의 압연에 사용된다.

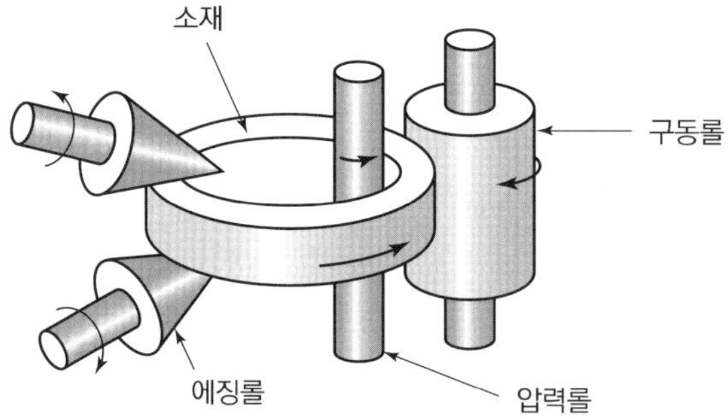

그림 2.36 링 압연기

3. 압연 방법

1) 판재 압연

균일한 두께의 압연제품을 얻기 위한 판재 압연에는 4단식 압연기가 많이 사용되며, 폭이 넓고 두께가 얇은 박판을 연속적으로 압연하고자 할 때에는 열간압연기와 냉간압연기를 병행하여 사용한다. 압연 강판은 제품의 두께에 따라 박판과 중후판으로 나누며, 압연방식에 따라서 열간압연강판과 냉간압연강판으로 구분한다.

(1) 박판 압연

압연제품의 두께가 3 mm 미만인 박판은 저탄소강판, 스테인리스강판, 전자 강판, 고장력 강판 등이 있으며, 탄소함유량이 0.03～0.12%C인 저탄소강판이 가장 많이 쓰인다. 이들 강판은 최종 압연 가공온도에 따라서 열간압연강판과 냉간압연강판으로 분류한다.

근래에는 판재성형의 다양화로 박판의 수요가 증가함에 따라서 연속 압연기에 소재를 폭이 넓고 길이가 긴 강판 코일(coil strip)로 압연하여 박판을 생산하며, 필요한 소정의 치수로 절단하여 제품을 만든다.

① 열간압연강판

열간압연강판의 제조에는 일반적으로 2단식, 3단식 및 4단식 압연기를 사용한다. 점차 폭이 넓은 압연강판이 요구됨에 따라 길게 압연한 강판을 코일로 감아 제품화하게 되었다. 열간압연을 통한 박판 압연은 그림 2.37과 같이 분괴 공정을 거친 슬래브를 연속 가열로에서 약 1,300 °C로 가열한 후 산화 스케일을 제거한 다음 조압연기에서 25～35 mm 두께로 5～6회 압연을 한 후 다듬질 압연기로 보낸다. 열간압연 과정에서 발생한 산화 스케일을 100～150 kg_f/cm^2의 고압수를 분사시켜 제거한다. 조압연이 완료된 압연재는 다듬질 압연기로 보내어 압연된 강판은 냉각 분무로 일정한 온도까지 냉각시켜서 권취기를 이용하여 코일 형태로 감는다.

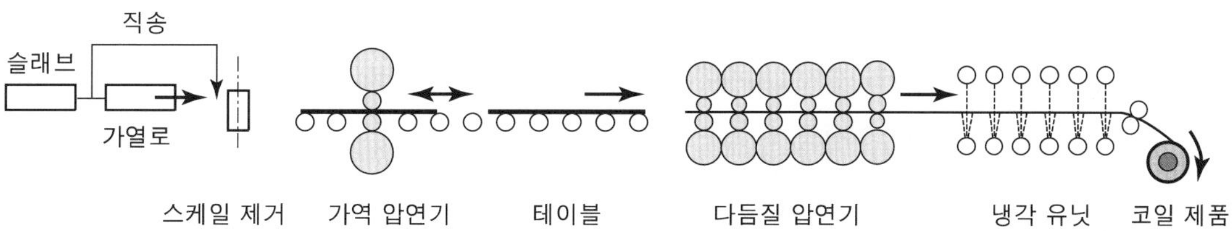

그림 2.37 열간압연강판의 압연공정

② **냉간압연강판**

열간압연에서 생산된 강판은 냉간압연기에서 가공경화로 인하여 변형 능력이 없어질 때까지 필요한 두께로 여러 번에 걸쳐 압연작업이 계속된다. 이러한 과정을 거쳐 최종 압연 공정이 끝나거나 변형 능력이 없어지게 되면 재결정을 위한 풀림 작업을 하여 다시 압연작업을 지속할 수 있게 된다. 냉간압연에는 센지미어(sendzimier) 압연기, 4단 역전식 압연기, 2단 냉간압연기 등이 사용된다. 그림 2.38은 냉간압연강판의 압연공정을 보여준다.

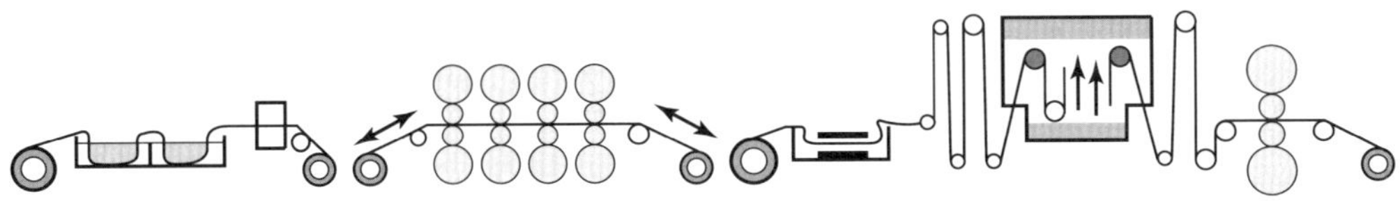

그림 2.38 냉간압연강판의 압연공정

(2) 중후판 압연

① **중후판의 특징**

후판 압연재는 선박, 교량, 압력 용기, 차량, 파이프, 기계 구조물 등에 광범위하게 공급되어 중공업 분야의 소재로 중요하게 사용된다. 현재 공업적으로 생산되고 있는 제품의 치수는 폭 1.0~5.5 m, 두께 4.5~300 mm이고, 길이는 최대 30 m 정도이다. 보통 두께가 3 mm를 넘는 강판을 중후판이라 하며, 보통 3~6 mm를 중판, 6 mm 이상의 것을 후판, 150 mm 이상의 것을 극후판이라 한다. 이들 중후판은 모두 열간압연으로 제조된다. 재질은 탄소강이 대부분이며, 강인 강판, 합금 강판, 스테인리스 강판 등과 특수강도 있다.

② **중후판 압연 공정**

중후판은 길이가 길지 않으므로 연속 압연을 하기 힘들며 가열된 강편을 몇 번에 걸쳐 롤의 간극을 점차 좁히면서 가역압연기에서 왕복 압연하여 소정의 치수로 만들고 나서 교정기에 걸어서 압연된 판을 평탄하게 교정한 다음 소정의 치수로 절단하여 압연재를 완성한다.

최근에는 4단식 압연기가 많이 사용되며, 후판도 코일 형태로 제조할 수 있다. 중후판의 압연은 그림 2.39와 같이 소재공정, 압연공정 및 청정공정을 거쳐 코일 형태나 규격판으로 절단하여 생산한다.

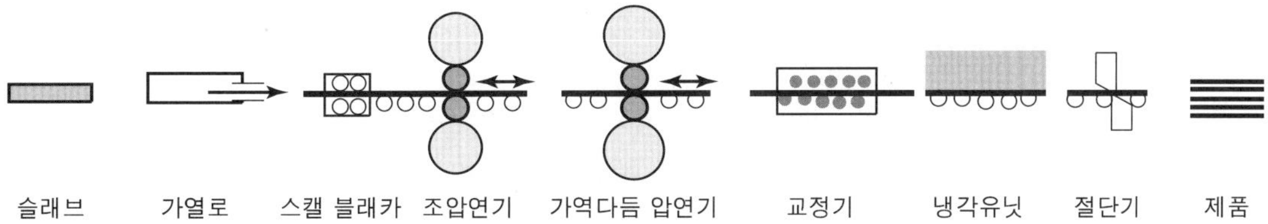

그림 2.39 중후판의 압연 공정

2) 형재 압연

형재(形材)는 압연 제품의 단면에 비하여 길이가 긴 압연제품으로서 몇 개의 공형 롤을 통과하여 그림 2.40과 같이 여러 가지 단면형상으로 성형한 압연재이다. 형재는 건축, 교량, 선박, 차량, 기계장비 등에 걸쳐 사용 범위가 넓고, 강재로서 대표적인 압연재이다.

이러한 형강 제품은 대부분 열간압연에 의해 제조되며, 압연방법에는 공형 압연(孔型壓延)과 유니버셜(universal) 압연이 있다.

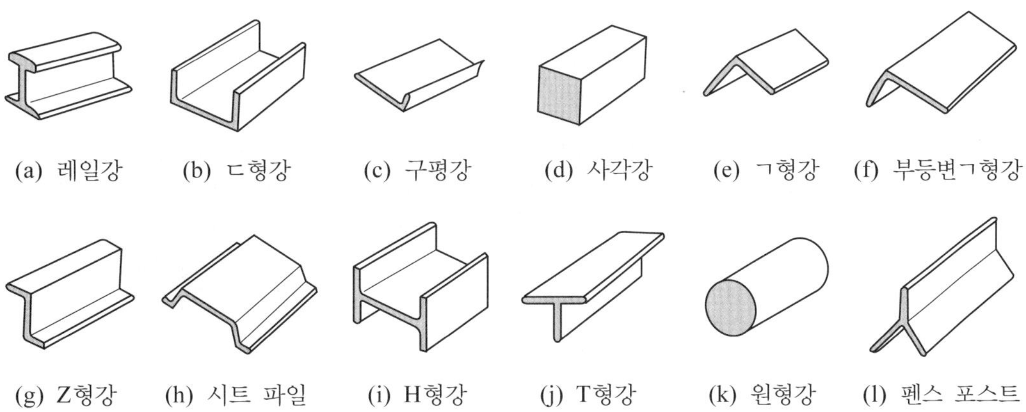

그림 2.40 형재의 종류

(1) 공형 압연

공형 압연을 이용하여 ㄱ형강, ㄷ형강, H형강 등을 열간압연하는 경우에는 폭 방향의 변형을 규제하고 필요한 형상을 얻기 위하여 그림 2.41과 같이 상하 롤에 공형을 만들어서 압연재가 이들 공형을 순차적으로 통과할 수 있도록 배열한다. 공형 압연에 있어서 공형을 설계할 때에는 압연 능률의 향상과, 롤의 마멸, 절손 및 동력절감 등을 위해 소재로부터 제품에 이르기까지 통과 횟수를 가능한 적게 해야 한다.

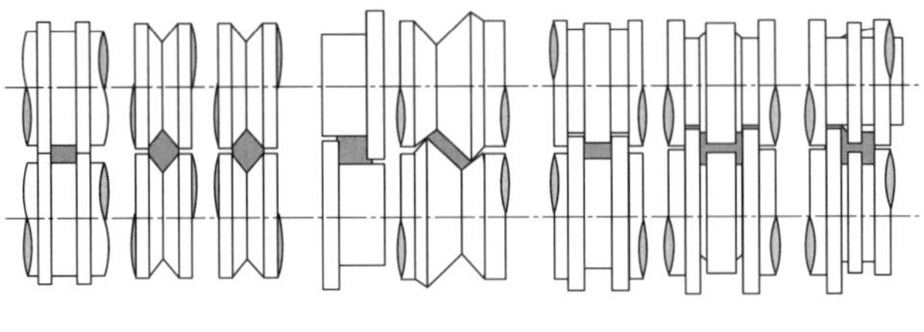

(a) (b) (c) (d) (e) (f) (g) (h)

그림 2.41 공형 롤의 형태

(2) 유니버셜 압연

형강의 압연에 사용되는 유니버셜 압연기는 그림 2.42(a)에서와 같이 동일한 단면에 수평 롤과 수직 롤을 배치하여 동시에 상하좌우를 성형할 수 있는 압연기로서, 수평 롤은 전동기를 이용하여 구동하고 수직 롤은 압연재의 마찰력에 의해 구동된다. 그림 2.42(b)는 유니버셜 압연공정을 보여주고 있다. 유니버셜 압연은 공형 압연에 비교하여 다음과 같은 장점을 가지고 있다.

① H형강, I형강, 레일강 등과 같이 플랜지(flange)가 있는 제품의 압연이 가능하며, 동일 롤의 간격을 조절하여 여러 종류의 제품을 만들 수 있다.
② 플랜지부의 폭 넓히기, 단련효과, 표면 형상 등의 측면에서 유리하다.
③ 롤의 마멸로 인한 손실이 적고 자동화가 용이하다.

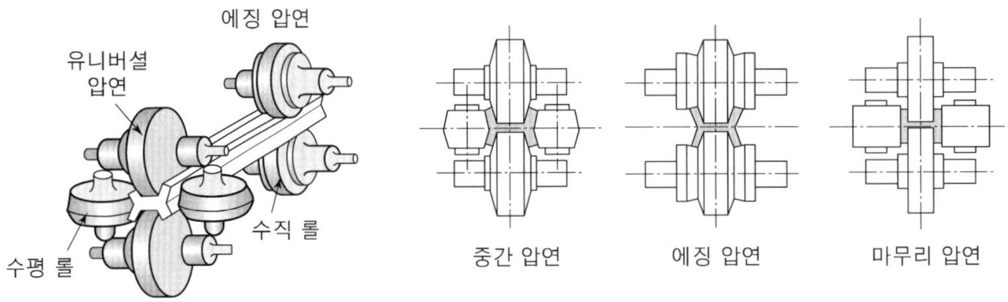

(a) 압연기구 (b) 압연공정

그림 2.42 유니버셜 압연기

3) 선재 압연

선재 압연공정은 그림 2.43에 나타낸 공정과 같이 적당한 온도로 가열한 빌릿을 조압연, 중간 압연, 마무리 압연을 위한 공형 롤을 통과하여 일정한 치수로 압연한 다음 냉각 장치

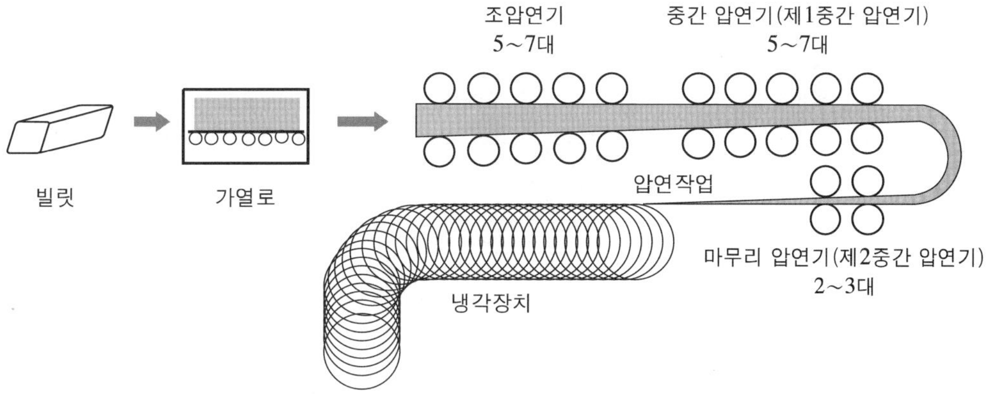

그림 2.43 선재 압연

에서 냉각한 후 권선기에서 지름이 약 5~15 mm의 선재를 무게 800~3,000 kg_f 정도의 크기로 감아서 선재를 완성한다. 롤의 회전속도는 재료가 연속적으로 가늘어지면서 점점 빨라지게 되므로 마무리 압연 롤에서의 회전속도 조절이 매우 중요하다.

2.6 압출

구리와 알루미늄 합금과 같이 전연성이 좋은 소재인 빌릿을 컨테이너에 넣고 램으로 압력을 가해 다이의 구멍을 통해 밀어내는 가공법을 압출(extrusion)이라고 한다. 압출가공법을 이용하면 다이의 단면형상에 따라서 다양한 단면형상을 가진 봉재, 선재, 관재를 생산할 수 있다. 최근에는 강 및 특수강 소재도 열간압출이 가능하여 이용범위가 넓어졌으며, 중간소재를 대량으로 생산할 수 있는 장점이 있다.

이러한 압출가공은 램과 소재의 진행방향에 따라서 직접 압출, 간접 압출이 있으며, 이 외에도 정수압 압출, 충격 압출 등의 방법이 있다.

1. 압출가공의 종류

1) 직접 압출(direct extrusion)

그림 2.44(a)와 같이 압력을 가하는 압출 램의 진행방향과 압출되는 제품의 방향이 동일한 직접 압출법으로서, 일명 전방 압출(forward extrusion)이라고도 한다. 빌릿 소재가 컨테이너 속에서 압력을 받을 때 빌릿과 컨테이너 벽면과의 마찰에 의한 저항이 커서 동력이

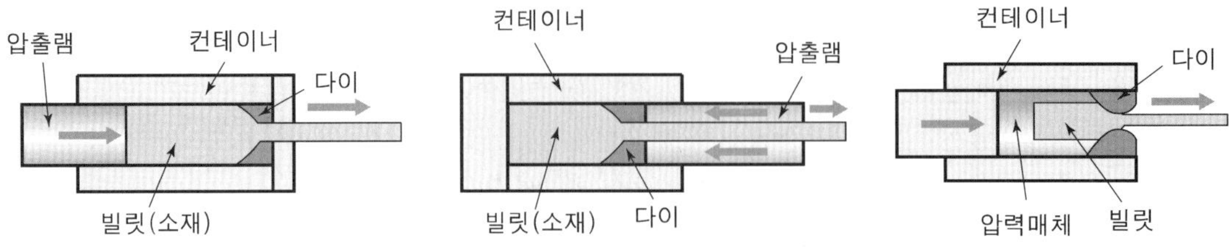

그림 2.44 압출 방식

많이 소요된다. 압출가공이 완료되었을 때 컨테이너 내에 빌릿이 잔류하게 되어 재료손실이 발생하지만 압출재의 길이에 제약이 적어서 많이 사용한다.

2) 간접 압출(indirect extrusion)

그림 2.44(b)와 같이 압력을 가하는 압출 램의 진행방향과 압출되는 제품의 방향이 반대인 간접 압출법으로서, 일명 후방 압출(backward extrusion)이라고도 한다.

빌릿을 가압하는 램 측에 있는 다이의 구멍으로 압출되기 때문에 직접 압출에 비해 마찰력에 의한 저항이 작아서 동력 소요가 작다. 압출가공이 완료된 후 컨테이너에 잔류되는 소재의 양도 적어서 재료손실이 적으나 압출재의 길이에 제약을 받는 단점이 있다.

3) 정수압 압출(hydrostatic extrusion)

직접 압출법은 컨테이너와 빌릿 사이에 큰 마찰력이 작용하여 압출가공에 여러 가지 어려움이 따른다. 이를 해결하기 위한 정수압 압출법은 그림 2.44(c)와 같이 컨테이너와 빌릿 사이에 압력유체를 매체로 사용하여 램으로 가압하면 정수압이 빌릿에 작용하여 일정한 압력을 가하게 되어 마찰이 없이 정수압 압출이 진행된다. 이러한 정수압 압출법을 이용하면 황동, 마그네슘 및 기타 연질합금을 균열 등의 손상 없이 상온에서 압출할 수 있다.

4) 충격 압출(impact extrusion)

크랭크 프레스와 같이 충격력을 가할 수 있는 기계를 사용하여 그림 2.45와 같이 다이에 아연, 납, 주석 등의 연질금속을 넣고 펀치로 충격력을 가하여 속이 빈 원통용기와 튜브를 가공하는 압출방법을 충격 압출이라고 한다. 이러한 충격 압출법은 아연, 알루미늄, 구리합금 등의 소재로 여러 종류의 튜브, 탄피와 기계부품 등을 제조하는 데 사용된다.

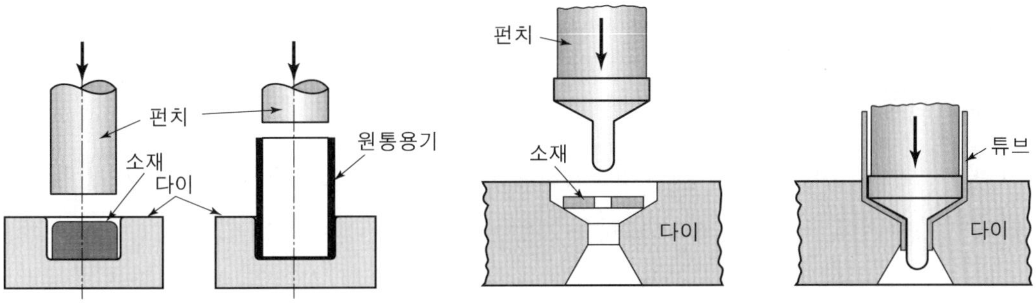

(a) 원통용기 후방 충격압출　　(b) 튜브의 전후방 충격압출

그림 2.45 충격 압출

충격 압출도 압출방향에 따라 전방 충격압출과 후방 충격압출이 있으며, 다이의 깊이를 작게 하여 공구와 소재 사이의 마찰을 감소시키고 편치의 중심과 다이의 구멍중심을 일치시켜야 균일한 두께의 제품을 압출할 수 있다.

5) 관재 압출

속이 빈 중공의 관재를 압출하기 위해 그림 2.46(a)와 같이 구멍이 있는 빌릿을 이용하여 램의 선단에 맨드릴을 붙여서 압출하는 방법이 있다. 또한 그림 2.46(b)와 같이 스파이더(spider)가 있는 맨드릴을 다이에 설치하여 관재를 압출하는 방법이 있는데, 이 경우에는 다이 출구에서 접합이 이루어지므로 접합을 방해하는 윤활제를 사용하면 안 된다.

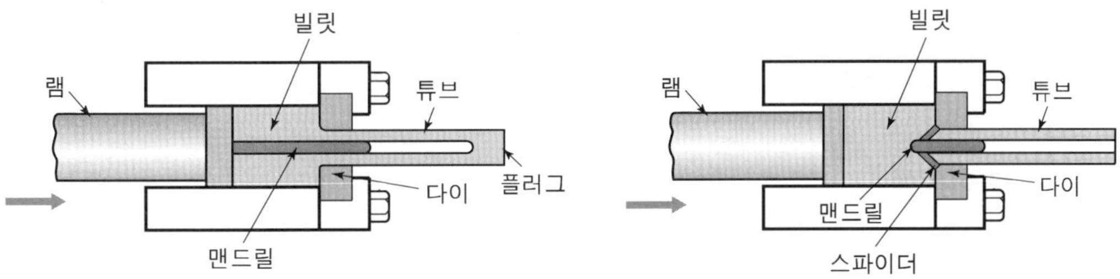

(a) 중공소재로부터 직접 압출　　(b) 맨드릴과 다이 사이로 간접 압출

그림 2.46 관재 압출

2. 압출압력과 변형기구

1) 압출압력

그림 2.47은 압출방법별로 램의 행정거리에 따른 압출압력의 변화를 나타낸 것이다. 그림에서 같이 직접압출에서는 램이 빌릿을 가압하여 컨테이너 내에서 빌릿이 압축되어 소재가 다이를 통과하여 압출이 시작될 때까지 컨테이너와 빌릿 사이의 마찰저항을 극복하기 위해 압출격이 높아지게 되며, 이후 압출이 진행됨에 따라 빌릿의 길이가 점점 짧아짐에 따라 마찰저항이 감소하여 압출력도 점차 낮아지게 된다. 간접 압출에서는 직접 압출과는 달리 컨테이너와 빌릿 사이의 마찰저항이 없으므로 압출력이 작은 것을 볼 수 있으며, 정수압 압출은 빌릿에 고르게 정수압력이 작용하므로 압출력이 작게 소요되고 램의 행정거리에 따라서도 압출력의 변화가 작은 것을 알 수 있다.

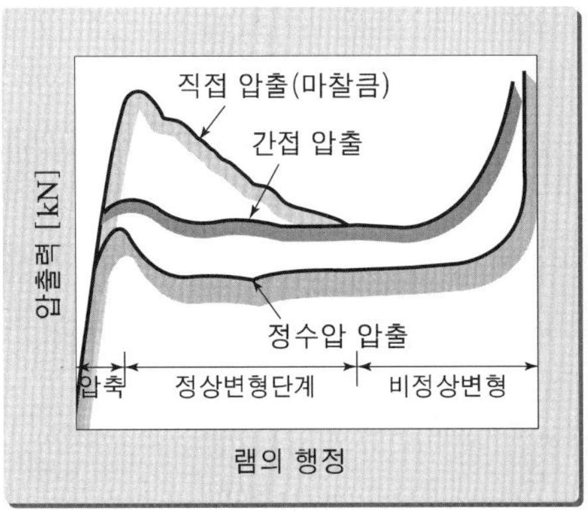

그림 2.47 램의 행정과 압출압력

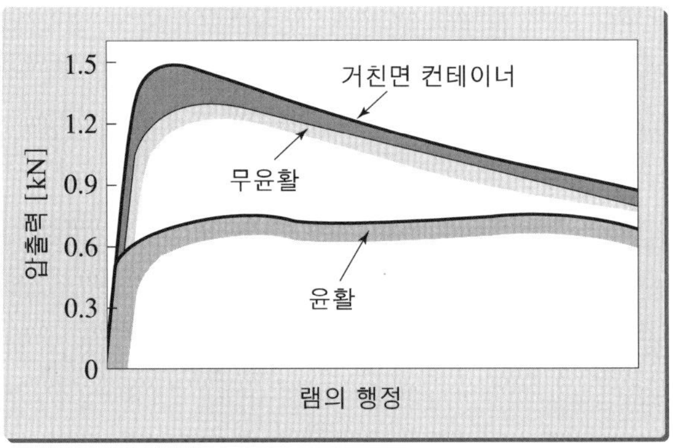

그림 2.48 마찰력과 압출압력

2) 윤활제의 사용

그림 2.48은 윤활제의 사용여부에 따른 압출력의 변화를 보여주는 것으로서 윤활제를 사용하면 마찰을 줄여 압출력이 작게 소요될 뿐만 아니라 압출제의 흐름이 균일하여 표면을 깨끗하게 하고 다이와 컨테이너의 마모를 줄여주어 수명을 길게 해준다. 따라서 전연성이 아주 양호한 일부 비철금속(Pb, Sn, Zn 등)을 제외한 대부분의 압출에 윤활제를 사용한다.

윤활제로는 그리스, 흑연분말, 유리, 각종 오일(oil) 등이 사용되며, 냉간 충격압출에는 빌릿에 인산염 피복을 하고 에멀션(emulsion)을 사용하여 윤활을 한다. 열간압출에는 등유나 실린더 오일(cylinder oil)에 5~35% 정도의 흑연분말을 섞은 윤활제를 사용하거나 유리로 윤활할 수 있다. 유리윤활은 두꺼운 유리판을 컨테이너에 넣은 다음 고온으로 예열된 소재를 넣고 가압하거나, 예열된 소재표면에 유리분말을 덮은 다음 컨테이너에 넣고 가압하면 그 열과 압력에 의하여 빌릿표면에 얇은 피막을 형성하면서 압출되어 윤활작용을 하게 된다. 이렇게 압출된 제품에 덮여 있는 유리막은 황산과 플루오르산의 혼합액으로 제거해야 한다.

3) 압출변형 기구

직접 압출에서 윤활조건에 따라 빌릿의 유동을 살펴보면 그림 2.49와 같이 마찰상태에 따라서 3가지 형태로 구분할 수 있다. 그림 2.49(a)는 소재와 컨테이너 사이의 마찰이 적고 빌릿의 유동성이 매우 좋을 때 빌릿의 각 층이 균일하게 유동되면서 압출되는 경우이다. 이러한 완전 윤활압출은 컨테이너와 빌릿 사이에 마찰이 없이 아연, 주석 등을 냉간압출할 때 발생할 수 있다. 그림 2.49(b)는 구리나 알루미늄을 압출할 때 컨테이너와 빌릿 사이에 마찰이 있는 경우에 해당될 수 있다. 그림 2.49(c)는 황동을 열간압출할 때 컨테이너와 빌릿 사이의 마찰이 크고, 불균일하게 압출되는 경우에 해당되는 경우이다. 그림 2.49의 (b), (c)와 같이 컨테이너와 빌릿 사이의 윤활이 충분하지 못하면 빌릿의 표면보다 중심부가 빠르게 유동되고 다이와 접하고 있는 부분은 공구와의 마찰로 흐름이 정지되어 다이의 개구부 부근에서 빌릿의 유동이 없는 데드메탈 영역(dead metal zone, DMZ)이 생기게 된다. 따라서 압출가공 종료시점에 빌릿의 일부가 컨테이너의 구석 부분에 잔류하게 된다. 이러한 데드메탈 영역과 압출되는 빌릿의 경계에서는 빌릿이 큰 전단변형을 받게 되므로 표면이 매우 거친 원추형 다이를 사용한 압출과 같은 현상이 생겨 압출품의 표면이 매끄럽지 못하게 된다.

그러므로 실제 압출에서 데드메탈 영역이 생기는 것과 유사한 원추 각을 주어 데드메탈

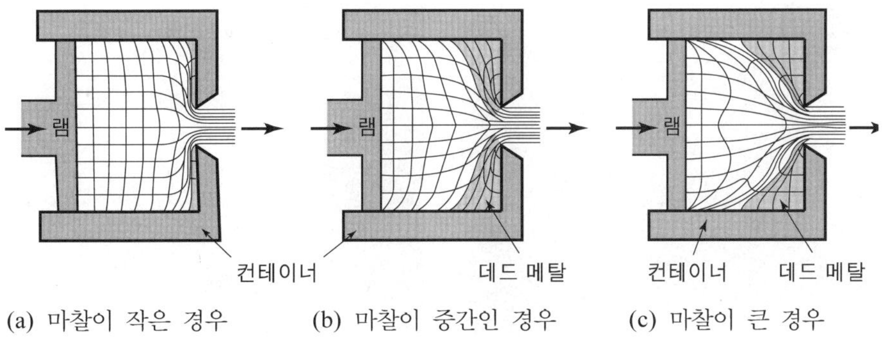

(a) 마찰이 작은 경우　(b) 마찰이 중간인 경우　(c) 마찰이 큰 경우

그림 2.49 직접 압출에서 빌릿의 유동

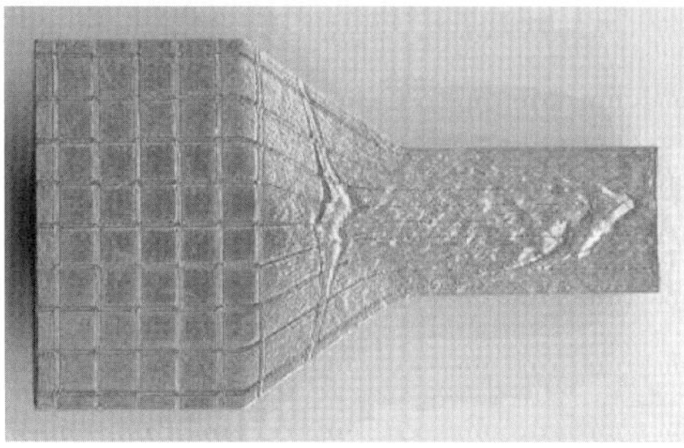

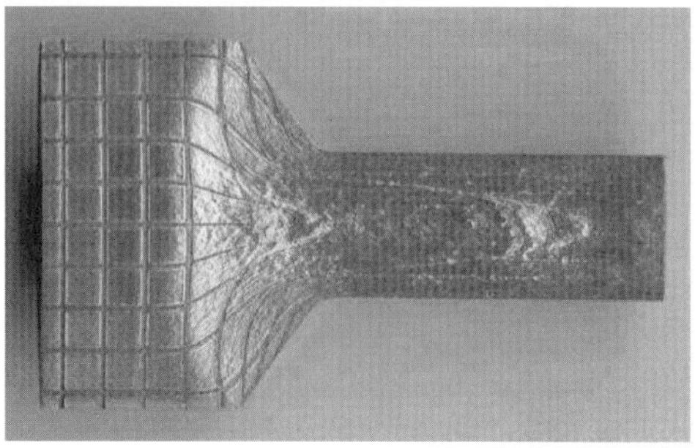

(a) 다이 반각 35° (b) 다이 반각 55°

그림 2.50 직접 압출에서 구리 빌릿의 유동

영역을 임의로 만들어서 압출하는 경우도 있다. 그림 2.50은 다이의 원추반각을 변화시켜 구리 빌릿을 열간에서 직접압출할 때의 유동사진으로서 원추 반각이 커질수록 유동저항이 증가하여 빌릿표면과 중심부의 유동속도가 차이가 커지는 것을 볼 수 있다. 이로 인하여 압출품의 중심부에 세브론 결함(chevron defect)을 발생시킬 수 있다.

3. 압출기

압출기는 컨테이너(container), 램(ram), 다이(die) 등의 부분으로 구성되어 있으며, 컨테이너는 큰 압력에도 충분한 강도를 가질 수 있도록 특수강으로 제작된다. 압출기는 설비형식에 따라서 대용량의 소재를 압출하는 데 적합한 1,000~1,800 ton 정도의 가압력을 가지는 수평식과 비교적 소용량의 소재를 압출하는 데 적합한 300~1,000 ton 정도의 가압력을 가지는 수직식 압출기가 있다. 그리고 압력을 발생시키는 방식에 따라 크랭크 프레스나 토글 프레스를 사용하는 기계압식과 유압을 이용하여 가압하는 유압식 압출기가 있다. 그림 2.51은 1,800 ton급 수평식 유압 압출기의 측면과 정면을 나타낸 것이다.

그림 2.51 1,800 ton급 수평식 유압 압출기

4. 압출조건

1) 압출온도

열간 압출가공에서 소재의 온도가 높을수록 변형에 대한 저항이 적어져 가압력은 작아지지만 온도가 너무 높으면 윤활이 어려워지고 다이의 연화로 인한 마모 촉진과 열간취성에 의해 균열이 발생될 수도 있다. 빌릿 재질에 따른 적정 압출온도는 표 2.4와 같다.

▶ 표 2.4 압출온도와 조건

재료	압출온도(°C)	압출속도 (m/min)	평균압출압력 (kg_f/mm^2)	제품 용도
강 및 특수강	1,000~1,200	120~220	40~120	보일러관, 열교환기관, 화학기계용관, 제트엔진 부품
Cu 및 Cu합금	625~900	6~150 (관은 300)	20~85	콘덴서, 열교환기용관, 파이프 연결구
Al 및 Al합금	375~500	1.5~90	32~105	가옥, 차량, 선박의 구조물 및 부품
Mg 및 Mg합금	325~425	0.6~4	28~42	항공기구조 및 부품, 건전지 케이스
Zn 및 Zn합금	250~350	2~25	70~85	수도관, 전기 접점
Sn 및 Sn합금	65	3~9	28~70	주석관, 납선
Pb 및 Pb합금	175~225	6~60	28~63	연관

2) 압출속도

압출속도가 느릴수록 초기의 가압력이 감소하지만 시간이 경과됨에 따라 빌릿의 온도가 낮아지기 때문에 일정온도 이하가 되면서부터는 오히려 가압력이 증가하게 된다.

반대로 압출속도를 빠르게 하면 빌릿의 가열과 마찰열 등으로 온도가 상승하여 고온취성에 의한 균열이 발생될 수 있다. 그러므로 빌릿의 가열온도와 압출속도를 적정한 범위 내에서 유지하면서 압출해야 한다.

3) 압출결함

(1) 결정립의 과대성장

압출제품 내 특정부분의 금속조직결정이 조대화되고 기계적 성질이 불균일해지는 결함이 생겨 압출제품을 2차 가공할 때 깨지는 경우가 발생할 수 있다. 압출조건을 변경하여 빌릿의 유동상태를 수정하거나 또는 압출온도를 낮게 하는 방법을 사용할 수 있다.

(2) 산화물 개재

산화물이 함유되어 있는 빌릿을 압출하면 빌릿의 산화물이 다이스를 통과하면서 관(pipe)의 형태로 되어 특정한 곳의 중심부분과 바깥부분을 분리시키는 결함이 생긴다. 가열된 소재의 온도 강하로 산화피막이 생기지 않도록 압출속도를 빠르게 하거나 컨테이너를 예열하면 이러한 결함을 줄일 수 있다.

(3) 균열

급속 압출가공이나 고온 압출가공을 할 때 빌릿의 열간취성 혹은 냉간취성에 의하여 압출제품 표면에 균열이 발생될 수 있다. 소재의 취성이 가장 크게 되는 온도에서의 가공을 피하여 적정한 온도 범위 내에서 압출하여 예방할 수 있다. 그리고 압출비, 다이각도, 마찰력의 변화에 따라서 압출품의 내부의 중심부에서 세브론 결함(chevron defect) 등과 같은 현상에 의해 여러 형태의 균열이 발생될 수 있다. 그림 2.52는 외재를 구리로 하고 내재로 알루미늄을 사용하여 층상으로 복합한 빌릿을 압출한 사진으로써 압출품의 오른쪽 끝단에서 piping과 같은 결함이 나타난 것을 볼 수 있다.

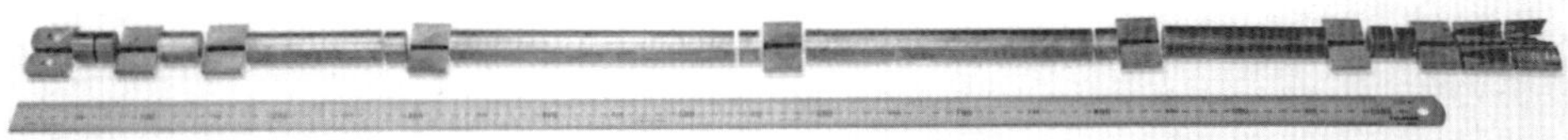

그림 2.52 piping 결함

2.7 인발

그림 2.53과 같이 소재를 테이퍼 구멍을 통해 척(chuck)으로 잡아당겨서 가늘고 길게 뽑아내는 가공법이 인발(drawing)가공이다. 이와 같이 인발을 통해 구멍과 동일한 단면형상을 가진 봉재, 관재, 선재를 제작할 수 있으며, 압연이나 압출에서는 가공이 곤란한 지름이 작은 봉재나 두께가 얇은 파이프 등의 가공에 적합하다.

압출은 압축력을 이용하여 소재를 변형시키는 반면에 인발은 소재에 인장력을 작용시켜 소재를 변형시킨다. 소재를 처음 인발할 때에는 그 끝을 원추형으로 만들어 다이에 삽입 통과시킨 다음 신선기 또는 인발기의 조(jaw)에 물려 연속적으로 인발가공하며 다이에 소재를 1회 통과할 때 단면감소율은 10～40% 정도가 일반적이다.

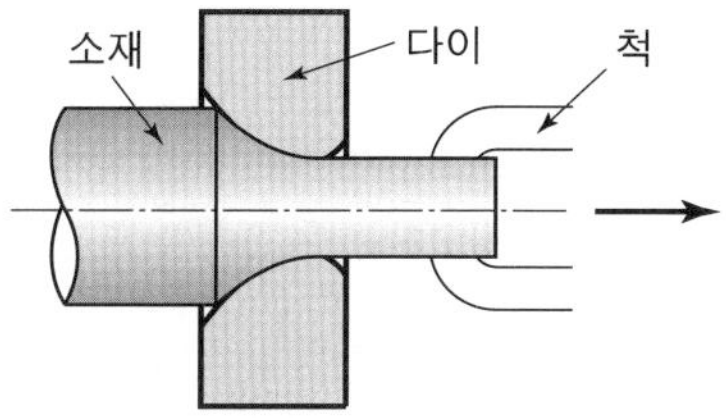

(a) 곡선다이

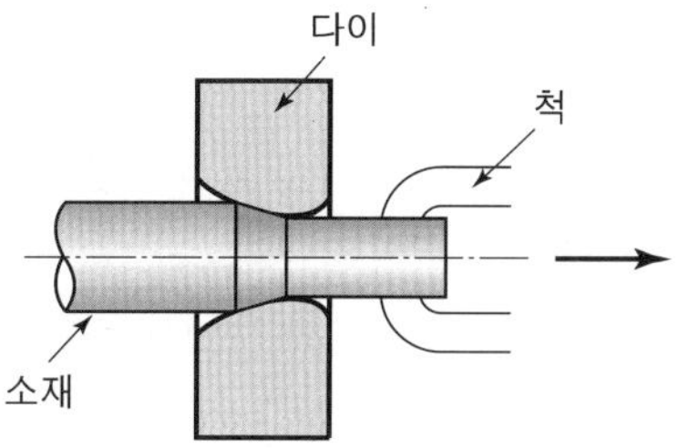

(b) 직선다이

그림 2.53 인발가공

1. 인발가공의 종류

1) 봉재 인발(solid drawing 또는 bar drawing)

지름 6~10 mm 정도의 원형단면 봉재를 인발가공하는 것으로서 인장력을 작용시킬 수 있는 인발기(draw bench)를 사용하여 인발한다. 봉재 인발은 인발기의 길이에 제약을 받게 되고 가공속도가 느리고 자동화가 어려워서 다른 가공법에 비해 능률이 떨어지므로 이용에 한계가 따른다. 그림 2.54와 같이 롤(roll)다이를 사용하여 봉재를 인발하면 마찰을 줄여서 비교적 균일한 변형을 줄 수 있는 장점이 있다.

2) 선재 인발(wire drawing)

지름 5 mm 이하의 가는 선재를 인발하는 것을 말하며, 가공된 선재는 권선기에 감으면서 인발한다. 지름이 다소 굵은 선을 인발할 때에는 1개의 다이를 사용하는 단식 신선기(single wire drawing machine)가 사용되고, 지름이 가는 선재를 인발할 때에는 지름을 점차로 감소시켜나갈 수 있도록 여러 개의 다이를 사용하는 연속식 신선기(continuous wire

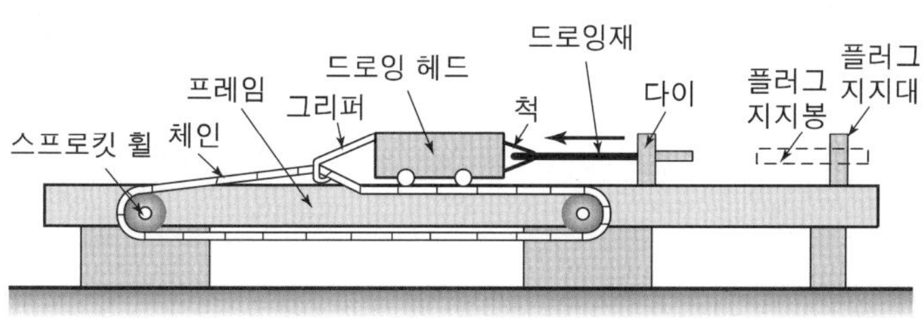

(a) 인발기(drawing bench)

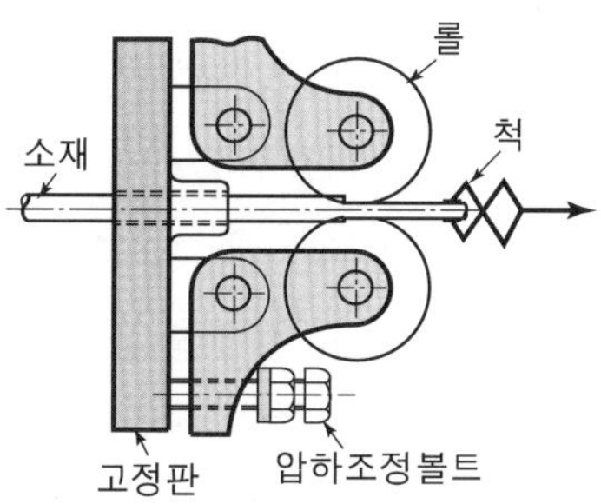

(b) 롤 다이(roll die)

그림 2.54 인발가공기

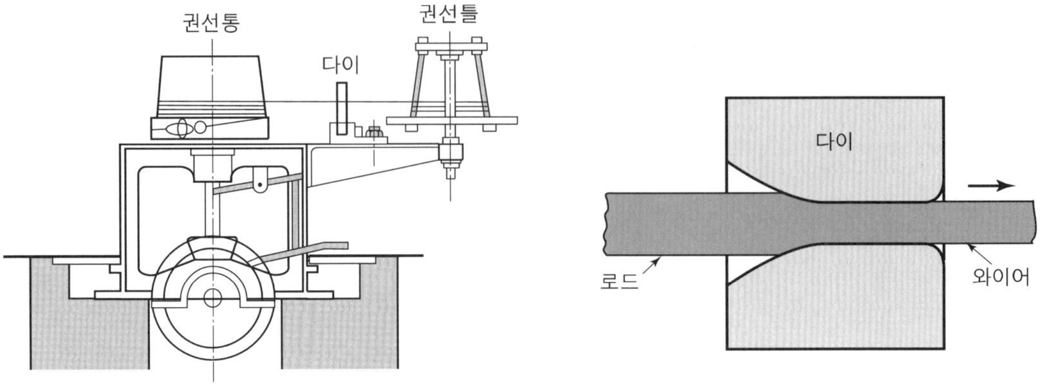

(a) 단식 와이어 드로잉 머신　　(b) 와이어 드로잉 다이

그림 2.55 와이어 드로잉 신선기

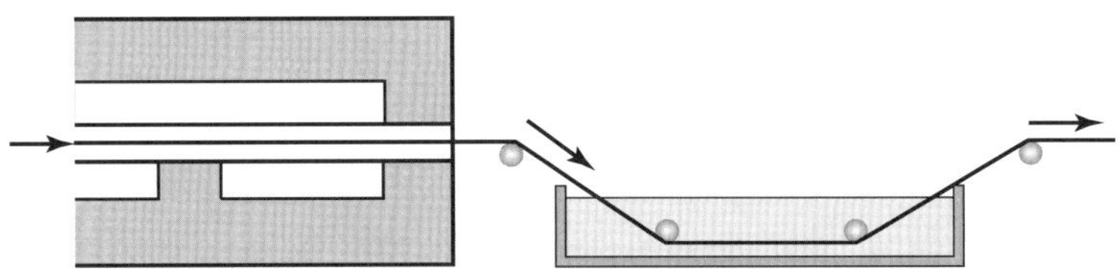
(a) 연속 관상로　　(b) 담금질 탱크

그림 2.56 파텐팅 처리공정

drawing machine)가 사용된다. 그림 2.55는 와이어 드로잉 머신의 구조이며, 1회 인발시 단면감소율을 가는 선은 15~25 %, 굵은 선은 20~50 % 정도로 한다. 선재 인발은 주로 냉간가공을 많이 하는데, 반복되는 인발로 인해 소재가 가공경화되면 풀림처리를 해서 전연성을 다시 회복시킨 후 인발을 계속해야 한다.

경강선을 인발할 때에는 그림 2.56과 같이 연속 관상로에서 900~1,000 °C 온도로 가열하고 400~500 °C 정도의 담금질 탱크를 통과시켜 패턴팅(patenting)처리를 한다. 이렇게 열처리된 소재는 60~70 °C의 묽은 염산액(5% 내외)이나 황산액에 침지하여 표면의 산화 스케일을 제거한 후 석회액에 침지하여 제거되지 않은 산 성분을 중화시켜 건조한 다음 인발가공을 계속 진행한다.

3) 관재 인발(pipe drawing)

관재의 인발은 관재의 두께와 지름을 필요한 치수로 축소시키는 것으로서 봉재인발과 같이 다이를 사용한다. 심봉(plug, mandrel)을 사용하는 경우와 사용하지 않는 경우가 있다.

① **중공식**(hollow sinking): 그림 2.57(a)와 같이 관의 바깥지름 감소를 목적으로 한 인발가공으로서 심봉을 사용하지 않기 때문에 관의 두께가 두꺼워지는 경우가 많다.

② **플러그식**(plug drawing): 그림 2.57(b)와 같이 지지봉에 고정된 플러그가 소재의 관속에 삽입된 상태에서 인발가공하는 것으로 내·외면이 깨끗하게 인발된다.

③ **부상 플러그식**(floating plug drawing): 그림 2.57(c)와 같이 지지봉을 사용하지 않고 소재의 관속에 floating되어 있는 플러그를 사용하여 인발하는 것으로 지름이 작은 관의 인발에 사용한다.

④ **맨드릴식**(mandrel rod drawing): 그림 2.57(d)와 같이 봉 형태인 맨드릴을 사용하여 인발하는 것으로 관의 바깥지름과 두께를 동시에 감소시키는 인발가공으로써 지름이 작은 관의 인발에 사용한다.

⑤ **압발식**(push bench): 그림 2.57(e)와 같이 맨드릴 로드를 뒤에서 미는 압력을 가하여 관의 바깥지름과 두께를 동시에 감소시키는 인발가공으로써 비교적 지름이 큰 관의 인발에 사용한다.

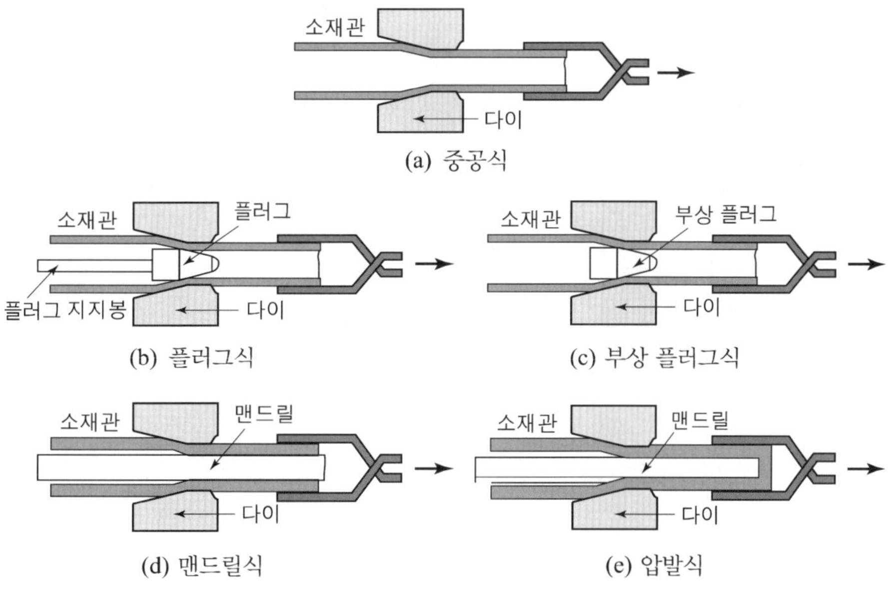

그림 2.57 관재 인발 방식

2. 인발조건과 변형

1) 인발다이(die)와 소재 변형

인발다이는 그림 2.58(a)와 같이 다이에 소재가 맞닿는 부분인 도입부, 소재의 단면을 점차 감소시키는 안내부, 인발재의 형상과 치수를 정확하게 성형하는 정형부, 인발재가 다이를 빠져나가는 출구부로 구성된다. 인발조건에 따라서 각각 도입각, 안내각, 출구각을 가지며, 전연성이 좋은 재료를 큰 단면감소율로 인발할 때 안내각(2α)을 크게 하고, 경강선을 인발하거나 단면감소율을 작게 인발할 경우에는 안내각(2α)을 작게 한다. 그림 2.58(b)는 인발할 때 소재의 변형에 따른 유동패턴으로서 안내부와 정형부를 통과한 소재의 중심부분은 장방형으로 변형되며, 표면층으로 갈수록 전단응력 작용에 의해 장방형이 전단변형되는 형태를 보이고 있다. 이러한 변형유동을 보면 다이에서 소재에 압축력을 가하게 되고 동시에 척에 의한 인장력이 동시에 작용하여 변형된다는 것을 알 수 있다. 따라서 다이로부터 압축력을 받는 것과 동시에 표층부에서는 마찰에 의한 전단저항도 받게 되어 표층부보다 중심부가 빠르게 변형되어 세로방향의 변형이 활모양으로 발생되며, 이러한 세로방향의 변형은 다이각과 소재와의 마찰이 작을수록 변형도 작게 된다.

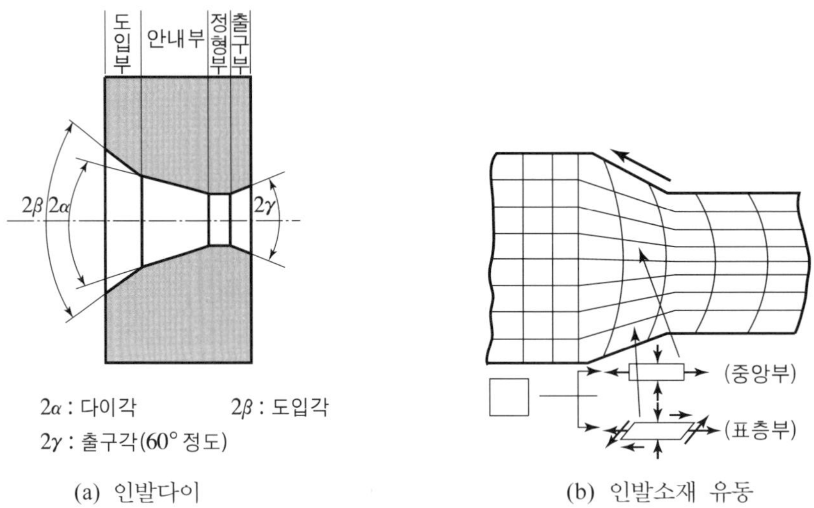

(a) 인발다이 (b) 인발소재 유동

그림 2.58 인발다이와 인발소재 유동

2) 단면감소율

인발가공 전의 소재 단면적을 A_1, 인발가공 후의 소재 단면적을 A_2라 할 때, 단면감소율은 $(A_1 - A_2)/A_1 \times 100$으로 표시하며 인발횟수와 인발능률에 큰 영향을 미친다. 단면감소율을 크게 하면 인발횟수를 줄일 수 있어서 능률적이나 허용한계 이상이 되면 인발응력이 급격하게 증가하고 윤활이 곤란하여 인발이 불가능해져서 단선되는 경우가 발생할 수 있다. 일반적으로 재질에 따른 단면감소율은 경강선은 20∼25%, 연강선 28∼35%, 피아노선 10∼15%, 강철파이프 15∼20%, 비철금속선 15∼30% 정도를 사용한다.

인발 후 선재의 지름은 다이 구멍의 최소지름과 같아야 하지만 인발응력, 재료의 탄성계수, 강도, 인발조건 등에 따라 약간 굵게 되는 경우와 약간 가늘게 되는 경우가 있는데 Ni-wire, Cu-wire 등은 작아지고 피아노선 등은 약간 더 굵어진다.

3) 인발조건

(1) 다이 각(angle of die)과 인발력(drawing force)

인발에 필요한 힘을 예측하는 것은 인발기계와 다이의 설계에 필요하게 된다. 다이의 각도는 단면감소율, 인발응력, 다이에 작용하는 압축력, 인발력 등에 큰 영향을 받으므로 매우 중요한 가공조건이 된다. 그림 2.59는 다이의 반각과 인발응력의 관계를 도시한 것으로써 보통 다이 각이 작아지면 전단저항은 작아지지만, 접촉면적이 커지게 되어 마찰저항이 증가되므로, 이러한 균형이 잘 맞추어진 최적의 다이 각에서 인발력이 최소가 된다. 일반적으로 다이와 소재 재질에 따라서 초경합금소재의 다이를 사용할 때, 다이 각은 강선용이 6∼11°, 동선용이 12∼16°, 알루미늄용이 15∼18° 정도로서 소재가 연질일수록 다이의 각도가 점진적으로 커지고 단면감소율도 증가하게 된다.

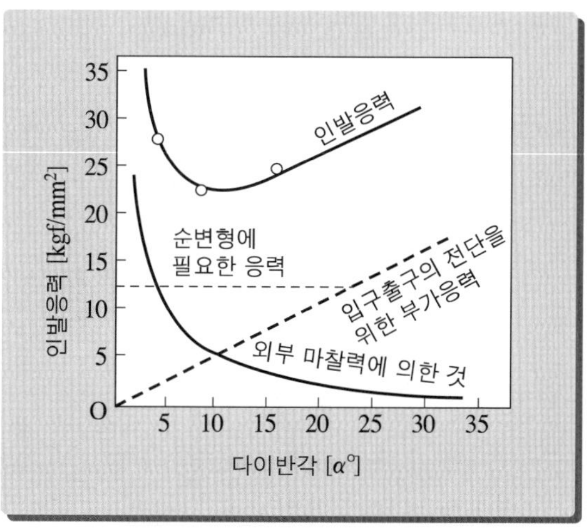

그림 2.59 다이반각과 인발응력의 관계

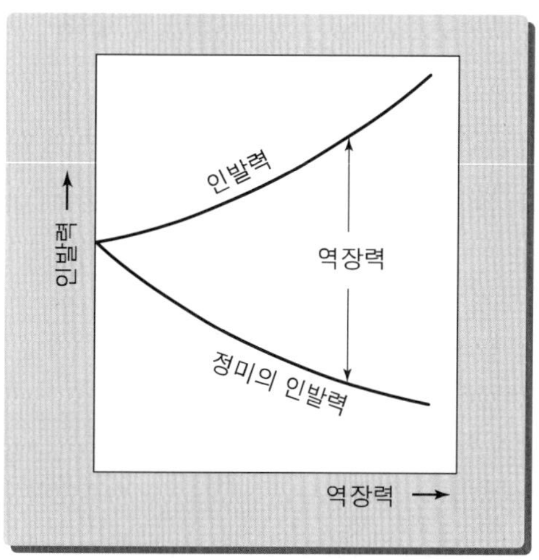

그림 2.60 역장력과 인발력의 관계

(2) 역장력(back tension)

인발을 통해 소재가 인장력을 받아 지름이 작아지고 길이가 늘어나게 되는데, 인발력보다 작은 인장력을 인발방향과 반대로 작용시키면 다이에 작용하는 마찰저항을 줄일 수 있는 효과가 있다. 이와 같이 인발방향과 반대방향으로 가하는 인장력을 역장력이라고 한다.

역장력을 작용시키면 인발력은 다소 증가하지만 다이 내면에 가해지는 압력과 마찰저항이 감소되어 다이의 수명이 연장되고 제품의 지름을 정밀하게 인발할 수 있는 효과가 있다.

그림 2.60과 같이 역장력을 가하면 인발력은 증가하게 되나 인발력에서 역장력을 뺀 만큼 다이에 걸리는 정미 인발력은 감소하게 된다.

(3) 인발속도

인발속도에 따라 인발력에는 큰 변화가 없으나, 인발속도가 빠를수록 마찰열이 증가함에 따라 윤활이 원활하지 않게 되면 인발력을 증가시키는 결과가 된다. 따라서 경질재나 큰 지름의 소재를 인발할 때에는 가급적 인발속도를 느리게 하는 것이 좋다.

(4) 윤활

인발가공할 때 다이와의 마찰력과 마찰열을 감소시켜 다이의 수명을 연장하고 제품의 표면을 매끈하게 하게 하기 위해 윤활은 매우 중요하다. 윤활방법에는 습식 윤활법과 건식 윤활법이 있다. 습식 윤활법의 윤활제로는 식물유에 비누를 2% 내외 첨가한 유화액에 물을 첨가하여 희석시킨 에멀션(emulsion), 기름이나 지방 등이 있으며, 가는 선재나 구리, 알루미늄합금과 같은 연질 소재의 인발에 이용된다. 건식 윤활법에는 석회분말, 그리스, 흑연분말 등과 같은 고형 윤활제를 사용하는데, 지름이 크거나 경질재 인발 또는 느린 속도의 인발에 이용된다. 경질재료를 인발할 때 윤활효과를 높이기 위해 표면에 Pb, Zn 등을 도금하여 인발하기도 하고, 석회분말 대신에 인산염을 피복하여 인발하기도 한다.

2.8 전조

나사나 기어와 같이 특정한 형상을 가진 공구 사이에 소재를 넣고 압력을 가한 상태에서 직선운동이나 회전운동을 시켜서 공구와 같은 형상으로 소재를 압축시켜 성형하는 것이 전조(form rolling)가공이다. 과거에 절삭가공에 의해 생산되었던 나사(thread), 기어(gear),

볼(ball), 스플라인(spline) 등의 제작에 전조가공이 많이 사용되고 있다. 그림 2.61(a)는 절삭가공에 의한 나사로서 금속의 결이 절삭에 의해 나사산에서 중단된다. 2.61(b)는 전조가공에 의한 나사로서 금속의 결이 나사산을 따라 압축되어 성형되어 2.61(c)와 같이 나사부의 조직이 치밀해져서 기계적강도가 개선된다. 이와 같이 나사와 기어 등을 생산할 때 전조가공을 이용하면 다음과 특징이 있다.

① 가공경화에 의해 기계적강도가 좋아진다.
② 비교적 정밀도가 높은 균일한 제품의 대량생산에 적합하다.
③ 금속조직의 유동선(flow line)이 연속되고 치밀해지므로 피로강도, 내마모성, 경도 등이 증가된다.
④ 전조가공에 숙련된 기능이 불필요하다.

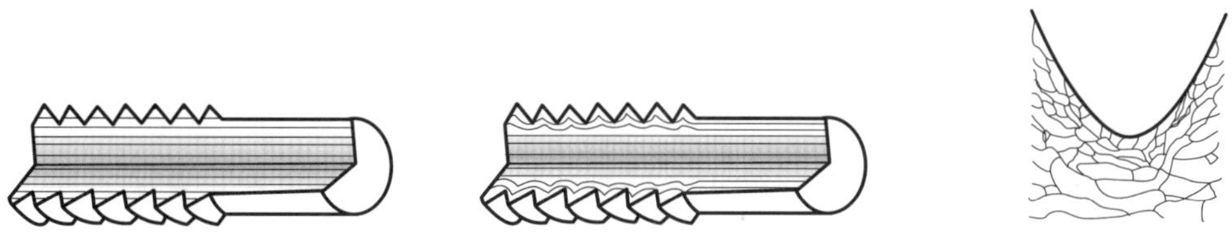

(a) 절삭가공 나사　　(b) 전조가공 나사　　(c) 전조나사 조직

그림 2.61 가공방법에 따른 금속유동

1. 나사 전조(thread rolling)

1) 평 다이 전조

평 다이 전조는 그림 2.62와 같이 한 쌍의 평 다이 사이에 소재를 넣고 가압한 상태에서 가동 평 다이를 직선 왕복시켜서 소재 표면에 다이의 피치(pitch)와 같은 나사를 성형가공

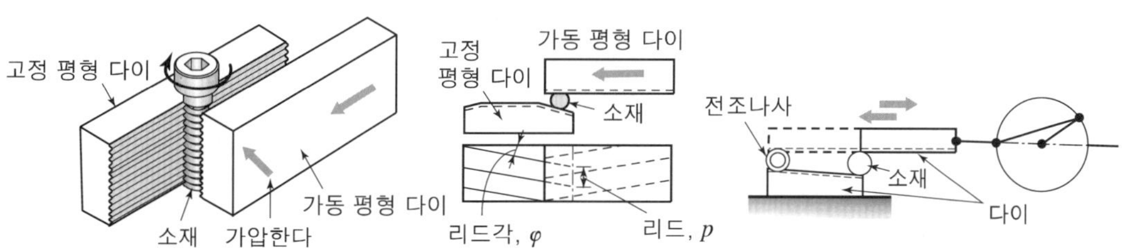

(a) 전조 방법　　(b) 전조 기구　　(c) 전조기의 구성

그림 2.62 평 다이 전조기구

하는 것을 말한다. 전조 다이의 1회 왕복운동으로 나사가공이 완료되고 소재의 공급과 배출이 용이하여 대량생산에 적합하다.

2) 롤 다이(roll die) 전조

(1) 2원형 다이식

그림 2.63(a)와 같이 2개의 원형 롤 사이에 소재를 넣고 가압한 상태에서 회전시켜서 나사를 성형가공하는 방법으로서, 한쪽 롤은 고정되어 있고 다른 한쪽 롤은 축간거리를 조절할 수 있도록 가동할 수 있다. 이때 양쪽 롤의 회전방향과 원주속도는 동일하게 작용한다.

한편 그림 2.63(b)와 같은 차속식 나사전조는 원주속도의 차이가 발생하며, 소재를 연속적으로 공급하여 대량생산에 적합하다.

(2) 3원형 다이식

그림 2.63(c)와 같이 3개의 원형 롤 다이를 사용하여 전조하는 방식으로서 3개의 롤은 동일한 원주속도로 같은 방향으로 회전한다. 캠 방식을 이용하여 3개 롤의 간격을 조절하면서 소재를 탈착하는 구조로서 소재의 위치가 안정되고 전조하중이 각 다이에 분산되는 장점이 있으나, 2원형 다이식에 비해 정밀도는 다소 떨어진다.

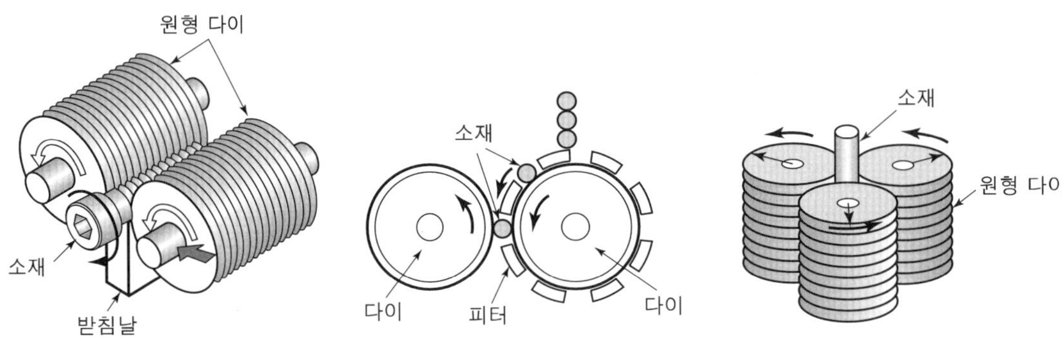

(a) 2원형 다이식 (b) 차속식 나사전조 (c) 3원형 다이식 나사전조

그림 2.63 롤 다이 전조기구

3) 플래니터리(planetary) 전조

그림 2.64와 같이 평 다이와 원형 롤 다이를 조합한 형태의 전조기로서 활과 같이 휘어져서 고정된 다이(segment die)와 원형 롤 다이 사이에 소재를 넣고 가압 회전시켜서 나사

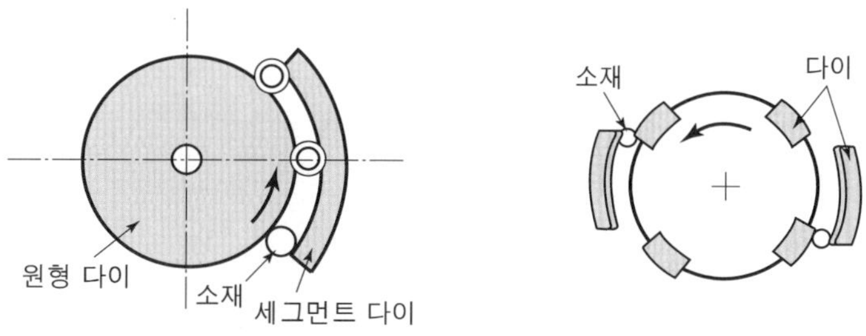

(a) 원형 다이식　　　(b) 다이 고정 원판식

그림 2.64 플래니터리 전조

를 성형하는 것을 말한다. 플래니터리 전조방법은 평 다이 전조에서와 같은 귀환행정이 없어서 대량생산에 적합하며, 나사못과 같은 특수한 나사의 제조에 사용된다.

2. 기어 전조(gear rolling)

일반적으로 기어는 호브절삭, 연삭 등의 절삭공정으로 제작하나, 소형 기어의 경우에는 나사전조와 같은 원리를 이용하여 기어 치형을 가진 전조공구로 소재를 압축시켜 성형가공할 수 있다. 이와 같이 전조된 기어는 조직이 치밀해져서 기어의 강도를 향상시킬 수 있다.

기어전조는 모듈(module)과 이의 폭이 작은 기어의 압축성형가공에 주로 이용된다. 기어 소재가 연강일 경우에 모듈이 2.5, 이의 폭이 15 mm 이하일 경우에는 냉간에서 전조할 수 있지만, 그 이상의 크기와 경질의 소재는 고주파 유도가열장치로 표면을 약 900~950 °C 정도로 가열하여 열간에서 전조한다.

1) 래크형 다이전조(rack type die rolling)

그림 2.65(a)와 같이 평행하게 서로 마주보는 한 쌍의 래크 다이 사이에 소재를 넣고 가압하면서 래크 다이를 직선 왕복운동시켜서 소재에 래크 다이와 맞물리는 피니언(pinion) 기어로 성형하는 가공방법이다.

전조할 피니언 기어가 클 때에는 래크 다이의 왕복운동 행정이 길어야 하기 때문에 전조가공이 힘들어지고 전조기도 대형이 되어야 한다. 그러므로 소형 기어나 스플라인축 등을 전조하는 데 적합하다.

2) 피니언형 다이전조(pinion type die rolling)

그림 2.65(b)와 같이 전조 다이를 피니언 형상으로 만들어서 기어소재에 가압하면서 회전시켜서 소재에 피니언 기어형상을 압축 성형한다. 정밀도와 큰 가압력이 필요할 때에는 피니언 다이를 2~3개 사용하여 두 방향 또는 세 방향에서 힘을 가하도록 하면 정밀도와 가공도를 높일 수 있다. 이 방식은 비교적 지름이 큰 기어, 웜(worm), 스플라인축 등의 성형가공에 많이 사용된다.

3) 호브형 다이전조(hob type die rolling)

그림 2.65(c)와 같이 기어형상과 같은 호브를 다이로 사용하여 소재를 가압하면서 회전시켜 피니언 기어를 성형하는 전조방식이다. 이 호브형 다이 전조가공은 소재의 소성변형 유동이 비교적 양호하여 호브에 작용하는 힘이 감소되고 마모가 적어서 수명이 길며 정밀하게 치형을 성형할 수 있다.

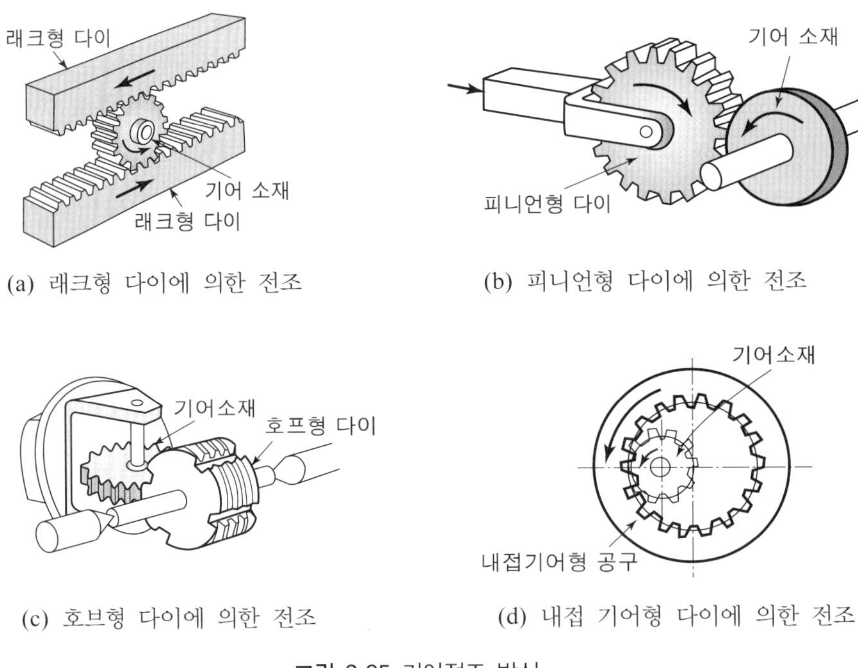

(a) 래크형 다이에 의한 전조 (b) 피니언형 다이에 의한 전조 (c) 호브형 다이에 의한 전조 (d) 내접 기어형 다이에 의한 전조

그림 2.65 기어전조 방식

4) 내접 기어형 다이전조(internal gear type die rolling)

그림 2.65(d)와 같이 내접 기어형 다이에 소재의 바깥쪽을 가압시켜 회전하면서 피니언 기어를 성형하는 방식이다. 전조공구의 치형과 가공되는 피니언 치형 사이의 틈새가 작아서 정밀도가 높은 피니언 기어를 성형할 수 있으나 내접 기어형 다이가 커야 하고 내접 기어형 다이를 제작하는 데 어려움이 있다.

3. 볼 전조(ball rolling)

그림 2.66(a)와 같이 서로 교차되어 회전하는 공형 롤 형태의 다이 사이로 봉재나 선재로 된 소재를 통과시켜서 볼을 연속적으로 가공하는 방식으로 압연단조와 같은 형태이다. 공형 롤 다이의 홈은 볼을 성형하는 부분으로서 처음에는 원형단면의 소재에 홈을 만드는 것으로 시작하여 마지막 단계에서는 전단하여 마무리하는 과정을 거친다.

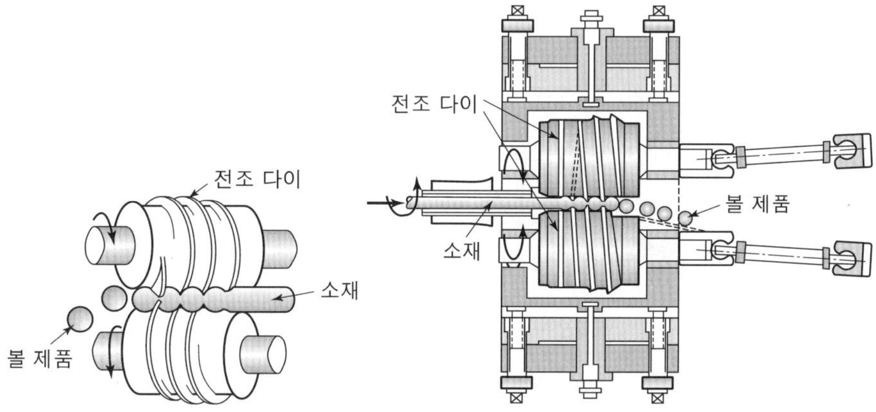

(a) 볼의 전조 공정 (b) 볼 전조기의 구조

그림 2.66 볼 전조

2.9 판재 성형 가공

연강, 스테인리스강이나 구리, 알루미늄 합금 등과 같이 소성을 가진 두께가 얇은 금속판재를 소성변형시켜서 필요한 형상으로 여러 가지 제품을 만드는 가공을 판재 성형 가공(sheet metal working)이라 한다. 이러한 소성변형을 다이와 펀치 사이에 금속판재를 넣고 프레스(press)기계로 압력을 가하여 성형하므로 프레스 가공(press working)이라고도 한다.

판재 성형 작업은 최종제품을 만드는 단계가 대부분이므로 주로 냉간가공으로 이루어지며, 균일한 치수의 대량생산이 가능하고 생산속도가 빠르고 생산비가 절감되어 비절삭가공에서 매우 중요한 영역이다. 아울러 금속야금과 압연기술이 발달함에 따라서 우수한 재질의 여러 가지 규격의 금속판재가 대량으로 생산되고 있으며, 판재 성형 기술이 발달되면서 그 활용범위가 점차 확대되었다. 이에 따라 주방용 취사용구, 세탁기 및 냉장고 부품 등 가정용품을 비롯하여 자동차, 선박, 항공기 분야 등 산업용 부품에 이르기까지 거의 모든 산업분야에서 판재 성형 가공기술이 널리 활용되고 있다.

이러한 판재 성형 가공의 특징은 다음과 같다.

① 연속 가공이 가능하며 품질이 균일하다.
② 재료 이용률이 좋고 제조비가 절감된다.
③ 대량 생산이 가능하고 자동화가 용이하다.
④ 비교적 간단한 공구와 설비로 가공이 가능하다.
⑤ 제품의 기계적 성질이 개선되고 가볍고 튼튼하다.
⑥ 복잡한 형상이나 두께와 강도가 다른 제품 생산도 가능하다.
⑦ 개조와 보수가 용이하다.

1. 판재 성형 가공의 종류

판재 성형 가공은 작업공정에 따라서 전단가공(shearing), 성형가공(forming), 접합가공으로 구분할 수 있으며, 작업방법에 따라서 수작업 성형과 기계작업 성형으로 나눌 수 있다.

1) 작업공정에 따른 구분

(1) 전단가공(shearing)

전단현상을 이용하여 판재를 필요한 모양과 치수로 잘라내는 전단가공 및 따내기가공 등이 있다.

(2) 성형가공(forming)

판재를 소성변형시켜 필요한 여러 가지 모양으로 성형하는 가공으로서 굽힘가공(bending), 드로잉가공(drawing) 등이 있다.

(3) 접합가공(seaming)

판재의 이음부를 접어서 두 판재를 접합하는 심 가공(seaming), 리벳을 이용하여 접합하는 리벳 이음, 융접을 이용하는 납땜 및 용접이음 등이 있다.

2) 작업 방법에 따른 분류

(1) 수작업 판재 성형

주로 얇은 금속판을 수공구를 사용하여 각종 제품을 성형하는 판금작업과 미술품 또는 시작품 가공 및 수리작업 등이 있다.

(2) 기계작업 판재 성형

전단기, 프레스 등과 같은 기계를 사용하여 소재를 자르거나 따내는 전단가공과 굽힘 및 성형가공 등이 있다.

2. 전단가공(shearing)

1) 전단변형 기구

소재가 전단되는 형태는 펀치와 다이의 형상, 전단되는 윤곽의 형상, 소재의 지지방법과 가공조건 등에 따라 다르게 나타난다. 그림 2.67은 전단가공의 일례로서, 그림 2.67(a), (b)와 같이 다이와 펀치 사이에 있는 소재에 펀치가 들어가는 초기에 펀치 날 끝의 바로 밑면에 있는 소재부분에는 큰 압축응력이 작용하고 펀치를 벗어난 소재 윗면에는 인장응력이 작용한다. 이후 힘을 계속 증가시켜서 펀치가 계속 소재에 침입하여 2.67(c)와 같이 전단력과 측압력이 항복강도를 넘어서면 펀치의 날 끝이 쐐기작용을 하여 2.67(d)와 같이 균열이

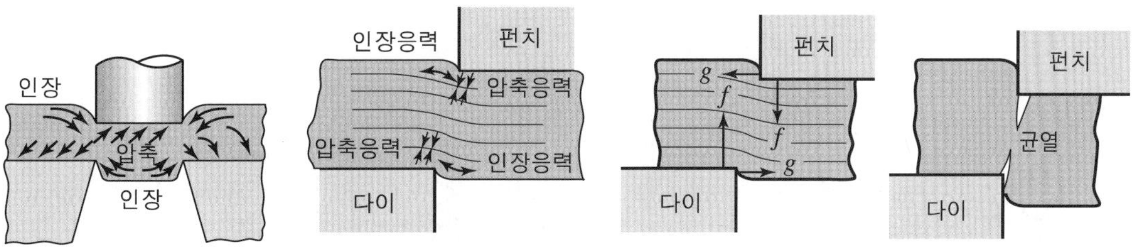

(a) (b) (c) (d)

그림 2.67 전단변형 기구

발생되면서 절단되는 과정을 거친다.

2) 전단가공의 종류

(1) 블랭킹(blanking)

그림 2.68(a)와 같이 판재를 필요한 치수와 형상으로 펀치로 전단하여 따낸 부분을 제품으로 사용하는 것을 블랭킹(blanking)이라고 한다. 블랭킹의 경우에는 다이의 치수대로 제품이 따지게 되므로 다이의 치수는 제품의 치수와 같게 하고 펀치의 치수를 적정 틈새만큼 작게 결정해야 한다.

(2) 펀칭(punching)

그림 2.68(b)와 같이 블랭킹과는 반대로 펀치로 전단하여 따낸 부분을 스크랩(scrap)으로 버리고 남은 부분을 제품으로 사용하는 것이 펀칭(punching)이다. 펀칭의 경우에는 펀치의 치수대로 구멍이 뚫리게 되므로 펀치의 치수를 기준으로 적정 틈새만큼 다이의 치수를 크게 결정해야 한다.

(3) 전단(shearing)

전단선이 폐쇄되어 있지 않은 직선 또는 곡선의 형태로 판재의 한쪽 끝부분에서 다른 쪽 끝부분까지 이어 절단하는 가공이다.

(4) 분단(parting)

제품을 2개로 분리하기 위해 전단하는 가공이다.

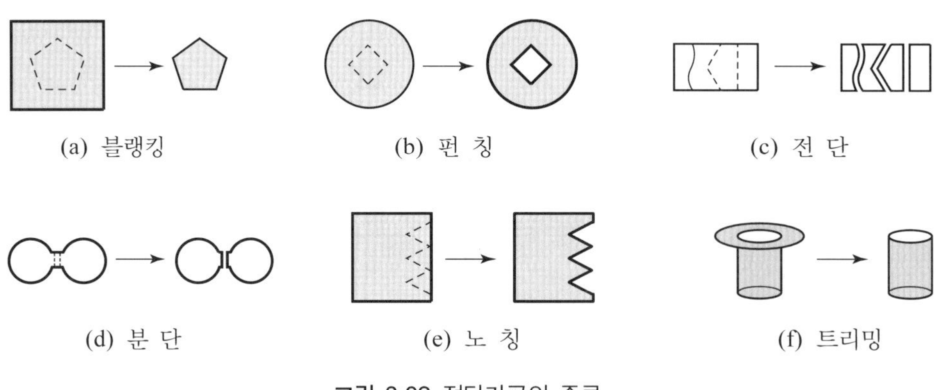

그림 2.68 전단가공의 종류

(5) 노칭(notching)

소재의 일부분을 국부적으로 전단하는 작업으로 절단된 부분이 스크랩이 되고 남은 부분이 제품이 된다.

(6) 트리밍(trimming)

드로잉(drawing)한 제품의 귀(ear)와 같은 요철부분이나 형단조제품의 플래시(flash)를 절단하는 가공을 말한다.

(7) 셰이빙(shaving)

블랭킹이나 펀칭한 제품의 가장자리 전단면을 깨끗이 할 목적으로 클리어런스가 작은 펀치와 다이를 이용하여 매끈하게 다듬기 위한 가공이다.

3) 전단가공 조건

(1) 틈새(clearance)

그림 2.69는 다이와 펀치 사이의 틈새(clearance)의 변화에 따른 전단면의 형상을 나타낸 것으로서, 2.69(a)와 같이 틈새가 너무 크면 인장력에 의해 늘어져서 눌린 면(roll-over)과 파단면, 밀린 면의 버(burr)가 크게 되어 절단면이 거칠게 되며, 2.69(c)와 같이 틈새가 너무 작으면 전단과정에서 2차 전단에 의해 소재의 가운데 부분에서 균열이 마주치지 않게 되어 텅(tongue)과 같은 결함이 발생될 수 있다.

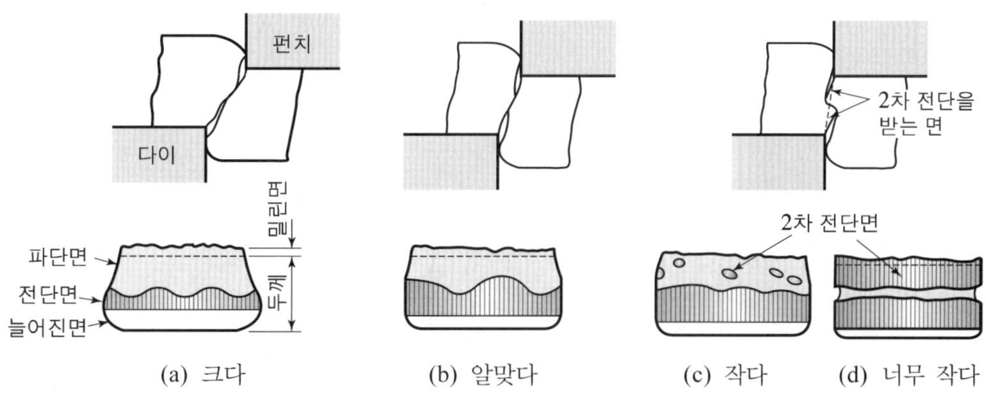

그림 2.69 공구틈새와 전단면의 관계

▶ **표 2.5** 재질에 따른 적정 틈새(편측)와 전단저항

재료명	전단저항 (kg_f/mm^2)	틈새 (판 두께의 %)	재료명	전단저항 (kg_f/mm^2)	틈새 (판 두께의 %)
연강	32~40	6~9	경질 황동	35~40	6~10
경강	55~90	8~12	알루미늄	7~11	5~8
규소강	45~56	7~11	경질알루미늄	13~18	6~10
스테인리스강	52~56	7~11	인청동	50	6~10

표 2.5에 판재를 전단가공할 때 소재의 재질에 따른 다이와 펀치 사이의 적정한 틈새를 두께의 비율로 표시하였다.

(2) 전단력(shearing force)과 전단각(shear angle)

판재를 전단가공하기 위해 필요한 전단하중을 계산하여 그에 적정한 용량을 가진 프레스를 선정해야 한다. 전단에 필요한 힘은 다음 식과 같이 표시할 수 있다.

$$P = l \cdot t \cdot \tau$$

여기서, P: 전단가공에 필요한 전단력(kg_f)

l: 전단윤곽선의 길이(mm)

t: 판재의 두께(mm)

τ: 판재의 전단강도(kg_f/mm^2)

이때 전단에 필요한 전단력이 너무 커서 전단가공이 곤란하면 그림 2.70과 같이 다이와 펀치에 전단각(shear angle)을 주면 전단력을 최대 20~30% 가량 줄일 수 있다.

블랭킹할 때는 다이에 전단각을 주고, 펀칭할 때에는 펀치에 전단각을 주어야 제품의 변형을 줄일 수 있다.

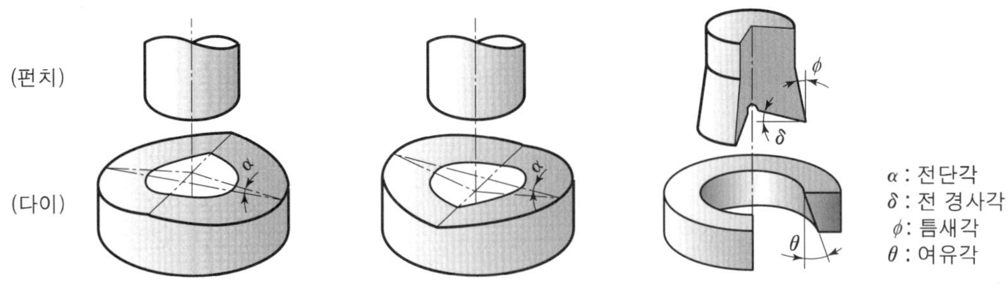

(a) 블랭킹 전단각 (b) 펀칭 전단각

그림 2.70 전단각

예제 2.1

지름이 30 mm이고 두께가 2 mm인 연강을 블랭킹하려고 할 때 필요한 전단하중은 몇 kg_f 인가? 단, 연강의 전단저항은 40 kg_f/mm^2으로 한다.

[풀이]

전단하중 $P = l \cdot t \cdot \tau = \pi \times 30 \times 2 \times 40 \fallingdotseq 7{,}540\ kg_f$이므로, 약 8 ton 용량의 프레스를 사용하면 된다.

(3) 다이 슬립각(slip angle)

그림 2.71(a)와 같이 다이의 입구에서 직접 0.5~1° 정도의 슬립각을 주는 경우에는 다이가 마모되어 재연마를 하게 되면 틈새가 커지게 되므로 금형의 수명을 늘리기 위해서는 적정틈새보다 틈새를 작게 해야 한다. 그림 2.71(b)와 같이 3~5 mm 정도의 랜드(land)부가 있을 경우에는 블랭크 배출이 쉽게 되도록 3° 정도의 슬립각을 준다.

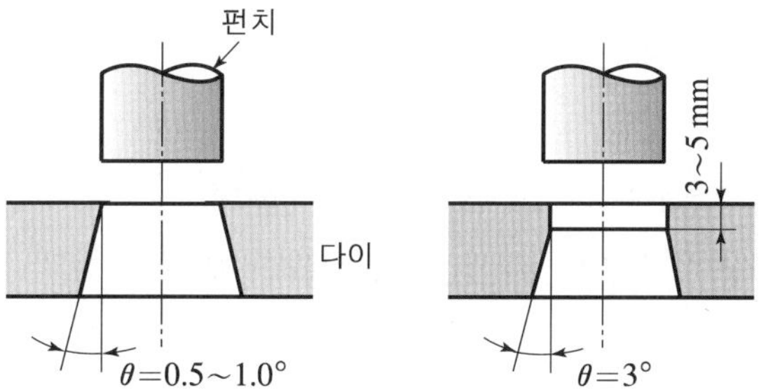

(a) 슬립각 (b) 랜드와 슬립각

그림 2.71 다이의 슬립각

4) 블랭킹(blanking)과 펀칭(punching)

(1) 블랭킹 금형(blanking die)

그림 2.72와 같이 다이와 펀치를 프레스에 설치하여 재료로부터 다이의 형상과 치수대로 제품의 외형을 따내는 작업을 블랭킹(blanking)이라 하며, 여기에 사용되는 다이를 블랭킹 다이(blanking die)라 한다. 구조는 하형의 다이에 제품 모양과 치수로 구멍이 가공되어 있으며, 펀치는 다이의 구멍 형상에 맞추어 적정 틈새만큼 작게 가공되어 있다.

하형에 있는 스트리퍼(stripper)는 블랭킹을 마치고 펀치가 상승할 때 소재와 블랭크를

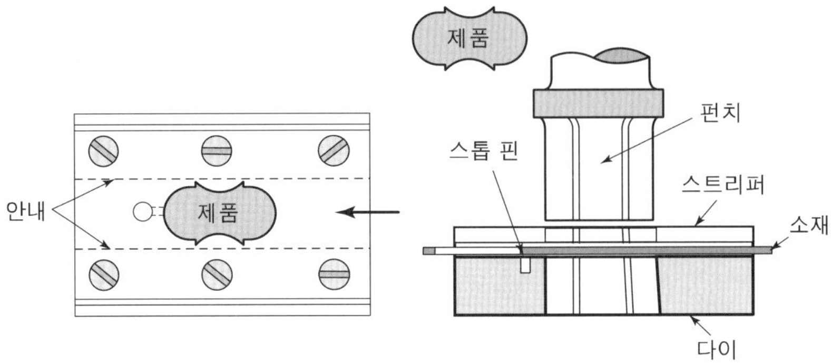

그림 2.72 블랭킹 금형

벗겨내서 펀치에 붙어서 따라 올라오는 것을 방지하는 역할을 한다. 이때, 스트리퍼는 펀치의 안내 역할도 한다. 다이에는 소재 이송용 가이드와 이송되는 양을 조절하는 스톱 핀이 있다.

(2) 펀칭 금형(punching die)

그림 2.73(a)와 같이 판재에서 불필요한 부분을 따내어 스크랩(scrap)으로 버리고 남은 부분을 제품으로 가공하는 것을 펀칭(punching)이라고 하며, 그림 2.73(b)와 같이 지름이 작은 여러 개의 구멍을 따내는 것을 피어싱(piercing)이라 한다. 소재에 구멍을 따낼 때에는 소재는 위치 결정기구에 의하여 다이 위에 정확한 위치에 자리 잡는다. 그림 2.73(b)에서 스트리퍼가 펀치 플레이트에 스프링과 함께 고정되어 있는데, 펀치가 하강하여 구멍을

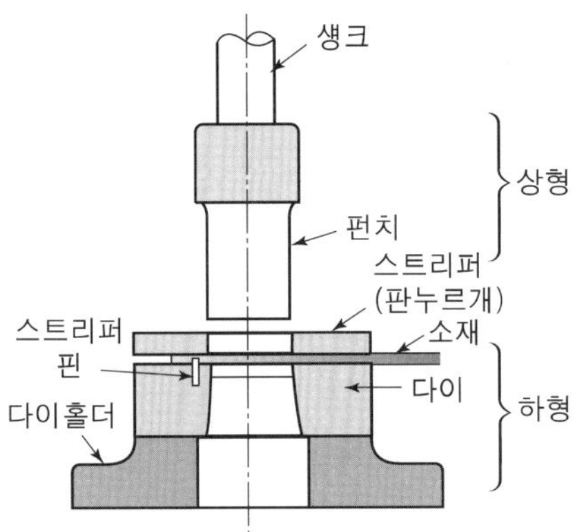

(a) 펀칭 금형

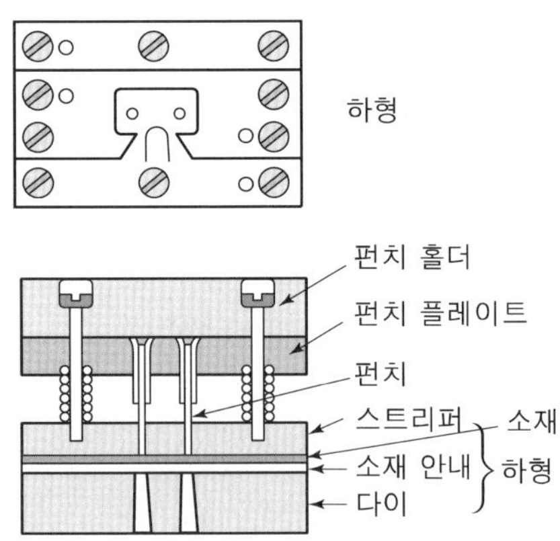

(b) 피어싱 금형

그림 2.73 펀칭용 금형

뚫을 때에는 스트리퍼가 스프링 압력으로 블랭크를 누르게 되고, 펀칭이 끝난 후 상승함에 따라 스프링의 복원력에 의해 펀치에서 제품을 벗겨내어 제품이 펀치에 붙어서 따라 올라오는 것을 방지한다.

(3) 재료의 채취(stock layout)

재료의 채취는 소재로부터 블랭킹제품 등을 가공할 때 스크랩(scrap)발생을 가능한 최소로 할 수 있도록 배열하여 재료이용률을 최대로 높일 수 있도록 해야 한다. 그리고 블랭크 제품의 형상에 따라서 공정을 2단계 이상으로 분할하는 것이 금형제작에 용이할 수도 있다. 그림 2.74는 이와 같은 재료채취의 예로서 블랭크의 정밀도가 유지되고 스크랩이 뒤틀리지 않고 재료의 이송이 정확하게 유지될 수 있도록 브리지(bridge)를 결정해야 한다.

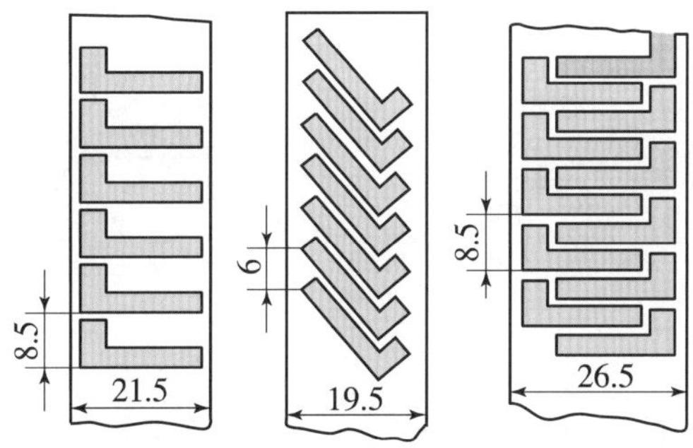

그림 2.74 재료의 채취를 위한 배열

(4) 블랭킹 형식

① **순차이송형 금형**(progressive type die)

그림 2.75(a)와 같이 첫 번째 공정에서 작은 구멍 두개를 피어싱(piercing)해서 구멍을 뚫은 다음 두 번째 공정에서 블랭킹(blanging)해서 따내는 것이 순차이송형이며, 여기에 사용되는 금형이 순차이송형 금형이다. 첫 번째 공정에서 소재를 일정한 위치에 정지시켜 놓기 위한 핑거 스톱(finger stop)이 있으며, 처음 피어싱 공정이 끝나고 난 후 보내는 이송량은 스톱 핀에 의해 결정된다. 순차이송형 금형에서 블랭킹 펀치 밑면에 설치한 안내 핀(pilot pin)이 피어싱 구멍에 들어가서 안내하는 역할을 하므로 이송량이 정확해야 한다.

순차이송형 금형에서는 피어싱 공정에서 발생한 버(burr)의 방향과 블랭킹 공정에서 발생한 버의 방향이 반대이므로, 한 방향으로만 버를 발생시켜야 하는 제품의 생산에는 사용이 어렵다.

② **복합형 금형**(compound type die)

그림 2.75(b)와 같이 한 공정에서 피어싱과 블랭킹을 동시에 할 수 있도록 펀치와 다이를 조합한 복합형 금형이다. 이러한 복합형 금형에서 상형의 블랭킹 다이는 피어싱 펀치와 함께 있으며, 하형에 있는 블랭킹 펀치에는 피어싱 다이가 함께 있는 구조이다.

소재를 벗겨내는 스트리퍼와 제품을 다이 구멍으로부터 뽑아내는 녹 아웃(knock out)은 스프링으로 지지되어 작동한다. 이러한 복합형 금형에서는 피어싱에서 발생한 버(burr)의 방향과 블랭킹에서 발생한 버의 방향이 같게 되므로, 외측에는 버가 없고 내측으로 한 방향으로만 버를 발생시켜야 하는 제품의 생산에 유용하게 사용된다.

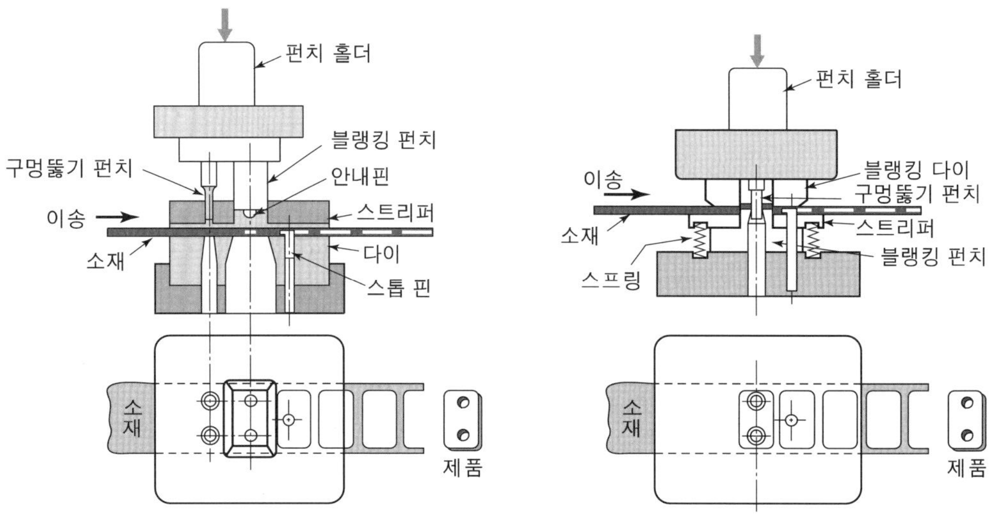

(a) 순차이송형 금형　　(b) 복합형 금형

그림 2.75 블랭킹 형식

3. 굽힘가공(bending)

판재나 봉재, 관재를 필요한 형상으로 굽혀서 변형시키는 가공으로서 소재가 두꺼울 경우를 제외하고 주로 냉간에서 굽힘가공을 많이 한다.

1) 굽힘 변형 기구

(1) 굽힘 응력

그림 2.76과 같이 굽힘을 받는 소재의 안쪽에는 압축응력이 작용하고 바깥쪽은 인장응

력이 작용하며, 중심부근에는 압축응력도 인장응력도 작용하지 않는 중립면(neutral surface)이 있다. 이때 굽힘을 받는 소재에 작용하는 인장응력과 압축응력의 크기는 중립면으로부터의 거리에 비례해서 커지게 된다. 여기서 중립면을 지나는 중립축은 굽힘 소재의 길이를 계산할 때 기준이 된다.

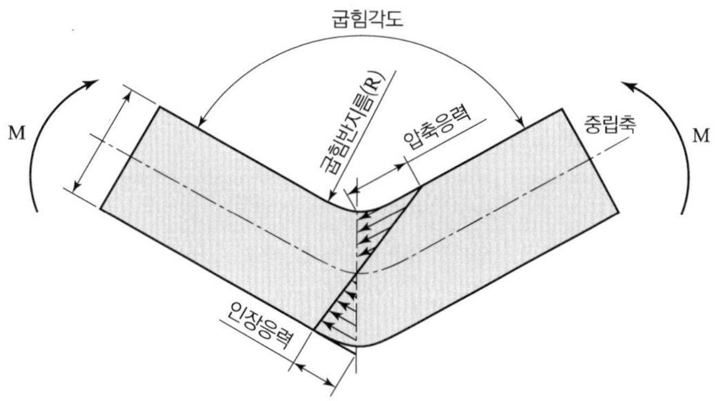

그림 2.76 굽힘 응력

(2) 스프링 백(spring back)

굽힘가공이 끝난 후 외력을 제거하면 그림 2.76에서와 같이 굽힘 소재의 바깥쪽에 작용하는 인장응력에 의해 탄성력이 작용하여 굽힘 각이 처음의 상태로 약간 되돌아가는 현상을 스프링 백이라고 한다. 그림 2.77은 이러한 스프링 백 현상을 나타낸 것으로써, 일반적으로 스프링 백은 경한 재료일수록 커지고, 동일재료에서 굽힘 각과 굽힘 반지름(R)이 클수록 증가하게 되며, 굽힘 반지름이 같을 때 소재 두께가 얇으면 스프링 백이 커지게 된다.

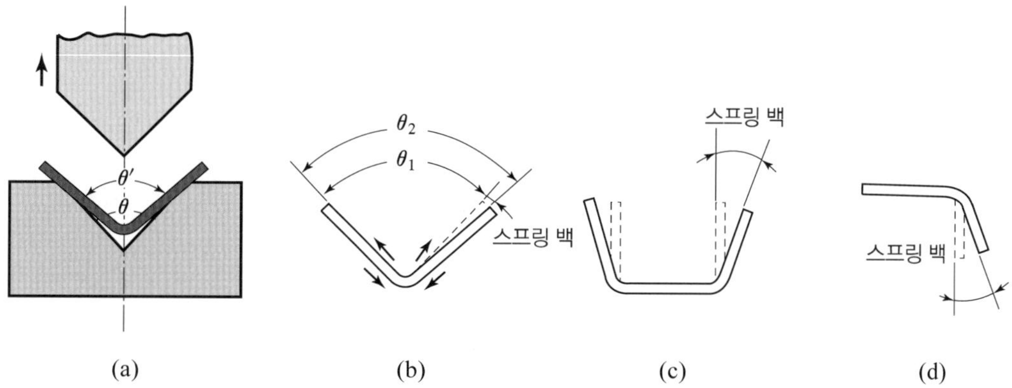

그림 2.77 스프링 백

표 2.6에 재질에 따른 최소 굽힘 반지름을 나타내었다.

또한, 스프링 백을 감소시키기 위해 다음과 같은 방법을 사용할 수 있다.

① over bending : 스프링 백을 감안하여 굽힘 각을 더하여 굽힘가공한다.

② bottoming : 펀치에 돌기부를 주어서 굽힘 반지름을 작게 하고 동시에 중립축을 바깥쪽으로 이동하는 효과로 인장응력이 작게 작용하여 굽힘가공한다.

③ stretch bending : 소재에 인장력을 가한 상태에서 굽힘가공한다.

▶ **표 2.6 재질에 따른 최소 굽힘 반지름** (t: 판 두께)

재료명	상태	R_{min}(mm)	재료명	상태	R_{min}(mm)
극연강	압연	0.5 t 이하	마그네슘합금	경	8~9 t
반경강	압연	1~1.5 t	마그네슘합금	경	6~7 t
구리	압연	1~2 t	두랄루민	템퍼링	1 t 이하
알루미늄	압연	0.5 t 이하	두랄루민	경	2~3 t
알루미늄합금	연	1 t 이하	황동	연, 경	1~12 t
알루미늄합금	경	2~3 t 이하	이청동	경	1~13 t
마그네슘합금	상온	4~5 t	양은	경	1~6 t

(3) 굽힘가공에 필요한 힘

굽힘가공에 필요한 힘은 재질과 제품의 형상 및 가공방법 등에 따라 다르다. 그림 2.78과 같이 V형 굽힘을 하기 위해 필요한 힘(P)은 다음 식으로 근사 값을 구할 수 있다.

$$P = C \times \frac{l \times t^2 \times \sigma_b}{W}$$

여기서, P: 굽힘에 필요한 힘(kg_f)

l: 판의 폭(굽힘선 길이, mm)

t: 판 두께(mm)

σ_b: 판의 인장강도(kg_f/mm^2)

W: 다이의 홈 폭(mm)

C: 보정계수(V굽힘: 1.0~1.3, U굽힘: 2.0~3.0)

일반적으로 최종 굽힘 단계에서 판재를 금형 틀에 꼭 맞게 밀착시키기 위해서는 위의 식에서 구한 힘보다 큰 힘을 가해야 한다.

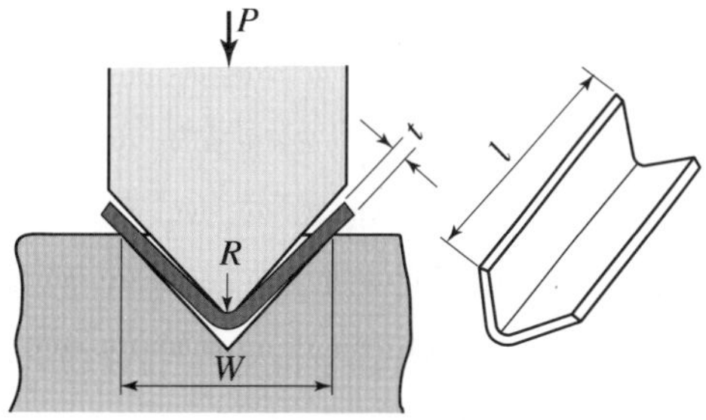

그림 2.78 V형 굽힘

(4) 굽힘 소재의 길이

소재를 굽힘가공할 때 소재의 길이를 정확히 알아야 재료의 손실을 막을 수 있으므로 압축력과 압축력이 작용하지 않는 중립면의 길이로 계산한다.

그림 2.79와 같이 굽힘가공을 하려고 할 때, 소재의 길이(L)는 다음 식으로 근사 값을 계산한다.

$$L = L_1 + L_2 + \left((R+d) \times \frac{\pi \times \theta}{180} \right)$$

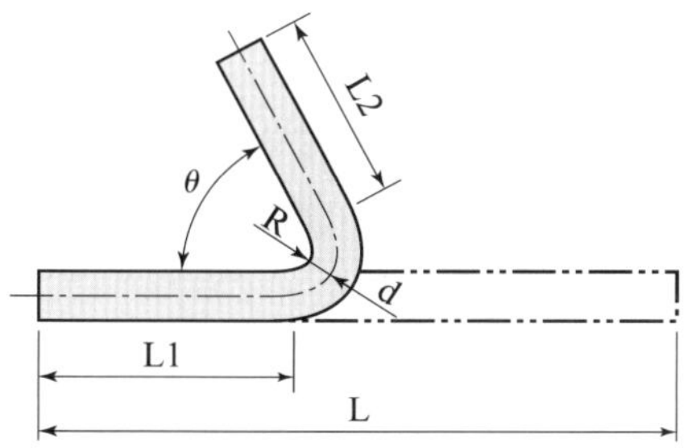

그림 2.79 굽힘가공 소재의 길이

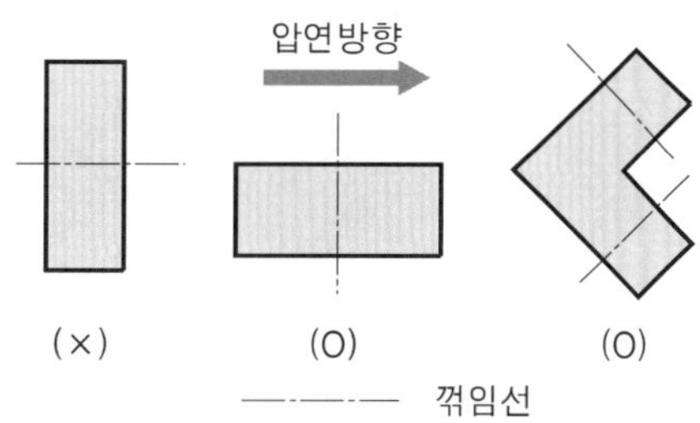

그림 2.80 압연방향에 따른 굽힘 방향

예제 2.2

그림 2.79와 같은 소재를 굽힘 반지름(R)을 15 mm로 해서 60°로 굽힘가공하려고 할 때 소재의 전체 길이(L)를 얼마로 절단하면 좋겠는가? 단, 중립축까지의 거리(d)는 2 mm 이며 평행부의 길이 $L_1 = 50$ mm, $L_2 = 30$ mm 이다.

[풀이]

소재의 전체 길이 $L = L_1 + L_2 + \left((R+d) \times \frac{\pi \times \theta}{180} \right) = 50 + 30 + \left((15+2) \times \frac{\pi \times 60}{180} \right) = 50 + 30 + 17.8 = 97.8$ mm 길이로 절단하여 굽힘가공하면 된다.

(5) 소재의 굽힘 방향

압연가공을 통해 생산된 판재는 압연방향으로 섬유조직의 결이 생성되어 있다. 따라서 압연방향과 직각방향의 기계적 성질이 다르게 된다. 즉 압연방향으로의 변형률은 크고, 직각방향의 변형률은 작게 되므로 이와 같이 전(前)가공에서 생긴 방향성을 고려하여 그림 2.80과 같이 굽힘 방향을 선택하여 가공함으로써 제품의 품질과 수명을 향상시킬 수 있다.

2) 굽힘가공의 종류

(1) 판재 굽힘

① 형 굽힘

그림 2.81(a)와 같이 펀치와 다이로 구성된 금형에 소재를 넣고 프레스로 가압하여 굽히는 가공방법으로서 그림 2.82와 같이 판재를 V형, U형, L형 등과 같은 형상으로 굽힘가공할 수 있다.

② 접어 굽힘(폴더 굽힘)

그림 2.81(b)와 같이 판재의 한쪽을 고정하고 다른 쪽을 굽혀서 가공하는 방법이다.

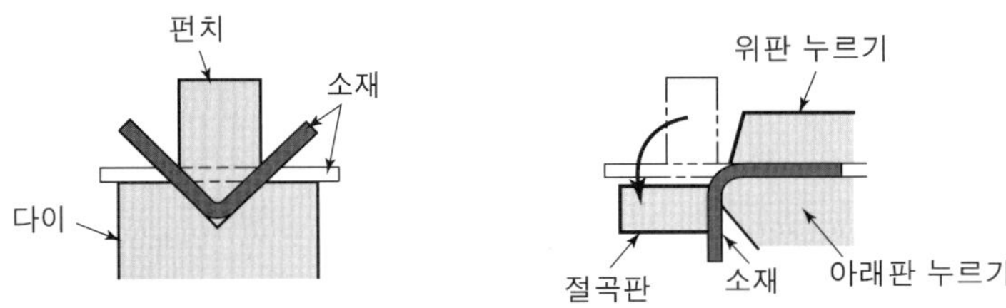

(a) 형 굽힘　　(b) 접어 굽힘

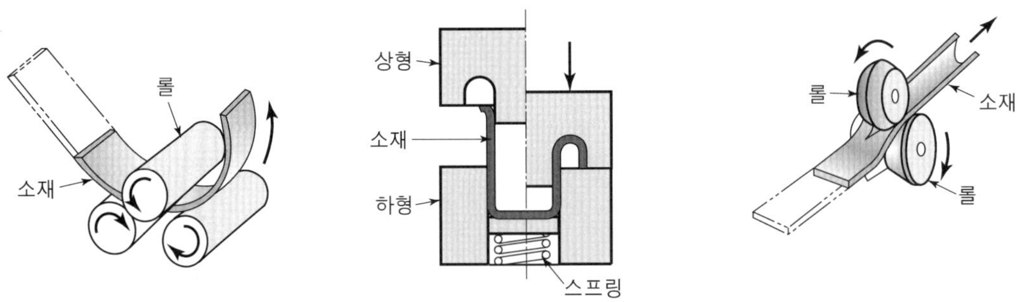

(c) 롤 굽힘(대형)　　(d) 커링　　(e) 롤 굽힘(파이프)

그림 2.81 판재 굽힘가공의 종류

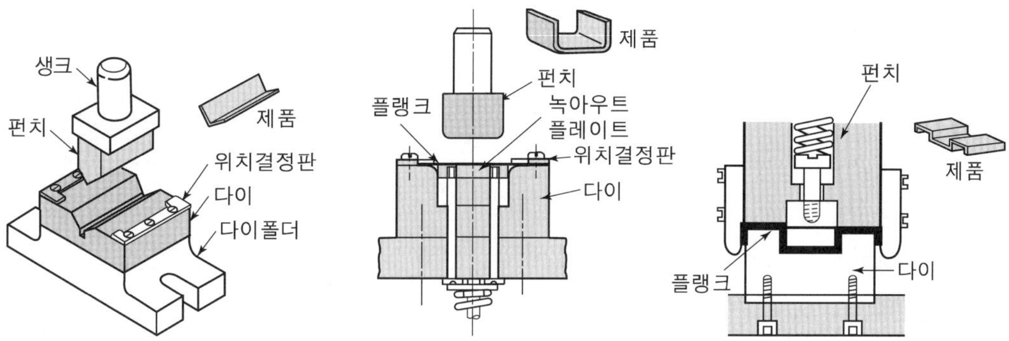

(a) V형 굽힘 다이 (b) U형 굽힘 다이 (c) 다중 굽힘 다이

그림 2.82 형 굽힘의 종류

③ 롤 굽힘

그림 2.81(c)와 같이 판재가 클 경우에 굽힘 롤에 통과시켜서 굽힘가공을 하는 방법이다.

④ 컬링(curling)

그림 2.81(d)와 같이 판재의 끝단 부를 감는 굽힘가공법이다.

⑤ 파이프 롤 굽힘

그림 2.81(e)와 같은 형상의 롤에 판재를 통과시켜서 판재를 말아서 파이프와 같은 관재를 만들기 위한 가공이다.

(2) 관재 굽힘

관재(pipe)는 내부가 비어 있는 중공 상태이므로 굽힘가공을 하게 되면 굽혀지는 안쪽에는 압축력에 의해 주름이 발생하고, 바깥쪽에는 인장력에 의한 찌그러짐이나 터짐이 발생하기 쉽다. 이러한 결함을 줄이기 위하여 그림 2.83(c)와 같은 관재 굽힘 장치를 이용하여 관재 내부에 건조된 모래나 납 등을 충진하고 굽힘가공하면 변형을 줄일 수 있다.

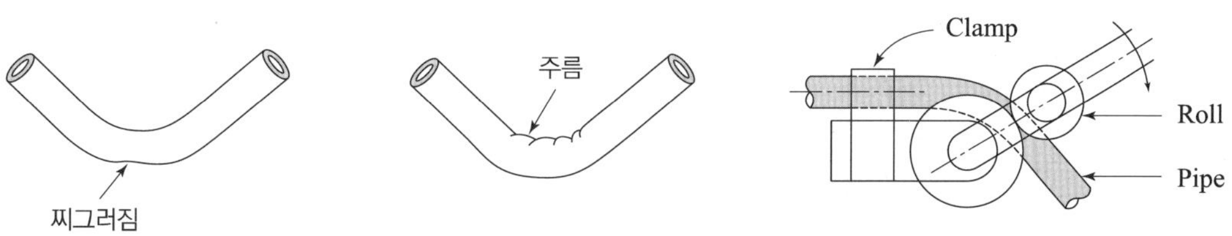

(a) 굽힘 외측 찌그러짐 (b) 굽힘 내측 주름발생 (c) 관재 굽힘가공

그림 2.83 관재 굽힘과 결함

4. 드로잉 가공(drawing)

전연성이 풍부한 얇은 판형 소재(blank)를 펀치와 다이를 이용하여 오므리는 가공을 통해 컵이나 그릇과 같이 이음부분이 없고 밑바닥이 있는 제품으로 성형하는 가공을 드로잉이라고 한다. 보통 원통형 용기를 드로잉하게 되면 소재의 반지름방향으로는 인장되고 원주방향으로는 압축되면서 성형되어, 소재의 두께가 얇을수록 압축되는 부분에서 좌굴로 인한 주름이 발생하기 쉽고, 드로잉률(drawing ratio)을 크게 하면 인장되는 원주방향 부분에서 파단될 수 있다. 따라서 여러 가지 조건을 고려해서 드로잉 가공을 해야 결함을 줄일 수 있다.

1) 원통 용기 드로잉의 변형 기구

원통형 용기를 만들기 위해 그림 2.84(b)의 ⓐ와 같은 블랭크(blank)를 드로잉하면 초기에는 펀치의 끝 모서리에 따라 둥근 부분으로 굽혀지고, 펀치가 내려가는 방향으로 당겨지면서 펀치와 다이 사이의 틈새에 끌려들어와 ⓒ와 같은 원통형의 벽으로 성형된다. 이러한 성형과정에서 블랭크는 2.84(a)와 같이 드로잉 펀치에 가한 힘이 펀치의 중심 방향(반지름방향)으로는 인장응력(σ_2), 원주 방향으로는 다이 속으로 블랭크가 빨려 들어가면서 압축응력(σ_1)이 작용된다. 이와 같이 소재에 작용하는 인장력과 압축력으로 인하여 오므려지면서 드로잉 가공이 마무리된다. 이러한 블랭크가 얇은 경우에는 변형에 의해 플랜지 부분이 압축응력으로 인해 주름이 발생하기 쉽다. 이를 방지하기 위하여 블랭크 홀더(blank holder)를 사용하여 다이면 위에서 블랭크를 일정한 압력으로 누르면서 드로잉 가공한다.

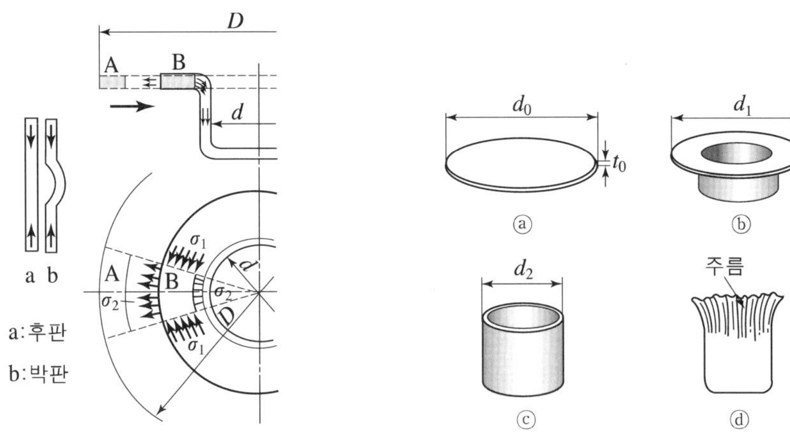

(a) 드로잉 변형기구 (b) 드로잉 과정

그림 2.84 원통 용기의 드로잉

2) 드로잉 조건

(1) 드로잉 블랭크의 크기

원통용기를 요구되는 치수대로 드로잉하기 위해 필요한 블랭크 소재의 크기를 먼저 구해야 한다. 일반적으로 드로잉 전·후에 판재의 체적과 두께의 변화가 없다고 가정하면, 제품의 표면적과 블랭크 소재의 표면적이 같게 되는 블랭크 소재의 지름(d_0)을 다음 식으로 구할 수 있다.

$$d_0 = \sqrt{d^2 + 4 \cdot d \cdot h - 1.72 \cdot r}$$

여기서, d_0: 블랭크 소재의 지름(mm)

d: 원통용기 제품의 지름(mm)

h: 원통용기 제품의 높이(mm)

r: 원통용기 바닥의 모서리 반지름(mm)

이때, 제품의 바닥의 모서리가 매우 작아서 무시하면 다음식과 같다.

$$d_0 = \sqrt{d^2 + 4 \cdot d \cdot h}$$

드로잉에 필요한 힘(P)은 다음 식으로 구할 수 있다.

$$P = \pi \cdot d \cdot t \cdot \frac{\sigma_y + \sigma_b}{2}$$

여기서, d: 원통용기의 평균 지름(mm) t: 소재의 두께(mm)

σ_y: 소재의 항복응력(kg_f/mm^2) σ_b: 소재의 인장응력(kg_f/mm^2)

(2) 드로잉률(drawing ratio)

1회에 드로잉하는 제품의 지름과 블랭크의 지름의 비를 말하는 것으로서 드로잉의 가공 정도를 나타내는 기준이 된다. 드로잉률이 작을수록 제품이 깊어지게 되고, 드로잉에 필요한 힘이 증가하게 된다. 따라서 드로잉률을 일정 범위 이상으로 하면 주름이나 파단으로 인한 제품의 불량이 발생된다.

그러므로 소재의 재질, 판 두께, 가공방법 등에 따라 약간의 차이가 있으나 보통 드로잉률을 0.55∼0.6 정도로 설정하고 재 드로잉률은 0.75∼0.8 정도로 한다.

깊은 용기를 딥 드로잉(deep drawing) 경우에는 2회, 3회로 나누어 재 드로잉해서 제품의 지름을 순차적으로 감소시켜 완성한다. 이때 소재 판의 지름을 d_0, 1회 드로잉된 제품의 지름을 d_1, 2회 재 드로잉된 제품의 지름을 d_2, 3회 재 드로잉된 제품의 지름을 d_3로 나누어 각 횟수에 따른 드로잉률을 m_1, m_2, m_3라 하면,

$$m_1 = \frac{d_1}{d_0}, \quad m_2 = \frac{d_2}{d_1}, \quad m_3 = \frac{d_3}{d_2}$$

표 2.7은 여러 가지 금속재료에 대한 한계 드로잉률을 나타낸 것으로서, 1차 드로잉 가공에서 발생한 가공경화로 인해 변형저항이 커지게 되므로 재 드로잉을 할 때에는 드로잉률을 크게 해야 한다.

그림 2.85는 드로잉 과정을 나타낸 것으로서 2회부터 다시 또 드로잉하는 공정을 재 드로잉(redrawing)이라고 하며, 그림 2.85(b)와 같이 1차 드로잉과 같은 방향으로 드로잉하는

▶ **표 2.7** 각종 금속재료의 한계 드로잉률

재료	1차 드로잉률	재 드로잉률
연강판	0.50～0.55	0.73～0.80
스테인리스강판	0.50～0.53	0.80～0.85
동판	0.55～0.60	0.80～0.85
황동판	0.50～0.55	0.75～0.80
알루미늄판	0.53～0.60	0.80～0.85

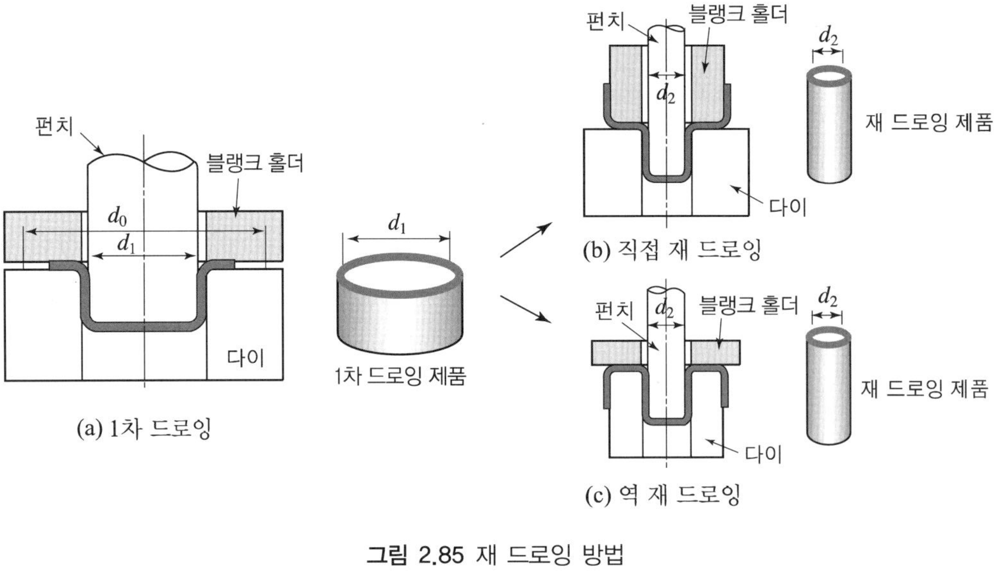

그림 2.85 재 드로잉 방법

직접 재 드로잉과 그림 2.85(c)와 같이 재 드로잉 방향을 1차 드로잉과 반대방향으로 가공하는 역 재 드로잉이 있다.

(3) 블랭크 홀더(blank holder)

드로잉 가공에서 소재의 두께가 얇거나 가공횟수가 많아질수록 플랜지(flange) 부분에서 주름과 같은 변형의 발생을 억제하고 소재의 유입속도를 조절하기 위해 그림 2.86과 같이 블랭크 홀더를 사용한다. 이러한 블랭크 홀더를 스프링과 탄성고무 등을 이용하여 소재를 가압하게 되면 펀치의 행정변화에 따라 가압력이 변화되므로 깊은 용기의 드로잉에는 적합하지 않으며, 유공압 기구를 사용한 블랭크 홀더를 사용하면 펀치 행정변화에 따라서도 가압력을 일정하게 유지시킬 수 있으므로 딥 드로잉에 유효하게 사용할 수 있다.

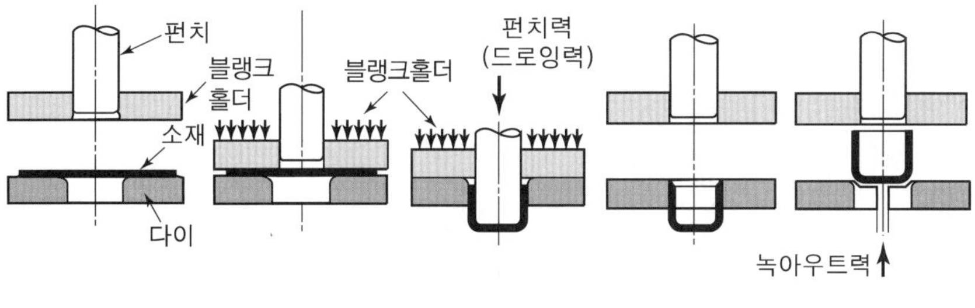

그림 2.86 원통 용기의 드로잉 과정

(4) 다이와 펀치 모서리 반지름

다이 윗면과 다이의 구멍 내면이 만나는 모서리 부분의 입구 반지름으로써 이 모서리 반지름이 너무 크면 변형저항은 작아지나, 다이 입구 부분에서 소재 판에 주름이 발생할 수 있다. 반대로 모서리 반지름이 너무 작으면 다이 구멍으로 소재 판의 유입이 어려워져 소재에 인장력이 작용하여 모서리 부분이 얇아지거나 찢어질 수 있고 드로잉에 필요한 힘도 증가된다. 그러므로 다이의 모서리 반지름은 일정한 범위 내에 있어야 한다.

소재 판의 두께를 t라 할 때 다이 모서리 반지름 r_d값의 범위는 다음과 같다.

$$(4\sim6)t \le r_d \le (10\sim15)t$$

그리고 펀치의 모서리 반지름 r_p의 값은 드로잉 소재 판의 두께를 감소시키거나 반지름이 너무 작아서 예리하면 제품의 바닥을 파열시키는 경우도 발생한다. 펀치의 모서리 반지름의 범위는 $(4\sim6)t \le r_p \le (10\sim20)t$로서 다이 모서리 반지름 r_d의 범위와 거의 비슷하게 사용된다.

(5) 다이와 펀치 사이의 틈새

펀치와 다이 사이에는 소재 판의 두께보다 큰 틈새가 있어야 원활한 드로잉이 가능하다. 이 틈새가 너무 크면 드로잉이 용이하지만 블랭크와 펀치의 접촉이 충분하지 않아 테이퍼, 벽 주름 발생 등 제품형상이 불량하게 되고, 틈새가 작으면 아이오닝(ironing)되어 드로잉에 필요한 힘이 증가되고 용기의 벽면 두께가 얇아진다.

드로잉에서 펀치와 다이 사이의 틈새는 일반적으로 판 두께의 1.4배 정도로 해주며, 보다 정밀하고 매끄러운 드로잉을 위해서는 소재 판 두께의 1.1~1.2배 정도로 해준다.

(6) 윤활제

드로잉할 때 블랭크는 다이와 블랭크홀더 사이에서 마찰저항이 심하게 작용하게 되며 소재의 변형상태에 큰 영향을 미친다. 윤활제를 사용하면 블랭크와 펀치, 다이, 블랭크 홀더 사이의 마찰저항을 감소시켜 드로잉 가공을 원활하게 하고 제품의 표면을 보다 매끈하게 할 수 있다. 일반적으로 얕은 드로잉을 할 때에는 스핀들유, 머신유를 사용해도 되지만 딥 드로이의 경우에는 평지유(rape seed oil)를 사용하면 좋다. 일반적으로 소재의 재질에 따라 사용하는 윤활제의 종류는 표 2.8과 같다.

▶ **표 2.8** 윤활제의 종류

소재	사용 윤활제
강	비눗물, 광물성유, 황을 함유한 윤활유, 지방질유
황동	비눗물, 비누와 지방의 유화액
알루미늄	비누와 지방의 유화액, 광물성유, 지방유와 광물성유, 황화지방유
마그네슘	흑연과 광물성유, 파라핀, 우지

▶ **표 2.9 제품의 표면적과 블랭크 치수**

드로잉제품의 형상	블랭크치수 계산식 주(A: 제품의 표면적, D: 블랭크의 지름)
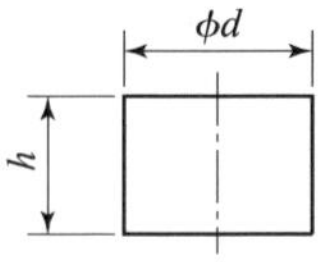	$A = \frac{\pi d^2}{4} + \pi d h$ $D = \sqrt{d^2 + 4dh}$
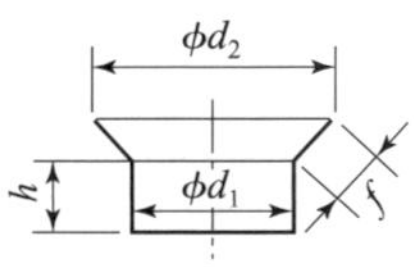	$A = \frac{\pi d_1^{\ 2}}{4} + \pi d_1 h + \pi f \frac{d_1 + d_2}{2}$ $D = \sqrt{d_1^{\ 2} + 4d_1 h + 2f(d_1 + d_2)}$
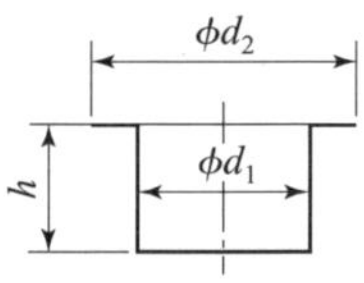	$A = \frac{\pi d_1}{4} + \pi d_1 h + \frac{\pi}{4}(d_2^{\ 2} - d_1^{\ 2})$ $D = \sqrt{D_2^{\ 2} + 4d_1 h}$
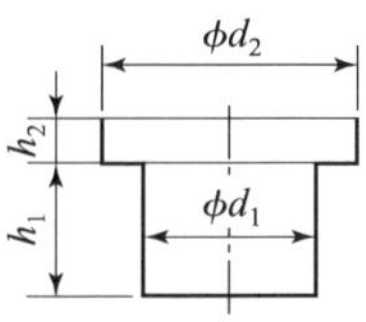	$A = \frac{\pi d_1^{\ 2}}{4} + \pi d_1 h_1 + \frac{\pi}{4}(d_2^{\ 2} - d_1^{\ 2}) + \pi d_2 h$ $D = \sqrt{d_2^{\ 2} 4(d_1 h_1 + d_1 h_2)}$
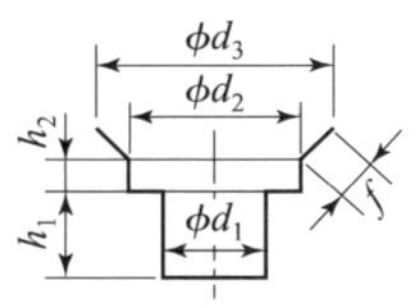	$A = \frac{\pi d_1^{\ 2}}{4} + \pi d_1 h_1 + \frac{\pi}{4}(d_2^{\ 2} - d_1^{\ 2}) + \pi d_2 h_2 + \pi f \frac{d_2 + d_3}{2}$ $D = \sqrt{d_2^{\ 2} + 4(d_1 h_1 + d_2 h_2) + 2f(d_2 + d_3)}$
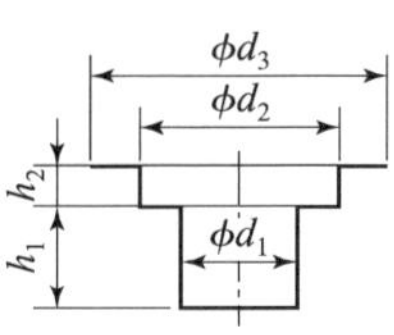	$A = \frac{\pi d_1^{\ 2}}{4} + \pi d_1 h_1 \frac{\pi}{4}(d_2^{\ 2} - d_1^{\ 2}) + \pi d_2 h_2 + \frac{\pi}{4}(d_1^{\ 2} - d_2^{\ 2})$ $D = \sqrt{d_3^{\ 2} + 4(d_1 h_1 + d_2 h_2)}$
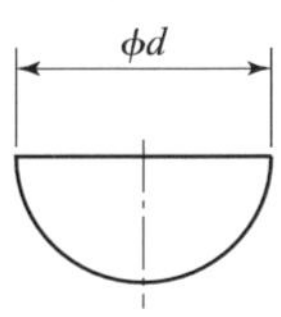	$A = \frac{\pi d^2}{4}$ $D = \sqrt{2d^2} = 1.414d$

드로잉제품의 형상	블랭크치수 계산식 주(A: 제품의 표면적, D: 블랭크의 지름)
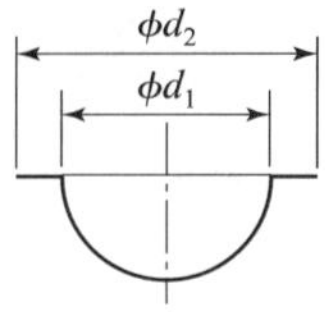	$A = \frac{\pi d_1^{\ 2}}{2} + \frac{\pi}{4}(d_2^{\ 2} - d_1^{\ 2})$ $D = \sqrt{d_1^{\ 2} + d_2^{\ 2}}$
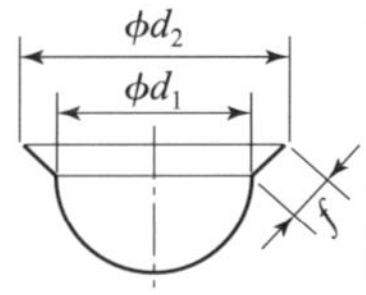	$A = \frac{\pi d_1^{\ 2}}{2} + \pi f \frac{d_2 + d_1}{2}$ $D = 1.414\sqrt{d_1^{\ 2} + f(d_2 + d_1)}$
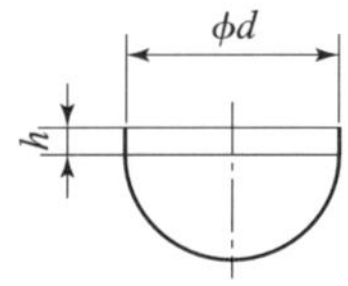	$A = \frac{\pi d^2}{2} + \pi d h$ $D = 1.414\sqrt{d^2 + 2dh}$
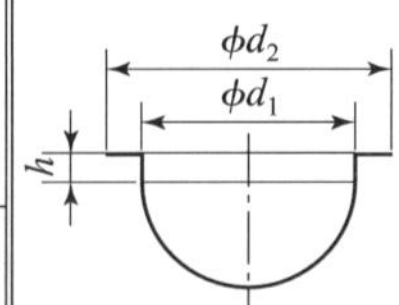	$A = \frac{\pi d_1^{\ 2}}{2} = \pi d_1 h + \frac{\pi}{4}(d_2^{\ 2} - d_1^{\ 2})$ $D = \sqrt{d_1^{\ 2} + d_2^{\ 2} + 4d_1 h}$
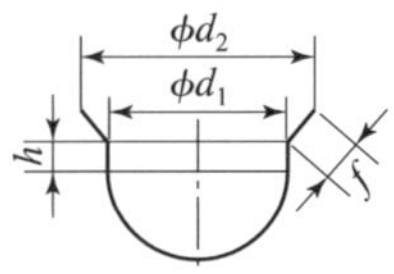	$A = \frac{\pi d^2}{2} + \pi d_1 h + \pi f \frac{d_1 + d_2}{2}$ $D = 1.414\sqrt{d_1^{\ 2} + 2d_1 h + f(d_1 + d_2)}$
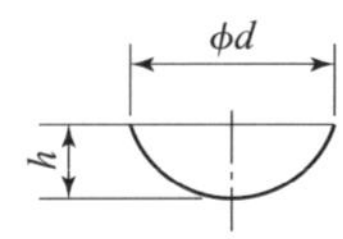	$A = \frac{\pi}{4}(d^2 + 4h^2)$ $D = \sqrt{d_2 + 4h^2}$
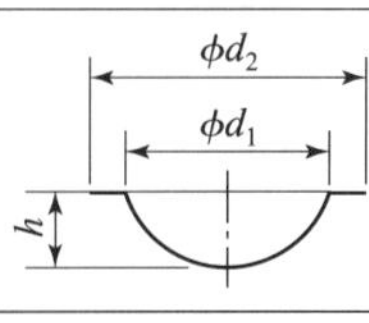	$A = \frac{\pi}{4}(d_1^{\ 2} + 4h^2) + \frac{\pi}{4}(d_2^{\ 2} - d_1^{\ 2})$ $D = \sqrt{d_2^{\ 2} + 4h^2}$
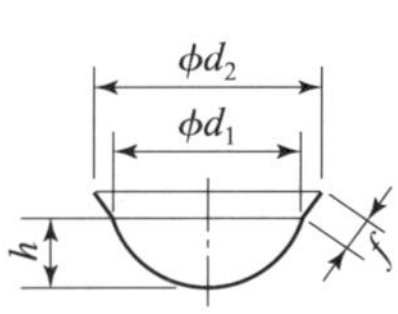	$A = \frac{\pi}{4}(d_1^{\ 2} + 4h^2) + \pi f \frac{d_1^{\ 2} + d_2}{2}$ $D = \sqrt{d_1^{\ 2} + 4h^2 + 2f(d_1 + d_2)}$

드로잉제품의 형상	블랭크치수 계산식 주(A: 제품의 표면적, D: 블랭크의 지름)	드로잉제품의 형상	블랭크치수 계산식 주(A: 제품의 표면적, D: 블랭크의 지름)
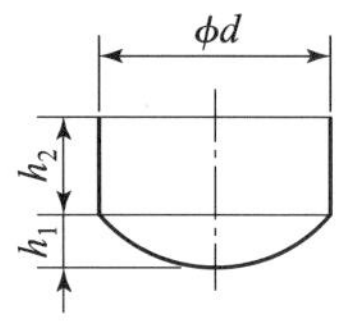	$A=\frac{\pi}{4}(d^2+4h_1^{\,2})+\pi dh_2$ $D=\sqrt{d^2+4(h_1^{\,2}+dh_2)}$	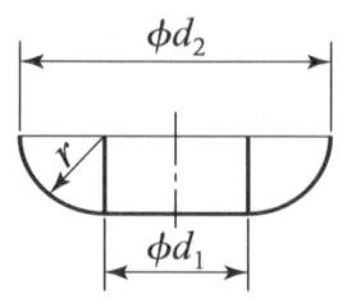	$A=\frac{\pi d_1^{\,2}}{4}+\frac{\pi^2 h}{2}(d_1+1.274r)$ $=\frac{\pi}{4}(d_2-2h)^2+\frac{\pi^2 r}{2}(d_2-0.726r)$ $D=\sqrt{d_2^{\,2}+2.28r\,d_2=0.56r^2}$
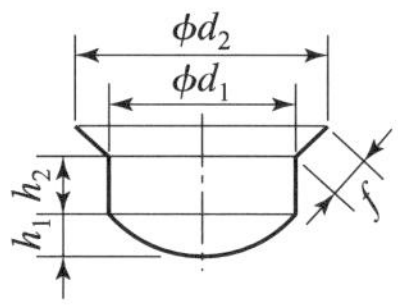	$A=\frac{\pi}{4}(d_1^{\,2}+4h_1^{\,2})+\pi d_1h_2+\pi f\frac{d_1+d_2}{2}$ $D=\sqrt{d_1^{\,2}+4\left[h_1^{\,2}+d_1d_2+\frac{f}{2}(d_1+d_2)\right]}$	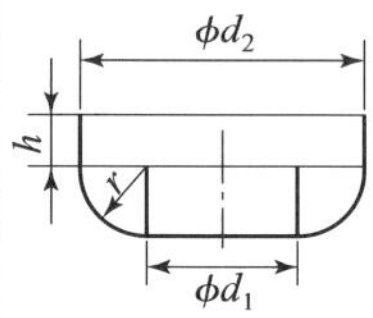	$A=\frac{\pi}{4}(d_2-2r)^2+\frac{\pi^2 r}{2}(d_2-0.726r)+\pi h\,d_2$ $D=\sqrt{d_2^{\,2}+4d_2(h+0.57r)-0.56r^2}$
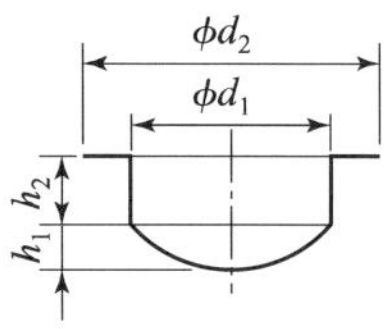	$A=\frac{\pi}{4}(d_1^{\,2}+4h_1^{\,2})+\pi d_1h^2+\frac{\pi}{4}(d_2^{\,2}-d_1^{\,2})$ $D=\sqrt{d_2^{\,2}+4(h_2^{\,2}+d_1h_2)}$	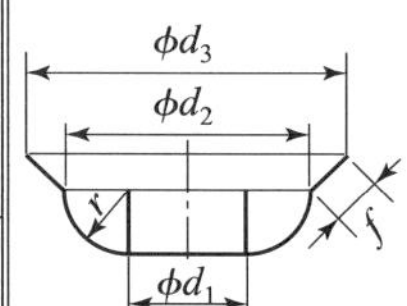	$A=\frac{\pi}{4}(d_2-2r)^2+\frac{\pi^2 r}{2}(d_2-0.726r)+\pi f\frac{d_2+d_3}{2}$ $D=\sqrt{d_2^{\,2}+2.28r\,d_2+2f(d_2+d_3)-0.56r^2}$
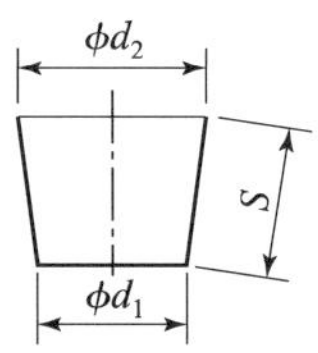	$A=\frac{\pi d_1^{\,2}}{4}+\pi S\frac{d_1+d_2}{2}$ $D=\sqrt{d_2^{\,2}+2S(d_1+d_2)}$	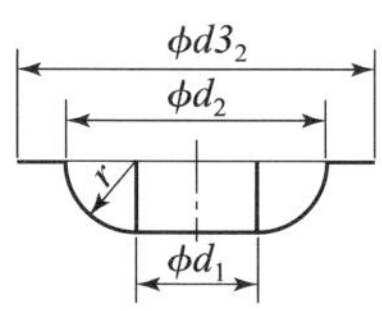	$A=\frac{\pi}{4}(d_2-2r)^2+\frac{\pi^2 r}{2}$ $(d_2-0.726r)\frac{\pi}{4}(d_3^{\,2}-d_2^{\,2})$ $D=\sqrt{d_3^{\,2}+2.28r\,d_2-0.56r^2}$
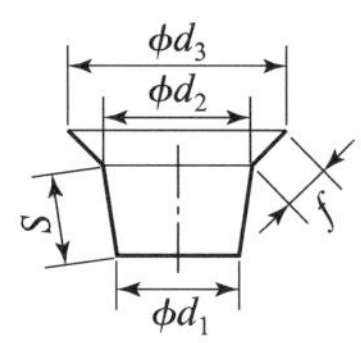	$A=\frac{\pi d_1^{\,2}}{4}+\pi S\frac{d_1h_2}{2}+\pi f\frac{d_2+d_3}{2}$ $D=\sqrt{d_1^{\,2}+2[S(d_1+d_2)+f(d_2+d_3)]}$	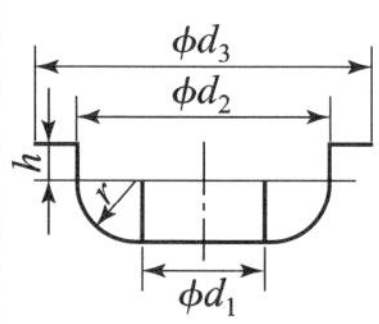	$A=\frac{\pi}{4}(d_2-2r)^2+\frac{\pi^2 r}{2}(d_2-0.726r)+\pi d_2h+\frac{\pi}{4}(d_3^{\,2}-d_2^{\,2})$ $D=\sqrt{d_3^{\,2}+4d_2(0.57r+h)-0.56r^2}$
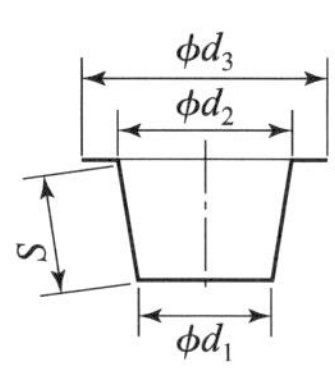	$A=\frac{\pi d_1^{\,2}}{4}+\pi S\frac{d_1+d_2}{2}+\frac{\pi}{4}(d_3^{\,2}-d_2^{\,2})$ $D=\sqrt{d_1^{\,2}+2S(d_1+d_2)+d_3^{\,2}-d_2^{\,2}}$	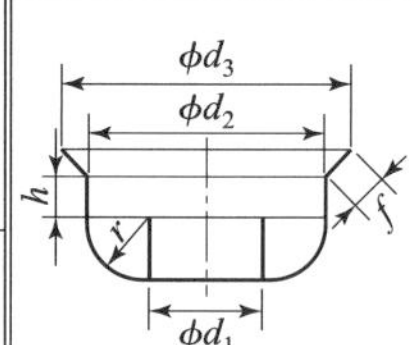	$A=\frac{\pi}{4}(d_2-2r)^2+\frac{\pi^2 r}{2}(d_2-0.726r)+\pi d_2h+\pi f\frac{d_3+d_2}{2}$ $D=\sqrt{d_2^{\,2}+4d_2\left(0.57r+h+\frac{f}{2}\right)+2d_3f-0.56r^2}$
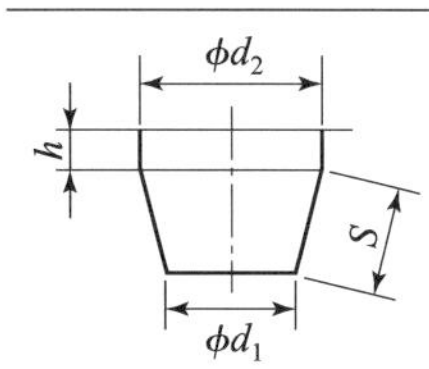	$A=\frac{\pi d_1^{\,2}}{4}+\pi S\frac{d_1+d_2}{2}+\pi d_2h$ $D=\sqrt{d_1^{\,2}+2[S(d_1+d_2)+2d_2h]}$	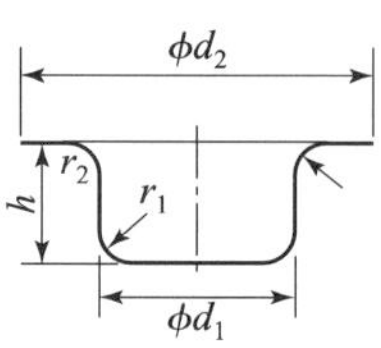	$A=\frac{\pi}{4}(d_1^{\,2}+\pi d_1\{h-0.43(r_1+r_2)\}+0.44(r_2^{\,2}-r_1^{\,2})$ $D=\sqrt{d_2^{\,2}+4d_1[h-0.43(r_1+r_2)]+0.57(r_2-r_2^{\,2})}$

5. 성형가공

1) 압인가공(coining)

그림 2.87(a)와 같이 위아래의 표면이 서로 다른 형상으로 조각되어 있는 1쌍의 다이를 이용하여 동전과 같이 앞·뒷면을 서로 다른 형태로 압축시켜 가공하는 것을 말한다. 코이닝은 앞·뒷면이 서로 다른 형상으로 가공되어 판 두께의 변화가 있으며, 주로 압축 깊이가 얕은 메달, 주화, 장식품 등의 가공에 이용된다.

2) 엠보싱가공(embossing)

그림 2.87(b)와 같이 요철의 형상이 서로 반대인 1쌍의 다이를 이용하여 앞·뒷면의 요철이 서로 반대인 형상으로 가공하는 것을 말한다. 엠보싱에서는 가공 전·후의 소재의 판 두께는 거의 변화가 없다.

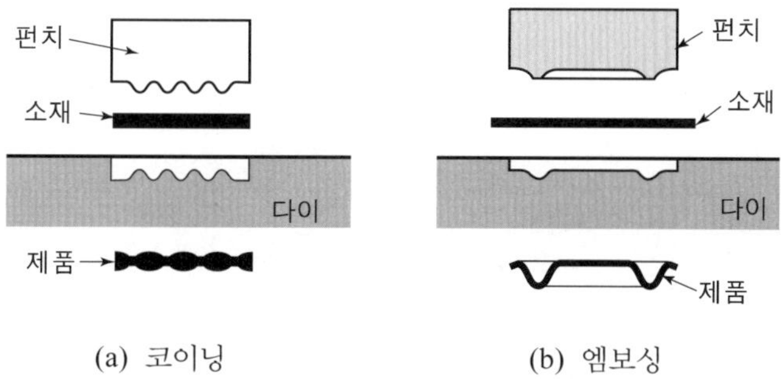

그림 2.87 코이닝과 엠보싱

3) 컬링(curling)

용기의 가장자리 끝단을 둥글게 말아서 감은 성형가공법으로써 제품의 강성을 높이거나 외관을 미려하게 하기 위한 목적으로 사용된다. 컬링 성형은 다이와 펀치를 사용하는 방법과 롤에 의한 방법이 있다.

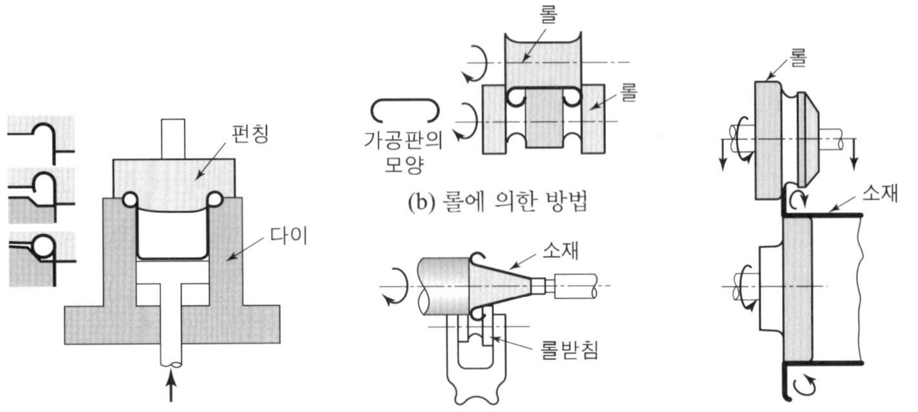

(a) 다이에 의한 방법　　(c) 롤 받침에 의한 방법　　(d) 컬링롤에 의한 방법

그림 2.88 여러 가지 컬링 방법

4) 비딩(beading)

판재 성형품의 표면을 볼록하거나 오목한 형상으로 긴 돌기부를 만드는 성형가공법으로써 제품의 강도를 보강하거나 외관을 장식하기 위한 목적으로 사용한다. 비드의 단면은 보통 원호가 많으며, 롤을 이용한 성형법, 펀치와 다이를 이용한 성형법, 펀치와 고무를 이용한 성형법이 있다.

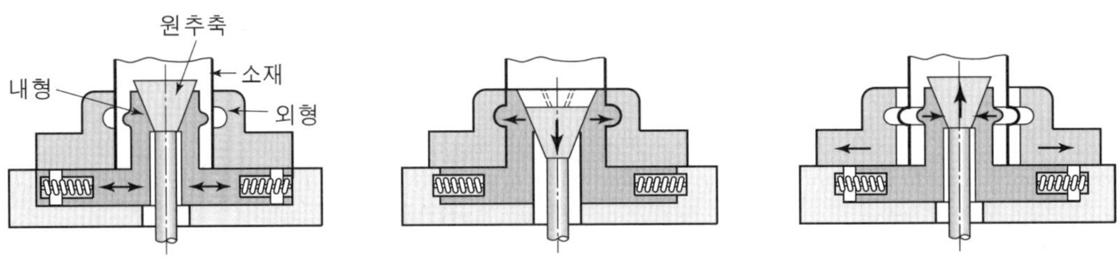

(a) 가공 전　　(b) 가공 중　　(c) 제품 꺼내기

그림 2.89 금형을 사용한 비딩

5) 플랜징(flanging)

소재 판의 가장자리 부분을 굽혀서 플랜지로 만드는 성형으로서, 제품의 강성을 높일 수 있으며 미관을 좋게 하거나 다른 제품을 장착하기 위해 이용한다. 플랜지 가공은 그림 2.90과 같이 굽힘선을 직선으로 하는 직선 플랜지(straight flange), 볼록하게 늘리는 볼록한 플랜지(stretch flange), 오목한 플랜지(shrink flange), 베어링 플랜지(bearing flange)가 있으

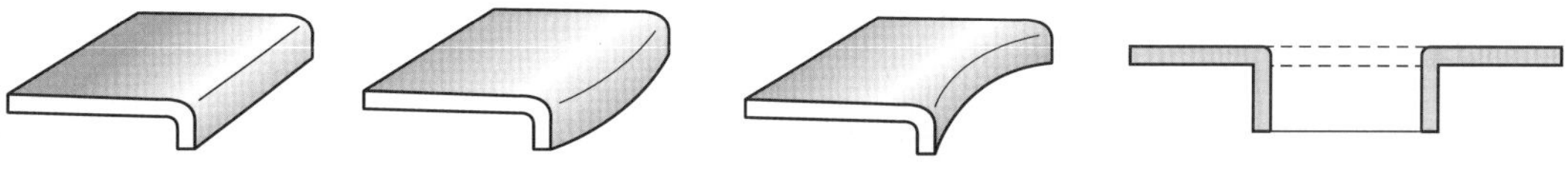

(a) 직선형　(b) 늘림형　(c) 오무림형　(d) 베어링형

그림 2.90 플랜지의 형태

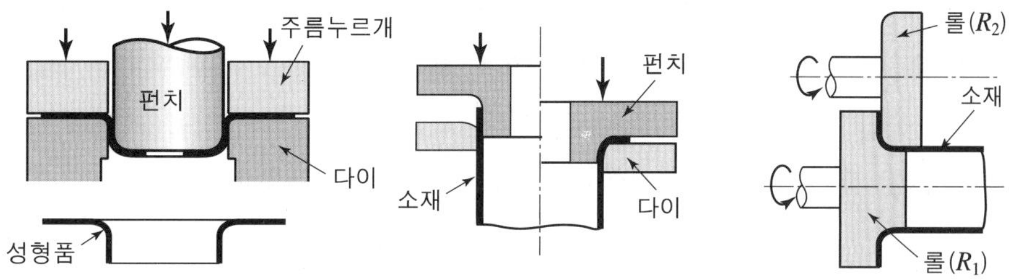

(a) 다이에 의한 성형　(b) 롤에 의한 성형

그림 2.91 플랜지 성형방법

며, 오목한 굽힘선은 수축작용으로 주름이 생길 수 있고 볼록한 굽힘선은 인장작용으로 균열이 생길 수 있는 가능성을 고려하여 플랜지부의 높이를 결정해야 한다.

6) 벌징(bulging)

그림 2.92와 같이 가운데 부분보다 입구가 작은 용기를 제작할 때 1차 성형공정에서 만들어진 원통의 가운데 부분을 확장하는 가공법이다. 2개로 분할되어 있는 다이 안의 원통 소재관에 적당량의 고무나 고무막으로 둘러싸여 있는 오일(oil) 등을 넣고 펀치로 가압하여 고무가 바깥쪽으로 부풀어져 소재의 일부가 볼록하게 나온 형상의 용기를 성형가공한다. 펀치에 의한 가압력이 고무나 오일 등에 의하여 소재관 사방으로 작용하면 다이의 면과 밀착되어 있지 않은 부분이 뒤로 밀리면서 다이 내면의 형상대로 성형된다.

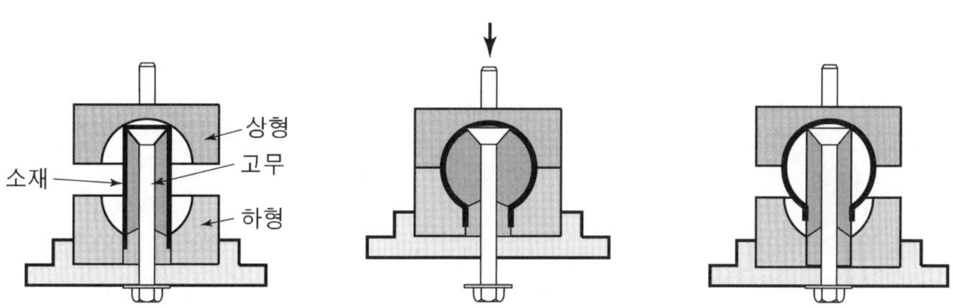

(a) 가공 전　(b) 가공 중　(c) 가공 후

그림 2.92 벌징 성형방법

7) 스피닝(spinning)

그림 2.93(a)와 같이 선반의 주축대에 목재나 금속으로 제작된 원형을 고정하고 여기에 소재 판을 넣고 심압대로 가압하여 회전시키면서 소재 판의 뒷부분을 스틱(stick)이나 롤(roll)을 이용하여 중심부분으로부터 가장자리 부분으로 압력을 주면서 이동시켜서 모형과 같은 형상으로 성형하는 방법이다. 단면이 원형인 소형의 용기제작에 많이 이용하고 소재 판의 두께가 작을수록 회전을 빠르게 한다. 또한 맨드릴과 롤을 이용하여 관재(tube)의 내부와 외부를 가공함으로써 두께를 줄일 수 있다. 그림 2.93(b)는 원형을 조립형으로 제작하여 스피닝을 마친 후 원형을 분해하여 성형제품을 꺼내는 구조이다.

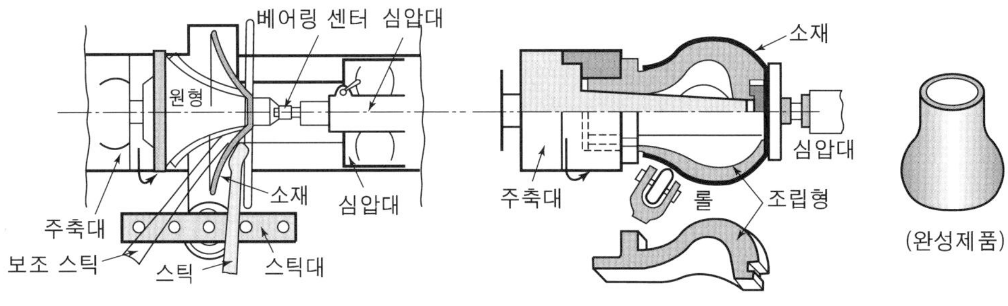

(a) 스피닝 가공 (b) 스피닝 제품

그림 2.93 스피닝 성형

6. 판재 이음

1) 시밍(seaming)

그림 2.94와 같이 소재 판의 가장자리를 접어서 서로 겹치게 잇고 가압하여 두 판재를 이어주는 작업이다. 심의 종류에는 여러 가지 방법이 있으며, 보통 그루브(grooved)심 방법을 가장 많이 이용한다.

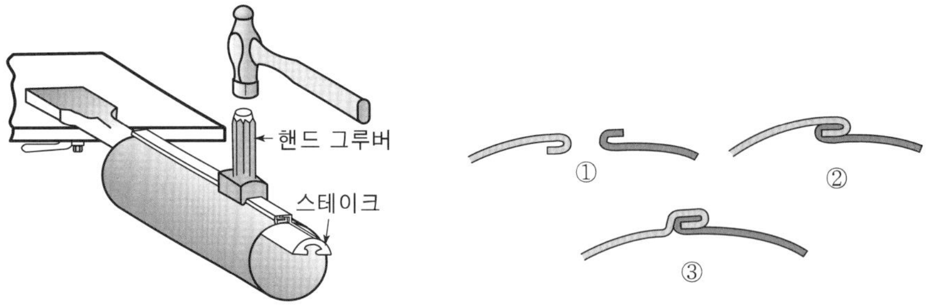

(a) 핸드 그루버의 사용 (b) 그루빙 순서

그림 2.94 수작업 시밍

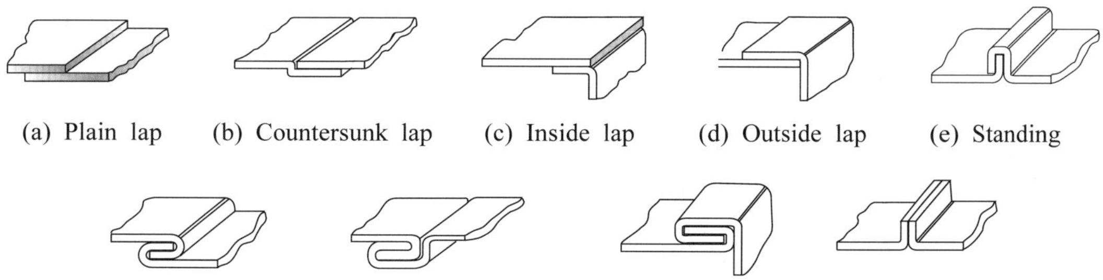

(a) Plain lap (b) Countersunk lap (c) Inside lap (d) Outside lap (e) Standing

(f) Folded (g) Grooved seam (h) Double (i) Flange-butt seam

그림 2.95 심의 종류

2) 리벳 이음(riveted joint)

리벳 이음은 결합할 두 판재를 겹쳐서 뚫은 구멍에 리벳을 끼워 넣고 머리를 두들겨 성형하여 결합하는 반영구적인 결합방법이다. 최근 용접기술의 발달로 인해 활용이 점차 줄어들고는 있으나 철골 구조물, 교량, 비행기의 동체 등에는 리벳 이음이 많이 사용되고 있다.

(1) 리벳의 종류

① **보통 리벳:** 리벳을 머리 모양에 따라 분류하면 그림 2.96과 같이 둥근 머리 리벳, 접시 머리 리벳, 납작 머리 리벳, 둥근 접시 머리 리벳, 얇은 납작 머리 리벳, 냄비 머리 리벳 등이 있다. 또한 가공법에 따라 KS B 1101에 냉간성형 리벳과 KS B 1102에 열간성형 리벳으로 구분하고 있다.

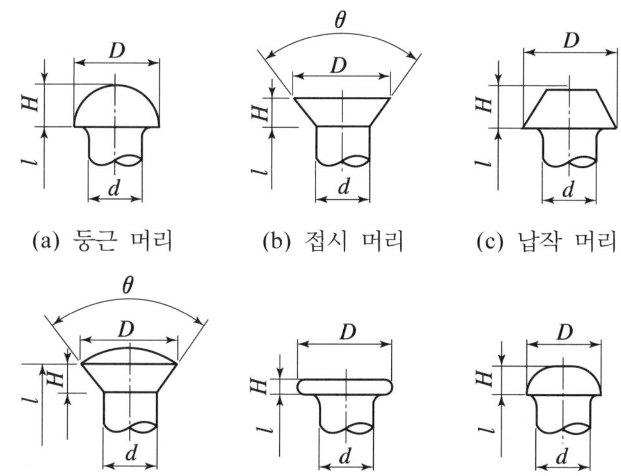

(a) 둥근 머리 (b) 접시 머리 (c) 납작 머리

(d) 둥근 접시 머리 (e) 얇은 납작 머리 (f) 냄비 머리

그림 2.96 머리 모양에 따른 리벳의 종류

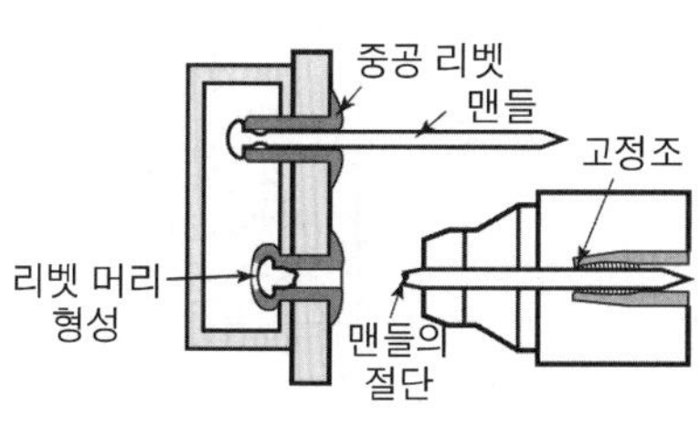

(a) 리벳 공정 (b) 리벳 공구

그림 2.97 블라인드 리벳팅

② **블라인드 리벳:** 보통 리벳을 사용할 수 없는 부속물의 결합에 사용되는 리벳을 블라인드 리벳(blind rivet)이라 한다. 그림 2.97과 같이 블라인드 리벳은 중공의 리벳에 클린칭 맨들이 끼워져 있어서 리벳 공구로 맨들을 잡아당기면 리벳머리가 형성되고 맨들이 끊어지면서 리벳팅이 완료된다.

(2) 리벳 이음의 종류

① **겹치기 이음:** 그림 2.98(a)와 같이 두 판을 겹쳐서 잇는 방법을 겹치기 이음(lap joint)이라 하며, 가스나 기체 용기의 리벳 이음이나 보일러 이음에 사용된다.

② **맞대기 이음:** 그림 2.98(b)와 같이 두 판을 맞대어 놓고 한쪽 또는 양쪽에 덮개판(strap)을 대고 잇는 방법을 맞대기 이음(butt joint)이라 하며, 보일러의 세로 방향 이음과 구조물의 이음에 사용된다.

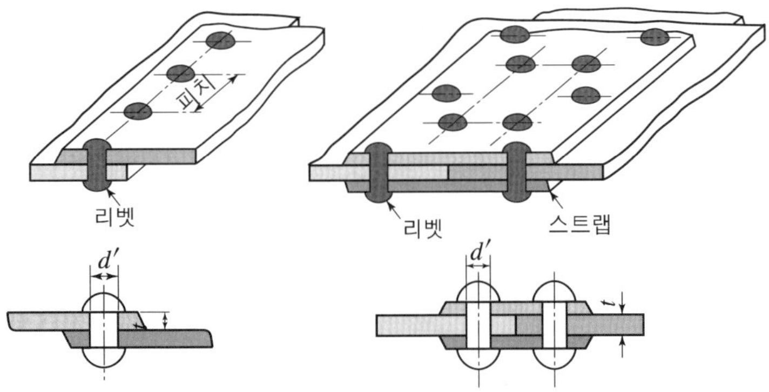

(a) 겹치기 리벳 이음 (b) 맞대기 리벳 이음

그림 2.98 리벳 이음의 형식

③ **리벳 배열 방법:** 리벳 배열 방법에는 그림 2.99와 같이 한 줄 리벳 이음, 두 줄 평행형과 두 줄 지그재그형으로 리벳팅하는 방법이 있다.

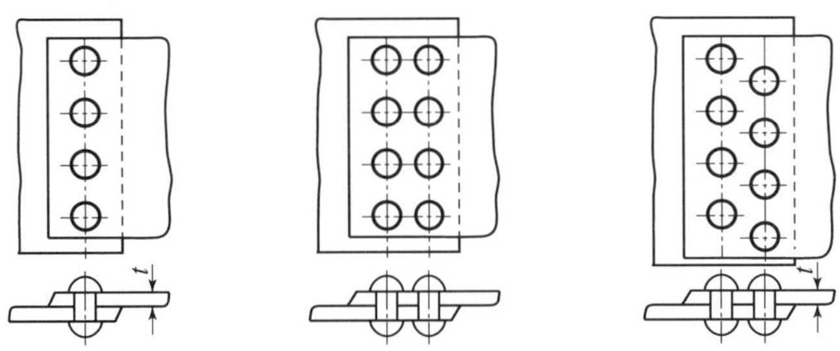

(a) 한 줄 리벳 이음 (b) 두 줄 평행형 (c) 두 줄 지그재그형

그림 2.99 리벳의 배열

(3) 리벳 작업

① 리벳 구멍뚫기

리벳팅을 하기 위한 구멍을 뚫는 방법에는 타발법(punching)과 드릴링(drilling)이 있다. 펀치로 구멍을 뚫는 타발법은 구멍부근에서 큰 응력이 발생하여 재질이 약화되며 구멍이 깨끗하지 않고 치수도 부정확하여 큰 힘이 작용하거나 기밀을 필요로 하는 곳에는 사용하지 않는 것이 좋다. 판 두께가 12 mm 이상일 때 드릴로 구멍을 뚫으면 재질에 변화가 없고 정확한 치수로 작업을 할 수 있어서 큰 힘이 작용하는 구조물이나 기밀을 필요로 하는 보일러의 이음에는 드릴을 사용하여 구멍을 가공한다. 리벳구멍의 지름은 리벳지름보다 약 1～1.5 mm 정도 크게 뚫는다. 열간가공으로 리벳을 때리면 리벳지름은 수축에 의해 굵어져서 구멍에 꼭 맞게 된다. 머리를 타격한 후에는 리벳지름은 구멍지름과 거의 같아진다. 보통 지름 25 mm까지는 수작업 해머로 리벳팅이 가능하지만 기계작업이 신뢰도가 높다. 열간에 의한 리벳팅은 냉각 · 수축으로 인해 축방향으로 큰 인장응력이 발생하여 판재는 큰 힘으로 조여진다.

② 리벳의 가열

리벳지름이 굵은 것은 고온으로 가열하여 열간 리벳팅을 한다. 리벳의 가열이 불충분하면 머리 부분 모양의 성형이 잘 안되고 죔이 불안전하여 틈새가 생긴다. 지나치게 가열하면 리벳 표면이 산화되어 리벳이 가늘어지고, 조직도 나빠져서 리벳 이음이 불안정하게 된다.

리벳의 열간 가공온도는 950 °C 정도가 적당하다. 특히 압력용기의 리벳은 기밀을 유지해야 되기 때문에 고온에서 점성이 큰 상태에서 가공하면 리벳을 구멍에 충만시킬 수 있다.

지름 6 mm 이상인 리벳은 가열온도는 950～1,000 °C에서 열간 리벳팅하고 지름 6 mm 이하의 리벳은 주로 냉간 리벳팅을 한다.

③ 리벳 이음 작업

리벳은 호칭지름 3～13 mm까지의 냉간용 리벳과 1～40 mm의 열간용 리벳이 있다. 리벳 재료는 가능한 모재와 동일한 재질을 사용하는 것이 이상적이며, 냉간용 리벳에는 연강 및 비철금속을 사용하고 열간용 리벳은 압연강재를 사용한다. 리벳 구멍은 수축팽창을 고려하여 완전히 밀착된 상태에서 열간가공과 냉간가공의 온도영역이 중복되지 않도록 해야 한다. 일반적으로 리벳의 길이가 l, 지름이 d일 때 $l = 5 \cdot d$ 정도가 알맞다.

리벳 구멍에 생긴 거스러미를 제거하고 구멍이 어긋났을 때에는 드릴이나 리머로 구멍을 손질하여 구멍을 일치시키고, 그림 2.100과 같이 리벳 이음 작업을 한다.

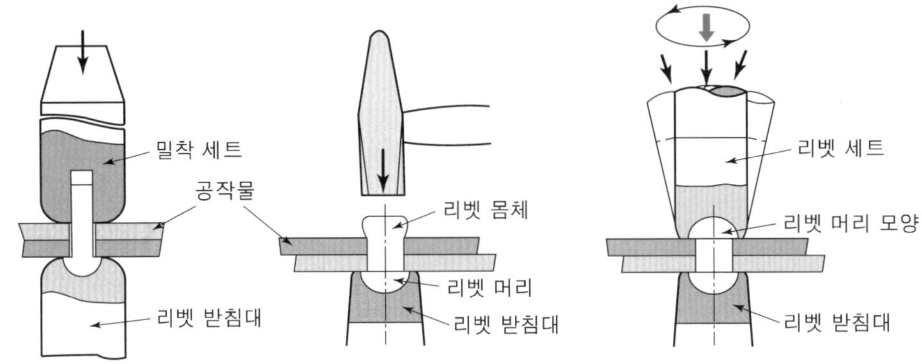

(a) 밀착　　(b) 조이기　　(c) 성형

그림 2.100 리벳 이음 작업

④ **코킹(caulking)과 풀러링(fullering)**

보일러와 같이 기밀이 필요한 용기는 리벳팅이 끝난 후 판의 겹침부나 리벳의 주위를 정과 같은 공구로 때려서 기밀을 유지할 수 있도록 하는 작업이 코킹이다. 코킹작업은 강판의 가장자리를 그림 2.101과 같이 75∼85° 정도 경사시켜 타격하며, 아래쪽 강판에 타격자국이 나지 않도록 주의해야 한다. 풀러링은 더욱 완벽하게 기밀을 유지하기 위해 강판과 같은 두께의 풀러링 공구를 사용하여 판재를 때려서 밀착시키는 작업이다. 판재 두께가 5 mm 이하일 경우에는 코킹효과가 거의 없으므로 얇은 판재 사이에 기름종이나 석면 등의 패킹(packing)재료를 넣어서 작업한다.

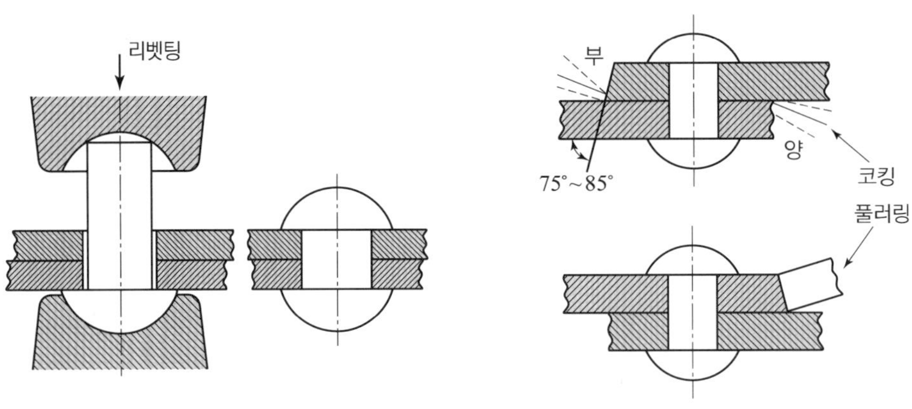

그림 2.101 코킹과 풀러링

7. 특수 성형법

1) 게링법(guerin process)

그림 2.102와 같이 프레스의 베드 위에 놓인 다이에 블랭크를 놓고 위쪽에서 탄성이 풍부한 고무로 눌러서 다이의 형상대로 소재를 성형하는 방법이다. 다이나 펀치 중 한쪽의 형상만으로 성형함으로써 주름이 발생하기 쉽고 깊이가 얕은 제품의 소량생산에 적합하다.

2) 마폼법(marform process)

그림 2.103과 같이 틀에 채워진 고무를 다이로 사용하는 방법으로서 고무 위에 올려놓은 블랭크를 펀치로 고무 속으로 밀어 넣어서 성형하는 가공법이다. 고무는 탄성에 의하여 펀치의 압력을 흡수하면서 소재 판의 성형이 가능하게 하고 블랭크 홀더로 고무와 블랭크에 가해지는 압력을 조절할 수 있으며, 구조가 비교적 간단한 깊은 용기의 제작에 이용된다.

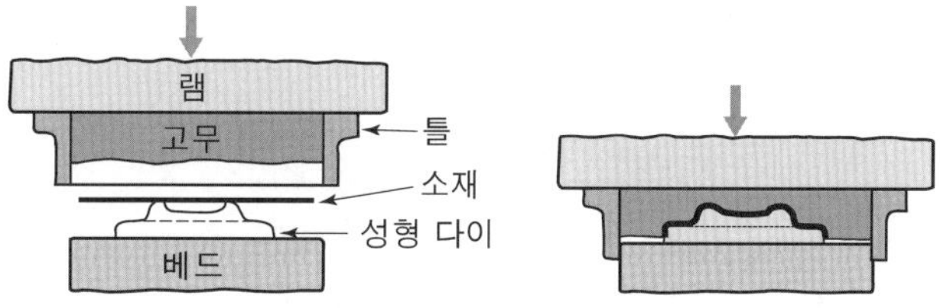

(a) 가공 전　　(b) 가공 후

그림 2.102 게링법

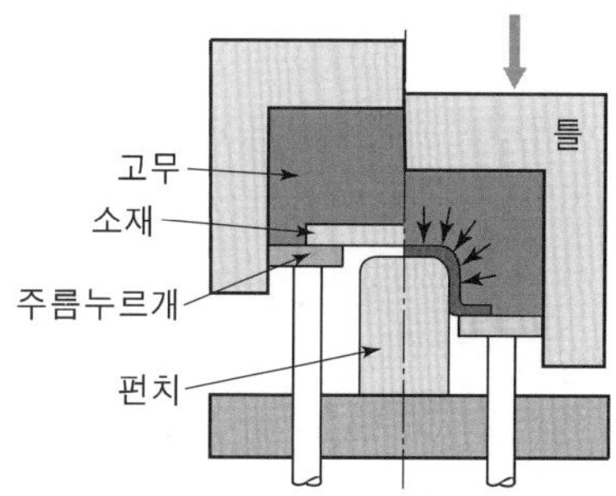

그림 2.103 마폼법

3) 액압 성형법(hydroform process)

마폼법(marform process)의 고무 대신 고무막 판에 의하여 밀폐된 액체를 이용하여 성형하는 방법으로서 액체의 압력은 펌프에 의해 조절된다. 베드에 설치된 펀치가 위쪽에 고정되어 있는 액체 고무막을 통해 블랭크를 밀어 넣어서 성형한다. 고무를 사용하는 마폼법에 비해 액압 성형법은 액체를 다이로 사용하므로 유동성과 유연성이 더 좋기 때문에 다소 복잡한 모양의 제품을 용이하게 성형할 수 있다.

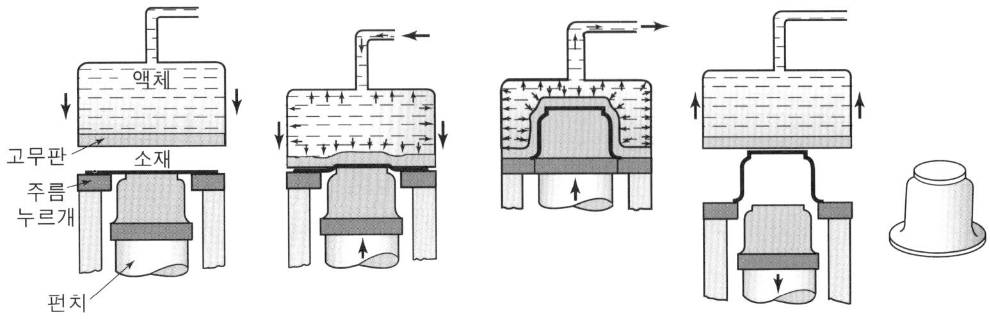

(a) 가공 전 (b) 가공 중 (c) 가공 완료 (d) 제품

그림 2.104 액압성형법

8. 고에너지 성형가공법

순간적으로 발생되는 고에너지를 사용하여 아주 짧은 시간 내에 성형가공하는 방법으로써 가공속도가 빠르기 때문에 종래의 방법으로 가공이 어려웠던 항공우주용 재료, 고장력 합금 등의 소재도 가공할 수 있게 되었다. 정밀한 성형이 필요한 소량생산에 적합하다.

1) 폭발 성형법(explosive forming)

물속의 다이 위에 소재 판을 놓고 일정거리에서 화약을 폭발시켜 발생되는 물의 충격압

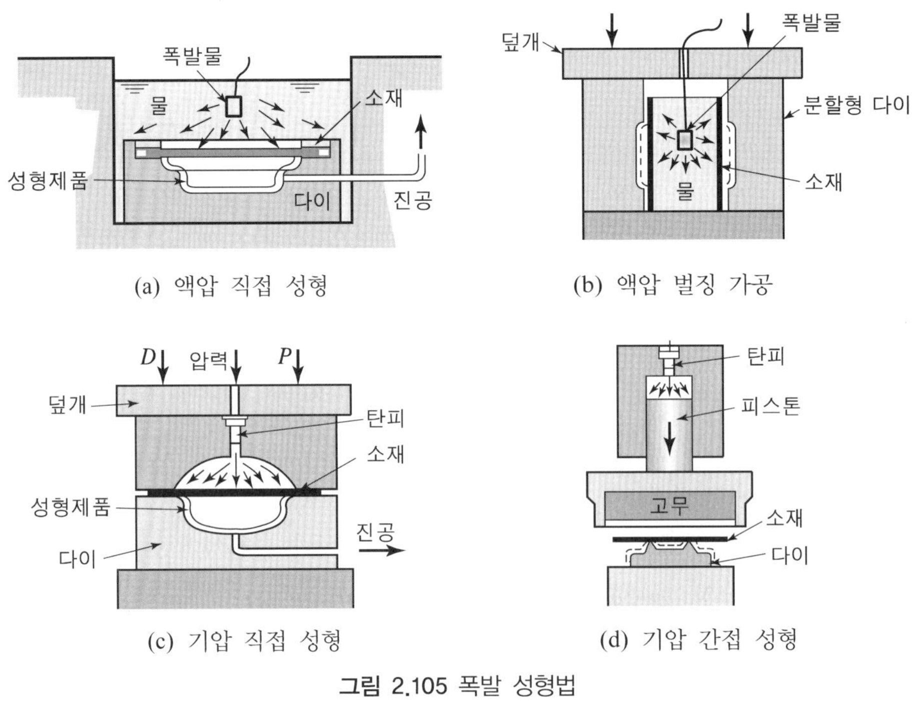

(a) 액압 직접 성형 (b) 액압 벌징 가공

(c) 기압 직접 성형 (d) 기압 간접 성형

그림 2.105 폭발 성형법

력으로 성형하는 가공하는 방법이다. 사용하는 다이가 바닥에 있는 형태와 측면에 있는 형태가 있다.

2) 액중방전 성형법(electro-hydraulic forming)

콘덴서(condenser)에 저장되어 있는 고압(10~20 kV)전류를 액중의 전극으로 방전시킬 때 발생되는 에너지에 의하여 액체가 급격히 가열 기화되어 팽창하면서 발생하는 충격파의 충격압력을 이용하여 성형하는 방법이다.

3) 전자력 성형법(magnetic pulse forming)

콘덴서에 축적된 고압의 전류를 코일로 통과시켜서 발생되는 고밀도의 강력한 전자력을 이용한 성형가공법이다. 소재 판이 도전체이면서 두께가 비교적 얇고 불규칙한 형태의 성형가공에 적합하다. 전도성이 불량한 소재일 때에는 전도성이 좋은 보조판재를 이용하여 성형가공할 수 있으며, 고에너지 가공법 중에서 가장 소음이 작고 생산성도 높은 편이다.

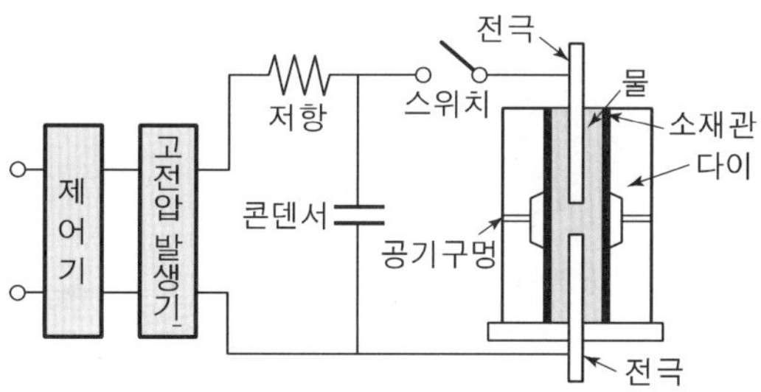

그림 2.106 액중방전 성형법

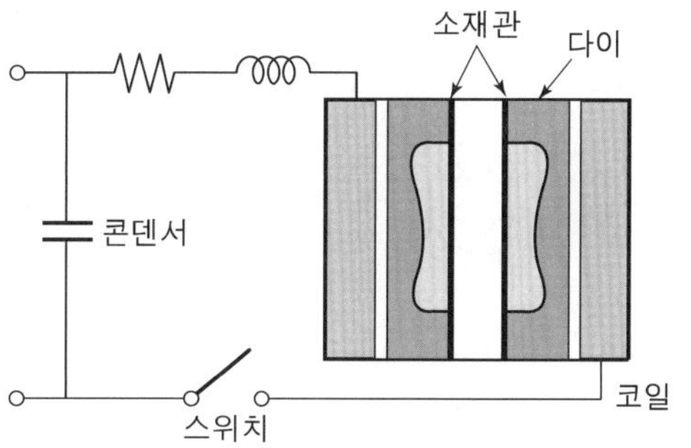

그림 2.107 전자력 성형법

2.10 제관법

강관은 제관방법에 따라 이음매 없는 관(seamless pipe)과 이음매 있는 관(seam pipe)으로 대별된다. 독일의 만네스만(Mannesman)형제에 의하여 롤을 이용한 이음매 없는 강관 제작법이 개발된 이후로 여러 가지 제관방법들이 꾸준히 개발되고 발전을 거듭하여 근래에 다양한 관(pipe)들을 대량생산할 수 있게 되었다.

1. 이음매 없는 관(seamless pipe)

이음매가 없는 압연강관은 강관을 천공하는 소재관의 제조, 천공된 소재관으로 중간관재나 최종관재를 완성하는 공정을 거쳐 제조된다.

1) 소재의 천공

소재의 천공방법에는 만네스만 천공법(Mannesman process), 스티펠(stiefel process), 에르하르트 천공법(Ehrhardt process) 등이 있다.

(1) 만네스만 천공법

소재가 회전식 가열로에서 1,200～1,250 °C로 가열되어 같은 방향으로 회전하는 2개의 원추형 천공롤 사이로 물려 들어가면 마찰력에 의한 회전운동으로 심한 비틀림 작용을 받으면서 소재가 롤을 통과하게 된다. 이때 2개의 롤 축선이 교차하는 지점의 중앙 위치에 있는 심봉(mandrel)에 의하여 소재의 천공이 점진적으로 진행된다. 2개의 원추형 롤은 양 끝단을 향해 5～10° 경사져 있으며, 2개의 롤이 고정되어 있는 축은 수평선에 대하여 서로 6～12° 각도로 교차되어 회전하면서 압연운동을 준다.

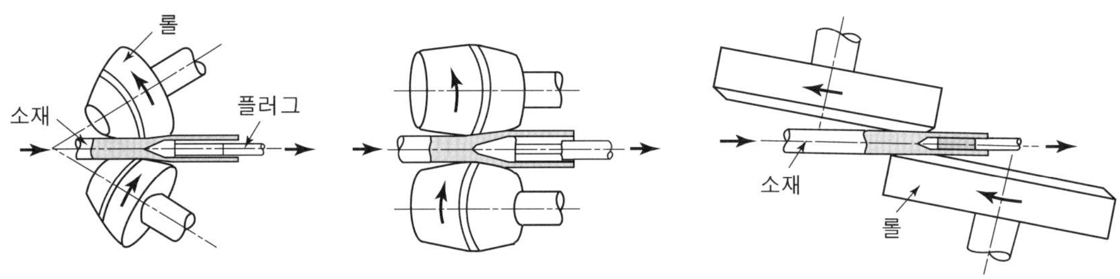

(a) 원뿔형　(b) 만네스만 천공　(c) 스티펠 천공

그림 2.108 천공방법

(2) 스티펠 천공법

만네스만 천공법과 가공원리가 유사하지만 롤의 축이 평행한 원판형 롤을 사용하여 천공을 하게 되며, 지름이 작은 관의 제조에는 어려움이 따른다.

(3) 에르하르트 천공법

그림 2.109와 같이 다각형 강괴를 가열하여 원통형 다이에 넣고 프레스를 사용하여 원

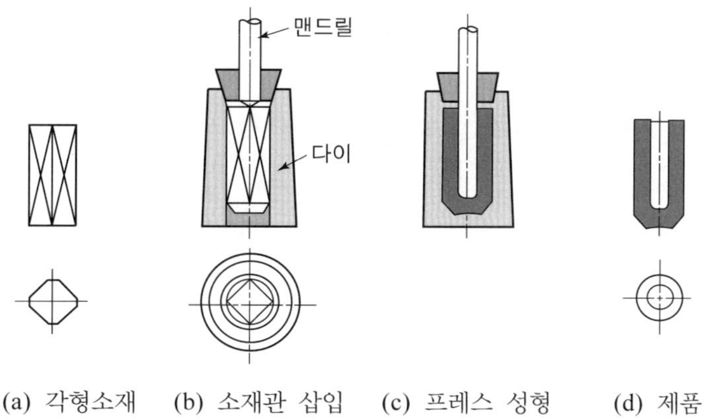

그림 2.109 에르하르트 천공법

형 펀치로 때려서 밀어 넣어서 구멍을 뚫는 천공방법으로서 강괴소재는 외부는 원통형 다이와 같은 형상으로 소성변형이 된다.

2) 압연 제관법

(1) 플러그(plug) 압연

천공된 소재관을 가열된 상태에서 심봉이 설치되어 있는 플러그와 공형 롤 압연기에 통과시켜 관의 두께와 지름을 감소시키는 압연작업을 말한다. 플러그의 심봉은 압연할 관보다 어느 정도 길어야 하며, 롤의 뒤에서 심봉 받침대에 받쳐져 있다.

(2) 맨드릴에 의한 압연

맨드릴 압연은 천공한 소재관의 중공 속에 맨드릴을 끼우고 외부를 원통형 홈이 있는 롤로 압연하여 필요한 두께를 가진 관으로 압연하는 방법이다.

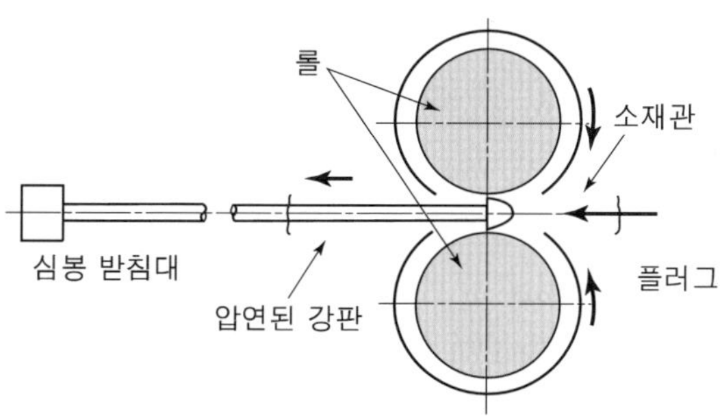

그림 2.110 플러그 압연

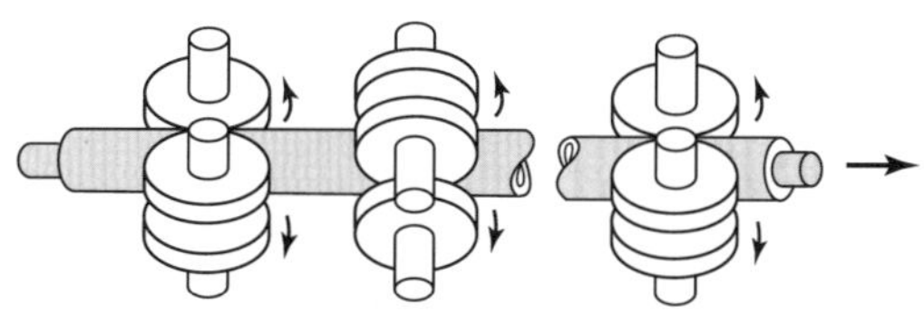

그림 2.111 맨드릴 압연

압연기는 여러 대의 단독 구동의 2단식 압연기로 90°로 수평과 수직으로 교차되어 배치된 공형 롤에 소재관이 통과되면서 조금씩 작아지는 구조로 되어 있다. 이와 같이 맨드릴을 소재관에 삽입된 상태로 압연하면 지름과 두께는 감소되고 길이는 늘어나면서 완성치수로 압연된다.

3) 인발 제관법

맨드릴, 플러그를 소재관 내부에 넣고 다이를 통해 소재관을 잡아당겨서 파이프를 인발하는 방법이다.

4) 압출 제관법

컨테이너 안에 가열된 소재를 넣고 먼저 심봉을 가압하여 컨테이너 하단에 고정된 다이 출구 위치까지 천공하고 램으로 소재를 가압하여 심봉과 다이 벽면 사이로 압출시키는 방법과 이미 구멍이 뚫려 있는 압출소재의 구멍으로 심봉을 다이 출구까지 삽입한 다음 램으로 압력을 가해 관을 압출시키는 방법이 있다.

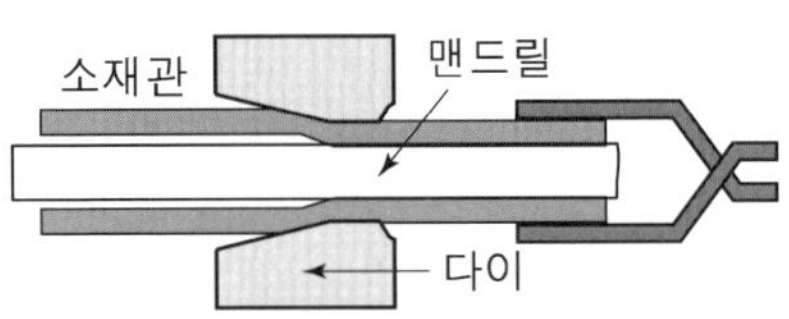

그림 2.112 인발 제관

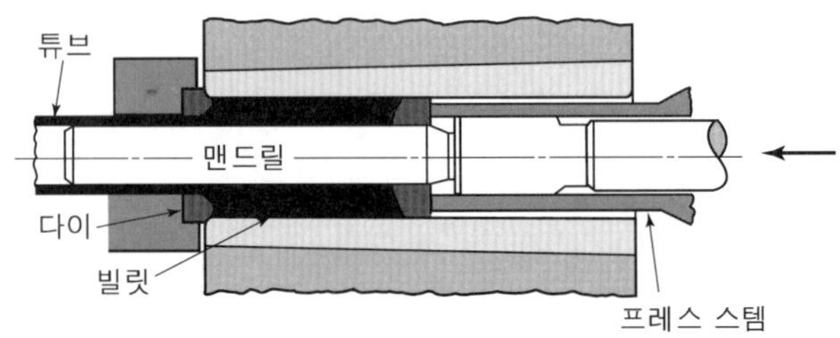

그림 2.113 압출 제관

2. 이음매 있는 관(seam pipe)

슬리팅 머신(slitting machine)에서 길이방향으로 절단된 대강(strip steel)을 관 모양으로 둥글게 성형한 후 이음부분을 접합하여 관을 만드는 방법으로서, 이음방법에 따라 단접관과 용접관으로 분류한다.

1) 단접관

연속식 가열로 통과하면서 고온으로 가열되어 나오는 대강의 폭 방향 양 끝단을 산소-아

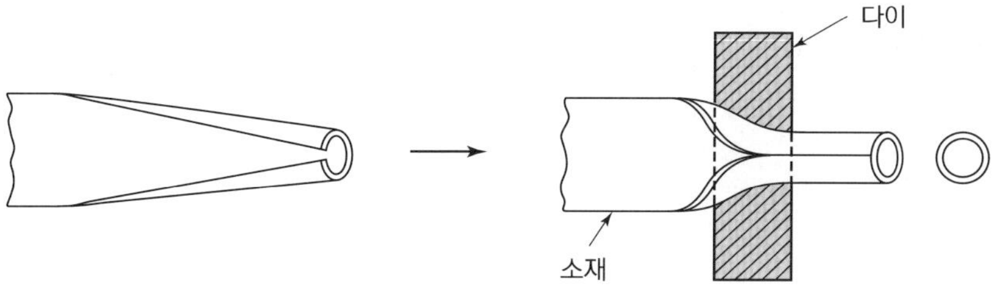

그림 2.114 단접 제관

세틸렌 가스불꽃으로 1,400 °C 부근으로 재가열하여 다이를 통과시켜서 성형과 동시에 단접하여 관을 제작한다.

2) 용접관

슬리팅 머신에서 길이방향으로 절단된 대강을 롤을 이용하여 관 모양으로 둥글게 성형하고 맞댄 부분을 용접으로 접합하여 관을 제작한다. 이음 부분을 접합하는 용접방법에는 모재의 재질, 두께와 지름 등에 따라 전기저항 용접법, 고주파 용접법(특수강이나 박판의 관 제작에 이용), TIG 용접법(스테인리스 강관제작에 이용), 서브 머지드 아크 용접법(큰 지름의 강관제작에 이용) 등이 있으나, 맞댄 윗부분의 좌우에 설치된 전극 롤의 저항열로 가열과 동시에 가압 롤에 의해 압접되는 전기저항 용접법이 많이 사용된다.

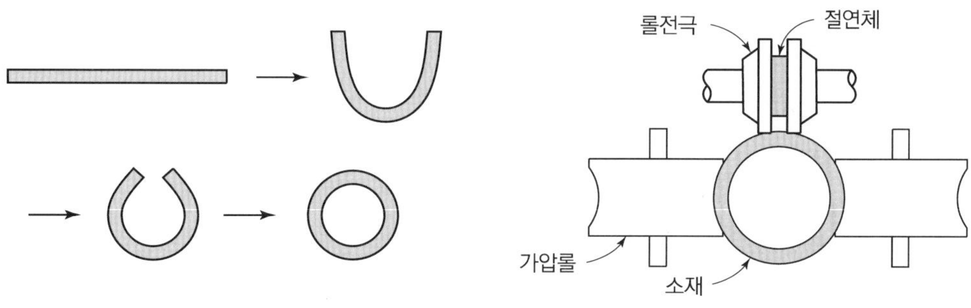

(a) 벤딩롤에 의한 성형과정 (b) 용접과정

그림 2.115 용접 제관

2.11 프레스 기계

1. 인력 프레스

인력에 의하여 구동되는 소형 프레스로 얇은 판재가공에 주로 사용되며 핸드 프레스(hand press)와 풋 프레스(foot press)가 있다.

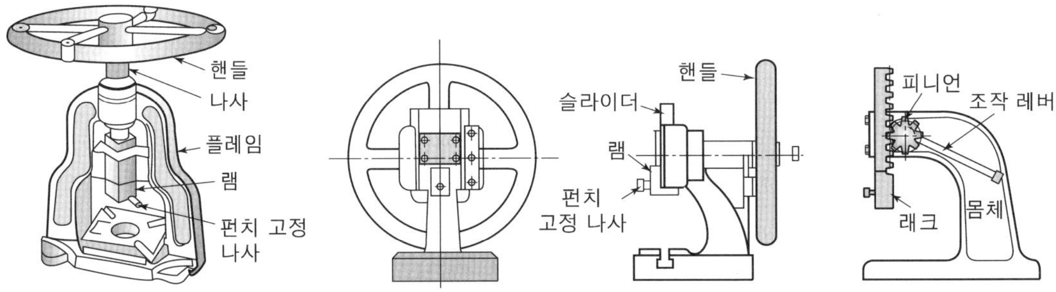

(a) 나사식 (b) 편심식 (c) 래크와 피니언식

그림 2.116 핸드 프레스

2. 동력 프레스

1) 기계 프레스(mechanical press)

기계적인 장치에 의하여 힘을 발생시키는 프레스로서 가압속도가 빨라 작업이 능률적이며 설비, 유지비가 저렴하여 경제적이다. 그림 2.117은 기계식 프레스의 구동 기구를 나타낸 것이다.

(1) 크랭크 프레스(crank press)

가장 많이 사용되는 프레스로서 크랭크축의 회전운동이 커넥팅 로드에 의하여 직선 왕복운동으로 변환되어 슬라이더가 상하운동을 하며 가압할 수 있다. 구조에 따라 단동식과 복동식이 있으며 프레스 제작이 용이하고 사용이 간편하다. 주로 굽힘, 드로잉, 블랭킹, 펀칭 등의 가공에 사용된다.

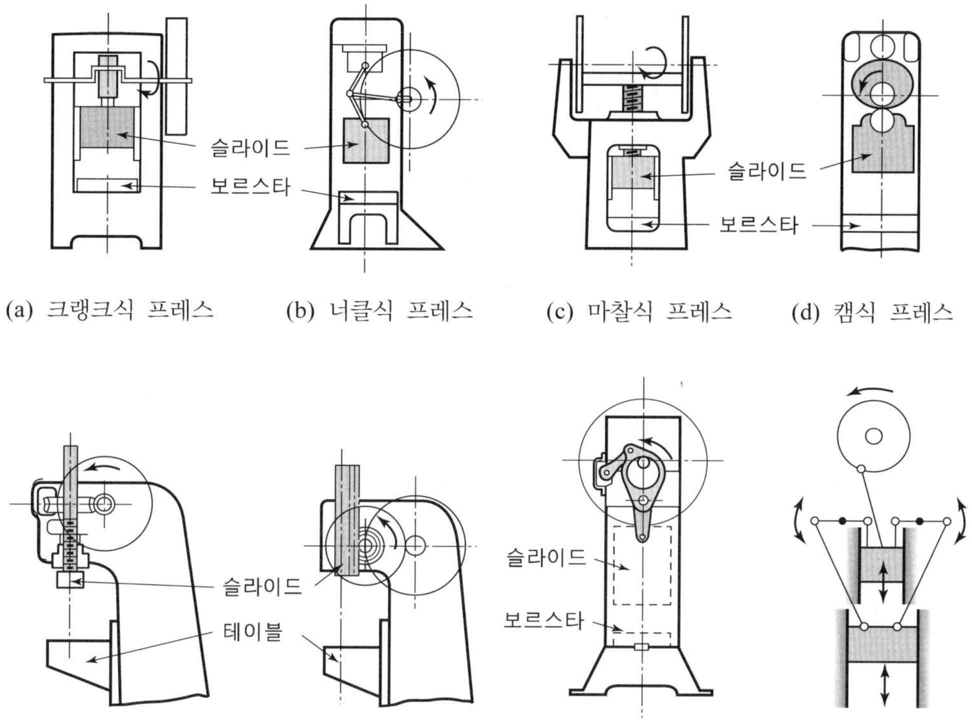

(a) 크랭크식 프레스 (b) 너클식 프레스 (c) 마찰식 프레스 (d) 캠식 프레스

(e) 나사식 프레스 (f) 래크식 프레스 (g) 링크식 프레스 (h) 토글 프레스

그림 2.117 기계식 프레스의 구동 기구

(2) 너클 프레스(knuckle press)

플라이휠의 회전운동을 크랭크 기구를 사용하여 왕복 운동으로 바꾸고, 이것을 3개의 링크(link)로 구성된 너클 기구를 이용하여 큰 힘을 내는 직선운동을 얻는 구조이다. 너클 프레스는 행정의 마지막 하사점 부근에서 큰 힘을 얻을 수 있으므로 주로 성형, 단조, 압축가공 등에 사용한다.

(3) 마찰 프레스(friction press)

수평축에 고정된 원판의 좌우에 있는 수직 회전원판의 접촉 마찰에 의하여 나사 축에 전달되는 에너지를 이용하여 슬라이더를 직선 왕복운동시켜 가압하는 프레스이다. 슬라이더가 내려감에 따라 마찰차의 지름이 커지는 쪽에서 접촉되므로 속도가 더 빨라지고, 올라갈 때에는 이와 반대로 느리게 된다. 수평 원판과 접촉되는 수직 회전원판에 따라 펀치의 상하운동 방향이 달라지는 원리이며, 연속적인 작업이 원활하지 못하여 작업의 효율이 좋지 않다. 따라서 작업에는 숙련을 필요로 하나, 높은 정밀도가 요구되지 않는 단조나 압인 가공 등에 사용된다.

(4) 편심 캠 프레스(eccentric cam press)

축과 함께 회전하는 편심 원판에 결합되어 있는 링 모양의 연결고리에 의하여 회전운동을 직선 왕복운동으로 변환시켜 가압하는 프레스이다. 주로 블랭킹이나 펀칭 등에 이용된다.

(5) 링크 프레스(link press)

구동 방식은 크랭크 프레스와 같이 주축에 회전 운동이 전달되고 주축의 끝에 있는 링크 기구에 의해 하사점 부근에서 슬라이드 속도를 줄여서 가공하게 되므로 정밀 블랭킹, 피어싱 및 드로잉 등에 적합하다. 가공 소음과 진동을 줄일 수 있으며 가공이 끝난 후에 슬라이드가 빠른 속도로 상승하므로 가공시간이 단축되어 생산성을 향상시킬 수 있다.

(6) 토글 프레스(toggle press)

여러 개의 링크(link)가 조합 연결된 구조의 토글기구를 이용하여 회전력을 직선 왕복운동으로 변환시켜 가압하는 프레스이다. 회전력이 직선운동으로 바뀌면서 많은 링크를 거쳐 전달되기 때문에 가압속도가 느리지만, 가압할 때 충격이 적어 대형 드로잉가공, 압인가공, 압출가공 등에 적합하다.

2) 액압 프레스(hydraulic press)

유체의 압력을 실린더에 보내 램을 왕복 운동시켜 작동되는 프레스로서, 기계 프레스에 비하여 가압속도가 느려 비능률적이나, 슬라이드가 어느 위치에 있더라도 작동할 때에는 소재에 큰 에너지를 전달할 수 있고, 또 가압속도도 어느 정도는 조절이 가능하다.

액압 프레스는 행정을 자유롭게 변경할 수 있으며, 가압력의 조절도 가능하다. 또한 가압 시간을 길게 유지할 수 있으며, 전 행정에 걸쳐 일정한 가압력을 유지할 수 있다. 하지만 가공속도가 느리고 기계 값이 비싼 단점이 있다. 액압 프레스는 사용하는 압력매체에 따라 수압 프레스와 유압 프레스가 있으며, 용도에 따라서 수십 톤에서 수만 톤의 대형 프레스가 사용된다. 그림 2.118은 기계식 크랭크 프레스이며, 그림 2.119는 유압 프레스를 나타낸 것이다.

그림 2.118 기계식 프레스

그림 2.119 유압 프레스

연습문제

2.1 소성가공의 종류를 대별하시오.

2.2 소성가공의 특징에 대하여 설명하시오.

2.3 소성가공에서 열간가공과 냉간가공의 특징에 대해 설명하시오.

2.4 다음 용어를 간단히 설명하시오.

① 슬립　② 쌍정　③ 전위
④ 가공경화　⑤ 재결정

2.5 단조가공에서 다음을 간단히 설명하시오.

① 자유단조　② 형단조　③ 업세팅

2.6 압연가공에서 자력 압연조건에 대해 간단히 설명하시오.

2.7 압출가공에서 다음을 간단히 설명하시오.

① 직접 압출　② 간접 압출　③ 충격 압출
④ 정수압 압출　⑤ 압출 결함

2.8 압출가공에서 압출력에 미치는 인자에 대해 설명하시오.

2.9 인발가공에서 인발조건을 나열하고 영향에 대해 설명하시오.

2.10 인발다이를 그려서 간단히 설명하고, 인발가공의 종류를 쓰시오.

2.11 전조가공으로 생산하는 제품과 특징에 대하여 설명하시오.

2.12 전단가공에서 다음을 간단히 설명하시오

① 블랭킹　② 펀칭　③ 트리밍
④ 세이빙　⑤ 전단 각　⑥ 전단면 형상

2.13 스프링 백에 대하여 설명하고 감소시키기 위한 방법에 대하여 설명하시오.

2.14 굽힘가공에서 다음을 간단히 설명하시오.

① 컬링　② 비딩　③ 시밍
④ 벌징　⑤ 스피닝

2.15 드로잉가공에서 다음을 간단히 설명하시오.

① 블랭크 크기　　② 드로잉률

③ 다이와 펀치의 틈새

2.16 드로잉가공에서의 결함과 변형기구에 대하여 설명하시오.

2.17 코이닝과 엠보싱을 비교하여 설명하시오.

2.18 고에너지 가공법에 대하여 쓰시오.

2.19 기계식 프레스의 종류와 특징을 간단히 쓰시오.

2.20 액압식 프레스의 원리와 장단점을 간단히 쓰시오.

CHAPTER

3 플라스틱과 분말야금

3.1 플라스틱 재료

현대사회에서 플라스틱 재료는 생활용품을 비롯하여 섬유제품, 기계 및 전자산업용으로 광범위하게 사용되고 있다. 이러한 플라스틱 재료에는 여러 가지 종류가 있으나, 그 원재료는 석유, 석탄, 천연 가스, 소금 등에서 얻어진다. 플라스틱은 고분자 물질로서 수많은 분자가 결합하여 만들어지며, 간단한 구조를 가지는 몇 개의 저분자 물질에 촉매를 첨가하거나, 가열하거나 압력을 가하는 등 여러 가지 조작을 통해 화학 반응을 일으켜 점차 많은 분자가 결합하여 만들어진다.

이와 같이 제조된 합성수지 재료는 원래 상태로 사용할 수도 있으나, 필요에 따라 착색제나 성형성을 높이기 위한 가소제 등을 첨가하여 알갱이 형태로 만들어서 플라스틱 제품의 성형에 사용한다. 과거에 금속 재료를 사용하던 기계구조와 요소부품이 플라스틱 재료로 바뀌어 가는 경우가 점점 많아지고 있다.

1. 플라스틱의 종류와 성질

1) 플라스틱의 분류와 특징

(1) 플라스틱의 분류

① **열가소성 수지**(thermoplastic resin): 주로 선 모양의 고분자로 이루어진 합성수지로써 열을 가하면 부드럽게 가소성을 가져서 여러 가지 형상으로 성형할 수 있다. 성형시킨 후 냉각시키면 그대로 굳어지며, 가열하면 다시 가소성을 가진다. 폴리에틸렌, 폴리염화비닐, 폴리스티렌, 아크릴 수지 등과 같은 고분자 화합물이 열가소성 수지이다.

▶ **표 3.1** 플라스틱의 종류와 특징

합성 수지명		특징	용도
열경화성수지	페놀수지	전기절연성, 강도 내열성 양호(알칼리에 약함)	전기기기, 통신기기, 기계부품, 도료, 접착제
	멜라민수지	경도가 높고 내수성, 내약품성이 우수하며 표면경도가 크다.	화장판, 식기, 전기부품, 적층판, 섬유가공, 도료
	디알린푸탈레이트수지	저압성형 가능, 전기절연성, 안정성, 내열성 양호(다소 비싸다)	전기절연재료, 화장판
	에폭시수지	금속이나 무기 물질과의 접촉성 양호, 전기절연성, 내약품성 양호	접착제, 도료, 전기절연재료, 유리섬유 강화 플라스틱
	규소수지	전기절연성, 내열성, 방수성 양호, 액상, 고무상, 수지상 등(비싸다).	전기절연재료, 윤활유, 이형제(離型劑), 도료
열가소성수지	염화비닐수지	내약품성, 전기절연성 양호(내열성 약함, 연소에 의해 염화수소 가스 발생)	포장용, 농업용 필름, 전선피복, 관(管)이음
	염화비닐리덴수지	염화비닐수지보다 내열성, 내약품성 양호, 습기나 기체가 통하기 어렵다.	식품포장용 필름, 섬유
	초산비닐수지	무색투명, 전기절연성, 내약품성 양호(연화점 낮다)	폴리비닐알코올의 원료, 에밀션 도료, 접착제
	폴리비닐알코올	온수에 용해된다.	비닐론 섬유, 폴리비닐아세탈의 원료, 유화(乳化)제
	폴리스티렌	무색투명, 전기절연성, 내약품성, 내유성 양호	잡화, 완구, 식탁용품, 전기부품, 포장 단열용 발포품
	ABS수지	강인, 광택양호, 내약품성, 내유성 양호	전기기기 하우징, 자동차부품, 포장단열용 발포품
	메타크릴수지	무색투명, 내후성, 광학적 성질 양호	디스플레이, 방풍유리, 조명기구, 잡화
	폴리에틸렌	가볍고 유연, 전기절연성, 내약품성, 내수성 양호(인쇄, 접착성이 나쁘다)	포장, 농업용 필름, 병, 전기절연 재료, 잡화 운반상자
	폴리프로필렌	폴리에틸렌과 비슷하지만 보다 투명하고 연화점 높고 반복굽힘에 잘 견딤	폴리에틸렌과 유사, 컨테이너, 식기
	불소수지	내약품성, 내마모성, 열안정성, 전기절연성 양호(비싸다)	전기절연재료, 내약품재료 축받이
	폴리아미드	강인, 내유성, 내마멸성 양호(흡수성이 높다)	디스플레이, 방풍유리, 조명기구, 잡화
	폴리아세탈	폴리아미드와 비슷한 성질, 내크립성, 내용제성 양호(분해시 포르말린 냄새 발생)	기어, 베어링, 부시, 캠 스위치, 전기·전자기계 및 자동차부품, 일용품, 건축자재, 사무기기 부품
	폴리카보네이트	강인, 전기적 성질, 내열성, 내한성, 내후성이 좋고 투명	전기부품, 기계부품, 잡화, 창유리, 포장필름
	폴리페틸렌옥사이드	강인, 내열성, 내크립성, 전기적 성질, 내수증기성 양호	전기부품, 기계부품

② **열경화성 수지(thermosetting resin)**: 대부분 액상 또는 분말 형태의 반제품으로 생산되며 경화제를 첨가하거나 가열과 가압하면 비망상의 거대 분자로 된 반제품으로 조밀한 망상으로 이루어진다. 열을 가하면 경화되는 성질을 가지며, 한 번 경화되면 불용융성 물질이 된다.

(2) 플라스틱의 종류와 특징

합성수지는 열이나 압력을 가하면 쉽게 변형되므로 가정 및 사무용품과 기계재료로 많이 사용되고 있다. 합성수지는 금속에 비해 강도와 내열성은 떨어지지만, 성형하기 쉽고 값이 저렴하며 가볍고 전기 절연성이 우수한 특징을 가지고 있다. 표 3.1은 플라스틱의 종류와 특징 및 용도를 나타낸 것이다.

2) 플라스틱의 성질

합성수지의 종류, 합성방법 등에 따라 성질도 다르게 되며, 일반적인 성질은 다음과 같다.

① 가소성이 풍부하여 성형성이 우수하다.

② 성형품의 절삭, 접합 및 표면 처리가 쉽고 전기절연성이 좋다.

③ 산, 알칼리, 기름, 약품류에 대한 내식성이 좋다.

④ 가볍고 무색투명하며, 필요한 색상으로 착색이 가능하다.

⑤ 금속에 비해 강도와 내열성이 떨어진다.

⑥ 햇볕과 외기조건에 따라 색깔이 변하고 표면이 거칠어지고 강도가 감소된다.

플라스틱의 구조는 매우 복잡하여 재료에 따라 역학적으로 다른 특성을 나타내므로 각각의 재료에 대하여 검토해야 한다. 표 3.2는 플라스틱의 기계적 성질을 나타낸 것이다.

3) 강화 플라스틱

플라스틱은 가볍고 여러 가지 모양으로 쉽게 성형할 수 있는 반면에 충격과 열에 약한 단점을 가지고 있다. 이러한 단점을 보완하기 위해 합성수지에 유리섬유, 탄소섬유 등을 보강재를 사용하여 기계적 성질을 개선한 것이 강화 플라스틱이다.

대표적인 강화 플라스틱인 섬유 강화 플라스틱은 보론섬유, 탄소섬유 또는 유리섬유를 보강재로 사용하여 만든 것으로써 가볍고 탄성이 좋으며 열에 강하며 내마모성과 내식성이

▶ **표 3.2** 플라스틱의 기계적 성질

	종류	인장강도 $[kg_f/cm^2]$	연신율 [%]	압축강도 $[kg_f/cm^2]$	경도 [HB]
열가소성 수지	폴리에틸렌	11~130	200~500	-	R11
	폴리스티렌	350~630	1~3.6	800~1,100	M65~90
	폴리염화비닐(경질)	350~630	2~40	550~900	D70~90(H.S)
	폴리염화비닐(연질)	70~250	200~400	70~250	-
	폴리염화비닐리덴	210~350	< 250	140~190	M50~65
	폴리아미드(나일론)	490~770	90	500~900	R111~118
	아크릴 수지	490~630	3~10	850~1,250	M85~105
	폴리테트라플루오르에틸렌	110~210	100~200	120	D50~65(H.S)
	폴리크로로트리플루오르에틸렌	400	35~100	2,250~5,600	R11~115
열경화성 수지	페놀 수지	470~560	1.0~1.5	700~2,100	M124~128
	효소 수지	420~910	0.5~1.0	1,750~2,450	M115~120
	멜라민 수지	420~910	0.6~0.9	1,750~3,000	M110~125
	실리콘 수지	130~300	-	1,100~1,700	M89
	폴리에스테르(경질)	420~700	< 5	900~2,550	M70~115

우수하여 각종 레저 및 스포츠용품을 비롯하여 자동차 및 항공용 부품, 헬멧, 소형선박의 선체 및 구조물 등에 널리 이용되고 있다.

강화 플라스틱에 사용되는 플라스틱 합성수지 중 열경화성 수지에는 대부분 폴리에스터가 이용된다. 열가소성 수지로는 나일론, 폴리프로필렌, 폴리카보네이트 등이 사용되며, 보강재로 사용하는 강화재로 유리섬유, 탄소섬유, 아라미드(aramid)섬유, 보론(boron)섬유 등이 사용된다. 이러한 강화 플라스틱의 종류의 예로 다음과 같은 것이 있으며, 표 3.3에 대표적인 강화 플라스틱의 기계적 성질을 나타내었다.

① FRP(fiber reinforced plastics): 섬유 강화 열경화성 플라스틱

② FRTP(fiber reinforced thermo-plastics): 섬유 강화 열가소성 플라스틱

③ GRP, GRTP(glass-fiber reinforced plastics): 유리섬유 강화 플라스틱

④ CFRP(carbon-fiber reinforced plastic): 탄소섬유 강화 플라스틱

⑤ KFRP(KEVLAR-fiber reinforced plastic): 아라미드섬유 강화 플라스틱

▶ **표 3.3** 강화 플라스틱의 기계적 성질

재료 \ 항목	밀도 [g/cm^2]	인장강도 [kg$_f$ /cm^2]	비강도 [10^5 cm]	인장탄성률 [kg$_f$ /mm^2]	비탄성률 [10^5 cm]
탄소섬유/에폭시 수지	1.5	140	9.3	13,000	8.7
보론섬유/에폭시 수지	2.1	140	6.7	21,000	10.0
KEVLAR-49/에폭시 수지	1.4	140	10.0	8,000	5.7
유리섬유/에폭시 수지	2.0	140	7.0	5,600	2.8
고장력강(鋼)	7.9	180	2.3	21,000	2.7
알루미늄합금	2.8	50	1.7	7,500	2.7
티타늄합금	4.4	100	2.2	11,000	2.5

3.2 플라스틱 성형

1. 성형가공법

분말(powder)이나 펠릿(pellet)상으로 되어 있는 합성수지를 금형에 넣고 가열시켜 경화시키거나, 가소제와 용제로 유동성을 주어 사출 성형하여 플라스틱 제품을 만드는 방법이다.

일반적으로 성형가공의 공정은 합성수지에 유동성을 주기 위한 가소화 공정, 수지를 금형 속에 충진시켜 성형하는 공정, 수지를 경화시켜 제품을 완성하는 공정으로 요약할 수 있다.

이와 같은 성형가공법에는 압축성형(compression molding), 이송성형(transfer molding), 사출성형(injection molding), 압출성형(extrusion molding), 블로성형(blow molding) 등이 있다.

1) 압축성형

그림 3.1과 같이 분말 또는 펠릿(pellet)형태의 합성수지를 금형에 넣고 적당한 온도로 가열하여 압축하여 성형하는 방법을 압축성형이라 한다. 열경화성 수지를 금형에 넣고 유동될 수 있는 온도까지 가열한 후 가압하여 성형한 후 경화시켜 완전히 고화되어 성형을 마치게 된다. 열가소성 수지를 압축성형할 때에는 성형을 마친 후 금형을 냉각시키고 압력을 제거하면 된다. 열경화성 수지를 압축성형할 때에는 금형을 식히지 않아도 경화되므로 경화반응이 끝나고 나면 성형 제품을 꺼내면 된다. 성형된 제품이 금형에서 잘 분리될

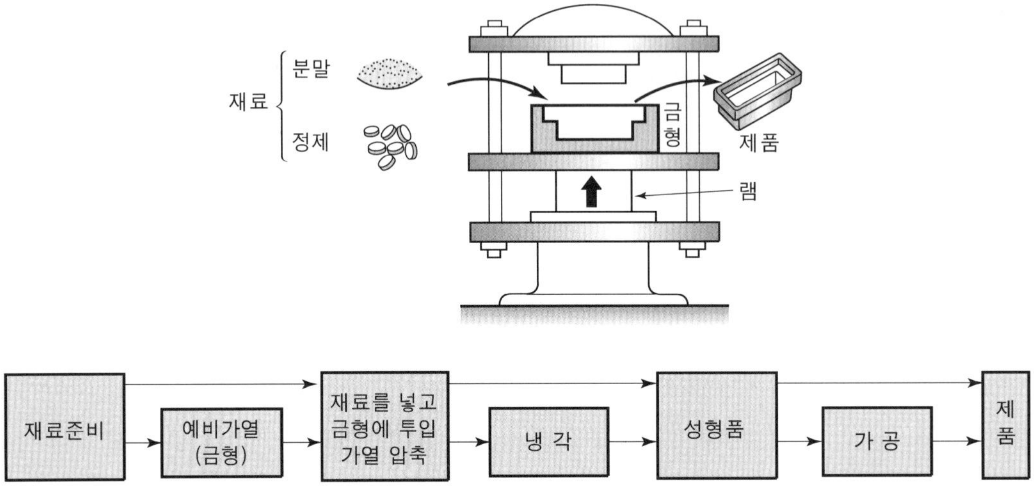

그림 3.1 압축성형법

수 있도록 금형의 표면에 실리콘유 등의 이형제를 바르고 압축성형할 수 있다.

2) 이송성형

이송성형(transfer molding)은 그림 3.2와 같이 미리 예열시켜 가소화된 수지를 금형의 트랜스퍼 포트에 공급하고 플런저로 가압하여 금형에 수지를 주입시켜 성형하는 방법이다.

가열과 압력이 너무 낮으면 유동성이 저하되며, 가열과 압력이 지나치면 수지가 금형의 구

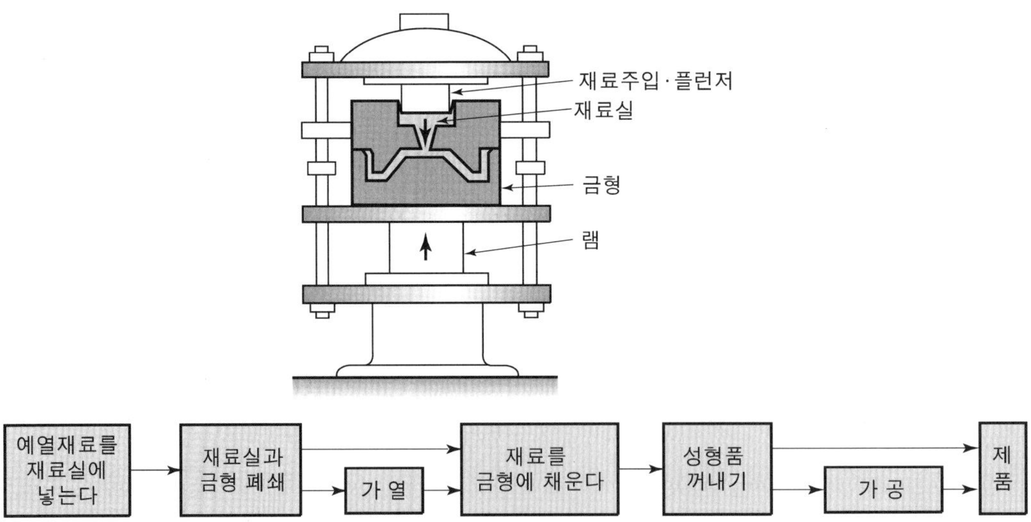

그림 3.2 이송성형법

석진 부분까지 충진되기 전에 굳어져서 완전한 성형이 어려워지고, 기계 고장의 원인이 되므로 가열과 압력을 정확하게 유지하는 것이 매우 중요하다. 이송성형법은 압축성형법에 비해 압력이 1/3 정도로 작고 성형시간도 짧으며 섬세하고 복잡한 형상의 성형도 할 수 있다.

3) 적층성형

얇은 플라스틱과 종이, 직물, 매트 등과 같은 소재를 서로 층상으로 겹쳐 쌓은 상태에서 가열하고 가압시켜 하나의 몸체로 성형하는 것을 적층성형이라 한다. 이때 가해지는 압력에 따라 저압적층은 0～50 kg_f/cm^2, 보통적층은 50～100 kg_f/cm^2, 고압적층은 100～300 kg_f/cm^2의 압력으로 성형하며, 페놀수지, 멜라민수지 등과 같은 축합형의 수지를 사용한 경우에 적용된다. 유리섬유 매트나 직물을 보강재로 사용하여 강화 플라스틱 성형은 저압적층을 사용한다.

4) 사출성형

사출성형(injection molding)은 펠릿(pellet)상의 수지를 호퍼(hopper)에서 공급하며 일정량을 가열장치에서 액상으로 만들어서 금형으로 사출하여 성형하는 방법으로서 열가소성 수지의 성형에 많이 사용되고 있는 성형법이다. 성형 사이클이 짧아서 제품을 대량생산하는 데 적합한 성형법이다.

(1) 플런저 형(plunger type)

그림 3.3과 같은 성형기의 호퍼에 일정량의 합성수지를 넣고 가열실에서 용융된 수지를 왕복 플런저로 밀어 넣어 압력을 가해 금형에 사출시켜 성형하고 냉각시킨다. 성형 작업은 압축성형보다 높은 온도인 250 °C 부근에서 500～1,500 atm 정도의 압력을 가하여 사출성형한다.

(2) 스크루 형(screw type)

그림 3.4와 같이 합성수지를 호퍼에서 공급하고 실린더 내에서 가열되어 용융된 수지가 스크루의 회전에 의해 금형으로 사출되어 성형하는 구조이다.

열경화성 수지는 재료의 성형 특성이 열가소성 수지와 다르므로 실린더 속에서 수지를 완전히 용융시키지 않고, 120～150 °C 정도의 반 용융 상태에서 사출 성형한다. 성형 온도가 높아지면 급격히 경화 반응이 일어나서 유동성을 잃게 되어 성형이 어려워지게 된다.

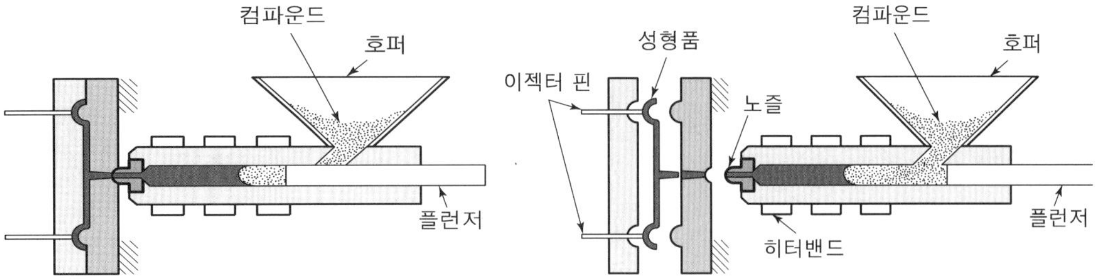

(a) 사출 중 (b) 성형품 취출

그림 3.3 플런저 형 사출성형

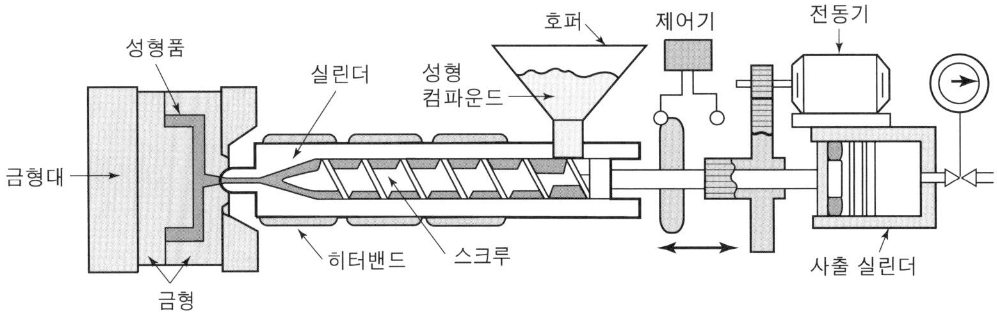

그림 3.4 스크루 형 사출성형

5) 압출성형

압출성형(extrusion molding)은 압출기에서 가열시켜 연화된 열가소성 수지를 압출시켜 다이 구멍과 같은 단면을 갖는 파이프, 시트, 피복 전선 등과 같은 제품을 연속적으로 성형하는 성형법이다. 그림 3.5는 단축 압출성형기의 구조로서 호퍼에 분말 또는 펠릿상의 열가소성 수지를 넣고 가열 실린더에서 연화시킨 후 다이로 압출하고 냉각시켜서 제품을 성형하게 된다. 압출성형은 연화된 수지를 스크루로 연속적으로 압출시켜 긴 제품을 연속적으로 성형할 수 있다.

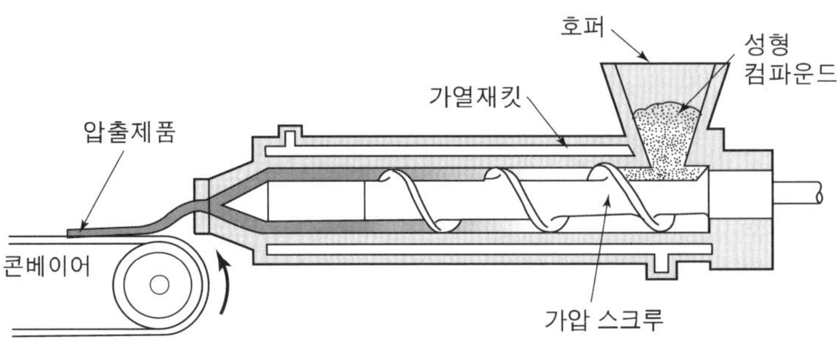

그림 3.5 압출성형기의 구조

6) 블로성형

블로성형(blow molding)은 압출성형과 사출성형을 병용한 방법으로서, 우선 길이가 짧고 가는 관상(管狀)의 패리슨(parison)을 압출 또는 사출하고, 관상의 성형품을 다이 속에 넣고 가열한 후 내부로 공기를 불어 넣어 속이 빈 제품을 만드는 성형방법이다.

(1) 압출 · 블로성형

그림 3.6(a)와 같이 합성수지를 관상의 패리슨(parison)으로 압출하고 그림 3.6(b)와 같이 압출된 패리슨을 금형에 넣고 내부에 압축공기를 불어 넣어 금형의 형상대로 얇은 용기를 성형하는 방법이다.

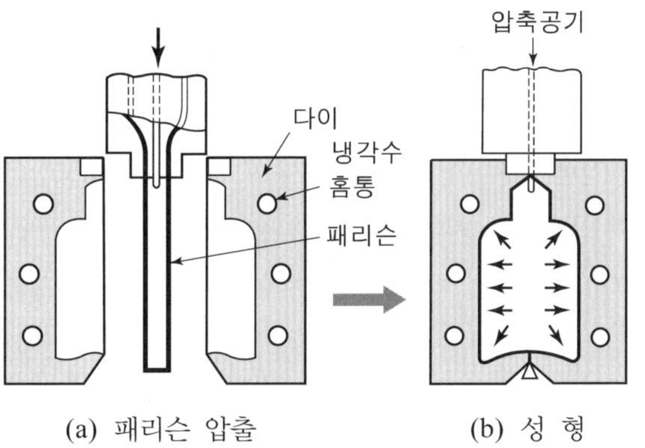

그림 3.6 압출·블로성형 방법

(2) 사출 · 블로성형

그림 3.7(a)와 같이 사출성형으로 관상(parison)을 만들고, 관상의 성형품을 그림 3.7(d)와 같이 금형 속에 옮겨서 내부로 압축공기를 불어 넣어서 금형의 형상대로 용기를 성형하는 방법이다. 이 방법은 압출 • 블로성형법에 비해 생산성이 낮고 치수 정밀도가 떨어지나, 화장품용기와 같이 비교적 작은 병을 성형할 때 유용하다.

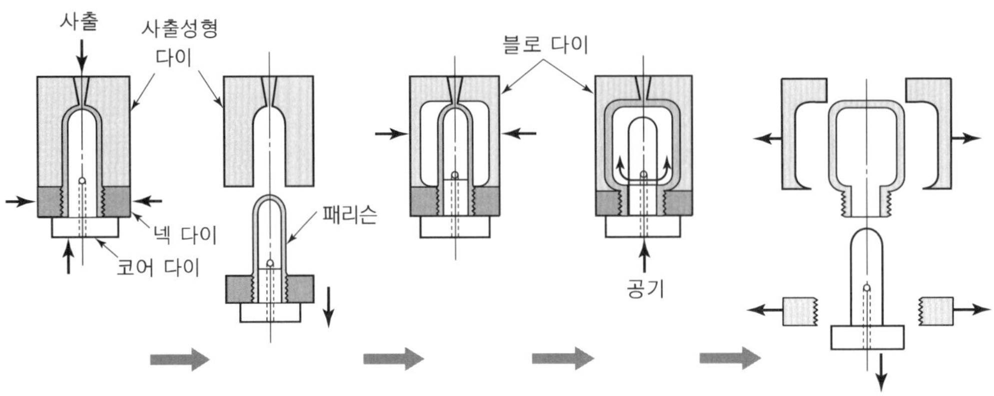

(a) 패리슨 성형 (b) 패리슨 분리 (c) 블로 다이 씌우기 (d) 성형하기 (e) 제품 분리

그림 3.7 사출·블로성형 방법

2. 강화 플라스틱 성형

플라스틱의 기계적 성질을 보완하여 개선하기 위한 방법으로서 열경화성 수지뿐만 아니라 열가소성 수지에도 유리섬유, 카본섬유, 면 등을 보강재로 조합하여 성형한 강화 플라스틱FRP(fiber reinforced plastics)을 사용한 제품이 성형되어 사용되고 있다. 강화 플라스틱은 여러 가지 성형법이 있으나 일반적으로 개방성형법과 폐쇄성형법으로 분류한다.

1) 개방성형

(1) 핸드레이업 성형

오목하거나 볼록한 단일형을 사용하며 수작업으로 제품을 만드는데, 그림 3.8(a)와 같이 보강재를 몰드에 표면에 놓고 그 위에서 수지를 묻힌 핸드레이업용 롤로 수지를 표면에 발라 기재에 함침시켜 필요한 두께까지 이 과정을 반복하여 성형하는 방법이 핸드레이업(hand ray-up)성형이다. 보강재로는 유리섬유 매트가 주로 사용되며 요구되는 제품의 강도에 따라서 여러 가지 직물도 사용할 수 있으며, 필요에 따라서 매트와 직물의 혼성구조로 하는 경우도 있다.

(2) 스프레이업 성형

그림 3.8(b)와 같이 금형 면에 수지와 함께 보강재를 분무하는 방식으로서, 스프레이를 마친 후에 롤을 사용하여 표면을 평활하게 하는 방법이 스프레이업(spray-up) 성형이다.

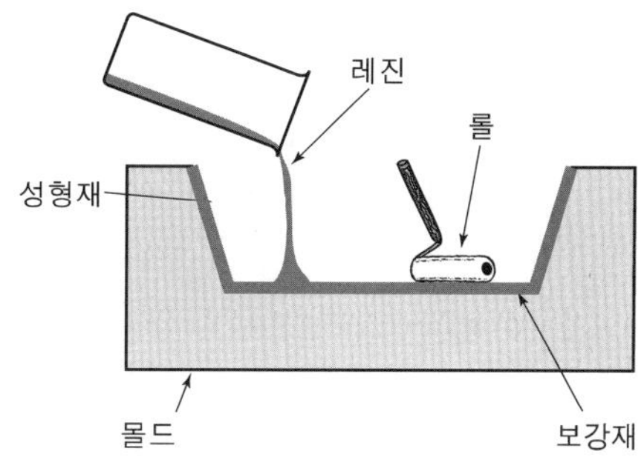

(a) 핸드레이업 성형

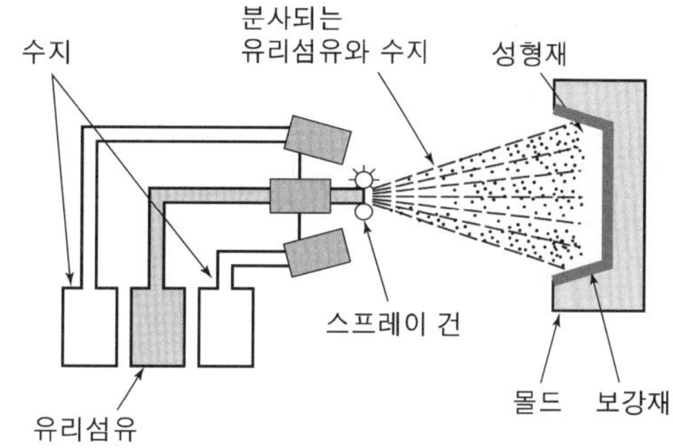

(b) 스프레이업 성형

그림 3.8 개방 성형법

핸드레이업 성형에 비해서 두께가 고르지 못하고, 표면이 다소 조잡해지는 경향이 있으므로 숙련자가 성형해야 양호한 표면의 제품을 얻을 수 있으며, 주로 대형제품의 성형에 이용된다.

2) 폐쇄성형

그림 3.9와 같이 상·하형이 맞물려 있는 금형의 한쪽에 유리섬유를 깔고 그 위에 수지를 주입하고 금형을 닫아서 가열 가압하여 성형하는 방법으로서 매치드 다이(matched die) 성형법이라고도 한다. 성형할 형상이 분리하기 쉽고 단순하며 균일한 두께의 제품의 성형에 이용된다.

3) 필라멘트 와인딩 성형

그림 3.10과 같이 유리섬유를 수지욕조에 함침시킨 후 맨드릴에 감아 붙여서 성형하는

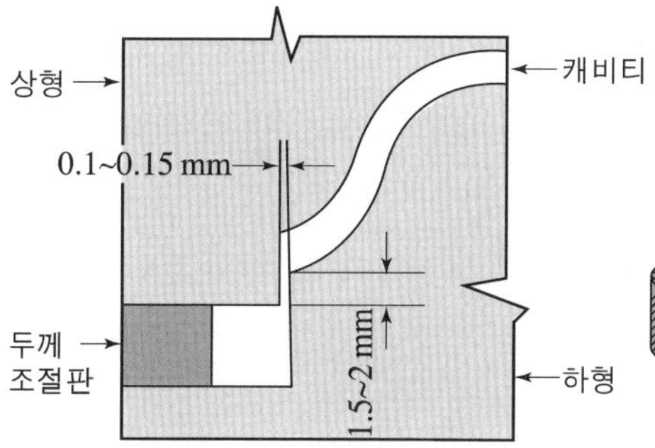

그림 3.9 폐쇄 성형

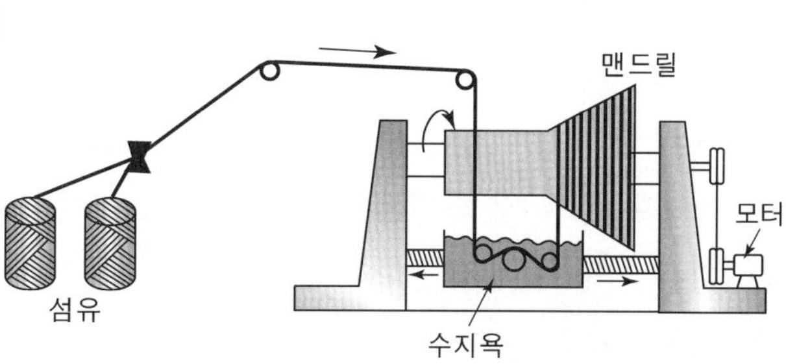

그림 3.10 필라멘트 와인딩 성형

방법을 필라멘트 와인딩(filament winding) 성형법이라 한다. 이 방법은 유리섬유 함유량이 높아 강도가 매우 높은 성형 제품을 얻을 수 있으나, 성형 효율이 떨어진다. 성형품의 형상은 파이프 모양과 구(sphere)형에 적용되어 고강도용으로 파이프가 생산에 주로 이용되고 있다.

3.3 분말야금

금속 또는 금속산화물의 분말을 혼합한 원료를 사용하여 필요한 형태로 압축시켜 성형한 후 용융점보다 낮은 온도에서 소결(sintering)하는 방법을 분말야금(powder metallurgy)이라 한다. 이와 같이 분말야금은 분말을 금형 속에 넣고 압력을 가해 원하는 형태로 성형(compaction)한 후 고온에서 가열시켜 소결(sintering)하는 공정을 통하여 단단하고 치밀한 조직을 가진 제품을 만드는 것이다. 이때 분말의 성형은 상온이나 고온에서 행해지며, 고온에서 성형을 행할 때에는 유지시간을 길게 하면 성형과 소결을 동시에 완료할 수 있다.

분말야금 방법은 19세기 텅스텐 필라멘트를 만들기 위해 기술이 개발된 이래로 고용융점이 금속의 가공에서부터 초경합금 절삭공구의 제작에 이르기까지 이용되어 왔다.

근래에 들어 분말야금 기술이 급속하게 발전함에 따라 기어, 캠, 부싱, 피스톤링, 밸브가이드, 커넥팅 로드와 같은 기계부품과 내화물 제조에 폭 넓게 활용되고 있다.

1. 분말야금의 기초

1) 분말야금법의 특징

용융법을 이용해서 제조하기 어려운 고용융점 금속인 텅스텐(W), 몰리브덴(Mo) 등은 분말야금법을 사용하여 제조가 가능하다. 용융온도가 대략 2,000 °C 이하인 금속재료는 용융법을 이용하여 제조가 가능하지만, 분말야금법은 용융온도가 매우 높은 금속이나 탄화물의 제조에 있어서 매우 유용한 제조공정이다. 보통 분말야금 공정에서는 주재료를 용융시키지 않으므로 용융할 때 발생하는 불순물 혼입 등의 오염을 피할 수 있다. 소결과정도 환원성 분위기나 진공 중에서 행하여 산화의 염려가 없으므로 원료 분말이 순도를 유지할 수 있다. 하지만 분말의 제조, 포장, 보관과 분말야금 공정 등에서 유입될 수 있는 오염의 가능성이 있으므로 매우 세심한 주의를 기울여야 한다. 이와 같이 재료의 조성 성질상으로 분해와 반응이 일어나서 융해가 불가능한 경우나 비중의 차가 커서 균일한 재질의 합금이 어려운 경우에 분말야금법을 사용하여 제품화를 용이하게 할 수 있다. 분말야금법의 장단점은 다음과 같다.

- **장점**

① 생산성이 높아 다량 생산에 적합하다.

② 절삭가공, 소성가공 공정의 생략이 가능하다.

③ 다공질 제품의 제조가 가능하다.

④ 고용융점 재료, 복합재료의 제조가 용이하다.

⑤ 미세한 결정립을 가진 치밀한 조직을 얻을 수 있다.

- **단점**

① 제품 크기와 형상에 제약을 받는다.

② 원료 분말이 비교적 고가이다.

③ 기공이 있으면 강도가 낮아진다.

④ 취성이 있으며 절삭가공이 불가능하다.

2) 분말의 종류

분말야금에 사용되는 분말의 종류는 W, Mo과 같은 고용융점 금속과 상호간에 고용이 어려운 W-Cu, WC-Co와 같은 복합재료, 금속-비금속 결합재료(구리-흑연, 철-세라믹) 등 다양한 종류가 사용되고 있다.

① **초경질 분말합금:** 금속의 탄화물 분말을 압축성형하여 소결하면 매우 경도가 높은 합금재료를 얻을 수 있다. 보통 초경질 합금은 탄화텅스텐(WC)을 결합제로 코발트(Co)를 사용하여 소결한 합금으로 탄화텅스텐 입자들 사이의 코발트에 탄소와 텅스텐이 개재해 있어서 대단히 굳고 내마모성이 우수하여 절삭용 공구, 착암용 공구, 다이스 등에 사용된다.
소결을 통해 텅스텐과 탄소가 코발트 속으로 확산 침투하여 강한 고용체가 되며, 이로 인하여 탄화텅스텐의 입자가 결합되어 조직이 형성된다. 이외에도 WC-Co계, WC-TiC-TaC Co계, WC-TiC-Co계 등의 분말이 사용된다.

② **스테인리스강 분말:** 강종의 스테인리스강에 비해 소결 스테인리스강은 밀도가 낮아서 경도와 내식성이 떨어진다. 이러한 결점을 해결하기 위해 내식·내마멸 부품용으로

개발한 MIREX630은 저탄소(0.05%C), Ni(4%), Cr(17%), Cu(4%)에 Nb(0.4%)를 합금한 것으로써, 압축성이 좋고 소결 밀도가 높아서 경도가 크고 내식성이 우수한 분말합금이다. 손목시계 부품, 자동차 엔진부품, 카메라부품 등 내식·내마멸성이 요구되는 재료로 적합하다.

③ **Al합금 분말:** Al-Li계와 금속기반 복합재료(MMC)계로 SiC입자에 의한 강화품이 있다. 과공정 Al-Si합금은 초정Si를 미세화하여 내마모성을 향상시킨 것으로서 Cu, Mg, Fe, Ni, Mn, SiC 등을 첨가한 분말합금이다.

2. 분말야금법

1) 배합

합금 배합의 경우에는 기지의 금속 분말에 합금 분말을 배합한다. 합금 성분이 많을 때에는 모합금(母合金)을 만들어 배합하고, 적을 때에는 단일 금속 분말 상태로 배합한다. 분말을 압축 성형할 때 압축효과를 높이고 금형과 분말의 마찰을 줄이기 위해 흑연, 비누, 합성수지 등을 0.2~1%를 첨가한다. 공기 중이나 산화를 막기 위해 불활성분위기 또는 액체 속에서 분말을 배합하는데, 이때 액체를 사용하면 윤활제 작용으로 인해 보다 균일하게 배합할 수 있다. 이러한 공정에서 오염물질이 혼입되지 않도록 세심한 주의를 기울여야 한다.

2) 성형

(1) 압축성형

필요한 형상의 분말야금 제품을 얻기 위해 금형에 분말을 넣고 압축시켜 성형하는 공정으로서 원하는 형상을 만들고 밀도와 강도를 높게 하면서 균일한 조성을 가진 분체 덩어리를 만들 수 있다. 이와 같이 압축성형으로 형상과 치수가 완성된 제품에 가깝게 되고 소결 공정도 용이해진다. 압축기계로는 20~30 ton 용량의 기계 프레스, 유압 프레스 등이 사용되며, 그림 3.11과 같은 공정으로 진행된다.

(2) 고온가압 성형

분말에 열과 압력을 동시에 가하여 성형하는 것을 고온가압 성형이라 한다. 고온에서 가압하면 분말 혼합물이 소성이 커지고 확산속도가 증가하여, 비교적 작은 압력으로 짧은 시간에 성형할 수 있다. 이와 같이 고온에서 성형을 행할 때에 유지시간을 길게 하면 성형과

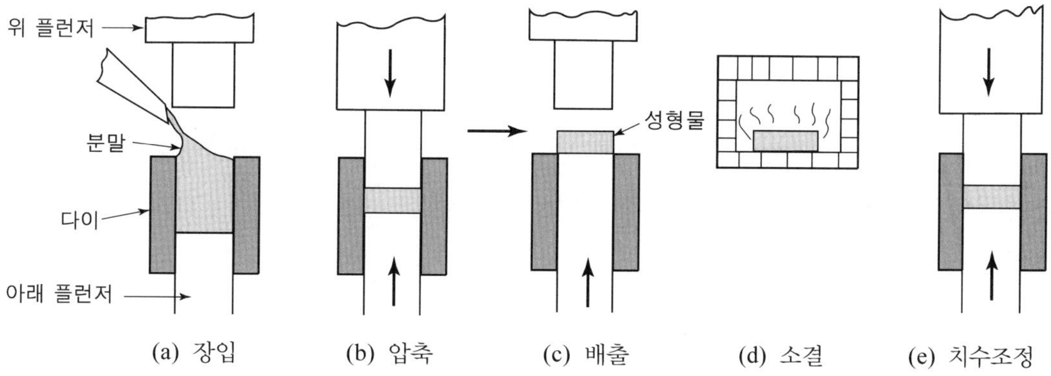

그림 3.11 압축성형 분말야금 공정

소결을 동시에 완료할 수 있다. 가열방법은 금형 주위를 전기로에서 가열하는 간접가열 방식과 플런저를 통하여 분말에 직접적으로 강한 전류를 통하여 가열하는 직접가열 방식이 있다.

3) 소결

분말을 압축하여 성형한 분말 덩어리의 입자간 결합은 기계적인 접촉에 불과하며 충분한 원자간 결합이라고 볼 수 없다. 이러한 기계적 결합으로는 밀도와 강도가 부족하여 분말야금으로의 고유 기능을 할 수 없는 상태이다. 따라서 압축 성형한 분말 덩어리를 가열하여 원자적인 결합을 시키기 위해 소결(sintering)처리를 해야 한다. 이러한 소결을 통해 분말의 조직이 치밀해지고 기계적 강도가 현저하게 향상된다. 그림 3.12는 상온에서 압축 성형한 분말 덩어리의 입자간 결합과 상온에서 성형한 후 소결한 입자의 결합상태를 보여준다.

소결할 때에는 산화를 방지하기 위해 수소, 암모니아, 진공상태 또는 환원성 분위기 내에서 실시하며, 가열온도는 분말의 용융온도 이하에서 소결한다.

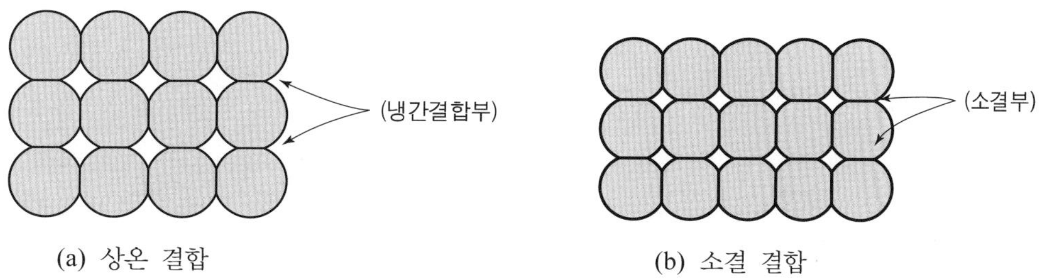

그림 3.12 상온 압축성형입자과 소결 입자

4) 후처리

(1) 2차 가공

소결한 분말야금 제품은 약간의 치수나 형상변화가 생길 수 있으며, 필요할 경우 다시 금형에서 압축하여 변화를 보정하여야 한다. 이때 압축된 분말야금은 냉간가공에 의해 조직이 치밀해지고 강도가 증가하므로 더욱 치밀한 조직을 얻으려면 소결과 압축공정을 되풀이하면 된다. 또한 치수의 정밀도와 표면 평탄도가 요구되는 경우에는 사이징(sizing)과 코이닝(coining)을 실시할 수 있다.

(2) 침윤과 금속용침

① **함침(impregnating)**: 오일리스 베어링(oilless bearing)과 같이 전체 체적의 30% 정도까지 윤활유를 갖는 베어링이나 부시는 분말야금으로 소결된 제품을 가열한 기름에 담가서 기름을 스며들게 한 것이다. 이와 같이 금속 내부에 윤활유를 함침시킨 부품은 수명이 다할 때까지 윤활유를 공급하지 않아도 된다. 유니버설 조인트에도 소결한 제품에 그리스(grease)를 침윤시키는 방법으로 만들 수 있다.

② **침윤(infiltration)**: 저용융점 금속의 슬러그(slug)를 소결제품과 같이 놓고 슬러그의 용융온도까지 가열하면 용융금속이 모세관현상에 의해 소결제품의 기공 속으로 침투하여 기공이 메워져서 강도가 좋아지게 된다. 가장 일반적 사례로는 철기금속에 구리를 침투시켜 경도와 인장강도를 개선한 것이다. 또한 전단강도가 낮은 납으로 용침시키면 마찰저항이 감소되는 특성을 갖게 된다. 용융금속이 모세관현상에 의해 소결제품의 기공 속으로 침투하여 기공이 메워져서 강도가 좋아지게 된다. 가장 일반적 사례로는 철기금속에 구리를 침투시켜 경도와 인장강도를 개선한 것이다. 또한 전단강도가 낮은 납으로 용침시키면 마찰저항이 감소되는 특성을 갖게 된다.

연습문제

3.1 열가소성 수지와 열경화성 수지의 차이점을 설명하시오.

3.2 플라스틱의 성형가공법의 종류와 특징을 간단히 설명하시오.

3.3 블로성형에 대하여 간단히 쓰시오.

3.4 강화 플라스틱이란 무엇인지 쓰고, 용도를 간단하게 쓰시오.

3.5 강화 플라스틱의 필라멘트 와인딩 성형법에 대해 간단하게 설명하시오.

3.6 분말야금이란 무엇인지 간단하게 쓰고, 장단점을 쓰시오.

3.7 압축성형법을 이용한 분말야금법을 도식화하여 간단히 설명하시오.

CHAPTER

4 용 접

4.1 용접의 개요

금속재료에 열이나 압력을 가하여 두 금속을 접합하는 것이 용접(welding)이다. 용접은 여러 가지 기계요소와 구조물을 결합하여 조립하는 공정에 사용된다.

금속을 접합하는 방법에는 기계적인 방법과 금속적인 방법이 있다. 기계적인 방법에는 리벳 접합(riveting), 볼트 접합(bolting), 심 접합(seaming), 익스팬딩(expanding) 등이 있다.

금속적인 방법에는 용접(fusion welding), 압접(pressure welding), 납접(soldering) 등이 있는데 주로 영구적인 결합을 하는 데 사용된다. 일반적으로 용접이라는 것은 금속적인 접합으로서 금속을 가열하거나 작업방법에 따라 가스 용접, 아크 용접, 전기저항 용접 등과 같이 여러 종류로 구분할 수 있다. 용접 작업은 재료를 절약할 수 있고 작업공정을 줄일 수 있으며, 설비가 간단하고 저렴하여 경제적인 장점을 가지고 있으나, 열에 의하여 재질이 변화될 수 있고 열응력에 의하여 변형과 균열이 발생하거나 열응력이 잔류될 수 있는 단점도 있다.

금속의 여러 가지 결합방법을 그림 4.1에 나타내었다.

1. 용접법의 종류

용접법에는 다음과 같은 종류가 있으며, 표 4.1에 용접법을 대별하여 구분하였다.

1) 용접법

① **아크 용접:** 피복 아크 용접, 불활성가스 아크 용접, CO_2 아크 용접 등이 있다.

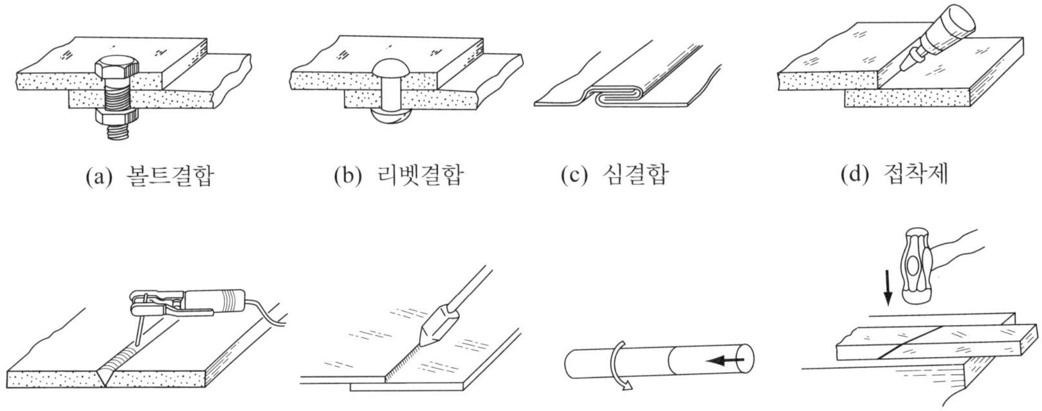

(a) 볼트결합 (b) 리벳결합 (c) 심결합 (d) 접착제

(e) 용 접 (f) 땜결합 (g) 마찰압접 (h) 단접(압접)

그림 4.1 금속의 여러 가지 결합방법

▶ **표 4.1** 용접법의 분류

- 용접법
  - 용 접
    - 아크 용접
      - 비피복 아크 용접
      - 피복 아크 용접
      - 원자 수소 용접
      - 불활성 가스 아크 용접
      - 서브머지드 아크 용접
      - 이산화탄소 아크 용접
      - 플라즈마 아크 용접
      - 스텃 아크 용접
      - 일렉트로 가스 용접
    - 가스 용접
      - 산소 아세틸렌 가스 용접
      - 공기 아세틸렌 가스 용접
      - 산소-수소 가스 용접
    - 특수 용접
      - 전자 빔 용접
      - 일렉트로 슬래그 용접
      - 레이저 빔 용접
      - 테르밋 용접
  - 압 접
    - 저항 용접
      - 스폿 용접
      - 심 용접
      - 프로젝션 용접
      - 업셋 용접
      - 플래시 용접
      - 고주파 저항 용접
    - 고상 용접
      - 가스 압접
      - 마찰 용접
      - 초음파 용접
      - 냉간 압접
      - 단 접
      - 폭발 압접
  - 납 땜
    - 연납땜
    - 경납땜

② **가스 용접:** 산소-아세틸렌 가스 용접, 산소-수소 가스 용접 등이 있다.

③ **특수 용접:** 전자 빔 용접, 일렉트로 용접, 테르밋 용접, 레이저 용접 등이 있다.

2) 압접법

① **전기저항 용접:** 스폿 용접, 심 용접, 프로젝션 용접, 업셋 용접, 플래시 용접 등이 있다.

② **특수 압접법:** 가스 압접, 마찰 압접, 초음파 용접, 폭발 압접 등이 있다.

3) 납접

① **연납접:** 납재의 용융온도가 450 °C 이하인 연납을 사용하여 납땜하는 것이다.

② **경납접:** 납재의 용융온도가 450 °C 이상인 경납을 사용하며, 연납에 비해 접합강도가 크다.

2. 금속의 용접성

용접과 관련된 여러 가지 조건 중에서 모재에 대한 용접의 난이도를 나타내는 성질을 용접성(weldability)이라 한다. 즉 용접될 모재가 용접에 의해 필요한 비드와 강도를 가진 용접부를 얻을 수 있는가의 여부를 나타내는 정도이다. 이와 같은 용접성은 동일한 모재에 대해서도 사용하는 용접봉과 용접 조건에 따라 달라질 수도 있다.

1) 강(steel)

탄소강(carbon steel)은 탄소함유량이 용접성에 영향을 미치며, 탄소함유량이 낮은 저탄소강일수록 용접이 용이하며, 탄소 함유량이 0.5% 이상인 고탄소강은 용접 후 냉각될 때 경화가 급속해져서 균열이 생기기 쉽다. 합금강의 용접성도 첨가된 원소의 종류와 양이 많아질수록 용접결함이 발생하기 쉽다.

2) 주철(cast iron)

주철은 취성재료로서 고온에서도 연성이 없으며 용접 후 냉각될 때 백선화(白銑化)되기 쉽다. 그리고 주철에 함유된 탄소가 용접작업 중에 탄소가스가 되어 용접부에 조직불량과 균열발생 등 많은 용접결함을 남기게 되어 용접에 많은 어려움이 따른다.

3) 구리와 구리 합금

구리는 열 전도성이 좋아서 용접부에서 열의 방출이 많아지고 열팽창계수도 비교적 크므로 모재의 형상에 따라서 균열과 변형이 생기기 쉽다. 또한 용접부에 산화물이 생성되고 결정립계에 편석의 정출되어 취약해지며, 구리가 함유하고 있는 산소로 인해 용접기포 발생의 원인이 된다. 황동의 용접에서는 아연의 증발로 인해 용접부의 성분이 달라지기도 하는 등의 문제로 강에 비해 용접이 어렵다.

4) 알루미늄 합금

알루미늄 합금에 대한 용접기술의 발달로 일정한 정도의 용접이 가능하게 되었으나, 고온에서 산화되기 쉽고 표면에 생성된 산화물은 용착을 방해하며 내부에 형성된 산화물은 표면으로 떠오르지 않는다. 이러한 산화를 방지할 목적으로 사용하는 용제는 부식을 촉진하고 열팽창계수가 커서 큰 용접 변형을 발생시켜서 용접성이 저탄소강에 비해 떨어진다.

3. 용접부의 모양과 이음형식

1) 용접부의 모양

용접에 사용하는 용가제(filler metal)가 용접부에 용착량을 충분하게 채우고 비드(bead)를 쌓을 수 있도록 용접부의 모양을 I형, V형, X형, J형, K형, H형 등과 같은 모양을 가진 홈을 만들어 준다. 그림 4.2는 용접이음에 사용하는 용접부의 여러 가지 모양을 나타내었다.

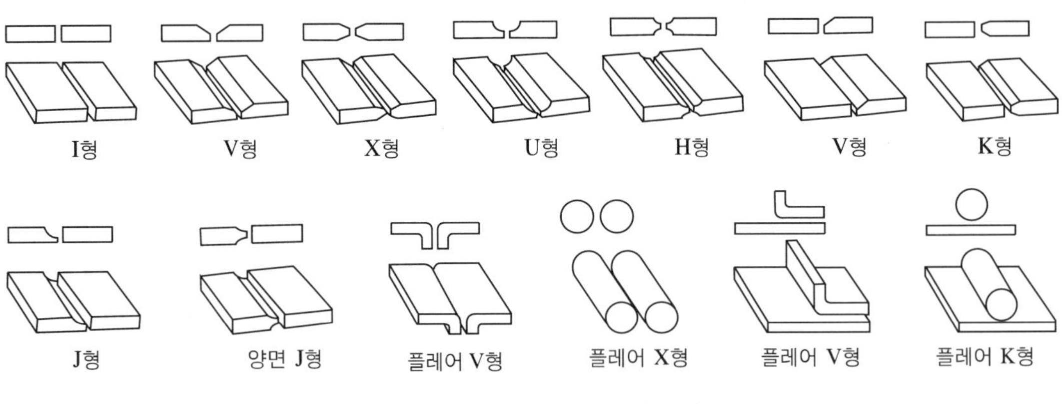

그림 4.2 용접부의 여러 가지 모양

2) 용접이음의 형식

용접에 사용되는 이음의 형식에는 맞대기 이음(butt joint), 덮개판 이음(strapped jont), 겹치기 이음(lap joint), T 이음(T joint), 모서리 이음(corner joint), 변두리 이음(edge joint) 등이 있다.

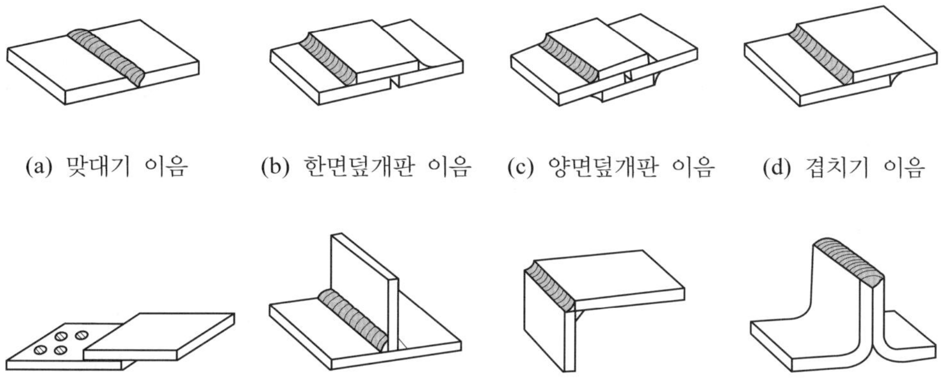

(a) 맞대기 이음 (b) 한면덮개판 이음 (c) 양면덮개판 이음 (d) 겹치기 이음

(e) 플러그 이음 (f) T 이음 (g) 모서리 이음 (h) 변두리 이음

그림 4.3 용접이음의 형식

3) 용접이음부의 형상

(1) 맞대기 용접(butt welding, groove welding)

용접할 두 모재를 서로 맞대어 용접하는 것을 맞대기 용접이라 한다. 용접할 모재가 두꺼우면 내부까지 용접하기 어려워지게 된다. 따라서 용접할 부분의 끝 단면을 그림 4.4와 같이 용접모재의 두께가 증가함에 따라서 I형→V형→X형→U형→H형 등으로 가공해서 용접한다.

그림 4.4(a)는 이와 같이 가공한 두 모재 사이의 그루브(groove)홈과 용접부 형상을 보여주며, 그림 4.4(b)는 용접부의 명칭으로서 모재 양쪽 끝단 사이의 간격을 루트(root) 간격이라고 한다.

(2) 필릿 용접(fillet welding)

용접부에 용입된 용접금속의 단면을 목살(throat)이라 하며, 겹치기, T 이음과 같이 모재의 면과 45° 방향으로 목살이 형성되도록 하는 용접을 필릿 용접(fillet welding)이라 한다.

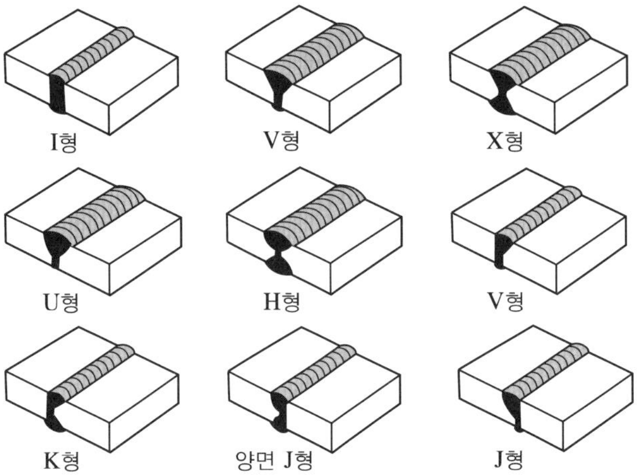

(a) 용접 그루브 단면형상

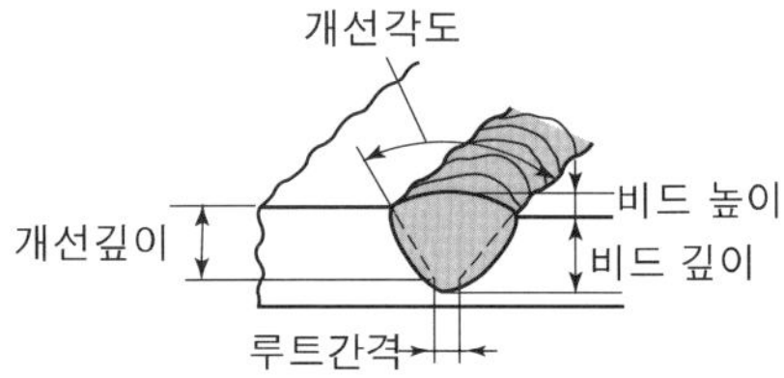

(b) 용접부 명칭

그림 4.4 맞대기 용접부의 형상과 명칭

필릿 용접한 부분은 필요에 따라서 그림 4.5와 같이 평면형, 볼록형, 오목형으로 비드를 생성시킬 수 있다. 보통 필릿 용접은 홈 용접에 비해 용접 변형량은 작지만 이음부에서 응력집중 현상이 발생하기 쉽다.

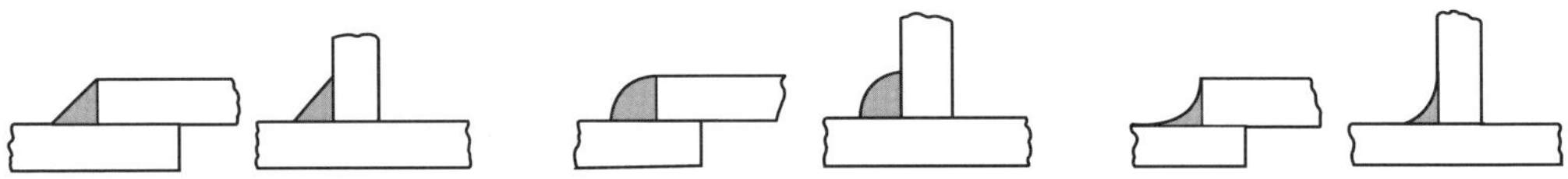

(a) 평면형 필릿 (b) 볼록형 필릿 (c) 오목형 필릿

그림 4.5 필릿 용접부의 형상

(3) 플러그 용접(plug welding)

그림 4.6과 같이 구멍이 뚫어진 한쪽 모재와 다른 모재를 포개어 놓고 구멍 부분을 표면까지 용접으로 채워서 접합하는 방법이 플러그 용접(plug welding)이다. 구멍의 형상에 따라서 플러그 용접과 슬롯 용접으로 구분하며, 구멍 지름과 용접 길이가 큰 경우에는 구멍 전체를 용접으로 메우지 않고 구멍 속에 접합할 주변을 필릿 용접으로 할 수 있다.

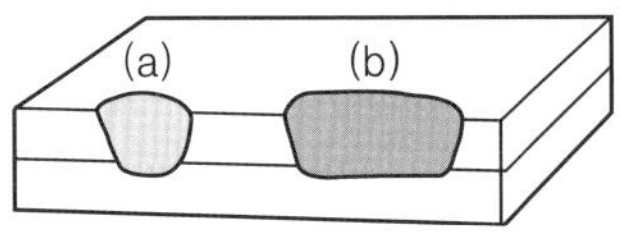

(a) 플러그 (b) 슬롯

그림 4.6 플러그 용접부의 형상

(4) 용접층(welding layer)

용접할 모재가 두꺼워서 용접 홈이 깊을 경우에는 그림 4.7과 같이 수회에 걸쳐서 용접을 함으로써 용접층이 순차적으로 겹칠 수 있도록 되풀이해서 용접한다.

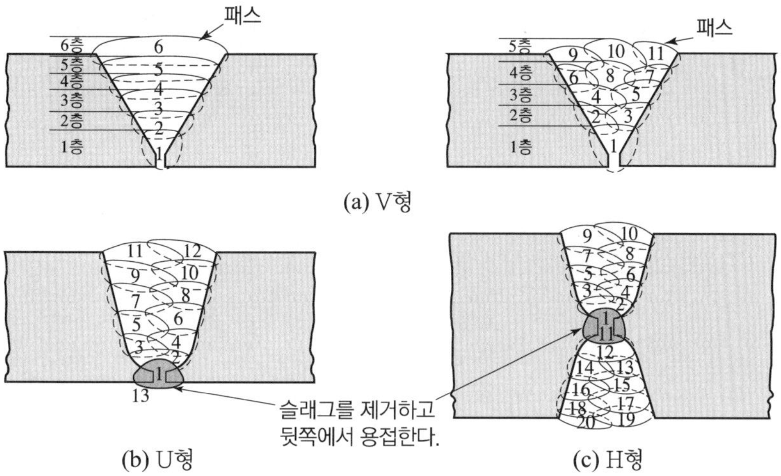

그림 4.7 용접층의 생성

4. 용접 자세와 용접 기호

1) 용접 자세

용접할 대상이 단순하고 소형일 경우에는 아래보기 자세로 용접을 할 수 있으나, 구조물의 형상이나 크기에 따라서 알맞은 용접 자세로 작업을 해야 한다. 용접 자세에는 그림 4.8과 같이 아래보기 자세(flat position), 위보기 자세(overhead position), 수평 자세(horizontal position), 수직 자세(vertical position) 등이 있다.

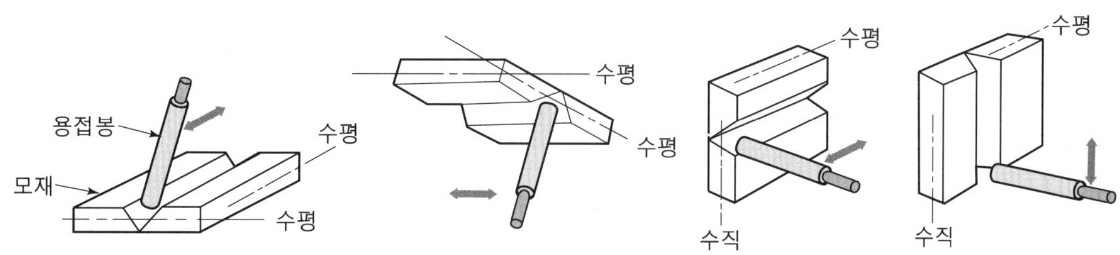

(a) 아래보기 자세　(b) 위보기 자세　(c) 수평 자세　(d) 수직 자세

그림 4.8 용접 기본 자세

2) 용접 기호

용접을 이용하여 기계구조물을 제작하기 위한 도면에 치수뿐만 아니라 용접 방법 등을 기입해야 한다. 따라서 제작도면에는 용접 방법을 나타내는 용접 기호나 가공법 등을 기호로 나타내야 하며, 용접부의 기호 및 표시 방법은 한국산업표준 KS B 0052로 규정하고 있다.

① **기본 기호:** 표 4.2에 용접 기본 기호를 나타내었으며, 용접 기호에는 기본 기호와 보조

▶ **표 4.2** 용접 기본 기호

용접부의 모양	기본 기호	비고
I형		업셋 용접, 플래시 용접, 마찰 용접 등을 포함한다.
V형, 양면 V형 (X형)		X형은 설명선의 기선(이하 기선이라 한다)에 대칭으로 이 기호를 기재한다. 업셋 용접, 플래시 용접, 마찰 용접 등을 포함한다.
レ형, 양면 レ형 (K형)		K형은 기선에 대칭으로 이 기호를 기재한다. 기호의 세로선은 왼쪽에 쓴다. 업셋 용접, 플래시 용접, 마찰 용접 등을 포함한다.
J형, 양면 J형		양면 J형은 기선에 대칭으로 이 기호를 기재한다. 기호의 세로선은 왼쪽에 쓴다.
U형, 양면U형(H형)		H형은 기선에 대칭으로 이 기호를 기재한다.
플레어 V형 플레어 X형		플레어 X형은 기선에 대칭으로 이 기호를 기재한다.
플레어 レ형 플레어 K형		플레어 K형은 기선에 대칭으로 이 기호를 기재한다. 기호의 세로선은 왼쪽에 쓴다.
양쪽 플랜지형		
한쪽 플랜지형		
필릿		기호의 세로선은 왼쪽에 쓴다. 병렬 용접일 경우에는 기선에 대칭으로 이 기호를 기재한다. 다만, 지그재그 용접일 경우에는 와 같은 기호를 사용할 수 있다.
플러그, 슬롯		
비드, 덧붙임		덧붙임 용접일 경우에는, 이 기호 2개를 나란히 기재한다.
스폿, 프로젝션, 심		겹치기 이음의 저항 용접, 아크 용접, 전자 빔 용접 등에 의한 용접부를 나타낸다. 다만, 필릿 용접은 제외한다. 심 용접일 경우에는 를 기재한다.

기호가 있다. 기본 기호는 두 부재 사이의 용접부 모양을 표시하고, 보조 기호는 용접부의 표면 모양, 용접 길이, 다듬질 방법, 현장 용접 등 필요한 내용을 표시하기 위해 사용한다.

② **기본 기호의 기입 방법:** 용접하는 부분이 화살표 쪽이거나 앞쪽일 때에는 그림 4.9(a)와 같이 기선의 아래쪽에 기호를 표시하고, 용접부가 화살표의 반대쪽 또는 맞은편일 때에는 그림 4.9(b)와 같이 기선의 위쪽에 기호를 기입한다.

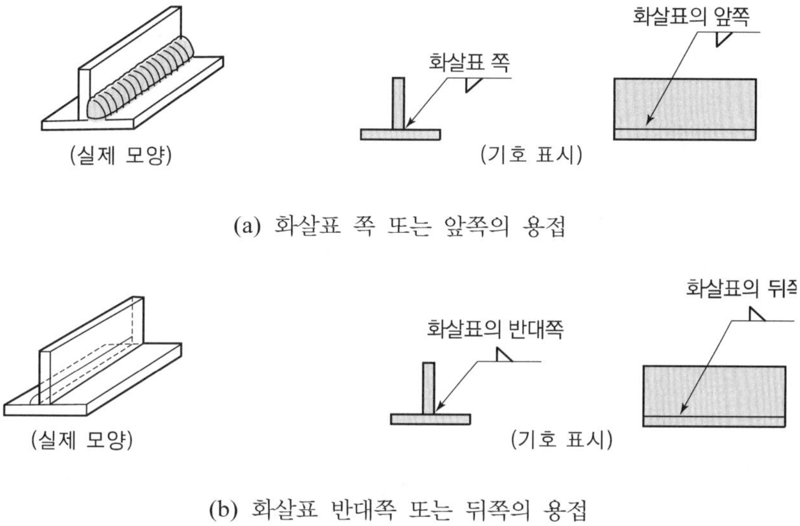

그림 4.9 용접 기본 기호의 사용 예

4.2 가스 용접

가스 용접은 아세틸렌가스, 수소가스, LP가스 등의 가연성 가스와 산소의 혼합가스를 연소시킨 고온의 열을 이용하여 용접하는 방법이다. 이 중에서 산소-아세틸렌가스를 이용한 용접이 가장 많이 사용되고 있다. 가스 용접은 가열할 때 불꽃 조정이 비교적 용이하므로 두께가 얇은 판, 파이프, 비철금속과 용융점이 낮은 금속의 용접에 적합하고 시설비가 저렴한 이점이 있다. 그러나 직접 용접에 이용되는 열효율이 낮고, 열의 집중성이 나빠서 가열 범위가 넓어지게 되므로 산화 및 용접변형이 발생할 우려가 있으며, 가스폭발의 위험성도 있다.

표 4.3에 가연성 가스의 혼합비와 최고 연소온도를 나타내었다.

▶ **표 4.3** 가연성 가스의 특성

가스 종류	발열량(kcal/m^3)	최적혼합비(가스 : 산소)	연소온도(°C)
아세틸렌	12,690	1 : 1.7	3,000
수소	2,420	1 : 0.5	2,900
프로판	20,780	1 : 4.5	2,820
메탄	8,080	1 : 2.1	2,700
일산화탄소	2,860	1 : 0.5	2,820

1. 가스 용접의 원리

1) 연소가스의 발생

(1) 연소가스와 카바이드

① **연소가스:** 가스 용접에 사용되는 산소는 다른 물질의 연소를 돕는 힘이 강한 조연성 가스이다. 가스 용접에 사용되는 가연성 가스로 아세틸렌가스(C_2H_2)가 가장 많이 사용되며 이외에도 수소(H_2)가스, 프로판(C_3H_8)가스, 부탄(C_4H_{10})가스, LP가스 등의 천연 가스와 메탄(CH_4)가스 등이 사용된다.

② **카바이드:** 카바이드(CaC_2, calcium carbide)는 칼슘과 탄소의 화합물인 탄화칼슘이며, 물과 접촉하면 아세틸렌가스가 발생한다. 공업용은 대부분 불순물을 포함하여 회갈색 또는 회흑색을 띠고 비중은 약 2.2 정도로 무르며 순도가 나빠지면 비중이 증가하게 된다. 아세틸렌 발생용기 내에서 카바이드에 물을 작용시키면, 다음과 같은 반응에 의하여 쉽게 아세틸렌가스가 발생한다. 보통 카바이드 1 kg_f당 230~280 L 정도의 가스를 얻을 수 있다.

$$CaC_2 + 2H_2O = Ca(OH)_2 + C_2H_2$$

(2) 산소-아세틸렌 화염

산소와 아세틸렌가스가 토치 내에서 적정한 비율로 혼합되어 팁(tip)으로 분출되는 혼합가스를 연소시킨 불꽃을 이용하여 용접한다.

연소 불꽃은 아세틸렌과 산소의 혼합비율에 따라서 다음과 같이 구분한다.

① **탄화불꽃(carbonizing flame):** 아세틸렌가스가 과잉 공급될 때 발생하는 불꽃으로 길이가 길고 붉은 담황색을 띈다. 불꽃의 온도가 약 3,100 °C 정도로 스테인리스강, 스

텔라이트 등의 용접에 주로 이용한다.

② **표준불꽃**(neutral flame): 산소와 아세틸렌의 혼합비가 중간정도일 때 발생하는 불꽃이며 백색으로 보인다. 불꽃 온도가 약 3,250 °C 정도로 주철, 연강, 청동, 알루미늄, 아연 등 거의 모든 금속 용접에 많이 사용한다.

③ **산화불꽃**(oxidizing flame): 산소가 많이 공급될 때의 불꽃으로 길이가 짧고 온도가 약 3,400 °C 정도이다. 높은 용접온도가 필요할 때 이용되며, 용접부의 표면에서 산화와 탈탄이 발생되며, 구리 합금 종류의 용접에 주로 사용한다.

위와 같이 산소와 아세틸렌의 혼합비율에 따라 사용하는 불꽃은 용접할 금속의 종류에 따라 다르지만, 대부분의 경우에 중성 표준불꽃을 많이 사용한다.

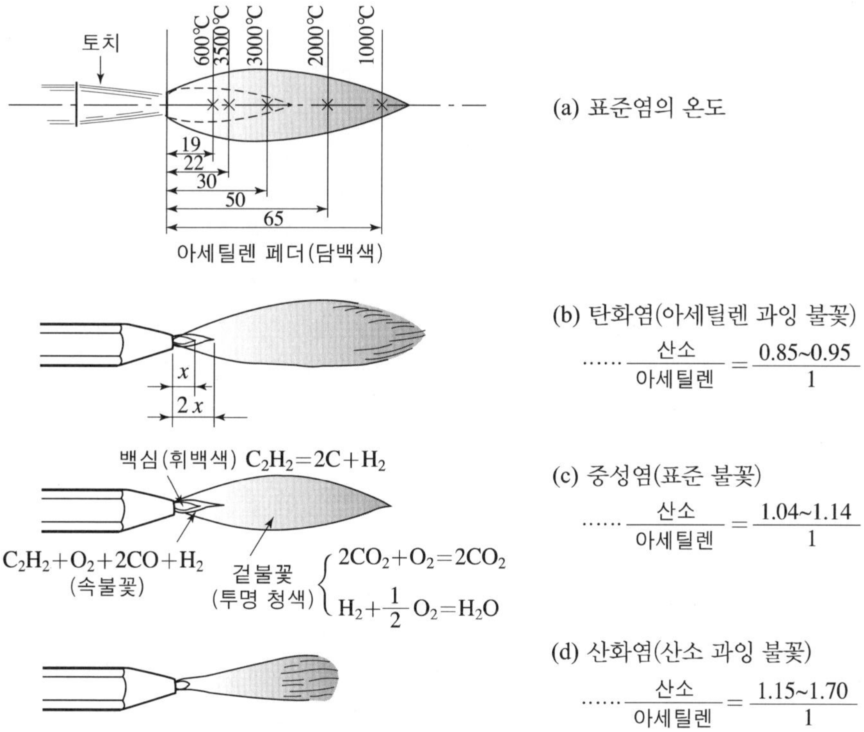

그림 4.10 산소-아세틸렌 불꽃의 종류

2. 가스 용접장치

산소-아세틸렌가스 용접장치에는 산소 봄베(bombe)와 아세틸렌 봄베, 압력조정기, 호스, 토치 등이 있으며, 그림 4.11과 같이 구성하여 사용한다.

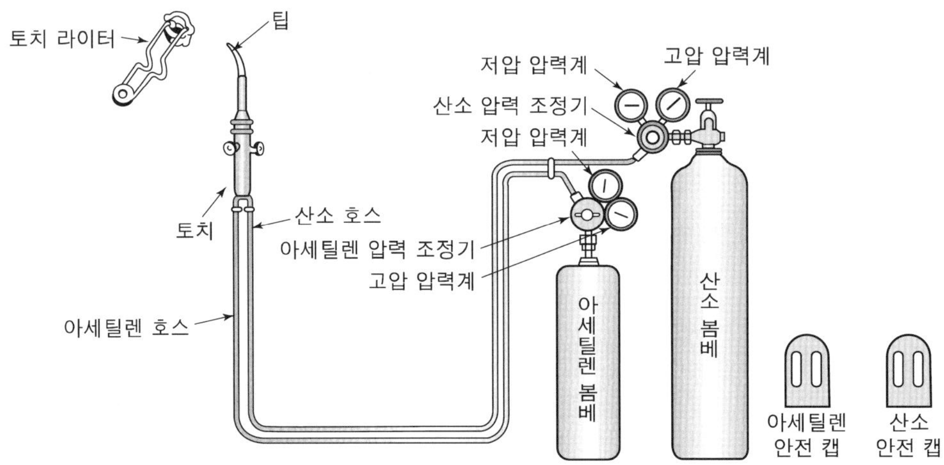

그림 4.11 산소-아세틸렌가스 용접장치

1) 산소 봄베(oxy cylinder bombe)

이음매 없는 원통형 강철제 용기에 35 °C에서 150기압으로 산소를 충전시킨 압력용 봄베 용기로서, 정기적으로 250 kg_f/cm^2의 수압시험을 합격한 것을 사용해야 한다. 고압용기이므로 취급할 때에 반드시 제반 안전수칙을 준수해야 한다.

2) 아세틸렌 봄베(acetylene cylinder bombe)

아세틸렌(acetylene)은 운반 중의 위험을 방지하기 위해 석면, 규조토, 목탄 등의 다공질 물질을 아세틸렌 봄베에 채운다. 여기에 액체 아세톤(acetone)을 포화할 때까지 흡수시키고 아세틸렌을 15 °C, 15기압으로 충전하여 사용한다. 아세틸렌은 아세톤에 용해되는 성질이 있으며 용해량은 압력에 비례하는데, 15 °C, 15기압에서 아세톤 1 L에 아세틸렌 384 L를 용해한다.

3) 압력 조정기(pressure regulator)

산소와 아세틸렌 봄베의 가스는 고압이므로 용접할 때에는 필요한 압력으로 낮추어 적당한 유량으로 조절하여 사용해야 한다. 이와 같이 가스의 높은 압력을 필요한 사용 압력으로 감압해서 유지하기 위한 장치가 압력 조정기(pressure regulator)로서 봄베의 압력을 표시하는 고압력계와 사용압력을 나타내는 저압력계, 조정핸들, 조정밸브로 구성되어 있다.

일반적인 용접작업에서 산소는 3～4 kg_f/cm^2 이하, 아세틸렌가스는 0.1～0.3 kg_f/cm^2 범위로 감압하여 사용한다. 그림 4.12는 압력조정기의 구조로써 ① 고압 압력계-봄베 용기 내의 압력을 나타내며, ② 저압 압력계-토치로 보내지는 압력을 나타내며, ③ 압력조정 핸들-저압 압력계로 나가는 압력을 조절하는 기능을 한다.

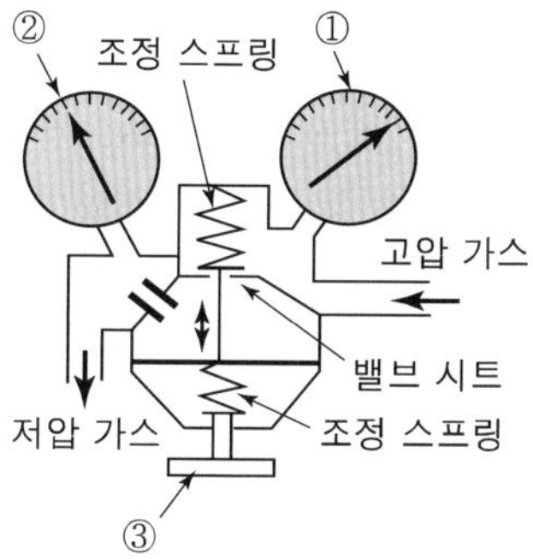

그림 4.12 압력 조정기의 구조

4) 호스(hose)

호스는 산소, 아세틸렌 봄베와 토치를 연결하여 가스를 보내는 통로로서 섬유제와 고무재질로 되어 있으며, 산소용 호스는 검은 색 또는 녹색을 사용하며 20 kg_f/cm^2 이하, 아세틸렌용 호스는 붉은 색을 사용하며 2 kg_f/cm^2 이하의 압력을 사용하고 있다.

5) 용접 토치와 팁

(1) 토치(torch)

아세틸렌가스와 산소를 적당한 비율로 혼합하고 팁(tip)에서 분출·연소시켜 화염을 만드는 기구를 용접 토치(welding torch)라고 한다. 용접 토치는 혼합가스의 유량을 조정하여 화염의 크기를 조정하고, 혼합 가스의 혼합비를 조정하여 불꽃 화염의 성질을 결정한다.

토치에는 산소조절 밸브와 아세틸렌가스 조절코크가 있는 손잡이가 있고 가스를 서로 섞어주는 혼합실과 혼합가스를 분출시켜 연소될 수 있도록 하는 팁으로 구성되어 있다.

용도에 따라 용접용 토치와 절단용 토치가 있으며, 용접용 토치는 아세틸렌가스의 사용 압력에 따라 다음과 같은 3가지 종류로 나눌 수 있다.

① **저압식 토치:** 아세틸렌가스의 압력이 0.07 kg_f/cm^2 이하로써 가장 많이 사용된다. 그림 4.13(b)는 저압식 토치(low pressure torch)의 혼합실(mixing chamber)의 구조로서 니들 밸브로 산소량을 조절할 수 있는 가변압식(프랑스식)과 불변압식(독일식) 토치가 있다.

② **중압식 토치:** 아세틸렌가스의 압력이 0.07～0.3 kg_f/cm^2 범위에서 사용하는 토치로서 산소와 아세틸렌가스의 공급압력이 거의 동일하여 등압식(equal pressure torch)라고도 한다.

③ **고압식 토치:** 아세틸렌가스의 압력이 0.3 kg_f/cm^2 이상에서 사용하는 토치로서 산소의 압력이 더 높아서 산소가 아세틸렌 호스로 역류될 가능성이 있어서 고압식 토치는 많이 사용하지 않는다.

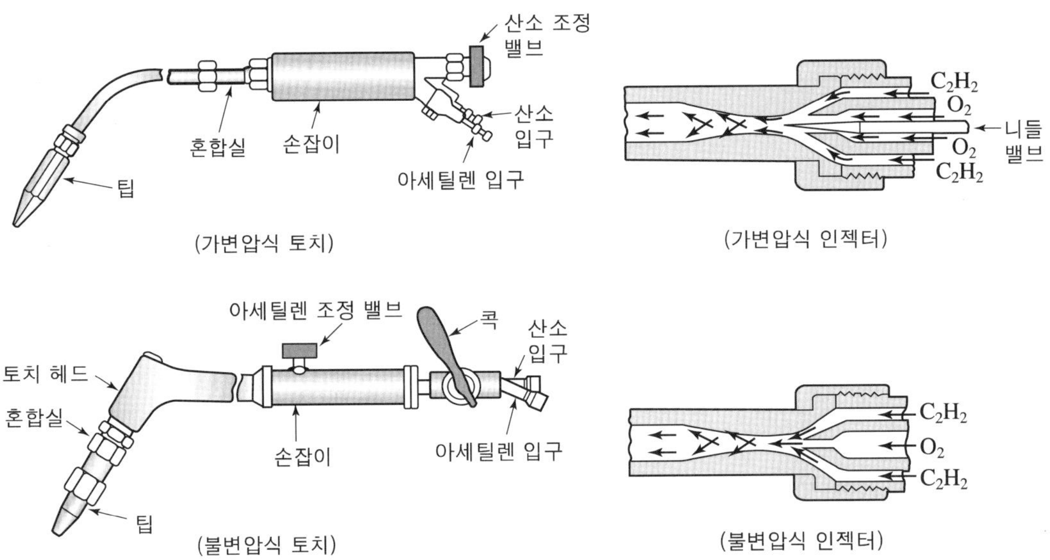

(a) 토치 (b) 혼합실

그림 4.13 저압식 토치

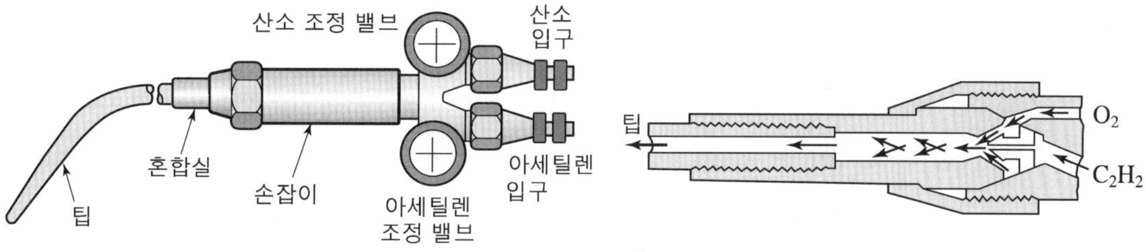

(a) 토치　　　　　　(b) 혼합실

그림 4.14 중압식 토치

(2) 팁(tip)

토치에서 혼합된 가스를 분출시켜 화염을 만들기 위해 팁(tip)이 사용되며, 팁 구멍의 크기에 따라 화염의 열량이 달라지므로 판의 두께에 알맞은 팁을 선택하여 사용해야 한다.

팁의 크기는 번호로 표시하고 용접 모재의 두께에 따라 알맞은 팁을 선택해서 교환하여 사용하며 취급에 유의해야 한다.

3. 용접봉과 용제

1) 용접봉

산소-아세틸렌 가스 용접에 사용하는 용접봉을 용가재(filler metal)라고 하며, 보통은 비피복 용접봉을 사용하며, 피복된 용접봉이나 용제(flux)를 용접봉 내부에 넣은 복합 심선 용접봉을 사용하기도 한다. 가스 용접에 사용하는 용접봉은 가급적 모재와 조성이 동일하거나 유사한 것을 사용하는 것이 원칙이지만, 주철이나 특수강을 용접할 때에는 모재의 성분과 다른 특수한 용접봉을 사용한다. 또한 용접부는 용접 중에 금속학적 현상 때문에 용착금속의 조성이 변화하므로 용접봉의 선택에 신중해야 한다. 연강용 가스 용접봉의 규격은 KS D7005에 규정하고 있으며, 황(S)과 인(P) 등의 유해성분이 적은 저탄소강(0.04 %C)이 사용된다. 용접봉은 보통 지름이 1～6 mm, 길이 90 cm 정도를 많이 사용하며, 모재 두께에 따라 표 4.4와 같이 지름을 선택한다.

▶ 표 4.4 연강의 모재 두께와 용접봉의 지름

(단위: mm)

모재의 두께	2.5 이하	2.5～6.0	5～8	7～10	9～15
용접봉의 지름	1.0～1.6	1.6～3.2	3.2～4.0	4～5	4～6

2) 용제(flux)

가스 용접 중에 용융상태의 금속은 대기 중의 산소와 접하게 되어 산화작용이 심하게 발생하여 용착 금속을 메지게 한다. 적당한 용제(flux)를 사용하면 용접부에 개재하는 산화물을 용해하여 슬래그(slag)로 제거하고, 작업 중에 용접 부위를 공기와 차단하여 산화를 방지하는 기능을 한다. 일반적으로 용제분말을 물이나 알코올에 섞어 반죽한 다음 접합할 모재 부분에 엷게 발라서 용접하며, 사용되는 용제는 모재의 재질에 따라 다르다.

(1) 연강

산화철 자체가 용제작용을 하므로 보통은 사용하지 않는다. 그러나 충분한 용제작용이 필요할 경우에는 붕산(H_3BO_3), 붕사($Na_2B_4O_7$), 규산나트륨($NaSiO_3$) 등이 사용된다.

(2) 고탄소강, 주철, 특수강

탄산나트륨, 붕산, 붕사 등을 사용한다.

(3) 구리 및 구리합금

붕사, 붕산, 규산나트륨, 불화나트륨(NaF) 등을 사용한다.

(4) 알루미늄과 경합금

염화칼륨(KCl), 염화리듐(LiCl), 불화칼슘(KaF) 등을 사용한다.

4. 가스 용접작업

1) 화염조절과 토치의 운봉

(1) 화염의 조절

홈 가공이 완료된 모재를 표준불꽃으로 가접(假接)을 한다. 표준불꽃의 심염 끝에서 2~3 mm 떨어진 부분이 최고 온도가 3,000~3,500 °C이므로, 이 부분을 용접부에 접근시켜서 용접한다. 연강과 같이 일반적인 가스 용접을 하는 경우에는 산소와 아세틸렌가스의 혼합비가 비슷한 중성 불꽃을 사용하여 용접한다.

(2) 토치의 운봉

용접 진행방향과 토치의 팁이 향하는 방향에 따라 전진법과 후진법이 있다. 그림 4.15(a)와 같이 오른쪽에서 왼쪽으로 용접해 나가는 방법이 전진법(forehand welding, 좌진법)이며, 그림 4.15(b)와 같이 토치와 용접봉을 왼쪽에서 오른쪽으로 용접해 나가는 방법을 후진법(back hand welding, 우진법)이라 한다. 전진법은 모재 두께가 5 mm 이하일 경우에 주로 사용하며, 모재를 필요 이상으로 과열시켜 산화를 촉진시키고 용접변형이 큰 단점이 있다.

후진법은 모재 두께가 6 mm 이상일 경우에 주로 사용되며, 모재의 산화가 적고 용착금속의 급랭이 방지되며 용접변형이 적은 장점이 있다.

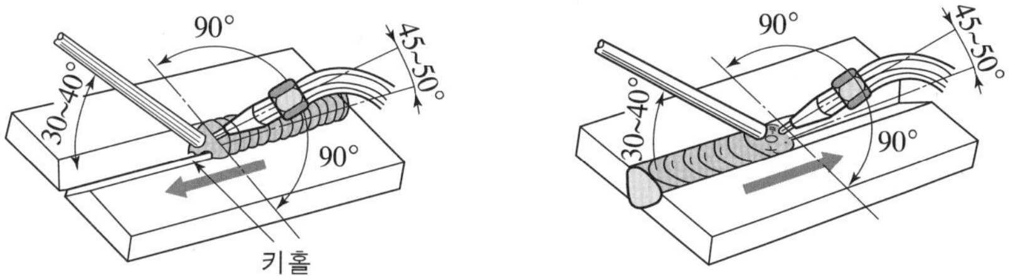

(a) 전진 용접법 (b) 후진 용접법

그림 4.15 토치의 운봉법

2) 가접

용접부는 국부적으로 매우 높은 온도로 가열되어 내부응력으로 인해 모재가 변형되는 경우가 발생한다. 이러한 용접변형을 방지하기 위해서 모재의 이음부에 가접을 해주면 좋다.

그림 4.16(a)의 ⓐ와 같이 맞대기 이음을 하게 되면 열 변형에 의해 점차 ⓑ와 같이 모재가 겹치게 되어 용접이 불가능하게 된다. 이를 방지하기 위해서 그림 4.16(b)의 ⓐ와 같이 접합부를 4～8° 정도 벌려 놓은 상태에서 용접하는 방법과 ⓑ와 같이 일정간격을 두고 가운데부터 순서대로 가접을 한 후 용접하는 방법이 있다.

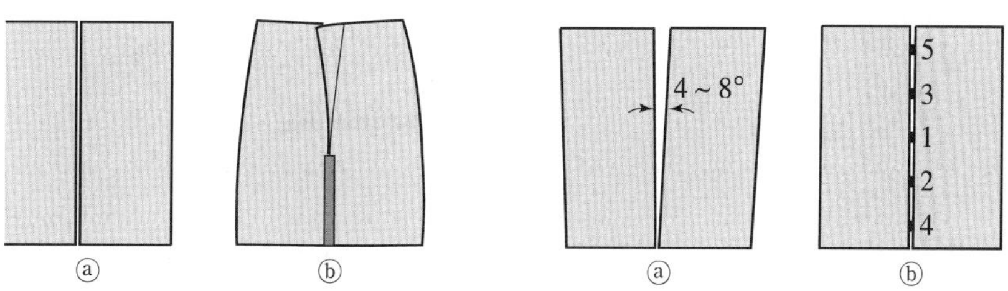

(a) 변형 (b) 가접

그림 4.16 용접변형과 가접

4.3 아크 용접

아크 용접(arc welding)은 모재(base metal)와 용접봉(전극) 사이에 아크(arc)를 발생시킨 고열(4,000~6,000 °C)에 의해 모재의 용접부를 가열하여 접합시키는 용접법이다.

1. 용접 개요

1) 아크(arc)의 발생

모재와 용접봉 사이에 70~80 V의 전압을 주고 모재에 용접봉 끝을 살며시 접촉시켰다가 떼면 청백색의 강한 빛을 내는 아크가 발생한다. 그림 4.17은 아크발생 기구를 보여주며, 이 아크를 통하여 흐르는 10~500 A의 큰 전류는 금속 증기와 주위의 각종 기체분자가 해리(dissociation)한다. 이때 양전기를 띤 양이온(positive ion)과 음전기를 띤 전자(electron)로 전리(ionization)하여, 양이온은 음극으로, 전자는 양극으로 고속으로 끌려가면서 전류가 흐르게 된다.

2) 아크의 특성

그림 4.18은 피복 아크 용접을 보여주는 것으로 모재와 용접봉 심선 사이에서 발생한 아크는 중심부의 백열 부분인 아크 코어(arc core), 아크 코어의 주위를 흐르는 아크 스트림(arc stream)과 이들을 감싸고 있는 연기 모양의 아크 플레임(arc flame)으로 구성되어 있다.

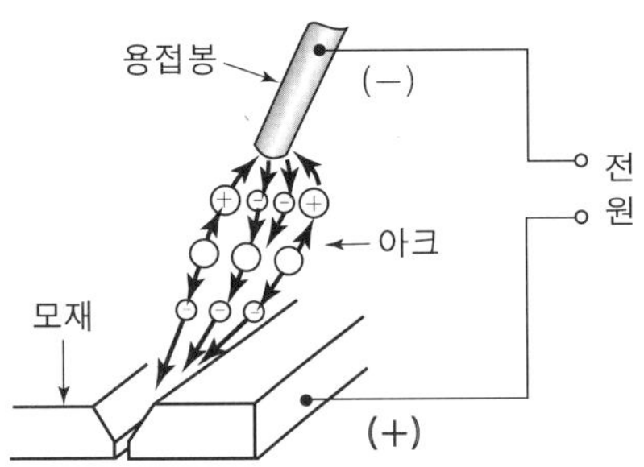

그림 4.17 아크의 발생

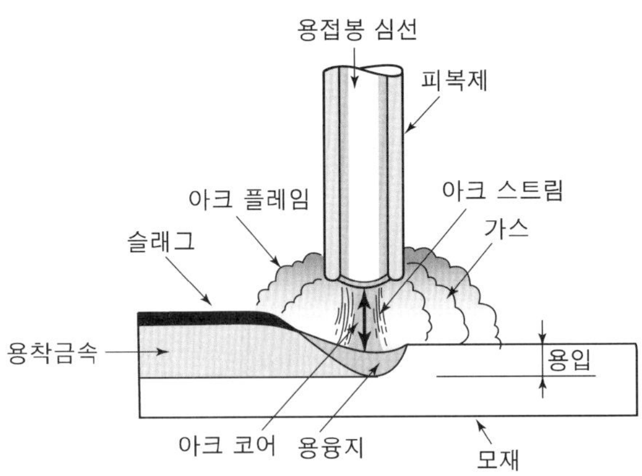

그림 4.18 피복 아크 용접

아크의 에너지는 빛으로 소모되는 것 외에는 대부분 열로 전환되어 모재의 용해에 사용되면서 용접이 이루어진다. 이때 발생하는 아크는 전리(ionization)된 양이온(positive ion)이 음극과 충돌하여 많은 열전자를 방출시킨다. 이 열전자가 양극으로 끌려가면서 가속되고, 두 전극의 간극이 적당하면 전리된 가스가 전류의 통로가 되어 아크의 발생과 전류의 흐름이 계속되면서 용융지(molten pool)가 형성되어 용접이 이루어진다.

3) 아크 용접의 극성

아크 용접에서는 전극 역할을 하는 모재와 용접봉 중 어느 쪽을 양극 또는 음극으로 하는가에 따라 용접 성질이 달라진다. 이와 같이 용접봉과 모재가 아크 용접의 전극에 관련된 성질을 극성(polarity)이라 한다.

(1) 직류 용접과 극성

그림 4.19(a)와 같이 모재에 양(+)극, 용접봉에 음(−)극을 연결한 것을 정극성(straight polarity, DCSP)이라 하고, 그림 4.19(b)와 같이 모재에 음(−)극, 용접봉에 양(+)극을 연결한 것을 역극성(reverse polarity, DCRP)이라 한다. 아크 용접에서는 전자의 충돌을 받는 양극 쪽이 음극보다 발열이 크므로, 정극성일 때 모재의 용입이 깊어지고 용접봉의 용융이 늦게 된다. 정극성과 반대로 역극성일 때에는 모재의 용입은 얕아지고 용접봉의 용융속도는 빠른 경향을 나타낸다. 따라서 얇은 판을 용접할 때에는 용락(burn through)을 피하기 위해서 역극성으로 용접하는 것이 좋다.

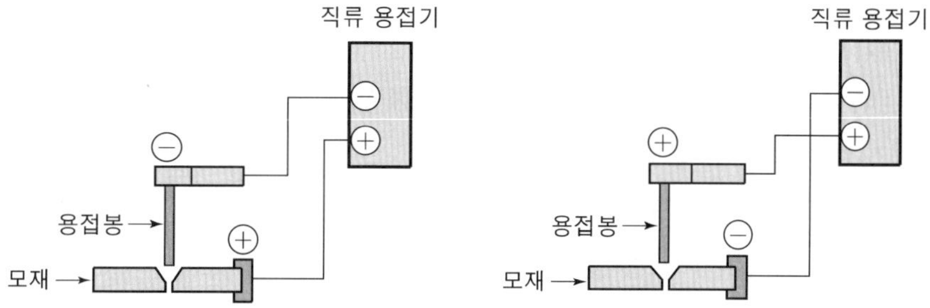

(a) 정극성 (b) 역극성

그림 4.19 직류 아크 용접의 극성

(2) 교류 용접과 극성

교류 아크 용접에서는 60 Hz 전원일 때 전류의 방향이 1초 동안에 60회 바뀌게 되므로 모재와 용접봉에서 발생하는 열량은 같아진다. 그림 4.20은 교류의 파형을 나타낸 것으로서 교류는 한 사이클마다 영(zero)점을 2회 통과하게 되며, 보통 영점에서는 아크가 발생하지 않는다. 따라서 비피복 용접봉(bare electrode)을 사용할 경우에는 아크의 명멸(明滅)현상이 발생하여 안정성이 나빠져서 용접이 어렵게 된다. 그러나 피복 용접봉을 사용하면 고온으로 가열된 피복제에서 이온(ion)이 발생되어 아크의 유지를 용이하게 하므로 교류 용접의 경우에도 안정한 아크를 얻을 수 있다.

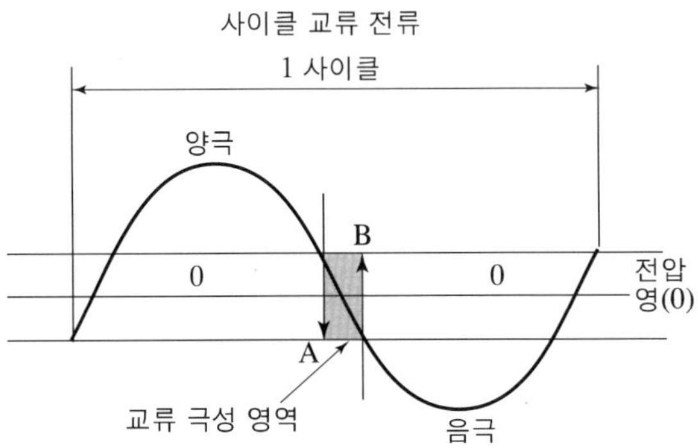

그림 4.20 교류의 극성과 파형

2. 아크 용접(arc welding)

1) 금속 아크 용접과 탄소 아크 용접

(1) 금속 아크 용접

그림 4.21(a)와 같이 모재와 금속 용접봉 사이에서 아크를 발생시켜 용접하는 방법이 금속 아크 용접(metal arc welding)이다. 금속 아크 용접에 사용되는 용접봉은 용가재와 전극의 역할을 동시에 하므로 용접방법이 간단하여 많이 사용되고 있다. 하지만 용접작업 중에 금속 전극이 소모되어 짧아지므로 모재와의 간격을 일정하게 유지할 수 있는 숙련이 필요하다. 용접 전원으로 직류와 교류를 모두 사용할 수 있다.

(2) 탄소 아크 용접

그림 4.21(b)와 같이 모재와 탄소 전극 사이에서 아크를 발생시키고, 용가재를 별도로 공급하여 용접하는 방법이 탄소 아크 용접(carbon arc welding)이다. 용접 전원으로 직류가 사용된다.

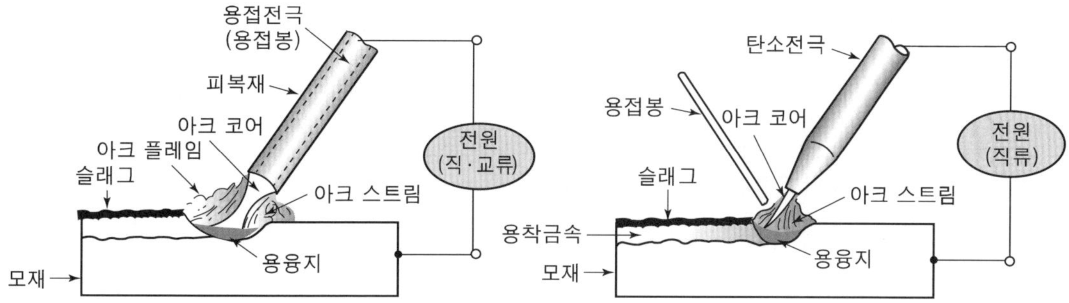

(a) 금속 아크 용접 (b) 탄소 아크 용접

그림 4.21 아크 용접의 형식

2) 용접기의 종류

아크 용접기(arc welder)는 아크 발생에 필요한 전력을 공급해주는 장치로써 용접에 적합하도록 낮은 전압에서 큰 전류가 흐를 수 있도록 되어 있다. 사용하는 용접 전원에 따라 직류 아크 용접기와 교류 아크 용접기로 나누어진다.

(1) 직류 아크 용접기(DC arc welding machine)

직류 아크 용접기는 아크가 안정적이며 모재의 재질이나 판의 두께에 따라서 극성을 바꾸면서 용접할 수 있다. 교류 아크 용접기에 비하여 고장이 잦고 소음이 크며 가격이 비싸다는 단점이 있으나 감전의 위험이 적고 아크를 안정되게 유지할 수 있다. 직류전원을 얻는 방법에 따라 다음 두 가지 용접기가 있다.

① **정류기식 직류 용접기**(rectifier type DC arc welder)

삼상교류를 전원으로 하여 셀레늄(selenium), 실리콘(silicon), 게르마늄(germanium) 등의 반도체 정류기를 사용하여 교류를 직류로 변환하는 용접기이다. 이 용접기는 아크의 안전성도 좋고 용접성도 양호하여 MIG 용접, TIG 용접, 탄산가스 아크 용접 등에 사용된다.

② **발전기식 직류 용접기**(motor generator type DC arc welder)

가솔린이나 디젤 엔진으로 직류 발전기를 구동시켜 얻은 직류전원으로 용접하는 것으로서 전압이 일정하게 유지되는 정전압형, 전류가 일정하게 유지되는 정전류형, 전류가 증가하면 전압이 자동적으로 강하되는 정전력형이 있다.

(2) 교류 아크 용접기(AC arc welding)

교류 아크 용접기는 1차 측 110~200 V의 전압을 2차 측에서 70~80 V의 전압으로 떨어뜨리는 변압기의 일종으로서 직류 용접기에 비해 감전위험이 있고 아크가 다소 불안정하지만 사용이 간편하며 고장이 적고 가격이 저렴하여 많이 사용하고 있다. 현재 많이 사용되고 있는 교류 아크 용접기로는 전류를 조절하는 방법에 따라 가동철심형, 가동코일형, 탭전환형, 가포화 리액터형 등이 있다. 교류 아크 용접기의 규격은 KS C 9602에서 종류에 따른 정격 및 특성이 규정되어 있다.

① 가동철심형(movable core type)

코일을 감은 가동철심이 이동함에 따라서 발생하는 누설 자속의 증감을 이용하여 전류를 조절하는 용접기가 가동철심형 교류 아크 용접기이다. 그림 4.22는 가동철심형 교류 용접기의 구조로써 1차와 2차 코일에 탭을 전환하여 전류를 큰 폭으로 조정하고 가동철심을 이동시켜서 전류를 미세하게 조정하는 원리로 교류 용접기 중 가장 많이 사용된다.

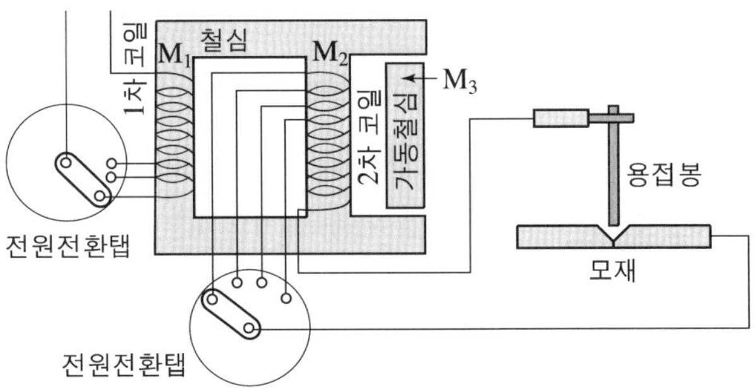

그림 4.22 가동철심형 교류 용접기

② 가동코일형(movable coil type)

그림 4.23과 같이 동일한 철심에 1차 코일과 2차 코일이 감겨 있으며, 2차 코일은 고정하고 1차 코일을 이동시켜서 누설 리액턴스(reactance)를 변화시켜 전류를 조정할 수 있는 구조의 용접기이다. 조정핸들을 돌려서 1차 코일이 2차 코일에 가까이 갈수록 전류가 커지고, 반대로 간격이 멀어지면 전류가 낮아진다. 이 교류 용접기는 아크가 안정되고 소음이 작으나 가격이 비싼 편이다.

③ 탭전환형(movable tap type)

철심에 1차 코일과 2차 코일을 감고, 다른 제2의 철심에 권수가 다른 또 하나의 2차 코일을 감아 여기에 탭(tap)을 부착한 구조의 용접기를 철심에 감는 구조이다.

그림 4.24에서 좌측 1차 코일 n_{2-1}의 권수를 많이 감고 우측 2차 코일 n_{2-2}의 권수를 작게 하면 전류가 커지고 그와 반대로 하면 전류가 낮아진다. 이 교류 용접기는 탭을 자주 교환해야 하고 전류조정의 폭이 좁아서 소형에 이용된다.

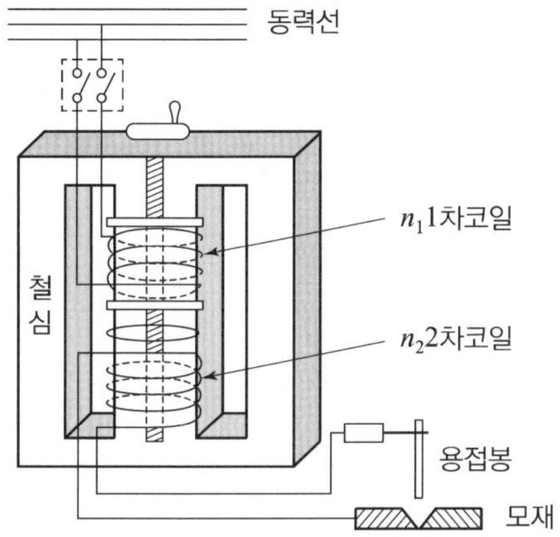

그림 4.23 가동코일형 교류 용접기

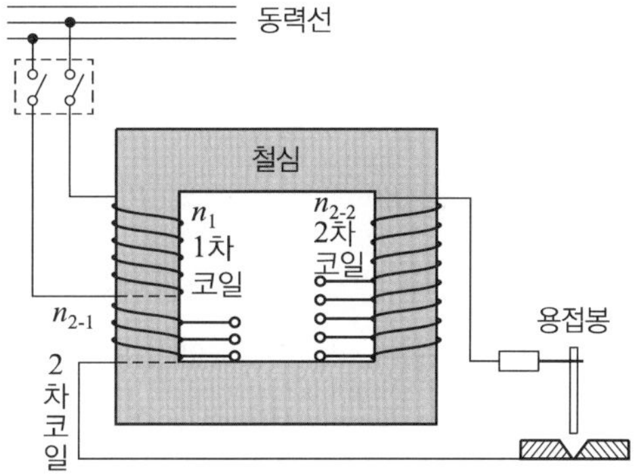

그림 4.24 탭전환형 교류 용접기

④ **가포화 리액터형**(saturated reactor control type)

그림 4.25와 같이 가포화 리액터와 변압기를 조합한 구조로서 가포화 리액터 철심에 감겨 있는 직류 여자코일의 여자전류가 증감함으로써 용접전류의 크기가 조정된다. 직류 여자전류를 작게 하면 리액턴스가 증가되어 용접전류는 낮아지게 되고, 반대로 하면 전류가 커진다.

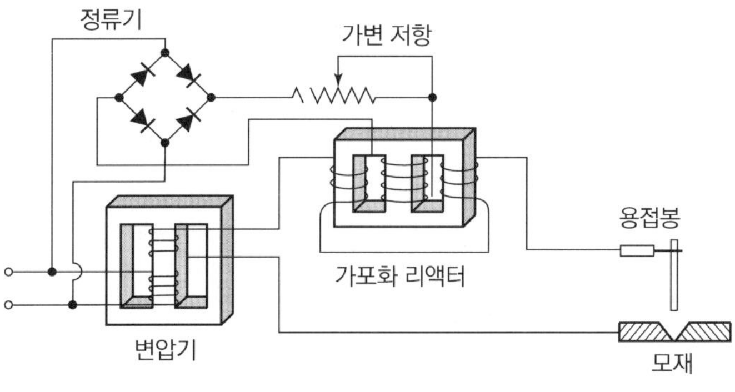

그림 4.25 가포화 리액터형 교류 용접기

3) 아크 용접봉

아크 용접에 사용하는 용접봉(welding rod)은 용착금속이 되므로, 용가재(filler metal)라고도 하며, 모재 사이에서 아크를 발생시키므로 전극봉(electrode)이라고도 한다.

아크 용접봉에는 비피복 용접봉(bare electrode)과 피복 용접봉(covered electrode)이 있다. 비피복 용접봉은 탄소 아크 용접에 부분적으로 사용되며, 주로 자동이나 반자동 용접에 사용된다. 수동 아크 용접에서는 주로 피복 용접봉을 사용한다. 피복 아크 용접봉은 일정한 굵기와 길이를 가진 금속 심선(core wire)에 피복제를 입혀서 건조시킨 것이다.

(1) 심선(core wire)

용접 모재의 재질에 따라 사용하는 심선에는 탄소강, 특수강, 구리 합금, 니켈 합금 등 여러 가지가 있으며, 보통 모재와 동일한 재질의 것을 사용하며 저탄소, 저망간과 규소, 인, 황 등의 불순한 성분이 적을수록 용착금속의 균열이 방지되고 내충격성이 좋아져서 양호한 용접부를 얻을 수 있다. 심선은 모재의 재질, 용접물의 사용 목적, 용접 자세, 용접 전류의 극성, 이음부 모양 등에 따라 선택하여 사용되고 있다. 이들 용접봉 중에서 가장 많이 쓰이는 것은 연강용 피복 아크 용접 봉이다.

(2) 피복제

피복제(용제)의 역할은 다음과 같이 요약할 수 있다.

① 아크를 안정되게 한다.
② 용융금속을 보호하고 급랭을 방지한다.
③ 용착금속을 탈산 정련하고 필요한 합금원소를 보충한다.
④ 용융금속에 유동성을 증가시킨다.
⑤ 용착효율을 높여준다.
⑥ 고운 비드(bead)를 만들게 한다.
⑦ 적당한 점성의 슬래그(slag)를 생성하고 전기 절연작용을 한다.

위와 같이 용제가 용착금속을 보호해주는 방식은 다음과 같다.

① **가스 발생식**(gas shield type): 아크열에 의해 용제가 연소하면서 일산화탄소, 수소, 탄산가스와 같은 환원성가스나 불활성가스가 발생하여 용착금속과 공기의 접촉을 차단하여 용착금속을 보호한다.

② **슬래그 생성식**(slag shield type): 용제가 연소 · 용융되면서 슬래그가 생성되어 불순물을 정련하고, 용착금속의 표면을 덮어서 공기와의 접촉을 차단함으로써 산화와 질화 및 급랭을 방지한다.

③ **반가스 발생식**(semi gas shield type): 슬래그 생성식과 가스 발생식의 특성을 살린 것으로 용제가 연소 · 용융하면 슬래그와 가스가 동시에 발생되어 용착금속을 보호한다.

피복제로 사용하는 용제는 여러 가지 목적에 적합한 재료를 혼합하여 심선에 피복하는 것으로서 배합재료로는 다음과 같은 종류가 있다.

① **아크안정제:** 아크의 전압을 낮추어 아크를 안정시키는 역할을 하는 것으로서 규사(SiO_2), 규산나트륨($NaSiO_3$), 탄산칼륨(K_2CO_3) 등이 사용된다.

② **가스발생제:** 환원성가스나 불활성가스를 발생시켜 용착금속을 보호하기 위한 것으로서 탄산바륨($BaCO_3$), 셀룰로오스(cellulose), 소맥분, 석회석 등이 사용된다.

③ **슬래그생성제:** 산화물 또는 불순물을 용해하여 가벼운 슬래그를 생성하고 용융금속의 표면을 덮어서 보호하는 역할을 하기 위해 이산화망간(MnO_2), 탄화티탄(TiO_2), 규산나트륨($NaSiO_3$) 등이 사용된다.

④ **탈산제:** 용융금속을 탈산정련하기 위한 것으로서 알루미늄, 마그네슘, 망간철 등이 사용된다.

⑤ **합금첨가제:** 용착금속의 기계적 성질을 개선하기 위한 것으로서 산화니켈, 산화몰리브덴, 규소 등이 사용된다.

⑥ **접착제:** 피복제를 심선에 접착시키는 것으로서 카세인, 규산칼륨, 규산나트륨 등이 사용된다.

4) 아크 용접방법

(1) 아크 발생

그림 4.26은 처음에 아크를 발생시키는 방법을 나타낸 것으로서, 그림 4.26(a)와 같이 용접봉 끝으로 모재 위를 살짝 찍어서 아크를 발생시키는 방법(tapping method)이 있으며, 그림 4.26(b)와 같이 모재 위를 용접봉으로 긁어서 아크를 발생시키는 방법(scratch method)이 있다. 주로 직류 아크 용접에서는 찍는 방법을, 교류 아크 용접에서는 긁는 방법을 사용한다.

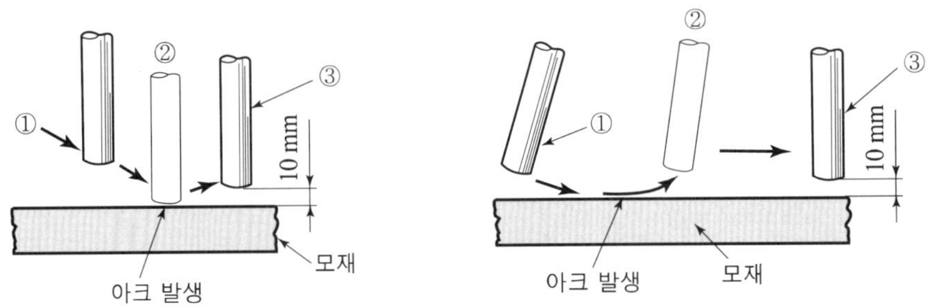

(a) 찍는 방법 (b) 긁는 방법

그림 4.26 아크 발생 방법

(2) 용접봉의 운봉

용접 작업에 있어서 용접봉의 운봉은 매우 중요한 요소로서 아크 길이를 항상 일정하게 유지하여 모재에 용가재의 용입이 충분하게 하고, 슬래그(slag)가 혼입되지 않고 비드가 양호하게 생성될 수 있도록 운봉해야 한다. 또한 언더컷과 오버랩이 생기지 않도록 용접봉의 특성과 용접 위치에 따라 적합한 운봉이 이루어져야 한다. 운봉방법에는 비드의 나비에 따라 직선 비드(straight bead)와 위빙 비드(weaving bead)가 있다. 표 4.5에 많이 사용되는 운봉법의 보기를 나타내었다.

▶ **표 4.5** 용접봉의 운봉법

구분	운봉법	도해
(a)	직선형	
(b)	나사산형	
(c)	부채꼴형	
(d)	사각형	
(e)	타원형	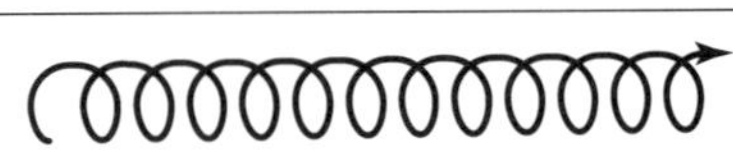
(f)	원형	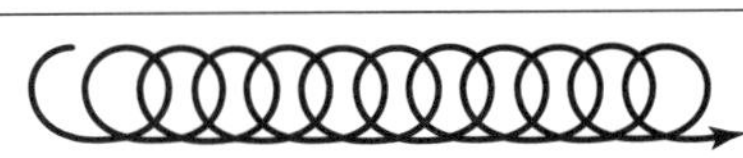
(g)	삼각형	

(3) 아크 용접방식

① **1층 비드 쌓기**

(a) 시작할 부분의 가접부에서 아크를 발생시켜서 예열하고 아크가 안정되면 아크의 길이를 짧게 하면서 루트 부분을 녹여서 용접을 시작한다.

(b) 용접봉의 각도는 그림 4.27(a)와 같이 작업각은 90°, 진행각은 70~80°를 유지하면서 왼쪽에서 오른쪽으로 진행한다.

② **2층 비드 쌓기**

(a) 1층에서 쌓은 비드의 슬래그와 스패터를 완전히 제거하고 와이어 브러시로 청소한다.

(b) 용접할 시작점 옆에서 아크를 발생시켜 안정화되어 용융지가 형성되면 1층 비드의 폭 양끝에 용접봉 중심이 오도록 하면서 좌우로 운봉한다.

(c) 위빙 운봉을 할 때에는 그림 4.27(b)와 같이 비드 폭의 양끝에서 잠시 머물러 주어서 용가재가 충분히 용입되도록 하고, 비드의 중앙부분은 스치 듯 조금 빠르게 운봉하여 용융지의 크기를 일정하게 만들면서 진행한다.

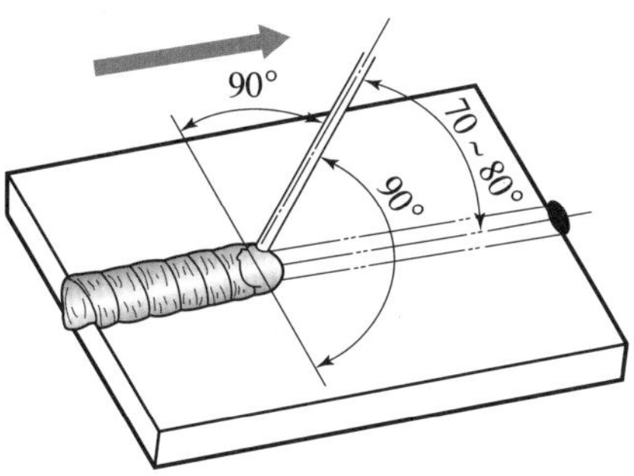

(a) 용접봉의 각도

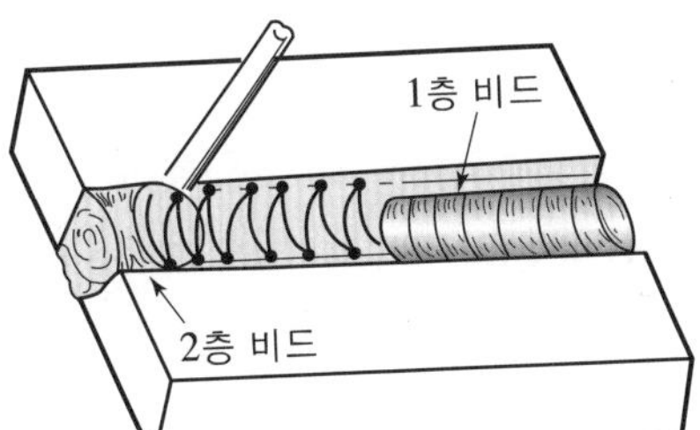

(b) 2층 비드 쌓기

그림 4.27 비드 쌓기

③ **크레이터 처리**

(a) 비드 끝 부분의 직전에서 아크 길이를 짧게 하고 2~3회 용접봉을 회전시켜 용가재를 채워준 다음에 그림 4.28(a)와 같이 용접봉을 용접 진행의 반대 방향으로 당기듯이 재빨리 올려서 아크를 끊어준다.

(b) 크레이터가 채워지지 않았으면 아크를 다시 발생시켜서 오목한 부분이 없을 때까지 용융금속을 채워준다.

(a) 양호 (b) 불량 (c) 비드와 크레이터

그림 4.28 크레이터 처리

5) 용접용구

(1) 용접용 기구

① **전극 홀더:** 전극 홀더(electrode holder)는 전극인 용접봉의 끝부분을 집고, 용접 전류를 용접 케이블에서 용접봉에 전달시켜 아크를 발생시키는 역할을 한다. 전극 홀더에 대해서는 KS C 9607에서 규정하고 있다.

② **용접용 케이블:** 용접기에 사용되는 전선에는 1차 케이블과 2차 케이블의 두 종류가 있다. 이 전선류의 규격은 KS C 3321에 규정하고 있으며, 사용하는 전류에 따라 적합한 것을 선택하여 사용해야 한다.

③ **접지 클램프:** 접지 클램프(ground clamp)는 접지용 용접 케이블 끝에 연결하여 용접 케이블을 손쉽게 연결 혹은 분리할 수 있게 한 일종의 클램프이다.

④ **용접용 공구 및 전류계:** 비드 표면의 스케일(scale)이나 슬래그를 제거하고 용접부의 솔질에 필요한 치핑 해머(chipping hammer)와 와이어 브러시(wire brush)가 있으며, 전류를 측정하기 위한 전류계도 필요하다.

(2) 보호용구

① **용접 헬멧과 핸드 실드:** 아크의 고온과 강한 빛에서 나오는 유해 광선인 자외선과 적외선 및 용접 작업 중에 튀어 나오는 스패터(spatter)로부터 작업자의 머리, 얼굴과 눈 등을 보호하기 위해 용접 헬멧(helmet)이나 용접 핸드실드(hand shield)를 사용한다. 용접 헬멧과 용접 핸드실드에는 적외선과 자외선을 흡수하여 눈을 보호할 수 있는 특수 차광 유리(filter lens)를 끼워서 사용한다.

② **차광막:** 아크의 강한 유해 광선이 다른 사람에게 해를 끼치지 않도록 빛을 차단할 수

있고 내화성이 있는 차광막을 사용한다.

③ **장갑, 앞치마, 팔 덮개:** 용접 작업 중 작업자의 신체를 보호하기 위하여 가죽 등과 같은 재질로 만든 장갑(gloves), 팔 덮개(bibs), 앞치마(apron) 등을 사용한다.

4.4 특수 아크 용접

1. 불활성가스 아크 용접(inert gas arc welding)

아크 용접법과 같은 원리로서 용접기 토치의 노즐로부터 분출되는 아르곤(Ar), 헬륨(He) 등의 불활성가스 속에서 텅스텐 전극 또는 와이어 전극과 모재 사이에서 발생시킨 아크열을 이용하여 모재를 접합하는 용접법이다. 여기에 사용되는 아르곤(Ar), 헬륨(He)과 같은 불활성가스(inert gas)는 원소와 화합하기 어려우므로 대기 중에서 아크와 용융지를 보호하는 역할을 한다. 이 용접법은 피복 아크 용접이나 가스 용접으로 접합이 어려운 탄소강, 저합금강, 알루미늄 합금, 마그네슘 합금, 티타늄, 구리 등의 용접에 많이 사용된다. 불활성가스 아크 용접은 전극으로 금속선을 사용하는 MIG 용접과 전극으로 텅스텐 봉을 사용하고 용접봉을 별도의 용가제로 사용하는 TIG 용접이 있다.

불활성가스 아크 용접은 다음과 같은 장점이 있다.

① 산화막이나 산화물이 생기기 쉬운 금속도 쉽게 용접할 수 있다.
② 아크가 극히 안정되고 용접자세에 제약이 없어서 작업능률이 좋다.
③ 열의 집중이 좋으므로, 용착금속의 기계적 성질이 우수하다.
④ 용접 후 슬래그와 잔류하는 용제를 제거하기 위한 후처리가 필요 없다.
⑤ 얇은 판의 용접에서도 좋은 용접부를 얻을 수 있으며, 언더컷 발생도 적다.

1) MIG 용접(metal inert gas arc welding)

그림 4.29(a)와 같이 전극으로 사용되는 금속이 와이어(wire)로 공급되고 용접토치에서 불활성가스가 분출되면서 모재 사이에 아크를 발생시켜 접합하는 용접법이다. 이 용접법은 전자동식과 반자동식이 있다. 전자동식은 전극와이어의 송급, 불활성가스 분출, 용접속도 등이 모두 자동이며 반자동식은 용접속도만 수동으로 조절하게 되어 있다.

공급되는 전원은 직류이고 역극성이 많이 이용되며, 전류의 밀도가 피복 아크 용접보다

4~6배 정도 높아서 아크가 안정되고 비드 표면의 파형이 적어 깨끗하게 용접된다.

아크열의 집중도가 좋아서 용입이 깊기 때문에 3 mm 이상의 두꺼운 판재의 용접에 적합하며, 주로 알루미늄, 구리합금, 스테인리스강, 연강 등이 용접에 이용된다. 그림 4.30은 반자동 MIG 용접 장치의 구성을 보여준다.

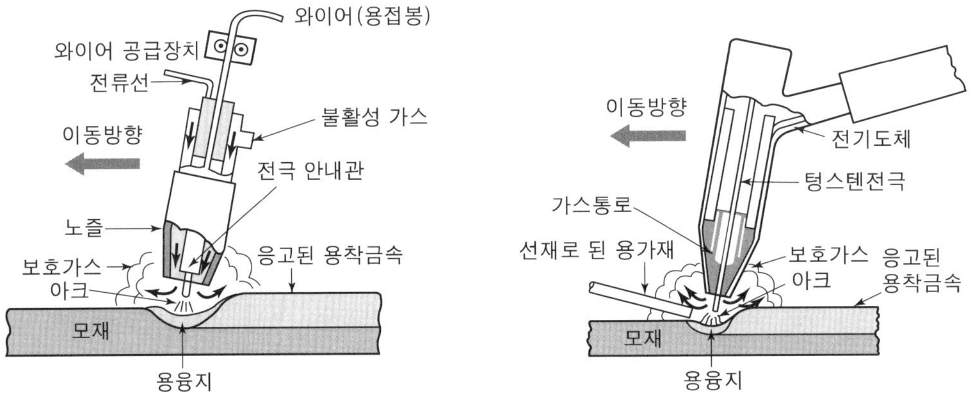

(a) MIG 용접

(b) TIG 용접

그림 4.29 불활성가스 아크 용접

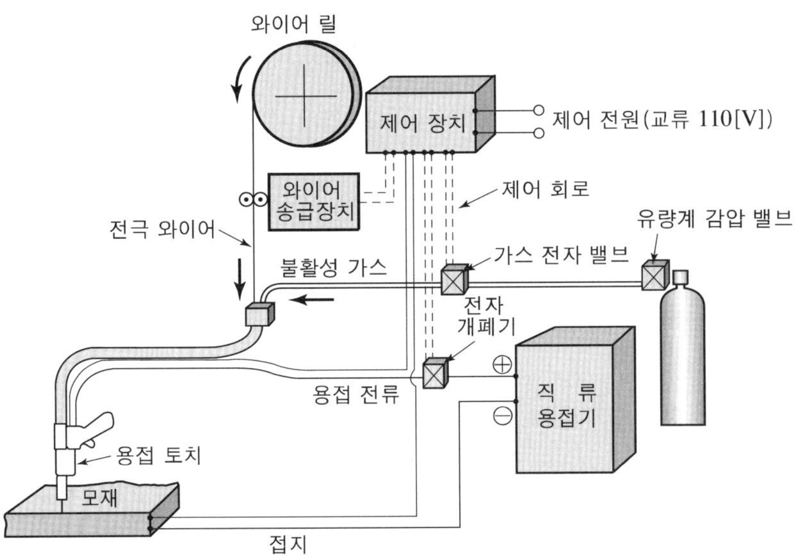

그림 4.30 반자동 MIG 용접장치

2) TIG 용접(tungsten inert gas arc welding)

그림 4.29(b)와 같이 토치에서 분출되는 불활성가스 속에서 비소모성인 텅스텐 전극과 모재 사이에 아크를 발생시키고 용가재를 별도로 공급하여 용융시켜서 접합하는 용접법이다.

전극으로 사용하는 텅스텐은 거의 소모되지 않아서 비소모식 불활성가스 아크 용접이라고도 하며, 용접전원은 직류와 교류를 모두 사용한다. TIG 용접은 우수한 용접성이 있으나 아르곤 가스가 고가이므로 알루미늄, 마그네슘, 티탄, 내열강과 같이 일반적인 용접으로는 어려운 재료의 용접에 사용된다.

TIG 용접에서는 사용전류와 극성이 용접 결과에 크게 영향을 미치는데,

① **직류 정극성(DC straight polarity)**: 그림 4.31(a)와 같이 음전기를 가진 전자는 전극에서 모재 쪽으로 흐르고, 가스 이온은 모재에서 전극 쪽으로 흐른다. 이와 같이 전자가 전극에서 모재 쪽으로 흘러서 전자가 모재에 강하게 충돌하여 용입이 깊게 된다.

② **직류 역극성(DC reverse polarity)**: 그림 4.31(c)와 같이 전자가 전극으로 향하고 가스 이온이 모재 표면에 넓게 충돌하게 되어 모재의 용융지가 넓고 얕게 형성된다.
또한 전극이 전자의 충격을 받아서 과열되므로 정극성일 때보다 지름이 큰 전극을 사용해야 한다. 아르곤 가스를 사용한 역극성에서는 가스 이온이 모재의 표면에 충돌하여 산화막을 제거하는 청정 작용(cleaning action)을 하므로 알루미늄이나 마그네슘 등과 같이 강한 산화막을 형성하거나 용융점이 높은 산화막이 있는 금속을 별도의 용제 없이 용접할 수 있다.

③ **교류**: 그림 4.31(b)는 교류 전원을 사용한 교류 TIG 용접에서는 직류 정극성과 역극성의 중간 상태로 되어 양쪽의 특징을 이용할 수 있다. 즉, 전극의 지름은 비교적 작

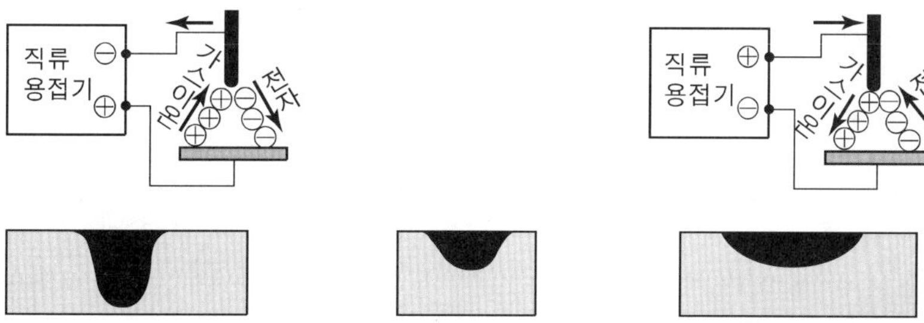

(a) 직류 정극성(DCSP) (용융지의 나비가 좁고 용입이 깊다)
(b) 교류(AC) (정극성과 역극성의 중간)
(c) 직류 역극성(DCRP) (용융지의 나비가 넓고 용입이 얕다)

그림 4.31 TIG 용접에서 전류와 극성의 영향

아도 되며, 아르곤 가스를 사용하면 표면의 산화 피막의 청정 작용이 있어 비드 너비가 약간 넓고 적당한 용입 깊이를 얻을 수 있다. 하지만 아크가 끊어지기 쉬우므로 용접 전류에 고주파의 약 전류를 중첩시켜서 아크를 안정시켜야 할 필요가 있다.

2. CO_2가스 아크 용접(CO₂ gas arc welding)

CO_2가스 아크 용접은 불활성가스 아크 용접에 사용되는 아르곤(Ar), 헬륨(He)가스 대신 가격이 저렴한 CO_2가스를 사용하여 용접하는 방법으로서 직류전원을 사용한다.

그림 4.32(a)는 CO_2가스 아크 용접의 원리로서 이산화탄소는 용융금속을 공기 중의 질소로부터 보호하게 되는데, 고온상태에서는 CO와 O_2로 분해되어 산소는 용융금속의 철(Fe)과 결합하여 산화철을 발생시키며, 이 중 일부는 다시 탄소와 결합하여 일산화탄소를 발생시켜 용착금속 내에 기포를 만들게 된다. 이러한 결함을 방지하기 위해 Mn, Si 등의 탈산제를 많이 함유한 Mn-Si계 전극 와이어를 사용하며 값이 싼 이산화탄소와 산소 등의 혼합가스를 쓰는 이산화탄소-산소(CO_2-O_2) 아크 용접법을 사용하기도 한다.

고온상태에서 $CO_2 \rightarrow CO+O$(열해리로 분해)

$Fe+O \rightarrow FeO$(산화철 발생)

$FeO+C \rightarrow Fe+CO$(일산화탄소 발생)

와이어전극 중의 Mn, Si는 산화철(FeO)을 감소시켜 기포의 발생을 예방하고 SiO, MnO으로 되어 용접비드 표면에 슬래그(slag)로 떠오른다.

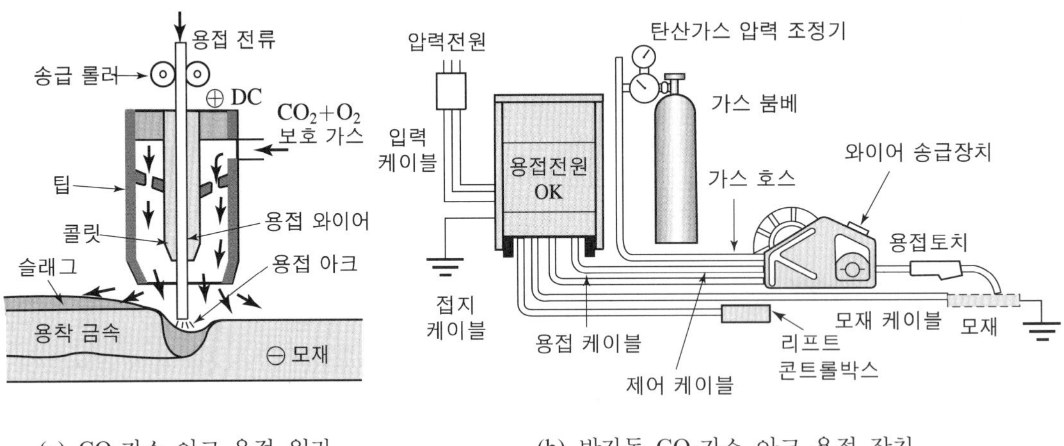

(a) CO_2가스 아크 용접 원리

(b) 반자동 CO_2가스 아크 용접 장치

그림 4.32 CO_2가스 아크 용접

용접전원은 직류이며 용접장치는 그림 4.32(b)와 같이 전극와이어 송급장치와 용접토치 및 제어장치와 탄산가스 봄베 등으로 구성되어 있다.

3. 서브머지드 아크 용접(submerged arc welding)

1) 원리

그림 4.33과 같이 모재의 이음 부분에 송급관을 통하여 미세한 과립의 용제를 쌓아놓고 그 용제 속으로 와이어 전극을 송급하여 모재와의 사이에서 발생시킨 아크열에 의하여 용융시켜 접합하는 용접이다. 용접봉의 공급과 이송 그리고 비드의 동작 등을 자동화시킨 일종의 자동 용접법으로서 용제 속에서 아크가 발생하여 외부에서 보이지 않는 상태에서 용접하게 되므로 잠호용접이라고도 한다. 와이어의 이송 속도를 조정함으로써 일정한 아크 길이를 유지하면서 용접을 계속할 수 있으며, 과립의 용제 속에서 아크가 발생되어 용접이 진행되므로 대기 중의 유해성분의 침투가 없고 아크의 열에너지 손실이 적어 용착금속의 기계적 성질이 우수하고 능률적이다. 그러나 시설비가 비싸고 용접선이 짧거나 복잡할 때에는 비경제적이며, 아래보기 용접에 한정되는 단점이 있다.

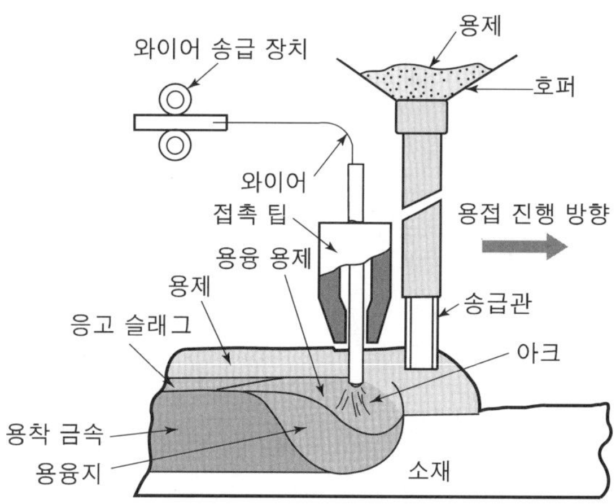

그림 4.33 서브머지드 아크 용접

2) 용접장치

서브머지드 아크 용접장치의 구성은 그림 4.34와 같이 심선을 송급하는 장치, 전압제어 장치, 접촉 팁(contact tip), 대차(carriage), 호퍼(hopper) 등으로 구성되어 있다.

용접장치는 용접헤드를 주행 대차에 싣고 가이드 레일(guide rail) 위를 용접선에 평행하게 이동시키는 형식과 파이프나 탱크의 둘레 등을 용접할 때 쓰는 헤드 고정식이 있다.

용접전류는 용접기에서 접촉 팁에 의해 와이어에 송급되며, 와이어는 전압 제어 상자에 의해서 일정한 전압이 되게 속도 및 아크 길이가 조정된다. 이때, 용제는 호퍼에서 와이어보다 앞부분에서 용접선에 따라 살포된다. 연속적인 용접작업은 와이어의 송급속도를 적절히 조절하여 아크의 길이를 일정하게 유지함으로써 가능해지는데, 아크의 전압이 높으면 비드 폭이 넓어지고 전류를 크게 하면 용입이 깊어진다. 용접전원은 교류와 직류가 사용되며, 교류가 자기불림(magnetic blow)이 없고 직류에 비해 시설비가 적게 든다.

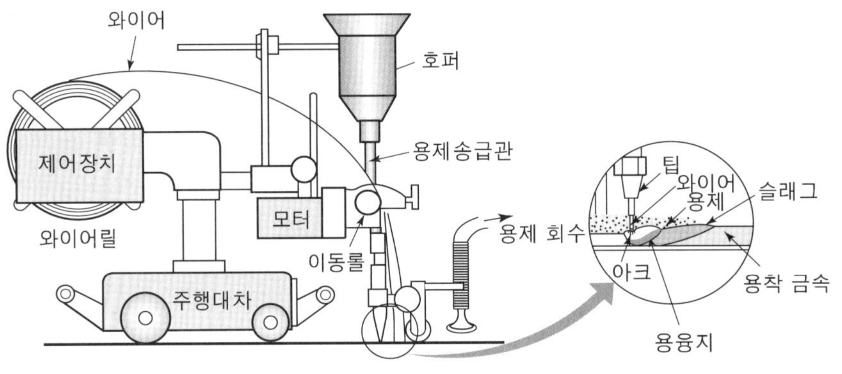

그림 4.34 서브머지드 아크 용접장치

3) 심선과 용제

전극와이어는 일반적으로 지름 2.4~7 mm 범위를 많이 사용하며 녹을 방지하고 전기적인 접촉을 좋게 하기 위하여 표면에 구리도금이 되어 있다. 용제는 용융형 용제(fused flux), 소결형 용제(sintered flux), 혼성 용제(bonded flux)가 있으나 조성이 균일하고 흡습성이 작은 용융형 용제를 많이 사용한다. 용융형 용제는 광물성 원료를 1,300 °C 이상으로 용융 분쇄하여 적당한 입도로 만든 것인데 성분은 SiO_2, MnO, FeO, CaO, MgO, Al_2O_3 등으로 되어 있다.

이 용제는 호퍼(hopper)에서 호스를 통해 전극와이어 앞의 이음부에 공급되고 용접 후 용융되지 않은 용제는 진공 흡수장치로 회수되어 재사용한다. 각종 탄소강, 합금강, 스테인리스강, 알루미늄, 구리 합금 등의 용접에 사용되며, 주로 조선, 압력용기, 강관, 교량 등 두껍고 용접선이 긴 곳에 많이 사용된다.

4. 플라즈마 및 유니언 아크 용접

1) 플라즈마 아크 용접(plasma arc welding)

분자상태의 기체가 고온의 열을 받아 발생하는 격렬한 원자의 운동에 의하여 원자가 음전하의 전자와 양전하의 이온으로 전리되어 도전성을 띄게 된 상태를 플라스마(plasma)라고 한다. 그림 4.35(a)는 플라즈마 발생 기구를 나타낸 것으로 노즐 내의 텅스텐 전극과 모재 사이 또는 텅스텐 전극과 노즐 선단부 사이에서 아크를 발생시키면서 아르곤, 헬륨, 수소가스 등의 작동가스를 텅스텐 전극 주위로 공급한다. 노즐 내부에서 이 작동가스가 아크열을 받아 약 6,000 °C 내외의 플라스마 상태가 되고 이것이 가스의 냉각효과에 의한 열적 핀치(pinch) 효과로 10,000～20,000 °C의 고온 · 고속의 플라스마로 노즐을 통해 분출된다.

이때, 텅스텐 전극으로 보내진 작동가스에 의한 냉각 효과로 아크가 중심부를 향해 압축되고 극도로 미세해지면서 중심부의 온도가 매우 높아지고 노즐을 통해 외부로 분출하게 된다. 이와 같이 전극과 노즐 사이에서 아크를 발생시키고, 가스가 전리되면서 아크의 단면은 수축되고 전류밀도가 증가하여 아크 전압이 높아지며 매우 높은 온도의 플라즈마가 얻어지게 되는 아크의 성질을 핀치 효과(pinch effect)라고 한다. 따라서 텅스텐 전극과 모재 사이에서 발생되는 이행형 아크(transferred arc)의 열로 가열팽창 되어 분출하는 플라스마 제트와 아크의 열 자체를 이용한 용접이다. 플라스마 용접기의 전원은 직류를 사용하고 아크발생용 고주파전원을 병용한다. 일반적으로 텅스텐 전극을 (−)극, 모재를 (+)극으로 한다.

이 용접법은 고온의 열 집중성이 좋아서 비드의 폭이 좁고 용입이 깊으며 용접속도가 빨라 용접과 절단에 많이 사용된다. 모재가 전도성이어야 하고 항상 전극과의 일정한 간격을 유지해야 아크가 발생되며, 열효율이 우수하여 스테인리스강, 탄소강 등의 용접에 이용된다.

- **플라즈마 용접의 장점**

① 용접부의 금속학적, 기계적 성질이 좋으며 변형도 적다.

② 연속적으로 파일럿(pilot)아크가 생성되므로 연속작업이 가능하다.

③ 텅스텐 전극봉의 오염 및 마모가 적고, 정밀한 고밀도 용접이 가능하다.

④ 용접의 목적에 따라 플라즈마 화염의 모양과 온도, 속도 등을 변경할 수 있다.

⑤ 핀치 효과에 의해 전류 밀도가 크므로 아크가 10° 이내의 각도로 분사되어 용입이 깊고 비드 너비가 좁고 작업이 능률적이다.

⑥ 용접에 소요되는 직접비용이 저렴한 편이다.

• **플라즈마 용접의 단점**

① 설비비가 많이 든다.

② 용접속도가 크므로 가스의 보호가 어렵다.

③ 모재 표면이 기름, 먼지, 녹 등에 오염되었을 때에는 플라즈마 아크의 상태가 변화되어 비드의 불균일, 용접 품질저하 등의 원인이 되므로 오염물질을 제거해서 청정해야 한다.

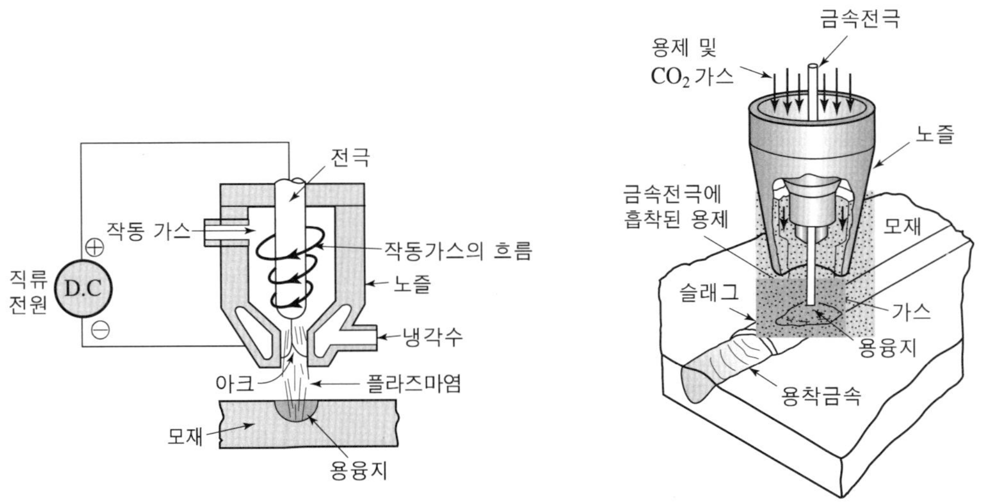

(a) 플라즈마 아크 용접　　(b) 유니언 아크 용접

그림 4.35 아크 발생 기구

2) 유니언 아크 용접(union arc welding)

그림 4.35(b)와 같이 호퍼(hopper)에서 공급되는 자성 용제가 CO_2가스에 의해 노즐을 통과할 때 금속 심선에 흐르는 직류 전기에서 발생된 자장에 의해 용제가 심선에 흡착되어 피복 아크 용접봉과 같은 기능을 갖게 된다. 즉 용접할 때 아크와 용융금속은 자성 용제와 함께 바깥쪽을 흐르는 CO_2가스에 의해 보호된 상태에서 용접하는 방법이다.

이 용접의 특징은 심선의 굵기에 비하여 대전류를 사용하므로 피복 아크 용접에 비하여 용접속도가 1.5~2배 정도 빠르고, 용접비용도 저렴하다. 또, 모든 용접자세에서 용접할 수 있으며, 용접부의 외관도 미려하고 기계적 성질도 우수하다.

4.5 전기저항 용접

용접할 두 금속을 서로 접촉시켜 접촉면과 직각의 방향으로 전류를 통전시키면 금속 자체의 전기저항과 접촉부의 전기저항에 의해 접촉면을 용융상태나 용융온도에 가까운 온도까지 급속하게 가열되는데, 두 금속에 압력을 가하여 용접하는 방법이 전기저항 용접(electric resistance welding)이다. 전기저항 용접은 가스 용접, 아크 용접에 비해 동일 작업의 반복 공정에 적합하여, 소품종 대량 생산을 비롯한 제조업 전 분야에 걸쳐 사용되며, 주로 자동차, 항공기, 차량, 가전제품 등의 조립생산에 많이 사용되고 있다.

1. 전기저항 용접의 개요

1) 원리

접합할 두 금속을 서로 접촉시키고 접촉면의 직각 방향에 전류를 통전시켰을 때 접촉부에 발생하는 전기저항열로 접합부를 급속히 가열하고 가압하여 접합하는 방법이다. 이때 발생하는 전기저항열은 줄의 법칙(Joule's law)에 따른 열원으로서, 발생하는 열량(Q)은 아래 식과 같이 전류의 크기와 저항 및 시간에 따라 달라진다.

$$Q = 0.24\, I^2 Rt$$

여기서, Q: 저항열,

I: 전류(A)

R: 저항(Ω)

t: 통전시간(sec)

온도가 높으면 저항이 커져 온도가 상승하게 되어 금속이 연해지면서 끈기를 갖게 되어 압력을 가해 접합에 적합한 상태로 될 때 기계적인 압력을 가하여 접합하게 된다.

이 용접은 모재에 접촉되는 전극의 단면적이 작고 단시간 내 흐르는 전류가 커야 저항열의 상승하여 용접이 용이해진다. 그리고 전기저항이 크고 열전도율이 낮고 용융점이 낮은 금속일수록 전기저항 용접을 적용하기 쉽다. 전기저항 용접은 모재를 겹쳐놓고 접합하는 방법과 맞대어 놓고 접합하는 방법이 있으며, 용접봉이나 용제 등이 불필요하고 작업이 간단하므로 용접속도가 빠르지만 설비가 비싸다.

2) 전기저항 용접의 특징과 종류

(1) 전기저항 용접의 특징

전기저항 용접에 영향을 미치는 요소로는 용접전류, 통전 시간, 가압력, 모재의 표면 상태, 전극의 재질 및 형상, 용접피치 등이 있으며, 가장 중요한 인자는 저항용접의 3대 요소인 용접전류, 통전 시간, 가압력이다.

전기저항 용접의 공통적인 특징은 다음과 같다.

- **장점**

① 용접작업 속도가 빠르고 대량 생산에 적합하다.

② 이음효율이 좋으며, 무게 감소와 재료 절약 측면에서 유리하다.

③ 용접공정의 자동화가 가능하며, 작업자의 숙련도가 크게 필요하지 않다.

- **단점**

① 용접능력에 한계가 있으며, 모재의 재질, 두께에 제약을 받는다.

② 비파괴 검사가 어렵다.

③ 용접기에 각종 제어 장치의 구조가 복잡하고, 설비비가 비싸다.

(2) 전기저항 용접의 종류

전기저항 용접은 용접방법에 따라서 다음과 같이 나눌 수 있다.

- **겹치기 저항 용접**

① 스폿 용접

② 심 용접

③ 프로젝션 용접

- **맞대기 저항 용접**

① 업셋 용접

② 플래시 용접

③ 버트 심 용접

2. 겹치기 저항 용접

1) 스폿 용접(spot welding)

그림 4.36과 같이 용접할 두 개의 판을 전극 사이에 놓고 가동 전극을 판에 접촉시킨 상

태에서 전류를 통하면, 전극 사이에 끼워 놓은 판의 접촉부에 저항 열이 국부적으로 집중되고 가열되어 용접온도 도달했을 때 가압하여 접합하는 방법이 스폿 용접이다.

그림 4.36(a)와 같이 바둑알과 같은 모양을 한 용착부분을 너깃(nugget)이라고 하며, 적정한 용접부 너깃을 얻기 위해서는 가압력, 통전 시간, 전류의 값 등에 주의할 필요가 있다.

가압력이 너무 접촉저항이 떨어져 용접결과가 나빠지며 너무 작으면 통전할 때 불꽃이 튀어서 용접결과가 나빠진다. 그림 4.37은 용접전류를 점차 높였을 때 용접부의 너깃 단면을 나타낸 것이다. 실제 용접작업에서는 통전과 가압이 거의 동시에 이루어지는데 가압력은 200～1,000 kg_f 정도이고 전원은 200 V의 교류가 사용된다. 그리고 용접전류의 전압은 10 V 이하이며 전류는 1～3만 A/cm^2이다. 모재판이 두껍고 열전도율이 클수록 공급전류가 커야 하고 또 용접전류가 크고 통전시간이 길수록 유효발열량이 증가한다.

모재판과 접촉되는 전극의 끝부분은 구면형태를 많이 사용하고, 용량이 큰 전극은 물이 순환하면서 냉각할 수 있도록 되어 있다. 스폿 용접은 용접부의 산화, 변질 등이 적고 점(spot)의 형태로 간단히 용접되므로 자동차, 철도차량, 가전제품 등의 얇은 판 용접에 많이 사용된다. 스폿 용접기에는 탁상식, 페달식, 전동가압식, 로커암식, 프레스식, 쌍두식, 다전극식 등이 사용된다.

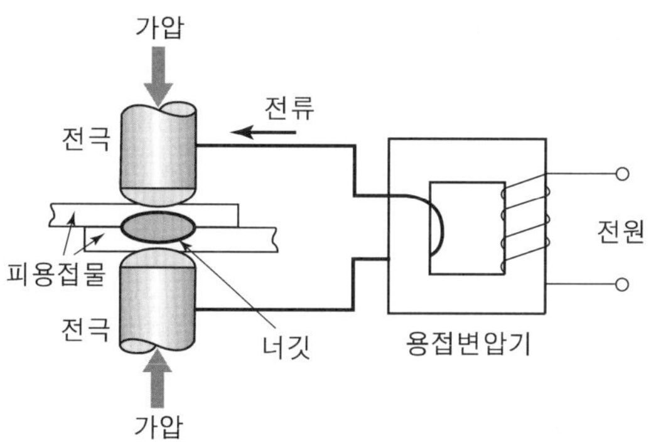

(a) 스폿 용접의 원리

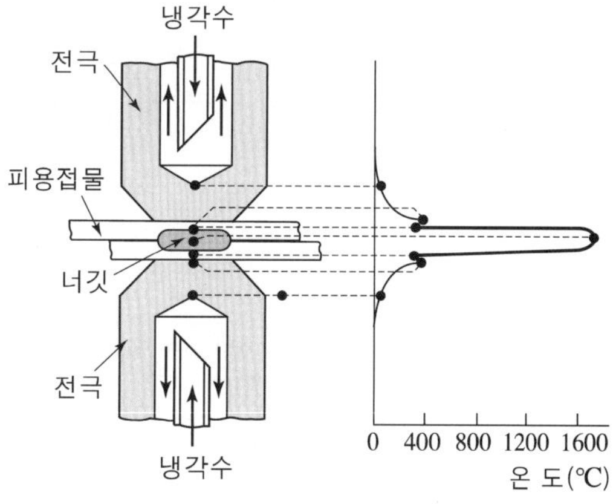

(b) 스폿 용접부의 온도분포

그림 4.36 스폿 용접

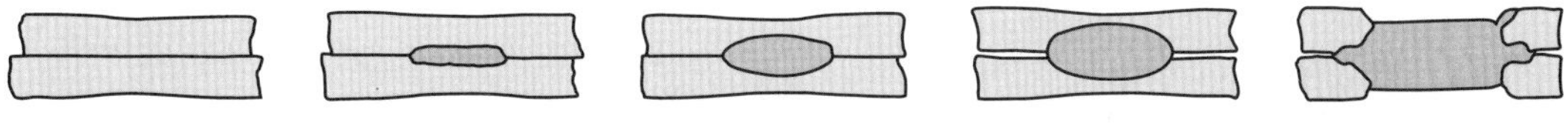

(a) 아주 없다 (b) 적 다 (c) 적당하다 (d) 크 다 (e) 과다하다

그림 4.37 용접전류와 용접부 형상

2) 심 용접(seam welding)

그림 4.38과 같이 회전하는 두 원판 전극(롤 전극) 사이에 모재를 넣고 연속적으로 통전시키고 가압하면서 접합하는 방법으로서 스폿 용접을 연속적으로 하는 것과 같은 원리이다.

심 용접은 전극 롤의 접촉 면적이 넓으므로 같은 재료의 스폿 용접법보다 용접전류는 1.5~2배 정도, 전극의 가압력은 1.2~1.6배 정도 더 크게 해야 한다.

전극에 많은 전류가 공급되기 때문에 장시간 용접하면 용접부 전체가 과열되므로 일정한 휴지시간을 주어 냉각시켜야 한다. 용접전류의 통전 방법에는 단속(intermittent)통전법, 연속(continuous)통전법, 맥동(pulsation)통전법이 있으며, 단속 통전법이 많이 사용된다. 통전 시간과 휴지 시간의 비율은 철강의 경우 1:1, 경합금에서는 1:3 정도로 한다. 용접이 가능한 두께의 범위는 스폿 용접보다 광범위하지 못하며, 일반적으로 0.2~0.4 mm 정도 범위의 얇은 판에 적용된다. 주로 기밀, 유밀을 필요로 하는 용기의 이음부 용접에 이용된다.

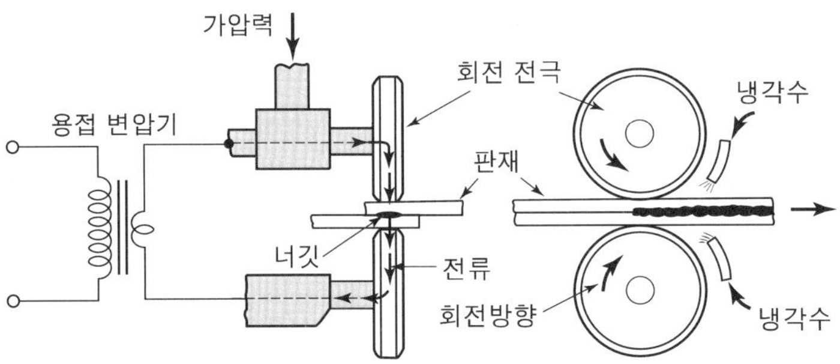

그림 4.38 심 용접

3) 프로젝션 용접(projection welding)

스폿 용접과 같은 원리로서 모재의 한쪽 판의 접합할 부분에 돌기(projection)부를 만들어서 고정전극 위에 겹쳐놓고 가동전극으로 통전시켜 저항열로 가열된 돌기부를 가압하여 접합시키는 용접법이다. 돌기부가 가열된 상태에서 편평한 전극으로 가압하기 때문에 돌기부가 수평으로 펴지면서 접합된다. 그림 4.39는 프로젝션 용접을 나타낸 것으로서 처음 통전 전에 예압을 가하여 돌기부를 약간 눌러주고 전류를 통하여 발열시키고 압력을 가하면 돌기부는 완전히 눌려져서 너깃(nugget)이 생성되며 용접이 완료된다.

프로젝션 용접에서 하나의 용접판에 여러 개의 돌기부를 만들어주면 한 공정으로 여러 개의 스폿 용접을 하는 효과가 있으며, 접합 강도는 크지만 돌기부를 만드는 공정이 필요하다. 모재의 두께가 서로 다를 때에는 두꺼운 판재에 돌기부를 만들고, 모재의 재질이 서로 다를 때에는 열전도율이 큰 모재에 돌기부를 만들어서 용접한다.

이 용접은 전극의 수명이 길고 용접속도가 빠르며 돌기부에서의 전류와 가압력이 균일하므로 용접신뢰도가 높지만 돌기부를 2개 이상 만들어야 하고 시설비가 비싸다. 돌기부의 높이는 판 두께의 약 1/3 정도로 하고, 용접전류는 연강의 경우 판 두께 1 mm 에 대해 800 A, 가압력은 250 kg_f, 용접시간은 1/3 sec 정도로 한다.

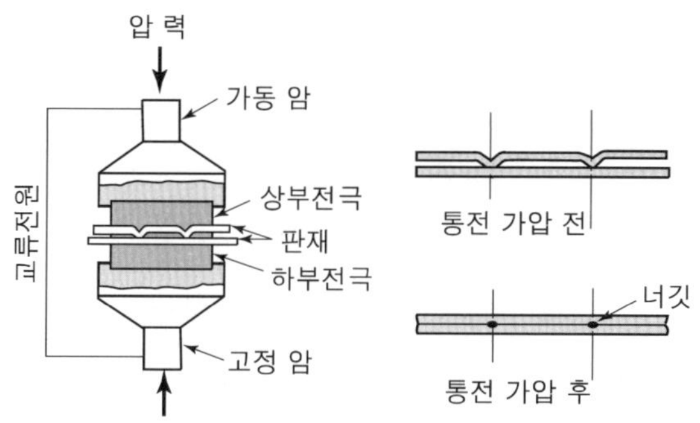

그림 4.39 프로젝션 용접

3. 맞대기 저항 용접

1) 업셋 용접(upset welding)

그림 4.40(a)와 같이 두 모재의 단면을 적당히 가압하여 접촉시키고 전류를 공급하여 접촉면이 전기저항열로 고온상태가 되었을 때 길이방향으로 압력을 가하여 접합시키는 용접이다.

모재가 축방향으로 가압되기 때문에 접합부분이 약간 볼록해지고 길이는 짧아지게 접합된다. 업셋 용접에서는 단면이 큰 모재를 용접할 때에는 접합면이 산화되어 이음부에 산화물이나 기공이 남기 쉬우므로, 용접하기 전에 이음면을 깨끗하게 해야 한다. 일반적으로 용접 모재가 비대칭 형상이거나 가압력에 의해 구부러지기 쉬운 얇은 판이나 관 등은 업셋 용접이 어려우며, 주로 봉재, 단면재, 관재 또는 두꺼운 판재 등의 용접에 사용된다.

2) 플래시 용접(flash welding)

그림 4.40(b)와 같이 두 모재에 전류를 공급하고 단면을 가볍게 접촉시키면 접합할 단면 사이에 아크가 발생하여 급속하게 고온상태가 된다. 이때 모재를 길이방향으로 압축하여 접합하는 용접이다. 플래시 용접은 업셋 용접과 유사한 용접으로서 용접열원으로 일부는

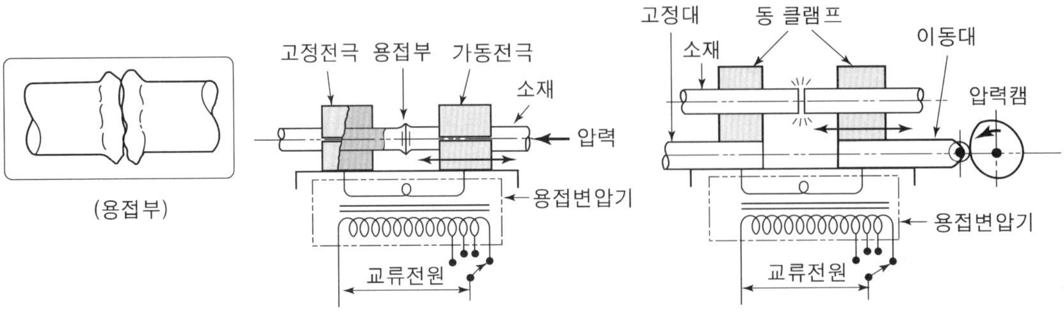

(a) 업셋 용접 (b) 플래시 용접

그림 4.40 맞대기 저항 용접

저항열을 이용하고, 중심부는 아크열을 이용하는 용접하는 방식이다. 접촉점은 과열 용융되어 불꽃으로 흩어지고 접촉이 끊어지면 다시 모재를 보내어 접촉과 불꽃의 비산을 반복시켜서 용접할 접촉면을 고르게 가열하여 용접온도에 달하였을 때 전원을 끄고 압력을 주어 압접하는 방법이다. 업셋 용접과 마찬가지로 접합부분이 약간 볼록해지고 길이가 짧아지는 형태로 접합되며 접합순간에 불꽃이 비산된다. 이음의 강도가 크고 전력소모가 적으며 다른 재질간의 용접도 가능하다. 각종 축이음, 봉재, 철도 레일, 파이프 등의 용접에 사용된다.

3) 버트 심 용접

맞대기 심 용접(butt seamed welding)이라고도 하며 업셋 용접과 심 용접법의 원리를 동시에 적용하는 용접방법으로 용접관의 이음매를 용접하는 저항 용접법의 하나이다.

그림 4.41과 같이 용접관을 연속적으로 생산하는 공정에서 모재인 띠강(strap steel)이 롤

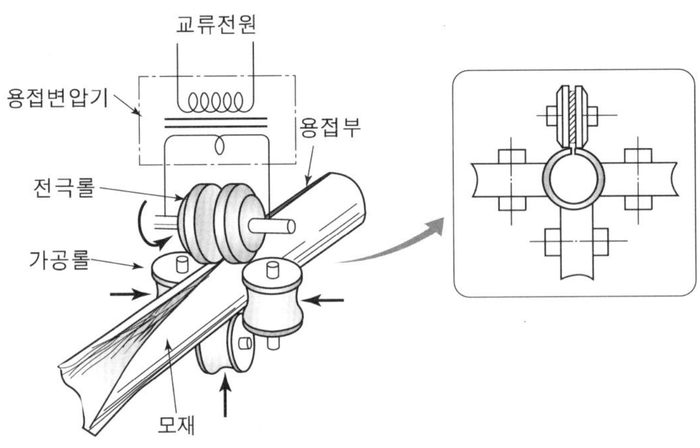

그림 4.41 맞대기 심 저항 용접

에 의해 성형되는 과정에서 관의 이음매 부분에 독립된 바퀴모양의 롤 전극으로 저주파 전류를 통전하면 이음매 부분이 급격하게 가열되고, 양 측면과 아래에 있는 롤로 가압하면서 용접이 진행된다. 이와 같이 버트 심 용접은 용접관의 대량 생산에 사용된다.

4.6 특수용접

1. 스터드 용접(stud welding)

그림 4.42(a)와 같은 스터드 용접 건(welding gun)의 척에 지름 5∼16 mm 정도의 강, 구리, 알루미늄 합금 재질의 환봉, 볼트, 못 등의 스터드(stud)를 끼워서 모재 표면에 수직 또는 임의 각도로 세워 접합하는 용접법을 스터드 용접(stud welding)이라 한다. 스터드 용접은 4.42(b)와 같이 스터드와 모재의 중간에 반도체로 만든 보조링(cartridge)을 끼우고, 스터드에 압력을 가하면서 통전시키고 스터드를 모재에서 약간 떼면 스터드와 모재 사이에서 아크가 발생하여 1∼2초 이내에 용융상태가 된 용융지에 압력을 가해 접합하는 방식이다. 그리고 용접 건의 척에서 스터드를 분리하고 아크열의 방출을 막아 열효율을 높이기 위해 용제로 사용한 보조링을 제거하면 용접이 완료된다.

스터드 용접은 아크열에 의해 매우 짧은 시간에 용접되기 때문에 용접 열응력이 작지만 용접 후에 빠른 냉각으로 인해 경화성이 큰 모재일 경우에는 균열이 생길 수 있으므로 모재를 예열할 필요가 있다. 작은 볼트나 환봉 등을 간편하게 모재에 용접할 수 있어 철골구조물, 조선, 자동차, 교량, 보일러 제작 등의 분야에 폭 넓게 사용된다. 용접전원은 정류기를 이용하여 교류를 직류로 변환하여 사용한다.

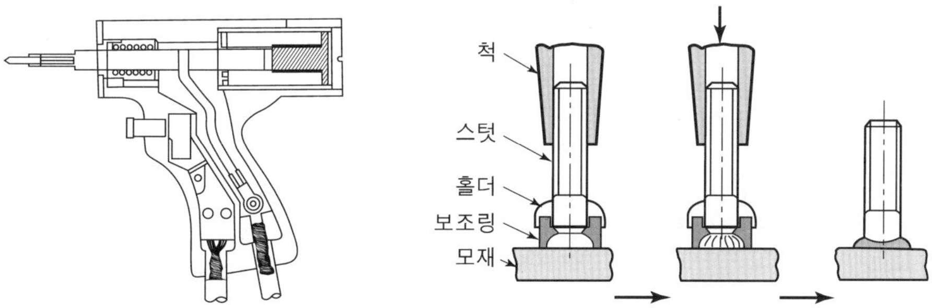

(a) 스터드 용접 건 (b) 스터드 용접공정

그림 4.42 스터드 용접

2. 일렉트로 슬래그 용접(electro slag welding)

전극 와이어와 모재 사이에 아크를 발생시켜 용제가 용융된 슬래그 풀(slag pool)을 만들고 여기에 와이어가 침지하여 생긴 전기 저항열로 모재와 전극와이어가 용융되어 접합되는 용접법이다. 그림 4.43(a)와 같이 접합할 모재의 양쪽은 수냉할 수 있는 구리판을 대고, 그 사이에 용제를 채워 넣는다. 전극 와이어를 사용하여 용제 속에서 아크를 발생시켜 용제를 용융시켜 용융 슬래그 풀이 생성되면 아크는 없어지고 용융된 슬래그가 전도체로 된다. 이때 전류가 슬래그를 통할 때의 전기 저항열로 발생하는 고열로 용접봉과 모재를 용융하여 접합한다. 와이어전극을 용융슬래그 속으로 연속적으로 공급하면 슬래그의 전기 저항열에 의하여 모재와 전극와이어가 용융되어 용접이 수직방향 위쪽으로 올라가며 진행된다. 이때 모재의 양쪽에 부착된 구리판은 용융금속이 측면으로 흘러나오지 못하도록 밀착된 상태로 용접속도에 맞추어 미끄러지면서 위로 이동한다.

미끄러지는 구리 냉각판과 모재는 밀착되어 있으므로 용착 금속과의 사이에 얇은 슬래그 막을 만들어서 외관이 미려한 비드를 얻을 수 있다. 전극 와이어의 지름은 2.5~3.2 mm 정도로서 모재의 접합부 두께에 따라 1~3개를 사용한다. 용제는 SiO_2, MnO, Al_2O_3 등이 주성분으로 되어 있다. 용접변형이 적고 경제적이나 용착금속의 기계적 성질은 양호하지 못하지만, 주로 두께가 50~900 mm 정도의 두꺼운 모재의 용접에 경제적이다.

그림 4.43(b)는 용착금속을 보호하기 위해 슬래그 대신 수냉식 구리판의 연결부에서 공급되는 CO_2가스를 사용하고 전극 와이어와 모재 사이에 발생되는 아크의 열을 이용하여

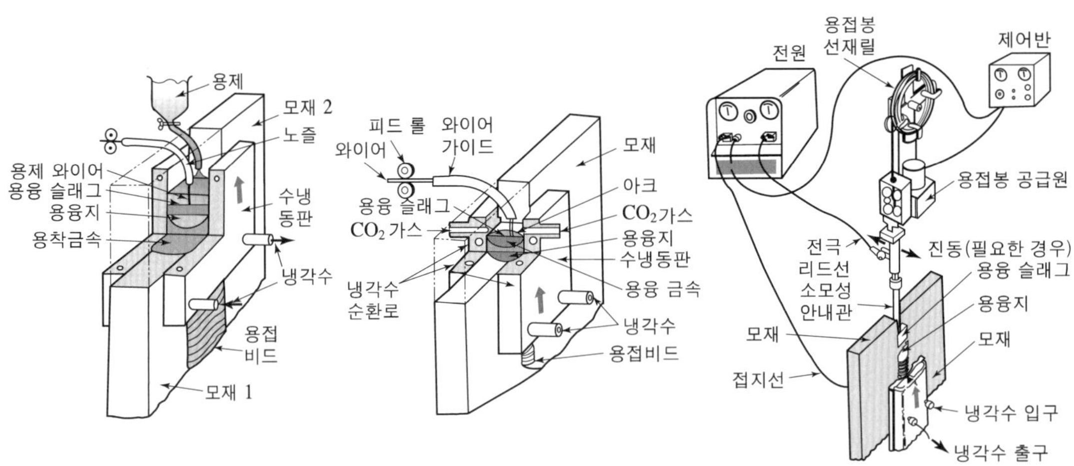

(a) 슬래그 방식 (b) CO_2 방식 (c) 용접장치

그림 4.43 일렉트로 슬래그 용접

접합하는 일렉트로 용접법이다. 모재의 용접두께는 약 12~15 mm 정도로서 강, 티타늄, 알루미늄 합금 등의 용접에 사용된다.

3. 테르밋 용접(thermit welding)

알루미늄 분말과 산화철 분말을 1:3의 비율로 혼합하여 점화하면 강한 환원작용에 의해 철과 알루미늄을 생성하면서 약 3,000 °C의 고열을 발생시키는 테르밋 반응이 나타난다. 이러한 테르밋 반응은 금속산화물이 알루미늄 분말에 의하여 산소를 빼앗기는 것으로서 반응식은 아래 식과 같다.

$$3Fe_3O_4 + 8Al \rightarrow 9Fe + 4Al_2O_3 + 719.3\ \text{kcal}$$

$$Fe_2O_3 + 2Al \rightarrow 2Fe + Al_2O_3 + 181.5\ \text{kcal}$$

$$3FeO + 2Al \rightarrow 3Fe + Al_2O_3 + 187.1\ \text{kcal}$$

이와 같이 알루미늄 분말과 산화철 분말의 테르밋 반응에 의해 발생되는 열에 의하여 얻어진 슬래그와 용융 철을 이용하여 접합하는 용접법이다. 테르밋 용접은 작업이 간단하며 전원이 불필요하기 때문에 현장에서도 용접이 가능하고 작업이 용이하다.

1) 용융 테르밋 용접

그림 4.44와 같이 일정한 크기의 용기 내에 알루미늄분말과 산화철분말을 1:3의 비율로 혼합하고 그 위에 점화재료인 과산화바륨과 마그네슘 등의 혼합분말을 넣어 점화하면 테르밋 반응에 의해 약 3,000 °C의 고온이 발생된다. 이 열로 알루미늄 분말은 알루미나로, 산화철 분말은 용융철로 환원되어 모재를 접합하는 방법이다. 주로 레일, 크랭크축 등의 용접에 사용된다.

2) 가압 테르밋 용접

테르밋 반응에 의해 발생한 고온의 열을 용접부의 가열을 위한 열원으로만 사용하여 환봉이나 관을 맞대기 용접하는 데 사용하는 방법이다. 주철재 주형에 모재의 양 단면을 맞대어 놓고 테르밋 반응으로 생긴 슬래그와 용융금속을 주입하여 슬래그의 열로 모재가 가열되었을 때 길이방향으로 압력을 가하여 압접하는 용접법으로서 모재의 용접부위는 용융금속이 접촉되지 않고 슬래그로만 둘러싸여 모재에 열이 전달되도록 해야 한다.

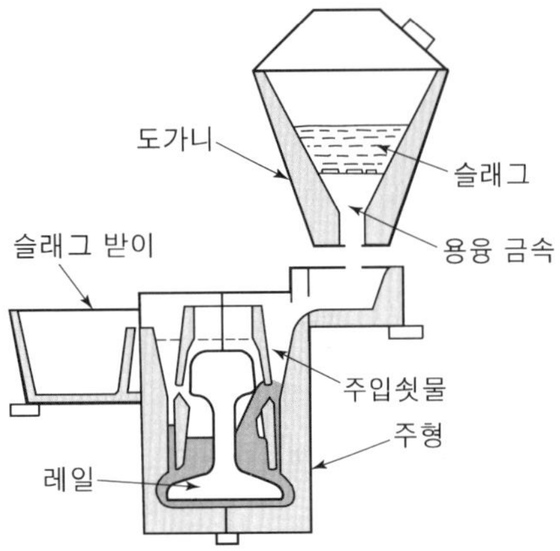

그림 4.44 용융 테르밋 용접

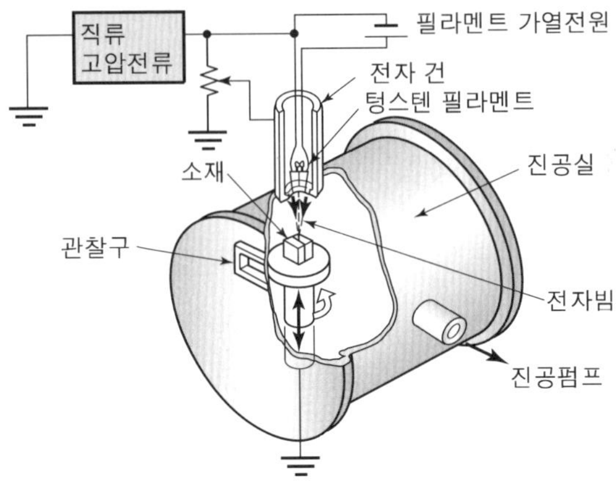

그림 4.45 전자 빔 용접

4. 전자 빔 용접(electronic beam welding)

진공상태의 용기 중에서 높은 전압으로 가속된 고속도의 전자 빔을 모재의 용접부에 충돌시켰을 때 발생하는 열에너지를 이용하여 용접하는 방법이다. 즉, 그림 4.45와 같이 진공상태에서 텅스텐 필라멘트를 가열할 때 방출되는 전자를 양극의 고전압으로 가속하고 전자코일(집속렌즈)로 집속(focusing)한 고속 전자빔을 모재의 접합부에 충돌시켜 발생된 열을 이용하여 모재를 녹여 접합하는 방법이다. 이것은 진공정도에 따라 고진공식(10^{-4} mmHg), 저진공식(10^{-1}~10^{-3} mmHg), 대기압식으로 분류되고 전기적 가속전압에 따라 저전압 대전류식(가속전압 20~40 kV)과 고전압 소전류식(가속전압 30~175 kV)이 있다.

이러한 전자 빔 용접은 그림 4.46(a)와 같이 강력한 열에너지가 좁은 면적에 집중적으로

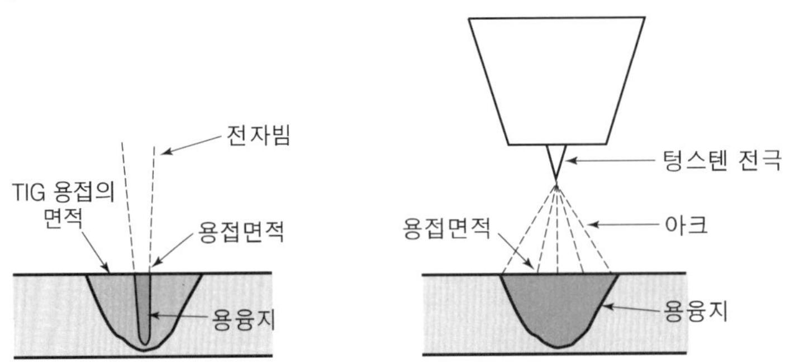

(a) 전자 빔 용접 (b) TIG 용접

그림 4.46 전자 빔 용접부분의 형태

작용하므로 용입이 깊고 용접 폭이 좁아서 열변형이 적으며, 용접 가능한 두께의 범위(0.12 ~250 mm)가 넓다. 또한 진공상태에서 용접이 이루어지므로 용접부에 산화물이 생기지 않고 고용융점 금속인 W, Mo 등의 용접이 쉬우며, 가속 전압을 높여 빔의 집속을 매우 좁게 하면 고속 절단이나 구멍뚫기 등을 쉽게 할 수 있다. 그러나 용접물의 형상과 크기, 용접위치 등에 제약을 받고 진공 및 배기장치 등 설비비용이 많이 소요된다.

5. 레이저 용접(laser welding)

레이저는 유도방사에 의한 빛의 증폭기(light amplification by stimulated emission of radiation)로서, 영문 단어의 머리글자를 조합한 이름이다. 이와 같은 레이저는 특정 파장만을 가진 단색광으로 만들어진 인위적인 빛의 일종이다. 레이저 빛은 동일한 파장으로 지속성과 집광성이 우수하여 렌즈로 집광하면 매우 작은 점(spot)으로 집중이 가능하며, 높은 에너지를 가진 레이저 빛을 집속하여 얻은 높은 온도(4,000 °C)를 열원으로 하여 용접이나 절단 등의 가공에 이용하는 것을 레이저 용접(laser welding)이라 한다.

레이저 빔은 그림 4.47과 같이 거울(mirror)을 합성 루비 결정체(synthetic ruby crystal), 또는 레이저 튜브(laser tube)에 전후로 반사시켜 더욱 증폭된 레이저 빔을 모재의 용접부에 집중시킨 빔의 초점은 머리카락 정도의 지름으로 집속되어 발생된 약 4,000 °C의 레이저 열을 이용하여 접합이 이루어진다.

레이저는 발진재료에 따라 고체 레이저(루비형), 기체 레이저(불활성가스형), 반도체 레이저가 있다. 레이저 빛의 에너지는 국부적으로 집속되므로 미소 부분의 용융, 증발이 가능하여, 작은 구멍의 가공에 유리하며, 구멍을 연속으로 만들어서 절단을 할 수 있다.

그러나 레이저 빛은 거울로 반사되므로 재료의 표면 상태에 따라 레이저 빛을 흡수하는 정도가 변하는 문제가 있다. 이러한 레이저 빔 용접의 특징은 다음과 같다.

① 대기 중에서 용접이 가능하므로 진공 용기가 필요 없다.

② 용입이 좁고 깊은 용접부를 얻을 수 있으며, 비금속 재료의 용접도 가능하다.

③ 열 영향부가 좁고, 열충격이 작기 때문에 열처리된 부분도 용접할 수 있다.

6. 원자 수소 용접(atomic hydrogen welding)

그림 4.48과 같이 2개의 텅스텐 전극 끝에 아크를 발생시키고, 전극봉 주위에서 수소가스를 아크의 중심부에 분출시켜서 발생하는 고열을 이용하여 모재를 용융시켜 접합하는 방

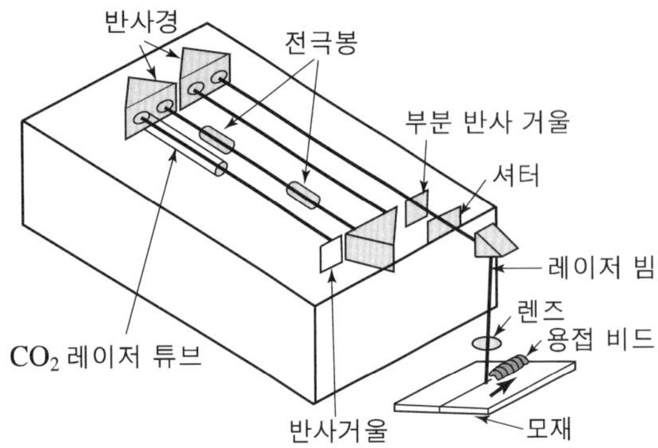

그림 4.47 레이저 용접

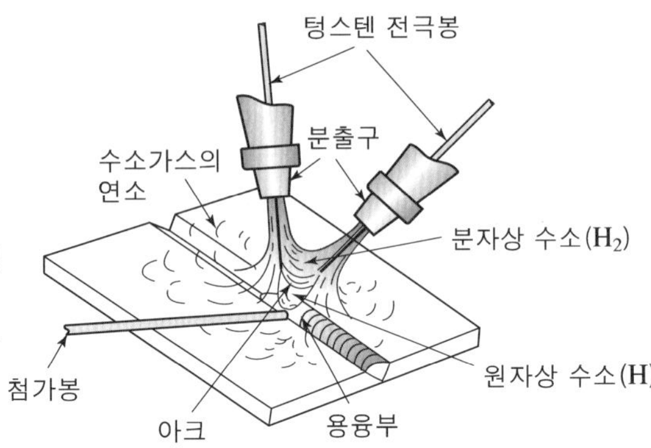

그림 4.48 원자 수소 용접

법을 원자 수소 용접이라고 한다. 이때 전극봉 주위에서 분출되는 분자상의 수소가 아크열에 의해 원자상으로 분해되어 아크열을 흡수하게 되고, 다시 용접부에서 분자상의 수소로 환원될 때 흡수한 열을 발생시켜 매우 높은 고열(3,000~4,000 °C)로 용접부를 가열시켜 용접한다.

용접부위는 환원성의 수소가스로 덮인 상태로 용접되므로 대기에 의한 산화, 질화 등이 없고, 용접부의 기계적 성질이 양호하다. 이 용접법은 용입이 양호하고 슬래그가 생기지 않으므로 좁은 홈의 용접이나 균열의 보수작업 등에 적합하다. 또한 알루미늄과 같이 저용융점 금속과 매우 얇은 판이나 세선의 용접에 이용되며 스테인리스강, 공구강 등과 같이 고용융점 금속의 용접에도 사용된다. 그러나 용접기 구조와 작업이 비교적 복잡하고 경제성이 낮아서 이용범위가 점차 좁아지고 있다. 용접전원은 직류와 교류 모두 사용하지만 직류를 사용하면 용접극성에 의한 영향으로 한쪽 전극이 빨리 소모되어 아크를 계속적으로 발생시키는 것이 어려우므로 보통 교류전원을 많이 사용한다.

7. 고상 용접(solid phase welding)

1) 초음파 용접(ultrasonic welding)

그림 4.49와 같이 두 모재를 받침대(반사극)과 용접 팁(tip) 사이에 겹쳐놓고 용접 팁으로 가볍게 가압한 상태에서 접합부에 고주파 발진기로 횡진동 에너지를 작용시키면 약간의 진동마찰열이 발생되면서 국부적으로 금속원자가 서로 확산되어 모재가 접합되는 고상 용접방법이다. 용접기의 주요장치는 입력전원을 고주파로 변화시키는 주파수변환기, 고주파 전기에너지를 고주파 진동에너지로 변환시키는 진동자, 진동자 가압장치와 받침대, 용접시

간과 전기회로를 자동으로 조절하는 제어장치 등으로 구성되어 있다.

이 용접법은 서로 다른 재질의 금속판 용접, 두께가 다른 판 용접, 박판의 용접, 플라스틱류의 접합 등에 이용된다.

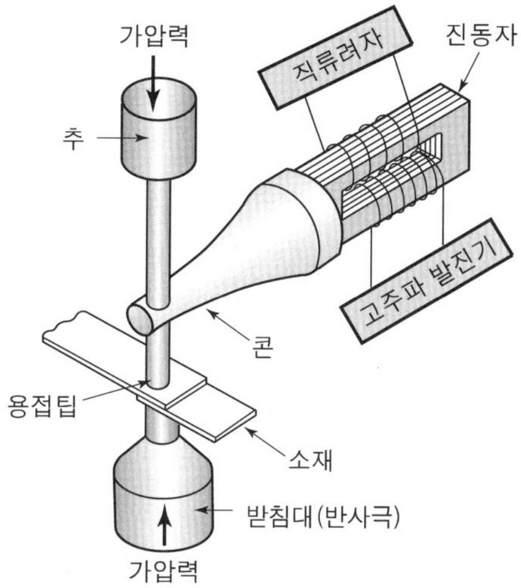

그림 4.49 초음파 용접

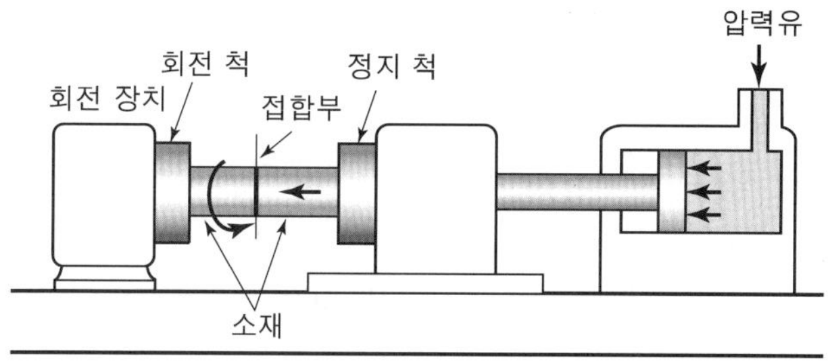

그림 4.50 마찰 용접

2) 마찰 용접(friction welding)

그림 4.50과 같은 마찰 용접기에 두 모재의 접합할 단면을 상온에서 접촉시켜 가압한 상태에서 모재의 한쪽을 고정시키고 다른 한쪽을 고속으로 회전시켜 발생하는 마찰열로 고온 상태가 되었을 때 압력을 가하여 접합시키는 용접이다. 용접공정은 그림 4.51과 같이 이음

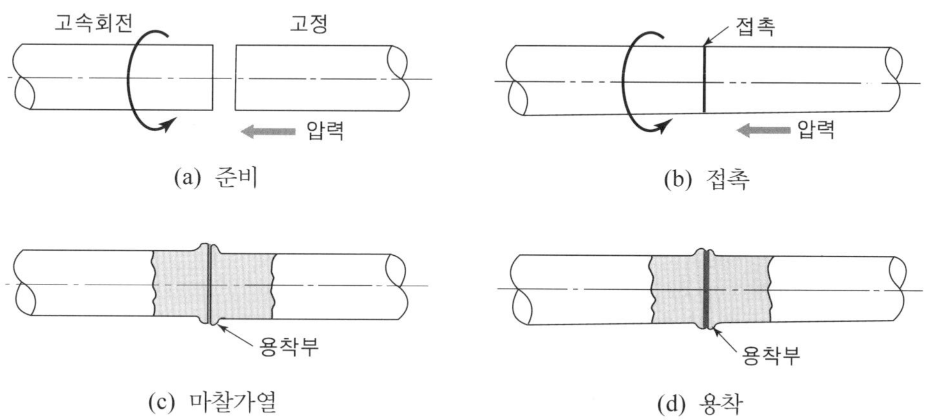

그림 4.51 마찰 용접공정

면 부근이 압접 온도에 도달하였을 때 강한 압력을 가하여 업셋시킴과 동시에 상대 운동을 정지하여 이음을 완료하는 용접법이다. 일반적으로 환봉 축의 용접에 사용되며, 관의 용접도 할 수 있으며, 또 성분이 다른 이종 금속이나 용접성이 나쁜 금속의 접합도 가능하다.

마찰 용접은 자동차, 항공기, 섬유기계, 공작기계 부품과 각종 밸브, 공구류의 제작에 응용되어 사용되고 있다.

3) 냉간압접(cold pressure welding)

모재를 가열하지 않고 그림 4.52와 같이 상온상태에서 큰 압력만을 가하여 접합하는 방법을 냉간압접이라고 한다. 냉간압접은 가해지는 압력만으로 금속 표면을 소성 유동시켜 발생한 원자유동이 에너지를 축적하여 금속조직학(metallography)적인 원자배열을 일으켜서 접합되는 방법으로서 고체결합법(solid state bonding)에 속한다.

냉간압접 하기 전에 접합부 표면의 산화피막 등을 제거하여야 하며, 가압 정도는 양쪽 모재 접촉면의 접합부가 유동할 만큼의 압력을 가해야 한다. 가압방법은 충격적으로 가할 수도 있고 저속 압착작용으로 가할 수도 있으나, 두 가지 방법을 동시에 병용하는 것이 효과적이다. 가압력의 크기는 알루미늄의 경우 약 17.5～25 kg_f/mm^2 정도로 한다. 주로 알루미늄이나 구리의 전선 소재의 맞대기 용접 및 가열할 수 없는 부위의 용접 등에 이용되고 있다.

그림 4.52와 같이 모재를 가열하지 않고 서로 겹치거나 맞대어 놓은 상태에서 큰 압력을 가하여 소성변형시켜 접합하는 방법으로서 열을 사용하지 않아서 열에 의한 악영향이 없으나, 소성변형으로 압접되기 때문에 이음부에 가공경화 현상이 나타나다.

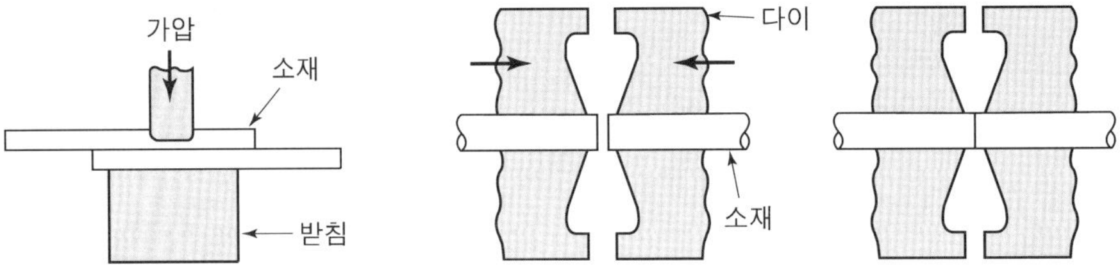

(a) 겹침 이음 (b) 맞대기 이음

그림 4.52 냉간압접

4) 폭발압접(explosive pressure welding)

화약폭발에 의해 발생하는 순간적인 강력한 폭발 에너지를 이용하여 두 모재의 표면에 소성변형을 발생시켜 접합하는 방법을 폭발압접이라 한다. 폭발압접은 두 면 사이의 원자가 분자적인 거리로 접근함으로써 고압으로 결합되는 압접법으로서 금속 표면에 부착되어 있던 각종 산화물이나 피막 등은 고압에 의하여 파괴되고 소산되든가 용융된 부분에 용해된다. 따라서 폭발력은 이들을 외부로 축출하여 깨끗한 결합면을 이루게 한다.

그림 4.53은 폭발이 진행되면서 압접 판재가 모재와 강력한 충돌을 하면서 표면이 제트효과로 파도 모양으로 소성변형되면서 압접되는 과정을 보여주고 있다. 이 폭발 압접법은 장비가 간편하고 작업이 빠르며, 이종 금속에서도 접합력이 좋으므로 파이프나 압력용기의 내장용이나 넓은 두 판의 표면접합 등에 많이 이용되고 있다. 그러나 저용융점 금속과 충격저항이 낮은 금속은 고압의 폭발압력에 의하여 파손되어 효과적인 압접을 할 수 없다.

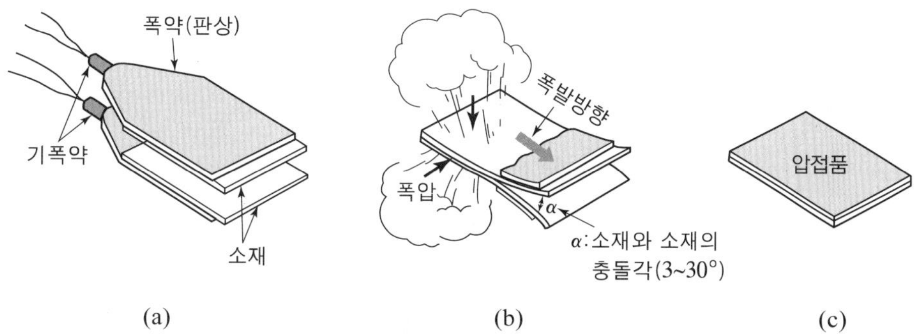

그림 4.53 폭발압접

5) 가스압접(gas pressure welding)

모재의 접합부를 맞대어 놓고 가스 불꽃을 사용하여 재결정 온도 이상의 고온상태로 균일하게 가열한 다음 축 방향으로 압력을 가하여 압접시키는 방법이다. 모재의 가열에는 산소-아세틸렌 화염이 많이 사용되고 있다.

대표적인 응용 분야로는 토목 및 건축 공사용 철근 콘크리트에서 지름이 32 mm 정도까지는 가스압접하여 사용하여 접합하고 있으며, 파이프, 철도 레일을 비롯한 차량부품 등에도 응용되고 있다.

(1) 밀착 가스압접(closed butt welding)

그림 4.54와 같이 두 개의 소재를 밀착시켜 놓고 용접부 단면을 가스 불꽃으로 가열한 다음 축 방향으로 압력을 가하여 압접하는 방법이다. 이 방법은 용접할 모재의 이음부 단

면 상태가 용접 결과에 큰 영향을 미치므로 이음부 단면에 부착된 산화물, 유지류 등과 같은 오염을 깨끗하게 제거해야 한다.

(2) 개방 가스압접(open butt welding)

그림 4.55와 같이 압접할 두 단면 사이에 다관식 가열토치를 넣어 단면 표면이 약간 용융하였을 때 가열토치를 제거한 후 바로 축 방향으로 가압하여 압접하는 방법으로서 접합할 단면 부분만을 국부적으로 가열하기 때문에 열효율이 좋다.

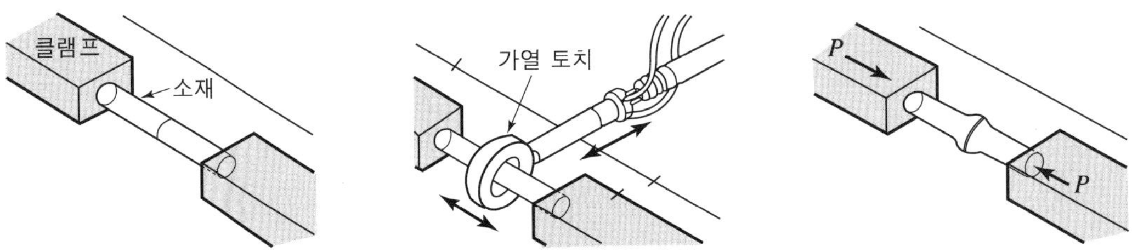

(a) 밀착　(b) 가열　(c) 압접

그림 4.54 밀착 가스압접

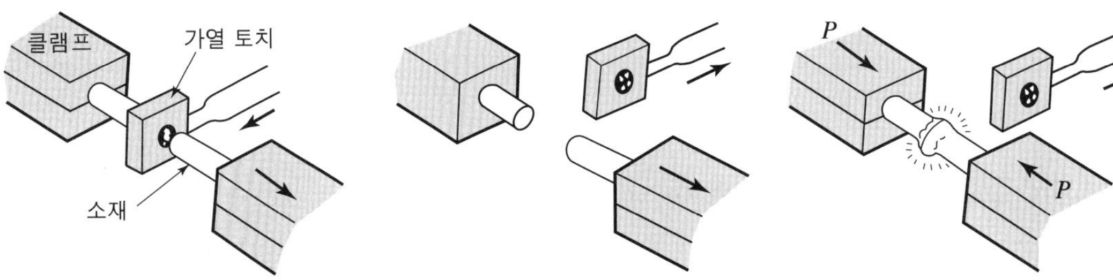

(a) 밀착　(b) 가열　(c) 압접

그림 4.55 개방 가스압접

4.7 단접과 납접

1. 단접(forge welding)

접합할 두 금속의 접합할 부분을 용융온도 부근까지 가열하여 전연성이 풍부해지고 점착력이 증가되었을 때 서로 맞대거나 겹쳐놓고 가압력을 작용시켜 접합하는 방법이다.

금속재료 중 가열하였을 때 다음과 같은 조건을 갖고 있어야 단접이 가능하다.

① 용융 전에 분자의 유동성이 높아지면서 접착력이 증가할 것

② 고온에서도 산화가 적고 산화막이 발생이 없거나 산화막 제거가 용이할 것

단접에 적합한 재료인 0.2%C 이하의 저탄소강은 단접에 적합한 온도인 1,200 °C 내외에서 풀과 같은 형상으로 점착력이 증가되어 이때 접합부를 압접하면 쉽게 접합된다.

그러나 황동은 용융점 부근까지 경도가 유지되다가 용융점에 도달하면 급격하게 용융되므로 단접이 불가능하다. 또한 탄소강의 경우에도 탄소함유량이 1%C 이상인 고탄소강으로 갈수록이 단접이 어려워진다. 그리고 단접할 면에는 고온가열로 인하여 산화피막이 생겨 금속간 점착을 방해하므로 이를 제거하기 위해 붕사와 식염의 혼합제, 붕산 등의 단접 용제(flux)가 사용된다.

1) 해머 단접(hammer forge welding)

고온으로 가열된 소재를 그림 4.56(a)와 같이 서로 겹쳐 놓거나 맞대어 놓고 해머로 타격하여 접합시키는 방법으로서 자유단조 작업에서 많이 사용되는 단접법이다.

2) 다이 단접(die forge welding)

고온으로 가열된 소재를 그림 4.56(b)와 같이 인발다이의 구멍으로 통과시켜 접합하는 방법으로서 주로 관(pipe)의 제작에 이용된다.

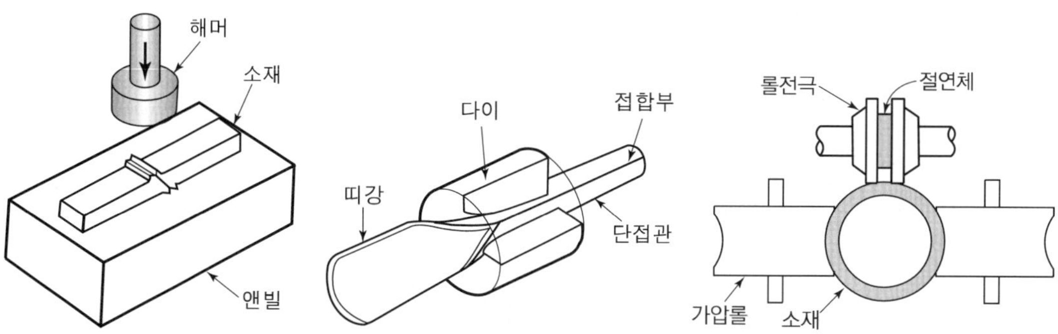

(a) 해머 단접 (b) 다이 단접 (c) 롤 단접

그림 4.56 단접 방법

3) 롤 단접(roll forging)

고온으로 가열된 모재를 회전하는 롤(roll) 사이에 통과시켜 접합하는 방법으로, 제관 단접에 이용된다.

2. 납접(soldering)

접합할 두 모재 사이에 모재보다 용융점이 낮은 납(brazing filler)을 사용하여, 모재는 용융되지 않은 상태에서 용가제만 용융시켜 금속을 접합하는 이음방법이다.

납접에 사용되는 용가재(filler metal)인 땜납은 모재보다 용융점이 낮아야 하고 표면장력이 적고, 유동성이 좋아서 모재표면에 잘 퍼지고, 좁은 틈도 잘 스며들 수 있는 성질을 가져야 한다. 납땜의 접합부는 보통 납이 모재 중에 약간 확산하거나 납과 모재 사이에 얇은 합금층을 만드는 접합으로, 특히 경납땜의 경우는 야금학적으로 납이 모재에 확산되는 확산합금층을 형성하여 접합된다고 볼 수 있다.

땜납은 사용하는 납재의 용융점에 따라서 용융온도가 450 °C 이하인 연납(soft lead)을 사용하는 연납땜(soldering)과 용융온도가 450 °C 이상인 경납(hard lead)을 사용하는 경납땜(brazing)으로 구분한다.

1) 연납(soldering)

연납땜(soldering)에 사용되는 용가재로 450 °C 이하의 저온에서 용융되는 Sn과 Pb의 합금을 사용하며, 강도를 요구하지 않는 동, 황동, 철, 아연 등의 금속제품의 접합 부분에 사용되며, 일명 땜납(solder)이라고도 한다. 연납은 접합강도는 낮으나 용융점이 낮아 땜질이 쉽기 때문에 전기적인 접합이나 기밀을 요구하는 부분에 사용된다.

연납작업은 우선 금속 솔(wire brush), 샌드 페이퍼(sand paper) 등을 사용하여 접합부분의 불순물과 산화피막을 제거하고 땜용 인두를 가열하여 연납을 용융시켜 접합한다. 용가재로 사용하는 연납은 납(Pb)과 주석(Sn)의 합금이 일반적으로 널리 사용되며, 대표적인 것이 연납이다. 순수한 주석과 납은 용융온도가 낮고 그 함유량에 따라 기계적 성질이 다르다. 주석의 함량이 많을수록 접착력이 증가하며 40～50%Sn이 많이 사용된다. 이외에도 Bi, Cd, Ag, Zn, Sb 등을 합금하여 사용하기도 한다.

용제는 산화를 방지하고 생성된 금속 산화물을 액체 상태로 만들며 납이 쉽게 유동될 수 있도록 하기 위해 염산, 염화암모니아, 염화아연, 페이스트(paste) 등이 사용된다.

2) 경납(brazing)

용융온도가 450 ℃ 이상인 경납을 이용한 접합으로 이음강도가 크기 때문에 큰 힘이 작용하는 접합 부분에 사용된다. 납접으로 결합할 모재의 종류, 용도 및 납땜 방법 등에 따라 여러 가지 경납이 있다.

경납작업을 경납분말과 용제분말을 물로 적절히 반죽하여 접합부에 바르고 이 부분을 가스 버너의 열, 아크의 열, 전기저항 열 등으로 가열하여 경납을 용융시켜 접합한다. 용제로는 붕사($Na_2B_4O_7 \cdot 10H_2O$), 붕산(H_3BO_4), 염화암모니아 등이 사용된다.

경납에는 용가재의 주성분에 따라서 황동납, 은납, 금납, 양은납 이외 알루미늄납, 망간납, 철납 등 여러 가지가 있다.

(1) 황동납

경납의 모체가 되는 합금으로 Cu(40～50%)+Zn(60～50%) 범위가 일반적으로 가장 많이 사용되고 있으며 대부분 경납의 주성분이 된다. 아연 함유량의 증가에 따라 용융온도는 낮아지고 인장강도와 경도 등은 증가한다.

(2) 은납

Cu+Zn(10～20%), Ag(80～90%) 정도로서 용융온도가 비교적 낮고 유동성이 좋으며 강도 및 연신율이 우수하다.

(3) 금납

금납은 Au+Ag+Cu+Zn+Cd계의 합금으로 합금조성에 따라 다양하다.

Au(1.2～87.5%), Ag(3～76.2%), Cu(2～53%) 등으로 용융온도가 낮으며 금의 양에 따라 22 K, 23 K 등이 있다.

(4) 양은납

Cu+Zn+Ni계의 합금으로 황동 Cu+Zn(30～60%)에 Ni(8～20%)로 니켈 함량이 많을수록 용융점이 높고 은백색을 나타낸다. 일명 양은(nikel silver)으로 널리 알려져 있다.

4.8 절단 가공

선박, 교량, 고층건물 등과 같은 대형 철골 구조물은 대부분 용접에 의한 결합으로 제조되며, 용접재료의 절단, 용접 이음부의 가공 등의 작업이 필요하게 된다. 금속을 절단하는 방법에는 기계적인 방법과 절단 부위를 가스나 아크의 열에너지를 이용하여 국부적으로 용융시켜 절단하는 화학적 방법인 융단법(fusion cutting)이 있다.

용접시공과 관련되는 화학적인 방법은 일반적으로 가열절단, 열절단, 융단 등으로 불리고 있다. 융단을 이용한 가열절단 방법은 후판 가공에서 재료의 준비, 구조물의 해체 등과 같이 기계적인 방법으로는 절단이 어려운 경우에 이용한다.

가열 절단방법은 크게 산소 가스와 금속과의 산화 반응을 이용하여 금속을 절단하는 가스 절단(gas cutting)과 아크 열을 이용하여 절단하는 아크 절단(arc cutting)으로 나눌 수 있다. 금속의 가열 절단은 모재의 재질, 형상, 작업 목적 등에 따라 다르므로, 원리와 특징을 파악하여 효율적인 절단 방법을 선택해야 한다.

1. 가스 절단(gas cutting)

1) 가스 절단 원리

절단용 토치를 이용하여 그림 4.57과 같이 산소-아세틸렌가스 불꽃으로 절단할 부위를 900 °C 부근으로 예열한 후 팁의 중심에서 높은 압력으로 산소를 분출시키면 철이 연소되어 산화철로 밀려 나오면서 용융과 동시에 절단된다. 이 과정에서 강의 산화는 아래와 같은 열화학 반응에 의해 발열하게 된다.

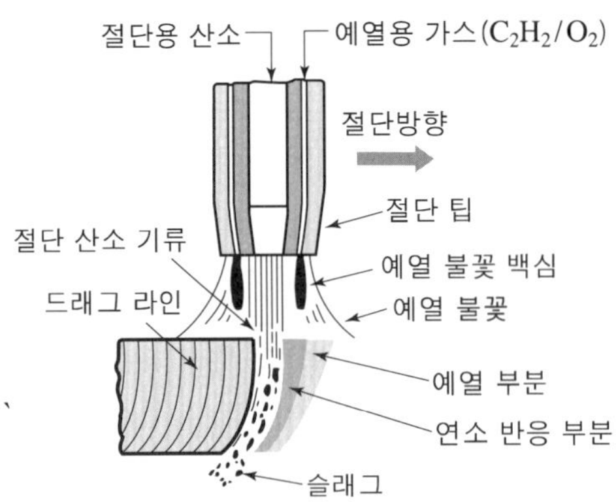

그림 4.57 가스 절단 방법

$$Fe + \frac{1}{2}O_2 \rightarrow FeO + 64\ kcal$$

$$2Fe + 1\frac{1}{2}O_2 \rightarrow Fe_2O_3 + 190.7\ kcal$$

$$3Fe + 2O_2 \rightarrow Fe_3O_4 + 266.9\ kcal$$

2) 금속의 가스 절단

탄소강과 같이 연소할 때 산화에 의한 발열 반응이 심한 재료는 가스불꽃에 의한 절단성이 좋으나, 주철이나 비철금속, 스테인리스강과 같은 고합금강은 절단성이 나쁘며, 고크롬강은 가스 절단할 수 없다. 주철의 경우는 용융온도가 1,130~1,250 ℃로서 연소온도 및 슬래그의 용융점보다 낮기 때문에 주철이 용융되어서 고압으로 분출되는 산소가 주철을 분산시켜서 절단부가 불규칙하게 된다. 스테인리스강이나 알루미늄의 경우에도 절단 중에 생기는 산화크롬(Cr_2O_3)과 산화알루미늄(Al_2O_3)이 모재보다 융점이 높기 때문에 유동성이 나쁜 슬래그가 절단 표면을 덮어서 산소와 모재와의 반응을 방해하므로 절단이 쉽지 않다.

금속의 가스 절단을 난이도에 따라 비교하면 다음과 같다.

① **절단이 용이한 금속:** 순철, 연강, 주강
② **절단이 약간 어려운 금속:** 경강, 합금강, 고속도강
③ **절단이 아주 어려운 금속:** 주철
④ **절단이 안 되는 금속:** 동, 황동, 청동, 알루미늄, 연, 주석, 아연

3) 절단용 토치와 팁

그림 4.58(a)는 프랑스식 절단 토치로서 혼합가스를 이중으로 된 동심원의 구멍에서 분출시키는 동심형 팁이며, 전후좌우 및 직선 절단을 자유롭게 할 수 있으므로 많이 사용된다. 그림 4.58(b)는 독일식 절단 토치로서 산소와 혼합가스를 각각 다른 팁에서 분출시키는 이심형 팁 구조로 예열 팁과 산소 팁이 별도로 되어 있어 예열용 팁이 붙어 있는 방향으로만 절단할 수 있어 작은 곡선의 절단은 어렵지만, 완만한 곡선과 직선 절단에는 능률적이고 절단면이 깨끗하다. 또한 절단 토치의 팁은 절단할 판의 두께에 따라 선택하여 교환할 수 있다. 절단 토치는 용접 토치와는 다른 구조의 것이 사용되며 아세틸렌의 사용 압력에 따라 저압식과 중압식이 있다. 저압식 절단 토치는 아세틸렌압력보다 산소압력을 높게 한 분출력을 이용하여 아세틸렌을 혼합실로 빨아들이는 구조로 되어 있으며, 중압식

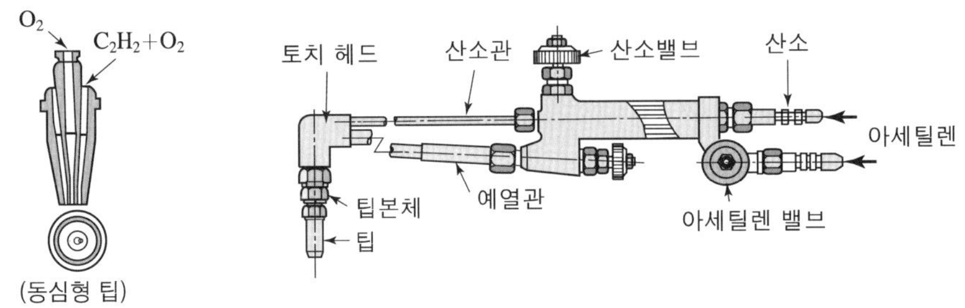

(a) 프랑스식

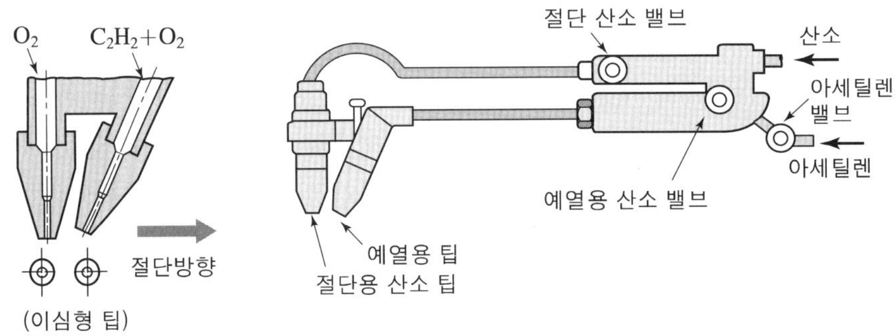

(b) 독일식

그림 4.58 절단용 토치와 팁

절단 토치는 아세틸렌과 산소가 거의 같은 압력으로 혼합실에서 공급되는 것으로서, 저압식 토치와 같이 산소 분출구를 가지고 있지 않아 구조가 간단하다. 또한 가스 절단용으로 공급되는 산소는 순도(99.9% 이상)가 높아야 깨끗한 절단면을 얻을 수 있다.

4) 가스 절단법

(1) 수동 가스 절단

수동 가스 절단에서는 예열하는 화염을 중성화염으로 조정하여 절단선의 한쪽 끝의 표면이 900 °C 내외로 가열되었을 때 산소 밸브를 열어 절단을 시작한다. 이때 팁 끝과 절단 강판 사이의 거리는 속불꽃(inner flame)의 끝에서 1.5~2.0 mm 정도 떨어지게 하고 토치를 알맞은 속도로 진행시켜 절단한다. 토치의 진행속도가 너무 빠르면 절단이 중단되며, 너무 늦으면 절단면 위쪽 모서리가 녹아서 둥글게 된다. 그림 4.59는 수동 가스 절단에서 절단방향과 절단 팁의 각도와 거리를 나타낸 것이다.

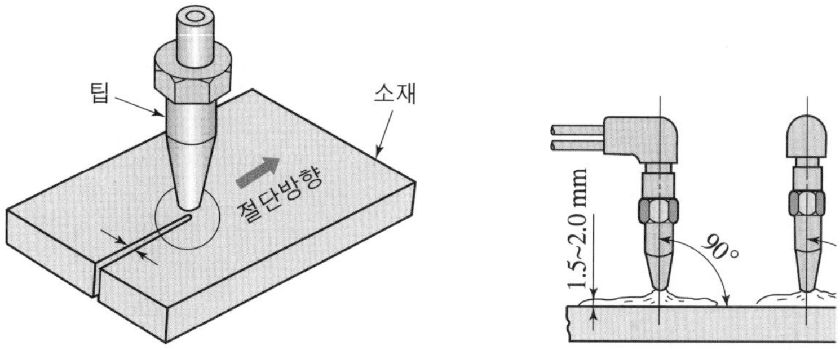

(a) 절단방향 (b) 팁의 각도와 거리

그림 4.59 수동 가스 절단

(2) 자동 가스 절단

금속의 절단 가공에서 토치의 이동을 수작업에 의하지 않고 수치제어(numerical control) 방식을 이용하여 자동화한 가스 절단방법으로서 강판에 놓인 레일 위를 필요한 속도로 주행하는 전동대차에 토치를 부착하여 강판을 직선 또는 곡선으로 절단할 수 있다.

또한 2개 또는 3개의 토치를 사용하면 일시에 여러 개를 자동으로 절단 가공할 수 있어 능률적이며, 선박구조물의 소재를 제단하기 위한 절단에 많이 사용된다.

5) 특수 가스 절단법

(1) 분말 절단(powder cutting)

철 분말이나 알루미늄 분말 등을 혼합한 용제를 절단할 부위에 압축산소로 공급하여 분말의 연소열과 산화물의 융점을 저하시켜 절단하는 방법이다. 주로 비철금속, 주철, 스테인리스강과 같이 가스 절단이 어려운 금속의 절단에 이용되지만, 절단면이 깨끗하지 않다.

그림 4.60(a)는 분말 절단장치로서 토치 팁으로 별도의 장치에서 압축공기나 질소가스에 의하여 분말이 공급되며, 그림 4.60(b)와 같이 팁을 통하여 절단하는 산소구멍과 예열화염 구멍의 외측에 분사되어 절단 산소의 기류 속으로 보내진다.

(2) 산소창 절단(oxygen lance cutting)

그림 4.61과 같이 예열용 토치로 절단할 부위를 예열한 다음 별도의 가늘고 긴 강관으로 된 산소창을 사용하여 모재의 깊은 곳까지 절단 산소를 보내 절단하는 방법이다.

산소창은 안지름 3.2~6 mm, 길이 1.5~3 m 정도이며, 창(lance)의 선단을 가열하고, 강

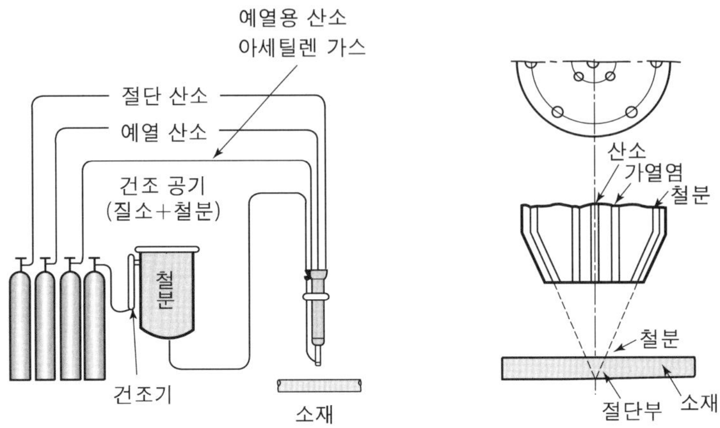

(a) 분말 절단장치 (b) 팁의 구조와 기능

그림 4.60 분말 절단

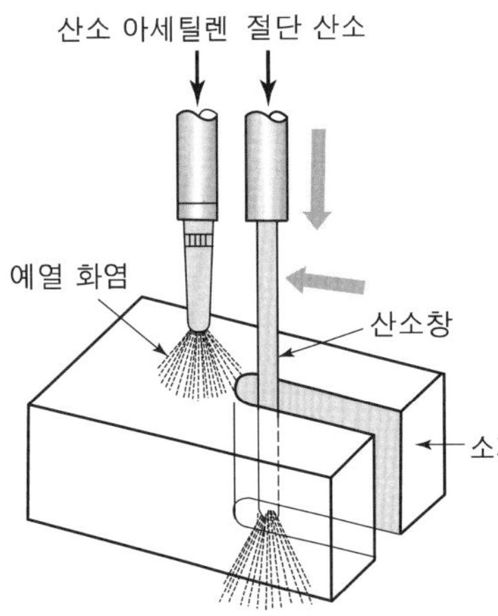

그림 4.61 산소창 절단

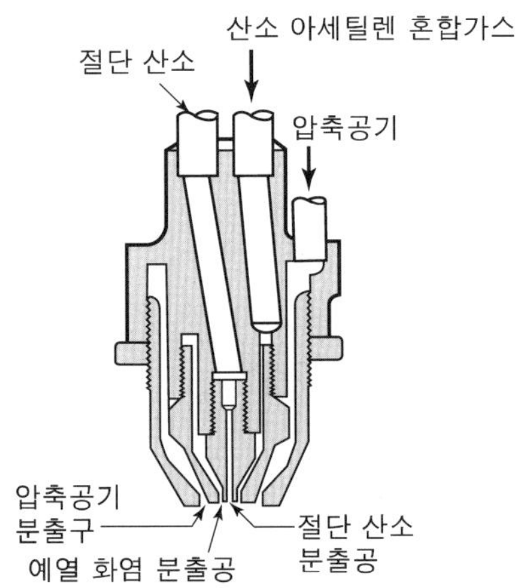

그림 4.62 수중 절단

관의 관로를 통해 산소를 보내면 강관이 연소되면서 발생하는 고열에 의해 두꺼운 판에 깊은 구멍을 만들거나 절단하는 방법이다.

(3) 수중 절단(underwater cutting)

물속에서 예열불꽃을 안정적으로 연소시키기 위해 절단 팁의 바깥노즐로 압축공기를 공급하여 물을 배제시킨 공간에서 절단하는 방법이다.

그림 4.62는 수중 절단용 토치의 구조로서 중앙부에서 절단 산소를 보내고 그 주위에서 예열 가스를 공급하고, 절단 팁의 외측에서 압축 공기를 보내서 물을 배제시켜서 생긴 공

간에서 예열 화염을 착화하고 안정되게 연소시켜서 절단이 진행해지는 구조이다. 예열 가스로는 수소, 아세틸렌, 프로판가스 등이 있으나, 수중절단작업에서 기포발생이 적고 고압에서 사용이 가능한 수소가 많이 사용된다.

2. 아크 절단(arc cutting)

1) 탄소 아크 절단(carbon arc cutting)

탄소 또는 흑연전극과 모재 사이에서 발생시킨 아크의 열과 바람을 이용하여 절단부를 용융시켜 제거하는 절단방법이다. 전원은 교류보다 직류 정극성으로 큰 전류를 사용하고 전극봉은 전기저항이 작은 탄소 전극봉이 더 많이 사용된다. 탄소 아크 절단은 대전류(100~200 A)를 사용하여 지름이 6~25 mm의 전극봉으로 6~400 mm 두께의 판을 절단할 수 있다. 전극봉은 전도성 향상과 산화를 방지하기 위해 표면을 구리 도금하여 사용한다.

저탄소강은 절단부의 기계가공성이 저하되지 않으나, 담금질에 의한 경화능이 큰 금속은 절단 열영향부가 경화되어 기계가공이 어렵게 된다. 주철 및 고탄소강의 경우에는 절단면에서 약간의 탈탄이 일어나서 절단면이 거칠게 된다.

2) 금속 아크 절단(metal arc cutting)

탄소 전극봉 대신 피복 용접봉을 사용하여 절단하는 방법이다. 피복제는 발열량이 많고 연소할 때 다량으로 방출되는 가스의 압력으로 절단을 촉진하고 절단층을 보호하며 모재와의 단락을 방지하고 아크를 집중시키는 역할을 한다. 담금질성이 좋은 금속에서는 절단면

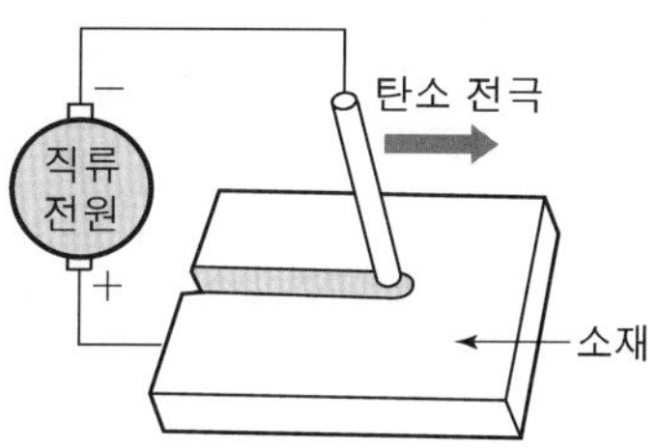

그림 4.63 탄소 아크 절단

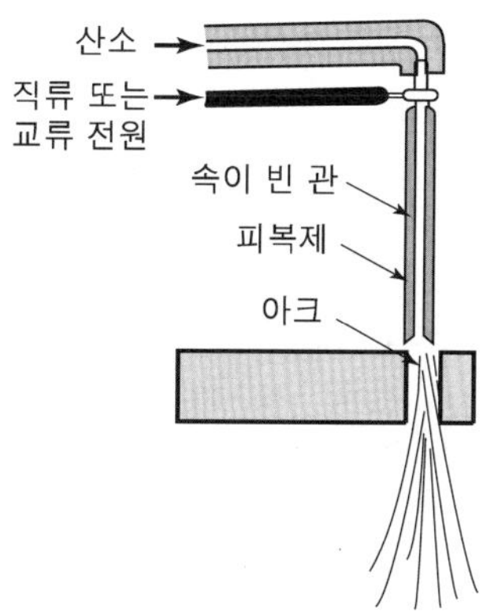

그림 4.64 산소 아크절단

이 경화되는 현상이 발생하며 절단면이 거칠다. 전원은 교류도 사용하나 직류전극성이 적합하다.

3) 산소 아크 절단(oxygen arc cutting)

그림 4.64와 같이 중공인 피복 용접봉과 모재 사이에 발생시킨 아크의 열을 이용하여 모재의 절단부를 고온으로 예열한 후 중공구멍으로 고압의 산소를 분출시켜 산화열로 절단하는 방법이다. 산소 아크 절단은 아크의 예열 효과와 더불어 산소에 의한 산화발열 효과 및 산소 압력 에너지 등에 의해 절단 능력이 향상된다. 또한 가스절단이 힘든 스테인리스강 및 알루미늄과 같은 비철금속도 절단이 가능하다. 전원은 교류도 사용이 가능하지만 직류정극성이 많이 사용된다. 절단면은 가스 절단면에 비하여 거칠지만, 절단 속도가 빨라서 철강 구조물의 해체 등의 작업에 많이 활용되고 있다. 피복 전극봉은 바깥지름은 4.8 ~ 8 mm, 중공부의 안지름은 1.6 ~ 2.5 mm 정도이고, 길이가 450 mm 정도이며, 산소의 압력은 2.1 ~ 5.1 kg_f/cm^2 정도이다.

3. 플라즈마 절단(plasma jet cutting)

텅스텐 전극과 팁 분출구에 있는 원통형 노즐 전극 또는 모재 사이에 발생시킨 아크에 아르곤, 질소와 수소의 혼합가스를 고속으로 공급하여 팁에서 분출되는 고온 · 고속의 플라즈마를 이용하여 절단하는 방법이다. 플라즈마 절단은 플라즈마 발생방법에 따라 그림 4.65(a)와 같이 텅스텐 전극과 노즐 전극 사이에서 아크를 발생시키고 노즐에서 플라즈마를 분출하는 비이행형 아크(non-transferred arc)방식인 플라즈마 제트 절단과 그림 4.65(b)

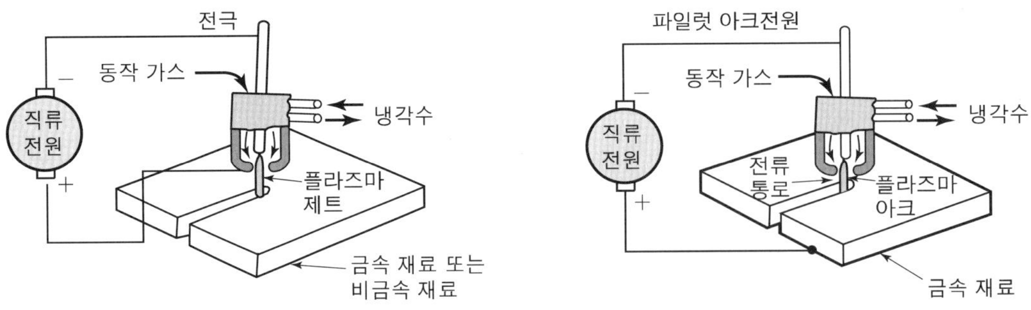

(a) 플라즈마 제트방식(비이행형) (b) 플라즈마 아크방식(이행형)

그림 4.65 플라즈마 절단 방식

와 같이 절단할 모재를 전극으로 사용해서 텅스텐 전극과 모재 사이에 고온의 플라즈마 아크를 분출하는 이행형 아크(transferred plasma arc)방식인 플라즈마 아크 절단으로 구분한다. 전원으로 직류가 사용되며 아크 전압이 높아지므로 무부하 전압도 높은 것이 필요하다.

플라즈마 절단은 경금속, 구리합금, 스테인리스강, 텅스텐 합금 등의 금속재료와 콘크리트, 내화물 등의 비금속 재료의 절단에도 이용되고 있다.

4. TIG 절단(TIG cutting)

TIG 절단은 TIG 용접의 원리를 이용한 절단 방법으로서 텅스텐 전극과 모재 사이에 아크를 발생시켜 모재가 용융되는 동안 아르곤 가스 등을 공급하여 절단하는 방법이다. TIG 절단은 플라즈마 절단과 같이 아크를 냉각시킨 열적 핀치 효과로 발생한 고온 · 고속의 플라즈마 아크로 용융된 금속을 불어내서 절단한다. TIG 절단의 전원은 직류를 사용하며, 알루미늄, 마그네슘, 구리 및 구리합금, 스테인리스강, 특수강 등의 절단에 이용되며, 절단면이 매끈하고 열효율이 좋다.

5. MIG 절단(MIG cutting)

팁 노즐로부터 불활성 가스를 분출시키면서 금속 전극과 모재 사이에 큰 전류를 공급하여 발생되는 강한 아크열을 이용하여 절단하는 방법이다. 용융점이 낮은 구리 합금이나 알루미늄 등의 절단에 이용되지만 절단면이 거칠고 높은 전류가 필요하며 TIG 절단에 비해 효율이 떨어진다.

6. 레이저 절단(laser cutting)

높은 에너지를 가진 레이저 광선을 집중하여 얻은 약 4,000 °C의 고온의 열을 이용하여 절단하는 방법이다. 레이저 빛이 집속된 높은 에너지 밀도의 열원으로 미소 부분의 용융, 증발이 가능하므로 작은 구멍이나 구멍을 연속적으로 만드는 방법으로 절단이 가능하다.

레이저 절단기는 그림 4.66(a)와 같이 레이저 발진기, 반사경에 의한 레이저 빔의 집속장치, 가공베드, NC장치 등으로 구성되어 있다. 레이저 절단은 그림 4.66(b)와 같이 레이저 빔 주위에서 보조가스를 노즐을 통해 절단할 모재의 표면에 분출시킨다. 이때 보조가스는 금속절단에는 산소를, 가연성 모재에는 질소가스를 사용한다. 강판을 절단하는 경우에 최대 20 mm 정도까지 가능하며, 절단부의 홈 폭이 1 mm 이하인 정밀 절단에 적합하고 수치

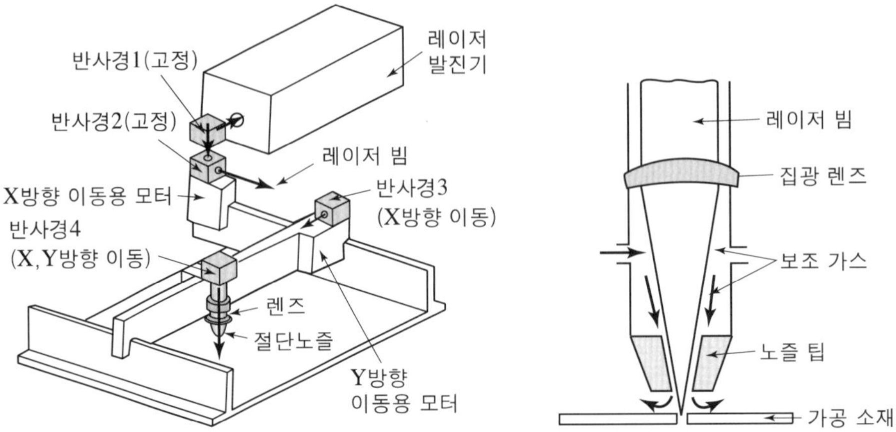

(a) 레이저 절단기 구성　　(b) 레이저 절단 원리

그림 4.66 레이저 절단

제어장치를 사용하여 복잡한 형상의 부품의 구멍 뚫기나 절단가공을 할 수 있다.

레이저 절단의 특징은 다음과 같다.

① 고용융점 금속, 세라믹, 비금속 재료 등의 절단이 가능하다.

② 에너지 밀도가 높고 열 영향이 적으며, 내부응력이나 변형이 거의 없다.

③ 레이저가 집속된 미소한 점(spot)의 열원에 의해 미세한 정밀가공이 가능하다.

④ 비접촉식 가공이므로 변형 없이 박판이나 고무 등 탄성체의 정밀가공이 가능하다.

⑤ X선의 발생이 없으며, 대기 중에서 가공할 수 있다.

7. 가우징(gouging)

1) 가스 가우징(gas gouging)

절단용 토치와 유사하면서 팁 끝부분이 약간 바깥쪽으로 휘어진 토치를 사용하여 모재의 표면결함, 가접부분, 용접결함 등과 같이 불필요한 부분을 고온으로 가열한 후 저속의 산소를 분출시켜 둥근 모양의 홈 형태로 떼어내는 화염가공 작업이다.

가우징에 사용하는 토치는 절단 토치에 비해 예열 화염이 크고, 저압으로 대용량의 산소를 방출할 수 있는 구조를 가지고 있다. 그림 4.67은 U자형 홈의 가스 가우징 작업 공정을 나타낸 것이다.

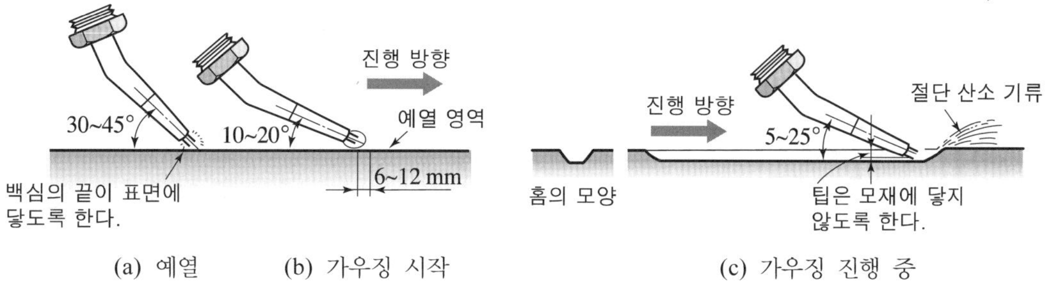

그림 4.67 가스 가우징 공정

2) 아크 에어 가우징(arc air gouging)

그림 4.68(a)와 같이 가운데에 구멍이 뚫려 있는 탄소전극과 모재 사이에 아크를 발생시켜 불필요한 부분을 고온으로 가열하고, 구멍으로 압축공기를 고속으로 분출시켜 둥근 모양의 홈 형태로 불어내는 작업으로써, 그림 4.68(b)와 같이 홈파기 가공, 구멍 뚫기, 절단 및 용접부의 결함제거 등에 이용된다. 압축공기의 압력은 5~7기압 정도이며, 이동속도가 빨라서 열의 악영향이 적고 소음이 없으며 작업능률이 높아서 이용범위가 넓다. 전원은 직류를 사용하며 철금속과 비철금속의 가공에 모두 적합하다.

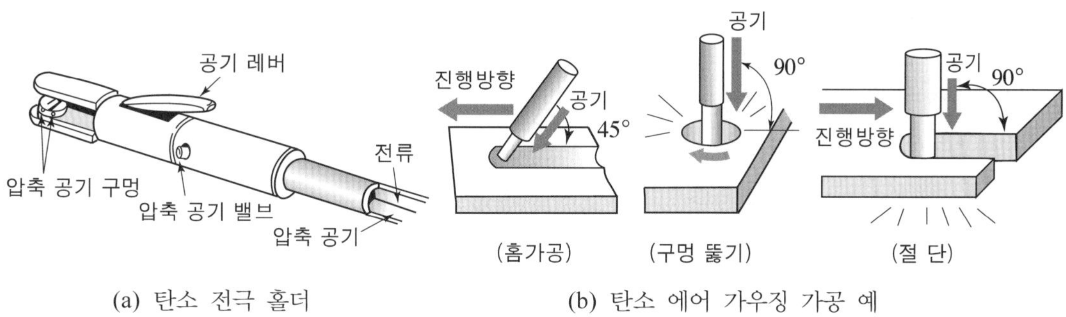

그림 4.68 아크 에어 가우징

4.9 용접결함과 검사

용접은 짧은 시간에 국부적인 가열과 냉각을 거쳐 금속학적 접합이 이루어지게 되므로 용접부에는 팽창과 수축에 따른 잔류 응력이 남게 되며, 그림 4.69와 같이 여러 가지 변형이 발생된다. 또한 용접부의 국부적인 조직변화와 용접기술의 불량에 의해 여러 가지 결함이 발생한다.

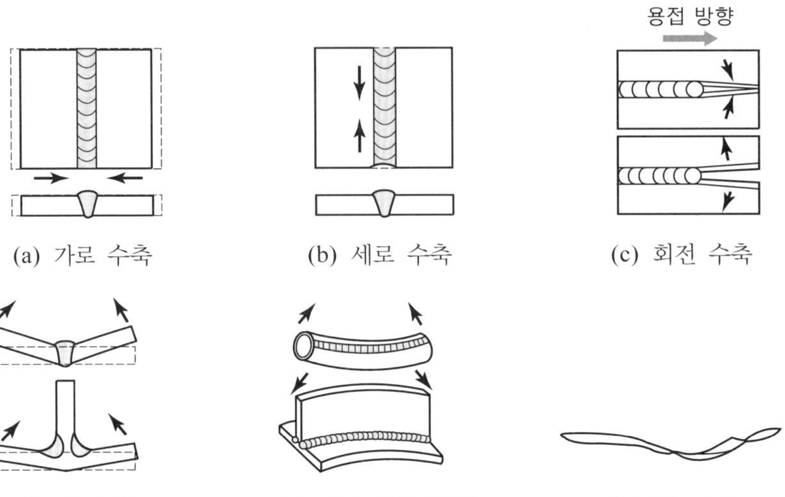

그림 4.69 용접 변형

1. 용접결함

1) 균열과 내부결함

(1) 균열(crack)

균열은 주로 가열과 냉각에 의한 열 영향을 받는 부분에서 발생하며. 발생 온도에 따라서 고온 균열과 저온 균열이 있다. 고온 균열은 강재의 경우에 약 300 °C 이상의 온도에서 용접 금속에 황화물, 산화물 등이 국부적으로 용융하여 적열 메짐을 일으켜서 발생된다.

저온 균열은 약 300 °C 이하에서 용착 금속이 응고, 냉각할 때 생기는 내부응력과 외부의 구속력이 소재의 강도보다 높아질 때 발생한다. 그림 4.70은 용접에서 발생하는 균열의 형태를 보여준다.

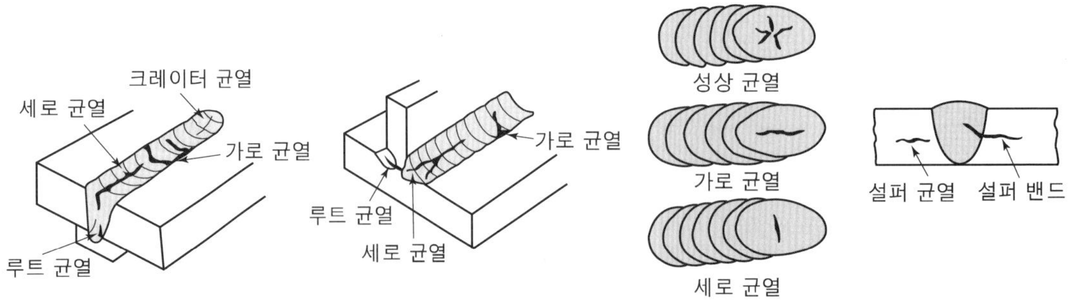

그림 4.70 용접 균열의 형태

(2) 기공(blow hole)과 피트(pit)

용착 금속에 포함되어 있는 가스나 응고할 때 생긴 일산화탄소나 슬래그의 수분에서 생긴 수소 등의 가스가 용착부의 외부로 방출되지 못해서 생긴 작은 공간이 기공이다.

피트는 용접과정에서 기공이 용착 금속 내의 가스가 반쯤 방출되었을 때나 표면에 거품이 되어 응고되어 생긴 모양을 말하며, 수분, 녹 및 모재의 특정 성분이 원인이 되는 경우가 많다. 그림 4.71은 용접부에 발생한 기공과 슬래그 혼입 등의 결함을 보여준다.

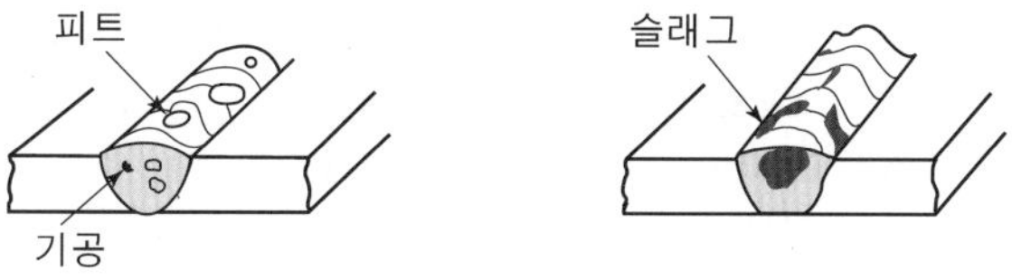

(a) 기공과 피트　　(b) 슬래그 혼입

그림 4.71 용접부의 기공과 슬래그 혼입

(3) 인크루션(inclusion)

용접 중에 용착 금속에 녹아 들어간 슬래그가 용착 금속 내에 개재물로 혼입되는 결함을 말하며, 불순물 혼입은 수직 및 위보기 용접에서 많이 생기고, 기계적 성질과 내식성을 떨어뜨린다.

(4) 은점(fish eyes)

용접부를 파단하였을 때 물고기 눈 모양으로 보이는 둥근 은백색의 메진 파면을 은점이라고 하며, 용착금속 중의 수소 가스가 원인이 되어 발생하고, 용착금속의 연성을 감소시킨다.

2) 용접 불량

(1) 언더컷(undercut)

용접 전류가 너무 높으면 용융이 지나치게 되어 모재의 용접부분에 용착금속이 완전히 채워지지 않아 정상적인 비드가 형성되지 못하고 비드의 가장자리에 오목한 홈이 생기는 현상이다. 용접전류가 너무 높거나 용접봉의 운봉속도가 너무 빠를 때 발생한다.

(2) 오버랩(overlap)

비드의 용융지가 작고 용입깊이가 얕아서 비드가 용착부 밖에서 위로 겹쳐지는 현상을 말한다. 용접전류가 너무 낮아서 모재보다 용접봉의 용융온도가 낮거나 용접봉의 운봉방법이 좋지 않을 때 발생한다.

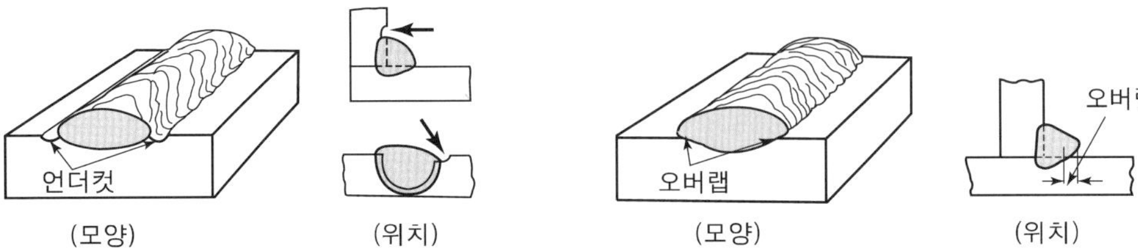

(a) 언더컷 (b) 오버랩

그림 4.72 언더컷과 오버랩

(3) 크레이터(crater)

용접부의 끝부분에서 용융지(molten pool)가 정상적인 비드를 형성하지 못하고 홈이 파인 형태로 남게 되는 결함이다. 용접이 마무리되는 끝부분에서 아크의 압력으로 비드가 밀려서 발생되므로, 이 끝부분에서는 아크의 길이를 짧게 하고 용접봉을 약간 후진하여 비드를 완성함으로써 크레이터를 줄일 수 있다.

(4) 스패터(spatter)

용융상태의 금속과 슬래그 내의 가스가 팽창하면서 용융금속이 비산하여 용접부 주위에 작은 방울과 같은 형태로 부착되는 현상을 말한다. 아크의 길이가 너무 길고 전류가 과대할 때나 모재의 온도가 너무 낮을 때 발생한다. 그림 4.73은 크레이터와 스패터 현상을, 그림 4.74는 용입 불량에 따라 발생하는 비드의 형상을 보여준다.

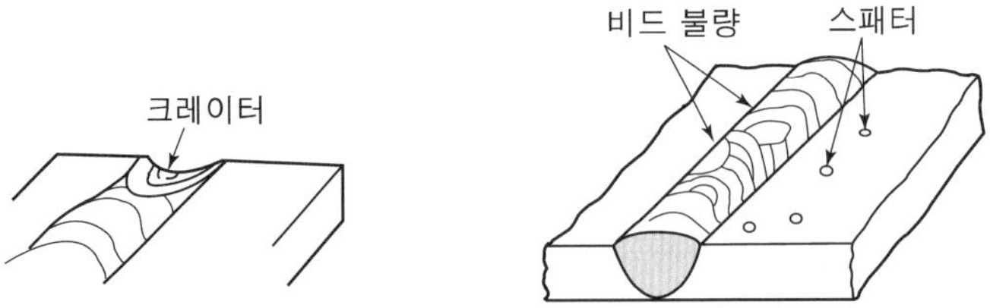

(a) 크레이터 (a) 스패터

그림 4.73 크레이터와 스패터

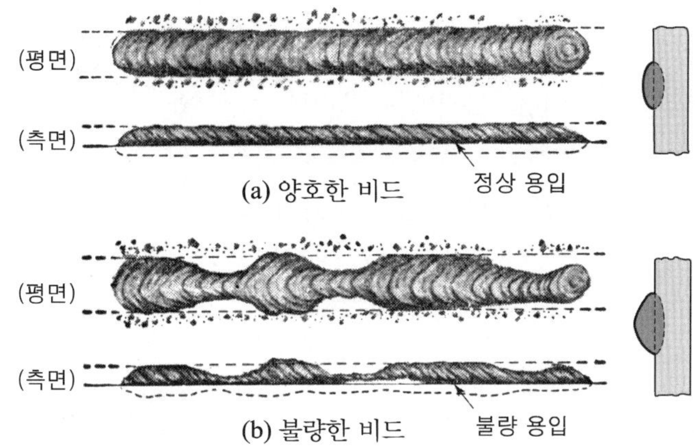

그림 4.74 용입 불량과 비드

2. 용접부의 시험과 검사

용접부의 시험은 기계적 성질, 내식성, 내마멸성 등 어떤 특정한 성질을 조사하는 것이며, 검사는 이러한 시험결과에 대한 합격과 불합격의 판정을 포함한다.

최적의 용접조건과 숙달된 기능을 가지고 용접을 하더라도 열에 의한 수축과 변형, 모재의 성질 변화, 잔류응력 등이 발생되며 용접부의 화학적 조성과 금속조직 등에도 변화가 생긴다. 따라서 여러 가지 시험과 검사를 실시하여 용접부의 건전성과 신뢰성을 판단해야 한다.

1) 파괴 시험법

용접부의 파괴 시험은 용접부위에서 시험편을 채취하여 변형이나 파괴 또는 화학적인 처리에 의하여 용접부의 조직과 기계적 성질 등을 평가하기 위해 하는 시험이다.

(1) 기계적 시험

① **인장 시험:** 맞대기 용접 이음의 인장 시험법은 KS B 0833으로 규정하고 있으며, 용접부가 시험편의 중앙부에 있으며, 용접부의 모재부, 용착 금속, 열영향부 등은 인장 강도가 달라지므로 인장 하중을 가하면 변형과 응력도 균일하지 않게 된다. 이때 강도가 가장 약한 곳에서 파단이 되므로 그 부분의 강도를 용접의 인장강도로 한다.

② **굽힘 시험:** 맞대기 용접 이음의 굽힘 시험방법은 KS B 0832에 규정하고 있으며, 시

험편은 형 굽힘, 롤러 굽힘, 자유 굽힘 시험용 지그를 사용하여 U자형으로 굽혀서 균열과 굽힘, 연성 등을 시험한다.

③ **경도 시험:** 용접부의 경도 시험법에는 브리넬, 로크웰, 비커스, 쇼어 경도시험이 있으며, KS B 0826에 규정하고 있다. 이외에도 용착 금속의 동하중을 측정하는 충격시험에는 샤르피(Charpy)식과 아이조드(Izod)식 충격시험기가 사용된다.

(2) 화학적 시험

① **화학 분석:** 모재, 용착 금속, 용접봉 심선 등의 금속이나 합금 중에 포함되는 각 성분을 알기 위하여 화학적인 분석을 하게 된다. 금속 중에 포함된 불순물, 가스 조성 성분등도 화학 분석에 의해서 알 수 있다.

② **부식 시험:** 용착 금속의 부식 시험방법에는 청수, 해수, 유기산, 무기산, 알칼리 등에 접촉할 때의 부식에 대한 습부식 시험과 고온의 증기나 가스 등에 반응하는 부식에 대한 고온부식 시험과 응력이 작용하는 상태에서 부식 분위기에 쌓일 경우에 부식을 시험하는 응력 부식 시험 등이 있다. 스테인리스강, 구리 합금, 모넬 메탈(monel metal) 등과 같이 내식성이 중요한 금속의 용접부에 대해서는 부식 시험을 하는 것이 안전하다.

③ **수소 시험:** 용접부에 용해한 수소는 기공, 비드 균열, 은점, 선상 조직 등 결함의 큰 요인이 되므로, 용접방법 또는 용접봉에 의해 용착 금속 중에 용해된 수소의 양의 측정하는 시험법이다.

일반적으로는 수소의 양에는 제한이 없지만 저수소계 용접봉에서는 수소함량을 0.1 ml/g 이하로 제한하고 있다.

(3) 금속학적 시험

① **파면 시험:** 용착 금속이나 모재의 파면을 육안으로 관찰하여 결정의 조밀, 용입, 균열, 슬래그 혼입, 기공, 은점 등을 검사하는 방법이다. 주로 인장 및 충격 시험편의 파면이나 모서리 용접, 필릿 용접의 파면을 육안으로 검사한다. 일반적으로 은백색으로 빛나는 파면은 취성 파면이며, 쥐색으로 치밀한 파면은 연성 파면으로 볼 수 있다.

② **매크로 조직 시험:** 용접부에서 시편을 채취하여 단면을 연마하고 매크로 에칭(macro-etching)을 하여 육안 또는 확대경으로 관찰해서 용입과 용접층의 형상과 열영향부의 범위나 결함 유무 등을 알 수 있다.

③ **금속조직시험:** 용접부에서 채취한 시편의 단면을 폴리싱하고 부식시켜서 금속 현미경으로 50~1,000배 확대해서 금속조직이나 미소결함 등을 관찰한다. 필요한 경우에 전자현미경으로 2,000배 이상으로 확대해서 조직을 정밀하게 관찰할 수도 있다.

2) 비파괴 시험법

비파괴 검사는 용접품의 재질, 형상, 치수에 변화를 주지 않고 투과, 흡수, 산란, 반사, 누설, 침투 등의 방법을 이용하여 검사한 결과를 표준치와 비교함으로써 이상 유무와 크기, 분포 상태 등을 검사하는 방법이다. 제품의 성질, 상태, 내부 구조 등을 파괴하지 않고 신뢰성을 확인할 수 있으므로 결함이 없을 경우에 용접제품을 그대로 사용할 수 있는 장점이 있다.

3) 외관 및 음향 시험과 누설 검사

(1) 외관 및 음향 시험

① **외관 검사:** 용접부의 표면에 대하여 육안 또는 확대경으로 비드의 너비와 높이, 용입, 크레이터 등을 관찰하며 언더컷, 오버랩, 표면 균열, 피트 등의 용접결함도 확인할 수 있다. 또한 치수와 형상 등이 허용 범위 이내에서 용접되었는지도 검사할 수 있다.

② **음향 시험:** 용접부위를 해머로 가볍게 두들겨서 방출되는 음향으로 결함의 유무를 검사하는 방법이다. 검사에 숙련이 필요하지만 간편한 검사방법이다.

(2) 누설 검사

누설 검사는 일정한 내압이 작용하는 수조, 용기 등의 용접부에 대한 기밀성을 검사하는 것이다. 일반적으로 정수압이나 공기압을 이용한 검사방법을 사용하며, 보다 간단한 방법은 시험할 용기 속의 압력을 높여서 압력의 변화로 누설을 검사하거나 용기를 액체 중에 담그고 용기에 일정한 압축공기를 넣어서 기포발생 여부로 누설을 검사할 수 있다.

4) 침투 및 초음파 탐상 검사

(1) 침투 탐상 시험(penetrant detecting)

시험할 용접재를 침투액에 담갔다가 꺼내어 육안으로 결함 여부를 검사하는 방법으로서 용접부의 미세한 표면균열이나 피트 등의 결함을 간단하고 신속하게 확인할 수 있다. 이

시험방법은 철 및 비철금속 재료에 적합하며, 자분 탐상 시험이 안 되는 비자성체 금속재료의 검사에 많이 사용된다.

(2) 초음파 탐상 검사(ultrasonic flaw test)

초음파 검사법은 초음파 임펄스(impulse)를 검사할 용접부의 한쪽에서 입사시켜서 내부의 결함부분에서 반사파를 관찰함으로써 결함 여부를 검사하는 방법이다.

초음파 검사법에는 그림 4.75와 같이 투과법, 펄스(pulse)반사법, 공진법이 있으며, 일반적으로 펄스 반사법이 많이 사용된다. 최근에는 전자측정기술의 발전으로 정밀측정 장치의 개발, 데이터와 화상처리 기술의 발달로 초음파 탐상시험의 정밀도가 많이 향상되었으며 항공우주분야와 잠수함을 비롯한 특수한 분야의 용접부 검사에 활용되고 있다.

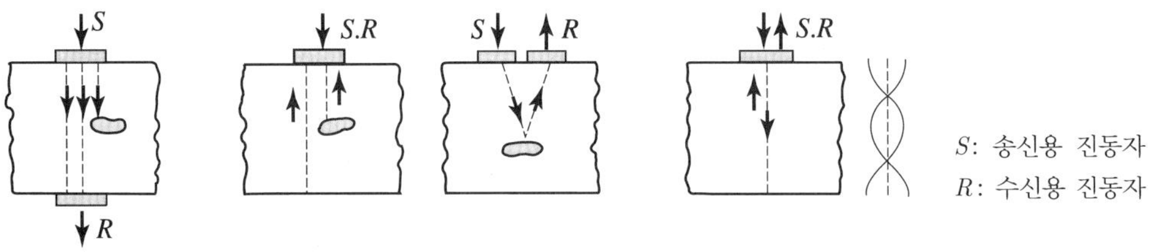

(a) 투과법 (b) 펄스 반사법 (c) 공진법

그림 4.75 초음파 탐상법의 종류

5) 자분 탐상 및 맴돌이 전류검사

(1) 자분 탐상 시험(magnetic dust test)

검사할 용접부를 자화시키고 표면에 자성분말을 살포하면 결함부에서 발생하는 누설자속으로 철분이 응집하여 결함을 검출하는 방법이다. 비교적 표면에 가까운 곳에 존재하는 균열, 개재물, 편석, 기공 등을 검출할 수 있다. 자성을 가진 용접제품만 검사할 수 있으며, 스테인리스강과 같은 비자성체는 자분 탐상 시험이 불가능하다.

(2) 맴돌이 전류 검사

교류 전류를 통한 코일을 용접물에 접근시키면 교류 자장에 의해 금속 내부에 환상의 맴돌이 전류(eddy current)가 유기된다. 이 맴돌이 전류는 원래의 자장에 반대인 새로운 교류 자장을 발생시키며 감응한 코일 내에 새로운 교류 전압을 유기시킨다. 이때 용접부의 표면이나 표면부근의 내부에 결함이나 불균질부로 인해 불연속 부분이 있으면 맴돌이 전류의 크기나 방향이 변화되어 코일에 생기는 유기전압의 변화를 감지하여 결함이나 이물질의 개제 여부를 알 수 있게 된다. 이 검사방법을 이용하여 표면층에 가까운 내부의 균열, 기공, 개재물, 피트, 언더컷, 오버랩, 용입 불량 등을 검사할 수 있으며, 자기 탐상 검사가 불가능한 비자성체 금속의 결함을 검사할 수 있다.

6) 방사선 투과 시험(radio graphic test)

물질을 투과하는 성능이 뛰어난 X선 또는 γ선 등과 같이 짧은 파장의 방사선을 용접물에 조사하여 투과 중에 방사선의 흡수나 투과 후 산란에 의한 방사선 강도의 차이를 촬영하여 용접물 내부의 결함유무를 검사하는 방법으로서 객관성과 기록성이 우수하여 많이 사용되고 있다. 방사선 투과 시험은 기포, 개재물 및 수축공과 같이 방사선의 투과 방향에 두께의 차이가 있는 결함은 비교적 잘 검출되지만, 균열과 같이 두께가 얇은 결함은 검출하기 어렵다. 방사선 투과 시험은 구조물의 용접 이음부 검사에 많이 이용하며, 방사선의 취급에 유의해서 안전하게 사용하고 관리할 필요가 있다.

연습문제

4.1 용접방법과 사용하는 열원에 따라 용접법을 대별해보시오.

4.2 아크 용접의 원리에 대하여 간단히 설명하시오.

4.3 기계적 접합에 비교하여 용접의 특징을 쓰시오.

4.4 가스 용접의 장단점에 대하여 간단히 쓰시오.

4.5 가스 용접에 사용하는 용제의 역할과 종류에 대해 설명하시오.

4.6 직류 아크 용접에서 정극성과 역극성의 특징을 비교해서 설명하시오.

4.7 피복 아크 용접봉의 피복제의 역할에 대하여 쓰시오.

4.8 아크 용접에서 소모성 전극과 비소모성 전극 간의 차이를 설명하시오.

4.9 TIG 용접과 MIG 용접의 원리와 특징을 비교해서 설명하시오.

4.10 서브머지드 용접에 대해 간단히 설명하시오.

4.11 전기저항 용접에서 전극 사이에 존재하는 저항을 결정하는 3가지 인자를 설명하시오.

4.12 다음 전기저항 용접법에 대하여 간단하게 설명하시오.
① 스폿 용접 ② 심 용접 ③ 프로젝션 용접
④ 업셋 용접 ⑤ 플래시 용접

4.13 플라즈마 아크 용접의 특징과 용도를 설명하시오.

4.14 스터드 용접의 특징과 용도를 설명하시오.

4.15 테르밋 용접의 원리와 용도를 간단히 쓰시오.

4.16 전자 빔 용접의 원리와 특징을 쓰시오.

4.17 레이저 용접의 원리와 특징을 쓰시오.

4.18 마찰 용접 방법과 특징을 간단히 설명하시오.

4.19 납접의 종류를 들고 그 특징과 용도를 설명하시오.

4.20 가스절단의 원리와 용도에 대해 간단히 설명하시오.

4.21 플라즈마 아크 절단에 대해 설명하시오.

4.22 아크 절단의 종류를 들고 방법과 특징을 쓰시오.

4.23 TIG 절단과 MIG 절단의 원리와 특징을 설명하시오.

4.24 용접결함의 종류를 들고 간단하게 설명하시오.

4.25 용접변형의 발생원인과 방지대책에 대해 간단히 쓰시오.

4.26 다음 용접불량에 대해 간단히 설명하시오.

① 언더컷 ② 오버랩

③ 크레이터 ④ 스패터

4.27 용접부의 비파괴 검사법의 종류를 들고 간단하게 설명하시오.

CHAPTER

5 열처리 및 표면처리

5.1 열처리의 개요

금속재료의 기계적 성질을 개선하기 위해 일정온도까지 가열하고 가열 유지시간, 냉각시간 등의 열적인 조작을 하는 것을 열처리(heat treatment)라고 한다.

이와 같은 열처리를 통해 화학성분과 가공방법이 같은 금속재료도 열적인 조작을 달리하면 전혀 다른 성질을 가진 재료로 변화시킬 수 있다. 이러한 열처리 기술은 기계의 성능과 수명에 큰 영향을 미치기 때문에 기계제작 과정에서 매우 중요한 공정으로 분류된다.

열처리는 금속의 열적성질을 이용하여 사용 목적에 따라 기계적 성질은 변화시키려는 것으로써 가열과 냉각 조작을 실시하는 금속의 질적인 가공방법이다.

이러한 열처리로 얻을 수 있는 효과는 다음과 같다.

① 기계재료로서 필요한 성질을 얻을 수 있다.

② 금속의 가공성을 개선할 수 있다.

③ 필요에 따라 다양한 기계적 성질로 변화시킬 수 있다.

금속재료는 종류와 성분, 제조방법 등에 따라 성질이 달라지므로, 목적에 적합한 열처리를 통해 위와 같은 효과를 한 가지 이상 가질 수 있는 기계재료의 개발이 가능하게 되고, 동일한 금속재료에서 열처리를 통해 활용도를 넓힐 수 있다.

열처리로 성질을 개선하기 위한 재료는 변태(transformation)와 고용(solution)이 되어야 하는 조건을 갖추어야 한다. 열처리의 기본적인 종류는 크게 재료의 경화, 연화, 인성부여, 내부응력 제거 등을 위한 담금질, 풀림, 뜨임, 불림 등이 있으며, 이러한 열처리를 기본으로 여러 가지 열처리 방법으로 분류된다. 또한 표면처리는 화학적인 열처리 방법으로서 표면부분의 화학성분을 변화시켜서 표면층의 기계적 성질을 개선하기 위해 사용된다.

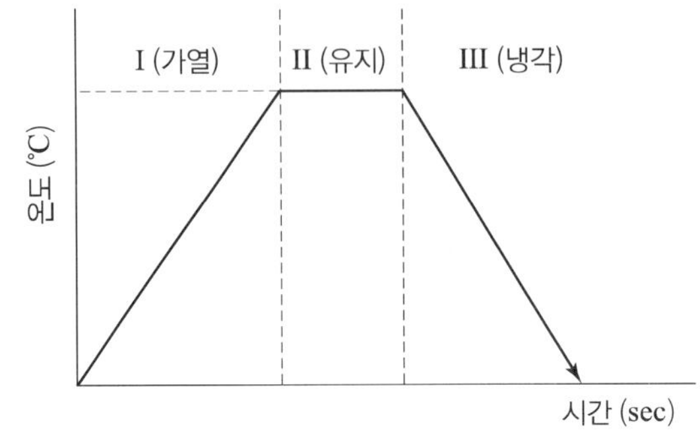

그림 5.1 열처리 기본 선도

열처리는 기본적으로 그림 5.1과 같이 온도와 시간의 함수로서 가열→ 유지→ 냉각의 3단계를 거치게 되는데, 1단계 가열은 전기로, 가스로, 중유로 등의 가열로가 사용되며 노내의 분위기를 진공, 가스, 기름, 금속염, 기체염 및 액체염 등으로 조성할 수 있다. 2단계인 유지단계는 열이 내부에까지 전달되는 데 필요한 시간으로서 경화능에 영향을 미친다. 3단계는 냉각단계로서 노중 냉각, 공기 냉각, 기름이나 물에서 냉각하는 방법 등이 있다. 냉각방법과 속도에 따라 금속조직의 변화가 물리적인 성질을 동반하여 기계적 성질을 변화시킨다.

5.2 철강의 변태

철강에서는 온도와 조성에 따라 여러 가지 조직으로 나타나며, 오스테나이트(austenite)는 고온에서만 존재하고 있다. 대부분의 강에서 오스테나이트는 상온에서 존재할 수 없으므로 펄라이트(pearlite)나 마텐자이트(martensite) 등과 같은 최종 조직의 모상(parent phase)으로서 존재한다. 따라서 오스테나이트의 결정립 크기(grain size)는 최종 조직의 결정립 크기, 변태 속도 및 경화능(harden ability) 등에 크게 영향을 준다.

그림 5.2는 Fe-C상태도로서 순철은 A_0, A_1, A_2, A_3, A_4 등의 변태점을 갖는다.

① A_0 **변태:** 기계적, 물리적 성질의 변화가 없으며 변태온도 210 °C로서 A_2 변태점 이하까지 강자성을 띄며 A_3 변태점 이하까지 체심입방격자(BCC)를 가진다.

② A_1 **변태:** 723 °C에서 γ-Fe인 오스테나이트에서 α-Fe과 시멘타이트(cementite)가 나오는 공석변태이다. 그림 5.2에서와 같이 약 0.77% 탄소강을 723 °C 이하로 유지하

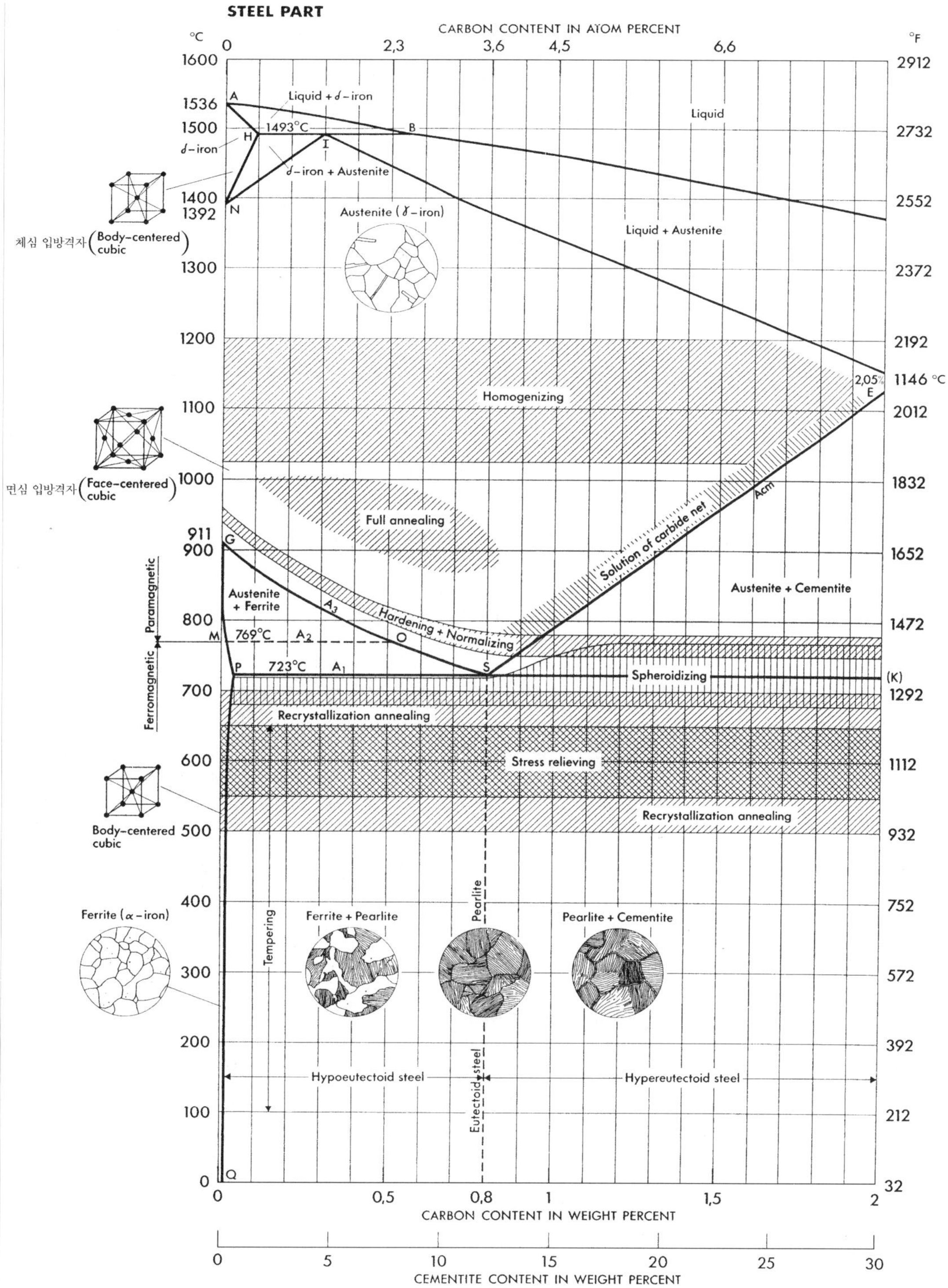

그림 5.2 Fe-C 평형상태도

▶ **표 5.1 변태의 종류와 내용**

변태	온도(°C)	변태 내용
A_0	210	시멘타이트의 자기변태
A_1	723	공석변태: austenite $\rightleftarrows$ pearlite
A_2	769	자기변태: αFe $\rightleftarrows$ βFe
A_3	910	동소변태: α-Fe(BCC) $\rightleftarrows$ γ-Fe(FCC)
A_4	1,400	동소변태: γ-Fe(FCC) $\rightleftarrows$ δ-Fe(BCC)
A_{cm}	723~1,132	$\gamma \rightleftarrows \gamma + Fe_3C$
Ac_1	723 °C에서 가열	$\alpha + Fe_3C \rightleftarrows \gamma$ or $\alpha + Fe_3C \rightleftarrows \gamma + Fe_3C$
Ac_3	A_3 선 온도에서 가열	$\gamma + \alpha \rightarrow \gamma$
Ar_1	723 °C에서 냉각	$\gamma \rightarrow \alpha + Fe_3C$(austenite → pearlite)
Ar_3	A_3 선 냉각	$\gamma \rightarrow \gamma + \alpha$(austenite → $\gamma + \alpha$)
Ar'		$\gamma \rightarrow \alpha + Fe_3C$(austenite → pearlite)
Ar''		austenite → martensite
M_s		austenite → martensite 변태 개시온도
M_f		austenite → martensite 변태 종료온도
A_β		austenite → bainite

* C: chauffage(가열, 프랑스어), r: refroidissement(냉각, 프랑스어)

거나 서냉하면 공석변태에 의해 하나의 오스테나이트가 2개의 다른 고상인 페라이트(ferrite)와 시멘타이트(cementite)의 혼합조직인 펄라이트(pearlite)로 변태한다.

③ A_2 **변태:** 769 °C 부근에서 강자성체가 상자성체로 변하는 자기변태점이다.

④ A_3 **변태:** 910 °C에서 금속의 결정구조가 면심입방격자(FCC)로 변하는 동소변태점이다.

⑤ A_4 **변태:** 1,400 °C 부근에서 금속의 결정구조가 체심입방격자(BCC)로 변하는 동소변태점이다. 이와 같은 변태의 종류와 내용을 표 5.1에 나타내었다.

일반적으로 철강(iron & steel)은 탄소함유량에 의해 구분하는데, 99.9% 이상의 철과 0.03% 이하의 탄소를 함유한 것을 순철이라고 한다. 또한 탄소를 0.03~2.11%C 함유하면 강(steel)이라고 하고, 탄소를 2.11%C 이상 함유한 것을 철(iron)로 구분한다. 탄소를 0.77%C 함유한 것을 공석강이라 하며 탄소가 0.77%C 이하일 때는 아공석강, 탄소가 0.77%C 이상일 때는 과공석강이라고 한다. 주철은 탄소함유량이 2.11~6.67%C이며 탄소를 4.3%C 함유한 것을 공정주철이라 한다. 탄소가 4.3%C 이하인 것을 아공정주철, 탄소가 4.3%C 이상인 것을 과공정주철이라 한다.

5.3 철강의 일반 열처리

일반적인 열처리의 종류는 재료의 경화, 연화, 인성부여, 내부응력 제거 등을 위한 담금질, 풀림, 뜨임, 불림 등이 있으며, 이러한 열처리의 목적은 다음과 같다.

① 내마모성, 인장강도, 경도 등 기계적 성질의 개선

② 잔류응력감소를 통한 인성부여

③ 가공경화를 제거하여 연성증가

④ 편석제거 및 금속조직의 표준화

이와 같이 열적인 조작을 통한 열처리는 강이 가진 변태로 가능하며, 특히 γ철(austenite)이 α철(ferrite)로 바뀌는 변태가 중요한 요소이며, 변태 전·후에 탄소고용량이 변화되는 특성이 있다. 냉각시키는 방법은 그림 5.3의 ①과 같이 연속적으로 냉각시키는 방법과 ②와 같이 냉각도중에 냉각속도를 바꾸는 방법과 ③과 같이 냉각도중에 일정한 온도로 유지한 후 다시 냉각하는 항온냉각 방법이 있다.

또한 냉각제에 따른 냉각능력은 소금물, 물, 기름, 공기의 순으로 냉각속도가 빠르며 냉각제를 휘저어주는 정도에 따라서도 냉각속도에 영향을 준다.

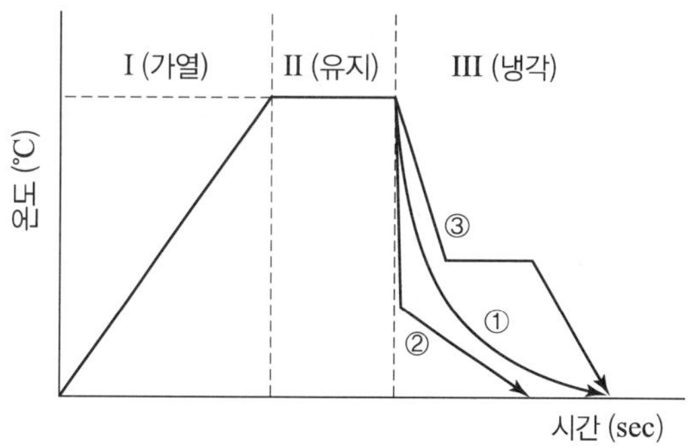

그림 5.3 냉각방법의 종류

▶ 표 5.2 열처리의 종류와 목적

열처리 종류	목적	가열온도 및 냉각방법	조직
담금질(quenching)	조직 경화	$Ac_3 \sim A_1 + (20 \sim 50\ °C)$, 급랭	마텐자이트
뜨임(tempering)	인성 부여	저온뜨임 150 °C, 공랭 고온뜨임 500~600 °C	α철+Fe_3C 베이나이트
풀림(annealing)	조직 연화	$Ac_3 \sim A_1 + (20 \sim 30\ °C)$, 서랭(노,공랭)	α철+Fe_3C 펄라이트
불림(normalizing)	조직 표준화	$Ac_3 \sim A_{cm} + (40 \sim 60\ °C)$, 공랭	α철+Fe_3C 펄라이트

1. 담금질(quenching)

그림 5.4(a)와 같이 아공석강은 A_3, 공석강, 과공석강은 A_1 변태온도보다 약 20~50 °C 높게 오스테나이트 상태로 가열한 후 물이나 기름 중에서 급랭시키면 마텐자이트 조직으로 변화되는데, 강재를 단단하게 경화시키기 위한 열처리가 담금질(燒入, quenching)이다.

이러한 담금질은 고온의 오스테나이트 조직을 급랭시켜 매우 단단하고 내마멸성이 우수한 마텐자이트 조직을 얻는 것으로서, 가열 온도, 가열 시간 및 가열 속도에 따라 미용해 탄화물의 잔존, 결정입도 등이 달라져서 마텐자이트 변태에 큰 영향을 미친다. 그림 5.4(b)에 담금질의 열적 조작과 변화되는 조직의 관계를 나타내었다.

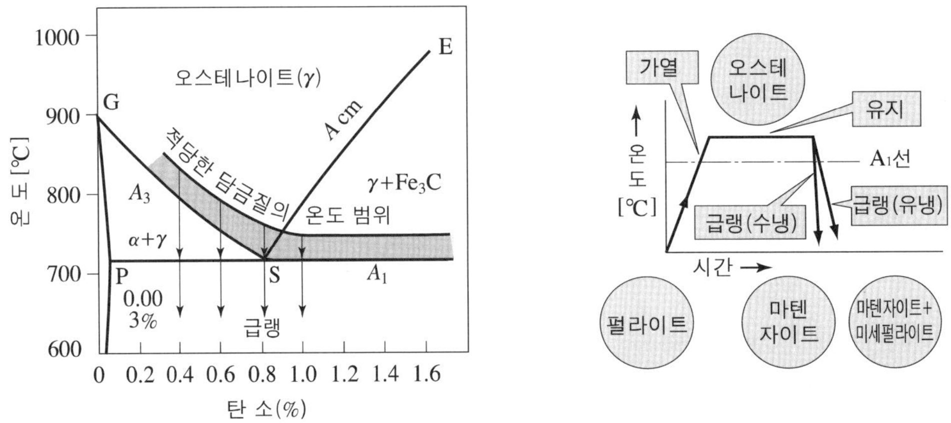

(a) 가열 온도 범위 (b) 조작과 조직(공석강)

그림 5.4 탄소강의 담금질

1) 담금질 조직

담금질에 필요한 변태점 이상으로 가열한 오스테나이트 상태의 강을 물이나 기름으로 급랭하면 A_1 변태점 부근에서 변태가 종료되는 시간이 충분하지 않아 변태가 방해되어 오스테나이트와 펄라이트의 중간인 마텐자이트, 트루스타이트, 소르바이트 등과 같은 조직으로 남게 된다.

(1) 오스테나이트(austenite)

탄소 함유량이 많은 강을 담금질하였을 때 나타나는 조직으로서 탄소가 γ-Fe 중에 고용된 상태에서 상온까지 유지한 것으로서 마텐자이트 중에 혼합되어 존재한다. 탄소강의 경우 오스테나이트 전체가 상온에서 존재하는 경우는 없다.

(2) 마텐자이트(martensite)

오스테나이트 상태로 가열된 강을 급랭하면, 변태 도중에 탄소를 과포화한 상태로 고용되어 α-Fe로 된 조직을 마텐자이트라고 한다. 마텐자이트는 강을 담금질해서 생기는 조직으로 경도가 매우 높다. 마텐자이트 변태는 고온으로부터 냉각하여 일정온도에 도달되면 자연적으로 발생하며, 온도가 더 내려감에 따라 변태량은 증가하게 된다.

(3) 트루스타이트(troostite)

담금질 온도로 가열한 기름에 서랭하면 페라이트와 미세한 시멘타이트가 혼합된 트루스타이트 조직이 나타난다. 첫 번째 변태에서 생긴 마텐자이트 조직이 500 °C 부근에서 두 번째 변태가 다소 진행되어 생기는 결정상의 조직이다. 그림 5.5(b)의 흰색 부분은 마텐자이트이고 흑색 부분이 트루스타이트이다. 트루스타이트는 마텐자이트보다 경도는 높지 않고 인성은 크다.

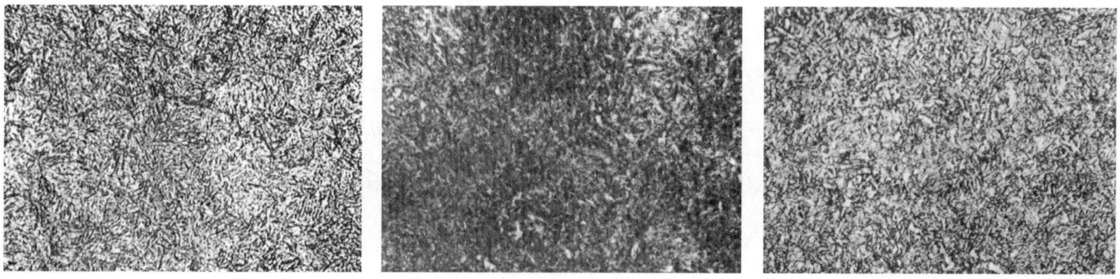

(a) 마텐자이트 (b) 트루스타이트 (c) 소르바이트

그림 5.5 탄소강의 담금질 조직

(4) 소르바이트(sorbite)

소르바이트 조직은 트루스타이트보다 냉각 속도가 약간 느린 경우에 나타난다. 시멘타이트가 트루스타이트의 경우보다도 결정립이 크게 성장하여 석출된 것으로서 조직은 미세한 입상 탄화물이 밀집된 것 같으나, 낮은 비율로서는 검게 보인다. 트루스타이트보다 인성이 크고 연하며 펄라이트보다는 경도가 높다.

표 5.3은 강을 담금질했을 때 금속조직의 기계적 성질을 비교한 것이다. 담금질 조직으로 경도가 마텐자이트 > 트루스타이트 > 소르바이트 > 펄라이트 > 오스테나이트 순으로 나타나는 것을 알 수 있다.

▶ **표 5.3** 금속조직의 기계적 성질

조직	경도(H_B)	인장강도(kg_f/mm^2)	연신율(%)
페라이트(ferrite)	90∼100	28	30
오스테나이트(austenite)	50∼155	84∼105	20∼25
펄라이트(pearlite)	200∼225	84	20∼25
소르바이트(sorbite)	270∼275	70∼140	10∼20
트루스타이트(troostite)	400∼480	140∼175	5∼10
마텐자이트(martensite)	600∼720	135∼210	2∼8
시멘타이트(cementite)	800∼900	3.5 이하	0

2) 담금질 냉각제

열처리 냉각용으로 사용되는 냉각제에는 물, 각종 기름과 염류의 수용액 등이 있다. 열처리용 냉각제는 고온으로 가열된 강을 냉각하는 능력이 우수해야 하며 변질이 안 되고, 값이 저렴해야 한다. 냉각제로 물을 사용할 때 온도가 40 °C 이상이 되면 냉각능력이 현저히 떨어지며, 기름은 60∼80 °C에서 냉각능력이 우수하다. 탄소강의 경우에는 냉각액으로 소금물이 많이 사용되며, 특수강의 경우는 기름을 많이 사용한다.

표 5.4는 각종 냉각제를 냉각능력을 18 °C의 물을 1로 기준 삼아서 비교한 것이다. 이때 냉각 속도는 지름이 4 mm인 Ni-Cr강구를 860 °C로 가열하고 750∼550 °C와 200 °C의 냉각제에 담가서 담금질한 강구의 중심을 기준으로 비교한 것이다. 물에 NaOH, H_2SO_4 등을 용해하면 냉각 속도가 빨라지나, 물의 온도가 상승하게 되면 증기의 발생이 많아져서 냉각

▶ **표 5.4** 각종 냉각제의 냉각능력

냉각제	냉각능		냉각제	냉각능	
	750∼550 °C	200 °C		720∼550 °C	200 °C
10% NaOH액	2.06	1.36	물 50 °C	0.170	0.95
10% NaC1액	1.96	0.98	비눗물 2%	0.077	1.16
10% H_2SO_4	1.22	1.49	물 75 °C	0.047	1.31
물 0 °C	1.06	1.02	물 100 °C	0.044	0.71
물 18 °C	1.00	1.00	액체공기	0.039	0.033
물 25 °C	0.72	1.11	공기	0.028	0.007
채종유	0.30	0.055	진공	0.011	0.004

※ 표준 18 °C의 물

▶ **표 5.5** 냉각방법에 따른 냉각능력

담금질 방법	60 °C의 기름	20 °C의 기름	20 °C의 염수
액정지, 시료정지	0.2	1.0	2.0
조용한 순환 또는 시료의 미동	0.3	1.1	2.1
보통 순환 및 시료 이동	0.4	1.4	–
강한 순환 또는 교반	0.6	1.8	–
격한 순환 또는 교반	1.0	4.0	5.0

※ 표준 20 °C의 물, 정지

성능이 급격하게 나빠진다. 냉각제의 온도가 낮더라도 증발한 기체가 강재를 감싸면 냉각효과가 떨어지게 된다. 따라서 담금질 효과를 높이기 위한 방법으로 냉각액 또는 담금질 강재를 빠르게 움직여서 기체막을 파괴하고 냉각액을 교반시켜 접촉시키면 냉각효과를 높일 수 있다. 표 5.5는 20 °C의 고인 물을 1로 기준으로 잡아 각종 냉각액을 교반함으로서 나타나는 냉각효과를 비교한 것이다.

3) 담금질 균열(quenching crack)

강재는 담금질로 인해 체적이 급격히 팽창하여 균열이 발생한다. 담금질 균열은 외부는 팽창이 큰 반면에 내부는 냉각속도가 느려 팽창이 작아서 발생하는 응력의 차이가 크게 되면 균열이 발생하게 되고 파괴된다. 일반적으로 탄소강의 경우에 300 °C 부근에서 냉각속도를 지연시켜 마텐자이트의 변태가 천천히 진행되도록 하면 담금질 균열을 방지할 수 있다.

하지만 일반적으로 강재의 담금질에 의한 잔류응력은 항상 존재하게 되므로 이러한 잔류응력을 풀어주기 위한 처리가 필요하다.

4) 질량효과와 담금질 경화능

(1) 질량효과(mass effect)

강재를 담금질할 때 표면부분은 빨리 냉각되어 담금질이 잘되고 중심으로 갈수록 냉각속도가 늦어져서 담금질이 잘되지 않는다. 이와 같이 강재의 부피에 따라서 발생하는 냉각속도의 차이가 담금질 깊이에 미치는 영향을 질량효과(mass effect)라 한다. 즉 질량이 큰 재료를 담금질할 때 외부는 냉각속도가 빠르고 내부는 냉각속도가 느리게 되어 외부와 내부가 냉각성능의 차이에 커서 담금질 효과를 얻기 곤란한 경우를 질량효과가 크다고 한다.

① **탄소강의 질량효과**

그림 5.6(a)는 재질이 동일한 탄소강의 지름을 다르게 해서 같은 조건에서 담금질한 강재의 중심에서부터 반지름 방향으로 경도분포를 나타낸 것이다. 그림에서 지름이 ∅25 mm인 강재의 경우에는 외부와 중심부에서와 경도차가 매우 크게 나타나며, 지름이 ∅125 mm로 큰 강재의 경우에는 내 · 외부의 경도차가 매우 작은 것을 알 수 있다. 이를 통해 강재의 외측면과 중심부의 냉각속도가 다르고 지름이 굵어지면 중심부로 갈수록 냉각속도가 늦어져서 질량효과가 크게 됨을 알 수 있다.

② **Cr−V강의 질량효과**

그림 5.6(b)는 재질이 동일한 Cr-V강의 지름을 달리하여 동일한 조건으로 담금질한 경우에 경도분포를 나타낸 것으로서 탄소강에 비해 질량효과가 작은 것을 알 수 있다. 탄소강에 비해 Cr-V강이 담금질이 잘되고 질량효과도 작다. 그러므로 질량효과가 큰 강재는 지름이 굵어짐에 따라서 내부는 담금질 경도가 낮게 된다. 따라서 질량효과가 작은 강재일수록 냉각속도가 빠르지 않아도 경화가 잘되므로 담금질에 의한 균열이나 변형이 작고, 부피가 커져도 중심부까지 경화되는 능력이 우수하게 된다. 일반적으로 강재에 Ni, Cr 등의 합금원소를 첨가하면 담금질성을 좋게 할 수 있다.

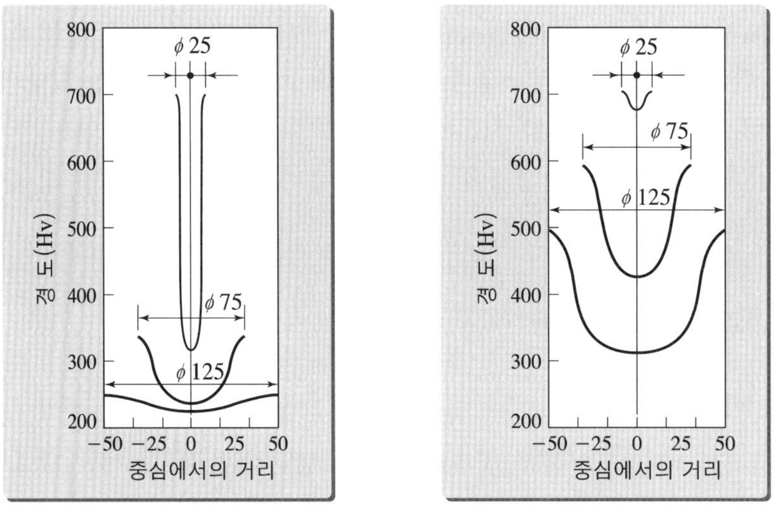

(a) 탄소강 (b) Cr-V강

그림 5.6 담금질 강의 경도분포

(2) 담금질 경화능(harden ability)

① **조미니 시험법**(jominy test)

담금질을 통해 강을 경화시키는 능력을 판단하는 방법으로 조미니 시험법이 많이 사용된다. 동일한 성분의 강재를 형상과 크기, 담금질 온도, 담금질 냉각제 등을 동일한 조건으로 담금질해도 냉각제를 교반하는 방법에 따라 냉각속도가 달라져서 담금질 경화 상태가 다르게 된다. 조미니 시험에서는 이러한 문제를 해결하기 위해 냉각액을 교반하는 대신에 분사하는 방법을 사용하였다. 조미니 시험법은 그림 5.7(a)와 같은 시험편을 담금질 온도로 가열하여 30분간 유지한 후 그림 5.7(b)와 같이 시험편과 분수구의 거리에서 10분 이상 분수하여 시험편 전체를 완전히 냉각시킨다. 그림 5.7(c)는 조미니 시험 장치이다.

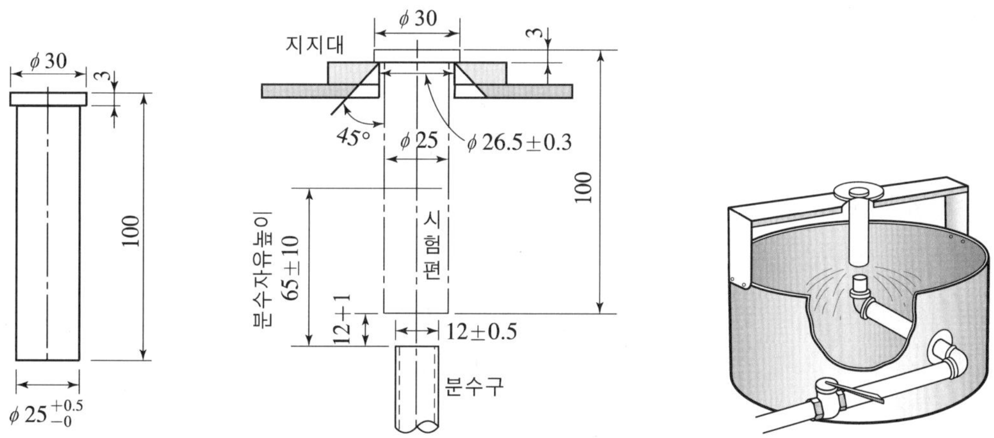

(a) 시험편 (b) 시험편의 위치 (c) 시험 장치

그림 5.7 조미니 시험

② **조미니 선도**

담금질이 끝나면 시험편의 축 방향으로 평행한 곳을 0.4 mm 깊이로 평면 연마해서 끝단에서 1.5 mm 떨어진 점과 5 mm 간격으로 경도(HRC 또는 HV)를 측정하여 끝단으로부터의 거리에 따른 경도변화를 그래프로 나타내면, 그림 5.8(a)와 같은 조미니 선도를 얻을 수 있다.

그림 5.8(b)에서 탄소강은 시험편 끝단에서 멀어질수록 경도가 급히 저하되며, Mn-Cr강의 경우는 경도가 서서히 저하되는 것을 볼 수 있다. 이와 같이 조미니 선도를 이용하여 담금질을 통한 각종 강재의 경화능을 비교할 수 있다.

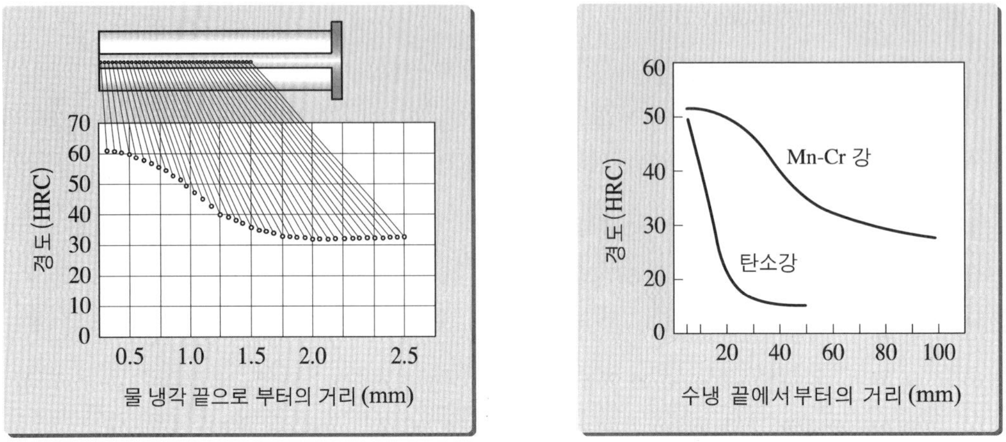

(a) 조미니 경화능선도 (b) 담금질 경화능곡선

그림 5.8 조미니 선도

2. 뜨임(tempering)

담금질한 강재를 A_1 변태점 이하로 가열한 후 공기 중에서 서서히 냉각시켜서 잔류응력을 제거하고 인성(toughness)을 부여하기 위한 열처리가 뜨임(燒戾, tempering)이다.

담금질한 강재의 내부에는 잔류응력이 남아 있어서 가공을 하면 응력의 균형이 깨져서 균열이 생기거나, 오래 사용하면 응력이 풀리면서 변형이 발생한다. 또한 담금질 조직인 마텐자이트 조직은 취성이 커서 표면에 남은 인장 잔류응력에 의해 파괴되기 쉽다. 따라서 용도에 따라 적당한 인성을 부여하기 위해 담금질 후에는 반드시 뜨임 처리를 한다.

뜨임에는 150 °C에서 하는 저온뜨임과 500~600 °C에서 하는 고온뜨임이 있다. 일반적인 철강재의 뜨임온도는 500~600 °C이지만, 재결정온도가 높은 특수한 재료는 더 높은 뜨임온도가 필요한 경우도 있다. 즉 뜨임은 담금질에 의해 강화된 조직과 가공경화가 풀리지 않는 재결정온도 이하에서 진행해야 한다. 담금질한 강재를 재결정온도 이상으로 가열, 유지시키면 담금질 전의 상태로 되돌아가게 된다. 뜨임을 통해 대부분은 연화되지만 합금원소가 많을 경우 뜨임에 의해 잔류 오스테나이트가 마텐자이트로 변화되면 더욱 경화될 수 있다. 표 5.6은 뜨임온도에 따른 조직의 변화를 나타낸 것이다.

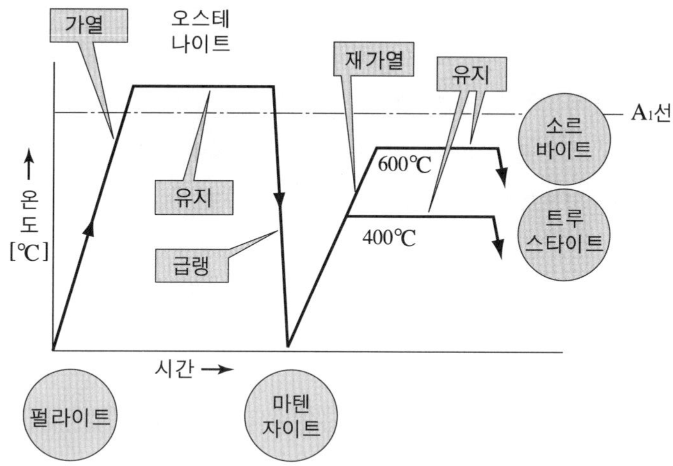

그림 5.9 탄소강의 뜨임처리

▶ **표 5.6** 뜨임온도에 따른 조직변화

뜨임온도(°C)	조직의 변화
100～200	austenite → martensite
250～400	martensite → troostite
400～600	troostite → sorbite
650	sorbite → pearlite

3. 풀림(annealing)

아공석강(0.03～0.77%C)은 Ac_3선, 과공석강(0.77～2.11%C)은 A_1(723 °C)보다 40～60 °C 높은 온도로 가열하고 일정시간 유지한 후 노에서 서서히 냉각시켜서 내부응력을 제거하고 연화시켜 절삭성과 냉간가공성을 향상시키기 위한 열처리 조작을 완전 풀림(燒鈍, annealing)이라 한다. 이러한 풀림은 목적에 따라 완전 풀림(full annealing), 연화 풀림(softening annealing), 응력제거 풀림(stress relief annealing) 등이 있다. 풀림 처리를 하는 주된 목적은 다음과 같다.

① 불균일한 조직을 균일화한다.

② 경도를 감소시키고 내부응력을 제거한다.

③ 가공경화된 강재를 연화시켜 가공성을 향상시킨다.

④ 내부의 가스나 기타 불순물을 방출시키거나 확산시킨다.

1) 완전 풀림(full annealing)

일반적으로 풀림이라고 하면 완전 풀림을 말하는 것으로써 과공석강(0.77～2.11%C)의 경우 A_1(723 °C)변태점보다 40～60 °C 높은 온도로 가열하고 유지한 후 노에서 서랭시키는 것이다. 그림 5.10은 탄소강의 완전풀림 과정과 조직의 변화를 나타낸 것이다.

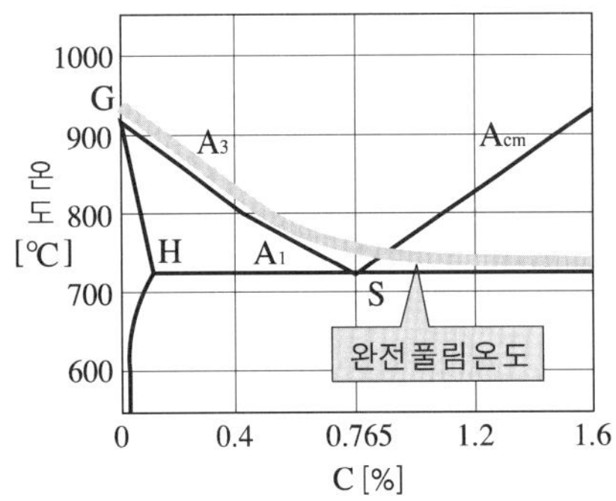

(a) 가열 온도 범위

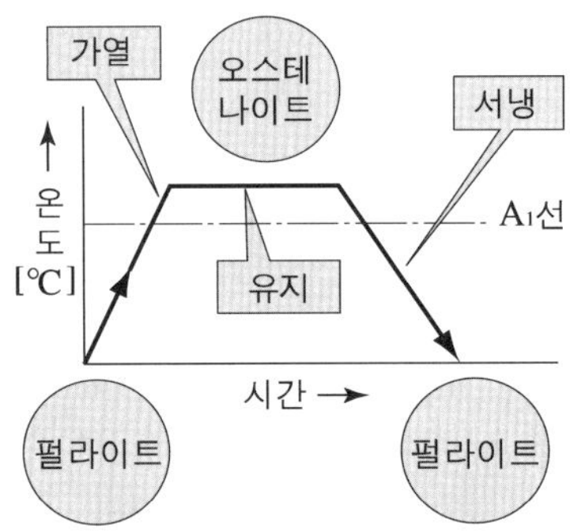

(b) 조작과 조직(공석강)

그림 5.10 탄소강의 완전 풀림

2) 연화 풀림(softening annealing)

연화 풀림은 대부분은 탄소함유량이 0.2～0.55 %C인 중탄소강 이상에서 실시하며, A_1 이상의 온도까지 가열한 후 650 °C까지 서랭한다. 가열 및 유지온도는 탄소함유량에 따라 760～800 °C 정도이며, 그 온도로부터 650 °C까지 시간당 10 °C 이내의 냉각속도로 서랭시킨 후 공랭시킨다.

3) 응력제거 풀림(stress relieving annealing)

냉간가공, 주조, 용접했을 때 발생한 내부응력을 제거하고 연화시키거나 담금질에 의한 파단을 방지하기 위한 열처리이다.

4. 불림(normalizing)

강재를 탄소함유량에 따라 A_3 및 Acm 선보다 약 40～80 °C 높은 온도로 가열하고 일정시간 동안 균일한 오스테나이트로 유지시킨 후 바람이 없는 대기 중에서 공랭시켜서 표준조직을 얻기 위한 열처리 조작을 불림(燒準, normalizing)이라 한다.

불림은 여러 가지 가공이나 열적 조작에 의해 변화된 강의 결정 조직을 표준화시키기 위한 열처리로서 그림 5.11에 탄소강의 불림 과정과 조직의 변화를 나타내었다.

이러한 불림의 목적은 다음과 같다.

① 결정 조직을 미세화하고, 결정 조직과 기계적 성질 등을 표준화시킨다.
② 소성가공 등에 의한 내부응력을 제거한다.
③ 응고속도나 가공도의 차이에 따른 불균일한 조직을 균일화시킨다.

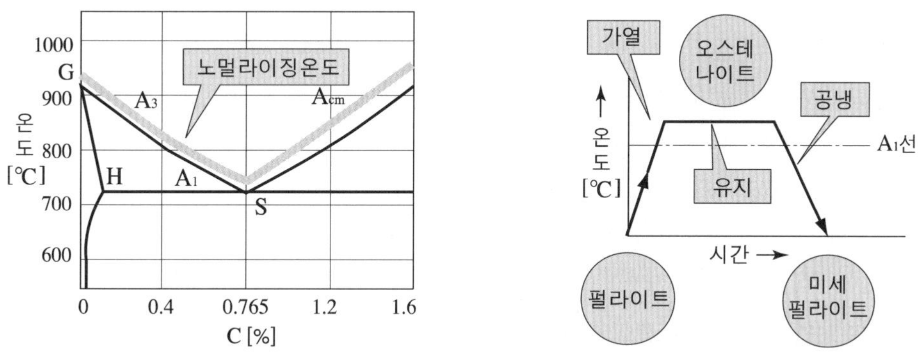

(a) 가열온도 범위 (b) 조작과 조직(공석강)

그림 5.11 탄소강의 불림

5.4 특수 열처리

1. 심랭처리(sub-zero treatment)

열처리 과정에서 발생한 잔류 오스테나이트를 0 °C 이하의 온도에서 냉각하여 마텐자이트로 변화시키기 위한 열처리가 심랭처리이다. 탄소 함유량이 많은 강은 담금질을 통해 실온까지 냉각시켜도 잔류 오스테나이트(retained austenite)가 남아 있게 된다. 이와 같이 상온까지 냉각시킨 탄소강을 다시 계속하여 0 °C 이하의 낮은 온도까지 냉각하면 변태가 계속되어 잔류 오스테나이트는 적어지고 마텐자이트로 변화된다.

심랭처리는 정확한 치수를 요구하는 게이지(gauge), 볼 베어링(ball bearing) 등을 제작할 때 필요한 열처리 공정으로서 담금질한 직후에 바로 심랭처리를 해야 효과적이다.

1) 잔류 오스테나이트

담금질에 의한 잔류 오스테나이트는 저탄소강에서는 거의 존재하지 않으나, 고탄소강에서는 상당량이 존재하게 된다. 수중 냉각보다 냉각속도가 느린 유중 냉각할 때 잔류 오스테나이트 양이 많아지게 된다.

2) 심랭처리 온도

잔류 오스테나이트는 변태속도가 대단히 늦고, 절대온도에 근접한 온도에서도 진행될 수 있다. 일반적으로 합금강은 −100 °C 부근에서 마텐자이트로 변태가 완료되고 약 8 % 정도의 잔류 오스테나이트가 존재한다. 게이지 및 공구강 등은 −160 °C 부근에서 변태가 완료되고 수 % 이내의 잔류 오스테나이트가 남아 있게 된다. 심랭처리에 의하여 경도는 증가하며, 심랭처리를 한 후 다시 뜨임을 하는 것이 보통이다. 표 5.7은 심랭처리에 사용하는 냉각제의 종류와 온도이다.

▶ **표 5.7** 심랭처리 냉각제의 종류와 온도

냉각제	온도(°C)	냉각제	온도(°C)
소금 24.8% + 얼음 75.2%	−121.3	액체산소	−183
에테르+드라이아이스	−78	액체질소	−196

2. 항온 열처리(isothermal transformation treatment)

1) 항온 변태(isothermal transformation)

강을 오스테나이트 상태로부터 A_1 변태점 이하의 일정한 온도로 유지되는 항온 분위기에 넣으면 강은 잠시 후 변태를 시작하고 일정시간이 지나면 변태가 종료된다. 이와 같이 A_1 변태점 이하의 일정한 온도를 유지한 항온 상태에서 변태가 개시되고 종료되는 것을 항온 변태라고 한다.

탄소강을 A_1 변태점 이하의 여러 온도에서 항온 변태를 시키고, 각 온도에서 변태가 시작하는 시간과 끝나는 시간을 측정하여 온도-시간 곡선으로 도시하면 그림 5.12와 같이 곡선이 2개인 선도가 된다. 이것을 항온 변태 선도(isothermal transformation diagram) 또는 TTT(time-temperature-transformation) 선도라고 한다. 또한 곡선의 모양이 S와 유사하여 S곡선(S-curve)이나 C곡선(C-curve)이라고도 한다.

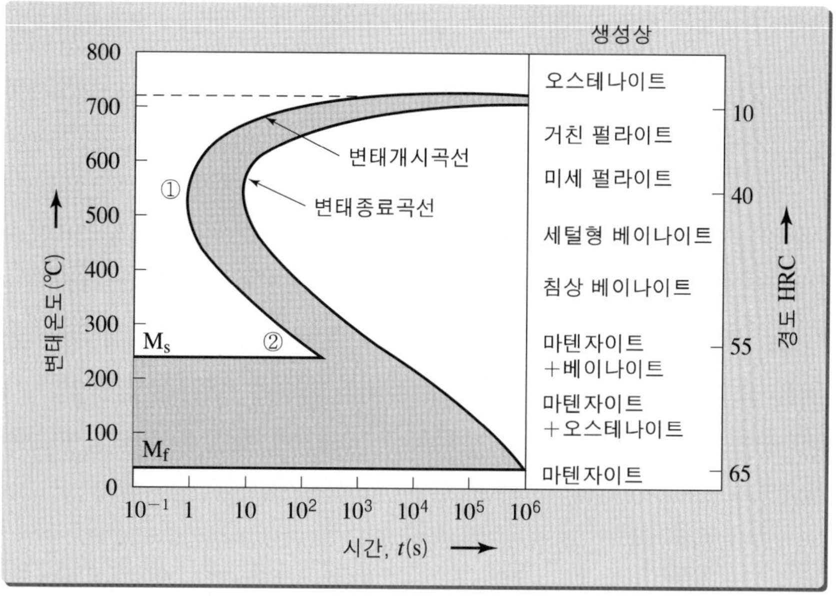

그림 5.12 항온 변태 곡선(공석강)

그림 5.12는 공석에 가까운 탄소강(0.89%C)의 TTT 곡선으로서 단순한 C자형 곡선을 이룬다. 그림에서 왼쪽 곡선은 변태가 시작되는 선이고 오른쪽 곡선은 변태가 종료되는 선이다. 곡선의 왼쪽 돌출부(550 °C 부분) ①은 가장 짧은 시간에 변태가 완료되는 곳으로서 만곡점(nose)이라 하며, M_s온도 바로 위의 오목한 부분 ②를 만(bay)이라고 한다.

2) 오스템퍼링(austempering)

오스테나이트의 항온 열처리의 일종으로서 그림 5.13(a)와 같이 항온곡선의 만곡점(nose)과 M_s점 사이에서 일정한 온도로 유지한 염욕 중에 담금질하여 각 부분이 같은 온도로 될 때까지 유지하고 변태를 시킨 후 공랭을 해서 베이나이트 조직으로 열처리하는 것을 오스템퍼링이라 한다. 이 방법은 항온의 온도를 적당히 변화시켜서 강을 목적에 알맞은 경도와 인성을 갖게 할 수가 있으며 뜨임 처리를 생략할 수 있다. 또한, 가열에 따른 균열이나 응력 발생이 적고, HRC 40~50 정도의 경도를 가진 다른 열처리 제품에 비해 충격값, 인성 및 피로강도가 우수하여 각종 공구와 기계부품의 열처리에 이용된다.

3) 마템퍼링(martempering)

오스테나이트 영역의 강을 그림 5.13(b)와 같이 M_s점과 M_f 점의 중간 정도 온도의 항온 염욕에서 냉각하여 항온 변태를 종료한 후 공기 중에서 냉각시키는 열처리를 마템퍼링이라고 한다.

4) 마퀜칭(marguenching)

오스테나이트 영역으로 가열된 강을 그림 5.13(c)와 같이 M_s점 바로 위의 온도의 염욕 중에 담금질하여 전체가 균일한 온도가 될 때까지 유지한 다음, 변태가 항온 변태가 종료되기 전에 염욕 밖으로 꺼내어 공랭하여 마텐자이트 조직을 얻는 열처리를 마퀜칭이라고 한다. 마퀜칭은 오스테나이트의 영역에서 바로 M_f점 이하로 냉각시키는 일반 담금질 방법에 비해 염욕 중에서 냉각되므로 강의 내외의 온도차이가 작게 된다. 즉, 마텐자이트로 변화하는 냉각속도가 느리게 되어 마텐자이트가 전체적으로 고르게 분포되며 진행된다.

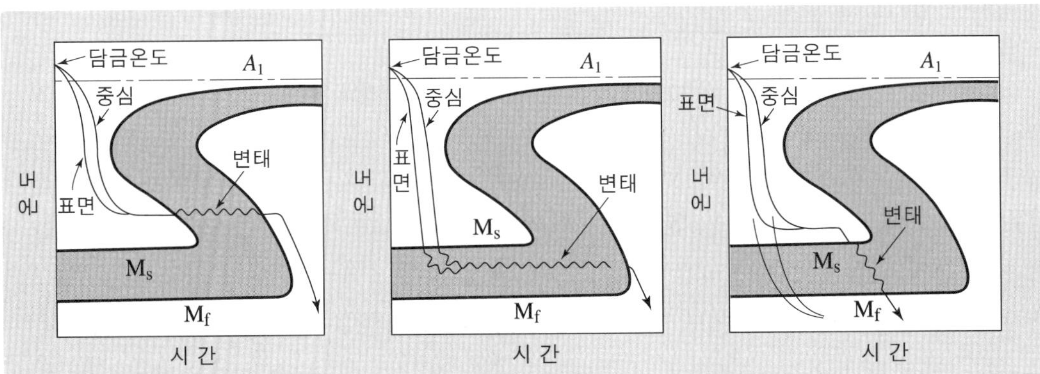

(a) 오스템퍼링 (b) 마템퍼링 (c) 마퀜칭

그림 5.13 항온 열처리

5.5 표면 처리

1. 표면 처리의 개요

각종 기계재료의 표면 성질을 개선하기 위한 물리적·화학적인 조작을 표면 처리(surface treatment)라고 한다. 표면 처리는 주로 금속재료를 대상으로 하며, 물리적인 방법과 화학적인 방법이 있다. 기계재료의 소재에 다른 물질을 피복하거나, 소재의 표면만을 화학적 또는 물리적인 방법으로 성질을 변화시킴으로써 표면 처리의 목적을 달성할 수 있다.

기계재료의 물리적 성질로는 강도, 경도, 내마모성, 윤활성, 전기 전도도, 열전도도, 평활도, 색조 등이 있으며, 화학적 성질에는 내식성, 내열성, 내약품성, 변색 등의 특성이 있다. 표면 처리의 분야는 물리, 화학, 제조 분야에 따라 다양하게 분류하고 있으나 기계 재료와 관련되는 분야에 속한 것으로는 연마, 세정, 에칭(etching), 전기도금, 화학도금, 용융도금, 진공도금, 기상도금, 라이닝(lining), 코팅(coating), 확산침투, 열처리 등이 있다.

금속 표면 처리에는 글라스 라이닝(glass lining), 세라믹 코팅(ceramic coating) 등의 무기질 피복과 각종 플라스틱, 고무 등의 유기물의 용사, 용액도장 등의 방법도 포함된다.

특히 최근에 전자공업의 발달로 기능도금이란 새로운 용어가 나오면서 금도금과 합금도금이 각광을 받고 있다. 이러한 금속재료의 표면개선법의 하나로서 세라믹을 코팅하는 방법으로 화학적 증착(CVD, chemical vapor deposition)법과 물리적 증착(PVD, physical vapor deposition)법이 많이 사용되고 있다.

이 중에서 CVD 법은 코팅층의 화학성분을 포함하는 각종 가스가 약 800～1000 °C 이상의 높은 온도로 가열된 모재의 표면에서 화학반응을 일으켜 코팅층을 형성하기 때문에 초경합금의 내마모성을 증대시키기 위한 방법으로 실용화되었다.

PVD 법은 코팅층의 화학성분을 높은 에너지를 가지는 이온과 전자 및 중성자들의 집합체인 플라스마(plasma)상태로 만들어, 모재의 표면에서 화학반응을 일으켜 코팅되도록 하는 방법이다. 이 PVD 법은 200～500 °C 이하의 비교적 낮은 온도에서도 코팅이 가능하므로 코팅온도에 제약을 받는 고속도강, 탄소공구강 및 철 · 비철금속 등에 적용할 수 있다.

실제로 PVD 법을 이용하여 고속도강을 공구로 사용하는 엔드밀이나 호브, 드릴 등에 세라믹 재료를 코팅하여 내마모성을 크게 향상시켜 사용하고 있다. 이러한 세라믹 코팅도 극심한 마찰조건에서는 마모가 수반되므로, 뛰어난 내마모성을 가진 우수한 코팅재의 개발과 응용을 위한 연구가 필요하다.

2. 표면 열처리

기계를 구성하는 각종 기계요소는 상대운동을 하며 마찰되는 부분과 여러 가지 가혹한 조건과 부하를 받는 경우가 많다. 예를 들면 크랭크축, 기어, 캠, 차축, 압연 롤 등에 사용되는 기계재료는 강인성과 내마모성이 동시에 요구된다. 이와 같이 표면은 내마모성이 크고, 내부는 강인하여 내충격성이 우수한 두 가지 성질을 충족시키기 위한 방법으로 강의 표면 경화(surface hardening)법 또는 부분 경화법이 사용된다. 이와 같이 표면을 경화시키기 위한 표면 열처리방법은 다음과 같다.

① **침탄법:** 저탄소강의 필요한 부분에 탄소를 침투시킨 다음 담금질하여 탄소함유량이 많은 표면은 단단해지고 탄소함유량이 적은 내부는 경화되지 않고 인성을 갖게 하는 방법

② **질화법:** 특수강재로 만든 부품을 약 500 °C의 암모니아 가스(NH_3) 분위기에서 장시간 가열하여 표면에만 경도가 높은 질화층을 만들어 경화시키는 방법

③ **화염 및 고주파 경화법:** 산소-아세틸렌 화염이나 고주파 전류를 이용하여 표면의 필요한 부분을 오스테나이트 상태까지 가열한 다음 담금질하여 경화시키는 방법

1) 침탄법

저탄소강이나 저탄소합금강을 침탄제 분위기에서 오스테나이트 범위의 온도까지 가열하여 표면층에 탄소를 침투 · 확산시키고 담금질해서 표면의 탄소함유량을 증가시킴으로써 표면을 경화하는 방법으로 표면은 높은 경도와 내마모성이 우수하며 내부는 연성 조직으로 남아 있어서 강인성이 뛰어난 특성을 갖게 할 수 있다. 침탄법은 표면 열처리 방법 중에서 많이 사용하는 방법으로써 자동차부품, 자전거부품을 비롯한 각종 기계부품의 표면처리에 널리 활용되고 있다. 침탄법에는 침탄에 사용하는 침탄제의 종류에 따라 고체 침탄, 가스 침탄 및 액체 침탄이 있으며, 액체 침탄은 침탄과 동시에 질화도 이루어지게 되므로 침탄 질화법이라고도 한다.

▶ **표 5.8** 침탄법의 특징

종류	경화층 깊이(mm)	장점	단점
고체 침탄	0.25 ~ 2.0	• 큰 부품도 처리가 가능하다. • 소량 생산품에 적합하다. • 설비비가 싸다.	• 경화분포도의 차가 크다. • 과잉침탄되기 쉽다. • 작업환경이 나쁘다.
가스 침탄	0.25 ~ 3.0	• 탄소농도의 조절이 가능하다. • 자동화가 용이하다. • 대량생산에 좋다.	• 설비비가 비싸다. • 소량일 때 처리비용이 비싸다.
액체 침탄	0.05 ~ 1.0	• 소형 부품의 처리에 유리하다. • 얇은 경화층을 얻을 수 있다. • 설비비가 싸다.	• 폐수처리설비가 필요하다. • 침탄방지가 곤란하다.

(1) 고체 침탄법(solid pack carburizing)

그림 5.14와 같이 소재와 침탄제를 침탄상자에 넣고 900~1,000 °C로 100~200분 정도 가열해서 소재표면에 탄소를 침투시킨 다음 담금질하는 방법이다.

침탄로에서 꺼낸 소재는 결정립이 성장되어 있으므로 상온까지 서냉시킨 후 담금질 온도로 다시 가열하여 물이나 기름에 담금질한다. 치밀한 조직을 얻기 위해 2차 담금질을 할 수 있으며, 침탄상자에서 소재를 꺼내어 담금질 온도가 되었을 때 바로 담금질 하는 경우도 있다. 고체 침탄법에 사용하는 침탄제의 주성분은 목탄이며, 침탄반응을 활발하게 해주기 위해 탄산바륨(B_2CO_3), 탄산칼륨(K_2CO_3), 탄산스트론튬($SrCO_3$) 등을 10~50% 정도 목탄에 혼합해준다. 침탄 작용은 침탄상자 내의 공기 중에서 탄소와 침탄제가 작용하여 생기는 일산화탄소(CO)와 이산화탄소(CO_2)에 의해서 철의 표면에 반응이 일어난다. 먼저 산소가 탄소에 작용하여 발생한 일산화탄소는 철강의 표면에서 분해되어 탄소를 만든다. 이와 같이 침탄반응은 침탄상자 속의 산소(O_2)와 목탄에 의해 발생된 일산화탄소(CO)에 의해 생김을 알 수 있으며, 오스테나이트 중에 탄소가 고용된 상태를 나타내면 다음과 같다.

$$CO_2 + C \rightarrow 2CO$$

$$\gamma - Fe + 2CO \rightarrow (\gamma - Fe + C) + CO_2$$

고체침탄은 침탄이 과잉되기 쉬운 단점이 있다. 특히 크롬을 함유한 강은 표면층에 탄소 농도가 높아지게 되어 시멘타이트가 생성되는 경우도 있다. 이런 경우에는 인성이 급격히 저하되므로 침탄 촉진제를 감소시켜 주거나, 오래된 침탄제를 재사용해서 침탄을 떨어뜨려 주는 완화침탄을 해야 한다.

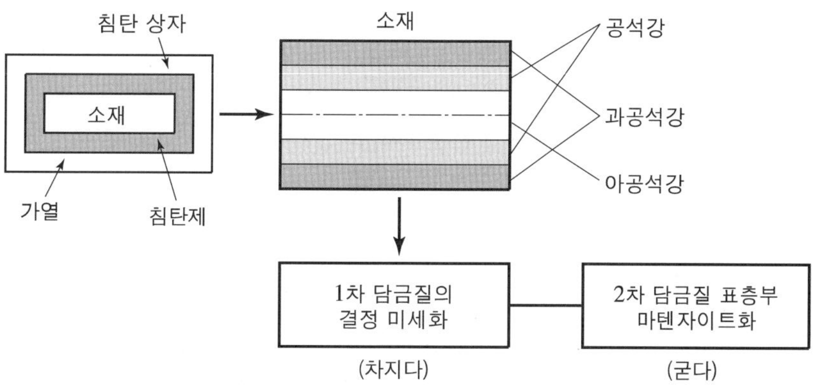

그림 5.14 침탄법에 의한 표면경화

(2) 가스 침탄법(gas carburizing)

가스 침탄은 침탄제로 메탄가스(CH_4)나 프로판가스(C_3H_8)와 같은 탄화수소계 가스를 사용하여 침탄시키는 방법으로 다음과 같은 반응에 의하여 침탄된다.

$$CH_4 \rightarrow C + 2H_2$$

$$\gamma - Fe + CH_4 \rightarrow (\gamma - Fe + C) + 2H_2$$

가스 침탄법은 침탄가스 분위기의 노 안에 소재를 넣고 가열하면 된다. 이때 침탄가스의 성분과 가열온도에 따라 탄소함유량이 결정되므로 가스를 알맞게 조절하여 균일한 탄소함유량을 가진 침탄층을 얻을 수 있다. 침탄할 소재를 하나씩 상자에 밀폐하지 않아도 되며, 탄소함유량의 조절이 가능하고 침탄온도에서 직접 담금질할 수 있다. 또한 열효율이 좋고 작업이 간단하며, 연속작업이 가능하여 대량 생산에 적합하다.

(3) 액체 침탄법(carbonitriding)

액체 침탄법은 시안화나트륨(NaCN)을 주성분으로 하는 900 °C 내외의 염욕에 소재를 넣어서 침탄시킨 후 담금질과 뜨임을 하는 표면 열처리로서 청화법(cyaniding)이라고도 한다. 또한 액체 침탄은 표 5.9와 같이 시안화나트륨(NaCN)을 주성분으로 하는 염욕에 넣어서 표면처리하는 방법으로서 침탄과 동시에 질화가 이루어질 수 있으므로 침탄 질화법(carbonitriding)라고도 한다.

액체 침탄법은 소재를 염욕 중에 침적시켜 침탄한 후 기름 중에 담금질하는 간단한 공정으로 처리할 수 있으며, 침탄반응은 처음에 공기 중의 산소와 탄산가스(CO2)가 촉매로 작용하여 시안화나트륨(NaCN)의 일부가 시안산나트륨(NaCNO)로 변화하는 것으로써 다음과 같다.

$$2NaCN + O_2 = 2NaCNO$$

$$NaCN + CO_2 = NaCNO + CO$$

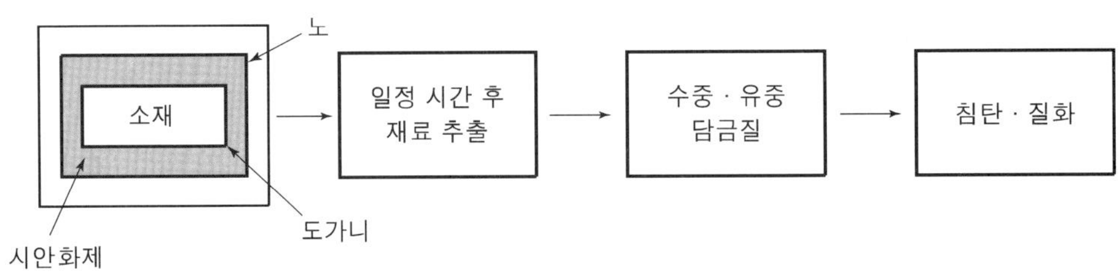

그림 5.15 액체 침탄법

▶ **표 5.9** 액체 침탄 염욕조성 예

종류	조성(wt%)					염욕온도(°C)
	NaCN	Na_2CO_3	$BaCl_2$	NaCl	KCl	
고농도	60~70	15~25	–	15~25	–	800~870
중농도	60~50 35~45	5~10	40~50	40~50	5~10	800~900 850~900
저농도	17~23 8~12	10~30 10~30	15~40 45~55	20~30 5~15	6~20	850~900 900~930

여기서 NaCNO는 고온반응과 저온반응에 따라 일산화탄소(CO)와 원자상태의 질소(N)를 생성시켜 침탄과 질화 효과를 발생시킨다. 이러한 반응을 다음과 같이 간단하게 나타낼 수 있다.

$$\text{고온반응}\quad 4NaCNO = 2NaCN + Na_2CO_3 + CO + 2(N)$$

$$\text{저온반응}\quad 5NaCNO = 3NaCN + Na_2CO_3 + CO_2 + 2(N)$$

$$\text{침탄반응}\quad Fe + 2CO = [Fe - C] + CO_2$$

$$\text{질화반응}\quad Fe + (N) = [Fe - N]$$

위와 같은 반응들은 실제로 매우 복잡하게 발생하며 900 °C 전후에서는 거의 침탄반응만 일어나고 이보다 낮은 온도로 행해줄 때에만 질화반응이 활발하게 진행되어 소재의 표면층에 질소 함유량이 증가하게 된다. 침탄제로 사용하는 시안화나트륨은 독성이 매우 커서 환경오염의 우려가 있으므로 고도의 폐수처리 시설을 설치하지 않으면 작업할 수 없다.

2) 질화법(nitriding)

질화법은 소재를 암모니아가스(NH_3) 분위기에서 약 500 °C로 장시간(25~100시간) 가열하여 표면에 Fe_2N, Fe_4N과 같이 단단한 질화 층을 형성시키는 표면 열처리법이다.

이 방법은 질화 알루미늄(Al) 또는 크롬(Cr) 등을 함유한 질화용 강을 가공하고 난 후 질화처리를 하면 아래와 같은 반응에 의해 표면에 질소(N)를 침투시켜 강의 표면에 단단하고 내식성이 높은 질화 화합물을 만들어 표면을 경화시키게 된다.

이때 질소는 고온의 강철 소재에 표면에 작용하여 경도가 큰 질화철을 형성하므로 별도의 담금질이 필요하지 않다.

$$NH_3 \leftrightarrow N + 3H$$

이러한 질화처리의 특징은 다음과 같다.

① 표면에 질소화합물층을 형성시켜 내식성이 향상된다.
② 침탄법보다 경도가 높고 다공성이므로 내마모성이 우수하다.
③ 내열성과 내소착성이 향상된다.
④ 확산층이 생성되어 피로강도가 높아진다.
⑤ 열처리 소재 내부의 인성을 유지할 수 있다.
⑥ 열처리로 인한 변형이 매우 작다.

3) 화염 및 고주파 경화법

(1) 화염 경화법(flame hardening)

탄소를 0.4~0.7%C 함유한 고탄소강이나 합금강 소재의 필요한 부분을 산소-아세틸렌 화염 등을 이용하여 국부적으로 가열한 후 담금질하여 표면층만 단단하게 경화시키는 방법이 화염 경화법이며, 중심부는 원래의 조직 그대로를 유지하게 되므로 이중조직을 가진다.

화염 경화층은 단면의 두께와 용도에 따라 1.5~6 mm 깊이까지 가능하며, 기어의 치면, 캠, 나사, 크랭크 축, 저널 베어링, 선반의 베드 등의 미끄럼 면의 국부적인 표면경화에 이용된다. 그림 5.16은 화염 경화에 사용하는 도구와 방법을 나타낸 것이다.

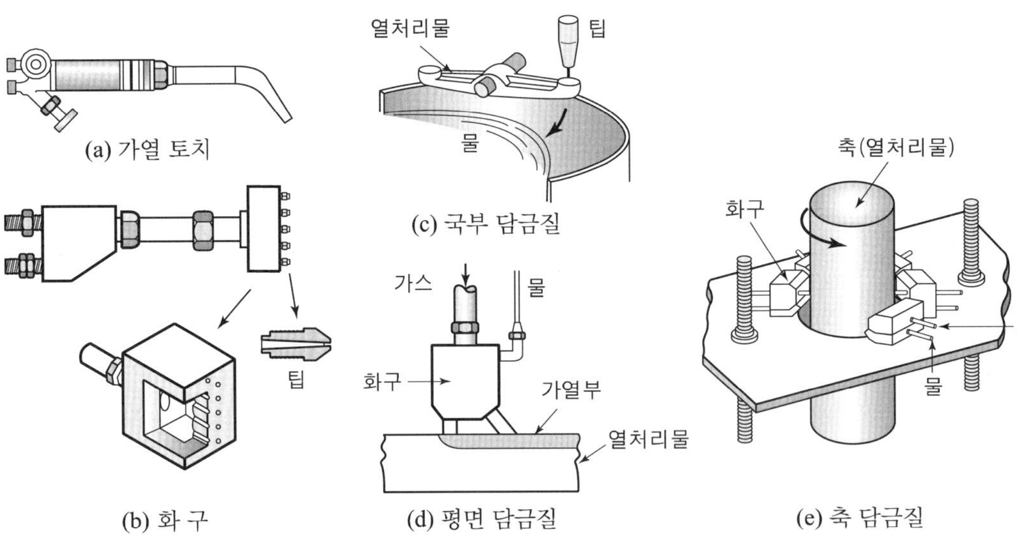

그림 5.16 화염 경화법

(2) 고주파 경화법(induction hardening)

그림 5.17과 같이 열처리할 열원으로 고주파 전류를 사용하여 강의 표면을 국부적으로 가열시키고 담금질하여 표면을 경화시키는 열처리 방법이 고주파 경화법이다. 원리는 유도 코일에 고주파 전류를 보내 강한 자계를 발생시켜서 매우 짧은 시간에 소재의 표면을 가열시키게 된다. 이러한 고주파 경화법은 그림 5.18과 같이 담금질할 소재의 형상에 적합한

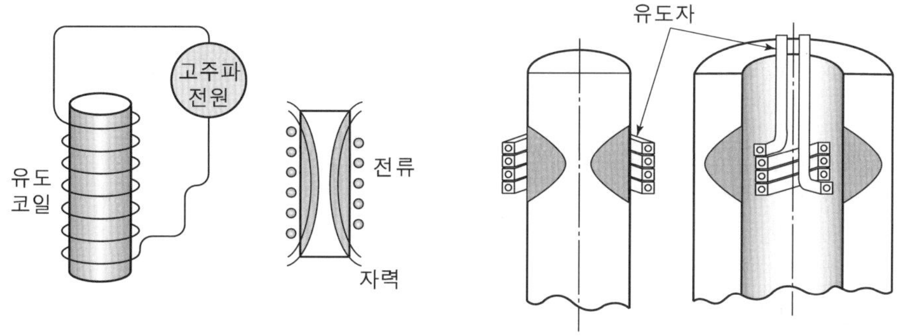

(a) 고주파 유도의 원리 (b) 유도 전류의 세기

그림 5.17 고주파 경화법

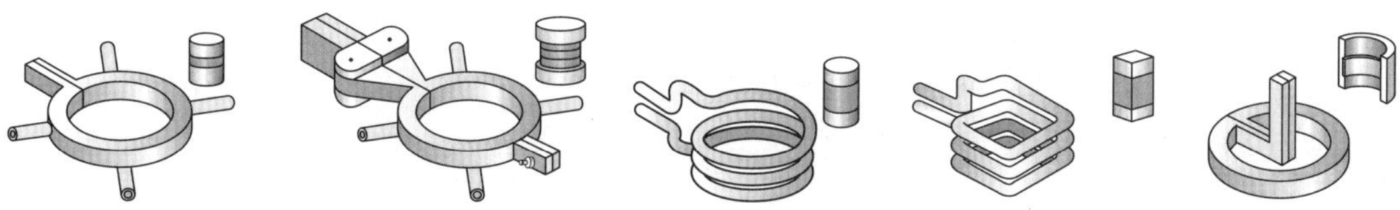

(a) 원통 외면용(1) (b) 원통 외면용(2) (c) 원통 외면용(3) (d) 사각 외면용 (e) 원통 내면용(1)

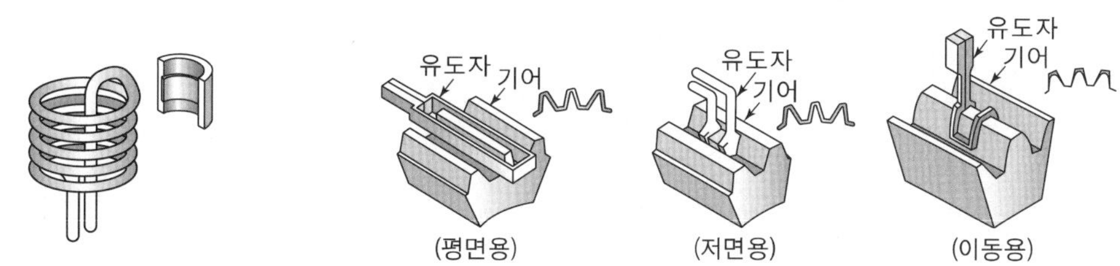

(f) 원통 내면용(2) (g) 기어 담금질용

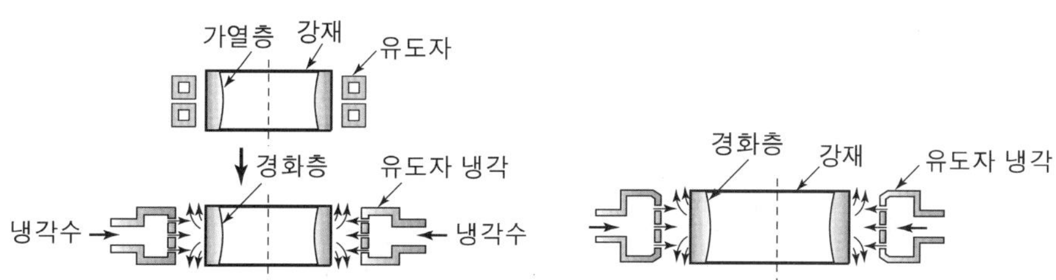

(h) 대형원통 외면용

그림 5.18 고주파 경화용 유도자의 종류

유도자(inductor)에 1차 고주파 전류를 통하고, 2차 측에 소재를 놓고 표면에 유도전류를 발생시키면 대부분의 맴돌이 전류가 표면효과(skin effect)에 의해 소재의 표면층에 집중되어 표면부분만 수초 이내의 짧은 시간에 급속하게 가열된다. 이러한 고주파 경화법의 특징은 다음과 같다.

① 가열이 매우 짧은 시간에 이루어지므로 표면의 산화나 탈탄의 우려가 적다.
② 열처리 소재의 크기에 따른 질량효과에 문제가 없다.
③ 표면만 가열하므로 전체적인 열 변형은 작으나 급랭으로 인한 균열이나 변형이 발생할 수도 있다.
④ 표면만을 급열 · 급랭하여 열처리하므로 표면 결함이 없고 비금속개재물이나 불순물이 없는 강재를 사용해야 한다.

3. 기타 표면처리법

1) 침투 확산법(cementation)

고온 확산법을 응용하여 강의 표면에 원소를 침투시켜서 합금 피막을 형성시키는 열처리를 침투 확산법(cementation)이라 한다. 금속간 친화력이 강한 철강 소재를 가열한 후 표면에 Zn, Al, Cr 등과 같은 금속을 피복 · 확산시켜서 내열 · 내식성을 가진 합금 피복층을 얻는 방법이다.

(1) 세라다이징(sheradizing, Zn침투법)

강재의 표면을 깨끗하게 한 후 아연분말(200mesh, Zn과 ZnO)과 함께 철제용기에 넣고 350～375 °C의 온도에서 2～3시간 동안 유지하여 강재표면에 Zn을 침투시켜서 0.05 mm 정도의 합금 피복층을 얻는 방법이다. 세라다이징을 한 강재의 표면은 회색이지만 연마하면 금속아연 본연의 광택을 얻을 수 있으며 균일한 두께의 합금 피막을 얻을 수 있어서 볼트, 너트 등과 같은 소형 제품의 내식성을 향상시킬 수 있다.

(2) 칼로라이징(calorizing, Al침투법)

강재를 알루미늄과 알루미나(Al_2O_3)분말에 염화암모늄(NH_4Cl) 5%를 혼합한 분말과 함께 철제상자에 넣고 900～950 °C로 2시간 정도 가열하여 내고온산화성이 우수한 0.3～1 mm 두께의 $FeAl_3$합금 피복층을 얻는 방법이다. Cu와 황동 등을 칼로라이징할 때에는 확산제 비율에서 알루미늄의 양을 감소시키고 처리온도를 700~800 °C로 낮춰준다. Al_2O_3는 확산제 비율에서 알루미늄 농도를 조절해주는 동시에 알루미늄 분말이 응집되는 것을 방지하는 역할을 한다. 고온에 노출되어 산화될 수 있는 철강제품에 칼로라이징을 하면 표면의 내고온산화성이 우수해지는 효과가 있다.

(3) 크로마이징(chromizing, Cr침투법)

강재를 Cr 55% + Al_2O_3 45%의 분말의 혼합물에 묻거나 H_2와 같은 환원성 기체 분위기 중에서 1,300~1,400 °C의 고온으로 3~4시간 정도 가열하여 강재의 표면에 크롬을 확산시켜 경화층을 얻는 방법이다. 탄소함유량이 0.2%C 이하의 저탄소강의 표면에 크로마이징 처리를 하면 표면의 크롬농도가 증가되어 내식성이 개선되므로 대기 중이나 수증기, 묽은 질산에 대한 내식성능이 좋아지게 된다. 크로마이징 처리를 통해 800 °C 정도까지는 고온 내산화성도 우수하며, 칼로라이징 처리를 추가로 해주면 1,100~1,200 °C 정도의 고온에서도 내산화성을 유지할 수 있다.

(4) 실리코나이징(siliconizing, Si침투법)

강재를 Fe-Si-C 등의 혼합물과 함께 환원성 분위기의 철제상자에 넣고 950~1,000 °C의 온도로 2시간 정도로 가열하여 표면에 규소성분이 많은 1 mm 내외의 합금층을 얻는 방법이다. 이러한 규소 합금층은 규소를 약 15% 함유하며 내마멸성, 내식성, 내열성이 우수하다.

(5) 보로나이징(boronizing, B침투법)

강재의 표면에 붕소(B)를 침투시켜 표면의 경도와 내마멸성이 우수한 붕화층을 형성시키는 처리방법으로서 담금질을 생략할 수 있다. 붕화층의 표면경도는 HV 1,500~2,000으로 매우 높아서 내마멸성이 뛰어난 표면층을 얻을 수 있다. 또한 붕화 합금층의 밀착성이 좋고 제품의 변형도 거의 없으며, 가열하여 확산시키면 경화층의 경도분포를 고르게 할 수 있는 장점이 있다.

2) 기상 증착법(vapor deposition)

기상 증착은 소지금속의 용융점보다 낮은 온도에서 기화하는 금속 화합물을 기지에 달라붙거나 석출되도록 하는 기술로서 기상도금은 수질 오염을 극소화하면서 보다 우수한 특성의 피막을 만들 수 있는 금속피막을 증착시키는 방법이다.

(1) 화학적 증착법(chemical vapor deposition, CVD)

화학적 증착법은 기화시킨 금속 화합물을 수소, 질소, 아르곤 등의 가스로 고온의 소재 표면에 접촉시켜서 열분해 반응, 수소환원 반응, 치환 반응 등을 통해 금속을 석출하여 소재의 표면에 증착시키는 방법이다. 즉 밀폐된 진공실에 불어넣은 가스가 높은 온도로 가열된 소재의 표면에서 열분해되거나 반응성 가스와 화학적 반응을 일으켜 생성되는 화합물이 소재 표면에 흡착 · 축적되어 피복층을 형성하게 된다. 이러한 CVD법에서 950~1,000 °C의 온도에서 각종 가스의 열화학 반응에 의해 소재표면에 TiC 및 TiN, TiCN, Al_2O_3 피막을 증착하는 반응식을 예로 나타내면 다음과 같다.

$$TiCl_4 + CH_4 \rightarrow TiC + 4HCl$$

$$2AlCl_3 + 3H_2 + 3CO_2 \rightarrow Al_2O_3 + 6HCL + 3CO$$

위와 같이 생성된 경질 세라믹층에서 TiC는 비커스경도(HV)가 3,200으로 경도가 매우 높고 내마모성도 우수하여 많은 공구에 이용되며, Al_2O_3 피막은 내산화성이 뛰어나고 고온에서 소착을 억제하는 효과가 커서 고속절삭용 공구의 표면증착에 많이 사용된다.

이외에도 TiCN이나 TiN 피막 등은 절삭도중에 발생하는 공구와 피삭재 사이의 화학반응을 감소시켜주므로 화학적으로 진행되는 마모를 줄이는 데 효과가 있다. 현재에도 약간씩 다른 특징을 가진 세라믹 층을 조합시켜 다양한 특성을 지닐 수 있도록 다층코팅기술(TiC+TiN, TiC+TiCN+TiN)을 적용하여 사용하는 경우가 많다.

이러한 CVD증착은 선삭가공용 초경합금 인서트 팁의 코팅에 적용되며 이외에도 굴착용 공구의 팁, 밀링공구(milling cutter) 등의 분야 등에 적용되어 절삭성능 향상과 공구수명을 연장하는 효과를 더해 주고 있다. 또한 화학적 증착은 외부로부터 증착될 물질이 증기형태로 지속적으로 공급되므로 미세 분말, 관류, 반도체 회로, 전자회로 기판 등 다양한 형태를 가진 제품에 증착이 가능한 장점을 갖고 있으며, 반도체의 제조 공정에서 중요한 기술로서 반도체 집적 기술의 발달에 따라 고순도, 고품질의 박막 제작에 반드시 필요한 기술이다.

이러한 CVD증착법의 장점을 요약하면 다음과 같다.

- 가스의 치환만으로 다층코팅이 용이하다.
- 열화학반응에 의해 코팅되므로 기질 소재와의 밀착성이 뛰어나다.
- 구멍이나 슬레이트(slate) 내부 등의 요철부위에도 균일하게 코팅할 수 있다.

하지만 저온 CVD법에 의한 W_2C 코팅을 제외하고 대부분 CVD는 처리온도가 1,000 °C 정도로 높기 때문에 소재의 재질에 제약이 따르게 된다.

(2) 물리적 증착법(physical vapor deposition, PVD)

PVD법은 진공 증착법, 스퍼터링법, 이온 플레이팅으로 나눌 수 있으며, 진공 중에서 금속을 전자빔으로 용해 · 증발시키고 투입한 반응가스과 반응을 일으켜서 기질의 소재표면에 증착시키는 방법을 사용한다. PVD 증착법은 처리온도의 제약을 받는 고속도공구를 중심으로 엔드밀(end mill)이나 호브(hob), 드릴(drill) 등과 같이 연속절삭용 절삭공구와 사출금형 부품, 브로치 등 치수정밀도가 요구되는 부품의 코팅에 활용된다.

① **진공 증착법:** 10^{-4} mmHg 이하의 고진공 중에서 금속 또는 금속 화합물을 가열·증발시켜서 증발 금속 또는 증발 금속 화합물을 만들어서 소재의 표면에 응축시켜 1 μm 이하의 얇은 박막으로 증착시키는 방법이다. 증착할 소재는 금속, 비금속재료 모두 가능하며, 다양한 산업 분야에 활용되고 있다.

② **스파터링(sputtering)법:** 10^{-3}~10^{-1} mmHg의 진공 중에서 음극크롬과 양극의 소재 사이에 직류 전압을 가했을 때 일어나는 글로(glow)방전을 이용하여 크롬을 소재의 표면에 부착하여 박막을 형성하는 증착방법이다.

③ **이온 플레이팅(ion plating):** 진공 증착법과 스파터링법을 조합시킨 방법으로써 아르곤 진공(10^{-3}~10^{-1} mmHg) 분위기 중에서 음극(소재 금속)과 양극(도금 금속의 증발원)에 직류를 가하여 글로(glow)방전을 일으켜서 부드러운 보라색 플라즈마 속에서 질소가스를 소재금속의 표면에 침투 확산시켜 내마멸성이 우수한 경도가 높은 질화층을 생성시키는 방법이다. 이 방법은 각종 정밀기계 부품제작에 폭넓게 활용되고 있다. 그림 5.19에 물리적 증착법의 원리를 나타내었다.

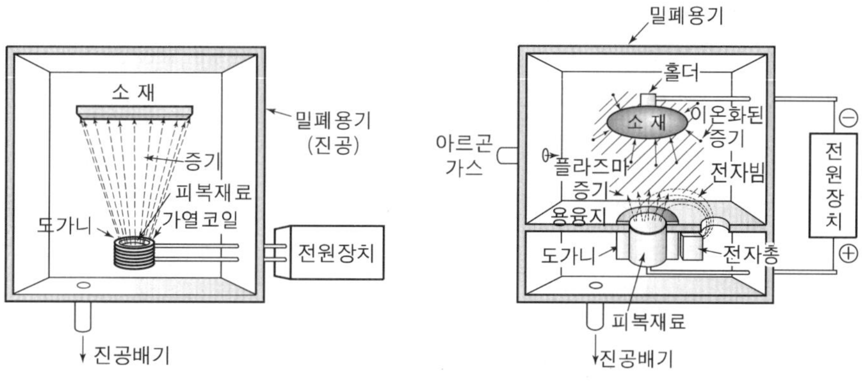

(a) 진공증착 (b) 이온 플레이팅

그림 5.19 PVD 증착법의 원리

이러한 물리적 증착법의 일반적인 특징은 다음과 같다.

- 500 °C 이하의 저온처리가 가능하므로 처리온도에 제한을 받는 고속도강이나 철, 비철금속에 관계없이 적용할 수 있고 후처리가 필요하지 않다.
- TiN 코팅의 경우 색상이 미려해서 안경테, 시계 등의 장식용에 효과적이며 인성이 우수하여 널리 이용되고 있다.
- 치수의 변화나 변형이 적어 정확한 치수 안정성을 유지할 수 있다.

하지만 PVD법은 코팅 막의 밀착성이 떨어지고 피막성이 나빠 복잡한 형상의 소재에는 적용하기 어렵다.

(3) 플라즈마 CVD(PCVD)법

플라즈마 CVD 증착법은 CVD나 PVD의 장점들을 살려서 개발된 방법으로서 CVD 증착법의 일종으로 구분된다. 이 방법을 활용하면 CVD 증착에서는 곤란한 저온처리가 가능하므로 높은 치수정밀도를 요구하는 소재에도 적용할 수 있으며, PVD 방법으로는 얻을 수 없었던 증착 막의 밀착성이나 피막성도 개선되어서 CVD나 PVD 증착에 비해 한층 우수한 효과를 얻을 수 있다. 또한 플라즈마 CVD를 통해 얻은 얇은 코팅 박막층만으로도 요구되는 강도를 얻을 수 있을 뿐만 아니라, 컴퓨터를 이용한 자동화도 가능하여 생산성도 양호하다.

3) 도금

(1) 도금할 표면의 전처리(前處理)

도금할 소재 표면의 불순물이나 녹을 제거하는 조작이 세정(surface cleaning)이며, 표면처리를 하기 전에 반드시 필요한 작업이다. 도금은 일반적으로 연마→탈지→수세→산처리→수세→도금→수세→탈수→건조의 과정을 거친다. 도금하기 전의 수세까지가 세정 또는 전처리에 포함되지만, 보통 연마와 도금을 제외한 탈지, 산처리, 수세 등을 세정이라고 한다. 세정공정이 불완전하면 도금 피막이 벗겨지거나 부풀음, 얼룩, 광택 불량과 같은 도금불량의 원인이 되므로 도금하기 전에 충분한 세정을 해주어야 한다.

① **연마:** 도금할 금속 표면을 연삭, 그릿 블라스팅(grit blasting), 샌드 블라스팅(sand blasting), 액체 호닝(liguid honing), 텀블링(tumbling) 등에 의한 기계적인 연마방법이나 전해연마법 등을 사용하여 금속표면을 평활하게 하고, 표면의 녹 등 이물질을

깨끗하게 제거해야 피막처리 효과를 높일 수 있다.

② **탈지:** 금속표면에 묻어 있는 기름이나 오염물질을 제거하는 조작이 탈지(degreasing, cleaning)이다.

③ **산처리:** 금속 표면에 산화물이나 밖의 염류로 생성된 녹은 주로 산처리 방법으로 제거한다.

- **산세**(acid pickling): 열처리에 의하여 생긴 스케일이나, 장시간 방치하여 생긴 많은 녹을 제거하여 표면을 활성화한다.
- **산침지**(acid dipping): 눈에 보이지 않는 얇은 산화 피막과 수세로 완전하게 제거되지 않은 알칼리 피막, 양극 전해 탈지 때 생긴 산화 피막 등을 제거하고 소재 표면을 활성화하기 위해 산침지를 한다.

④ **수세:** 세정공정의 중간마다 행하는 공정으로서, 수세를 잘 해줌으로써 도금액의 수명을 연장할 수 있고, 도금 불량을 줄일 수 있다. 수세 효과를 높이기 위해 다단 향류수세, 교반, 분무, 온수사용 방법 등을 병용하면 좋다.

(2) 전기 도금(electroplating)

그림 5.20과 같이 도금할 소재를 음극, 피막재료를 양극으로 하여 이온을 함유한 도금액에 담그고 직류를 통하면, 피막재료 금속이 전해 석출되어 소재 금속표면에 피막을 입혀서 도금시키는 방법이다. 도금층이 소재 금속에 밀착되고, 표면이 매끄럽고 광택이 있으며, 도금 피막의 두께가 고르고 평활하며 홈이나 핀홀(pin hole) 등의 결함이 없이 피막층을 형성하였는지를 평가한다. 이를 위해서는 소재 금속의 표면을 깨끗하고 평활하게 전처리를 하고, 소재 금속과 도금 물질에 따른 도금액의 조성, 농도 그리고 전류 밀도, 전해 온도 등의 전해 조건을 적합하게 설정해야 한다. 현재 수용액에서 도금이 가능한 금속은 Cu, Ni, Cr, Zn, Cd, Sn, Pb, Au, Ag, Pt 등이 있으며, 비수용액 또는 용융염 용액 중에서 도금하는 금속은 Li, Na, K, Mg, Al, Ti 등이 있다. 이 가운데 Cu, Ni, Cr, Zn, Au, Ag의 전기 도금은 여러 가지 기계부품의 방청과 작품성을 높이기 위해 많이 사용되고 있다.

① **구리 도금:** 금, 은, 니켈 등의 하지 도금, 공예품, 강의 침탄 방지 등에 이용된다. 구리 도금욕은 산성인 황산구리 도금욕과 알칼리성인 시안화구리욕이 많이 사용된다.

② **니켈 도금:** 기계 부품의 방식과 재생용으로 널리 이용되며. 이외에도 기계 부품의 시각적인 효과, 장식 도금의 하지 등에 활용되며, 도금욕은 대부분 약산성욕을 사용한다.

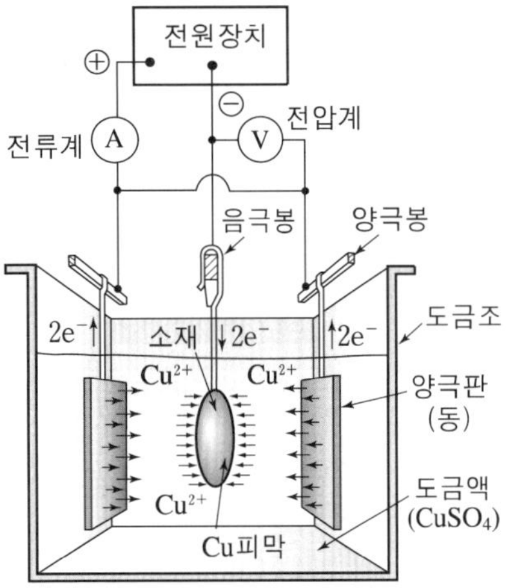

그림 5.20 전기 도금의 원리

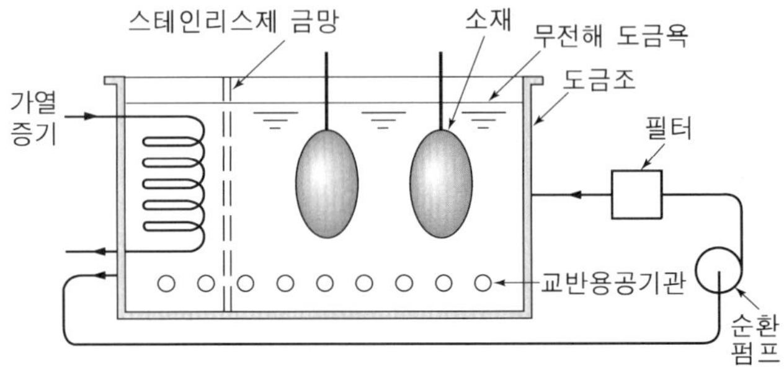

그림 5.21 무전해 도금의 원리

③ **크롬 도금:** 표면에 치밀한 산화층을 만들어 공기 중에서 광택이 오래 유지되고, 경도가 높고 내마멸성이 우수하다. 특히 내마멸성이 요구되는 기계 부품 재료에 사용된다. 경질 크롬도금은 보통 소재 위에 두께 5 μm 이상으로 직접 도금하여 내마멸성을 높이며, 장식용 크롬도금은 구리도금 및 니켈도금을 한 재료에 0.25 μm 두께 정도로 도금을 한다.

④ **아연 도금:** 주로 철강 소재의 부식을 방지할 목적으로 하는 도금으로서 소재 금속인 철강제품에 아연도금을 하면 표면의 미관이나 광택이 다소 떨어지지만 가격이 비교적 저렴하여 철강의 내식성을 향상시킬 목적으로 많이 이용된다. 아연 도금의 용도는 자동차, 각종 기계 및 전기 부품과 건축 자재, 가정용품 등의 방식용 도금에 사용된다.

(3) 무전해 도금(electroless plating)

그림 5.21과 같이 용액 중의 이온을 환원제의 작용에 의해 화학적으로 환원하고, 이것을 소재의 표면에 석출시켜 피막을 입히는 도금방법으로서 화학 도금이라고도 한다.

무전해 도금은 피막 두께가 균일하고 매끄러우며, 플라스틱 재료에도 도금이 가능하다. 특히 전기 도금이 어려운 파이프나 용기의 내면을 손쉽게 도금할 수 있어서 프린트기판(printed plate board) 등의 전자 부품에는 Cu 무전해 도금을, 펌프나 운송기계 부품 등의 내식성과 내마모성을 높이기 위해서 Co나 Ni 무전해 도금을 활용한다.

(4) 용융 도금(hot dip coating)

도금할 소재금속의 원료를 가열하여 용융시킨 용탕에 침지하여 용탕금속의 막을 소재금속 표면에 입히는 방법이다. 용융 도금을 할 소재금속의 용융점이 도금원료보다 높아야 한다. 용융 도금법은 간단한 조작으로 짧은 시간에 두꺼운 도금층을 얻을 수 있지만 도금층의 두께를 조절하기 어렵다. 주로 철강 금속재료에 아연, 주석, 알루미늄, 납 등 융점이 낮은 금속을 도금할 때 많이 사용된다.

4) 기계적 표면처리

(1) 쇼트 피닝(shot peening)

금속재료의 표면에 ∅ 0.5∼1.0 mm의 작은 강철구슬을 고속으로 분사시켜서 압축 잔류응력에 의해 가공경화되어 표면의 경도를 높이는 방법이 쇼트 피닝이다. 쇼트 피닝을 하면 인장과 압축강도는 변화가 거의 없으나 굽힘 등의 반복 응력에 대한 피로강도가 증가될 수 있다.

(2) 롤링 다듬질(surface rolling finish)

경도가 높은 롤러를 사용하여 금속표면에 압력을 가하여 눌러서 미소량을 소성변형시켜서 표면을 가공경화시키는 것으로서 표면압연(surface rolling) 방법의 일종이다. 롤링 다듬질을 통해 표면의 흠집이나 미세한 구멍 등을 압축시킴으로써 표면 거칠기와 내식성을 향상시킬 수 있다.

(3) 클래딩(cladding)

소재의 표면에 특성이 다른 금속을 입히는 방법이다. 예를 들면 압출이나 인발과 같은 공정을 이용하여 알루미늄 표면에 구리를 입힐 수 있고, 강재의 표면에 스테인리스강을 입히는 데도 응용되고 있다.

(4) 폭발 경화법(explosive hardening)

금속 소재의 표면 위에 설치한 얇은 폭약층을 폭발시켜서 발생한 충격압력이 표면에 작용하여 경화시키는 방법이다. 예를 들면 고망간강이나 스테인리스강의 필요한 부분에 폭발경화시키면 경도가 향상되며 내마모성이 향상되며, 철도 레일 등의 표면을 경화방법으로 많이 사용된다.

4. 열처리 장치

1) 열처리로

열처리로는 공작물을 가열하는 열원에 따라 전기로, 가스로, 중유로 등으로 분류할 수 있다.

(1) 전기로

전기로의 구조에 다음과 같은 종류가 있다.

① **상형로:** 그림 5.22와 같은 상형로(box type furnace)는 앞문을 수동으로 개폐하여 공작물의 장입과 취출하는 상자형 구조로서 발열장치가 내장되어 있다. 일반적으로 공기 중에서 가열하며, 주로 소형 공작물의 담금질, 뜨임, 풀림, 불림 등을 위한 가열용으로 사용된다.

② **원통로:** 그림 5.23과 같은 형태로서, 열풍기를 노의 상부 또는 하부에 설치하여 온도분포가 매우 좋다. 발열체는 원주에 따라 감겨져 있다. 주로 터빈, 축 등의 담금질이나 뜨임용도로 쓰이고 있다.

③ **대차로:** 전기로의 노상에 대차가 있어서 레일을 통해 전방으로 끌어낼 수 있어서 중량이 큰 열처리품의 가열에 이용된다. 전기로를 대형으로 하기에는 한계가 있으므로 주로 가스나 경유 가열로가 적합하다.

④ **노상회전식 전기로:** 일정한 속도로 회전하는 원판상의 노상으로 공작물이 일정량씩 연속적으로 장입되고 노상이 1회전하는 동안 열처리 온도까지 가열되는 방식으로 소형 공작물의 담금질 가열에 주로 사용된다.

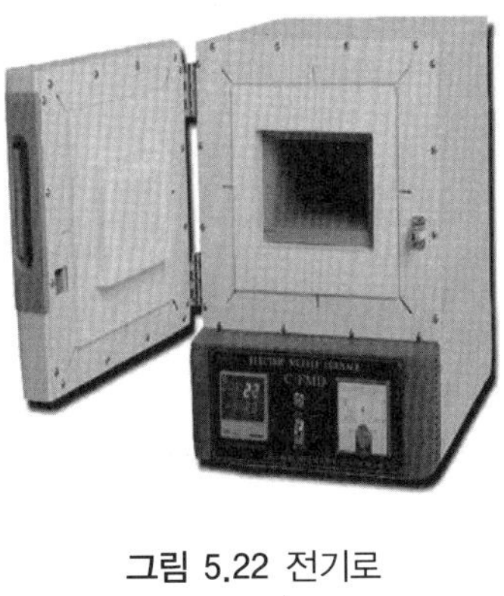

그림 5.22 전기로

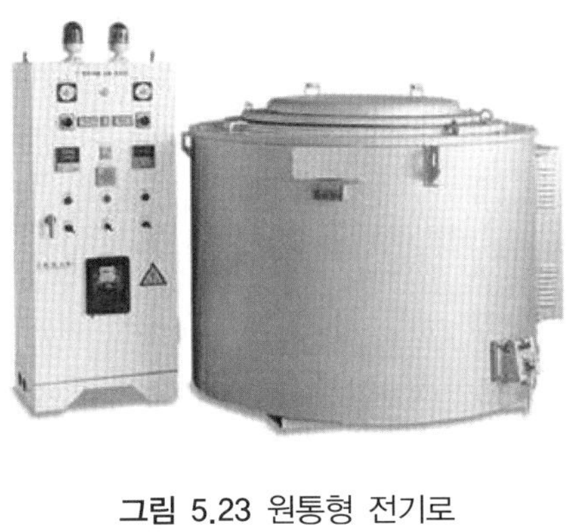

그림 5.23 원통형 전기로

⑤ **회전식 레토르트(retort)로:** 노 내에 장착한 슬롯이 있는 레토르트를 회전시켜서 열처리 공작물품을 균일하게 가열하는 방식의 노이다. 주로 소형 부품의 연속 가열이나 침탄 처리에 사용된다.

(2) 가스로

가스로 프로판, 부탄, 천연 가스, 도시 가스 및 이들의 혼합 가스를 연소시켜서 가열하는 열처리로의 총칭이다. 대표적인 가스로는 다음과 같다.

① **직접 가열로:** 그림 5.24와 같이 노의 측면에 설치된 가스버너의 연소열로 노상, 천정 또는 측벽을 가열하여 복사열에 의해서 공작물을 가열하는 노이다. 전기로에 비하여 온도상승이 빠르고 800～1,200 °C까지 가열온도를 얻을 수 있다. 취급이 간단하며 풀림이나 불림 열처리용으로 많이 사용된다.

② **간접 가열로:** 그림 5.25와 같이 공작물을 내열 강재의 용기 속에 장입하고 외부에서 간접 가열하는 노를 머플로(muffle furnace)라 한다. 머플로는 열처리 소재가 화염과 직접 접촉하지 않으므로 산화를 방지할 수 있으며, 소형 공작물의 담금질과 뜨임 열처리에 많이 사용된다.

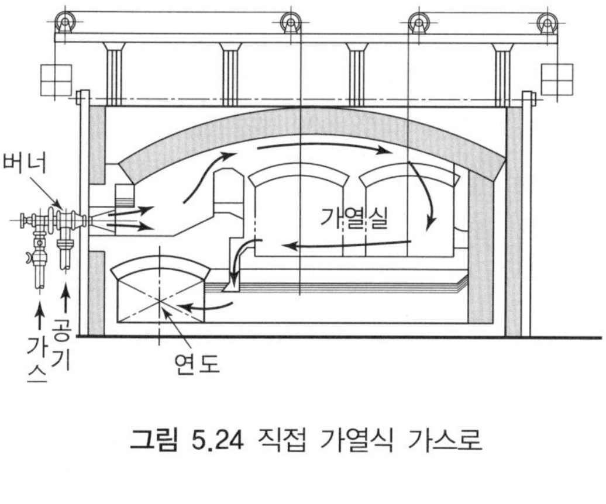

그림 5.24 직접 가열식 가스로

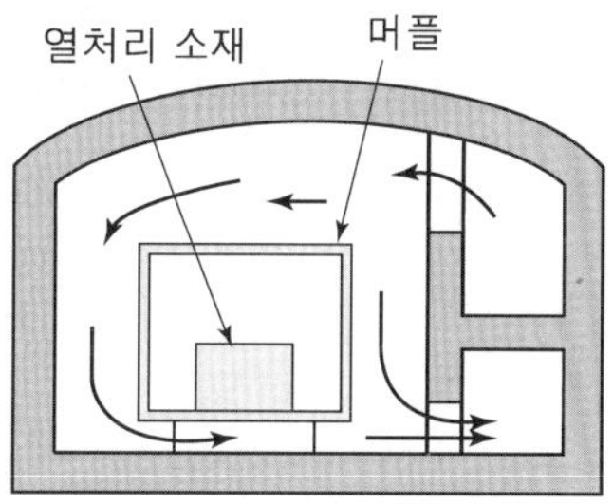

그림 5.25 간접 가열식 가스로

(3) 중유 및 경유로

중유 및 경유로의 구조는 전기로나 가스로와 거의 유사하며, 열원으로 사용하는 연소장치가 중유 및 경유를 사용하는 버너이다.

(4) 염욕로

① **전기식 염욕로:** 그림 5.26(a)와 같이 노체와 저전압 대전류의 변압기로 구성되어 있다.

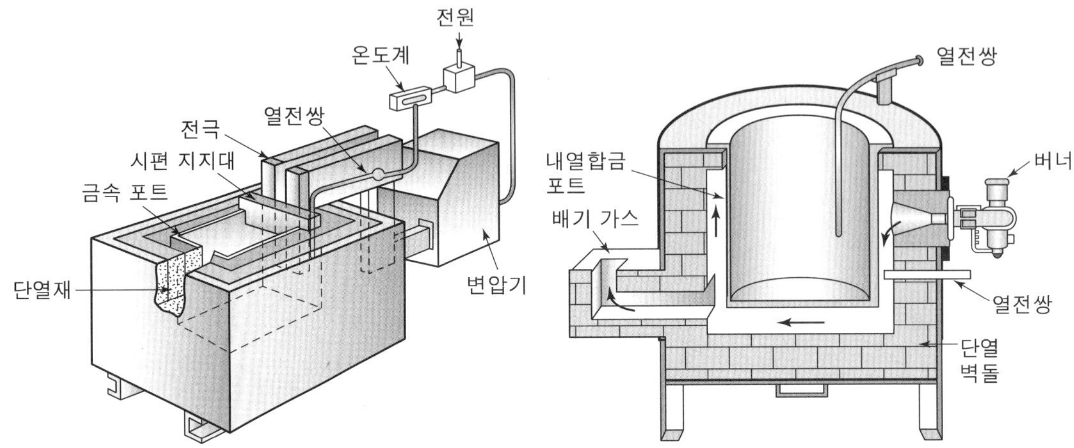

그림 5.26 간접 가열식 가스로

노체는 내열 벽돌이나 철물로 되어 있으며, 용융염은 전기적으로 교반되므로 온도분포가 균일하고 급속하게 고온으로 가열하는 우수한 성능이 있다. 전원으로 단상과 삼상을 사용하며, 1,200 °C 이상의 고온염의 용융에는 삼상을 사용한다.

② **전열식 염욕로:** 발열체를 직접 염욕 내에 침적하여 가열하는 방식으로 등온처리용 염욕로, 저온 뜨임로와 같이 저온용 염욕로에 사용되고 있다.

③ **외부 가열식 염욕로:** 그림 5.26(b)와 같이 원통로의 내부에 있는 철제 포트(pot)에 장입된 염류를 외부에서 가열하는 방식이 외부 가열식 염욕로이다. 염욕의 온도를 950 °C 정도까지 가열할 수 있으며, 구조가 간단하므로 널리 사용되고 있다.

(5) 분위기로

분위기로는 밀폐된 가열실에 침탄성, 질화성, 환원성 가스를 주입하여 무산화 열처리 또는 침탄, 질화 처리 등 표면 경화를 하는 데 사용되는 노이다.

① **가스 침탄로:** 그림 5.27과 같은 가스 침탄로는 환원성 가스 분위기에서 가열에서 담금질까지 완전 무산화 처리로 이루어진다. 열처리 소재의 장입과 취출이 자동화되어 있으며, 기어나 축류 등의 표면 열처리에 널리 사용된다.

② **피트로(원통로):** 피트로(pit type furnace)는 환원성 가스를 보호하기 위하여 가열실을 고급 내열강이나 특수 내열벽돌로 제작한다. 가열실이 지면 아래에 설치되어 있어서 호이스트(hoist)에 의해 공작물의 장입과 취출하는 구조이다.

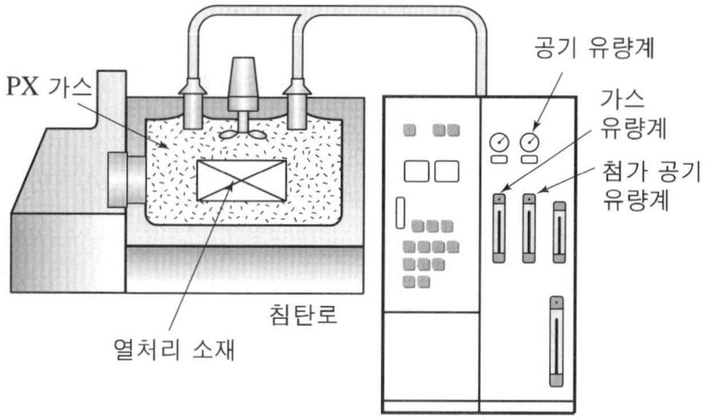

그림 5.27 가스 침탄로

그림 5.28 진공 열처리로

③ **연속로:** 노의 한쪽에서 열처리 소재를 장입하고 다른 쪽에서 열처리가 완료된 제품을 연속적으로 취출할 수 있는 터널 형식의 열처리 설비로서 대량생산에 적합하다.

④ **이온 질화처리 분위기로:** 새로운 표면처리 기술로서 진공로 외에 플라즈마 이온 질화기(plasma ion nitriding), 이온 침탄기(ion carburiging)를 통한 플라즈마 코팅(plasma coating), 물리 · 화학적 증착공정에 사용하는 열처리 장비가 새롭게 개발되고 있다.

(6) 진공로

진공 열처리로는 일반 열처리로와는 다르게 높은 진공상태의 노 내 분위기에서 열처리가 이루어지는 것으로 복사열에 의한 진공분위기 또는 불활성 가스의 대류 열을 이용한다. 그림 5.28은 진공로를 나타낸 것으로서, 진공로 본체, 열교환기, 가열기구, 진공펌프, 냉각장치, 제어계 등으로 구성되어 있다. 일반적으로 고진공이 필요한 생산용 진공 열처리로에는 흑연발열체(고온용), 니크롬 발열체(저온용) 등이 주로 사용된다.

2) 열처리 부대설비

(1) 냉각장치

① **공랭장치:** 풀림이나 불림을 할 경우에는 열처리 소재를 공기 중에 방치하거나 선풍기 등으로 공랭시킨다. 일반적으로 강재를 가열하여 대기 중에서 냉각시키면 산화나 탈탄이 수반되어 표면이 거칠어지므로 진공 중에서 중성가스(N_2) 분위기 속에서 가스 담금질을 하는 경우도 있다.

② **수냉장치:** 그림 5.29(a)는 순환식 수냉장치를 나타낸 것으로서, 열처리 공작물을 신속

하고 균일하게 냉각시키기 위해서 흔들어 주거나 냉각수를 교반시켜준다. 또한 가열된 열처리 공작물이 투입됨에 따라서 냉각수의 온도가 상승하므로 물을 교반시켜서 일정한 수온을 유지하도록 해야 한다.

③ **유냉장치:** 그림 5.29(b)는 유냉장치를 나타낸 것으로서, 냉각유의 온도에 따라 냉유 담금질 탱크(온도 60~80 °C)와 열유 담금질 탱크(온도 120~150 °C)가 있다. 일반적으로 1회 담금질하는 공작물 중량의 10~15배의 냉각유를 필요로 한다. 이 외에도 공작물이 매우 큰 경우에는 분사장치를 이용해서 물 또는 기름을 분사해서 급랭시키는 경우도 있다.

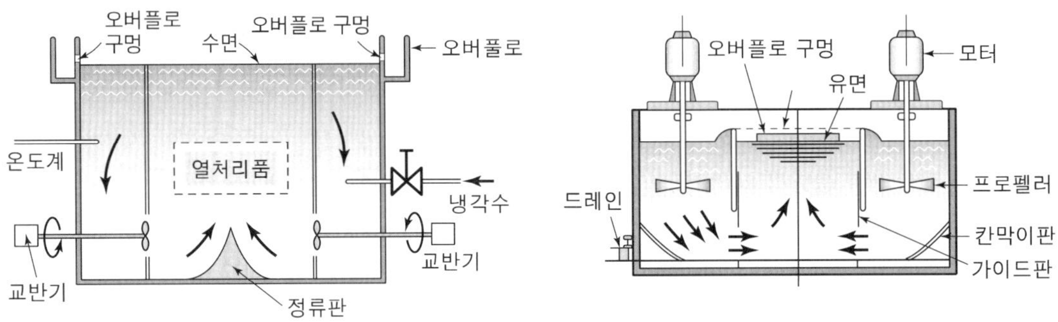

(a) 수냉장치 (b) 유냉장치

그림 5.29 냉각장치

(2) 열처리용 보조용구

열처리 작업에서는 노에 열처리 공작물을 장입하고 취출할 때 담거나 걸어놓아 고정시키기 위하여 여러 가지 보조용구가 사용된다. 이와 같은 열처리 보조용구로는 트레이, 바스

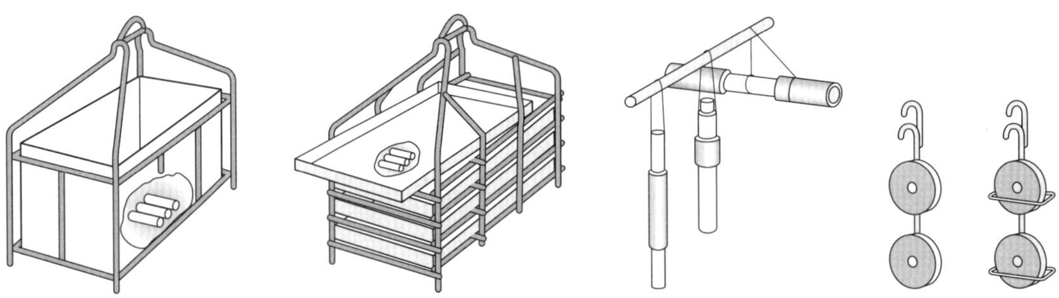

(a) (b) (c) (d)

그림 5.30 열처리용 보조용구

켓, 금속망, 지주, 집게, 걸이, 컨베이어 체인과 벨트 등이 있다. 나사와 같이 작고 양이 많은 열처리 소재는 보조구에 담아서 열처리를 하며, 길이가 긴 열처리 소재는 열처리에 의해 변형될 수 있으므로 걸어 두는 방식을 사용한다. 그림 5.30은 열처리에 사용하는 여러 가지 보조용구를 나타낸 것으로서, 열처리 소재의 형상과 크기에 따라 적합한 형태의 보조용구를 사용해야 한다.

연습문제

5.1 다음 일반 열처리에 대하여 설명하시오.

① 담금질 ② 뜨임 ③ 풀림 ④ 불림

5.2 담금질에서 나타나는 급냉 조직에 대해 설명하시오.

5.3 다음 용어를 간단히 설명하시오.

① 심랭처리 ② 질량효과

③ 조미니 시험 ④ 담금질 균열

5.4 강의 질량효과를 극복하고 개선하기 위한 방안에 대해 설명하시오.

5.5 담금질 균열(quenching crack)의 방지대책에 대하여 설명하시오.

5.6 강의 경화능과 경화능 측정방법에 대하여 설명하시오.

5.7 다음 항온열처리에 대해 간단하게 설명하시오.

① 오스템퍼링 ② 마템퍼링 ③ 마퀜칭

5.8 침탄법의 종류를 들고 특징에 대하여 쓰시오.

5.9 다음 용어를 간단히 설명하시오.

① 질화법 ② 청화법

③ 화염 경화법 ④ 고주파 경화법

5.10 다음 용어를 간단히 설명하시오.

① 세라다이징 ② 칼로라이징

③ 크로마이징 ④ 실리코나이징

5.11 CVD 증착법과 PVD 증착법에 대하여 설명하시오.

5.12 무전해 도금의 원리와 용도를 쓰시오.

5.13 전기 도금의 원리와 종류에 대하여 설명하시오.

CHAPTER

6 측정 및 수기가공

6.1 측정의 개요

1. 측정의 목적

기계를 제작하기 위해 여러 기계공작 공정을 통해 각각 다른 장소와 시간에 가공된 기계 부품들을 한곳에 집중시켜 조립하더라도 각 부품이 정확하게 조립되어 제 기능을 충분히 발휘할 수 있도록 하기 위해서 호환성(interchangeability)이 있어야 한다. 호환성이 좋은 부품이나 기계요소들은 그 사용목적에 따라 치수와 형상정밀도 등이 제작도면에 따라 일정한 기준에 적합하게 가공되어야 한다.

이와 같이 정밀하게 가공된 부품들이 적합하게 가공되어 호환성이 있는지의 여부를 판단하기 위해 가공 후 또는 가공 중에 치수 및 형상정밀도를 정밀하게 측정하고 검사해야 한다.

일반적으로 측정(measurement)은 버니어 캘리퍼스, 마이크로미터와 같은 측정기를 이용하여 제품의 실제치수를 측정하여 허용공차 이내에 제품이 가공되었는지를 판단한다. 또한 검사(inspection)는 기준이 되는 한계 게이지를 이용하여 가공된 제품이 허용공차 범위 이내에서 가공되었는가를 판단하는 것으로서 제품의 실제치수는 알 수 없다.

2. 측정기의 분류

1) 구조에 의한 구분

(1) 도기(standard)

① **선도기**(線度器, line standard): 선에 표시된 눈금의 간격으로 길이를 구체화한 것으

로, 강철자, 버니어 캘리퍼스, 마이크로미터 등이 있다.

② **단도기**(端度器, end standard) : 양쪽 끝단면 사이의 간격으로 길이를 구체화한 것으로, 블록게이지, 스냅게이지, 두께게이지 등이 있다.

(2) 지시측정기

측정 중에 표점이 눈금을 따라 이동하는 측정기로, 버니어 캘리퍼스, 마이크로미터 등이 있다.

(3) 시준기(視準器)

기계적인 접촉 없이 광학적인 방법을 이용하여 길이를 측정하는 것으로, 초점경이 있는 현미경, 표선이 있는 투영기 등이 있다.

(4) 인디케이터(Indicator)

일정량의 조정 또는 지시에 사용한다.

(5) 게이지(gauge)

측정 중에 가동하는 부분을 갖지 않는 측정기로, 반지름게이지, 피치게이지, 와이어게이지 등이 있다.

(6) 측정 보조기구

측정기 또는 시편을 지지하기 위한 것으로, 스탠드, 프레임 등이 있다.

2) 측정방법에 의한 구분

(1) 직접측정

눈금이 있는 측정기를 이용하여 직접 측정물의 실제 치수를 재는 것으로, 버니어 캘리퍼스, 마이크로미터 등이 있다.

(2) 간접측정

직접측정으로 간단하게 측정할 수 없는 경우 피측정물에 ball, roller 등을 끼워 기하학적 계산을 통하여 측정한다.

(3) 비교측정

이미 알고 있는 표준량과의 크기를 비교하여 측정하는 것으로, 블록게이지, 다이얼게이지, 공기마이크로미터 등이 있다.

3. 길이와 각도의 단위

1) 길이의 단위

(1) 길이의 1차 표준

① 지구 자오선의 북극에서 적도까지 길이의 1/1,000만을 1 m로 정의한다.

② 백금(Pt, 90%) + 이리듐(Ir, 10%)합금의 미터원기를 제작한다.

③ Kr86(Krypton)원소의 등적색파장(λ = 0.60578021021)의 1650763.73배를 1 m로 정의한다.

④ 빛이 진공 중에서 약 3억 분의 1초 동안 진행한 거리를 1 m로 정의한다.

(2) 길이의 2차 표준

① 표준척, 미터원기를 선도기로 사용한다.

② 블록게이지를 단도기로 사용한다.

(3) meter의 보조기호

SI접두어	기호	곱하기	SI접두어	기호	곱하기
요타(yotta)	Y	10^{24}	욕토(yocto)	y	10^{-24}
제타(zetta)	Z	10^{21}	젭토(zepto)	z	10^{-21}
엑사(exa)	E	10^{18}	아토(atto)	a	10^{-18}
페타(peta)	P	10^{15}	펨토(femto)	f	10^{-15}
테라(tera)	T	10^{12}	피코(pico)	p	10^{-12}
기가(giga)	G	10^{9}	나노(nano)	n	10^{-9}
메가(mega)	M	10^{6}	마이크로(micro)	μ	10^{-6}
킬로(kilo)	k	10^{3}	밀리(milli)	m	10^{-3}
헥토(hecto)	h	10^{2}	센티(centi)	c	10^{-2}
데카(deka)	da	10	데시(deci)	d	10^{-1}

2) 각도의 단위

(1) 도(度, degree): 원주를 360등분한 호가 중심과 이루는 각 $-1°$

(2) 라디안(radian): 원의 반지름(r)과 같은 길이의 호의 중심에 대한 각

$$1(\text{rad}) = \left(\frac{r}{2 \cdot \pi \cdot r}\right) \times 360 = \frac{180}{\pi} = 57.2959°$$

$$1° = \frac{\pi}{180}(\text{rad})$$

4. 측정오차와 정도

1) 측정오차

정밀하게 측정하여 측정값을 얻더라도 측정하려는 원래의 참값과는 약간의 차이가 발생하게 된다. 이때 측정값과 참값과의 차이가 오차이다.

(1) 계통오차(systematic error)

측정값에 특정한 영향을 주는 요인에 의해 발생하는 오차로서 대부분 원인이 알려져 있어 보정을 통하여 수정할 수 있는 오차이다,

① **계기오차**(instrumental error): 측정기 눈금의 부정확, 기어와 나사의 피치오차 등 측정기 제조상의 부득이한 원인 또는 측정기 부품의 마모와 피로와 같이 시일경과에 의한 지시의 변화에 따라 발생하는 오차

② **환경오차**(environment error): 온도, 압력, 습도, 진동 등 측정환경의 변화에 따라 측정기 또는 측정량이 변화에 의해 발생하는 오차

③ **개인오차**(personal error): 측정자 숙련도나 버릇에 의해 발생하는 오차

④ **이론오차**(theoretical error): 간접측정을 할 때 공식이나 근사적인 계산으로 인해 발생하는 오차

(2) 과실오차(erratic error)

측정자의 부주의로 인해 발생하는 오차로서 주의를 기울여서 측정하고 정리하면 줄일 수 있다.

(3) 우연오차

측정자와 상관없이 우연하고도 필연적으로 발생되는 오차이다. 오차를 줄이기 위해 노력해도 원인을 찾기 어려워 보정할 방법이 거의 없으며 측정값에 항상 존재하게 된다.

2) 정도(精度)

측정오차를 줄이기 위해서 여러 번 반복해서 측정했을 때 측정횟수가 많아질수록 큰 오차보다 작은 오차가 더 빈번하게 발생하며 같은 크기의 오차는 측정횟수와 비례해서 나타나는 특성을 가진다. 이와 같이 측정횟수를 여러 번 반복해서 측정했을 때 그림 6.1과 같은 정규분포곡선(normal distribution curve)을 얻을 수 있다.

이와 같이 분포된 측정값으로부터 가장 정확한 측정값을 구하려면 같은 조건으로 여러 번 측정하여 평균값을 구하는 것이 좋다. 이 평균값은 측정횟수가 증가할수록 오차를 줄여서 참값에 가까워지나, 측정횟수를 너무 많이 해도 노력에 대비하여 오차가 감소하는 효과가 크지 않다. 측정에는 오차가 발생하며, 측정오차가 작아서 정밀도와 정확도가 모두 높은 경우에 정도(精度)가 좋다고 할 수 있다.

(1) 정밀도(precision)

그림 6.1(a)와 같이 우연오차가 작게 발생하여 정규분포곡선의 산포 폭이 좁게 나타나는 경우에는 정밀도는 좋지만, 계통오차가 커서 참값과의 오차가 크므로 정확도는 떨어진다.

이와 같이 정규분포곡선이 산포된 폭의 정도로 정밀도를 나타낼 수 있다.

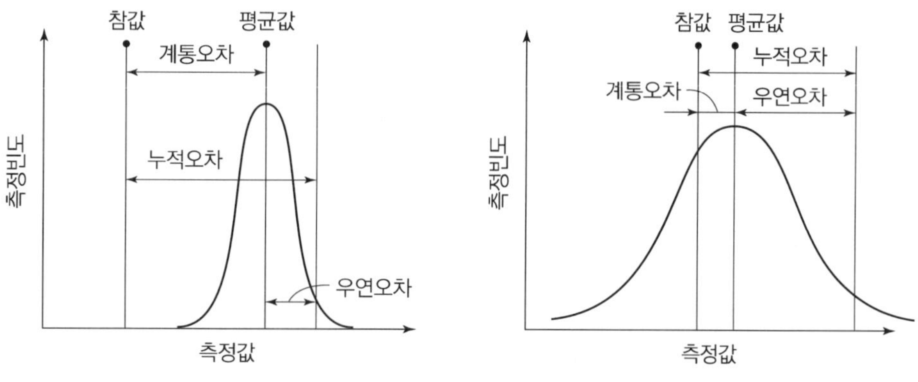

(a) 우연오차가 작은 경우 (b) 계통오차가 작은 경우

그림 6.1 정규분포 곡선

(2) 정확도(accuracy)

계통오차는 측정기의 교정이나 측정환경 개선 등을 통해 보정해야 하지만, 보정을 하지 않을 경우에는 여러 번 측정한 평균값은 참값과 편차를 갖게 된다. 그림 6.1(b)는 그림 6.1(a)에 비해 우연오차가 커서 측정값의 산포 폭이 넓으므로 정밀도는 떨어지나, 계통오차가 작아서 참값으로부터 평균값의 편위가 작으므로 정확도는 높다고 판단할 수 있다.

5. 측정기의 특성

1) 측정기의 감도(sensitivity)

지침을 가진 측정기에서 측정량의 변화에 대한 지시눈금이 변화되는 정도를 말한다.

2) 최소눈금: 1눈금이 나타내는 측정량

눈금선 간격: 눈금선의 중심 간격(0.7 ~ 2.5 mm)

지시량: 눈금상에서 읽을 수 있는 측정량

배율 = 눈금선 간격 / 최소눈금

3) 측정범위와 지시범위(scale range)

지시범위는 눈금상에서 읽을 수 있는 측정량의 범위를 말한다.

4) 후퇴오차(backward movement error)

동일한 측정량에 대하여 다른 방향으로부터 접근할 때 지시하는 평균값의 차이로서 마찰력, 흔들림, 뒤틈(back lash) 등이 원인이 되어 발생한다.

이와 같이 측정기와 측정방법을 선택할 때 다음과 같은 사항을 고려해야 한다.

① 제품의 치수가 허용공차의 범위에 있는지 확인만 하면 충분한가?
아니면 실제치수를 측정해야 하는가?

② 검사해야 할 제품의 치수허용차가 어느 정도인가?

③ 측정, 검사해야 할 수량은 얼마인가?

6. 측정에 고려해야 할 사항

1) 변형

(1) 압축에 의한 변형

측정기의 측정압력에 의해 피측정물이 압축되는 변형으로 다음을 고려해야 한다.

탄성한도 이내에서 측정이 이루어지므로 Hooke의 법칙에 의해 압축에 의한 변형량(δ)은 다음과 같다.

$$\sigma = \frac{P}{A} = E \cdot \epsilon = E \cdot \frac{\delta}{l} \ (\mathrm{kg_f / mm^2})$$

$$\delta = \frac{P \cdot l}{A \cdot E} \ (\mathrm{mm})$$

여기서, σ: 응력($\mathrm{kg_f/mm^2}$)　P: 압축하중($\mathrm{kg_f}$)　A: 단면적($\mathrm{mm^2}$)
E: 종탄성계수($\mathrm{kg_f/mm^2}$)　ϵ: 변형율　l: 원래길이　δ: 압축 변형량(mm)

(2) 휨에 의한 변형

측정기를 지지하고 사용할 때 선도기와 단도기에서 휨에 의해 다음과 같은 변형이 발생할 수 있으므로 변형을 최소화할 수 있는 곳에서 지지해야 한다.

① **에어리 점**(Airy Point): 단도기에서 양 단면을 평행하게 유지하기 위하여 지지하는 점 ($a = 0.2113 \times l$).

② **베셀 점**(Bessel Point): 중립면상에 눈금이 새겨진 선도기에서 전장길이의 측정오차를 최소화하기 위하여 지지하는 점($b = 0.2203 \times l$).

2) 기하학적 문제

① **아베의 원리**(Abbe's principle): 표준척과 피측정물은 측정방향에 있어서 동일축 선상에 있어야 한다.

② **접촉오차**: 측정기의 측정편의 형상은 피측정물의 형상에 적합해야 한다.

③ **피측정물 측정면의 기하학적 오차**

3) 물리적 문제

(1) 열팽창에 의한 문제

측정실의 표준상태는 온도: 20 °C, 상대습도: 58%, 기압: 760 mmHg이지만, 현장에서의 온도의 변화에 따른 길이의 변화량(δ)을 고려해야 한다.

$$\delta = l \cdot \alpha \cdot \Delta T \text{ (mm)}$$

여기서, δ: 길이 변화량(mm) l: 원래길이(mm)
α: 열팽창계수(deg^{-1}) ΔT: 표준온도와 측정온도와의 차이

(2) 광학적인 문제

측정자의 육안의 시차(parallax)에 의한 오독을 줄여야 한다.

6.2 길이 측정

1. 버니어 캘리퍼스(vernier calipers)

1) 버니어 캘리퍼스의 구조

그림 6.2는 버니어 캘리퍼스의 구조로서 본척에 기본눈금이 있고, 부척에 보조눈금이 있는 아들자가 본척을 따라 이동하면서 길이를 0.05 mm와 0.02 mm까지 측정할 수 있다.

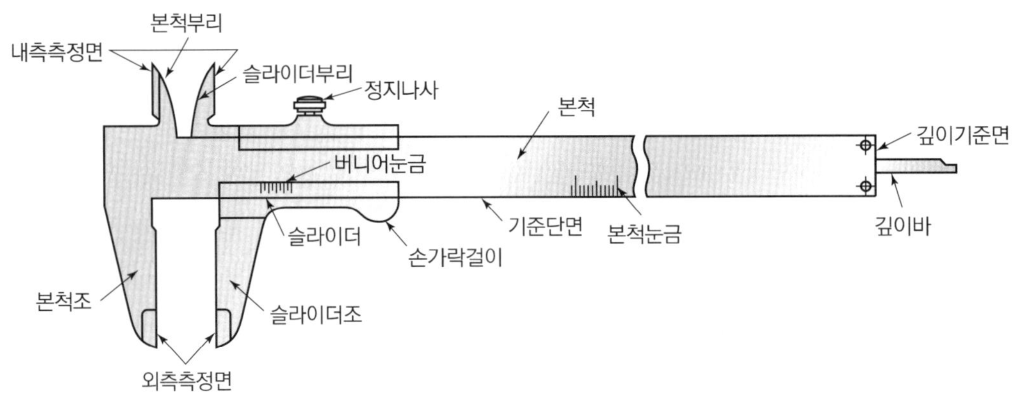

그림 6.2 버니어 캘리퍼스 구조와 명칭

일반적으로 사용되고 있는 M1형 버니어캘리퍼스는 슬라이더가 홈형으로 바깥지름과 안지름을 측정할 수 있는 조가 있으며, 호칭치수 300 mm 이하의 것에는 깊이를 측정하는 깊이 바(depth bar)가 있다. 이외에도 형식에 따라 M2형, CB형, CM형, 다이얼형, 이두께 버니어 캘리퍼스 및 디지털 버니어 캘리퍼스 등이 있다.

2) 버니어 캘리퍼스의 측정방법

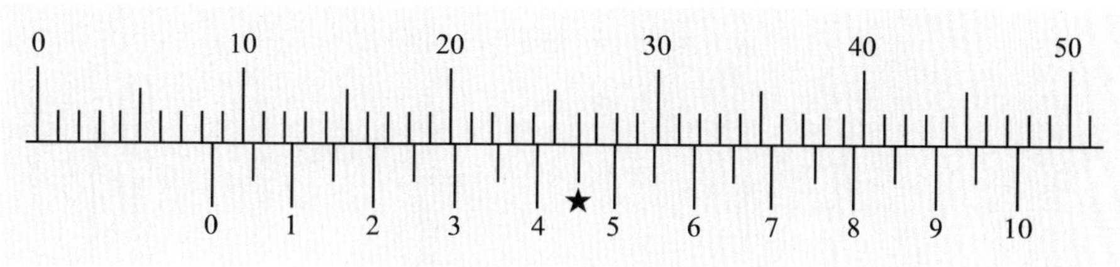

그림 6.3 버니어 캘리퍼스 치수 읽기

① 버니어 캘리퍼스는 보통 0.05 mm와 0.02 mm까지 측정할 수 있으며 길이, 바깥지름, 안지름, 깊이 등을 측정할 수 있다.

② 일반적으로 많이 사용하는 버니어 캘리퍼스 아들자의 눈금은 어미자 39 mm를 20등분한 것으로, 아들자의 한 눈금은 1.95 mm로 되어 있다.

③ 어미자 두 눈금과 아들자 한 눈금차는 0.05 mm이기 때문에 0.05 mm까지 측정할 수 있다.

④ 위 그림 6.3에서 아들자의 0눈금이 어미자의 8 mm와 9 mm 사이에 있고, 아들자의 9번째 눈금이 어미자의 눈금과 일치하므로 8 mm + (0.05 mm × 9) = 8.45 mm가 된다.

⑤ 실제 사용 시에는 계산하지 않고 곧바로 눈금을 읽어 눈금값을 알 수 있도록 아들자에 숫자가 표시되어 있다.

이와 같은 방법으로 버니어 캘리퍼스의 치수를 읽을 수 있으며, 측정하는 부위에 따라 그림 6.4와 같은 방법으로 사용할 수 있다.

2. 버니어 하이트 게이지(vernier height gauge)

치공구나 기계부품을 마름질하거나 구멍과 표면의 위치점검 등에 사용하는 측정기로서 버니어 캘리퍼스와 같이 부척의 눈금으로 0.05 mm와 0.02 mm까지 읽을 수 있다.

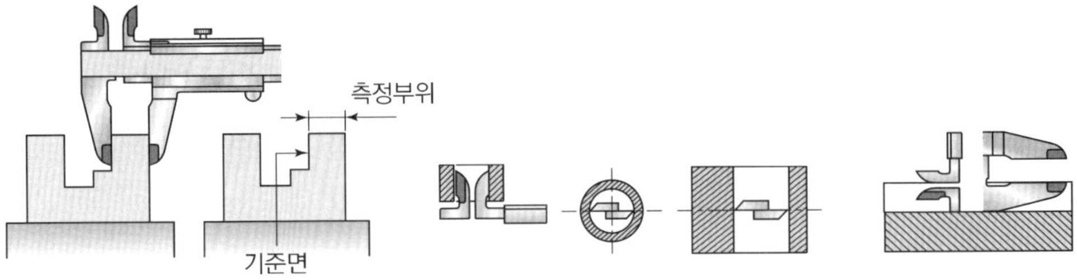

(a) 외측 측정 (b) 내측 측정 (c) 높이 측정

그림 6.4 버니어 캘리퍼스 사용방법

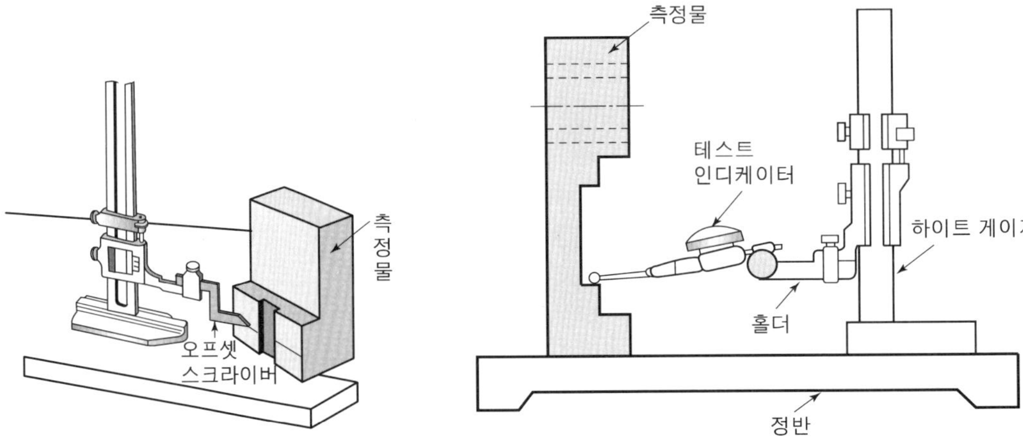

(a) 스크라이버 부착 금긋기 (b) 인디케이터 부착 평면측정

그림 6.5 버니어 하이트 게이지 사용방법

버니어 하이트 게이지의 크기는 정반 위에서 측정할 수 있는 높이로 표시하며 호칭치수는 150 mm, 300 mm, 600 mm, 1,000 mm 등이 있다. 그림 6.5(a)는 버니어 하이트 게이지에 초경합금 스크라이버를 부착하여 금긋기에 사용하는 것이며, 그림 6.5(b)는 버니어 하이트 게이지에 부착한 인디케이터를 사용하여 비교측정에 사용하는 방법을 보여준다.

3. 마이크로미터(micrometer)

1) 마이크로미터의 구조와 명칭

외측 마이크로미터는 그림 6.6과 같이 정밀하게 가공된 수나사와 암나사의 조합을 이용한 측정기로서 스핀들과 슬리브는 피치가 0.5 mm인 정밀한 나사로 끼워져 있고, 스핀들을

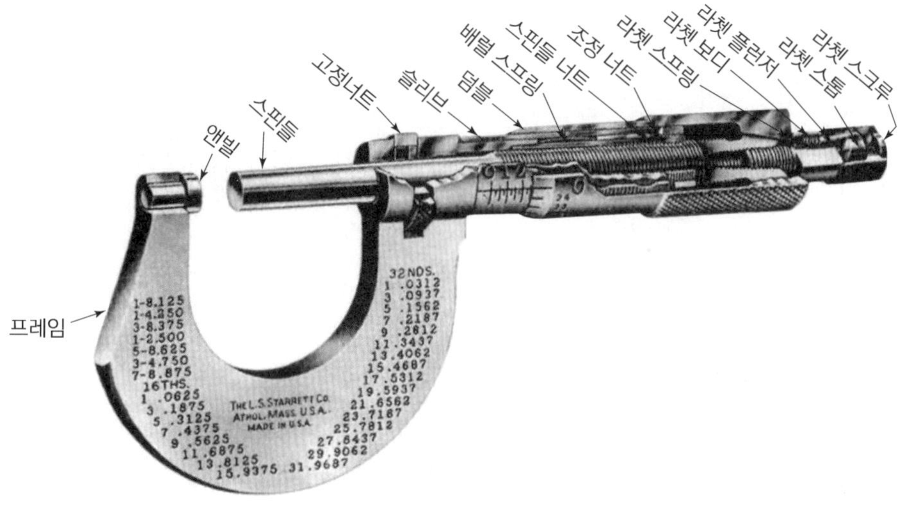

그림 6.6 마이크로미터의 구조와 명칭

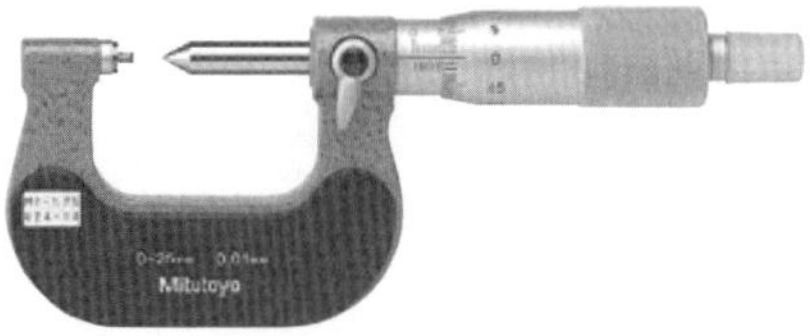

그림 6.7 나사 마이크로미터

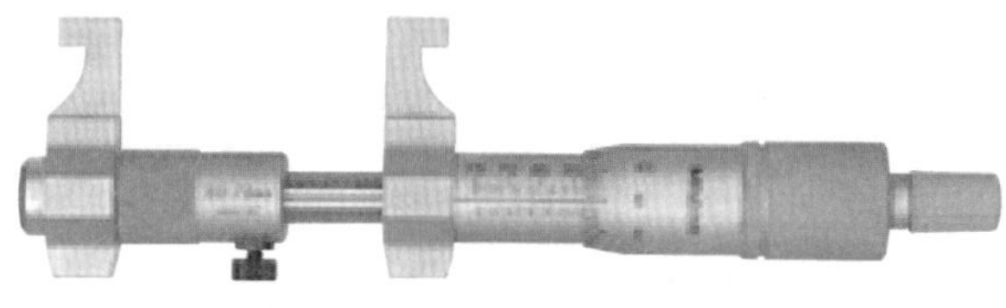

그림 6.8 내측 마이크로미터

2회전시키면 축 방향으로 1 mm 이동한다. 또한 딤블은 원주를 50등분 하였으므로 1눈금을 돌려서 1/50회전시키면 스핀들 나사는 0.5 mm × 1/50 = 0.01 mm만큼 이동한다. 따라서 최소눈금 0.01 mm까지 측정할 수 있다.

이외에도 구멍의 안지름과 홈의 너비측정에 사용되는 내측 마이크로미터, 일정한 측정압력으로 측정하기 위해 사용되는 지시 마이크로미터, 구멍이나 홈의 깊이측정에 사용되는 깊이 마이크로미터, 수나사의 유효지름 측정에 사용되는 나사 마이크로미터 등이 있다.

마이크로미터를 이용하여 측정을 2~3회 반복하여 평균값으로 사용하는 것이 좋으며, 측정 후 항상 깨끗하게 닦아서 보관해야 한다.

2) 마이크로미터 측정방법

① 스핀들 나사의 피치가 0.5 mm이고 딤블의 원주를 50등분했을 때, 스핀들을 1회전시키면 스핀들은 축 방향으로 0.5 mm만큼 이동한다.

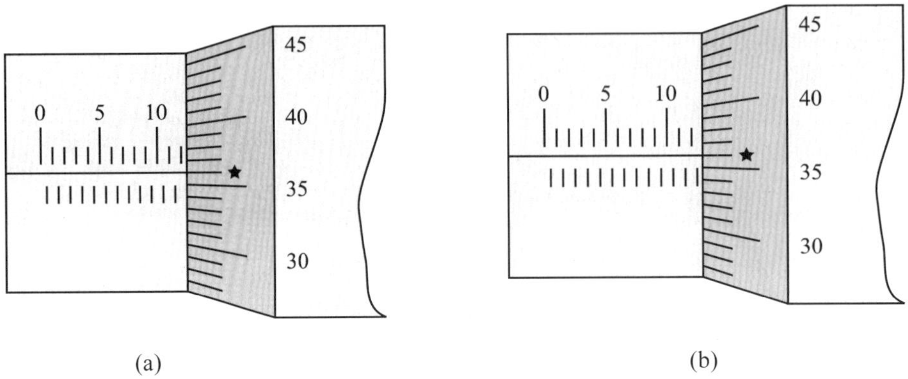

그림 6.9 마이크로미터 치수읽기

② 딤블의 한 눈금을 움직이면 0.5 mm × 1/ 50 = 0.01 mm만큼 움직인다.

③ 그림 6.9(a)에서는 슬리브의 기준선과 일치된 딤블의 눈금이 36을 가리키므로 0.01 × 36 = 0.36 mm이고, 슬리브의 눈금을 읽으면 12 mm까지이다.

④ 따라서 12 mm + 0.36 mm = 12.36 mm가 된다.

⑤ 그림 6.9(b)는 치수가 12.86 mm가 되는 경우를 보여주고 있다.

4. 다이얼 게이지와 인디케이터

다이얼 게이지와 인디케이터는 표준량과의 비교측정 및 제품의 평면도 및 평행도의 측정, 원통의 진원도, 축의 흔들림 등의 검사를 할 수 있다.

1) 다이얼 게이지(dial gauge)

다이얼 게이지는 그림 6.10과 같이 스핀들의 축방향 운동을 기어기구로 확대하여 스핀들이 1 mm 움직이면, 작은 기어는 1/10 회전하고 큰 지시바늘은 100등분한 눈금판을 1회전하도록 되어 있어서, 한 눈금이 1/100 mm를 가리키게 된다. 이때 스핀들이 이동하는 지시범위는 보통 10 mm이다. 다이얼 게이지는 공작기계의 정도검사, 기계가공할 때 이송량, 절삭깊이, 원통형 공작물의 편심량 등의 측정에 널리 이용된다. 또한 스탠드에 부착하여 블록 게이지 등과 같이 기준이 되는 게이지와 피측정물의 치수를 비교하여 측정하는 데 사용하기도 한다.

2) 인디케이터(indicator)

인디케이터는 레버식 다이얼 게이지의 일종인 테스트 인디케이터(test indicator)이다. 인

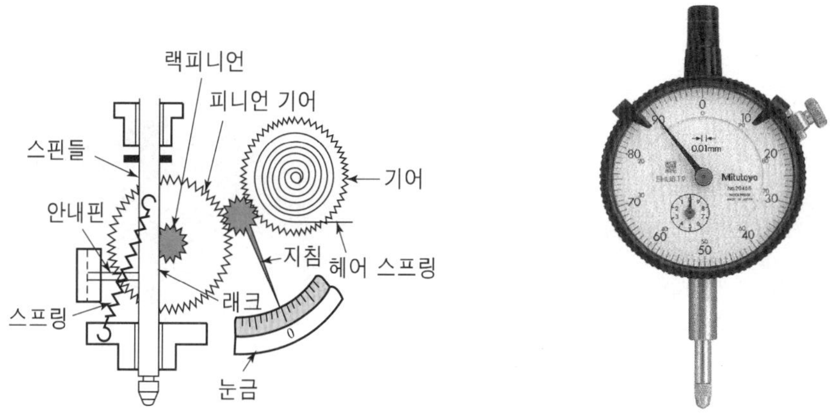

그림 6.10 다이얼 게이지의 구조

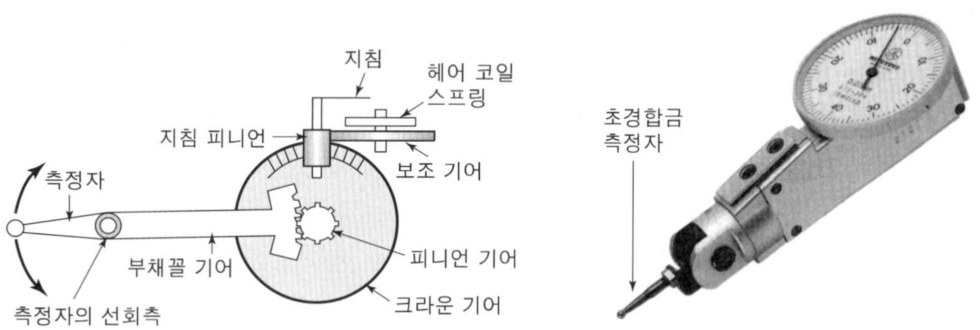

그림 6.11 인디케이터의 구조

디케이터는 지시량이 0.01 mm와 0.001 mm인 것을 많이 사용하며, 지시범위는 0~0.8 mm 정도이며 공작물의 좁은 곳의 평행도 측정, 비교측정 또는 공작기계의 정밀도 검사 등에 사용한다. 그림 6.11은 인디케이터의 구조로서 지렛대 원리를 응용하여 축의 직각방향의 변화량을 측정할 수 있는 기구를 갖고 있다.

5. 블록 게이지(block gauge)

블록 게이지는 길이의 2차 표준으로 가장 많이 사용하는 표준 게이지이다. 블록 게이지는 그림 6.12와 같이 합금공구강을 여러 두께의 직육면체로 가공하여 한 조로 만든 것으로 여섯 면 중에서 마주하는 두 면을 측정면으로 사용하기 위해 래핑(lapping)을 통해 정확하게 평행인 평면으로 제작되어 있다.

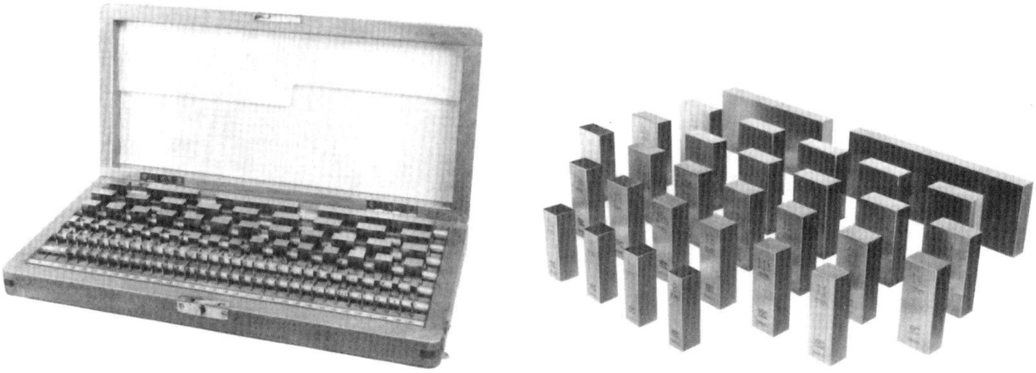

그림 6.12 블록 게이지

▶ **표 6.1** 블록 게이지의 등급과 용도

구분	사용목적	등급
공작용	공구 날물고정	C급
	게이지 제작 측정계기류의 조정	B, C급
검사용	기계부품 공구등의 검사	B, C급
	게이지의 정도 점검 측정기류의 정도 조정	A, B급
표준용	공작용 블록 게이지의 정도 점검 검사용 블록 게이지의 정도 점검 측정기류의 정도 점검	A, B급
참조용	표준용 블록 게이지의 정도 점검 학술연구용	AA, A급

블록 게이지는 사용목적에 따라 표 6.1과 같이 등급을 정하여 사용하고 있다. 한 조의 블록 게이지는 여러 가지 크기를 가진 블록들의 조합으로 구성되어 있으며, 블록 게이지를 서로 밀착(wringing)시켜서 필요로 하는 치수로 다양하게 조합하여 사용할 수 있다.

이러한 블록 게이지의 특징은 다음과 같다.

① 치수정밀도(0.01 μm)가 다른 측정기에 비해 매우 높다.

② 길이의 2차 표준으로 직접 길이를 결정할 수 있다.

③ 사용이 손쉬우며 측정면이 서로 밀착되는 특성이 있어서 몇 개의 블록을 조합하여 여러 개의 기준치수를 얻을 수 있다.

6. 한계 게이지(limit gauge)

한계 게이지는 최대허용치수와 최소허용치수로 가공된 2개의 게이지를 조합하여 만들어서 제품의 치수가 허용한계 이내에 있는가를 검사하는 게이지이다. 따라서 기계부품을 가공했을 때 치수를 직접 읽을 수는 없지만, 가공된 치수가 허용공차 범위 내에서 가공되었는지를 손쉽게 판단할 수 있으므로 대량생산에서 품질관리의 효율성을 높일 수 있다.

일반적으로 한계 게이지는 그림 6.13과 같이 구멍을 검사하는 데 사용하는 플러그 게이지(plug gauge)와 축을 검사하는 데 사용하는 링 게이지(ring gauge) 또는 스냅 게이지(snap gauge)가 있다. 이들 한계 게이지는 각각 통과 게이지(go gauge)와 정지 게이지(stop gauge)로 구분되어 제작된다. 이러한 한계 게이지를 이용한 검사를 통해 부품의 호환성(interchangeability)을 확보할 수 있으므로 기계부품의 대량 생산에 적용하여 가공작업의 분업화로 생산능률을 향상시킬 수 있다. 한계 게이지를 사용하여 측정 · 검사하는 방식은 다음과 같은 특징이 있다.

① 호환성을 확보할 수 있으며 대량생산에 적합하다.
② 측정 · 검사에 숙련을 필요로 하지 않는다.
③ 검사시간이 절약되며 제작비용이 적다.

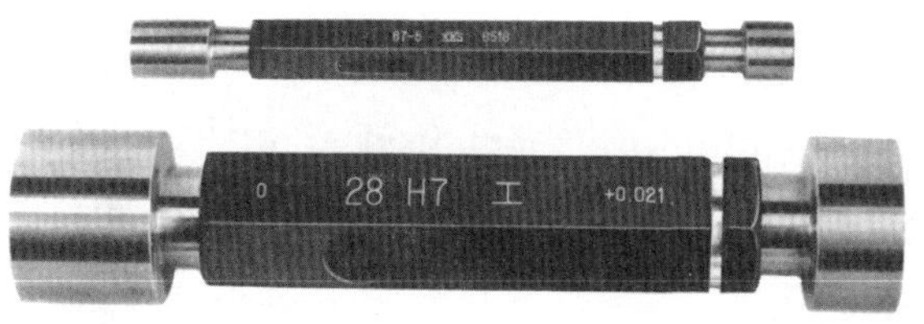

(a) 플러그 게이지

(b) 링 게이지

그림 6.13 한계 게이지

7. 기타 게이지

1) 틈새 게이지(feeler gauge)

접점과 같이 작은 틈새나 간극을 점검하고 측정하기 위해 사용되는 게이지이다. 그림

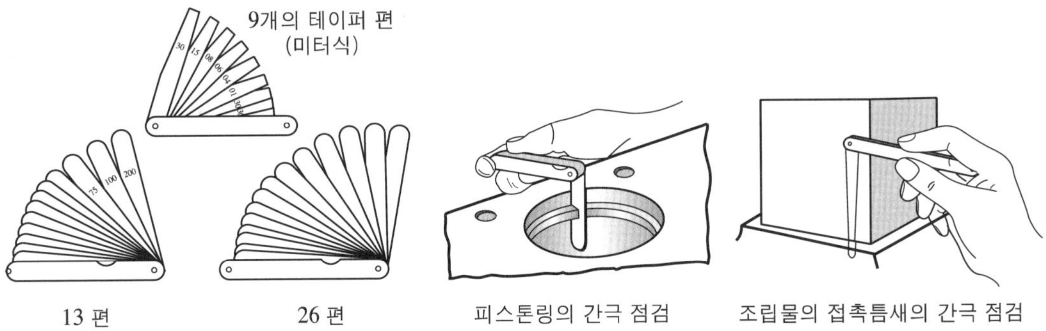

그림 6.14 틈새 게이지의 종류와 사용 예

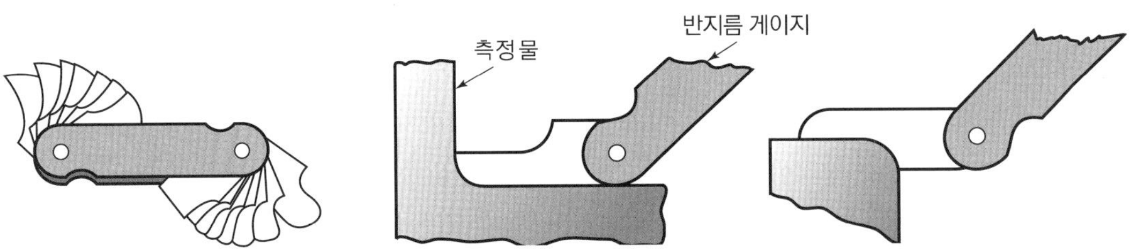

그림 6.15 반지름 게이지와 사용 예

6.14에 틈새 게이지의 종류와 사용 예를 나타내었다.

2) 반지름 게이지(radius gauge)

그림 6.15는 안지름용과 바깥지름용으로 구분되어 여러 개의 반지름 치수를 가지고 조합되어 있는 반지름 게이지와 측정방법을 보여주고 있다.

3) 피치 게이지(pitch gauge)

나사의 피치를 검사하기 위한 게이지로서 그림 6.16은 얇은 강판에 기준이 되는 피치로 여러 개의 암나사와 수나사의 산형을 만들어서 조합한 피치 게이지와 측정방법을 보여주고 있다. 이외에도 강선의 굵기와 판재의 두께측정에 사용되는 와이어 게이지(wire gauge)와 드릴의 지름을 알아보기 위한 드릴 게이지(drill gauge)를 비롯한 다양한 형태를 가진 게이지가 제작되어 활용되고 있다.

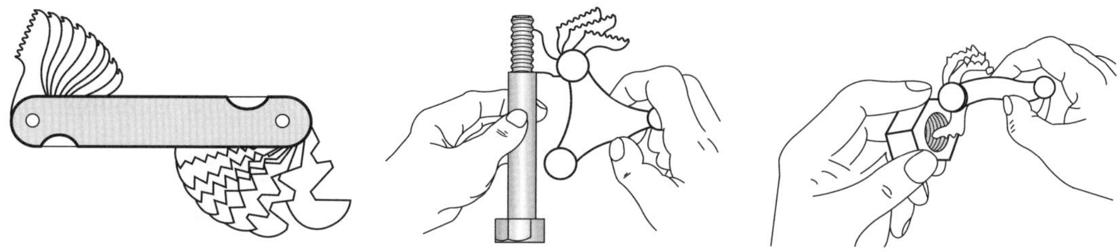

그림 6.16 피치 게이지와 사용 예

6.3 각도 측정

1. 베벨 만능 각도기

그림 6.17은 여러 가지 각도로 조정하여 사용할 수 있는 베벨 만능 각도기(universal bevel protractor)로서 블레이드와 눈금이 새겨져 있는 다이얼(dial)로 구성되어 있다.

블레이드의 길이는 보통 30 cm이고 두께는 1.5 mm 정도이다. 다이얼의 원 둘레에 360°로 각도가 새겨져 있으며, 작은 각도의 측정에 사용할 수 있도록 예각의 부속 장치가 붙어 있다. 그림 6.18은 베벨 각도기를 사용하여 측정하거나 각도를 설정하는 방법을 보여준다.

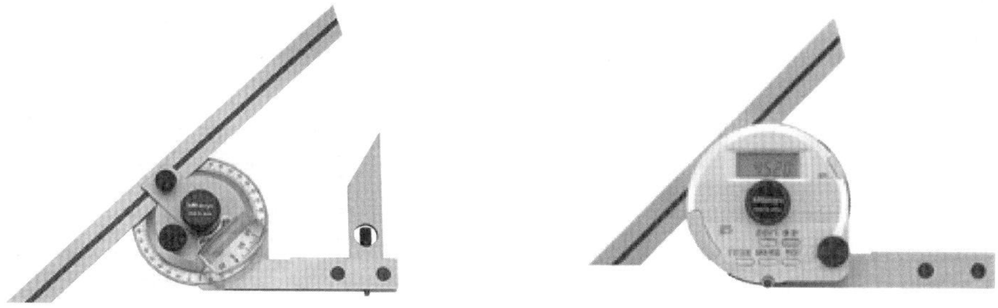

(a) 일반형 (b) 디지털형

그림 6.17 베벨 만능 각도기

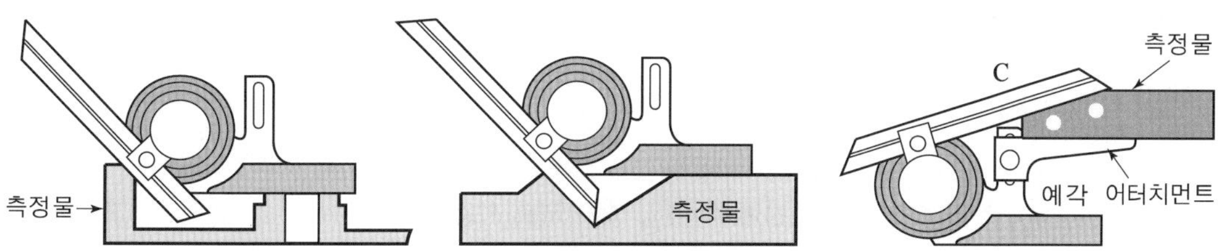

(a) 링 기어의 각도 측정 (b) 각도 설정 (c) 예각 측정

그림 6.18 베벨 만능 각도기 사용 예

2. 조합 각자 세트

그림 6.19와 같이 조합 각자에 각도기를 추가한 것을 조합 각자 세트(combination square set)라 한다. 그림에서와 같이 각도기는 각자 머리나 중심 머리와 같이 끼우며, 회전 터릿(turret)에 0~180°까지 각도가 양쪽 방향으로 새겨져 있다. 각자 머리에는 각도를 측정할 때 수평과 수직 자세를 알 수 있도록 수준기가 붙어 있다. 조합 각자 세트는 높이 게이지, 베벨 각도기, 수준기, 강철자, 깊이 게이지, 금긋기 게이지 및 수직 측정 등의 기능을 가지고 있으며, 그림 6.20과 같은 방법으로 측정 또는 금긋기 등을 할 수 있다.

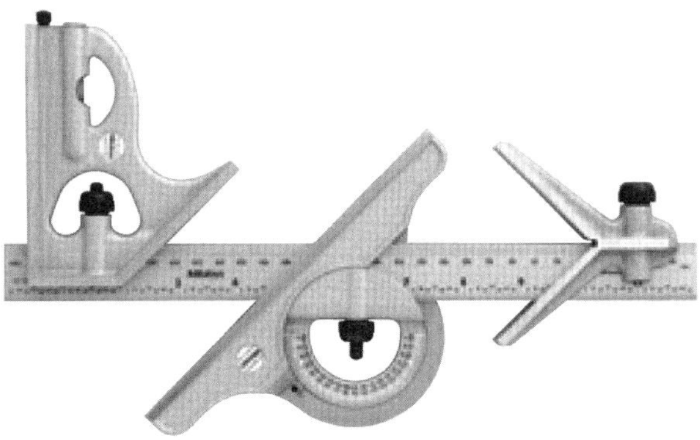

그림 6.19 조합 각자 세트

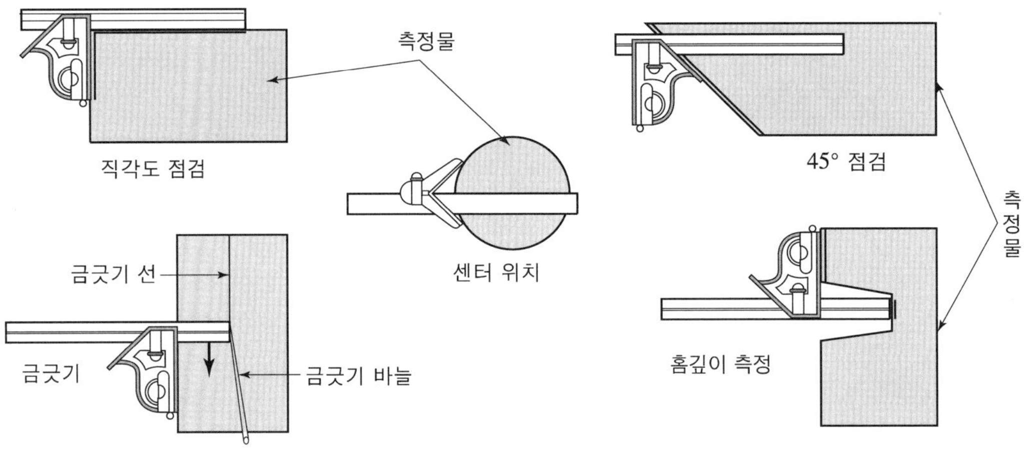

그림 6.20 조합 각자 세트 사용 예

3. 각도 게이지(angle block gauge)

1) 요한슨(Johanson)식 각도 게이지

요한슨식 각도 게이지는 그림 6.21과 같이 두께 2 mm인 판 게이지의 끝을 여러 가지 각도로 가공한 것을 하나의 조로 하고 있으며, 이들 각도판 2매를 그림 6.21과 같이 조합하여 필요한 각도를 만들 수 있다. 이 각도 게이지는 49개 조와 85개 조가 있다. 각도 게이지를 단독으로 사용할 때 정밀도는 612″, 2매를 조합할 경우 정밀도는 624″이며, 1′ 단위로 여러 가지 각도로 조합하여 만들 수 있다.

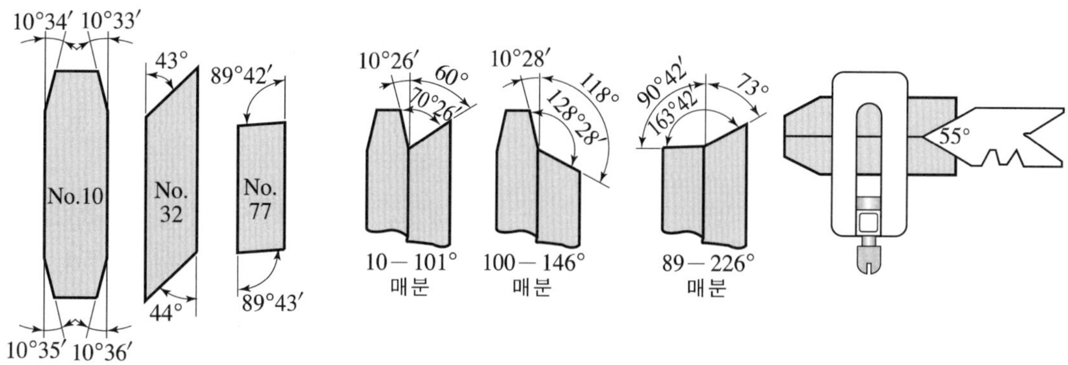

(a) 요한슨식 각도 게이지 (b) 각도 게이지 조합사용 예

그림 6.21 요한슨식 각도 게이지

2) NPL식 각도 게이지

한 조가 12개(1°, 3°, 9°, 27°, 41°, 1′, 3′, 9′, 27′, 6″, 18″, 30″)로 구성된 각도 게이지로서 쐐기 블록 게이지(wedge block gauge)라고도 한다. 여러 개의 블록을 그림 6.22와 같이 여러 방향으로 조합하여 밀착해서 81°까지 6″마다 여러 가지 각도를 ±3″의 정도로 만들 수 있는 각도 게이지이다.

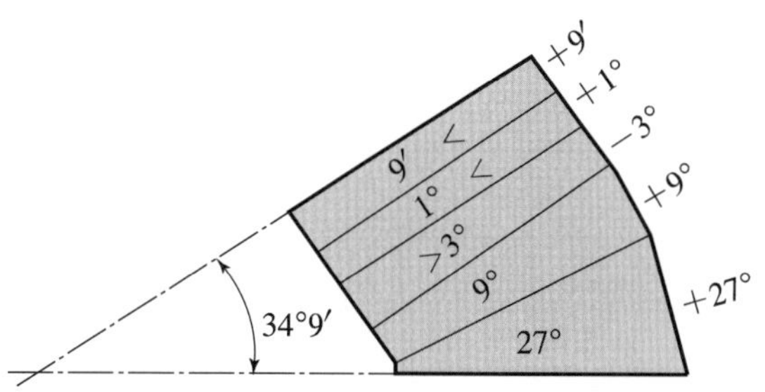

그림 6.22 NPL식 각도 게이지

4. 사인바(sine bar)

직각 삼각형의 삼각함수의 사인(sine)을 이용하여 여러 가지 각도를 형성해내거나 측정하는 데 쓰이는 각도 측정기가 사인바이다.

사인바는 블록 게이지와 함께 사용하여 임의의 각도를 형성하는 것으로 연삭작업에서 공작물을 고정할 때나 각도의 정밀측정과 금긋기에 사용된다. 사인바는 그림 6.23과 같이 정밀하게 연삭된 강재 블록에 지름이 같은 2개의 롤로 구성되어 있다. 사인바의 크기는 두 롤의 중심간 거리로 나타내며, 롤 중심간 거리는 100 mm, 200 mm가 많이 사용된다.

그림과 같이 두 개의 롤 밑에 블록 게이지를 놓고 각도를 측정하며 정반과 사인바 윗면이 이루는 각을 θ라고 하면 다음 식과 같이 나타낼 수 있다.

$$\sin\theta = (H - h)/L$$

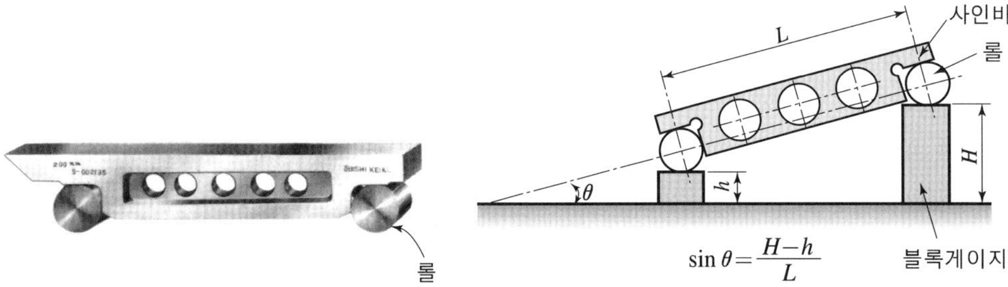

그림 6.23 사인바의 사용

예제 6.1

그림 6.23에서 롤러 중심간 거리가 100 mm인 사인바를 이용하여 각도를 측정할 때, 블록 게이지 높이 $H = 60$ mm, $h = 10$ mm이면 각도는 몇 도인가?

[풀이]

$\sin\theta = (H - h)/L = (60 - 10)/100 = 50/100 = 0.5$이므로 $\theta = \sin^{-1} 0.5 = 30°$이다.

6.4 형상 측정

1. 진직도(straightness) 측정

1) 직정규에 의한 방법

그림 6.24와 같이 나이프 에지 직정규를 측정할 면에 대어서 측정 면과 나이프 에지 사이의 틈새로 진직도를 판정하는 방법으로서 피측정물이 비교적 작을 때 사용한다. 일반적으로 틈새가 2.5 μm 이하일 때는 빛이 보이다가 0.5 μm 이하로 되면 빛이 보이지 않게 된다.

측정할 면이 비교적 큰 경우에는 그림 6.25(a)와 같이 종이와 장방형의 직정규를 사용하여 틈새의 크기를 판정할 수 있으며, 그림 6.25(b)와 같이 스탠드에 인디케이터를 부착하여 이동하면서 측정하면 진직도와 함께 평면도와 평행도를 비교 측정할 수 있다.

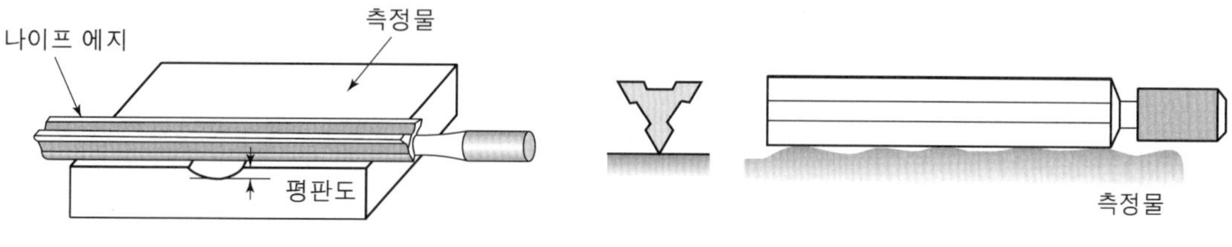

(a) (b)

그림 6.24 나이프 에지를 이용한 진직도 측정

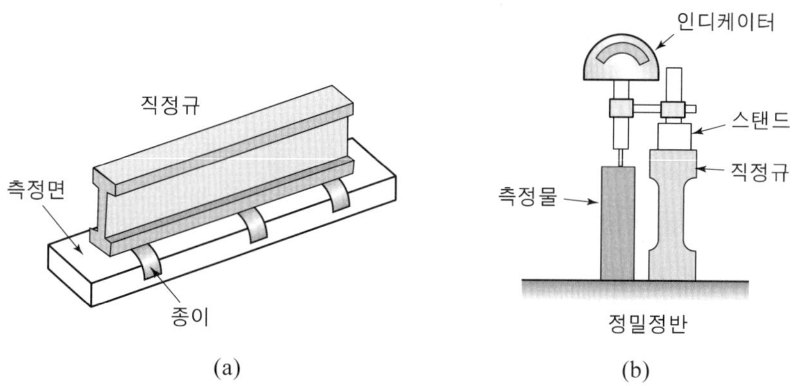

(a) (b)

그림 6.25 직정규를 사용한 진직도 측정

2) 강선에 의한 방법

공작기계의 베드의 진직도를 검사할 경우에는 그림 6.26과 같이 중추를 사용하여 ∅0.16 mm 이하의 강선을 긴장시켜서 기준직선으로 삼아서 베드 위에 고정한 측미현미경으로 기준직선과 비교함으로써 수평방향의 편위량을 읽어서 진직도를 측정한다.

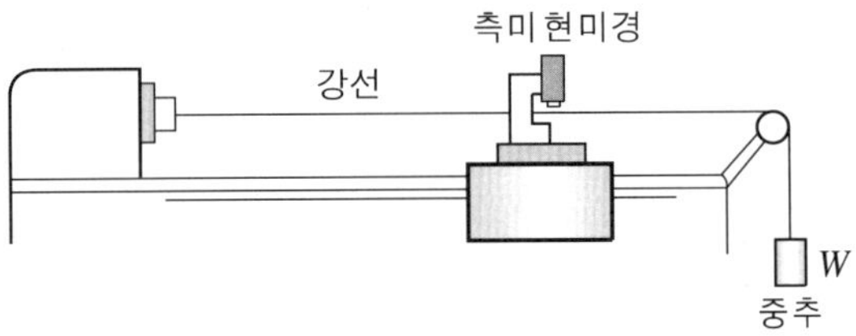

그림 6.26 강선을 이용한 베드의 진직도 측정

2. 진원도(roundness) 측정

1) 외경 전용측정기

(1) 패소미터(passometer)

외경의 정밀측정에는 그림 6.27과 같은 패소미터를 사용하고 있다. 지시계의 0조정은 블록 게이지를 사용하고, 공차의 범위를 나타내는 한계치수는 지표에 의해 설정한다.

측정할 때는 조정나사로 측정자를 이동시켜서 피측정물을 끼워서 지침의 위치가 2개의 지표 사이에 있으면, 허용치수 범위 내로 가공된 것으로 판단한다. 정밀도는 ±0.002～0.005 mm 정도이다.

(2) 안장 게이지(rider gauge)

그림 6.28과 같은 안장 게이지는 앤빌과 측정자의 세 점이 외측 면과 접촉하는 3점 측정기이다. 이 측정기는 산형의 측정 면에 비교측정기를 부가한 것으로서, 기준이 되는 원통 게이지로 지침의 눈금을 맞춘 다음 피측정물 위에 올려놓아서 지침의 흔들림을 보고 외경을 측정한다.

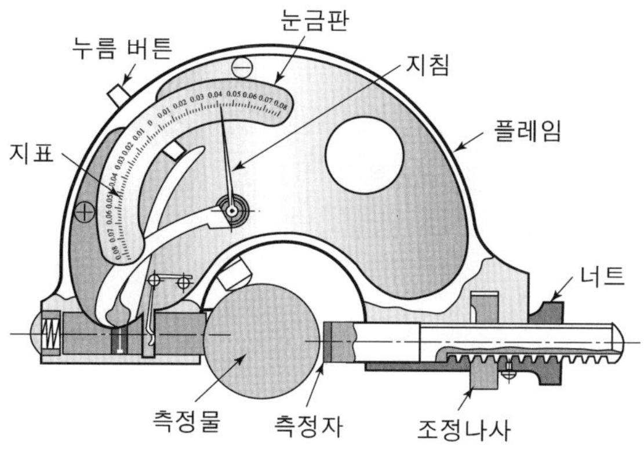

그림 6.27 패소미터

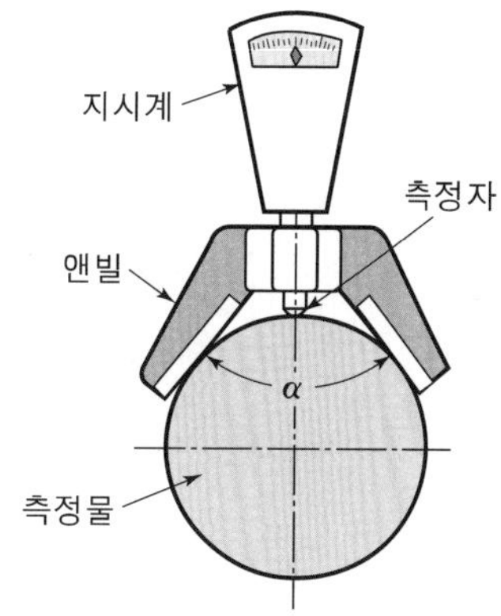

그림 6.28 안장 게이지

2) 내경 전용측정기

(1) 실린더 게이지(cylinder gauge)

그림 6.29와 같은 실린더 게이지를 사용하여 내경을 측정하고 고정 안내판을 기준으로 한 측정자의 움직임이 전도자에 의해 지시계의 스핀들에 전달되는 구조이다. 측정할 내경의 크기에 따라 알맞은 크기의 측정자로 교환할 수 있으며, 측정범위는 18～400 mm에 대해 규정하고 있다.

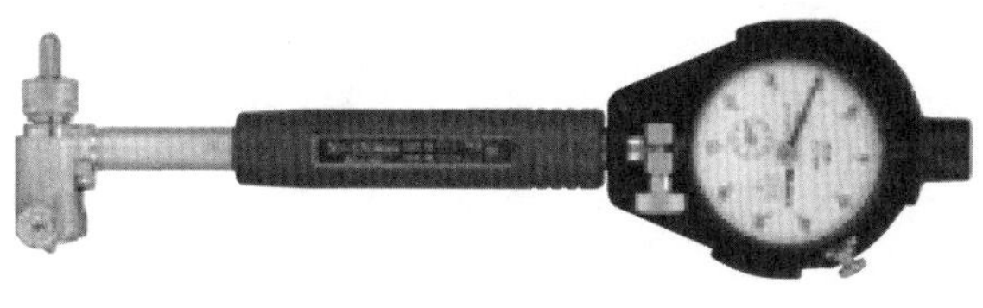

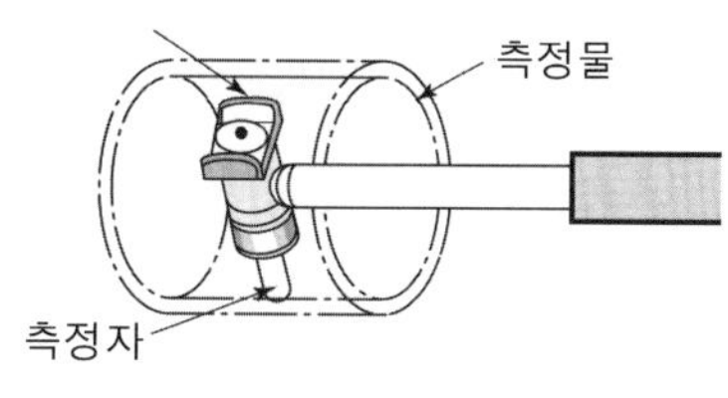

그림 6.29 실린더 게이지와 사용

(2) 패시미터(passimeter)

그림 6.30과 같이 측정할 면에 접촉자가 3점 접촉하는 지침 측미계의 일종으로서 표준치수와 실제치수를 비교한 차를 측정하는 것이다. 2개의 고정 접촉자와 1개의 가동 측정자가 있으며, 가동 측정자의 움직임이 지렛대에 의한 지침확대 기구에 의해 반대쪽 끝에 전달되어 지침으로 지시하는 것으로서, 원리는 패소미터와 유사하다.

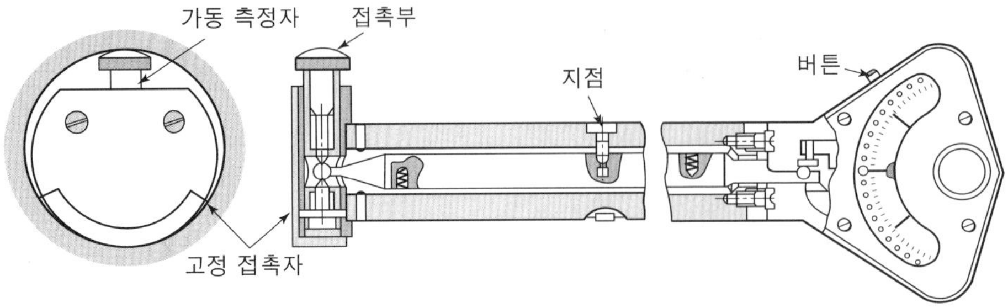

그림 6.30 패시미터

3) 진원도 측정

표 6.2에 진원도를 측정하는 방법을 나타낸 것으로서, 피측정물의 진원도(roundness)는 반경법, 직경법, 3점법을 사용하여 측정할 수 있다.

▶ **표 6.2 진원도 측정방법**

측정	측정방법	설명도
반경법	측정물을 양 센터로 지지회전하고 축과 직각인 단면에서 각 회전각에서의 측미기의 측정값을 구하여, 이론식에 의해 계산한다.	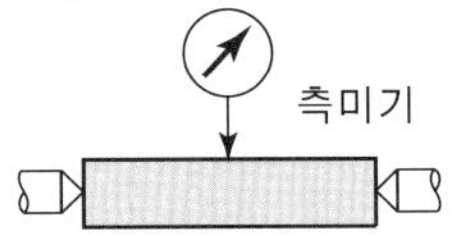
3점법	〈지름이 작은 축〉 90° 또는 60° 홈 블록에 측정물을 놓고 회전하여, 각도의 2등분선상에서 외주에 접촉한 측미기의 지침 흔들림의 최대값을 구한다.	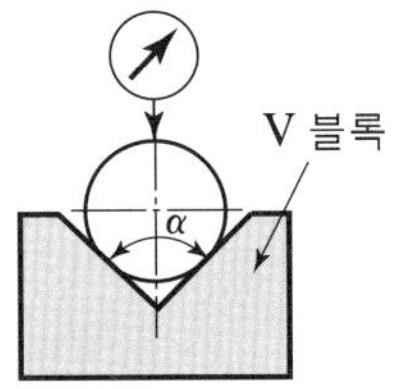
	〈지름이 큰 축〉 측정물에 안장 게이지를 올려놓고 회전하여, 측미기의 지침 흔들림의 최대값을 구한다.	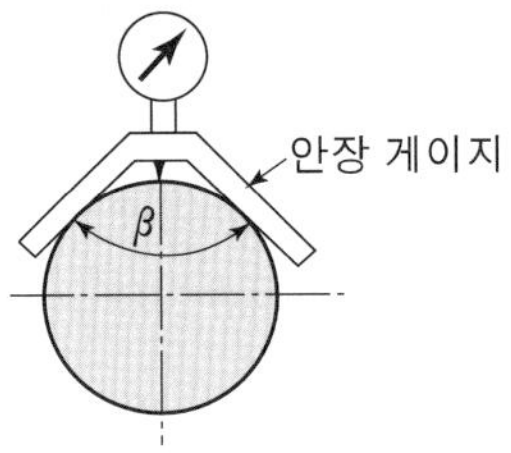
직경법	〈작은 구멍〉 구멍에 3각 게이지를 넣고, 측정물 또는 게이지를 회전하여, 3각 게이지의 측미기의 지침 흔들림의 최대값을 구한다.	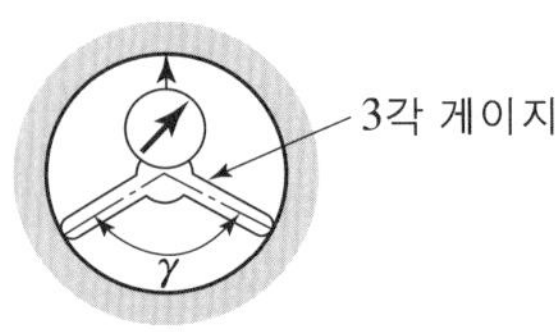

▶ **표 6.2** 진원도 측정방법(계속)

측정	측정방법	설명도
직경법	〈축〉 측정물을 평행 2직선 또는 마이크로미터 등과 같이 앤빌과 스핀들의 평행 2면 사이에 끼워놓고 그 거리의 최대값과 최소값의 차를 구한다.	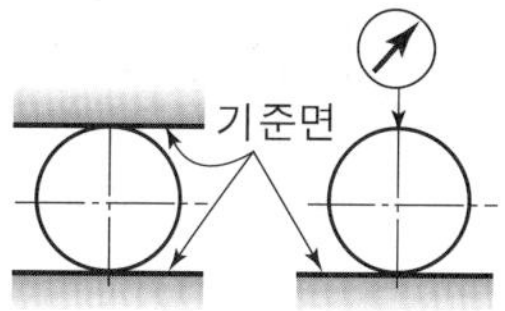
	〈큰 구멍〉 구멍에 내축 마이크로미터, 실린더 게이지 등을 넣고 측정한 지시 눈금의 최대값과 최소값과의 차를 구한다.	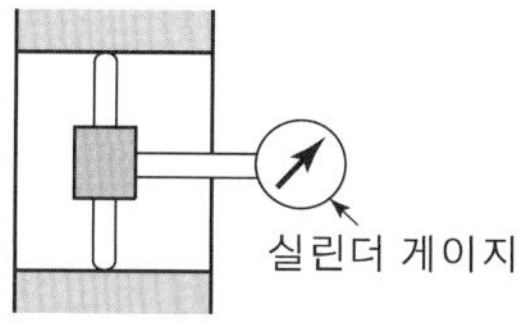

반경법에 의한 진원도 측정은 반경의 최대값과 최소값 차이를 진원도 0.01 mm(반경법)과 같이 나타낸다. 진원도의 측정방법으로 반경법이 이론적으로는 정확하지만 실제 측정에 어려움이 많아서 3점법과 직경법에 의한 진원도를 사용하는 경우가 많다. 3점법에 의한 진원도의 측미기 지침의 최대 흔들림 값으로 나타내는데, 원형 부분을 지지하는 2점에서 사이의 각도도 나타낼 필요가 있으므로 진원도(3점법 90° 0.01 mm)와 같은 형식으로 표기한다.

4) 원통도 측정

기계 부품에는 원통형(cylindrical) 부분이 많이 있는데, 그림 6.31과 같이 원통축의 단면은 크게 3가지 유형이 있다. 원통도는 원통부분이 2개소 이상 불균일한 크기를 가지는 것을 말하며, 원통 부분의 최대 지름과 최소 지름의 값 차이로 나타낸다.

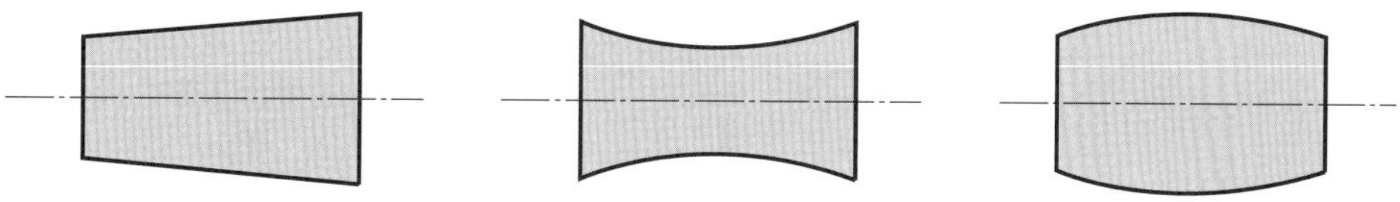

(a) (b) (c)

그림 6.31 원통축의 여러 가지 단면형상

3. 표면 거칠기 측정

1) 표면 거칠기(surface roughness)

기계공작된 제품은 가공에 의한 떨림을 비롯한 여러 가지 조건에 의해 그림 6.32와 같이

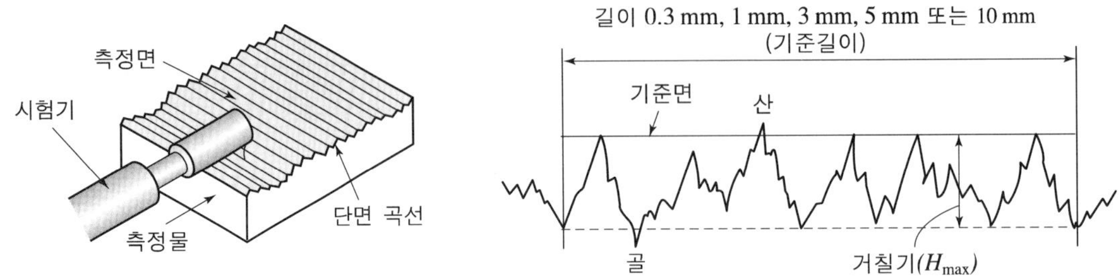

(a) 단면의 거칠기 측정 (b) 표면 거칠기 곡선

그림 6.32 표면 거칠기 곡선

표면에 미세한 요철과 파형이 발생하게 된다. 이와 같이 표면의 거친 정도는 상대운동을 하는 미끄럼 면이나 베어링의 마찰 면, 축의 저널부 등에서는 성능과 수명에 매우 중대한 영향을 미치게 된다.

2) 표면 거칠기의 종류

표면 거칠기를 나타내는 방법은 여러 가지가 있으나, 한국산업표준에서는 표 6.3과 같이 최대높이 거칠기, 중심선평균 거칠기, 10점 평균 거칠기를 사용하는 것으로 규정하고 있다(KS B 0161). 그리고 표 6.4와 같이 다듬질 기호와 표면 거칠기의 표준값을 기준으로 표면의 지시기호를 사용하고 있다.

▶ **표 6.3 표면 거칠기의 종류**

종류	기호	설명도	구하는 방법
① 최대 높이	R_{max}	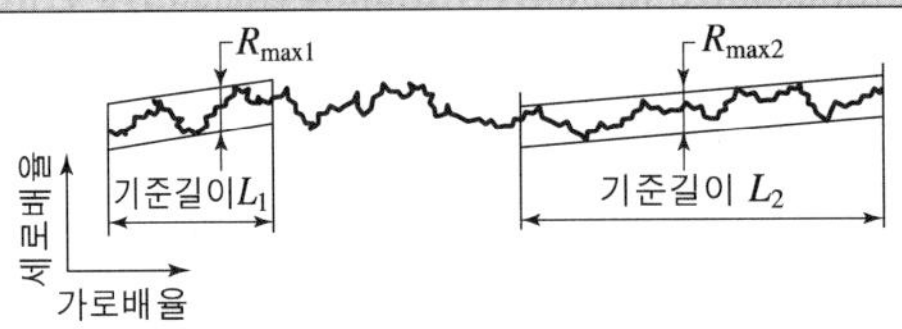	단면 곡선에서 기준 길이를 잡고, 이 부분이 평균선에 평행한 2개의 직선으로 감쌀 때의 세로 배율 방향의 거리를 μ단위로 나타낸다.
② 10점 평균 거칠기	R_z	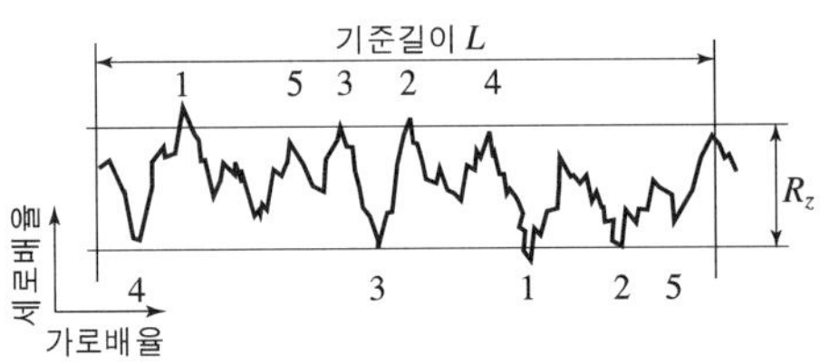	단면 곡선에서 기준 길이를 잡고, 이 부분의 평균선에 평행한 직선 사이에서 높은 곳에서 3번째 산정과 깊은 곳에서 3번째의 골길이를 통하는 2개 평행선의 세로 배율 방향의 거리를 μ단위로 나타낸다.

▶ **표 6.3** 표면 거칠기의 종류(계속)

종류	기호	설명도	구하는 방법
③ 중심선 평균 거칠기	R_a	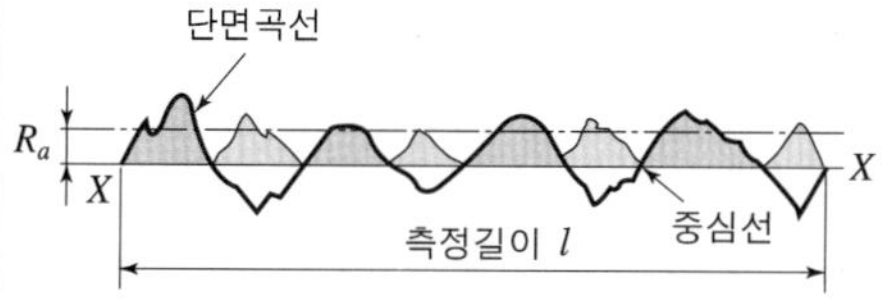	단면 곡선의 측정길이 사이의 중심선 아래쪽 부분을 위쪽으로 접어 그림과 같이 빗금이 있는 부분의 면적을 측정길이 l로 나누어 얻은 값을 μ단위로 나타낸다. *보통은 중심선 거칠기 측정기의 눈금을 읽으면 알 수 있다.

▶ **표 6.4** 다듬질 기호와 표면 거칠기의 표준값

다듬질 기호	표면 거칠기의 표준값		
	R_{max}	R_z	R_a
▽▽▽▽	0.8 S	0.8 z	0.2a
▽▽▽	6.3 S	6.3 z	1.6a
▽▽	25 S	25 z	6.3a
▽	100 S	100 z	25a
~	특별한 규정이 없다		

3) 표면 거칠기 측정

(1) 비교법

가공된 표면의 거칠기가 지시된 만큼 만족하게 가공되었는지를 점검하기 위해서 표면 거칠기 측정기를 이용하여 측정하면 알 수 있다. 그러나 실제 작업현장에서 일일이 측정하기에는 어려운 점이 많기 때문에 거칠기 표준편과 시각이나 손톱으로 긁어보는 촉각으로 비교하는 방법이다.

(2) 촉침 측정법

촉침(stylus)을 이용하여 표면을 측정하는 거칠기 측정기는 이송장치, 촉침, 확대장치, 지시장치, 기록장치 등으로 구성되어 있다. 촉침을 측정할 표면에 가볍게 대고, 촉침을 이동하여 표면의 거칠기에 따른 촉침의 상하운동을 확대하여 거칠기 곡선으로 기록하는 측정방법이다. 확대방법에는 기계적 확대, 광학적 확대, 전기적 확대 등이 있다. 그림 6.33은 표면 거칠기 측정기를 보여준다.

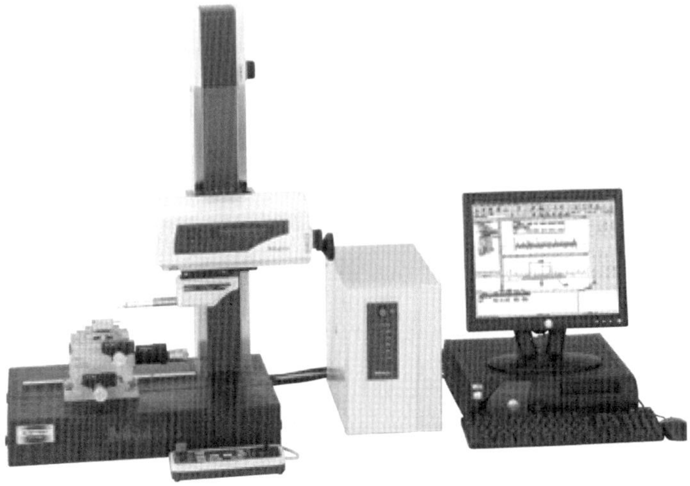

그림 6.33 표면 거칠기 측정기

6.5 수기가공

기계를 제작하기 위해 부품을 수기가공용 공구와 설비를 사용하여 가공하거나 다듬질하는 것이 수기가공(hand finishing)이며, 수기가공을 통해 기계를 분해하거나 조립하는 작업이 기계조립이다. 수기가공에는 쇠톱, 줄(file), 스크레이퍼(scraper), 정(chisel), 해머(hammer)와 같은 수공구(手工具)를 사용하며 또 드릴링(drilling), 리밍(reaming), 탭핑(tapping), 핸드 그라인딩 등과 같이 기계조립에 필요한 간단한 공정은 수기가공을 많이 활용한다.

그러나 공작기계와 가공기술의 발달로 인해 수기가공 분야가 점차 줄어들고 있으나, 시작품과 항공부품, 금형가공 등 정밀을 요하는 가공조립 및 다품종 소량 생산에서는 수기가공 공정이 반드시 필요한 분야이다. 이와 같이 기계조립 작업은 수기가공뿐 아니라 기계가공에 의해 제작된 부품을 상호 조립하여 완성품을 제작하는 최종 마무리 작업으로써 매우 중요한 작업이다.

1. 금긋기

주조품, 단조품, 용접 구조물 등의 소재를 자르거나 절삭할 치수를 잡는 기준선을 긋거나 구멍을 뚫을 위치에 필요한 중심선, 가공선 등을 표시하는 작업이 금긋기이다.

1) 금긋기 공구

(1) 서피스 게이지(surface gauge)

그림 6.34(a)와 같은 서피스 게이지는 주철로 만든 기둥과 미끄럼부로 이루어졌으며, 금긋기 바늘은 탄소강을 사용하여 바늘 끝은 담금질한다. 서피스 게이지는 공작물에 측정값을 옮기거나 금긋기할 때와 표면의 정확도(accuracy), 평행도 등을 점검할 때 사용한다.

(2) 스크라이버

그림 6.34(b)와 같이 금긋기용 바늘인 스크라이버를 강철자나 조합각자세트를 사용하여 공작물에 금긋기할 때 사용한다.

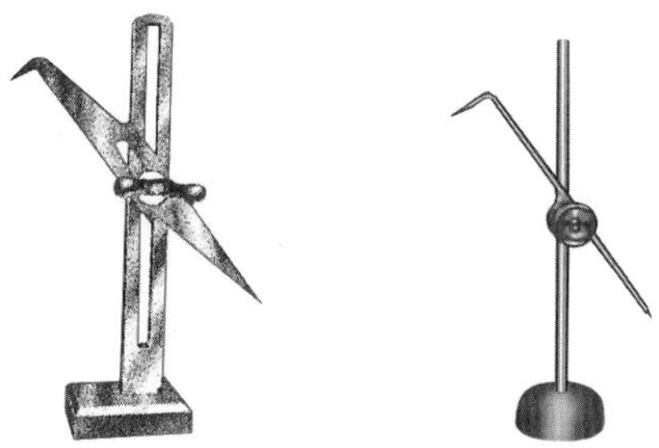

(a) 서피스 게이지

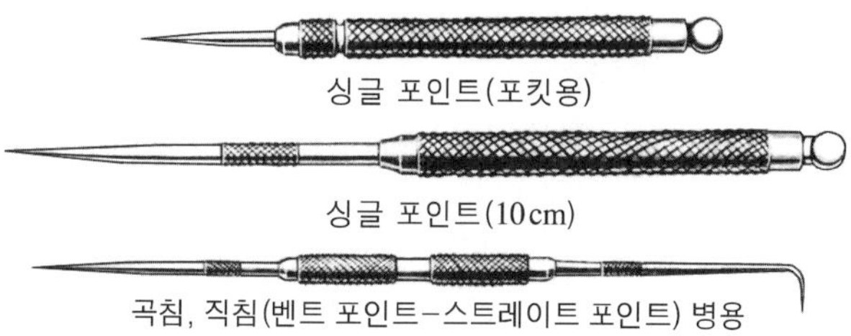

(b) 스크라이버

그림 6.34 금긋기 공구

2) 금긋기 작업

금긋기를 하기 위해서 먼저 제작도면을 해독하여 공작물의 구조와 기능을 이해하고 가공 순서를 고려하여 기준면을 정한다. 공작물의 형상에 따라 정해진 기준면을 정반이나 V블록에 올려놓고 서피스 게이지나 스크라이버가 부착된 하이트 게이지를 이용하여 금긋기를 하거나, 간단한 금긋기는 조합각자나 강철자를 이용하여 스크라이버로 금긋기를 할 수 있다.

이러한 금긋기는 공작물의 모양, 크기, 가공 정밀도, 제작공정에 따라서 정반, 직각정규, V블록, 앵글 플레이트, 서피스 게이지 등과 같은 도구를 사용하여 그림 6.35와 같이 여러 가지 방법으로 작업할 수 있다.

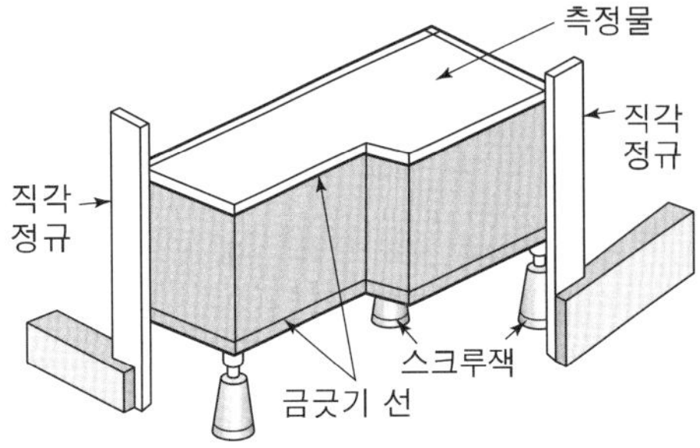

(a) 직각 정규와 스크루잭

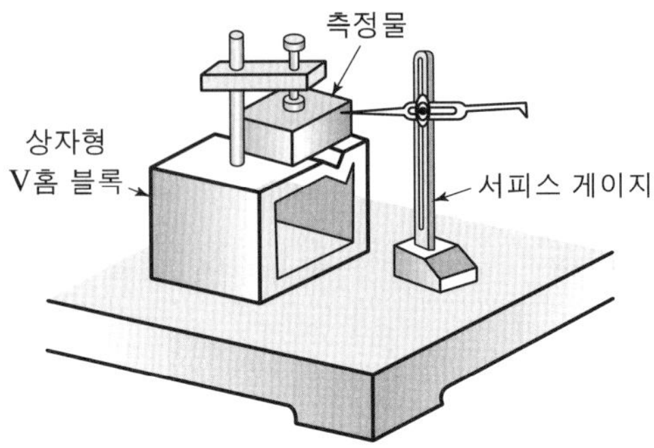

(b) 평행 블록과 서피스 게이지

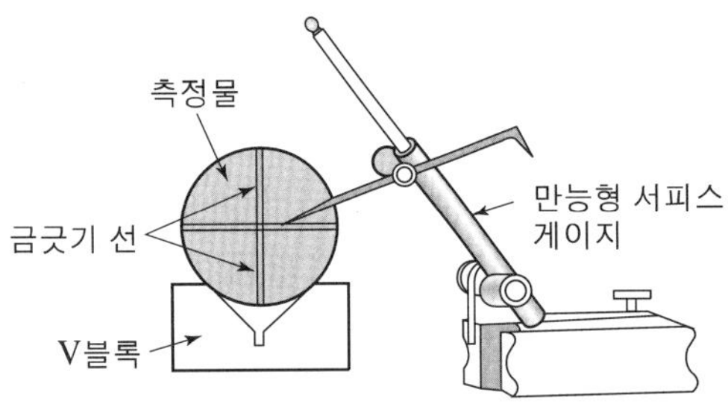

(c) 블록과 서피스 게이지

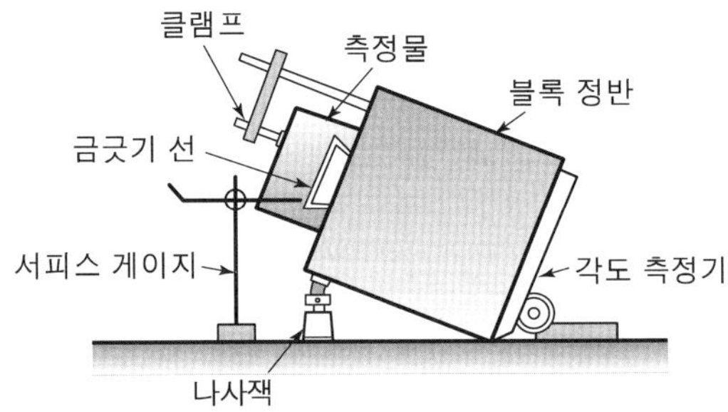

(d) 블록 정반과 각도 측정기

그림 6.35 여러 가지 금긋기 방법

2. 수기가공

1) 정과 정작업

(1) 정(chisel)

정은 그림 6.36과 같이 용도에 따라서 여러 가지 모양의 것이 사용되며, 그림 6.36(a)와 같은 콜드 치즐(cold chisel)이라고 하는 평정(flat chisel)은 평면의 여유 부분, 주물이나 단조품의 거스러미 깍기와 판재의 절단 등에 사용된다. 그림 6.36(b)는 케이프 치즐(cape chisel)로 불리는 홈정(cross cut chisel)으로써 평면 여유면의 보조 깍기용 또는 키 홈 가공에 사용되며, 그림 6.36(c)는 다이아몬드 포인트 치즐(diamond point chisel)로써 V홈 파기, 구멍을 뚫거나 넓히는 데 사용된다. 그림 6.36(d)는 라운드 노즈 치즐(round nose chisel)인 센터 치즐(center chisel)로써 주로 구멍을 뚫거나 위치 조정, 메탈베어링 면의 오일 홈(oil groove)내기 등에 사용된다. 평정은 일반적으로 탄소강으로 날끝 각을 60° 정도로 가공하여 담금질한 후 충격에 견딜 수 있도록 뜨임처리 하여 사용한다.

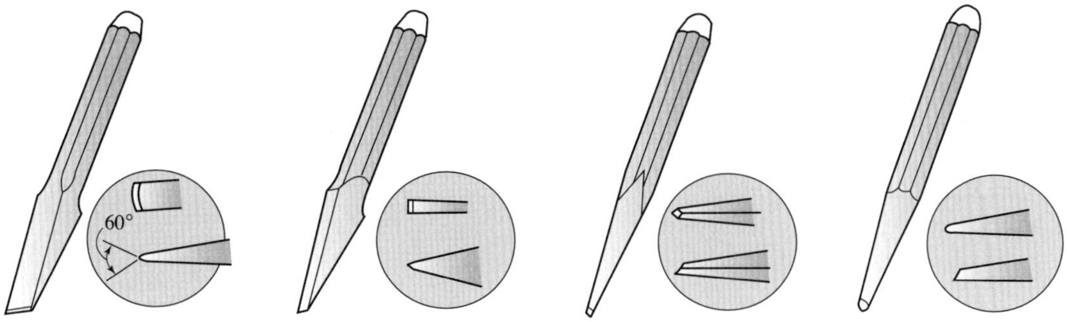

(a) 콜드 치즐 (b) 케이프 치즐 (c) 다이아몬드 포인트 치즐 (d) 라운드 노즈 치즐

그림 6.36 정의 종류

(2) 바이스와 해머

수기가공에서 공작물을 공정하는 수단으로 바이스(vise)가 사용되며 정 작업에도 사용된다. 바이스의 종류는 많으나 수기가공용으로는 작업대에 고정해서 사용하는 평형 바이스(plain vice)와 옵셋 바이스(offset vice), 기계 테이블 바이스(machine table vice)가 있다.

수기가공에 많이 사용되는 손 해머(machinists hand hammer)는 단강품으로 타격면과 머리부를 담금질한 다음 뜨임 처리한 것을 사용하며, 해머의 크기는 머리의 무게로 나타낸다.

(3) 정작업

① **면의 정작업:** 좁은 면의 정작업은 그림 6.37(a)와 같이 공작물을 바이스에 물려 놓고 해머로 때려서 깎아낸다. 넓은 면을 깎을 때에는 그림 6.37(b)와 같이 먼저 홈정으로 홈을 깎아낸 다음 남는 부분은 그림 6.37(c)와 같이 평정으로 깎아낸다.

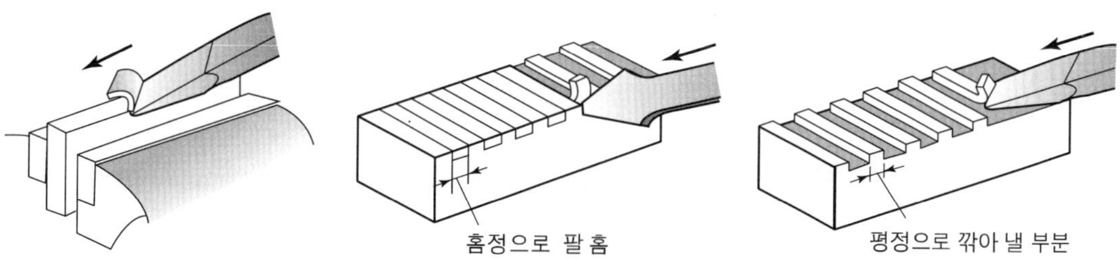

(a) 바이스 작업 (b) 넓은 면의 정작업

그림 6.37 평면의 정작업

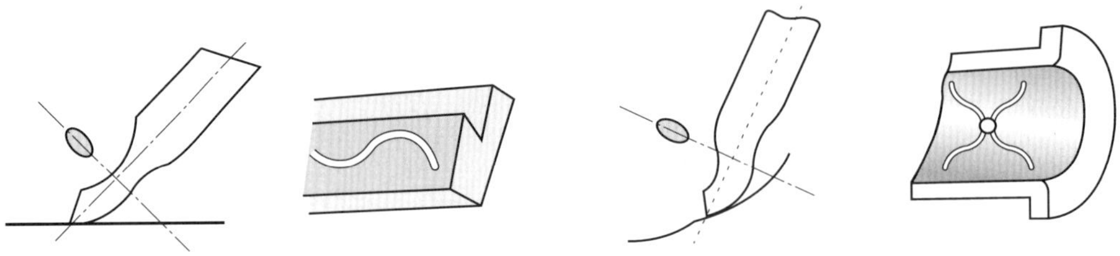

(a) 평면의 홈　　　　　　　　　(b) 곡면의 홈

그림 6.38 기름 홈의 정작업

② **기름 홈의 정작업:** 기름 홈을 가공할 때에는 날끝은 반원형상이면서 날끝 각은 85°정도로 연삭한 홈정을 사용하여 홈의 크기와 모양에 따라 그림 6.38과 같이 정작업을 한다.

2) 줄과 줄작업

(1) 줄(file)

줄은 그림 6.39와 같이 단면형상에 따라 평줄, 반원줄, 둥근줄, 사각줄, 삼각줄 등으로 구분하며, 줄 눈의 크기에 따라 황목, 중목, 세목, 유목 등으로 나눌 수 있다.

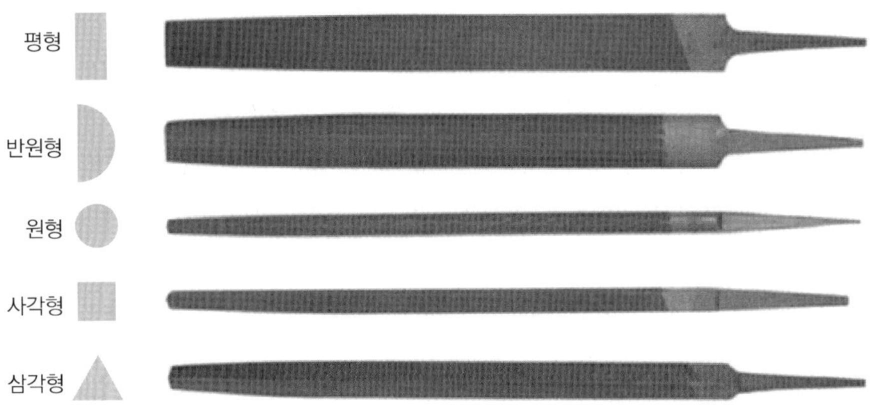

그림 6.39 철공용 줄의 종류

(2) 줄작업

① **평면의 줄작업:** 그림 6.40과 같이 평면을 다듬질할 때의 줄 작업방법에는 직진법(straight filing), 사진법(diagonal filing), 횡진법(draw filing) 등이 있다.

직진법은 비교적 좁은 평면을 다듬질할 때에 사용되고, 사진법은 넓은 평면을 다듬질할 때 사용된다. 또한 횡진법은 비교적 매끄러운 면을 가공할 때 사용하며, 눈 고르기 줄질이라고도 한다. 그림 6.40(d)와 같이 줄질 방향을 바꾸어 다듬질하는 방향을 교차하게 가공하면 깎은 면의 높낮이를 쉽게 알 수 있으므로, 비교적 넓은 면의 줄 작업에 많이 사용된다.

② **곡면의 줄작업:** 줄에 의한 곡면 다듬질은 그림 6.41(a)와 같이 평줄을 사용하여 원통의 외면을 다듬질하는 방법과 그림 6.41(b)와 같이 반원줄이나 둥근줄을 사용하여 내면을 다듬질하는 방법을 사용한다.

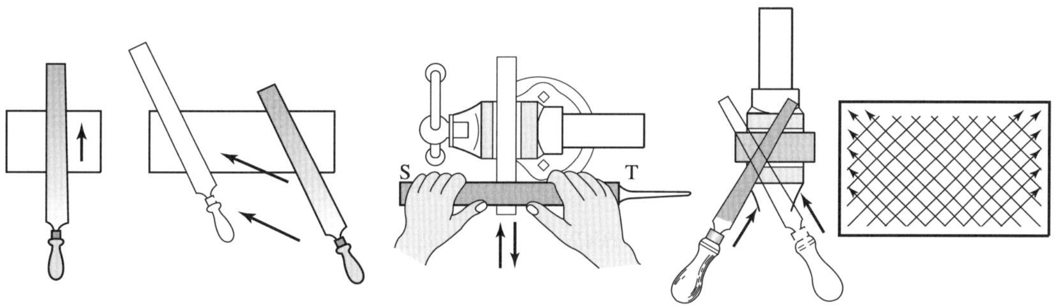

(a) 직진법 (b) 사진법 (c) 횡진법 (d) 교차 사진법과 줄질 방향

그림 6.40 평면의 줄 작업방법

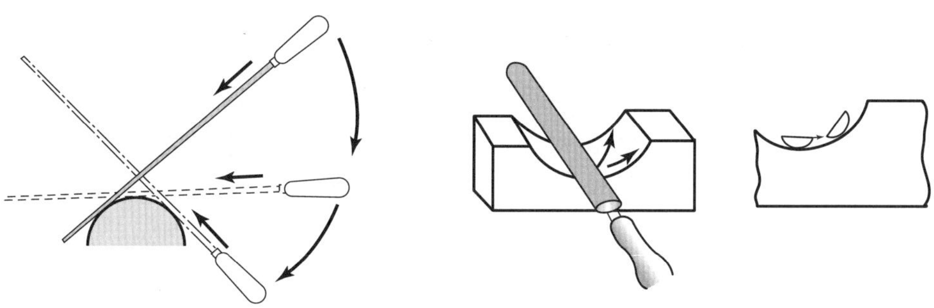

(a) 외곡면 (b) 내곡면

그림 6.41 곡면의 줄 작업방법

3) 스크레이핑

(1) 스크레이퍼(scraper)

공작기계로 가공한 평면이나 베어링 면을 기준 평면이나 축과 문질러서 서로 접촉하여 닿는 부분에 생긴 자국을 깎아내는 수공구가 스크레이퍼(scraper)이다. 스크레이퍼는 공구강

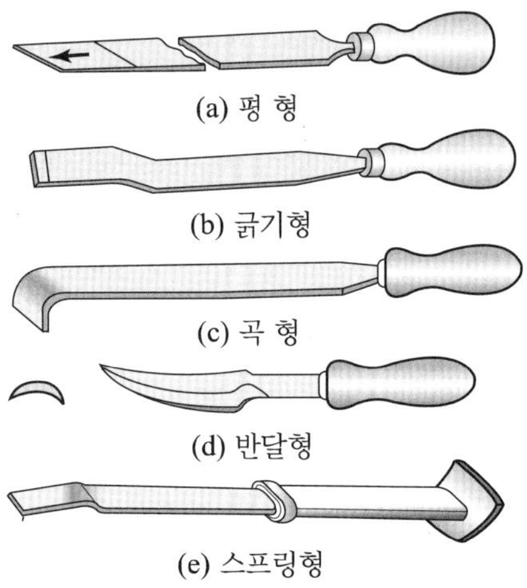

그림 6.42 스크레이퍼의 종류

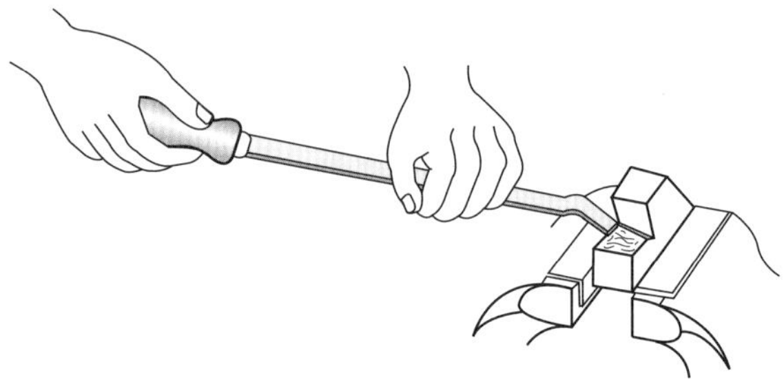

그림 6.43 좁은 평면의 스크레이핑

을 단조 성형하여 날 부분을 담금질하고 연삭한 후 기름숫돌에서 예리하게 갈아 사용한다.

스크레이퍼는 용도에 따라서 그림 6.42와 같은 종류가 있다.

(2) 스크레이핑(scraping)

① **평면의 스크레이핑:** 좁은 평면을 스크레이핑할 때는 그림 6.43과 같이 공작물을 바이스에 고정하고 작업을 한다. 이때 가공할 면을 기준면과 문질러서 높은 부분을 깎아내는 작업을 되풀이 한다. 비교적 넓은 평면을 스크레이핑할 때는 정반을 기준면으로 사용하여 정반면에 광명단과 산화철 등의 분말을 개서 만든 도료를 얇게 발라서 공작물의 표면과 맞대어 놓고 문지르면 공작물의 높은 부분에 도료가 묻게 된다. 이렇게 도료가 묻은 부분을 스크레이퍼로 제거하는 다듬질 작업이다. 그림 6.44에 스크레

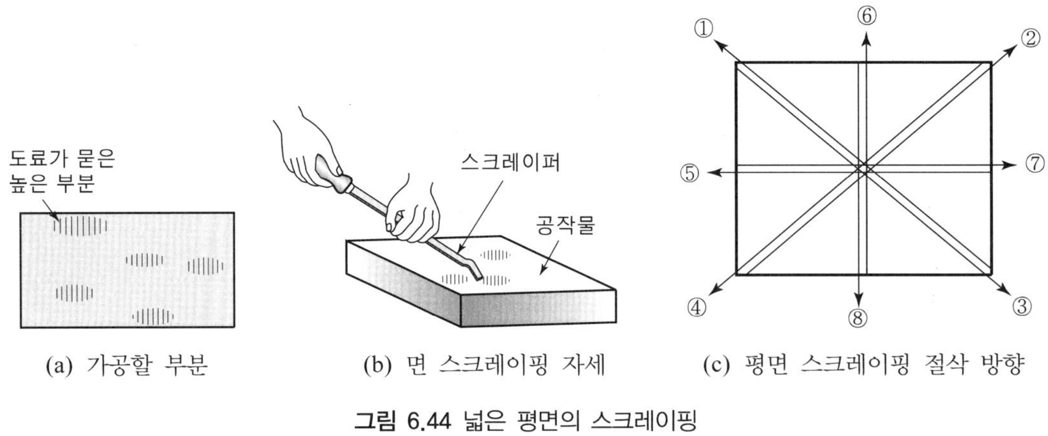

그림 6.44 넓은 평면의 스크레이핑

이핑하는 방법을 나타내었으며, 공작기계의 베드와 같은 습동면에 장식 또는 윤활유를 함유하게 할 목적으로 문양(spotting)을 새기는 경우도 있다.

② **곡면의 스크레이핑:** 그림 6.45와 같이 주로 내측 곡면을 스크레이핑하며, 곡면에 알맞은 크기의 곡면 스크레이퍼를 사용하여 작업을 한다. 내측 곡면의 스크레이핑은 주로 미끄럼 베어링의 아래쪽 기름 홈의 내측 곡면을 다듬는 가공에 많이 사용된다.

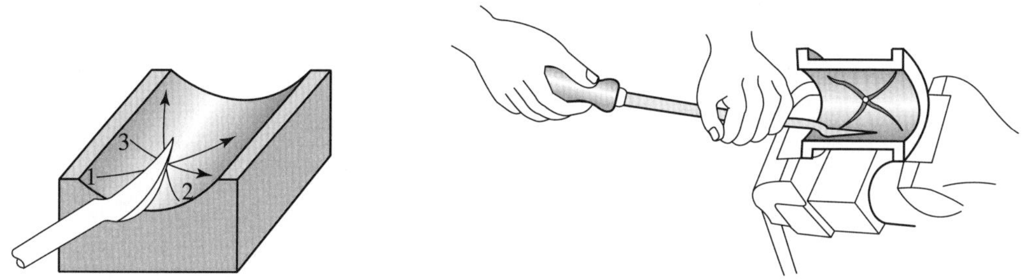

(a) 곡면의 스크레이핑 (b) 베어링 내면의 스크레이핑

그림 6.45 내측 곡면의 스크레이핑

연습문제

6.1 측정과 검사의 차이점에 대해 설명하시오.

6.2 다음 용어를 간단하게 설명하시오.

① 최소눈금 ② 눈금선 간격

③ 지시범위 ④ 후퇴오차

6.3 측정 오차의 종류를 들고 특징을 간단히 쓰시오.

6.4 측정에서 정밀도와 정확도에 대하여 쓰시오.

6.5 측정방법의 종류를 들고 간단히 설명하시오.

6.6 한계 게이지의 종류를 들고 설명하시오.

6.7 측정에 있어서 고려해야 할 사항을 들고 간단하게 설명하시오.

6.8 다음 용어를 간단하게 설명하시오.

① 플러그 게이지

② 스냅 게이지

③ 마이크로미터 원리

6.9 진원도를 측정의 종류를 들고 간단히 설명하시오.

6.10 사인바의 용도 및 특징을 설명하시오.

6.11 표면 거칠기의 종류를 들고 간단히 설명하시오.

6.12 줄 작업방법의 종류를 들고 특징을 간단히 설명하시오.

6.13 스크레이핑에 대하여 간단히 쓰시오.

CHAPTER

7 절삭이론

7.1 절삭의 개요

1. 절삭의 정의

주조, 압연, 압출 등의 공정에서 환봉, 각재, 판재 등으로 1차 가공된 소재를 여러 가지 공작기계(machine tool)를 사용하여 필요로 하는 형상과 치수로 가공하는 것이 기계가공(machining)이다. 공작기계는 바이트, 커터, 드릴 등과 같은 공구를 사용하여 공작물을 가공하는 기계를 말한다. 이와 같이 바이트, 커터, 드릴, 리머 등과 같이 경도가 높은 날물을 사용하여 소재를 절삭해서 칩(chip)을 배출하는 기계가공 방법이 절삭가공(cutting)이다.

이때 절삭의 대상이 되는 소재를 공작물(work piece) 또는 피삭재라고 하며, 공작물은 필요한 형상과 치수 및 표면 거칠기 등을 만족할 수 있도록 가공되어야 한다. 절삭가공은 바이트 또는 밀링커터와 같은 절삭공구로 공작물을 가공하는 경우와 숫돌바퀴나 숫돌입자를 사용하여 가공하는 경우가 있다. 이와 같은 가공은 모두 칩을 배출하므로 넓은 의미에서 절삭가공에 포함된다. 반면에 좁은 의미로는 절삭공구에 의하여 비교적 큰 칩을 배출하는 가공을 절삭가공으로 하고 숫돌에 의한 가공을 연삭가공, 그리고 숫돌입자에 의한 가공을 정밀 입자가공으로 구별할 수 있다.

2. 공작기계의 종류

1) 생산방식에 따른 종류

(1) 범용 공작기계

범용 공작기계(general purpose machine tool)는 절삭속도와 이송속도를 폭넓게 변화시킬 수 있고 넓은 범위의 가공이 가능하여 많이 사용되고 있는 공작기계로서 선반, 밀링머신, 드릴링 머신, 셰이퍼, 슬로터, 플레이너 등이 있다.

(2) 단능 공작기계

공작기계의 가공종류를 단일공정 또는 2~3 이내의 공정으로 제한시켜서 한 종류의 가공에 적합한 공작기계가 단능 공작기계(single purpose machine tool)이다. 동종의 공작물을 대량 생산하는 데 적합하지만 형상과 치수가 다른 공작물 가공은 어렵다.

(3) 만능 공작기계

범용 공작기계에 각종 부속장치를 설치함으로써 선반, 밀링머신, 드릴링 머신 등이 갖고 있는 고유의 용도 이외의 가공도 할 수 있도록 제작한 다기능 공작기계를 만능 공작기계(universal machine tool)라고 한다.

(4) 전용 공작기계

동일한 종류의 제품을 대량 생산하는 데 적합하도록 구조와 조작을 간소화한 공작기계가 전용 공작기계(special purpose machine tool)이다. 전용 공작기계는 특정목적의 가공을 전문적으로 최대의 가공능률을 발휘하도록 절삭속도나 이송속도의 변화가 크지 않고 치공구를 활용하기도 한다.

(5) 특수 공작기계

전기적인 방법 등 기타 특수한 방법을 사용하여 공작물을 가공하는 공작기계를 말하며 전해연마기, 방전가공기, 초음파가공기, 레이저가공기, 쇼트피닝 머신(shot peening machine) 등이 있다.

2) 가공방식에 따른 종류

절삭가공 방식에 따라 공작기계를 분류하면 다음과 같다. 표 7.1에 가공방식에 따른 대표적인 절삭가공의 종류를 나타내었다.

(1) 절삭가공 공작기계

바이트, 커터 등과 같은 절삭공구를 사용하여 비교적 큰 칩(chip, 쇳밥)을 배출시켜서 가공하는 기계로서 선반, 밀링머신, 셰이퍼, 플레이너 등이 있다.

(2) 연삭가공 공작기계

숫돌이나 숫돌입자를 사용하여 미세한 칩을 발생시켜서 비교적 정밀한 가공에 사용하는 공작기계로서 연삭기, 호닝 머신, 슈퍼 피니싱 머신, 래핑 머신 등이 있다.

(3) 특수가공 기계

전기적이나 화학적인 방법을 사용하여 공작물을 가공하는 공작기계로서, 전해연마기, 방전가공기, 초음파가공기, 레이저가공기 등이 있다.

▶ **표 7.1** 절삭가공의 종류

가공방식		절삭 운동	이송 운동
선삭가공	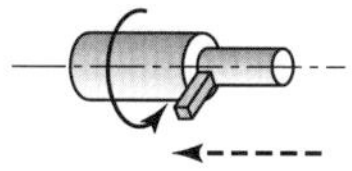	공작물 회전	공구 왕복
밀링가공	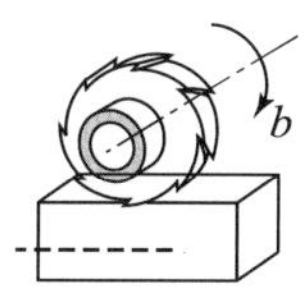	공구 회전	공작물 왕복
드릴링	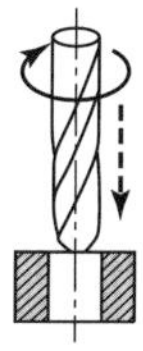	공구 회전, 이송	공작물 고정
원통연삭	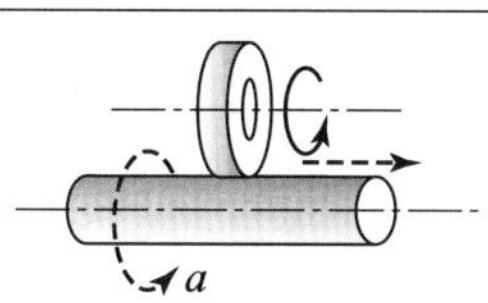	공구 회전, 이송	공작물 회전, 이송
형삭가공	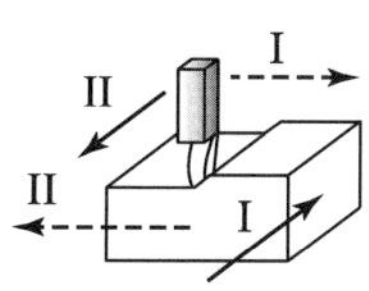	공작물 이송, 공구 이송	공작물 이송, 공구 이송

3. 공작기계의 기본 구성요소

1) 본체

본체는 공작기계 전체를 구성하기 위한 기본 골격인 프레임(frame)으로서 선반의 베드, 플레이너의 베드와 컬럼, 밀링 머신의 테이블과 컬럼 등은 본체를 구성하는 핵심요소이다. 이러한 베드와 컬럼은 공작기계 구성요소와 공작물의 무게 및 절삭저항을 받게 되어 발생하는 변형이 공작기계의 정밀도와 공작물의 치수와 표면 거칠기에 매우 큰 영향을 주게 된다. 따라서 공작기계를 구성하는 구조물의 재료는 강도뿐만 아니라, 가공 중에 발생하는 여러 가지 정적, 동적의 변형에 대한 충분한 강성과 방진성(防振性)을 갖추어야 한다. 또한 이들 구성요소는 보수와 취급이 용이해야 하며, 칩 처리와 절삭유의 공급과 배출 등도 고려해야 하며, 본체가 구비해야 할 사항은 다음과 같다.

① 강성이 높아야 한다.
② 잔류응력이 없어야 한다.
③ 진동이 적고 방진성이 우수해야 한다.
④ 베드와 같은 미끄럼면의 윤활성이 좋아야 한다.
⑤ 운동부와 안내부는 정밀하게 가공되어 조립되어야 한다.

(1) 베드와 안내면

공작기계에서 공구와 공작물을 이송하기 위해 미끄럼 운동을 하는 부분에는 기하학적으로 정확한 운동을 주기 위해 안내면을 설치해야 한다. 안내면은 다음의 요건을 갖추어야 하며, 그림 7.1은 안내면의 여러 가지 단면형상을 보여준다.

① 가공이 용이해야 한다.
② 미끄럼 면 사이의 틈새가 적정해야 하며, 틈새조정이 가능해야 한다.
③ 미끄럼 운동을 하는 부분에 작용하는 회전 모멘트의 영향이 작아야 한다.

이와 같이 안내면은 공작, 조립, 조정 및 수리가 쉽도록 가능한 형상이 단순해야 하며, 안내면이 받는 압력은 유막 두께나 각 부분의 변형에 영향을 미치며, 압력이 작을수록 마모가 작고 미끄럼 운동도 원활하게 된다.

안내면에는 이외에도 압력 매체와 구동 방식에 따라 유압식, 정압식, 롤링 안내 방식이 있다. 구조에 따라서 원형, 평면형, 각주형 등이 있으며, 운동 방식에 따라 직선운동을 하는 것과 회전운동을 하는 것이 있다.

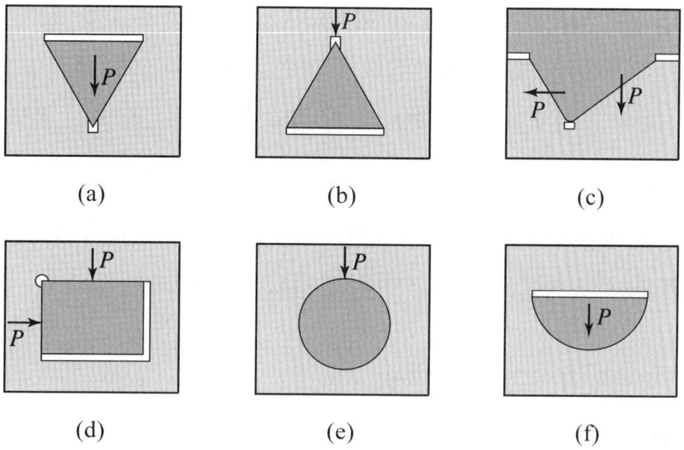

그림 7.1 안내면의 단면형상

(2) 테이블과 컬럼

① **테이블과 미끄럼대:** 공작기계의 테이블과 미끄럼대는 공작기계의 안내면을 따라 움직인다. 밀링머신, 플레이너, 보링 머신 등에서는 테이블에 공작물을 위치시켜서 고정한다. 공작기계에 따라서 테이블에 자동이송기구를 장착하여 1방향이나 3방향으로 이송을 자동으로 하게 한 것도 있다.

② **컬럼:** 컬럼은 본체에 부착된 수직 또는 수평 형태의 지지대로서 주축대를 안내하는 역할을 하는 것으로서, 대형 공작기계의 컬럼에는 보강대(rib)를 붙여서 강성을 보강해 주어야 한다.

2) 주축과 주축 베어링

(1) 주축(main spindle)

주축은 공구나 공작물을 고정하여 회전하면서 공작기계의 절삭력을 공작물에 전달하는 역할을 한다. 따라서 주축은 자중, 절삭저항, 진동, 구동력 등의 영향을 받게 되며, 공작물의 가공정밀도 및 표면 거칠기의 정도를 높이기 위해서는 주축의 강성, 베어링의 지지 및 안내 장치가 매우 중요한 조건이 된다.

주축은 베어링에 의하여 지지되어 기어, 벨트 등의 구동장치에 의해서 회전운동을 하며 공구와 공작물을 정확한 회전축 중심이나 축방향의 위치에서 지지해야 하므로 절삭저항 등에 의한 변형이나 진동에 대한 저항이 충분해야 한다.

공작기계의 주축 운동방식은 회전을 하는 것과 회전과 동시에 축 방향으로 이동하는 것도 있다. 주축은 강성을 높이기 위해서 굵게 하거나, 선반의 주축과 같이 중공으로 제작할 수도 있다. 그러므로 주축은 재질, 베어링의 위치와 구조, 주축과 베어링의 끼워맞춤, 진동 등을 충분히 고려하여 설계 · 제작되어야 하며, 주축은 다음 조건을 구비해야 한다.

① **정밀도:** 흔들림 없이 정확하게 회전운동을 해야 하며 진동이 적어야 한다.
② **강성:** 절삭력과 구동력 등의 외력에 대해 견디는 저항력이 커야 한다.
③ **안전성:** 회전과 이송속도 변화에 따라 정밀도가 저하되지 않아야 한다.

(2) 주축 베어링(main spindle bearing)

주축 베어링은 주축을 지지하며 회전운동을 정확하게 전달하는 역할을 한다. 이러한 주축 베어링은 주축의 자중에 의한 처짐, 비틀림 모멘트, 절삭력에 의한 축 방향과 반지름 방향의 분력, 동력기구의 구동 등에 의해 변형과 진동을 받게 된다.

공작기계의 주축용 베어링에는 일반적으로 미끄럼 베어링(sliding bearing)과 구름 베어링(rolling bearing)이 사용된다.

① **미끄럼 베어링:** 주축용으로 사용하는 미끄럼 베어링에는 주축이나 부시에 테이퍼 부분을 만들어, 베어링의 마멸에 대해 조정할 수 있게 하는 방법이 있다.
그림 7.2(a)는 부시의 외측에 테이퍼가 있는 형태이며, 그림 7.2(b)는 주축의 외측을 테이퍼로 가공하여 부시가 마모됨에 따른 틈새를 조정할 수 있도록 한 것이다.

② **구름 베어링:** 주축에 사용하는 구름베어링에는 볼 베어링(ball bearing), 롤러 베어링(roller bearing), 니들 롤러 베어링(needle roller bearing), 테이퍼 롤러 베어링(taper roller bearing), 트러스트 베어링(thrust bearing) 등이 있다. 축 직각 방향의 힘을 받는 주축용으로는 볼 베어링과 롤러 베어링, 니들 롤러 베어링을 병용한다. 또 축 방향과 축 직각방향의 힘을 동시에 받는 경우에도 테이퍼 롤러 베어링(taper roller

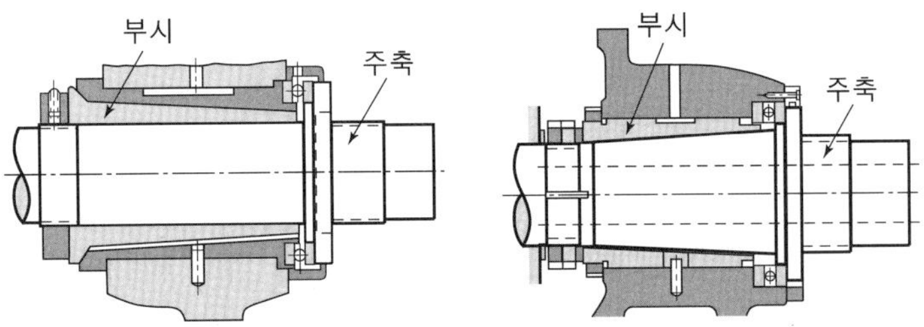

(a) 부시 외측 테이퍼 (b) 주축 외측 테이퍼

그림 7.2 미끄럼 베어링

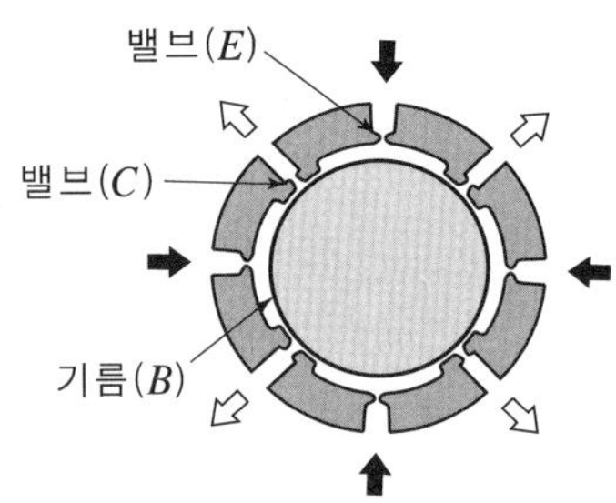

그림 7.3 정압 베어링

bearing)과 앵귤러 볼베어링(angular contact ball bearing)을 사용한다. 축 방향의 힘만을 받는 주축에는 트러스트 베어링(thrust bearing)을 채택한다.

③ **정압 베어링:** 그림 7.3은 고속 회전용 고정밀도의 정압 플레인 베어링으로서 유체 베어링(fluid bearing)이라고도 한다. 고속 회전하는 연삭가공에서와 같이 높은 정밀도가 요구될 경우에 플레인 베어링이 사용되고 있다. 연삭숫돌 위치 변위에 따라 베어링의 한쪽으로 치우쳐서 압력차가 나타나면, 유체 베어링은 일정한 압력을 가진 윤활유를 축과 베어링 사이에 공급하고 순환시켜서 유압유의 압력차가 균형이 잡힐 때까지 축을 바로 잡아 주도록 설계되어 있어서 정밀연삭기의 주축용으로 많이 사용된다.

7.2 공작기계의 속도변환

1. 공작기계의 속도변환 기구

1) 단계식 변속기구

(1) 단차식 변속

① **단차에 의한 변속:** 단차가 있는 벨트풀리(belt pulley)를 이용한 속도변환 기구로써 고속 회전이 필요할 때 이음매가 없는 벨트를 사용하면 주축의 진동을 줄이고 운전이 원활하므로 많이 사용되고 있다. 그림 7.4(a)는 단차가 있는 벨트풀리를 각 축에 고정하고 일정한 길이의 벨트를 필요한 속도비의 단차에 걸어서 속도를 변환하는 방식으로서 벨트와 풀리 사이에 미끄럼이 발생하므로 정확한 속도비가 요구되는 경우에는 적합하지 않다.

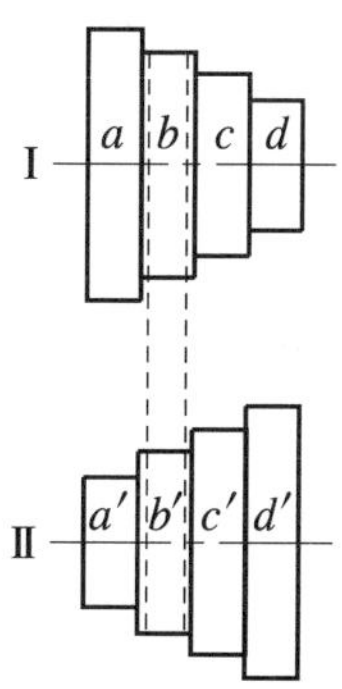

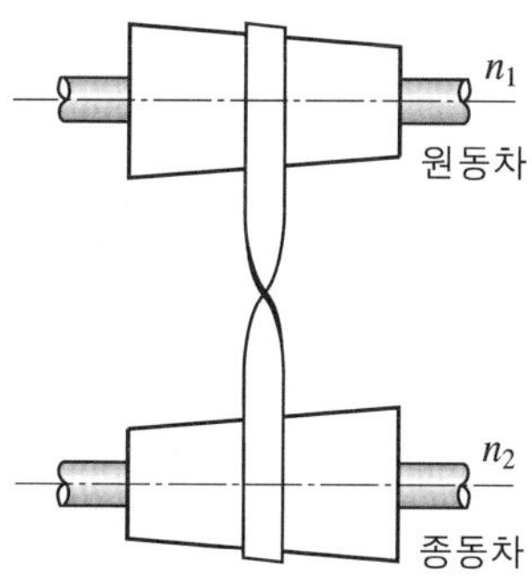

그림 7.4 단차식 변속방식

② **원뿔차에 의한 변속:** 그림 7.4(b)와 같이 한 쌍의 원뿔차(cone pulley)를 사용하여 벨트를 이동시킴에 따라 속도를 연속적으로 변환시킬 수 있다.

(2) 기어식 변속

기어식 변속에서는 여러 개의 기어를 순차적으로 조합한 기어열(gear train)을 이용하며, 종동축에 필요한 회전수를 얻도록 하기 위해 기어열의 조합을 바꾸어 주는 기어변속장치가 있다. 기어의 조합을 통해 속도를 변환하는 방식은 단차식 변속장치보다 정확한 속도비로 큰 회전력을 전달할 수 있다. 공작기계의 변속장치에는 기어전동 방식을 많이 사용하며, 변속기어 자체를 미끄러지게 하는 방법과 클러치를 축 위에서 미끄러지게 하는 방법이 있다. 그림 7.5(a)는 선반의 주축대 기어열의 보기로서 Ⅰ축의 기어를 미끄럼으로 이동시켜 Ⅱ축과의 기어물림을 다르게 하는 방식으로 주축의 속도를 단계적으로 변화시킬 수 있는 기어열을 나타낸 것이며, 그림 7.5(b)는 전동 변속선도의 예이다.

이러한 기어변속장치에는 다음과 같은 방법을 사용하는 것들이 있다.

① **변환 기어변속:** 그림 7.6(a)와 같이 두 축의 끝에서 물려 있는 한 쌍의 기어를 사용하여 필요한 속도비로 바꾸는 가장 간단한 방법이다. 속도 변환을 위한 조작이 불편하므로 터릿선반, 자동선반 등에서와 같이 동일한 회전수로 장시간 운전하는 경우에만 사용한다.

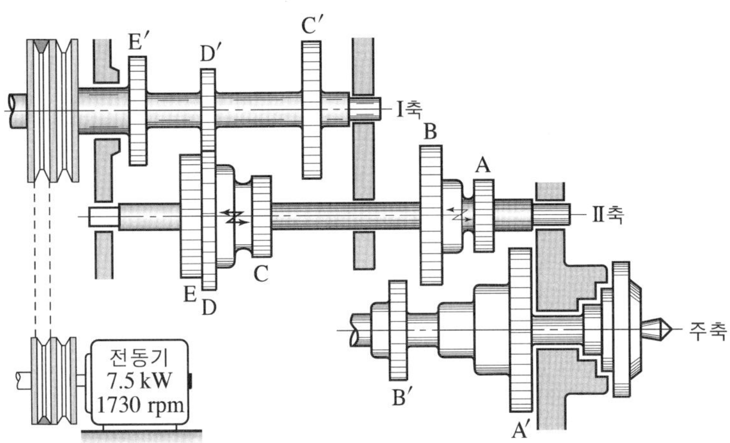

(a) 기어열

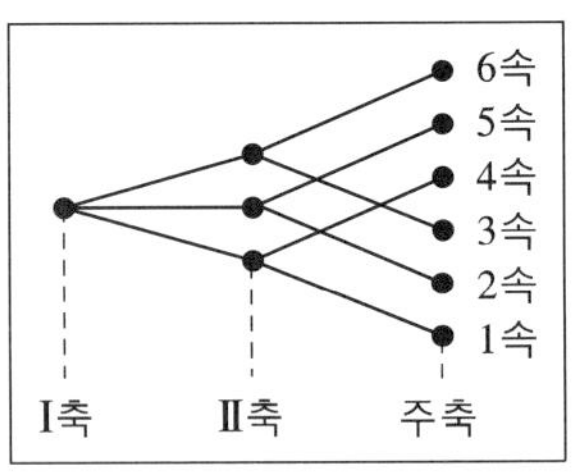

(b) 전동 변속선도

그림 7.5 기어식 변속방식

② **클러치 기어변속:** 그림 7.6(b)는 클러치(clutch)를 사용하여 2축에서 두 가지 속도변환을 하기 위한 기어변속장치를 보여주고 있다.

Ⅰ축에 있는 기어 a와 a′는 공전될 수 있도록 하고, Ⅱ축에 기어 b와 b′는 고정하고, Ⅰ축에 조립된 클러치(K)를 미끄럼 방식으로 좌측으로 이동시켜서 기어 a에 접촉시키면 기어 전동은 기어 a와 b의 속도비로 전동되고, 클러치(K)를 우측으로 이동하여 기어 a′와 접촉시키면 a′와 b′의 속도비로 전동된다.

③ **슬라이딩 기어변속:** 그림 7.6(c)와 같이 원동축 Ⅰ에는 잇수가 다른 기어 a와 a′를 미끄럼 키에 의해 축과 일체로 조립하였으며, 종동축 Ⅱ에는 맞물릴 기어 b와 b′가 고정된다. 변속할 때에는 축 Ⅰ의 기어를 좌우로 이동시켜서 축 Ⅱ의 기어 b 또는 b′와 물려줌으로써 변속되어 전동되는 구조이다. 이외에도 슬라이딩 기어변속 방식에 클러치 기어변속 방식을 조합한 백 기어(back gear)기구를 사용하면 속도변환의 폭을 넓힐 수 있다.

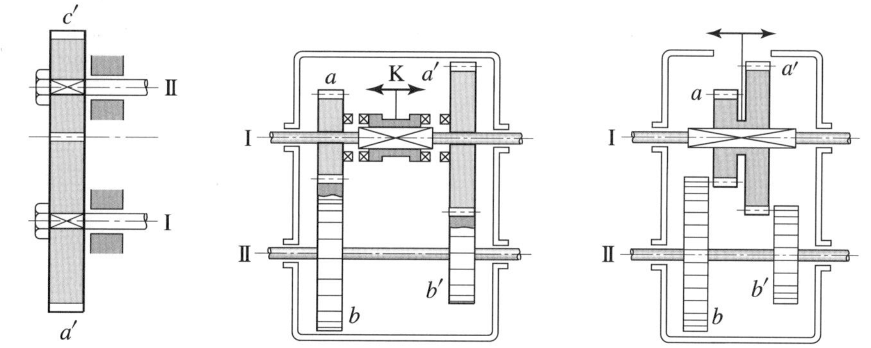

(a) 변환 기어변속 (b) 클러치 기어변속 (c) 슬라이딩 기어변속

그림 7.6 기어 변속방식

2) 무단계 변속기구

일정한 속도 이내에서 무단계로 속도를 변화시킬 수 있는 변속기구가 무단변속기구이며, 단계식 변속기구에 비해 필요한 속도를 일정한 범위 안에서 자유롭게 변속시킬 수 있어서 작업이 효율적이다. 이러한 무단변속기구에는 기계적 방법, 전기적 방법, 유체압을 이용하는 방법 등이 있다.

(1) 기계적 무단변속기구

기계적 무단변속기는 마찰을 이용한 여러 종류의 기구가 많이 이용된다. 대부분의 기계식 마찰기구는 토크가 크게 걸리면 미끄럼이 발생하기 때문에 비교적 작은 토크의 전달에 사용되며, 전달동력이 큰 경우에는 전기식 및 유압식이 사용되고 있다.

기계적 무단구동방법에는 마찰차, 벨트 등을 사용하여 기계적으로 변속하는 방식으로써, 주로 원추형이나 원판 모양으로 되어 있는 마찰차를 서로 누름으로써 마찰차와 마찰차 또는 벨트와의 사이의 마찰력에 의해 회전력을 전달한다. 원추형이나 원판의 접촉지름을 연속적으로 조절함으로써 회전운동을 무단으로 전달할 수 있다.

그림 7.7은 공작기계 구동장치에 이용되고 있는 무단변속방식으로 원뿔차-V벨트, 링과 유성 콘(cone)을 이용한 링-콘(ring cone)식 변속기구의 구조를 나타낸 것이다.

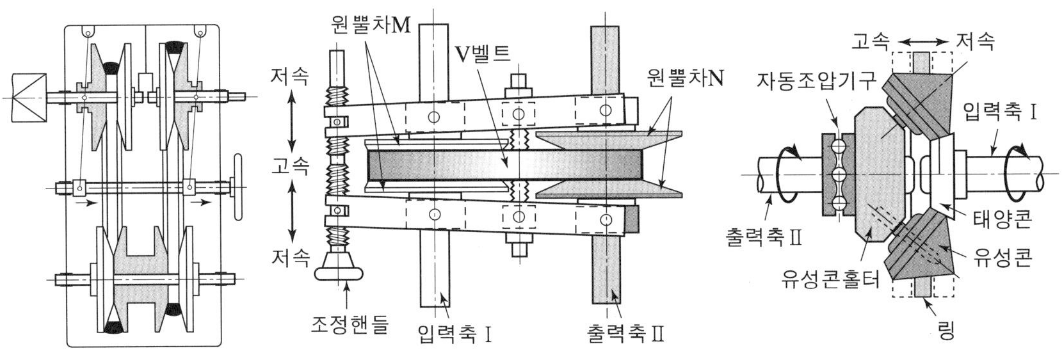

(a) 원뿔차-V벨트 변속방식 (b) 링-콘 변속방식

그림 7.7 기계적 무단 변속방식

(2) 전기적 무단변속기구

전기적인 방법으로 속도를 무단으로 변환하는 변속장치에는 직류전동기의 전압을 변환하는 방법과 교류전동기의 주파수를 변환시키는 방법이 있다. 그림 7.8은 직류발전기에서 가변 전압을 전동기의 저항기에 보내 전동기의 전압을 바꾸어 회전수를 변화시키는 방법으로서 워드-레너드(Ward-Leonard) 방식이라고 하며, 플레이너의 테이블 구동에 사용되고 있다.

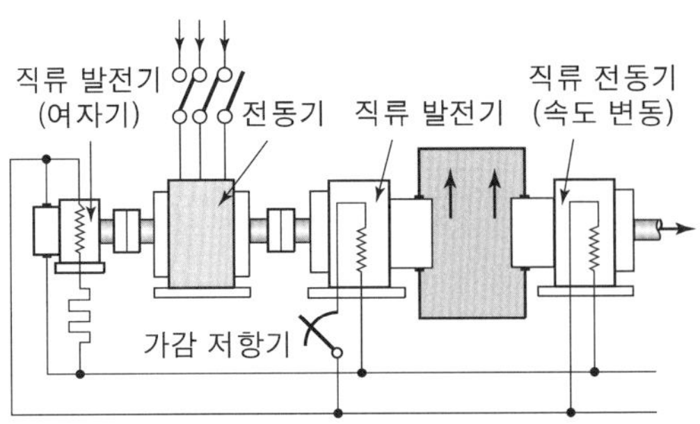

그림 7.8 워드-레너드 변속방식

교류 전동기에서 원동기로 3상 유도전동기가 많이 사용되며, 유도전동기의 시동토크는 작지만 공작기계는 보통 무부하에서 시작하기 때문에 문제가 없으나, 변속을 하기 위해서는 극수 또는 전원주파수를 변화시켜야 한다.

극수 변환식은 보통 2∼4단 변속이고 2∼12극 정도가 많이 사용되며, 계단적인 변속이 되지는 않는다. 직류전동기는 교류전동기에 비해 제어가 비해 훨씬 용이하지만 가격이 비싸다.

(3) 유압식 무단변속기구

펌프(pump)와 원동기로 구성되어 유체의 압력을 이용하여 무단변속하는 방법이다. 유압 구동은 에너지 전달 매개체로서 기름(oil)을 사용하며, 유압펌프로 기름에 압력과 운동을 주어서 유압원동기를 구동시킨다. 기계적 운동에는 전동기가 쓰이고, 직선 운동에는 유압 실린더, 회전 운동에는 유압모터가 사용되며, 방향과 압력을 조절하는 데 밸브가 사용된다. 유압식 변속기구는 일반적으로 유량을 제어하여 변속하기 위한 회로가 많다. 미터 인(metering in)회로는 연삭기, 호닝 머신 등에 사용되며, 미터 아웃(metering out)회로는 드릴링 머신, 톱 기계 등에 사용되며, 블리드 오프(bleed off)회로는 브로칭 머신, 호닝 머신 등의 구동계에 사용된다. 이러한 유압식 구동방식의 특징은 다음과 같다.

- **장점**

① 구조가 간단하며 운동 제어성이 좋다.
② 광범위한 무단변속을 쉽게 할 수 있다.
③ 구동 토크와 속도가 일정하다.
④ 소음과 충격이 적고 운동이 부드럽다.
⑤ 과부하에 대하여 기계파손의 위험이 적고 수명이 길다.

- **단점**

① 유체의 온도변화에 의해 운동특성이 변한다.
② 유압 구성부품의 정밀가공이 필요하다.
③ 유체온도가 높아지면 열변형이 생기고 정도가 떨어진다.
④ 제작비가 비싸며 유압배관이 복잡하다.

2. 공작기계의 주축 속도열

기계가공에 필요한 절삭 및 이송운동은 동력원인 전동기의 회전운동이 그대로 전달되거나 직선운동으로 바뀌어서 전달된다. 따라서 구동축의 회전수를 가공조건에 적합하게 변환시키는 데 필요한 변속기구가 있어야 한다. 이러한 변속기구에는 단계식 속도변환 기구와 무단계식 속도변환 기구가 있다. 절삭가공에서 효과적인 절삭을 위해 정확한 회전수를 선택하여 이상적인 절삭속도로 가공하는 것이 좋지만, 일반 공작기계에서는 기계의 구조와 효율성, 가격 등을 고려하여 단계식 속도변환 기구를 많이 사용하고 있다.

단계식 속도변환 기구에서 얻어지는 회전수의 배열을 속도열이라 하는데 배열방식에 따라 등차급수 속도열, 등비급수 속도열, 대수급수 속도열 등이 있다. 그리고 각 속도열 방식에 따라서 회전수를 공작물 지름과 절삭속도의 관계로 나타내는 톱니선도가 있다.

1) 등비(공비)급수 속도열

최대 회전수와 최소 회전수와의 사이를 등비수열적으로 구분한 것을 등비급수 속도열이라고 하며, 등비수열에서 등비를 ϕ, 임의의 i 단의 회전수를 n_i 로 하면,

$$n_i = n_{\min} \cdot \phi^{i-1}$$

로 표시되며, 절삭속도 감소율은

$$\Delta v = 1 - \frac{n_{i-1}}{n_i}$$

$$\frac{n_{i-1}}{n_i} = \frac{1}{\phi}$$

이므로 $\phi > 1$로서 상수이면 $n_i = n_{i-1} \cdot \phi$가 되므로,

$$n_2 = n_1 \cdot \phi,\ n_3 = n_2 \cdot \phi,\ \cdots,\ n_i = n_{i-1} \cdot \phi = n_1 \cdot \phi^{i-1}$$

따라서 등비(ϕ)는 $\phi = \sqrt[i-1]{\frac{n_i}{n_1}} = \sqrt[i-1]{\frac{n_{\max}}{n_{\min}}}$ 이 되므로 속도 감소율이 일정하다.

그림 7.9는 최적 절삭속도가 28~40 m/min일 때 공작물 지름과 회전수와의 관계를 나타낸 등비 급수속도열의 톱니선도이다. 여기서 절삭속도는 $v = \pi \cdot d \cdot n / 1000$(m/min)이며, 공작물의 지름이 감소할수록 회전수의 배열간격이 다소 좁아지며, 속도 감소율이 일정하고 변속장치도 비교적 간단하여 많이 사용하는 속도열이다. 등비급수 속도열이 모든 이송운동에도 좋은 것은 아니지만, 이송할 속도 변환수가 많을 때에는 등비급수 속도열을 사용하기도 한다. 그림에서 공비 ϕ가 약 1.41이고 회전수가 $n_1 = 17$, $n_2 = 25$, $n_3 = 35$, $n_4 = 50$, $n_5 = 68$, $n_6 = 95$, $n_7 = 135$, $n_8 = 190$, $n_9 = 265$, $n_{10} = 375$, $n_{11} = 530$, $n_{12} = 750$ rpm 인 등비급수 속도열이다.

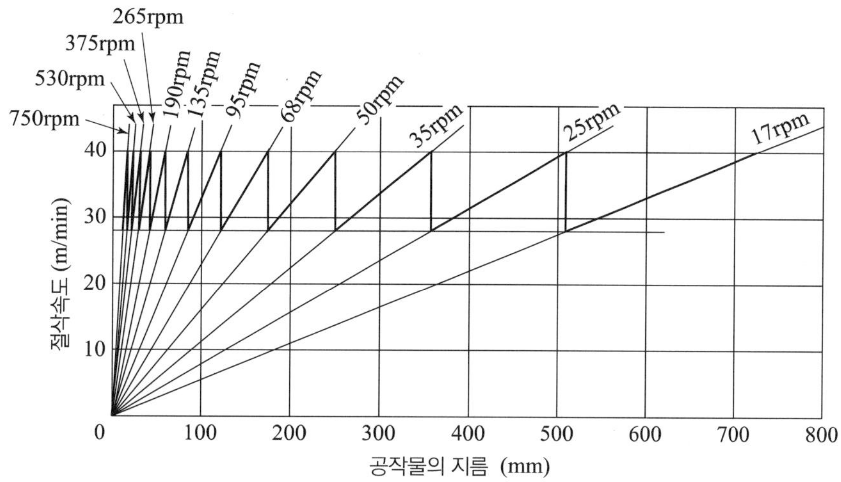

그림 7.9 등비급수 속도열의 톱니 선도

2) 등차(공차)급수 속도열

최대 회전수와 최소 회전수와의 사이를 등차 수열적으로 구분한 것을 등차급수 속도열이라고 한다. 등차를 a, 임의 단에서의 회전수를 n_i라 하면,

$$n_i = n_{\min} + a \cdot (i-1)$$

로 된다. 등차 급수적으로 변하는 회전속도의 수열로 단의 수를 Z라 하고, 수열의 등차를 a, 최소 회전수를 n_1, 최고 회전수를 n_z라 하면,

$$n_2 = n_1 + a, \quad n_3 = n_2 + a = n_1 + 2a, \quad n_4 = n_3 + a = n_1 + 3a$$
$$n_z = n_{z-1} + a = n_1 + (Z-1)a$$

이므로 등차(a)는 다음과 같다.

$$a = \frac{n_z - n_1}{Z-1}$$

그림 7.10은 등차급수 속도열의 톱니선도로써 공작물 지름이 커질수록 절삭속도 감소율이 크고 또 회전수의 배열간격이 넓게 되어 있다. 그림에서와 같이 1단에서의 최저 회전수 $n_1 = 17\,\text{rpm}$, 12단에서의 최고 회전수 $n_{12} = 750\,\text{rpm}$일 때, 단수 $Z = 12$단일 때 등차는 $a = \dfrac{750-17}{12-1} = 66$이고 회전수는 $n_1 = 17,\ n_2 = 80,\ n_3 = 150,\ \cdots,\ n_{12} = 750\,\text{rpm}$으로 된다.

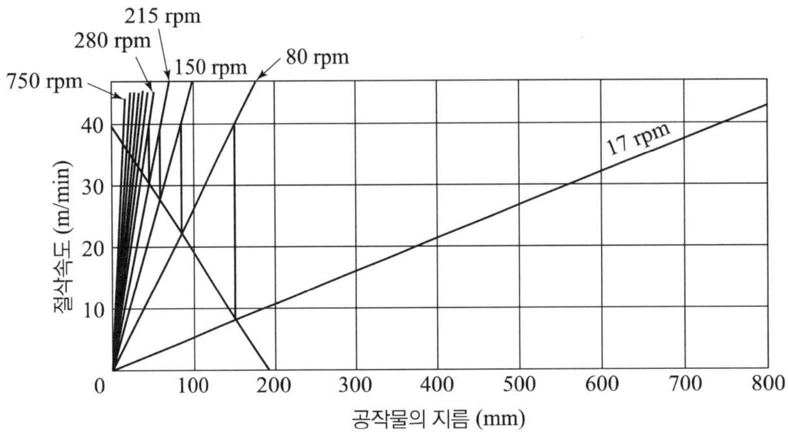

그림 7.10 등차급수 속도열의 톱니선도

3) 대수급수 속도열

등비급수 속도열이나 등차급수 속도열의 경우에 속도열 톱니선도에서 공작물의 지름이 작은 범위에서는 회전수의 배열이 좁고 지름이 큰 범위에서는 회전수의 배열이 넓게 되어 있다. 대수급수 속도열은 그림 7.11과 같이 회전수의 배열이 비교적 균일하게 되어 톱니의 간격이 균일하지만, 절삭속도 감소율이 일정하지 않기 때문에 사용에 제약이 따르게 된다.

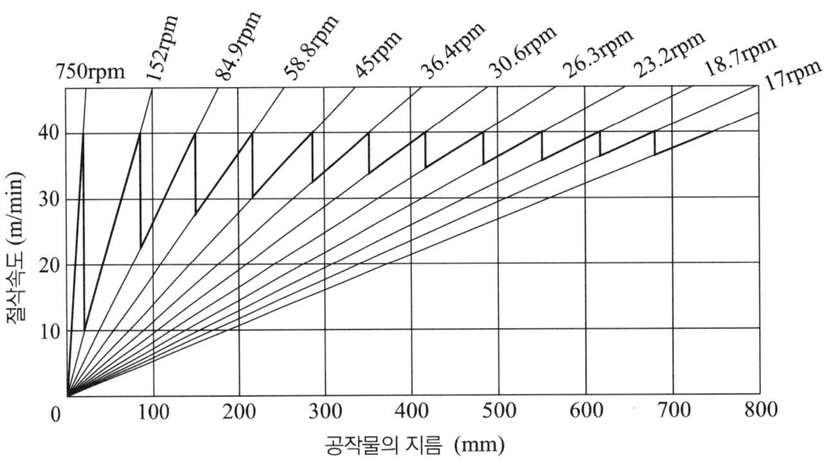

그림 7.11 대수급수 속도열의 톱니선도

예제 7.1

1단에서의 최저 회전수 $n_1 = 20$ rpm이고, 10단에서의 최고회전수 $n_{10} = 800$ rpm인 등비급수 속도열 변속기구에서 등비(공비)는 얼마인가? 그리고 2단 회전수 n_2와 3단 회전수 n_3는 몇 rpm인가?

[풀이]

등비 $\phi = \sqrt[i-1]{\dfrac{n_{max}}{n_{min}}} = \sqrt[10-1]{\dfrac{n_{max}}{n_{min}}} = \sqrt[9]{\dfrac{800}{20}} = 1.5$이고,

2단에서의 회전수 $n_2 = n_1 \cdot \phi = 20 \times 1.5 = 30$ rpm이고,

3단에서의 회전수 $n_3 = n_2 \cdot \phi = 30 \times 1.5 = 45$ rpm이다.

7.3 절삭기구와 절삭저항

1. 절삭기구

공작물을 바이트와 같은 공구의 날로 칩(chip)을 발생시켜서 깎아내는 것이 절삭(cutting)이며, 절삭에 사용하는 날물이 절삭공구(cutting tool)이다.

이때 절삭공구에 의해 공작물에서 깎여 나오는 쇳밥을 칩(chip)이라고 한다. 절삭공구에는 날 끝이 하나인 단인 공구(single point tool)인 선삭용 바이트(bite)와 원통형의 단면에 날이 있는 드릴(drill)과 여러 개의 날을 많이 가진 다인공구(multi point tool)인 밀링커터가 있다. 절삭가공에서는 여러 가지 가공방법이 이용되며, 공작물이 절삭되어 칩이 발생되는 기구는 매우 복잡하다.

그림 7.12(a)는 2차원 절삭을 나타낸 것으로서 바이트 끝이 공작물에 파고들어 화살표 방향으로 진행하면서 바이트 앞쪽에 있는 공작물의 일부가 큰 힘을 받아서 소성변형을 하게 된다. 이에 따라 바이트 날 끝 부근에서 공작물의 소성변형을 받은 부분이 칩으로 되어 밀려 나오게 되는 절삭기구이다.

그림 7.12(b)는 3차원 절삭으로서 선삭가공에서 절삭을 계속하기 위해서는 절삭공구의 날 끝과 공작물의 절삭할 부분과의 직접 접촉을 통해 칩을 발생시키기 위한 절삭운동이 필요하다. 이와 같은 절삭운동에는 주절삭운동, 이송운동, 위치조정운동으로 이루어진다.

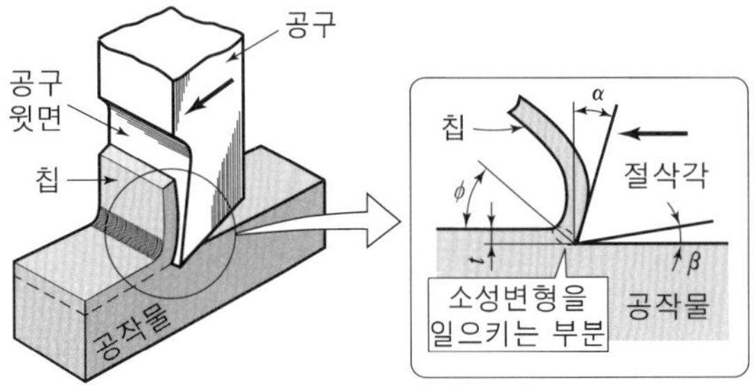

(a) 2차원 절삭

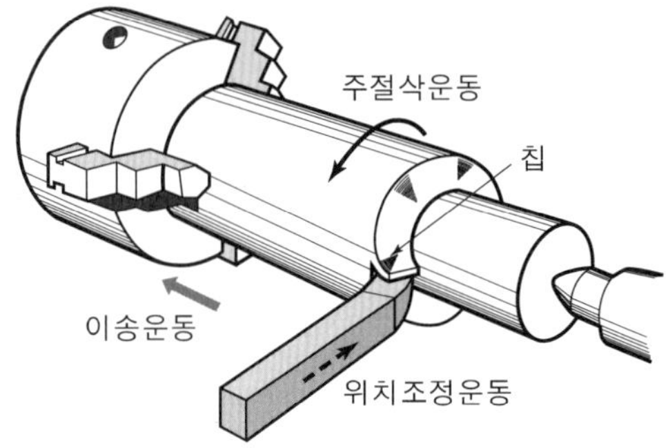

(b) 3차원 절삭

그림 7.12 절삭기구

2. 절삭저항

1) 절삭비(cutting ratio)

그림 7.13은 바이트로 공작물을 절삭할 때 칩이 발생하는 절삭부의 기구학적 형상을 나타낸 것이다. 그림에서 바이트의 윗면 경사각이 α인 공구로 절삭깊이를 t_1으로 하여 절삭할 때 배출되는 칩의 두께를 t_2, 전단변형을 일으키는 전단면이 공구진행 방향과 이루는 전단각을 ϕ라고 하면, 절삭비 r_c는 다음 식과 같이 나타낼 수 있다.

$$r_c = \frac{t_1}{t_2} = \frac{BC}{BD} = \frac{AB \cdot \sin\phi}{AB \cdot \cos(\phi - \alpha)} = \frac{\sin\phi}{\cos(\phi - \alpha)}$$

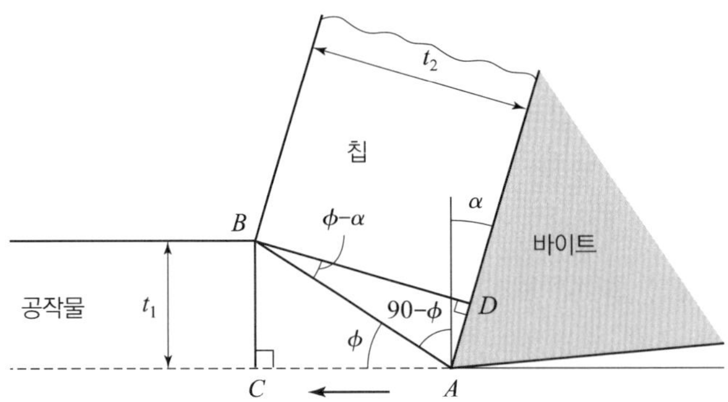

그림 7.13 칩 생성의 기구학적 형상

이와 같은 절삭비는 공작물을 절삭할 때 가공이 용이한 정도를 나타내는 절삭성의 척도로써 $t_2 > t_1$이므로 1보다 크지는 않으며, 1에 가까울수록 절삭성이 우수하게 된다.

2) 전단변형율과 전단각

그림 7.14는 전단변형율과 전단각과의 관계를 나타낸 것으로서, 전단변형율(r)은

$$r = \frac{AF}{BG} = \frac{AG + GF}{BG} = \frac{AG}{BG} + \frac{GF}{BG} = \cot\phi + \tan(\phi - \alpha)$$

$r_c = \dfrac{\sin\phi}{\cos(\phi-\alpha)}$ 이므로 전단각(ϕ)은 다음과 같다.

$$\sin\phi = r_c\cos(\phi - \alpha) = r_c\cos\phi\cos\alpha + r_c\sin\phi\sin\alpha$$

$$\sin\phi - r_c\sin\phi\sin\alpha = r_c\cos\phi\cos\alpha$$

$$\sin\phi \times (1 - r_c\sin\alpha) = r_c\cos\phi\cos\alpha$$

$$\therefore \tan\phi = \frac{r_c\cos\alpha}{1 - r_c\sin\alpha}$$

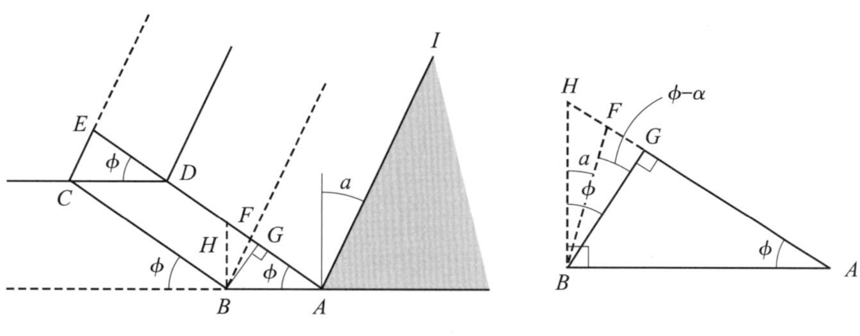

그림 7.14 전단변형과 전단각

3) 절삭저항

그림 7.15는 바이트 공구로 공작물을 절삭할 때 공구와 공작물에 작용하는 절삭저항을 도시한 것으로써, 공구에 작용하는 절삭저항(R)을 경사면에 수직한 힘(N)과 평행한 힘(F)으로 분해하고, 공작물에 작용하는 힘(R')을 전단면에 평행한 전단력(F_S)과 수직한 압축력(F_N)으로 분해하여 나타내었다.

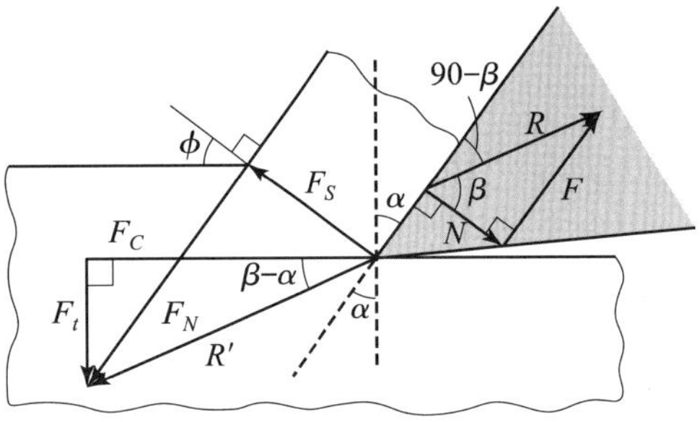

그림 7.15 절삭력의 작용

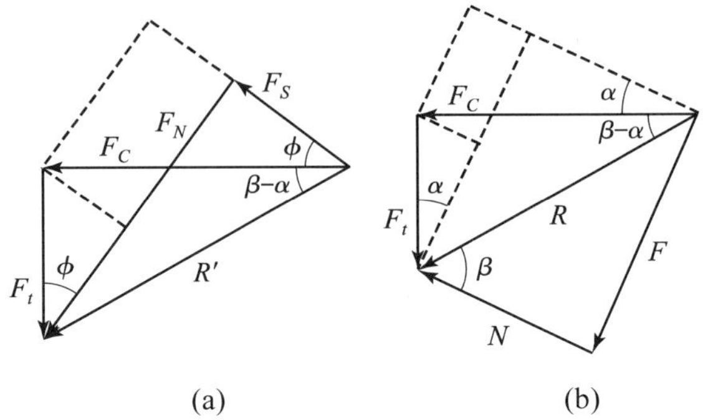

그림 7.16 절삭 분력

위의 그림에서 $R = R'$: 절삭저항, F_c: 주분력, F_t: 배분력, β: 마찰각으로서

(1) 수직력(N)과 마찰력(F)

$$F_S = F_c \cos\phi - F_t \sin\phi$$

$$F_N = F_c \sin\phi + F_t \cos\phi$$

$$N = F_c \cos\alpha - F_t \sin\alpha$$

$$F = F_c \sin\alpha + F_t \cos\alpha$$

(2) 경사면의 마찰계수

$$\mu = \tan\beta = \frac{F}{N} = \frac{F_t \cos\alpha + F_c \sin\alpha}{F_c \cos\alpha - F_t \sin\alpha} = \frac{F_t + F_c \tan\alpha}{F_c - F_t \tan\alpha}$$

(3) 전단면 위의 평균 전단응력과 평균 압축응력

그림 7.17은 공작물 전단면의 면적(A_S)에 평행한 전단력(F_S)와 수직한 압축력(F_N)에 의해 발생하는 전단응력과 압축응력의 관계를 나타낸 것으로서, 절삭 단면적(A)은 $A = A_S \cdot \sin\phi$이므로 작용하는 응력은 다음과 같다.

$$\text{전단응력 } \tau = \frac{F_s}{A_s} = \frac{F_s \sin\phi}{A} = \frac{F_c \cos\phi - F_t \sin\phi}{A} \cdot \sin\phi$$

$$\text{압축응력 } \sigma = \frac{F_N}{A_s} = \frac{F_N \sin\phi}{A} = \frac{F_c \sin\phi + F_t \cos\phi}{A} \cdot \sin\phi$$

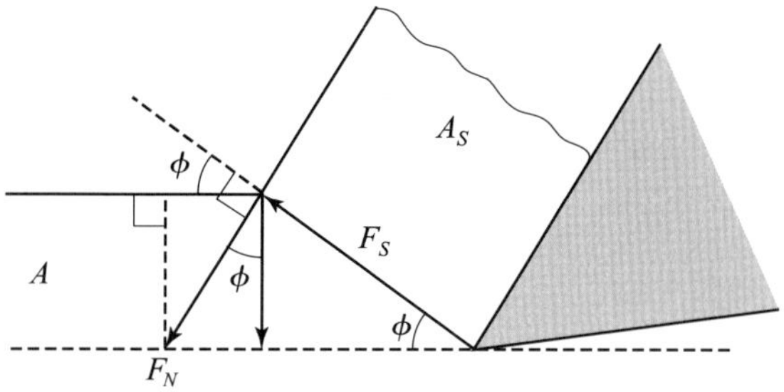

그림 7.17 전단 및 압축응력의 작용

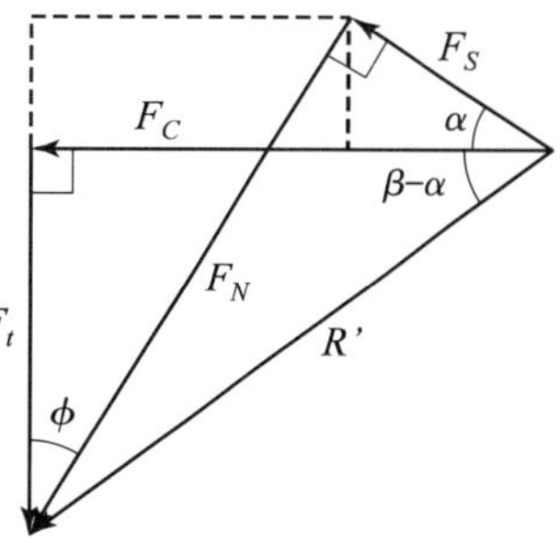

그림 7.18 절삭저항의 작용

(4) 주분력(F_c)과 배분력(F_t)

그림 7.18은 절삭저항과 각 분력과의 관계를 나타낸 것으로서

$$\text{주분력 } F_c = F_N \sin\phi + F_s \cos\phi$$

$$\text{배분력 } F_t = F_N \cos\phi - F_s \sin\phi$$

$R' = R$이며, $F_s = R\cos(\phi + \beta - \alpha)$이므로 절삭저항($R$)은 다음과 같다.

$$R = \sqrt{F_c^2 + F_t^2} = F_S \cdot \frac{1}{\cos(\phi + \beta - \alpha)} = \frac{\tau \cdot A}{\sin\phi} \cdot \frac{1}{\cos(\phi + \beta - \alpha)}$$

(5) 절삭저항

공구로 공작물을 절삭할 때 공구가 받는 저항력을 절삭저항이라고 하며, 공구에 의하여 공작물이 칩으로 전단변형될 때의 저항력, 칩으로 분리될 때의 저항력, 칩이 공구 경사면을 미끄러질 때의 저항력 등이 주된 절삭저항이 된다.

그림 7.19는 원형단면 봉을 선삭가공할 때의 절삭저항을 나타낸 것으로서 공구에 절삭저항(F)이 작용한다. 이 절삭저항은 주 절삭방향으로 작용하는 주분력(F_c), 절입방향인 공구의 축 방향으로 작용하는 배분력(F_t)과 이송방향으로 작용하는 이송분력(F_s)으로 나눌 수 있다. 이러한 분력의 크기를 비교하면 다음과 같다.

$$F_c : F_s : F_t = (10) : (1 \sim 2) : (2 \sim 4)$$

절삭가공 조건에 따라서 3분력의 크기 비율은 일정하지 않으며, 보통 주분력이 다른 분력에 비하여 크기 때문에 절삭저항을 주분력만으로 표시하는 경우도 있다. 일반적으로 절삭저항은 다음과 같은 요소에 영향을 받는다.

① 공작물이 경질일수록 절삭저항이 증가한다.

② 절삭속도가 증가하면 절삭저항도 증가한다.

③ 절삭각이 클수록 절삭저항은 감소한다(90° 이내에서).

④ 바이트의 경사각이 클수록 절삭저항이 감소한다.

⑤ 절삭면적이 클수록 절삭저항력은 증가한다.

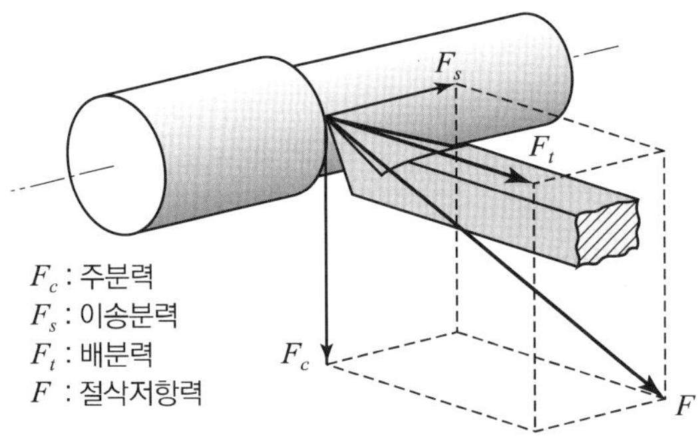

그림 7.19 절삭저항의 분력

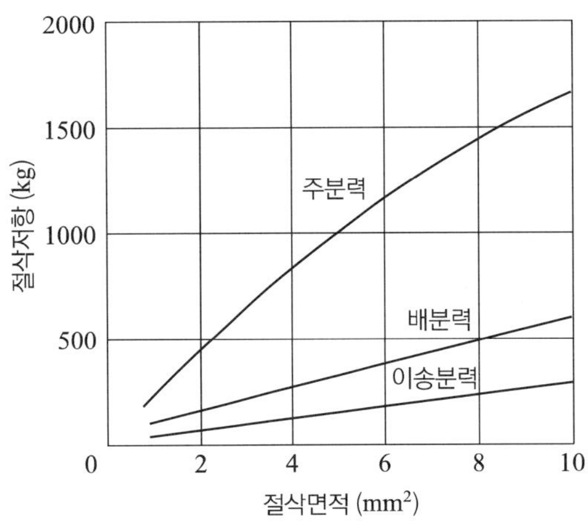

(a) 절삭면적과 절삭저항

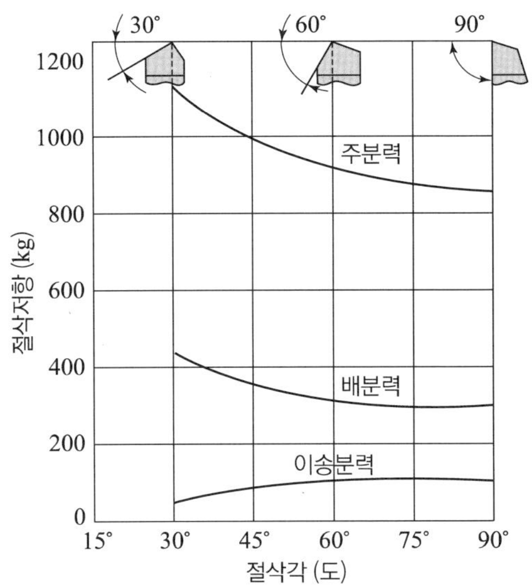

(b) 절삭각과 절삭저항

그림 7.20 절삭저항에 미치는 영향

4) 절삭동력

공작기계의 주축을 구동하기 위해 원동기로부터 공급되는 동력의 대부분은 절삭공구와 공작물 사이의 절삭운동에 소모된다. 절삭속도를 v(m/sec), 절삭저항(주분력)을 F_c(kg_f)라 하면 소요되는 절삭동력(P)은 다음과 같이 구할 수 있다.

$$P = \frac{F_c \times v}{75} \text{(ps)}$$

예제 7.2

지름이 50 mm인 공작물을 회전수 1,200 rpm으로 절삭하였을 때 발생하는 주분력의 크기가 70 kg_f이라면, 소요되는 동력은 몇 마력인가?

[풀이]

절삭속도 $v = \frac{\pi \cdot \ d \cdot \ n}{1000 \times 60} = \frac{\pi \times 50 \times 1200}{1000 \times 60} \fallingdotseq 3.14$(m/sec)이므로,

소요동력 $P = \frac{F_c \times v}{75} = \frac{70 \times 3.14}{75} \fallingdotseq 2.93$ (ps)

7.4 절삭속도와 거칠기

1. 절삭속도

효율적인 절삭가공을 위해서는 단위시간당 절삭량을 많이 하면서 가공면이 좋아야 한다. 절삭효율을 높이려면 절삭속도(cutting speed), 절삭깊이(depth of cut), 이송속도 (cutting feed)를 크게 하면 된다. 그러나 공작기계의 강성과 동력에 제약이 있고, 공구의 수명도 고려해야 하므로 일정한도 이상으로 크게 할 수 없다. 절삭속도는 절삭공구와 공작물과의 상대 운동속도인 주절삭속도를 말하며, 공구가 공작물을 1분 동안 절삭하는 길이(m/min)로 나타낸다. 절삭속도는 주절삭 운동 방식에 따라 다음과 같이 두 가지로 나타낼 수 있다.

1) 주절삭 운동이 회전운동일 경우

선삭과 같이 공작물이 회전하고 공구가 왕복 운동하는 경우와 드릴링, 밀링과 같이 공구가 회전하여 절삭하는 경우에서 절삭속도는 다음과 같이 구할 수 있다.

$$v = \frac{\pi \cdot d \cdot n}{1,000}$$

여기서, v: 절삭속도(m/min)

d: 회전하는 공작물 또는 공구의 지름(mm)

n: 회전하는 공작물 또는 공구의 회전수(rpm)

2) 주절삭 운동이 직선운동일 경우

플레이너, 형삭기 등과 같이 주절삭 운동이 직선운동인 경우로서, 절삭공구나 공작물이 직선 왕복운동을 반복하면서 형삭이나 평면을 절삭한다. 이때 1회 왕복운동은 절삭행정과 귀환행정으로 이루어지며, 절삭행정의 속도보다 귀환행정 속도를 빠르게 하여 가공시간을 단축시킬 필요가 있다. 주절삭 운동이 직선운동을 하는 경우에 절삭속도는 다음 식과 같이 구할 수 있다.

$$v = \frac{n \cdot L}{1,000 \cdot \alpha}$$

여기서, v: 절삭속도(m/min)

n: 1분간 왕복횟수

L: 행정거리(mm)

α: 1회 왕복할 때 절삭행정과 귀환행정의 시간비(보통 3/5～2/3)

2. 이송속도

이송속도(feed rate)는 공작기계의 종류 및 주절삭 운동의 형식과 절삭공구의 날수에 따라서 표시방법이 달라진다. 일반적으로는 그림 7.21(a)와 같이 선삭이나 드릴링의 경우에는 이송속도를 공작물 1회전당 공구의 이송량(mm/rev)으로 나타내며, 7.21(b)와 같이 밀링의 경우에는 절삭날 1개당 이송량(mm/tooth) 또는 1분당 이송량(mm/min)으로 나타낸다. 형삭기, 평삭기 등에서는 1회 왕복당 이송량(mm/stroke)과 같이 단순하게 이송량으로 나타낸다.

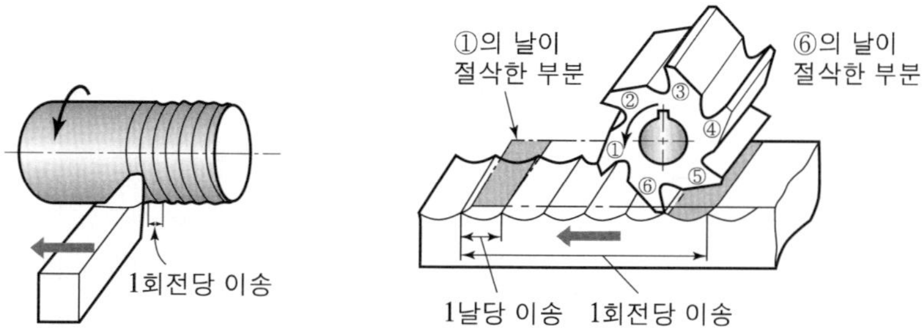

(a) 선반가공 (b) 밀링가공

그림 7.21 이송속도의 표시

3. 가공면의 거칠기

절삭가공에 의한 가공면의 거칠기는 절삭속도와 깊이, 이송속도, 공구의 형상과 크기, 공작물의 재질, 절삭유 등의 절삭조건에 따라 다르게 된다.

그림 7.22(a)와 같이 날 끝이 둥근 노즈 반지름(nose radius)이 r(mm)인 공구로 이송을 S(mm/rev)로 절삭할 때, 공작물이 날 형상대로 가공되어 표면에 생기는 요철의 최대높이 H를 이론적인 표면 거칠기라고 하면,

$\triangle BCD \backsim \triangle ACD$이므로

$$\frac{BC}{CD} = \frac{CD}{AC} = \frac{H}{S/2} = \frac{S/2}{2 \cdot r - H}$$

실제로 $2 \cdot r$에 비해 H는 매우 작으므로, $2 \cdot r - H \fallingdotseq 2 \cdot r$로 근사하면 $\frac{H}{S/2} = \frac{S/2}{2 \cdot r}$ 이므로, $H = \frac{(S/2)^2}{2 \cdot r} = \frac{S^2}{8 \cdot r}$가 되고

$$S = \sqrt{8 \cdot r \cdot H}$$

가 된다. 또한 그림 7.22(b)와 같이 날 끝이 각진 공구로 절삭할 때, $\angle A$가 절입각, $\angle B$가 앞면 절삭날각이면, 이송(S)은

$$S = H \cdot (\cot A + \cot B)$$

가 된다.

이와 같은 이론적인 표면 거칠기는 공구와 공작물의 재질과 절삭깊이, 절삭속도 등의 절삭조건을 고려하지 않은 것이다.

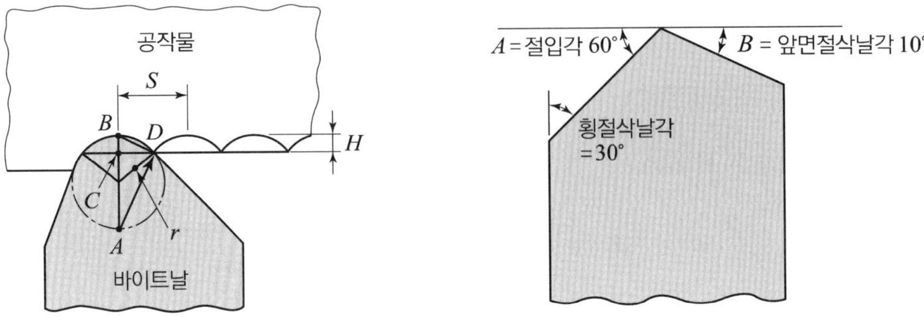

(a) 둥근 날 끝일 때 (b) 각진 날 끝일 때

(a) 둥근 날 끝일 때 (b) 각진 날 끝일 때

그림 7.22 가공면의 거칠기

예제 7.3

지름이 60 mm인 공작물을 회전수 1,500 rpm으로 선삭가공할 때 절삭속도는 얼마인가?

[풀이]

$$v = \frac{\pi \cdot d \cdot n}{1{,}000} = \frac{\pi \times 60 \times 1{,}500}{1{,}000} = 282.7\ (\text{m/min})$$

예제 7.4

지름이 80 mm인 평면커터를 사용하여 절삭속도를 176 m/min으로 절삭가공하기 위해서 주축의 회전수는 얼마로 해야 하는가?

[풀이]

$$n = \frac{1{,}000 \cdot v}{\pi \cdot d} = \frac{1{,}000 \times 176}{\pi \times 80} = 700\ (\text{rpm})$$

예제 7.5

노즈 반지름(r)이 0.2 mm인 공구로 이송(S)을 0.1 mm/rev로 선삭가공할 때, 이론적인 표면 거칠기(H)는 얼마가 되겠는가?

[풀이]

$$H = \frac{S^2}{8 \cdot r} = \frac{0.1^2}{8 \times 0.2} = 0.00625(\text{mm}) = 6.25(\mu\text{m})$$

예제 7.6

선삭가공에서 노즈 반지름(r)이 0.2 mm인 공구로 이론적인 표면 거칠기(H)를 0.025 mm로 가공하기 위해 이송(S)을 얼마로 하면 좋은가?

[풀이]

$$S = \sqrt{8 \cdot r \cdot H} = \sqrt{8 \times 0.2 \times 0.025} = 0.2 \text{ (mm/rev)}$$

7.5 절삭 칩의 종류와 형태

1. 절삭 칩의 종류

절삭가공을 할 때 공구에 의해 공작물의 일부가 칩(chip)으로 발생되어 제거된다. 이때 발생하는 칩을 확대하여 관찰하면 다음과 같이 4종류로 구분할 수 있다.

1) 유동형 칩

공구의 진행에 따라서 공구 날 끝과 닿는 공작물 부분이 전단미끄럼 변형이 발생되면서 공구 경사면을 따라 연속적으로 흘러나오는 칩의 형태가 유동형 칩(flow type chip)이다.

유동형 칩은 나선모양으로 길게 연속되어 나오는 연속형 칩으로서 절삭저항과 절삭온도의 변동이 매우 작고 가공면의 상태도 양호하다. 따라서 정밀한 가공을 위한 절삭가공에서 유동형 칩의 발생이 좋으나, 연속된 칩이 공작물 주변에 엉켜서 가공면에 상처를 주거나 가공을 방해할 수 있으므로 칩을 짧게 끊어주기 위한 칩 브레이커(chip breaker)가 필요하다. 그림 7.23은 유동형 칩의 형태를 보여주는 것으로서, 주로 연성인 공작물을 윗면경사각이 큰 공구로 절삭깊이를 작게 하고 절삭속도를 빠르게 절삭할 때 많이 발생한다.

2) 전단형 칩

공구가 진행됨에 따라 날 끝이 공작물을 강하게 압축하여 변형되고 어느 순간에 전단이 발생하여 칩이 생성되는 형태로서, 압축력과 전단력에 의한 미끄럼과 전단이 짧은 주기로 반복하여 작용함으로써 발생한 칩이 공구 경사면을 따라 흘러나오는 칩의 형태를 전단형 칩(shear type chip)이라 한다.

그림 7.24는 전단형 칩의 생성기구를 나타낸 것으로서 공구의 날 끝이 a에서 b로 이동하면서 $abcd$ 부분의 점선과 같이 압축되고 bc 방향으로 전단되면서 하나의 칩이 발생된다. 이와 같은 압축과 전단변형이 반복되면서 칩이 공구 경사면을 타고 배출되는 형태로서, 불연속적인 미끄럼에 의해 전단형 칩이 발생하므로 유동형과 열단형의 중간 형태의 칩이다. 이와 같이 한 번의 미끄럼에 의해 하나의 전단형 칩이 생길 때마다 진동이 발생되고 절삭저항도 변동되어 가공면에 요철이 생기고 날 끝이 손상되는 경우가 발생할 수 있다. 따라서 유동형 칩의 경우보다 가공면이 매끄럽지 않게 된다. 주로 주철이나 황동과 같이 취성을 가진 공작물을 윗면경사각이 작은 공구로 절삭깊이를 깊게 하고 절삭속도를 비교적 느리게 절삭할 때 많이 발생한다.

3) 열단형 칩

공구의 날 끝이 공작물을 강하게 압축시켜서 표면에 작은 균열을 일으키고, 이어서 전단에 의해 발생되는 칩이 절삭공구 경사면에 달라붙어 흐름이 원활하지 못한 칩의 형태를 열단형 칩(tear type chip)이라고 한다.

그림 7.25는 열단형 칩의 형태를 나타낸 것으로서 공구가 진행됨에 따라서 균열이 점차 커지다가 일정한도가 되면 bc 방향으로 미끄럼전단으로 칩이 발생하는 과정을 반복하면서 절삭이 진행된다. 균열은 날 끝 앞쪽을 향하면서 공작물 표면 아래쪽으로 발생하여 가공표

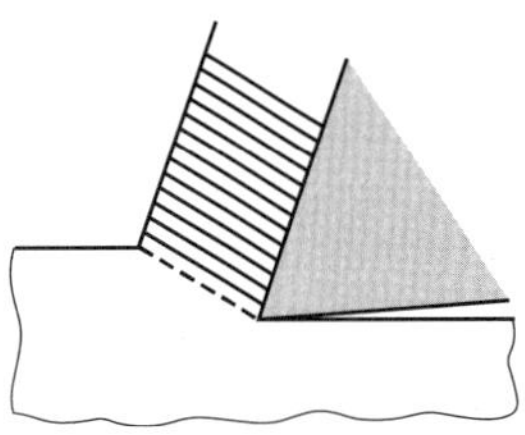

그림 7.23 유동형 칩

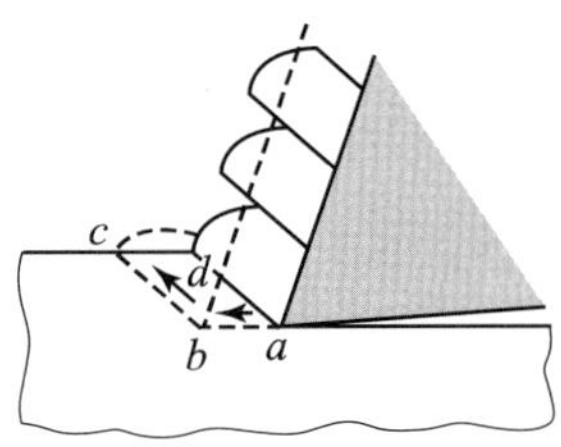

그림 7.24 전단형 칩

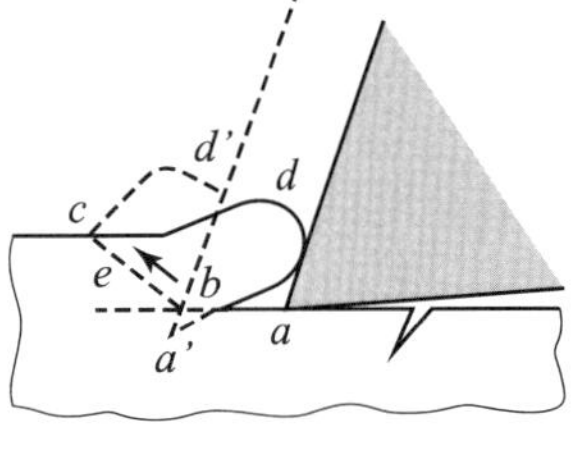

그림 7.25 열단형 칩

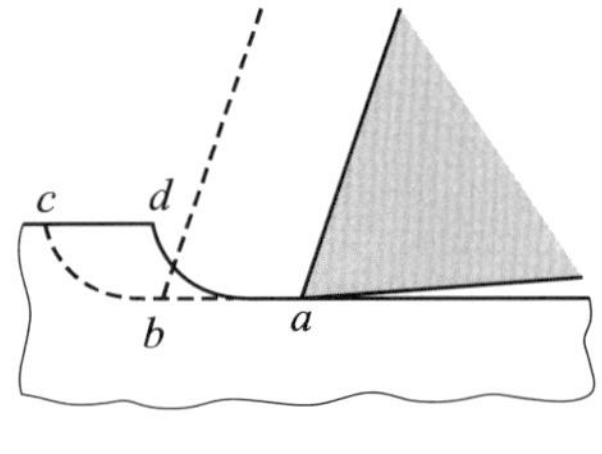

그림 7.26 균열형 칩

면에 뜯긴 것 같은 흔적이 남아 표면 거칠기가 매우 불량하며, 절삭저항의 심한 변동으로 진동이 발생하고 공구가 손상되기 쉽다.

주로 점성이 큰 공작물을 공구각이 작은 예리한 공구로 절삭깊이를 깊게 하여 절삭속도를 느리게 절삭할 때 많이 발생한다.

4) 균열형 칩

그림 7.26과 같이 공구의 날 끝 a에서 공작물 표면 d까지 순식간에 발생하는 균열에 의해서 생기는 칩 형태를 균열형 칩(crack type chip)이라고 한다. 이러한 균열은 절삭각이 작을 때에는 수평과 비스듬한 위쪽으로 발생하지만, 절삭각이 커지게 되면 날 끝의 진행방향보다 아래쪽으로 균열이 발생하여 열단형 칩으로 된다. 따라서 가공면에는 요철과 같은 흔적을 남기고 절삭저항의 변동도 커져서 공구에 떨림이 발생한다. 주로 취성이 큰 공작물을 절삭가공할 때 많이 발생한다.

이상과 같은 칩의 형태 중에서 유동형 칩은 연속되어 칩이 배출되는 연속형 칩(continuous chip)이며, 유동형 칩 이외는 칩이 연속적으로 이어져 나오지 않으므로 불연속 칩(discontinuous chip)으로 구분한다.

2. 구성인선

연강이나 알루미늄과 같은 연성재료를 절삭할 때 공구 경사면과 칩 사이에 발생하는 고온의 열과 절삭압력에 의해 미분의 칩이 날 끝에 부착되어 절삭날의 역할을 하는 것을 구성인선(built-up edge, BUE)이라고 한다. 그림 7.27은 구성인선을 나타낸 것으로서 칩의 일부가 공구 경사면 방향으로 층상을 이루며 경질의 퇴적물로 부착되어 1/10～1/200초 주기로 발생-성장-분열-탈락의 과정을 반복한다. 구성인선이 탈락할 때 대부분은 칩과 함께 떨어지지만 일부가 잔류되어 다시 구성인선으로 성장하기도 한다.

- **구성인선의 영향**

① 발생, 성장, 분열, 탈락이 반복되어 진동을 발생시킨다.

② 절삭저항과 변동이 증가한다.

③ 가공면이 거칠게 된다.

④ 정밀한 치수로 가공하기 어렵게 된다.

⑤ 공구에 치핑(chipping)이 발생시켜서 수명이 짧아진다.

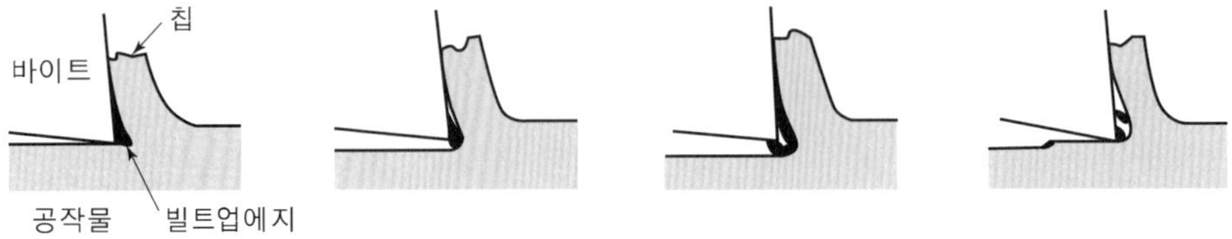

(a) 발생　(b) 성장　(c) 분열　(d) 탈락

그림 7.27 구성인선의 발생과정

- **구성인선의 방지대책**

① 공구의 윗면 경사각을 크게 한다.

② 절삭속도를 증가시킨다.

③ 이송속도를 감소시키고 칩의 흐름을 원활하게 해준다.

④ 절삭유를 사용하고 절삭깊이를 작게 한다.

⑤ 공구 윗면을 매끄럽게 하고 ceramic 공구를 사용한다.

- **SWC(silver white chip cutting)바이트**

인성이 큰 공작물을 절삭할 때 공구의 날 끝을 무디게 하여 지속적으로 발생시킨 구성인선을 이용하여 가공하는 방법으로써 공구수명을 연장할 수 있는 효과가 있다.

7.6 절삭온도와 공구수명

1. 절삭온도

절삭을 위해 공급된 에너지의 대부분은 절삭저항으로 소비되며, 절삭저항으로 인해 발생하는 절삭열의 일부는 절삭유에 의하여 냉각되거나 공기 중으로 방열되며 나머지 열이 절삭공구, 공작물, 칩으로 전달되어 절삭온도가 된다. 이러한 절삭열은 절삭공구에 의해 공작물의 일부가 칩으로 변형될 때의 열, 날 끝과 가공면 사이의 마찰열, 칩과 공구의 경사면 사이의 마찰열, 칩으로 전달될 때의 열 등에 의해 발생된다.

그림 7.28은 절삭속도와 절삭온도의 관계를 나타낸 것으로서 절삭속도가 증가함에 따라 칩의 온도는 완만하게 상승하지만 절삭날의 온도는 급격하게 상승된다. 절삭날의 온도가 높아지면 공구가 빨리 진행되어 공구수명이 짧아지고 공작물의 열팽창으로 인해 가공정밀도를 저하시키는 원인이 된다. 이와 같이 절삭공구의 날 끝이 온도가 높아짐에 따라 공구

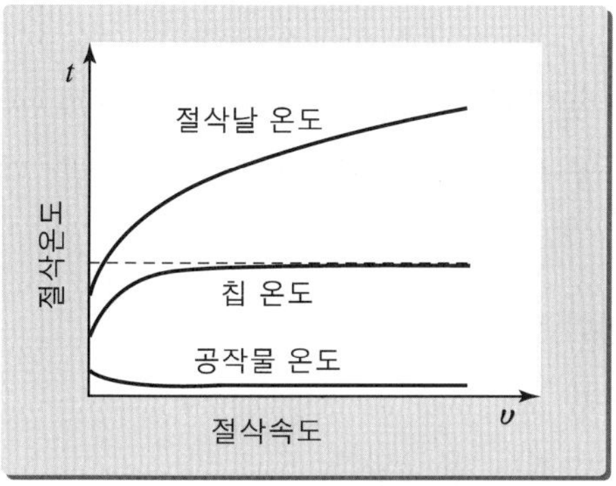

(a) 절삭속도와 절삭온도

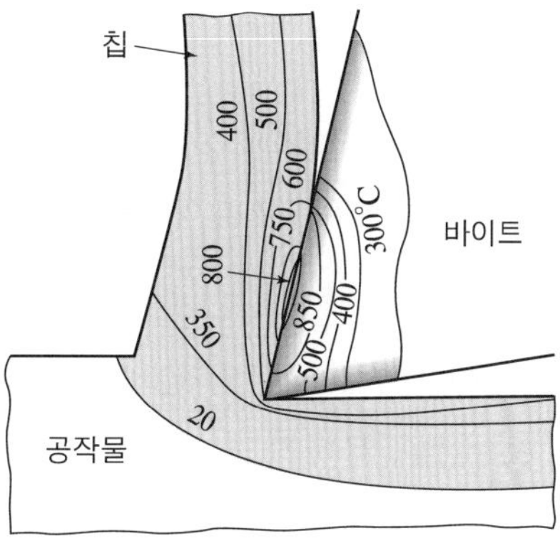

(b) 절삭온도 분포 예

그림 7.28 절삭속도와 절삭온도

가 연화되어 고온경도가 낮아지게 되어 공구수명을 단축시킨다. 따라서 절삭공구 재료는 고온에서도 경도를 유지할 수 있도록 고온경도가 높아야 한다.

이와 같은 절삭온도를 측정하는 방법으로는

① **칩 색상에 의한 측정:** 광선의 일부가 산화피막 표면에서 반사되고 또 일부는 산화피막을 통과한 다음 금속표면에서 반사되어 생기는 위상 차이로 착색되어 보인다. 이렇게 착색되어 보이는 칩의 색상으로 절삭온도를 판단하는 간단한 방법으로서, 경험이 필요하며 절삭온도를 정확하게 측정하기는 어렵다.

② **열량계(calorimeter)에 의한 측정:** 절삭가공을 할 때 별도의 측정장치를 사용하여 측정한 열량을 중량과 비열로 나누어 평균온도를 계산할 수 있다. 측정장치에 따라서 칩의 열, 절삭공구의 열 등을 각각 측정할 수 있다.

③ **열전대(thermo-couple)에 의한 측정:** 절삭온도를 측정할 공구의 위치에 작은 구멍을 뚫고 여기에 열전대를 삽입하여 온도를 측정하는 방법으로서 온도분포를 비교적 정확하게 알 수 있다. 열전대를 사용하여 절삭온도를 약 1,400 °C까지 측정이 가능하다.

④ **시온도료에 의한 측정:** 일정온도 이상이 되면 변색하는 시온도료를 알코올로 묽게 하여 공구 표면에 얇게 바르고 완전히 건조시킨 다음 가공하였을 때 변색을 확인하는 방법으로써 60～450 °C 정도까지 측정이 가능하다.

2. 공구마모

일반적으로 공작물의 경도가 커서 절삭온도가 높아지게 되면 공구의 날 끝 온도가 올라가서 공구의 마모가 빨리 진행된다. 이에 따라 공구가 마모되고 파손되는 과정을 다음과 같이 요약할 수 있다.

① 마찰에 의해 공구의 측면과 윗면이 마모된다.
② 절삭날이 무뎌지고 파괴나 결손이 발생된다.
③ 높은 절삭열에 의하여 절삭날의 형상이 변하거나 용착된다.

이와 같은 현상은 절삭속도와 공구각과 공구날의 부적절, 절삭유제의 부적절 및 공작기계의 진동 등의 여러 가지 원인에 의해 발생된다.

1) 공구마모의 원인

(1) 기계적 마모

공작물 조직 중의 탄화물과 같은 굳은 부분과 마찰되어 생기는 마모

(2) 용융마모

칩 또는 가공면이 공구와 마찰되며 미끄러질 때 발생하는 순간적인 용착에 의한 마모로서 고압용착과 고온용착으로 구분한다. 고압용착은 금속의 재결정온도보다 낮은 온도에서 발생하는 것으로 재료의 가공경화 현상과 관계되어 발생하고, 고온용착은 재료의 재결정온도 이상의 높은 온도에서 발생한다.

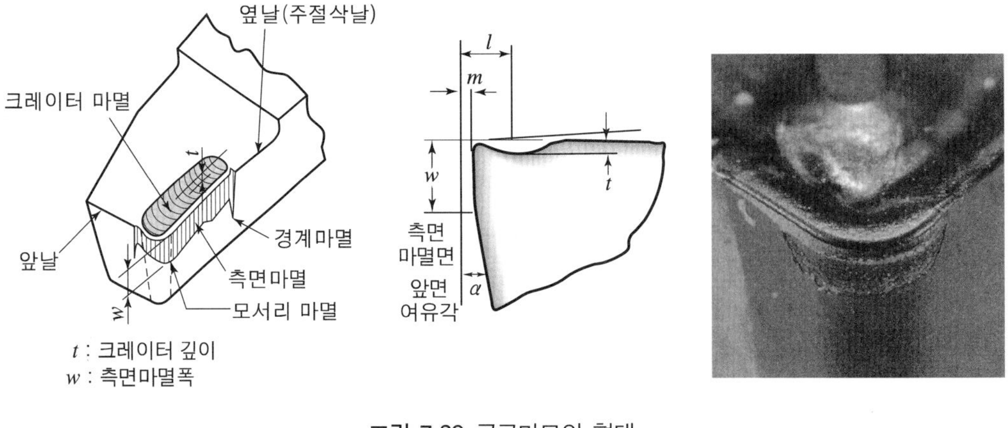

그림 7.29 공구마모의 형태

2) 공구마모와 손상의 형태

(1) 플랭크 마모(flank wear)

그림 7.30과 같이 공구의 절삭날이 가공면과 마찰되어 절삭면에 평행하게 절삭날의 측면이 마모되는 것이다. 측면이 마모된 공구의 측면이 가공면에 접하면 마찰에 의해 절삭저항이 증가되며 가공면은 거칠어지게 된다.

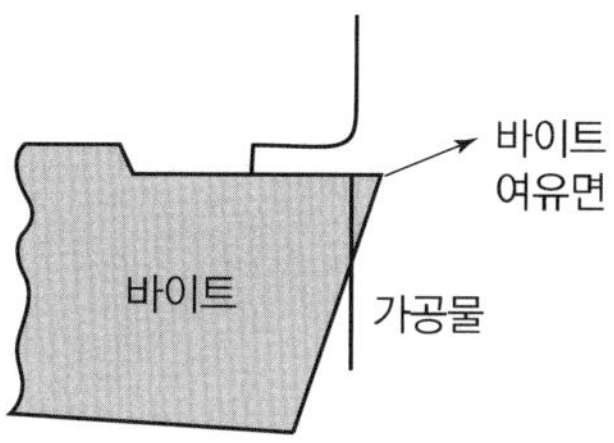

그림 7.30 플랭크 마모

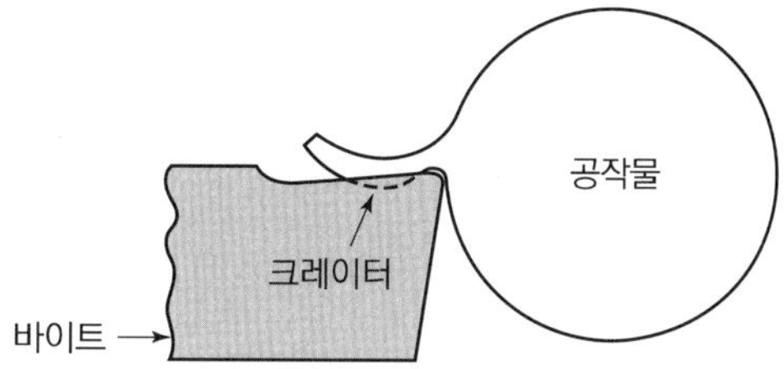

그림 7.31 크레이터 마모

(2) 크레이터 마모(crater wear)

그림 7.31과 같이 칩이 공구 경사면 위를 미끄러지며 나갈 때 마찰력에 의하여 공구 경사면의 일부가 오목하게 마모형태로서 유동형칩에서 주로 발생한다. 크레이터 마모가 많아지면 공구의 윗면 경사각이 커져서 날 끝이 약해진다.

(3) 결손(chipping)

공구의 날 끝 일부가 외부충격에 의하여 떨어져 나가는 형태로써, 밀링, 형삭 등과 같이 절삭날이 충격을 받을 때나, 초경합금과 같이 취성이 있는 공구가 충격을 받을 때 발생한다.

(4) 미소 파괴(minute chipping)

연삭숫돌로 절삭날을 연삭할 때 고르게 연삭되지 않아서 절삭저항에 의해 절삭날이 쉽게 마모되거나 떨어져 나가는 현상이 미소 파괴이며, 절삭 날을 연삭가공한 후 기름숫돌을 사용하여 매끄럽게 연마하면 미소 파괴를 감소시킬 수 있다.

(5) 기계적 마모

절삭속도가 빨라져서 절삭온도가 높아지면 절삭날의 경도가 급격하게 감소되는 고온 연화현상에 의해 발생하는 마모로서, 절삭온도가 높을 때에는 고온경도 유지성이 우수한 공구를 사용할 필요가 있다.

(6) 용착 마모

고온, 고압의 절삭조건에서 금속간 친화력이 증가하여 칩의 일부가 공구에 부착되었다가 떨어져나갈 때 발생하는 마모로서 구성인선이 탈락할 때에도 발생할 수 있다.

(7) 확산 마모

절삭온도가 공구 용융온도의 1/2 이상인 고온에서 공구의 윗 경사면과 칩이 마찰되면서 공구와 칩의 금속성분이 상호침투작용으로 인해 중간 화합물이 생겨서 경도가 낮아짐에 따라 발생되는 마모를 말한다.

(8) 화학적 마모

절삭 날 끝이 고온의 절삭 열을 받은 상태에서 공기와의 접촉으로 인해 표면이 산화되어 마모되거나, 절삭유의 특정 성분으로 인한 부식으로 마모가 발생하는 것을 말한다.

3. 공구수명

1) 공구수명의 판단

공구의 절삭날이 마모되면 절삭성이 떨어져 치수정밀도와 표면 거칠기가 나빠지고 절삭저항이 증가하게 된다. 일반적으로 공구수명(tool life)은 공구가 절삭을 시작하여 정상적인 절삭이 불가능할 때까지의 절삭시간을 분(minute)으로 나타낸다. 공구수명에는 마모가 가장 큰 영향을 미치며, 일반적으로 다음과 같은 현상 중에서 한 가지 이상이 발생하면 공구수명에 도달했다고 판단할 수 있다.

① 절삭날 끝의 마모가 일정 이상이 되었을 때
② 가공한 면에 광택이 있는 무늬가 발생할 때
③ 가공된 공작물의 치수오차가 일정범위 이상으로 나타날 때
④ 절삭저항이 절삭시작 점의 값에 비해 일정량 이상으로 급증할 때

표 7.2는 공구 수명을 판단하기 위해 측면 마모(flank wear)의 폭 또는 크레이터 마모의 깊이를 나타낸 것으로서, 이와 같은 마모에 도달할 때까지의 절삭시간을 공구 수명으로 정하고 있다.

▶ **표 7.2 공구수명의 판단기준**

절삭 방법	공구수명	
	측면 마모폭 $[w]$	크레이터 깊이 $[t]$
정밀 절삭, 비철합금의 다듬질 절삭	0.2	0.03
합금강의 절삭	0.4	0.05
주철, 강의 일반 절삭	0.7	0.08
보통 주철의 거친 절삭	1～1.25	0.08

2) Taylor의 공구수명

공구수명은 공구의 성능에서 중요한 사항으로서, 공구는 절삭력에 의하여 파손되거나 심한 마찰에 의한 마모에 의해 사용할 수 없게 되며, 정상적인 절삭에서는 일반적으로 절삭날의 측면마모와 공구 윗면의 크레이터 마모량에 따라 공구수명을 판정하게 된다.

Frederick W. Taylor는 공구수명과 절삭속도 사이의 관계를 다음과 같이 실험식으로 표시하였다.

$$V \cdot T^n = C$$

여기서, V: 절삭속도(m/min)

T: 공구수명(min)

n: 공구와 공작물에 의한 지수

고속도강 0.1

초경합금공구 0.125～0.25

세라믹공구 0.40～0.55

C: 상수(공구수명을 1 min으로 할 때의 절삭속도, Taylor정수)

이와 같이 Taylor의 공구수명에 의하면 절삭속도가 공구수명에 큰 영향을 미치며, 절삭속도를 측면 마모량을 기준으로 공구수명과의 관계를 대수적으로 표현하면 그림 7.32와 같이 공구수명 선도를 나타낼 수 있으며, 절삭면적이 0.64 mm^2이라는 일반 절삭조건에 대하여 상수(C)는 표 7.3과 같다.

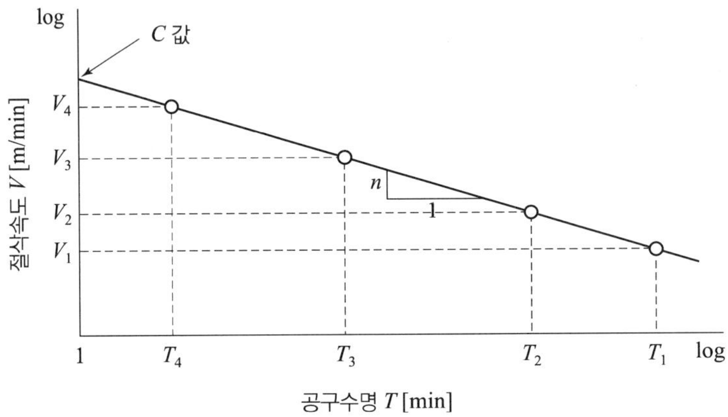

그림 7.32 공구수명 선도

▶ **표** 7.3 Taylor 공구상수(C)의 값

피삭재(공작물)	18-4-1 HSS		초경합금 공구 건식절삭
	건식절삭	습식절삭	
경 합 금	1,320	–	6,590
황 동(H_B = 80~120)	350	–	1,750
황 동 주 물	220	–	1,120
주 동	80	112	398
탄소강 SAE 1015	154	214	787
SAE 1025	126	176	630
SAE 1035	100	140	494
SAE 1045	80	112	398
SAE 1060	51	72	256
Ni-Cr 강	87	122	430
주 철			
H_B = 100	115	158	570
H_B = 150	73	105	360
H_B = 200	41	56	204

예제 7.7

선반에서 공구수명을 측정하기 위해 절삭속도를 변화시켜 다음과 같은 측정값을 얻었다. $V_1 = 100$ m/min일 때 $T_1 = 60$ min, $V_2 = 150$ m/min일 때 $T_2 = 10$ min이다.

공구와 공작물지수(n)과 공구상수(C)를 구하시오.

[풀이]

$V \cdot T^n = C$에서 $V_1 \cdot T_1^n = C = V_2 \cdot T_2^n$이므로

$V_1 / V_2 = (T_2 / T_1)^n$이고, 양변에 log를 취하면 $\log V_1 / V_2 = n \cdot \log T_2 / T_1$이므로

$$n = (\log V_1 / V_2) / (\log T_2 / T_1) = (\log 100/150) / (\log 10/60) = 0.226$$

따라서 공구수명 식은 $V \cdot T^n = C = 100 \cdot 60^{0.226} = 252.2$ 이 된다.

예제 7.8

Taylor의 공구수명 식이 $V_1 \cdot T_1^n = 100 \cdot 60^{0.226} = 252.2$ 인 공구로 절삭속도(V_3)를 120 m/min로 변화시켜 절삭가공하면, 공구수명(T_3)은 몇 분(min)이 되겠는가?

[풀이]

$$T_3 = (C / V_3)^{1/n} = (252.2/120)^{1/0.226} = 26.7 \text{ (min)}$$

7.7 절삭유와 절삭공구 재료

1. 절삭유

1) 절삭유의 역할

절삭가공 과정에서 공구날과 공작물 및 칩은 높은 온도와 압력을 받게 되며, 이때 발생하는 열과 마찰은 공구수명과 가공물 표면에 나쁜 영향을 주게 된다. 이러한 열과 마찰로 인한 악영향을 줄이기 위해 절삭가공에 사용하는 액체나 기름을 절삭유(cutting oil)라고 한다. 이러한 절삭유를 사용함으로써 공구수명이 길어지고, 가공면의 거칠기를 양호하게 하며, 그 주된 역할은 다음과 같다.

① 공구의 날 끝과 공작물의 가공면을 냉각시켜주는 냉각 작용
② 공구와 공작물 및 칩 사이의 마찰을 줄여주는 윤활 작용
③ 칩의 제거와 배출을 원활하게 하는 세정 작용 등을 하게 된다.

또한, 절삭유는 절삭영역의 열을 제거하여 공작물의 변형을 감소시켜 가공정밀도를 높여준다. 물은 냉각성이 좋지만 윤활성이 부족하고 공작물과 공구에 녹을 발생시키므로 부적

합하며, 기름은 냉각성은 높지 않으나 윤활성이 좋고 녹을 방지할 수 있어서 효율적이다. 이와 같이 절삭유의 윤활 작용으로 유동형 칩을 얻을 수도 있으며, 마찰이 감소되어 칩 두께를 감소시킨다. 그리고 절삭유를 사용함으로써 공구의 날 끝에 나타나는 구성인선의 발생을 억제하여 가공물 표면의 거칠기와 치수 정밀도를 향상시키는 역할을 한다.

2) 절삭유의 구비조건

절삭유가 갖추어야 할 구비조건은 다음과 같다.

① 마찰계수가 작고 유막의 내압력이 높아야 한다.
② 표면장력이 작고 칩 생성부까지 침투성이 좋아야 한다.
③ 변질과 유해한 악취발생 등이 없어야 한다.
④ 산화부식에 대한 방청능력이 좋고 값이 저렴해야 한다.

3) 절삭유의 종류

절삭유는 물을 희석하여 사용하는 수용성 절삭유와 절삭유를 그대로 사용하는 불수용성 절삭유로 나눌 수 있다.

(1) 수용성 절삭유

① **알칼리성 수용액:** 알칼리성 첨가제를 방부제로 하여 냉각작용이 좋은 물을 혼합한 중크롬산 수용액으로서, 주로 연삭가공(grinding)에 많이 사용된다.

② **유화유:** 광유를 화학적으로 처리하여 물에 용해되도록 한 것이 유화유(emulsion oil)로서, 비눗물을 첨가하면 유화되며 윤활성과 냉각성능이 우수하고 가격이 저렴하여 절삭유로 많이 사용된다. 일반적으로 물을 10～100배 희석시켜서 사용하며 윤활성도 좋고 냉각작용이 크다.

(2) 불수용성 절삭유

① **광유:** 경유, 머신유, 스핀들유 등이 있으며 경절삭에 사용되며 혼합유의 베이스 오일(base oil)로 이용된다. 머신유는 다른 광유에 비해 점도가 약간 높아서 저속절삭이나 태핑(tapping) 등에 사용할 수도 있다.

② **동·식물유:** 콩기름, 올리브유, 면실유, 피마자유, 채유(seed oil), 동물유 등이 있으며,

점도가 높아 유막을 형성하여 마찰을 감소시키고 가공면을 매끄럽게 한다. 하지만 냉각효과가 좋지 못하므로 경절삭이나 저속절삭에 사용된다.

③ **혼합유:** 광유에 동·식물유를 혼합하여 적당한 점도와 유성을 갖게 한 절삭유이다. 고속절삭용으로 사용할 때에는 동·식물유를 적게 첨가하여 냉각효과를 좋게 하고, 저속절삭용은 동·식물유 첨가량을 증가시켜서 사용한다. 주로 불수용성 절삭유는 혼합유를 많이 사용한다.

④ **황화유:** 절삭유의 성능을 개선시키기 위해 동·식물계의 절삭유에 황(S)을 첨가제로 사용한 절삭유로서, 고속 절삭할 때 정확한 치수와 깨끗한 가공면을 얻을 수 있다.

황화 베이스 유(sulphurized base oil)는 6～12 %의 황을 화학적으로 결합시킨 것으로 점도가 매우 높고 암갈색을 띠며, 가공종류에 따라 5～20배의 광유와 혼합하여 사용한다.

4) 절삭유의 선택

공구의 수명을 연장하고 가공면을 좋게 하기 위해 사용하는 절삭유는 공작물과 절삭조건에 따라 적합한 것을 사용해야 한다. 표 7.4는 공작물과 절삭조건에 따른 절삭유를 선택하는 예를 나타낸 것으로서, 일반적으로 저속에서 중절삭할 때에는 윤활성이 좋은 것을 선택하고 고속에서 경절삭할 때에는 냉각성이 우수한 것을 선택하여 절삭유를 충분하게 사용하는 것이 좋다.

▶ **표 7.4** 절삭가공에 따른 절삭유의 선택

재질	거친 절삭	다듬질 절삭	나사 절삭
연강	수용성 유제	수용성 유제, 등유	수용성 유제, 종유
공구강	수용성 유제	각종 동식물유	종유(種油), 라드(lard)
합금강	수용성 유제	각종 동식물유, 수용성 유제	벤졸, 테레빈유, 등유
주강	수용성 유제	–	수용성 유제, 비눗물
가단주철	–	유화유	종유
주철	–	등유(칠드 주철용)	종유
황동	수용성 유제	–	종유
청동	수용성 유제	–	종유
동	수용성 유제	–	종유
알루미늄	수용성 유제	등유	종유, 수용성 유제
두랄루민	–	등유	종유
실루민	수용성 유제	등유	등유, 종유, 수용성 유제

2. 절삭공구 재료

절삭공구에 사용되는 재료에는 열처리를 하여 사용하는 탄소공구강, 합금공구강, 고속도강 등이 있고, 열처리를 하지 않고 사용하는 초경질 합금인 공구용 주조합금, 소결 경질합금, 다이아몬드 등이 있다. 또한 소재산업의 발전에 따라서 인조 다이아몬드, 피복 초경합금 등과 같이 우수한 공구재료가 개발되었으며, 세라믹 계열의 Al_2O_3, SiC, ZrO_2, CBN분말 등이 연삭용 숫돌, 래핑 등의 연삭용 공구재료로 사용되고 있다.

절삭공구는 고온·고압상태에서 여러 가지 복합적인 힘을 받으며 가공하게 되므로 다음과 같은 기계적 성질을 가져야 한다.

① **고온경도:** 고온에서 경도를 유지할 수 있는 성질로서, 탄소강은 약 300 °C 부근에서 상온경도의 70%를 상실하며, 고속도강은 17% 정도가 떨어지게 된다.

② **내마멸성:** 마모에 견디는 저항이 우수해야 공구수명이 길어진다.

③ **강인성:** 우수한 내마멸성을 지니고 각종 힘에 파손되지 않아야 한다.

1) 탄소공구강

탄소공구강은 필요한 공구 형상으로 가공한 후 담금질과 뜨임 열처리를 해서 사용하며, 상온에서 경도는 좋지만 온도가 상승함에 따라 경도가 현저하게 떨어진다. 날 끝의 온도가 약 350 °C 정도 되면 연화되어 사용이 어렵게 되고, 값은 저렴하지만 담금질성이 좋지 않아서 두꺼운 제품에서 담금질 균열(quench crack)이 발생할 수 있다.

2) 합금공구강

탄소공구강에 W, Cr, Co, Mn, Mo 등의 성분을 첨가한 것으로 열처리성이 우수하고 내마모성과 절삭성이 탄소공구강보다 좋다. 연화온도가 약 450 °C 정도이며 다이, 탭, 드릴, 쇠톱, 줄 등과 같이 인성이 요구되는 공구재료에 사용된다.

3) 고속도강

고속도강(high speed steel, HSS)은 다른 공구강에 비해 고속 절삭이 가능하며, 600 °C 이상의 절삭온도에서는 경도가 급격하게 저하된다. 고속도강은 풀림 처리하여 연화시키면 기계가공이 가능하여 필요한 형상으로 공구를 성형할 수 있으며, 적합한 담금질과 뜨임 열처리를 하면 경화되어 고온 경도와 내마멸성이 커지므로 우수한 절삭성능을 가질 수 있다. 고속도강은 18-4-1W(18%), Cr(4%), V(1%), C(0.55～0.75%)로 알려져 있으며, 저속 절삭용 밀링커터, 드릴, 호브 등에 많이 사용된다.

4) 경질합금

(1) 주조 경질합금

주조상태에서 성형 · 연마하여 공구로 사용하는 합금이 주조 경질합금(cast hard metal)으로서, 열처리를 하지 않아도 상온경도와 고온경도가 매우 높고, 내마멸성이 우수하여 고속용 절삭공구로 사용된다. 대표적인 주조 경질합금인 스텔라이트(stellite) 합금은 Co(40～55%), Cr(25～35%), W(24～34%), C(1.5～3.5%)의 조성으로 은백색을 띠며, 약 800 °C까지는 고온경도 유지성이 좋다.

(2) 소결 경질합금

경도가 높은 탄화텅스텐(WC)분말을 철족원소인 코발트(Co)분말과 혼합하여 압축 · 성형하고 약 1,400 °C의 고온에서 소결(sintering)하는 분말야금에 의해 제조한 것이 소결 경질합금(sintered hard alloy)으로서 초경합금이라고 한다.

소결 경질합금의 주성분은 대부분 W(70～90%), Co(5～10%), C(5～8%)이며, 고온경도가 높고 내마모성도 우수하다. 마찰계수를 작게 하고 내마모성을 개선하기 위해 Ti, Ta, Cr 등의 성분을 첨가할 때도 있다.

소결 경질합금에서 공구용 재료로 가장 많이 사용하고 있는 것은 WC을 Co로 소결한 WC-Co계와 WC과 TiC를 배합하고 Co로 소결한 WC-TiC-Co계의 2종류가 있으며, 표 7.5는 초경합금의 화학성분 조성과 용도를 나타낸 것이다.

초경합금은 그림 7.34와 같이 고속도강에 비해 고온경도가 매우 높으며 내열성, 내마멸성이 우수하여 절삭공구는 물론 내열, 내마멸성이 요구되는 기계 부품과 정밀가공용 다이에도 사용된다.

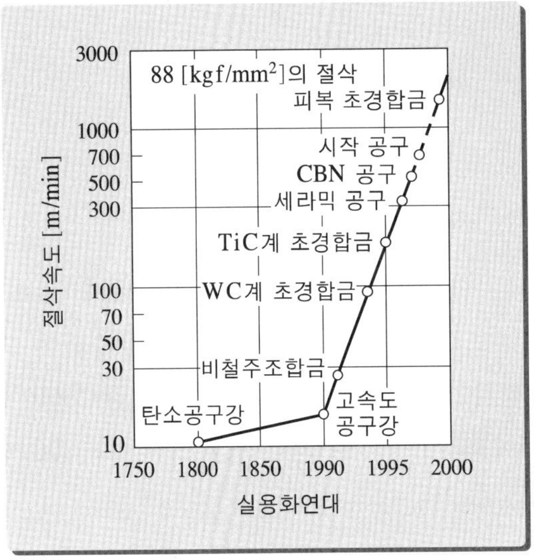

그림 7.33 절삭공구와 절삭속도

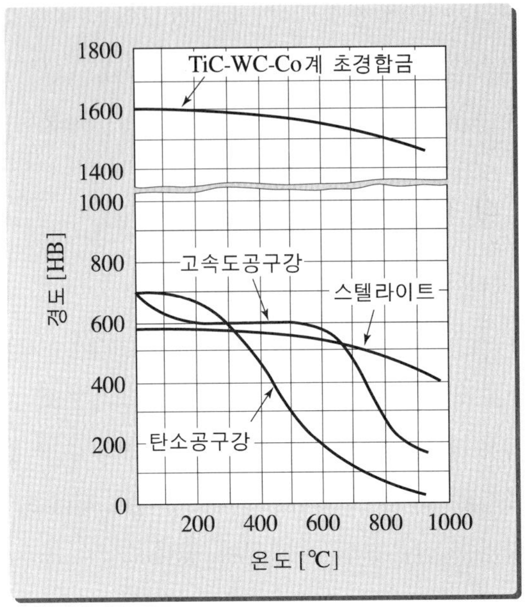

그림 7.34 절삭공구의 고온경도

▶ 표 7.5 초경합금의 성분과 용도 [KS D 6031]

종류		화학성분[%]				경도	항절력	용도
		W	Ti	Co	C	[HRB]	[kg_f/mm^2]	
1종	특호	53~72	15~30	5~6	8~13	>92	>80	강의 정밀 절삭용 강의 절삭용
	1호	72~78	10~15	5~6	7~9	>91	>90	
	2호	75~83	6~10	5~7	6~8	>90	>100	
	3호	78~85	3~6	6~8	5~7	>89	>110	
2종	1호	89~92	–	3~5	5~7	>90	>120	주물, 비철금속 재료의 절삭용 내마멸 기계 부품용
	2호	87~90	–	5~7	5~7	>89	>130	
	3호	83~88	–	7~10	4~6	>89	>140	
3종	1호	88~92	–	3~6	5~7	>89	>120	인발용 다이 내마멸 기계 부품용
	2호	86~89	–	6~8	5~7	>88	>130	
	3호	83~87	–	8~11	4~6	>88	>140	

5) 경질 공구재료

(1) 피복 초경합금

초경합금 또는 고속도강 공구재료의 표면에 내마모성이 뛰어난 TiN, TiC이나 Al_2O_3 등을 얇은 막(5~7 μm)으로 피복(coating)시켜서 공구의 표면경도를 개선한 것을 피복 초경합금이라 한다. 피복 초경합금은 단속절삭이 심한 경우나 정밀도가 높은 다듬질 절삭에는 적합하지 않으나, 고속절삭에서 공구 수명을 연장하는 데 효과적이다.

(2) 세라믹

Al_2O_3 분말 90~95% 정도와 Si 또는 Mg 산화분말을 5~10% 정도 혼합하여 압축·성형한 다음 약 1,600 °C의 고온에서 소결시킨 것을 세라믹(ceramic)이라 한다.

고온에서 연화되는 온도는 약 1,100 °C 정도로서 산화되지 않으며, 마찰계수가 낮은 특성이 있으며, 절삭속도는 120~400 m/min가 적합하며, 경우에 따라 900 m/min까지 가능하다. 초경합금에 비해 고온경도가 높고 고속 절삭성이 우수하지만, 취성이 크므로 충격에 약하므로 떨림이 발생하지 않도록 해야 한다.

(3) 서멧

서멧(cermet)은 ceramic과 metal의 복합어로서 금속 조직(metal matrix) 내에 세라믹 입자를 분산시킨 복합재료로서 Al_2O_3 분말 70% 정도와 TiC 또는 TiN 분말 30% 정도를 잘 혼합한 후 열간 상태에서 압축·성형하여 제작한다.

서멧은 초경합금보다 고온경도가 높고 내마모성이 좋고, 세라믹에 비해 인성이 약간 더 좋은 특성을 가지고 있어서 절삭공구, 다이, 치과용 드릴 등과 같이 고속·고정밀가공용 공구로 사용되고 있다.

(4) 입방정 질화붕소

입방정 질화붕소(cubic boron nitride, CBN)의 미결정을 금속이나 특수한 세라믹스 결합제를 사용하여 초경합금 기판에 고온 ·고압으로 밀착시켜 소결한 인공합성 공구재료이다.

CBN공구는 합성 다이아몬드와 같이 초고압 고온에서 인공적으로 합성한 것으로 다이아몬드 다음으로 경도가 높다. 이 CBN은 1,000 °C 이하에서 철금속류 피삭제는 거의 반응하지 않으며, 초경합금에 비해 경도가 매우 높다. 따라서 초경합금이나 다이아몬드 공구로 절삭하기 힘든 담금질 강, 칠드 주철, 초내열 합금의 절삭가공용으로 사용한다.

(5) 다이아몬드

다이아몬드(diamond) 공구는 고속 절삭가공에서 금속과의 융착성이 적으므로 마찰계수가 적어서 구성인선의 발생도 어렵고 다듬질 면이 매우 양호하여 연성재료의 고정도 표면 다듬질과 같은 특수목적에 사용된다. 그러나 가격이 고가이며 결손의 위험이 높고 연마가 어려운 단점이 있다. 또한 다이아몬드는 공기 중에서는 815 °C 정도에서 표면의 일부가 O_2와 작용하여 CO_2로 분해되므로 철금속류의 고온 중절삭에는 적합하지 않고 주로 비철금속의 초정밀가공에 사용된다. 다이아몬드는 경도가 가장 크고(HB 7,000), 열팽창이 적으며, 열전도율이 높은 특성을 갖고 있다.

7.8 공작기계의 구비조건

공작기계는 고정밀도와 고능률적인 작업을 충족시키기 위해서 몇 가지 조건을 갖출 수 있도록 설계 · 제작되어야 한다.

1. 고정밀도를 위한 구비조건

1) 공작기계 자체의 정밀도가 높을 것

공작기계는 새로운 기계 기구를 만드는 기계이므로 공작기계 자체의 정밀도가 높아야만 가공된 제품의 정밀도를 높일 수 있다. 따라서 공작기계를 제작할 때 높은 정밀도로 설계하고 제작되어야 한다.

2) 강성이 높은 기계일 것

공작기계 제작 정밀도가 높다고 해서 반드시 제품의 정밀도가 높게 가공된다고 할 수 없다. 공작기계의 정밀도 검사규격은 정적 무부하 상태에서의 규격이며, 운전 중에 가해지는 하중에 따라 진동, 기계의 변형이나 안내면에 흔들림 등이 발생하기 때문에 가공정밀도에 영향을 미치게 된다. 그러므로 운전 중에 이러한 문제들이 발생하지 않도록 높은 강성을 지닐 수 있도록 설계 · 제작되어야 한다.

3) 내구성이 우수할 것

공작기계 자체의 정밀도를 오랜 기간 동안 유지할 수 있는 내구성이 있어야 한다. 제작 초기의 정밀도가 점차로 상실되어가는 공작기계는 실용적인 가치가 없다. 공작기계의 내구성을 저하시키는 원인은 다음과 같다.

① 길이가 긴 공작기계의 부적합한 설치방법과 온도의 변화
② 공작기계 구성재료의 경년변화에 의한 변형
③ 상대운동에 따른 마찰에 의한 기계의 마모

2. 고능률 작업을 위한 구비조건

1) 조작이 간편하고 성능이 우수할 것

공작기계를 운용하는 작업자가 조작이 편리하고 피로를 느끼지 않도록 해야 하며, 작업자의 숙련도와 관계없이 공작물의 형상과 치수정밀도 및 표면 거칠기 등을 허용범위 이내로 가공할 수 있어야 한다.

2) 생산능률이 높을 것

주어진 시간 내에 다량생산이 가능한 구조로 설계·제작되어야 생산성이 높은 가공이 가능하다.

3) 칩 처리가 용이할 것

고능률 절삭가공을 할 때 배출되는 다량의 칩이 절삭작업을 방해하며, 공구나 가공물에 손상을 입히거나 작업시간의 손실을 가져오게 되므로 칩의 배출과 처리가 용이하도록 설계·제작해야 한다.

4) 안전장치를 구비할 것

공작기계의 구동을 위한 동력요소의 최대 저항허용치 이상의 부하가 작용하면 기계가 파손되기 전에 작동이 정지될 수 있도록 안전장치가 있어야 한다. 또한 공작기계를 사용하여 작업 중에 작업자를 보호할 수 안전보호 장치를 갖추어야 한다.

연습문제

7.1 생산방식에 따라 공작기계를 분류하고 간단히 설명하시오.

7.2 다음 공작기계 주축의 속도열에 대하여 간단하게 설명하시오.
① 등비급수 속도열
② 등차급수 속도열
③ 대수급수 속도열

7.3 2차원 절삭과 3차원 절삭을 비교해서 설명하시오.

7.4 선삭가공에서 발생하는 절삭저항에 대하여 쓰시오.

7.5 절삭가공에서 발생하는 칩의 종류와 특징을 쓰시오.

7.6 구성인선의 발생원인과 영향 및 방지대책에 대해 쓰시오.

7.7 공구마모에 대한 다음 용어를 설명하시오.
① 플랭크 마모(flank wear)
② 크레이터 마모(crater wear)
③ 결손(chipping)

7.8 공구수명을 판단하는 기준에 대해 간단히 쓰시오.

7.9 절삭공구 재료에서 온도와 공구경도와의 관계를 설명하시오.

7.10 절삭가공에서 절삭유를 사용하는 목적을 설명하시오.

7.11 초경합금의 제조방법과 특징에 대하여 간단히 설명하시오.

7.12 절삭공구 재료 중 세라믹, 서멧, 입방정 질화붕소, 다이아몬드 공구의 사용목적과 특징 및 장·단점을 설명하시오.

7.13 서멧의 제조방법과 특징에 대하여 간단히 설명하시오.

7.14 공작기계가 갖추어야 할 구비조건에 대하여 간단히 쓰시오.

CHAPTER

8 선반가공

8.1 선반가공의 종류

선반(lathe)은 주축의 척에 고정한 공작물을 회전운동시키고 바이트를 설치한 공구대에 전후좌우로 절삭깊이와 이송을 주어서 원통 면을 절삭하는 공작기계로서, 선반에서 이루어지는 절삭가공을 선삭가공(turning)이라고 한다. 선삭가공에 사용하는 절삭공구는 일반적으로 바이트(bite)라고 하며 이송방향은 작업자를 기준으로 나타낸다.

기계 부품에서 많은 부분을 차지하는 원통형의 회전체 부품의 대부분이 선반에서 가공되므로 많이 사용되는 공작기계로서, 선반작업의 종류는 대단히 많으며 그림 8.1에 기본적

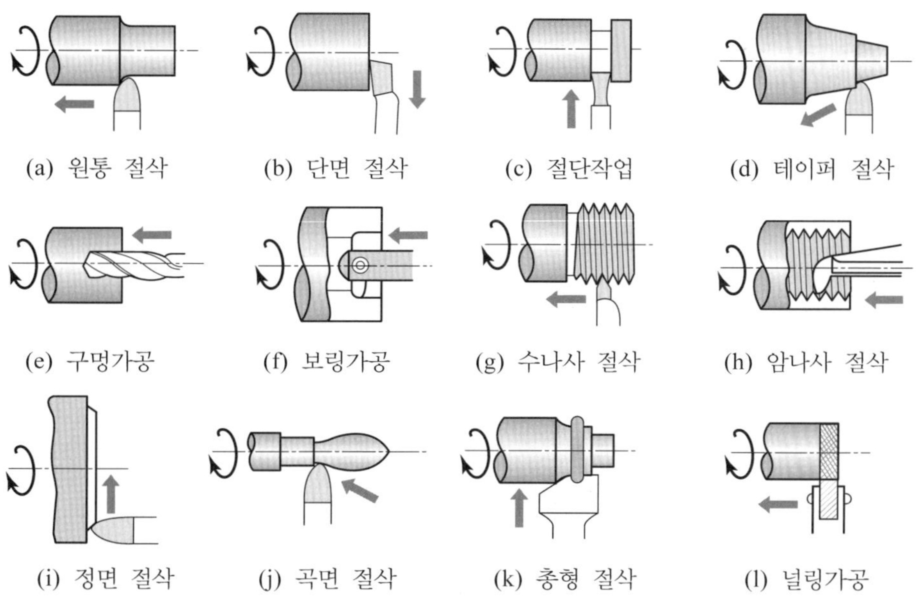

(a) 원통 절삭 (b) 단면 절삭 (c) 절단작업 (d) 테이퍼 절삭
(e) 구멍가공 (f) 보링가공 (g) 수나사 절삭 (h) 암나사 절삭
(i) 정면 절삭 (j) 곡면 절삭 (k) 총형 절삭 (l) 널링가공

그림 8.1 기본적인 선반작업

인 선반작업을 나타내었다.

(a) **원통 절삭:** 바이트를 회전축에 평행하게 이송시켜서 원통의 바깥지름을 절삭한다.
(b) **단면 절삭:** 바이트를 축의 직각방향으로 이송시켜서 공작물의 단면을 절삭한다.
(c) **절단작업:** 바이트를 축의 직각방향으로 이송시켜서 홈을 가공하거나 절단한다.
(d) **테이퍼 절삭:** 바이트를 공작물에 경사를 주고 이송시켜서 테이퍼를 가공한다.
(e) **구멍가공:** 심압대에 고정한 드릴을 이송시켜 공작물에 구멍을 뚫는다.
(f) **보링가공:** 보링 바를 이용하여 드릴로 뚫은 구멍을 넓힌다.
(g) **수나사 절삭:** 나사형상의 바이트를 규칙적으로 이송시켜서 수나사를 가공한다.
(h) **암나사 절삭:** 나사형상의 바이트를 규칙적으로 이송시켜서 암나사를 가공한다.
(i) **정면 절삭:** 바이트 날 끝을 절삭면과 수직으로 축의 직각방향으로 이송시켜서 넓은 면을 절삭한다.
(j) **곡면 절삭:** 바이트를 전후좌우로 동시에 이송을 주어 곡면을 절삭한다.
(k) **총형 절삭:** 특정형상을 가진 바이트를 축의 직각방향으로 이송시켜서 절삭한다.
(l) **널링가공:** 롤릿을 원통의 외면에 압력을 가하여 좌우로 이송시켜 깔주기를 만든다.

이와 같은 기본작업 이외에도 각종 부속장치를 사용하면 작업할 수 있는 활용범위가 넓어지게 된다.

8.2 선반의 주요구조

1. 선반 주요부의 명칭과 크기

선반은 크기, 가공정밀도, 공구의 수, 자동 여부 등 용도에 따라서 여러 가지 종류가 있으며, 일반적으로 선반이라 하면 보통 선반(engine lathe)을 일컫는다. 보통 선반은 여러 가지 선반 중에서도 넓은 영역의 작업이 가능하도록 기본적인 구조와 기능을 갖고 있는 대표적인 범용 공작기계이다. 그림 8.2는 보통 선반의 형상이며, 그림 8.3에 보통 선반을 구성하는 각 부분의 명칭을 나타내었다. 그림에서 보통 선반의 주요 부분은 주축대(headstock), 왕복대(carriage), 심압대(tailstock) 및 베드(bed)와 다리로 구성되어 있다.

선반의 종류에 따라서 크기를 나타내는 방법이 다르지만, 보통 선반의 크기를 표시하는 방법으로는 베드 위에서의 스윙(선반에 고정할 수 있는 공작물의 최대 지름), 왕복대 위의

그림 8.2 보통 선반의 형상

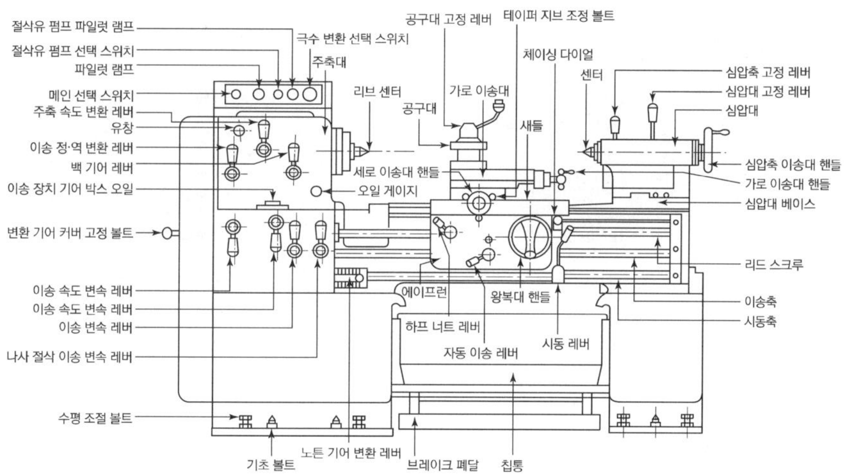

그림 8.3 보통 선반의 각 부 명칭

스윙(왕복대와 접촉 없이 고정할 수 있는 공작물의 최대 지름), 양 센터 간의 최대 거리(선반에 고정할 수 있는 공작물의 최대 길이)로 나타낸다.

2. 주축대

주축대(head stock)는 전동기에서 회전을 전달받아 주축 스핀들의 회전속도를 변화시키기 위한 변속기어 장치가 있는 선반의 주요 부분이다. 주축의 구동은 주로 등비급수 속도열을 단계식으로 적용한 기어전동이 사용된다. 또한 주축대에는 주축구동을 위한 변속기어 장치와 함께 왕복대의 자동이송 장치 및 나사 절삭용 변환 기어를 일반적으로 포함하고 있다. 주축구동 변속장치로는 단차 및 백 기어에 의한 방법과 기어선택에 의한 것, 유압 또는 무단변속장치에 의한 방법 등이 있다.

주축 스핀들(main spindle)은 절삭저항과 진동에 견딜 수 있도록 합금강(Ni-Cr강)을 사용하며 속이 빈 중공축으로 제작하여 길이가 긴 공작물이나 콜릿 척을 장착할 수 있다. 또한 스핀들의 끝 부분에는 나사부가 있어서 척이나 면판을 설치하여 공작물을 고정시켜 회전시킬 수 있도록 만들어져 있으며, 스핀들 끝부분의 구멍은 모스 테이퍼(morse taper)로 되어 있어서 센터를 꽂을 수 있다. 주축용 베어링은 공작기계가 고속화됨에 따라서 볼 베어링을 사용하고 있다. 그림 8.4(a)와 같은 주축 변속기어 레버를 조작하여 6~12단계로 기어를 변환시킬 수 있어서 변속범위가 비교적 넓다.

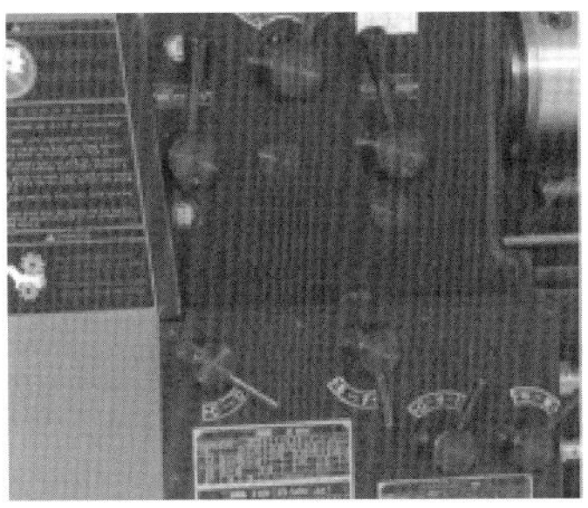

(a) 변속기어 레버

(b) 주축 스핀들과 척

그림 8.4 주축대의 형상

3. 심압대

심압대(tailstock)는 주축대와 마주보는 위치에 있으며, 심압대 축 안의 모스 테이퍼 구멍에 센터를 끼워서 공작물을 지지하는 역할을 하며, 드릴, 리머 등을 끼워서 구멍가공 등에도 사용할 수 있다. 그림 8.5(a)와 같이 베이스 위에 심압대 본체가 놓이며, 베이스가 베드 위를 좌우로 이동시켜서 공작물의 길이에 따라 위치를 고정한다. 심압대를 베드에 고정할 때에는 심압대 클램프 레버를 회전시켜 베드 밑 부분에 걸쳐 있는 클램프 판을 조여서 고정한다. 또한 그림 8.5(b)에서 심압대 본체를 가로 조정나사에 의해 베이스 위에서 베드와 직각방향으로 10~20 mm 이동시킬 수 있으므로, 심압대의 중심을 편위시켜서 긴 테이퍼를 절삭할 수 있다.

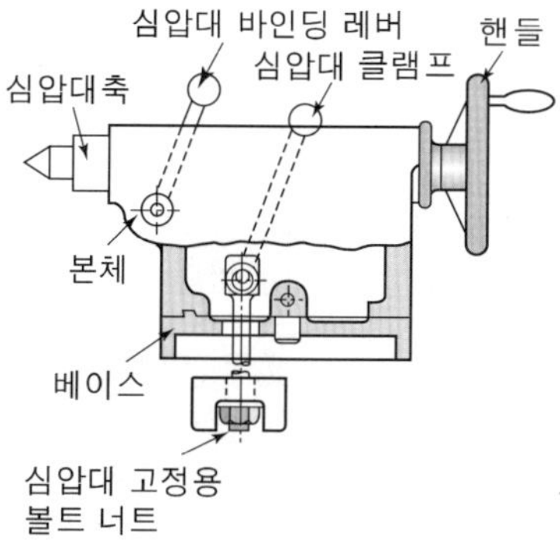

(a) 심압대 구조

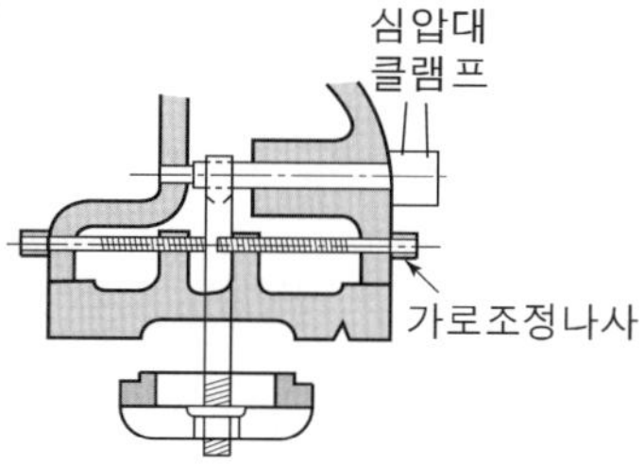

(b) 심압대 편위량 조절

(c) 심압대 외형

그림 8.5 심압대

4. 왕복대

왕복대(carriage)는 베드 윗면에서 주축대와 심압대 사이를 미끄러지면서 왕복운동을 하는 부분으로서 그림 8.6(a)와 같이 크게 에이프런(apron), 새들(saddle), 공구대(tool post)로 구성되어 있다. 왕복대는 베드 위에서 바이트를 이송시키고 절입을 위해 가로 이송과 세로로 이송시킬 수 있는 구조로 되어 있다.

① **에이프런:** 에이프런에는 왕복대를 베드 위에서 자동 또는 수동으로 좌우로 왕복 운동시켜서 바이트에 가로 이송을 주는 장치를 포함하고 있다. 또한 세로 이송과 가로 이송 및 나사 절삭을 하기 위한 자동 이송 기구가 내장되어 있으며, 앞면에는 그림 8.6(b)와 같이 조작 핸들과 레버가 붙어 있다.

② **새들:** 새들은 그림 8.6(a)와 같이 에이프런과 베드에 설치한 이송 기구와 연결되어 베드 윗면에 놓여 있으므로 가로방향으로 수동 또는 자동 이송시킬 수 있다. 그 위에는 부착된 세로 이송대를 이용하여 공구대를 세로로 수동과 자동으로 이송시킬 수 있다. 세로 이송대 위에는 공구 가로 이송대, 회전대, 공구대로 이루어진 복식 공구대가 있다. 좌우방향의 자동 이송은 이송축의 회전을 기어에 의해 에이프런 내부의 피니언으로 전하고 피니언과 베드에 장치된 랙과 맞물림에 의해 전달된다. 전후방향의 자동이송은 이송축으로부터 회전을 기어장치에 의하여 전후방향 이송핸들에 장착 설치되어 있는 기어로 전후방향으로 이송시킨다. 나사를 절삭할 때는 에이프런 내의 하프너트(half nut)를 리드스크루에 맞물려서 왕복대를 이송시켜 가공한다.

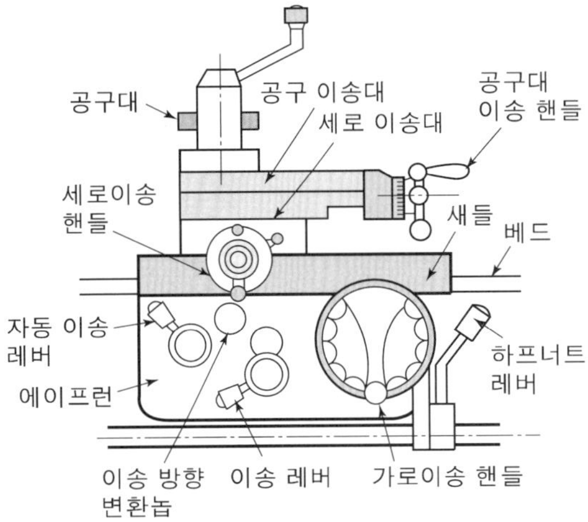

(a) 왕복대 구조

(b) 왕복대 외형

그림 8.6 왕복대

5. 베드 및 다리

선반의 베드(bed)는 주축대, 왕복대, 심압대가 설치되어 공작정밀도를 유지하고 절삭저항에 견디는 기반 몸체이므로, 안내면의 정도와 내구성을 유지할 수 있도록 강력한 구조를 가져야 한다. 이와 같이 베드 위에서 절삭가공이 이루어지므로 여러 가지 외력과 저항에 견딜 수 있고, 변형과 진동이 적도록 설계되어야 한다. 또한 칩 처리와 절삭유 회수 등을 고려하여 베드의 형태를 결정해야 한다.

베드의 안내면은 그림 8.7과 같이 단면형상이 평면으로 된 영국식은 큰 압력을 받칠 수 있어서 강력절삭에 유리하지만 칩 배출이 어려우며, 산형으로 된 미국식은 칩 배출이 용이한 장점이 있고, 두 가지를 병용한 복합형이 있다. 베드의 재질은 일반적으로 고급 주철을 사용하며, 미끄럼 면은 연삭가공과 스크레이핑하여 정밀도를 향상시키고, 내마멸성을 높이기 위하여 화염 경화, 고주파 경화 등의 표면경화 처리를 한다.

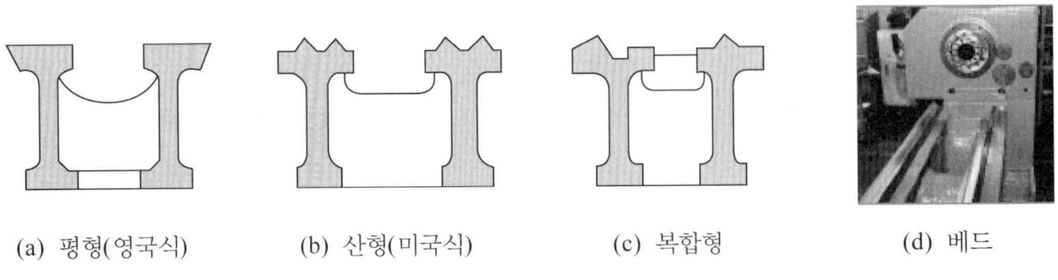

(a) 평형(영국식) (b) 산형(미국식) (c) 복합형 (d) 베드

그림 8.7 베드의 형상

다리(leg)는 선반을 필요한 높이로 지지하기 위한 것으로 소형 선반에서는 일체로 박스 형으로 하고, 중형에서는 주축대와 심압대가 있는 베드 양쪽 끝에 다리를 붙이며 베드의 길이가 긴 경우에는 중간에 다리를 붙이기도 한다.

8.3 선반의 부속장치

선반에는 작업의 종류에 따라 다음과 같은 여러 가지 부품과 부속장치가 사용된다.

1. 선반용 부속품

1) 척(chuck)

척은 조(jaw)를 사용하여 공작물 고정하기 위한 일종의 바이스로서 주축 끝부분에 부착하여 사용하며, 조를 움직이는 상태에 따라 다음과 같은 것이 있다.

(1) 단동척(independent chuck)

그림 8.8과 같이 각각의 조를 움직이게 하는 나사가 별도로 연결되어 있어서 각각의 조가 단독으로 움직이게 되어 있는 구조로써, 단면이 불규칙한 공작물의 고정이나 편심가공 등에 사용된다. 연동척에 비해 큰 힘으로 공작물을 고정할 수 있으며, 공작물의 중심을 맞추는 데 숙련이 필요하다.

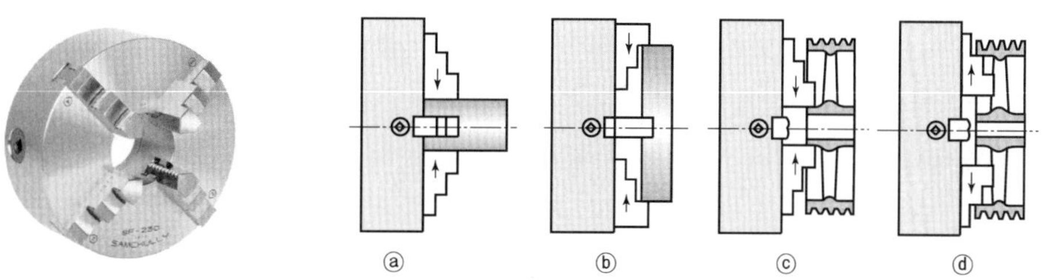

(a) 단동척의 형상 (b) 단동척의 사용 예

그림 8.8 단동척

(2) 연동척(universal chuck)

그림 8.9와 같이 3개의 조가 동시에 움직일 수 있는 구조를 가진 척으로써 단면형상이

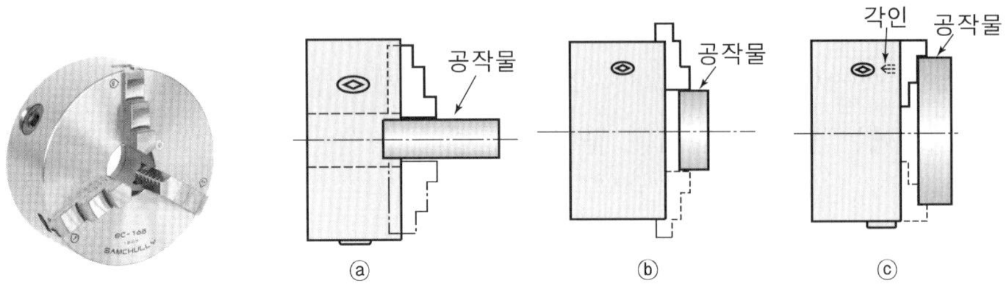

(a) 연동척의 형상　　(b) 연동척의 사용 예

그림 8.9 연동척

원형, 3각형, 6각형 등과 같은 공작물을 신속하게 고정할 수 있다. 조를 움직이는 구조는 조를 움직이는 나사에 붙어 있는 베벨기어가 크라운 기어(crown gear)에 물려 있어서 하나의 조를 움직이면 전체의 조가 동시에 움직이는 방식과 또 하나는 조가 스크롤(scroll)에 물려 있고 스크롤의 반대쪽에 있는 크라운 기어에 물려 있는 베벨기어 축을 돌려서 크라운 기어의 연동판에 의해 각 조가 동시에 움직이는 스크롤 척 방식이 있다.

(3) 전자척(magnetic chuck)

척의 내부에 전자석을 설치한 것으로서 직류전류를 통하여 발생한 강력한 자력에 의해 공작물이 척 표면에 부착된다. 고정이 간단하고 얇은 공작물 가공에 편리하며, 대형공작물이나 복잡한 형상의 공작물 고정에는 적합하지 않다.

(4) 콜릿척(collet chuck)

지름이 작은 봉재나 각 봉재를 고정할 때 편리하며, 자동 선반이나 터릿 선반 등에서 콜릿척이 많이 사용된다. 콜릿은 전체 길이의 3/4 정도를 3~4개의 갈라진 홈을 만들고 그 가운데에 공작물을 넣고 핸들을 돌려서 콜릿을 당기면 테이퍼 슬리브에 의해서 콜릿의 안지름이 조여져서 공작물이나 공구를 고정하는 구조이다.

(5) 복동척(combination chuck)

단동식과 연동식을 겸용할 수 있는 구조로서 먼저 단동조로 중심을 맞추어 공작물을 고정하고, 그 다음부터는 연동식으로 공작물을 탈부착할 수 있어서 불규칙한 형상의 공작물이 많을 때 작업의 능률을 올릴 수 있다.

(6) 유압척(oil chuck)과 공기척(air chuck)

척에 공작물을 고정하고 푸는 것을 신속하고 정확하게 하기 위해 유압이나 압축공기를 사용하여 조를 작동시키는 것으로서, 유압이나 압축공기로 작동하는 피스톤의 운동으로 조를 동작시켜서 공작물을 고정한다.

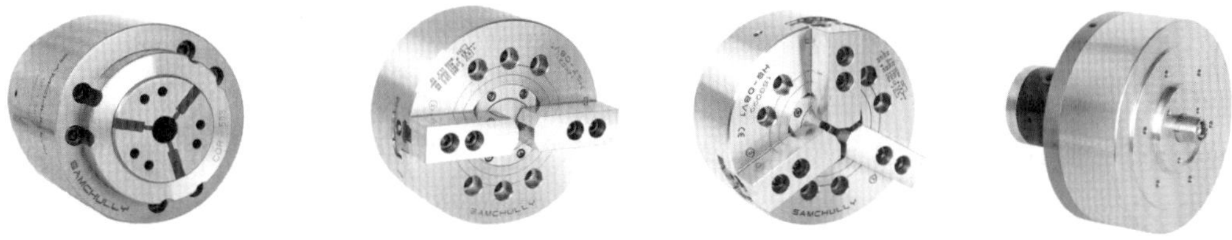

(a) 콜릿척 (b) 2조 유압척 (c) 3조 유압척 (d) 공기척

그림 8.10 기타 척의 종류

2) 센터(center)

센터는 주축에 끼워서 공작물과 같이 회전하는 센터와 심압대 축에 끼워 공작물을 지지하는 센터가 있다. 센터의 앞 끝은 60°의 원추 각을 이루며 축에 끼워지는 부분은 모스 테이퍼로 되어 있으며, 공작물이 대형일 때에는 원추 각을 70~90°로 크게 한다.

센터의 형식은 공작물의 형상과 크기 및 작업 종류에 따라서 크게 정지센터와 회전센터로 나눌 수 있다. 그림 8.11과 같은 정지센터(dead center)는 회전하는 공작물을 끝에서 지지하게 되어 마찰열이 발생하게 되며, 그림 8.11(c)와 같은 하프센터는 센터구멍이 있는 부분까지 단면 절삭을 할 때 사용한다. 그림 8.12와 같은 회전센터(live center)는 공작물과 같이 회전하므로 마찰에 의한 문제가 없으며, 그림 8.12(b)와 같은 베벨식 회전센터는 파이프나 구멍이 큰 공작물을 지지하는 데 사용한다.

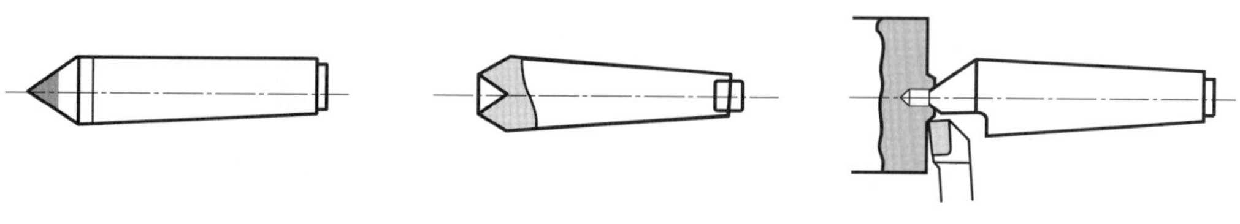

(a) 보통센터 (b) 네거티브센터 (c) 하프센터

그림 8.11 정지센터

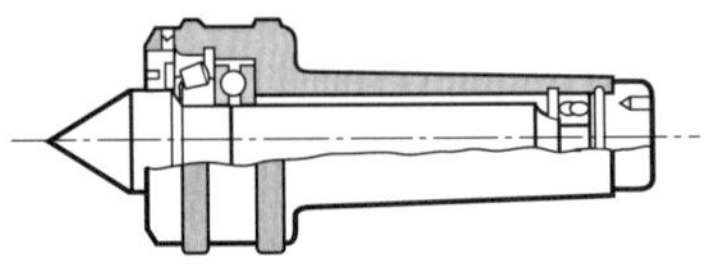

(a) 회전센터

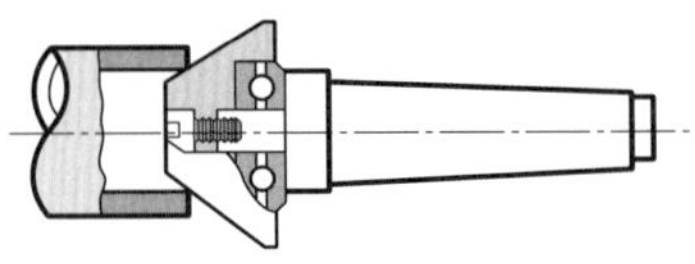

(b) 파이프용 회전센터

그림 8.12 회전센터

3) 방진구

지름에 비해 길이가 긴 공작물은 자중과 절삭력에 의하여 휨과 처짐 및 진동이 발생하여 정확한 치수로 가공하기 어렵게 된다. 이와 같은 휨이나 처짐을 방지하기 위해 공작물을 지지해주는 기구가 방진구(work rest)이다. 방진구에는 고정식 방진구와 이동식 방진구가 있다.

(1) 고정식 방진구

그림 8.13은 고정식 방진구(steady rest)로서 베드에 고정시키고 3개의 조(jaw)로 공작물의 가운데 부분을 지지한 상태에서 단면 절삭, 원통 절삭, 구멍가공 등의 작업을 한다.

(2) 이동식 방진구

그림 8.14와 같은 이동식 방진구(follower rest)는 새들 위에 설치하여 공구의 이송과 함께 방진구도 이동되는 형태로서 2개의 조가 공작물 가공부분의 뒷부분을 지지하면서 가공이 진행된다.

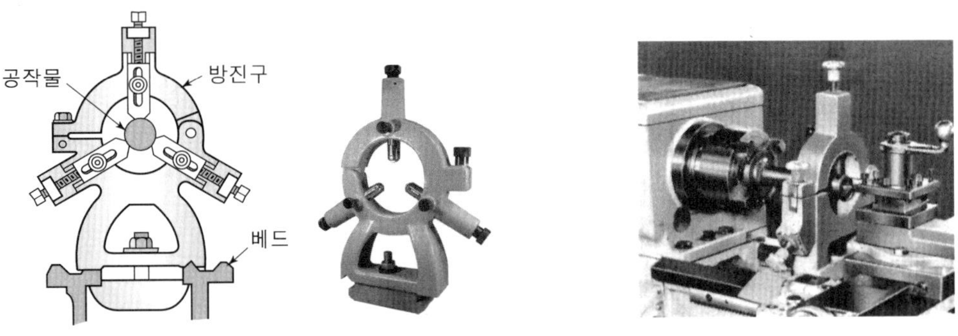

그림 8.13 고정식 방진구

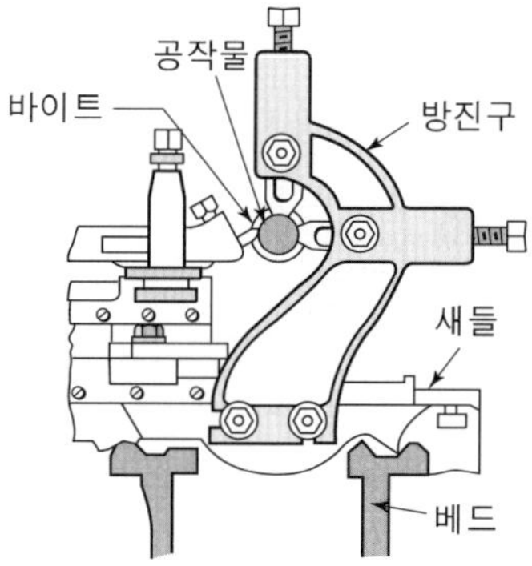

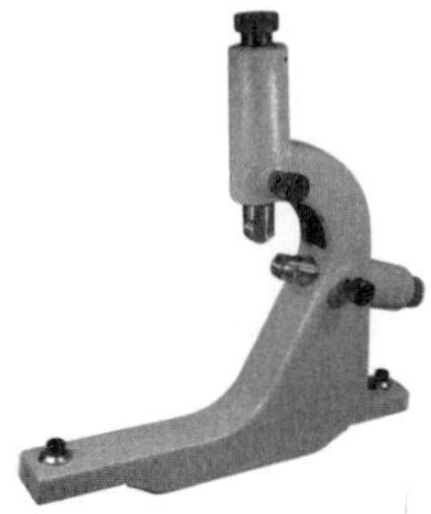

그림 8.14 이동식 방진구

4) 돌림판과 돌리개

그림 8.15(a)와 같은 돌림판은 양 센터 작업을 할 때 주축에 설치하여 주축의 회전을 공작물에 전달하기 위해 돌리개와 함께 사용된다.

그림 8.15(b)와 같은 돌리개(dog of carrier)는 양 센터 작업을 할 때 공작물에 고정해서 돌림판의 회전을 공작물에 전달시키는 역할을 하는 것이다. 공작물에 형상과 크기에 따라서 ⓐ와 같은 곧은형이 있고 ⓑ와 같이 꼬리부분이 굽어서 회전판과 연결이 쉽도록 굽은형과 ⓒ와 같이 사각형 등의 단면을 가진 공작물을 고정할 때 사용하는 클램프형 등이 있다.

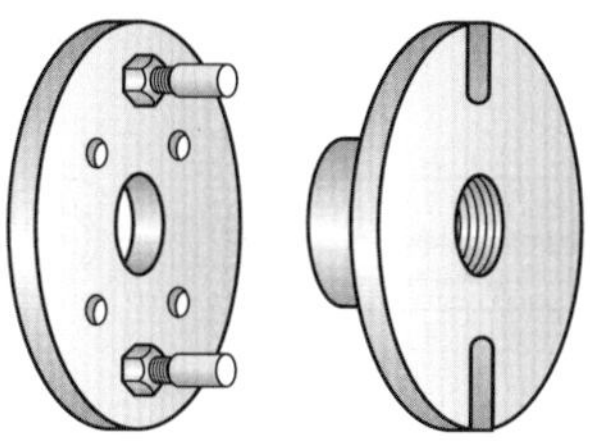

(a) 돌림판

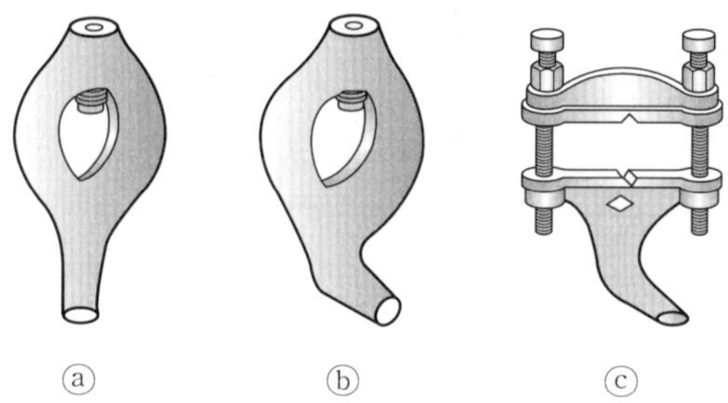

(b) 돌리개

그림 8.15 돌림판과 돌리개

5) 면판

그림 8.16(a)와 같이 여러 개의 슬롯 구멍이 뚫려 있는 면판(face plate)은 주축에 부착하여 공작물의 형상이 복잡하여 척으로 고정할 수 없을 경우에 사용한다. 면판에 뚫려 있는 구멍을 이용하여 공작물을 직접 고정하거나, 그림 8.16(b)와 같이 앵글 플레이트와 같은 보조 고정구를 이용하여 공작물을 고정할 수 있다.

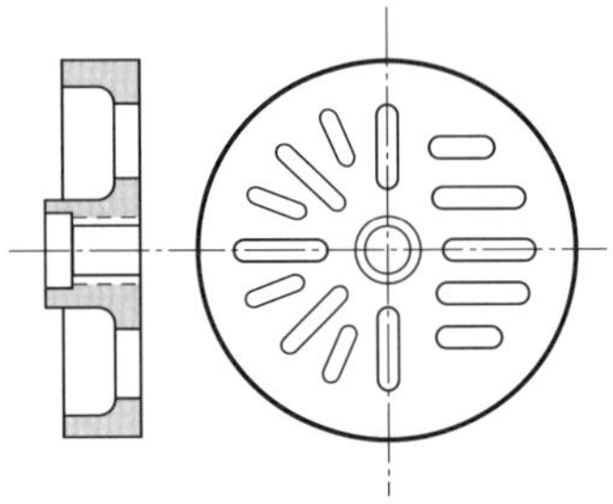

(a) 면판

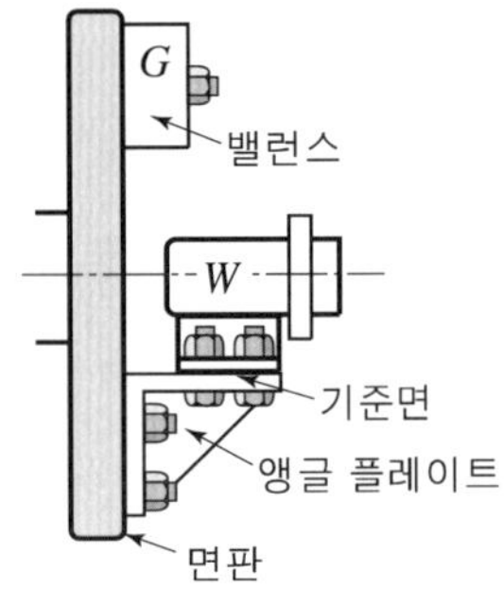

(b) 면판의 사용

그림 8.16 면판

6) 심봉(mandrel)

기어나 벨트풀리와 같이 가운데에 구멍이 뚫린 공작물의 외측 원통면이나 측면을 가공할 때 그림 8.17과 같은 심봉(mandrel)에 끼워서 고정시킨 후 센터로 지지하여 절삭하면 안지름과 동심인 바깥지름을 가공할 수 있다. 그림 8.17은 심봉의 종류이며, 그림 8.18은 심봉의 사용 예를 나타낸 것이다.

(1) 표준 맨드릴

1/1,000 mm의 테이퍼로 된 환봉 축으로 공작물을 압입해서 고정한다. 맨드릴의 양쪽 끝

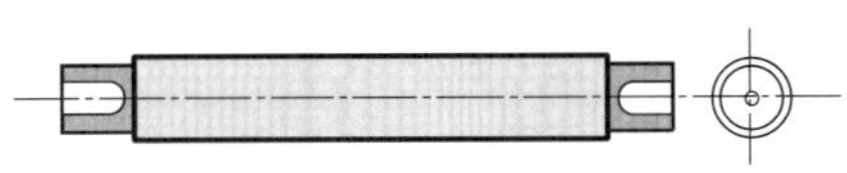

(a) 표준 맨드릴

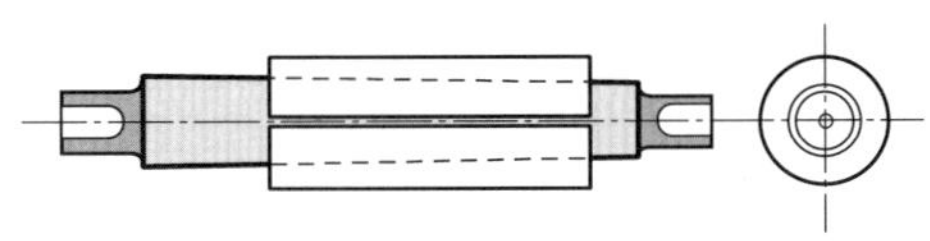

(b) 팽창 맨드릴

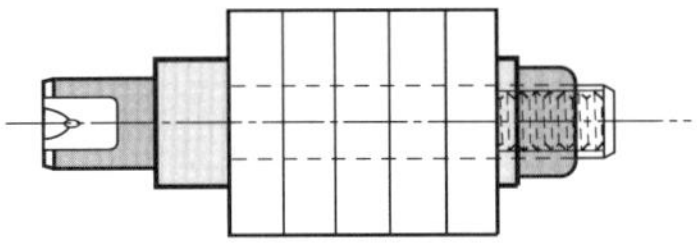

(c) 너트(갱) 맨드릴

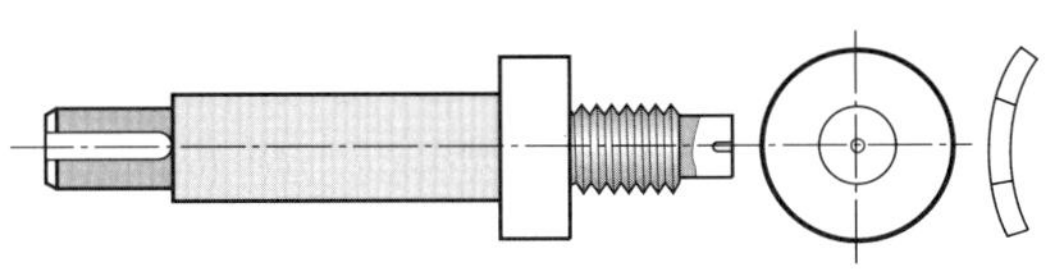

(d) 나사 맨드릴

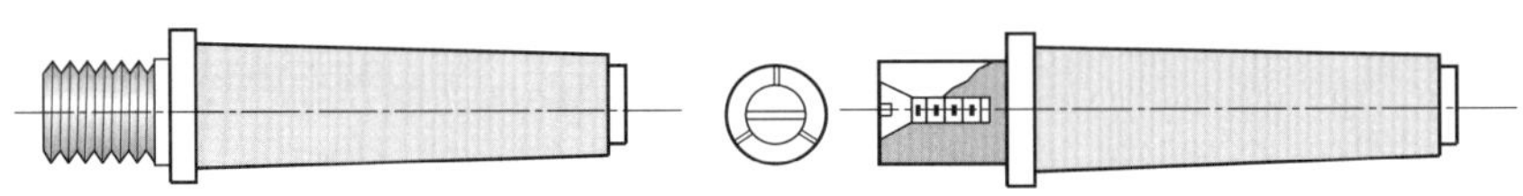

(e) 테이퍼자루 맨드릴

그림 8.17 맨드릴의 종류

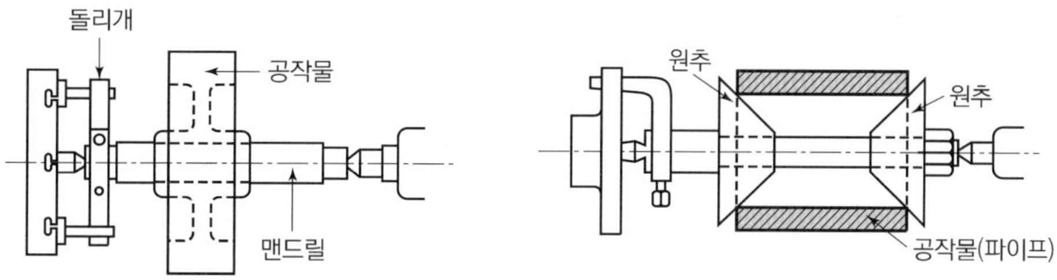

그림 8.18 맨드릴의 사용

의 지름은 약간 작게 하여 원주면 일부를 평면으로 만들어서 돌리개의 고정이 쉽도록 되어 있으며, 간단하며 확실하게 공작물을 지지할 수 있다.

(2) 팽창 맨드릴

가공물의 구멍이 맨드릴의 지름보다 클 때 사용하는 것으로 테이퍼가 있는 맨드릴에 원통이 갈라져 있는 슬리브를 끼운 것으로서, 슬리브를 축 방향으로 이동시켜서 바깥지름을 조절하여 공작물의 안지름을 고정하는 구조이다.

(3) 너트(갱) 맨드릴

그림 8.17(c)와 같이 여러 개의 공작물을 맨드릴에 끼우고 한쪽 끝을 너트로 조여서 공작물 고정하는 방식으로서 두께가 얇은 공작물을 동시에 여러 개 가공할 때 사용한다.

(4) 나사 맨드릴

그림 8.17(d)와 같이 한쪽 끝에 나사부가 있는 맨드릴로서 나사가 있는 공작물을 나사로 결합시켜서 고정시킨다.

(5) 테이퍼자루 맨드릴

그림 8.17(e)와 같이 맨드릴의 한쪽이 테이퍼자루로 되어 있어서 주축의 구멍에 끼워서 사용하는 맨드릴이다.

2. 선반용 부속장치

1) 테이퍼 절삭장치

그림 8.19와 같은 테이퍼 절삭장치를 사용하여 왕복대를 가로방향으로 이송시켜서 테이

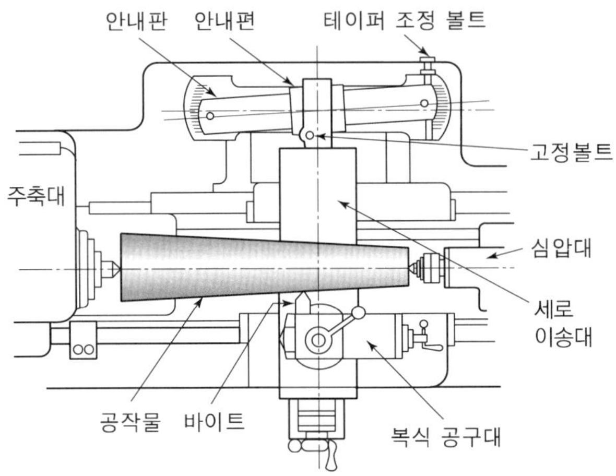

그림 8.19 테이퍼 절삭장치

퍼를 가공할 수 있어서, 간단한 조작으로 동일한 테이퍼 작업을 계속할 때 능률적이다.

테이퍼 절삭장치로 가공할 때에는 먼저 공구대가 전후방향으로 자유롭게 이동될 수 있도록 세로 이송장치의 연결을 풀고 가공할 테이퍼로 조정된 안내판의 안내편과 공구대를 연결하고 왕복대를 가로방향으로 이송시켜서 테이퍼를 가공할 수 있다.

2) 모방 절삭장치

가공할 제품과 같은 형태로 모형(model)을 만들어서 공구대를 모형의 형상을 따라서 이송시켜 필요한 형상과 크기로 절삭하기 위한 장치로써, 테이퍼, 계단 축이나 곡면체 등을 가공하는 데 효과적이다.

3) 여유면 절삭장치

밀링커터의 날 끝의 여유면과 같은 비회전체 부분을 가공하기 위해서 사용하는 장치로서, 원리는 유니버설 조인트(universal joint)로 주축에서 공구대로 전달되는 회전으로 동작되는 캠을 공구대의 세로이송과 연결시켜서 커터 날이 하나씩 지나갈 때마다 공구가 한 번씩 세로방향으로 일정량만큼 전진과 후퇴를 하며 탭, 드릴, 호브 등의 절삭날 여유면을 가공하는 장치이다.

8.4 선반용 절삭공구

1. 바이트의 형상과 각 부 명칭

1) 바이트의 형상

선반용 절삭공구는 형삭, 평삭, 보링에서 사용하는 공구와 같이 자루 선단에 한 개의 절삭날이 부착된 단인공구(single point tool)로서 바이트(bite)라고 한다. 바이트는 작업방법과 용도, 형상 및 구조, 재질 등에 따라서 여러 가지 종류가 있으며 구조에 따라 분류하면 그림 8.20과 같다.

① **단체 바이트:** 날의 부분과 자루부분이 같은 재질로 된 것이다.

② **팁 용접 바이트:** 그림 8.20(b)와 같이 고속도강, 초경합금 재질의 팁(tip)을 자루에 용접하여 붙인 것이다.

③ **인서트 바이트:** 그림 8.20(c)와 같이 공구재료의 팁을 기계적인 방법으로 자루에 고정한 것으로서, 3각 또는 4각형 팁의 상 · 하면 모서리 부분의 날을 차례로 사용할 수 있다.

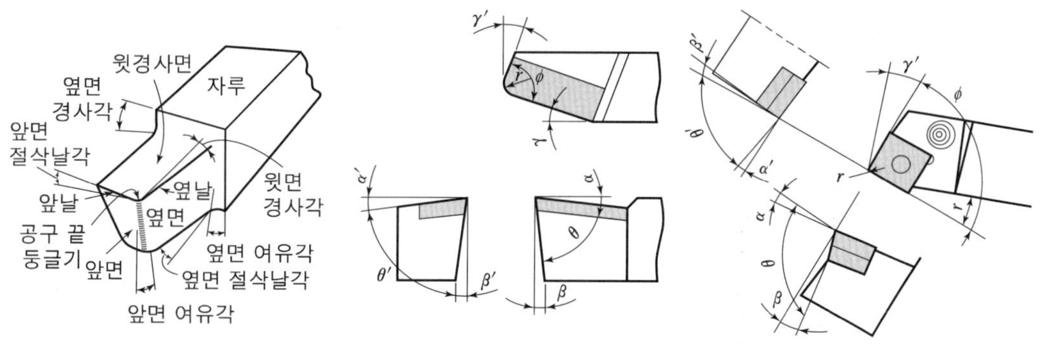

(a) 단체 바이트 (b) 팁 용접 바이트 (c) 인서트 바이트

α : 윗면 경사각　θ : 앞면 공구각　θ' : 옆면 공구각　γ : 옆면 절삭날각　r : 날끝 반지름
α' : 옆면 경사각　β : 앞면 여유각　β' : 옆면 여유각　γ' : 앞면 절삭날각　ϕ : 날끝각

그림 8.20 바이트의 각 부 명칭과 공구각

2) 바이트의 각 부 명칭

그림 8.20(a)와 같이 공구를 구성하는 각 부의 명칭은 다음과 같다.

① **자루**(shank): 바이트에서 날 부분을 부착하기 위한 나머지 자루부분이다.

② **옆날**(side cutting edge): 바이트의 옆면과 윗 경사면이 만나는 예리한 날로서 절삭가공의 대부분을 수행하는 주 절삭날이다.

③ **앞날**(end cutting edge): 옆날과 접하여 이어진 앞쪽의 날로서 공작물의 가공면에 접촉하는 부 절삭날 역할을 하며, 주로 단면 절삭을 할 때 사용한다.

④ **윗 경사면**(rake top face): 절삭된 칩이 접촉되며 흘러나가는 면이다.

⑤ **경사면**(rake face): 옆날과 앞날이 연결된 바이트의 윗면으로서 절삭된 칩이 접촉하여 흘러나오는 면이다.

⑥ **여유면**(flank face): 옆날과 앞날을 아래쪽으로 여유각을 준 면으로서 바이트와 공작물 사이의 마찰을 줄이기 위한 것이며, 측면여유(side flank)와 앞면여유(end flank)가 있다.

⑦ **날 끝**: 주 절삭날인 옆날과 부 절삭날인 앞날이 만나는 부분으로서 예리하게 날카로운 인선으로 절삭하면 충격과 진동 및 마모 등으로 공구수명이 짧아지게 된다. 따라서 이러한 문제를 해결하기 위해 옆날과 앞날이 만나는 인선의 날 끝을 약간 둥글게 라운드($r = 0.2 \sim 1.5$ mm)처리한 것을 노즈(nose)라고 한다.

3) 바이트의 공구각

바이트 절삭날의 형상과 각도는 절삭에 큰 영향을 미치며, 경사각은 절삭칩과의 마찰과 흐름을 좌우하며 여유각은 공구와 공작물 가공면과의 마찰을 감소시키기 위한 것이다.

또한 절삭날은 절삭속도, 절삭깊이, 이송, 절삭저항, 가공면의 거칠기와 공구수명 등에 밀접한 관계가 있으므로 가공조건에 알맞게 선정해야 하며, 이와 같은 바이트의 절삭날의 공구각 명칭은 다음과 같다.

(1) 경사각(rake angle)

절삭날의 윗면이 수평면과 이루는 각도로서 윗면경사각과 옆면경사각이 있다. 일반적으로 경사각이 클수록 절삭성과 표면 거칠기가 좋아지지만, 날 끝이 예리해져 약화됨에 따라 공구수명이 짧아지므로 절삭조건에 적합한 경사각을 선택해야 한다.

① **윗면 경사각**(back rack angle): 앞날의 위쪽 면이 바이트 뒤쪽으로 수평과 이루는 각(α)

② **옆면 경사각**(side rack angle): 옆날의 위쪽 면이 바이트 옆쪽으로 수평과 이루는 각(α')

(2) 여유각(relief angle)

여유각은 바이트 옆면과 앞면이 공작물과 마찰되는 것을 줄이기 위한 것이다. 여유각을 너무 크게 하면 절삭날이 약해지게 되므로 바이트와 공작물의 재질 및 가공조건에 알맞은 여유각을 선정해야 한다.

① **앞면 여유각**(end relief angle): 앞날을 형성하는 바이트 앞쪽 면이 수직과 이루는 각(β)

② **옆면 여유각**(side relief angle): 옆날을 형성하는 바이트 옆쪽 면이 수직과 이루는 각(β')

(3) 절삭각(cutting edge angle)

① **앞면 절삭각**(end cutting edge angle): 앞날이 바이트의 중심선과 수직인 방향과 이루는 각(γ).

② **옆면 절삭각**(side cutting edge angle): 옆날이 바이트의 중심선과 이루는 각(γ')

바이트의 적정한 각도는 공구와 공작물의 재질과 절삭조건에 따라 달라지며, 표 8.1은 공구와 공작물의 재질에 따라 일반적으로 사용되는 바이트 날의 각을 나타내었다.

▶ **표 8.1** 공구 및 공작물 재질에 따른 바이트의 날 각

공작물의 재 질		고속도강 바이트				초경 바이트			
		윗면 경사각 α	옆면 경사각 α'	앞 면 여유각 β	옆 면 여유각 β'	윗면 경사각 α	옆면 경사각 α'	앞면 여유각 β	옆면 여유각 β'
주 철	경	5	12	8	10	0~6	0~10	4~6	4~6
	연	5	12	8	10	0~6	0~12	4~10	4~10
탄소강	경	8~12	12~14	8	10	0~10	4~12	5~10	5~10
	연	12~16	14~22	8	12	0~15	8~15	6~12	6~12
합금강	경	8~10	12~14	8	10	0~10	4~12	5~10	5~10
	연	10~12	12~14	8	10	0~15	8~15	6~12	6~12
청동 황동	경	0	−2~0	8	10	0~5	4~8	4~6	4~6
	연	0	−4~0	8	10	0~10	4~16	6~8	6~8
알루미늄		35	15	8	12	5~15	8~15	6~10	6~10
플라스틱		−5~16	0~10	8~10	12~15	0~10	8~15	6~10	6~10

2. 바이트의 종류

1) 바이트의 종류와 특징

(1) 바이트 형상에 따른 종류

바이트를 형상에 따라 구분하면 그림 8.21과 같이 직선형, 굽힘형, 서큘러형으로 나눌 수 있다.

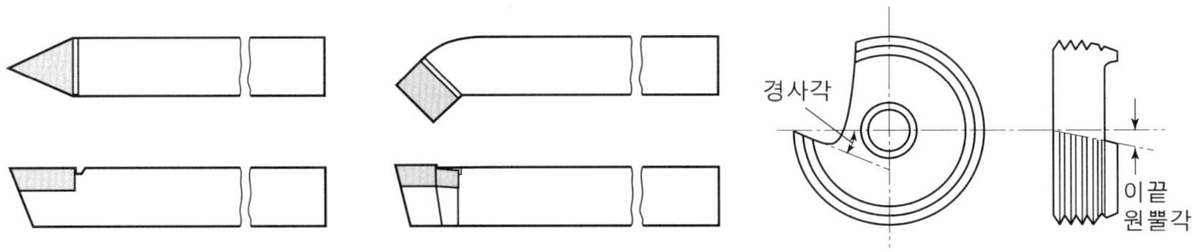

(a) 직선형 (b) 굽은형 (c) 서큘러형

그림 8.21 바이트의 형상에 따른 분류

(2) 바이트의 용도와 작업방법에 따른 종류

작업방법과 용도에 따라 바이트의 종류를 분류하면 그림 8.22와 같다.

(a) **외경 바이트:** 바깥지름을 절삭하는 데 사용한다.

(b) **모서리 바이트:** 날 끝이 뾰족하여 모서리 가공에 사용한다.

(c) **홈 바이트:** 바이트 날의 폭이 좁아서 홈이나 절단가공에 사용한다.

(d) **원호 바이트:** 날 끝이 둥근 모양으로 되어 원호가공에 사용한다.

(e) **수나사 바이트:** 날이 나사의 산과 동일하게 만들어져 수나사 가공에 쓰인다.

(f) **보링 바이트:** 드릴로 뚫은 구멍을 확장하는 가공에 사용한다.

(g) **내측 홈 바이트:** 구멍 내측의 홈을 가공하는 데 사용한다.

(h) **암나사 바이트:** 날이 나사의 산과 동일한 형상으로 암나사 가공에 사용한다.

(i) **총형 바이트:** 특정한 형상으로 된 날의 형태로 가공할 때 사용한다.

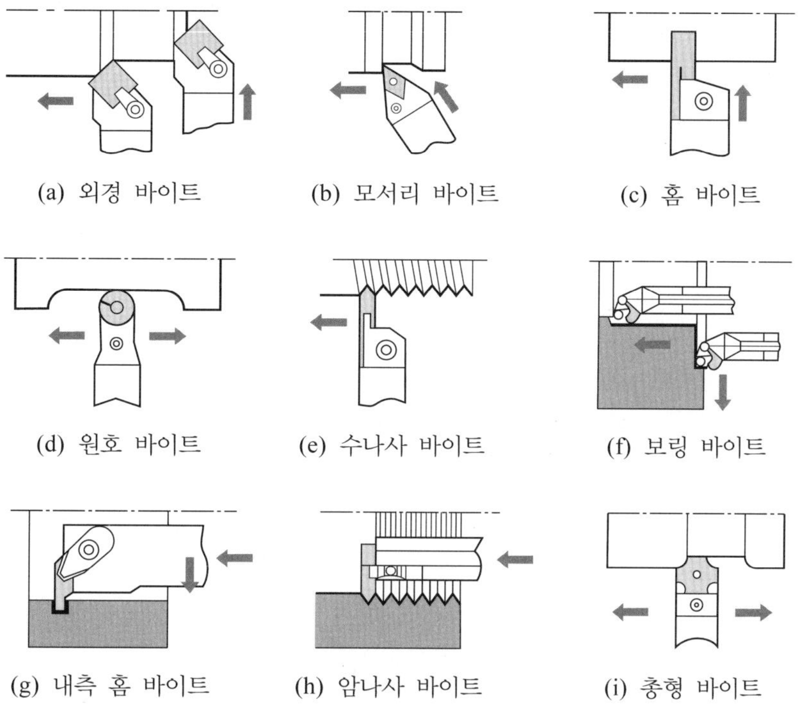

그림 8.22 용도에 따른 바이트의 종류

2) 널링 공구와 칩 브레이커

(1) 널링 공구(knurling tool)

그림 8.23은 널링용 공구를 나타낸 것으로서, 공구나 기구의 손잡이 부분의 미끄러짐을 방지할 목적으로 공작물에 소성변형을 가하여 깔쭉깔쭉한 홈 자국을 내기 위해 사용하는 공구이다. 널링가공에 사용하는 널의 크기에 따라서 황목, 중목, 세목이 있으며, 널의 모양에

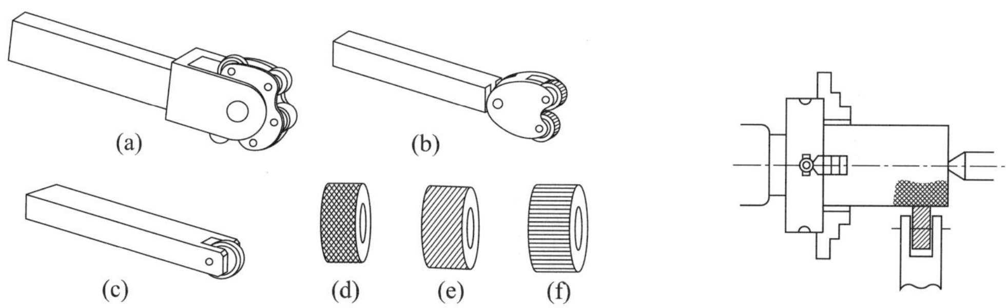

그림 8.23 널링 공구

따라 곧은 줄과 빗줄 형이 있다. 널링가공을 하면 소성변형에 의해 공작물의 바깥지름이 커지는 것을 감안하여 공작물의 바깥지름을 작게 가공해야 한다. 널링가공할 때 이송은 자동이송을 할 수 있으며, 회전속도는 저속으로 충분한 절삭유를 공급하고 1~2회 이내의 이송으로 완성한다.

(2) 칩 브레이커

연성 공작물을 고속절삭할 때 발생하는 유동형 칩(chip)이 그림 8.24(a)와 같이 공구의 윗면을 타고 연속적으로 흘러나오게 되면 크레이터 마모도 발생되며, 칩이 엉키어 가공물 표면에 흠집을 내고 절삭을 방해하게 된다. 따라서 그림 8.24(b)와 같이 공구 윗면에 턱이나 홈을 주어서 유동형 칩의 곡률을 변화시켜서 유동형 칩을 짧게 끊어 주는 역할을 하는 것이 칩 브레이커(chip breaker)이다.

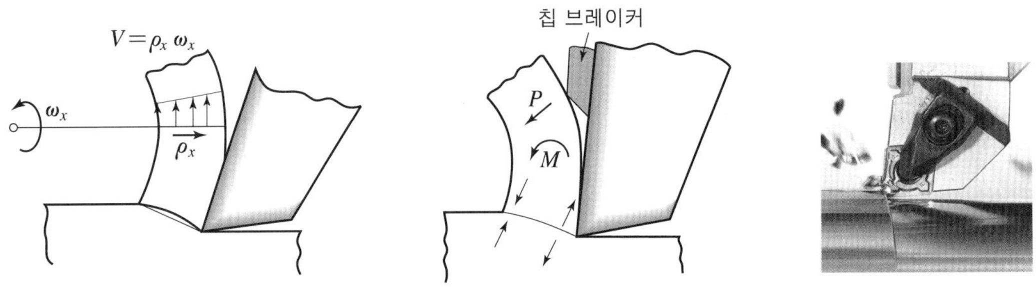

(a) 칩 브레이커 없는 경우　(b) 칩 브레이커 있는 경우　(c) 칩 브레이커 작용

그림 8.24 칩 브레이커

8.5 선반의 주요작업

1. 선반가공의 절삭조건

선반을 이용하여 가공되는 공작물의 치수정밀도와 표면 거칠기는 사용하는 바이트의 종류와 함께 절삭깊이, 절삭속도, 이송량, 절삭유 등에 따라 많은 영향을 받는다. 따라서 최적의 절삭조건을 선정해야 높은 가공정밀도와 양호한 거칠기를 얻을 수 있고 가공능률을 향상시킬 수 있다.

1) 절삭속도

절삭속도(cutting speed)는 바이트에 대한 공작물의 선속도로써, 단위시간 동안 공작물이 바이트 날 끝을 지나가는 거리로 다음 식과 같이 나타낸다.

$$v = \frac{\pi \cdot d \cdot n}{1000}$$

여기서, v: 절삭속도(m/min)

d: 공작물의 지름(mm)

n: 선반 주축의 회전수(rpm)

절삭속도는 가공하는 공작물의 표면 거칠기, 절삭효율, 공구수명 등을 좌우하는 중요한 요소이다. 일반적으로 절삭속도가 빠를수록 표면 거칠기는 좋아지며, 가공시간도 단축되지만, 절삭속도가 증가되면 절삭 온도가 높아짐에 따라서 공구수명도 짧아지게 된다. 일반적인 선삭가공에서 공구수명이 60~120분 정도가 되는 절삭속도를 경제적인 절삭속도라고 한다.

2) 절삭깊이

그림 8.25와 같이 바이트가 공작물을 가공하기 위해 절삭한 깊이가 절삭깊이(depth of cut)이며, 절삭할 면에 대하여 수직 방향으로 측정하고, 단위는 mm로 나타낸다.

선반에서 원통을 절삭할 때는 절삭깊이의 2배만큼 공작물의 지름은 작아진다.

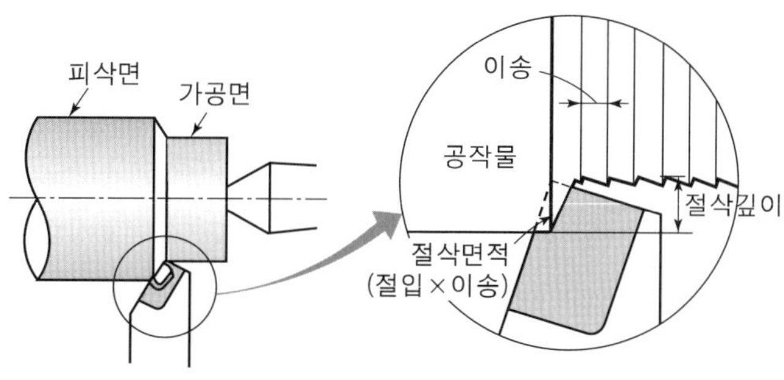

그림 8.25 절삭깊이와 이송

3) 이송

선삭가공에서 이송(feed)은 공작물이 1회전 할 때마다 바이트가 이동하는 거리(mm/rev)로 나타낸다. 이론적으로는 이송이 작을수록 표면 거칠기가 양호해지나, 실제적으로는 여러 가지 다른 절삭 조건이 영향을 미치게 되므로 그에 맞추어 이송량을 선택해야 한다.

절삭 면적은 절삭깊이와 이송량의 곱으로 나타낸다. 일반적으로 절삭 면적을 증가시키면 절삭 능률은 좋아지지만, 날 끝에 가해지는 절삭 저항이 커지고 절삭 온도가 높아져서 바이트의 수명이 짧아지므로 절삭 면적이 클 때에는 절삭속도를 작게 해야 한다.

2. 공작물과 바이트의 고정

1) 공작물 고정방법

(1) 척에 고정하는 방법

그림 8.26과 같이 공작물을 척에 고정하는 방법이며, 주로 원통형 공작물을 고정할 때 사용한다. 길이가 긴 공작물을 척으로 고정할 경우에는 공작물의 오른쪽 끝을 심압대의 센터로 지지하거나, 방진구를 사용하여 지지하는 고정방법을 사용한다.

(2) 양 센터 사이에 고정하는 방법

주축에서의 회전 센터와 심압대의 센터의 사이에 공작물을 고정하는 방법으로서 공작물 지름에 비해 길이가 긴 공작물의 가공에 적합한 고정 방법이다. 또한 그림 8.28과 같이 공작물에 끼운 심봉(mandrel)을 양 센터로 지지하는 방법이 있다.

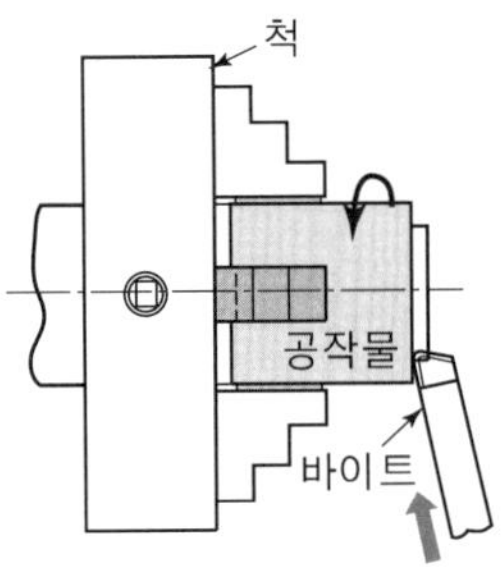

그림 8.26 척에 고정하는 방법

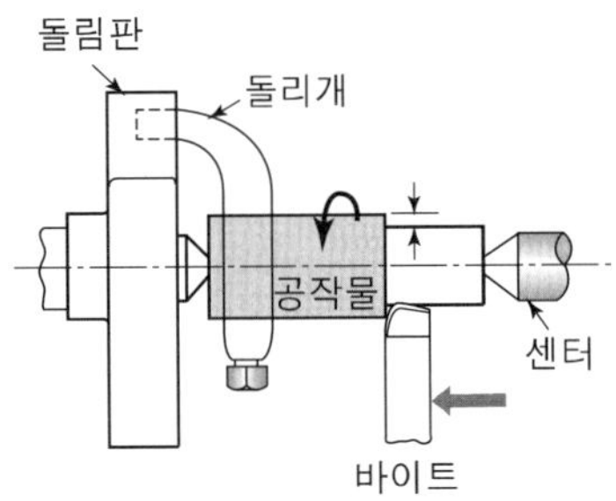

그림 8.27 양 센터로 고정하는 방법

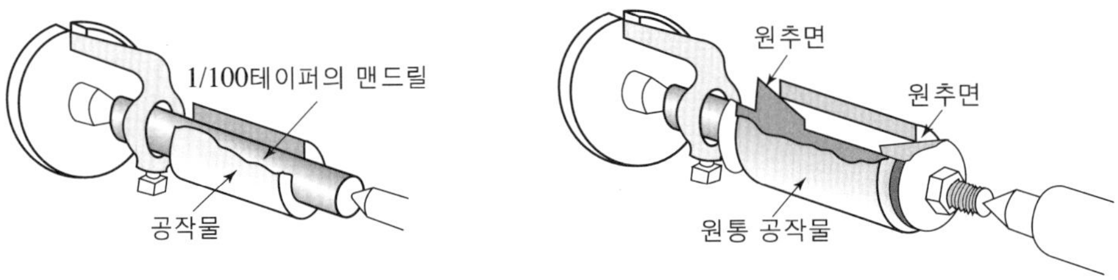

그림 8.28 맨드릴과 양 센터로 고정하는 방법

(3) 면판에 고정하는 방법

그림 8.29와 같이 공작물의 형상이 불규칙한 경우에는 면판과 앵글 플레이트를 이용하여 공작물을 고정하면 된다. 이 경우에는 가벼운 쪽에 균형추(balance weight)를 부착하여 균형을 유지해주어야 한다.

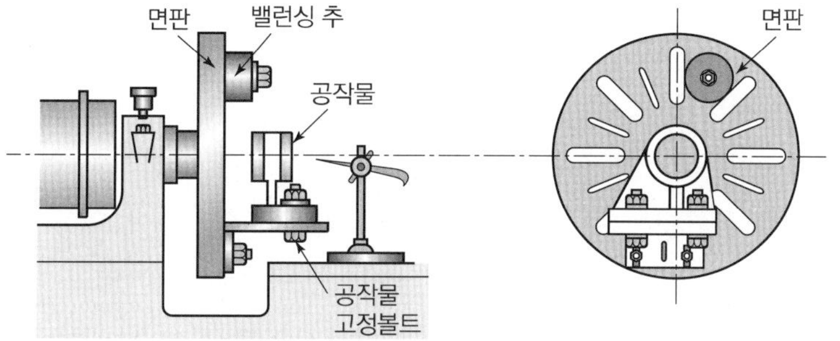

그림 8.29 면판에 고정하는 방법

2) 공구 고정방법

그림 8.30(a)와 같이 바이트의 날 끝이 심압대의 센터중심과 일치하도록 센터 높이 게이지를 사용하여 공구대에 확실하게 고정하여야 한다. 이때 바이트의 돌출 거리(l)가 고속도강 바이트일 때 생크 높이의 2배 이내, 초경 바이트일 때에는 1.5배를 넘지 않게 한다.

또한 그림 8.30(b)와 같이 바이트 생크의 설치각은 절삭방향에 수직(90°)이 되도록 설치하여야 한다.

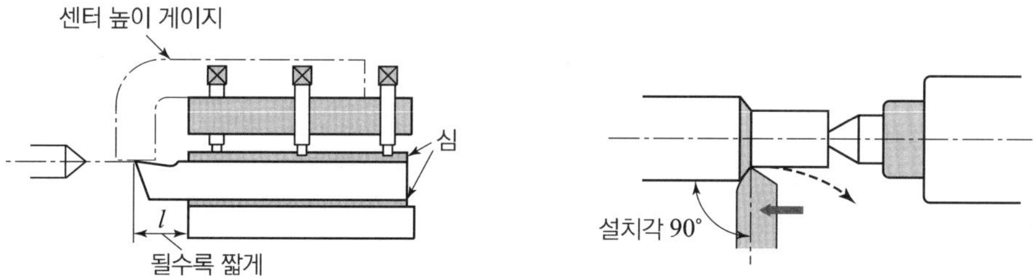

(a) 설치 높이 (b) 설치 각

그림 8.30 공구의 설치

3. 선반의 주요가공

1) 외경 절삭(원통 가공)

(1) 센터중심 맞추기

길이가 긴 공작물을 선반가공할 때, 공작물 한쪽을 척에 고정하고 다른 쪽 끝을 심압대 센터로 지지하거나 양 센터로 지지하여 가공한다. 이때 그림 8.31(a)와 같이 양쪽 센터의 중심이 일치해야만 정확한 치수로 원통면을 가공할 수 있다.

양 센터 사이에 공작물을 지지하고 돌리개와 면판 등으로 회전시켜 절삭하는 것이 센터작업이며, 센터와 센터를 잇는 중심선과 바이트의 이송이 평행해야 원통도를 유지할 수 있다. 양 센터의 높이가 같고 수평면상에서 양 센터의 중심선과 바이트의 이동선이 평행하지 않으면 원추형인 테이퍼 원통으로 가공되고, 수평면상의 이동이 평행하고 양 센터의 높이가 다를 경우에는 쌍곡면을 이루는 원통으로 가공된다.

이와 같이 테이퍼 원통이나 쌍곡면 원통으로 가공되지 않게 하기 위해 다음과 같은 방법으로 검사를 해야 한다.

① **양 센터를 맞추는 방법:** 심압대의 조임 핸들을 풀고 심압대를 주축대에 접근시켜 양 센터가 일직선상에 있는지를 검사하고 8.31(b)와 같이 심압대 조정나사로 위치를 조절한다.

② **시험절삭 방법:** 공작물을 원통형으로 시험절삭을 하고 공작물의 양단에 지름을 측정하여 지름이 동일하지 않으면 심압대를 조정한다.

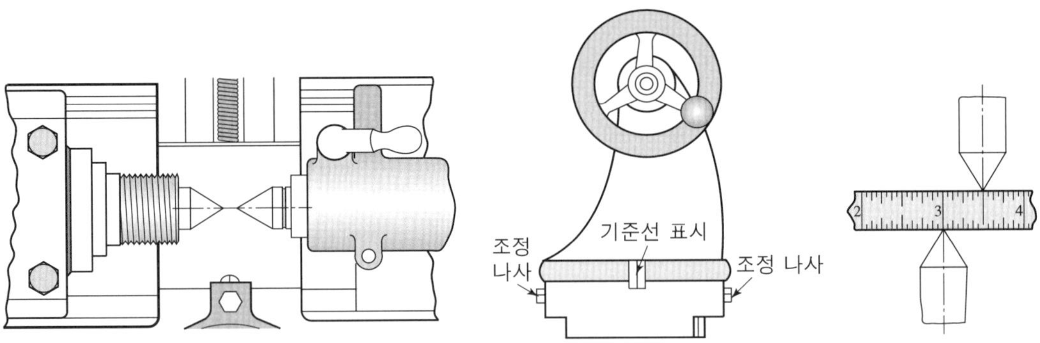

(a) 양 센터 중심일치　　　(b) 심압대 편위조정

그림 8.31 양 센터의 중심잡기

③ **바이트에 의한 방법:** 바이트의 끝을 심압대 센터에 맞추고 왕복대를 이동하여 주축센터와 바이트 끝이 일치하면 정상상태이다.

④ **시험봉에 의한 방법:** 시험봉을 양 센터로 지지하고 다이얼 게이지를 왕복대에 설치하여 검사하는 방법이다.

(2) 센터 가공

그림 8.32와 같이 공작물을 지지하기 위해 센터 드릴을 사용하여 센터구멍을 가공한다. 센터 드릴 날 끝의 원추 각은 일반적으로 60°이며, 공작물의 지름이 커지게 되면 75°, 90° 인 것을 사용한다.

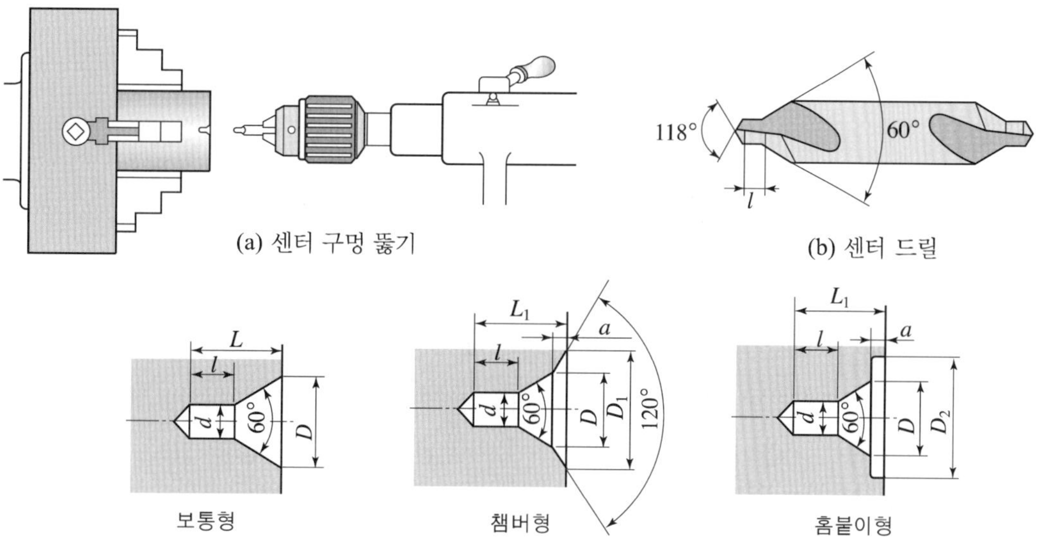

그림 8.32 센터 가공

2) 테이퍼 절삭

(1) 복식 공구대를 회전시키는 방법

공작물의 길이가 짧고 테이퍼가 큰 경우 사용하는 방법으로서 그림 8.33(a)와 같이 필요한 각으로 복식 공구대를 경사시킨 후 수동으로 복식 공구대를 회전하여 바이트를 이송시켜서 테이퍼를 절삭한다. 이때 복식 공구대를 경사시키는 회전각은 다음 식으로 구한다.

$$\text{테이퍼 } \alpha = \frac{D-d}{L}$$

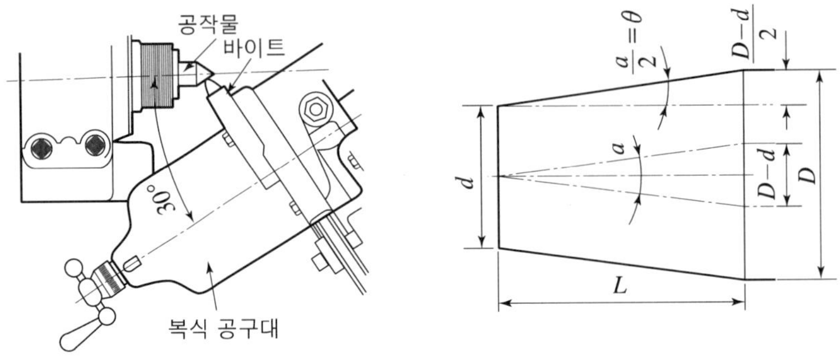

(a) 복식 공구대의 회전　　　(b) 테이퍼

그림 8.33 복식 공구대 회전에 의한 테이퍼 가공

이므로, 복식 공구대 회전각(θ)은 다음과 같다.

$$\tan\theta = \tan\frac{\alpha}{2} = \frac{D-d}{2\cdot L}$$

(2) 심압대 센터를 편위시키는 방법

선반 주축의 중심선에 대해서 심압대 중심을 좌우로 이동시켜서 테이퍼를 가공하는 방법으로서, 공작물이 비교적 길고 테이퍼가 작을 때 사용된다. 심압대 축 중심이 주축 중심보다 앞쪽으로 편위시키면 심압대 축 쪽의 가공물 지름이 작아지고, 뒤쪽으로 편위시키면 주축대 쪽의 가공물 지름이 작아지게 테이퍼가 가공된다. 그림 8.34(a)와 같은 테이퍼를 가공하기 위해 심압대를 편위시키는 양(e)은 다음 식과 같다.

$$e = \frac{L\cdot(D-d)}{2\cdot l}\text{(mm)}$$

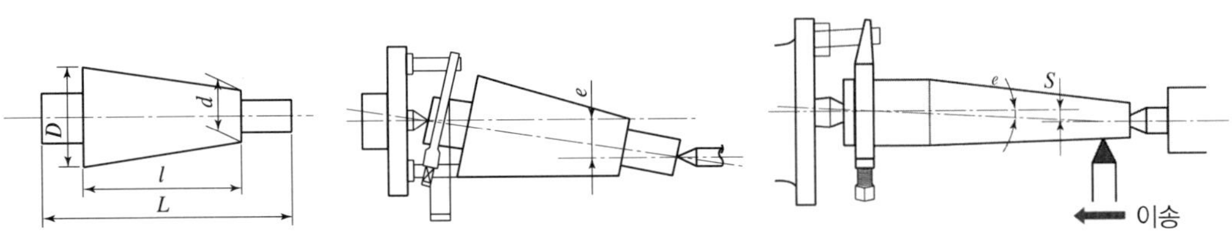

(a) 공작물　　　(b) 심압대 편위　　　(c) 테이퍼 절삭

그림 8.34 심압대 편위에 의한 테이퍼 가공

(3) 테이퍼 절삭장치에 의한 방법

선반의 뒤쪽에 부착된 테이퍼 절삭장치가 연결된 왕복대를 이동시켜 테이퍼 절삭을 하며 필요한 테이퍼 각은 절삭장치 슬라이드의 기울임 각으로 조정한다. 이 장치는 다음과 같은 장점이 있다.

① 공작물의 센터구멍과 선반의 센터가 동일한 중심선 상에 있으므로 정도가 높은 테이퍼로 가공할 수 있다.

② 테이퍼 절삭장치의 슬라이드 각을 조정하면 길이에 관계없이 동일한 테이퍼를 능률적으로 가공할 수 있다.

③ 테이퍼 보링이 용이하며, 심압대 편위법보다 큰 범위의 테이퍼를 절삭할 수 있다.

예제 8.1

선반에서 그림 8.33(b)와 같은 테이퍼를 가공하기 위해 복식 공구대의 회전은 몇 도(°)로 하면 되는가? 단, $D = 50$ mm, $d = 30$ mm, $L = 40$ mm이다.

[풀이]

$$\tan\frac{\alpha}{2} = \tan\theta = \frac{D-d}{2\cdot L} = \frac{50-30}{2\times 40} = 0.25$$

이므로, 복식 공구대 회전각(θ)은

$$\theta = \tan^{-1}0.25 = 14.03^\circ = 14^\circ 18'$$

예제 8.2

선반에서 그림 8.34(a)와 같은 테이퍼를 가공하기 위해 심압대 편위량(e)은 몇 mm로 하면 되겠는가? 단, 공작물 전체 길이 $L = 120$ mm, 테이퍼 길이 $l = 80$, $D = 40$ mm, $d = 30$ mm이다.

[풀이]

심압대 편위량은 $e = \dfrac{L\cdot(D-d)}{2\cdot l} = \dfrac{120\times(40-30)}{2\times 80} = 7.5\text{mm}$

3) 구멍 절삭

그림 8.35와 같이 뚫어 놓은 구멍을 다시 넓히는 절삭가공을 말하며, 구멍에 테이퍼가 있는 구멍가공을 테이퍼 구멍 절삭이라 한다. 이 방법은 공작물을 척 또는 면판에 고정하고 구멍가공용 바이트를 공구대에 고정해서 구멍 내면을 절삭가공하는 것이다. 공작물에

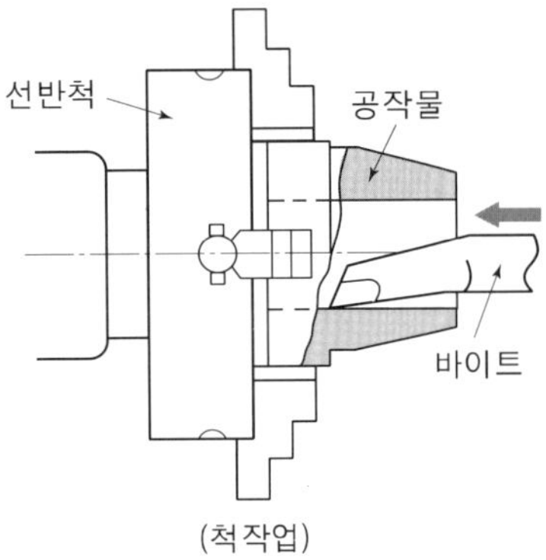

(a) 구멍가공용 바이트

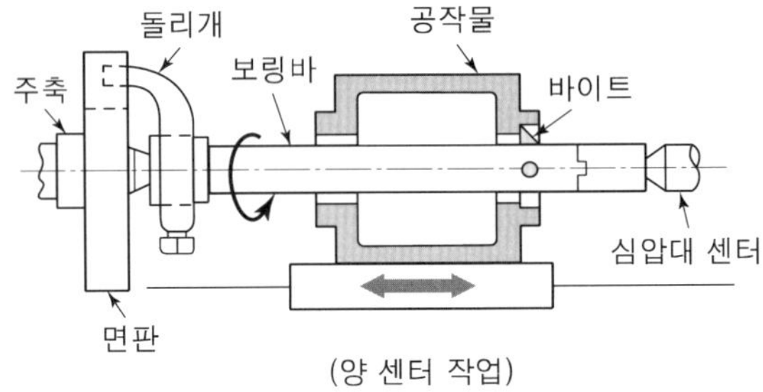

(b) 보링 바에 의한 구멍가공

그림 8.35 선반에 의한 구멍가공

구멍이 없을 때에는 드릴을 심압대 축에 끼워서 구멍뚫기 작업을 한 후에 구멍을 넓히는 가공을 한다. 구멍의 정밀도가 필요한 경우에는 리머로 다듬질 절삭가공을 한다. 그림 8.35(b)는 보링 바를 사용하는 방법으로서 주축대와 심압대 센터에 지지된 보링 바에 바이트를 설치하고 왕복대에 고정된 공작물을 이송시켜서 구멍을 가공하는 방법이다.

4) 나사 절삭

선반가공에서 나사 절삭은 중요한 작업 중의 하나로서, 절삭할 나사와 동일한 형상의 나사바이트를 사용하여 공작물의 회전수에 맞추어 바이트를 이송시켜서 나사를 절삭한다. 나사바이트를 설치할 때에는 그림 8.36(a)와 같이 센터 게이지를 사용하여 중심을 맞추어야 한다. 나사는 1회의 절삭으로 완성되지 않고 처음에 깎은 자리를 여러 번 되풀이해서 깎아 내 완성하게 된다. 따라서 처음과 같은 자리를 찾아서 절삭을 하기 위해서는 그림 8.37(b)

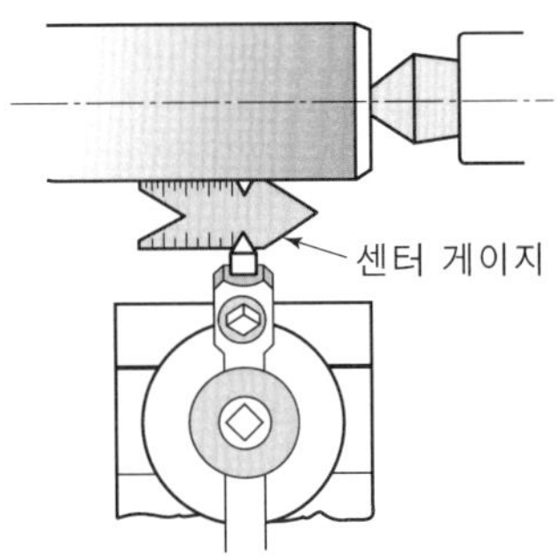

(a) 센터 맞추기

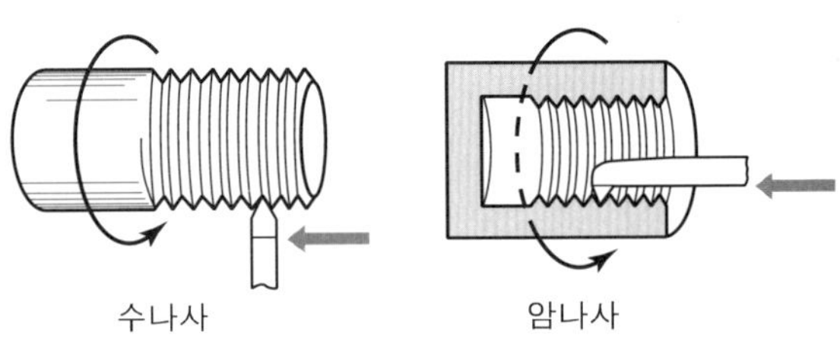

(b) 나사 절삭

그림 8.36 나사가공

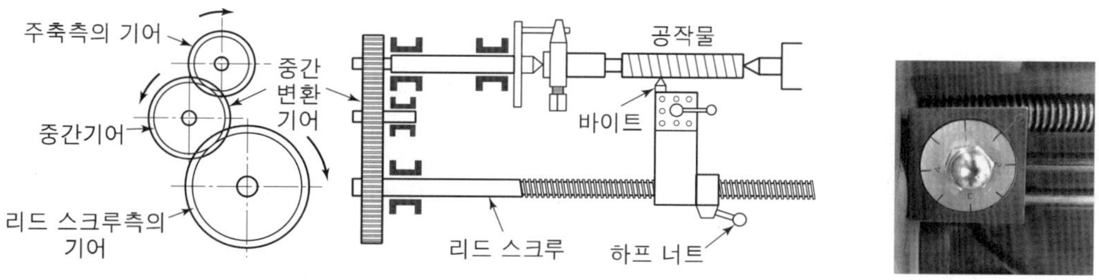

(a) 나사 절삭 원리 (b) 체이싱 다이얼

그림 8.37 나사 절삭 기구

와 같은 체이싱 다이얼(chasing dial)을 사용한다.

선반에 의한 나사가공에서는 나사의 피치와 산수에 따른 변환 기어가 선택되어야 하고, 나사산의 규격에 따라 바이트의 각을 연삭하게 된다. 그림 8.37은 나사 절삭기구로서 주축의 회전이 변환 기어에 의해 리드스크루(lead screw)로 전달되고 왕복대의 하프 너트(half nut)를 리드스크루에 물리면 나사바이트가 자동으로 이송되면서 나사를 절삭하게 된다. 이때 공작물이 1회전할 때마다 절삭할 피치(pitch)만큼 나사바이트가 이송되어 나사가 가공된다.

이와 같이 선반에서 나사를 절삭하는 방법은 주축의 회전과 왕복대의 운동을 연관시켜서 공작물이 1회전하는 동안 나사바이트가 절삭을 하면서 이동한 거리가 나사의 리드(lead)가 된다. 즉, 그림 8.37(a)와 같이 주축과 리드스크루가 연결된 변환 기어를 통해 리드스크루의 회전수를 조절해서 리드스크루에 연결되어 연동하는 나사바이트의 이동거리가 가공되는 나사의 리드가 되도록 한다. 이때 주축과 리드스크루의 회전수는 변환 기어의 잇수에 반비례하며, 다음과 같이 나타낼 수 있다.

$$\frac{A}{D} = \frac{p}{P} = \frac{T}{t}$$

여기서, A: 주축기어의 잇수
D: 리드스크루의 기어잇수
p: 절삭할 나사의 피치(mm 또는 in)
P: 리드스크루의 피치(mm 또는 in)
T: 리드스크루의 산수(1인치당 나사산수)
t: 절삭할 나사의 산수(1인치당 나사산수)

위에서 주축기어의 잇수(A)와 리드스크루 기어잇수(D)는 절삭할 나사에 필요한 리드비가 되도록 주축과 리드스크루에 물려주는 기어로서 절삭할 나사가 결정되면 나사 절삭에 요구되는 잇수비가 되도록 물려주면 된다. 이와 같이 요구되는 기어비가 되도록 변환 기어를 주축과 리드스크루 축에 물려서 나사를 가공하며, 변환 기어의 잇수비(A/D)가 너무 크거나 작아서 변환 기어가 없을 경우에는 다음과 같이 중간 기어를 사용해야 한다.

$$\frac{A}{D} = \frac{A}{B} \times \frac{C}{D}$$

이와 같이 중간 기어(B, C)를 사용하여 서로 물리는 기어의 잇수비를 낮추거나 크게 해서 필요한 기어비를 얻을 수 있다. 변환에 사용하는 기어의 잇수는 20~120 사이를 5개 단위로 차이를 두어 구비하고 여기에 127, 157개 잇수를 더하여 한 조로 한 영국식과 잇수를 20~64 사이에 4개 단위로 차를 두어 구비하고 여기에 72, 80, 127개 잇수를 추가한 미국식이 사용되고 있다.

리드스크루의 리드가 인치 단위인데 절삭할 나사의 리드가 미터 단위로 되었을 때나 이와 반대인 경우에 변환 기어의 단위를 다음과 같이 환산해 주어야 한다.

$$1\text{인치} = \frac{127}{5}\,\text{mm} \quad \text{또는} \quad 1\,\text{mm} = \frac{5}{127}\,\text{인치}$$

이와 같이 결정된 변환 기어를 주축과 리드스크루 축에 연결하면 된다. 리드스크루 변속을 위한 기어 박스가 내장된 선반에서는 선반에 부착된 표에 따라 핸들을 조작해서 필요한 회전비로 기어가 물리도록 설정할 수 있다.

예제 8.3

리드스크루의 피치가 6 mm인 미국식 선반에서 피치가 2 mm인 나사를 절삭하기 위한 변환 기어의 잇수를 구하시오.

[풀이]

$$\frac{A}{D} = \frac{p}{P} = \frac{2}{6} = \frac{2 \times 10}{6 \times 10} = \frac{20}{60} \quad \text{또는} \quad \frac{2 \times 12}{6 \times 12} = \frac{24}{72}$$

이므로 주축 기어 $A = 20$, 리드스크루 기어 $D = 60$ 또는 $A = 24$, $D = 72$로 하면 된다.

예제 8.4

리드스크루의 피치가 8 mm인 영국식 선반에서 피치가 1 mm인 나사를 절삭하기 위한 변환 기어의 잇수를 구하시오.

[풀이]

$$\frac{A}{D}=\frac{p}{P}=\frac{1}{8}=\frac{1}{2}\times\frac{1}{4}=\frac{(1\times 20)}{(2\times 20)}\times\frac{(1\times 30)}{(4\times 30)}=\frac{A}{B}\times\frac{C}{D}=\frac{20}{40}\times\frac{30}{120}$$

이므로 주축 기어 A =20, 리드스크루 기어 D=120, 중간 기어 B=40, C=30으로 하면 된다.

예제 8.5

선반의 리드스크루의 피치가 6산/inch인 영국식 선반에서 피치가 4 mm인 나사를 절삭하기 위한 변환 기어의 잇수를 구하시오.

[풀이]

$$\frac{A}{D}=\frac{p}{P}=\frac{4}{25.4/6}=\frac{4\times 6\times 5}{25.4\times 5}=\frac{120}{127}$$

이므로 주축 기어 A=120, 리드스크루 기어 D=127로 하면 된다.

예제 8.6

선반의 리드스크루의 피치가 6 mm인 선반에서 피치가 12산/inch인 나사를 절삭하기 위한 변환 기어의 잇수를 구하시오.

[풀이]

$$\frac{p}{P}=\frac{25.4/12}{6}=\frac{25.4\times 5}{6\times 12\times 5}=\frac{127}{360}=\frac{127}{120}\times\frac{1}{3}=\frac{127}{120}\times\frac{30}{90}=\frac{A}{B}\times\frac{C}{D}$$

이므로 주축 기어 A =127, 리드스크루 기어 D =90, 중간 기어 B=120, C=30으로 하면 된다.

---

(1) 여러 줄 나사 절삭(cutting multiple screw thread)

한 줄 나사를 절삭할 때 변환 기어의 계산은 공작물의 피치(pitch) 대신 리드(lead)를 사용하는 것이 좋으며 두 줄 이상의 나사 절삭에도 리드(lead) = 피치(p) × 줄수(n)를 사용한다. 여러 줄 나사는 한 줄 나사 절삭이 끝난 다음 주축과 리드스크루의 연결을 끊고 주축을 1/줄수만큼 회전시켜서 절삭하면 된다.

주축 쪽의 기어를 나사의 줄수(n)로 나누어지는 기어 잇수를 사용하여 한 줄 나사를 깎은 다음에는 각 기어의 맞물림 위치에 합인(tally mark)을 내고 중간 기어와의 합인을 기준으로 주축 쪽 기어를 n등분하여 합인을 긋는다. 중간 기어를 벗기어 주축을 1/n회전시킨 다음 중간 기어를 맞물리면 다음 줄 나사를 깎을 수 있다.

(2) 체이싱 다이얼(chasing dial) 사용

나사는 1회의 이송으로 절삭이 완성되는 것이 아니라 동일한 곳을 여러 번 반복하면서 조금씩 나누어서 절삭한다. 이때 왕복대를 처음의 절삭 위치에 옮긴 후 다시 정확한 절삭 위치에서 바이트를 넣기 위해서 체이싱 다이얼을 사용한다.

그림 8.37(b)와 같이 왕복대에 고정된 체이싱 다이얼의 웜 기어와 리드스크루가 맞물고 있어서 리드스크루가 회전하면 웜 기어 위의 눈금 다이얼이 회전한다. 이때 다이얼의 눈금 지침에 따라 하프너트를 닫으면 나사바이트가 이전에 가공한 나사 홈에 맞추어 들어가게 된다. 인치식 리드스크루를 갖는 선반에서는 웜과 맞물린 웜 기어의 잇수는 웜의 산수의 배수로 되어 있어 웜의 피치가 4산/inch이면 웜 기어의 잇수는 16(24) 등으로 되며, 왕복대가 4인치 이동하면 눈금이 8등분된 다이얼이 1회전한다. 따라서 다이얼의 1눈금은 왕복대가 1/2인치 이동하는 것에 해당한다.

여러 줄 나사를 가공할 때에는 리드로 계산하면 된다. 예를 들면 한줄 나사가공에서 체이싱 다이얼의 4눈금마다 하프너트를 닫는다면 4줄 나사에서는 1눈금마다 하프너트를 닫으면 된다.

8.6 선반의 종류와 특징

선반의 종류와 크기는 가공정밀도와 가공면의 거칠기, 절삭공구의 수, 자동여부, 전용여부 등에 따라 여러 가지로 분류하며, 크기를 표시하는 방법은 일반적으로 보통 선반(engine lathe)이 기준이지만, 각 선반의 종류에 따라 특징이 있으므로 크기 표시방법을 표 8.2에 선반의 종류에 따른 크기를 표시하였다.

▶ 표 8.2 선반의 종류와 크기 표시

종류	크기 표시법
보통 선반 탁상 선반 모방 선반 다인 선반 공구 선반 릴리빙 선반	베드 위의 스윙, 양 센터 사이의 최대거리 및 왕복대 위의 스윙
정면 선반	베드 위의 스윙 또는 면판의 지름 및 면판에서 왕복대까지의 최대거리

▶ 표 8.2 선반의 종류와 크기 표시(계속)

종류	크기 표시법
터릿 선반 탁상터릿 선반	베드 위의 스윙, 왕복대 위의 스윙, 주축 위 터릿면 사이의 거리 터릿대의 최대이동거리 및 봉재 공작물의 최대지름
자동 선반	공작물의 최대지름 및 최대길이
수직 선반 수직터릿 선반	스윙터릿의 지름, 테이블 윗면과 공구대 하단과의 최대거리 및 공구대의 상하 이동거리
차륜 선반	절삭할 수 있는 차륜의 최대 및 최소지름 또는 양 면판간의 최대거리
차축 선반	공작물의 최대지름 및 최대길이
크랭크축 선반 크랭크핀 선반	베드 위의 스윙 또는 회전원판의 안지름, 절삭할 수 있는 크랭크축의 최대길이 및 절삭할 수 있는 크랭크 암 간의 최대거리
나사절삭 선반 리드나사 선반	테이블 위의 스윙, 양 센터 사이의 최대거리 및 왕복대 위의 스윙
캠축 선반	테이블 위의 스윙 및 양 센터 사이의 최대거리
롤러 선반	공작물의 최대지름 및 길이

1. 보통 선반

보통 선반(engine lathe)은 표준형 선반으로써 가장 많이 사용되는 공작기계 중에 하나이다. 보통 선반의 주요 부분은 주축대, 심압대, 왕복대 및 베드와 다리로 구성되어 있다.

초기에는 단차식 벨트풀리와 벨트를 이용한 구동 방식으로 보통 선반을 제작하여 동력전달과 변속에도 많은 제약이 있었으나, 기계를 구성하는 요소기술과 절삭공구의 발전에 따라서 기어를 사용한 동력전달 방식을 사용하여 고속화 및 속도의 다양화와 더불어 강력한 절삭이 가능하도록 보통 선반이 발전되었다.

2. 터릿 선반

터릿 선반(turret lathe)은 6각형의 터릿 헤드(hexagonal turret head)에 가공순서대로 공구를 고정하여, 각 공정이 끝날 때마다 터릿을 회전시켜서 필요한 공구가 가공 위치로 올 수 있도록 구성된 선반이다. 따라서 원통 절삭, 단면 절삭, 구멍가공, 나사가공, 절단 등과 같은 여러 공정을 터릿이 회전하는 순서대로 가공할 수 있다. 이와 같이 여러 공정을 거쳐야 하는 기계부품을 가공할 때 공구를 계속 갈아 끼우게 되면 정밀도와 작업능률이 떨어지게 되므로,

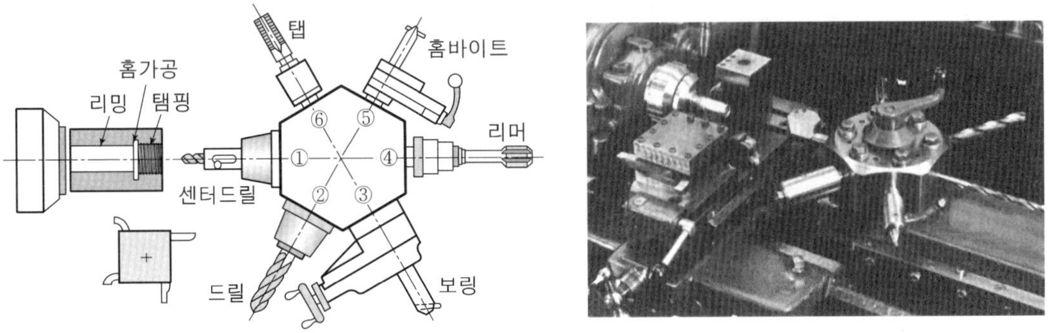

(a) 공작물 (b) 터릿 헤드 (c) 터릿 선반

그림 8.38 터릿 선반

터릿 공구대에 설치한 여러 개의 공구로 공정순서에 따라 동일한 상태에서 다음 작업공정에서 반복해서 사용함으로써 작업능률을 향상시킬 수 있다. 이와 같은 터릿 선반은 터릿 공구대의 구조에 따라 램형, 새들형, 드럼형이 있다. 또한 작업능률을 더욱 높이기 위해 공작물의 공급과 탈착 및 각 공정에서의 속도변환 등의 작업 전부 또는 일부를 자동화하면 자동 선반(automatic lathe)이 될 수 있다.

3. 정면 선반

정면 선반(face lathe)은 대형의 풀리(pulley)나 플라이 휠(fly wheel)과 같이 지름이 크고 길이가 짧은 공작물을 가공하기 위한 선반이다. 그림 8.39와 같이 정면 선반은 주축대에 큰 면판을 갖고 있으며, 공구대가 주축에 수직방향으로 광범위하게 움직이는 선반이다.

4. 수직 선반

지름이 길이에 비해 큰 원통형 공작물과 높이가 낮은 대형 공작물을 가공할 때에는 수평상에서 회전하는 테이블을 갖고 있는 수직 선반(vertical lathe)이 사용된다. 수직 선반은 주축을 아래쪽에 두고 수직방향으로 세운 것과 같은 형상을 한 것으로서 수평으로 놓인 회전하는 테이블에 고정하므로 지름이 크고 길이가 짧은 공작물의 중절삭을 안정되게 할 수 있다. 그림 8.40과 같이 기둥이 2개인 쌍주형 수직 선반과 기둥이 1개인 단주형 수직 선반이 있다.

그림 8.39 정면 선반

그림 8.40 수직 선반

5. 자동 선반

선반의 조작을 캠이나 유압기구를 이용하여 자동화한 것이 자동 선반(automatic lathe)이며, 대량생산에 적합하다. 보통 선반이나 터릿 선반은 1대에 한 명의 작업자가 필요하지만, 자동 선반에서는 한 명의 작업자가 여러 대의 선반을 조작 관리할 수 있다.

자동 선반은 터릿 선반보다 더 능률적으로 작업을 하기 위해 터릿대의 회전, 공작물 공급과 고정, 탈착 및 각 공정에 적합한 속도변환 등을 모두 자동으로 하는 선반을 말하며, 작업 중 공작물의 공급과 장착과 탈착을 수동으로 하는 것을 반자동 선반이라 한다.

자동 선반은 공작물의 형상 및 주축에 고정하는 방법에 따라서 봉재 작업용, 센터 작업용, 척 작업용이 있으며, 한 대의 선반에 설치된 주축의 수에 따라 단축, 다축 자동 선반으로 구분한다. 또한 주축의 방향에 따라서 수평식과 수직식 자동 선반이 있다.

이와 같은 자동 선반은 주로 각종 핀과 볼트를 비롯한 시계 및 자동차 부품 등을 대량생산하는 데 사용되고 있다.

6. 모방 선반

모방 선반(copying lathe)은 자동 모방장치를 이용하여 모형이나 형판을 따라서 바이트를 안내하여 턱 붙이, 테이퍼 및 곡면 등을 모방 절삭하는 선반이다.

모방 선반 가공을 위해서 먼저 가공할 공작물과 같은 외형의 단면곡선을 가진 모형을 만들고 여기에 트레이서를 접촉시켜서 모형을 따라서 이동시키는 궤적이 정확하게 공구에 전달되어 트레이서와 동일한 이송운동을 하면서 절삭하는 방식이다. 트레이서의 움직임을 공구에 전달하는 제어방법에는 기계적인 방법, 유 · 공압을 이용한 방법, 전기적 방법 등이 있다. 이와 같은 구조의 모방 절삭장치를 설치한 왕복대는 형판 모양을 따라 이송되면서 공작물을 가공하게 된다.

7. 전용 선반

1) 공구 선반

공구 선반(tool room lathe)의 구조는 보통 선반과 유사하며, 형식과 구조를 단순화해서 테이퍼 절삭장치, 밀링커터의 여유면 절삭장치 등이 장착되어 있는 전용 선반이다.

2) 차축 선반

차축 선반(axle lathe)은 차축을 전문으로 절삭하기 위한 선반으로서 주축이 베드 중앙에 있고, 차축은 그 가운데를 통해서 좌우로 양측에 설치된 심압대로 지지해서 회전을 시켜서 가공한다.

3) 차륜 선반

철도 차량용 차축, 대형선박의 추진축 등을 가공하기 위한 전용 선반으로서, 면판이 붙은 2대의 주축대를 마주 세운 구조이다. 철도차량의 차륜과 같이 차축의 양단에 차륜을 붙인 공작물을 가공할 때 사용되는 선반으로서 정면 선반 두 개를 서로 마주보게 놓은 형태로 되어 있고 양쪽의 면판에는 센터가 있다.

4) 크랭크축 선반

크랭크축 선반(crank shaft lathe)은 크랭크축의 베어링 저널부분과 크랭크 축을 가공하기 위한 전용 선반이며, 베드 양쪽에 크랭크축을 편심시켜서 고정하는 주축대가 있다. 위와 같은 전용 선반 이외에도 공작기계용 어미 나사(main screw)를 깎는 나사 전용 선반, 롤러를 가공하는 롤 전용 선반 등이 있다.

연습문제

8.1 선반을 구성하는 4대 구성요소를 쓰시오.

8.2 선반 바이트의 공구각에 대하여 그림을 그리고 설명하시오.

8.3 다음 용어를 간단하게 설명하시오.

① 단동척 ② 연동척 ③ 콜릿척

8.4 선반의 주축을 중공으로 제작하는 이유에 대해 간단히 쓰시오.

8.5 선반 베드에서 영국식과 미국식의 특징을 설명하시오.

8.6 선반에서 테이퍼를 절삭하는 3가지 방법을 설명하시오.

8.7 선반에서 방진구의 종류와 기능에 대하여 간단하게 설명하시오.

8.8 선반 센터의 종류와 특징에 대해 간단하게 쓰시오.

8.9 다음 용어에 대해 간단하게 설명하시오.

① 돌리개 ② 면판

③ 심봉 ④ 칩 브레이커

8.10 다음 선반의 특징과 용도에 대해 쓰시오.

① 터릿 선반 ② 정면 선반

③ 수직 선반 ④ 차륜 선반

CHAPTER

9 밀링가공

9.1 밀링가공의 종류

밀링머신(milling machine)은 주축에 고정한 밀링커터(cutter)를 회전시키고 테이블에 고정한 공작물에 이송을 주어서 절삭가공을 하는 공작기계이다. 주축에 고정되어 회전하는 절삭공구인 밀링커터에는 절삭날이 여러 개인 다인공구와 절삭날이 하나인 단인공구가 있다. 공작물을 고정하는 테이블은 가로 및 세로방향과 상하방향으로 이동하며, 테이블을 회전시킬 수도 있다.

밀링머신은 밀링커터와 부속장치를 사용하여 평면을 포함한 불규칙하고 복잡한 형상의 공작물을 비롯하여 드릴의 비틀림 홈, 기어의 치형절삭에 이르기까지 광범위한 가공이 가

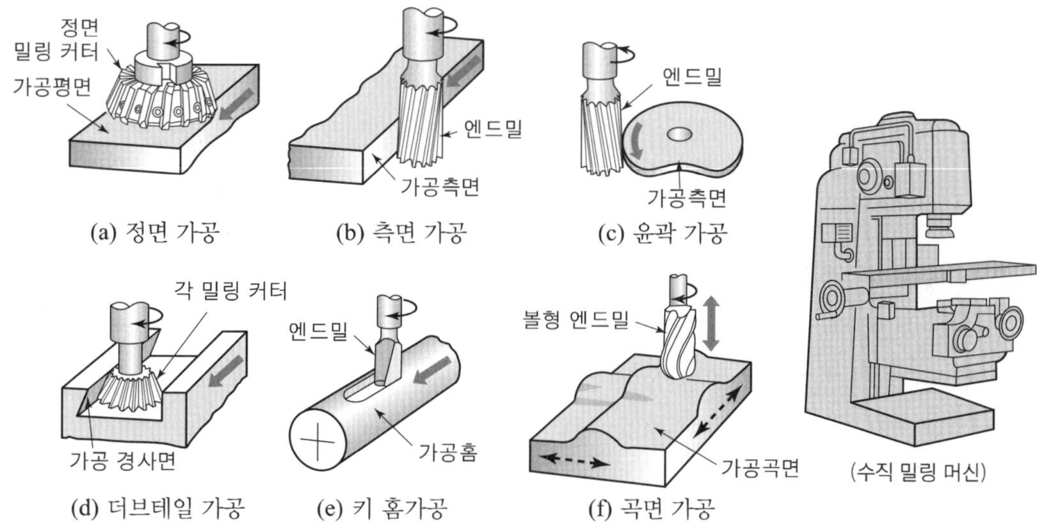

그림 9.1 수직 밀링가공

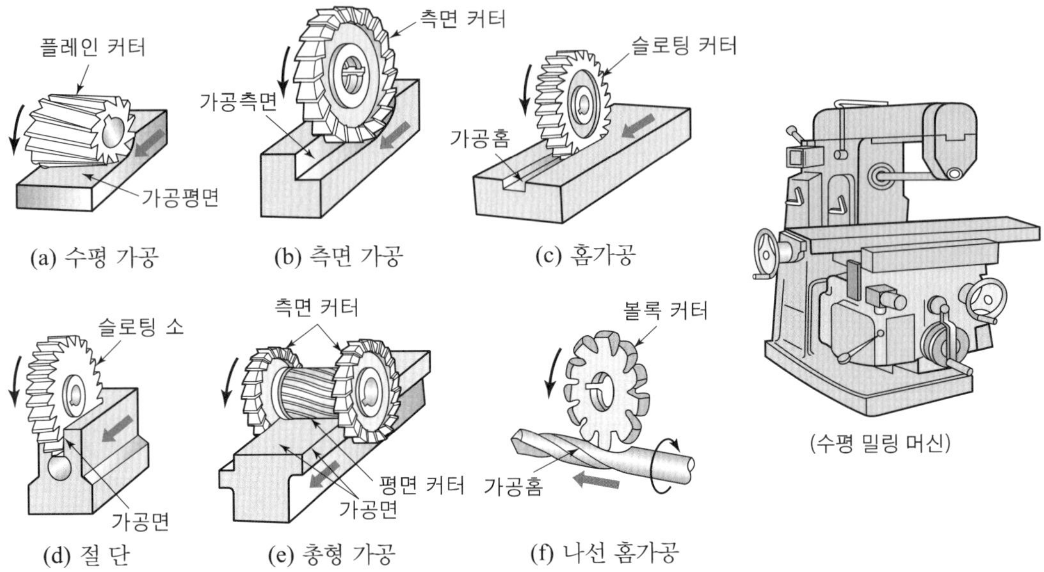

그림 9.2 수평 밀링가공

능하다. 이러한 밀링머신은 주축의 방향에 따라서 크게 수직 밀링과 수평 밀링으로 나눌 수 있으며, 그림 9.1과 9.2는 기본적인 밀링가공을 보여준다.

9.2 밀링머신의 종류와 구조

1. 니 컬럼형 밀링머신

니 컬럼형(knee column type) 밀링머신에는 수평(horizontal) 밀링머신, 수직(vertical) 밀링머신, 복합(compound) 밀링머신, 만능(universal) 밀링머신 등이 있으며, 기둥(column), 니(knee), 테이블(table) 등과 같은 구성요소로 이루어져 있다.

일반적으로 니 컬럼형 밀링머신의 크기는 테이블의 이동량(좌우×전후×상하), 테이블의 크기, 주축 중심선에서 테이블 면까지의 최대거리, 주축 끝에서 테이블 면까지 최대거리 및 주축 헤드의 이동거리 등으로 표시한다.

1) 수평 밀링머신

그림 9.3은 수평 밀링머신의 구조를 나타낸 것으로서, 컬럼(column)의 상부에 수평으로

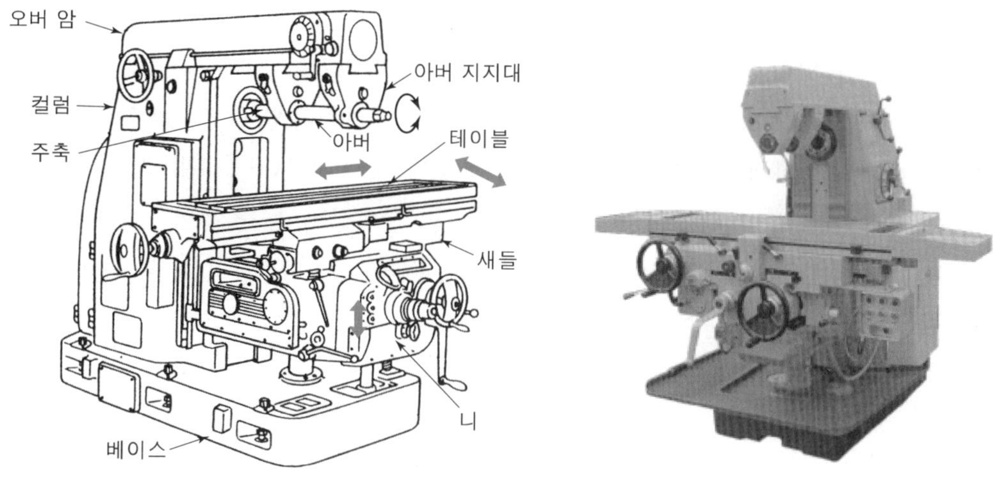

그림 9.3 수평 밀링머신의 구조와 형상

위치한 주축의 위쪽에 오버 암(over arm)이 수평방향으로 위치하고 있다. 니(knee)는 컬럼의 앞면에서 상하로 미끄럼 이동하며, 니 위에 있는 새들(saddle)은 앞뒤방향으로 이동할 수 있는 구조이다. 테이블은 새들 위에서 좌우로 이송시킬 수 있으므로, 컬럼의 앞면에 있는 테이블을 전후, 좌우, 상하의 방향으로 이송할 수 있는 구조로 되어 있다. 아버(arbor)의 한쪽은 주축 구멍에 연결하고, 다른 쪽 끝은 아버 지지대(arbor supporter)로 지지함으로써 아버에 고정한 밀링커터를 회전시켜 공작물을 절삭하게 된다.

오버 암은 절삭력 등에 의해 아버가 휘어지는 것을 방지하기 위한 역할을 하며, 한쪽 끝의 아버 지지대가 안내면을 이동하며 거리를 조절하여 아버를 지지할 수 있다. 주축의 속도변환은 컬럼 내부에 있는 변환 기어 장치로 하며, 테이블의 이송 속도변환은 니의 내부에 있는 변환 기어로 변속시킬 수 있다.

(1) 컬럼 및 베이스

컬럼(column)은 밀링머신의 몸통을 이루는 부분으로서 베이스(base) 위에 견고하게 올려져 있다. 컬럼의 앞면에는 니(knee), 상부에는 오버 암, 내부에는 주축변속 장치, 주축구동용 모터, 주축 등이 장치되어 있다. 또한 컬럼 내부에는 리브(rib)가 붙어 있어서 강한 절삭력에 대해서도 변형이나 진동 발생을 줄일 수 있게 강도와 강성이 높은 구조로 되어 있다. 베이스 내부에는 절삭유 탱크와 펌프가 들어 있다.

(2) 니, 새들, 테이블

니는 컬럼의 앞부분과 연결되어 나온 부분으로 컬럼의 미끄럼 면을 따라서 상하로 이동하며, 새들과 테이블을 지지하고 있다. 새들의 내부는 테이블의 좌우 이송볼트와 너트, 방향 전환장치, 뒤틈(backlash) 제거장치 등이 들어 있다. 테이블은 새들 위에서 길이 방향으로 이송을 하며, 테이블 윗면에는 공작물, 고정구 및 부속장치 등을 고정하거나 설치하며, 테이블 작업 면에는 몇 개의 T홈이 파여져 있어서 T볼트로 여러 가지 공작물이나 고정구(fixture)를 고정할 수 있다.

(3) 스핀들

주축은 컬럼 상부에 컬럼과 직각으로 설치되어 있으며 고속, 강력절삭에 적합하도록 테이퍼 롤러 베어링을 사용하며, 3점 지지방법으로 강성이 크다. 또한 기어와 일체로 된 플라이휠을 붙여서 회전이나 절삭력의 변동에 의한 진동을 줄이는 역할을 한다. 주축의 구멍에는 테이퍼가 있으며, 주축 끝부분의 키를 이용하여 커터의 중심을 맞추고 회전시킨다.

(4) 오버 암

컬럼의 상부에 설치되고 주축 스핀들과 평행한 방향으로 아버 지지대를 이동하여 조절할 수 있으며, 아버와 절삭공구 및 여러 부속장치의 위치를 바로잡고 지지하는 역할을 한다.

2) 수직 밀링머신

그림 9.4와 같이 주축이 테이블에 대해서 수직으로 설치된 것이 수직(vertical) 밀링머신이다. 주축을 상하로 이동시킬 수 있는 형식과 일정 각도로 경사시킬 수 있는 기능을 가진 것도 있다. 정면커터를 사용하여 평면을 효율적으로 절삭할 수 있으며, 엔드밀(end mill)을 사용하여 공작물 내·외부의 홈 및 측면을 절삭할 수 있다.

수직 밀링머신은 강력한 절삭가공과 정밀도가 높고 가공능률을 높일 수 있도록 설계·제작된 공작기계이다.

3) 복합 밀링머신 및 만능 밀링머신

그림 9.5는 복합 밀링머신을 나타낸 것으로서 수평 밀링머신의 헤드에 수직 밀링장치를 부착하여 수평 주축의 회전을 수직으로 바꾸어줌으로써 수직 밀링머신에서 할 수 있는 정면 가공(face milling), 엔드밀 가공(end milling), 드릴링, 보링, T홈 등의 가공이 가능하다. 주축 헤드를 상하 이동할 수 있거나 선회시킬 수 있는 구조를 가진 밀링머신도 있다.

그림 9.4 수직 밀링머신

그림 9.5 복합 밀링머신

또한 만능(universal) 밀링머신의 주요구조는 수평 밀링머신과 유사하며, 새들 위에서 회전시킬 수 있는 선회 테이블(swiveling table)과 분할대 등과 같은 만능 밀링장치를 갖추고 있어서 헬리컬 기어와 나선 홈 및 래크 등을 가공할 수 있다.

2. 생산형 밀링머신

생산형 밀링머신은 동일한 제품의 대량생산에 적합하도록 일정한 높이의 베드 위에 고정된 공작물을 절삭하는 강성이 큰 구조를 가지고 있어서 강력한 중절삭을 할 수 있다. 주로 일정한 형상과 치수 부품의 대량 생산에 사용되므로 생산형(production type) 밀링머신 또는 베드형(bed type) 밀링머신이라고 한다. 그림 9.6은 생산형 밀링머신을 나타낸 것으로서

(a) 양두형 생산밀링

(b) 베드형 생산밀링

그림 9.6 생산형 밀링머신

주축을 상하로 일정량 이동시킬 수 있으며, 밀링의 주축 헤드(spindle head)가 2~3개 있어서 2~3개 면을 동시에 절삭할 수 있다.

3. 플래이노 밀링머신

그림 9.7과 같이 테이블이 플레이너와 같은 구조를 가진 밀링머신을 플레이너형 밀링머신 또는 플래이노밀러(planomiller)라고 하며, 대형 공작물의 평면 절삭에 사용된다. 플레이너와 비슷한 구조이나, 플레이너의 공구대를 대신하여 설치한 밀링의 주축대가 회전하며 상하좌우로 이송을 하고 테이블에 고정한 공작물이 가로로 이송하며 절삭을 한다. 또한 테이블이 절삭이송의 종점에 도달하면 시작점으로 자동 급속 귀환하는 행정 사이클을 통해 가공에 불필요한 시간을 감소시켜서 능률적인 가공을 할 수 있다.

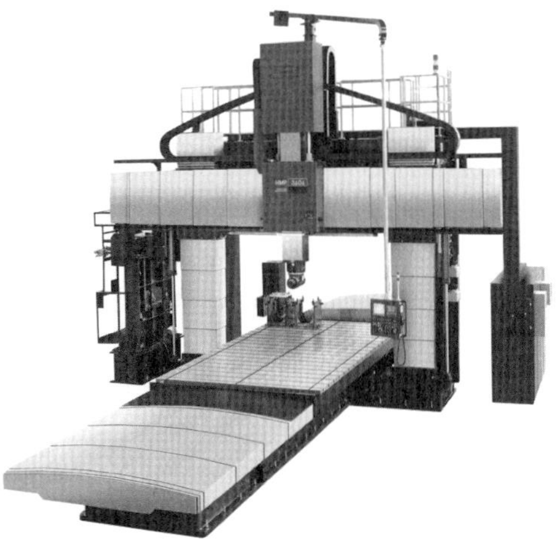

그림 9.7 플래이너형 밀링머신

4. 특수 밀링머신

1) 모방 밀링머신

모방 밀링머신(profile milling machine)은 형판, 모형을 트레이서를 이용한 모방 장치로 복잡한 모양의 프레스, 단조, 주조용 금형 등을 높은 정밀도로 능률적으로 가공할 수 있는 구조로 되어 있다. 이 모방 밀링머신은 유압식, 유압공기식, 전기적 방법 등을 이용한 자동 추적장치에 의해 주축의 운동을 제어하여 절삭하며, 간단한 형상에서부터 3차원의 복잡한 형상까지 가공이 가능하다. 다이조각기, 윤곽가공기, 팬터그래프(pantagraph) 조각기 등이 이에 속한다. 최근에는 급속한 공작기계의 발전으로 복잡한 형상을 갖는 가공물의 공작에 CAD/CAM이 이를 대신하고 있어서 사용이 점차 줄어들고 있다.

2) 기타 밀링머신

나사(thread) 밀링머신은 나사를 깎는 전용 밀링머신으로서, 작동이 간단하고 가공능률이 좋으며, 다듬질 면이 깨끗한 나사를 가공할 수 있다. 위와 같은 특수 밀링머신 이외에도 공구를 전용으로 가공하는 데 사용하는 만능공구(universal tool) 밀링머신과 윤곽절삭에 수치제어를 이용하여 평면 캠, 원통 캠, 판 게이지, 3차원 형상 등을 효과적으로 가공할 수 있는 수치제어(numerical control, NC) 밀링머신 등이 있다.

9.3 밀링의 부속장치

1. 절삭공구 고정장치

1) 아버(arbor)

수평 밀링머신이나 만능 밀링머신에서 플레인 밀링커터나 측면 밀링커터 등과 같이 구멍이 있는 밀링커터를 고정시키기 위해 그림 9.8과 같은 아버(arbor)가 사용된다. 아버는 절삭력에 휘어지지 않고 흠집이 없도록 구조용 합금강으로 열처리해서 제작한다.

2) 콜릿과 어댑터

수직 밀링머신에서 주로 사용하는 정면커터, 엔드밀 등과 같은 절삭공구를 밀링헤드의 주축에 고정하기 위해 어댑터(adapter), 콜릿(collet) 등이 필요하다. 그림 9.9(a)는 엔드밀을 어댑터에 고정하기 위한 콜릿이며, 그림 9.9(b)는 콜릿과 어댑터를 사용하여 엔드밀을 고정한 것이며, 어댑터는 주축의 뒤 끝에서 주축구멍에 끼워진 체결 볼트를 이용하여 주축과 결합시킨다.

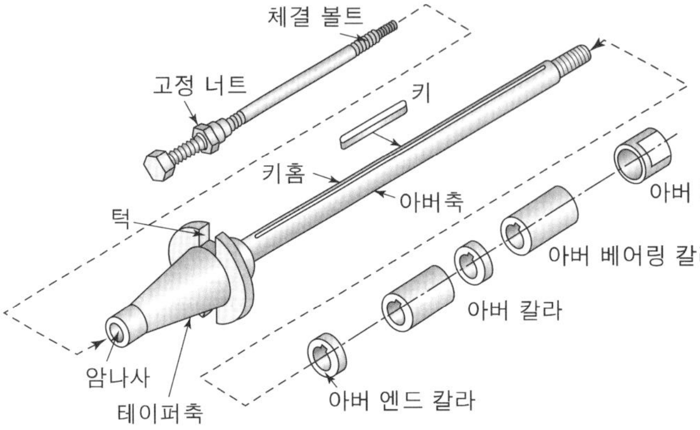

(a) 아버와 부속품

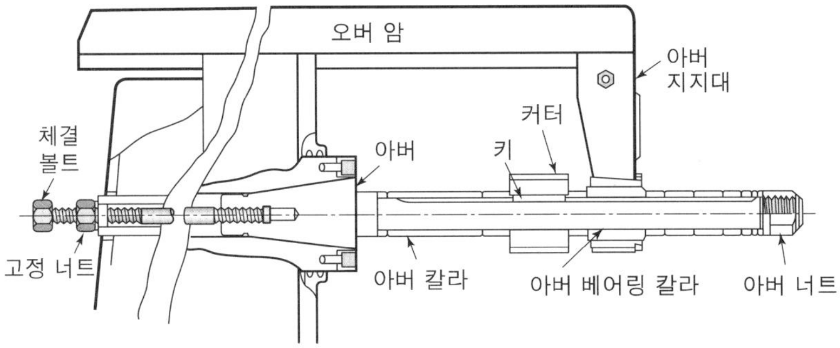

(b) 아버의 조립

그림 9.8 수평 밀링용 아버의 구성과 조립

(a) 콜릿

(b) 어댑터와 콜릿을 이용한 엔드밀 고정

그림 9.9 수직 밀링용 콜릿과 어댑터

2. 공작물 고정장치

1) 바이스(vise)

밀링가공에서 테이블 위에 공작물을 직접 고정할 수 있으나, 보통 테이블 위에 바이스(vise)를 고정하여 공작물 고정에 사용한다. 그림 9.10(a)와 같은 바이스는 조의 방향이 테이블의 이송방향과 평행 또는 직각으로 설치할 수 있으며, 그림 9.10(b)와 같은 회전 바이스는 수평방향으로 360° 회전시킬 수 있어서 조의 방향을 임의의 방향으로 돌려서 공작물을 고정시킬 수 있다. 그림 9.10(d)와 같은 만능 바이스(universal vise)는 수평면 회전과 동시에 90°까지 경사시킬 수 있어서 임의의 방향으로 공작물을 고정할 수 있다.

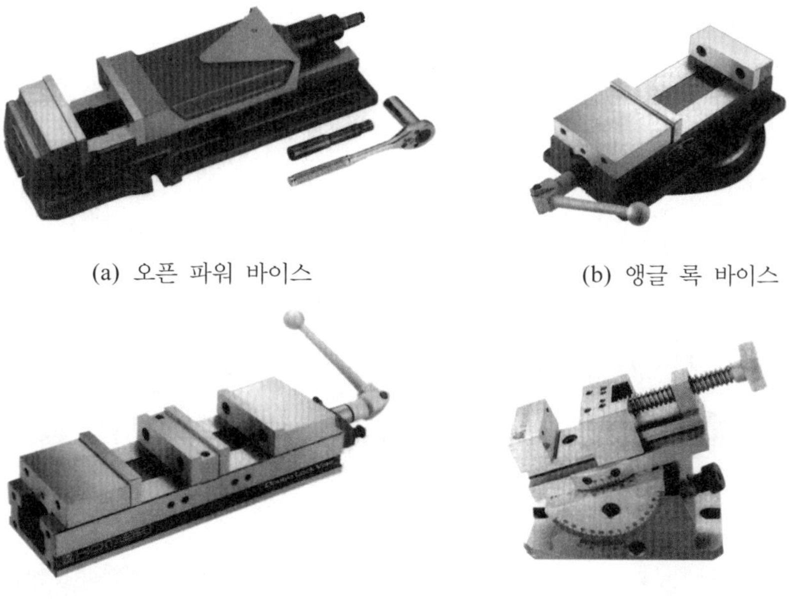

(a) 오픈 파워 바이스 (b) 앵글 록 바이스 (c) 더블 록 바이스 (d) 정밀 만능 바이스

그림 9.10 바이스의 종류

2) 회전 테이블

그림 9.11과 같은 회전 테이블(circular table)은 주로 수직 밀링가공에서 많이 사용된다. 회전 테이블을 수동이나 자동으로 회전시킬 수 있으므로 그림 9.11(b)와 같이 원호형 홈이나 윤곽을 가공하거나 간단한 분할가공을 할 때 사용된다.

(a) 회전 테이블

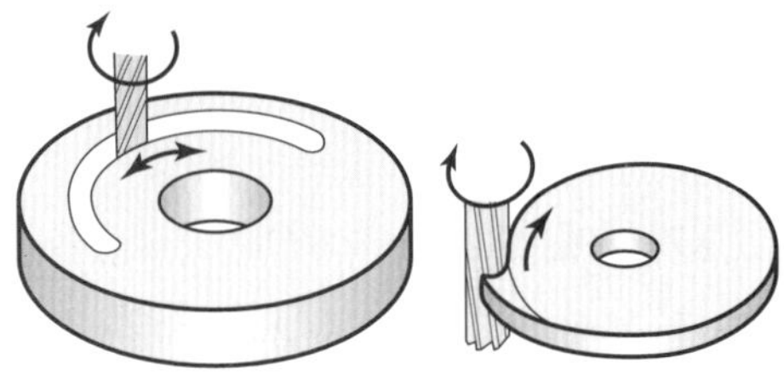

(b) 회전 테이블 작업

그림 9.11 회전 테이블

3. 밀링 부속장치

1) 수직 밀링장치

수평 밀링머신의 헤드에 수직 밀링장치(vertical milling attachment)를 부착하여 수평 주축의 회전을 수직방향으로 바꾸어서 수직 밀링머신에서 할 수 있는 작업을 할 수 있다. 이 장치를 수평 및 만능 밀링머신의 컬럼에 설치하고 수평방향의 주축 회전을 변환기어를 거쳐서 수직방향으로 전환시키는 장치이다. 주축의 헤드를 그림 9.12(a)와 같이 상하이동과 선회시킬 수 있는 구조와 그림 9.12(b)와 같이 주축 스핀들을 상하로 이동시킬 수 있는 것과 그림 9.12(c)와 같이 주축을 전후로 이동시킬 수 있는 방식이 있다.

(a) 주축 선회식

(b) 주축 고정식

(c) 주축 이동식

그림 9.12 수직 밀링장치

2) 만능 밀링장치

그림 9.13과 같이 테이블을 선회시킬 수 있으며, 만능 분할대 등과 같은 만능 밀링장치(universal milling attachment)를 부착하여 헬리컬 및 드릴의 홈과 웜 나사 등을 가공할 수 있다.

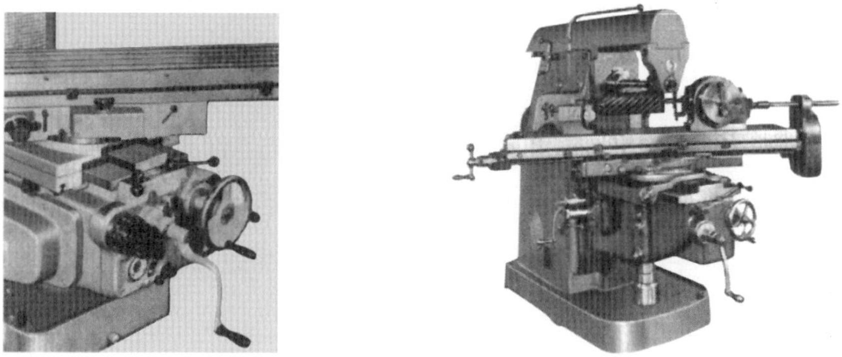

그림 9.13 만능 밀링장치를 이용한 헬리컬 기어 가공

3) 슬로팅 장치

수평 밀링머신의 컬럼에 그림 9.14와 같은 슬로팅 장치(slotting attachment)를 장착하여 주축의 회전운동을 램 공구대의 상하 직선왕복 운동으로 변환시킬 수 있다. 슬로터와 같이 바이트로 키 홈 등을 가공할 수 있으며, 램의 운동방향을 임의의 각도로 경사시킬 수 있다.

4) 랙 절삭장치

그림 9.15와 같이 수평식 밀링머신 또는 만능 밀링머신의 스핀들로부터 동력을 전달받고, 랙 절삭장치(rack cutting attachment)를 사용하여 헬리컬(helical) 랙을 가공할 수 있다. 랙 공작물의 이송은 랙 분할장치(rack indexing attachment)로 하며, 특수 바이스와 총형 커터를 이용하여 랙을 가공한다.

그림 9.14 슬로터 장치

그림 9.15 랙 절삭장치

4. 분할대와 분할법

1) 분할대

분할대로는 그림 9.16(a)와 같이 간단한 분할에 사용하는 직접 분할대(direct index head)와 그림 9.16(b)와 같은 준 만능 분할대(semi-universal index head), 9.16(c)와 같이 기어, 나선 홈, 캠 가공 등 광범위한 분할작업에 사용하는 만능 분할대(universal index head)가 있다.

(a) 직접 분할대 (b) 준 만능 분할대 (c) 만능 분할대

그림 9.16 분할대의 종류

2) 분할법

분할대는 밀링머신의 테이블에 고정하여 분할대의 스핀들과 심압대 센터 사이에 공작물을 지지하여 원주분할, 홈파기, 각도분할 등에 사용한다. 이와 같은 분할법의 종류는 다음과 같다.

① 직접 분할법(direct indexing)
② 단식 분할법(simple indexing)
③ 차동 분할법(differential indexing)
④ 각도 분할법(degree indexing)

(1) 직접 분할법

그림 9.16(a)와 같이 주축의 앞면에 있는 직접 분할판을 이용하여 분할하는 방법이 직접 분할법(direct indexing)이다. 직접 분할판에는 같은 간격으로 등분된 24개의 구멍이 있으므로 분할판과 분할핀을 이용하여 24의 인수인 2, 3, 4, 6, 8, 12, 24등분으로 분할할 수 있다. 또한 직접 분할판에 24구멍 외에도 표 9.1과 같이 구멍수가 30, 36개가 있는 것도 있어서 $24/n$가 정수가 아닌 직접 분할도 가능하다.

▶ **표 9.1** 직접 분할판의 구멍수

분할판 구멍수	직접 분할법으로 가능한 수
24	2 3 4 6 8 12 24
30	2 3 5 6 10 15 30
36	2 3 4 6 9 12 15 18 36

(2) 단식 분할법

직접 분할법으로 분할하지 못하는 수를 분할할 때 분할 크랭크 핸들과 분할판을 이용하여 분할하는 방법이 단식 분할법(simple indexing)이다. 그림 9.17(a)는 단식 분할대의 구조를 나타낸 것으로 분할핸들을 1바퀴 돌리면 웜휠(worm wheel)은 1/40회전하는 구조로서, 분할대 주축에 지지되어 있는 공작물도 1/40회전하게 된다. 즉, 공작물 외주를 8등분하려면 분할핸들을 5바퀴씩 회전시키면 된다. 따라서 N등분하기 위해서는 공작물을 $1/N$씩 회전시켜야 하므로 다음과 같이 된다.

$$n : \frac{1}{N} = R : 1 \text{이므로, } n = \frac{R}{N} = \frac{40}{N}$$

여기서, N: 분할하려는 수

n: N등분에 필요한 분할핸들의 회전수

R: 주축 1회전에 필요한 분할핸들의 회전수(40)

이와 같이 단식 분할법에 사용하는 신시내티(cincinnati)형 분할판과 브라운 샤프(brown & sharp)형 분할판의 구멍수는 표 9.2와 같다.

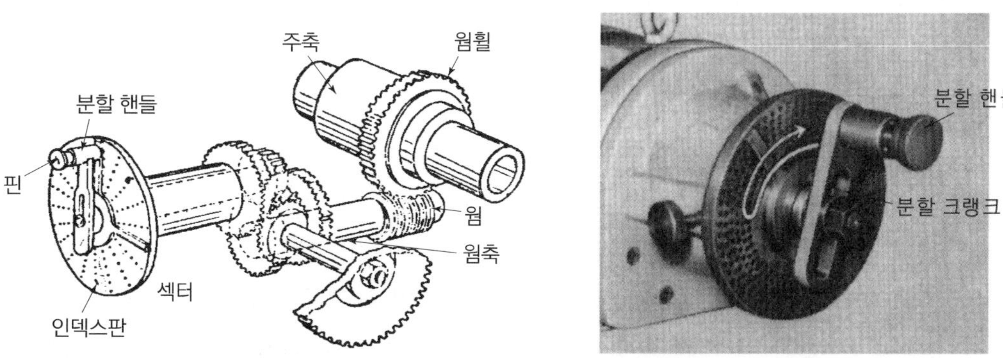

(a) 단식 분할대의 구조 (b) 단식 분할대의 핸들

그림 9.17 단식 분할대

▶ **표 9.2** 분할판의 구멍수

종류	분할판	구멍수
신시내티형	앞면	24 25 28 30 34 37 38 39 41 42 43
	뒷면	46 47 49 51 53 54 57 58 59 62 66
브라운샤프형	No. 1	15 16 17 18 19 20
	No. 2	21 23 27 29 31 33
	No. 3	37 39 41 43 47 49

예제 9.1

단식 분할법으로 신시내티형 분할판을 이용하여 원주를 38등분하시오.

[풀이]

$$n = \frac{40}{N} = \frac{40}{38} = 1\frac{2}{38} = 1\frac{1}{19} = 1\frac{(1\times 2)}{(19\times 2)} = 1\frac{2}{38}$$

이므로, 분할핸들을 1회전하고 1/19을 더 회전시키면 주축이 1/38회전하여 공작물이 38등분된다. 1/19을 더 회전시키기 위해 분할판의 구멍수 중 19의 배수가 되는 것을 찾아서 사용하면 된다. 따라서 분할판에서 38구멍을 찾아서 1회전하고 2구멍씩 회전시키면 공작물이 38등분된다.

예제 9.2

단식 분할법으로 신시내티형 분할판을 이용하여 원주를 60등분하시오.

[풀이]

$$n = \frac{40}{N} = \frac{40}{60} = \frac{(4\times 4)}{(6\times 4)} = \frac{16}{24}$$

이므로, 분할판에서 24구멍을 찾아서 16구멍씩 회전시키면 공작물이 60등분된다.

(3) 차동 분할법

직접 분할법이나 단식 분할법으로 분할하지 못하는 수를 분할할 때 차동 분할법(differential indexing)을 사용한다. 그림 9.18은 차동 분할법의 원리를 나타낸 것으로서, 71등분으로 분할한다면, 먼저 71에 가까운 단식 분할이 가능한 분할 수 72 또는 70을 선택한다. 그림에서 분할핸들을 O에서 B구멍까지 돌리면 1/72등분이 되고, 분할핸들을 C구멍까지 돌리면 1/70등분이 된다고 하면 1/71등분을 분할하는 위치는 BC구멍 사이의 A구멍이 될 것이다. 하지만 여기에 해당하는 구멍이 분할판에 없으므로, 분할핸들을 O에서 B까지 돌리는 동안에 분할판을 C에서 A까지 후퇴시키면 된다. 이와 같이 만능 분할대를 사

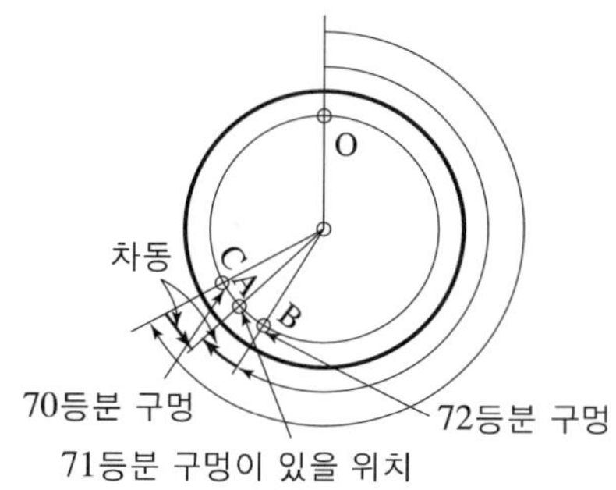

그림 9.18 차동 분할법의 원리

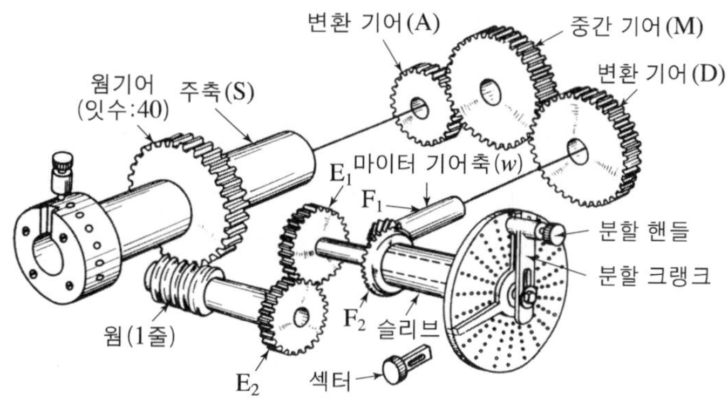

그림 9.19 차동 분할 기구

용하여 분할판의 회전에 차동을 주어서 분할하는 방법이 차동 분할법이다. 그림 9.19는 차동 분할 기구로서, A, M, D는 변환 기어이며, 분할 핸들을 돌리면 다음 순으로 전달된다.

분할 크랭크축 → E1 → E2 → 웜 → 웜기어 → A → M → D → F1 → F2 → 분할판

여기서 M은 중간 기어(idler)이며, A와 D의 기어비와 중간 기어의 수를 알맞게 선택함으로써 차동회전을 조절할 수 있다. 이때 주축(S)과 마이터 기어축(w)에 연결하는 차동 기어 A와 D의 잇수는 다음과 같이 결정하면 된다.

$$r = \frac{A}{D} = \frac{A \times C}{B \times D}$$

분할하려는 분할 수 N에 가까운 단식분할이 가능한 수 H는 그림 9.18에서 B 또는 C에 해당하므로, 분할 수 N에 해당하는 A까지의 과부족 +BA나 −CA에 대한 분할판의 차동회전을 r/N이라고 하면,

$$n = \frac{40}{N} = \frac{40}{H} + \frac{r}{N} \text{이므로,} \quad \frac{r}{N} = \frac{40}{N} - \frac{40}{H} = \frac{40(H-N)}{NH}$$

따라서 차동 기어 비는 다음과 같다.

$$r = \frac{40}{H}(H-N) = \frac{A}{D} = \frac{A \times C}{B \times D}$$

여기서, n: 분할핸들의 회전수　　N: 분할하려는 수
H: 단식분할이 가능한 가정 분할 수　　r: 차동 기어 비
A: 주축에 연결할 기어의 잇수　　D: 마이터 축에 연결할 기어의 잇수

이때 사용할 중간 기어의 개수는 분할대의 구조에 따라 다르며, 분할핸들의 회전수는 $n = 40/N$에 의하여 계산한다. 표 9.3은 만능 분할대에 사용되는 변환 기어의 잇수이며, 표 9.4에 중간 기어의 사용방법을 나타내었다. 기어의 잇수가 결정되면 그림 9.19와 같이 섹터를 풀고 주축과 마이터 기어 축에 변환 기어를 연결한 후 분할핸들을 돌려서 분할판을 회전시켜서 단식 분할방법으로 분할하면 된다.

▶ **표 9.3** 변환 기어의 잇수

구분	변환 기어의 잇수
신시내티형	17, 18, 19, 20, 21, 22, 24, 27, 30, 36, 39, 42, 45, 48, 51, 55, 60
브라운샤프형	24, 28, 32, 40, 44, 48, 56, 64, 72, 86, 100

▶ **표 9.4** 중간 기어의 사용방법(신시내티형)

구분	분할판의 회전방향	중간 기어(M)의 개수	
		2개 걸이	4개 걸이
$H > N (r > 0$일 때)	분할판의 차동회전이 분할핸들의 회전과 같은 방향	1	0
$H < N (r < 0$일 때)	분할판의 차동회전이 분할핸들의 회전과 반대 방향	2	1

예제 9.3

차동 분할법으로 원주를 71등분하시오.

[풀이]

71등분에 가까운 단식분할이 가능한 분할 수(H)를 72로 가정하면,

$$r = \frac{40}{H}(H - N) = \frac{40}{72}(72 - 71) = \frac{40}{72} = \frac{A}{D}$$

이므로, $A = 40$, $D = 72$로 2단 걸이를 하면 된다.

$r > 0$이고, 2단 걸이이므로 중간 기어는 1개를 사용하고, 분할핸들의 회전수는

$$n = \frac{40}{H} = \frac{40}{72} = \frac{30}{54}$$

이므로, 분할판에서 54구멍 열을 찾아서 30구멍씩 분할핸들을 회전시키면 된다.

또한, 71등분에 가까운 단식분할이 가능한 분할 수(H)를 70으로 가정하면,

$$r = \frac{40}{H}(H - N) = \frac{40}{70}(70 - 71) = -\frac{4}{7} = -\frac{32}{56} = -\frac{A}{D}$$

이므로, 변환 기어를 $A = 32$, $D = 56$을 사용하면 된다.

$r < 0$이고, 2단 걸이이므로 중간 기어를 2개 사용하고, 분할핸들의 회전수는

$$n = \frac{40}{H} = \frac{40}{70} = \frac{16}{28} = \frac{24}{42}$$

이므로, 분할판에서 28구멍 열에서 16구멍씩 또는 42구멍 열에서 24구멍씩 분할핸들을 회전시키면 된다.

예제 9.4

신시내티형 분할판을 사용하여 차동 분할법으로 원주를 53등분하시오.

[풀이]

53등분에 가까운 단식분할이 가능한 분할수(H)를 56으로 가정하면,

$$r = \frac{40}{H}(H-N) = \frac{40}{56}(56-53) = \frac{120}{56} = \frac{15}{7} = \frac{3\times 5}{1\times 7} = \frac{60\times 30}{20\times 42} = \frac{A\times C}{B\times D}$$

이므로, $A=60$, $B=20$, $C=30$, $D=42$로 4단 걸이를 하면 된다.

$r>0$이고, 4단 걸이이므로 중간 기어는 사용하지 않고, 분할핸들의 회전수는

$$n = \frac{40}{H} = \frac{40}{56} = \frac{5}{7} = \frac{30}{42}$$

이므로, 분할판에서 42구멍 열을 선택해서 30구멍씩 분할핸들을 회전시키면 된다.

---

(4) 각도 분할법

분할핸들이 1회전하면 주축 스핀들은 360°/40 = 9° 회전한다. 따라서 각도를 분할할 때 분할핸들의 회전수는 다음과 같다.

$$n = \frac{D}{9} \qquad n = \frac{D'}{540}$$

여기서, D : 분할각도(°)

D': 분할각도(′)

예제 9.5

브라운샤프형 분할판을 사용하여 원주를 16°씩 등분하시오.

[풀이]

$$n = \frac{D}{9} = \frac{16}{9} = 1\frac{7}{9} = 1\frac{14}{18}$$

이므로, 브라운샤프형 분할판의 18구멍 열을 선택하여 한 바퀴와 14구멍씩 분할핸들을 회전시키면 된다.

9.4 밀링용 절삭공구

1. 밀링커터의 형상과 공구각

밀링용 절삭공구는 일반적으로 원통이나 원추의 외주면 또는 단면에 여러 개의 절삭날을 가지고 회전하는 것으로서, 일체식으로 된 것과 별도로 날을 삽입하여 고정하는 삽입식이 있다. 밀링커터의 형상과 각 부의 명칭은 커터의 종류에 따라 다양하고 그림 9.20은 수직 밀링에 사용하는 삽입식 정면 밀링커터의 형상과 각 부 명칭이며, 그림 9.21은 수평 밀링용 플레인 밀링커터의 형상과 각 부의 명칭이다.

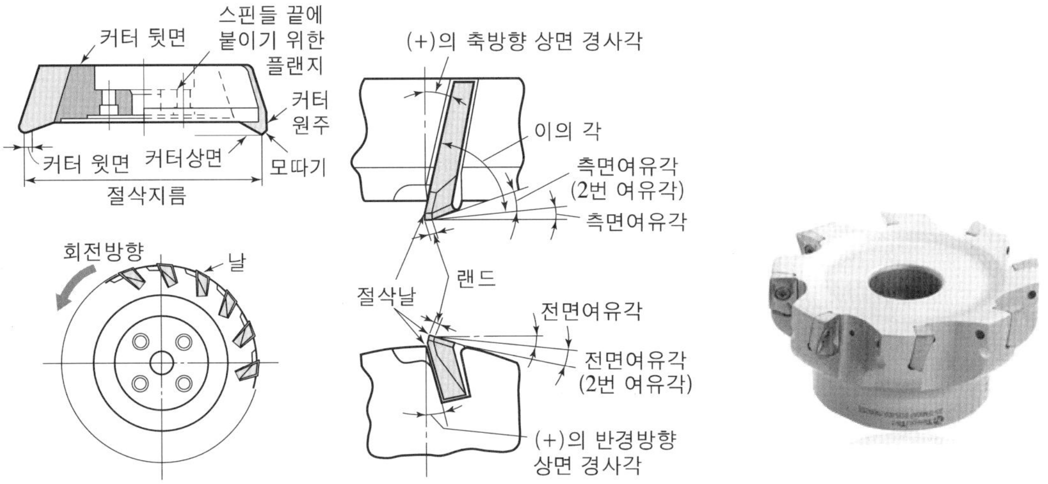

그림 9.20 정면 밀링커터

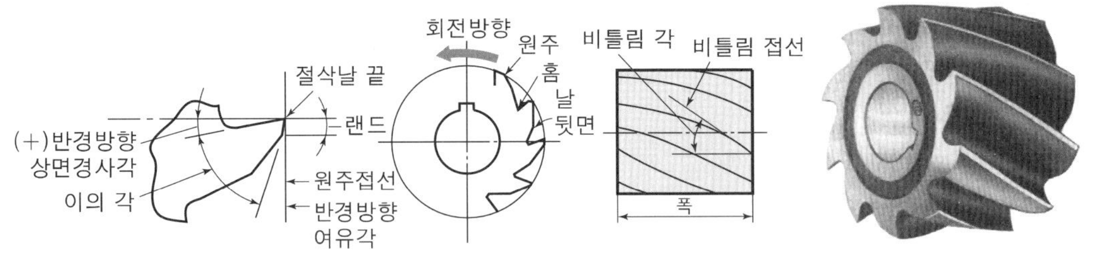

그림 9.21 플레인 밀링커터

2. 밀링커터의 종류

1) 수직 밀링용

(1) 정면 밀링커터

정면 밀링커터는 비교적 넓은 평면을 절삭하기 위한 것으로써 그림 9.20과 같이 몸체에 초경합금과 같은 인서트 날을 삽입하여 사용한다.

(2) 엔드밀

그림 9.22(a)와 같이 솔리드 엔드밀(solid end mill)은 원통면에 2개 또는 4개의 절삭날이 있으며, 끝단이 둥근 볼 엔드밀이 있다. 엔드밀은 수직 밀링머신에서 홈 및 측면 윤곽가공, 평면절삭 등에 다양하게 사용된다. 모방 밀링과 CAM을 이용한 3차원 윤곽형상 절삭에는 주로 날 끝이 둥근 볼 엔드밀(ball end mill)이 사용된다.

(3) 홈 커터

그림 9.22(b)와 같은 홈 커터는 여러 가지 형상의 홈을 가공하기 위해 사용된다. 그림에서 ⓐ는 T형상의 홈을 가공하기 위한 것이며, ⓑ는 반달 키(woodruff key)의 홈을 가공할 수 있으며, ⓒ는 더브테일 형상의 홈을 가공하는 데 사용된다.

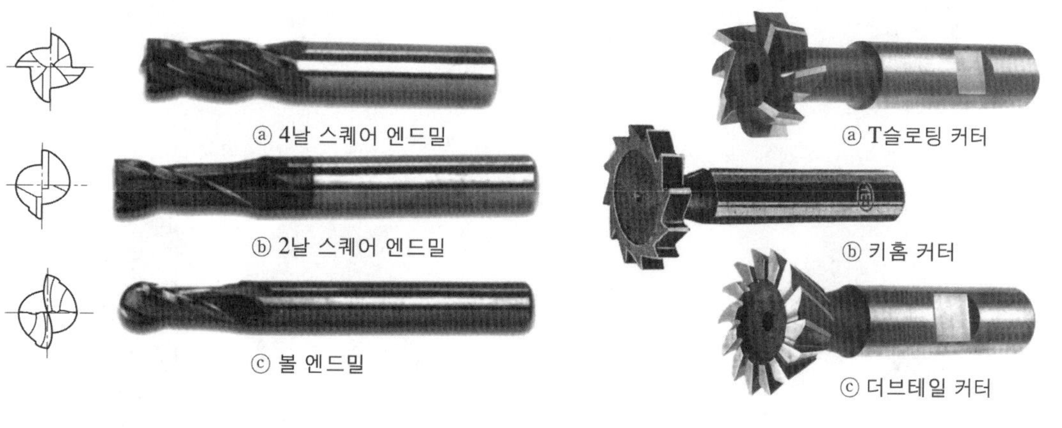

(a) 엔드밀 (b) 홈 커터

그림 9.22 수직 밀링용 커터

2) 수평 밀링용

(1) 플레인 밀링커터

플레인 밀링커터(plain milling cutter)는 수평 밀링머신에서 비교적 넓은 평면을 가공하기 위한 것으로서 그림 9.23(a)와 같이 비틀림 나선각이 8~15°인 경절삭용과 중절삭이 가능하도록 비틀림 나선각이 45~60°인 헬리컬 밀링커터(helical milling cutter)가 있다.

(2) 측면 밀링커터

그림 9.23(b)와 같이 측면 밀링커터(side milling cutter)는 비교적 날 폭이 좁고 원주와 양쪽 측면에 날이 있는 커터로서, 주로 홈파기 가공에 사용한다.

(3) 슬로팅 커터

그림 9.23(c)와 같이 얇은 원판의 원주에 날이 있는 슬로팅 소(slotting saw)는 공작물을 절단하거나 폭이 좁은 홈을 가공할 때 사용하며, 그림 9.23(d)와 같은 슬로팅 커터(slotting cutter)는 홈을 가공하는 데 사용된다.

(a) 플레인 밀링커터

(b) 측면 밀링커터

(c) 슬로팅 소

(d) 슬로팅 커터

(e) 각 밀링커터

그림 9.23 수평 밀링용 커터

(4) 각 밀링커터

그림 9.23(e)와 같은 각 밀링커터(angle milling cutter)는 45° 또는 60°로 경사진 원추면에 날이 있어서 경사진 홈을 가공할 때 사용되는 커터로서, 한쪽으로 경사진 면에 날이 있는 편각커터(single angle cutter)와 양쪽 원추면에 날이 있는 양각커터(double angle cutter)가 있다. 더브테일(dovetail) 홈, V형 홈, 래칫바퀴(ratchet wheel) 등을 가공할 때 사용한다.

(5) 총형 밀링커터

그림 9.24와 같이 여러 가지 윤곽형상을 가진 날이 있는 총형 밀링커터(formed milling cutter)는 각종 형상의 윤곽을 가공하는 데 사용된다. 이러한 총형 밀링커터에는 기어 커터(gear cutter), 스프로킷 커터(sprocket cutter), 오목 및 블록 커터(concave and convex cutter), 코너 커터(corner rounding cutter), 스플라인 및 나사 커터(spline and thread cutter) 등이 있다.

(a) 볼록 커터 (b) 오목 커터 (c) 인벌류트 기어 커터 (d) 특수총형 커터

그림 9.24 총형 커터의 종류

9.5 밀링의 주요작업

1. 밀링가공의 절삭조건

1) 절삭속도

절삭속도(cutting speed)는 밀링커터 날 끝의 주속도로서 다음 식과 같이 나타낸다.

$$v = \frac{\pi \cdot d \cdot n}{1000}$$

여기서, v: 절삭속도(m/min)

d: 밀링커터의 지름(mm)

n: 밀링커터의 회전수(rpm)

표 9.5에 밀링커터와 공작물의 재질 및 가공 거칠기 등을 고려하여 일반적으로 사용되는 절삭속도를 나타내었으며, 밀링가공에 필요한 절삭속도를 얻기 위해 밀링커터의 회전수를 알아야 하는 경우에는 다음 식으로 구할 수 있다.

$$n = \frac{1000 \cdot v}{\pi \cdot d}$$

▶ **표 9.5** 밀링커터의 절삭속도

(단위: m/min)

공작물 재료		고속도강	초경합금(거친 절삭)	초경합금(다듬 절삭)
주철	연	32	50~60	120~150
	경	24	30~60	75~100
	가단	24	30~75	50~100
탄소강	연	27	50~75	150
	경	15	25	30
알루미늄		150	95~300	300~1,200
황동	연	60	240	300
	경	50	150	180
청동		50	75~150	150~240
동		50	150~240	220~300
에보나이트		60	240	450
페놀수지		50	150	210
화이바		40	140	200

2) 이송속도와 절삭깊이

밀링가공에서는 테이블에 고정된 공작물을 이송하여 절삭을 하는 경우가 많으므로, 테이블의 이송속도는 다음 식과 같이 나타낼 수 있다.

$$f_z = \frac{f_r}{z} = \frac{f}{z \cdot n} \text{이므로, } f = f_z \cdot z \cdot n$$

여기서, f_z: 1날당 이송량(mm/tooth)

f_r: 밀링커터 1회전당 이송량(mm/rev)

f: 테이블의 이송속도(mm/min)

z: 밀링커터 날(tooth)의 개수

n: 밀링커터의 회전수(rpm)

절삭깊이(depth of cut)는 거칠게 황삭가공할 때와 곱게 정삭가공할 때에 따라서 다르다. 황삭가공의 경우에 밀링커터의 회전속도와 1날당 이송이 일정할 때 절삭깊이를 크게 하면 단위시간당 절삭 칩이 많아져서 절삭능률이 향상되지만, 절삭깊이를 너무 크게 해서 절삭에 소요되는 동력이 밀링머신의 동력보다 더 커지게 되면 절삭가공이 불가능해질 수 있다. 따라서 최대 절삭깊이는 밀링머신의 동력과 강성, 밀링머신의 종류, 공작물의 고정상태 등에 따라 달라지며, 일반적으로 5 mm 이하로 가공하는 것이 좋다. 또한 곱게 다듬질 절삭할 때에 절삭깊이를 너무 작게 하면 날 끝의 마멸이 커지므로 0.3～0.5 mm 이상으로 하는 것이 좋다.

3) 절삭방향

밀링가공을 할 때 커터의 회전방향과 공작물의 이송방향에 따라서 절삭방향을 상향 밀링과 하향 밀링으로 구분할 수 있다.

(1) 상향 절삭

그림 9.25는 상향 절삭기구를 나타낸 것으로서, 커터의 회전방향과 공작물의 이송방향이 반대이며 커터가 공작물의 밑면에서 위로 올라가면서 절삭하는 형태로서 상향 절삭(up milling)이라고 한다. 그림에서 앞쪽의 날 끝(Ⅰ)이 ab면을 절삭한 후, 다음 날 끝(Ⅱ)가 ced 면을 절삭하게 된다. 기하학적으로는 날 끝(Ⅱ)가 c에서 공작물과 접촉하여 절삭이 진

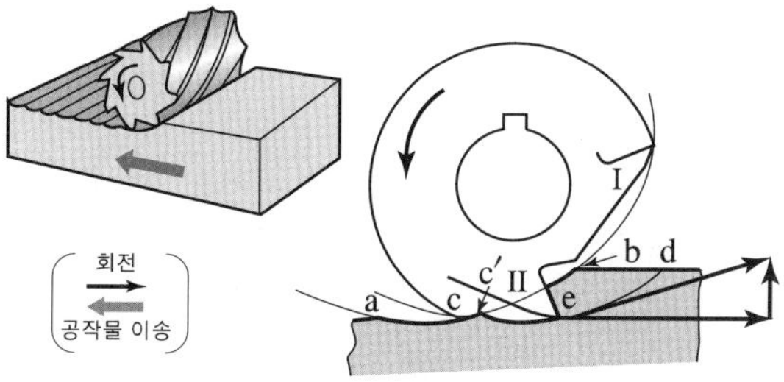

그림 9.25 상향 절삭

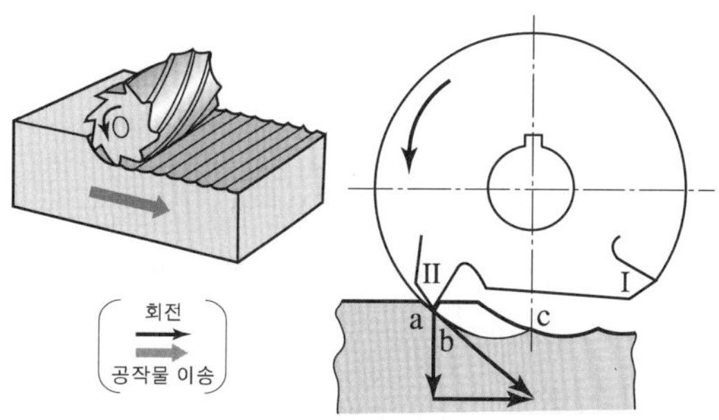

그림 9.26 하향 절삭

행되면서, 칩의 두께가 점차 증가하여 e에서 최대가 된 후에 점차 감소하면서 d에서 칩이 공작물과 분리된다. 하지만 실제의 경우에는 아버 또는 스핀들의 변형과 베어링 틈새 등에 의해 날 끝이 c의 위치에서 절입이 안 되고, c′까지 미끄러져서 절삭이 이루어질 수 있다. 이와 같이 절삭날에 미끄럼이 발생하면 절삭날 끝을 마멸시키고, 마찰열의 발생과 동력 소모의 원인이 된다.

(2) 하향 절삭

그림 9.26은 하향 절삭기구를 나타낸 것으로서, 커터의 회전방향과 공작물의 이송방향이 동일하며 커터가 공작물의 윗면에서 아래로 내려가면서 절삭하는 형태로서 하향 절삭(down milling)이라고 한다. 그림과 같이 하향 밀링에서는 절삭날의 앞 끝이 미끄럼 없이 a에서 공작물과 접촉하여 절삭이 진행되어 b에서 칩의 두께가 최대로 된 후 감소하여 c에서 칩이 공작물에서 떨어진다. 이와 같은 하향 절삭에서는 절삭력이 공작물을 아래쪽으로 밀어붙이는 방향으로 작용하므로 공작물을 안정되게 고정할 수 있으나, 테이블 이송나사에 뒤틈(back lash)이 있을 때에는 진동과 절삭력의 변동이 발생하므로 뒤틈을 제거해야 한다.

표 9.6은 상향 절삭과 하향 절삭을 특징을 비교한 것이다.

▶ **표 9.6** 상향 절삭과 하향 절삭의 특징

구분	상향 절삭	하향 절삭
절삭방향	공구 회전방향과 공작물 이송방향이 반대	공구 회전방향과 공작물 이송방향이 동일
공작물 고정	절삭력이 윗방향로 작용하여 공작물을 들어 올리므로 공작물 고정에 불리하다.	절삭력이 아랫방향로 작용하여 공작물을 눌러주는 형태로 공작물 고정에 유리하다.
절삭시야	절삭할 면에 칩이 쌓여 시야가 안 좋다.	절삭한 면에 칩이 쌓여 시야가 좋다.
절삭조건	가벼운 경절삭에 적합하다.	상향에 비해 중절삭에 적합하다.
절삭날의 수명	마찰로 인해 여유면 마모가 빠르다.	상향에 비해 여유면 마모가 작다.
구성인선 영향	하향에 비해 구성인선의 영향이 비교적 작은 편이다.	구성인선이 가공된 면에 영향을 미칠 수 있다.
뒤틈의 영향	이송나사 뒤틈의 영향이 거의 없다.	뒤틈이 절삭에 미치는 영향이 크므로 뒤틈을 제거하고 가공해야 한다.
가공면 상태	광택은 있으나, 일반적으로 하향 절삭보다 매끄럽지 않다.	상향 절삭보다 광택은 적으나, 이송을 느리게 절삭하면 표면이 매끄럽다.

4) 이송나사의 뒤틈(backlash)

나사를 이용한 테이블 이송기구에서는 그림 9.27과 같이 이송용 나사와 암나사의 플랭크(flank)면 사이에 발생하는 뒤틈을 백래시(backlash)라고 한다. 그림 9.27(a)와 같이 상향 절삭을 할 때에는 절삭저항이 항상 이송방향과 반대방향으로 작용하므로 뒤틈이 절삭에 영향을 주지 않는다. 하지만 그림 9.27(b)와 같이 하향 절삭을 할 때에는 절삭력이 작용하는 방향으로 백래시의 영향을 받아서 공작물이 뒤틈만큼 급격하게 이송되므로 불안정한 절삭 상태가 된다. 이런 경우에는 그림 9.28(a)와 같은 백래시 제거장치(backlash eliminator)를 사용하여 뒤틈을 제거해야 한다.

그림 9.28과 같은 백래시 제거장치는 고정 암나사와 백래시 제거용 조절나사가 있으며, 나사기어의 핸들을 돌리면 조절용 암나사가 회전하며, 백래시 제거용 암나사의 외주에 있는가는 나사에 의해 축방향으로 이동을 하여 뒤틈을 제거한다. 최근에 CNC공작기계의 이송기구에는 그림 9.29와 같이 뒤틈의 영향이 거의 없는 볼 나사(ball screw)를 많이 사용한다.

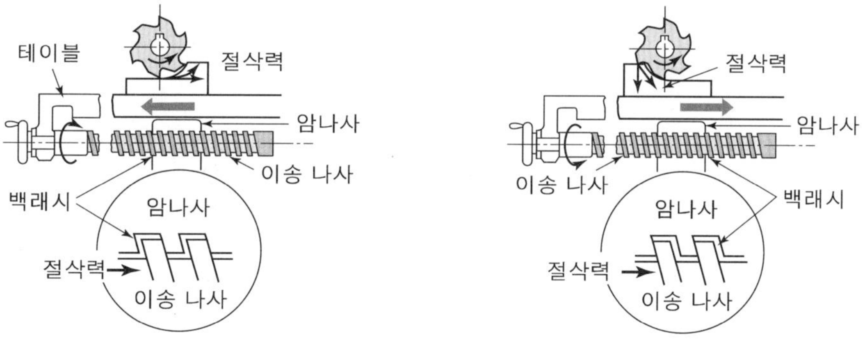

(a) 상향 절삭 (b) 하향 절삭

그림 9.27 이송나사의 뒤틈 발생

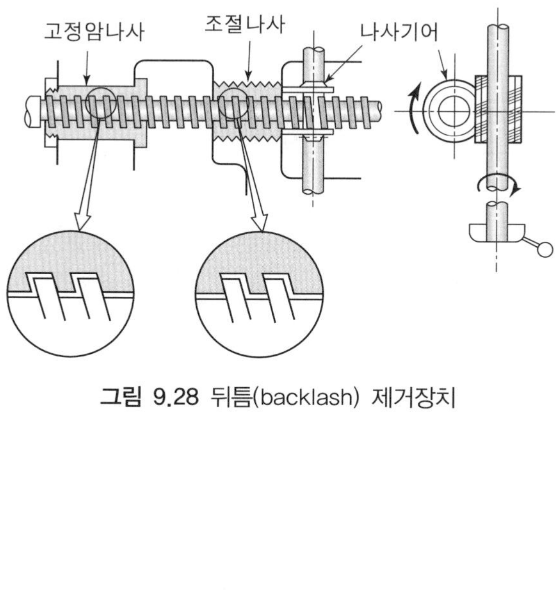

그림 9.28 뒤틈(backlash) 제거장치

그림 9.29 볼 나사

5) 절삭저항과 절삭동력

그림 9.30과 같이 절삭가공할 때 공구의 이송에 따라 발생하는 절삭저항을 주분력(P_1), 축방향분력(P_2), 배분력(P_3)으로 나타낼 수 있으며, 주분력(P_1)에 의한 비틀림 모멘트가 주축의 아버에 다음 식과 같이 작용한다.

$$M = \frac{D}{2} \cdot P_1 = \tau \cdot Z_p = \tau \cdot \frac{\pi \cdot d^3}{16}$$

여기서, M: 아버에 작용하는 비틀림 모멘트($kg_f \cdot mm$)

D: 밀링커터의 지름(mm)

Z_p: 아버(arbor)축의 극단면계수(mm^3)

d: 아버(arbor)축의 지름(mm)

τ: 아버(arbor)축의 전단응력(kg_f/mm^2)

절삭속도를 v(m/min)으로 가공할 때 공구동력계를 사용하여 주분력(P_1)을 측정하면 주절삭동력(N_1)을 다음 식과 같이 구할 수 있다.

$$N_1 = \frac{P_1 \cdot v}{75 \times 60}$$

절삭량(Q)과 유효 절삭동력(N)은 다음 식과 같다.

$$Q = \frac{t \cdot w \cdot f}{1000} \ (cm^3/min)$$

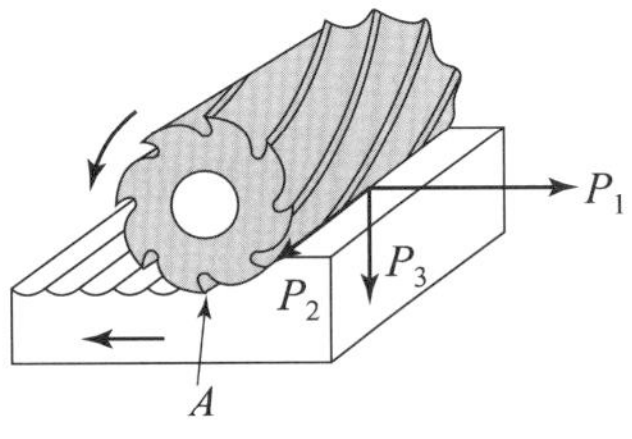

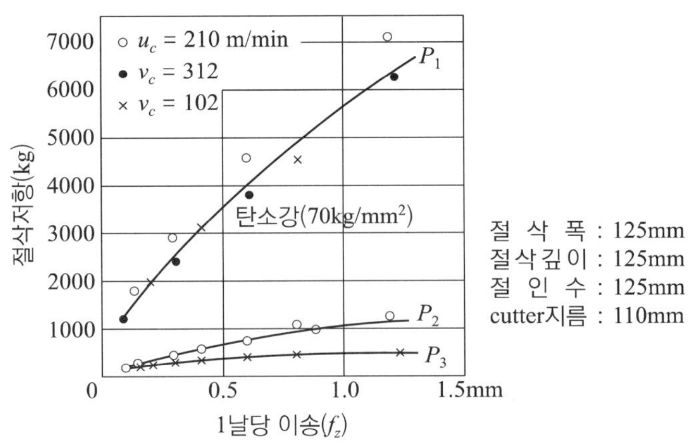

그림 9.30 공구이송과 절삭저항

$$N = K \cdot Q \quad \text{(ps)}$$

여기서, t: 절삭깊이(mm)

w: 절삭 폭(mm)

f: 이송속도(mm/min)

K: 단위 절삭량당 소요동력(p/cm^3/min)

표 9.7은 공작물의 재질에 따른 일반적인 단위 절삭량당 소요동력(K)을 보여준다.

▶ **표 9.7** 단위 절삭량당 소요동력 (ps/cm^3/min)

공작물 재질		소요 동력
알루미늄		0.027
황동 및 청동	연	0.031
	보통	0.043
	경	0.094
주철	연	0.045
	보통	0.072
	경	0.094
강	연	0.072
	보통	0.094
	경	0.128

2. 공작물 고정

1) 밀링 바이스의 설치

공작물을 고정하기 위한 바이스를 밀링머신의 테이블에 설치할 때에는 바이스의 조(jaw)가 테이블의 이동과 평행하고 수직이 되도록 고정해야 한다. 따라서 바이스를 밀링머신 테이블에 설치할 때에는 그림 9.31과 같이 다이얼 인디케이터를 사용하여 바이스의 조가 테이블과 평행하고 수직한 방향으로 이동하는지를 점검하여 정확하게 조정해서 고정해야 한다.

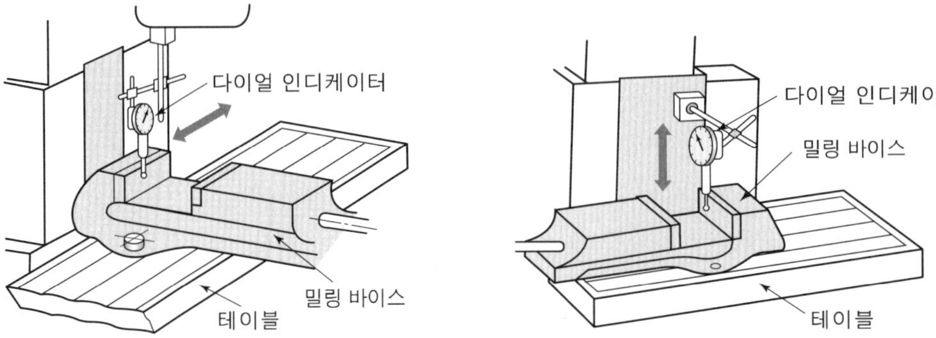

(a) 테이블과 평행도 점검　　(b) 테이블과 수직도 점검

그림 9.31 바이스의 설치

2) 공작물의 고정

테이블 위에 공작물을 고정할 때에는 공작물의 형태와 가공 목적, 가공 특성 등에 따라 여러 가지 방법을 사용한다. 그림 9.32(a)는 바이스를 이용하는 기본적인 고정방법이고, (b)는 수직밀링을 위해서 공작물을 테이블에 직접 고정한 것이며, (c)는 앵글플레이트를 수평

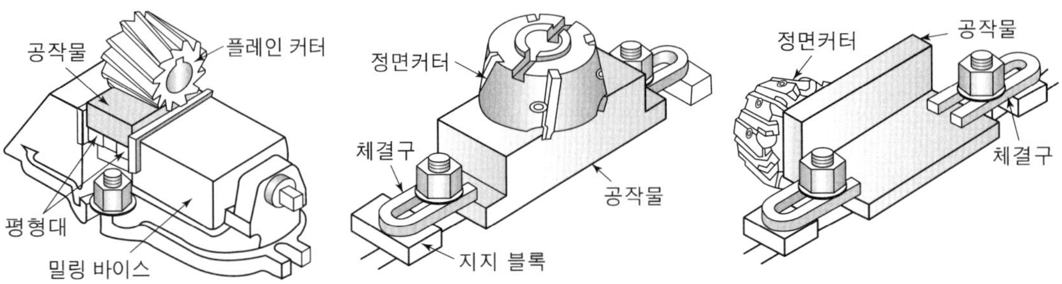

(a) 바이스에 고정　　(b) 테이블에 고정　　(c) 테이블에 앵글플레이트 고정

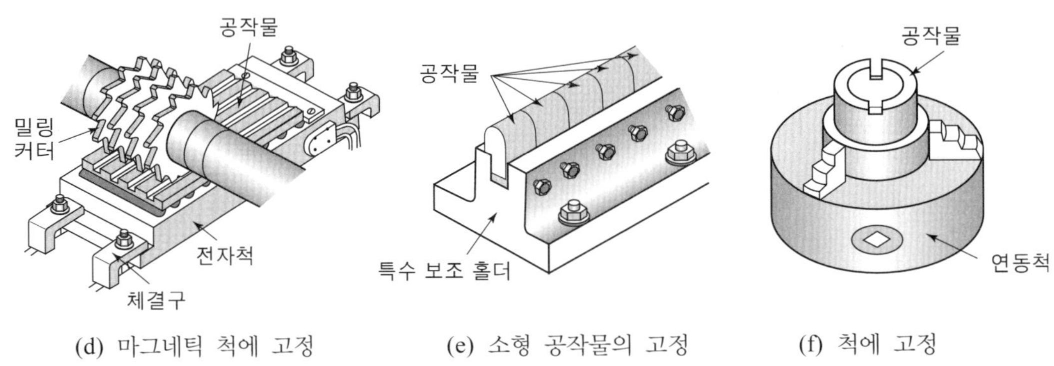

(d) 마그네틱 척에 고정　　(e) 소형 공작물의 고정　　(f) 척에 고정

그림 9.32 공작물 고정 예

밀링을 하기 위해 테이블에 고정한 것이고, (d)와 같이 마그네틱 척을 사용하여 고정한 것이며, (e)는 동일한 형상의 소형 공작물을 별도의 고정구를 사용하여 고정한 예이고, (f)와 같이 연동척을 이용하여 원통형 공작물을 고정할 수 있다.

3. 공작물 가공

1) 평면 가공

(1) 수평 플레인 밀링

수평 밀링머신에서 비교적 넓은 평면을 가공할 때에는 그림 9.33과 같이 플레인 커터를 사용하여 절삭한다. 수평 밀링머신의 아버에 설치한 플레인 커터의 회전축에 평행하게 가공되며, 가공된 표면에는 커터 날의 흔적이 남게 된다. 이러한 가공 흔적은 1개의 날마다 생기는 날 흔적(tooth mark)과 밀링커터의 편심회전에 의해 커터가 1회전할 때마다 발생하는 회전자리(revolution mark)가 겹쳐져서 나타난다.

(2) 수직 정면밀링

수직이나 수평 밀링머신에서 정면 밀링커터를 이용한 평면절삭은 그림 9.34와 같이 커터 면에 평행한 평면을 가공한다. 작은 평면은 엔드밀이나 셸 엔드밀, 플라이 커터로 가공하며, 비교적 넓은 평면은 삽입날이 장착된 정밀 밀링커터를 이용한다. 정면 밀링커터를 사용하여 평면을 절삭하면 한번 가공된 면을 뒷날이 새롭게 스쳐가는 것처럼 절삭하게 되어 그림 9.34와 같은 가공흔적을 표면에 남긴다.

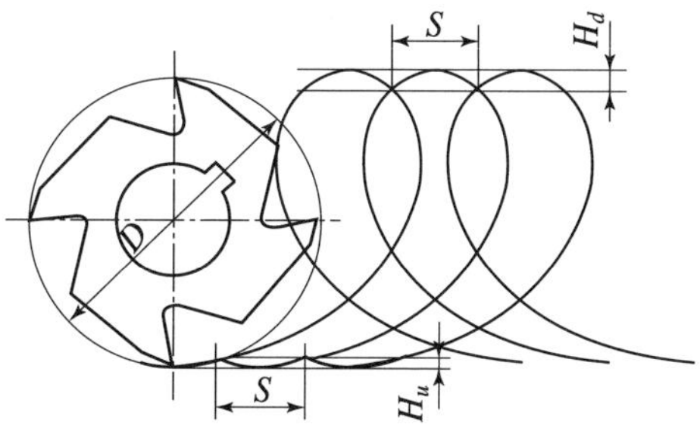

그림 9.33 플레인 커터에 의한 평면절삭

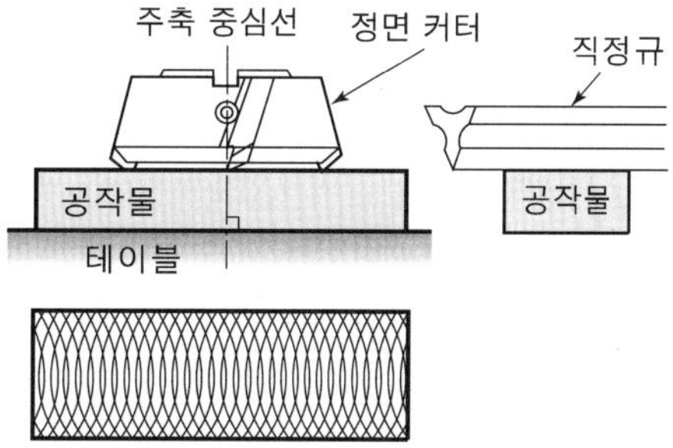

그림 9.34 정면 커터에 의한 평면절삭

2) 홈 가공(groove milling)

그림 9.35는 여러 가지 형상의 홈을 가공하는 것을 나타낸 것으로서 (a)와 같이 수평밀링에서 슬로팅 커터를 사용하여 슬롯이나 반달 키의 홈을 가공할 수 있다. (b)와 같이 엔드밀을 사용하여 미끄럼 키의 홈과 좁은 홈을 가공할 수 있으며, (c)와 같이 일정한 각을 가진 커터를 사용하여 더브테일이나 T홈 등을 가공할 수 있다.

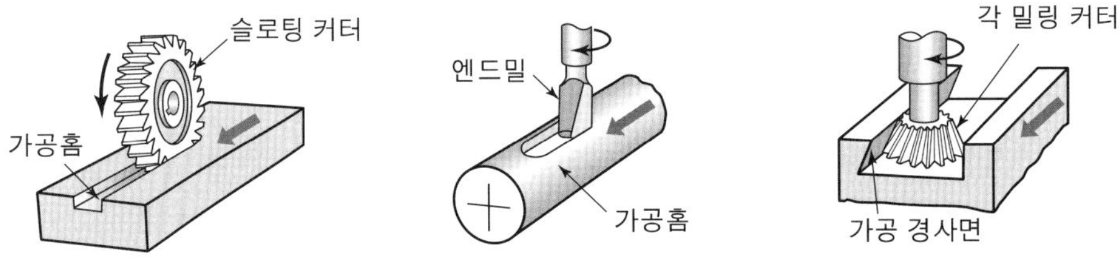

(a) 홈 가공　(b) 엔드밀 가공　(c) 더브테일 가공

그림 9.35 홈 가공

3) 구멍 가공

수직 밀링머신의 주축에 드릴이나 보링 헤드를 설치하여 구멍을 뚫거나 확장하는 가공을 할 수 있다.

4) 기어 가공

앞 절에서 설명한 바와 같은 만능 밀링머신과 분할대를 비롯한 여러 가지 부속장치를 사용하여 랙 기어, 스퍼기어, 헬리컬기어 등의 치형을 절삭할 수 있다. 이러한 기어의 절삭에 관해서는 이후에서 다룰 기어절삭 편에서 자세하게 기술하도록 한다.

연습문제

9.1 수평 밀링머신에서 하는 주요 가공의 종류와 커터의 명칭을 쓰시오.

9.2 수직 밀링머신에서 하는 주요 가공의 종류와 커터의 명칭을 쓰시오.

9.3 수평 밀링머신의 주요 구성요소를 쓰고 간단하게 설명하시오.

9.4 밀링가공에서 상향 절삭과 하향 절삭의 특징을 비교하여 설명하시오.

9.5 밀링머신에서 이송나사의 백래시(backlash)와 제거장치에 대하여 설명하시오.

9.6 지름이 100 mm이고 날의 수가 12개인 커터를 사용하여 절삭속도를 31.4 m/min로 가공하려고 할 때, 주축의 회전수(rpm)와 테이블의 이송속도(mm/min)는 얼마로 하면 되겠는가? (단, 절삭 날 1개당 이송은 0.3 mm/tooth이다.)

9.7 밀링머신에서 지름이 20 mm인 엔드밀을 700 rpm으로 회전시켜 측면가공을 할 때 절삭속도는 몇 m/min인가?

9.8 밀링머신에서 지름이 30 mm인 공구를 사용하여 절삭속도를 80 m/min로 가공하기 위해서 주축은 몇 rpm으로 회전시켜야 하는가?

9.9 수평 밀링머신에서 지름이 30 mm인 아버에 지름 100 mm인 플레인 커터를 고정하여 평면을 절삭할 때, 아버에 작용시킬 수 있는 최대 절삭력은 몇 kg_f인가? (단, 아버의 허용 전단응력은 25 kg_f/mm^2이다.)

CHAPTER

10 형삭 및 평삭가공

10.1 셰이퍼

셰이퍼(shaper)는 주로 평면, 단면, 홈 등을 가공하는 데 사용되는 형삭기(形削機)로써 구조가 간단하고 취급이 용이하여 오래 전부터 기계부품 및 금형을 제작하는 데 많이 사용되어 왔다. 하지만 정밀도와 절삭효율이 높지 않고 공작기계가 발전됨에 따라서 점차 사용빈도가 줄어들고 있다. 셰이퍼의 크기는 램의 최대 행정거리, 테이블의 크기, 테이블의 이동거리 등으로 표시하며, 일반적으로 램의 최대 행정거리로 호칭을 나타낸다.

1. 셰이퍼의 구조와 기능

1) 셰이퍼의 구조

그림 10.1(a)와 같이 셰이퍼는 몸체에 램, 공구대, 왕복운동 기구가 설치되어 있고, 공작물을 고정하고 이송하기 위한 바이스와 테이블로 구성되어 있다. 공구대에 고정한 바이트는 램(ram)과 함께 수평으로 왕복운동을 하고, 테이블 위의 바이스에 고정된 공작물은 램의 운동방향과 직각과 상하방향으로 이송시켜서 절삭가공 한다. 이와 같이 셰이퍼는 램의 왕복운동에 의한 바이트의 직선 절삭운동과 절삭운동 방향과 수평, 수직방향인 테이블의 운동으로 공작물을 이송시켜 평면을 가공하는 공작기계이다. 셰이퍼는 취급이 간단하고 작업이 용이하며, 플레이너에 비해서 작은 공작물을 가공하는 데 사용된다.

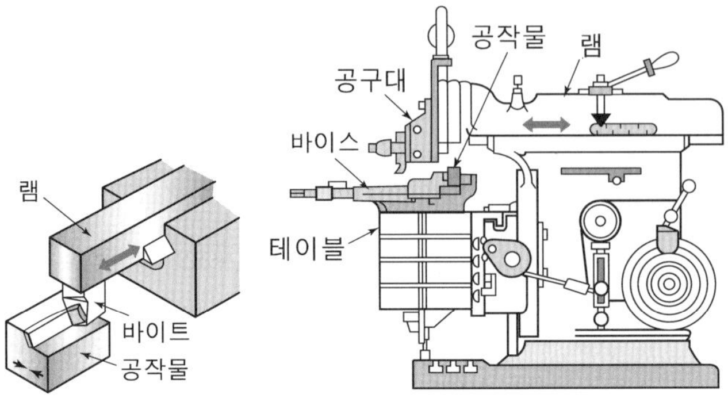

(a) 셰이퍼 가공기구

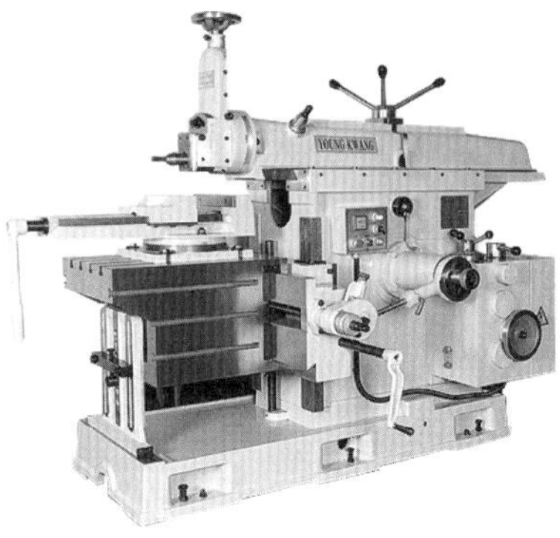

(b) 셰이퍼의 구조와 외형

그림 10.1 셰이퍼의 구조

2) 셰이퍼 구동기구

(1) 램 구동기구

그림 10.2(a)는 램을 구동하는 운동기구를 나타낸 것으로서, 램의 행정거리를 공작물의 길이와 맞출 때에는 행정 조절축을 돌려서 베벨기어(G_1, G_2)의 회전으로 크랭크 핀(N_1)의 위치를 변경시켜서 조절한다. 이와 같이 크랭크 핀의 위치가 변경되면 크랭크의 반지름(r)이 변화됨에 따라 램의 행정거리가 조절되며, 크랭크 핀은 로커 암의 홈을 따라서 미끄러지면서 회전운동을 한다.

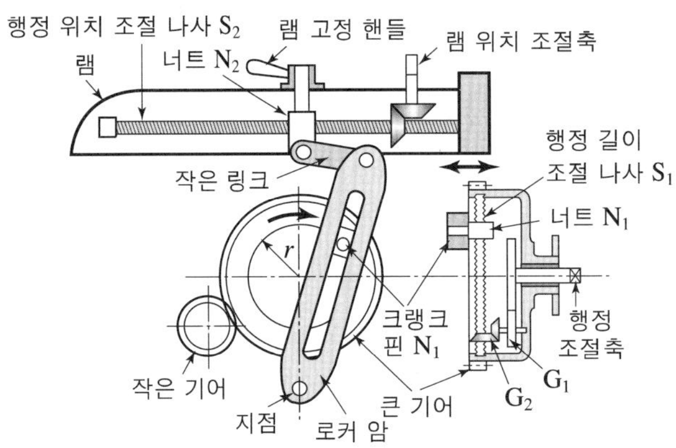

(a) 램 구동기구

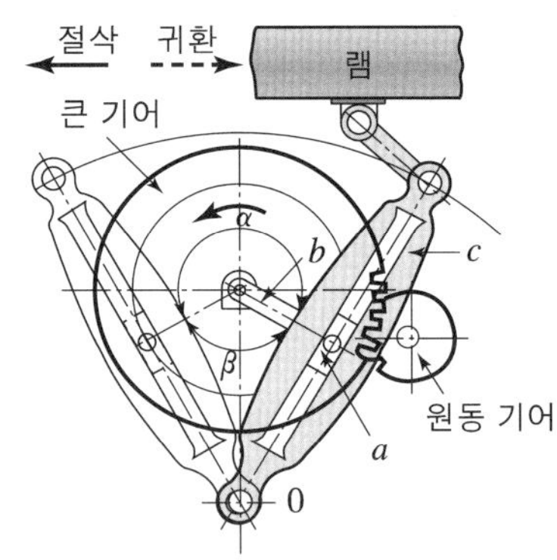

(b) 급속 귀환기구

그림 10.2 셰이퍼 구동기구

(2) 급속 귀환기구

셰이퍼, 슬로터 등에서 절삭행정을 마친 램을 가공시작점으로 빠르게 복귀시켜 가공시간을 줄이기 위해 급속 귀환기구(quick return mechanism)가 사용된다. 그림 10.2(b)는 큰 기어(gear)와 로커 암(rocker arm)을 사용한 급속 귀환기구이다. 여기에서 큰 기어에 연결된 크랭크(b)와 크랭크 핀(a)은 각(角)운동을 하는 로커 암(c)의 홈을 따라서 회전운동을 한다.

이때 원동기어를 이용하여 큰 기어를 등속으로 회전시키면, 절삭행정에서 로커 암은 α 각만큼 회전하고, 귀환행정에서는 β각만큼 회전하게 되어 절삭행정보다 귀환행정의 속도를 빠르게 하여 귀환행정 시간을 단축시킬 수 있는 구조이다.

3) 공구대와 공구홀더

(1) 공구대

그림 10.3(a)는 셰이퍼의 공구대로서, 수평과 수직 및 각도절삭을 할 수 있도록 공구대를 회전시킬 수 있는 구조로 되어 있다. 공구대 이송핸들을 돌려서 절삭깊이를 조절할 수 있으며, 경사가 있는 각도를 절삭하기 위해서는 체결볼트를 풀고 공구대를 경사시켜서 고정하면 된다. 귀환행정을 할 때 바이트가 손상되는 것을 방지하기 위해 힌지(hinge)를 통해 크래이퍼(clapper)가 들리도록 되어 있다.

(2) 암스트롱 공구홀더

그림 10.3(b)와 같은 암스트롱 공구홀더(Armstrong tool holder)는 5방향으로 바이트를

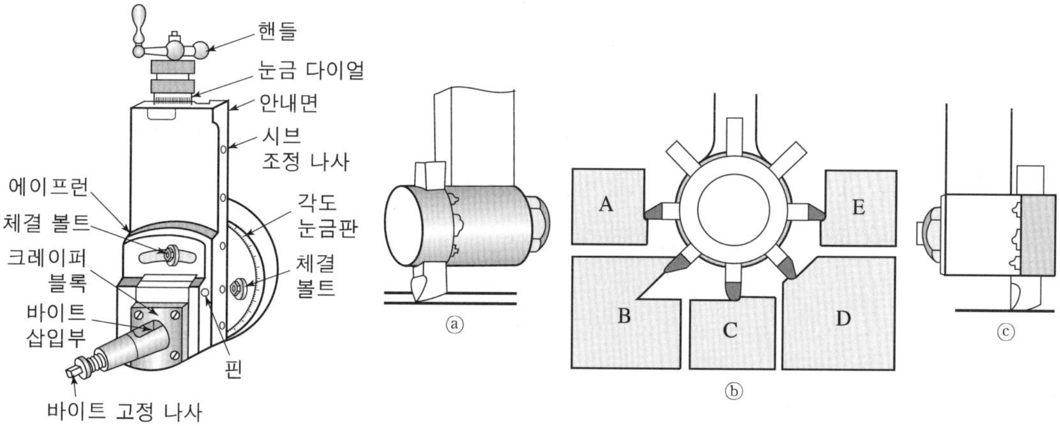

(a) 셰이퍼 공구대 (b) 암스트롱 공구홀더

그림 10.3 공구대와 공구홀더

돌려놓고 절삭할 수 있어서 셰이퍼나 플레이너 작업에 종종 사용된다. 또한 그림 10.3(b)의 ⓒ와 같이 공구대의 뒤쪽에 바이트를 끼우면 다듬질용 바이트와 같은 역할을 하고, 바이트가 공작물에 파고 들어가지 않는다.

2. 셰이퍼 작업

1) 셰이퍼 가공의 종류

그림 10.4는 셰이퍼를 이용하여 가공할 수 있는 형삭 가공의 종류를 나타낸 것이다.

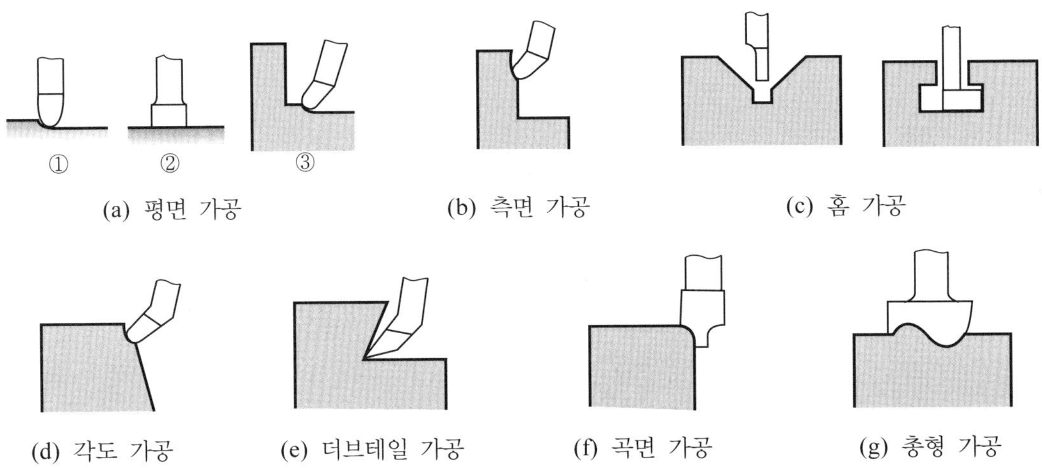

그림 10.4 셰이퍼 가공의 종류

2) 절삭조건

(1) 절삭속도

셰이퍼에서 절삭속도는 절삭행정에서 바이트가 1분당 이송되는 거리(m/min)로 나타낸다. 형삭 가공을 하기 위해서 공작물과 바이트의 재질에 따라서 적합한 절삭속도를 선정하고 램의 매 분당 왕복횟수를 계산하면 된다.

$$v = \frac{n \cdot L}{1000 \cdot k}$$

여기서, v: 절삭속도(m/min) L: 램의 행정거리(mm)

n: 1분당 램의 왕복회수(stroke/mim)

k: 램의 절삭행정 시간과 왕복시간의 비($k = 3/5 \sim 2/3$)

(2) 이송과 절삭깊이

공작물의 이송은 바이트가 1회 왕복할 때마다 램의 행정방향과 직각방향으로 공작물이 이동하는 거리(mm)로 나타내며, 이때 바이트의 1회 왕복으로 공작물을 깎는 깊이가 절삭깊이이다. 거친 가공일 때 절삭깊이를 강재는 1.5~3 mm, 주철은 3~5 mm 정도로 한다. 표 10.1은 형삭 가공에서 사용하는 절삭속도와 이송을 나타낸 것이다.

▶ **표 10.1** 셰이퍼 가공에서 절삭속도와 이송

공작물의 재질			주철	주강	연강	경강	황동	알루미늄
고속도 공구강 바이트	절삭속도 [m/min]		6~20	6~18	6~25	4~15	6~30	6~30
	이송 [mm]	거친 가공	0.6~1.2	0.6~1.2	0.6~1.2	0.6~1.0	0.6~1.5	0.6~1.5
		다듬질 가공	5~15	3~5	5~10	3~5	5~15	5~15
초경 바이트	절삭속도 [m/min]		25~28	20~25	25~30	25~28	25~28	35~40
	이송 [mm]	거친 가공	0.25~1	0.25~0.5	0.5~1	0.25~0.5	0.25~0.5	0.6~1.5
		다듬질 가공	5~7	3~5	3~5	2~3	5~7	5~7

예제 10.1

셰이퍼에서 고속도강 바이트를 이용하여 절삭속도를 10 m/mim로 절삭할 때, 램이 1분 동안 왕복하는 횟수를 구하시오. (단, 램의 행정거리는 300 mm이고 $k = 3/5$이다.)

[풀이]

램의 왕복횟수 $n = \dfrac{1000 \cdot k \cdot v}{L} = \dfrac{1000 \times 3/5 \times 10}{300} = 20$ (stroke/mim)이다.

3) 공구와 공작물의 고정

(1) 공구의 설치와 고정

그림 10.5는 바이트의 설치방법을 나타낸 것으로서, 뒤로 굽은 바이트를 (a)와 같이 설치하면 날 끝이 공작물에 파고들지 않으며, (b)와 같이 바이트의 돌출거리를 가능한 짧게 설치해야 떨림을 줄일 수 있다. 또한 (c)와 같이 바이트를 설치하면 절삭저항에 의해 바이트가 오른쪽으로 회전하면 공작물 표면을 파고들게 되므로, (d)와 같이 바이트 자루를 설치해야 한다.

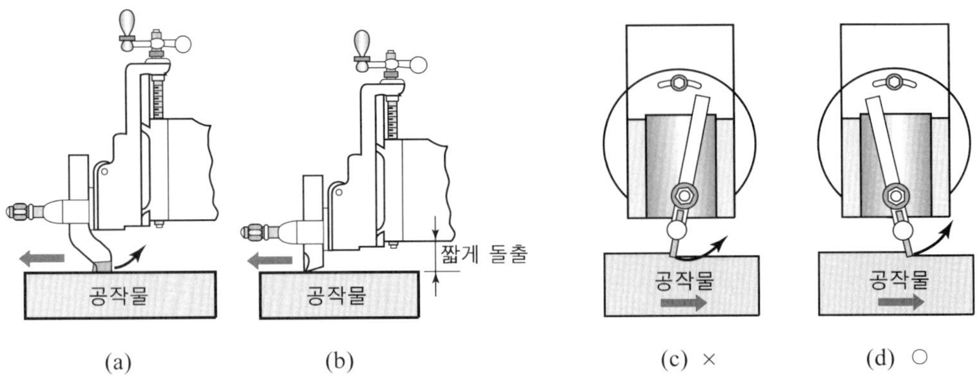

그림 10.5 공구의 설치와 고정

(2) 공작물의 고정

셰이퍼 가공에서는 테이블 위에 설치한 바이스에 공작물을 고정하는 경우가 많다. 바이스에 공작물을 고정할 경우에는 그림 10.6(a)와 같이 바이스의 조(jaw)방향을 바이트의 운동방향과 직각으로 설치하는 것이 바람직하다.

공작물이 크거나 형상이 불규칙해서 바이스에 고정하기가 힘들 경우에는 그림 10.6(b)와 이 클램프를 사용하여 테이블에 고정하는 방법과 (c), (d)와 같이 여러 가지 고정구를 사용하여 테이블에 공작물을 고정하는 방법을 사용한다.

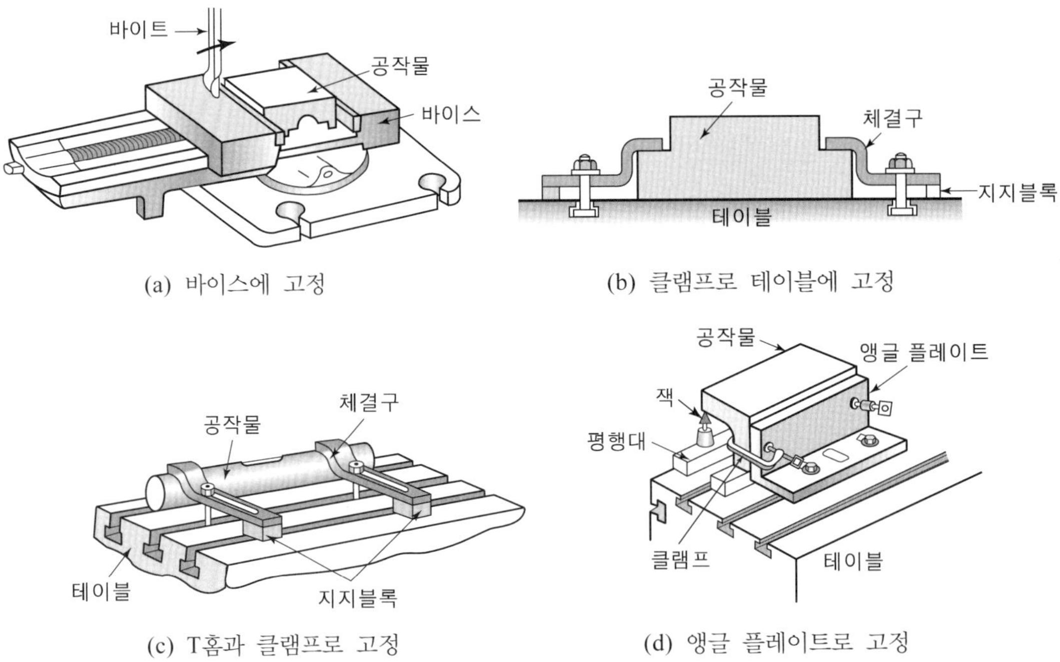

그림 10.6 공작물 고정방법

4) 셰이퍼 가공

(1) 수평면 가공

그림 10.7과 같은 수평면 가공은 가장 기본적인 셰이퍼 절삭가공이다. 절삭깊이는 공구헤드를 조절하여 바이트 날 끝의 위치를 정하고, 수평이송은 램의 행정거리로 조정한 다음 수동 또는 자동으로 가공한다. 주철 등과 같은 취성재료를 절삭할 때에는 공작물의 모서리가 행정말단에서 떨어져나갈 수 있으므로 절삭할 끝부분 모서리를 45° 정도로 모따기를 해주는 것이 좋으며, 다듬기 가공에서는 경절삭을 하는 것이 바람직하다.

(2) 경사면 가공

공작물의 수직면이나 경사진 면을 가공하는 것으로서, 그림 10.8은 공구헤드를 필요한 경사각으로 회전시켜서 경사면을 가공하는 것을 나타낸 것이다. 세로방향의 이송은 공구헤드에서 수동으로 주어지고 테이블은 이송되지 않는다. 수직면을 가공할 때에는 에이프런만 약간 경사시키고 공구헤드는 경사시키지 않은 상태에서 수직으로 이송시켜서 가공한다.

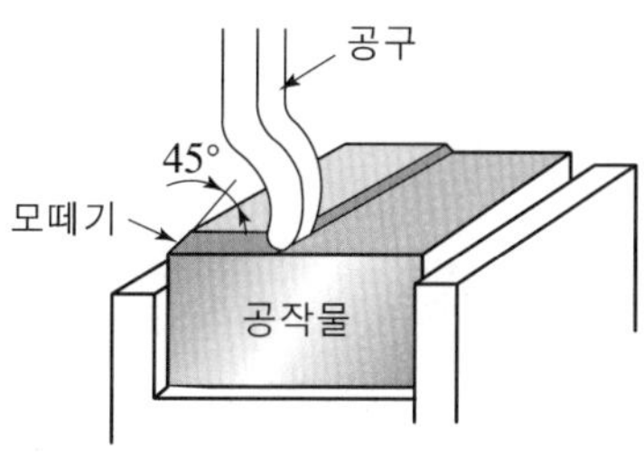

그림 10.7 수평면 가공

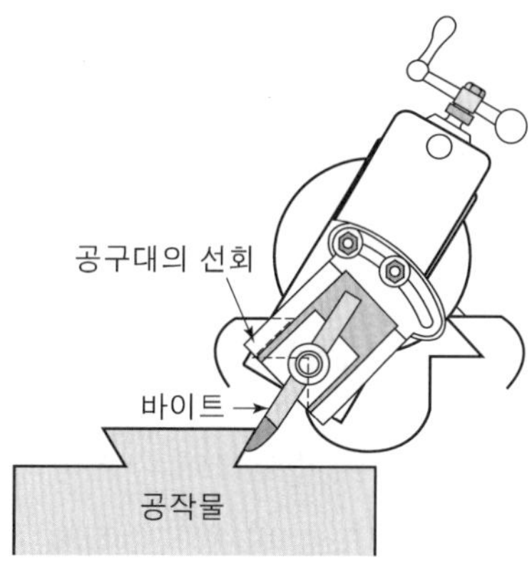

그림 10.8 경사면 가공

(3) 키 홈의 가공

① **외측 키 홈 가공:** 그림 10.9(a)와 같은 방법으로 바이스에 공작물을 고정하고 오픈 키(open key)를 가공할 수 있다. 키 홈의 폭이 넓은 경우에는 좁은 날 바이트를 사용하여 2~3회에 걸쳐서 전체 너비를 절삭한다.

② **내측 키 홈 가공:** 그림 10.9(b)는 내측 키 홈을 가공하는 방법으로서 공작물을 바이스에 고정하고 익스텐션 홀더에 바이트를 고정하고, 생크를 공구대에 끼워서 내측 키 홈을 가공한다.

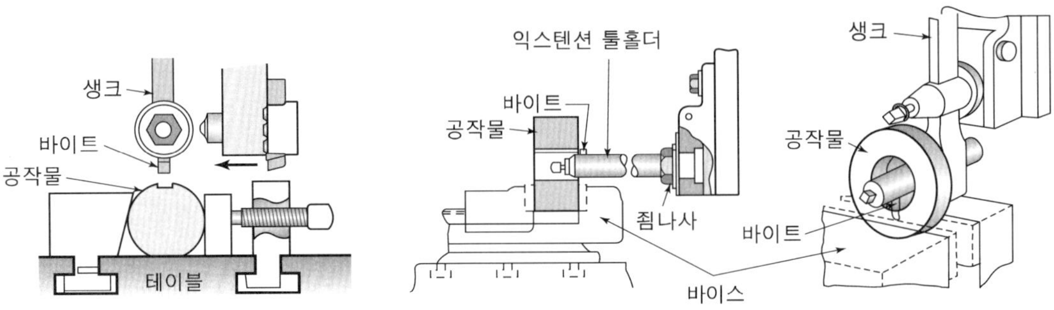

(a) 외측 키 홈 가공 (b) 내측 키 홈 가공

그림 10.9 키 홈 가공

10.2 슬로터

슬로터(slotter)는 수직방향으로 상하로 운동하는 램(ram)의 행정을 이용하여 테이블에 수평으로 고정된 공작물의 홈을 절삭하는 공작기계이다. 램의 운동방향이 수직방향으로 되어 있는 것으로서 수직형 셰이퍼라고도 한다. 램에 고정한 바이트를 이용하여 수직축을 기준으로 전후좌우 방향의 이송과 회전이 가능한 테이블에 고정한 공작물 내면의 키 홈과 여러 형상의 홈을 슬로팅(slotting)하는 공작기계이다.

1. 슬로터의 구조와 기능

그림 10.10(a)는 슬로터의 구조이며, 램의 운동방향이 수평방향인 셰이퍼에서 램의 운동방향을 수직방향으로 변경한 수직형 셰이퍼로서 셰이퍼와 구동기구가 유사하다. 컬럼의 내부에는 원동기의 회전운동을 램의 직선 왕복 운동으로 변환시키는 크랭크와 링크기구 등이 있다. 또한 컬럼의 상부 앞면에 있는 램이 안내면을 따라서 상하로 왕복운동할 수 있는 구조로 되어 있다. 컬럼의 미끄럼 안내면을 따라서 상하로 이동하는 베드 위에 이중으로 된 새들이 있으며, 새들 위에 원형 테이블이 놓여 있다. 슬로터의 크기는 램의 최대 행정, 테이블의 크기, 테이블의 이동 거리 및 테이블의 지름으로 나타낸다.

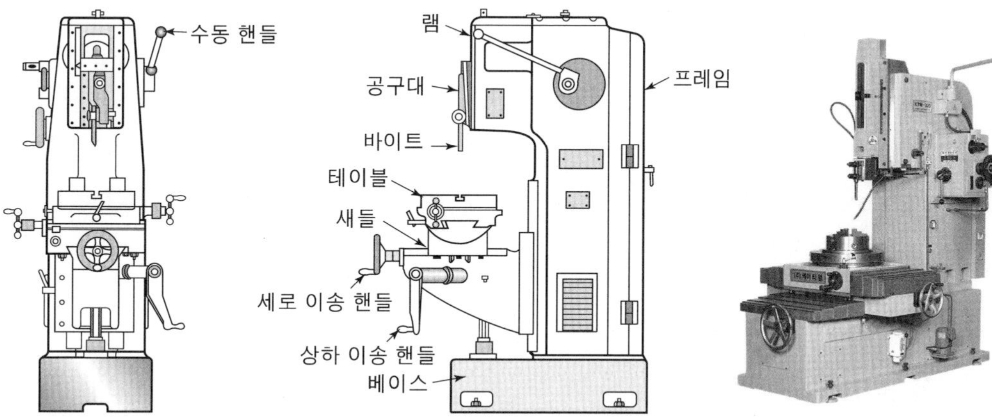

(a) 슬로터의 구조 (b) 슬로터

그림 10.10 슬로터

2. 슬로터 작업

1) 바이트와 홀더

슬로팅에 사용되는 바이트의 형상은 선반용 바이트와 흡사하며, 홀더에 고정해서 사용하는 완성바이트와 단체형 바이트가 있다. 램의 공구대에 고정된 바이트가 귀환 행정에서 날 끝이 절삭한 면과의 접촉으로 마멸되기 쉽다. 따라서 가공할 부분에 공간 여유가 있는 경우에는 그림 10.11(a)와 같이 바이트 홀더를 사용해서 귀환행정에서는 스프링이 핀을 중심으로 약간 밀려서 바이트 날 끝의 손상을 줄일 수 있다.

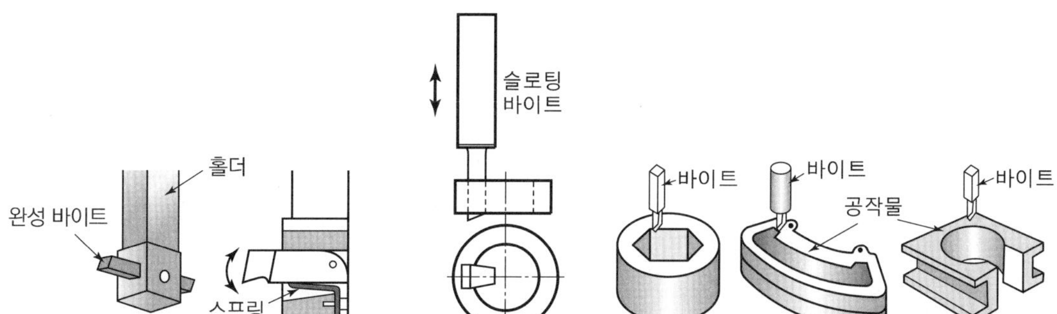

(a) 슬로팅 바이트와 홀더 (b) 슬로팅 가공

그림 10.11 슬로팅

2) 슬로팅(slotting)

그림 10.11(b)는 슬로터를 이용한 가공을 나타낸 것으로서, 램의 공구대에 고정한 바이트의 상하 왕복운동과 테이블의 회전을 이용하여 공작물 내면의 키 홈, 스플라인 구멍과 각이 진 구멍과 원호를 가진 슬롯 홈을 절삭할 수 있다. 또한 회전 테이블과 분할대를 사용하여 기어와 특정한 형상의 원통절삭도 할 수 있다.

10.3 플레이너

비교적 큰 공작물의 넓은 평면을 바이트와 공작물의 기계적인 직선 운동에 의해 절삭 가공하는 것이 플레이너 가공(planing)으로서 평삭 가공(平削加工)이다. 넓은 평삭 가공에 사용되는 공작기계가 플레이너(planer)이다. 또한 바이트 대신에 밀링헤드와 정면 밀링커터를 사용하여 절삭하거나, 그라인딩 헤드를 사용하여 평면을 연삭 가공할 수도 있다. 플레이너를 사용하여 평면도를 1 m에 대해 0.01 mm 이내로 가공할 수 있어서 넓은 평면을 비교적 높은 정밀도로 가공할 수 있는 특징이 있다.

1. 플레이너의 구조와 기능

1) 플레이너의 구조와 기능

그림 10.12는 플레이너의 구조를 나타낸 것으로서, 플레이너는 베드(bed), 테이블(table), 컬럼(column), 크로스 레일(cross rail), 공구대, 급속귀환기구, 이송기구 등으로 구성되어 있다. 플레이너의 크기는 절삭할 수 있는 공작물의 크기(길이×너비×높이), 공구대의 수평 및 상하 이동거리, 테이블 윗면부터 공구대까지의 최대높이 등으로 표시한다.

(1) 쌍주형 플레이너(double-housing planer)

그림 10.12(a)와 같은 쌍주식 플레이너는 베드의 양쪽에 위치한 2개의 컬럼이 톱빔(top beam)으로 연결되어 문 모양을 한 구조로 되어 있다. 쌍주식 플레이너는 기둥 사이의 거리에 따라 공작물의 크기에 제한을 받으나, 문형 구조를 가지고 있어서 강력한 절삭이 가능하다. 플레이너의 크기는 테이블의 크기, 공구대의 수평과 상하 운동거리, 테이블 윗면부터 공구의 날 끝까지 최대 거리로 나타낸다.

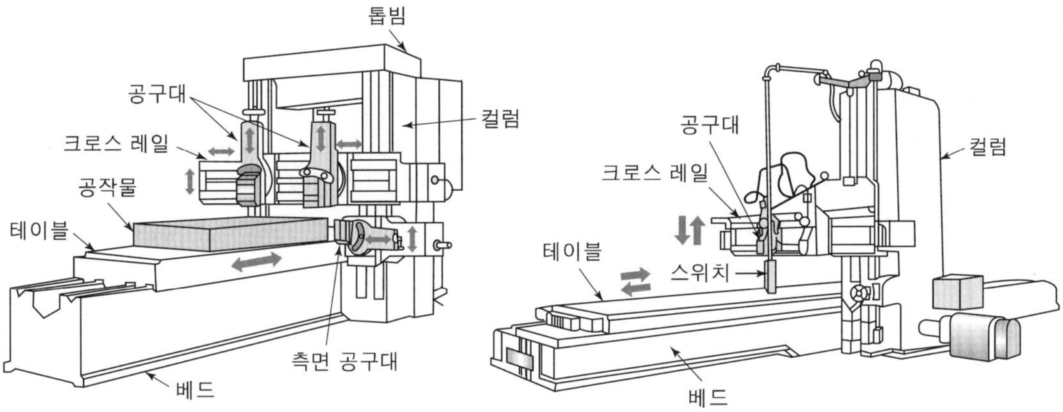

(a) 쌍주형 플레이너 (b) 단주형 플레이너

그림 10.12 플레이너

크로스 레일은 수평으로 설치되어 컬럼의 미끄럼 안내면을 따라 상하로 이동한다. 크로스 레일에는 1~2개의 정면 공구대를 설치해서 가로로 이송시킬 수 있으며, 컬럼 아래쪽에도 수평방향으로 측면 공구대를 설치해서 공작물의 측면을 절삭할 수 있다.

공작물은 긴 베드의 미끄럼 안내 홈 위에 놓인 테이블에 고정하여 직선왕복 운동시킬 수 있는 구조이며, 중량이 무거워서 미끄럼 안내 홈에는 큰 압력이 작용한다. 따라서 테이블의 이송속도를 빠르게 하기 어려우며, 귀환행정에서는 절삭가공을 하지 않으므로 가공능률이 저하된다. 그러므로 귀환행정 시간을 줄이기 위해서 급속귀환기구(quick return mechanism)를 사용한다.

(2) 단주형 플레이너(openside planer)

그림 10.12(b)와 같이 단주식 플레이너는 컬럼이 베드의 한쪽 측면에만 있고, 외팔보 형태인 크로스 레일에 공구대가 설치되는 구조이다. 따라서 단주식 플레이너는 가공할 수 있는 공작물의 최대 폭이 컬럼의 내측에서 공구대까지의 최대거리까지 제한을 받지 않는다. 이와 같이 단주식 플레이너는 쌍주식에 비해 폭이 넓은 공작물을 가공할 수 있지만, 강력한 절삭을 할 때에는 가공정밀도가 저하될 수 있다.

2. 플레이너 작업

1) 절삭속도

플레이너 테이블의 왕복운동에서 테이블의 후진이송이 절삭행정이며, 전진이송이 귀환행정이 된다. 절삭속도를 빠르게 하면 절삭초기에 바이트에 충격이 가해지고, 귀환할 때 방향전환에 소비되는 동력이 커지게 된다. 따라서 절삭행정보다 귀한행정의 속도를 빠르게 하면 가공 소요시간을 줄일 수 있다.

플레이너에서 절삭행정과 귀환행정의 속도가 일정하다고 가정하면, 테이블의 평균 왕복속도는 테이블이 1회 왕복하는 데 소요되는 시간으로 구할 수 있다.

$$t = t_c + t_r + t_v = \frac{L}{V_c} + \frac{L}{V_r} + t_c = \frac{2 \cdot L}{V_m} + t_c$$

$$V_m = \frac{2 \cdot L}{t_c + t_r} = \frac{2 \cdot V_c}{1 + V_c / V_r}$$

여기서, t: 테이블 1회 왕복시간

t_c: 절삭행정에 소요되는 시간

t_r: 귀환행정에 소요되는 시간

t_v: 행정말단에서 가속도가 0이 아닌 시간(1.2～2초)

V_c: 절삭속도(m/min), V_r: 귀환속도(m/min)

V_m: 평균 왕복속도(m/min), L: 테이블의 행정거리(m)

보통, V_c / V_r의 값은 1/3～1/4이며, 평균 왕복속도(V_m)가 구해지면 전체 절삭시간(T)은 다음 식과 같이 구할 수 있다.

$$T = \frac{2 \cdot W \cdot L}{\eta \cdot f \cdot V_m} \text{(min)}$$

여기서, W: 공작물의 가공 폭(mm)

f: 테이블 1회 왕복당 이송(mm/stroke)

절삭시간 효율(η)은 η=1회 절삭행정시간/1회 왕복 소요시간으로 구한다.

표 10.2는 일반적으로 사용되는 플레이너의 절삭속도를 나타낸 것이다.

▶ **표 10.2 플레이너 가공에서 절삭속도**

(단위: m/min)

바이트의 재질		고속도강			초경 합금			
절삭깊이(mm)		3	6	12	1.5	2.5	3	10
이송(mm/stroke)		1	1.5	2.5	1	1	1.5	1.5
공작물 재질	주 철(연)	30	25	20	100	80	65	55
	주 철(경)	15	11	8	55	43	35	–
	탄 소 강	23	18	13	100	75	58	43
	합 금 강	13	10	8	70	53	40	–
	청 동	50	50	40	*	*	*	*
	알 루 미 늄	70	70	50	*	*	*	*

[주] 표에서 *는 테이블의 최대 이송속도를 사용할 수 있다.

예제 10.2

플레이너에서 초경합금 공구를 사용하여 길이가 1,000 mm, 너비가 500 mm인 합금강의 평면을 가공할 때 필요한 절삭시간을 구하시오. (단, 테이블의 행정은 공작물 길이보다 80 mm 길게 하고, 절삭깊이를 2.5 mm로 하여 이송을 1 mm/stroke로 절삭한다. 속도비(V_c/V_r)는 1/4이고 절삭효율(η)은 80 %이다.)

[풀이]

표 10.2에서 절삭속도(V_c)는 53(m/min)이므로, 평균 왕복속도(V_m)는

$$V_m = \frac{2 \cdot V_c}{1 + V_c / V_r} = \frac{2 \times 53}{1 + (1/4)} = 84.8 \text{ (m/min)}$$

이고, 필요한 전체 절삭시간(T)은

$$T = \frac{2 \cdot W \cdot L}{\eta \cdot f \cdot V_m} = \frac{2 \times 0.5 \times (1 + 0.08)}{0.8 \times 0.001 \times 84.8} \fallingdotseq 16 \text{ (min)}$$

이 된다.

2) 공작물 고정

플레이너에서 가공하는 공작물들은 형상과 크기에 따라 종류가 많으며, 각각의 공작물에 적합한 고정구를 선택하여 테이블에 고정해야 한다. 테이블에는 T홈과 핀 구멍이 많이 있으므로, 그림 10.13과 같이 각종 체결용 클램프와 볼트 등을 이용하여 공작물을 테이블에 고정한다.

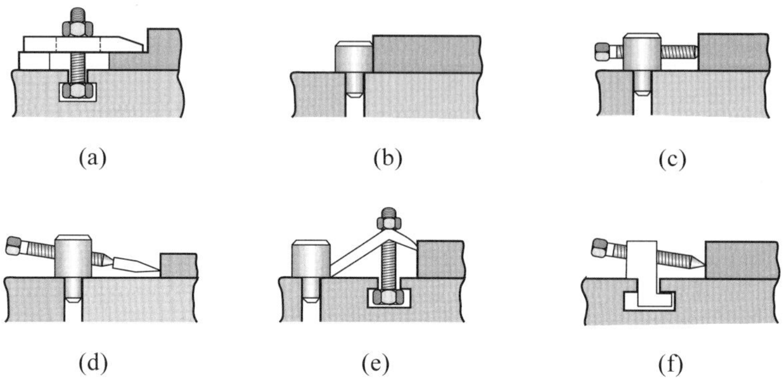

그림 10.13 공작물의 고정

3) 플레이너 가공

그림 10.14는 플레이너 작업에서 할 수 있는 절삭가공의 보기를 나타낸 것이다. 또한 공작물이 크고 넓거나 얇은 것, 모양이 불규칙한 것 등은 공작물을 고정하는 체결력이나 절삭력에 의해 변형되어서 절삭가공을 마친 후 테이블에서 떼어내면 평면이 변형될 수 있으므로 공작물의 고정과 가공에 유의해야 한다.

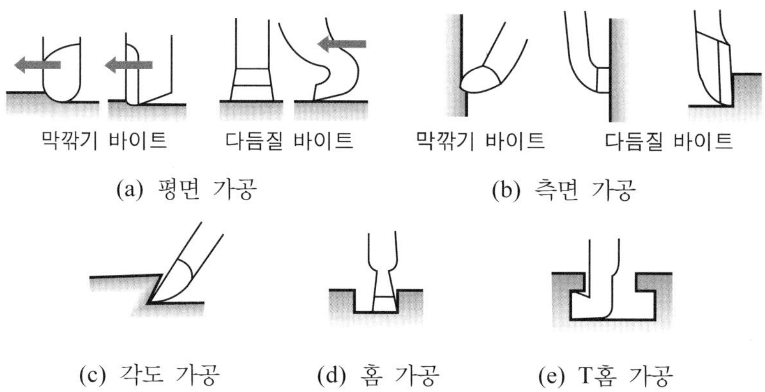

그림 10.14 플레이너 가공의 종류

연습문제

10.1 셰이퍼의 급속귀환기구의 필요성과 원리에 대해 간단히 쓰시오.

10.2 셰이퍼에서 고속도강 바이트를 이용하여 절삭속도를 15 m/mim로 절삭할 때, 램이 1분 동안 왕복하는 회수를 구하시오. (단, 램의 행정거리는 250 mm이고 $k = 3/5$이다.)

10.3 슬로터에서 가공할 수 있는 종류를 드시오.

10.4 셰이퍼와 플레이너의 차이점을 비교해서 간단하게 설명하시오.

10.5 쌍주형 플레이너와 단주형 플레이너의 특징을 비교해서 설명하시오.

10.6 플레이너에서 고속도강 공구를 사용하여 길이가 800 mm, 너비가 600 mm인 탄소강의 평면을 절삭할 때 테이블의 평균 왕복속도와 절삭시간을 구하시오. (단, 테이블의 행정은 공작물 길이보다 80 mm 길게 하고, 절삭깊이를 3 mm로 하여 이송을 1 mm/stroke로 절삭한다. 속도비(V_c / V_r)는 1/4이고 절삭효율(η)은 70%이다.)

CHAPTER

11 구멍 가공

11.1 드릴링 머신

1. 드릴링 작업의 종류

드릴링 머신(drilling machine, drill press)은 주축의 척에 끼운 드릴을 회전시키면서 주축을 직선으로 이송시켜서 공작물에 구멍을 뚫는 공작기계이다. 드릴링 머신은 구멍을 가공하기 위한 단일작업용 공작기계로서, 드릴 척에 여러 가지 공구를 사용해서 그림 11.1과 같은 작업을 할 수 있다.

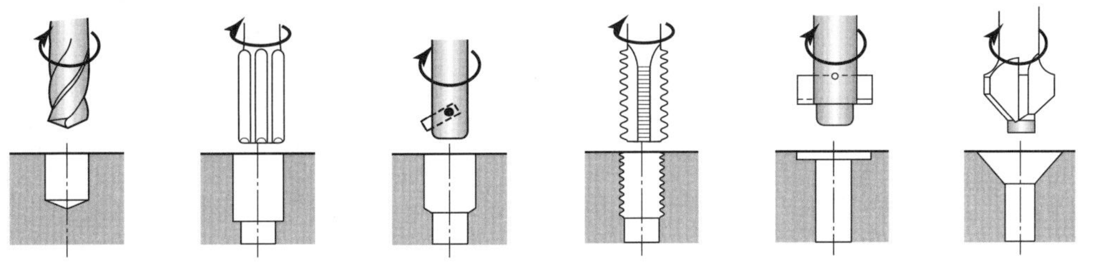

(a) 구멍 뚫기　(b) 리밍　(c) 보링　(d) 태핑　(e) 스폿 페이싱　(f) 카운터 싱킹

그림 11.1 드릴링 작업의 종류

(a) **구멍 뚫기**(drilling): 구멍이 없는 공작물에 드릴을 사용해서 새로운 구멍을 뚫는 가공이다.

(b) **리밍**(reaming): 드릴로 가공된 구멍의 정밀도를 높이기 위해 리머를 사용해서 구멍의 내면을 다듬는 가공이다.

(c) **보링**(boring): 드릴링 또는 기타 가공으로 뚫은 구멍을 확장하는 가공으로서, 구멍의

크기나 형상을 수정할 수 있다.

(d) **태핑**(tapping): 탭을 사용해서 구멍의 안쪽에 암나사를 절삭하는 작업이다.

(e) **스폿 페이싱**(spot facing): 드릴로 뚫은 구멍을 중심으로 둘레부분을 평면으로 다듬어서 볼트 또는 너트의 머리부가 접촉하는 자리를 가공하는 작업이다.

(f) **카운터 싱킹**(counter sinking): 접시머리 볼트의 접시머리가 들어갈 부분을 만들기 위해 드릴로 뚫은 구멍의 가장자리를 원추형으로 가공하는 것이다.

(g) **카운터 보링**(counter boring): 육각구멍붙이 볼트 등의 머리 부분이 공작물의 표면에 돌출되지 않게 하기 위해 머리부가 들어갈 자리를 깊게 절삭하는 작업이다.

2. 드릴링 머신의 구조와 종류

1) 드릴링 머신의 구조

그림 11.2는 가장 일반적인 탁상 드릴링 머신의 구조를 나타낸 것으로서 전동기를 이용하여 주축을 회전시키며, 단차식 벨트풀리에 의해 회전수를 변환시킬 수 있다. 드릴 주축의 이송은 수동으로 하며, 테이블은 래크와 피니언기구에 의해 컬럼을 따라서 상하로 이동시킬 수 있는 구조이다.

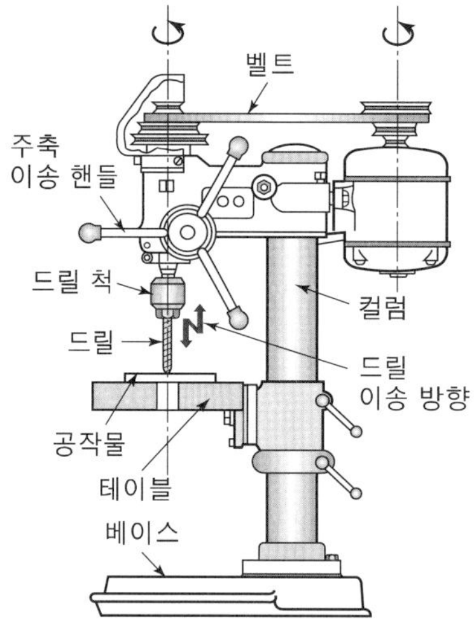

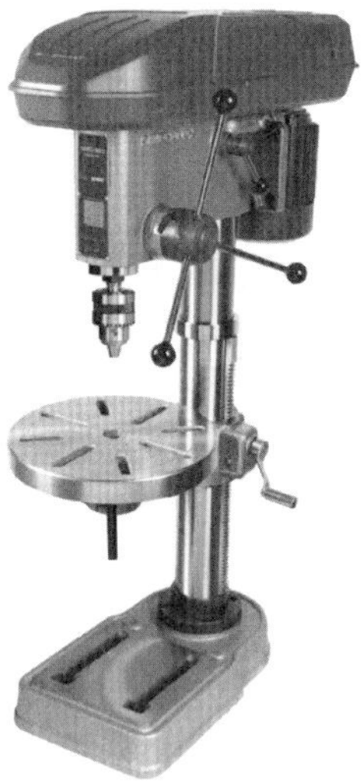

그림 11.2 드릴링 머신의 구조와 외형

2) 드릴링 머신의 종류

(1) 탁상 드릴링 머신

그림 11.2는 가장 많이 사용하는 탁상 드릴링 머신(bench type drilling machine)으로서 드릴에 회전력을 주기 위한 주축 스핀들, 드릴을 이송시키기 위한 이송기구, 공작물을 고정하거나 바이스를 올려놓는 테이블 및 컬럼으로 구성되어 있다.

(2) 직립 드릴링 머신

그림 11.3은 직립 드릴링 머신(up right drilling machine)으로서, 주축이 수직으로 설치된 수직형 드릴링 머신이다. 주축의 동력전달과 속도변환에 단차식 또는 기어식을 사용한 것이 있으며, 태핑 가공도 할 수 있도록 주축을 역회전시킬 수도 있다. 직립 드릴링 머신의 크기는 스윙(주축의 중심부터 컬럼까지 거리의 2배), 테이블의 크기, 주축 구멍의 모스테이퍼 번호, 드릴 가공을 할 수 있는 최대 지름, 주축 끝에서 테이블 면까지의 최대 거리 등으로 나타낸다.

(3) 레이디얼 드릴링 머신

그림 11.4와 같은 레이디얼 드릴링 머신(radial drilling machine)은 대형이고 무거운 공작물에 구멍을 뚫을 때 사용하는 공작기계로서, 드릴 주축 헤드를 수평방향으로 이동하게 하는 암(arm)과 암을 지지하는 컬럼으로 구성되어 있다. 수직의 컬럼을 중심으로 암을 선회시킬 수 있고, 주축 헤드는 암을 따라 수평으로 이동시킬 수 있으므로, 이동시킬 수 있는

그림 11.3 직립 드릴링 머신

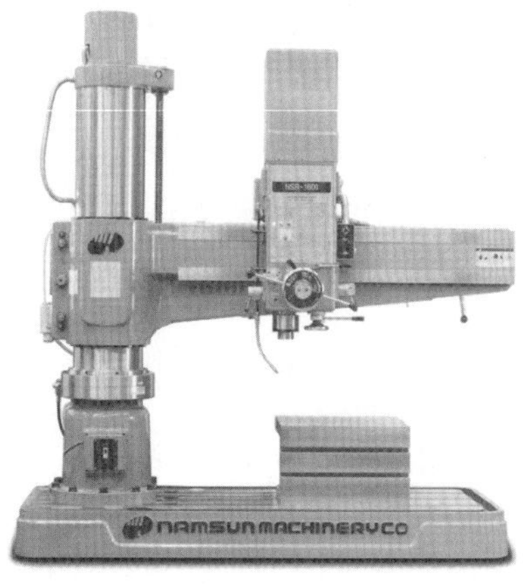

그림 11.4 레이디얼 드릴링 머신

범위 이내에서 임의의 위치에 구멍을 뚫을 수 있다.

레이디얼 드릴링 머신의 크기는 보통 드릴 가공이 가능한 최대 지름과 기둥의 표면으로부터 주축 중심까지의 최대 거리로 표시한다.

(4) 다두 드릴링 머신

그림 11.5와 같은 다두 드릴링 머신(multi-head drilling machine)은 여러 개의 드릴 스핀들을 하나의 베드 위에 나란하게 조합한 드릴링 머신으로서, 스핀들 간격을 조절할 수 있는 것도 있다. 구멍 뚫기, 보링, 리밍, 태핑 등을 단계적으로 가공할 때 각각의 스핀들에 여러 가지 공구를 장착하여 순차적으로 연속 가공할 수 있어서 대량생산에 유용하다.

(5) 다축 드릴링 머신

그림 11.6와 같은 다축 드릴링 머신(multiple spindle drilling machine)은 하나의 드릴헤드에 여러 개의 스핀들을 장착한 것으로서 동일한 평면에 있는 다수의 구멍을 동시에 뚫을 때 사용한다. 하나의 구동축에 유니버설 조인트 또는 유성기어 장치로 연결된 여러 개의 스핀들이 동시에 회전시킬 수 있는 구조로서, 구멍의 위치를 개개로 맞출 필요가 없으므로 구멍 가공을 능률적으로 할 수 있다.

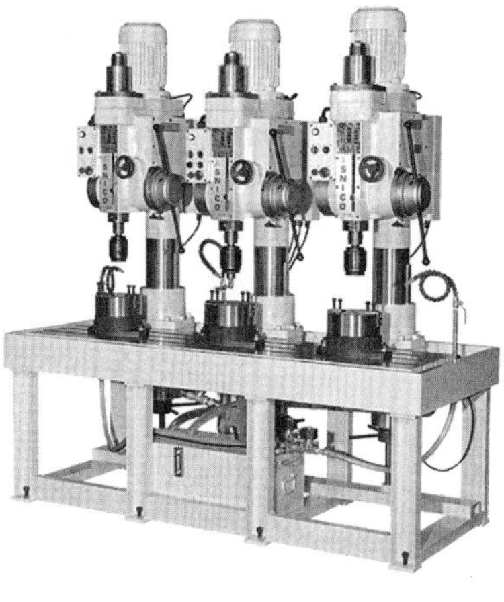

그림 11.5 다두 드릴링 머신

그림 11.6 다축 드릴링 머신

3. 구멍 가공용 절삭공구

1) 드릴

드릴(drill)은 공작물에 구멍을 뚫을 때 사용하는 절삭공구로서, 일반적으로 트위스트 드릴(twist drill)을 일컫는다. 드릴의 재료로 고속도강을 많이 사용하며, 합금공구강을 몸체로 사용하여 절삭 날 부분만을 초경합금으로 납접하여 사용하는 경우도 있다.

(1) 드릴의 각 부 명칭

그림 11.7은 표준 드릴의 구조를 나타낸 것으로서 자루부분인 생크와 두 개의 절삭날을 가진 본체로 구성되어 있다. 또한 드릴의 자루인 생크 부분이 그림 11.8(a)와 같이 테이퍼 생크와 곧은 생크가 있으며, 그림 11.8(b)와 같이 절삭날 부분은 절삭날(edge)을 이루는 선단각(point angle)과 치즐 포인트(chisel point)로 구성되어 있다.

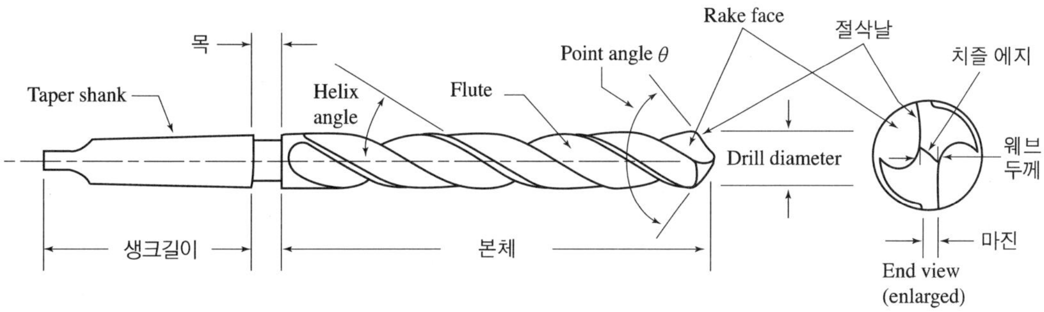

그림 11.7 드릴의 구조

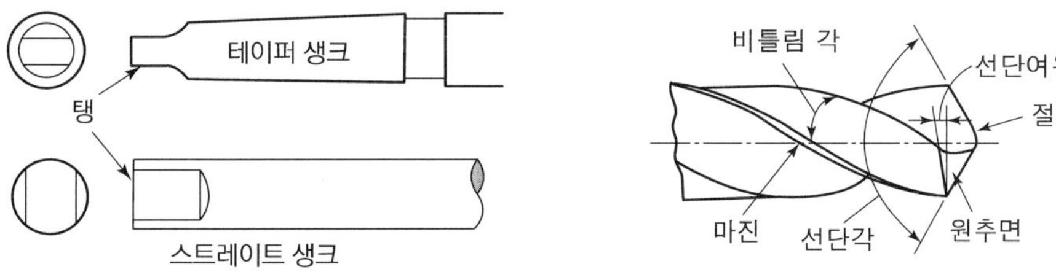

(a) 생크 부분 (b) 절삭날 부분

그림 11.8 드릴의 각 부 명칭

▶ **표 11.1** 드릴의 절삭각

공작물의 재질	선단각(°)	여유각(°)	비틀림각(°)
표준 드릴	118	12～15	20～32
주철	90～118	12～15	20～32
탄소강	118	12～15	20～32
구리 및 구리 합금	110～113	10～15	30～40
알루미늄 합금	90～120	12	17～20

① **절삭날:** 드릴날 포인트(drill edge point) 부분으로서, 드릴의 주된 절삭기능을 한다. 그림 11.9(a)와 같이 표준드릴 선단의 날끝 각은 118°이며, 절삭저항을 줄이기 위해 8～12° 정도의 여유각을 준다. 표 11.1은 공작물 재질에 따른 일반적인 드릴 절삭날의 각도를 나타낸 것이다.

② **생크:** 그림 11.8과 같이 드릴의 자루에는 테이퍼 생크(taper shank)와 스트레이트 생크(straight shank)가 있다. 스트레이트 생크는 보통 지름 13 mm 이하의 드릴에 적용되어 드릴 척(chuck)에 고정해서 사용한다. 테이퍼 생크는 지름 10 mm 이상의 드릴에 적용되며, 모스테이퍼(morse taper, No.1～2)로 되어 있으며, 드릴링 머신의 스핀들 구멍에 직접 끼워서 사용한다. 테이퍼 생크 끝 부분의 탱(tang)은 드릴링 머신의 스핀들 축 홈에 끼워져서 드릴에 회전력을 전달하는 역할을 한다.

③ **홈:** 드릴 본체에 직선 또는 나선으로 파여진 절삭날의 홈(flute)이며 칩을 배출시키고 절삭유를 공급하는 통로가 된다.

④ **본체:** 본체(body)는 드릴 포인트와 생크 사이의 부분으로 세로 홈(flute), 마진(margin), 간극(body clearance), 웨브(web) 등으로 구성되어 있다. 웨브는 세로로 홈

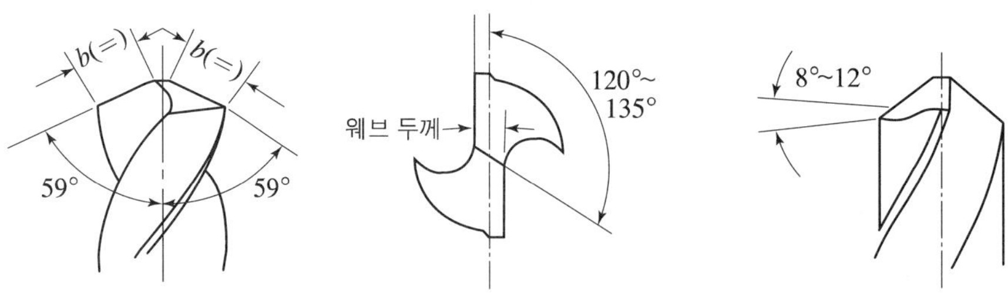

(a) 선단각　(b) 치즐 포인트　(c) 선단 여유각

그림 11.9 드릴의 각 부 명칭

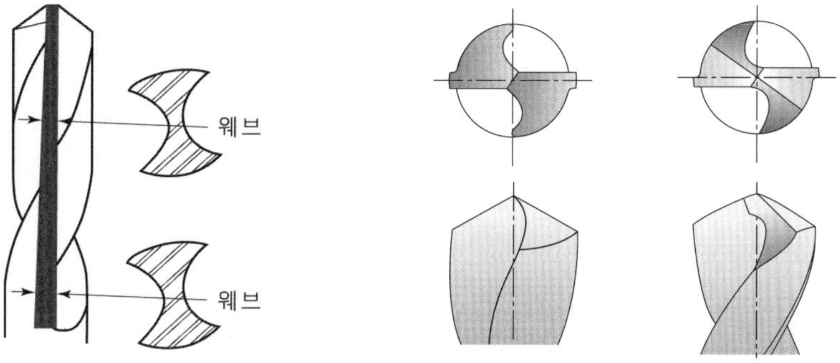

(a) 웨브의 형상 (b) 디닝

그림 11.10 드릴의 각 부 명칭

이 파진 드릴날의 기둥이 되는 부분으로서 강도를 보강하기 위하여 그림 11.10(a)와 같이 생크 쪽으로 갈수록 웨브의 두께가 두껍게 되어 있다. 따라서 드릴을 여러 번 연삭해서 드릴의 길이가 짧아지게 되면 웨브가 두꺼워져서 절삭저항이 증가되므로 절삭저항이 커지지 않도록 웨브의 두께를 가늘게 수정하여야 한다. 이와 같이 절삭저항을 줄이기 위해 웨브의 두께를 가늘게 연삭하는 것을 디닝(thining)이라고 하며, 드릴 날의 중심축과 일치되도록 양쪽이 같게 연삭해야 한다.

(2) 드릴의 종류

공작물의 재질과 가공하는 구멍의 형상 및 가공조건 등에 따라서 사용되는 드릴의 종류는 매우 다양하다. 그림 11.11은 드릴의 종류를 나타낸 것으로서 드릴의 재질에 따라서 탄

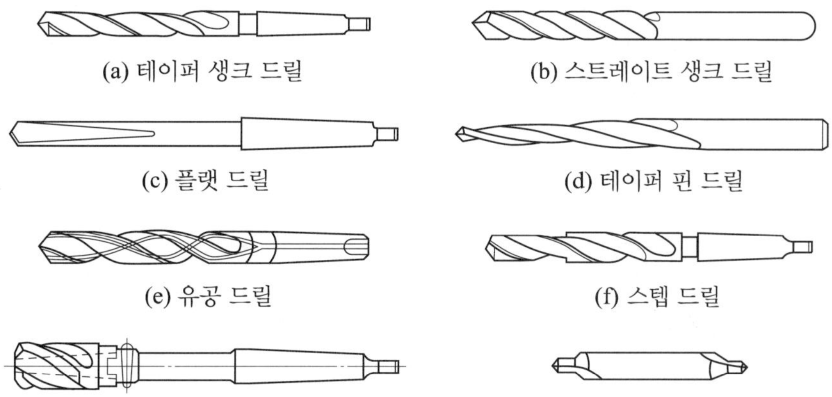

(a) 테이퍼 생크 드릴 (b) 스트레이트 생크 드릴
(c) 플랫 드릴 (d) 테이퍼 핀 드릴
(e) 유공 드릴 (f) 스텝 드릴
(g) 셸 드릴 (h) 센터 드릴

그림 11.11 드릴의 종류

소강 드릴, 고속도강 드릴, 몸체에 초경합금을 붙인 팁 드릴(tipped drill)이 있으며, 자루 형상에 따라서 스트레이트 생크 드릴, 테이퍼 생크 드릴을 비롯하여 가공목적에 따라서 다양한 종류의 드릴이 사용된다.

2) 리머

리머(reamer)는 드릴로 뚫은 구멍의 내면을 정확한 치수로 매끄럽게 다듬기 위해 사용하는 절삭공구로서 고속도강을 많이 사용하거나 합금공구강을 몸체로 사용하여 절삭날 부분을 초경합금을 팁(tip)으로 사용해서 제작한다.

(1) 리머의 구조와 각 부 명칭

그림 11.12와 11.13은 리머의 구조와 명칭을 나타낸 것으로서 몸통(body), 생크(shank), 목(neck), 챔퍼각(chamfer angle) 등으로 구성되어 있다.

① **챔퍼각:** 챔퍼각(chamfer angle)은 주된 절삭을 담당하는 부분으로서, 핸드 리머가 기계 리머에 비해 챔퍼 부분이 길게 되어 있다.

② **경사각:** 공작물이 강재일 경우에는 일반적으로 경사각을 5~10° 정도 주며, 연한 재료일 때에는 15° 이하로 하며, 다듬질 가공에는 경사각을 주지 않는다.

③ **몸통:** 리머의 몸통은 몇 개의 홈과 랜드(land)로 이루어져 있다. 랜드는 홈과 홈 사이 부분으로서 꼭지에는 홈의 뒤쪽으로 뻗어 있는 마진이 있으며, 마진 뒤쪽으로는 여유각을 준다. 리머 날의 강도 등을 고려하여 홈을 만들며, 홈은 절삭 칩의 배출과 절삭유 공급 통로 역할을 한다.

④ **백 테이퍼:** 리머의 선단에서 생크 쪽으로 갈수록 지름을 약간 작게(0.015/100) 해서 백 테이퍼(back taper)를 준다.

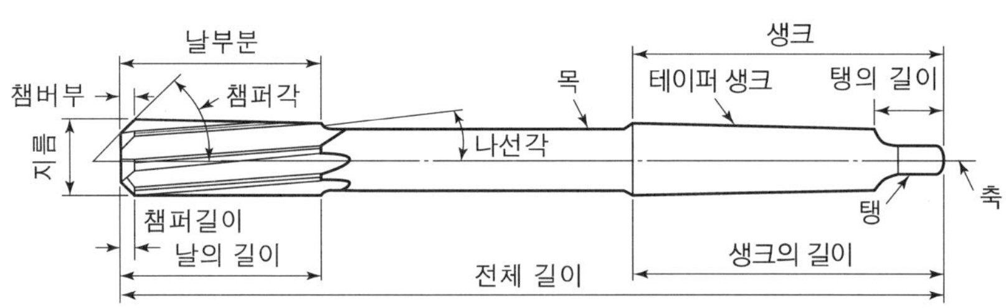

그림 11.12 리머의 구조

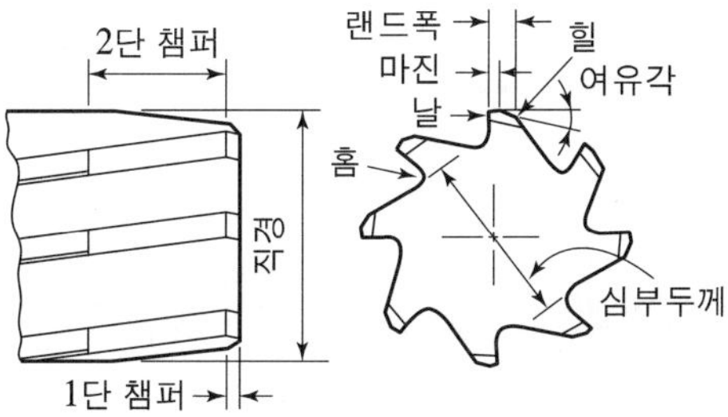

(a) 핸드 리머

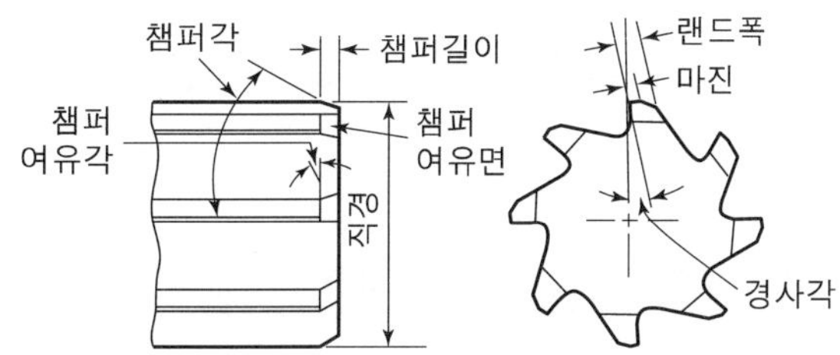

(b) 기계 리머

그림 11.13 리머의 구조와 각 부 명칭

(2) 리머의 종류와 특징

① 핸드 리머

그림 11.14와 같이 곧은 생크에 직선 홈(straight flute)과 나선 홈(spiral flute)으로 되어 있으며, 챔퍼각은 1°, 여유각은 5～10°를 표준으로 하고 있다. 날의 수는 짝수로 하며, 생크의 지름은 리머의 날 지름보다 0.002～0.005 mm 정도 가늘어서 리밍 가공한 구멍을 통과시킬 수 있으며 날 마모의 한계를 파악하는 게이지 기능을 한다.

(a) 곧은 날 리머

(b) 나선 날 리머

그림 11.14 핸드 리머

② 기계 리머

- **처킹 리머**(chucking reamer): 공작기계에 장착하여 사용하며, 그림 11.15(a)와 같이 핸드 리머에 비해 날 길이가 짧고 선단의 챔퍼각이 45°, 여유각은 5～10°가 표준이다.
- **헬리컬 리머**(helical reamer): 날이 약 45° 비틀림 각을 가진 리머로서 일반 리머보다 절삭속도가 빠르고 가공 면이 매끄럽다.
- **테이퍼 리머**(taper reamer): 리머 날의 챔퍼 부분이 약 1/50 정도 테이퍼 진 리머로서 테이퍼 구멍을 가공하는 데 사용한다.
- **브리지 리머**(bridge reamer): 제관 및 교량 등에서 리벳이나 볼트구멍을 다듬거나 두 판재의 어긋난 구멍을 수정하는 데 사용하는 리머이다.

(a) 처킹 리머

(b) 헬리컬 리머

(c) 테이퍼 리머

(d) 브리지 리머

그림 11.15 기계 리머

3) 카운터 보어와 카운터 싱크

(1) 카운터 보어

카운터 보어(counter bore)는 너트 또는 볼트의 머리 부분이 공작물의 표면에 돌출되지 않도록 뚫어진 구멍 주위를 넓혀서 머리부가 들어갈 자리를 가공하는 공구이다. 그림 11.16은 표준형 일체식 카운터 보어(standard solid type counter bore)로서 뚫려진 구멍으로 안내하는 가이드와 확장할 구멍의 치수와 같은 크기의 커터 헤드(cutter head), 필요한 깊이까지 구멍을 확장시키기 위한 목 부분(necked portion)과 직선 또는 테이퍼로 된 생크(shank)로 구성되어 있다.

(2) 카운터 싱크

카운터 싱크(counter sink)는 접시머리 볼트의 접시머리가 들어갈 부분을 만들기 위해 드릴로 뚫은 구멍의 가장자리를 원추형으로 가공하는 공구이다. 그림 11.17은 카운터 싱크를 나타낸 것으로서, 날의 각도는 60°, 90°, 120°인 것이 있다.

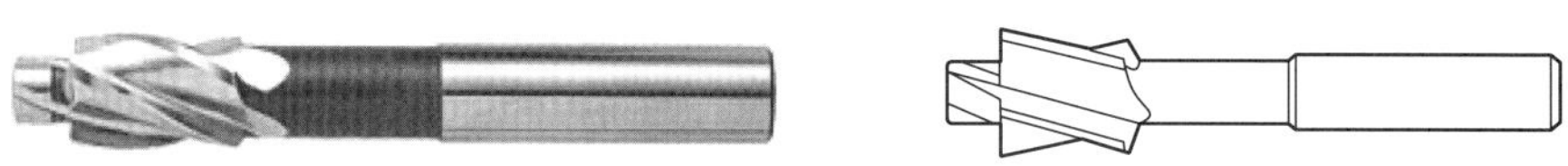

그림 11.16 카운터 보어

그림 11.17 카운터 싱크

4) 나사 가공용 공구와 나사절삭

(1) 탭

일반적으로 안지름이 30 mm 이하인 암나사를 절삭하는 데 사용되는 공구가 탭(tap)이며, 그림 11.18은 탭의 구조와 각 부의 명칭을 나타내었다. 탭에는 길이 방향으로 파여진 세로 홈은 절삭유를 공급하며 칩을 배출하는 역할을 한다. 탭의 절삭 각은 공작물 재질에 따라 다르며, 연강의 경우에는 보통 8～12°이다.

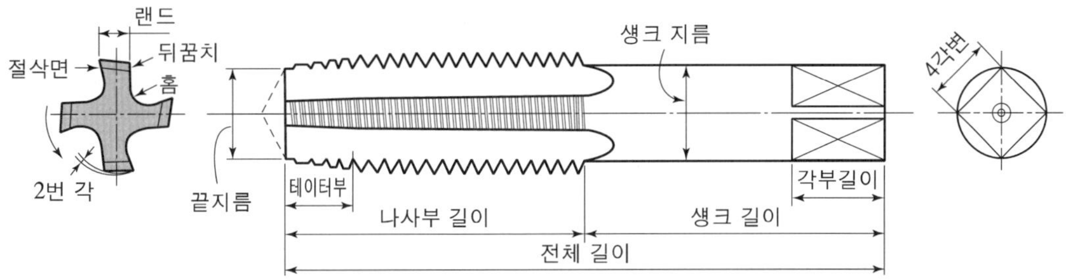

그림 11.18 탭의 구조와 명칭

① **핸드 탭**(hand tap): 그림 11.19(a)는 가장 일반적인 표준 탭으로서 1번 탭(거친 탭), 2번 탭(중간 탭), 3번 탭(다듬 탭)이 한 조로 되어 있으며, 나사의 바깥지름, 유효지름이 같은 치수로 되어 있다. (b)는 테이퍼 파이프 탭(taper pipe tap)으로서 파이프 피팅(fitting)이나 타이트한 끼움이 필요한 곳에 사용된다.

② **기계 탭**(machine tap): 드릴링 머신, 선반 등의 공작기계에 설치하여 암나사를 가공할 때 사용하는 공구이다. 그림 11.20과 같이 섕크와 날이 길고 섕크의 지름이 날의 지름보다 약간 작으며, 일반적으로 1개의 탭으로 나사절삭을 완성한다.

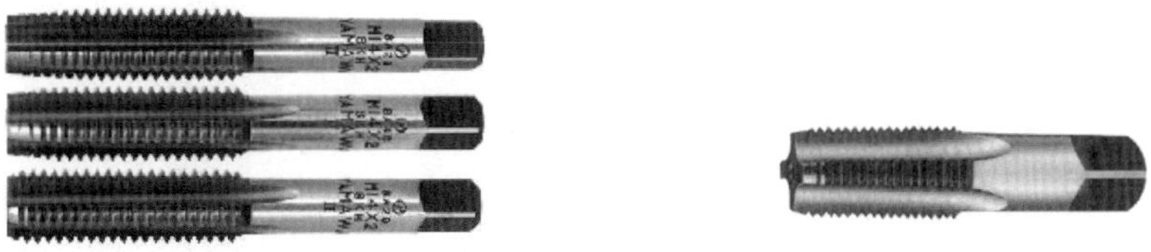

(a) 표준 탭 (b) 파이프 탭

그림 11.19 핸드 탭

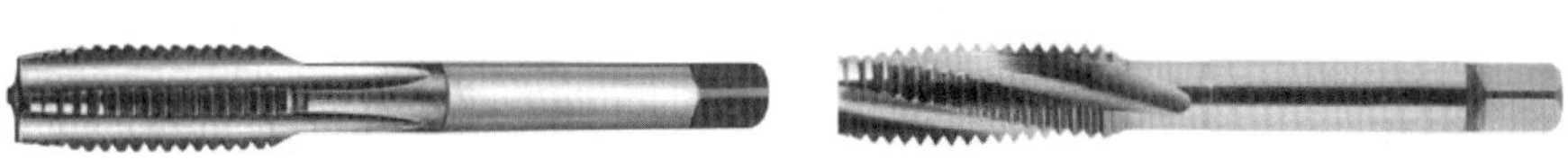

(a) 표준 탭 (b) 스파이럴 탭

그림 11.20 기계 탭

(2) 다이스

그림 11.21은 수기가공에 의해 수나사를 절삭하는 데 사용하는 다이스(dies)의 형상과 각 부 명칭을 나타낸 것이다. 기본적으로 나사산에 직각인 방향의 세로 홈에 절삭날을 만들고 열처리로 경화시켜서 제작한 것으로서, 너트와 비슷한 형상과 구조를 갖고 있다. 다이스의 입구에는 챔퍼(chamfer)각을 주어서 수나사 절삭초기에 공작물에 다이스가 원활하게 안내될 수 있도록 하며, 표준 다이스에는 챔퍼각 부분에 2~3개의 불완전 나사산이 있다.

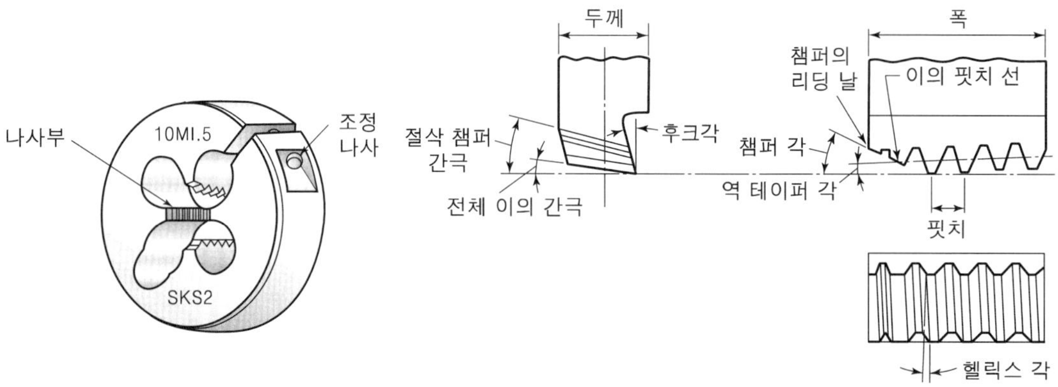

그림 11.21 다이스의 형상과 각 부 명칭

(3) 나사절삭

① **암나사 내기:** 탭을 사용하여 암나사를 내기 위해서 먼저 드릴을 사용하여 나사의 안지름에 해당하는 치수로 구멍을 뚫어 준다. 그림 11.22(a)와 같이 탭 핸들에 탭을 끼우고 드릴로 뚫은 구멍에 탭을 회전시키면서 암나사를 절삭하면 된다. 이때 탭을 한 방향으로 계속 돌리면 칩 배출이 어려워져서 탭이 부러질 수 있으므로, 일정량만큼 되돌리기를 해서 칩을 배출시키면서 가공해야 한다. 또한 드릴링 머신이나 선반 등의 공작기계에서 기계 탭을 사용해서 암나사를 가공할 수 있다.

② **수나사 내기:** 다이스를 사용하여 수나사를 내기 위해서 먼저 선반을 사용하여 나사의 바깥지름에 해당하는 치수로 축을 가공한다. 그림 11.22(b)와 같이 다이스 핸들에 다이스를 끼우고 축에 다이스를 회전시키면서 수나사 내기를 한다. 이때 태핑할 때와 마찬가지로 다이스를 한 방향으로 계속 돌리면 칩 배출이 어려워지고 축이 휘어질 수 있으므로, 일정량만큼 되돌리기를 해서 칩을 배출시키면서 수나사를 가공해야 한다. 또한 선반 등의 공작기계에서 다이스를 사용해서 수나사를 가공할 수 있다.

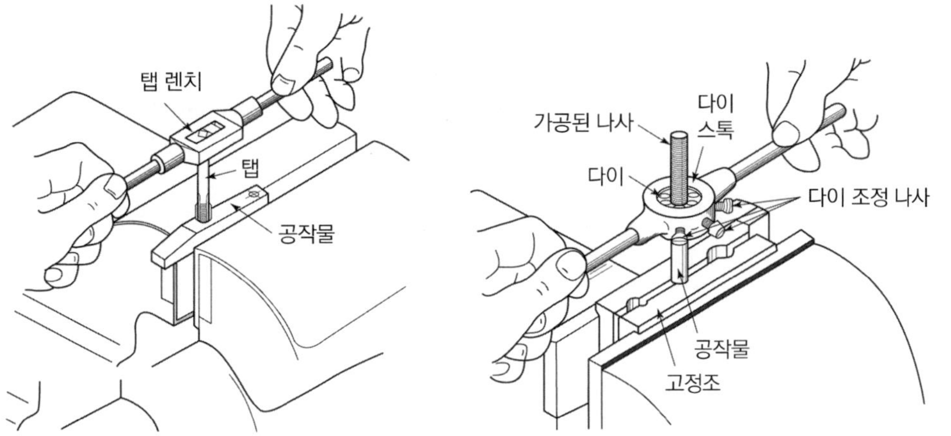

(a) 암나사 내기 (b) 수나사 내기

그림 11.22 나사 가공

4. 드릴링 주요작업

1) 드릴링 절삭속도와 이송

드릴 가공을 할 때 절삭속도는 드릴의 날 끝을 이루는 바깥지름에서의 선속도로 나타내며, 이송은 드릴이 1회전할 때마다 드릴이 축 방향으로 이동한 거리로 나타낸다. 드릴 가공에서 절삭속도와 이송은 드릴과 공작물의 재질 및 드릴의 지름 등에 따라 알맞은 속도로 결정한다. 드릴링을 할 때 구멍이 깊어지면 칩 배출과 윤활이 어려워지게 되므로 절삭속도와 이송을 줄여야 한다. 표 11.2는 고속도강 드릴을 사용할 때 공작물 재질에 따라 일반적으로 사용되는 절삭속도와 이송을 나타낸 것이며, 드릴링에서의 절삭속도는 다음 식과 같다.

$$v = \frac{\pi \cdot d \cdot n}{1000} \text{이고,} \quad n = \frac{1000 \cdot v}{\pi \cdot d}$$

여기서, v: 절삭속도(m/min), d: 드릴의 지름(mm), n: 드릴의 회전수(rpm)

드릴 1회전당 축 방향 이송을 s(mm/rev), 가공할 구멍 깊이를 t(mm), 드릴 날 끝의 원추 높이를 h(mm)라고 하면, 구멍을 뚫는 데 필요한 시간 T(min)는 다음 식으로 구할 수 있다.

$$T = \frac{t+h}{n \cdot s} = \frac{\pi \cdot d \cdot (t+h)}{1000 \cdot v \cdot s}$$

예제 11.1

드릴링 머신에서 지름이 20 mm인 드릴을 사용하여 절삭속도 15 m/min, 이송속도를 0.2 mm/rev로 구멍을 뚫기 위해 필요한 절삭시간은 몇 분인가? (단, 공작물의 두께는 60 mm이고, 드릴 날 끝의 원추 높이는 4 mm이다.)

[풀이]

$$T = \frac{t+h}{n \cdot s} = \frac{\pi \cdot d \cdot (t+h)}{1000 \cdot v \cdot s} = \frac{\pi \times 20 \times (60+4)}{1000 \times 15 \times 0.2} \fallingdotseq 1.34(\text{min})$$

▶ **표 11.2** 고속도강 드릴의 절삭속도와 이송

공작물 재질	절삭속도(m/min)	이송속도(mm/rev)		
		드릴지름 6 mm 미만	드릴지름 6~12 mm	드릴지름 12 mm 이상
강(40~50 kg_f/mm^2)	20~30	0.1 이하	0.1~0.2	0.2~0.4
강(50~70 kg_f/mm^2)	20~25	0.1 이하	0.1~0.2	0.2~0.4
주철(H_B 60~100)	12~18	0.1 이하	0.15	0.2~0.4
청동(H_B 65~95)	30~40	0.15 이하	0.15	0.3~0.45
청동(H_B 95~125)	20~35	0.05 이하	0.1	0.2~0.35
알루미늄	150~200	0.1 이하	0.2	0.2~0.4

2) 공작물의 고정

구멍을 뚫는 기준면이 주축과 수직이 되도록 테이블이나 바이스에 공작물을 고정해야만 올바른 구멍을 뚫을 수 있게 된다. 따라서 공작물이 정확한 위치와 방향에서 고정될 수 되도록 측정기 등을 사용하여 설치해야 한다.

① **고정구 등을 사용하는 방법:** 스텝 블록, V블록, 스트랩 클램프 등을 사용해서 공작물을 테이블에 고정한다.

② **머신 바이스를 사용하는 방법:** 작은 공작물을 가공하는 경우에 테이블 위에 바이스를 올려놓고 공작물을 고정하는 방법이다.

③ **드릴 지그(jig)를 사용하는 방법:** 동일한 형상의 공작물에 구멍을 대량으로 가공할 때, 공작물을 일정한 위치에 정확하게 고정할 수 있는 지그를 사용하여 공작물을 고정하고 구멍 가공 위치를 안내하는 부시를 통해 드릴링을 하는 방법으로서 작업시간이 단축되고 구멍의 위치가 균일하게 가공되므로 호환성이 좋아진다. 그림 11.23은 지그를 사용하여 구멍을 뚫는 것을 나타낸 것이다.

3) 드릴링

① **얇은 판의 구멍 뚫기:** 두께가 얇은 판에 드릴로 구멍을 뚫을 때 그림 11.24(a)와 같은 드릴을 사용하거나, 공작물 바닥에 나무와 같은 재료를 받쳐주고 천천히 이송시켜서 구멍을 뚫는다. 또한 구멍이 큰 경우에는 그림 11.24(b)와 같이 회전 바이트를 사용해서 구멍을 가공한다.

② **깊은 구멍 뚫기:** 크랭크 축, 컨넥팅 로드 등에 깊은 구멍을 뚫을 때 그림 11.25와 같이 드릴의 가운데 절삭유 공급을 위한 홀이 있는 깊은 구멍용 드릴(deep hole drill)을 사용한다. 일반적으로 총신과 주축의 중공구멍 등과 같이 지름이 $\phi3 \sim 20$ mm로 작고 깊은 구멍의 드릴 가공은 그림 11.26(a)와 같이 건 드릴(gun drill)을 사용하며 드릴로 뚫린 구멍으로 절삭유를 공급하면 칩이 드릴 홈을 따라 절삭유와 함께 흘러나오게 된다. 또한 구멍의 지름이 $\phi20 \sim 65$ mm로 큰 것은 그림 11.26(b)와 같이 절삭유를 드릴 튜브와 가공되는 구멍 사이로 압송시켜서 칩이 드릴 튜브를 통해 흘러나오는 방식인 BTA(boring and trepanning association system) 방법으로 구멍을 가공한다.

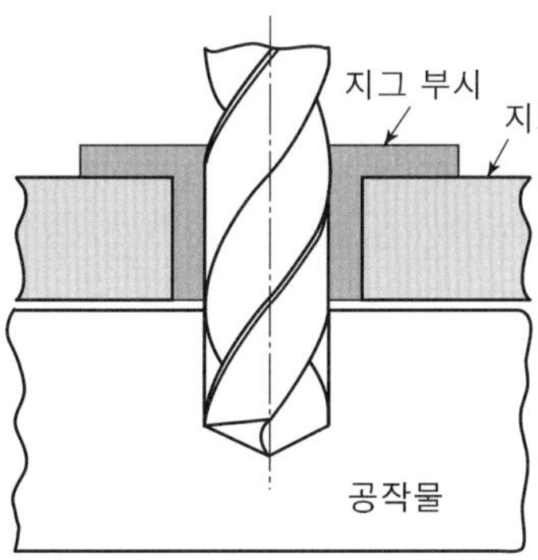

그림 11.23 지그에 의한 구멍 가공

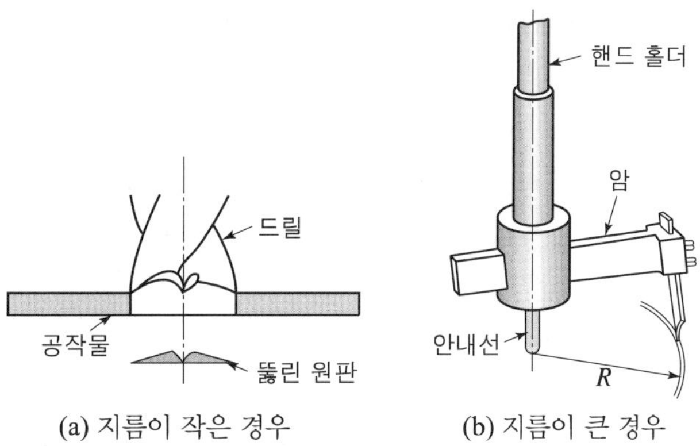

(a) 지름이 작은 경우 (b) 지름이 큰 경우

그림 11.24 얇은 판의 구멍 가공

그림 11.25 깊은 구멍용 드릴

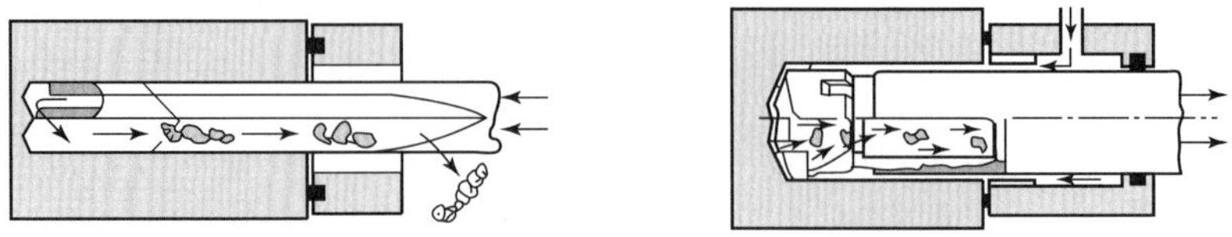

(a) 건 드릴링　　　(b) BTA 드릴링

그림 11.26 깊은 구멍 드릴링

4) 드릴의 재연삭

드릴의 절삭날이 심하게 마멸되면 가공면의 치수와 표면 정도의 저하와 드릴의 손상 등으로 인해 생산능률이 떨어지게 된다. 따라서 일정시간 이상으로 드릴을 사용하면 절삭날이 마모되어 구멍의 치수가 변화되고 절삭저항이 증가되어 절삭능률이 저하되므로 재연삭해서 사용한다. 드릴을 재연삭을 할 때에는 다음과 같은 점에 주의해야 한다.

① 재연삭시 열 발생을 줄여서 경도저하가 없도록 한다.
② 절삭날의 좌우 길이를 같게 한다.
③ 절삭날이 중심선에 대해 선단의 반각을 같게 한다.
④ 절삭날의 여유각은 공작물의 재질에 맞게 한다.
⑤ 마진부 등의 손상부를 완전히 제거해야 한다.
⑥ 치핑이 생기지 않게 재연삭하고 버(burr)를 제거한다.

11.2 보링 머신

1. 보링 작업의 종류

보링 머신(boring machine)은 주축에 고정한 보링 바이트를 회전시키고 공작물에 이송과 절삭깊이를 주어서 구멍을 넓히거나 정밀도를 높이기 위해 절삭가공 하는 공작 기계이다. 보링 머신에서 드릴로 뚫은 구멍이나 주조에 의한 구멍을 확대하거나 정밀도를 높게 하기 위한 가공을 포함하여 면 절삭, 엔드밀 절삭, 바깥지름 절삭, 암나사와 수나사 가공을 비롯한 다양한 작업을 할 수 있다. 그림 11.27은 보링 작업의 종류를 나타낸 것이다.

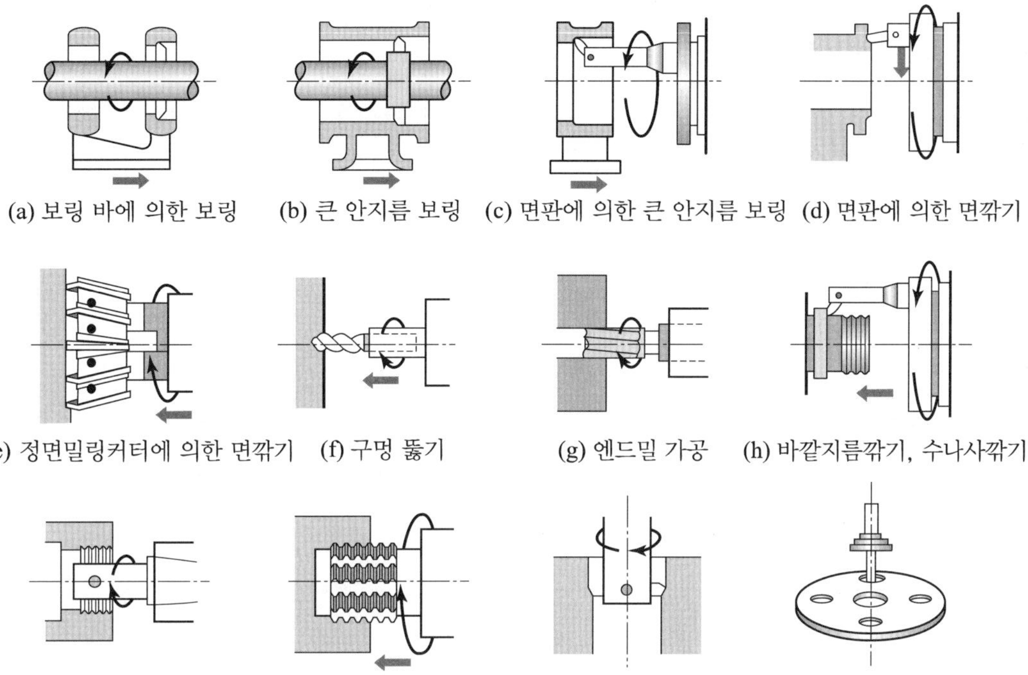

(a) 보링 바에 의한 보링 (b) 큰 안지름 보링 (c) 면판에 의한 큰 안지름 보링 (d) 면판에 의한 면깎기

(e) 정면밀링커터에 의한 면깎기 (f) 구멍 뚫기 (g) 엔드밀 가공 (h) 바깥지름깎기, 수나사깎기

(i) 암나사깎기 (j) 태 핑 (k) 수직 보링 (l) 지그 보링

그림 11.27 보링 작업의 종류

2. 보링 머신의 구조와 종류

1) 수평 보링 머신의 구조

보링 머신은 여러 가지 형식이 있으며, 그림 11.28은 일반적으로 많이 사용되는 수평 보링 머신(horizontal boring machine)의 구조와 외형을 나타낸 것이다. 그림에서 컬럼에 주

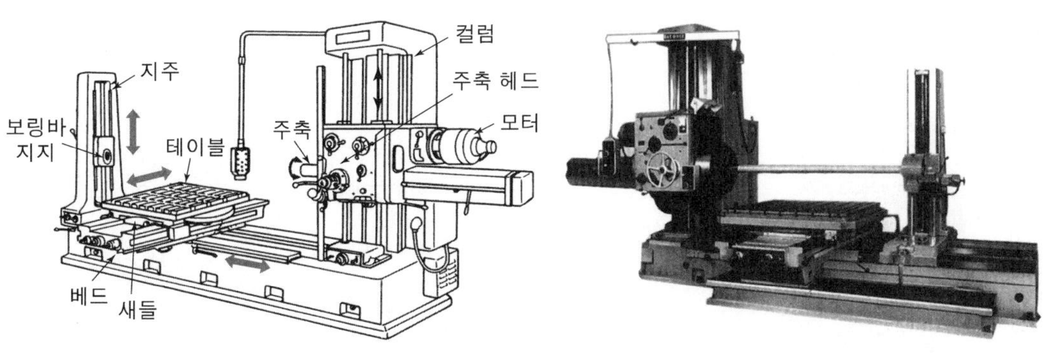

그림 11.28 수평 보링 머신의 구조와 외형

축과 속도 변환기구 등이 있는 주축 헤드가 설치되어 있으며, 주축 헤드는 컬럼의 안내면에 따라 상하로 이동시킬 수 있다. 컬럼 건너편의 지주(boring stay)에 있는 지지대에 보링 바(boring bar)를 끼워서 사용한다. 보링 바에 고정한 보링 바이트가 주축의 회전력을 전달받아 회전하면서 절삭운동을 한다. 그리고 베드면 위에 있는 새들이 좌우로 이동하고, 새들 위의 테이블은 전후로 이동하므로 공작물을 전후좌우로 이송시킬 수 있으며, 주축이 상하 운동을 하므로 필요한 위치에 구멍의 중심선을 맞출 수 있다. 일반적으로 공작물의 형상이 복잡해서 면판이나 회전 테이블에 고정하기가 어려운 경우나 대형으로 중량이 무거운 공작물의 구멍 가공에 수평 보링 머신을 사용한다. 보링 머신의 크기는 주축 지름의 크기로 표시하며, 주축의 이송거리, 테이블 전후좌우의 이동거리 및 주축 헤드의 상하이동거리로도 나타낸다. 수평 보링 머신은 다음과 같은 종류가 있다.

① **테이블형:** 테이블이 새들 안내면을 따라 주축과 평행한 방향과 직각방향으로 수평면 내에서 이동한다. 보링 이외의 기계가공이 필요한 공작에 사용할 수 있다.

② **플레이너형:** 테이블형과 비슷하나 새들이 없으며, 그림 11.29와 같이 길이방향의 이송은 베드의 안내면을 따라 컬럼이 이동하는 구조이다. 중량이 무거운 공작물을 정밀하게 가공할 때 사용된다.

③ **플로어형:** 공작물을 T 홈이 있는 바닥판(floor plate)에 고정하고, 그림 11.30과 같이 컬럼은 베드 안내면을 따라 이동하며, 주축대는 컬럼을 따라 상하로 이송시킬 수 있다. 테이블형에서 가공하기 어려운 대형의 공작물을 가공할 때 사용한다.

2) 수직 보링 머신

주축이 수직으로 설치되어 있는 보링 머신으로서, 그림 11.31과 같이 주축 헤드가 고정

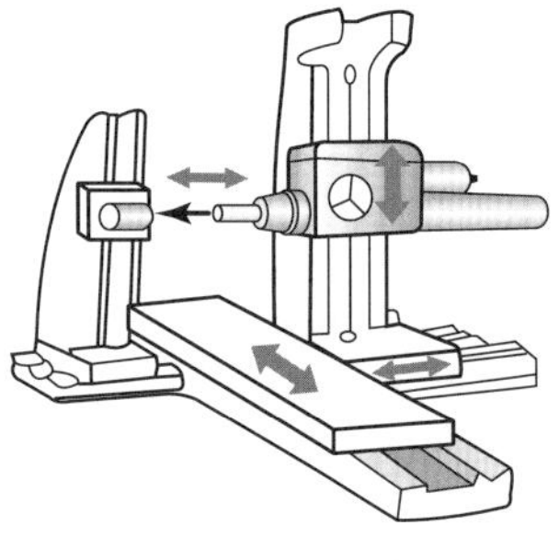
그림 11.29 플레이너형

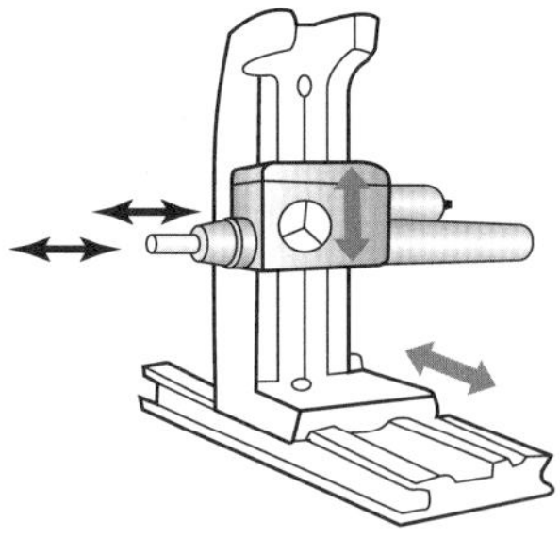
그림 11.30 플로어형

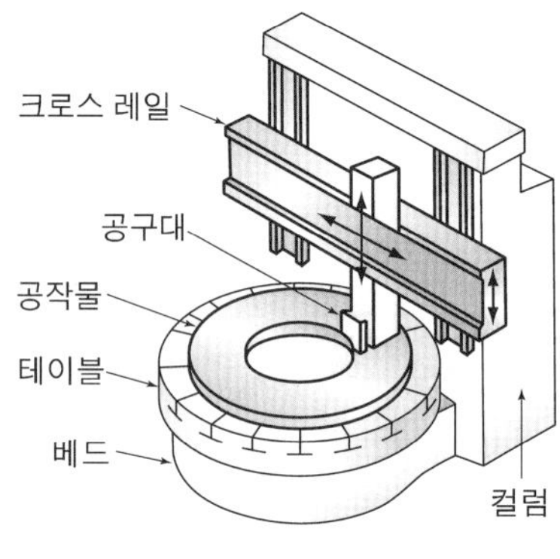

그림 11.31 수직 보링기구

도의 안내면을 따라 이송되며 가공된 구멍의 진직도와 원통도가 매우 좋다. 바이트의 돌출량을 가능한 작게 하기 위해 여러 종류의 보링 암을 가공할 구멍의 치수에 적합한 것을 선택하여 사용할 수 있다.

3) 정밀 보링 머신

정밀 보링 머신(fine boring machine)은 고속으로 정밀한 보링을 하는 공작기계로서 회전속도가 빠르고 이송 정밀도가 높은 기구를 갖고 있으며, 바이트의 재료는 초경합금이나 다이아몬드를 사용한다. 스핀들 베어링과 공구와의 위치가 일정해서 구멍의 진원도와 진직도가 매우 우수하다. 그림 11.32는 수직형 정밀 보링 머신을 나타낸 것이며, 주축의 방향에 따라 수직형, 수평형이 있다. 또한 운동방식에 따라 주축 헤드 이동형, 테이블 이동형이 있으며 주축 헤드의 위치나 수에 따라서 일단형, 양단형이 있다.

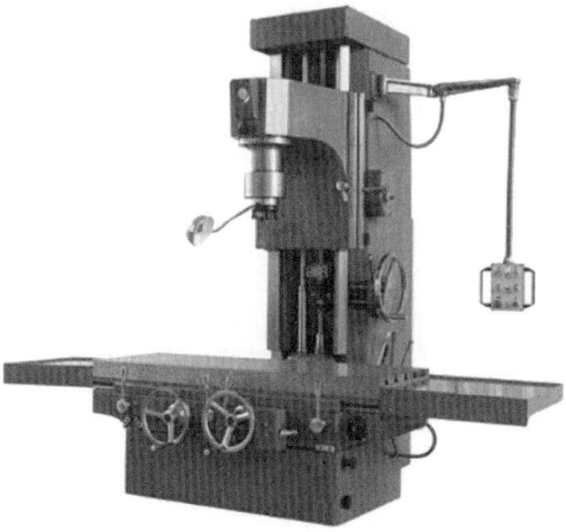

그림 11.32 정밀 보링 머신

그림 11.33 지그 보링 머신

4) 지그 보링 머신

구멍의 중심 위치를 정확하게 결정하고 정밀하게 가공할 수 있는 특성을 지닌 보링 머신으로써 치공구(jig & fixture)의 정밀한 구멍 가공에 사용한다. 그림 11.33은 수직형 지그 보링 머신으로서 주축의 방향에 따라 수직형 및 수평형이 있으며, 수직형은 컬럼의 수에 따라 단주형과 쌍주형이 있다. 지그 보링 머신에서는 드릴링, 보링, 정면 밀링커터에 의한 정면 및 단면 절삭 등을 할 수 있으며, 일반 공작기계에 비해 매우 높은 정밀도로 주축이나 테이블의 위치결정을 할 수 있다.

일반적으로 위치결정에 기준자를 광학적으로 읽는 방식으로 1μm 정도를 읽을 수 있으며, 작업 범위에서 오차를 ±2~5μm 이내로 가공할 수 있다. 따라서 지그 보링 머신은 항온·항습 분위기에서 외부로부터 열과 습기, 진동, 먼지 등으로부터 격리된 실내에서 사용해야 하며, 정기적으로 정도를 검사해서 항상 높은 정밀도를 유지할 수 있도록 관리해야 한다.

3. 보링용 공구와 가공

1) 보링용 공구

(1) 보링 바

보링 바(boring bar)는 바이트를 고정하여 주축과 연결되어 베어링에 의해서 양단이 지지되어 회전하고 공작물에 이송을 주어 구멍을 가공하는 것이다. 일반적으로 보링 머신에서는 그림 11.34(a)와 같은 보링 바에 보링 바이트를 나사로 고정하여 사용한다. 구멍의 지름이 작고 길이가 짧은 경우에는 그림 11.34(b)와 같은 한쪽 지지용 바이트인 보링 스너트(boring snout) 또는 그림 11.34(c)와 같은 트윈 엣지(twin edge) 보링 바를 사용한다. 구멍의 지름이 큰 경우에는 그림 11.34(d)와 같은 마이크로 유닛에 삽입 날을 고정한 것이나 보링 헤드(boring head)를 사용한다.

(2) 보링 바이트

보링 가공에 사용하는 보링 바이트(boring bite)는 선반용 바이트와 비슷한 구조이며, 구멍의 내면을 가공하는 공구이므로 가공할 구멍지름에 적합하게 충분한 여유각을 주어야 한

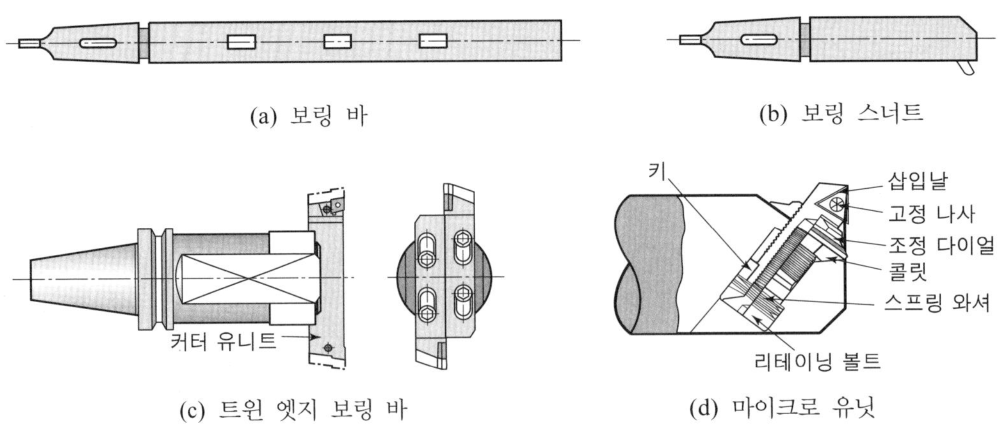

그림 11.34 보링 바

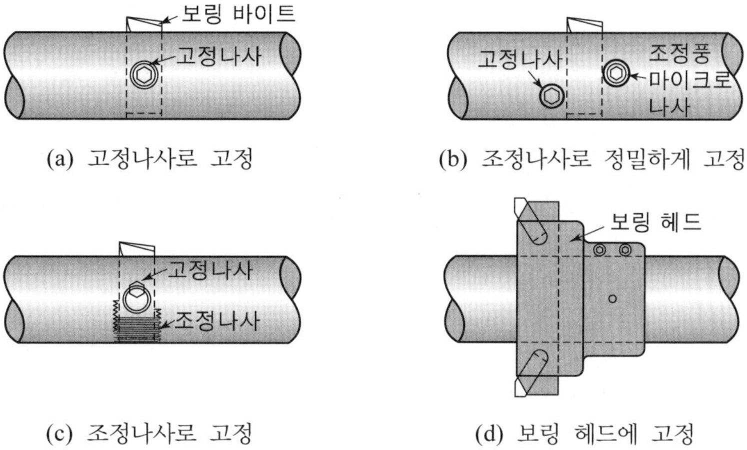

그림 11.35 보링 바이트의 고정

다. 그림 11.35는 보링 바에 보링 바이트를 고정하는 방식을 나타낸 것이며, 보링 헤드는 가공할 구멍의 지름이 너무 커서 보링 바에 바이트를 직접 고정할 수 없을 때 사용한다.

2) 보링 가공

(1) 보링 절삭조건

일반적으로 절삭깊이와 이송을 작게 하고, 절삭속도를 빠르게 하면 가공면의 치수 정밀도가 높아지고 매끈해진다. 드릴로 뚫은 구멍이나 거칠게 보링 가공된 구멍을 다듬질할 때에도 바이트를 고속으로 회전시키고 천천히 이송시켜서 보링 가공을 하면 양호한 진원도를 가진 매끈한 구멍으로 정밀하게 가공할 수 있다. 표 11.3은 정밀한 보링을 위한 절삭조건을 나타낸 것이다.

▶ **표 11.3** 정밀 보링 절삭조건

공작물 재료	절삭속도 [m/min]	절삭깊이 [mm]	이송 [mm/rev]
알루미늄	2,000∼2,700	0.10∼0.35	0.02∼0.13
주철	100∼200	0.10∼0.35	0.07∼0.15
청동	170∼1,300	0.05∼0.35	0.02∼0.13
강(연강) 강(록크웰경도 C28∼35)	140∼600 70∼300	0.10∼0.35	0.07∼0.07

(2) 보링 가공

① **스터브 보링바의 사용:** 지름이 크고 길이가 짧은 구멍을 가공할 때 그림 11.36과 같이 길이가 짧은 스터브 보링 바(stub boring bar)를 주축에 끼워서 가공한다.

② **면삭 헤드의 사용:** 지름이 큰 공작물의 정면을 절삭할 때 그림 11.37과 같이 보링 스너트(boring snout)를 주축에 끼워서 가공한다. 이때에는 주축과 직각방향의 이송을 줄 수 있는 면삭 헤드(facing head)를 사용하여 바이트를 이송시킨다.

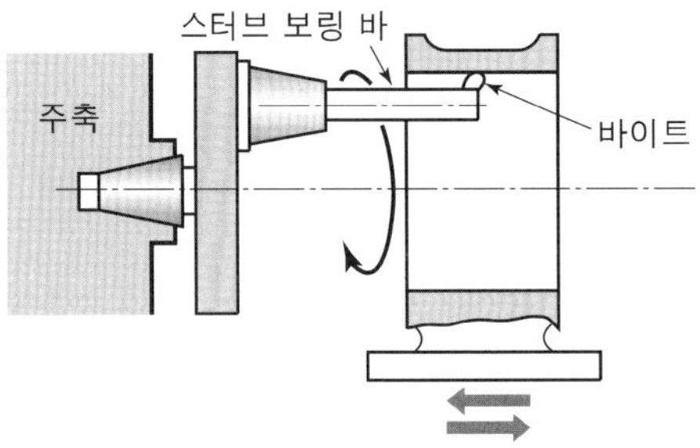

그림 11.36 큰 구멍의 보링

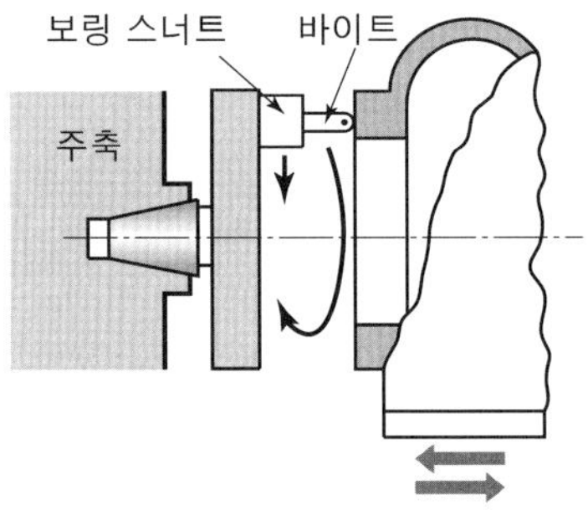

그림 11.37 정면 절삭

11.3 브로칭 머신

1. 브로칭 작업의 종류

브로칭 작업은 연속적으로 구성된 긴 날을 가진 브로치를 공작물에 1회 통과시켜서 절삭가공을 하는 것이다. 그림 11.38과 같이 구멍 내면에 스플라인, 세레이션과 같은 키 홈과 외측면에 특정형상을 가진 홈 등을 가공할 수 있다.

2. 브로칭 머신의 구조와 종류

1) 브로칭 머신의 구조

그림 11.39는 수평식 브로칭 머신(broaching machine)의 구조를 나타낸 것으로서 공작물을 고정하는 면판, 브로치 지지부와 브로치를 고정하는 헤드, 브로치를 구동시키는 실린더와 본체로 구성되어 있다. 브로치를 구동하는 방법에는 나사식, 기어식, 유압식 등이 있으며, 유압식은 소음이 작고 큰 힘을 낼 수 있으며, 이송속도와 행정거리의 조절이 용이하다.

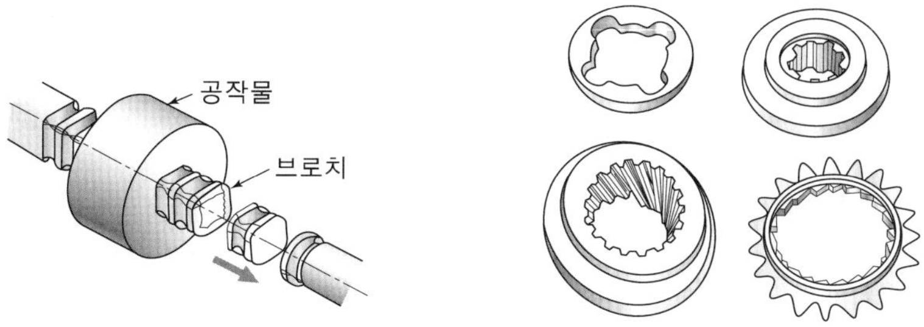

(가공기구) (제 품)

(a) 내면 브로칭

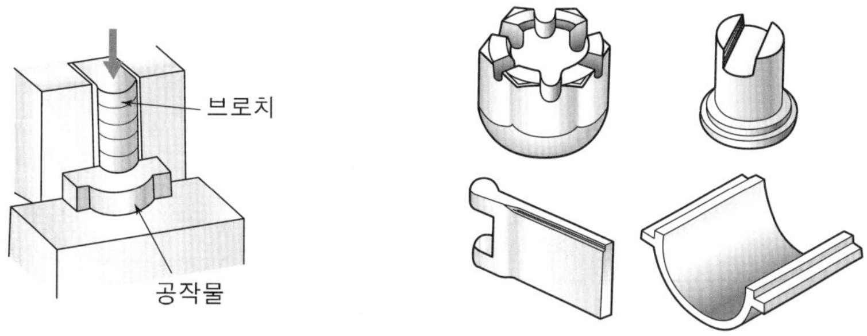

(가공기구) (제 품)

(b) 외면 브로칭

그림 11.38 브로칭 작업

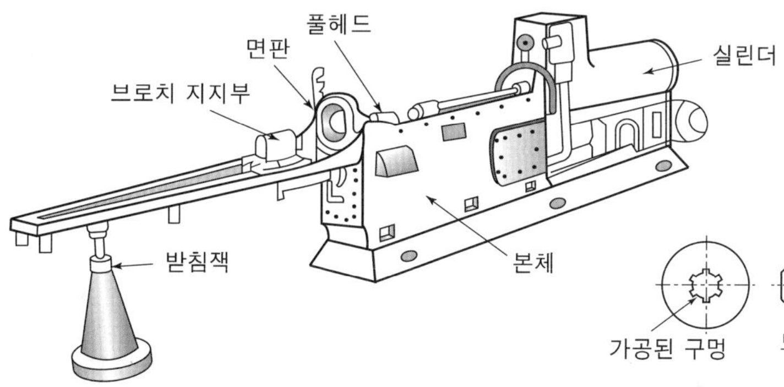

(a) 브로칭 머신

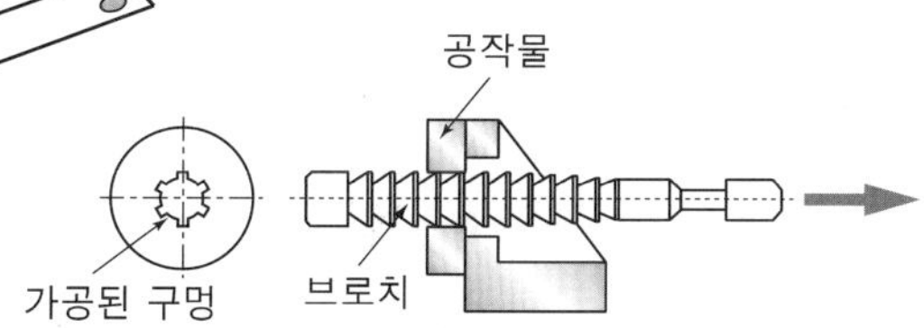

(b) 브로칭 기구

그림 11.39 수평식 브로칭 머신

2) 브로칭 머신의 종류

브로칭 머신은 브로치 운동방향에 따라 수직식과 수평식으로 구분하며, 그림 11.40과 같이 절삭방향에 따라 인발식(pull type)과 압입식(push)으로 나눌 수 있다. 그림 11.41은 수

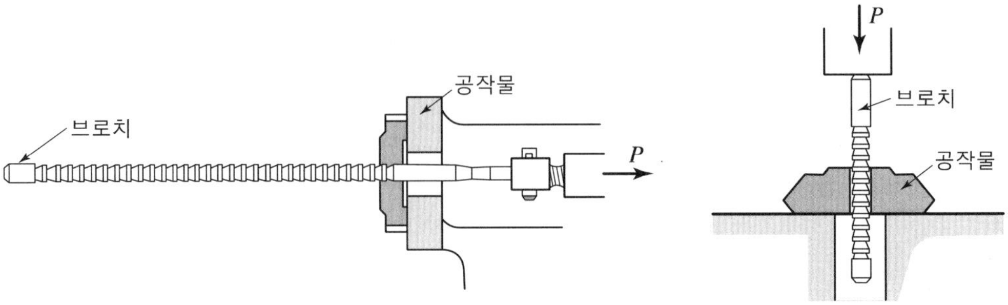

(a) 인발식　　　　(b) 압입식

그림 11.40 브로칭 방식

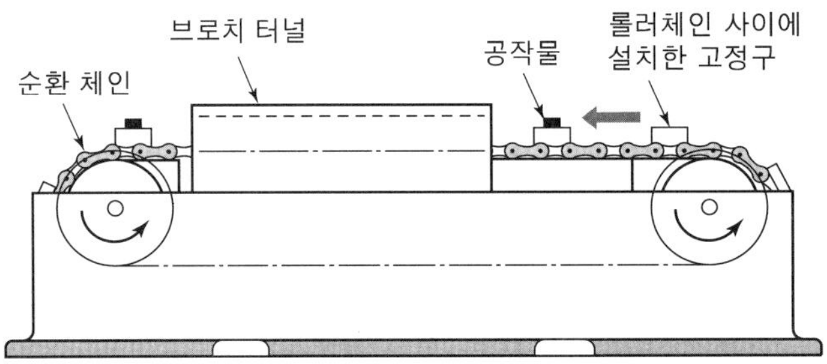

그림 11.41 연속 표면 브로칭 머신

그림 11.42 수직식 브로칭 머신

평식 연속 표면 브로칭 머신을 나타낸 것이며, 그림 11.42는 수직식 브로칭 머신을 나타낸 것이다.

3. 브로치의 구조와 종류

1) 브로치의 구조와 명칭

브로치(broach)는 단면에 수많은 절삭날을 가진 가늘고 긴 총형 공구로써 1회 통과시킴으로써 공작물의 내측이나 외측에 홈을 절삭하는 공구이다. 브로치의 구조는 그림 11.43(a)와 같이 물림부, 안내부, 절삭부로 구성되어 있으며, 물림부는 기계에 브로치를 고정하기 위한 부분이다. 절삭부의 날은 거친날, 중간날, 다듬날 부분으로 되어 있으며, 첫째 날은 가공 전의 공작물의 치수와 거의 같고 순차적으로 절삭날이 커져서 필요한 형상으로 절삭하며 다듬날로 최종 형상과 치수로 브로칭하게 된다. 그림 11.43(b)는 키홈 등을 가공하는 데 사용하는 각형 브로치이다.

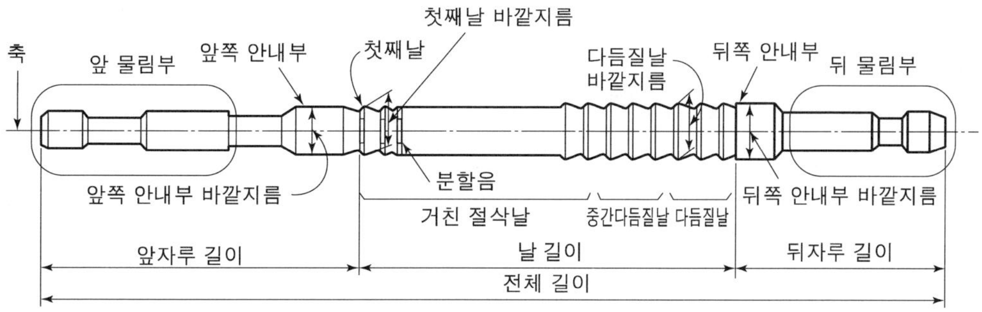

(a) 원통형 브로치

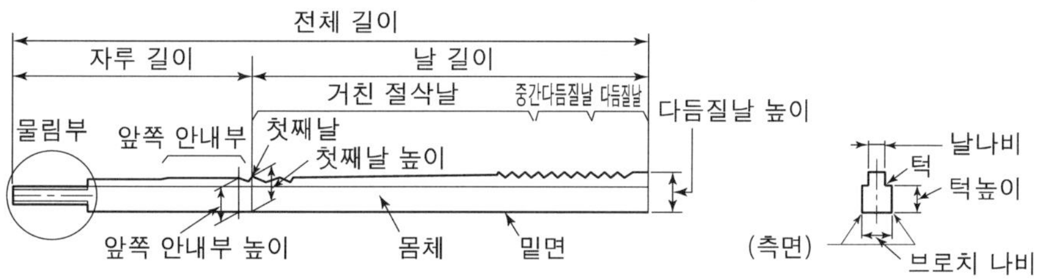

(b) 각형 브로치

그림 11.43 브로치의 구조

2) 브로치 종류

브로치의 종류는 작업용도에 따라 내면가공용과 외면가공용으로 구분하며, 브로치의 절삭방향에 따라 인발식 브로치와 압입식 브로치로 나누며 압입식 브로치는 주로 절삭량이 적은 공작물을 다듬는 가공에 사용한다. 또한 브로치의 형상과 용도에 따라서 원통형 브로치, 각형 브로치, 래크형 브로치, 외면용 브로치 등이 있다. 그림 11.44는 여러 가지 브로치 종류와 브로칭 제품을 나타낸 것이다.

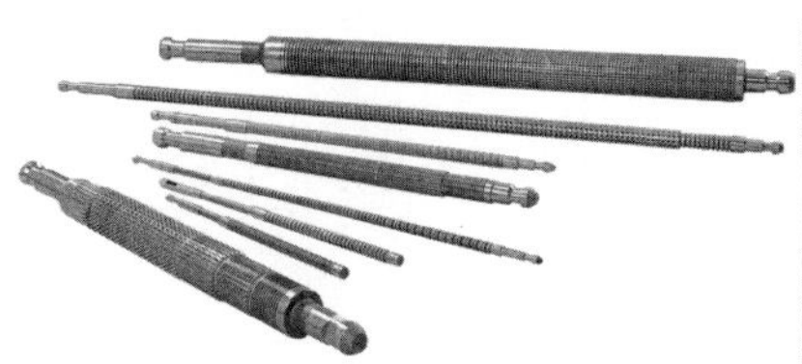

(a) 내면가공용 브로치

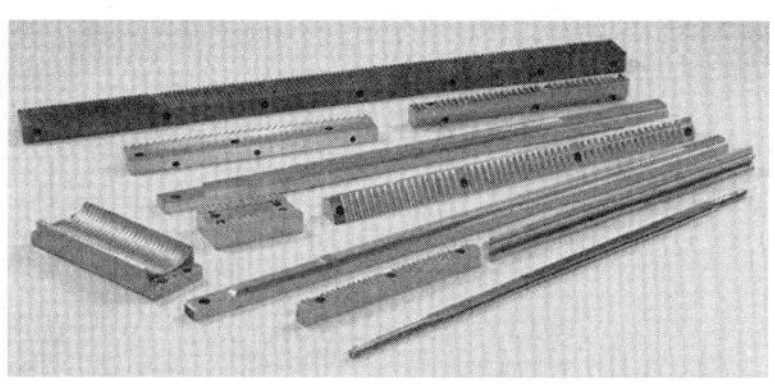

(b) 외면가공용 브로치

(c) 브로칭 제품

그림 11.44 브로치의 종류

4. 브로칭 가공

1) 브로칭 방식과 공작물의 고정

그림 11.45는 절삭방향에 따른 공작물 고정과 브로칭 방식을 나타낸 것이다. 그림과 같이 압입식 브로칭(push broaching), 하향 인발식 브로칭(pull down broaching), 상향 인발식 브로칭(pull up broaching), 표면 브로칭(surface broaching) 방식이 사용된다.

2) 브로칭 절삭가공

그림 11.46(a)와 같이 브로치를 가공된 공작물의 구멍에 넣고 브로치에 주절삭 운동을 주어서 키 홈, 다각형 구멍, 스플라인 및 세레이션의 홈 등을 정확한 형상과 치수로 가공한다. 또한 그림 11.46(b)와 같이 브로치를 공작물의 표면에 밀어 붙이고 주절삭 운동을 줌으로써 공작물의 표면을 한 공정으로 절삭가공 할 수 있다.

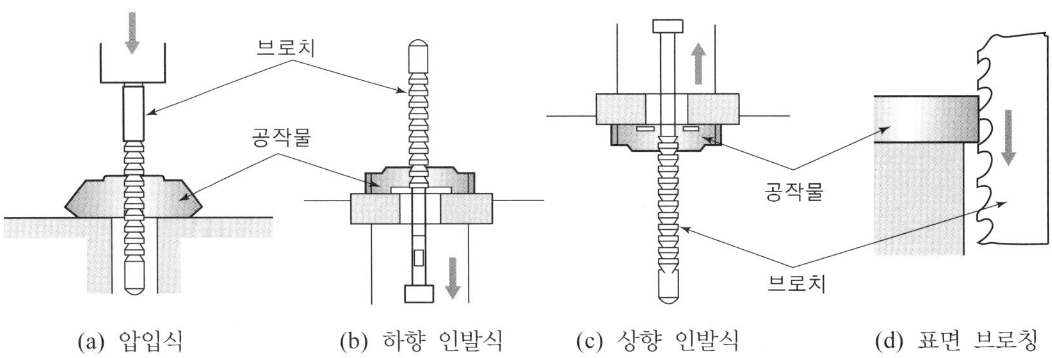

그림 11.45 절삭방향에 따른 브로칭 종류

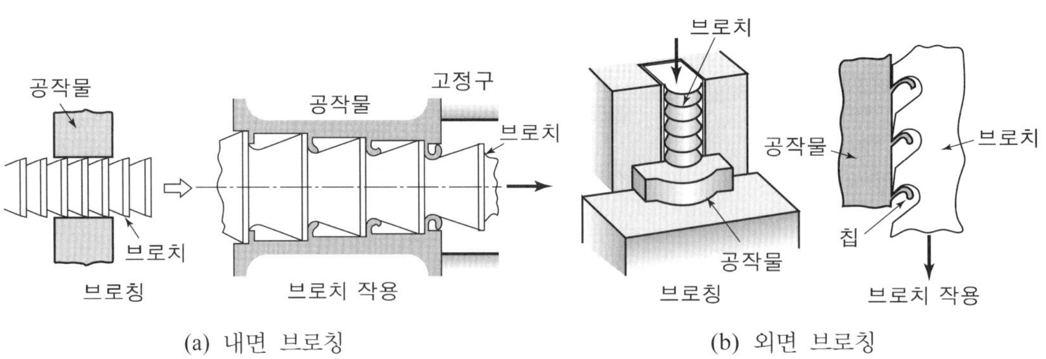

그림 11.46 브로칭 절삭가공

▶ **표 11.4** 브로칭 절삭속도

재료	절삭속도 [m/min]	재료	절삭속도 [m/min]
알루미늄	110	열처리 합금강	7
황동	34	동합금 또는 풀림한 탄소강	14
동	22		
주철	16	연강	18
가단주철	18		

3) 브로칭 작업의 특징

브로칭 머신의 크기는 브로치의 최대 행정거리(mm)와 최대 인발하중(ton)으로 나타내며, 브로칭 가공은 다음과 같은 특징이 있다.

① 일반적으로 브로치를 한 번 통과시켜서 절삭을 완료하므로 대량생산에 적합하다.
② 브로치 형상에 따라 내면이나 외면의 복잡한 형상도 가공할 수 있다.
③ 가공 표면이 매끄럽고 가공품의 호환성을 높일 수 있다.
④ 브로치의 제작비용이 비싸다.
⑤ 브로칭 하중에 견딜 수 있는 별도의 고정구가 필요하다.

연습문제

11.1 드릴링 작업의 종류를 들고 간단히 설명하시오.

11.2 다음 용어에 대해 간단하게 설명하시오.

① 레이디얼 드릴링 머신
② 다두 드릴링 머신
③ 다축 드릴링 머신

11.3 다음 용어에 대해 간단하게 설명하시오.

① 디닝(thining)
② 리밍(reaming)
③ 카운터 보링(countering boring)

11.4 심공 드릴링(deep-hole drilling)에 대해 설명하시오.

11.5 드릴링 머신에서 지름이 25 mm인 드릴을 사용하여 절삭속도 20 m/min, 이송속도를 0.1 mm/rev로 구멍을 뚫기 위해 필요한 절삭시간은 몇 분인가? (단, 공작물의 두께는 50 mm이고, 드릴 날 끝의 원추 높이는 5 mm이다.)

11.6 두께가 얇은 판에 드릴 구멍을 뚫는 방법에 대해 간단히 설명하시오.

11.7 탭(tap)의 종류와 용도를 간단히 쓰시오.

11.8 보링 머신에서 작업할 수 있는 가공의 종류를 쓰시오.

11.9 수평 보링 머신의 종류를 들고 간단하게 설명하시오.

11.10 지그 보링 머신에 대하여 간단히 설명하시오.

11.11 브로칭 머신을 절삭방향에 따라 구분해서 간단하게 설명하시오.

11.12 브로칭 가공의 특징에 대해서 쓰시오.

CHAPTER

12 기어 가공

12.1 기어 가공 방법의 종류

기어의 치형(齒形)에는 인벌류트(involute) 치형, 사이클로이드(cycloid) 치형과 그밖에 특수한 치형이 있으며, 인벌류트 치형은 가공이 용이하고 강하여 공작기계의 동력전달용 기어에 많이 사용된다. 기어는 대부분 절삭가공에 의하여 제작되며, 선반, 밀링머신, 슬로터 등을 사용하여 기어를 절삭할 수 있으며, 기어전용 절삭기계를 사용하면 정밀도가 높은 기어를 효율적으로 가공할 수 있다.

1. 형판에 의한 기어절삭

그림 12.1과 같이 셰이퍼 테이블에 치형곡선과 동일한 윤곽을 갖는 형판(template)과 기어 소재를 고정하고 바이트에 형판을 따라서 절입과 이송을 주어서 모방절삭을 하는 기어를 가공하는 방법이다. 이때 형판과 바이트는 정확한 관계 위치에 있어야 하며, 기어의 소재는 사전에 가공할 치형과 비슷한 형상으로 거칠게 가공된 것을 사용한다. 치형은 분할기로 1피치(pitch)씩 분할해가면서 절삭하며, 치형을 정밀하게 가공하기는 어렵다.

2. 총형 공구에 의한 기어절삭

그림 12.2와 같이 기어의 홈과 같은 형상을 가진 총형 바이트(formed bite)를 사용하여 기어 소재를 1피치씩 돌려가면서 이를 절삭하는 방법이다. 셰이퍼나 슬로터에서 총형 바이트를 사용하여 기어의 이를 절삭하는 방법과 밀링머신 또는 선반에서 인벌류트 기어 커터를 사용하여 치형을 절삭하는 방법이 있다.

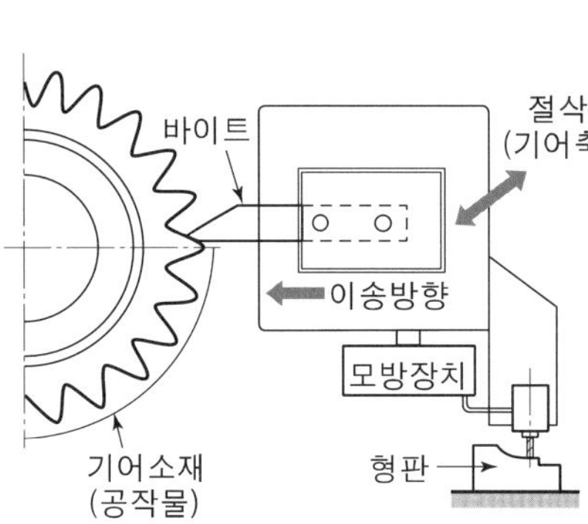

그림 12.1 형판에 의한 모방 절삭

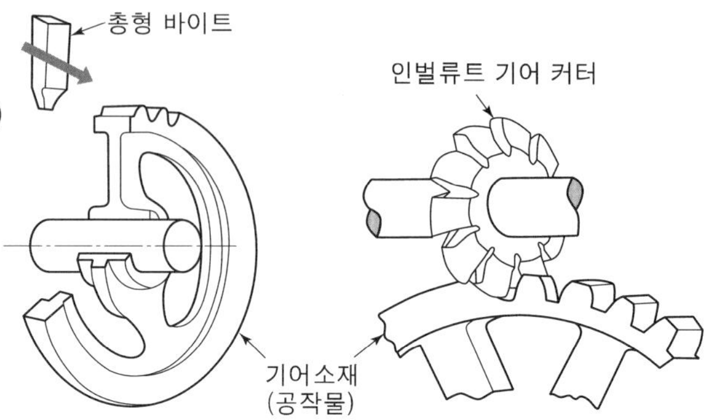

그림 12.2 총형 커터에 의한 절삭

3. 창성법에 의한 기어절삭

창성법은 인벌류트 치형을 정확하게 가공할 수 있는 방법으로서, 그림 12.3과 같이 래크 커터를 절삭공구로 사용하여 기어 소재와 기준 피치원을 서로 일치시킨 상태에서 기어 소재를 회전시키고 래크 커터는 수직방향으로 왕복시켜서 이의 홈 부분을 절삭하면 래크 커터와 이상적으로 맞물리는 인벌류트 기어(involute gears)의 치형을 가공할 수 있다.

이러한 절삭운동에 의해 기어의 치형을 절삭하는 방법이 창성 기어 가공법(generating gear cutting method)으로, 기어 잇수의 분할과 치형의 창성을 동시에 할 수 있어 기어 가공을 능률적으로 할 수 있다. 창성법에 사용하는 절삭공구로는 래크 커터(rack cutter), 피니언 커터(pinion cutter), 호브(hob) 등이 사용된다.

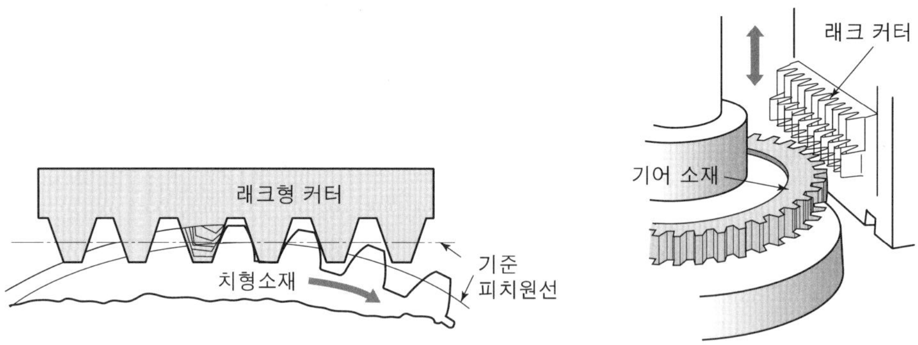

그림 12.3 래크 커터에 의한 기어절삭

1) 래크 커터에 의한 기어 가공

그림 12.3과 같이 래크 커터와 기어 소재에 상대운동을 주면서, 래크 커터는 그림에서와 같이 잇면에 수직한 방향으로 왕복운동을 주어서 기어를 절삭한다.

2) 피니언 커터에 의한 기어 가공

그림 12.4와 같이 치형과 일치하는 피니언 커터와 기어 소재가 피치원에서 미끄럼 없는 구름접촉(rolling contact)에 의해 정확하게 물리도록 회전운동을 시키고, 피니언 커터를 축 방향으로 왕복시켜서 절삭운동을 주어서 기어를 창성 절삭하는 방법이다.

피니언 커터의 왕복 행정이 기어 소재의 면에서 2~3 mm 정도만 나오면 절삭되기 때문에 그림 12.4(a)와 같이 계단식 기어도 가공할 수 있으며, 내접 기어(internal gear)를 가공할 수도 있다.

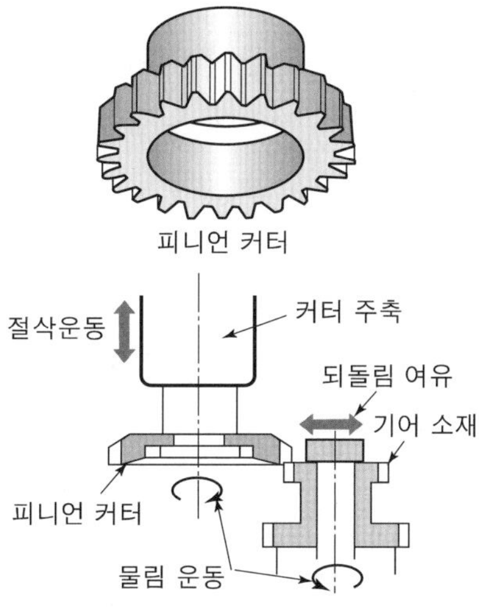

(a) 기어절삭 기구

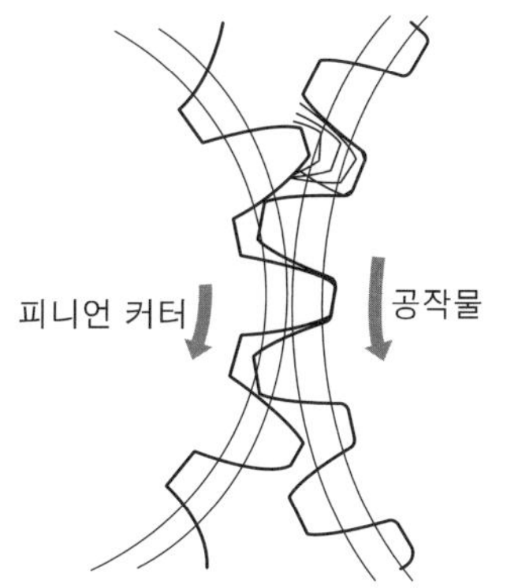

(b) 인벌류트 치형의 창성

그림 12.4 피니언 커터에 의한 기어절삭

3) 호브에 의한 기어 가공

호브(hob)는 래크 커터를 나선을 주어서 원통형으로 감은 것과 같은 형태의 절삭공구이다. 그림 12.5는 호브와 기어 소재 사이의 절삭기구를 나타낸 것으로서 호브를 화살표 방향으로 회전시키면 나선을 가진 래크 형태의 커터는 왼쪽에서 오른쪽으로 연속해서 이동하고, 기어 소재에 이것과 서로 맞물리는 것과 같은 회전을 주어서 절삭하면 인벌류트 치형이 창성된다.

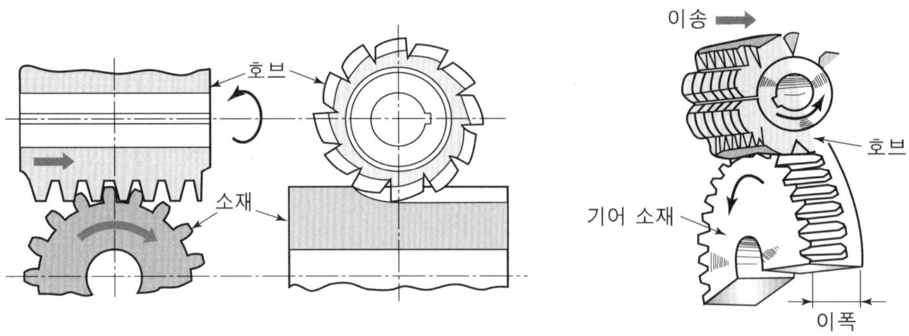

(a) 호브의 기어절삭 기구 (b) 호브의 이송

그림 12.5 호브에 의한 기어절삭

4. 기어 셰이빙

기어의 잇면이 정밀하고 매끈하게 절삭되지 않았을 경우에 높은 정밀도로 제작된 가는 홈 붙이 날을 가진 커터로 다시 정밀하게 다듬기 위한 가공이 기어 셰이빙(gear shaving)이다. 그림 12.6과 같이 셰이빙 커터와 다듬질할 기어 사이에 일정한 각도를 유지하면서 커터와 기어 소재를 서로 물림 운동을 시켜서 기어의 잇면을 미소량 절삭하여 정밀하게 다듬는다. 그림 12.6은 피니언형 셰이빙 커터에 의한 가공법이며, 래크형 셰이빙 커터를 사용할 수도 있다. 정밀도가 좋은 커터와 적합한 절삭조건을 사용하여 기어를 셰이빙하면 짧은 가공시간에 높은 정밀도로 가공할 수 있으므로 대량생산에 적합하다.

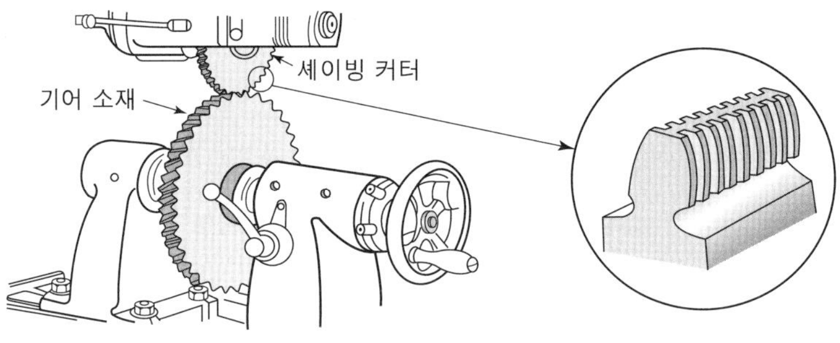

(a) 기어 셰이빙 (b) 셰이빙 커터

그림 12.6 셰이빙에 의한 기어절삭

12.2 호빙 머신과 기어 가공

동력전달용 기계요소로 많이 사용되고 있는 기어(gear)는 스퍼 기어(spur gear), 헬리컬 기어(helical gear), 베벨 기어(bevel gear), 웜 및 웜휠(worm & worm wheel)을 비롯하여 종류가 다양하다. 기어는 주조나 전조에 의해 제작할 수도 있지만, 절삭가공으로 정밀도가 높은 기어를 능률적으로 제작할 수 있다. 밀링머신이나 셰이퍼, 슬로터, 선반 등을 이용한 절삭가공으로 기어를 가공할 수도 있으나, 기어전용 공작기계를 사용하면 정밀도가 높은 기어를 효과적으로 가공할 수 있다. 절삭가공한 기어를 셰이빙(shaving)하거나 기어 연삭기로 연삭가공하면 기어의 정밀도를 더욱 높일 수 있다. 기어전용 공작기계에는 절삭방식과 절삭공구 등에 따라서 호빙 머신, 기어 셰이퍼, 베벨 기어 절삭기 등이 있다.

1. 호빙 머신의 구조와 절삭조건

1) 호빙 머신의 구조

호빙 머신(hobbing machine)은 그림 12.7(a)와 같이 호브 커터를 회전시키고 공작물을 기어의 잇수에 대응하는 회전이송을 주어서 기어의 치형을 절삭하는 창성법을 이용한 기어절삭용 전용 공작기계이다. 호빙 머신은 베드, 테이블, 컬럼, 호브대, 아버 지지대 등으로 구성되어 있으며, 일반적으로 대형의 기어는 직립형 호빙 머신, 중소형 기어는 수평형 호빙 머신으로 가공한다. 기어의 정밀도는 호브의 정밀도에 따라 좌우되며, 기어의 피치 정밀도는

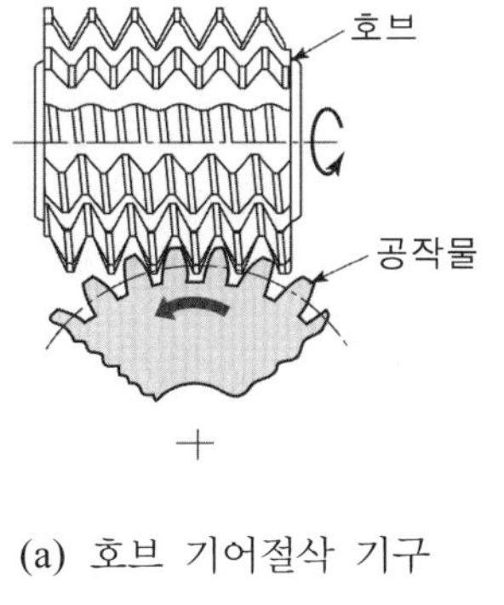

(a) 호브 기어절삭 기구

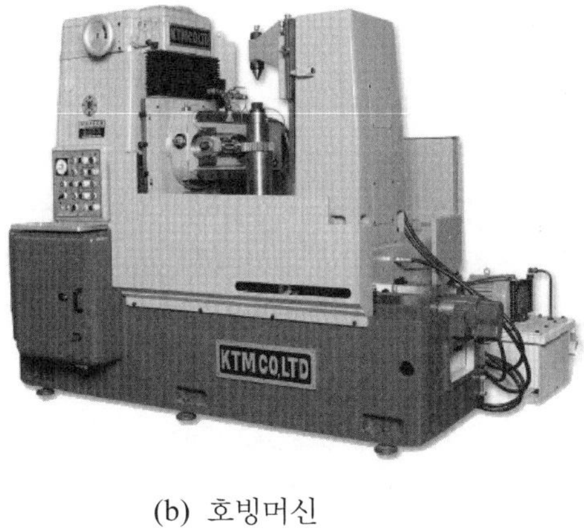

(b) 호빙머신

그림 12.7 수평형 호빙머신

호빙 머신 테이블의 회전 정밀도에 따라 결정된다. 호브의 회전과 공작물의 상대운동에 의하여 기어를 절삭하기 위해서 다음과 같은 네 가지 기본운동의 조합이 필요하다.

① 호브의 회전운동
② 호브의 이송운동
③ 호브가 1회전당 기어 소재를 1피치 회전시키는 테이블의 회전운동
④ 나선절삭에 적합하도록 테이블을 회전시키는 차동 기어의 운동

2) 호빙 머신의 절삭조건

(1) 절삭속도와 이송

절삭속도는 호브의 바깥지름과 회전수로 다음 식과 같이 구하며, 호빙 머신의 강성, 호브와 기어 소재의 재질, 기어 치형의 크기와 가공정밀도 등을 고려하여 적합한 절삭속도와 이송속도를 결정한다.

표 12.1은 일반적으로 호빙 머신에서 기어절삭에 사용하는 절삭속도와 이송을 나타낸 예이며, 절삭속도는 다음 식과 같이 구할 수 있다.

$$v = \frac{\pi \cdot d \cdot n}{1000}$$

여기서, v: 절삭속도(m/min)
d: 호브의 바깥지름(mm)
n: 호브의 회전수(rpm)

▶ **표 12.1 호브의 절삭속도와 이송**

공작물 재질	거친 절삭		다듬질 절삭	
	공작물 1회전당 호브이송(mm/rev)	절삭속도 (m/min)	공작물 1회전당 호브이송(mm/rev)	절삭속도 (m/min)
청동	3.5～4.5	30～50	1.5～2.0	30～50
주철	2.5～3.0	30～40	1.5～2.0	30～40
탄소강	1.9～2.2	25～35	1.0～1.5	25～35
고탄소강	0.7～1.5	25～35	0.5～1.0	25～35
합금강	0.5～1.0	20～30	0.3～0.5	20～30

(2) 호브와 절삭기구

① **호브**(hob)

그림 12.8과 같이 원통에 래크 커터를 나선형으로 감은 형태의 기어절삭 공구로서 일반 스퍼 기어 가공용 호브의 형상과 각 부 명칭을 나타내었다. 호브는 주로 고속도강으로 제작하며 원통에 랙 단면을 가진 나선을 가공한 후, 이 나선에 직각으로 교차하는 홈을 가공해서 호브의 절삭날을 형성한다. 호브의 나선에는 오른나사와 왼나사가 있으며, 나선의 줄 수를 한 줄 또는 두 줄이나 필요에 따라 여러 줄로 제작할 수도 있다. 여러 줄 나선 호브는 주로 거칠게 가공할 때 사용된다.

호브는 가공할 기어의 압력각에 따라서 14.5°와 20°의 것이 있으며, 압력각이 20°인 표준인벌류트 치형은 기어의 이(齒)1개에 대한 피치원 지름(D_p)으로 나타낸 모듈(m) 및 잇수(Z)와 다음과 같은 관계가 있다.

- 피치원 지름(D_p)　　$D_p = m \cdot Z$
- 이 끝 높이(addendum)　　$a = 1 \cdot m$
- 이뿌리 높이(dedendum)　　$d = 1.25 \cdot m$
- 이 높이(hight of tooth)　　$h = 2.25 \cdot m$

이와 같이 표준 치형을 가공하는 호브 이외에도 웜과 웜 기어용 호브(worm & worm gear hob), 체인 스프로킷 호브(chain sprocket hob), 스플라인 호브(spline hob), 래칫 호브(ratchet hob) 등 다양한 종류의 호브가 있다.

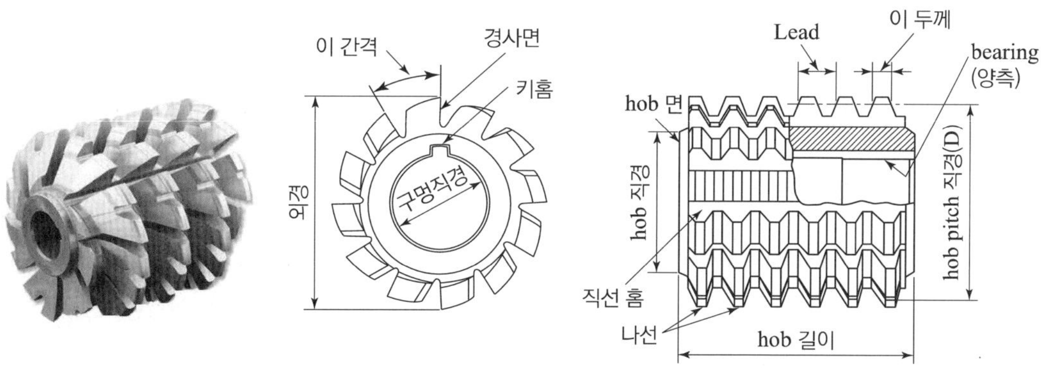

그림 12.8 호브의 형상과 각 부 명칭

② **호브에 의한 기어절삭**

그림 12.9와 같이 호브가 회전하면 래크 형상의 절삭날이 한 줄 나선일 때에는 1피치만큼, 두 줄 나사일 때에는 2피치만큼 축 방향으로 이송된다. 이때 호브가 회전함에 따라서 기어 소재를 회전시키면, 호브의 절삭날로 웜과 웜 기어와의 물림과 같은 형태로 기어 소재에 인벌류트 기어가 창성된다.

호브를 이용하여 가공할 수 있는 기어의 종류에는 여러 가지가 있으며, 모듈 또는 지름 피치와 압력각이 같으면 기어의 잇수에 상관없이 하나의 호브로 기어를 가공할 수 있다.

호브를 기어 소재의 축 방향으로 이송하는 방법에 따라서 밀링가공에서와 마찬가지로 그림 12.10(a)와 같이 호브의 회전 방향과 같은 방향으로 호브를 이송하는 상향 호빙과 그림 12.10(b)와 같이 호브의 회전 방향과 반대 방향으로 호브를 이송하는 하향 호빙이 있다. 일반적으로 절삭력에 의한 호브마모가 작고 거칠기가 양호한 상향 호빙을 사용하지만, 경질재료의 중절삭에는 하향 호빙을 적용하고 있다.

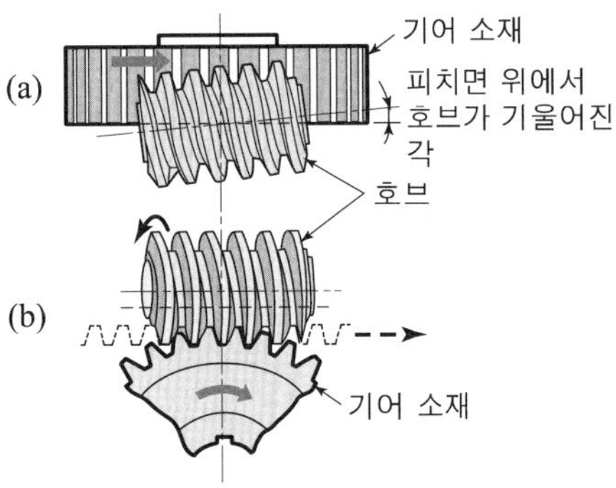

그림 12.9 수평형 호빙머신

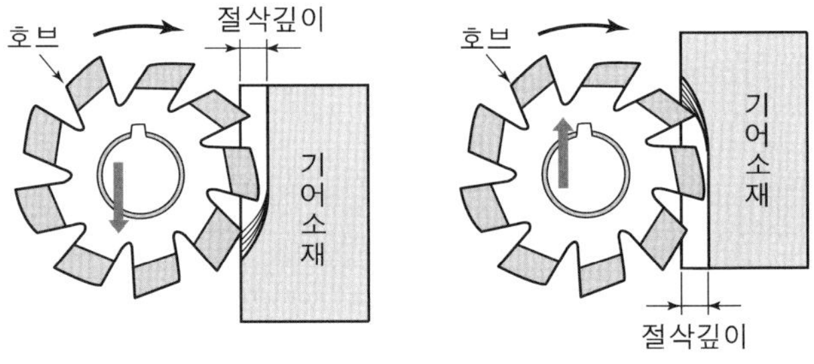

(a) 상향 호빙 (b) 하향 호빙

그림 12.10 호브 절삭방향

2. 스퍼 기어 가공

1) 기어 소재의 고정

기어의 소재는 구멍과 바깥지름이 편심되지 않도록 정확하게 가공해야 하며, 견고하고 정밀한 고정구에 안정되게 고정해야 한다. 기어 소재가 호빙 머신의 용량보다 작을 때는 문제가 없으나, 소재의 바깥지름이 호빙 머신의 최대 용량에 가깝거나 중량이 무거울 때에는 테이블에 변형이 발생하여 작업 중에 떨림이나 잇면 손상이 발생할 수 있으므로 고정방법에 주의해야 한다. 기어 소재의 고정은 일반적으로 아버 중심에 맞도록 고정한 후 테이블을 회전시키면서 다이얼 게이지로 편심을 측정해서 조정하여 고정한다.

2) 호브의 선택과 위치결정

(1) 호브의 선택

스퍼 기어(spur gear)용 호브는 보통 한 줄 오른나사 호브가 많이 사용된다. 호브의 단면에는 모듈 및 압력각, 비틀림각 등이 새겨져 있으므로, 제작도면에 표시된 모듈과 압력각과 적합한 호브를 선택한다. 또한 잇면의 정밀도가 높은 것이 요구될 때에는 가능한 절삭날이 많은 것을 선택하며, 호브 날의 수가 보통 9~12개인 것이 많이 사용된다.

(2) 호브의 위치결정

호브의 중심위치가 정확하게 설치되어야 정밀도가 높은 치형을 절삭할 수 있다. 따라서 그림 12.11과 같이 센터링 게이지(centering gauge)를 사용하여 호브 절삭날의 중심이 기어 소재의 중심과 일치하도록 중심을 맞추어야 한다. 그리고 창성 절삭할 기어의 잇줄과 호브의 비틀림 나선을 일치시키기 위해서 호브의 비틀림 경사각만큼 호브를 기울여서 고정해야 한다.

스퍼 기어를 절삭할 때에는 그림 12.12와 같이 호브 헤드를 호브의 리드 각(γ)만큼 기울여야 한다. 이때 리드 각(γ)만큼 정확하게 기울이지 않으면 호브의 앞 뒷날의 간섭으로 인해 기어 홈의 너비가 넓게 가공된다.

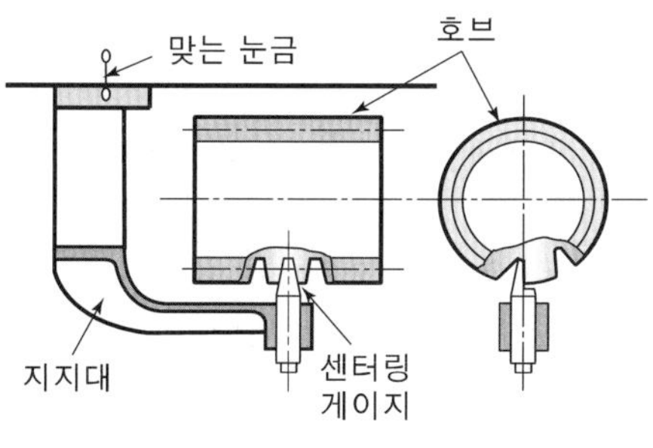

그림 12.11 호브의 중심위치 결정

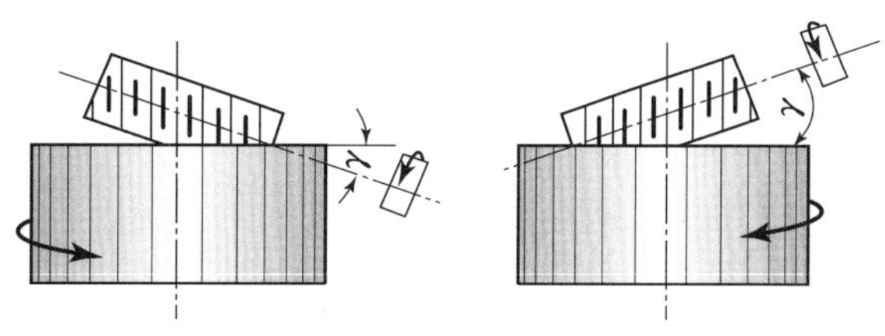

그림 12.12 호브 축의 기울기

3) 변환 기어의 선택과 기어절삭

(1) 변환 기어의 선택

호브로 스퍼 기어를 절삭하는 것은 래크와 피니언이 서로 맞물려 있는 것과 같은 상태에서 기어가 창성되는 형태이다. 즉, 한 줄 호브에서 호브가 1회전하는 것은 래크가 1피치만큼 이동하는 것과 같고, 이때 기어 소재는 1피치만큼 회전하면 된다.

예를 들어 잇수가 50개인 스퍼 기어를 절삭할 때, 호브가 1회전할 때마다 기어 소재를 1/50만큼씩 회전시키면 된다. 이와 같은 호브 축과 테이블과의 회전비는 기어전동 장치에 따라 각 호빙 머신마다 고유의 값을 가지고 있다. 따라서 잇수를 분할하기 위한 회전비를 변환 기어의 잇수를 계산하여 사용할 수 있으며, 일반적으로 호빙 머신에 비치되어 있는 변환 기어의 표에서 회전비를 선택하여 사용한다.

(2) 기어절삭

기어의 절삭깊이는 필요한 이의 전체 높이가 되도록 호브와 기어 소재의 관계 위치를 결정하는 것이다. 일반적으로 테이블을 조작하여 기어 소재를 호브에 접근시켜서 호브의 날 끝이 기어 소재의 바깥지름에 가볍게 접촉하게 한 후 이의 전체 높이를 호빙 머신의 눈금으로 절삭을 진행한다.

이때 호브와 소재의 중심과의 관계 위치가 부정확하면 기어 잇수가 적을 경우에는 이뿌리원이 기초원보다 작게 되어 언더컷이 나타나며, 호브의 날 끝이 기어의 이뿌리를 깎게 되어 발생하는 곡선과 인벌류트 곡선의 연결부가 좌우로 같은 위치에 나타나지 않는다. 따라서 반드시 호브의 날 1개가 소재의 중심선 위에 정확하게 위치해야 한다. 또한 절삭이 시작되는 호브 측의 날은 1피치만큼 절삭에 관여하지 않는 위치에 놓여야만 호브 끝부분에 급격하게 큰 절삭저항이 작용하지 않는다.

절삭횟수는 보통 2회 또는 치형의 피치가 큰 경우에는 3~4회로 나누어 절삭한다. 절삭깊이는 다듬질 절삭에서 작은 피치에서는 0.5 mm, 중간 피치에서는 1 mm, 큰 피치에서는 2 mm 정도로 한다. 이송은 테이블 1회전에 대하여 보통 1~3 mm 정도로 하며, 다듬질 절삭을 할 때는 거친 절삭 때보다 50% 정도 느리게 한다.

3. 헬리컬 기어 가공

1) 기어 소재의 고정

스퍼 기어를 가공할 때와 같이 기어 소재를 고정하며, 헬리컬 기어의 비틀림 각이 큰 경우에는 기어 소재가 호브 회전방향으로 끌려서 돌아가지 않도록 주의해서 견고하게 고정해야 한다.

2) 호브의 위치결정과 고정

헬리컬 기어의 비틀림각(β)을 고려해서 호브의 비틀림 선과 헬리컬 기어의 잇줄이 일치할 수 있도록 호브의 고정각을 결정해야 한다. 그림 12.13은 헬리컬의 비틀림 방향과 테이블 회전 방향 및 호브의 나선방향에 따른 호브 축의 기울기를 나타낸 것이다. 헬리컬 기어를 절삭하기 위한 호브의 고정각은 스퍼 기어의 경우보다 큰 경우가 많다. 따라서 호브가 기어 소재와 이루는 고정각도가 커지게 되어 호브의 아래쪽의 날 끝이 주로 절삭하게 되므로, 호브를 위에서 아래로 이송시키는 경우에는 기어 소재에 대한 호브의 중심위치를 가능한 중심보다 약간 위에서 고정한다.

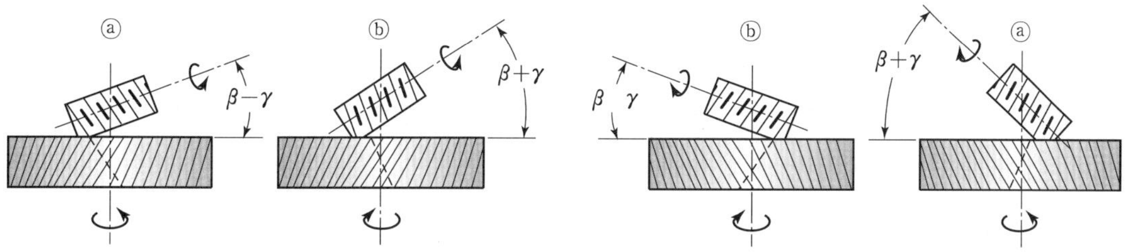

ⓐ 오른나사 호브 ⓑ 왼나사 호브 $\beta \pm \gamma$: 호브 헤드의 경사각

(a) 오른 나선 헬리컬 기어 가공 (b) 왼 나선 헬리컬 기어 가공

그림 12.13 헬리컬 기어 가공 호브 축의 기울기와 테이블 회전방향

4. 웜 기어 가공

1) 호브를 반경 방향으로 이송하는 방법

그림 12.14와 같이 호빙 머신에 수형으로 놓은 호브의 중심선과 웜 기어의 가운데 면(이폭의 중앙면)과 정확하게 일치하도록 고정하고, 호브를 반지름 방향으로 이송시켜서 웜 기어를 절삭한다. 일반적으로 스퍼 기어절삭용 호브의 바깥지름과 웜의 바깥지름이 같은 것을 사용하면 물림이 좋은 웜 기어가 가공된다. 또한 웜과 호브의 리드각이 다른 경우에는 그림 12.15와 같이 중심선을 기울이고 피치점에서 리드각을 맞추어서 절삭하면 물림이 수정되어 가공된다. 이런 경우에는 호브의 바깥지름(B)이 웜 기어의 폭(b)보다 큰 것이 좋다.

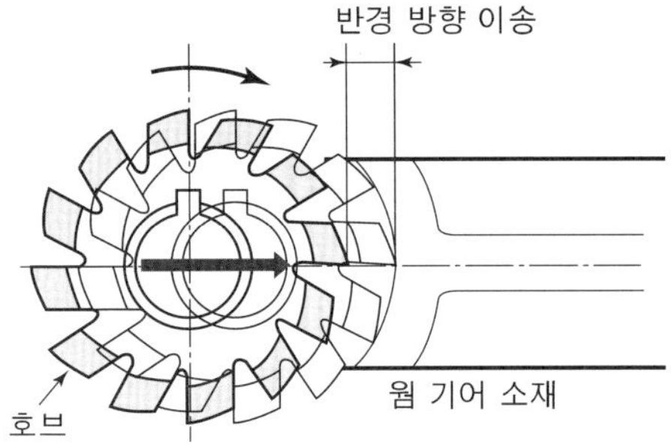

그림 12.14 반지름 방향 이송

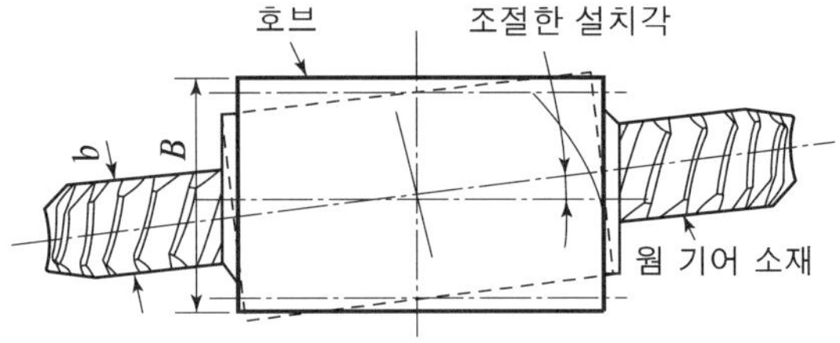

그림 12.15 설치각 조절

2) 테이퍼 호브 접선이송에 의한 방법

그림 12.16과 같이 테이퍼 호브를 축 방향으로 이송을 주고, 테이블은 호브의 이송에 상당하는 보조운동을 주어서 창성운동을 하는 기어 가공 방법이다. 반지름 방향으로 이송을 주어 거칠게 깎은 웜 기어를 테이퍼 호브에 접선이송을 주어서 다듬게 된다.

그림에서 실선으로 나타낸 주운동인 소재의 기준 회전 방향과 보조운동인 접선이송의 관계는 호브를 오른쪽에서 왼쪽으로 이송하는 방법과 왼쪽에서 오른쪽으로 이송하는 방법이 있다. 이때 가급적 호브를 왼쪽에서 오른쪽으로 이송시켜서 주운동과 보조운동을 방향을 같게 하는 것이 좋다. 그림 12.17은 테이퍼 호브를 접선 이송하는 장치를 나타낸 것이다.

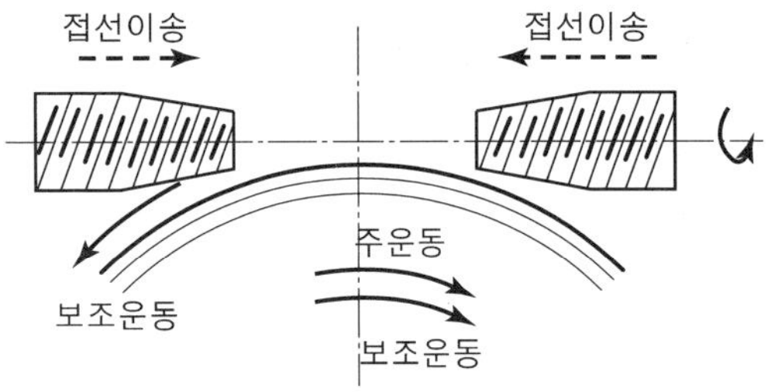

그림 12.16 접선이송에 의한 웜 기어 가공

그림 12.17 테이퍼 호브의 접선이송

12.3 기어 셰이퍼와 기어 가공

1. 피니언 커터형 기어 셰이퍼

1) 절삭기구

그림 12.18은 기어 셰이퍼에서 피니언 커터를 사용하여 기어를 절삭하는 절삭기구를 나타낸 것이다. 그림과 같이 피니언 커터가 기어 소재와 구름운동을 하는 형태로 맞물려 돌아가면서 피니언 커터에는 왕복운동을 주고 기어 소재는 회전이송을 주어서 기어를 창성하여 절삭하는 방법으로 내접 기어(internal gear)도 가공할 수 있다.

대표적인 기어절삭기인 펠로우즈 기어 셰이퍼(fellows gear shaper)는 피니언 커터에 회전과 왕복운동을 주는 램(ram)이 소재를 고정한 스핀들에 대응하여 움직인다. 절삭할 때에는 피니언 커터를 소재에 접근시키고 커터와 기어 소재를 한 쌍의 기어와 같이 회전운동을 시킨다. 피니언 커터가 절삭행정에서 절삭을 한 후 귀환할 때 커터가 뒤로 후퇴하여 기어 소재와 접촉하지 않도록 한다. 커터의 왕복 이송속도로 절삭속도를 조절하며, 1분당 1,500회 왕복할 수도 있다. 피니언 커터의 잇수와 가공할 기어의 잇수에 의해 피니언 커터 축과 기어 소재 축의 변환 기어를 정하며, 두 축의 피치원에서의 원주속도를 같게 한다.

2) 피니언 커터에 의한 가공

피니언 커터의 원주이송은 커터가 1회전하는 동안 커터를 고정한 램의 행정 수로 나타내며, 커터의 행정횟수가 적으면 이송도 작게 된다. 기어 셰이퍼는 창성법에 의한 스퍼 기어를 가공할 수 있으며, 그림 12.19와 같이 턱이 있는 기어, 내접 기어, 헬리컬 기어 등도 가공할 수 있다. 헬리컬 기어를 절삭하기 위해서 피니언 커터를 헬리컬 안내를 통해 나선

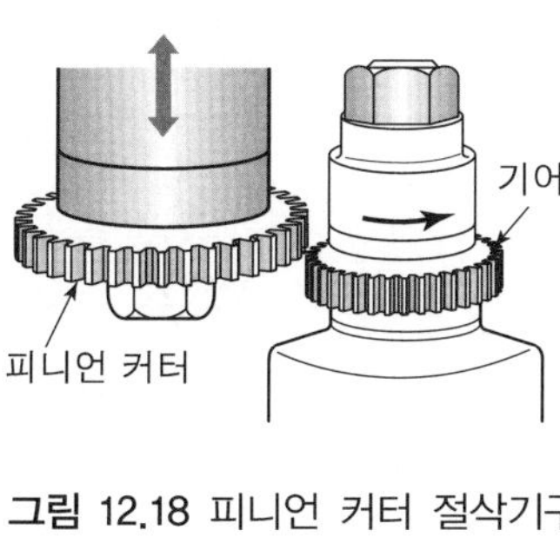

그림 12.18 피니언 커터 절삭기구

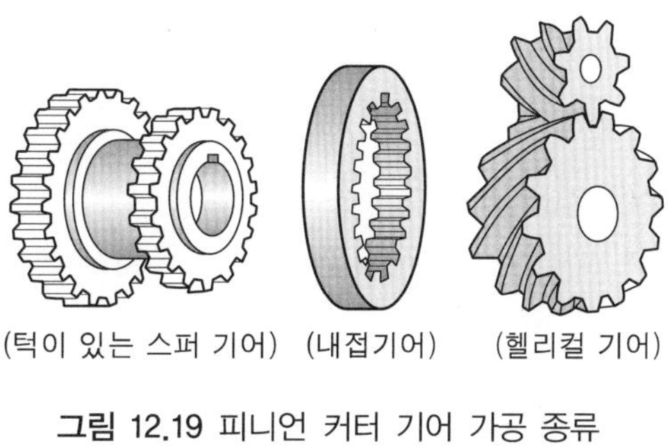

그림 12.19 피니언 커터 기어 가공 종류

운동을 시키면서 왕복운동을 한다. 헬리컬 안내를 이용하여 보통 15°, 23°, 30°의 비틀림각을 가진 헬리컬 기어를 가공할 수 있다.

2. 래크 커터형 기어 셰이퍼

래크 커터를 사용하여 창섭법으로 기어를 절삭하는 셰이퍼가 래크 커터형 기어 셰이퍼(rack cutter type shaper)이며, 마그식 기어 셰이퍼(maag gear shaper)와 선더랜드 기어 셰이퍼(sunderland gear shaper) 등이 있다. 이 기어 셰이퍼는 호빙 머신에서와 같이 1개의 커터로 피치가 같은 임의의 기어를 절삭할 수 있으며, 주로 스퍼 기어와 헬리컬 기어를 절삭한다.

1) 마그 기어 셰이퍼에 의한 가공

그림 12.20은 기어 셰이퍼에서 래크 커터를 사용하여 기어를 절삭하는 절삭기구를 나타낸 것이다. 그림 12.21과 같은 마그 기어 셰이퍼는 컬럼의 앞면에 베드의 안내면을 따라서 왕복운동을 하는 램이 있다. 램에 부착된 공구대의 래크 커터가 하향운동으로 절삭행정을 할 때는 기어 소재는 회전을 하지 않는다. 기어 소재를 고정하는 테이블은 웜과 웜 휠에 의해 회전이송이 이루어지며, 변환 기어에 연결된 이송 나사에 의하여 가로 이송이 주어진다. 래크 커터가 귀환행정을 할 때에는 클래퍼(claper)에 의해 커터가 기어 소재로부터 떨어지며, 래크 커터와 기어 소재가 구름운동과 같은 접촉을 하도록 테이블을 일정량만큼 회전시키고 가로이송을 준다. 마그 기어 셰이퍼는 래크 커터를 사용하는 커터의 날이 직선만으로 되어 있어서 높은 정밀도의 기어를 비교적 용이하게 가공할 수 있다. 또한 여러 개의

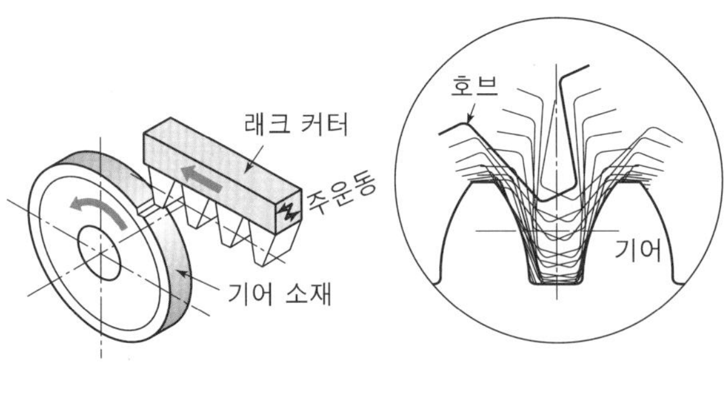

그림 12.20 래크 커터에 의한 기어절삭

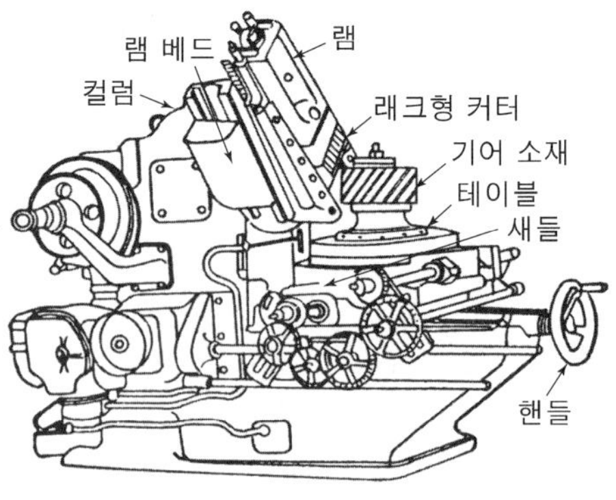

그림 12.21 마그 기어 셰이퍼

절삭 날이 1개의 기어 이를 가공하게 되므로 평균적으로 정밀도가 높은 기어를 가공할 수 있는 반면에 기어의 이를 1개마다 되돌려가면서 절삭을 하기 때문에 생산성이 떨어지며, 내접 기어를 가공할 수 없는 단점이 있다.

2) 선더랜드 기어 셰이퍼에 의한 가공

선더랜드 기어 셰이퍼는 래크 커터 2개를 이용하여 더블 헬리컬 기어를 가공할 수 있는 특징이 있다. 그림 12.22는 선더랜드식 치형 절삭과정을 나타낸 것으로서, 좌우로 배치하면 래크 커터가 교대로 가공할 면을 따라서 운동하면서 더블 헬리컬 치형을 절삭할 수 있다.

12.4 베벨 기어 절삭기

베벨 기어를 창성법으로 절삭하는 전용기계에는 라이넥커(reinercher) 베벨 기어 절삭기와 빌그램(bilgram) 베벨 기어 절삭기, 글리슨(gleason) 베벨 기어 절삭기가 있다. 이 중에서 글리슨 베벨 기어 절삭기가 가공능률이 좋아서 가장 많이 사용되고 있다.

그림 12.23은 베벨 기어 절삭기구를 나타낸 것으로서, 크라운 기어(A)와 맞물려 있는 부채꼴 베벨 기어(segment gear)의 축(S)에 기어 소재(B)가 고정되어 있다. 미끄럼대(D)에 설치된 커터(C)는 중심(O) 방향으로 왕복 운동을 한다. 이때 커터(C)를 고정한 미끄럼대(D)가 크라운 기어(A)와 함께 회전하게 되어 커터(C)와 기어 소재(B) 사이에서 창성법에 의한 치형이 절삭되는 기구이다. 1개의 치형이 창성되면 커터를 기어 소재에서 분리한 후에 기어 소재를 1피치만큼 분할 회전하고 다음 치형을 계속해서 창성 가공한다.

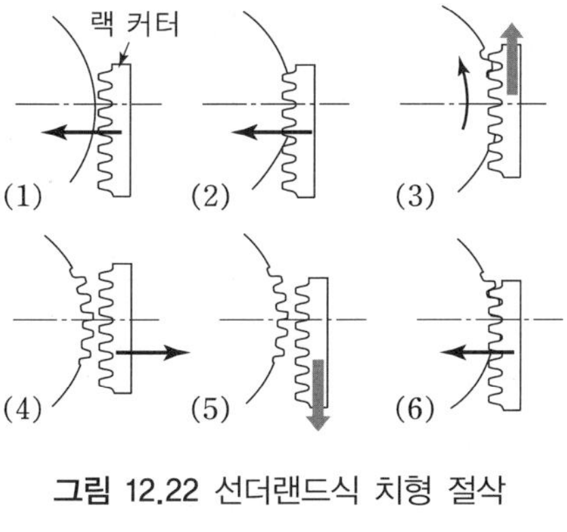

그림 12.22 선더랜드식 치형 절삭

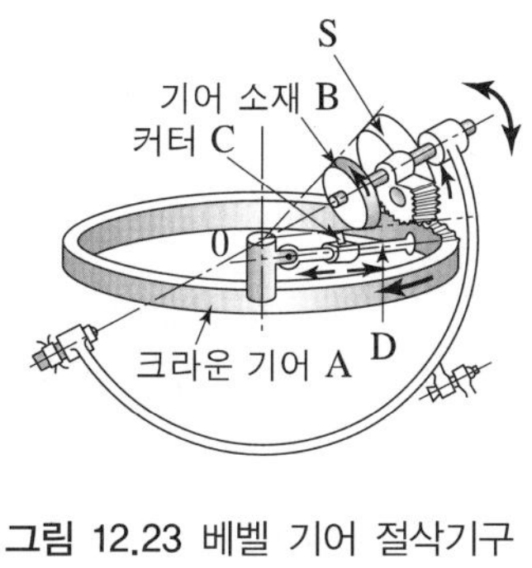

그림 12.23 베벨 기어 절삭기구

12.5 기어 셰이빙

절삭에 의해 가공된 기어의 잇면은 커터의 날의 가공흔적 등으로 인해 매끄러운 곡면을 형성하는 데 어려움이 있다. 따라서 절삭가공된 기어의 치형 곡선을 정밀하고 매끈하게 하기 위해 연삭가공을 하는 것이 좋지만, 기어의 연삭가공 시간이 길어서 생산성 측면에서 불리하다. 따라서 기어의 잇면을 매끈하게 다듬기 위해 많이 사용되는 기어 셰이빙(gear shaving)은 연삭가공에 비해 가공시간이 짧고, 높은 정밀도를 얻을 수 있어서 대량 생산에 적합한 가공법이다. 이러한 기어 셰이빙을 통해 호브 또는 피니언형 커터에 의한 기어 잇면의 요철, 피치의 불균일, 편심 등의 오차수정과 약간의 잇면 곡선의 수정이 가능하다. 그러나 정확한 치형으로 창성하는 절삭가공은 할 수 없으므로, 절삭가공에서의 가공정밀도를 높게 할 필요가 있으며 셰이빙은 미소량으로 가볍게 가공해야 한다.

1) 셰이빙 커터

그림 12.24는 셰이빙 커터를 나타낸 것으로서, 커터 날의 면에 미세한 홈을 만들어서 세운 절삭 날이 절삭가공된 기어의 잇면과 맞물리면서 미소량의 칩을 깎아내어 다듬는 절삭을 이용한 가공법이다. 이러한 셰이빙 커터에는 피니언형 커터와 래크형 커터가 있다. 래크형 커터가 제작과 재연삭이 용이하며, 물림률이 피니언형 커터보다 커서 정밀도가 높은 잇

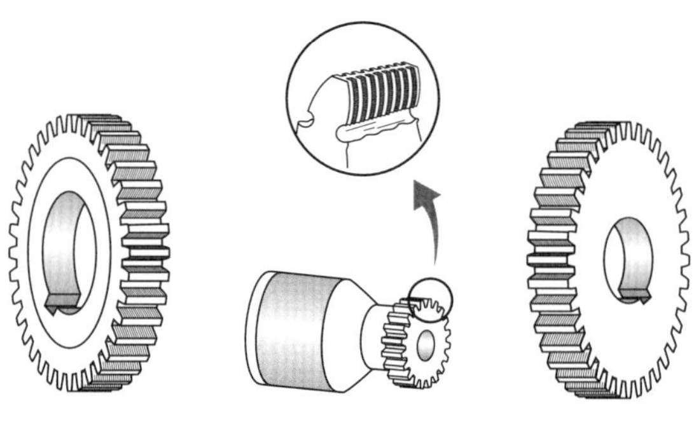

그림 12.24 셰이빙 커터

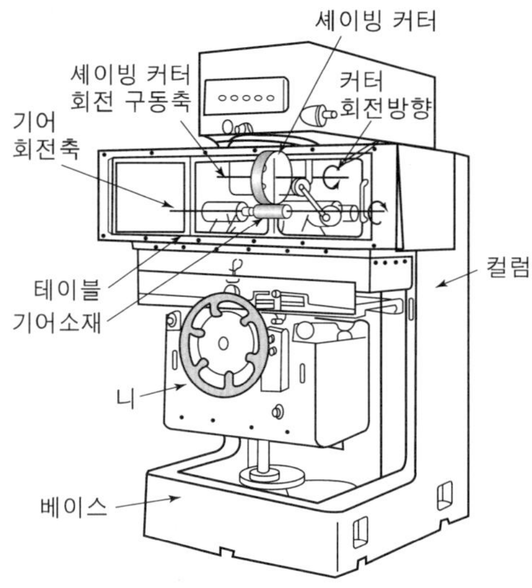

그림 12.25 셰이빙 머신

면을 얻을 수 있으나, 피니언형 커터가 가공능률이 좋아서 많이 사용되고 있다.

2) 셰이빙 머신과 셰이빙

그림 12.25는 기어 셰이빙 머신의 구조를 나타낸 것으로서, 셰이빙 커터의 회전 구동축에 설치된 셰이빙 커터가 가공할 기어와 맞물려 회전하는 구조이다. 셰이빙할 때 미끄럼 운동을 주기 위해 스퍼 기어 가공에는 헬리컬 기어형 셰이빙 커터를 사용하고, 헬리컬 기어 가공에는 스퍼 기어형 셰이빙 커터를 사용한다. 그리고 가공할 기어의 축 방향으로 커터를 천천히 왕복 이송시켜서 기어의 폭을 셰이빙하며, 일반적으로 셰이빙 가공여유는 0.03～0.1 mm 정도를 준다.

연습문제

12.1 기어 가공방법의 종류를 들고 간단히 설명하시오.

12.2 창성법에 의한 기어 절삭방법에 대해 설명하시오.

12.3 기어절삭 기계의 종류를 들고 설명하시오.

12.4 기어 셰이빙의 목적과 특징을 간단하게 쓰시오.

12.5 호빙 머신으로 기어를 가공하기 위해 필요한 기본운동에 대해 간단히 쓰시오.

12.6 호브를 사용하여 스퍼 기어를 절삭할 때 호브의 위치결정 방법에 대하여 쓰시오.

12.7 헬리컬 기어를 호빙 가공할 때 호브의 위치결정 방법에 대하여 쓰시오.

12.8 웜 기어를 가공할 때 호브의 이송방법에 대해 설명하시오.

CHAPTER

13 연삭가공

13.1 연삭가공의 개요

연삭가공(grinding)은 넓은 의미에서 절삭가공의 한 분야로서 가공정밀도가 높으며, 사용범위가 넓은 중요한 가공 분야이다. 연삭가공은 매우 단단한 숫돌입자의 예리한 모서리를 절삭날로 가공하는 방법으로서 고정입자와 유리입자(遊離粒子)를 사용한 가공으로 구분된다. 고정입자에 의한 가공은 결합제를 사용하여 숫돌입자를 숫돌바퀴나 숫돌의 형태로 만들거나 연마지에 부착하여 사용하는 가공법이며, 유리입자에 의한 가공은 숫돌입자를 그대로 사용하거나 액체와 혼합하여 사용한다. 이 장에서는 연삭숫돌 바퀴를 사용하여 가공하는 방법에 대해서 다룬다.

1. 연삭가공의 종류

연삭가공은 연삭숫돌 바퀴(grinding wheel)를 고속으로 회전시켜서 공작물의 표면을 미세하게 칩을 발생시켜 가공하는 것으로서 절삭가공의 한 분야로 볼 수 있다. 연삭가공은 매우 단단하고 예리한 숫돌입자가 절삭날의 기능을 하게 되며, 일반적인 절삭가공으로 가공하기 힘든 경도가 큰 합금강이나 담금질 강과 같은 공작물의 가공에 사용된다.

또한 정밀한 가공이 가능하므로 정밀한 치수와 매끈한 가공면이 요구되는 기계부품을 얻기 위해 반드시 필요한 가공방법이다. 그림 13.1과 같이 연삭기를 사용하여 공작물의 평면이나 원통, 내면을 연삭가공할 수 있으며, 특수한 연삭기를 사용하여 나사, 기어, 크랭크축 등을 연삭가공할 수 있다.

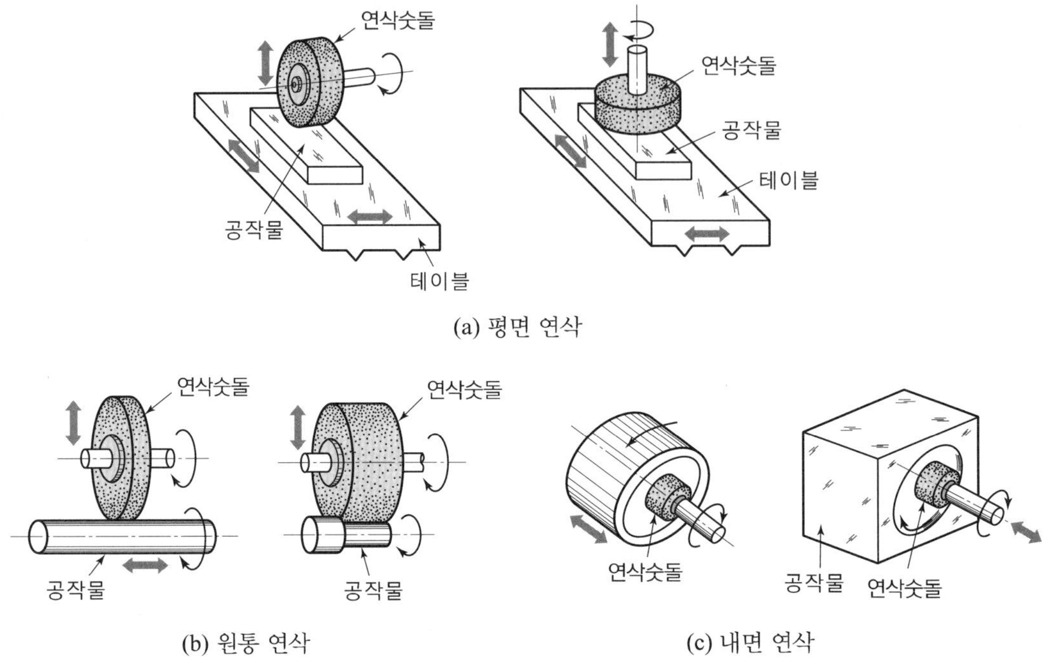

그림 13.1 연삭가공의 종류

2. 연삭숫돌

1) 연삭숫돌의 구성과 자생작용

(1) 연삭숫돌의 구성요소

연삭숫돌은 결합제를 사용하여 수많은 숫돌입자를 굳힌 것으로써 숫돌입자의 예리한 모서리가 절삭날 역할을 해서 공작물을 연삭한다. 연삭숫돌은 그림 13.2와 같이 숫돌입자, 결합제, 기공의 세 가지 구성요소로 이루어져 있다. 또한 연삭숫돌의 성능과 용도는 숫돌입자의 종류와 입도의 크기, 결합제의 종류, 결합도, 조직의 치밀성 등에 의해 결정되므로, 이에 대한 정확한 이해를 통해 연삭숫돌을 선택해야 한다.

(2) 연삭숫돌의 자생작용

일반적인 절삭공구는 날이 마모되어 공구수명을 다하면 절삭작업을 지속하기 어렵지만, 연삭숫돌은 연삭이 진행됨에 따라 입자의 날 끝이 마멸되어 연삭저항이 증가되면 그림 13.3과 같이 입자의 일부가 파쇄되어 예리한 날이 생기거나 마멸된 입자가 탈락하는 현상

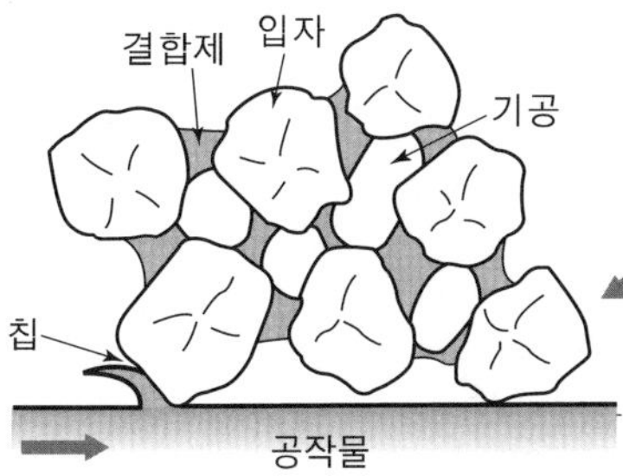

그림 13.2 연삭숫돌의 구성 3요소

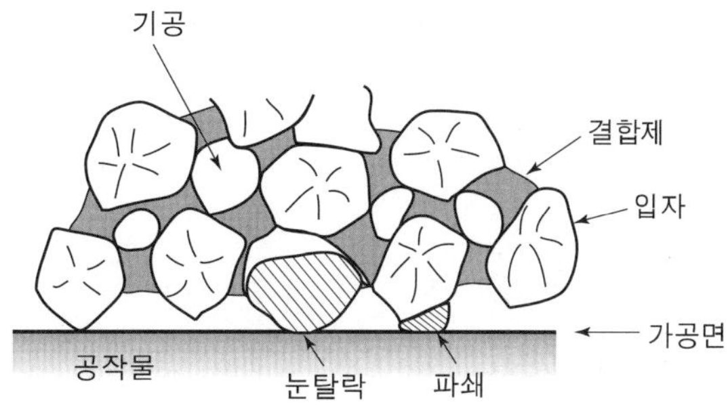

그림 13.3 연삭숫돌의 자생작용

이 발생하여 연삭가공을 지속할 수 있게 된다. 이와 같이 연삭이 진행됨에 따라 둔하게 마모된 입자가 탈락하고 새로운 입자로 날로 바뀌는 것을 자생작용(self sharpening)이라고 한다. 이와 같은 입자마모-파쇄-탈락-생성의 과정을 거치는 자생작용으로 인해 공구교환을 하지 않아도 장시간 동안 양호한 연삭가공면을 얻을 수 있다.

(3) 연삭숫돌의 변화

연삭숫돌의 자생작용을 지속시키기 위해서는 공작물의 재질과 연삭조건 등을 고려하여 적합한 연삭숫돌을 선택하여 알맞은 연삭조건에서 연삭가공이 이루어져야 한다. 자생작용이 원활하게 이루어지지 않아서 다음과 같은 현상이 나타나면 연삭숫돌을 수정해 주어야 한다.

① **눈탈락:** 셰딩(shedding)이라고 하며, 그림 13.4(a)와 같이 숫돌의 결합도가 약할 때에는 자생작용이 과도하게 발생하여 숫돌의 소모가 많아지게 된다.

② **눈무딤:** 글레이징(glazing)이라고 하며, 숫돌의 결합도가 너무 강할 때에는 그림 13.4(b)와 같이 자생작용이 없어서 탈락되지 않은 입자가 마모되는 현상이다. 눈무딤이 발생하면 마모된 입자가 공작물 표면과의 마찰로 인해 연삭저항의 증가되고, 연삭가공 표면에 과열로 인한 변색이 나타난다.

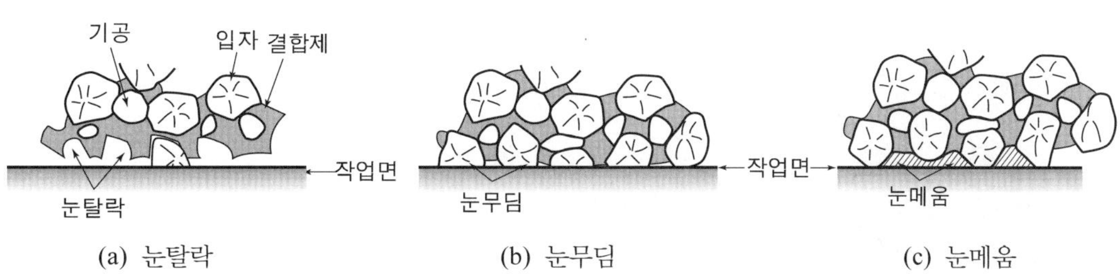

(a) 눈탈락 (b) 눈무딤 (c) 눈메움

그림 13.4 연삭숫돌의 변화

③ **눈메움:** 로딩(loading)이라고 하며, 기공이 너무 작거나 구리나 알루미늄과 같은 연성 재료를 연삭할 때 그림 13.4(c)와 같이 숫돌의 기공에 칩(chip)이 메워져서 정상적인 연삭이 어렵게 되어 눈무딤과 유사한 현상을 나타낸다.

(4) 연삭숫돌의 수정

① **드레싱:** 연삭숫돌에서 눈메움(loading)이나 눈무딤(glazing)이 발생하면 연삭능률이 떨어지게 되므로, 연삭숫돌의 표면에서 눈메움이나 눈무딤이 발생한 숫돌입자를 제거하는 작업이 드레싱(dressing)이며, 여기에 사용하는 공구가 드레서(dresser)이다. 그림 13.5는 강철 막대의 끝단에 다이아몬드를 삽입한 다이아몬드 드레서를 사용하여 드레싱하는 방법을 나타내었다.

② **트루잉:** 연삭가공을 할 때 숫돌바퀴의 표면이 균일하지 못하거나 공작물의 영향으로 인해 숫돌바퀴의 가공면의 형상이 점차 변화된다. 따라서 공작물 형상에 맞추어 연삭숫돌을 정확한 형상으로 수정하는 작업을 트루잉(truing)이라고 한다. 트루잉 작업에도 다이아몬드 드레서를 사용하며, 트루잉을 하면 드레싱도 동시에 이루어진다.

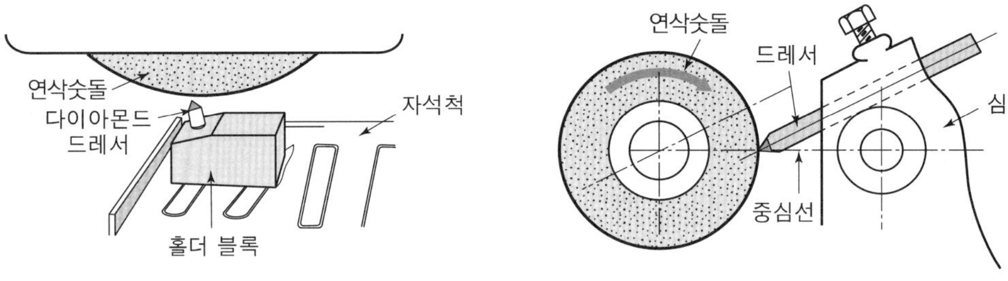

(a) 평면 연삭숫돌 드레싱

(b) 원통 연삭숫돌 드레싱

그림 13.5 연삭숫돌의 드레싱

2) 연삭숫돌의 주요 인자

연삭숫돌의 성능과 용도는 입자, 입도, 결합제, 결합도, 조직의 5가지 인자에 의해 결정되며, 이에 대한 정확한 이해를 통해 연삭숫돌을 선택해야 한다.

(1) 숫돌입자

과거에는 숫돌입자로 천연산 사암(sandstone), 에머리(emery), 코런덤(corundum) 등이 사용되었으나, 고속연삭이 어렵고 품질이 일정하지 않아서 현재는 거의 사용되지 않는다.

현재에는 연삭숫돌의 날을 구성하는 숫돌입자(abrasive grain)로 공작물보다 단단하고, 적당한 인성을 구비한 인조 숫돌입자를 사용한다. 인조 숫돌입자에 산화 알루미나(aluminum oxide, Al_2O_3)와 탄화규소(silicon carbide, SiC)가 많이 사용되고 있다. 표 13.1은 인조 숫돌입자의 재질 및 입자의 종류와 용도를 나타낸 것이다.

① **산화 알루미나계 숫돌입자:** 알루미나를 전기로에서 가열 용융한 다음 서냉하여 결정으로 만든 것으로서 A(Alundum), WA(White Alundum)으로 표시한다. 또한 순도에 따라 4A, 3A, 2A, 1A 등이 있으며, 4A는 가장 순도가 높다. A계 숫돌입자는 주로 인장강도가 큰 탄소강재의 연삭과 래핑에 많이 사용된다.

② **탄화규소계 숫돌입자:** SiC와 C를 전기로에서 가열 · 반응시켜서 탄화규소(SiC)의 결정으로 제조한 것으로서 C(Carborundum), GC(Green Carborundum)으로 표시하며, 순도에 따라 4C, 3C, 2C, 1C 등이 있다, C계 숫돌입자는 비철금속이나 유리, 석재, 고무, 피혁 등의 연삭에 널리 사용된다.

③ **다이아몬드 숫돌입자:** 다이아몬드는 가장 경질의 숫돌입자로서 우수한 특성을 가지고 있다. 가격이 고가이므로 초경합금, 유리, 석재, 세라믹스, 반도체 등과 같이 경질의 재료나 가공능률을 높일 필요가 있을 경우에 사용된다. 다이아몬드는 고온에서 철과 쉽게 반응하기 때문에 강재의 연삭에는 적합하지 않다. 다이아몬드 숫돌입자에는 천연 다이아몬드, 합성 다이아몬드, 금속을 피복한 합성 다이아몬드 등 여러 종류가 있다.

④ **CBN 숫돌입자:** CBN(cubic boron nitride) 입자는 다이아몬드에 버금가는 경도를 갖고 있으며, 철과 잘 반응하지 않으므로 공구강이나 열처리강의 연삭에 사용된다. 가격은 비싸지만 경질재료의 가공이 용이하고 숫돌의 마모가 적어서 치수 정밀도를 장시간 유지할 수 있으므로 대량 생산에 적합하다.

▶ **표 13.1** 연삭 숫돌입자의 종류

입자 종류	숫돌입자		입자 종류	용도
	기호	재질		
알루미나계 (Al_2O_3)	A WA	갈색 알루미나 백색 알루미나	2A 4A	일반강재, 주철, 청동, 거친연삭용 담금질강, 고속도강, 특수강, 경연삭용
탄화규소계 (SiC)	C GC	흑색 탄화규소 녹색 탄화규소	2C 4C	경합금, 주철, 비철금속, 비금속 초경합금, 특수주철, 경연삭용

(2) 숫돌입도

숫돌입자의 크기를 나타내는 단위가 입도(grain size)이며, 입도 번호로 표시한다. 일반적으로 입도의 크기는 #20, #200과 같은 형식으로 메시(mesh) 번호로 나타낸다. 즉, 메시 번호가 #20이면 1인치에 체의 눈 수가 20개, 1제곱인치에 눈 수가 400인 체에 남는 입자를 말한다. 숫돌의 입도를 선택할 때에는 연삭 조건에 따라 고려할 점은 다음과 같다.

① 거친 연삭, 절삭깊이와 이송 등을 많이 줄 때: 거친입도(#20~30)

② 다듬 연삭 또는 공구의 연삭: 고운입도(#36~80)

③ 경도가 높고 취성인 재료의 연삭: 고운입도

④ 강도가 낮고 연성인 재료의 연삭: 거친입도

⑤ 숫돌과 공작물의 접촉면적이 작을 때: 고운입도

⑥ 숫돌과 공작물의 접촉면적이 클 때: 거친입도

▶ **표 13.2** 숫돌입도의 분류

구분	입도의 크기
거친입자	#8 #10 #12 #14 #16 #20 #24 #30 #36 #46 #54 #60 #70 #80 #90 #100 #120 #150 #180 #220
고운입자	#240 #280 #320 #360 #400 #500 #600 #700 #800 #1,000 #1,200 #1,500 #2,000 #2,500 #3,000 #4,000 #6,000 #8,000

(3) 결합제

① **비트리파이드 결합제**(vitrified bond, V): 주성분이 점토인 무기질의 결합제로서 숫돌입자를 장석 점토와 혼합해서 성형하고 건조한 후 약 1,300 °C의 노에서 가열하여 결합도를 폭넓게 조절할 수 있다. 이 결합제는 숫돌입자의 보지력(保持力)이 좋고 연삭저항에 의한 탄성변형이 적어서 정밀 연삭에 적합하다. 또한 연삭 절삭유에도 안전하고 열에 강해서 결합제로 많이 사용된다.

② **실리케이트 결합제**(silicate bond, S): 주성분이 물유리(규산나트륨)인 무기질 결합제로서 숫돌입자와 혼합하여 성형하고 약 250 °C로 가열한다. 천연숫돌과 같은 성질을 가지며, 주수(注水)하여 사용하면 미량의 물유리가 용출하여 알칼리성의 윤활작용을 나타낸다. 비트리파이드 결합제에 비해 결합도는 낮으나, 비트리파이드 결합제로 제조할 수 없는 대형의 숫돌을 만들 수 있다.

③ **레지노이드 결합제**(resinoid bond, B): 페놀 수지와 같은 열경화성 수지를 결합제로 사용한 것으로서 각종 용제, 기름, 증기 등에 안전하고 열에 의한 연화도 적다. 인장과 굽힘, 충격 등에 강하여 절단용 숫돌과 강괴의 결함제거와 자유 연삭용 숫돌의 결합제로 많이 사용된다.

④ **러버 결합제**(rubber bond, R): 천연고무나 인조고무에 유황 등의 첨가제를 혼합한 결합제로서, 숫돌입자와 충분히 혼합하여 다지고, 롤(roll)로 성형한 박판을 원형으로 따내고 가열하여 고화시킨다. 주로 절단용 숫돌이나 센터리스 연삭기의 조정 숫돌용으로 사용된다.

⑤ **세락 결합제**(shellac bond, E): 천연의 세락 수지 분말 결합제로서, 숫돌입자를 혼합하여 압축성형하고 150 °C 정도로 가열한다. 주로 절단용으로 사용하거나, 리머의 날이나 톱날 같이 얇은 날의 연삭이나 롤의 경면(mirror face) 다듬질용 연삭숫돌의 결합제로 사용된다.

⑥ **비닐 결합제**(vinyl bond, PVA): 폴리비닐알콜(PVA)을 아세탈화한 스펀지 모양의 비닐로 숫돌입자를 지지하는 결합제로서 미세한 구상의 기공이 분포된 것이 특징이다.

⑦ **금속 결합제**(metal bond, M): 주로 다이아몬드나 CBN과 같은 숫돌입자의 결합제로 사용하는 것으로서 철, 동, 황동, 니켈 등의 작은 입자를 숫돌입자와 혼합하고 압력을 가해서 성형한다. 금속 분말을 숫돌입자와 혼합하여 압축성형한 후에 소결한 연삭숫돌은 숫돌입자가 매립되어 입자의 지지는 좋지만 숫돌로서의 가공성능은 떨어진다. 모체 금속 위에 적당한 두께로 금속 분말을 전착해서 입자를 고정하면 단일 층으로 숫돌입자가 분포되는 전착 연삭숫돌이 된다.

(4) 결합도

결합제가 숫돌입자를 결합하는 강도가 숫돌의 결합도(grade)이며, 연삭에 의한 연삭저항에 숫돌입자를 유지하는 힘의 크기를 나타낸다. 숫돌입자가 무른 경우에는 입자의 절삭날이 마모되면 결합제와 함께 탈락되어야 하며, 결합도가 너무 커서 탈락되지 않으면 눈무딤(glazing)이나 눈메움(loading)이 발생하게 된다. 결합도가 낮아서 연삭숫돌에서 입자가 쉽게 탈락하는 숫돌이 연한 숫돌이며, 결합도가 높은 숫돌을 단단한 숫돌이라 한다. 따라서 공작물의 재질과 가공조건에 적당한 결합도를 가진 숫돌을 선택할 필요가 있다.

표 13.3은 연삭숫돌의 결합도를 표시하는 기호를 나타낸 것이며, 표 13.4는 숫돌의 결합도를 선택하는 기준을 나타내었다.

▶ 표 13.3 연삭숫돌의 결합도

결합도 표시	E, F, G	H, I, J, K	L, M, N, O	P, Q, R, S	T, U, V, W, X, Y, Z
결합도	매우 연한 것	연한 것	중간 것	단단한 것	매우 단단한 것

▶ 표 13.4 연삭숫돌의 결합도 선택기준

결합도가 낮은 연한 숫돌	결합도가 높은 단단한 숫돌
• 경질 재료의 연삭 • 연삭숫돌의 원주 속도가 빠를 때 • 연삭 깊이가 깊을 때 • 접촉 면적이 클 때 • 공작물 표면이 치밀할 때	• 연질 재료의 연삭 • 연삭숫돌의 원주 속도가 느릴 때 • 연삭 깊이가 작을 때 • 접촉 면적이 작을 때 • 공작물 표면이 거칠 때

(5) 조직

연삭숫돌의 단위체적당 입자의 수인 밀도를 조직(structure)으로 나타낸다. 숫돌입자의 크기가 같을 때 그림 13.6(a)와 같이 단위체적당 입자의 수에 적은 것을 거친 조직, (b)를 중간 조직, (c)와 같이 입자 수가 많은 것을 치밀 조직이라고 한다. 표 13.5는 연삭숫돌의 조직을 표시하는 기호를 나타낸 것이며, 표 13.6은 조직을 선택하는 기준을 나타낸 것이다.

(a) 거친 조직 (b) 중간 조직 (c) 치밀 조직

그림 13.6 연삭숫돌의 조직

▶ 표 13.5 연삭숫돌의 조직

기호	호칭	조직	전체 부피에 대한 숫돌입자 비율(%)
w	거친 조직	7, 8, 9, 10, 11, 12	42% 이하
m	중간 조직	4, 5, 6	42~50%
c	치밀 조직	0, 1, 2, 3	50% 이상

▶ **표 13.6** 연삭숫돌의 조직 선택기준

거친 조직	치밀 조직
• 연질이고 연성인 재료 • 거친 연삭 • 접촉 면적이 클 때	• 강하고 취성인 재료 • 다듬질 연삭, 총형 연삭 • 접촉 면적이 작을 때

3) 연삭숫돌의 형상과 표시

(1) 연삭숫돌의 형상과 치수

연삭가공에 사용하는 숫돌의 형상과 치수는 한국산업표준(KS)에 규정하고 있으며, 표준으로 많이 사용되는 연삭숫돌의 형상과 규격을 그림 13.7에 나타내었다.

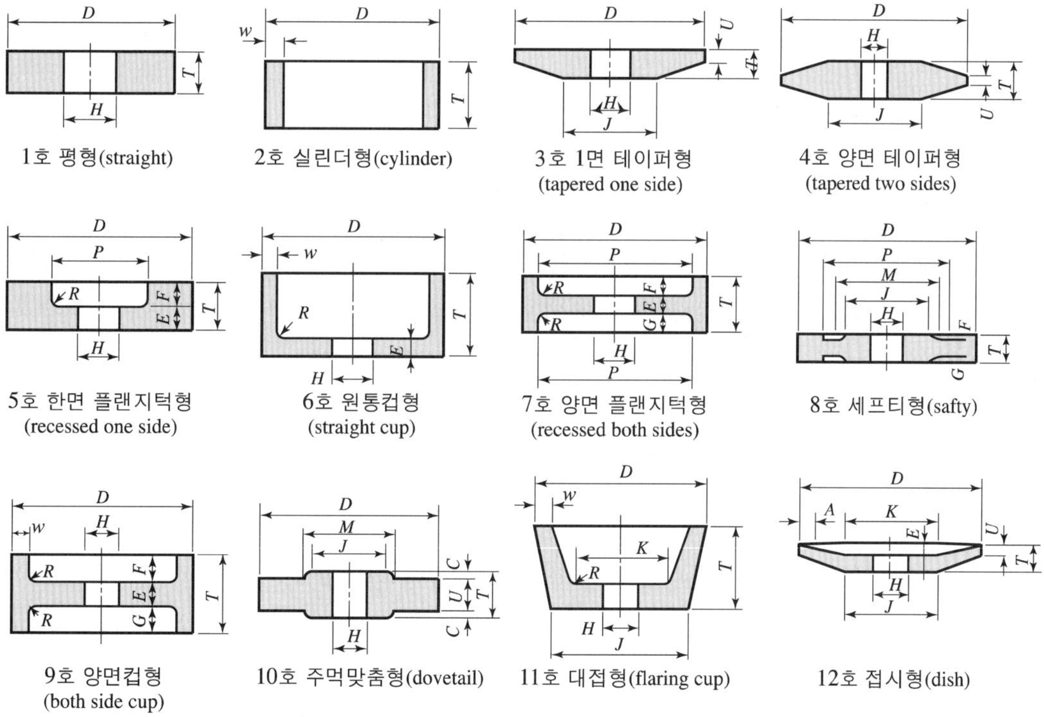

그림 13.7 연삭숫돌의 형상과 규격

(2) 연삭숫돌 표시방법

연삭숫돌을 표시할 때 숫돌입자의 종류, 입도, 결합도, 조직, 결합제, 모양 및 치수(바깥지름×두께×구멍지름), 최고사용 원주속도, 제조자 이름, 제조번호, 제조일자 등을 나타내도

1호(형상) 180(바깥지름) × 13(두께) × 31.75(구멍지름)
GC(입자재질) 80(입도) G(결합도) 4(조직) V(결합제) 1700m/min(최고사용 원주속도)

그림 13.8 연삭숫돌의 표시방법

록 한국산업표준(KS)에서 규정하고 있다. 그림 13.8에 연삭숫돌의 표시방법을 나타내었다.

4) 연삭숫돌의 검사와 설치

(1) 연삭숫돌 검사

연삭숫돌의 종류와 크기 및 모양 등을 선택하고 연삭숫돌의 결함 여부를 검사해야 한다. 먼저 표면에 흠이나 균열이 있는지를 육안으로 외관을 검사하고, 음향검사와 회전검사를 한다.

① **음향 검사:** 연삭숫돌의 원주에서 20~50 mm 떨어진 단면을 돌려가면서 나무 해머로 가볍게 타격하였을 때 음향으로 검사를 하며, 연삭숫돌에 균열 등의 결함이 없으면 맑고 경쾌한 소리가 난다.

② **회전 검사:** 연삭기에 연삭숫돌을 설치하고, 숫돌바퀴에 표시된 안전한 사용속도의 1.5배로 3분 정도 공회전시킨다. 연삭숫돌에 결함이 있을 경우에는 원심력에 의해 숫돌이 파손된다.

(2) 연삭숫돌의 균형 조정

연삭숫돌은 제조과정에서 조직의 불균형, 두께의 불균일 및 중심 구멍의 편심 등이 있으면 회전할 때 진동이 발생하여 정밀한 연삭을 할 수 없게 된다. 따라서 이러한 불균형을 바로 잡기 위해 연삭숫돌의 균형을 맞추어 주어야 한다. 그림 13.9에서 균형추 a와 b의 위

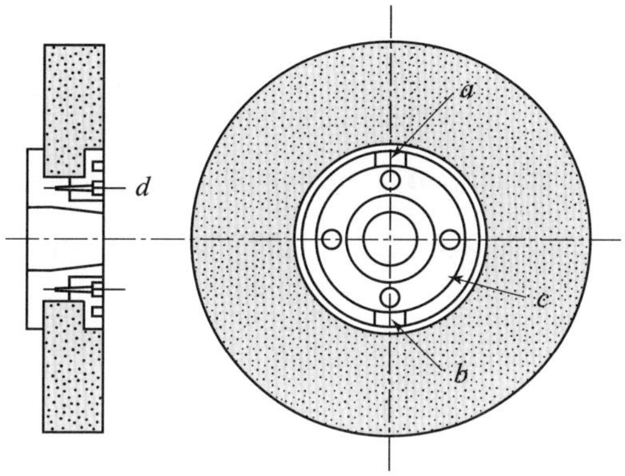

그림 13.9 숫돌 균형추 조정

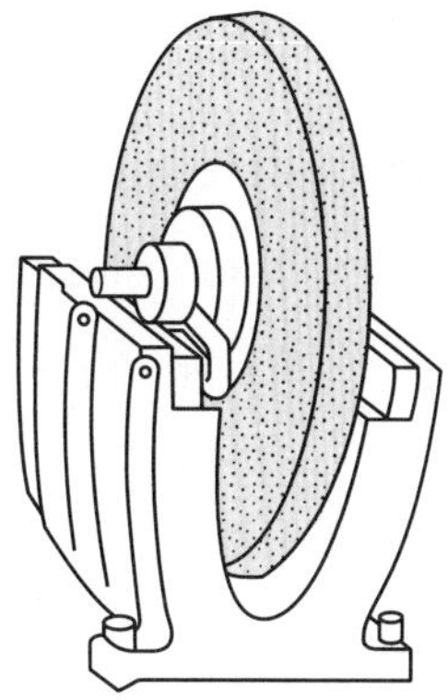

그림 13.10 균형 조정

치를 변경해 가면서 그림 13.10과 같이 균형대에 올려놓고 회전 균형(balancing)을 맞추어 준다.

(3) 연삭숫돌의 설치

평형 연삭숫돌의 경우에는 그림 13.11과 같이 연삭숫돌의 크기에 따라 양쪽에서 플랜지를 대고 나사로 죈다. 이때 연삭숫돌의 양쪽 측면에 붙어 있는 라벨(label)은 그대로 놓고 조여야 하며, 라벨이 없는 경우에는 0.5 mm 내외의 두꺼운 종이나 고무판을 대고 서로 밀착되도록 조여 준다. 나사를 죄는 힘은 연삭숫돌이 회전 중에 풀리지 않을 정도로 고르게 조여야 한다. 그리고 연삭숫돌이 회전 중에 파괴되었을 때 안전사고를 예방하기 위해 반드시 연삭숫돌 덮개를 설치해야 한다.

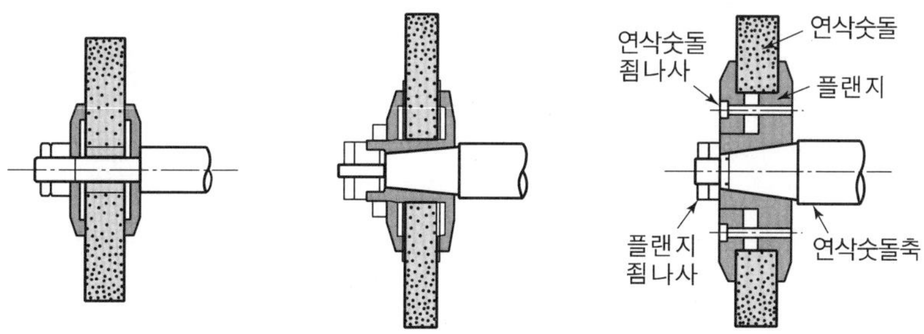

(a) 소형 (b) 중형 (c) 대형

그림 13.11 연삭숫돌의 설치

3. 연삭 가공조건

연삭숫돌의 원주 속도, 공작물의 원주 속도, 절삭깊이, 이송 속도와 이송량 등은 서로 밀접한 관계를 가지고 연삭가공에 영향을 미친다. 따라서 공작물의 재질에 적합한 연삭숫돌을 선택해서 적정한 가공조건으로 연삭가공을 해야 좋은 결과를 얻을 수 있다.

1) 연삭 가공조건

(1) 숫돌의 원주 속도

연삭숫돌의 원주 속도는 연삭능률에 큰 영향을 주는 요소로서, 원주 속도가 너무 빠르면 원심력에 의하여 파괴될 위험이 있으며, 속도가 너무 느리면 숫돌의 마모가 심하게 된다. 표 13.7은 일반적으로 비트리파이드 결합제를 사용한 연삭숫돌의 원주 속도를 나타낸 것이다. 연삭숫돌의 원주 속도를 얻기 위해 필요한 회전수는 다음 식으로 구할 수 있다.

$$n = \frac{1000 \cdot v}{\pi \cdot d}$$

여기서, n: 연삭숫돌의 회전수(rpm)

v: 연삭숫돌의 원주 속도(m/min)

d: 연삭숫돌의 바깥지름(mm)

▶ **표 13.7 연삭숫돌의 원주 속도**

가공의 종류	원주 속도 [m/min]
원통 외면 연삭	1,700～2,000
내면 연삭	600～1,800
평면 연삭	1,200～1,800
공구 연삭	1,400～1,800
나이프 연삭	1,100～1,400
습식 공구 연삭	1,500～1,800
초경 합금 연삭	1,400～1,650

(2) 공작물의 원주 속도

공작물의 원주 속도는 일반적으로 연삭숫돌 원주 속도의 1/100 정도로 하며, 공작물 재질 등에 따라 일정하지는 않다. 평면 연삭에서는 테이블의 이동 속도를 공작물의 원주 속

▶ **표 13.8** 공작물의 원주 속도

(단위: m/min)

구분	연강	담금질강	주철	동합금	경합금
거친 연삭	9~15	10~16	9~15	15~20	24~40
다듬 연삭	6~10	6~10	6~10	14~16	18~20
정밀 연삭	5~8	5~8	5~8	–	–

도로 하며, 표 13.8은 일반적으로 사용하는 공작물의 원주 속도를 나타낸 것이다.

(3) 연삭가공 여유 및 연삭 깊이와 이송

① **연삭가공 여유:** 전(前)가공에서의 공작물의 형상과 치수, 가공면의 거칠기, 열처리 여부 등에 따라 연삭가공을 위해 주는 연삭 여유는 다르게 되며, 가능한 연삭 여유는 작을수록 좋다. 연삭 여유를 너무 크게 주면 연삭가공 시간이 많이 걸리게 되므로 생산성 측면에서 불리하다. 따라서 여러 가지 조건을 고려하여 연삭 여유를 주어야 하며, 표 13.9와 표 13.10은 일반적인 평면연삭과 원통연삭에서의 연삭 여유를 나타낸 것이다.

▶ **표 13.9** 평면연삭 여유

(단위: mm)

공작물의 재질	공작물의 길이					
	100 이하	200 이하	500 이하	1,000 이하	1,500 이하	2,000 이하
강	0.5	1.0	1.5	2.0	2.5	3.0
주철	0.3	0.5	0.8	0.8	1.0	1.0

▶ **표 13.10** 원통연삭 여유

(단위: mm)

공작물 지름	공작물의 길이										
	50	100	150	200	250	350	450	600	750	900	1,000
6	0.15	0.20	0.25	–	–	–	–	–	–	–	–
9	0.17	0.20	0.25	0.30	0.33	–	–	–	–	–	–
12	0.20	0.22	0.28	0.30	0.33	0.38	0.40	–	–	–	–
25	0.22	0.25	0.30	0.33	0.35	0.40	0.45	0.48	0.50	–	–
50	0.30	0.33	0.35	0.40	0.43	0.45	0.48	0.53	0.55	0.60	0.66
75	0.38	0.40	0.43	0.45	0.48	0.50	0.55	0.60	0.63	0.68	0.70
100	0.43	0.45	0.48	0.50	0.53	0.58	0.63	0.68	0.70	0.75	0.80
150	0.50	0.53	0.58	0.60	0.63	0.68	0.73	0.78	0.80	0.85	0.90

▶ **표 13.11** 강재의 연삭 깊이 (단위: mm)

구분	원통연삭	내면연삭	평면연삭	공구연삭
거친 연삭	0.01～0.04	0.02～0.04	0.01～0.07	0.07
다듬질 연삭	0.0025～0.005			0.02

② **연삭 깊이:** 연삭가공을 할 때 1회당 연삭 깊이는 공작물의 재질, 연삭가공의 종류 및 정밀도 등에 따라 적절하게 가감해야 한다. 일반적으로 거친 연삭일 때에는 가능한 연삭 깊이를 많이 주고, 다듬질 연삭을 할 때에는 연삭 깊이를 작게 준다. 표 13.11은 일반적으로 강재를 연삭할 때 1회 이송당 연삭 깊이를 나타낸 것이다.

③ **이송:** 원통연삭을 할 때 공작물의 이송 속도는 원주 속도와 밀접한 관련이 있다. 즉 공작물이 1회전하는 동안 이송을 숫돌 폭보다 크게 하면 나선상의 가공면이 발생할 수 있으므로 공작물의 1회당 이송은 숫돌 폭보다 작게 해야 한다. 이송을 작게 하면 연삭입자가 많이 공작물과 접촉하게 되므로 표면 거칠기는 좋아지게 된다. 일반적으로 강재를 거칠게 연삭할 때 공작물 1회전당 이송을 숫돌 폭의 1/2～3/4으로 한다. 다듬질 연삭에서는 이송을 숫돌 폭의 1/5～1/3 이하로 하며, 주철의 경우에는 강에 비해 이송을 크게 한다. 보통 거친 연삭에서는 이송속도를 1～2(m/min), 다듬질 연삭에서는 0.2～0.4(m/min)로 해준다.

2) 연삭유

(1) 연삭유의 기능

연삭가공에서는 연삭 칩(chip)의 단위체적당 가공 에너지가 커서 발생하는 많은 열이 대부분 공작물에 전달된다. 이와 같이 공작물에 전달되는 많은 열로 인해 재질의 변화와 균열이 발생할 수 있으므로 충분한 연삭유를 공급해 주어야 한다. 이와 같이 연삭가공 부위에 공급하는 연삭유(grinding fluid)는 절삭유로서 가공 부위의 윤활뿐만 아니라 냉각시키고 세척하는 역할을 하여 가공면을 좋게 하고 연삭 깊이를 증가시킬 수 있게 한다.

연삭가공에 연삭유를 사용하지 않는 건식연삭이 있으나, 대부분 연삭유를 사용하는 습식연삭이 많이 사용된다. 연삭유는 가공면의 상태나 숫돌의 마모에 직접적인 영향을 미치므로 다음과 같은 조건을 구비해야 한다.

① 냉각성, 윤활성, 유동성이 좋아야 한다.

② 변질과 부식이 없고 공작물과 기계를 부식시키지 않아야 한다.
③ 악취와 거품의 발생이 없고 인체에 무해해야 한다.
④ 탈락된 숫돌입자와 칩이 걸러진 깨끗한 연삭유를 공급해야 한다.

일반적으로 연삭유로 냉각성능이 좋은 알칼리성 수용액이나 물 1/50~1/100의 유지를 혼합하여 황화촉진제를 첨가한 황화유 등과 같이 물을 주성분으로 한 수용성 절삭유제를 많이 사용한다.

(2) 연삭유의 공급

고속으로 회전하는 연삭숫돌의 주위에는 와류의 공기층이 형성되기 때문에 일반적인 대기압으로는 가공 부위에 연삭유를 침투시키는 데 어려움이 있다. 특히 비트리파이드 결합제를 사용한 다공질의 연삭숫돌은 원심펌프와 같이 중심부의 측면에서 흡수한 공기를 바깥쪽으로 분출시키는 기능을 해서 연삭유의 침투를 방해한다.

그림 13.12(a)와 같이 일반적인 방법으로는 연삭가공 부위를 충분하게 냉각과 세정시키는 데 부족한 점이 있다. 따라서 고압의 노즐로 연삭유를 공급하거나, 그림 13.12(b)와 같이 장애판을 사용하기도 하고, (c)와 같이 특수한 형태의 플랜지를 사용하여 연삭숫돌의 중심 부근에서 연삭유를 공급한다.

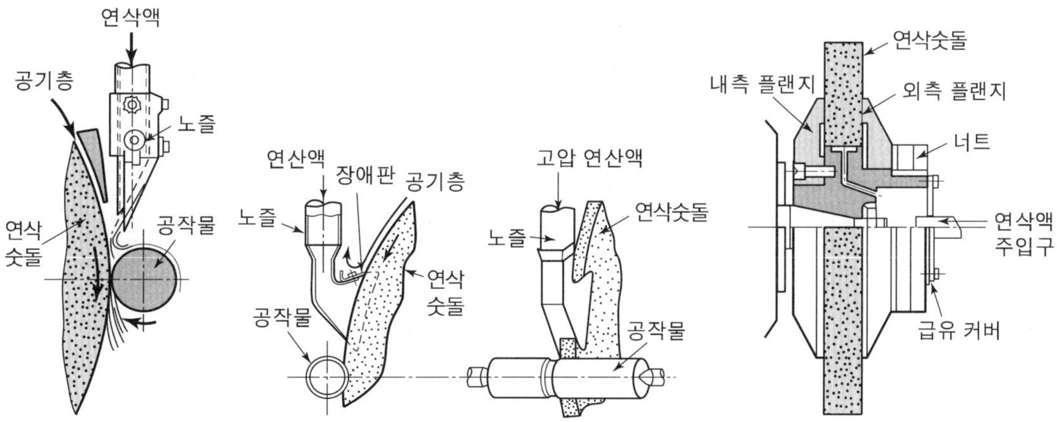

(a) 일반적인 방법 (b) 장애판에 의한 방법 (c) 플랜지를 통한 방법

그림 13.12 연삭유의 공급

13.2 평면 연삭

1. 평면 연삭가공 방식

평면 연삭은 공작물의 평면을 연삭가공하는 것으로서, 연삭숫돌의 바깥둘레 또는 측면을 사용하여 연삭하는 방법이 있다. 또한 연삭기의 주축 방향에 따라서 수평형과 수직형이 있다. 그림 13.13은 수평형 평면 연삭기를 사용하여 가공하는 방식을 나타낸 것으로서 공작물을 왕복운동 시키는 방식과 회전시키는 방식이 있다. 그림 13.14는 수직형 평면 연삭기에서 연삭숫돌의 측면을 사용하여 가공하는 방식을 나타낸 것으로서, 숫돌의 측면이 공작물과 면 접촉을 하므로 동시에 넓은 면을 연삭할 수 있으며 거친 연삭에 적합하다.

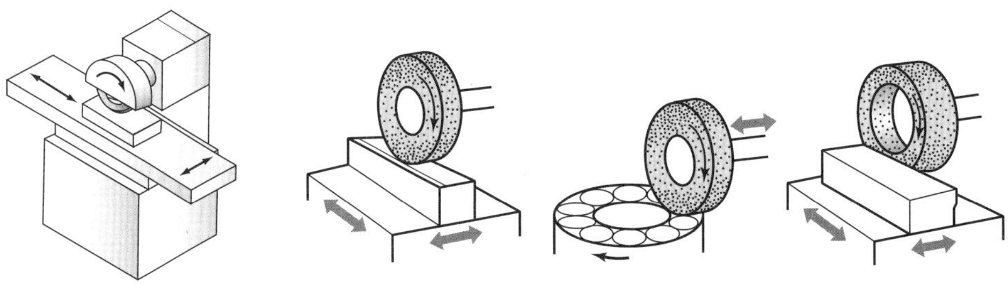

(수평형 평면연삭) (a) 공작물 왕복운동 (b) 공작물 회전운동 (c) 공작물 왕복운동

그림 13.13 수평형 평면 연삭

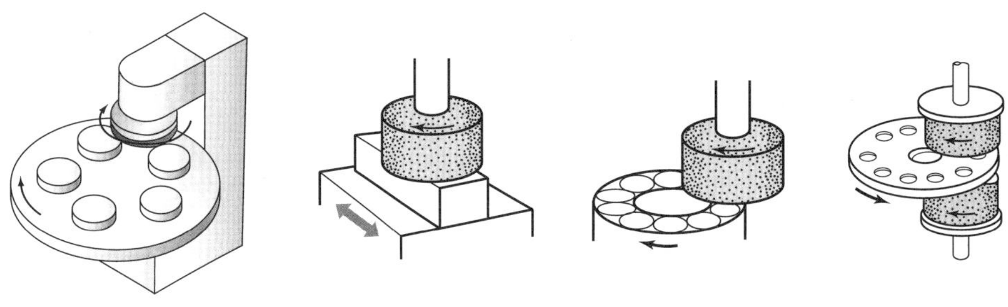

(수직형 평면연삭) (a) 공작물 왕복운동 (b) 공작물 회전운동 (c) 공작물 회전운동

그림 13.14 수직형 평면 연삭

2. 평면 연삭가공

1) 평면 연삭기의 종류

평면 연삭기(surface grinding machine)는 주축의 방향에 따라 수평형 평면 연삭기와 수

직형 평면 연삭기가 있으며, 공작물을 이송시키는 방식에는 테이블 왕복식과 테이블 회전식이 있다.

(1) 수평형 평면 연삭기

그림 13.15는 테이블이 왕복하는 수평형 평면 연삭기로서 연삭숫돌이 주축에 수평으로 설치되어 회전하며, 공작물은 테이블의 마그네틱 척(magnetic chuck)에 정확하게 고정할 수 있다. 숫돌 축은 컬럼을 따라 상하로 이동시킬 수 있으며, 테이블의 왕복운동과 세로이송은 수동 또는 유압장치를 이용하여 자동으로 이동시킬 수 있는 구조로 되어 있다. 연삭기의 크기는 테이블의 최대 이동거리와 테이블의 크기(길이×폭), 숫돌의 최대 크기(바깥지름×두께)로 나타낸다. 테이블이 회전하는 구조인 평면 연삭기는 공작물이 고정된 테이블이 회전하고, 연삭숫돌이 왕복이송하면서 연삭하는 방식이다.

(2) 수직형 평면 연삭기

그림 13.16의 수직형 평면연삭기는 수직으로 세워진 주축에 숫돌을 설치한 것으로서, 테이블은 마그네틱 척에 공작물을 고정하고 회전운동하는 것과 왕복운동하는 것이 있다. 테이블이 회전하는 방식은 연속적으로 회전하는 테이블에 의해 연삭 깊이를 지속적으로 증가시킬 수 있어서 연삭능률을 높일 수 있으며, 여러 개의 소형 공작물을 동시에 연삭할 때 유용하게 사용된다.

그림 13.15 수평형 평면 연삭기

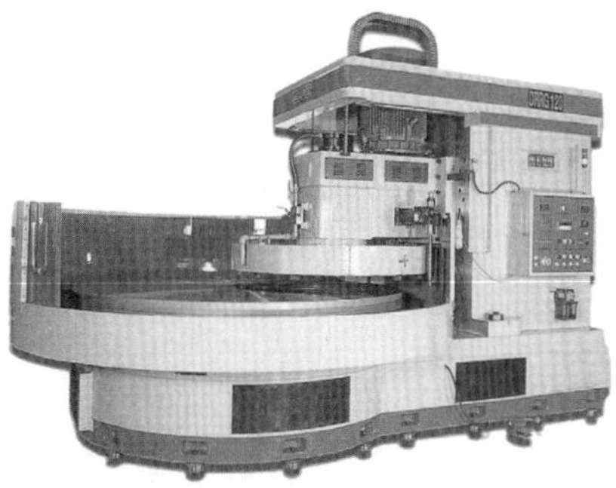

그림 13.16 수직형 평면 연삭기

2) 공작물의 고정

평면 연삭기에서 강재와 같이 자성체 공작물은 테이블에 설치된 자석척(magnetic chuck)을 사용하여 고정한다. 공작물이 비철금속이나 비금속재료일 경우에는 금속 바이스 등의 고

(a) 직사각형 전자척　　(b) 원형 전자척　　(c) 영구 자석척

그림 13.17 마그네틱 척의 형태

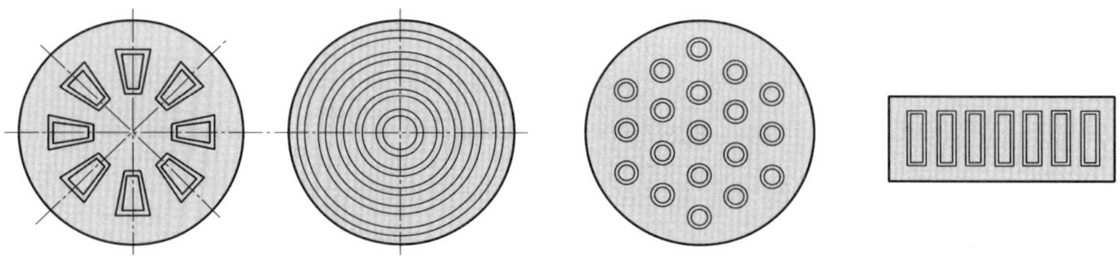

(a)　(b)　(c)　(d)

그림 13.18 자석척의 자극배열 형태

정구를 사용하여 고정할 수 있다. 자석척에는 그림 13.17과 같이 전자척(electro magnetic chuck)과 영구자석척(permanent magnetic chuck)이 있으며, 경사면을 연삭할 때에는 사인 테이블(sine table)을 사용하거나, 기울기를 조절할 수 있는 구조를 가진 전자척을 사용한다. 그림 13.18은 전자척에 사용하는 자극 배열의 여러 형태를 나타낸 것으로서, 매우 연한 재질로 만들어졌으므로 연삭 칩 등에 의해 흠집이 생기지 않도록 주의해야 한다.

3) 평면 연삭가공

(1) 수평형 평면 연삭

수평형 평면 연삭할 때에는 그림 13.19와 같이 연삭숫돌을 아래로 미소량 이송시켜 테이블 위에 고정한 공작물에 연삭 깊이를 주고 테이블을 왕복이송시켜서 연삭한다.

① **테이블의 좌우이송 조정:** 그림 13.19(a)와 같이 공작물 양쪽 끝이 연삭숫돌의 중심에서 약 25 mm 정도 지나가도록 조정한다.

② **테이블의 전후이송 조정:** 그림 13.19(b)와 같이 공작물이 연삭숫돌과 약 3 mm 정도 접촉되게 연삭을 시작하고, 숫돌과 공작물이 떨어질 때까지 이송시킨다. 이때 테이블이 좌우로 이송되는 중간에는 전후이송을 주지 않는 것이 좋다.

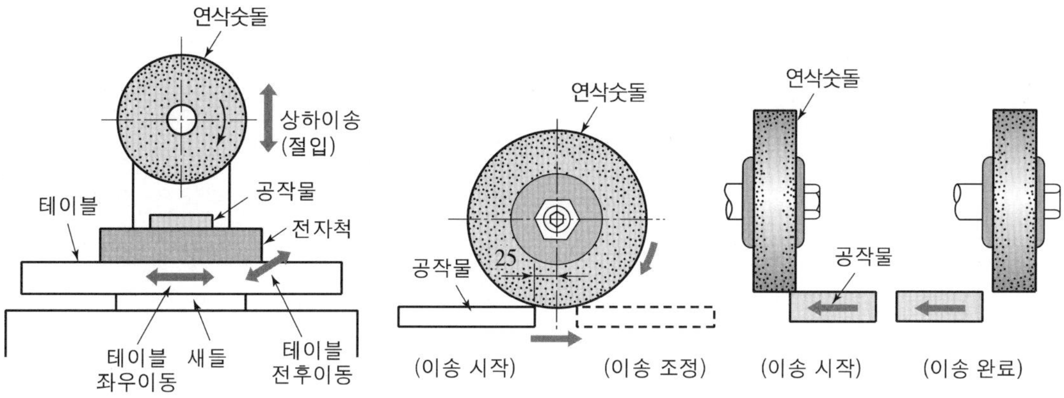

(a) 연삭 기구 (b) 테이블의 좌우이송 (c) 테이블의 전후이송

그림 13.19 수평형 평면 연삭가공

(2) 수직형 평면 연삭

수직형 평면 연삭할 때에는 숫돌 축이 테이블 이송 면에 정확하게 수직이 되어야 그림 13.20(a)와 같은 연삭자국이 생긴다. 숫돌 축이 테이블 면에 약간이라도 경사지게 되면 그림 13.20(b)와 같은 연삭자국이 남게 된다.

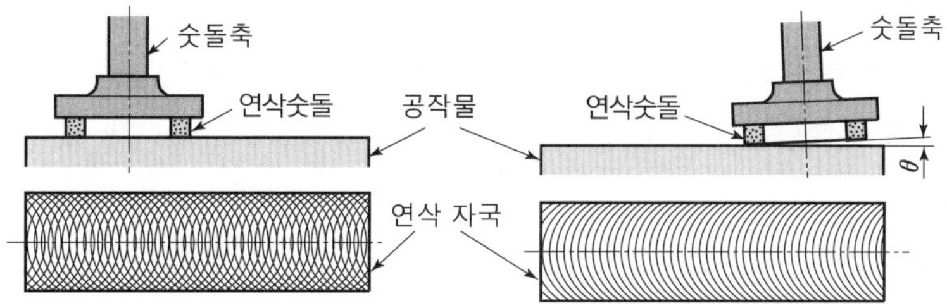

(a) 수직인 숫돌 축 (b) 경사진 숫돌 축

그림 13.20 수직형 평면 연삭가공

13.3 원통 연삭

1. 원통 연삭가공 방식

원통형 공작물의 바깥지름을 연삭하는 가공이 원통 연삭(cylindrical grinding)이며, 가공 방법에는 트래버스(traverse) 연삭과 플런지(plunge) 연삭이 있다.

1) 트래버스 연삭

트래버스 연삭(traverse grinding) 방식에는 그림 13.21(a)와 같이 연삭숫돌을 일정한 위치에서 회전시키고 공작물을 회전시키면서 좌우로 이송시키는 공작물 이송방식과 그림 13.21(b)와 같이 공작물을 일정한 위치에서 회전시키고, 회전하는 연삭숫돌을 좌우로 이송시켜서 가공하는 연삭숫돌 이송방식이 있다. 대부분 공작물을 이송시키는 방식을 많이 사용하지만, 대형 크랭크축과 같이 공작물의 중량이 무겁거나 길이가 긴 공작물을 연삭하는 경우에는 연삭숫돌에 왕복이송을 준다.

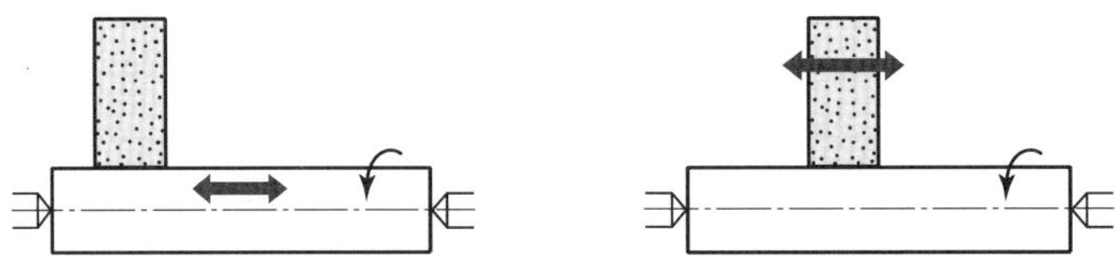

(a) 공작물 이송방식 (b) 숫돌 이송방식

그림 13.21 트래버스 연삭

2) 플런지 연삭

플런지 연삭(plunge grinding)은 그림 13.22(a)와 같이 공작물은 회전만 시키고 연삭숫돌을 공작물의 반지름 방향으로 이송시켜서 바깥지름과 측면을 동시에 연삭하는 방법이다. 연삭할 가공면이 짧은 경우와 특정형상을 가진 총형 공작물을 연삭할 때 플런지 연삭 방식을 사용한다.

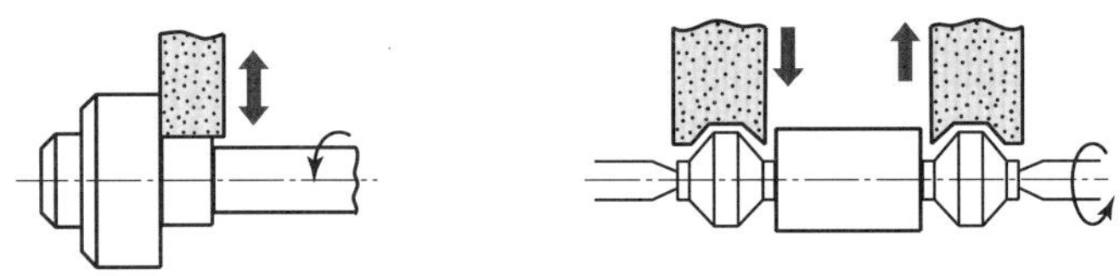

(a) 플런지 연삭 (b) 총형 플런지 연삭

그림 13.22 플런지 연삭

2. 원통 연삭가공

1) 원통 연삭기의 구성

원통 연삭기는 원통형 공작물의 바깥지름, 단 붙이, 테이퍼 등을 가공하는 연삭기로서 기본적인 구조와 외형은 그림 13.23과 같다. 원통 연삭기는 주축대와 심압대, 숫돌대, 이송 테이블과 유압식 구동기구, 절삭유 펌프 등으로 구성되어 있다.

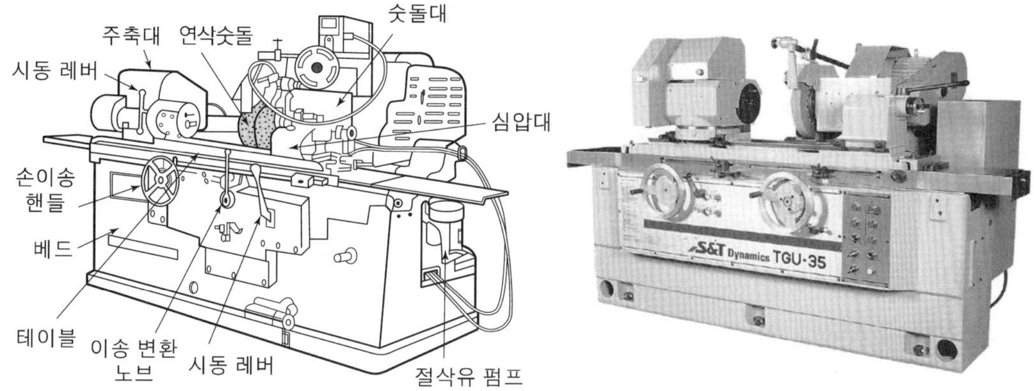

그림 13.23 원통 연삭기의 구조와 외형

(1) 원통 연삭기 숫돌대

숫돌대는 연삭숫돌과 함께 고속으로 회전하므로 진동이 발생하지 않도록 정밀하게 제작되어 있다. 대부분 숫돌축의 회전은 전동기로부터 V벨트에 의해 전달되며, 숫돌축 베어링은 중요한 부분의 하나로서 그림 13.24와 같이 연삭숫돌 쪽에 미끄럼 베어링을 사용한다.

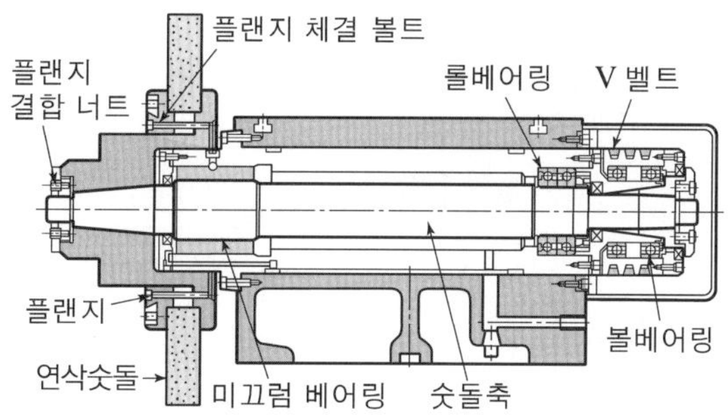

그림 13.24 숫돌대의 구조

(2) 테이블과 테이블 이송장치

테이블은 베드 위 안내면을 따라 좌우로 왕복운동할 수 있으며, 테이블 윗면의 왼쪽에는 공작물 주축대(head stock), 오른쪽에는 심압대(tail stock)가 설치되어 있다. 테이블은 그림 13.25와 같이 상부의 선회 테이블이 하부의 미끄럼 테이블에 대해 일정한 각도만큼 회전시킬 수 있는 구조로 되어 있다. 테이블 이송장치에는 기어장치를 사용한 것과 유압장치를 이용한 것이 있으며, 대부분 유압장치를 이용하여 테이블을 이송시킨다.

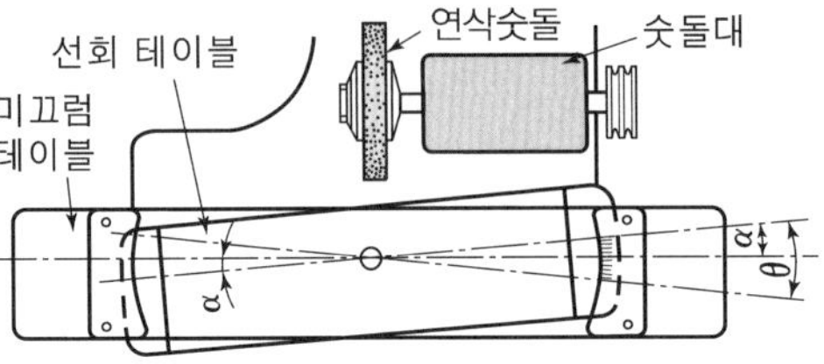

그림 13.25 원통연삭기 테이블

(3) 공작물 주축대와 심압대

① **주축대:** 공작물을 고정하고 회전시키는 주축대는 그림 13.26과 같이 주축, V벨트풀리, 속도변환 장치와 동력원인 전동기가 연결되어 있다. 주축의 속도변환과 동력전달은 무단변속 장치와 V벨트에 의해 이루어지며, 공작물은 주축대와 심압대의 양 센터 사이에 고정하고 회전판으로 공작물에 회전력을 전달할 수 있게 되어 있다.

② **심압대:** 심압대(tail stock)는 그림 13.27과 같이 주축과의 사이에 공작물을 설치하고 스프링의 힘에 의해 공작물을 주축대 방향으로 밀어 붙이는 형태로서, 연삭 열에 의해 공작물이 축 방향으로 팽창·수축하는 문제를 해결할 수 있는 구조이다.

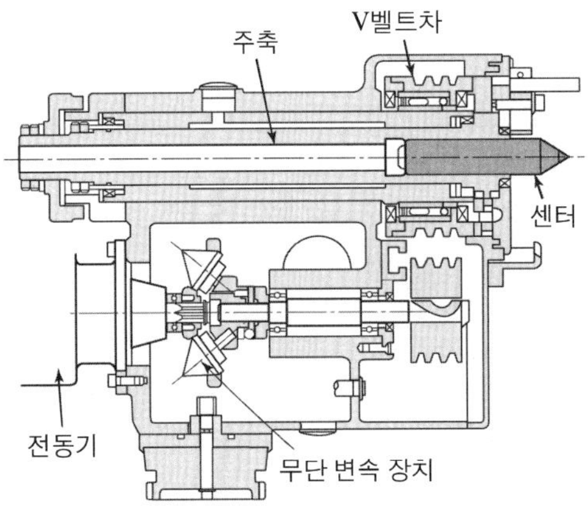

그림 13.26 주축대의 구조

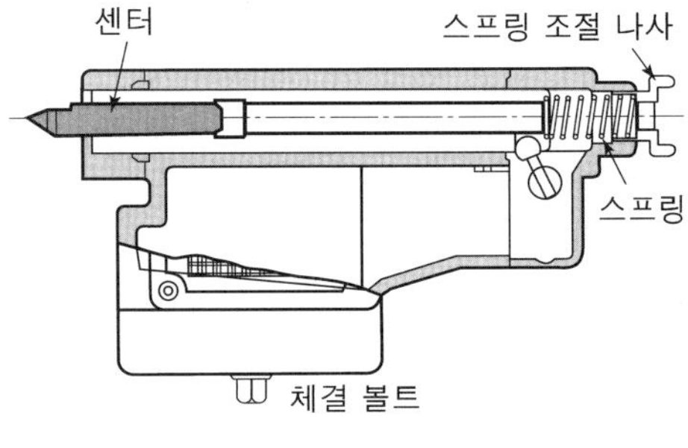

그림 13.27 심압대의 구조

2) 공작물의 고정

(1) 양쪽 센터와 테이블의 평행도 맞추기

공작물을 고정하는 주축대의 센터와 심압대의 센터의 중심이 정확하게 일치하고 테이블이 중심과 평행하게 이동해야만 정밀한 원통을 가공할 수 있다. 따라서 양 센터의 중심과 테이블이 평행하게 이동되도록 검사하고 조정해야 한다. 그림 13.28(a)와 같이 맞춤 게이지를 사용하여 주축대와 심압대의 양쪽 센터 중심을 맞추고, 그림 13.28(b)와 테스트 바를 사용해서 테이블의 평행이동 여부를 검사해서 조정해준다.

(2) 공작물 고정

원통 연삭을 하기 위한 공작물 고정은 기본적으로 척에 의한 방법, 양 센터에 의한 방법, 척과 심압대를 이용하는 방법, 맨드릴을 이용하는 방법 등이 있다. 그림 13.29(a)는 원통형 공작물을 양 센터와 돌리개를 이용하여 고정하는 방법이며, 13.29(b)는 속이 빈 중공 공작물을 맨드릴을 이용하여 양 센터에 고정하는 방법이다.

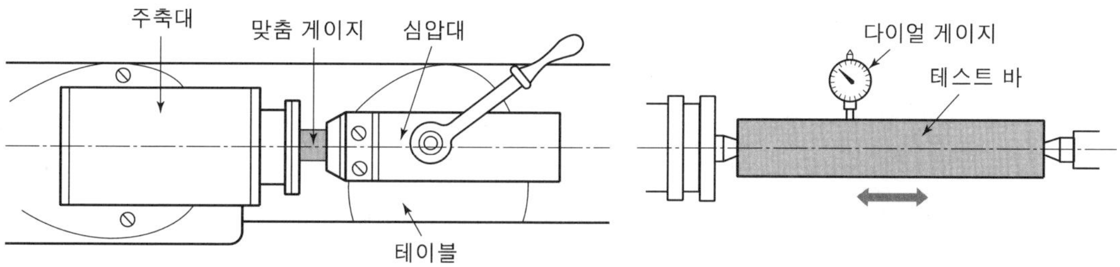

(a) 양 센터 중심 맞추기 (b) 테이블 평행이동 검사

그림 13.28 양 센터 및 테이블 평행도 검사

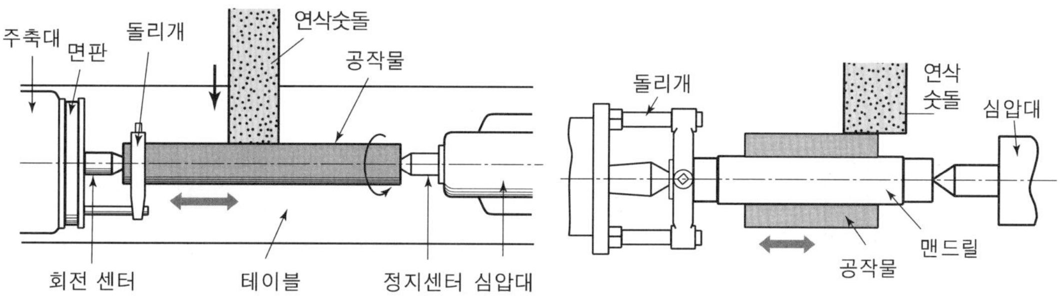

(a) 양 센터에 의한 고정 (b) 맨드릴을 이용한 고정

그림 13.29 공작물 고정과 바깥지름 연삭

3) 원통 연삭가공

(1) 맨드릴을 이용한 바깥지름 연삭

가운데가 비어 있는 중공인 공작물의 바깥지름을 연삭하기 위해 선반가공과 마찬가지로 공작물의 형상에 따라 여러 가지 형태의 맨드릴을 사용한다. 그림 13.30은 맨드릴을 사용하여 공작물을 고정하여 연삭하는 방법을 나타낸 것이다.

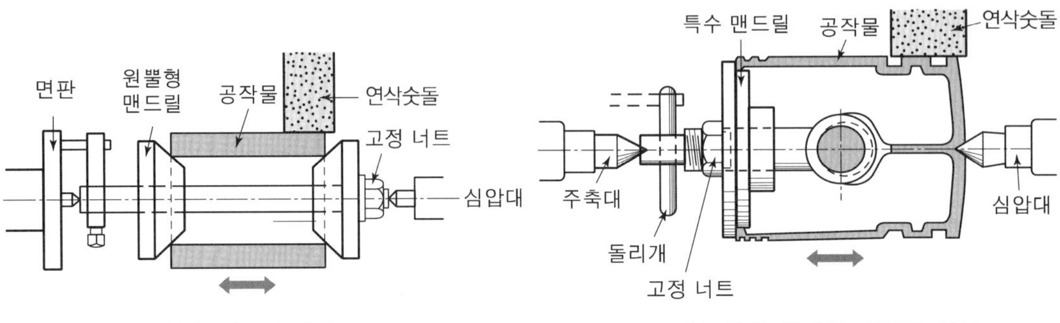

(a) 원뿔 맨드릴 사용 (b) 특정 형태의 맨드릴 사용

그림 13.30 맨드릴을 이용한 원통연삭

(2) 공작물의 측면 연삭

공작물의 축 방향에 수직인 측면을 연삭할 때에는 숫돌의 측면이나 원주면을 사용하여 가공하면 된다. 그림 13.31(a)와 같이 숫돌대를 회전시켜 경사시켜서 연삭하는 방법과 그림 13.31(b)와 같이 맨드릴을 이용해서 측면을 연삭하는 방법이 있으며, 공작물의 크기가 비교적 작고 수량이 많을 경우에는 그림 13.31(c)와 같이 연삭숫돌 두 개를 겹으로 사용하여 플런지 방식으로 바깥지름과 측면을 동시에 연삭하는 방법 등이 있다.

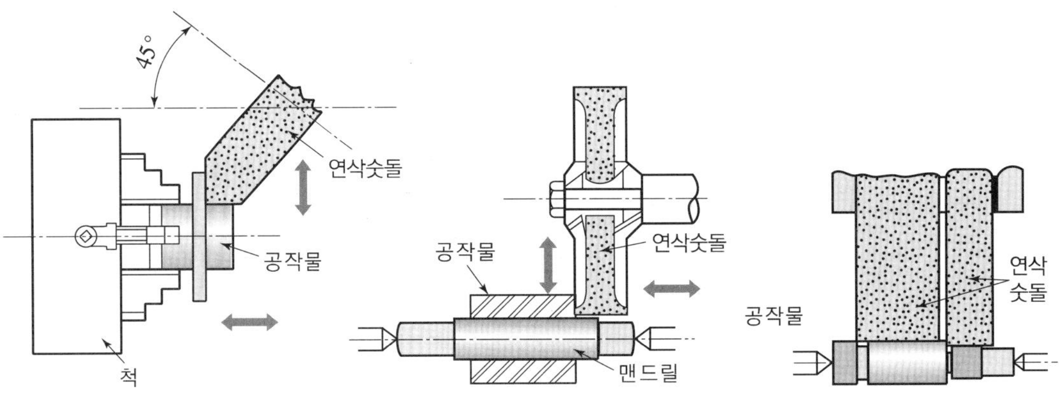

(a) 숫돌대의 경사 (b) 맨드릴 사용 (c) 겹 숫돌 사용

그림 13.31 공작물 측면 연삭방법

(3) 테이퍼 연삭

① **트래버스 연삭:** 길이가 긴 테이퍼를 연삭할 경우에는 그림 13.32(a)와 같이 공작물을 양 센터 사이에 고정하고, 가공할 테이퍼 각도의 1/2만큼 테이블을 선회시켜서 연삭한다. 또한 공작물 길이가 짧은 경우에는 그림 13.32(b)와 같이 공작물을 고정한 주

축대를 테이퍼 각도의 1/2만큼 선회시켜서 연삭하는 방법이 있다.

② **플런지 연삭:** 테이퍼 길이가 짧은 경우 그림 13.33(a)와 같이 공작물을 양 센터 사이에 고정하고, 연삭숫돌을 필요한 각도로 트루잉하여 연삭하는 방법과 그림 13.33(b)와 같이 숫돌대를 필요한 각도만큼 선회하여 연삭하는 방법이 있다.

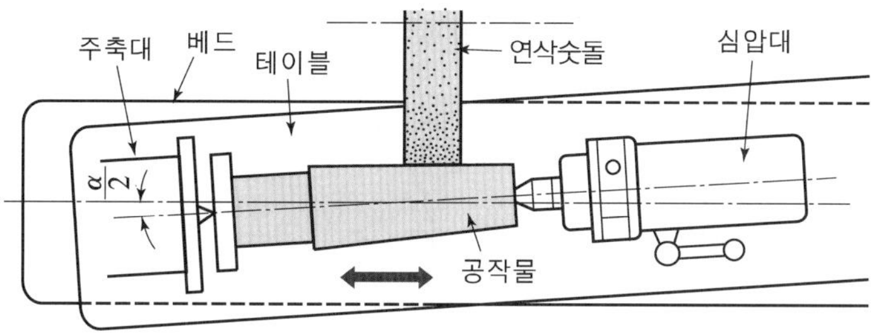

(a) 테이블을 선회하는 방법

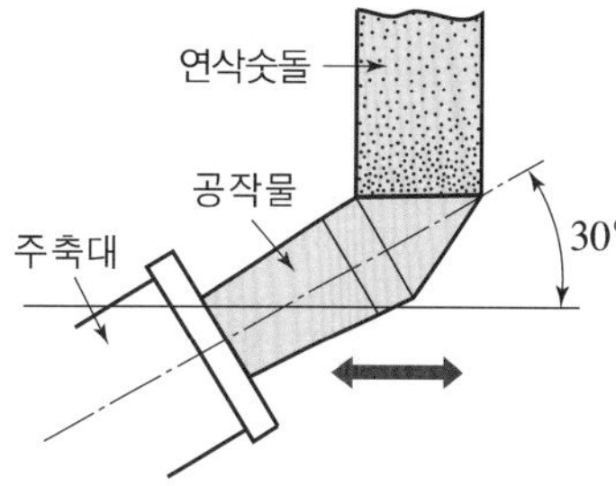

(b) 주축대를 선회하는 방법

그림 13.32 테이퍼 연삭방법(트래버스 연삭)

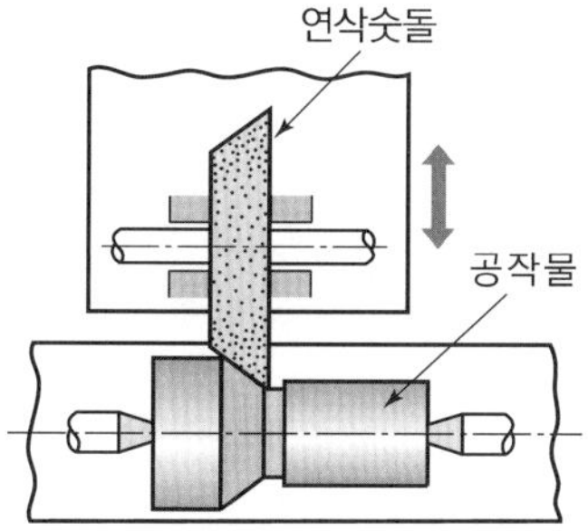

(a) 테이블을 선회하는 방법

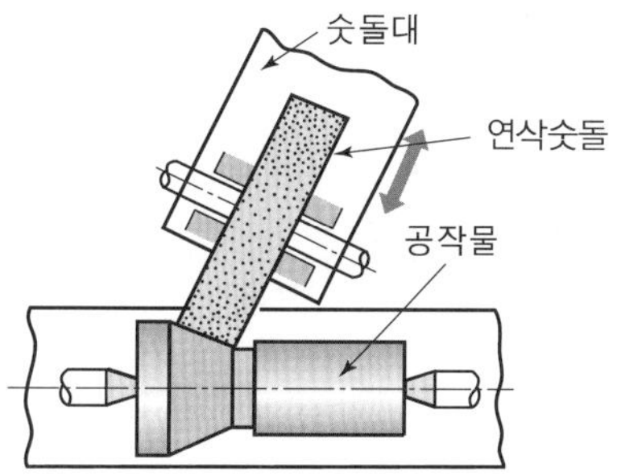

(b) 주축대를 선회하는 방법

그림 13.33 테이퍼 연삭방법(플런지 연삭)

13.4 내면 연삭

1. 내면 연삭가공 방식

뚫려 있는 구멍의 내면을 연삭하는 가공이 내면 연삭(internal grinding)이며, 곧은 구멍 및 테이퍼 구멍 등을 내면연삭기의 가공한계 내에서 정밀하게 다듬질할 수 있다. 공작물이 소형이면서 모양이 단순한 구멍은 그림 13.34(a)와 같이 척으로 공작물을 고정하여 회전시키고 지름이 작은 연삭숫돌을 공작물의 내면에서 회전시키면서 축 방향으로 이송시켜서 연삭한다. 대형 공작물이나 지그 연삭(jig grinding)의 경우에는 그림 13.34(b)와 같이 공작물은 정지하고 연삭숫돌이 회전하면서 유성운동(planetary motion)을 시켜서 연삭한다. 또한 공작물의 길이가 긴 경우에는 그림 13.34(c)와 같이 받침 롤, 조정 롤, 가압 롤을 사용한 센터리스 방식으로 연삭한다.

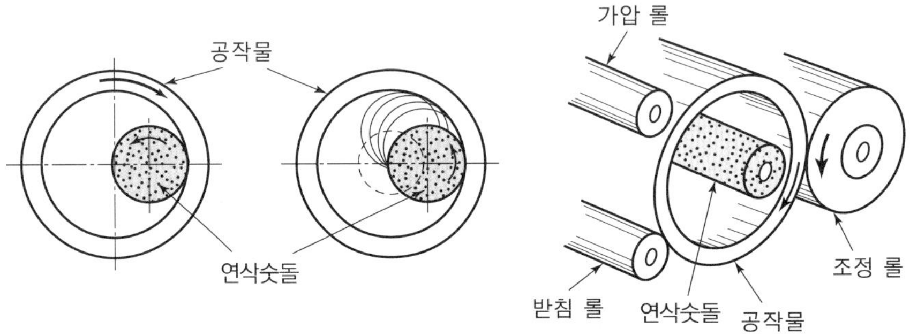

(a) 보통형 (b) 유성형 (c) 센터리스 방식

그림 13.34 내면 연삭방법

2. 내면 연삭가공

1) 내면 연삭기의 구성

내면 연삭기는 전가공에 의해 뚫려 있는 구멍의 내부를 연삭하기 위한 공작기계로서 기본적인 구조와 외형은 그림 13.35와 같다. 내면 연삭기는 공작물을 고정하고 회전시키는 주축대와 연삭숫돌을 설치하고 고속으로 회전시키는 내면 연삭헤드(internal grinding head)와 유성운동 기구를 갖고 있다.

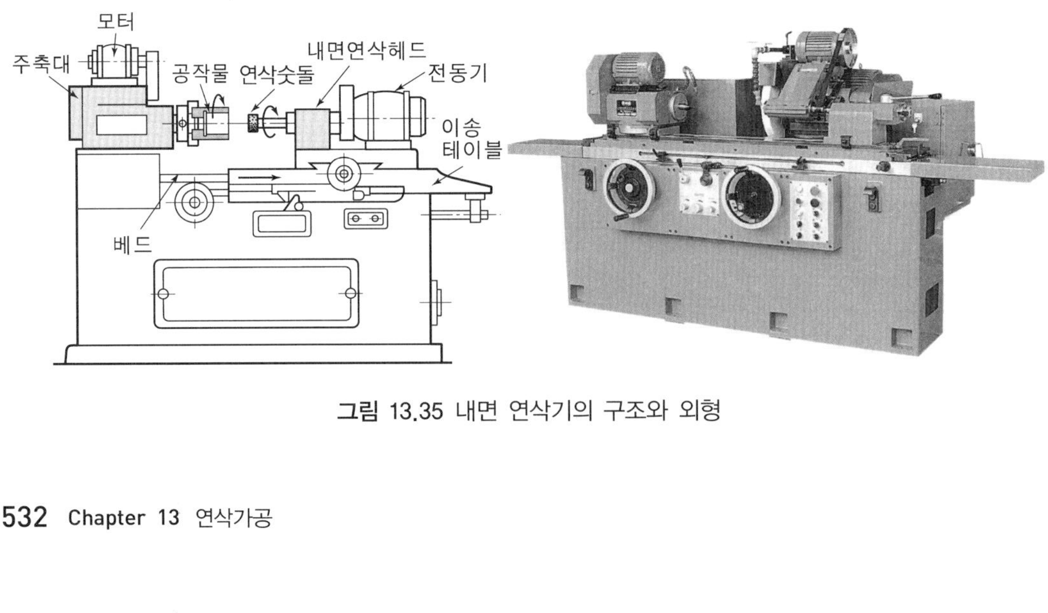

그림 13.35 내면 연삭기의 구조와 외형

(1) 내면 연삭헤드

내면 연삭할 구멍과 숫돌은 대부분 작아서 필요한 연삭속도를 얻기 위해서는 고속회전이 요구되므로 내면 연삭용 숫돌 축 헤드는 견고하고 정밀도가 높아야 한다. 내면 연삭헤드에는 숫돌 축을 교환할 수 있는 형식과 일체형 등이 있으며, 크기 및 길이는 연삭숫돌의 크기와 모양에 따라 달라진다. 그림 13.36(a)는 차체축형(quill type) 연삭헤드이며, 그림 13.36(b)는 선단 베어링형 연삭헤드의 구조를 나타낸 것이다.

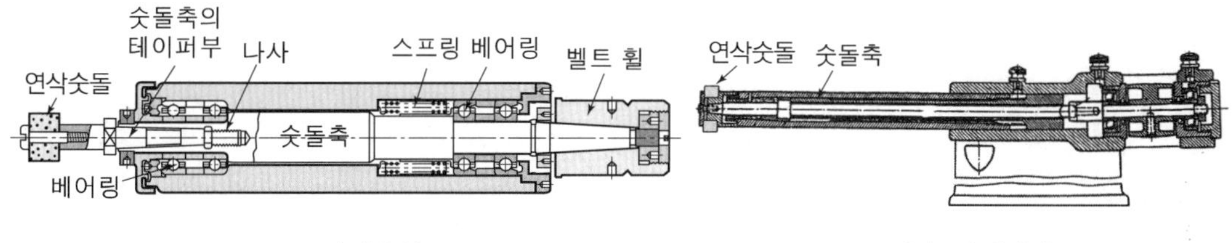

(a) 차체축형 (b) 선단 베어링형

그림 13.36 내면 연삭헤드의 종류와 구조

(2) 숫돌 축의 유성운동

내면 연삭할 구멍이 큰 경우에는 그림 13.37과 같이 숫돌 축이 구멍내면을 따라서 유성운동을 할 수 있도록 유성운동기구(planetary motion mechanism)를 사용한다.

2) 공작물의 고정

그림 13.38은 내면 연삭을 위해 공작물을 고정하는 여러 가지 방법을 나타낸 것으로서, (a)와 같이 공작물을 척에 고정하는 방법이 가장 간단하며, 공작물의 형상과 크기 등에 따라서 앵글 플레이트, 면판, 방진구 등을 이용한 다양한 고정방법을 사용한다. 또한 커넥팅

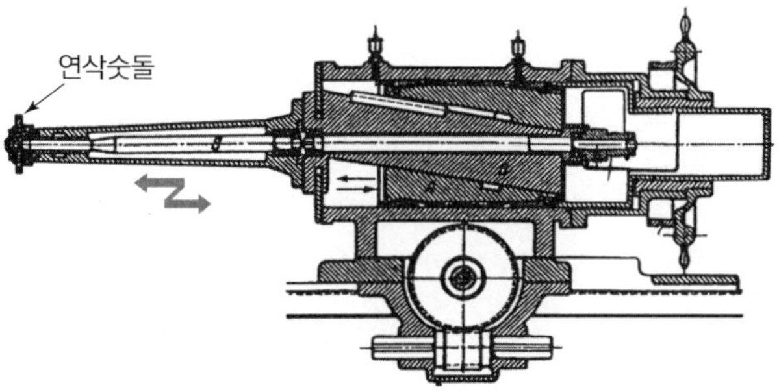

그림 13.37 숫돌 축의 유성운동 기구

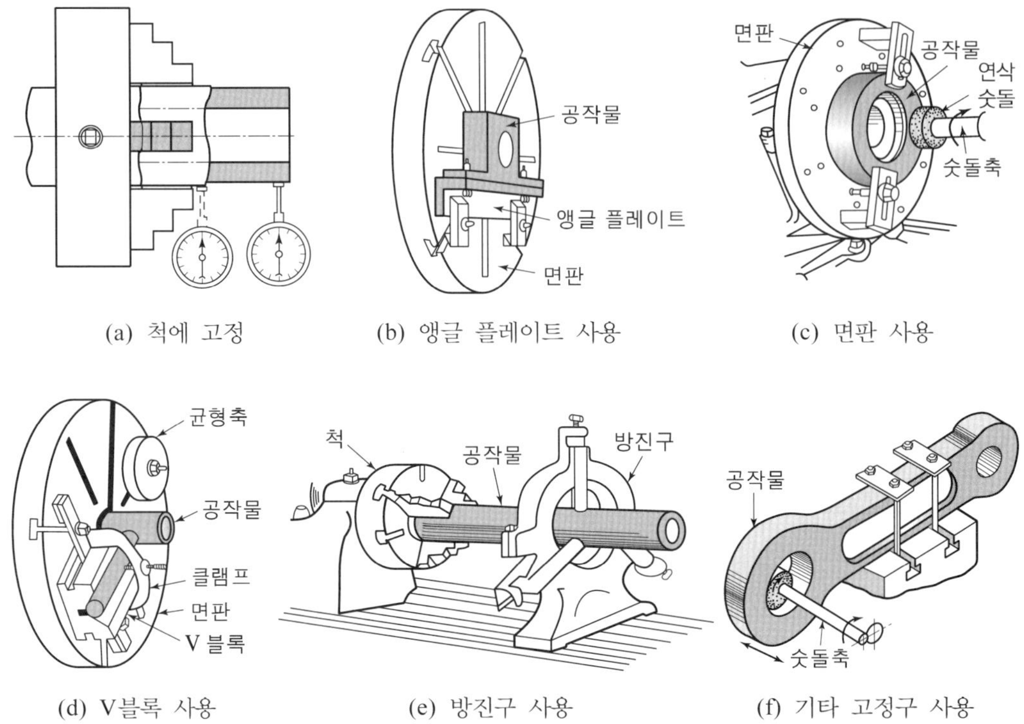

그림 13.38 공작물 고정방법

로드 및 너클 이음의 구멍과 같이 생산수량이 많고 우수한 호환성이 요구되는 내면 연삭에는 공작물 형상에 따라 제작된 고정구와 지그(jig)형 척을 사용하고 있다.

3) 내면 연삭가공

(1) 내면 연삭가공의 특징

내면 연삭은 원통의 외면 연삭에 비교해 다음과 같은 특징이 있다.

① 내면 연삭숫돌의 지름이 가공할 구멍의 지름보다 작기 때문에 숫돌의 단위면적당 일량이 많아져서 숫돌의 마모와 소모가 많다.

② 숫돌 축의 굵기와 길이에 제한이 있으므로 연삭저항에 의한 탄성변형이나 진동으로 인해 치수 및 형상정밀도가 저하되기 쉽다.

③ 구멍이 작을 경우 연삭저항을 줄이기 위해 숫돌의 절입이나 이송에 제약을 받아서 가공능률이 떨어진다.

④ 일반적으로 양호한 연삭 가공면을 얻기 위해서 1,500 m/min 정도의 주속도가 필요하

게 된다. 따라서 연삭숫돌의 지름이 작을 때에는 고속회전이 필요하므로 고주파 모터 또는 공기 터빈에 의한 직접 구동방식의 고속회전용 숫돌 축을 사용해야 한다.

(2) 내면 연삭의 이송방식

내면 연삭기는 숫돌 축과 주축대의 좌우이송 방식에 따라서 그림 13.39와 같이 연삭숫돌 축이 왕복하는 방식과 공작물 주축대가 왕복 이송하는 방식이 있다.

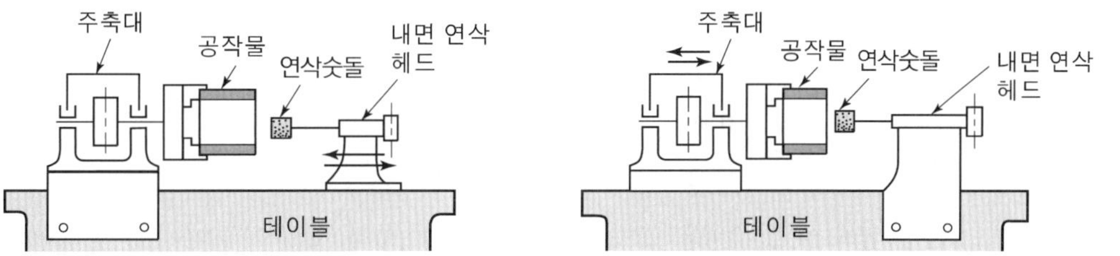

(a) 숫돌축의 이송 (b) 공작물 주축대의 이송

그림 13.39 내면 연삭 이송방식

(3) 내면 연삭가공

① **원통 구멍의 내면 연삭가공:** 그림 13.39와 같이 척을 사용할 경우에는 주축에 고정된 척에 다이얼 게이지를 사용하여 공작물을 정확하게 고정하고 원통의 내면을 연삭한다. 거친 연삭을 거치고 다듬질 연삭가공에서 스파크 아웃(spark out)시킨 후 플러그 게이지를 사용하여 최종치수를 검사한다.

② **테이퍼 구멍의 내면 연삭가공:** 테이퍼 각이 작고 길이가 길 때에는 그림 13.40(a)와 같이 테이블을 테이퍼 각도의 1/2만큼 회전시켜서 연삭하고, 테이퍼 각이 크고 길이가 짧은 경우에는 그림 13.40(b)와 같이 공작물 주축대를 회전시켜서 연삭한다.

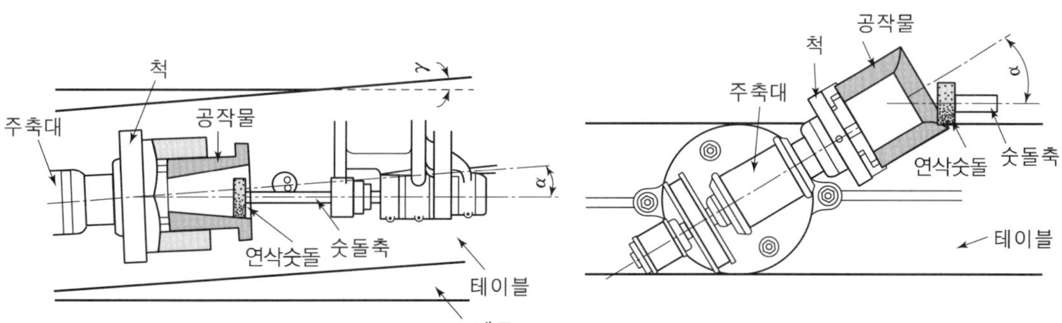

(a) 테이퍼가 긴 경우 (b) 테이퍼가 짧은 경우

그림 13.40 내면 연삭 이송방식

13.5 센터리스 연삭

1. 센터리스 연삭가공 방식

센터리스 연삭(centerless grinding)은 공작물 고정에 척이나 센터를 사용하지 않고 공작물의 외면이나 내면을 연삭하는 가공법이며, 그림 13.41(a)와 같이 연삭숫돌(grinding wheel), 조정숫돌(regulating wheel), 받침날(work rest blade)의 3요소가 공작물을 지지한 상태에서 공작물의 바깥지름을 연삭하는 방식이다. 이때 연삭숫돌 축에 대해 조정숫돌을 경사각(α)을 1～3° 주고 14～40 rpm 정도로 회전시키면 공작물은 축 방향으로 이송된다. 따라서 동일한 지름의 긴 공작물을 연속적으로 연삭할 수 있어서 대량 생산에 적합하다.

이러한 센터리스 연삭은 한 번의 조정으로 가공이 자동적으로 이루어지고 공작물을 연속적으로 공급할 수 있어서 피스톤 핀, 베어링 레이스, 롤과 같이 원형 단면의 공작물과 테이퍼 핀 및 드릴 자루와 같이 테이퍼가 있는 부품의 대량생산에 유용하다. 따라서 센터리스 연삭의 사용범위가 센터리스 원통연삭(centerless cylindrical grinding), 센터리스 내면연삭(centerless internal grinding), 센터리스 나사연삭(centerless thread grinding) 분야로 점차 폭 넓게 적용되고 있다.

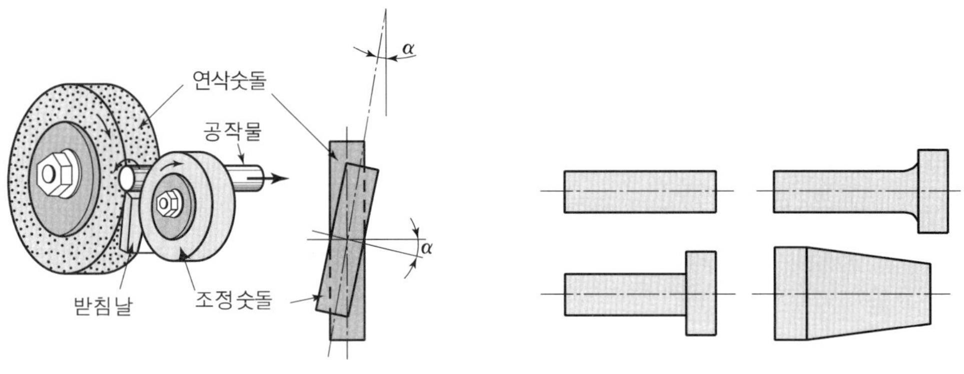

(a) 센터리스 연삭기구 (b) 센터리스 연삭가공 제품

그림 13.41 센터리스 연삭

2. 센터리스 연삭가공

1) 센터리스 연삭기의 구성

그림 13.42는 센터리스 연삭기의 구조와 외형을 나타낸 것으로서, 연삭숫돌은 베드 위에 고정하고, 조정숫돌대는 베드 위에서 좌우로 미끄럼 이동할 수 있다. 조정숫돌대에 고정되

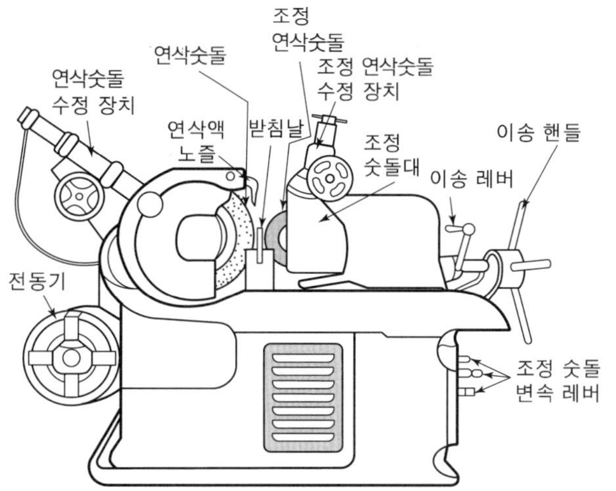

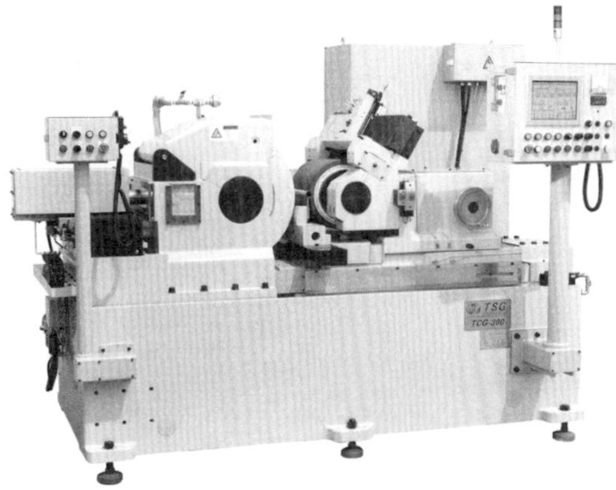

그림 13.42 센터리스 연삭기의 구조와 외형

어 있는 공작물 지지대(work rest) 위에 받침날을 붙여서 공작물의 높이를 조정할 수 있는 구조로 되어 있다.

(1) 조정숫돌

조정숫돌은 연삭숫돌과 같은 방향으로 회전하면서 마찰에 의해 공작물을 회전시킨다. 또한 연삭숫돌 축에 대해 조정숫돌을 경사각(α)만큼 약간 기울여주면 공작물이 회전하면서 축 방향으로 자동으로 이송된다. 따라서 조정숫돌의 마찰력을 높이기 위해 결합제는 마찰계수가 크고 탄성이 있는 고무계를 사용한다. 그림 13.43은 공작물 형상이 특수한 경우에 조정숫돌을 사용하는 방법을 나타낸 것이다.

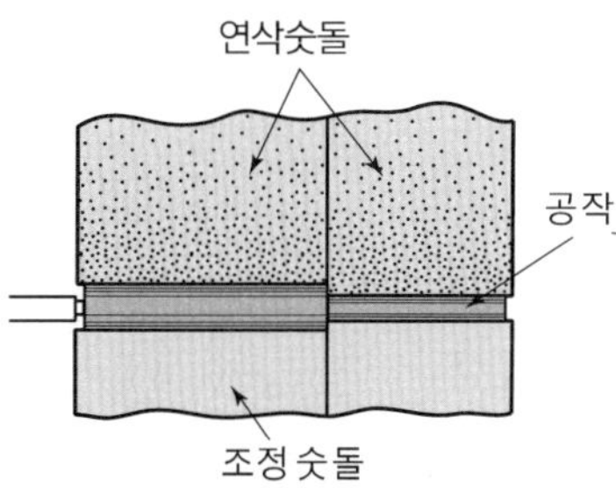

(a) 지름이 다른 경우

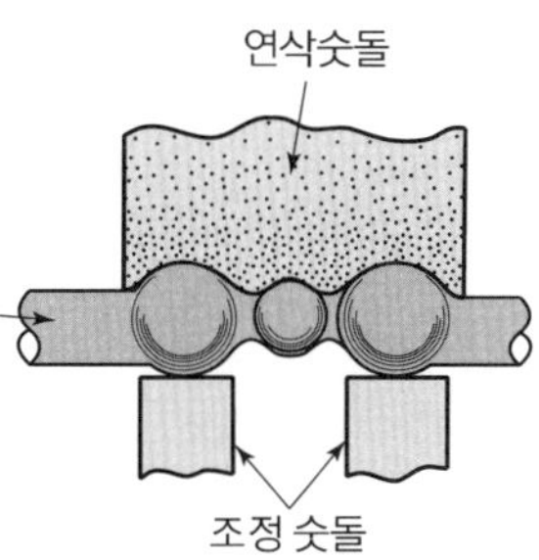

(b) 총형인 경우

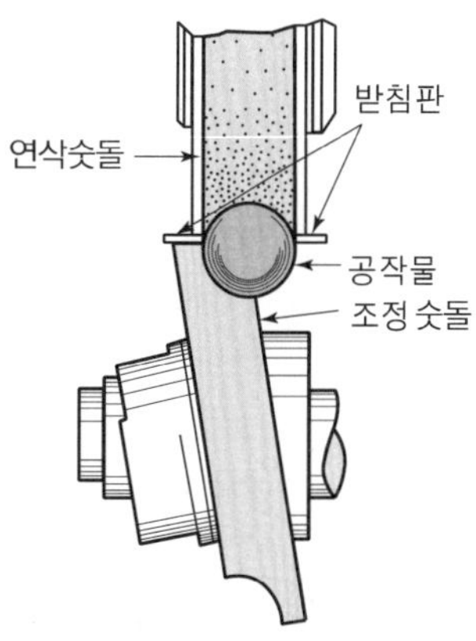

(c) 볼 베어링인 경우

그림 13.43 공작물 형상이 특수한 경우의 조정숫돌

(2) 공작물 받침날

공작물 받침날은 그림 13.44(a)와 같이 받침대에 고정시켜서 공작물의 높이를 조절해주며 지지해주는 역할을 한다. 받침날은 내마모성이 우수한 고속도강, 초경합금 등을 사용하여 제작하며, 그림 13.44(c)와 같이 여러 가지 형상이 사용된다.

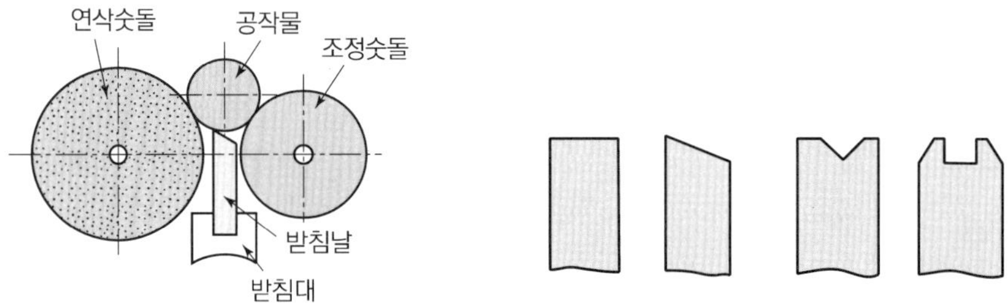

(a) 받침날의 역할 (b) 받침대 (c) 받침날

그림 13.44 받침날의 사용

2) 센터리스 연삭가공

(1) 공작물의 이송

① **통과 이송법:** 통과 이송법(through-feed method)은 세로 이송법이라고도 하며, 그림 13.45(a)와 같이 지름이 동일한 원통형 공작물을 연삭숫돌과 조정숫돌 사이에 넣고 받침날로 지지하고 한쪽에서 밀어 넣어 통과시켜서 연삭하는 방식이다. 이때 연삭숫돌 축에 대해 경사각(α)을 갖고 설치된 조정숫돌을 느리게 회전시키면 공작물이 회전과 함께 축 방향으로 자동적으로 이송되면서 연삭가공 된다. 이와 같이 조정숫돌은 공작물에 회전과 이송을 주는 역할을 한다. 이때 조정숫돌 1회전당 공작물이 이송되는 길이(f)는 다음 식과 같이 구할 수 있다.

$$f = \pi \cdot d \cdot \sin\alpha$$

여기서, f: 조정숫돌 1회전당 공작물 이송량(mm)
d: 조정숫돌의 지름(mm)
α: 연삭숫돌에 대한 조정숫돌의 경사각(°)

② **먹임 이송법:** 먹임 이송법(in-feed method)은 가로 이송법이라고도 하며, 공작물이 연삭숫돌 폭보다 짧거나 턱이 있을 경우에는 통과이송이 불가능하므로 그림 13.45(b)와 같이 공작물을 받침판 위에 올려놓고 플런지 연삭하는 방법이다.

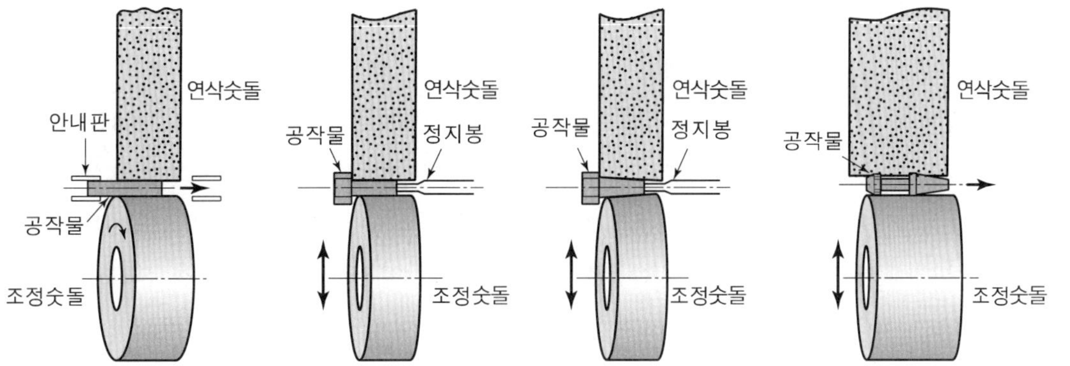

(a) 통과 이송　　(b) 먹임 이송　　(c) 끝 이송　　(d) 통과 먹임 이송

그림 13.45 센터리스 연삭의 이송방법

③ **끝 이송법:** 끝 이송법(end-feed method)은 공작물의 길이가 연삭숫돌의 폭보다 짧고 테이퍼가 있어서 통과 이송이 불가능할 때, 그림 13.45(c)와 같이 정지봉(stopper) 있는 위치까지 연삭하는 방법이다.

④ **통과 먹임 이송법:** 통과 이송과 먹임 이송을 조합한 방식으로서 연삭량이 많거나, 지름이 다른 부분을 한 번의 통과로 연삭할 수 있는 장점이 있다.

(2) 외면 센터리스 연삭

외면을 센터리스 연삭하는 방식에는 그림 13.46(a)와 같이 숫돌 축은 베드에 고정되고 공작물의 지름에 따라 조정숫돌과 받침날을 이동시켜서 연삭하는 방식과 그림 13.46(b)와 같이 받침날은 고정되고 연삭숫돌과 조정숫돌을 이동시켜서 연삭하는 방식이 있다.

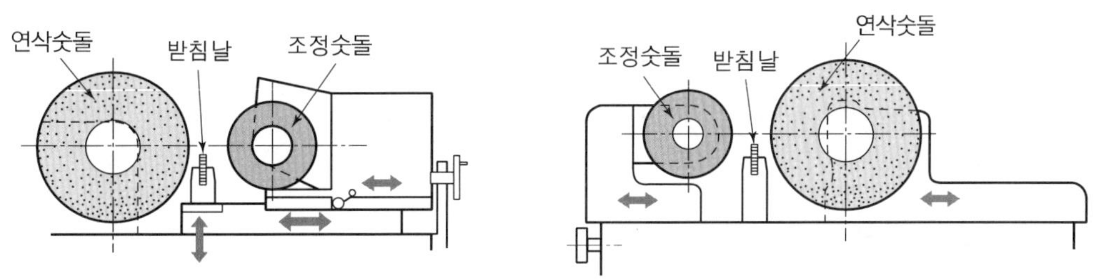

(a) 조정숫돌과 받침판의 이송　　(b) 조정숫돌과 연삭숫돌의 이송

그림 13.46 외면 센터리스 연삭가공

(3) 내면 센터리스 연삭

외면을 센터리스 연삭하는 방식은 그림 13.47과 같이 원통형 공작물을 3개의 롤로 지지하고 공작물의 외면을 기준으로 내면을 센터리스 연삭하는 방법이다. 그림 13.47(b)와 같이 공작물의 중심과 지지 롤의 중심이 일치하는 on 센터방식과 그림 13.47(c)와 같이 공작물의 중심을 지지 롤의 중심보다 높게 설치한 high 센터방식이 있다. 내면 센터리스 연삭은 회전 정밀도가 높아서 공작물의 내면과 외면의 편심이 작아서 동심도와 진원도가 우수하다. 또한 두께가 얇은 공작물도 연삭할 수 있는 등 장점이 있으며, 구멍이 긴 공작물을 가공하기 위해서는 길이가 긴 숫돌 축이 필요하게 된다.

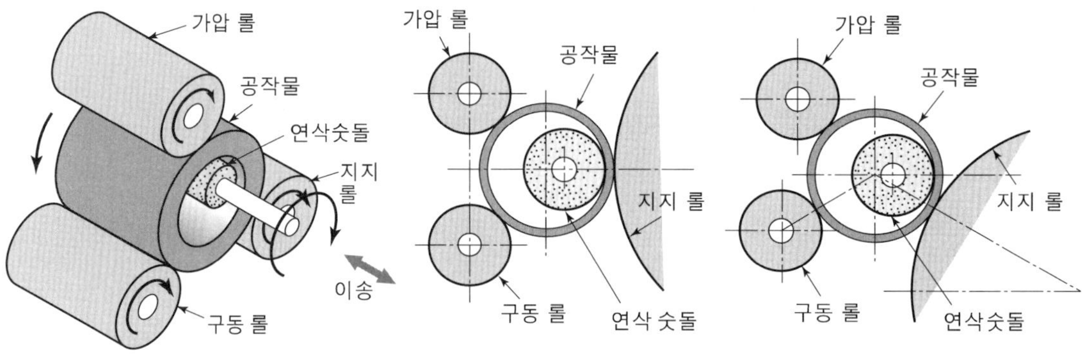

(a) 내면 연삭기구 (b) on 센터방식 (c) high 센터방식

그림 13.47 내면 센터리스 연삭가공

13.6 전용 연삭기

1. 공구 연삭기

1) 만능 공구 연삭기

만능 공구 연삭기(universal tool cutter grinding machine)는 여러 가지 부속장치를 사용하여 밀링커터, 호브, 리머 등의 절삭공구를 정밀하게 연삭할 수 있는 연삭기이다. 만능 공구연삭기에서 밀링커터 등의 공구를 연삭할 때에는 그림 13.48과 같이 원판형, 컵형, 접시형 단면형상을 가진 연삭숫돌을 주로 사용한다. 그림 13.49는 만능 공구연삭기를 나타낸

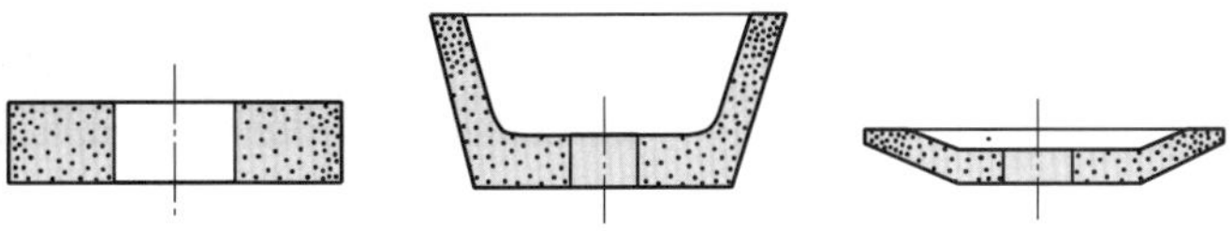

(a) 원판형 (b) 컵형 (c) 접시형

그림 13.48 공구 연삭용 연삭숫돌의 형상

그림 13.49 만능 공구 연삭기

(a) 플레인커터 연삭 (b) 호브커터 연삭 (c) 정면커터 연삭

그림 13.50 각종 공구의 연삭

것으로서, 주축대나 심압대를 떼어내고 여러 가지 부속장치를 설치할 수 있는 구조로 되어 있다. 그림 13.50은 여러 가지 부속장치를 이용하여 공구를 연삭하는 것을 나타낸 것이다.

2) 드릴 연삭기

드릴의 날 끝을 일반적인 공구 연삭기에서 손으로 연삭하면 절삭날 각을 정확하게 맞추기가 어려우므로 그림 13.51(a)와 같이 드릴 연삭장치를 사용하여 날 끝과 여유면을 연삭한다. 또한 그림 13.51(b)와 같은 전용 드릴 연삭기(drill grinder)를 사용하면 드릴을 정도가 높게 균일하게 대량으로 연삭할 수 있다.

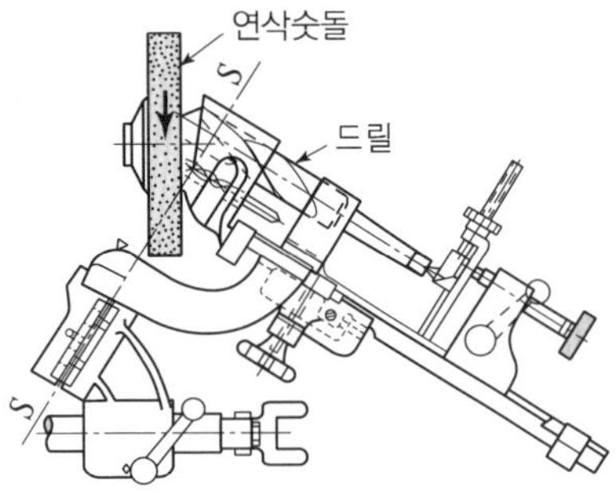

(a) 드릴 연삭장치

(b) 드릴 연삭기

그림 13.51 드릴 연삭방법

2. 나사 연삭기

1) 나사 연삭방식

일반적으로 절삭가공에 의해 가공된 나사의 정밀도를 높이기 위해 연삭가공하며, 담금질한 소재에 바로 나사산을 연삭가공하는 방법도 있다. 그림 13.52(a)와 같이 1산형 숫돌에 의한 연삭방법은 바이트에 의한 나사 절삭원리와 같은 방식으로서, 나사산의 비틀림 각만큼 숫돌 축을 경사지게 조정하면 된다. 나사 연삭기의 숫돌 이송나사(lead screw)의 정밀도가 높으므로 1산형 숫돌에 의해 연삭되는 나사의 정밀도가 우수하다. 그림 13.52(b)는 다산형 연삭숫돌을 사용하여 나사를 연삭하는 방식을 나타낸 것이다.

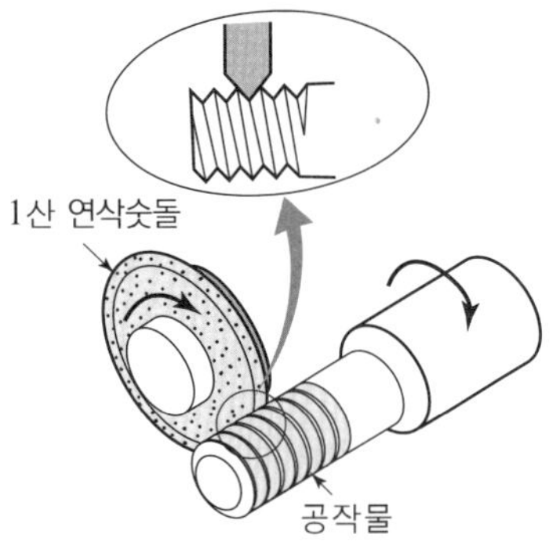

(a) 1산형 숫돌에 의한 나사 연삭

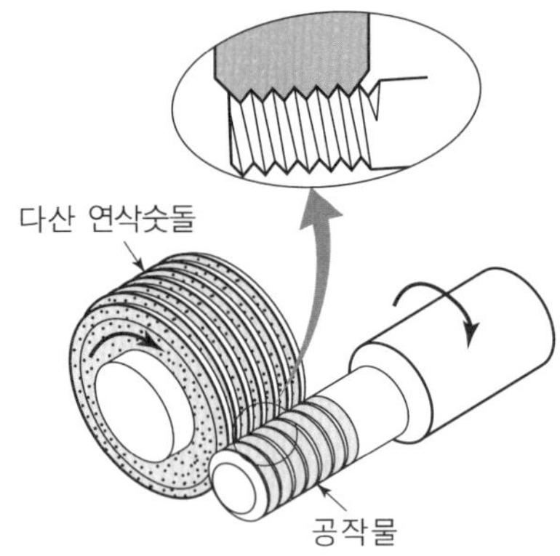

(b) 다산형 숫돌에 의한 나사 연삭

그림 13.52 나사 연삭방법

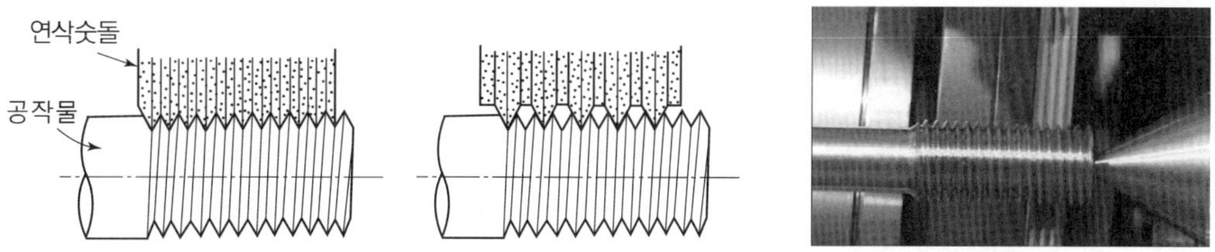

(a) 플런지 연삭 (b) 트래버스 연삭 (c) 나사 연삭가공

그림 13.53 다산형 나사 연삭방법

다산 연삭숫돌에 의한 나사 연삭에서 그림 13.53(a)는 나사의 길이보다 숫돌의 폭이 넓은 연삭숫돌로 플런지 방식으로 연삭하므로 가공능률이 좋다. 또한 그림 13.53(b)는 가공할 나사와 1산을 걸러 만든 연삭숫돌을 사용하여 트래버스 방식으로 연삭하는 방법으로서, 가공 부위에 연삭유의 투입이 용이하여 절삭물의 배출이 좋아서 공작물의 회전을 높일 수 있으며, 가는 나사의 연삭에 적합하다.

2) 나사 연삭기

게이지용 나사 등과 같이 높은 정밀도가 요구되는 경우에는 나사 연삭기(thread grinding machine)를 사용하여 나사를 연삭해야 한다. 그림 13.53(c)는 다산형 연삭숫돌을 사용하여 나사를 연삭하는 것을 나타낸 것이다. 나사 연삭에서는 연삭숫돌의 윤곽형상에 따라 연삭되므로, 연삭숫돌을 나사의 형상대로 정확하게 트루잉(truing) 해야 한다. 따라서 나사 연삭기에 구비된 트루잉 장치를 사용하여 항상 올바른 숫돌형상을 유지할 수 있도록 트루잉을 해준다.

3. 기어 연삭기

1) 기어 연삭 방식

기어는 동력과 운동을 전달하는 데 사용되는 기계요소로서, 고속회전에 따른 진동 및 소음과 마찰 등을 줄이기 위해 점차 높은 정밀도가 요구되고 있다. 기어 연삭기(gear grinding machine)는 절삭가공으로 치형을 생성하고 열처리한 기어를 연삭가공하기 위한 공작기계로서, 기어 연삭방식에도 기어 절삭방법과 마찬가지로 성형법과 창성법을 사용한다.

① **성형법:** 그림 13.54(a)와 같이 총형 숫돌을 사용하여 기어의 치면을 연삭하는 방법으로서, 기어의 홈과 같은 단면으로 성형한 연삭숫돌을 사용하여 기어 홈을 하나씩 분할하여 연삭하는 방법이다. 이러한 성형법(formed wheel method)은 기어의 잇수, 모

듈, 압력각의 변화에 따라 연삭숫돌의 형상을 바꿔야 한다. 또한 숫돌의 마모에 따라 기어 잇면의 치형곡선에 오차가 발생하는 단점이 있으므로, 정밀한 기어의 연삭에는 적합하지 않다.

② **창성법:** 그림 13.54(b)와 같이 숫돌의 단면을 래크형으로 성형하여 회전시키면서 동시에 기어의 축 방향으로 왕복이송을 주고, 공작물은 래크형 숫돌과 정확한 물림운동을 할 수 있도록 회전과 직선운동을 조합한 구름운동을 주어서 치형을 창성하는 연삭법이다. 대부분의 기어연삭에 이러한 창성법(generating method)을 사용하고 있으며, 래크형 창성 연삭법이라고도 한다.

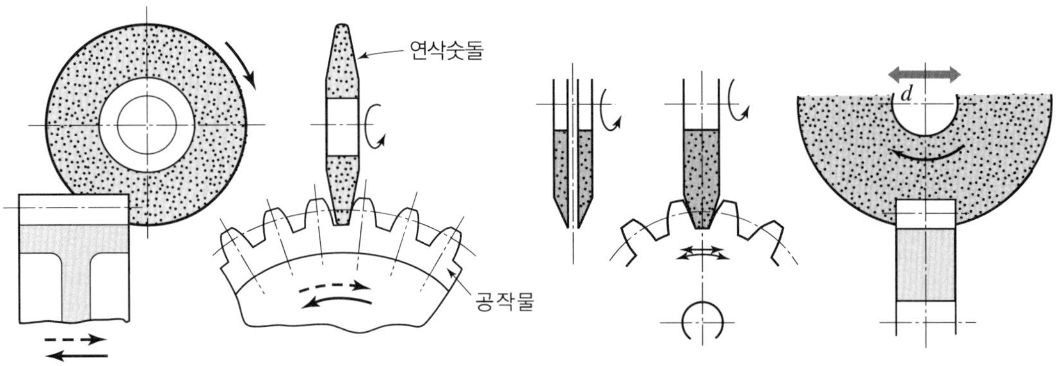

(a) 총형 숫돌에 의한 성형연삭 (b) 래크형 숫돌에 의한 창성 연삭

그림 13.54 기어 연삭방식

2) 기어 연삭

가장 많이 사용되고 있는 마그 기어 연삭기(Maag gear grinding machine)는 소형 기어는 물론 지름이 3.5 m 정도에 이르는 기어까지 연삭할 수 있는 여러 종류의 크기와 형식을 가진 연삭기가 있다. 마그 기어 연삭기는 숫돌과 연삭할 기어의 접촉이 가볍게 이루어지므로, 기계와 부속장치의 정밀도에 따라 공작물의 정밀도가 좌우된다. 그림 13.55(a)는 마그 기어 연삭기에서 0°법(zero degree method)에 의한 기어 연삭방법을 나타낸 것이다. 0°법은 기어의 이 두께를 측정하는 원리와 같으며 2개의 숫돌 축을 평행하게 놓은 것으로서, 가공할 기어의 폭보다 연삭숫돌의 이동거리가 길면 된다.

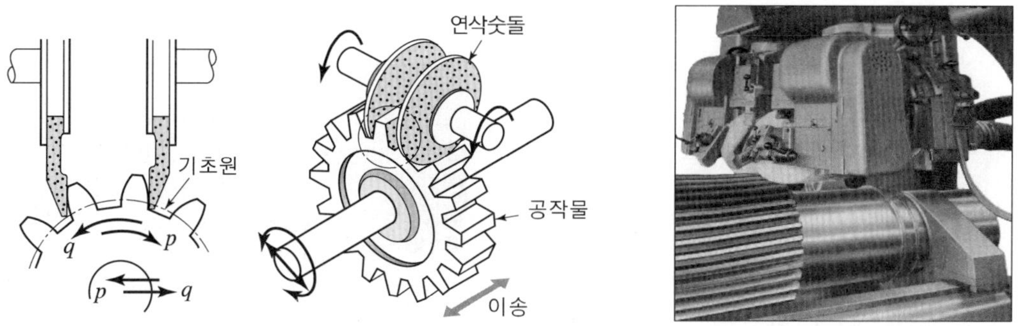

(a) 마그 기어 연삭법 (b) 마그 기어 연삭기

그림 13.55 마그 기어 연삭

4. 크랭크축 및 캠축 연삭기

1) 크랭크축 연삭

(1) 크랭크축 연삭방법

크랭크축(crank shaft)의 저널(journal)을 연삭할 때에는 그림 13.56(a)와 같이 플런지 연삭을 한다. 크랭크 핀(pin)을 연삭할 때에는 그림 13.56(b)와 같이 크랭크 핀의 중심이 편심회전 중심축을 기준으로 회전할 수 있도록 편심회전 클램프에 크랭크축 양쪽을 고정하고 크랭크 핀의 중심을 맞춘다. 크랭크 핀의 중심이 일치되면 크랭크축이 편심회전하는 궤도를 따라서 오비탈(orbital) 방식으로 연삭숫돌을 전후로 이송하여 플런지 연삭을 하며, 가공면의 수정을 위하여 왕복 이송을 주는 경우도 있다.

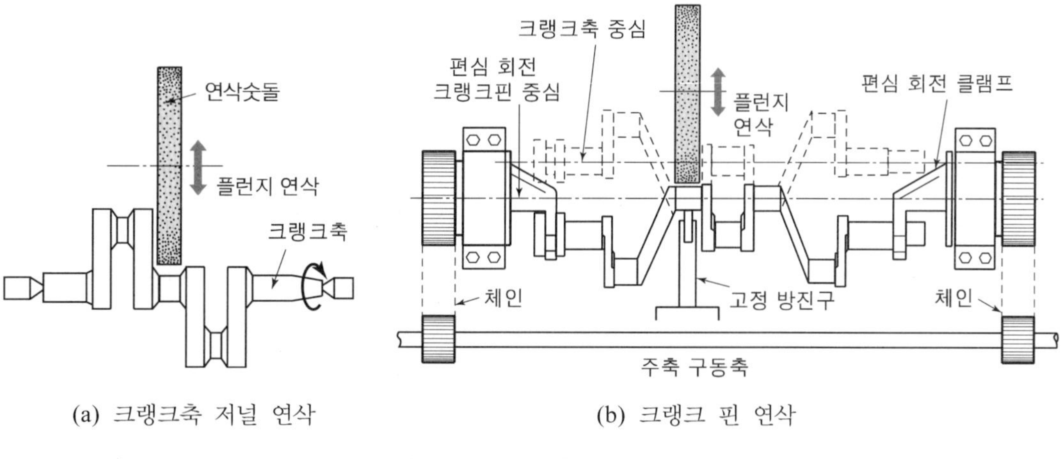

(a) 크랭크축 저널 연삭 (b) 크랭크 핀 연삭

그림 13.56 크랭크축의 연삭방법

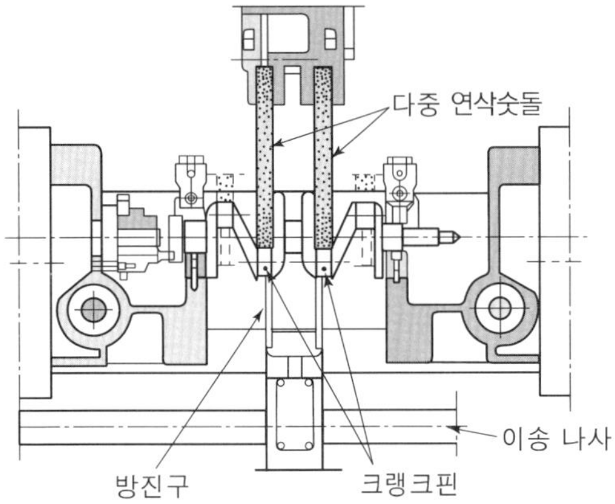

(a) 소형 크랭크축 연삭

(b) 대형 크랭크축 연삭

그림 13.57 크랭크축 연삭기

(2) 크랭크축 연삭기

크랭크축 연삭기(crank shaft grinding machine)는 원통 연삭기와 유사한 구조에 크랭크축의 저널과 핀을 연삭하기 위한 특수한 연삭장치를 추가하여 크랭크축을 전용으로 연삭할 수 있도록 제작된 연삭기이다. 그림 13.57(a)는 소형 크랭크축을 연삭할 때 작업능률을 높이기 위해 크랭크 핀의 수에 따라 여러 개의 연삭숫돌을 사용하는 다중 연삭숫돌 연삭기이며, 그림 13.57(b)는 선박 엔진용 크랭크축과 같이 대형 크랭크축을 연삭할 때 숫돌이 오비탈(orbital) 방식으로 크랭크 핀의 궤적을 따라서 수치제어를 사용하여 전후로 이송되면서 연삭하는 것을 나타내고 있다.

2) 캠축 연삭

(1) 캠축 연삭방법

캠축 연삭은 그림 13.58(a)와 같이 마스터 캠(master cam)과 공작물을 동일한 축선에 놓고 마스터 캠을 스프링으로 눌러서 밀어붙인 롤러가 회전하면서 마스터 캠이 회전과 동시에 요동하면서 공작물을 모방 연삭하는 방법을 사용한다. 이와 같이 마스터 캠과 롤의 치수가 표준 캠(model cam)이 되어 연삭숫돌을 기준으로 연삭되므로, 연삭숫돌의 치수가 변화되면 가공치수에 오차가 발생한다. 따라서 연삭숫돌의 치수는 항상 허용오차 범위 이내에서 유지되어야 한다. 또한 캠축 연삭에서는 마스터 캠과 공작물의 회전을 완전하게 동기화시켜야 하며, 마스터 캠과 롤의 마모 및 흠집발생 여부 등을 확인해야 한다. 그림 13.58(b)는 캠축을 연삭하는 것을 보여준다.

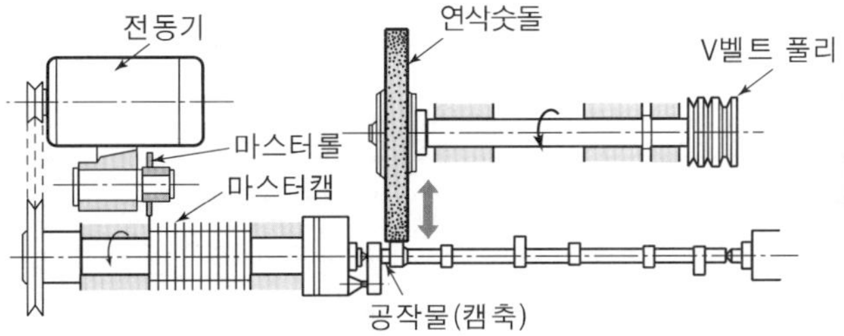

(a) 캠축 연삭기구

(b) 캠축 연삭가공

그림 13.58 캠축 연삭방법

(2) 캠축 연삭기

캠축 연삭기(cam shaft grinding machine)는 주로 자동차용 내연기관의 여러 개의 캠이 있는 가늘고 긴 캠축을 연삭할 때 사용하는 전용 캠축 연삭기이다. 그림 13.59는 캠축 연삭기의 구조로서 원통 연삭기와 구조가 유사하며, 에이프런을 받치고 있는 크레들(cradle) 위에 주축대 및 회전장치, 방진구, 심압대 등이 설치되어 있다. 요동대 위의 양 센터 사이에 고정한 캠축은 마스터 캠과 같이 회전하면서 롤과 마스터 캠과의 접촉에 의한 요동운동으로 필요한 형상으로 모방 연삭하는 구조로 되어 있다.

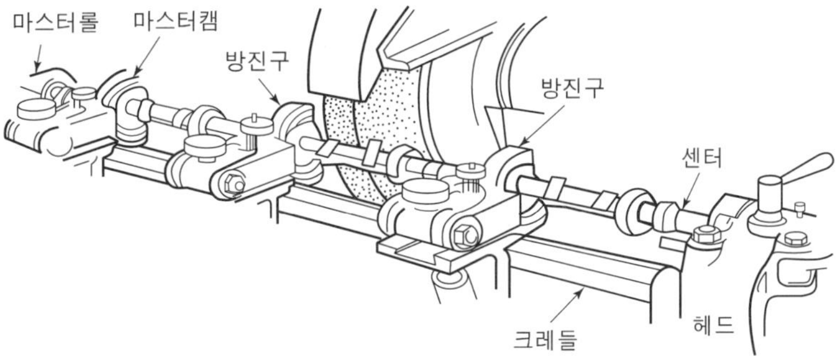

그림 13.59 캠축 연삭기의 구성

13.7 연삭가공의 결함과 대책

연삭가공에서 발생하는 주요한 결함은 다음과 같으며, 표 13.12는 이러한 결함의 원인과 대책을 요약한 것을 나타낸 것이다.

① 떨림 ② 가공면의 불량 ③ 연삭 과열 ④ 연삭 균열

▶ 표 13.12 연삭가공의 결함과 대책

(1) 떨림(chattering)

결함	원인	대책
떨림자국 (chattering mark)이 남는다.	연삭숫돌의 불균형	• 트루잉을 한 후에 숫돌의 균형을 다시 잡는다. • 숫돌을 보관할 때 수평으로 놓는다.
	숫돌의 진원도 불량	• 균형을 잡기 전후에 트루잉한다. • 숫돌의 측면을 트루잉한다.
	숫돌의 결합도가 단단함	• 조직이 거칠고 결합도가 연한 것을 선택한다.
	눈메움	• 숫돌을 드레싱한다.
	센터 및 방진구의 부적합	• 센터를 수정하고 윤활을 잘해준다. • 방진구를 정확하게 사용한다.

(2) 가공면의 불량

결함	원인	대책
진원도 불량	센터와 센터구멍의 불량	• 센터구멍의 흠집과 먼지를 제거한다. • 주축과 심압대의 센터를 점검한다.
	방진구의 사용법 부적합	• 공작물에 적합한 방진구를 사용한다.
	공작물의 불균형	• 전체를 거친 연삭을 하고, 불규칙한 형상의 공작물에는 균형추를 사용한다.
원통도 불량	테이블의 이송운동 불량	• 테이블 이송 정밀도를 점검한다. • 테이블 윤활을 양호하게 해준다.
	연삭작업 불량	• 이송 양쪽 끝에서 공작물을 탈거하지 않는다. • 연삭압력을 감소시킨다. • 결합도가 높은 숫돌을 사용한다.
	공작물의 열팽창	• 연삭깊이를 작게 하고, 연삭유를 충분하게 공급해준다.
규칙적으로 좁고 깊게 긁힌 흔적	숫돌입자가 너무 거칠다.	• 가는 입도의 숫돌을 사용한다.
폭이 넓고 깊이가 불규칙한 흔적	숫돌 결합도가 너무 높다.	• 결합도가 낮은 숫돌을 사용한다.
넓게 분포된 반점	기름에 의한 점, 눈메움	• 숫돌면에 기름이 묻지 않도록 한다. • 숫돌의 균형을 잡고 트루잉한다.

결함	원인	대책
가는나선 형상 흔적	드레싱 불량	• 드레서의 흠이 있거나 부서진 다이아몬드를 교체해준다. • 드레서의 이송을 균일하게 천천히 한다. • 드레싱 깊이를 작게 한다. • 드레서의 접촉방향을 주기적으로 바꿔준다. • 숫돌면 중앙부에서 드레싱을 시작하지 말고, 반드시 끝에서부터 시작한다. • 드레싱의 마지막 이송은 연삭이송 방향과 반대방향으로 한다. • 숫돌의 가장자리를 약간 둥글게 한다.
	연삭가공의 불량	• 숫돌면과 공작물이 평행하도록 트루잉한다. • 숫돌의 압력을 감소시킨다. • 방진구를 추가로 설치한다. • 숫돌의 이송속도를 느리게 한다.
깊은 자리가 떨어져 있는 흔적	드레싱 불량	• 예리한 다이아몬드 드레서를 사용한다. • 드레싱 후에 강모 브러시로 숫돌을 털어준다.
	숫돌입자가 거칠고 이물질이 혼입	• 드레싱해서 제거한다.
	결합제 분해에 의해 입자가 비산	• 유기질 결합제를 사용하여 결합도를 높인다.
길이와 폭이 불규칙하게 다른 흔적	연삭유의 오염	• 연삭유 탱크를 청소한다. • 안전 커버를 청결하게 관리해준다.
깊고 불규칙한 흔적	숫돌 플랜지의 풀림	• 숫돌과 플랜지 사이에 압지를 끼우고 플랜지를 잠근다.
입자자리 흔적	입도가 거칠거나 결합도가 연하다.	• 고운 입도 또는 결합도가 높은 것을 사용한다.
	거친 연삭 다듬질	• 거친 연삭에 더 가는 입도의 숫돌을 사용한다.
	입도의 차이가 많거나 거친 드레싱	• 보다 큰 입도의 숫돌로 주의하여 연삭한다. • 드레싱 깊이와 이송을 작게 한다.
	다듬질 숫돌의 조작불량	• 최초 공작물과 숫돌의 이송을 빨리 해서 거친 연삭 흔적을 없앤다. • 공작물의 회전속도를 빠르게 하고 이송속도를 느리게 하여 다듬는다.

(3) 숫돌 결합도의 영향

결함	원인	대책
공작물 과열과 떨림, 눈메움	숫돌의 결합도가 너무 단단하다.	• 주축 회전수와 숫돌의 지름과 폭을 감소시킨다. • 예리한 드레서로 드레싱한다. • 묽은 연삭유를 충분하게 공급해준다. • 테이블 이송 끝단에서 오래 머물지 않는다. • 입도가 크고 결합도가 연한 숫돌을 사용한다.
숫돌자리 흔적, 숫돌의 마모, 테이퍼 연삭	숫돌의 결합도가 너무 연하다.	• 공작물의 원주속도 및 숫돌의 이송과 압력을 감소시킨다. • 주축 회전수와 숫돌의 지름 및 폭을 증가시킨다. • 드레싱 깊이와 이송을 줄여준다. • 점성이 높은 연삭유를 사용한다. • 이송 끝단에서 공작물을 탈거하지 않는다.

(4) 숫돌의 눈메움

결함	원인	대책
기공에 칩이 끼어서 눈메움이 발생한다.	부적합한 숫돌	• 칩을 수용할 수 있는 큰 입자 또는 거친 조직의 숫돌을 사용한다. • 연삭유를 충분하게 공급한다.
	드레싱 불량	• 예리한 드레서로 이송을 빠르게 드레싱한다. • 드레싱 후에 숫돌을 청소한다.
	연삭유의 부적합	• 깨끗하고 묽은 연삭유를 사용한다.
	연삭가공 불량	• 숫돌압력을 약하게 작용시킨다. • 숫돌 폭 방향 이송을 작게 한다.

(5) 숫돌면의 광택

결함	원인	대책
숫돌면에 광택이 나고 매끈해진다.	숫돌의 부적합	• 거친입도나 결합도가 연한 숫돌을 사용한다. • 숫돌을 연하게 작용시킨다.
	드레싱 불량	• 예리한 드레서로 드레싱한다. • 드레싱을 깊게 하고 이송을 빠르게 한다.
	부적합한 연삭유	• 점도가 다른 연삭유를 사용한다. • 연삭유를 충분하게 공급한다.
	연삭유의 점성이 크다.	• 경수이면 소다성분을 증가시킨다.

(6) 공작물의 과열

결함	원인	대책
표면에 탄(burning)색깔이 나타난다.	숫돌의 불량	• 결합도가 연한 숫돌을 사용하며, 압력을 약하게 작용시킨다. • 숫돌면에 광택 및 눈메움이 나타나지 않도록 한다. • 연삭유를 충분하게 공급해 준다.
	연삭작업의 불량	• 숫돌에 공작물을 서서히 접촉시키고 숫돌의 압력을 작게 한다. • 공작물이 숫돌과 접하고 있을 때 이송을 멈추지 않는다.

(7) 숫돌의 파손

결함	대책
반지름방향으로 3개 이상으로 파손	• 숫돌의 최고 원주 속도를 줄인다. • 불균일한 플랜지 압력 및 압지의 불량, 지나치게 강한 체결력, 플랜지와 숫돌 사이의 먼지 등에 의한 원인을 수정해준다. • 연삭유 공급부족에 의한 과열을 방지한다. • 숫돌에 과대한 압력이 작용하지 않도록 한다. • 숫돌이 공작물이나 기타 물건과 충돌되지 않게 한다.
반지름방향으로 2개로 파손	• 숫돌 옆면으로 과도한 변형이 없게 해준다.
불규칙한 파손	• 숫돌에 충격력을 가하지 않는다. • 숫돌이 공작물 및 기타 물체와 부딪치지 않도록 한다. • 사용 전에 숫돌을 가볍게 두드려서 결함 여부를 검사한다. • 균열 등의 결함이 있는 숫돌을 사용하지 않는다.
일반적인 유의사항	• 아버에 숫돌을 너무 강하게 잠그면 시동할 때 숫돌이 파괴될 수 있다. • 연삭가공 안전수칙 및 숫돌취급에 대한 안전대책을 충분하게 숙지하고, 안전수칙을 준수한다.

연습문제

13.1 연삭숫돌의 구성 3요소를 쓰시오.

13.2 절삭가공과 비교한 연삭가공의 특성적 차이를 설명하시오.

13.3 다음을 설명하시오.

① 눈탈락 ② 눈무딤 ③ 눈메움

④ 드레싱 ⑤ 트루잉

13.4 연삭숫돌의 자생작용에 대해 설명하시오.

13.5 연삭숫돌의 성능과 용도를 결정짓는 5가지 인자는 무엇인가?

13.6 숫돌입자의 종류와 용도를 간단히 쓰시오.

13.7 연삭숫돌의 비트리파이드 결합제(Vitrified bond)에 대해 설명하시오.

13.8 규격이 “WA 80-M5V”로 표기된 숫돌에 대해 간단히 설명하시오.

13.9 연삭숫돌의 결합도 선정기준을 설명하시오.

13.10 숫돌의 결합도 표기방법과 선택기준을 쓰시오.

13.11 연삭숫돌의 파괴 원인에 대하여 설명하시오.

13.12 연삭가공 시 숫돌의 수명판정 방법에 대하여 설명하시오.

13.13 원통을 가공할 수 있는 연삭기의 종류를 쓰시오.

13.14 다음 원통 연삭가공 방식에 대해 간단히 설명하시오.

① 트래버스 연삭 ② 플런지 연삭

13.15 지름이 500 mm인 숫돌의 회전수를 2,500 rpm으로 원통 연삭가공할 때 연삭속도는 몇 m/min인가? (단, 공작물의 지름은 120 mm이고, 숫돌과 같은 방향으로 150 rpm으로 회전한다.)

13.16 내면 연삭가공의 특징에 대해 간단히 쓰시오.

13.17 센터리스 연삭의 원리와 특징에 대하여 설명하시오.

13.18 연삭가공한 공작물 표면에 떨림자국(chattering mark) 흔적이 발생하는 원인과 대책에 대해 설명하시오.

CHAPTER

14 정밀입자 및 특수가공

정밀입자를 사용한 가공법은 절삭과 연삭을 통해 가공된 공작물의 표면 거칠기와 치수 정밀도를 더욱 향상시키기 위해 활용된다. 정밀입자 가공법에는 입자를 숫돌형태로 만들어서 가공하는 방법과 분말형태의 유리입자를 사용하여 가공하는 방법이 있다.

① **정밀입자 숫돌에 의한 가공:** 호닝, 슈퍼 피니싱 등

② **유리입자에 의한 가공:** 래핑, 폴리싱, 버핑, 배럴링, 액체 호닝, 쇼트피닝 등

이와 같은 입자가공은 정밀도의 향상과 매끄러운 가공면을 얻는 것이 주목적이며, 이 외에도 기계부품의 내마모성과 피로강도를 높이기 위하여 실시하는 경우도 있다. 또한 새로운 기계재료의 개발과 함께 기계부품의 정밀도와 내구성을 향상시키기 위해 새로운 원리를 바탕으로 여러 가지 특수가공법이 사용되고 있다.

14.1 호닝

1. 호닝 개요

호닝(honing)은 그림 14.1(a)와 같이 혼(hone)이라는 몇 개의 숫돌을 스프링이나 유압으로 가볍게 압력을 가한 상태에서 회전운동과 축 방향으로 왕복운동을 주어서 구멍의 내면을 매끈하게 가공하는 방법이다. 호닝을 통해 가공 변질층이 작고 윤활성과 내마모성이 우수한 다듬질 면을 얻을 수 있다. 호닝 가공은 칩 제거능률이 작으므로 절삭이나 연삭에 의해 가공된 제품의 2차 가공에 사용되며, 다음과 같은 특징이 있다.

① 발열과 변형이 작은 가공면을 경제적으로 얻을 수 있다.

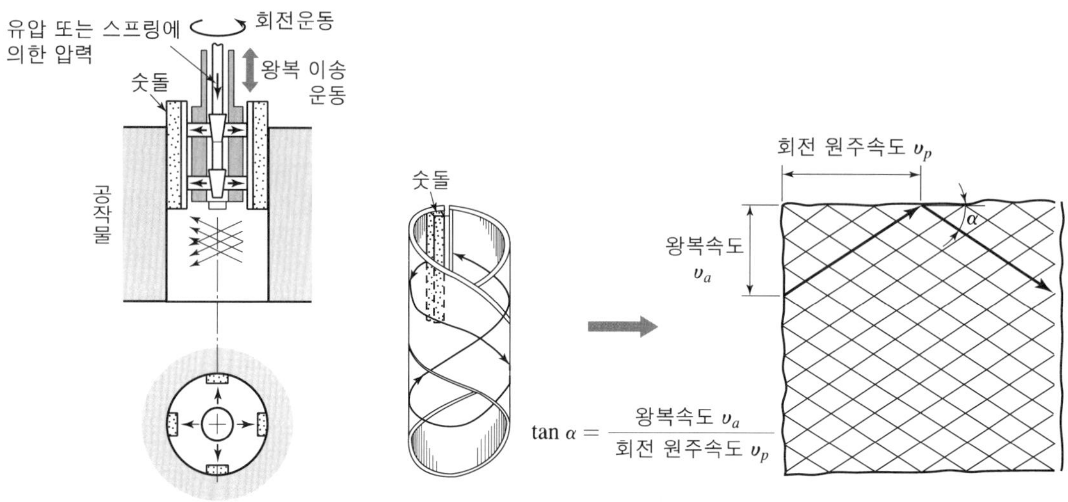

(a) 호닝 가공기구　　　　(b) 호닝 가공면 형태

그림 14.1 호닝 가공기구와 가공면의 형태

② 구멍의 진원도, 원통도 등의 형상 정밀도를 높일 수 있다.

③ 치수 정밀도와 표면 거칠기를 향상시킬 수 있다.

이와 같은 호닝 가공을 통해 전 공정에서 발생한 형상과 치수오차를 수정할 수 있으며, 그림 14.1(b)와 같이 나선 형태의 가공결을 가진 매끈한 다듬질 면을 얻을 수 있다. 호닝은 원통의 내면과 외면가공 및 평면가공이 가능하며, 주로 내연기관 실린더 내면의 원통을 정밀하게 다듬는 데 많이 사용되고 있다.

2. 호닝 가공

1) 호닝 숫돌

호닝용 숫돌은 연삭숫돌과 같은 연삭입자를 결합제로 성형한 것으로서, 혼(hone)이라고 한다. 혼은 탄성체를 사이에 두고 주축에 연결되어 있어서 공작물의 표면형상에 따라 미량의 칩을 깎아낸다. 혼의 입자는 공작물 재질에 따라 선택하며 일반적으로 강재는 산화알루미늄(A, WA)입자, 주철이나 질화강에는 탄화규소(C, GC)입자가 사용되고, 초경합금, 세라믹 등에는 다이아몬드 입자가 사용된다. 결합제로 주로 비트리파이드 결합제가 사용되며, 다이아몬드 숫돌에는 레지노이드가 사용된다. 숫돌입자의 입도는 거친 호닝에는 #100~180, 중간 호닝에는 #220~400, 정밀 호닝에는 #400~600을 사용한다.

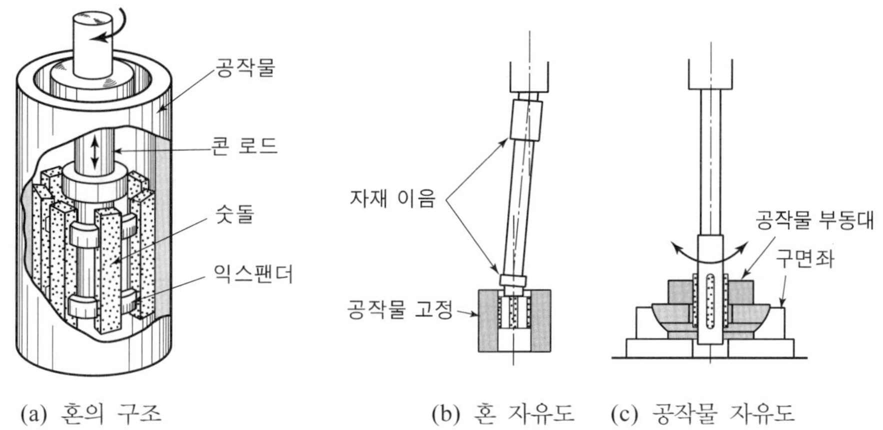

그림 14.2 혼의 구조와 호닝 방식

혼의 구조는 그림 14.2(a)와 같이 같은 간격으로 3개 이상 배열된 호닝 숫돌이 반지름 방향으로 이동할 수 있는 구조로 되어 있다. 호닝 숫돌에 압력을 가하는 방법으로는 콘 로드(cone rod)를 축 방향으로 움직여서 익스팬더(expander)에 의해 숫돌을 반지름 방향으로 밀어낸다. 이와 같이 콘 로드를 가압하는 방식으로는 스프링, 유압, 나사에 의한 방법이 있다. 또한 호닝 방식으로 그림 14.2(b), (c)와 같이 혼 또는 공작물 중 한 곳에 자유도를 주어서 가공하는 자유 호닝 방식이 많이 사용된다.

2) 호닝 속도

혼의 회전운동과 왕복운동의 합성운동에 의해 가공면에 그림 14.1(b)와 같이 리드가 큰 나선을 그리게 되며, 상하 왕복운동에 의해 나선이 교차하는 궤적을 그리게 된다. 그림에서 혼의 회전 원주 속도(v_p)와 왕복 이송 속도(v_a)의 관계에서 나선의 교차각(2α)과 절삭 속도(v)는 다음과 같은 관계가 있다.

$$\tan\alpha = \frac{v_a}{v_p} \text{이며, 절삭 속도 } v = \sqrt{{v_p}^2 + {v_a}^2}$$

여기에서 이송을 빠르게 하여 교차 반각(α)을 30° 정도로 크게 하면 숫돌입자에 작용하는 절삭저항의 방향 변화로 인해 입자의 탈락이 용이하여 숫돌의 자생작용이 원활해져서 가공능률은 좋아지나, 정밀도를 고려하면 교차 반각(α)을 10~20°로 하는 것이 좋다.

또한 혼의 회전 속도가 빠르면 가공능률은 좋아지나, 온도가 상승되어 정밀도가 저하될 수 있으므로 회전 원주속도(v_p)를 40~70 m/min 정도로 하는 것이 좋다. 왕복속도는 회전 원주

속도의 1/2~1/5이 적당하다. 공작물에 가하는 압력이 높으면 가공능률은 향상되지만, 너무 높게 하면 온도 상승과 숫돌 소모가 많아지므로 가공조건에 따라 가압력을 2~8 kg_f/cm^2 범위로 하는 것이 좋다. 또한 호닝 가공여유는 거친 호닝에서는 0.05~0.1 mm, 정밀 호닝에서는 0.005~0.025 mm 정도를 준다. 표 14.1은 일반적으로 사용하는 호닝 속도를 나타낸 것이다.

▶ **표 14.1** 호닝 속도 (단위: m/min)

공작물 재질	경강	연강	주철	청동(경)	청동(연), 알루미늄
호닝 속도	23~36	36~48	60~69	60~69	69~75

3) 가공액

호닝용 가공액은 공작물 재질에 따라 등유, 경유와 등유에 첨가제를 함유한 혼합유, 광물유와 같이 점성이 낮은 가공액을 충분하게 공급하여 연삭저항에 의한 발열을 감소시키고, 파쇄된 숫돌입자와 쇳가루를 세척해서 배출한다.

4) 호닝 머신

호닝 머신(honing machine)은 주축에 설치한 혼을 회전시키고 축 방향으로 왕복 이송시킬 수 있는 구조이며 테이블 위에 공작물을 고정한다. 그림 14.3은 수직형 호닝 머신을 나타낸 것이며, 수평식 호닝 머신도 있다. 그림 14.4는 자동 치수 조정장치를 나타낸 것으로서, 구멍이 소정의 크기로 가공되면 숫돌면과 동일한 원주 상에 있는 플라스틱 탭이 게이지 링과 접촉되어 회전하면서 스위치를 작동시켜서 원 위치로 되돌아가게 하는 원리이다.

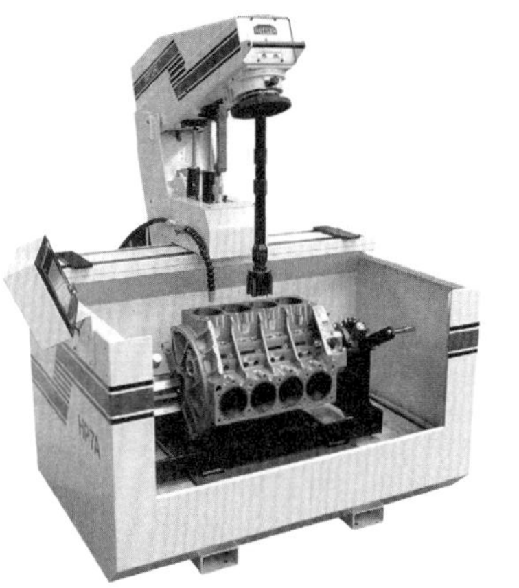

그림 14.3 수직형 호닝 머신

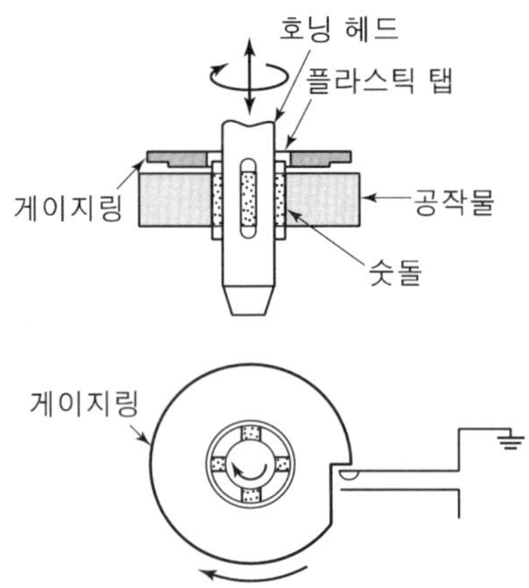

그림 14.4 자동 치수 조정장치

14.2 슈퍼 피니싱

1. 슈퍼 피니싱 개요

슈퍼 피니싱(super finishing)은 미세하고 연한 숫돌을 공작물 표면에 낮은 압력으로 접촉시켜 진동을 주고 공작물에 이송운동을 주어서 매끄러운 경면(mirror face)으로 가공하는 방법이다. 슈퍼 피니싱으로 원통의 외면, 내면, 평면의 표면을 방향성이 없이 매끄럽고 가공 변질층이 매우 작게 다듬질할 수 있다.

그림 14.5(a)는 원통 외면의 슈퍼 피니싱에서 공작물과 숫돌의 운동관계를 나타낸 것으로서 기름숫돌에 의해 공작물의 표면에서 미세한 칩을 제거하여 5 μm 이하의 매끈하고 정도가 높은 다듬질 면을 얻을 수 있다.

그림 14.5(b)는 숫돌의 진동운동 궤적을 나타낸 것으로서, 숫돌을 공작물 표면에 가압한 상태에서 회전축 방향으로 작은 궤적으로 진동을 준다. 가공면에 대한 숫돌의 운동궤적은 정현곡선 형태로서 공작물 운동방향에 대한 최대 경사각(θ)은 거친 가공에는 30~45°, 고운 가공에는 10~20°를 표준으로 한다. 이와 같이 숫돌의 진동과 공작물의 이송에 의한 운동궤적이 교차되므로 래핑이나 호닝에 비해 짧은 시간에 매끄러운 면을 가공할 수 있다. 주로 자동차 및 항공기 부품, 롤러 베어링의 롤러, 게이지 등의 마무리 가공에 슈퍼 피니싱이 사용되고 있다.

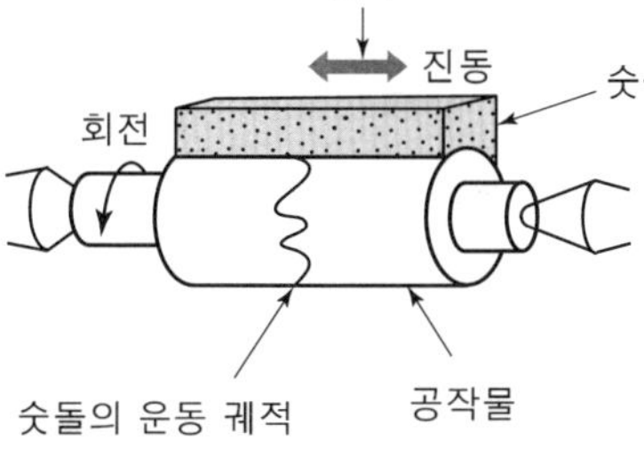

(a) 슈퍼 피니싱 기구

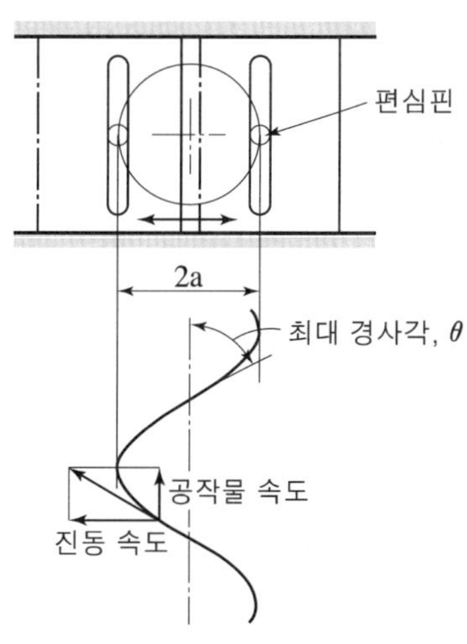

(b) 숫돌의 운동궤적

그림 14.5 슈퍼 피니싱 기구

2. 슈퍼 피니싱 가공

1) 슈퍼 피니싱 숫돌

슈퍼 피니싱에 사용하는 숫돌의 입자는 연삭가공과 마찬가지로 산화알루미나(Al_2O_3)계와 탄화규소(SiC)계 입자를 사용하며, 입도는 가공할 표면 정도에 따라서 #220~1,000번 범위를 사용하며, 경면(鏡面)을 얻기 위해서는 #1,000~4,000번의 입도를 사용한다. 결합제는 주로 비트리파이드를 사용하며, 연질금속 가공에는 실리케이트를 사용할 때도 있다.

결합도는 H~K 정도의 비교적 연한숫돌을 사용하며, 일반적으로 공작물의 경도가 높을수록 눈메움이나 무뎌진 입자나 빨리 탈락될 수 있도록 연한 숫돌을 사용한다. 숫돌의 크기는 공작물의 크기에 따라 결정되며, 보통 숫돌의 형태는 정방형 또는 직사각형 단면이며 공작물이 큰 경우에는 숫돌을 2~3개 사용한다.

2) 슈퍼 피니싱 가공조건

(1) 숫돌의 압력 및 평균속도

숫돌과 공작물 사이의 압력은 가공시간과 표면 거칠기에 영향을 미치므로 전(前)가공에서의 상태와 연삭액 등 여러 가지 조건을 고려해서 선택한다. 일반적으로 숫돌에 가하는 압력과 평균속도는 표 14.2와 같다.

▶ **표 14.2** 숫돌의 압력과 평균속도

가공 상태	압력(kg_f/cm^2)	평균속도(m/min)
거친 가공	2~5	5~20
고운 가공	0.5~1.5	20~50

(2) 숫돌의 진폭과 진동수

일반적으로 숫돌의 진폭은 2~4 mm로 하며, 진동수는 대형 공작물일 때에는 1분당 500~600회, 소형 공작물에는 1분당 1,000~1,200회를 준다.

(3) 가공액

슈퍼 피니싱에서 가공액은 숫돌면의 세정 및 윤활과 잔유물을 세정해서 배출시키는 역할을 한다. 가공액으로는 주로 경유 또는 경유에 머신유를 10~30% 정도 혼합해서 사용한다.

(4) 가공여유 및 표면 거칠기

일반적으로 슈퍼 피니싱을 위한 가공여유는 0.002~0.01 mm 정도를 주며, 표면 거칠기를 0.1~0.3 μm 범위로 가공할 수 있다. 따라서 슈퍼 피니싱을 하는 공작물은 선삭, 밀링, 연삭 등의 전(前)가공에서 높은 치수정밀도로 가공해야 한다. 슈퍼 피니싱에서 가공량이 많은 경우에는 처음에 숫돌 압력을 높여 거친 가공을 한 후, 숫돌 압력을 낮춰서 2차로 다듬는 슈퍼 피니싱을 한다.

3) 슈퍼 피니싱 가공

그림 14.6은 선반의 주축대에 공작물을 장착하고, 공구대에 슈퍼 피니싱 장치(super finishing unit)를 설치하여 가공하는 것을 나타내고 있다. 슈퍼 피니싱 장치는 숫돌의 진동장치와 가압기구로 구성되었으며, 특별한 공작물을 대량으로 생산하기 위해서는 전용 슈퍼 피니싱 머신(super finishing machine)이 사용된다.

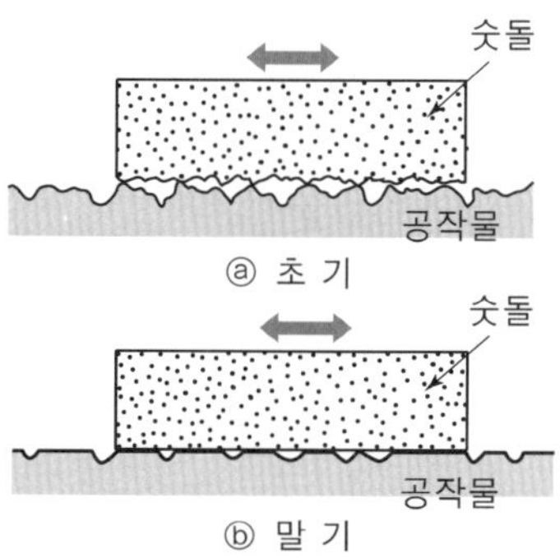

(a) 표면가공 과정

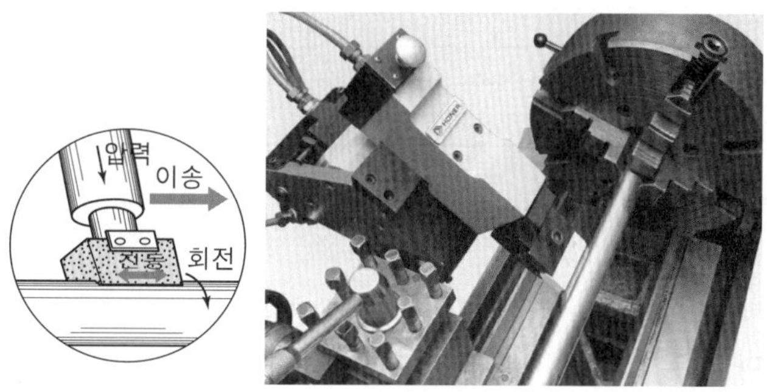

(b) 슈퍼 피니싱

그림 14.6 슈퍼 피니싱 가공

14.3 래핑

1. 래핑 개요

래핑(lapping)은 랩(lap)이라고 하는 공구와 가공할 면 사이에 숫돌입자와 기름을 혼합한 랩제(lapping compound)를 넣고 공작물에 적정한 압력을 가한 상태에서 상대운동을 시켜서 랩제에 의해 공작물 표면을 미소량 깎아내어 높은 정밀도를 가진 매끈한 표면으로 다듬질하는 가공법이다. 그림 14.7은 래핑 방법을 나타낸 것으로서 (a)와 같이 가공액을 사용하는 습식법(wet lapping)과 (b)와 같은 건식법(dry lapping)이 있다.

습식법은 랩과 공작물 사이에 랩제와 가공액을 잘 혼합한 랩제를 넣고 래핑하는 방법으로서, 주로 숫돌입자의 구름운동에 의해 절삭되므로 절삭량이 많아서 건식법에 비해 광택이 없는 거친 가공에 사용된다.

건식법은 랩의 표면에 랩제를 넣고 랩에 매립된 숫돌입자와의 상대운동에 의해 가공하는 방법으로서, 습식법에 비해 가공능률은 떨어지지만 거울과 같은 경면(mirror surface)을 얻을 수 있다. 따라서 습식법으로 거친 래핑을 한 후 건식법으로 다듬질 래핑을 하는 것이 일반적이다. 이와 같은 래핑 가공은 치수정밀도, 평행도, 평면도 및 표면 거칠기를 0.02 μm 정도까지 정밀하게 가공할 수 있어서 블록 게이지(block gauge), 한계 게이지 등의 최종 마무리 가공에 사용된다.

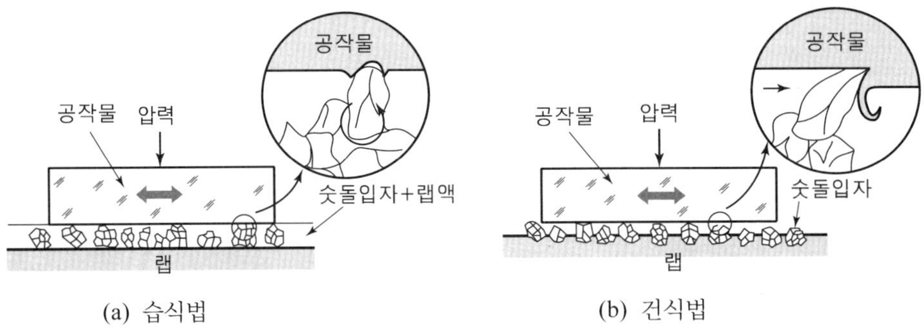

그림 14.7 래핑 방법

2. 래핑 가공

1) 랩제

랩제(lapping powder)로 탄화규소(SiC)계와 산화알루미나(Al_2O_3)계 입자가 가장 많이 사용되며, 그 밖에 산화크롬, 산화철 등도 사용된다. 주로 단단한 공작물의 거친 래핑에는 탄화규소계 입자를 사용하며, 다듬질 래핑에는 산화알루미나계 입자를 사용한다. 공작물의 경도가 높은 경우에는 탄화붕소(boron carbide, B_6C) 입자를 사용하고, 초경합금이나 보석과 같이 경도가 매우 높은 경우에는 다이아몬드 입자를 사용한다. 또한 정밀 랩핑에서 광택을 내기 위해서는 산화크롬(Cr_2O_3)을 사용하며, 연질금속이나 비금속 재료의 광택내기에는 산화철(Fe_2O_3) 분말이 사용된다. 랩제의 입도는 거친 래핑에는 80～48 μm(#320～520), 중간 래핑에는 48～24 μm(#520～1,000), 정밀 래핑에는 20 μm 이하(#1,000 이상)가 사용된다.

2) 래핑 가공액

습식법에서 사용하는 래핑 가공액은 주로 경유, 등유 등의 광유를 사용하며, 가공면이 좋지 않을 경우에는 머신유, 올리브유나 종유 등과 같이 점성이 작은 기름을 혼합하여 사용한다. 건식법에서는 스핀들유, 머신유 등을 소량 사용하며 유리, 수정, 세라믹스, 반도체 등의 래핑에는 물을 사용한다.

3) 랩

래핑은 랩(lap)의 형상을 기준으로 랩제에 의해 가공면이 생성되는 가공법이므로, 랩은 항상 정확한 형상을 유지해야 한다. 랩의 기본적인 형상은 그림 14.8(a)와 같은 평면 가공용 랩과 (b)와 같이 테이퍼 슬리브로 지름을 조절할 수 있는 내경용 랩, (c)와 같이 분할된 부분에서 나사로 지름을 조절할 수 있는 외경용 랩이 있으며, (d)와 같이 공작물의 형상에 따라 제작된 고정구를 사용하는 나사용 랩 등이 있다.

랩의 재료는 일반적으로 주철을 많이 사용하며, 연강은 지름 8 mm 이하인 구멍의 래핑 또는 랩의 형상이 복잡하거나 강도를 필요로 할 때 사용하며, 구리나 청동은 연한 금속이나 작은 구멍의 래핑에 사용된다. 이러한 랩 재료가 갖추어야 할 조건은 다음과 같다.

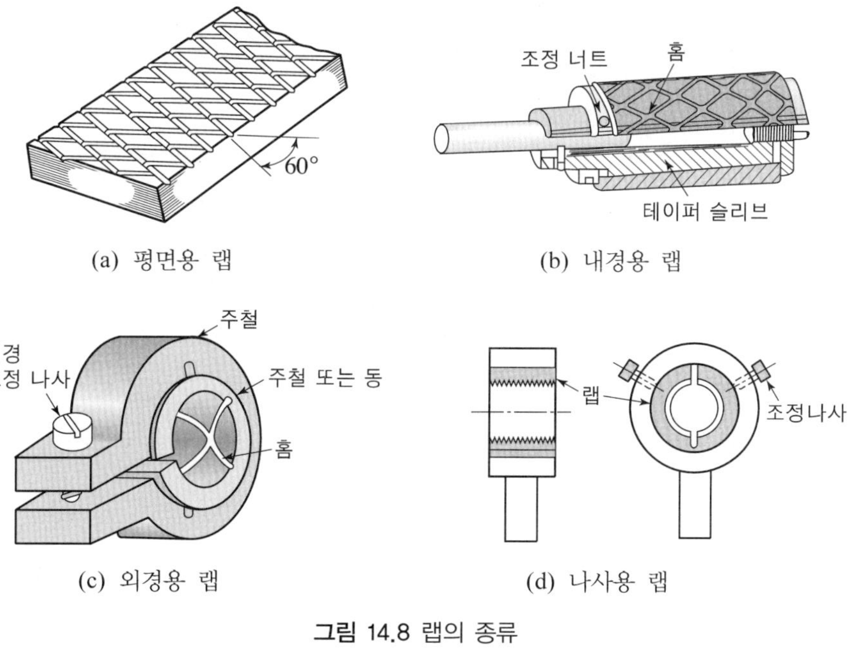

(a) 평면용 랩 (b) 내경용 랩 (c) 외경용 랩 (d) 나사용 랩

그림 14.8 랩의 종류

① 큰 홈이나 개재물이 없고 균질일 것
② 입자를 보호하고 유지하는 능력이 있을 것
③ 쉽게 마모되지 않을 것

4) 래핑 기구

(1) 평면 래핑 기구

그림 14.9는 2면 랩 방식의 평면 래핑 기구로서 위·아래의 랩 사이에서 공작물의 상·하면을 동시에 가공할 수 있으며 원통의 외경도 래핑할 수 있다. 그림에서 2면 랩 방식은 위·아래의 랩 사이에 워크 홀더로 공작물을 지지하고, 위 랩으로 공작물을 가볍게 누르고 회전시키면 공작물이 랩 면을 따라 미끄러지면서 래핑된다. 공작물의 크기가 작을 때에 사용하는 워크 홀더의 유성운동과 랩의 회전운동이 조합되어 공작물이 그림 14.9(b)와 같은 궤적을 그리면서 래핑을 한다. 1면 랩 방식은 아래의 랩을 이용하여 공작물의 하면 평면 래핑할 수 있다.

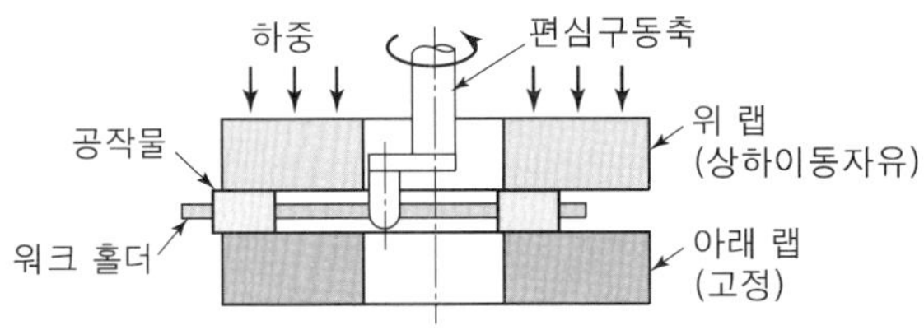

(a) 래핑 기구

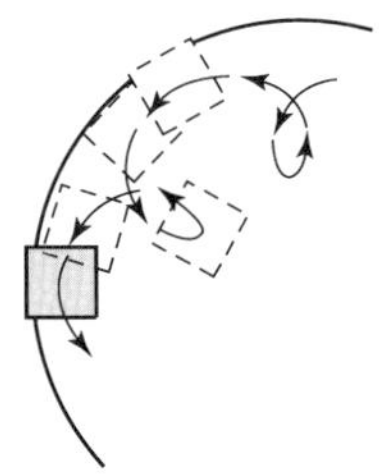

(b) 공작물의 궤적

그림 14.9 평면 래핑 기구

(2) 구면 래핑 기구

렌즈(lens)와 같은 구면을 래핑할 때에는 그림 14.10과 같은 구면 래핑 기구를 사용한다. 구면 래핑은 랩의 형상에 의한 총형 래핑이므로, 랩의 형상 정밀도가 매우 중요하기 때문에 랩의 마모를 평균적으로 최소화하기 위해 랩과 공작물의 운동궤적이 정교하게 이루어진다.

(3) 원통 래핑 기구

그림 14.11은 지름이 작은 원통을 가공하는 센터리스 래핑 기구를 나타낸 것이다. 이때,

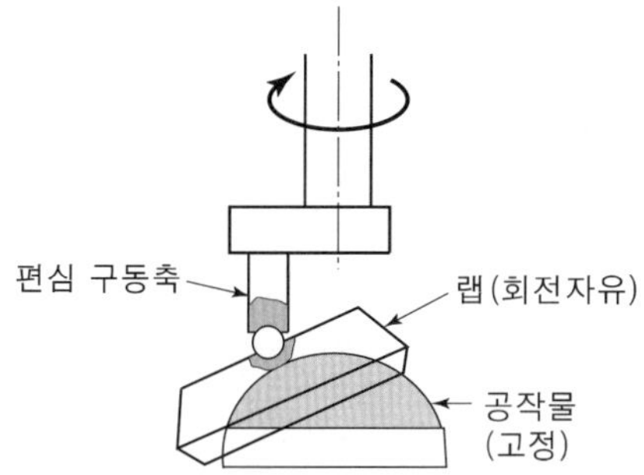

그림 14.10 구면 래핑 기구

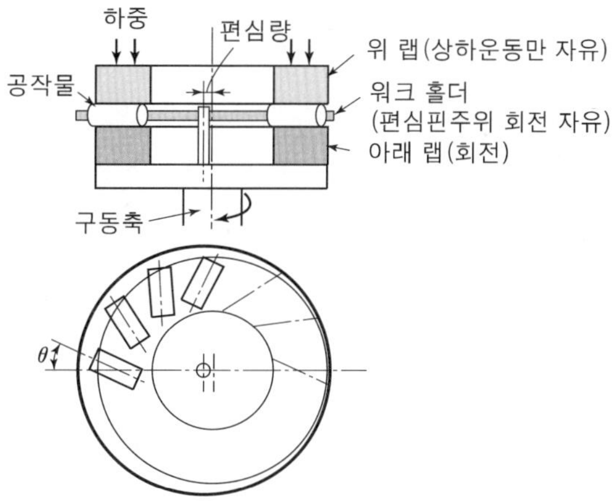

그림 14.11 원통 래핑 기구

랩의 회전중심에 대해 공작물의 중심축에 경사각(θ)을 15～40°를 주면 공작물은 회전과 동시에 미끄러지면서 가공된다. 경사각을 크게 할수록 가공능률은 높아지지만 진원도는 떨어지게 된다.

5) 래핑 가공조건

(1) 래핑 속도

일반적으로 건식 래핑 속도는 40～80 m/min 정도이며, 래핑 속도를 너무 빠르게 하면 발열에 의한 표면에 변질층이 생길 수 있으며, 래핑입자가 비산되지 않을 정도로 한다.

(2) 래핑 압력

습식 래핑에서는 0.5 kg_f/cm^2 정도이며, 압력이 너무 높으면 래핑 가공액이 밀려 나가게 되어 건식으로 래핑이 된다. 건식 래핑에서는 강재는 1～1.5 kg_f/cm^2으로 하며 주철인 경우에는 조금 더 낮게 한다. 또한 랩제에 사용하는 입자의 입도를 균일하게 해야 흠집이 없는 래핑 가공면을 얻을 수 있다.

(3) 래핑 가공여유 및 표면 거칠기

래핑 가공에서의 절삭량은 매우 작으므로, 래핑 가공여유는 0.01～0.02 mm 정도를 주며, 래핑 가공된 표면 거칠기는 0.013～0.025 μm 정도이다. 따라서 래핑을 하는 공작물은 연삭 등의 전(前)공정에서 높은 치수정밀도로 가공해야 한다. 래핑에서 가공량이 많은 경우에는 습식법으로 거친 래핑을 한 후 건식법으로 다듬질 래핑을 한다.

6) 래핑 머신

그림 14.12는 수직식 래핑 머신의 구조와 외형을 나타낸 것으로서, 래핑 머신의 주축방향에 따라 수직식과 수평식이 있다. 평면 및 원통 래핑에 많이 사용되는 수직식 래핑 머신에는 2면 랩 방식과 1면 랩 방식이 있다. 또한 위 · 아래 랩이 반대 방향으로 회전하는 형식과 위 랩은 회전하지 않고 아래 랩만 회전하고 공작물에 편심운동을 주는 형식을 비롯한 다양한 형식을 가진 래핑 머신이 있다.

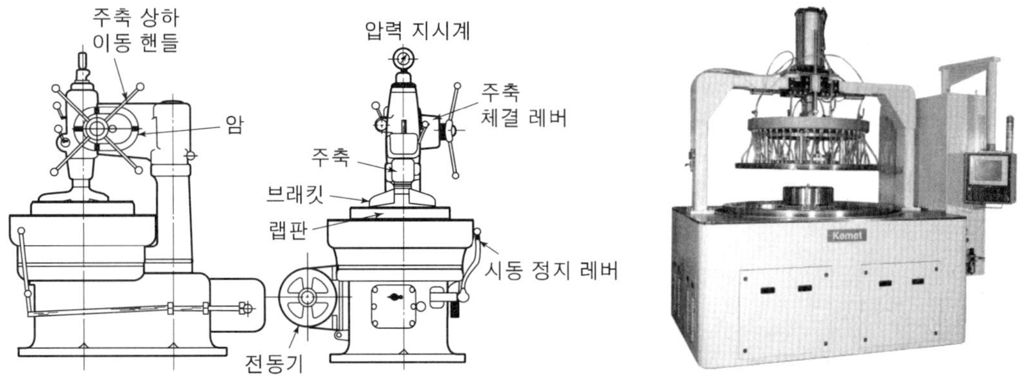

그림 14.12 래핑 머신의 구조와 외형

14.4 폴리싱 및 버핑

1. 폴리싱

폴리싱(polishing)은 목재나 가죽, 직물 등을 여러 장 겹쳐서 만든 원판 형태의 연마포(abrasive cloth) 표면에 연마입자를 붙이고 회전시켜서 공작물 표면을 매끈하게 연마하는 가공이다. 폴리싱은 짧은 시간에 매끈하고 광택이 있는 면을 얻을 수 있으며 곡면도 자유롭게 연마할 수 있다. 하지만 치수와 형상정밀도를 높게 가공하기 어렵기 때문에 주로 주조품, 단조품, 용접품 등의 거친 면을 매끈하게 다듬는 데 사용된다.

이와 같은 폴리싱은 비교적 연질 또는 탄성적 변형특성을 가진 연마포에서 미세한 연삭입자의 작용으로 극히 소량씩 공작물 표면을 제거함으로써 가공응력을 최소하면서 경면으로 다듬는 공정이다. 폴리싱 방식에는 분말입자 방식, 고정입자 방식과 입자를 사용하지 않는 방식 등이 있다.

1) 분말입자 방식

그림 14.13은 분말입자 방식을 사용하는 폴리싱 머신을 나타낸 것으로서, (a)와 같이 원판에 연마포를 부착하고 (b)와 같이 공작물을 설치한 다음 연마포와 공작물 사이에 연마액을 공급하면서 (c)와 같은 폴리싱 머신에서 공작물을 연마액에 가볍게 접촉시키고 원판을 회전시켜서 폴리싱을 한다. 이와 같은 방식으로 금속표면을 매끄러운 경면(mirror surface)으로 폴리싱한 표면은 소정의 부식(etching)처리를 해서 금속조직을 관찰할 수 있다.

연마제로는 입자의 크기가 0.05～10 μm 인 산화크롬, 산화알루미늄, 다이아몬드 등의 분말을 사용한다. 연마제는 일반적으로 증류수와 연마입자를 혼합하여 슬러리(slurry) 또는 페이스트(paste) 상태로 사용한다. 일반적으로 폴리싱은 2～3단계로 나누어서 처음에는 입

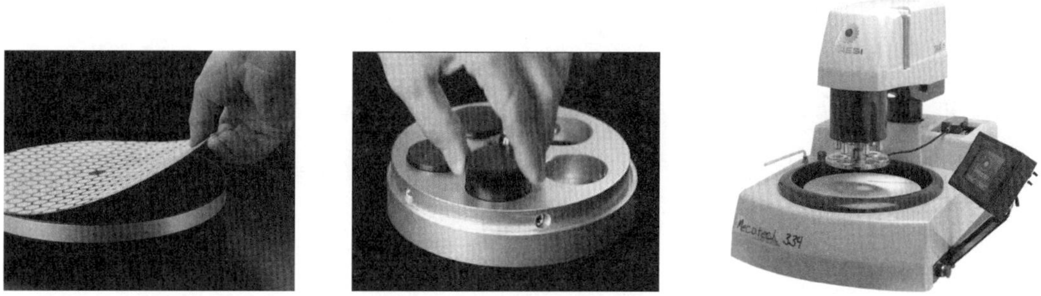

(a) 연마포 부착 (b) 공작물 설치 (c) 폴리싱 머신

그림 14.13 폴리싱 머신

그림 14.14 디스크 그라인더

자가 1～10 μm 정도인 연마제로 폴리싱한 후 최종적으로 0.05～0.5 μm 정도의 입자로 폴리싱한다. 또한 산화크롬이나 산화알루미늄 분말을 사용하여 폴리싱할 때는 물을 조금씩 떨어뜨려서 연마를 하며, 다이아몬드 분말을 사용할 때는 입자의 분산과 광택을 위해 등유를 떨어뜨려서 연마를 한다. 그림 14.14는 디스크 그라인더(disk grinder)에 연마포를 부착하여 폴리싱하는 방법으로서 불규칙한 형상의 공작물을 연마할 때 사용된다.

2) 고정입자 방식

그림 14.15는 숫돌입자 벨트에 의한 연마가공을 나타낸 것으로서, 벨트에서 가공이 이루어지는 방식에 따라서 (a)와 같은 platen 방식, (b)와 같은 contact wheel 방식 및 (c)와 같은 free belt 방식이 있다. 이와 같은 벨트 연삭(belt grinding)은 800～2,000 m/min의 속도로 회전하는 숫돌입자 벨트에 공작물을 접촉시키는 강도로 연삭량을 조절할 수 있으며, 일반적인 연삭가공에 비해 다음과 같은 특징이 있다.

① 연삭숫돌과 같이 파괴에 의한 위험이 없다.
② 연삭숫돌에 비해 가공면이 고우며 눈메움이 발생하지 않는다.
③ 벨트의 길이가 길어서 드레싱하지 않고 장시간 사용할 수 있다.
④ 폭이 넓은 벨트를 사용하면 가공 폭이 확대되어 가공능률이 높아진다.
⑤ 숫돌 벨트가 탄성적으로 작용하므로 치수정밀도가 떨어지고 모서리가 처지기 쉽다.

숫돌입자의 크기는 공작물 재질과 가공의 정밀도에 따라서 일반적으로 #60～220 범위의 WA, GC계 입자를 사용한다. 강과 황동에는 WA, 주철에는 GC 입자를 사용하며, Cr_2O_3, Fe_2O_3의 미세한 입자도 사용된다.

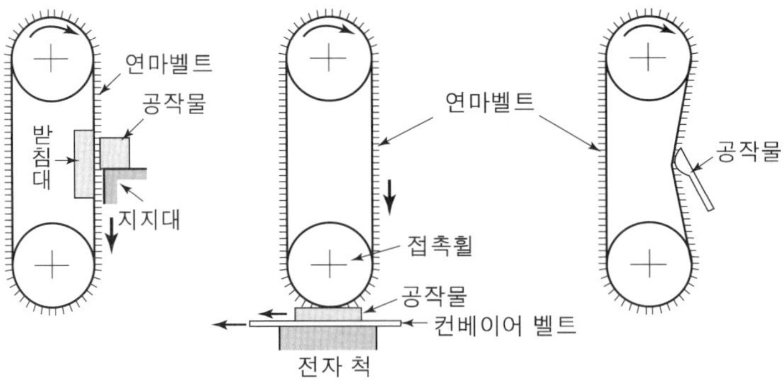

그림 14.15 고정입자 벨트방식

2. 버핑

버핑(buffing)은 모, 면직물, 펠트 등을 여러 장 겹쳐서 일정한 두께로 만든 원판을 회전시키고 미세한 연삭입자가 혼합된 윤활제를 사용하여 공작물의 표면을 광택이 있는 매끈한 면으로 가공하는 것이다.

그림 14.16과 같은 버핑 휠(buffing wheel)은 강도와 밀도를 변화시켜 유연성을 가질 수 있도록 여러 가지 재질과 결합방법을 사용하고 있다. 버핑 휠의 재질로는 직물이 가장 많이 사용되고 있으며, 모, 면, 펠트 등을 원판 형태로 여러 장 포개어 접착제로 붙이거나 재봉틀로 누벼서 일정한 폭을 가진 휠(wheel)을 만든다. 연마 입자는 WA와 GC, 산화철, 산화크롬 등이 있으며 WA는 강과 황동에, GC는 주철에, 산화철은 연질금속에, 산화크롬은 경질금속에 사용된다.

윤활제로 물이나 기름을 사용할 경우에는 윤활제에 용해되지 않는 특수한 합성접착제를 사용한 벨트를 이용해야 하며, 윤활유로는 그리스와 SAE 20의 기계유 및 등유를 같은 용량으로 혼합한 것이 사용된다. 버핑 휠의 회전수는 1,200～3,000 rpm 정도로 하며, 버핑 휠의 마모를 고려하여 버핑 속도를 평균 1,500 m/min 정도로 한다.

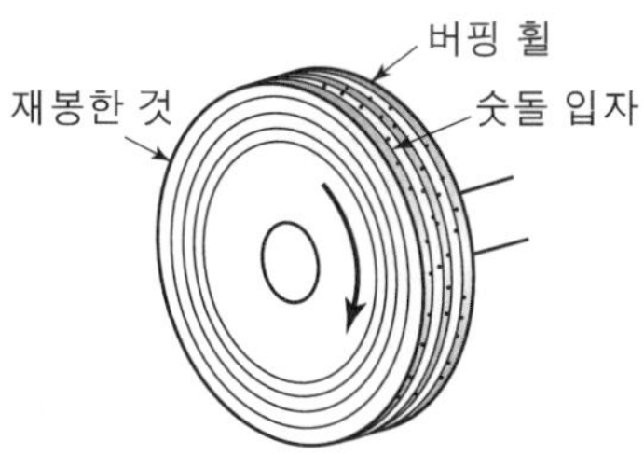

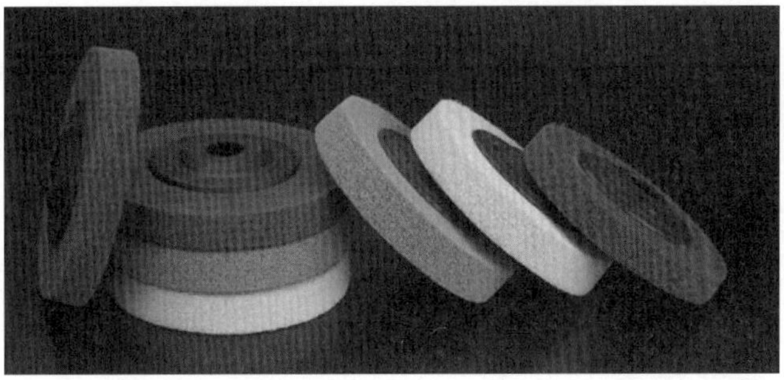

그림 14.16 버핑 휠

14.5 배럴 가공

배럴 가공(barrel finishing)은 6각형이나 8각형의 배럴에 공작물과 숫돌입자, 공작액 등을 함께 넣고 배럴을 회전시켜서 공작물과 입자의 충돌에 의해 공작물 표면의 미세한 요철이나 버(burr)를 제거하기 위한 방법이다. 배럴 가공은 주로 소형 주물 또는 단조물의 표면의 거스러미를 제거하는 연마를 하거나 청정하는 데 사용된다. 가공을 촉진하고 조절할 수 있는 매개물로서 숫돌입자, 석영, 모래, 금속, 나무, 가죽 등과 같은 미디어(media)가 사용된다. 미디어는 거스러미를 제거하는 연마 효과와 녹이나 스케일을 제거하는 청정 및 표면의 광택을 내는 작용을 한다. 배럴 가공은 회전형과 진동형으로 구분할 수 있다.

① **회전형 배럴:** 그림 14.17과 같이 터릿 위에 6각형 배럴을 설치하고 100~200 rpm으로 회전시키면 원심력과 터릿에서 자전하는 배럴에 의해 공작물이 가공된다.

② **진동형 배럴:** 그림 14.18과 같이 배럴 하부에 있는 편심회전체에 의해 배럴을 상하좌우로 진동을 주어서 가공하는 방법으로서, 회전형에 비해 가공능률이 높아서 거친 다듬질에 적합하다. 일반적으로 진폭 3~9 mm, 진동수 20~60 cycle로 진동을 준다.

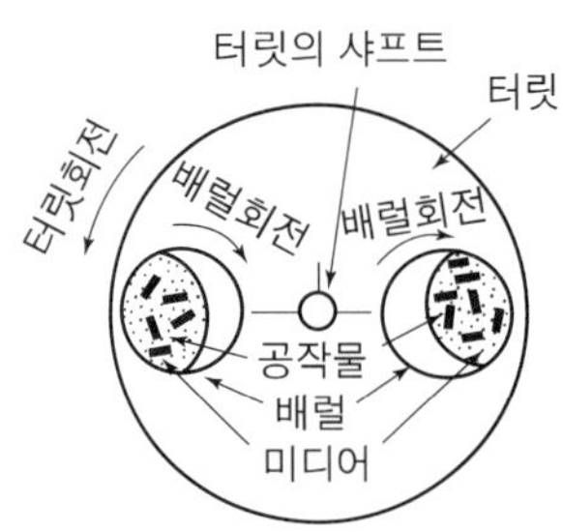

그림 14.17 회전형 배럴

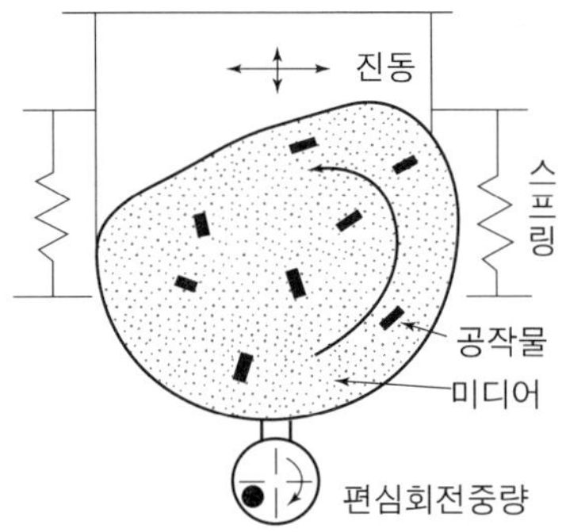

그림 14.18 진동형 배럴

14.6 입자분사 가공

1. 액체 호닝

액체 호닝(liquid honing)은 그림 14.19(a)와 같이 미세한 숫돌입자와 물을 혼합한 가공액을 압축공기와 함께 노즐에서 고속으로 분사하여 공작물의 표면을 다듬는 가공법이다. 짧은 가공시간에 광택이 없는 매끈한 면을 얻을 수 있으며, 복잡한 형상의 공작물도 가공할 수 있다. 또한 가공된 표면을 경화시키는 피닝 효과(peening effect)를 얻을 수 있으며, 공작물 표면의 산화피막 등을 효과적으로 제거할 수 있는 특징이 있다.

1) 연마제와 가공액

연마제로는 탄화규소(SiC), 산화알루미늄(Al_2O_3), 규사 등의 입자를 사용하며, 물에 방취제를 첨가한 것을 가공액으로 사용한다. 연마제의 입도는 다듬질 정도에 따라 선택하며, 보통 주물품의 액체 호닝에는 #60번 정도를, 산화피막 제거에는 #60～220 정도의 거친 입도를, 비교적 고운 면을 얻기 위해서는 #320～600 정도를 사용한다.

2) 액체 호닝 조건

① **분사압력과 가공액의 분사량:** 압축공기의 분사압력은 보통 3.5～7.0 kg_f/cm^2 정도이며, 압력이 높을수록 가공능률이 향상된다. 분사하는 가공액의 양은 노즐 지름이 12 mm일 때, 매분당 5～7 kg_f이 적당하다. 숫돌입자와 가공액과의 혼합비는 용적비로 1:2 정도가 가공능률이 좋다.

② **분사거리와 분사각:** 분사노즐과 공작물 표면과의 거리는 보통 60～80 mm가 적당하며, 두께가 얇은 판을 가공할 때에는 200 mm 정도의 거리를 두어야 한다. 그림 14.19(a)에서 공작물 표면에 대한 노즐의 분사각(θ)이 클수록 표면은 거칠어지게 되며, 철강 재료인 경우에는 분사각을 40～50° 정도로 하는 것이 효과적이다.

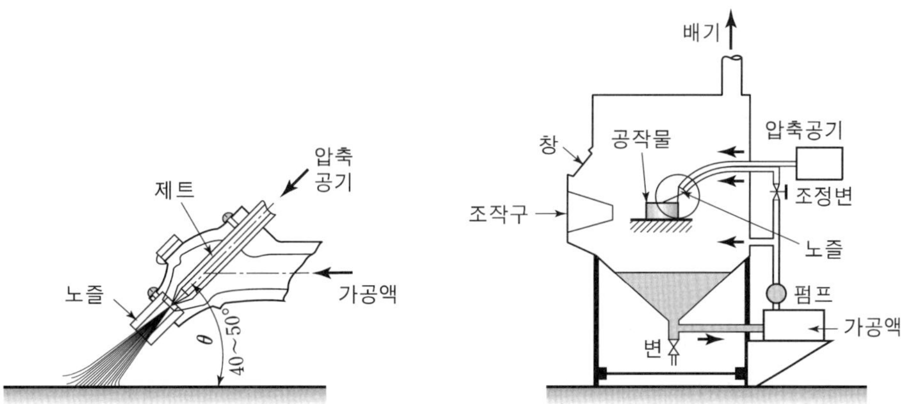

(a) 분사 노즐 (b) 액체 호닝 장치

그림 14.19 액체 호닝 장치

2. 쇼트 피닝

쇼트 피닝(shot peening)은 작은 지름(ϕ 0.5～1 mm)의 강구(shot)를 고속으로 공작물 표면에 분사시켜서 표면을 경화시키는 가공법이다. 쇼트 피닝한 공작물 표면은 소성변형에 의해 가공 경화층이 형성되어 피로강도(fatigue strength)가 증가되는 피닝 효과(peening effect)를 얻을 수 있다.

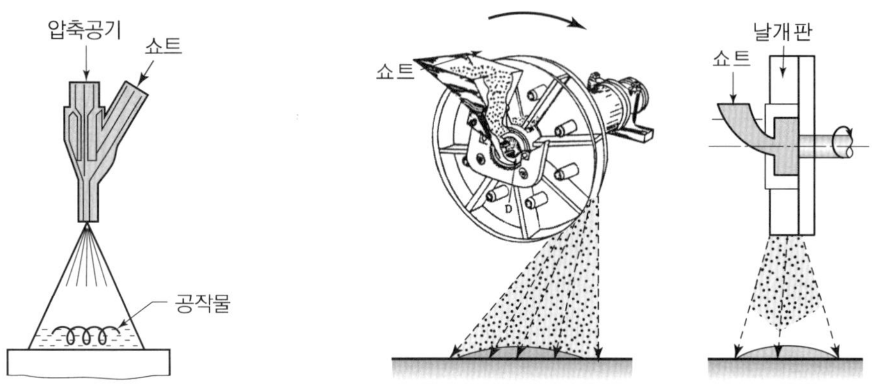

(a) 압축공기에 의한 분사　　　　(b) 원심력에 의한 분사

그림 14.20 쇼트 피닝 장치

쇼트 피닝은 그림 14.20(a)와 같이 압축공기와 함께 노즐을 통해 쇼트를 고속으로 분사시키는 압축공기식과 (b)와 같이 고속으로 회전하는 임펠러에 의한 원심력을 이용하여 분사시키는 원심력식이 있다. 이와 같은 방법으로 공작물 표면에 투사되는 쇼트들은 작은 해머로 두드리는 것과 같은 타격작용을 해서 가공 경화층(0.2～0.7 mm)을 형성시킬 수 있다. 쇼트 피닝은 차축, 크랭크축, 기어, 코일스프링, 판스프링 등과 같이 반복하중을 받는 기계부품의 가공에 사용된다.

1) 쇼트

주철용탕을 수중에 산포시켜 급냉을 통해 제조한 칠드주철과 가단주철을 쇼트로 사용하는 것과 지름이 0.5～1 mm 정도인 강구를 쇼트로 사용한다. 강구 쇼트는 주철 쇼트에 비해 수명이 10배 이상 길다.

2) 쇼트 피닝 가공조건

쇼트 피닝에서 분사속도, 분사각도가 중요한 가공조건으로서 공기 분사식에서는 공기압력을 4 kg_f/cm^2 이상으로 하면 공작물의 표면조직이 파괴될 수 있으며, 원심력에 의한 방식에서는 분사속도를 10～50 m/sec로 하는 것이 좋다. 분사각도는 공작물 표면에 대해 90°로 분사하는 것이 가장 두꺼운 경화층을 얻을 수 있다.

3. 샌드 블라스팅

샌드 블라스팅(sand blasting)은 그림 14.21과 같이 고압의 압축공기 또는 고속으로 회전하는 임펠러로 규사나 모래입자를 공작물 표면에 분사하는 가공법이다. 주로 주물품 표면의 모래 털어내기와 산화피막 등을 제거하기 위해 샌드 블라스팅이 사용되어 왔으나, 폐병을 일으키는 산업재해의 원인이 되기 때문에 사용이 제한됨에 따라 칠드주철 알갱이를 파쇄한 예리한 모서리를 가진 그릿(grit)을 원심력 투사장치로 분사하는 그릿 블라스팅(grit blasting)으로 전환되고 있다. 그림 14.21은 샌드 블라스팅 장치의 구조를 나타낸 것으로서, 소형이면서 양이 많은 주물 등 공작물은 용기 속에서 모래를 자동으로 분사하는 장치에 의해 이루어지며 사용된 모래는 물속에 투사하여 세척한 후 재사용하게 된다. 표 14.3은 공작물의 재질과 크기에 따른 샌드 블라스팅 분사압력을 나타낸 것이다.

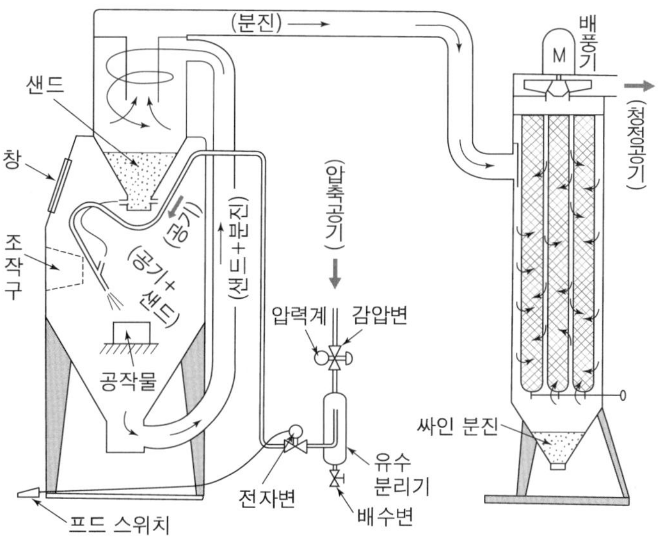

그림 14.21 샌드 브라스팅 장치의 구조

▶ 표 14.3 샌드 블라스팅 분사압력 (단위: kg_f/cm^2)

재질 \ 크기	소	중	대
주철	0.4 ~ 0.9	1.0 ~ 1.5	2.0 ~ 4.0
주강	1.0 ~ 1.5	1.5 ~ 2.5	2.0 ~ 4.0

14.7 특수 가공법

우주항공 분야 및 해양개발 분야 등의 발전과 함께 경도, 강도, 크리프 한도, 연신율, 내열성, 내마모성 등의 특성이 우수한 새로운 신소재가 개발되고 있다. 이러한 신소재의 경우에는 절삭과 연삭에 의한 가공이 어려워짐에 따라 새로운 가공법이 발전되어 왔다. 이와 같은 새로운 가공법을 특수 가공(non-traditional machining) 또는 특수정밀 가공법이라고 한다.

▶ 표 14.4 특수 가공법의 종류

에너지 종류	특수 가공법	약호
전기적	방전 가공 전자빔 가공 플라즈마 가공	EDM (Electric Discharge Machining) EBM (Electron Beam Machining) PBM (Plasma Beam Machining)
전기 광학적	레이저 가공	LBM (Laser Beam Machining)
전기 화학적	전해 가공 전해 연삭	ECM (Electro Chemical Machining) ECG (Electro Chemical Grinding)
전기 기계적	초음파 가공 자기연마 가공	USM (UltraSonic Machining) MAP (Magnetic Abrasive Polishing)
기계적	버니싱 롤링 다듬질	burnishing surface rolling finish
화학적	화학 가공	CHM (CHemical Machining)

1. 방전 가공

방전 가공(Electric Discharge Machining, EDM)은 전기적 방전현상을 이용하여 담금질한 강, 초경합금 등과 같이 절삭가공을 하기 어려운 공작물의 구멍 뚫기, 조각, 절단 등의 가공을 할 수 있는 가공법이다. 수치제어 방식을 이용한 와이어 컷(wire cut) 방전을 비롯하여 다양한 방식이 실용화되었으며, 폭 넓은 분야에서 방전 가공법이 활용되고 있다.

1) 방전 가공의 원리

방전 가공은 그림 14.22(a)와 같이 등유처럼 절연성이 있는 가공액 중에 넣고 전극공구는 음극(−)을, 공작물은 양극(+)으로 하여 약 100 V의 직류 전압을 주고 전극공구와 공작물 사이의 간격을 약 20~50 μm 정도까지 서서히 접근시키면 그림 14.22(b)와 같이 방전 스파크가 발생된다. 이 방전 스파크의 온도는 5,000 °C 정도로 매우 높으므로 스파크가 발

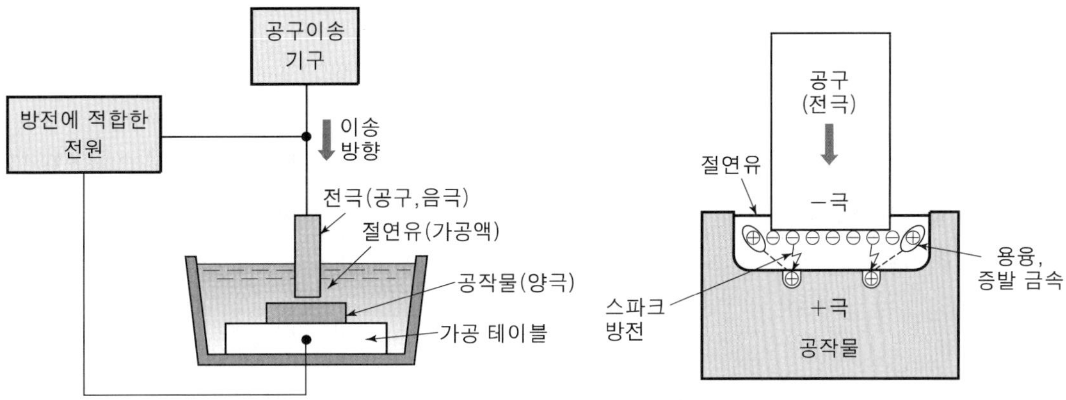

(a) 방전 가공 원리 (b) 방전 스파크의 발생

그림 14.22 방전 가공의 원리

생한 방전점에서는 공작물이 녹거나 증발하는 크레이터(crater)에 의해 전극의 형상대로 공작물 표면이 급속하게 제거된다.

즉, 스파크가 발생한 미소 영역에서는 스파크 열에 의해 국부적으로 가열된 절연유가 기화되어 팽창하려는 체적을 주위의 절연유가 폐쇄작용을 해서 매우 큰 고압으로 충격력이 발생하게 된다. 이와 같은 충격력에 의해 공작물이 용융되거나 증발되는 원리이다. 이러한 방전은 단속적으로 1초에 수백에서 수십만 번의 펄스성 방전을 발생시킨다. 방전 공구로 사용하는 전극도 스파크 방전에 의하여 소모되며, 전극 재료로는 전기와 열의 전도성이 좋은 구리 또는 흑연이 많이 사용되며 텅스텐, 은, 텅스텐 소결합금 등을 사용하는 경우도 있다.

2) 방전 가공의 특징

방전 가공에서 절연액 중에서 전극과 공작물 사이의 절연이 파괴되면서 방전을 일으켜 공작물이 가공된다. 일반적으로 콘덴서 용량이 크면 가공속도는 빨라지지만 치수 정밀도와 가공면이 좋지 않게 된다. 반면에 콘덴서 용량이 작으면 가공시간은 오래 걸리지만 깨끗한 가공면을 얻을 수 있다. 방전 가공은 다음과 같은 특징을 갖고 있다.

① 전기의 양도체이면 공작물의 경도에 관계없이 가공할 수 있다.

② 공구로 사용하는 구리나 흑연 등 전극재료의 가공이 용이하다.

③ 방향성이 없는 가공면을 얻을 수 있으며, 가공속도를 조정해서 가공면의 거칠기를 조절할 수 있다.

④ 가공 정밀도는 방전 가공기의 기계적 · 전기적 요인에 관계되며, 전극이 정밀하면 비교적 양호한 정밀도를 얻을 수 있다.

3) 방전 가공법

(1) 와이어 컷 방전

그림 14.23과 같이 공급 릴에서 일정한 장력으로 공급되는 가는 와이어(ϕ 0.05~0.25 mm) 전극을 가공액 중에서 공작물 사이에 발생시킨 방전 에너지에 의하여 공작물을 절단하는 방법이 와이어 컷 방전 가공(wire cutting electrical discharge machining, WEDM)이다. 즉, 공작물과 와이어 전극 사이에 상대운동을 주면서 방전을 일으켜서 실톱 가공과 같은 방법으로 윤곽형상을 절단하는 방식이다.

전원으로는 펄스 제너레이터(pulse generator)형 직류가 많이 사용되며, 와이어 전극이 지속적으로 이송되며 공급되므로 정확한 절단이 가능하다. 수치제어(NC)를 이용한 와이어 컷 방전은 테이블 위의 공작물을 X, Y축 방향으로 정확하게 이송시킴으로써 정확한 형상으로 윤곽을 절단할 수 있다. 이와 같은 와이어 컷 방전가공은 프레스 금형의 다이, 압축 다이, 테이퍼 가공 등에 매우 유용하게 사용되고 있다.

(2) 방전 연삭

그림 14.24와 같이 흑연 또는 황동을 전극재료로 총형 숫돌바퀴와 같이 가공한 전극을 회전시키면서 가공액 중에서 공작물과 접촉시켜서 가공하는 방식을 방전연삭(Electrical Discharge Grinding, EDG)이라고 한다. 전원으로 펄스 제너레이터로 직류를 사용하며, 담금질한 강, 초경합금 등과 같이 절삭하기 어려운 난삭재의 성형가공에 사용된다.

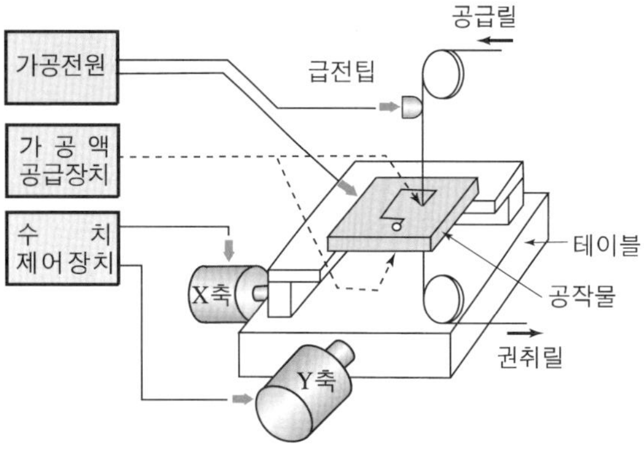

그림 14.23 와이어 컷 방전

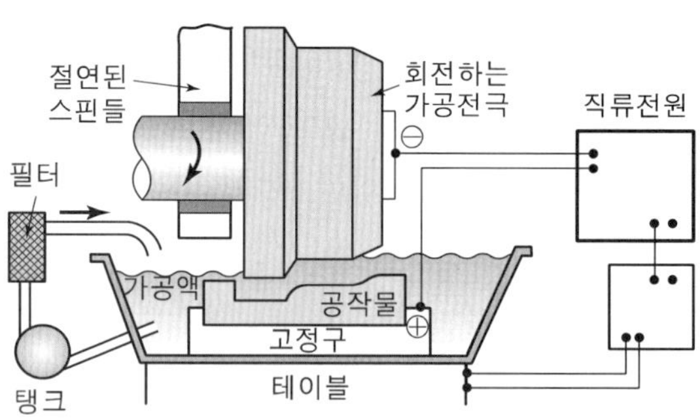

그림 14.24 방전 연삭

(3) 방전 절단

가공액을 공급하면서 띠강(strip steel)이나 회전하는 원판형 강을 음극으로 하고 공작물을 양극으로 하여 가볍게 접촉시켜서 발생하는 방전현상으로 방전 절단(Electrical Discharge Sawing, EDS)을 할 수 있다. 일반적으로 가공액은 물에 수용성 절삭유를 묽게 희석하여 사용하며, 거친 절단에서는 물을 사용하기도 한다. 그림 14.25는 방전 절단방식을 나타낸 것으로서 전극이 이동됨에 따라 불꽃이 알맞게 단속되므로 저전압 대전류를 공급할 수 있는 직류전원을 사용한다.

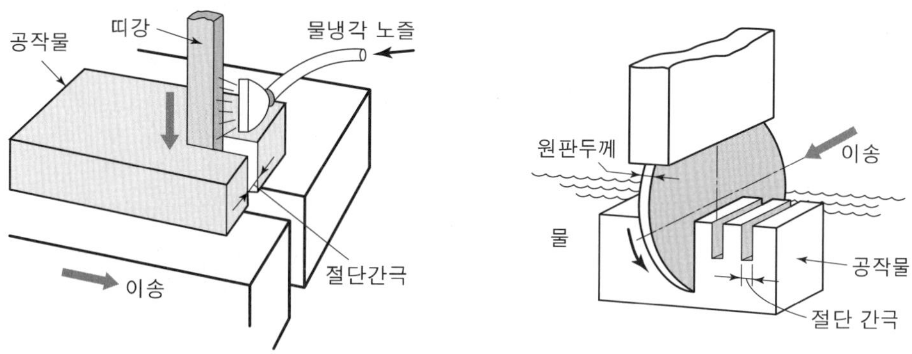

(a) 띠강 전극 사용 (b) 원판강 전극 사용

그림 14.25 방전 절단방식

4) 방전 가공기

(1) 범용 방전 가공기

방전 가공기(Electrical Discharge Machine, EDM)는 바닥이 막혀 있는 저부(fundal)형 금형이나 각종 기계부품의 방전 가공을 목적으로 하는 범용 방전 가공기와 그림 14.26(a)와 같이 전극과 공작물의 이송에 수치제어를 이용하는 CNC 방전 가공기가 있다.

(2) 와이어 컷 방전 가공기

와이어 컷 방전 가공기(wire-EDM)는 가느다란 와이어 전극을 긴장된 상태로 말아서 이송시키면서 공작물 사이에 방전을 발생시켜 가공하는 공작기계이다. 테이블 위에 고정하는 공작물은 수치제어 장치를 이용하여 이송시키며, 그림 14.26(b)는 수치제어 방식을 이용하여 와이어 컷 방전 가공하는 것을 나타낸 것이다.

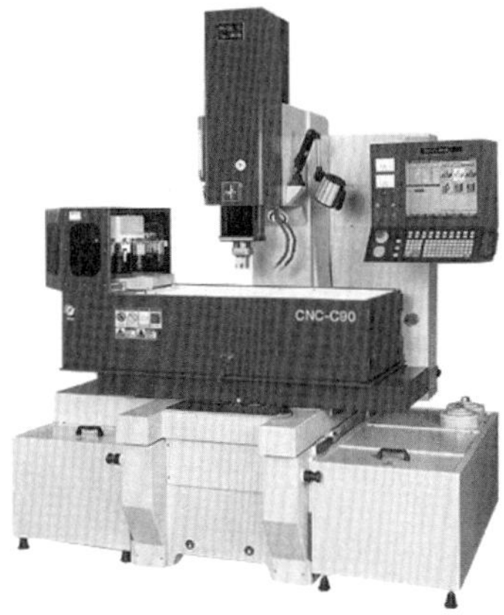

(a) 방전 가공기

(b) 와이어 컷 방전 가공

그림 14.26 방전 가공기

2. 전자빔 가공

진공 중에서 텅스텐 필라멘트를 음극으로 하여 고온으로 가열하면 전자가 방출되어 한 방향으로 흘러가는 전자빔(electron beam)이 발생된다. 이때 질량을 가진 전자를 공작물에 충돌시키면 운동에너지가 열에너지로 변하여 발생하는 고온의 열을 이용하여 구멍 뚫기, 절단, 용접 등의 가공을 하는 것을 전자빔 가공(electron beam machining)이라고 한다.

1) 전자빔 가공의 원리

그림 14.27(a)와 같이 전자총에서 사출된 전자빔이 10～150 kV의 가속전압에 의해 가속되어서 전자렌즈와 편향 코일을 통해 직경 10 μm 정도의 가는 빔으로 진공실(10^{-6} mmHg) 내의 공작물의 표면에 집속시켜 조사시킨다. 이와 같이 집속된 전자빔이 공작물에 충돌한 부분을 순간적으로 용융 · 증발시켜서 구멍이나 곡면을 가공할 수 있게 된다. 이러한 방법으로 고열에 의한 순간적인 열적 제거가공을 반복함으로써 구멍 뚫기, 홈 및 윤곽절단, 용접 등의 가공을 할 수 있다.

2) 전자빔 가공 장치

그림 14.27(b)와 같이 기계 본체에 전원공급 장치와 진공 장치가 설치되어 있다. 텅스텐 필라멘트 전극에 10～150 kV의 부전압을 걸어서 발생하는 음극전류에 의해 전극이 고온으로 가열되어 전자빔이 방출되며, 전극에 흐르는 전류로 전자빔의 크기를 조절할 수 있다.

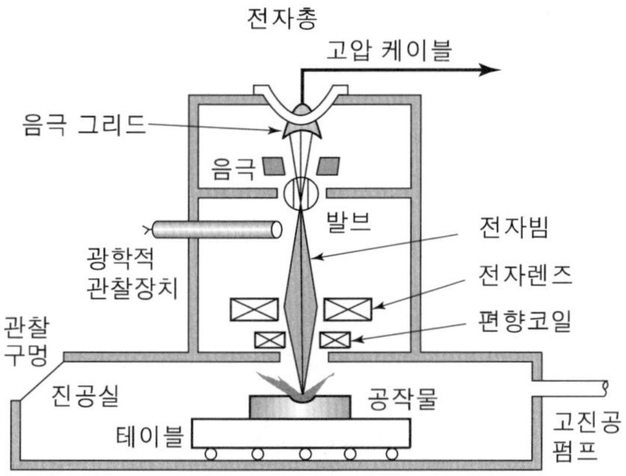

(a) 전자빔 가공 원리

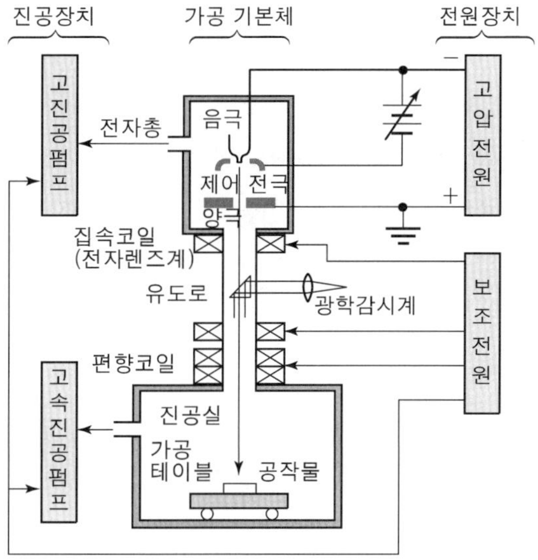

(b) 전자빔 가공 장치

그림 14.27 전자빔 가공

전자빔은 양극에서 가속되어 집속 렌즈와 코일을 통과하면서 집속되어 진공실 내의 공작물 표면에 작은 점(spot)으로 조사되어 고온의 열을 발생시킨다.

3) 전자빔 가공의 특징과 용도

전자빔 가공법을 이용하여 보통 0.05 mm 정도의 구멍과 홈 가공이 가능하며. 구멍 가공에서는 지름의 200배 정도 깊이까지 가공이 가능하다. 전자빔의 지름을 조정하여 구멍지름이0.12 mm까지 가공하며, 그 이상인 구멍이나 홈을 가공할 때는 전자빔을 이동시키면서 주사(scan)해야 한다. 이와 같은 전자빔 가공은 여러 가지 장점이 있으나, 고진공 장비가 필요하며 장비와 유지비용이 비싸고 가공속도가 느리고 조작에 숙련이 필요한 단점이 있다.

① **구멍 뚫기:** 세라믹, 보석, 다이아몬드 등과 같이 고경도 비금속 재료와 스테인리스 박판의 고밀도 구멍 뚫기에 이용된다.

② **미세 제거가공:** 금속 또는 세라믹 재료를 깊이 0.1 μm ~ 1 mm, 폭 3 ~ 300 μm의 홈 및 절단가공에 이용된다. 또한 전자부품용 증착박막의 트리밍(trimming)에 이용된다.

③ **용접가공:** 전자빔 가공은 용접에 많은 이점이 있어서 Ta, Ti 등 고온에서 산화가 심한 재료의 용접이나 이종 재료 간의 용접 등에 유용하게 이용된다. 이와 같은 전자빔 용접은 반사율이 높아서 레이저 용접이 곤란한 금속의 용접과 두꺼운 판재의 용접이 가능하며, 용접 변형이 작은 장점이 있다.

3. 플라즈마 가공

분자 상태의 기체가 고온의 열을 받아서 발생하는 원자의 격렬한 운동에 의해 원자가 음전하의 원자와 양전하의 이온으로 해리(dissociation)되어 도전성을 띄게 되는 것이 플라즈마(plasma)이다. 이러한 플라즈마 에너지를 이용하여 전극과 공작물 사이에 아크를 발생시켜 공작물을 가공하는 것이 플라즈마 가공(Plasma Beam Machining, PBM)이다.

1) 플라즈마 가공의 원리

그림 14.28(a)와 같이 음극의 텅스텐 전극과 노즐 선단부의 양극을 가진 구리 사이에 아크를 발생시키고 헬륨, 알곤 등의 작동가스를 텅스텐 전극 주위로 불어 넣으면 작동가스의 냉각 작용에 의해 아크가 가늘어지는 열적 핀치효과(thermal pinch effect)가 나타난다. 이와 같이 아크의 지름이 감소하게 되면 이온이 서로 인합하여 지름이 더욱 감소하는 전자적 핀치효과(electro magnetic pinch effect)가 발생하여 10,000~20,000 °C의 플라즈마가 발생된다. 그림 14.28(b)와 같이 양극인 토치 내부에 존재하는 플라즈마 제트는 플라즈마 토치(plasma torch)를 통해 양극인 공작물에 고속의 이행형 아크 플라즈마 제트로 분출된다.

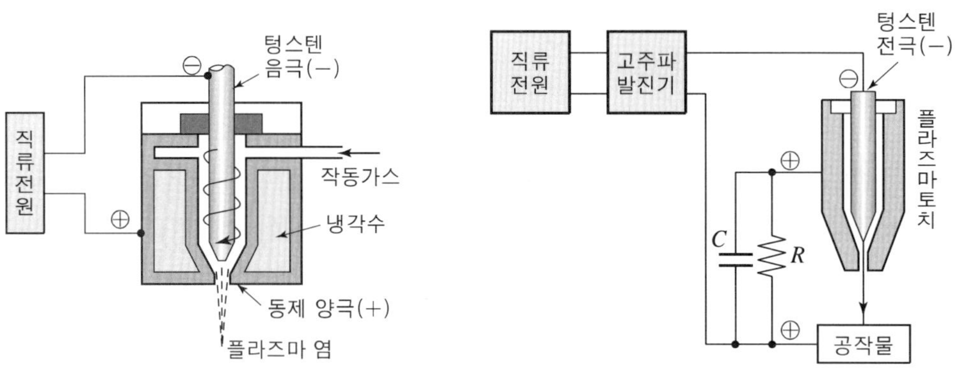

(a) 플라즈마 발생 원리 (b) 플라즈마 아크 회로

그림 14.28 플라즈마 발생 기구

2) 플라즈마 가공법

플라즈마 가공은 2,000 °C 이상의 고온 플라즈마 제트에 의해서 공작물이 가열되어 가공 부위가 용융온도에 도달하면 고속의 가스 흐름(stream)으로 용융부가 제거된다. 따라서 플라즈마 가공은 경도나 내열성 등에 영향을 받지 않고 가공능률이 비슷하지만, 주로 단순한 형상의 공작물의 정밀도를 필요로 하지 않는 가공에 이용된다.

(1) 플라즈마 아크 절단

플라즈마 아크 절단에 사용하는 토치를 그림 14.29(a)와 같이 단공 노즐을 사용하게 되면 절구형상이 V자형으로 되어 수직단면을 얻기 힘들며, 그림 14.29(b)와 같은 다공 노즐을 사용하면 아크가 가늘게 되어 절단속도를 감소시켜 절단가공 정밀도를 높일 수 있다. 플라즈마 아크 절단에서 전극의 소모를 줄이고 용융된 금속을 분출시켜 제거하기 위한 작동가스로 질소(N_2)가스, 알곤(Ar)가스 등이 사용된다.

(2) 플라즈마 아크 선삭

그림 14.30과 같이 양 센터에 지지된 공작물을 회전시키고 공구대에 설치된 플라즈마 토치를 사용하여 선삭가공하는 방법이 플라즈마 아크 선삭이다. 플라즈마 아크 선삭은 가공능률은 비교적 높지만, 표면 거칠기는 일반적인 선삭가공보다 좋지 않으므로 고합금강 등과 같이 절삭가공하기 어려운 공작물의 가공에 사용된다.

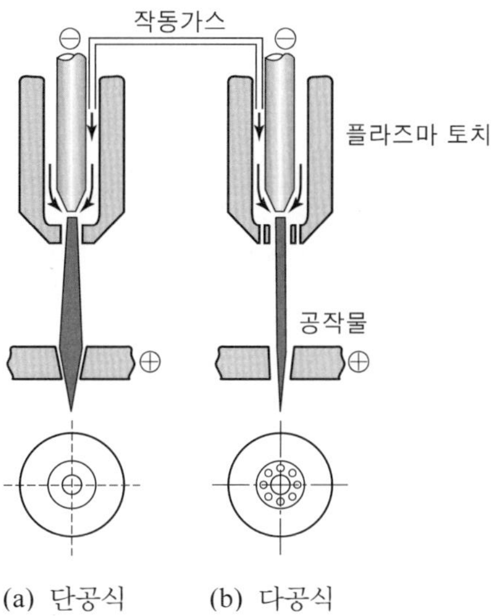

그림 14.29 플라즈마 아크 절단

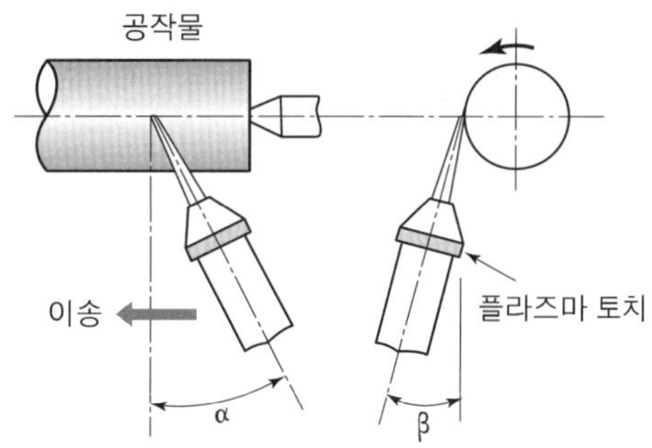

그림 14.30 플라즈마 아크 선삭

4. 레이저 가공

유도 방사에 의해 증폭된 빛인 레이저(Light Amplification by Stimulated Emission of Radiation, LASER)에서 방출되는 빛 에너지인 레이저 빔(laser beam)을 점(spot)형태로 집속한 고에너지로 공작물을 국부적으로 가열하여 용융과 기화시켜서 제거가공하는 방법이

레이저 가공(Laser Beam Machining, LBM)이다.

1) 레이저 가공의 원리

레이저는 특정 파장만을 가진 단색광으로 만들어진 인위적인 빛으로서, 위상이 균일하고 지향성과 집광성이 우수하여 렌즈로 집광하면 매우 작은 점(spot)으로 집중시킬 수 있다. 그림 14.31과 같이 집광렌즈에서 집속된 레이저의 빛에너지가 공작물에 조사되면 약 4,000 °C의 열에너지로 변환되어 공작물을 가공하는 원리이다. 이러한 레이저 가공은 각종 난삭재의 미세가공에 적합하며, 대출력 광원이 개발되어 일반 열가공용으로도 사용되고 있다.

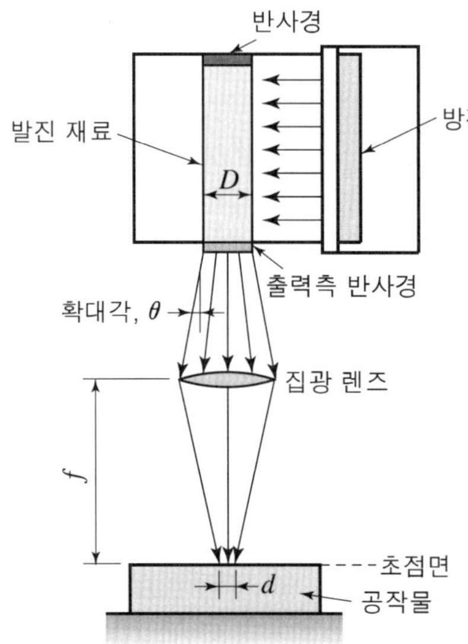

그림 14.31 레이저 가공 원리

2) 레이저 가공 장치

그림 14.32는 고체 레이저를 사용한 가공 장치를 나타낸 것으로서 레이저 빔 발진 장치, 집광용 광학계, 관측용 광학계, 공작물 위치결정 테이블 등으로 구성되어 있다. 관측용 광학계는 레이저 빔의 초점과 공작물의 위치결정에 사용되며, 육안이나 모니터를 사용하여 관측할 수 있다. 공작물 테이블은 레이저 발진과 연동하여 수치제어(NC) 방식으로 공작물의 이동을 제어한다. 가스 레이저 발진장치에서는 레이저 발진재료인 레이저 로드(laser rod)를 가스가 충진된 방전관으로 교환한다. 가공에 사용되는 레이저는 발진재료에 따라 고체 레이저와 기체 레이저 및 액체 레이저가 있다.

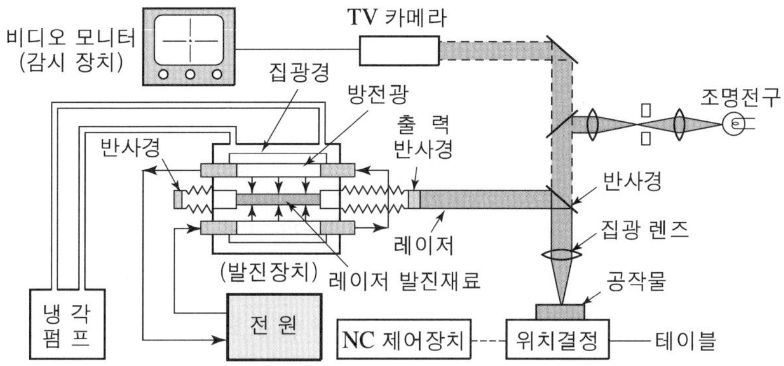

그림 14.32 레이저 가공 장치

▶ 표 14.5 레이저의 파장

종류	YAG 레이저	CO_2 레이저	엑시머 레이저
파장(μm)	1.06 (근적외선)	10.6 (원적외선)	0.19~0.35 (자외선)

고체 레이저에는 루비(ruby), YAG(yttrium, aluminum, garnet), 회중석($CaWO_4$) 등이 있고, 기체 레이저에는 CO_2, N_2, Ar 레이저 등, 엑시머(excimer) 레이저도 사용된다. 표 14.5는 레이저의 파장을 나타낸 것으로서 파장이 짧을수록 미세가공에 유리하며, 파장이 길수록 큰 출력을 얻을 수 있다.

3) 레이저 가공의 특징과 용도

레이저 가공은 전자빔 가공과 달리 진공실이 필요 없는 장점은 있으나, 출력이 작은 단점이 있다. 따라서 지름과 깊이가 매우 작은 구멍 뚫기와 절단가공, 크기가 작은 용접 등에 이용된다. 또한 고가의 레이저를 제품 생산에 이용하기 위해서는 레이저의 특성과 잠재력을 충분히 활용할 수 있는 기술이 있어야 한다. 생산현장에서 활용되고 있는 레이저 절단가공은 다음과 같은 특징이 있다.

① 공작물을 클램핑하지 않아도 되므로 재료의 손실을 줄일 수 있으며, 빠른 속도로 절단작업을 할 수 있다.

② 컷팅 헤드 교환, 소재 장착의 자동화, 수치제어에 의한 컷팅 등으로 가공시간이 짧고 생산공정이 단축된다.

③ 비접촉식 헤드의 사용으로 높은 정밀도와 매끄러운 절단면을 얻을 수 있으며, 제품 표면에 흠집이 생기지 않는다.

반면에 레이저 가공을 할 때 발생하는 유해가스는 인체와 기계에 나쁜 영향을 미치므로 충분한 환기가 되어야 한다.

(1) 구멍 뚫기

레이저 가공법으로 귀금속, 세라믹, 유리, 금속 등에 미세한 구멍을 뚫을 수 있다. 레이저빔에 의한 가열 범위를 좁히기 위해서 펄스(pulse)발진이 사용되며, 단일 펄스로 지름의 5~10배 깊이까지 구멍을 가공할 수 있다. 그림 14.33은 레이저의 초점과 공작물 표면의 위치에 따라 뚫리는 구멍의 모양을 나타낸 것으로서 (a)는 레이저 초점이 공작물 아래쪽으로 내려와서 원추형으로 구멍이 가공된 것이며, (b)는 초점이 공작물과 일치되어 비교적 균일하게 구멍이 가공되며, (c)는 레이저 초점이 공작물 표면에서 떨어져서 가운데 부분이 볼록하게 구멍이 가공된다.

(2) 절단 가공

그림 14.34는 O_2, Ar, N_2 등의 보조가스를 병용한 레이저 빔 토치를 사용하여 레이저 초점을 따라 공작물을 이동시켜서 절단하는 것을 나타낸 것으로서, 절단 가공에는 큰 출력으로 연속 발진하는 탄산(CO_2)가스 레이저가 사용된다. 이러한 레이저에 의한 구멍 뚫기와 절단에는 용융금속이 제거되면서 전단이 지속적으로 이루어질 수 있도록 가스제트가 보조수단으로 사용된다.

(3) 용접 가공

레이저를 사용하여 용융 깊이가 깊고 비드 폭을 좁게 용접할 수 있으며, 열영향층과 용접

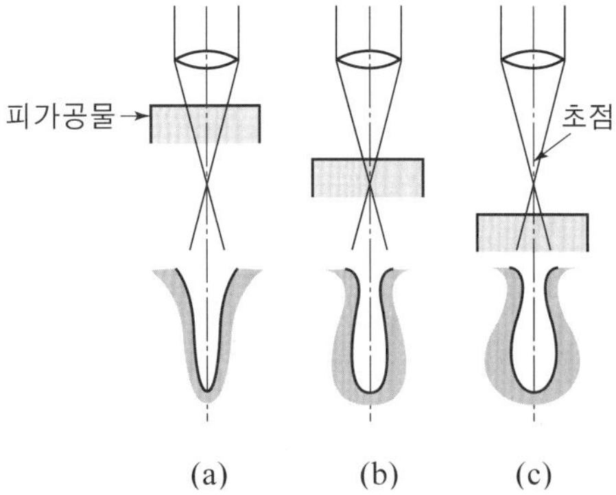

그림 14.33 구멍 뚫기

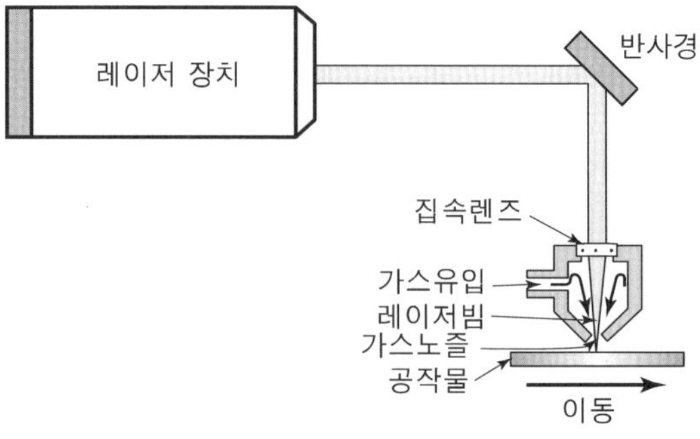

그림 14.34 절단 가공

변형이 작은 장점이 있다. 일반적으로 강재의 고속 용접에는 CO_2 레이저를 사용하며, 전자 부품 등의 정밀용접에는 작은 점(spot)으로 집속되고 파장이 짧은 YAG 레이저가 사용된다.

5. 전해 가공

전해액 속에서 양극인 공작물에 전류를 흘려보내 가공할 부위를 전기 화학적으로 용출시켜서 필요한 형상과 치수로 표면을 제거하는 가공 방법이 전해 가공(Electro Chemical Machining)이다.

1) 전해 가공의 원리

그림 14.35(a)와 같이 전해액(electrolyte) 중에 두 개의 금속판을 담그고 직류전원으로 접속한다. 전해액은 양(+)이온과 음(−)이온으로 분리하고 그림 14.36(b)와 같이 전해액 속에서 직류를 통전시키면 양극의 금속(Fe)은 $FeCl_2$로 용해된다. 이와 같은 반응은 전기도금과 반대의 원리로서 다음과 같다.

$$Fe \rightarrow Fe^{2+} + 2e^-$$

$$Fe^{2+} + 2Cl^- \rightarrow FeCl_2$$

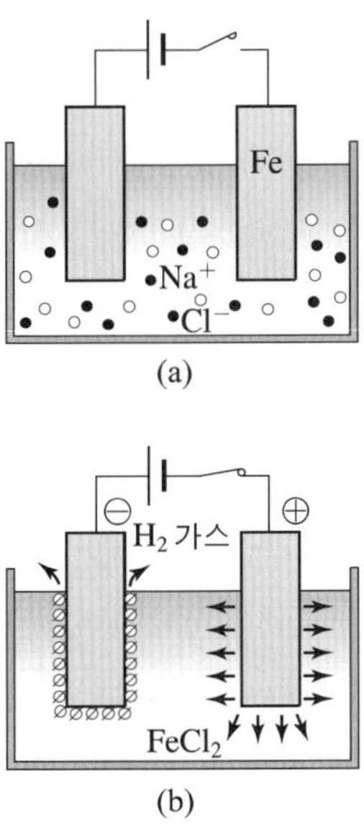

그림 14.35 전해 가공 원리

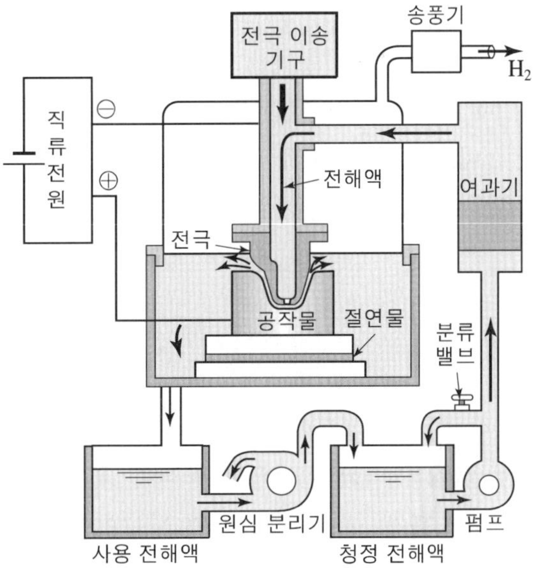

그림 14.36 전해 가공 장치

이때, 음극에서는 다음과 같이 수소가스가 발생되며, NaOH는 $FeCl_2$와 반응하여 수산화철이 된다.

$$2Na^+ + 2H_2O + 2e^- \rightarrow 2NaOH + H_2$$

$$FeCl_2 + 2NaOH \rightarrow 2Na^+ + 2Cl^- + Fe(OH)_2$$

이와 같은 반응에 의해 다음과 같이 양극의 금속이 용출되어 전해 가공된다.

$$Fe + 2H_2O \rightarrow Fe(OH)_2 + H_2 \uparrow$$

2) 전해 가공 장치

그림 14.34는 전해 가공 장치를 나타낸 것으로서 공작물과 공구전극 사이에 0.1～0.4 mm 정도의 틈새를 주고 전해액을 고속으로 공급하면서 공작물에 양극(+), 공구전극에 음극(−)으로 직류를 통전시키면 공작물에서 금속이 전해액 속으로 용출된다. 이때 용출되는 금속량에 따라 공구전극을 접근시키면서 계속 전해 가공을 한다.

① **전해액:** 전해액은 비전도도가 높고, 가공 생성물과 반응하여 불용성의 염분을 생성하지 않고 독성이 없는 것을 사용해야 한다.

② **공구전극:** 공구전극은 열 및 전기 전도도가 우수하고, 전해액에 대한 기계적 강도와 가공성이 좋아야 한다. 따라서 공구전극 재료로 구리, 황동 등이 많이 사용된다.

3) 전해 가공의 특징과 용도

전해 가공은 공작물이 전기의 양도체이면 경도와 인성에 관계없이 일정한 속도로 가공할 수 있으며, 공구전극이 소모되지 않는다. 또한 복잡한 형상의 공작물을 한 공정에서 빠르게 가공할 수 있는 전해 가공은 기계적인 힘이나 열의 발생이 없으므로 잔류응력이나 변형이 없는 깨끗한 가공면을 얻을 수 있다. 반면에 전기 화학적 가공이므로 전류, 전해액의 농도와 온도 및 유량제어에 대한 관리가 매우 중요하다. 그리고 음극에서 발생하는 수소가스와 부식성 전해액에 대한 처리가 어려운 점이 있다.

① **전해 스크레이핑:** 그림 14.37과 같이 스크레이핑(scraping)을 전해 가공에 응용한 것으로서 전해에 의한 절삭으로 공작물 표면을 평활하게 가공하는 수정하는 방법이다.

② **전해 구멍 뚫기:** 지름이 작고 깊은 구멍을 뚫을 목적으로 하는 전해 가공이 전해 구멍 뚫기(electro stream, ES) 방식으로서 지름 0.2～1 mm인 구멍을 지름의 50배 깊이까지 가공할 수 있다.

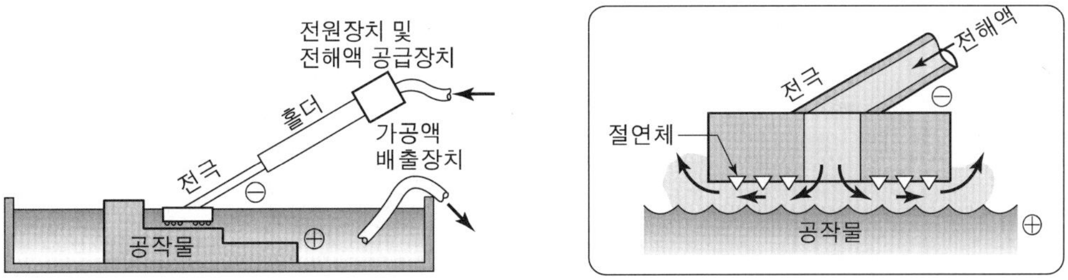

그림 14.37 전해 스크레이핑 가공기구

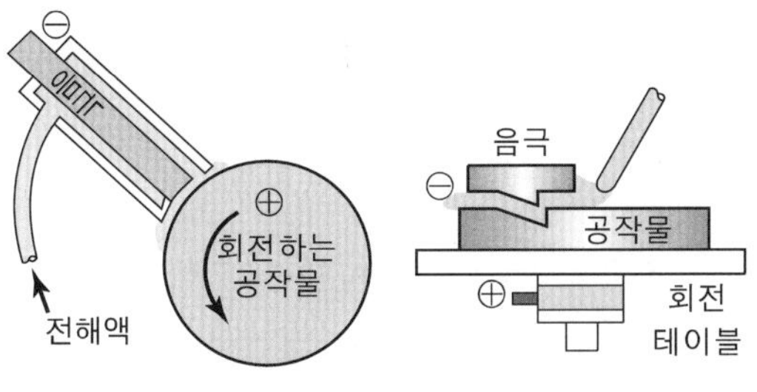

(a) 외주 가공 (b) 정면 가공

그림 14.38 전해 선삭

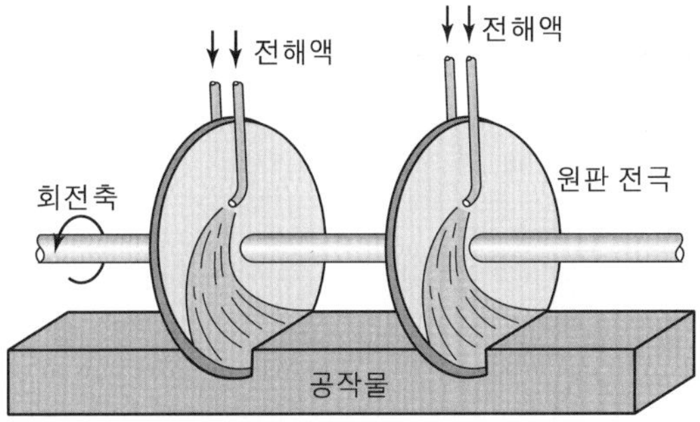

그림 14.39 전해 절단

③ **전해 선삭:** 그림 14.38과 같이 공작물을 회전시키면서 전해 가공을 하는 가공법이 전해 선삭(Electro Chemical Turning, ECT)이다.

④ **전해 절단:** 그림 14.39와 같이 원판형태의 공구전극을 회전시키면서 전해 가공을 하는 것이 전해 절단(Electrolytic Cut Off)이다.

6. 전해 연삭

양극의 공작물 표면에서 용출되는 생성물을 전해액의 분출로 제거하는 전해 가공법에 연삭숫돌에 의한 기계적인 제거 방법을 복합하여 가공하는 방법이 전해 연삭(Electro Chemical Grinding, ECG)이다.

1) 전해 연삭의 원리

그림 14.40은 양극의 공작물에서 용출되는 생성물을 연삭숫돌을 사용한 기계적인 방법으로 제거하는 전해 연삭기구를 나타낸 것으로서, 전해 가공에서의 전해작용과 연삭작업을 복합한 가공법이다. 이때 공작물은 대부분 전해작용에 의해 가공되며, 연삭에 의한 재료의

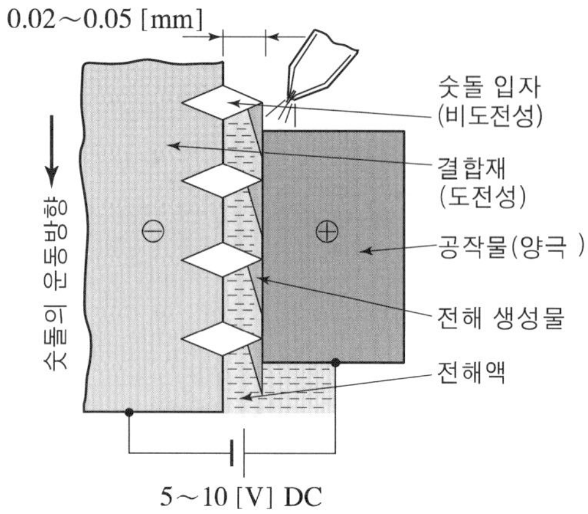

그림 14.40 전해 연삭 원리

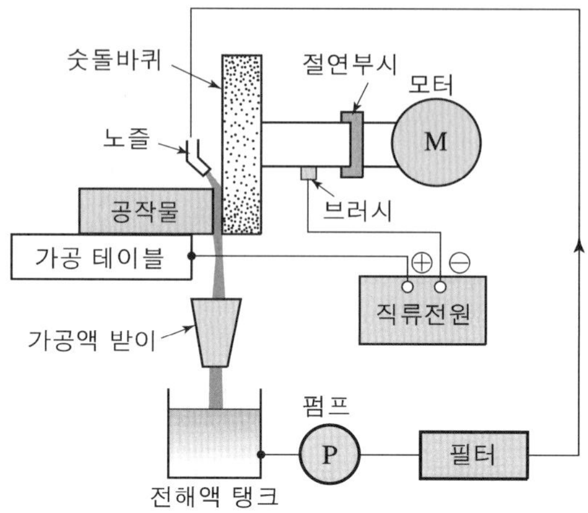

그림 14.41 전해 연삭 장치

제거량은 매우 적다. 즉, 전해작용에 의한 공작물의 용출물을 숫돌을 사용하여 제거해서 전해에 의한 용출을 촉진시켜서 가공효율을 높일 수 있다. 절연성 숫돌입자와 도전성 결합제로 이루어진 전해 연삭숫돌은 공작물의 표면에 전해작용으로 생긴 산화피막을 숫돌입자로 기계적으로 제거하는 기능과 공구전극과 공작물의 가공 틈새를 유지하는 역할을 한다.

2) 전해 연삭 장치의 구성

그림 14.41은 전해 연삭 장치의 구성을 나타낸 것으로서, 도전성을 가진 결합제를 사용한 숫돌과 전해액을 가공액으로 사용한다. 그리고 직류전원을 사용하여 숫돌과 공작물에 전류를 통전시킬 수 있는 구조이다.

3) 전해 연삭의 특징과 용도

숫돌에 작용하는 압력과 연삭저항이 작으므로 두께가 얇고 작은 공작물을 변형 없이 가공할 수 있으며, 경도가 높은 재료에 적합하다. 전해 연삭에서는 숫돌입자가 공작물을 직접 깎아내지 않고 공작물 표면과 일정한 틈새를 유지하면서 전해작용에 의해 표면에 용출된 생성물을 제거한다. 따라서 숫돌의 소모가 매우 적으며, 숫돌의 입도가 공작물 표면 거칠기에 미치는 영향이 없다. 또한 전해 연삭에서는 열 발생이 없으므로 열에 의한 변형이나 가공경화가 나타나기 쉬운 재료의 가공에 적합하다. 이러한 전해 연삭은 고가의 다이아몬드 가공을 대체하여 초경합금이나 고속도강 공구의 연삭에 응용되고 있으며, 숫돌의 수명이 길고 가공능률도 높다.

① **전해 연삭과 전해 호닝:** 전해 연삭은 매우 경도가 높은 공작물의 평면연삭, 원통연삭, 내면연삭에도 응용되고 있으며, 그림 14.42와 같이 연삭숫돌에 도전성을 부여하기 위해 흑연을 혼합하는 방법을 사용하고 있다. 그림 14.43은 전해 호닝장치의 구조를 나타낸 것으로서, 호닝 숫돌도 비전도성의 알루미나(Al_2O_3)계가 사용된다. 따라서 숫돌 홀더와 공작물 사이에 전류가 흐르게 되므로 높은 전압의 전원이 필요하다.

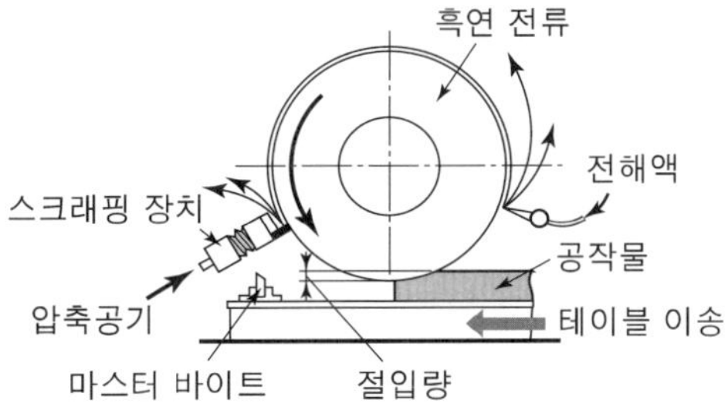

그림 14.42 전해 연삭기구

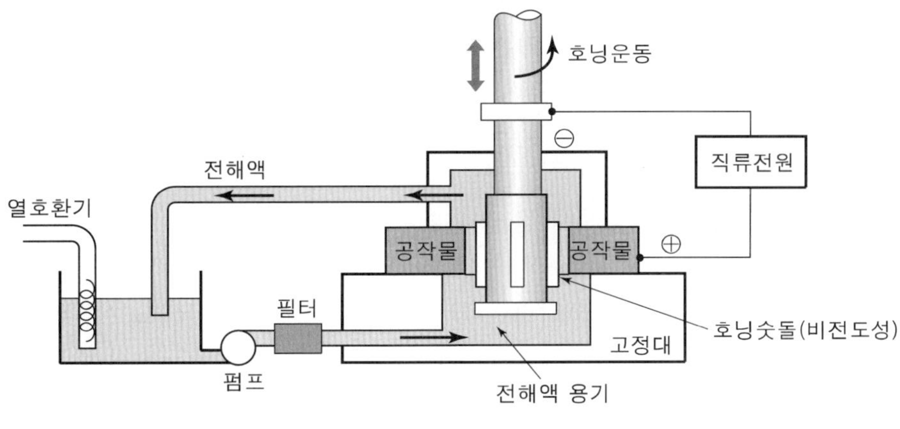

그림 14.43 전해 호닝기구

② **전해 방전 연삭:** 그림 14.44와 같은 전해 방전 연삭기구는 전해 가공과 방전 연삭을 조합한 가공법이다. 전해 방전 연삭에서는 흑연으로 숫돌전극과 공작물 사이에서 발생하는 미세한 방전과 함께 전해작용으로 공작물 표면에서 용출되는 생성물을 전해 연삭숫돌이 제거하는 방식이다. 이 가공법은 가격이 비싼 도전성 숫돌을 사용하지 않아도 되며, 초경합금이나 터빈의 날개가공에 사용된다. 이 밖에도 전해 가공과 래핑을 혼합한 전해 래핑은 초경합금 등과 같은 난삭재의 가공에 사용되고 있다.

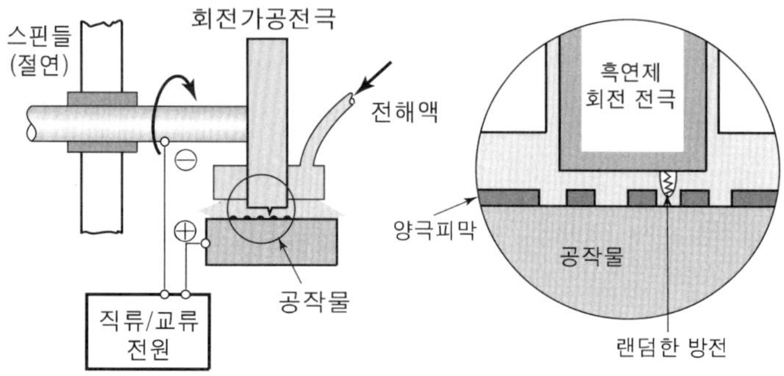

그림 14.44 전해 방전 연삭기구

7. 초음파 가공

전기적인 고주파 발진기에 의해 발생되는 초음파 진동을 에너지원으로 상하방향으로 초음파 진동(20~30 kHz)을 하는 공구(horn)와 공작물 사이에 연삭입자를 넣고 공작물을 정밀하게 다듬는 가공법이 초음파 가공(ultrasonic machining)이다. 이와 같이 전기 에너지를 기계 에너지로 변화시켜서 가공하는 방법으로서 담금질한 강, 수정, 보석, 유리, 세라믹 등을 비롯하여 전기적 도체 여부와 관계없이 공작물을 정밀하게 가공하는 데 널리 이용되고 있다.

1) 초음파 가공의 원리

그림 14.45는 초음파 가공기구를 나타낸 것으로서, 초음파 발진기에서 전류를 고주파 발생장치로 보내면 고주파 진동으로 변환되어 진동자가 상하방향으로 진동한다. 진동자가 가지는 10 μm 이하의 진폭은 익스포넨셜 혼(exponential horn)에 의해 진폭이 40~50 μm으로 확대되어 혼(horn)에 전달된다. 이와 같이 진동하는 혼공구와 공작물 사이에 숫돌입자를 혼합한 가공액을 넣고 가볍게 압력을 가한 상태에서 초음파 진동을 주어서 가공하는 방법이다. 이때 초음파 진동으로 인한 타격작용으로 공작물 표면은 미세하게 파쇄되며 침식작용을 받으며 가공된다.

2) 초음파 가공장치

그림 14.46은 초음파 가공기를 나타낸 것으로서 초음파 발진기, 진동자와 진동을 증폭시키기 위한 콘(cone)과 혼(horn)으로 구성되어 있다.

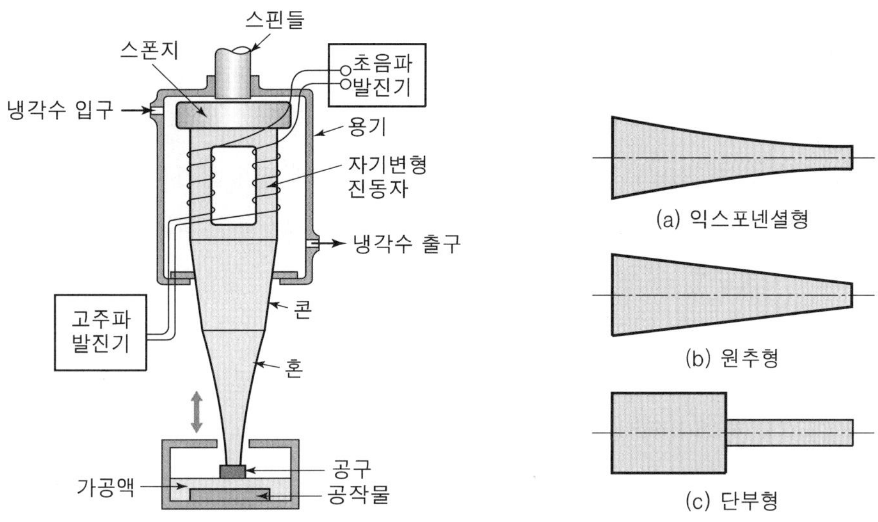

(a) 초음파 가공장치 (b) 초음파 혼의 형상

그림 14.45 초음파 가공기구

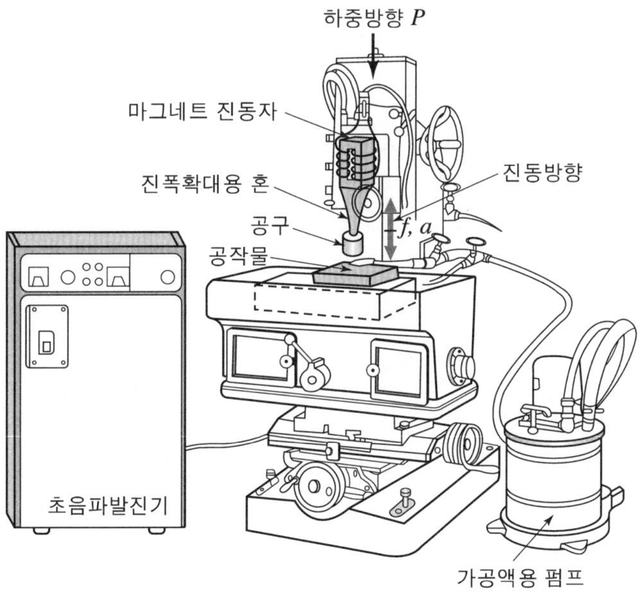

그림 14.46 초음파 가공기

① **진동자:** 초음파 발진기에서 발생한 고주파 전류를 전기-기계변환기에 의해 고주파 진동으로 변환시키는 기구가 진동자(transducer)이다. 진동자에는 자왜(magnetic striction) 진동자, 전왜(electro striction) 진동자, 압전 진동자 등이 있다. 이 중에서 얇은 Ni판

사이에 절연물을 여러 장 겹쳐서 만든 코어(core)에 편위자계 권선과 고주파 권선을 감고 편위자계 권선을 직류여자로 하고, 고주파 권선에 고주파 전류를 보내서 진동하게 하는 자왜 진동자가 많이 사용된다.

② **진폭 확대장치:** 진동자의 진동을 증폭시켜서 공작물에 전달하기 위해서 진동자에 콘과 혼을 결합시킨다. 혼의 형태는 그림 14.45(b)와 같으며 진폭 확대비는 단부형이 가장 크고 익스포넨셜형, 원추형 순으로 작아진다. 따라서 가공할 면적이 큰 경우에는 단부형 혼을 사용하고, 작은 경우에는 원추형 혼을 사용한다. 진동자와 혼은 납땜으로 붙이고 혼과 공구는 나사로 연결한다. 혼의 재료로는 연강이나 황동, 공구강 등이 주로 사용되며, 스테인리스강, 알루미늄 합금 등도 사용된다. 공구의 재료는 피아노선재, 스프링강, 스테인리스강, 텅스텐 탄화물 등이 사용되며 유리와 같이 가공이 쉬운 공작물에는 연강을 사용하기도 한다.

③ **가공액:** 초음파 가공에서 숫돌입자에 의한 제거가 가공작용의 대부분을 차지하고 있으며, 초음파 진동에 의한 가공액의 공동현상(cavitation)과 화학적 침식작용에 의한 제거도 부분적으로 이루어진다. 이와 같은 작용들에 의해 공구의 형상에 대응하는 형상으로 공작물이 가공된다. 가공액에 혼합하는 연삭입자는 입도가 #320~600 정도인 알루미나(Al_2O_3), 탄화규소(SiC), 탄화붕소(B_4C) 등이 사용되며, 물과 두 배 정도의 무게비율로 입자를 혼합해서 사용한다.

3) 초음파 가공의 특징과 용도

일반적인 초음파 가공장치는 그림 14.46과 같이 초음파 발진기에서 진동자에 고주파 전류를 보내면 진동자는 20~30 kHz의 초음파 진동을 일으킨다. 이때 10 μm 이하로 진동하는 진동자의 진폭이 콘(cone)과 혼(horn)을 통하면서 진폭이 30~40 μm로 증폭된다. 이와 같이 상하로 초음파 진동을 하는 공구에 의해 입자가 공작물을 계속해서 연타하는 해머작용에 의해 주된 가공이 이루어진다. 따라서 초음파 가공은 유리, 세라믹, 다이아몬드, 수정, 천연 및 인조 보석, 반도체 등과 같이 소성변형이 어려운 공작물 재료가 좋다. 이외에도 내열강, 담금질강, 침탄강, 질화강, 초경합금 등과 같이 경한 재료도 초음파 가공할 수 있다.

소성변형이 커지면 초음파 가공능률이 떨어지므로 납, 구리, 연강 등과 같이 연한 재료는 가공속도가 늦고 공구의 소모가 커서 초음파 가공이 어렵다. 초음파 가공에서는 공구가 회전하지 않아도 되므로 그림 14.47과 같이 총형가공, 미세절단, 미세구멍 등의 가공을 할 수 있으나, 가공면적이 좁고 가공깊이에도 제약을 받는 단점이 있다.

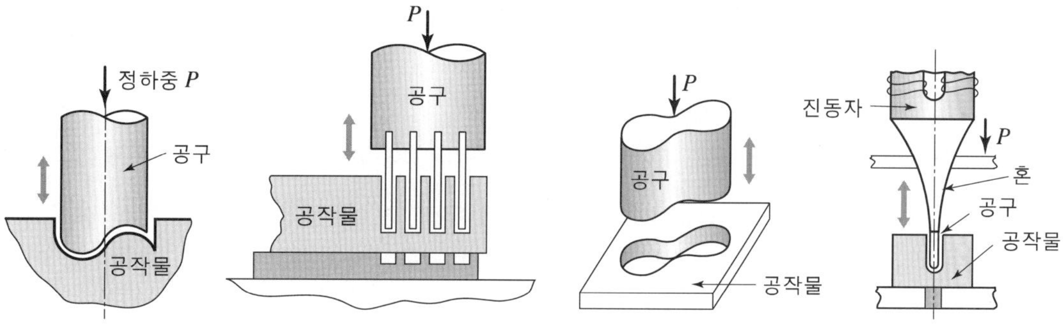

(a) 총형 (b) 미세절단 (c) 총형구멍 (d) 미세구멍

그림 14.47 초음파 가공

8. 자기연마 가공

자성을 가진 자기연마재를 자기력으로 끌어당겨서 공작물 표면을 연마하는 방법을 자기연마 가공(magnetic abrasive polishing)이라고 한다.

1) 자기연마 가공 원리

그림 14.48(a)는 비자성체인 스테인리스 파이프의 내면을 자기연마 가공하는 기구를 예로 나타낸 것으로서, 자기력발생 장치에 전원을 공급하면 자극봉에 감겨진 코일을 통해 형성된 자기력에 의해 자기연마재가 끌어당겨져서 자기브러시를 형성하게 된다. 그리고 공작물을 회전시키면 자기연마입자는 y 방향과 z 방향으로 작용하는 힘 F_y, F_z를 다음과 같이 나타낼 수 있다.

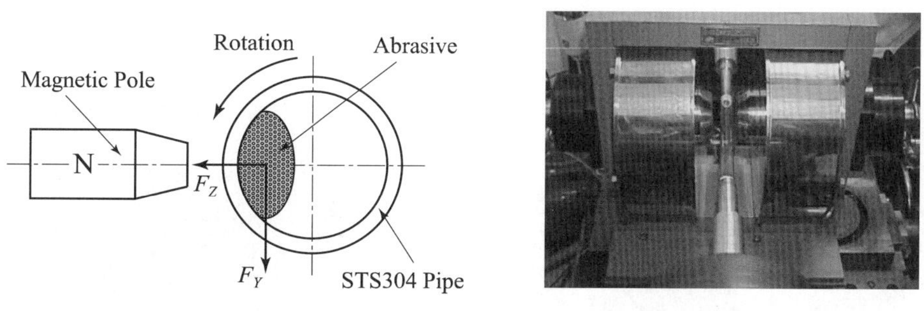

(a) 자기연마 가공기구 (b) 자기연마 장치

그림 14.48 원통내면 자기연마 가공

$$F_y = V\chi H(\partial H/\partial y)$$

$$F_z = V\chi H(\partial H/\partial z)$$

여기에서 V는 자기연마입자의 체적이고, χ는 연마입자의 자화율, H는 자기장의 세기, $(\partial H/\partial y)$와 $(\partial H/\partial z)$는 자력선과 등전위선의 방향에서 자기장 세기에 대한 기울기를 나타낸다. 이와 같은 자극봉의 자기력에 의해 발생된 연마재의 자기브러시를 축 방향으로 이동시켜서 스테인리스 파이프의 내면을 연마한다.

2) 자기연마 가공장치

(1) 자기력 발생장치

자기력을 발생시키는 방법은 영구자석을 이용하는 방법과 회전자극을 이용하는 방법, 보자력이 낮은 재료를 이용하여 직접 자극봉에 코일을 감아 자기력을 발생시키는 방법 등 다양하다. 영구자석에 의한 자기력 발생은 영구자석을 이용하여 자기력의 발생을 간단하게 할 수 있고, 장치의 구성이 간단한 반면에 자기력의 세기의 조절이 불가능하여 자기력의 크기를 다양하게 변화시키기 힘든 단점이 있다. 자극봉에 코일을 감는 방법을 이용하는 전자석에 의한 자기력 발생장치는 영구자석보다 제작이 복잡하고 자기력의 발생과 변화를 위한 전압의 승·감압 장치가 필요하지만 자기력을 용이하게 조절할 수 있는 장점이 있다. 그림 14.49는 전자석을 이용한 자기력 발생장치를 범용선반에 설치한 자기연마 가공장치를 나타낸 것이다.

(2) 자기연마재

자기연마 가공에 사용하는 연마재는 주로 입도가 #400~4,000인 산화알루미나(WA)와

그림 14.49 자기연마 장치

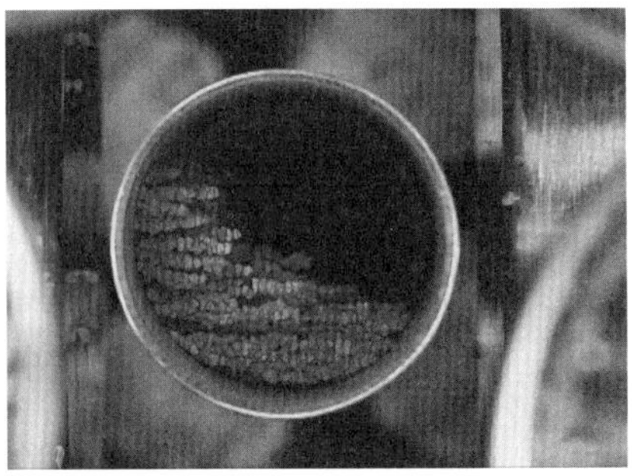

그림 14.50 자기연마재 브러시

탄화규소(GC)입자가 많이 사용되며, 고경도 공작물에는 CBN이나 다이아몬드입자가 사용된다. 또한 연마재에 자성을 부여하기 위해 Ba-Ferrite와 같은 자성물질을 혼합하여 레지노이드 또는 비트리파이드 결합제를 사용하여 자기연마재를 제조한다. 그림 14.50은 이와 같은 자기연마재가 자기력에 의해 자기브러시가 형성된 것을 보여준다.

3) 자기연마 가공의 특징

자기연마법은 숫돌을 공작물에 직접 가압하여 가공하는 법이 아니라 자기력을 사용하여 공작물 표면을 연마하는 방법으로서 가압력에 의한 변형이 없으며 짧은 시간에 0.1 μm Ra 이하의 매끄러운 가공면을 얻을 수 있다. 또한 자기력 발생장치의 자력을 변화시켜서 가공압력을 설정하고 제어할 수 있다. 이러한 자기연마 가공은 각종 부품의 마무리 가공, 평면 및 자유곡면의 연마와 비자성체의 원통 내면을 정밀하게 가공하는 데 이용된다. 특히, 원통 내면의 자기연마를 통해 진원도, 원통도와 표면 거칠기를 향상시킬 수 있으므로 반도체용 튜브, 식품 위생기기, 의료기기, 고순도 가스용기 등의 청정 산업분야 및 공기압 장치의 튜브 등의 가공 분야에 활용이 확대될 것으로 기대된다.

9. 버니싱과 롤링 다듬질

1) 버니싱

버니싱(burnishing)은 그림 14.51과 같이 가공되어 있는 구멍보다 조금 큰 강구(ball)나 주판알과 같은 형상의 압입 브로치를 압입시켜서 절삭가공에서 생긴 미세한 요철과 같은

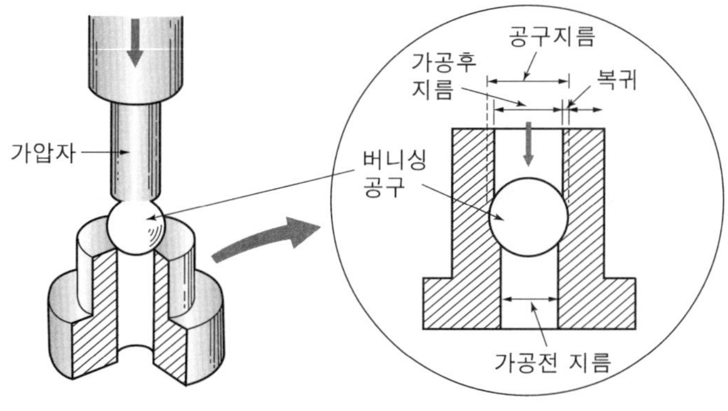

그림 14.51 버니싱 가공

흔적을 압축 변형시켜서 표면 거칠기와 정밀도를 향상시키기 위한 가공법이다. 일반적으로 압입자의 재질을 공작물이 연질일 때에는 강구(steel ball)를 사용하며, 강재에는 초경합금이나 고속도강 볼이나 주판알과 같은 형상의 압입자를 사용한다. 이와 같이 버니싱에 의해 압축되어 소성변형된 가공면은 잔류 압축응력에 의해 내마모성과 피로강도가 향상된다.

2) 롤링 다듬질

롤링 다듬질(surface rolling finish)은 그림 14.52와 같이 롤러를 회전하는 공작물에 가압하고 이송시켜서 공작물 표면을 압축 소성변형시켜서 매끈한 가공면을 얻는 가공법이다. 따라서 전(前)가공에서 생긴 미세한 요철부분을 압축하여 가공면을 매끈하게 다듬을 수 있으며, 공작물 표면이 가공경화되어 내마모성과 피로한도를 향상시킬 수 있다. 이러한 롤링 다듬질은 주로 선반에서 원통형 공작물을 가공하는 경우가 많으며, 밀링에서 평면을 롤링 다듬질할 수도 있다.

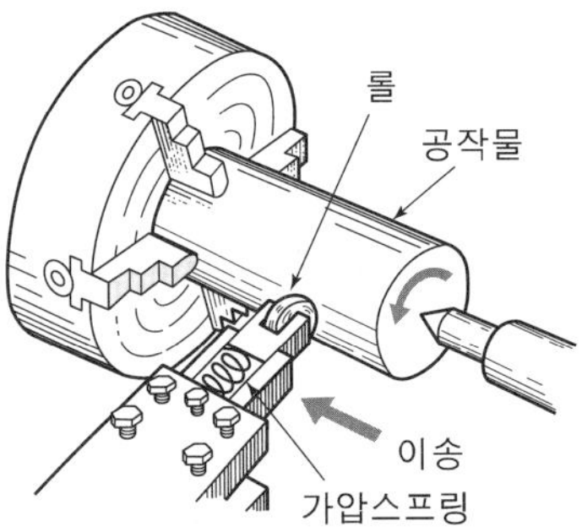

(a) 롤링 기구

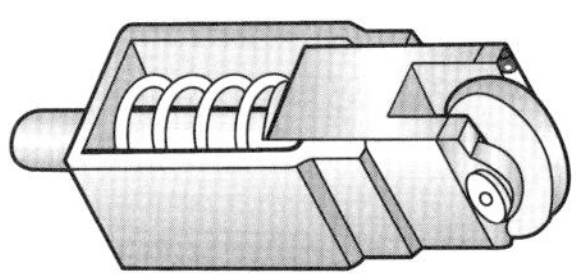

(b) 롤러

그림 14.52 롤링 다듬질

10. 화학적 가공

기계적이나 전기적 방법으로 가공할 수 없는 재료를 용해나 부식 등의 화학적인 방법으로 표면을 깨끗이 다듬거나 용삭하는 가공법을 화학적 가공(chemical machining)이라고 한다. 즉, 공작물을 부식액 등에 넣고 화학 반응을 일으켜서 여러 가지 형상으로 공작물 표면을 용해하거나 잘라내는 가공법이다.

1) 화학적 가공의 공정

화학적 가공은 보통 공작물 표면의 청정 → 내약품성 피막 마스킹(masking) → 에칭

(etching) → 피막 제거 → 수세의 공정을 거쳐서 가공한다.

① **청정:** 공작물 표면의 산화피막은 기계적인 방법으로 제거하고, 그 밖에 오물은 탈지와 세정을 해서 표면을 깨끗하게 청정한다.

② **마스킹**(masking): 마스킹은 가공하지 않을 공작물 표면부분에 내식성 피막을 입히는 중요한 공정이다. 피막에는 네오프렌(neoprene), 경질 염화비닐, 에폭시 수지(epoxy resin)가 들어 있는 래커(lacquer)를 사용한다.

- 부분적 마스킹: 실크 스크린(silk screen) 등을 통하여 가공할 이외의 부분을 피복하는 방법이다. 형상이 간단할 경우에는 칠하거나 담그는 방법이 사용하며, 복잡한 공작물은 스크린 프로세스(screen process) 방법을 사용한다.
- 기계적 마스킹: 공작물 전체 면에 피복 재료를 도포하고 형판을 사용하여 가공할 부분의 경계선을 따라서 칼로 도려내어 피복을 분리하는 금긋기와 박리법(scribe and peel)으로서, 정밀도가 요구되지 않는 대형 부품에 이용된다.
- 포토 에칭(photo etching): 공작물 전체 표면에 감광성 수지(photo-resist)를 사용하는 방법으로서, 박판에 복잡한 모양의 구멍 뚫기와 여러 가지 작은 구멍을 정밀하고 미세하게 뚫을 때 이용된다.

③ **에칭**(etching): 마스킹이 완료된 공작물을 에칭액(etchant)에 담가서 내식성 피복이 되지 않은 부분을 화학적으로 용해하여 제거하는 공정이 에칭(etching)이다. 에칭에는 침적법, 분사법 등을 사용하며 재질, 가공속도, 다듬질 정도 등에 따라서 여러 가지 조성과 온도의 에칭액이 사용된다.

2) 화학적 가공의 특징

화학적 가공은 공작물의 강도와 경도에 관계없이 가공할 수 있으며, 변형이나 거스러미 등이 없으며 가공경화나 표면 변질층이 생기지 않는다. 또한 곡면 등 복잡한 형상의 공작물 표면 전체를 동시에 가공할 수 있으며, 여러 개를 공작물을 동시에 가공할 수 있어서 적용 범위가 넓다. 최근에는 높은 정밀도의 반도체, 프린트 회로 등의 가공에도 이용되고 있다.

3) 화학적 제거 가공법

(1) 화학 절삭

화학 절삭(chemical milling) 가공법은 주물, 압출, 단조품의 금속표면 전체를 제거하는 비선택 제거법과 중량을 경감시키기 위한 표면의 국부적 제거와 형상가공에 사용하는 선택 제거법이 있다. 선택 제거법은 그림 14.53(a)와 같이 가공하지 않을 부분에 마스킹을 한 공작물을 가공액에 담그고 새로운 가공액이 공작물 표면에 작용될 수 있도록 교반시킨다. 가공이 진행됨에 따라 그림 14.53(b)와 같이 내식성 피막인 피복제(maskant)의 아래쪽도 점차 녹아 들어가서 언더컷(undercut)이 발생하는 부식계수(etch factor, d/s)는 1.6 정도이다. 따라서 이러한 부식계수를 고려하여 피막의 형상을 결정해야 하며 가공속도는 10 m/min 내외 정도이다. 가공액은 공작물의 재질에 따라 표 14.6과 같이 수산화나트륨(NaOH), 염화수소(HCl), 불화수소(HF), 질산(HNO_3), 염화철($FeCl_3$) 등을 사용한다. 화학절삭은 화학반응

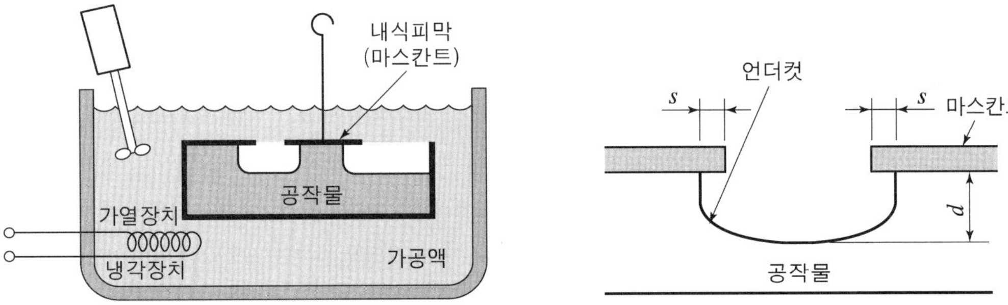

(a) 화학 절삭 장치 (b) 언더컷 발생

그림 14.53 화학 절삭 가공

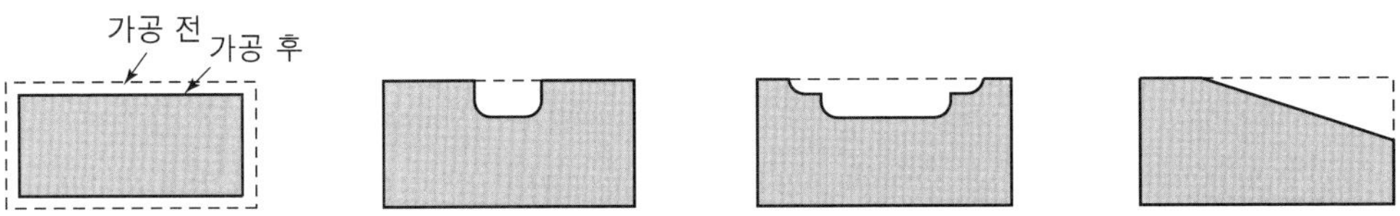

(a) 전면 가공 (b) 부분 가공 (c) 단차 가공 (d) 테이퍼 가공

그림 14.54 화학 절삭가공물 형상

▶ **표 14.6 화학 절삭 가공액**

공작물 재질	가공액
알루미늄	NaOH 5～25%, HCl 5～20%
철강재료	HNO_3 15～30%, H_2SO_4 10～15% + HNO_3 10～20%
스테인리스강	HNO_3 5～10% + HF 5～10%
구리합금	HNO_3 5～10%, H_2SO_4 10～15%
텅스텐	HNO_3 20cc + HF(50%)30cc + H_3PO_4 50cc

에 의한 가공이므로 반응 속도를 지배하는 가공액의 농도와 온도 및 시간이 중요하게 작용된다. 가공이 완료되면 공작물을 수세한 후 피막을 제거하고 후처리를 한다. 이와 같은 화학절삭은 항공분야 산업에서 알루미늄 합금 제품의 불필요한 군살을 제거하여 경량화하기 위한 가공에 많이 응용된다. 그림 14.54는 화학 절삭의 가공형상을 나타낸 것이다.

(2) 화학 연마

화학 연마(chemical polishing)는 공작물을 가공액에 담가서 침식작용에 의해 표면을 제거하는 방법으로서, 미세한 요철 부위를 선택적으로 용출하여 광택을 갖는 매끄러운 표면으로 다듬을 수 있다. 화학 연마 장치는 화학 절삭 장치와 비슷하며, 공작물을 일정한 온도를 유지하는 가공액에 수 분 동안 담가서 표면을 연마하게 된다. 가공액은 공작물 재질에 따라 황산, 질산, 인산, 염화제이철 등을 단독 또는 혼합하여 사용하며 화학 절삭보다 가공액의 점도를 높게 한다. 화학 연마가 가능한 금속은 구리, 황동, 니켈, 모넬 메탈, 알루미늄, 아연 등이 있으며, 유독가스가 발생하므로 환기 및 안전관리에 유의해야 한다.

연습문제

14.1 호닝 가공의 특징과 용도에 대해 간단히 설명하시오.

14.2 슈퍼 피니싱 가공법과 특징에 대해 쓰시오.

14.3 래핑에 대해 정의하고 습식법과 건식법을 비교하여 설명하시오.

14.4 폴리싱과 버핑에 대해 간단하게 쓰시오.

14.5 배럴 가공법과 목적에 대해 간단하게 설명하시오.

14.6 다음 입자분사 가공법과 특징에 대해 쓰시오.
① 액체 호닝 ② 쇼트 피닝 ③ 샌드 블라스팅

14.7 방전 가공법과 특징에 대하여 설명하시오.

14.8 전자빔 가공법과 특징에 대해 쓰시오.

14.9 레이저 가공의 원리와 특징에 대해 쓰시오.

14.10 전해 가공의 원리와 특징에 대해 간단히 설명하시오.

14.11 전해 연삭의 특징에 대해 간단히 설명하시오.

14.12 플라즈마 가공에 대하여 설명하시오.

14.13 초음파 가공의 원리와 특징에 대해 간단히 설명하시오.

14.14 버니싱과 롤링 다듬질의 특징을 간단히 설명하시오.

14.15 화학적 가공 공정을 들고 간단하게 설명하시오.

CHAPTER

15 공작기계 및 생산자동화

15.1 공작기계의 자동화

1. 수치제어(NC) 공작기계의 개요

1) 공작기계의 발전

보다 효율적인 방법으로 가공능률과 정밀도를 향상시키기 위한 기계가공 기술은 하루가 다르게 진화를 거듭하며 발전하고 있다. 현재에는 유·공압 기술과 전자·정보기술 등이 기계공작 분야에 융합되어 공작기계에 많이 적용되고 있다. 과거에는 일반적으로 소품종 대량생산에는 전용기계를 사용하고 다품종 소량생산에서는 범용 공작기계를 사용하였다. 또한 형상이 복잡하고 높은 정밀도가 요구되는 제품을 생산하는 경우에는 지그를 설계·제작하거나 가공 준비에 많은 시간과 숙련된 기능을 필요로 하였다. 그러나 수지제어를 이용하여 공작기계를 운영할 수 있는 CNC 공작기계가 출현하면서 생산방식도 변화가 많이 되었다. CNC란 Computerized Numerical Control의 약자로서 컴퓨터를 이용한 수치제어라는 의미이다. 그리고 CNC 공작기계란 가공에 필요한 수치정보를 컴퓨터가 내장된 기계에 전달하여 가공과정을 수치로 제어하는 공작기계를 일컫는다. 즉, 도면으로 나타난 제품의 형상과 크기를 기계가 인식할 수 있는 명령어와 수치로 이루어진 프로그램을 기계의 제어장치에 입력시켜 실행시킴으로써 기계를 제어하는 것이다. 이러한 CNC 공작기계는 CNC 선반, CNC 밀링, CNC 연삭기를 비롯하여 다양한 CNC 공작기계가 있으며, 리드타임(lead time)을 감소시켜 생산성을 높일 수 있어서 생산현장에서 많이 사용되고 있다.

2) CNC 공작기계의 종류

범용 공작기계에서 CNC 공작기계로의 짧은 변천기간에도 불구하고 다품종 소량생산과 품질의 균질성 확보와 생산성 향상 등 시장의 변화와 요구에 따라 많은 종류의 범용공작기계가 CNC 공작기계화될 수 있을 만큼 발전되어 왔다. 또한 품질과 생산성 향상을 위한 꾸준한 연구로 복합화, 고속화, 고정밀화 분야로의 급속한 발전이 이루어지면서 생산제조현장에서 CNC 공작기계의 활용 비중이 점점 커지고 있다.

특히, 고속가공용 머시닝 센터가 개발되면서 기계, 금형공업 분야 등에서 고정도의 절삭가공이 가능하여, 후 공정을 감소시킬 수 있을 정도로 높은 정밀도와 함께 생산성 향상을 꾀할 수 있게 되었다. 현재 사용하고 있는 CNC 공작기계를 분야별로 간단히 정리하면 다음과 같다.

① **절삭가공 분야:** CNC 선반, CNC 밀링, 머시닝 센터, CNC 드릴링 머신, CNC 보링 머신, CNC 호빙 머신, CNC 연삭기 등

② **방전가공 분야:** CNC 방전 가공기, CNC 와이어컷 머신, CNC 형조각기 등

③ **특수가공 분야:** CNC 초음파 가공기, CNC 워터젯 가공기, CNC 레이저 가공기 등

3) CNC 공작기계의 특징

최근 기계 소재·부품 산업은 고정밀화 추세에 따라 더욱 복잡하고 다양해지고 있다. 아울러 제품의 수명주기가 점점 짧아지고, 소품종 대량 생산에서 다품종 소량 생산체제로의 변화가 필요하게 되었다. 또한 범용 공작기계를 능숙하게 다룰 수 있는 상급 기능인력의 부족에 따른 인건비 상승, 생산비 증가 등을 극복하기 위한 경쟁력을 강화시키고자 생산방식 자동화에 대한 노력이 이루어지고 있다. 이러한 이유로 생산제조현장에서는 자동화를 이루기 위해 CNC 공작기계의 사용을 확대해나가고 있으며, CNC 공작기계의 도입은 점점 증가될 것으로 예측된다.

이러한 CNC 공작기계를 도입할 경우에 장점과 단점을 정리하면 다음과 같다.

(1) 장점

① 복잡한 형상의 고정도의 가공이 가능하다.

② 균일 품질의 제품을 대량 생산할 수 있다.

③ 다품종 소량 생산에 유연하게 대처할 수 있다.

④ 리드타임과 불량률 감소로 생산성을 향상시킨다.
⑤ 설계변경 등으로 인한 생산의 유연성에 신속한 대처가 가능하다.
⑥ 작업자의 피로 감소와 안전사고 예방에 유리하다.

(2) 단점

① 유지, 보수에 필요한 비용이 증대된다.
② 프로그래밍 작업 등에 고급 엔지니어가 필요하다.
③ CNC 장비가격이 고가이므로 초기 투자비용이 많이 소요된다.

2. CNC가공의 작업순서와 정보 처리 과정

1) CNC가공의 작업순서

CNC 공작기계를 사용하여 제품을 제작할 때에는 필요한 CNC 공작기계와 공구 등을 선정하고 그에 따른 공작물을 준비하여야 한다. 또한 작업자는 공작물의 형태에 따라 공구의 선택과 가공경로 설정 및 가공조건을 선정하여야 한다. 이와 같이 CNC 공작기계를 사용하여 제품을 가공하고자 할 때 작업순서는 그림 15.1과 같다.

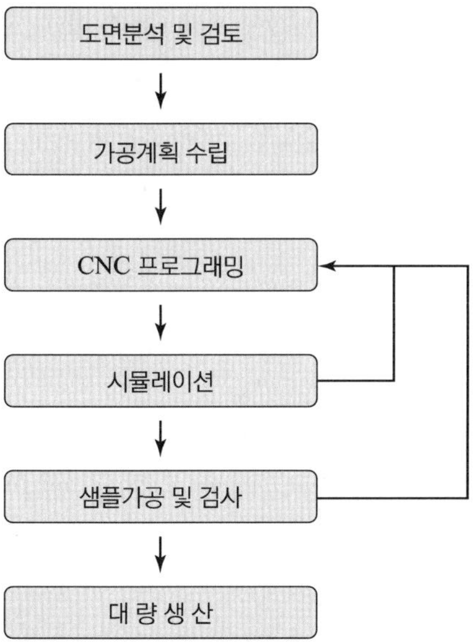

그림 15.1 CNC가공 작업순서도

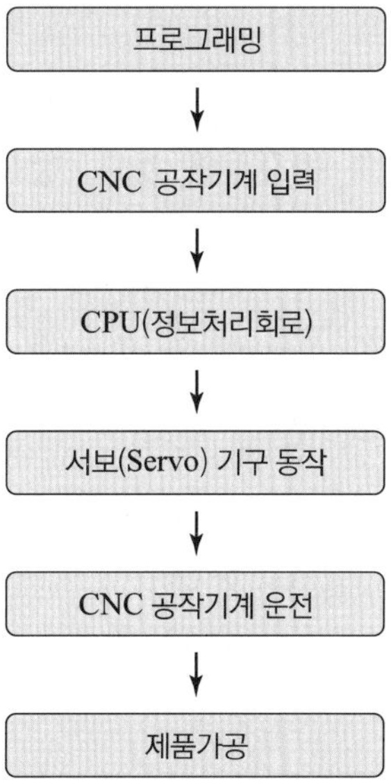

그림 15.2 가공정보의 전달과 처리과정

(1) 도면분석 및 검토

가공할 제품의 재질과 형상을 분석하고, 충분한 검토를 통해 도면을 이해한다.

(2) 가공계획 수립

가공에 필요한 CNC 공작기계를 선정하고 필요한 공구와 소재를 준비하는 단계이다. 준비된 공구를 사용하여 가공하므로 가공에 필요한 조건을 결정하는 단계이기도 하다.

① CNC 공작기계의 선정 및 가공범위를 결정한다. 경우에 따라 범용 공작기계로 1차 가공을 한 후, CNC 공작기계로 2차 가공할지 여부를 고려한다.
② 소재의 고정방법을 결정하고, 필요한 경우에 치공구를 준비한다.
③ 공구 준비 및 가공에 필요한 공구경로를 결정한다.
④ 황삭, 정삭, 잔삭에 필요한 가공조건을 결정한다.

(3) CNC 프로그래밍

수립된 가공계획에 따라 CNC 프로그램을 작성한다. 프로그램 작성할 때 다음 사항을 유의한다.

① 가급적 수립된 가공계획에 준하여 프로그래밍을 한다.
② 제품의 표면 거칠기, 공구 파손 등을 고려하여 1회당 절삭깊이, 이송 속도, 공구 간격, 정삭 가공여유 등을 결정한다.
③ 공구와 공작물의 경도, 강성, 절삭유의 사용유무 등을 고려한다.
④ 도면에 나타난 치수를 보고 프로그래밍에 필요한 좌표를 계산하여 공구와 공작물의 이동 위치, 이동량 등을 정확히 산출한다.

(4) 시뮬레이션

프로그래밍 오류로 인한 제품의 불량률 감소는 물론, 작업자와 공작기계의 안전을 위해 컴퓨터를 이용하여 CNC 가공 시뮬레이션 검증을 통해 프로그래밍 오류를 확인한 후 CNC 공작기계에 프로그램을 입력하여 가공을 하는 것이 좋다.

(5) 샘플가공 및 검사

샘플가공 후 검사를 실시하여 제품의 형상과 치수에 대한 이상유무를 확인해야 한다.

CNC 프로그램에서 오류가 발견되지 않았더라도 공작물의 형상과 공구의 특징을 무시한 가공조건은 요구되는 부품의 정밀도와 표면 거칠기 등을 벗어날 수 있으므로 대량 생산하기 전에 샘플가공 및 검사를 필요로 한다. 샘플 검사에서 이상이 발견되면 프로그램을 수정하고 샘플가공 및 검사를 다시 실시해야 한다.

(6) 대량생산

샘플가공 및 검사에서 이상이 발견되지 않고, 요구되는 제품의 품질을 충족할 경우에 대량 생산을 실시한다.

2) CNC가공 정보의 전달과 처리 과정

작업자는 CNC 공작기계를 이용하여 도면과 같은 제품을 생산할 수 있도록 모든 준비를 갖추어야 한다. 도면에 나타난 품질을 만족하는 제품을 가공할 수 있도록 짜인 프로그램을 CNC 공작기계에 저장하거나 직접 전송하는 방법으로 CNC 컨트롤러가 인식하도록 하여 그 정보를 서보기구에 전달한다. 그에 따라 CNC 프로그래밍에 의해 공작기계는 운전되고 제품을 가공하게 된다. 그림 15.2는 CNC가공 정보의 전달과 처리 과정을 나타낸 것이다.

3. CNC 제어

1) CNC 제어기능의 종류

CNC 프로그램이 컨트롤러에 전송되면 CNC에서 두뇌역할을 하는 정보처리회로에서 손과 발의 역할을 하는 서보기구로 지령을 보내 CNC 메커니즘을 구동하게 한다. 서보기구는 모든 가공정보가 들어 있는 프로그램에 의해 위치결정 제어, 직선절삭 제어, 윤곽절삭 제어와 같은 3가지 제어기능을 실행한다.

(1) 위치결정 제어(positioning control)

공구를 현재 위치에서 지정한 다른 위치로 신속하게 이동하도록 제어하는 기능이다. 이동할 때에는 가공을 하지 않고 지정한 위치로 이동만 하므로 드릴링, 스폿용접, 펀치 프레스 등과 같은 작업에 적용되는 제어기능이다. 필요한 위치를 찾아 이동만 하면 되는 기능이므로 PTP(point to point) 제어라고도 한다. 예를 들면 드릴을 이용하여 다수의 구멍작업을 할 경우 하나의 드릴링 작업을 완료한 후, 다른 구멍을 가공하기 위해 지정된 좌표로 신속하게 이동할 때 필요한 기능이다.

(2) 직선절삭 제어(straight cutting control)

공구가 지정된 위치까지 일정한 이송속도로 직선으로 이동하면서 절삭가공하는 기능이다. 이 기능은 직선절삭 이외에는 가공할 수 없으며, 선반, 밀링, 보링 머신 등에 적용한다. 단, 직선절삭 제어만으로는 구배각도가 있는 테이퍼 가공은 할 수 없다.

(3) 윤곽절삭 제어(contouring cutting control)

공구가 2개 이상의 축 방향으로 이송하면서 위치와 속도를 제어하는 기능이다. 그러므로 대각선, S곡선, 컴퓨터 마우스와 같은 3차원 곡면의 가공경로 등을 공구가 자유자재로 이송하면서 연속적으로 윤곽을 절삭할 수 있는 기능이다. CNC 공작기계의 제어기능 중 가장 복잡한 기능으로서 위치결정 제어, 직선절삭 제어를 수행할 수 있으므로 CNC 공작기계는 대부분 윤곽절삭 제어방식을 적용하고 있다.

2) CNC 제어기능의 원리

CNC 공작기계에서 수치제어의 기본원리는 테이블 구동나사에 서보모터(servo motor)를 연결하고 서보모터에 전기적 펄스(Pulse)를 보내 일정량만큼 회전시켜 테이블의 이송을 제어하는 것이다. 예를 들어 1펄스에 서보모터는 1° 회전하고 이에 대하여 테이블은 0.001 mm 이동한다고 가정하면 수치제어에 의하여 최소 이송 단위는 0.001 mm가 된다. 이와 같이 전기적신호 1펄스당 테이블의 최소 이송 단위를 기본 이송 단위(Basic Length Unit, BLU)라 하며 정보처리회로에서 펄스화된 정보를 처리하여 임의의 위치에 소요된 속도로 테이블을 이송시켜주는 기구를 서보기구(servo mechanism)라 한다.

예를 들어 테이블을 1 mm 이송시키기 위해서는 1,000개의 전기적 펄스를 발생시켜야 한다. 그림 15.3에서 정보처리회로에서 받은 펄스는 비교회로(Comparator)에 모두 저장되고 DAC에 순차적으로 보내어 저장된 전기적 펄스의 수에 비례하는 전압을 순차적으로 발생시키고 증폭시켜서 직류 서보모터를 회전시킨다. 이때 서보모터의 회전량만큼 검출기에서 펄스가 발생된다. 이 전기적 펄스가 피드백(feed back)되어 비교회로에 저장된 입력 펄스를 하나씩 감소시켜 비교회로에 저장된 전기적 펄스가 0이 되면 서보모터가 정지하게 된다. 이와 같은 서보기구의 제어방식은 검출기의 부착 위치 및 피드백 방법에 따라 다음과 같이 분류할 수 있다.

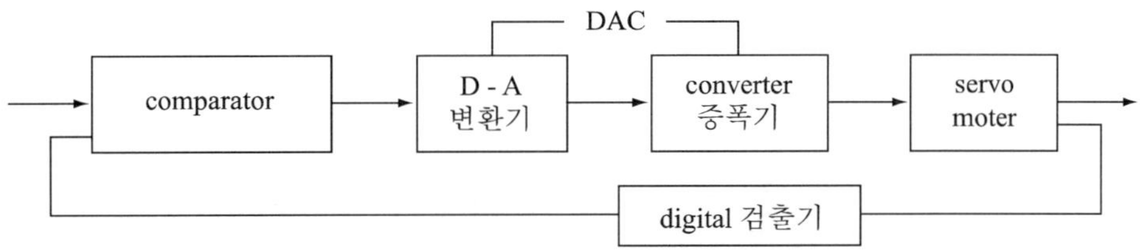

그림 15.3 서보구동 회로

이 중에서 반폐쇄회로 방식이 가장 널리 사용되고 있으며, 고정밀도가 요구되는 경우에는 폐쇄회로 방식이나 복합회로 방식이 사용된다.

① 개방회로 방식(Open Loop System)
② 반폐쇄회로 방식(Semiclosed Loop System)
③ 폐쇄회로 방식(Closed Loop System)
④ 복합회로 방식(Hybrid Servo System)

3) 서보기구 제어방식

NC 프로그램이 컨트롤러에 전송되면 사람의 두뇌 역할을 하는 정보처리 회로로부터 서보기구로 보내진다. 사람의 손과 발의 역할을 하는 서보기구는 CNC 공작기계에서 매우 중요한 기능을 수행하는 것으로서 테이블 등 운전부에는 위치 검출기가 부착되어 단위 이동량에 대한 펄스(pulse)를 발생시킨다. CNC 공작기계의 동작은 발생된 펄스정보의 피드백(feed back)을 통해 입력부에 되돌아온 운전정보를 계속 감시하며 제어한다. CNC 공작기계의 정밀한 운전은 서보기구의 정확한 제어 때문에 가능한 것이다.

CNC 공작기계는 각각의 축이 독립한 메커니즘을 가지며, 각각이 독립한 피드백 기구를 갖추고 있다. 예를 들면, XYZ축을 가지는 NC 프라이즈반이라면, X축, Y축, Z축 각각의 방향으로 슬라이드 축을 가져, 독립한 서보기구를 가지고 있다. 즉, X방향으로 100.0 mm 움직이는 지령이 나오면, X축의 엔코더(encoder)에 의해 X방향으로 100.0 mm 이동하는 것이 보증되고 있다. 또한 이송정밀도는 나사의 정밀도에 의해 좌우되므로 이송나사로 뒤틈(back lash)이 거의 없는 볼나사(ball screw)를 사용한다.

(1) 개방회로 방식(open loop system)

그림 15.4와 같이 검출기나 피드백 회로는 없고 스텝모터를 이용하여 지령펄스로 구동하는 형식으로 스텝모터의 정밀도와 볼나사의 정밀도에 직접 영향을 받는다.

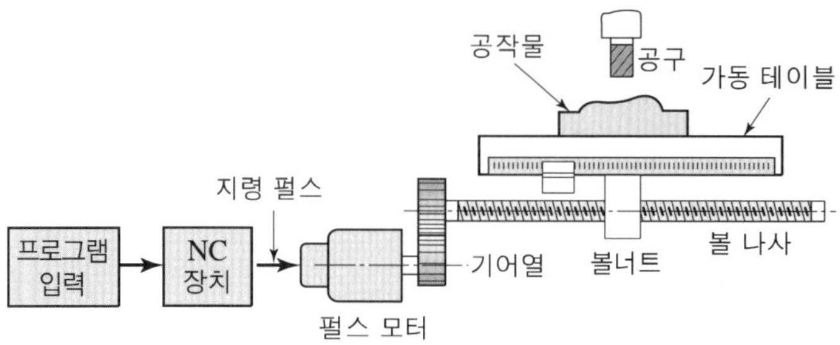

그림 15.4 개방회로 방식

(2) **반폐쇄회로 방식**(semiclosed loop system)

그림 15.5와 같이 서보모터에 위치검출기와 속도검출기가 부착되어 서보모터의 회전량과 회전속도를 디지털인 전기적 펄스로 비교회로에 보내어 서보모터를 지령펄스의 주파수에 해당하는 속도와 지령펄스의 양만큼 회전시킨다. 이 회로 방식을 사용하는 기계의 위치 정밀도는 구동나사인 볼나사의 정밀도에 의존된다.

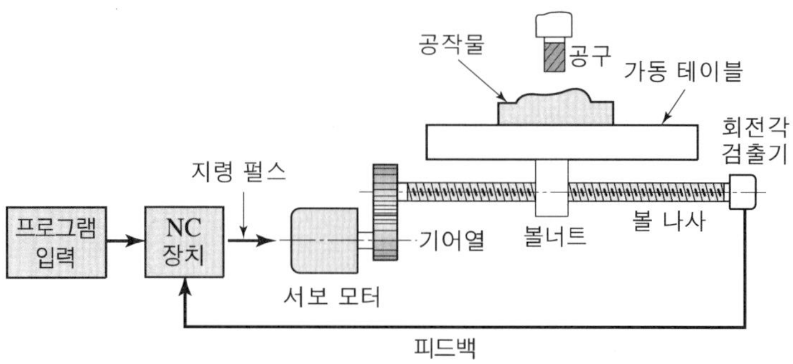

그림 15.5 반폐쇄회로 방식

(3) **폐쇄회로 방식**(closed loop system)

그림 15.6과 같이 기계의 테이블에 직접 위치검출기를 붙여서 이동방향을 검출하여 피드백을 통해 위치를 비교하는 형식으로 반폐쇄회로에 비교하면 이송기구의 백 래시에 의한 이송 오차를 보완할 수 있는 형식이나, 기계 본체의 스틱 슬립(stick slip)의 서보 특성에 직접 영향을 받는 결함이 있을 수 있으므로 이 방식을 사용할 때는 기계의 공진을 피할 수 있는 높은 회전 속도가 필요하다. 따라서 기계의 강성을 높이고 운동면의 마찰계수를 줄이는 등 동력손실을 줄일 수 있어야 한다.

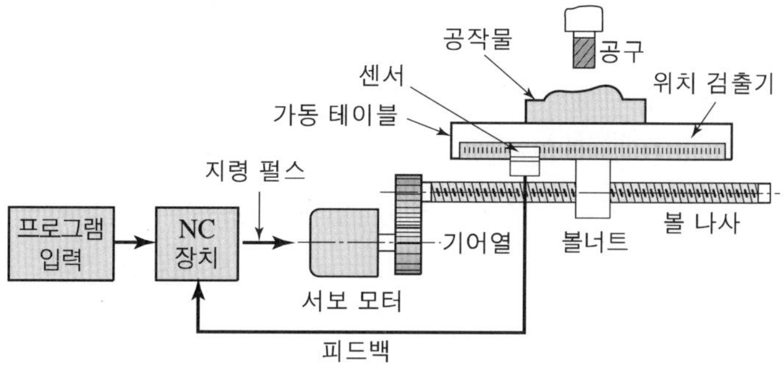

그림 15.6 폐쇄회로 방식

(4) 복합회로 방식(hybrid servo system)

이 방식은 반폐쇄회로와 폐쇄회로를 복합한 방식으로서 기계제어계가 반폐쇄회로 방식에 포함되어 있지 않아서 기계진동이나 스틱슬립의 영향을 받지 않는다. 그러므로 서보모터는 정확하게 회전할 수 있고 반폐쇄회로에서 제어되지 않는 기계오차를 보정하여 위치 정밀도를 향상시킬 수 있다.

4) 서보기구 제어장치

(1) 스테핑 모터(stepping motor)

스테핑 모터는 전기적 펄스를 디지털 상태로 직접 받아들이는 모터로 1개의 펄스가 주어지면 일정한 각도만큼 회전한다. 즉, 전기적 펄스를 이에 비례되는 전기적 반응으로 변화시키는 장치이다. 스테핑모터는 디지털 입력을 받아들이기 때문에 구조가 간단하여 고정밀도를 필요로 하지 않는 개방회로에 이용되고 있다.

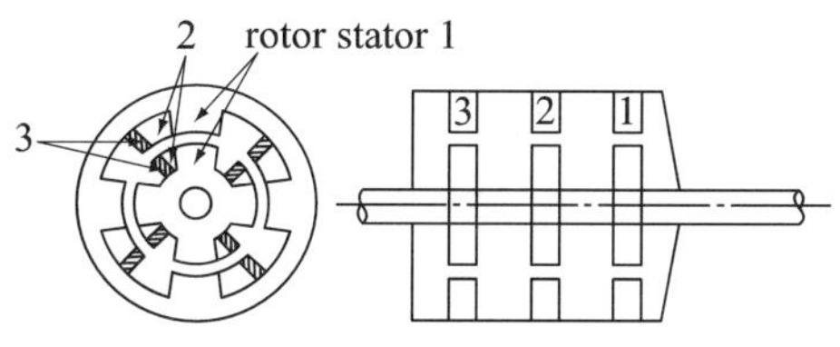

(a) 형상

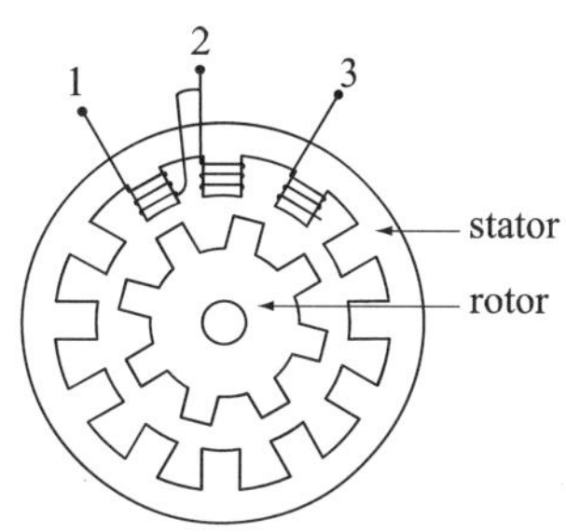

(b) 단면

그림 15.7 스테핑 모터

(2) 직류 서보모터(DC servo motor)

DC모터는 기동토크(torque)가 크고 속도 제어가 쉬우며 효율이 높은 이점에서 널리 사용되고 있다. 직류전원 또는 교류를 직류로 변환하는 파워(power)변환 회로를 필요로 하고 극성(極性)을 변환함으로써 모터의 회전방향을 변화시킨다. 속도 제어는 계자제어(界磁制御) 방식과 전압제어 방식이 있다. 구동 방식에는 사이리스터(thyristor) 방식과 트랜지스터(transistor) 방식이 있는데, 트랜지스터 방식이 속도의 안전성 및 고정도의 위치결정 등이 우수하다. 그림 15.8은 주제어 회로에 트랜지스터를 사용하여 직류로 변환된 전압을 펄스 폭 변조(Pulse Wide Modulation, PWM)시켜 모터의 전압을 제어하는 방식이다.

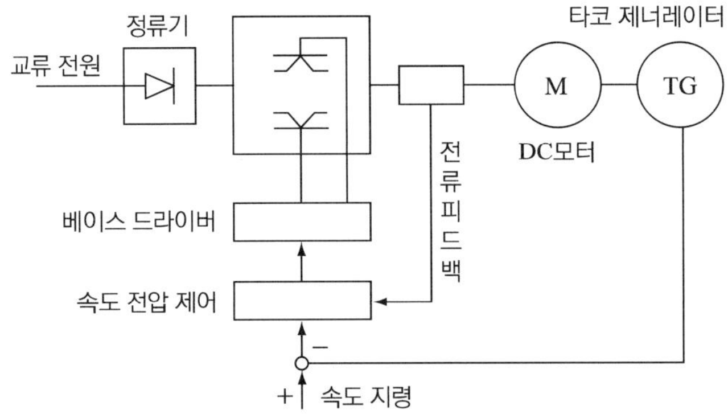

그림 15.8 트랜지스터 PWM 방식

4. CNC 프로그램

1) 프로그램의 개요

(1) 수동 프로그래밍

가공부품도면을 보고 제반사항을 결정하여 규정된 언어로 프로그래머가 직접 수기로 작성하는 것을 말한다.

(2) 자동 프로그래밍

3차원 곡면과 같이 부품의 형상이 복잡해지면 공구 위치를 산출하는 것이 어려워져서 수동 프로그래밍이 불가능할 수도 있다. 따라서 CAM/CAM 시스템을 사용하여 자동으로 프로그래밍을 해야 한다.

2) 좌표계의 종류

(1) 좌표축

NC 공작기계의 좌표축과 운동기호는 한국산업표준(KS B 0126)에 규정되어 있으며, NC 프로그래밍은 공작물에 대한 공구의 운동을 기초로 하여 오른손 좌표계를 사용한다. 그림 15.9(a)는 오른손 세 손가락이 가리키는 방향을 축과 회전의 (+)방향으로 하는 오른손 직교 좌표계를 나타낸 것이다. 공작기계에서 제어할 수 있는 기본적인 축으로 X, Y, Z 방향의 이동축과 A, B, C방향의 회전축이 있다. 그림 15.9(b)는 선반에서의 좌표축을 나타낸 것이며, 그림 15.9(c)는 밀링 머신의 표준 좌표축을 나타낸 것이다. 이와 같이 전후, 좌우상하의 3차원으로 움직이는 축 이외에도 4축 이상의 복잡한 형상을 가공할 목적으로 주축이나 테이블을 기울여서 가공하기 위한 부가축이 있는 경우도 있다.

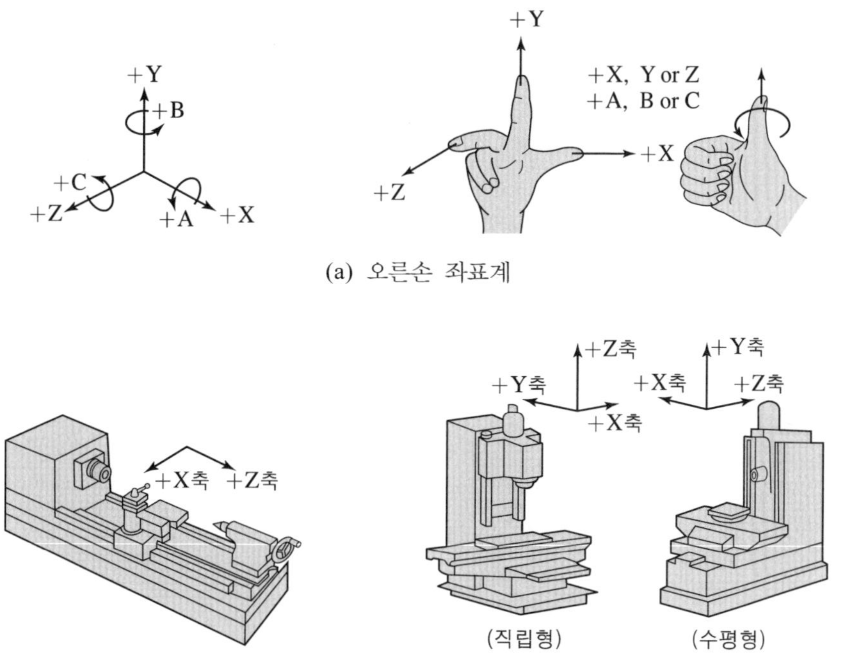

(a) 오른손 좌표계

(b) 선반 (c) 밀링

그림 15.9 오른손 좌표계와 좌표축

(2) 좌표계

CNC 선반에 사용되는 좌표계의 종류에는 기계 좌표계, 공작물 좌표계, 상대 좌표계가 있다. 기계 좌표계의 원점은 기계 제작자가 파라미터(parameter)로 정하며, 보통 X, Z축상에서 척으로부터 멀리 떨어진 끝점('+' 방향)을 설정한다. 기계 원점은 고정점으로 제2원점(공구 교환점)의 기준이 되며, 공작물 좌표계 원점 설정 및 행정제한 영역 설정 등의 기준점으로 사용자가 임의로 변경해서는 안 된다. 기계 좌표계의 설정은 전원을 투입 후 기계 원점으로 복귀시키면 완료된다. 공작물 좌표계(work coordinate system)란 도면에 따른 프로그램을 쉽게 작성하기 위하여 공작물의 한 점을 원점으로 정한 좌표계이다.

그림 15.10은 공작물 좌표계의 원점으로 설정한 점을 나타낸 것이다. 공작물 좌표계를 절대 좌표계(absolute coordinate system)라고도 한다. 보통 기계 원점을 기준으로 프로그램을 작성할 수도 있으나, 각 점의 좌표값을 계산하기가 매우 어려우므로 공작물 좌표계를 설정한다. 상대 좌표계(relative coordinate system)는 공구를 보정할 때나 공작물 측정 또는 정확한 거리로 이동을 필요로 할 때 일시적으로 현 위치를 원점으로 설정한 좌표계이다. CNC 선반에서 기계 좌표계나 공작물 좌표계에서 사용하는 좌표어는 X, Z이지만, 상대 좌표계에서 사용하는 좌표어는 U, W이다. 그림 15.11에 CNC 선반 좌표계 화면을 나타내었다.

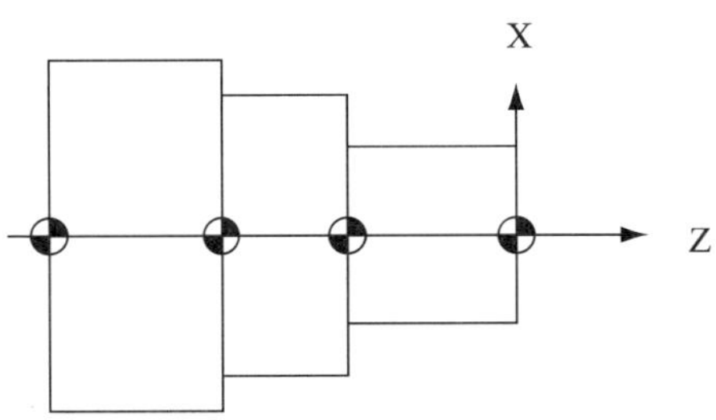

그림 15.10 공작물 좌표계 원점

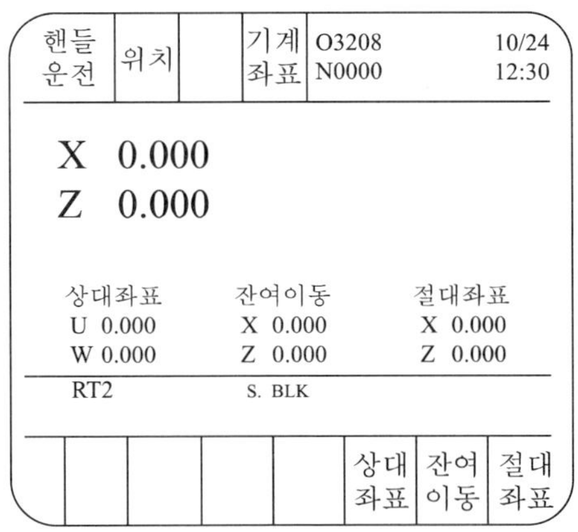

그림 15.11 CNC 선반 좌표계 화면

3) NC 프로그램의 구성

(1) 블록의 구성

워드 1개 이상이 모여서 하나의 블록(block)을 만든다. 즉 하나의 워드가 하나의 블록을 만들 수도 있고 여러 개의 워드가 하나의 블록이 될 수도 있다. 워드는 어드레스와 데이터로 이루어지는데, 예를 들어 워드가 'X 100.'이라면 'X'는 어드레스, '100.'은 데이터이다. 한 블록의 워드 수는 제한이 없으며 블록 끝(End Of Block, EOB) 표시로 블록을 구분한다. 1개의 블록은 1개의 기계동작의 단위가 되며, 하나의 프로그램은 여러 개의 블록으로 구성된다. 표 15.1은 여러 가지 워드가 한 블록을 구성할 경우에 일반적인 워드의 순서를 나타낸 것이다.

▶ **표 15.1** 블록의 구성

N_	G_	X_	Y_	Z_	F_	S_	T_	M_	;
시퀀스 번호	준비기능	좌표어			이송기능	주축기능	공구기능	보조기능	EOB

(2) 프로그램 구성

프로그램을 작성할 때 프로그램 번호는 영문자 'O' 뒤에 4자리 숫자를 붙여서 'O1234'와 같은 형식으로 시작하며, 프로그램을 끝낼 때는 M02나 M03, 보조 프로그램의 경우는 M99로 끝맺음을 한다.

(3) 어드레스와 데이터 지령범위

CNC 선반 프로그램에 사용되는 어드레스(address)와 의미는 다음 표 15.2와 같다. 각

▶ **표 15.2** CNC 선반용 어드레스와 의미

어드레스	기능	의 미
O	프로그램 번호	프로그램 이름에 해당
N	시퀀스 번호	블록의 이름
G	준비기능	기계를 동작시키기 위한 준비
X, Z	좌표어	좌표축의 이동지령(절대지령)
U, W	좌표어	좌표축의 이동지령(증분지령)
R	원호반경	원호의 반경지령
I, K	원호 및 면취	원 및 원호중심좌표나 면취량 지령
F	이송기능	이송속도나 나사의 리이드 지령
S	주축기능	주축 회전 속도 지령
T	공구기능	공구 번호나 보정 번호 지령
M	보조기능	기계의 보정장치 ON/OFF 지령
P	보조 프로그램 번호	보조 프로그램 번호 및 횟수 지령
P, U, X	드웰(dwell) 지정	공구의 이송 정지 시간 지령
P, Q	고정 사이클 전개 번호	복합고정 사이클의 시작, 종료번호

※ CNC 컨트롤러의 종류에 따라 각 어드레스의 기능과 용도가 다른 경우가 있음.

▶ **표 15.3** 어드레스와 데이터 지령범위

기능	어드레스	미터 단위계	인치 단위계
프로그램 번호	O	0.001 ~ 999	0.001 ~9,999
시퀀스 번호	N	1 ~ Z999	1 ~9,999
준비기능	G	0 ~ 99	0 ~99
좌표어	X, Z, U, W, I, K	±99,999.999(mm)	±9,999.9999(inch)
이송기능	F	0.0001 ~ 2,400(mm/min) 0.00001 ~ 500(mm/rev)	0.00001 ~ 960(inch) 0.000001 ~ 20(inch)
주축기능	S	0 ~ 999(rpm)	0 ~ 9,999(rpm)
공구기능	T	0 ~ 99	0 ~ 99
보조기능	M	0 ~ 99	0 ~ 99
보조 P/G 호출	P	0.001 ~ 9,999	0.001 ~ 9,999
드웰	P, U, X	0 ~ 99,999.999(sec)	0 ~ 99,999.999(sec)
고정사이클 전개번호	P, G	1 ~9,999	1 ~9,999

어드레스는 다음의 지령 수치 범위 내에서 그 기능에 따라 차이가 있다. 기계동작을 제어하는 준비기능, 보조기능, 공구기능은 모두 0~99이며, 좌표어 다음의 수치는 미터계(metric units)와 인치계(inch units)에 따라 단위가 다르다. 표 15.3은 각 어드레스에 따라 데이터 지령범위를 나타낸 것이다.

4) CNC 제어기능

(1) 준비기능(G-code)

준비기능(preparatory function, G)은 NC 프로그램 블록을 통한 지령으로 NC 장치에 다음과 같은 제어를 하는 기능이다. 표 15.4는 준비기능의 일부를 나타낸 것이다.

① **프로그램 원점설정**(G50)

- 지령형식: G50 X_ Z_ ; 또는 G50 U_ W_ ;
- 예: G50 X100. Z50. ; → 공작물 원점에서 공구위치까지의 X, Z축 절대 좌표값

② **자동 원점복귀**(G28)

- 지령형식: G28 X_ Z_ ; 또는 G28 U_ W_ ;
- 예: G28 X100. Z150. ; → 절대 좌표계로 X100. Z150.을 경유하여 기계 원점으로 자동 복귀한다.

▶ **표 15.4** 준비기능(일부)

G-Code	기능
G00	위치결정 급속이송
G01	직선보간
G02	시계 방향 원호보간
G03	반시계 방향 원호보간
G04	일시정지(dwell)
G27	원점복귀 점검
G28	자동 원점복귀
G40	인선 R 보정 취소
G41	인선반경 좌측보정
G42	인선반경 우측보정
G50	좌표계 및 주축 최고회전수 설정
G96	주속 일정제어
G97	주속 일정제어 취소
G98	1분당 이송(mm/min)
G99	1회전당 이송(mm/rev)

▶ **표 15.5** 보조기능(일부)

M-Code	기능
M00	프로그램 정지
M01	선택적 정지
M02	프로그램 끝
M03	주축 정회전
M04	주축 역회전
M05	주축 정지
M06	심압대 전진
M07	심압대 후퇴
M08	절삭유 공급
M09	절삭유 중단
M98	보조프로그램 호출
M99	주프로그램으로 복귀

③ **위치 결정(G00)**

- 지령형식: G00 X_ Z_ ; 또는 G00 U_ W_ ;
- 예: G00 U120. W150 ; → 상대 좌표계로 현재 점으로부터 X120. Z150. 증분량만큼 급속 이송한다.

④ **일시정지(G04)**

홈가공이나 드릴링 등에서 공구의 이송을 일시정지시켜서 칩을 절단하거나 공구를 보호하기 위해 지령한다. 이때 어드레스 P, U, X를 사용하여 이송 정지시간을 지정할 수 있으며, P는 소수점 입력을 할 수 없으며, U와 X는 소수점 이하 3자리까지 유효하다.

- 지령형식: G04 P_ ; 또는 G04 U_ ;
- 예: G04 P1500 ; 또는 G04 U1.5 ; → 공구의 이송이 1.5초 동안 일시정지된다. 이때 U, X는 좌표 어드레스와 혼동될 수 있으므로, 주로 P를 사용한다.

⑤ **주축기능(S)**

주축의 회전 속도를 지정하는 기능으로서, 주속(절삭 속도)이 일정하도록 주축 회전수를 변화시키는 지령하는 방식과 주축의 회전수를 직접 지령하는 방식이 있다.

- 주속(절삭 속도) 일정제어 지령형식: G96 S_ M03 ;
- 예: G96 S150 M03 ; → 절삭 속도 $v = \dfrac{\pi \cdot d \cdot n}{1000}$에서 공작물 지름($d$)이 변화되어도 절삭 속도($v$)가 일정할 수 있도록 주축 회전수($n$)를 변화시키는 지령방식으로서, 공작물 지름이 변화되어도 절삭 속도가 항상 150 m/min가 되도록 주축을 정회전시킨다.
- 주축 회전수 일정제어 지령형식: G97 S_ M03 ;
- 예: G97 S1200 M03 ; → 주속(절삭 속도) 일정제어 지령을 취소하고 주축을 일정한 회전수로 회전시키는 지령 방식으로서, 주축이 1,200 rpm으로 정회전한다.

⑥ 주축 최고 회전수 설정(G50)

주속 일정제어(G96)기능을 사용할 경우에 주축모터를 안정적으로 회전시킬 수 있도록 주축의 최고 회전수를 제한하는 기능으로서 rpm으로 지정한다.

- 지령형식: G50 S_ ;
- 예: G50 S1800 ; → 주축의 최고 회전수를 1,800 rpm으로 제한한다.

⑦ 공구기능(T)

공구 선택과 공구 위치를 보정(offset)하는 기능으로서, 어드레스 T 다음에 연속되는 4자리 숫자로 지정한다.

- 지령형식: T□□△△ ;
- 예: T0202 ; → 2번 공구로 교환하고, 2번 보정번호에 입력된 치수로 공구를 보정해 준다.

⑧ 이송기능(F)

공구를 이송시켜주는 기능으로서, 어드레스 F 다음의 데이터는 공구의 이송 속도를 의미한다. 일반적으로 선반에서는 mm/rev을 사용하며, 밀링에서는 mm/min를 사용한다. 그림 15.12는 선반에서 공구의 이송을 나타낸 것이다.

- 지령형식: G99 F_ ;
- 예: G99 F0.3 ; → 공작물 1회전하는 동안 공구가 0.3 mm씩 이송된다. F0.001~F500 지령이 가능하다.
- 지령형식: G98 F_ ;
- 예: G98 F200 ; → 1분 동안 200 mm씩 이송된다. F1~F15000 지령이 가능하다.

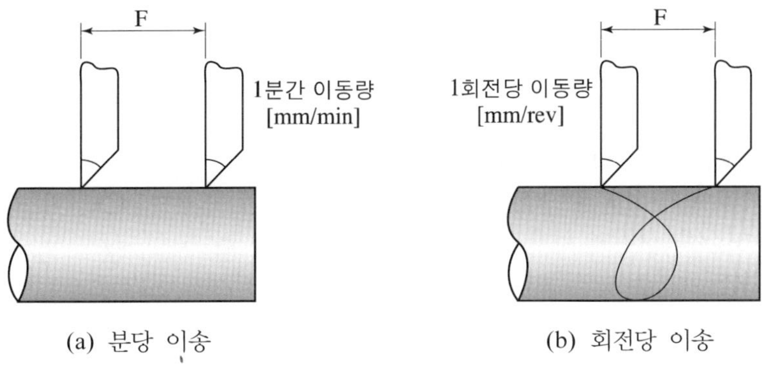

그림 15.12 공구의 이송

(2) 보조기능(M)

보조기능(miscellaneous function)은 어드레스 M 뒤에 2자리 숫자로 입력하며, 주축의 회전과 정지, 냉각수의 공급과 정지 등과 같이 NC 공작기계의 원활한 운전을 위한 보조장치를 ON, OFF하는 지령이다. 표 15.5는 보조기능의 일부를 나타낸 것이다.

지금까지 CNC 공작기계의 특징과 프로그램에 대하여 간단하게 설명하였다. 현재 많은 종류의 범용 공작기계에 수치제어 방식을 적용한 CNC 공작기계가 널리 사용되고 있다. 프로그램에 대한 보다 자세한 내용은 해당 CNC 공작기계 가공법에 대하여 설명한 전문서적을 참조하기 바란다.

5) CNC 선반 프로그램 예

[도면]

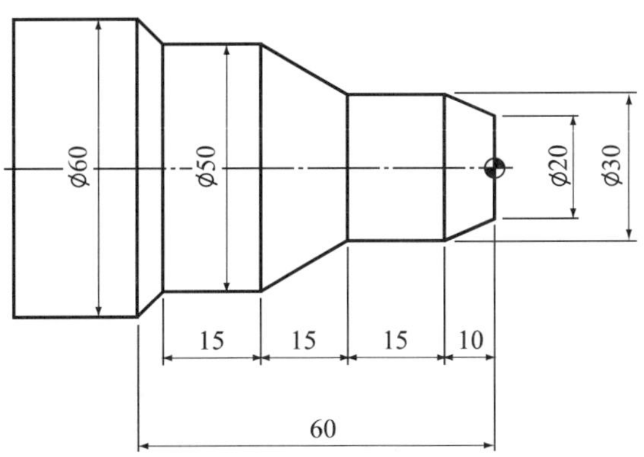

[프로그램]

```
O1006 ;
N10 G30 U0. W0. ;
N20 G50 X150. Z100, S2500 T0100 ;
N30 G96 S180 M03 ;
N40 G00 X62. Z0.1 T0101 M08 ;
N50 G01 X-1. F0.25 ;
N60 G00 X62. Z2. ;
N70 G71 U2. R0.5 ;
N80 G71 P90 Q150 U0.1 W0.1 F0.25 ;
N90 G42 G00 X20. ;
N100 G01 Z0. ;
N110 X30. Z-10. ;
N120 Z-25. ;
N130 X50. Z-40. ;
N140 W-15. ;
N150 X60. Z-60. ;
N160 G40 G00 X150. Z100. T0100 M09 ;
N170 T0300 ;
N180 G00 X22. Z0. S200 T0303 M08 ;
N190 G01 X-1. F0.15 ;
N200 G00 X62. Z2. ;
N210 G70 P90 Q150 F0.15 ;
N220 G40 G00 X150. Z100. T0300 M09 ;
N230 M05 ;
N240 M02 ;
```

5. NC 공작기계

1) 수치제어(NC) 시스템의 경제성

(1) 장점

① 반복적인 정밀작업으로 시간을 단축하여 생산효율이 증가한다.

② 초기에 정해놓은 절삭조건이 유지되기 때문에 공구수명이 길어진다.

③ NC 기계를 사용함으로써 재료의 낭비가 감소된다.

④ 재래식 여러 대의 기계를 한 대의 NC 기계가 대신하여 설치공간이 감소된다.

⑤ 복잡한 부품에 대한 공구비, 창고비, 설치비 등이 줄어든다.

⑥ 3차원 형상 또는 2차원 윤곽 작업을 정밀하게 가공할 수 있다.

(2) 단점

① 장비의 초기 투자액이 많이 든다.
② 제품 생산의 준비시간이 길다.

2) 머시닝 센터(Machining center)

(1) NC 밀링

수동식 밀링머신의 구동을 컴퓨터가 제어하는 서보모터에 의해 수치제어할 수 있는 밀링 머신이다.

(2) 머시닝 센터

NC 밀링에 자동 공구 교환장치를 부착한 공작기계이다.

① **자동 공구 교환장치**(Automatic Tool Changer, ATC): 주축에 고정되어 있는 공구를 다음 가공에 사용될 공구로 매거진에서 선택하여 자동으로 교환하여 주는 장치이다. 종류에는 시퀀스방식과 랜덤방식이 있다.
② **자동 공작물 교환장치**(Automatic Pallet Changer, APC): 기계가 멈춰 있는 시간 중에 가장 많이 차지하는 시간이 작업물을 싣고 내리는 시간일 것이다. 자동 공작물(테이블/팰릿) 교환장치는 기계의 작업 중에 테이블 옆의 다른 팰릿에 작업물을 고정하고 작업이 끝나면 바로 팰릿을 교환하여 기계가 멈춰 있는 시간을 최소로 하기 위한 장치이다. 팰릿 교환 시간은 몇 초면 가능하므로 리드 타임을 줄일 수 있어 생산성 향상에 도움을 준다.

(3) 머시닝 센터의 장점

① 공구를 자동 교환함으로써 리드 타임을 줄일 수 있다.
② 소형부품은 1회에 여러 개 고정하여 연속 작업이 가능하다.
③ 가공물의 한 번 고정으로 면가공, 드릴링, 태핑, 보링 등이 가능하다.
④ 형상이 복잡하고 많은 공정이 함축된 제품일수록 가공효과가 우수하다.
⑤ 원호가공 등의 기능으로 엔드밀을 사용하여 치수별 보링 작업을 할 수 있어 특수 공구의 제작이 불필요하다.

⑥ 무단변속으로 주축 회전수의 제어범위가 넓다.

⑦ 프로그램의 작성 및 편집을 기계에서 직접 할 수 있다.

⑧ 컴퓨터를 내장한 NC이므로 메모리(memory) 작업을 할 수 있다.

그림 15.13은 CNC 선반이며, 그림 15.14는 머시닝 센터를 나타낸 것이다.

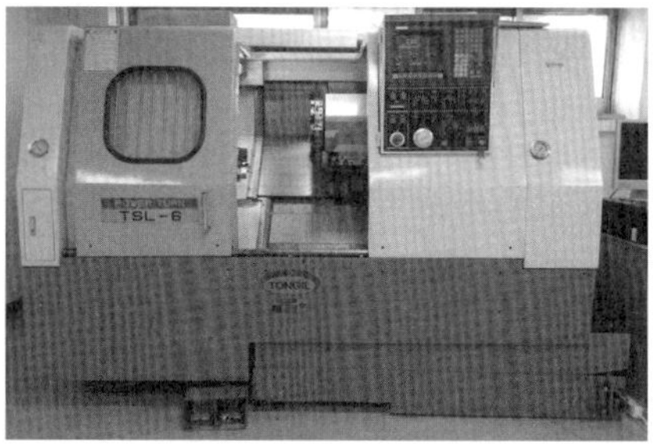

그림 15.13 CNC 선반

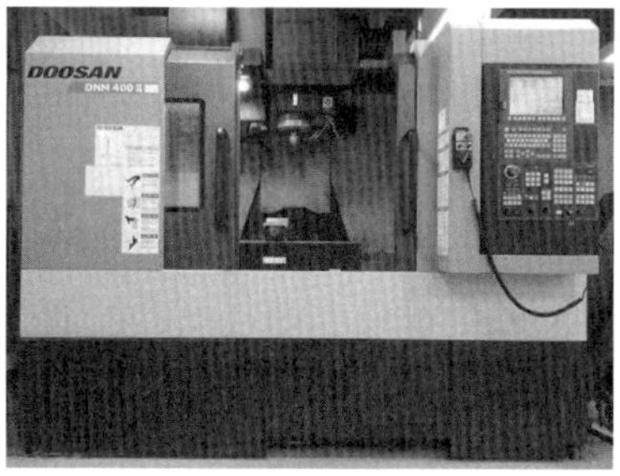

그림 15.14 머시닝 센터

6. 공작기계 자동화

1) 공작기계 자동화 기능

공작기계를 자동화하기 위한 계획을 수립할 때 여러 가공공정 중 어느 부분을 자동화할 수 있는가를 분석하고 자동화 기구를 구상해야 한다. 공작기계를 자동화하기 위한 여러 가지 방법과 단계가 있으며, 일반적으로 공작기계에서 자동화할 수 있는 주요한 기능은 다음과 같다.

① 소재를 공급하는 데 필요한 기능

② 가공에 필요한 기능

③ 공작물과 공구 등을 고정하고 떼어내는 데 필요한 착탈 기능

이와 같은 기능 모두를 자동화할 수도 있으며, 부분적으로도 자동화하면 작업능률을 향상시킬 수 있다. 기계가공 공정에서 소재 자동공급 장치를 사용하여 공작물의 착탈과 절삭공구의 전진→절삭가공→후퇴 등의 가공 사이클을 전자동화한 공작기계가 있으며, 가공 사이클은 자동화하고 공작물의 착탈은 수동으로 하는 반자동 공작기계도 있다. 자동화된 공작기계에 절삭가공 중에 치수를 측정할 수 있는 인프로세스 측정(inprocess measurement) 장치를 사용하여 필요한 치수가 되면 가공을 종료하는 자동치수측정 장치를 구비한 공작기계도 있다.

공작기계의 자동화에 적용되고 있는 기구와 장치에는 유・공압 기구, 파워유닛(power unit), 소재 자동공급 장치, 동력척, 전자 클러치, 자동치수측정 장치 등이 있다.

2) 공작기계 자동화 장치

(1) 유·공압 기구

자동화 기계에 사용되는 유・공압 기구에는 주로 유압과 공기압이 사용되며, 자동화 공작기계의 구동장치로 많이 이용되고 있다. 기름(oil)이나 공기(air)와 같은 유체(fluid)의 압력을 매체로 사용하는 유・공압 기구는 다음과 같은 특징이 있다.

① 힘을 전달하는 압력이 일정하고 진동이 작다.
② 응답 속도가 빠르고 과부하에 대하여 안전하다.
③ 구동 속도를 연속적으로 무단계 변속할 수 있다.
④ 구동방향을 전환할 때 충격이 작고 조작이 용이하다.
⑤ 기계 부품의 배치가 용이하다.

유체에 흐름과 압력을 발생시키기 위해 유압에는 펌프를 사용하며 공압에는 공기 압축기를 사용한다. 구동부분의 방향조절, 압력조절, 유량조절 등에 밸브(valve)를 사용하여 힘과 속도, 방향 등을 조절한다.

(2) 동력 척과 전자 클러치

① **동력 척**(power chuck): 공작물을 고정할 때 편심되지 않게 중심을 맞추고, 가공 중에 변형과 파손 등이 생기지 않도록 하기 위하여 동력 척이 사용된다. 동력 척을 사용하면 공작물 고정시간이 단축되며, 작업자의 피로도가 줄어들어 작업 능률이 향상된다. 그림 15.15는 동력 척의 구조를 나타낸 것이다.

② **전자 클러치**(magnetic clutch): 주축의 회전과 정지 및 정회전과 역회전 등의 조작에 전자 클러치가 많이 사용된다. 전자 클러치는 전자기 작용을 이용하여 마찰 원판을 눌러서 회전을 전달하며, 전류를 끊으면 스프링에 의해 마찰원판이 분리되어 전달이 끊어진다. 그림 15.16은 전자 클러치의 구조를 나타낸 것이다.

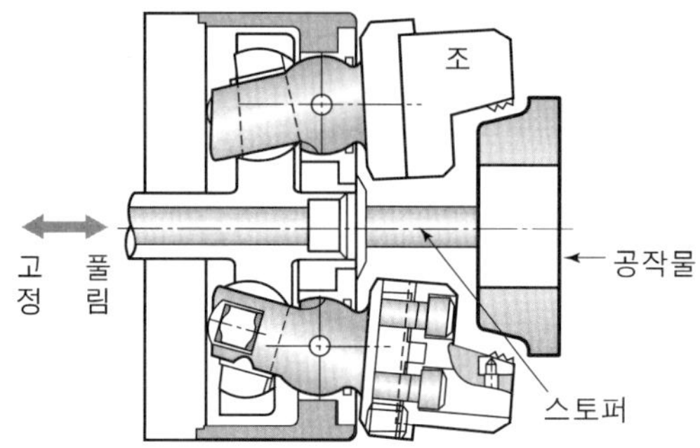

그림 15.15 동력 척의 구조

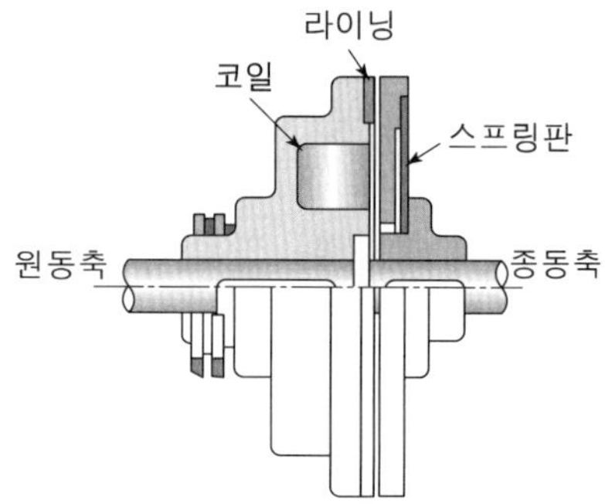

그림 15.16 전자 클러치의 구조

(3) 소재 자동공급 장치

기계가공 공정에서 공작물 소재를 적재적소에 자동으로 공급할 수 있는 기능은 공작기계의 자동화에 매우 중요한 요소이다. 소재 자동공급 장치는 공작기계의 특성과 공작물의 크기 및 형상 등에 따라 구조와 형태가 다르며 파트 피더, 로딩 장치, 판 및 봉재 자동공급 장치, 로봇 등이 이용된다.

① **파트 피더**(parts feeder)

자동 공작기계에서 나사, 너트, 핀, 와셔 등과 같이 비교적 소형 공작물을 연속적으로 가공할 경우에는 그림 15.17과 같은 파트 피더를 사용한다. 파트 피더는 원통형 내부에 나선형으로 단이 있어서, 공작물을 투입하고 회전시키면 소재가 일정한 방향으로 정렬되어 연속적으로 자동공급이 가능한 구조로 되어 있다.

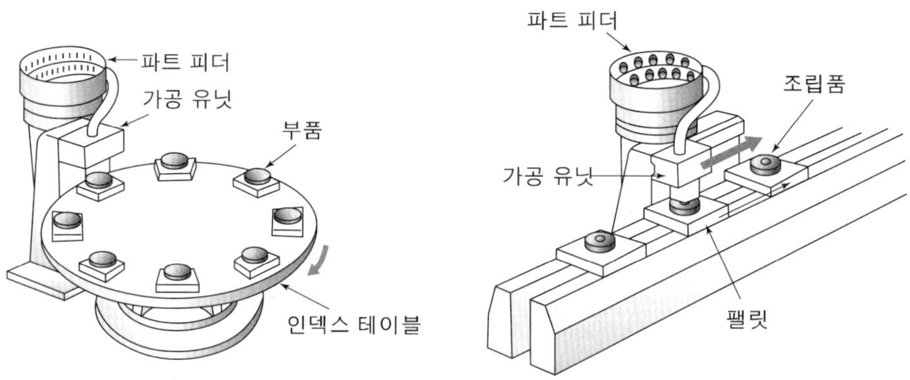

(a) 회전식 (b) 연속 이송식

그림 15.17 파트 피더 방식

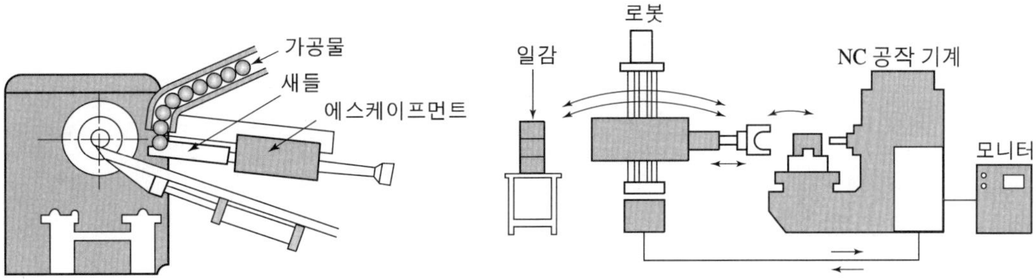

(a) 에스케이프먼트 방식 (b) 로봇 방식

그림 15.18 공작물 로딩 장치

② **로딩 장치**(loading equipment)

소형이면서 단품형태인 공작물을 자동으로 공작기계에 공급하기 위해서는 다양한 방식의 로딩장치가 필요하다. 그림 15.18(a)는 에스케이프먼트(escapement)를 이용한 로딩 장치를 나타낸 것으로서 공작물은 저장탱크에서 소재가 낙하하여 셔틀에 놓여 있던 공작물을 에스케이프먼트가 작동하여 척으로 보내지는 구조이다.

그림 15.18(b)는 산업용 로봇을 이용하여 CNC 공작기계에 공작물을 가공공정에서 1개씩 공급(loading)과 탈착(un-loading)하는 것을 나타낸 것으로서 수치제어 방식을 사용하여 연속적으로 무인가공을 할 수 있다.

③ **판재 및 봉재 자동공급 장치**

자동선반에서 봉재를 가공할 때 공작물 공급을 자동화하기 위해서는 공작물의 절삭가공이 끝나면 새로운 공작물을 바로 밀어서 공급하는 자동 공급장치가 필요하다. 이 장치에는 캠, 유압, 중력을 이용하거나 이들을 조합하여 전기적으로 제어하는 방법을 사용한다. 또한 프레스가공에서 판재형 소재를 자동으로 공급하기 위해 롤 피더 방식을 이용한 롤 자동 공급장치가 사용되고 있다.

3) 공작기계 자동화 효과

① **공구설치 시간의 단축:** 공구대와 공구를 표준화해서 사용하면 공구교환 시간을 단축시킬 수 있으며, 항상 일정한 위치에 공구를 고정하고 마모된 공구를 교체할 수 있다.

② **품질의 균일성 확보:** 자동화를 통해 대량생산에 유리하며, 통계적 품질관리를 통해 균일한 품질의 제품을 생산할 수 있다.

③ **품질 향상과 원가 절감:** 공작기계의 자동화를 통해 균일하게 높은 품질의 제품을 대량 생산할 수 있으며 제조 원가도 절감할 수 있다.

15.2 CAD/CAM

1. CAD(Computer Aided Design)

1) CAD의 정의

CAD라는 용어는 Computer Aided Design의 약자로서, 제품을 생산하기 위한 일련의 과정으로 제작도를 작성하기 위한 제도(drafting)와 제품형상의 수정과 편집 등을 효과적으로 처리하기 위하여 설계(design)과정에 컴퓨터를 이용하는 것을 말한다. 컴퓨터가 발달하기 이전 단계에서 제품의 설계제도는 제도대와 제도지를 비롯한 각종 제도용구를 사용한 손작업에 의해 제작도가 완성되었다. 1980년대 개인용 컴퓨터가 급속히 확산 · 발전되면서 제작도의 작성에 컴퓨터의 활용이 증가되기 시작하였으며, 현재에는 설계 제품의 동적 시뮬레이션, 강도와 기능을 해석하는 과정에 컴퓨터를 활용하는 적극적인 단계에 이르렀다. 이러한 CAD의 발전단계는 다음과 같이 요약할 수 있다.

(1) 컴퓨터를 이용한 제도(drafting)

제도지에 자와 연필을 이용하여 수작업으로 제작도를 작성해왔던 것을 대신하여 컴퓨터에 설치된 도면작성용 소프트웨어를 활용하여 모니터에 키보드와 마우스 등을 사용하여 제작도를 작성하는 도형적인 작업단계로서, 도면을 파일로 보관하여 도면관리의 편리성과 Data Base 축적에 많은 도움을 가져왔으며, 제작도면의 수정 · 편집에 획기적인 계기를 마련하였다.

(2) 컴퓨터를 이용한 설계(design)

설계자의 의도에 따라 구체적으로 제품의 형상과 치수를 3차원으로 표현할 수 있으며, 재료의 선정이나 여러 가지 설계계산을 수행할 수 있는 설계적인 작업단계로서, 제품의 기하학적 형상을 표현하는 방식에 따라 다음과 같이 구분할 수 있다.

① **와이어프레임 모델링**(wire-frame modeling)

점(vertex)과 점 사이를 연결하는 선에 의해 형상의 특징을 표현하는 방식으로서, 주로 점과 곡선에 대한 정보만을 나타낼 수 있다. 물체 뒷면의 선이나 내부의 숨은선을 표현할 수 있으나, 설계나 재료선정 등의 자료로 활용하는 데에는 어려움이 있다.

② **곡면 모델링**(surface modeling)

물체의 외면을 둘러싸는 곡면에 대한 정보를 이용하여 기하학적 형상을 표현하는 방법으로서, 물체 형상을 나타내는 곡면에 대한 좌표 정보를 가지고 있다. 이러한 곡면 형상에 대한 좌표정보를 이용하여 NC(Numerical Control) 가공에 유용하게 적용할 수 있는 장점이 있다.

③ **솔리드 모델링**(solid modeling)

제품의 형체를 실물에 가장 가까운 형태로 표현할 수 있으며, 물체 내외부의 입체적인 형상표현은 물론 체적, 무게, 관성모멘트 등의 물리적인 정보를 포함하고 있으므로 설계계산이나 공학적인 해석이 필요한 경우에 매우 유용한 방법이다.

또한 솔리드 모델링을 통해 모델링된 부품들의 3차원 조립형상에 대한 시뮬레이션을 통해 간섭확인, 공차해석 등을 할 수 있으며, CAM/CAE 등의 후공정에서 공구의 이동궤적이나 물체의 특성치 해석에 유용한 정보자료로 활용할 수 있다.

(3) 컴퓨터를 이용한 공학적 분석(engineering)

설계할 제품의 재질, 체적, 무게, 관성모멘트 등의 입체정보를 활용하여 응력, 강도 및 구조 및 성능예측 등의 설계해석을 통해 설계제품의 안전성, 정확성, 효율성 등을 검증하고 확보하기 위한 단계이다. 이와 같은 전산응용해석(Computer Aided Engineering, CAE)을 활용함으로써 설계오류를 사전에 검토하여 시작품의 제작을 용이하게 하며, 여러 가지 대체방안을 시뮬레이션을 통하여 비교, 검토, 수정, 보완할 수 있는 계기가 마련된다.

2) CAD 시스템 도입의 필요성

(1) 소비환경 변화의 측면

① **가격 경쟁력 확보**

산업의 고도화, 세분화로 산업분류가 다양해졌으며, 동종의 유사제품을 생산하는 데 있어서 비슷한 성능을 가지면서 보다 저렴한 가격으로 생산할 수 있는 가격 경쟁력을 확보하는 데 있어서 필요하다.

② 소비자 요구의 다양화 충족

소비자의 생활수준이 향상됨에 따라 동일 기능의 제품이라도 취향에 따라서 다양한 형태의 디자인을 요구하고 있다. 이러한 요구를 충족하기 위한 다품종소량생산 체제에 유연하게 대처하기 위한 수단으로 CAD 시스템의 활용은 매우 유용하다.

③ 제품 수명주기(life cycle)의 단축

동일한 기능을 하는 제품에서도 시장의 유행 패턴에 따라 형태와 색상은 물론 크기와 성능의 개선이 요구되는 주기가 짧아지고 있다. 이러한 제품의 수명주기의 변화에 빠르게 대응할 수 있는 측면이 있다.

④ 국제 경쟁력 강화

물류시스템의 발달과 더불어 국제적으로 성능과 가격경쟁이 치열해지고 있다. 따라서 동일한 기능의 제품에서 저렴한 가격으로 보다 좋은 성능을 가진 제품을 생산할 수 있는 국제 경쟁력을 확보하는 것이 필요하다.

(2) 설계환경 변화의 측면

① 설계 납기(delivery)의 단축

짧아지는 제품의 수명주기에 대응하여 빠르게 제품을 공급하기 위해서 기존제품의 Data base 활용 등을 통해 제품설계의 납기가 단축되어야 한다.

② 신제품 개발의 다양화

동일한 기능을 가진 품종의 다양화에 따른 신제품을 개발하기 위한 경쟁력을 확보하기 위해서 CAD 시스템의 활용은 매우 유용하다.

③ 사양의 다양화 충족을 위한 설계의 증가에 대응

소비자요구의 다양화, 설계 납기의 단축, 제품의 다양화에 따라 산업체에서 개발하고 관리해야 할 제품의 기능과 종류가 많아져, 이를 효과적으로 관리할 수 있도록 관련 제품별로 Data base를 구축할 필요가 있다.

2. CAM(Computer Aided Manufacturing)

1) CAM의 정의

CAM이라는 용어는 Computer Aided Manufacturing의 약자로서, 제품을 생산하기 위한 가공(manufacturing)과정에 컴퓨터를 이용하는 것을 말한다. 즉, CAD 시스템을 통해 곡면 모델링 또는 솔리드모델링으로 구체화된 모델 형상을 가공할 공구와 가공경로, 가공깊이 등을 비롯한 가공조건을 설정하여 가공에 필요한 NC data를 생성시키고, 생성된 NC data를 수치제어 공작기계에 연계하여 가공하는 일련의 제조과정을 일컫는다.

보다 폭넓은 의미로서 CAM은 CAD 시스템에 의해 구체적으로 형상화된 모델을 이용하여 가공 및 생산에 필요한 자료를 얻어내는 기술로서 컴퓨터를 이용한 공정 감시(process monitering)와 제어(pontrol), 자동공정 계획, 작업표준 설정, 생산일정과 자재수급 계획 등 생산공정 전반에 걸친 과정을 제어하는 것을 포함하고 있다.

2) CAE/CAD/CAM/CAT의 연계성

한 제품의 구체적인 형상을 구안하는 과정에 CAE/CAD/CAM 시스템을 통하여 단순화, 가속화하면서 실물을 만드는 것과 같은 그래픽 정보와 내부의 비 그래픽 정보를 보유하는 3차원 모델을 생성하고, 높은 수준의 엔지니어링 기술을 적용하기 위한 것이 기하학적 모델링(geometric modeling)이다. 설계자의 의도에 따라 이러한 기하학적 모델을 확대, 축소, 회전, 이동, 수정, 편집하면서 원하는 형태의 모델을 완성시켜나간다.

솔리드 모델은 보다 완전한 형태로 제품의 형상을 구현하며, 이 형상으로부터 표면적, 무게, 관성모멘트 등과 같은 물리적 성질을 자동적으로 계산하여 설계와 해석과정을 진행할 수 있다. 설계와 분석 과정을 마친 솔리드 모델은 수치제어 가공을 하기 위한 공구궤적 등을 산출하기 위한 실제적인 자료로 이용된다. 이와 같은 설계자와 가공자는 여러 요소들을 실제모형을 제작하지 않고도 CAE/CAD/CAM을 활용함으로써 곡면과 모서리의 처리와 간섭확인, 기타 설계규정에 적합하도록 점검・확인한 후 생산 가공할 수 있다.

CAM을 통해 생산된 제품이 요구되는 성능에 부합되도록 가공되었는지 컴퓨터를 이용하여 측정하고 테스트하는 과정을 CAT(Computer Aided Testing)라 한다. 그림 15.19는 CAE/CAD/CAM/CAT 과정의 흐름을 개략적으로 보여준다.

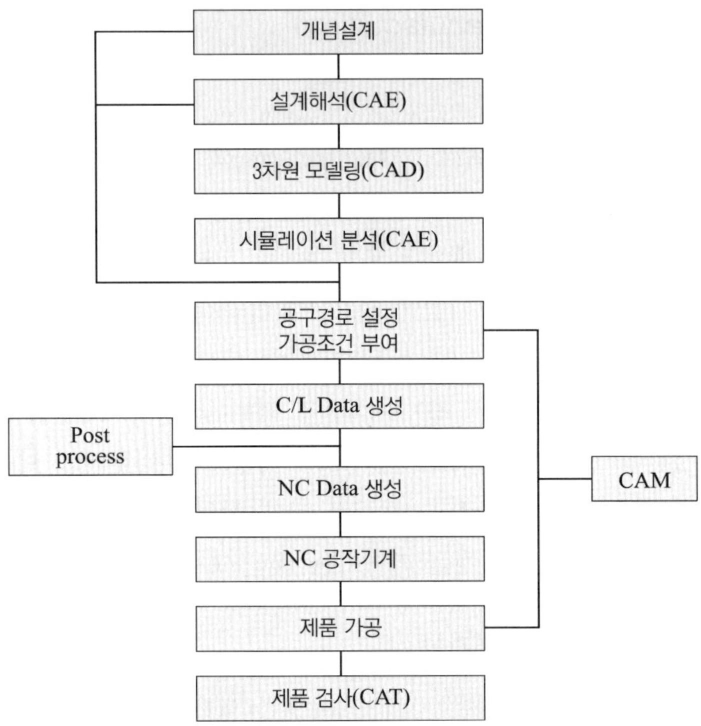

그림 15.19 CAD/CAM/CAE/CAT 흐름도

3) CAD/CAM의 활용효과

(1) 설계의 생산성 향상

① 복잡하고 반복되는 제품의 설계에 유리하다.

② 구조 및 응력해석을 통한 성능평가가 가능하다.

③ 도면의 수정과 편집이 용이하며, 도면품질이 높아진다.

④ 기존 도면의 변경과 수정을 통한 설계변경이 쉬워진다.

⑤ 업무표준화 촉진과 기술부서간 의사소통을 원활하게 한다.

⑥ 설계자료의 관리가 쉬워지며, 제품개발기간을 단축할 수 있다.

(2) 제품의 생산성 향상

① NC 프로그램의 자동생성으로 생산성이 향상된다.

② 재료와 부품목록의 작성과 관리가 용이해진다.

③ 가공공정의 자동화를 통해 무인화가 가능해진다.

④ 복잡한 3차원 형상의 정밀가공과 대량 생산에 유리하다.

15.3 생산자동화

자동화(automation)를 통해 제품을 가공하는 공정에 사용되는 공작기계 사이에 공작물을 자동으로 운반하고 각 공작기계는 연속적으로 생산공정을 수행할 수 있어야 한다. 따라서 자동화는 관련된 작업의 그룹이 기계적 또는 전자적인 방법 또는 컴퓨터나 로봇의 도움이 연합되어 생산이 이루어져야 한다. 공작기계를 이용한 생산자동화는 인력에 의한 작업을 생략하여 생산성을 높이기 위한 생력화(elimination of labor)를 위해 필요하다.

1. 생산자동화 시스템

1) DNC(Directed Numerical Control)

DNC는 directed numerical control 또는 distributed numerical control의 약어이며, 한 대의 중앙 컴퓨터에서 전송되는 NC 데이터에 의해 다수의 CNC 공작기계가 직접 제어되는 통합제어시스템이다. 컴퓨터에서 전송된 NC 데이터는 CNC 공작기계가 전송받는 동시에 가공을 실행할 수 있다. 특히 가공형상이 복잡하여 NC 데이터가 대용량일 경우에는 CNC 공작기계에 전송된 NC 데이터를 저장시키지 않고 작업할 수 있어 매우 효과적이다.

이러한 DNC 운용은 CNC 공작기계의 생산성 향상을 개선하는 효과가 있을 뿐만 아니라 생산자동화에 필수적인 요건이다. 그림 15.20은 DNC 시스템 구성의 예를 나타낸 것으

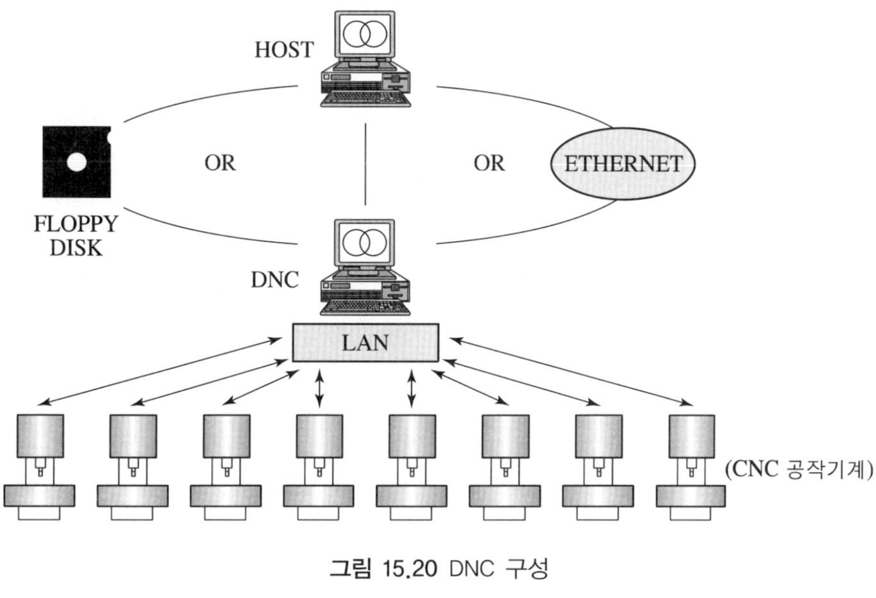

그림 15.20 DNC 구성

로서 DNC 소프트웨어가 내장된 중앙컴퓨터와 CNC 공작기계와의 인터페이스가 선행되어야 한다.

2) FMC(Flexible Manufacturing Cell)

한 대의 CNC 공작기계에 자동 공작물 소재공급장치, 공작물 착탈장치, 자동 공구교환장치(automatic tool changer), 자동측정 및 감시장치와 이들을 제어하기 위한 자동제어장치 등을 유기적으로 결합한 것이다. 그림 15.21은 구성을 나타낸 것으로서, 소수 작업인원만으로 수 시간 동안 무인생산이 가능한 자동화의 최소 기능단위이다. 즉, CNC 공작기계, 로봇, 공구이상 모니터로 구성되어 FMS를 구축하기 위한 기본 단위를 말한다. 가공 셀이 서로 독립적이므로 설비의 배치나 단계적 확장이 용이하여 설비투자에 유연성이 있다.

CNC 공작기계에는 공작물가공 프로그램이 입력되어 있어 반송 시스템으로부터 공급되는 공작물을 로봇을 통해 공작물을 착탈하면서 무인가공을 수행하게 된다. 로봇의 팔은 여러 형상의 공작물을 정확하게 잡을 수 있으며, 척에 공작물을 정확하게 고정할 수 있도록 제작되어 있다. 중량이 50 kg_f 이상의 대형 공작물인 경우에는 로봇 대신 공작물 자동 공급장치(pallet changer)를 사용하여 공작물을 착탈한다.

3) FMS(Flexible Manufacturing System)

유연생산시스템(FMS)은 다수의 FMC에 자동 반송장치, 자동 창고 등을 결합하여 제반 제조공정을 중앙컴퓨터에서 통합 제어하는 생산방식이다. 가공변수를 비롯하여 생산을 위

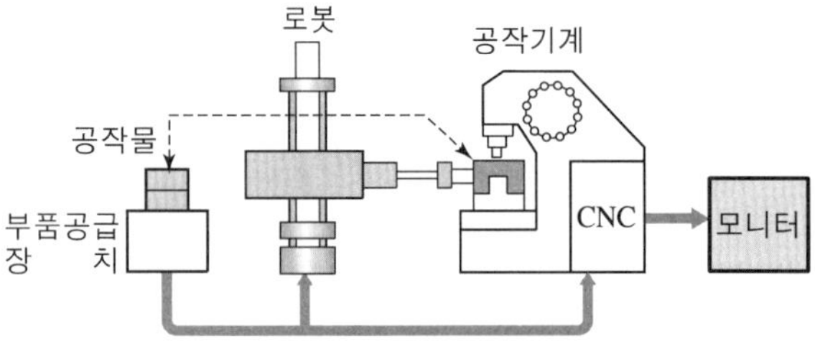

그림 15.21 FMC의 구성

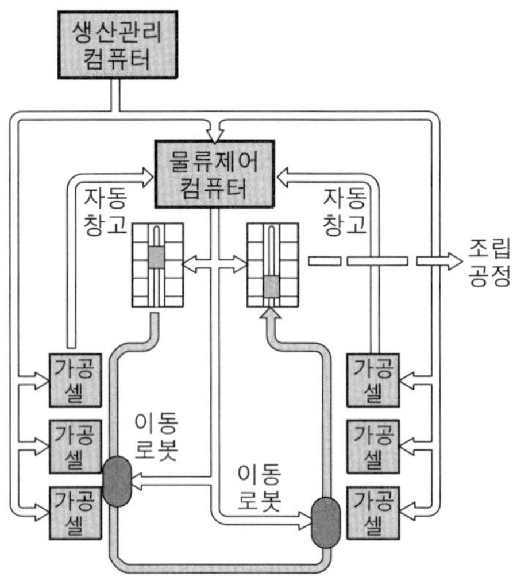

그림 15.22 FMS의 구성

한 모든 조건이 데이터베이스화되어 중앙컴퓨터에서 최적의 조건으로 제어할 수 있다. 그림 15.22와 같은 FMS는 제품에 대한 고객의 요구가 급변하는 시장에 신속히 대응할 수 있어 다품종 소량생산에 유연하게 대처할 수 있으며, 장시간 무인생산이 가능하다.

(1) FMS의 특징

유연생산시스템(FMS)은 다음과 같은 3가지 특징을 가지고 있다.

① **품종의 유연성:** 다품종 소량생산이 가능하다.

② **생산량의 유연성:** 생산량의 조절이 용이하다.

③ **설비투자의 유연성:** 가공 셀 단위로 생산능력을 확장할 수 있다.

이와 같은 특징이 있는 FMS는 사용자의 요구가 다양해지고 짧아지는 제품 수명주기에 유연하게 대응하기 위한 생산시스템이다.

(2) FMS의 구성과 기능

그림 15.22는 가공 셀(FMC)을 기준으로 FMS의 개념도를 나타낸 것이다. FMS 시스템은 생산관리용 컴퓨터, 물류제어 시스템과 여러 개의 가공 셀로 구성되어 있다.

① **생산관리용 컴퓨터:** 생산계획에 따라 각 가공 셀의 가공일정을 작성한 정보가 각 가공 셀로 보내져서 물류시스템에 공작물의 공급과 반송 등을 요구하게 된다.

② **물류제어 시스템:** 제어용 컴퓨터, 자동창고, 무인반송차로 구성되어 있으며, 요구가 있는 공작기계에 필요한 소재, 지그, 공구를 자동적으로 출고하여 무인반송차에 의해 각 가공 셀의 로딩 스테이션에 보낸다. 제1공정에서 가공한 공작물은 무인반송차가 제2공정의 가공 셀로 이동시켜서 가공을 계속하며, 최종 가공이 종료되면 검사한 후 자동창고에 입고된다. 이와 같이 FMS에서는 장치의 가동률을 높이고 생산성을 향상시키기 위하여 24시간 무인운전이 가능하게 한다. 즉, 최소의 인원으로 프로그래밍과 기계가공 준비를 하고 중앙관리실에서 한 사람에 의해 생산시스템을 운영할 수 있게 된다.

4) CIM(Computer Integrated Manufacturing)

기업체 각 부서의 정보와 제품의 흐름에 이르기까지 컴퓨터를 이용한 통합생산시스템이다. 이것은 사업계획, 영업, 구매, CAD/CAM, DNC 및 공정의 자동화 등 기업 활동에 필요한 일련의 활동을 통합 관리하는 시스템이다. 경영관리에 이르기까지 모든 것을 컴퓨터에 의해 통합 관리하여 기업의 관리 능력과 생산성 향상을 목적으로 하며 다음과 같은 장점이 있다.

① 급변하는 시장수요에 대한 신속한 대응이 가능하다.
② 자재, 설비 및 인원 관리가 용이하다.
③ 관리능력이 향상되어 재고를 줄일 수 있다.
④ 최적 공정으로 인한 제품의 품질을 향상시킨다.
⑤ 경영관리가 용이하여 사업계획 수립에 기여한다.

2. 공장자동화

FMS를 포함하여 공장전체를 자동화하여 생산성을 향상시키기 위한 시스템을 FA(factory automation)이라고 한다. FA에서는 물류시스템이 중요하며, 생산계획 단계에서 재고관리 및 출하에 이르는 모든 장치와 기계를 컴퓨터에 접속하여 관리하는 공장자동화 시스템의 총칭이다.

FA는 제작공정의 자동화뿐만 아니라 컴퓨터를 활용한 CAD/CAM/CAE/CAT를 포함하여 재료와 제품의 운반, 조립공정, 검사, 출하에 이르기까지 공장 전체의 공정을 자동화하는 것을 말한다. 특히 FA는 다품종소량생산 시스템 공장의 종합적이고 효율적이며, 경제적인 자동화에 초점을 두고 생산공정을 자동화하여 생력화(省力化)하는 데 궁극적인 목적이 있다.

1) 공장자동화의 구성과 기능

그림 15.23은 공장자동화 시스템을 나타낸 것으로서 자동창고(I)로 입하된 소재가 무인 운반차에 의해 가공라인, 조립라인, 검사라인을 거쳐서 생산된 제품이 자동창고(II)에 입고되어 출하되는 흐름을 가지고 있다.

(1) 무인 운반시스템

생산라인에서 공정 사이에 소재나 중간제품을 적재적소에 운반할 수 있는 새로운 무인 운반차로서 제조업의 생산라인에서 많이 사용하고 있다. 그 종류로는 그림 15.24와 같이 소재를 적재하는 방식에 따라 3종류가 있다.

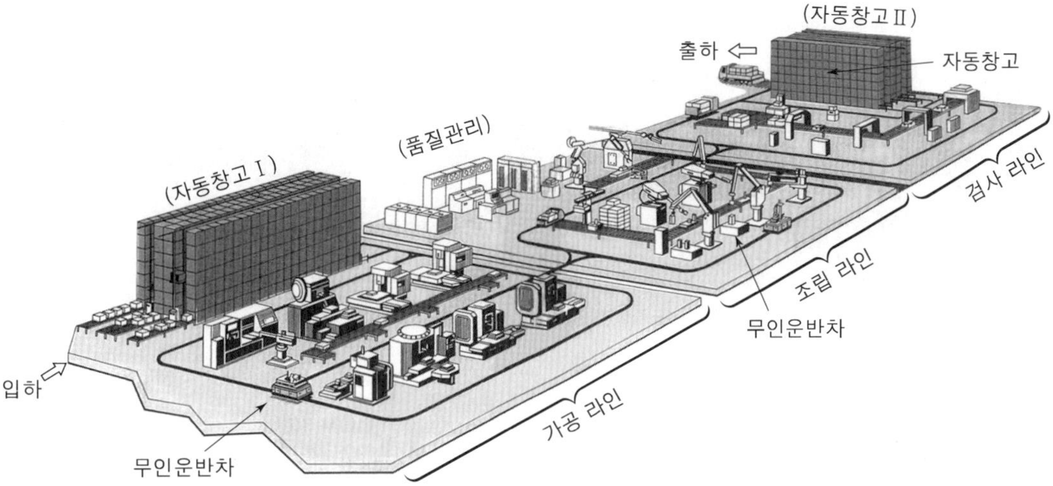

그림 15.23 공장자동화 시스템

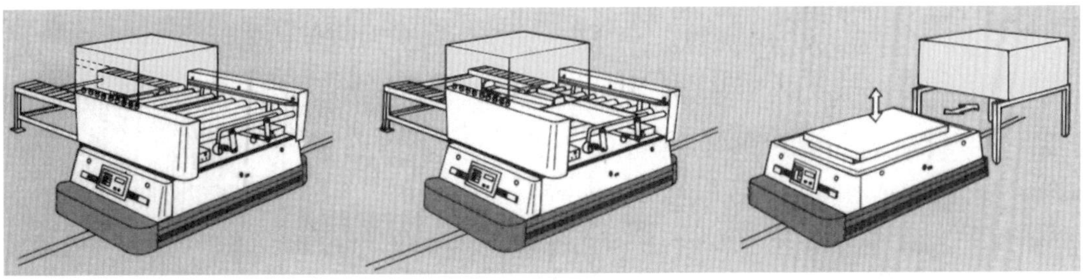

(a) 롤러 방식　　(b) 푸시풀 방식　　(c) 리프트 방식

그림 15.24 무인 운반설비

① **롤러 방식**(roller type): 롤의 회전으로 소재를 적재하는 방식
② **푸시풀 방식**(push-pull type): 암(arm)에 의해 소재를 확실하게 적재하는 방식
③ **리프트 방식**(lift type): 소재의 적재 위치가 간단할 때 적재하는 방식

(2) 무인 조립라인

그림 15.25는 로봇이 가공 전후의 공작물을 팰릿(pallet)에 적재하는 것을 나타내며, 그림 15.26은 로봇을 이용하여 전자제품을 조립하는 라인을 보여준 것이다. 직접 가공에 필요한 노력 · 시간 · 비용 등에 비해 운반 및 조립의 비중도 작지 않다. 따라서 조립에 필요한 최단거리로 운반되도록 경로를 정하여 엘리베이터(elevator), 컨베이어(conveyor), 포크리프트(fork lift) 등을 사용하여 효율적인 운반 및 조립관리가 필요하다.

그림 15.25 로봇에 의한 공작물 장탈

그림 15.26 무인 조립라인

(3) 산업용 로봇

산업용 로봇은 제조공장에서 가공부품의 운송, 금속열처리, 용접, 조립, 도장, 검사 등 여러 공정에서 다품종 소량생산에서 생산자동화에 크게 기여하고 있다. 소품종 대량생산에 있어서는 공작기계가 단순하게 자동화되어 왔으나, 다품종 소량생산에 있어서는 다품종 제품에 따른 대응이 요구된다. 따라서 산업용 로봇은 다음과 같은 기능을 갖춰야 한다.

① 하나의 산업용 로봇이 여러 종류의 작업을 할 수 있을 것
② 용도에 따라 작업범위가 넓을 것
③ 조립 등의 복잡한 동작을 위해 유연성(flexibility)이 높을 것

위와 같은 기능을 하는 산업용 로봇은 인간이 하는 작업을 대신하게 되며, 다음과 같은 효과가 있다.

① 품질이 균일한 제품을 생산할 수 있다.
② 악조건 환경과 위험한 작업에서 인간을 대신한다.
③ 생산시간의 예측이 정확하므로 생산관리가 용이하다.
④ 제품이나 생산설비의 변경에 대하여 프로그램을 변경하면 되고, 생산설비로서 범용성과 유연성이 좋다.

(4) 창고의 무인화

① **무인창고:** 제품의 다양화와 수명주기의 단축으로 인해 창고는 장기보관에서 일시보관으로 기능이 변화되면서 자동화 창고(automated warehouse)로 무인화되어가고 있다. 공장 내의 이러한 무인창고는 부품이나 완성품을 보관하는 기능뿐만 아니라 가공공

정이나 조립공정을 연결하는 역할을 하는 경우도 많으며, 생산의 흐름을 제어하는 기능을 부여하는 개념으로 확대되고 있다.

② **자동화 창고의 구성**: 자동창고에 보관하는 단위도 롯트(lot) 단위의 보관을 벗어나서 다품종 소량생산에 적합하게 소형이고 격납수가 많은 팰릿(pallet)을 이용한 버킷(bucket) 단위로 격납하는 방식의 자동창고로 변모하고 있다. 또한 자동창고가 생산현장에 인접하게 설치되어 생산라인에 직결되어 있는 경우가 많다.

2) 공장자동화의 특징

철강공업과 석유화학 플랜트와 같은 장치산업에서는 생산자동화를 통한 공장자동화로 매우 적은 인원으로 광범위한 생산현장을 생력화(省力化)하여 운전이 이루어지고 있다. 한편 자동차공업과 전자공업 분야에서는 생산공정에 최신 자동화시스템을 도입함에도 불구하고 조립상태와 기능을 확인하는 등의 분야에 인간의 오감을 필요로 하는 공정이 많이 있다. 이러한 인간의 손 움직임과 눈의 식별 능력을 대신할 수 있는 많은 연구가 이루어지고는 있으나, 아직 기계가 대체하기에는 한계가 있다.

제품을 대량으로 생산하는 공정에서는 전용 자동화기계에 의해 고속, 고능률의 자동 생산체제로 감당하고 있으나, 소품종 대량생산 체제의 고정적인 전용 자동화 생산방식으로는 소비자의 다양한 요구에 대응할 수 없게 된다.

따라서 제품의 수명주기(life cycle)가 짧고 다품종 소량생산 체계에 유연하게 대응할 수 있는 생산자동화 기술이 주목을 받으면서 급성장하고 있는 분야가 유연자동화(Flexible Automation, FA) 또는 PA(Programmable Automation)이다. 이와 같은 생산 체제는 생산하는 제품이 변동되어도 프로그램을 변경하여 동일한 설비로 새로운 제품 생산할 수 있는 체제로 능률적으로 전환하는 것을 목표로 하고 있다. 산업용 로봇은 이와 같은 유연생산시스템의 기본적인 요소로 연구개발된 것이며, CAD/CAM/CAT 시스템, CNC 공작기계, 소재공급 장치, 자동창고 등을 유기적으로 연계한 새로운 생산 시스템을 구성하여 산업의 발전과 신기술 개발에 대응하고 있다.

연습문제

15.1 CNC 공작기계를 도입할 경우의 장 · 단점을 설명하시오.

15.2 다음 서보기구 제어방식에 대해 간단하게 설명하시오.

① 개방회로 방식 ② 반폐쇄회로 방식

③ 폐쇄회로 방식 ④ 복합회로 방식

15.3 서보기구의 목적과 원리 및 구성에 대하여 서술하시오.

15.4 머시닝 센터의 특징과 장점에 대해 쓰시오.

15.5 CAD 시스템 도입의 필요성에 대하여 간단하게 쓰시오.

15.6 CAD/CAM의 활용효과에 대하여 설명하시오.

15.7 CAM(Computer Aided Manufacturing) 시스템의 개념 및 필요한 기능적 구비조건에 대해서 설명하시오.

15.8 다음 용어에 대하여 간단하게 설명하시오.

① DNC ② FMC ③ FMS ④ FA

15.9 유연생산시스템(FMS)의 구성요소를 들고 설명하시오.

참고문헌

기계공작법, 강기주, 북스힐, 2008

기계공작법, 곽호찬 외 2인, 문운당, 2001

기계공작법, 안상욱, 복두출판사, 1999

(주)대산계계공업 Brochure, 2015

(주)오맥스 워터젯 Brochure, 2016

(주)와이지-원 Brochure, 2015

(주)케이티엠 Brochure, 2015

(주)화천기계 Brochure, 2015

(주)TSG Brochure, 2015

찾아보기

[ㄴ]

[ㄷ]

[ㄹ]

[ㅁ]

[ㅂ]

[ㅅ]

[ㅇ]

[ㅈ]

[ㅊ]

[ㅋ]

[ㅎ]

[기타]

기계공작법

초판 발행 | 2018년 3월 05일
2쇄 발행 | 2021년 2월 15일

지은이 | 윤 여 권

펴낸이 | 조 승 식
펴낸곳 | (주)도서출판 북스힐

등 록 | 1998년 7월 28일 제22-457호
주 소 | 서울시 강북구 한천로 153길 17
전 화 | (02) 994-0071
팩 스 | (02) 994-0073

홈페이지 | www.bookshill.com
이메일 | bookshill@bookshill.com

정가 30,000원

ISBN 979-11-5971-073-5

Published by bookshill, Inc. Printed in Korea.